自学视频教程

本书精彩案例欣赏

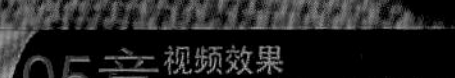

05章 视频效果
时间码效果 视频位置：光盘/视频教学/第05章

04章 Premiere的编辑基础
设置标记 视频位置：光盘/视频教学/第04章

07章 调色技术
Lomo风格 视频位置：光盘/视频教学/第07章

本书精彩案例欣赏

04章 Premiere的编辑基础
素材特效的复制和粘贴 视频位置：光盘/视频教学/第04章

05章 视频效果
定向模糊效果 视频位置：光盘/视频教学/第05章

05章 视频效果
垂直翻转效果 视频位置：光盘/视频教学/第05章

06章 视频转场特效
圆形划像　视频位置　光盘/视频教学/第06章

06章 视频转场特效
亮度映射　视频位置　光盘/视频教学/第06章

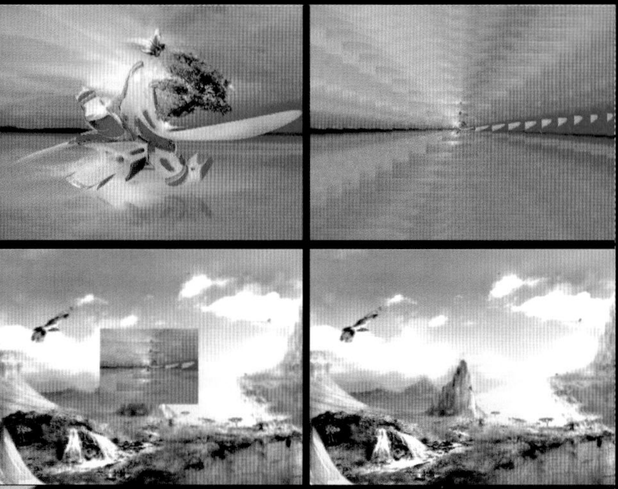

06章 视频转场特效
缩放拖尾　视频位置　光盘/视频教学/第06章

06章 视频转场特效
摆入效果　视频位置　光盘/视频教学/第06章

06章 视频转场特效
伸展进入　视频位置　光盘/视频教学/第06章

08章 文字效果
底部滚动字幕　视频位置　光盘/视频教学/第08章

本书精彩案例欣赏

18章 旅游片头
综合实战——旅游片头效果
视频位置：光盘/视频教学/第18章

07章 调色技术
红色浪漫
视频位置：光盘/视频教学/第07章

13章 输出影片
输出单帧图像
视频位置：光盘/视频教学/第13章

08章 文字效果
多彩光泽文字
视频位置：光盘/视频教学/第08章

07章 调色技术
摩天轮非主流效果
视频位置：光盘/视频教学/第07章

If I know what
Love
love
never dies
because
of you

08章 文字效果
光晕背景文字
视频位置：光盘/视频教学/第08章

本书精彩案例欣赏

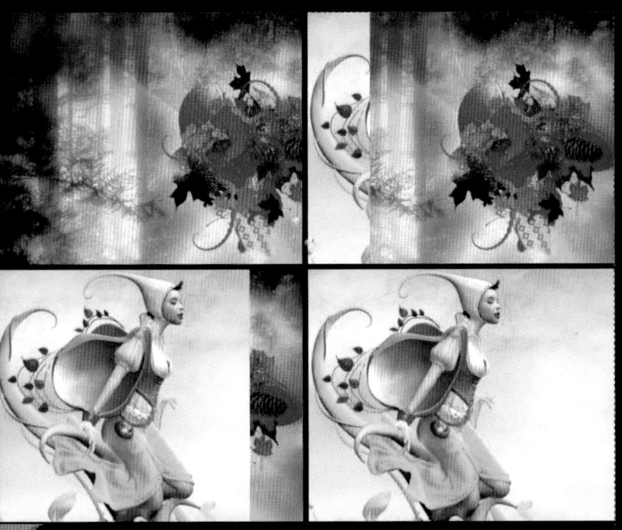

06章 视频转场特效
擦除转场
视频位置：光盘/视频教学/第06章

06章 视频转场特效
纹理转场
视频位置：光盘/视频教学/第06章

05章 视频效果
铅笔画效果
视频位置：光盘/视频教学/第05章

05章 视频效果
镜像效果
视频位置：光盘/视频教学/第05章

Eternal moment
永恒瞬间

Recall

Sample

Bless our Family!!

17章 电子相册
综合实战——电子相册效果
视频位置：光盘/视频教学/第17章

07章 调色技术
蓝调照片效果
视频位置：光盘/视频教学/第07章

10章 关键帧动画和运动特效
动画的不透明度
视频位置：光盘/视频教学/第10章

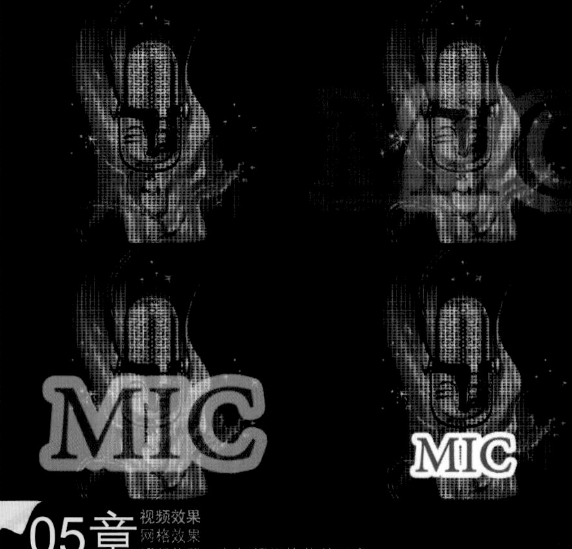

05章 视频效果
网格效果
视频位置：光盘/视频教学/第05章

08章 文字效果
立体背景文字
视频位置：光盘/视频教学/第08章

08章 文字效果
光影文字
视频位置：光盘/视频教学/第08章

14章 MV剪辑
综合实战——MV剪辑效果
视频位置：光盘/视频教学/第14章

08章 文字效果
三维文字
视频位置：光盘/视频教学/第08章

本书精彩案例欣赏

06章 视频转场特效
斜线滑动转场
视频位置：光盘/视频教学/第06章

10章 关键帧动画和运动特效
产品展示广告
视频位置：光盘/视频教学/第10章

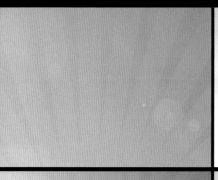

07章 调色技术
水墨画效果
视频位置：光盘/视频教学/第07章

07章 调色技术
黑夜变白天
视频位置：光盘/视频教学/第07章

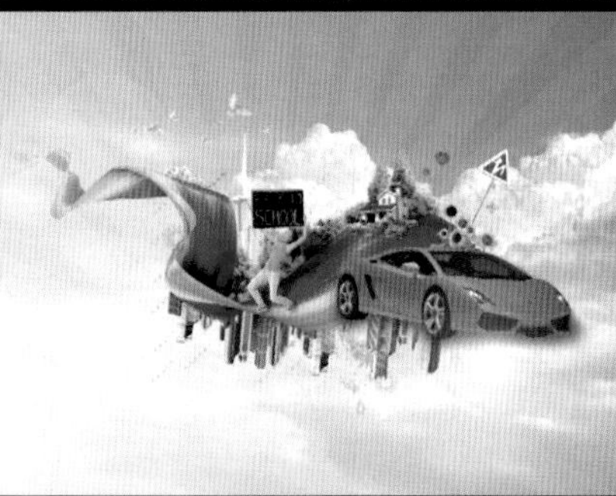

16章 创意招贴
综合实战——创意招贴效果
视频位置：光盘/视频教学/第16章

08章 文字效果
创意纸条文字
视频位置：光盘/视频教学/第08章

本书精彩案例欣赏

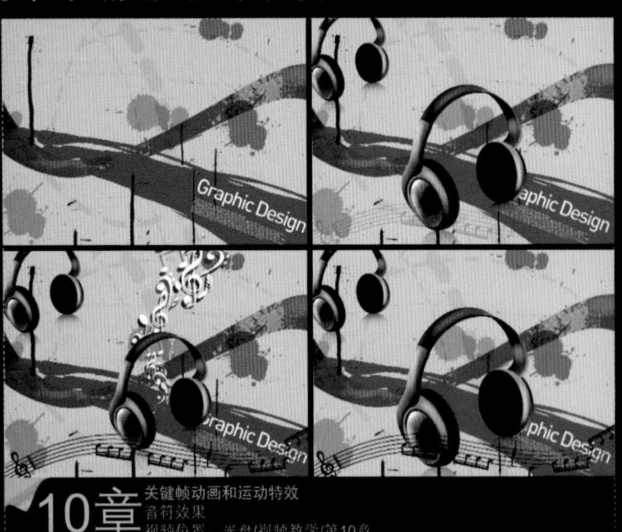

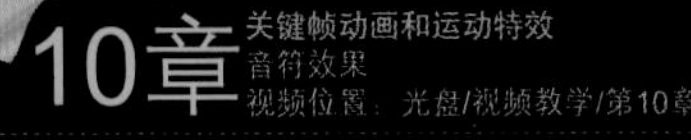

10章 关键帧动画和运动特效
音符效果
视频位置：光盘/视频教学/第10章

06章 视频转场特效
漩涡转场
视频位置：光盘/视频教学/第06章

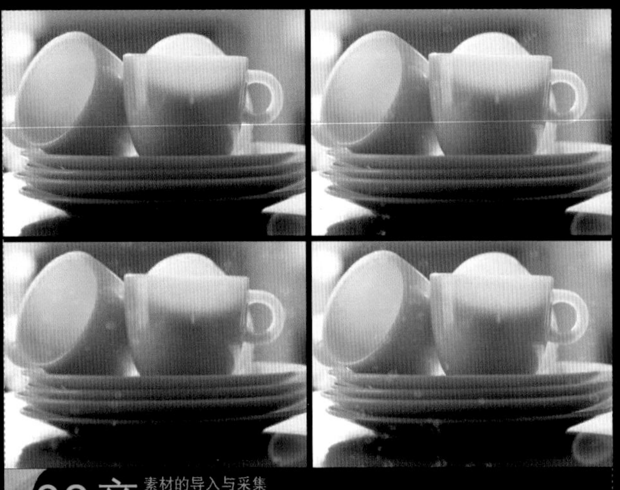

03章 素材的导入与采集
导入序列静帧图像
视频位置：光盘/视频教学/第03章

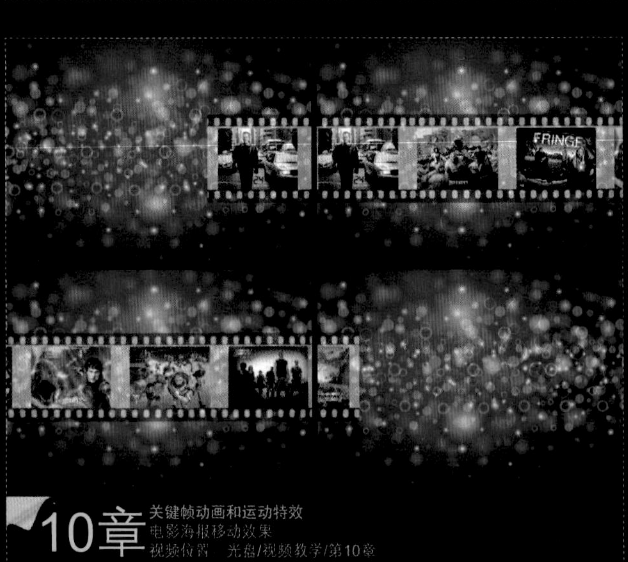

10章 关键帧动画和运动特效
电影海报移动效果
视频位置：光盘/视频教学/第10章

04章 Premiere的编辑基础
替换视频配乐
视频位置：光盘/视频教学/第04章

12章 常用效果综合运用
倒影效果
视频位置：光盘/视频教学/第12章

06章 视频转场特效
立方体旋转
视频位置：光盘/视频教学/第06章

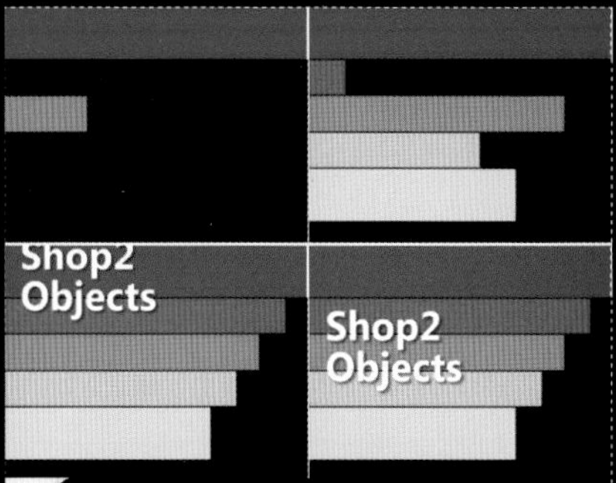

10章 关键帧动画和运动特效
动态彩条效果
视频位置：光盘/视频教学/第10章

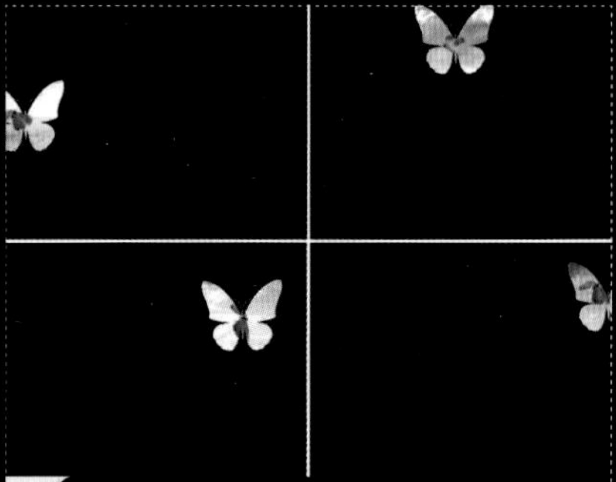

11章 抠像与合成
蝴蝶跟踪效果
视频位置：光盘/视频教学/第11章

06章 关键帧动画和运动特效
抖动溶化
视频位置：光盘/视频教学/第06章

11章 抠像与合成
花朵动画效果
视频位置：光盘/视频教学/第11章

12章 常用效果综合运用
MV播放字幕效果
视频位置：光盘/视频教学/第12章

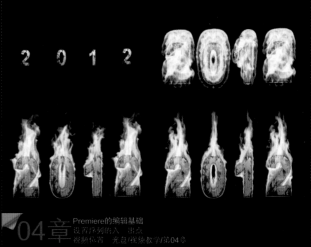

本书精彩案例欣赏

06章 视频转场特效
交叉叠化
视频位置：光盘/视频教学/第06章

04章 Premiere的编辑基础
设置序列的入、出点
视频位置：光盘/视频教学/第04章

04章 Premiere的编辑基础
制作嵌套序列
视频位置：光盘/视频教学/第04章

06章 视频转场特效
带状滑动
视频位置：光盘/视频教学/第06章

10章 关键帧动画和运动特效
高空俯视效果
视频位置：光盘/视频教学/第10章

06章 视频转场特效
翻转过渡
视频位置：光盘/视频教学/第06章

06章 视频转场特效
棋盘擦除
视频位置：光盘/视频教学/第06章

10章 关键帧动画和运动特效
倒计时画中画效果
视频位置：光盘/视频教学/第10章

10章 关键帧动画和运动特效
[illegible]
视频位置：光盘/视频教学/第10章

本书精彩案例欣赏

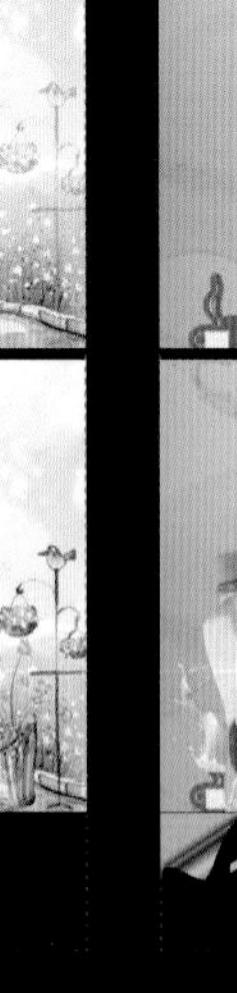

13章 输出影片
输出GIF动画文件
视频位置 光盘/视频教学/第13章

12章 常用效果综合运用
牛奶饮料
视频位置 光盘/视频教学/第12章

08章 文字效果
纪录片头字幕
视频位置 光盘/视频教学/第08章

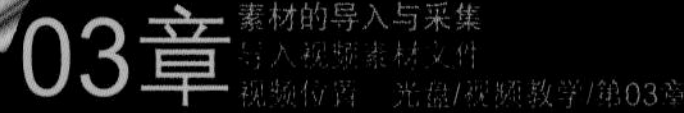

03章 素材的导入与采集
导入视频素材文件
视频位置 光盘/视频教学/第03章

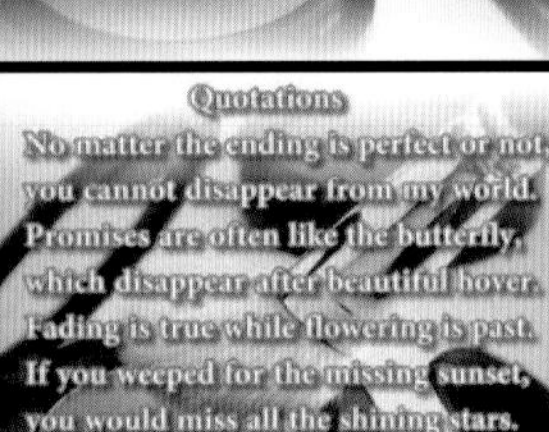

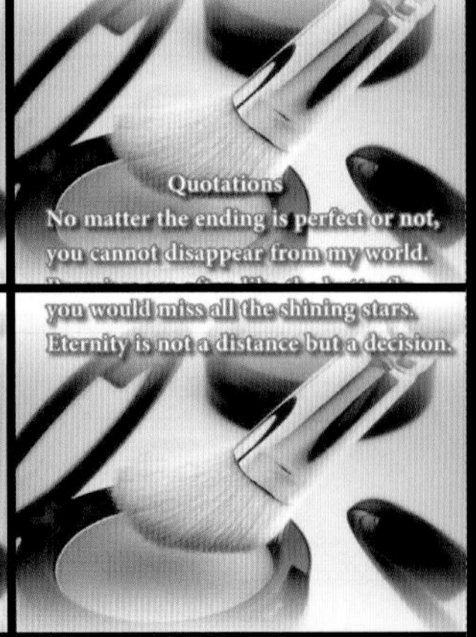

08章 文字效果
自下而上游动文字
视频位置 光盘/视频教学/第08章

05章 视频效果
百叶窗效果
视频位置 光盘/视频教学/第05章

本书精彩案例欣赏

04章 Premiere的编辑基础
帧融合
视频位置：光盘/视频教学/第04章

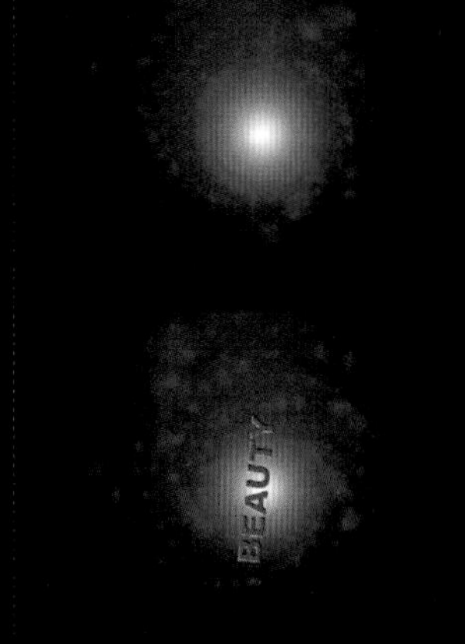

13章 输出影片
输出静帧序列文件
视频位置：光盘/视频教学/第13章

05章 视频效果
夜视仪效果
视频位置：光盘/视频教学/第05章

13章 输出影片
输出QuickTime文件
视频位置：光盘/视频教学/第13章

05章 视频效果
闪电效果
视频位置：光盘/视频教学/第05章

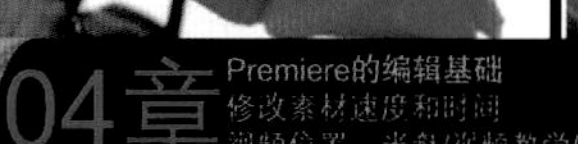

04章 Premiere的编辑基础
修改素材速度和时间
视频位置：光盘/视频教学/第04章

本书精彩案例欣赏

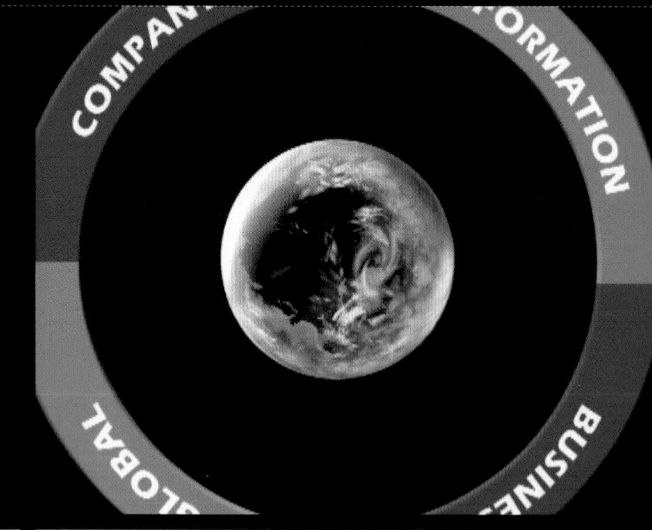

10章 关键帧动画和运动特效
地球旋转效果
视频位置 光盘/视频教学/第10章

08章 文字效果
简易图案
视频位置 光盘/视频教学/第08章

08章 文字效果
移动字幕动画
视频位置 光盘/视频教学/第08章

10章 关键帧动画和运动特效
大空岛合成
视频位置 光盘/视频教学/第10章

10章 关键帧动画和运动特效
旋转风车效果
视频位置 光盘/视频教学/第10章

12章 常用效果综合运用
环境保护宣传
视频位置 光盘/视频教学/第12章

本书精彩案例欣赏

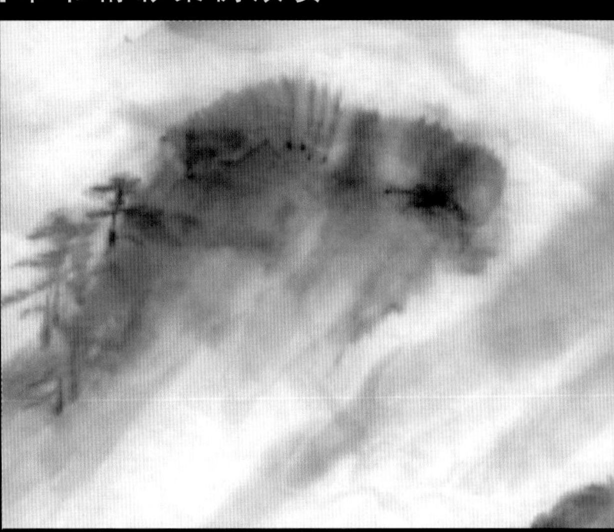

10章 关键帧动画和运动特效
水墨文字的淡入效果
视频位置 光盘/视频教学/第10章

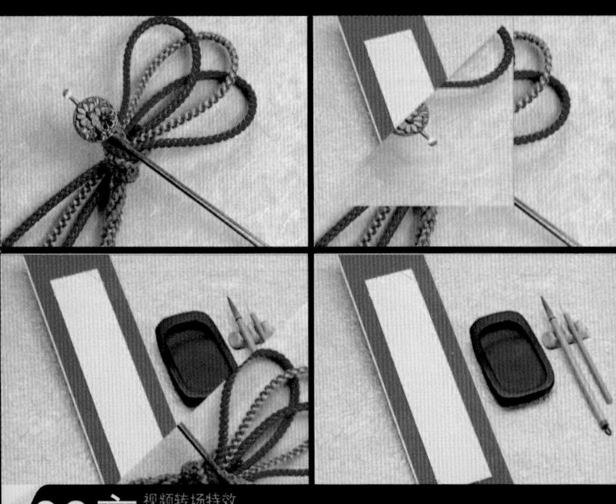

06章 视频转场特效
翻转卷页
视频位置 光盘/视频教学/第06章

07章 调色技术
复古风格效果
视频位置 光盘/视频教学/第07章

13章 输出影片
输出音频文件
视频位置　光盘/视频教学/第13章

13章 输出影片
输出WMV格式的流媒体文件
视频位置　光盘/视频教学/第13章

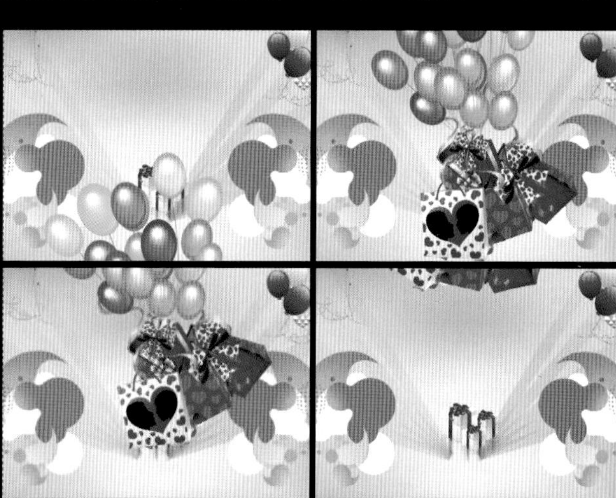

10章 关键帧动画和运动特效
气球升空效果
视频位置　光盘/视频教学/第10章

本书精彩案例欣赏

03章 素材的导入与采集
导入素材文件夹
视频位置：光盘/视频教学/第03章

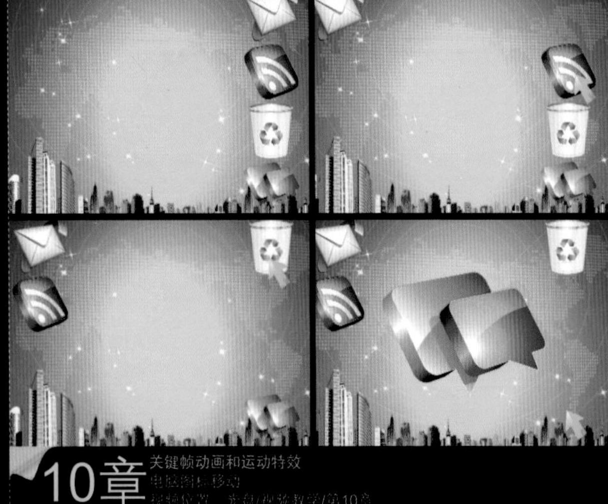

10章 关键帧动画和运动特效
电脑图标移动
视频位置：光盘/视频教学/第10章

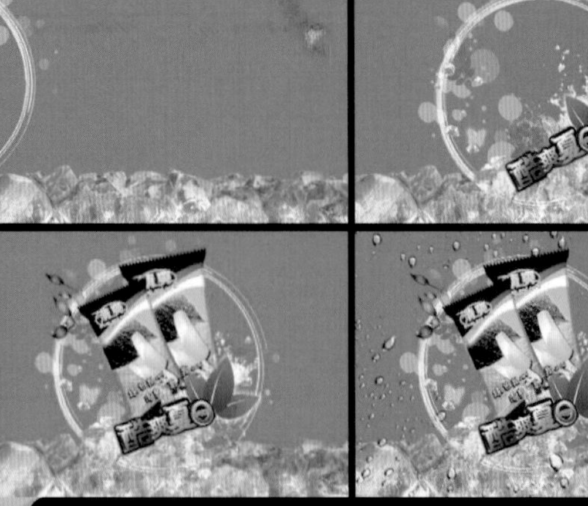

12章 常用效果综合运用
雪糕广告
视频位置：光盘/视频教学/第12章

04章 Premiere的编辑基础
自动化素材到时间线窗口
视频位置 光盘/视频教学/第04章

04章 Premiere的编辑基础
调节音频素材音量
视频位置 光盘/视频教学/第04章

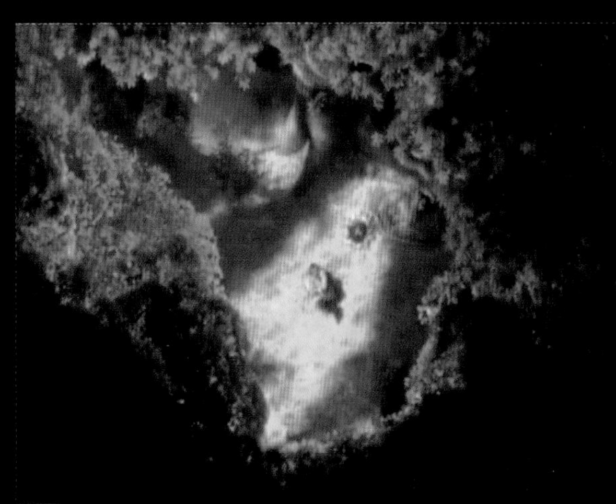

04章 Premiere的编辑基础
创建电影静帧定格
视频位置 光盘/视频教学/第04章

本书精彩案例欣赏

13章 输出影片
[illegible]AVI[illegible]
[illegible]13[illegible]

05章 视频效果
[illegible]Alpha[illegible]
[illegible]05[illegible]

05章 视频效果
[illegible]
[illegible]05[illegible]

Premiere Pro CS6自学视频教程

唯美映像　编著

清华大学出版社
北　京

内容简介

《Premiere Pro CS6自学视频教程》一书从专业、实用的角度出发，全面、系统地讲解Premiere Pro CS6的使用方法。全书共分18章，在内容安排上基本涵盖了视频编辑时所使用到的全部工具与命令。其中前13章主要介绍了视频编辑的理论知识及Premiere的使用方法、核心功能和操作技巧，如素材的导入与采集、Premiere的基本操作、视频特效的制作、调色技术的应用、文字的添加、音频的处理、动画的制作、视频的抠像与合成和影片的输出等。最后5章通过5个大型的综合案例，分别介绍了Premiere在MV、产品广告、创意招贴、电子相册和旅游宣传片片头中的应用，让读者进行有针对性和实用性的实战练习，不仅使读者巩固了前面学到的技术技巧，更是为读者在以后实际学习工作进行提前"练兵"。

本书是一本Premiere Pro CS6完全自学视频教程，非常适合入门级读者自学使用，同时对具有一定Premiere使用经验的读者也有一定的参考价值，还可作为应用型高校、培训机构的教学参考书。

本书和光盘有以下显著特点：

1. 144节大型配套视频讲解，让老师手把手教您。（最快的学习方式）
2. 144个中小实例循序渐进，从实例中学、边用边学更有兴趣。（提高学习兴趣）
3. 会用软件远远不够，会做商业作品才是硬道理，本书列举了许多实战案例。（积累实战经验）
4. 专业作者心血之作，经验技巧尽在其中。（实战应用、提高学习效率）
5. 千余项配套资源极为丰富，素材效果一应俱全。（方便深入和拓展学习）

21类常用静态设计素材1000多个；《色彩设计搭配手册》和常用颜色色谱表。在使用Premiere的过程中，难免会碰到需要处理一些静态图片的情况，本光盘还特意赠送了Photoshop CS6基本操作104讲，方便读者学习。

图书在版编目（CIP）数据

Premiere Pro CS6自学视频教程/唯美映像编著．—北京：清华大学出版社，2015 (2021.1重印)
ISBN 978-7-302-35415-4

I．①P…　II．①唯…　III．①视频编辑软件－教材　IV．①TN94

中国版本图书馆CIP数据核字（2014）第022913号

责任编辑：赵洛育
封面设计：刘洪利
版式设计：文森时代
责任校对：马军令
责任印制：吴佳雯

出版发行：清华大学出版社
网　址：http://www.tup.com.cn，http://www.wqbook.com
地　址：北京清华大学学研大厦A座　**邮　编**：100084
社 总 机：　**邮　购**：010-62786544
投稿与读者服务：010-62776969，c-service@tup.tsinghua.edu.cn
质量反馈：010-62772015，zhiliang@tup.tsinghua.edu.cn
印 装 者：三河市君旺印务有限公司
经　销：全国新华书店
开　本：203mm×260mm　**印　张**：31.75　**插　页**：14　**字　数**：1317千字
（附DVD光盘1张）
版　次：2015年6月第1版　**印　次**：2021年1月第9次印刷
定　价：99.80元

产品编号：049301-01

前言 Preface

Premiere是一款由Adobe公司推出的专业的非线性视频编辑软件，提供视频采集、剪辑、调色、美化音频、字幕添加、输出、DVD刻录等一整套流程，有较好的兼容性，可以与Adobe公司推出的其他软件（如After Effects，Photoshop等）相互协作，广泛应用于广告制作、电视节目制作和电影剪辑中，是应用最为广泛的视频编辑软件之一。

Premiere主要应用在如下领域：

- 宣传片制作

宣传片是为了特定的需要，通过一定的媒体形式，公开而广泛地向公众传递信息的宣传手段。其主要表现在于将产品的功能特点以一定的画面方式转换成视觉因素，使产品更直观地面对大众，起到推广宣传作用。Premiere在各类宣传片制作方面应用广泛。

- 影视剪辑

现在影视文化盛行，各种影片和电视节目层出不穷，很多人对其背后的制作过程很感兴趣，最根本的也无非是视频剪辑、影片特效、文字和声音等的编辑。虽然现在的影视剪辑软件很多，但是大部分影视制作公司及电视台还是采用Premiere进行视频编辑。

- MV制作

MV是当代流行的一种音乐与电视结合的视频，即用相应的歌曲配以合适的精美画面，使原本只具有听觉艺术的歌曲，变为视觉与听觉结合的一种崭新的艺术样式。在Premiere中利用其强大的视频、音频和字幕制作功能等可以制作出精美的独具创意的MV作品。

- 电子相册制作

随着数码相机在家庭中的普及，人们可以方便地将拍摄的照片保存在电脑或光盘中。这时，通过电子相册制作软件可以将照片以图像、文字和声音相结合的表现方式更加生动地展现。电子相册可以持久保存，并方便复制和传播。利用Premiere可以很容易地制作出精美的电子相册。

- 其他影像编辑

Premiere在家庭及个人应用最多的是剪辑影像记录，如婚礼影像、生日聚会等，通过DV或其他视频设备将具有纪念意义的影像记录下来，并通过Premiere进行相应的编辑使其成为一个完整而有意义的影像记录。

本书内容编写特点

1. 完全从零开始

本书以零基础读者为主要阅读对象，通过对基础知识细致入微的介绍，辅助以对比图示效果，结合中小实例，对常用工具、命令、参数等做了详细的说明，同时给出了技巧提示，确保读者零起点、轻松快速入门。

2. 内容极为详细

本书内容涵盖了Premiere几乎所有工具、命令常用的相关功能，是市场上内容最为全面的图书之一，可以说是入门者的百科全书、有基础者的参考手册。

3. 例子丰富精美

本书的实例极为丰富，致力于边练边学，这也是大家最喜欢的学习方式。另外，例子力求在实用的基础上精美、漂亮，一方面熏陶读者朋友的美感，一方面让读者在学习中享受美的世界。

4. 注重学习规律

本书在讲解过程中采用了“知识点+理论实践+实例练习+综合实例+技术拓展+技巧提示”的模式，符合轻松易学的学习规律。

本书显著特色

1. 大型配套视频讲解，让老师手把手教您

光盘配备与书同步的自学视频，涵盖全书几乎所有实例，如同老师在身边手把手教您，让学习更轻松、更高效！

2. 中小实例循序渐进，边用边学更有兴趣

中小实例极为丰富，通过实例讲解，让学习更有兴趣，而且读者还可以多动手，多练习，只有如此才能深入理解、灵活应用！

3. 配套资源极为丰富，素材效果一应俱全

本光盘除包含书中实例的素材和源文件外，还赠送经常用到的设计素材、《色彩设计搭配手册》和常用颜色色谱表等。

4. 会用软件远远不够，商业作品才是王道

仅仅学会软件使用远远不能适应社会需要，本书后边给出不同类型的综合商业案例，以便积累实战经验，为工作就业搭桥。

5. 专业作者心血之作，经验技巧尽在其中

作者系艺术学院讲师，设计、教学经验丰富，大量的经验技巧融在书中，可以提高学习效率，少走弯路。

本书服务

1. Premiere Pro CS6软件获取方式

本书提供的光盘文件包括教学视频和素材等，教学视频可以演示观看。要按照书中实例操作，必须安装Premiere Pro CS6软件之后，才可以进行。您可以通过如下方式获取Premiere Pro CS6简体中文版：

（1）登录官方网站http://www.adobe.com/cn/咨询。

（2）到当地电脑城的软件专卖店咨询。

（3）到网上咨询、搜索购买方式。

2. 关于本书光盘的常见问题

（1）本书光盘需在电脑DVD格式光驱中使用。其中的视频文件可以用播放软件进行播放，但不能在家用DVD播放机上播放，也不能在CD格式光驱的电脑上使用（现在CD格式的光驱已经很少）。

（2）如果光盘仍然无法读取，建议多换几台电脑试试看，绝大多数光盘都可以得到解决。

（3）盘面有胶、有脏物建议要先行擦拭干净。

（4）光盘如果仍然无法读取的话，请将光盘邮寄给：北京清华大学（校内）出版社白楼201　编辑部，电话：010-62791977-278。我们查明原因后，予以调换。

（5）如果读者朋友在网上或者书店购买此书时光盘缺失，建议向该网站或书店索取。

3. 交流答疑QQ群

为了方便解答读者提出的问题，我们特意建立了如下QQ群：

技术交流QQ群：154176315。（如果群满，我们将会建其他群，请留意加群时的提示）

4. 留言或关注最新动态

为了方便读者，我们会及时发布与本书有关的信息，包括读者答疑、勘误信息，读者朋友可登录本书官方网站（www.eraybook.com）进行查询。

关于作者

本书由唯美映像组织编写，唯美映像是一家由十多名艺术学院讲师组成的平面设计、动漫制作、影视后期合成的专业培训机构。瞿颖健和曹茂鹏讲师参与了本书的主要编写工作。另外，由于本书工作量巨大，以下人员也参与了本书的编写工作，他们是：杨建超、马啸、李路、孙芳、李化、葛妍、丁仁雯、高歌、韩雷、瞿吉业、杨力、张建霞、瞿学严、杨宗香、董辅川、杨春明、马扬、王萍、曹诗雅、朱于振、于燕香、曹子龙、孙雅娜、曹爱德、曹玮、张效晨、孙丹、李进、曹元钢、张玉华、鞠闯、艾飞、瞿学统、李芳、陶恒斌、曹明、张越、瞿云芳、解桐林、张琼丹、解文耀、孙晓军、瞿江业、王爱花、樊清英等，在此一并表示感谢。

衷心感谢

在编写的过程中，得到了吉林艺术学院副院长郭春方教授的悉心指导，得到了吉林艺术学院设计学院院长宋飞教授的大力支持，在此向他们表示衷心的感谢。本书项目负责人及策划编辑刘利民先生对本书出版做了大量工作，谢谢！

寄语读者

亲爱的读者朋友，千里有缘一线牵，感谢您在茫茫书海中找到了本书，希望她架起你我之间学习、友谊的桥梁，希望她带您轻松步入五彩斑斓的设计世界，希望她成为您成长道路上的铺路石。

唯美映像

144节大型高清同步视频讲解

第 1 章 理论知识大讲堂 …… 1

1.1 视频概述 …… 2
- 1.1.1 什么是视频 …… 2
- 1.1.2 电视制式简介 …… 2
- 1.1.3 数字视频基础 …… 2
- 1.1.4 视频格式 …… 3

1.2 非线性编辑概述 …… 3
- 重点 思维点拨：非线性编辑的特点 …… 4

1.3 视频采集基础 …… 4
- 重点 思维点拨：什么是IEEE1394？ …… 4

1.4 蒙太奇 …… 5
- 1.4.1 镜头组接基础 …… 5
- 1.4.2 镜头组接蒙太奇 …… 6
- 1.4.3 声画组接蒙太奇 …… 6
- 1.4.4 声音蒙太奇技巧 …… 6

1.5 Premiere 三大要素 …… 7
- 1.5.1 画面 …… 7
- 1.5.2 声音 …… 7
- 1.5.3 色彩 …… 7

第 2 章 初识Premiere Pro CS6 …… 10

2.1 Adobe Premiere Pro CS6的工作界面 …… 11
- 2.1.1 Edit（编辑）模式下的界面 …… 11
- 2.1.2 Color Correction（色彩校正）模式下的界面 …… 11
- 2.1.3 Audio（音频）模式下的界面 …… 12
- 2.1.4 Effects（特效）模式下的界面 …… 12

2.2 Adobe Premiere Pro CS6的新功能和系统要求 …… 12
- 2.2.1 Premiere Pro CS6新功能 …… 12
- 重点 思维点拨：什么是Adobe Encore？ …… 13
- 2.2.2 Premiere Pro CS6的系统要求 …… 14

2.3 Adobe Premiere Pro CS6的菜单栏 …… 14
- 2.3.1 File（文件）菜单 …… 15
- 重点 思维点拨：什么是Adobe Story? …… 15
- 2.3.2 Edit（编辑）菜单 …… 16
- 2.3.3 Project（项目）菜单 …… 18
- 2.3.4 Clip（素材）菜单 …… 18
- 2.3.5 Sequence（序列）菜单 …… 19
- 2.3.6 Marker（标记）菜单 …… 21
- 2.3.7 Title（字幕）菜单 …… 22
- 2.3.8 Window（窗口）菜单 …… 22
- 2.3.9 Help（帮助）菜单 …… 23

2.4 Premiere Pro CS6的窗口 …… 23
- 2.4.1 【Project（项目）】窗口 …… 23
- 2.4.2 【Monitor（监视器）】窗口 …… 25
- 2.4.3 【Timelines（时间线）】窗口 …… 28
- 2.4.4 【Title（字幕）】窗口 …… 29
- 2.4.5 【Effects（效果）】窗口 …… 29
- 2.4.6 【Audio Mixer（调音台）】窗口 …… 29

2.5 Premiere Pro CS6的面板 …… 30
- 2.5.1 【Tools（工具）】面板 …… 30
- 2.5.2 【Effect Controls（效果控制）】面板 …… 30
- 2.5.3 【History（历史）】面板 …… 30
- 2.5.4 【Info（信息）】面板 …… 31
- 2.5.5 【Media Browser（媒体浏览）】面板 …… 31

第 3 章 素材的导入与采集 …… 32

3.1 大胆尝试——我的第一幅作品 …… 33
- 重点 案例实战——锈迹文字效果 …… 33

3.2 项目、序列、文件夹管理 …… 35
- 3.2.1 新建项目 …… 35
- 重点 案例实战——新建项目文件 …… 35
- 3.2.2 动手学：打开项目 …… 36
- 3.2.3 关闭和保存项目 …… 36
- 3.2.4 动手学：新建序列 …… 37
- 重点 案例实战——新建序列 …… 38
- 3.2.5 动手学：新建文件夹 …… 39
- 3.2.6 动手学：修改文件夹名称 …… 39
- 3.2.7 动手学：整理素材文件 …… 40

3.3 视频采集 …… 40
- 3.3.1 视频采集的参数 …… 40
- 3.3.2 视频采集 …… 42

3.4 导入素材 …… 43
- 3.4.1 动手学：导入图片和视频素材 …… 43

重点技术拓展：快速调出【Import（导入）】对话框……43
3.4.2 动手学：导入图片……44
重点案例实战——导入视频素材文件……44
重点技术拓展：添加多个轨道……45
重点答疑解惑：采用这个案例的方法还可以导入其他素材吗？……46
3.4.3 动手学：导入序列素材……46
重点案例实战——导入序列静帧图像……46
重点答疑解惑：序列静帧图像有哪些作用？……47
3.4.4 动手学：导入PSD素材文件……47
重点案例实战——导入PSD素材文件……48
重点答疑解惑：PSD素材文件的作用有哪些？……49
3.4.5 动手学：导入素材文件夹……49
重点案例实战——导入素材文件夹……49

第 4 章 Premiere的编辑基础……51

（视频演示：18分钟）

4.1 素材属性……52
4.2 添加素材到监视器……53
4.3 动手学：自动化素材到时间线窗口……54
重点案例实战——自动化素材到时间线窗口……55
重点答疑解惑：使用自动化素材到时间线窗口的方法有哪些优点？……56
4.4 设置标记……56
4.4.1 动手学：为素材添加标记……57
重点案例实战——设置标记……57
重点答疑解惑：设置标记的作用有哪些？……58
4.4.2 为序列添加标记……58
4.4.3 动手学：编辑标记……58
4.4.4 动手学：删除标记……59
4.5 设置入点和出点……59
4.5.1 动手学：设置序列的入、出点……59
重点案例实战——设置序列的入、出点……60
4.5.2 动手学：通过入、出点剪辑素材……61
重点答疑解惑：入点和出点的作用有哪些？……61
4.5.3 动手学：快速跳转到序列的入、出点……61
4.5.4 清除序列的入、出点……62
4.6 速度和时间……62
重点案例实战——修改素材速度和时间……62
重点答疑解惑：修改静态素材和动态素材有哪些不同？……63
4.7 提升和提取编辑……64
4.7.1 动手学：提升素材……64
4.7.2 动手学：提取素材……64
4.8 素材画面与当前序列的尺寸匹配……65
重点案例实战——素材与当前项目的尺寸匹配……65
重点答疑解惑：哪些情况下适宜使用缩放到框大小命令？……66
4.9 Cut（剪切）、Copy（复制）和Paste（粘贴）……66
4.9.1 动手学：复制和粘贴素材……66
4.9.2 动手学：复制和粘贴素材特效……66
重点案例实战——素材特效的复制和粘贴……67
重点答疑解惑：素材和特效的复制和粘贴有哪些作用？……68
4.10 Group（成组）和Ungroup（解组）素材……68
重点答疑解惑：将素材成组和解组后可以进行哪些操作？……68
4.10.1 动手学：成组素材……68
4.10.2 动手学：解组素材……69
4.11 链接和解除视频、音频链接……69
4.11.1 动手学：链接视频、音频素材……69
4.11.2 动手学：解除视频、音频素材链接……70
重点案例实战——替换视频配乐……70
重点答疑解惑：音频、视频链接的作用有哪些？……71
4.12 失效和激活素材……71
4.12.1 动手学：失效素材……71
4.12.2 动手学：激活素材……72
4.13 Frame Hold Options（帧定格选项）……72
重点案例实战——创建电影帧定格……73
重点答疑解惑：帧定格可以将素材上的特效也一并定格吗？……74
4.14 Frame Blend（帧融合）……74
重点案例实战——帧融合……74
重点思维点拨：为什么有些视频会出现跳帧现象？……75
4.15 Field Options（场选项）……75
4.16 Audio Gain（音频增益）……76
重点案例实战——调节音频素材音量……76
4.17 Nest（嵌套）……77
重点案例实战——制作嵌套序列……77
重点答疑解惑：嵌套序列有哪些优点？……78
4.18 替换素材……79
4.19 彩色蒙版……79
重点技术拓展：更改彩色蒙版颜色……80
重点案例实战——彩色蒙版……80
重点答疑解惑：彩色蒙版的作用有哪些？……82

第 5 章 视频效果……83

（视频演示：39分钟）

5.1 初识视频效果……84
5.1.1 什么是视频效果……84
5.1.2 为素材添加视频效果……84
5.1.3 动手学：设置视频效果参数……84
5.2 Adjust（调整）类视频效果……85

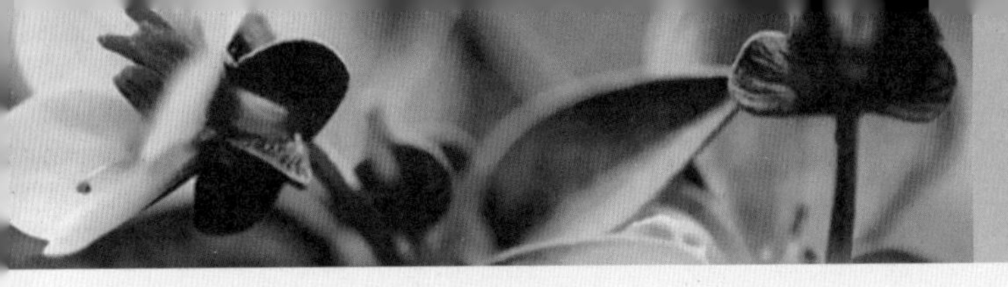

5.2.1 Auto Color（自动颜色）……85
5.2.2 Auto Contrast（自动对比度）……85
重点 案例实战——自动对比度效果……86
重点 思维点拨：对比度对视觉的影响有哪些？……87
5.2.3 Auto Levels（自动色阶）……88
5.2.4 Convolution Kernel（卷积内核）……88
5.2.5 Extract（提取）……89
5.2.6 Levels（色阶）……89
5.2.7 Lighting Effects（照明效果）……90
重点 案例实战——照明效果……90
重点 答疑解惑：还可以制作出哪些不同的照明效果？……92
重点 综合实战——夜视仪效果……93
重点 答疑解惑：制作夜视仪效果需要注意哪些问题？……95
5.2.8 ProcAmp（基本信号设置）……95
5.2.9 Shadow/Highlight（阴影/高光）……96
5.3 Blur & Sharpen（模糊 & 锐化）类视频效果……97
5.3.1 Antialias（消除锯齿）……97
5.3.2 Camera Blur（相机模糊）……97
5.3.3 Channel Blur（通道模糊）……98
5.3.4 Compound Blur（复合模糊）……100
5.3.5 Directional Blur（定向模糊）……100
重点 案例实战——定向模糊效果……100
重点 答疑解惑：定向模糊常用于制作什么效果？……103
5.3.6 Fast Blur（快速模糊）……103
5.3.7 Gaussian Blur（高斯模糊）……103
5.3.8 Ghosting（残像）……104
5.3.9 Sharpen（锐化）……104
5.3.10 Unsharp Mask（反遮罩锐化）……105
5.4 Channel（通道）类视频效果……105
5.4.1 Arithmetic（算术）……105
5.4.2 Blend（混合）……106
5.4.3 Calculations（计算）……107
5.4.4 Compound Arithmetic（复合运算）……107
5.4.5 Invert（反相）……108
重点 案例实战——反相效果……108
重点 答疑解惑：反相的主要作用是什么？……109
5.4.6 Set Matte（设置遮罩）……110
5.4.7 Solid Composite（固态合成）……110
5.5 Distort（扭曲）类视频效果……111
5.5.1 Bend（弯曲）……111
5.5.2 Corner Pin（边角固定）……112
重点 案例实战——边角固定效果……112
5.5.3 Lens Distortion（镜头扭曲）……114
重点 案例实战——镜头扭曲效果……114
重点 答疑解惑：镜头扭曲效果可以应用于哪些方面？……115
5.5.4 Magnify（放大）……116
5.5.5 Mirror（镜像）……116
重点 案例实战——镜像效果……116
重点 答疑解惑：镜像效果可以制作哪些效果？……118
5.5.6 Offset（偏移）……118
5.5.7 Rolling Shutter Repair（卷帘快门修复）……118
5.5.8 Spherize（球面化）……119
5.5.9 Transform（变换）……119
5.5.10 Turbulent Displace（紊乱置换）……119
5.5.11 Twirl（旋转扭曲）……120
5.5.12 Warp Stabilizer（弯曲稳定）……120
5.5.13 Wave Warp（波形弯曲）……121
5.6 Generate（生成）类视频效果……121
5.6.1 4-Color Gradient（四色渐变）……121
重点 案例实战——四色渐变效果……122
重点 答疑解惑：如何使用四色渐变？……124
5.6.2 Cell Pattern（蜂巢模式）……124
5.6.3 Checkerboard（棋盘）……125
5.6.4 Circle（圆）……126
5.6.5 Ellipse（椭圆）……126
5.6.6 Eyedropper Fill（吸色管填充）……127
5.6.7 Grid（网格）……127
重点 案例实战——网格效果……128
重点 答疑解惑：Track Matte Key（轨道遮罩键）效果的作用是什么？……130
5.6.8 Lens Flare（镜头光晕）……130
重点 案例实战——镜头光晕效果……131
重点 答疑解惑：镜头光晕效果的应用有哪些？……132
5.6.9 Lightning（闪电）……132
重点 案例实战——闪电效果……133
重点 答疑解惑：闪电的效果有哪些？……135
5.6.10 Paint Bucket（油漆桶）……135
5.6.11 Ramp（渐变）……136
5.6.12 Write-on（书写）……137
5.7 Noise & Grain（噪波和颗粒）类视频效果……137
5.7.1 Dust & Scratches（蒙尘和刮痕）……137
5.7.2 Median（中间值）……138
5.7.3 Noise（噪波）……138
重点 案例实战——噪波效果……138
重点 答疑解惑：噪波产生的原因是什么？……140
5.7.4 Noise Alpha（噪波Alpha）……140
5.7.5 Noise HLS（噪波HLS）……140
5.7.6 Noise HLS Auto（噪波HLS自动）……141
5.8 Perspective（透视）类视频效果……141
5.8.1 Basic 3D（基本3D）……142
5.8.2 Bevel Alpha（斜角Alpha）……142
重点 案例实战——斜角Alpha效果……142
重点 答疑解惑：斜角效果有哪些作用？……144
5.8.3 Bevel Edges（边缘斜切）……144
5.8.4 Drop Shadow（投射阴影）……145
重点 案例实战——投射阴影效果……145
重点 答疑解惑：投影分为哪些类别？……146
5.8.5 Radial Shadow（放射阴影）……147
5.9 Stylize（风格化）类视频效果……148
5.9.1 Alpha Glow（Alpha辉光）……148
5.9.2 Brush Strokes（画笔笔触）……148
5.9.3 Color Emboss（彩色浮雕）……149
5.9.4 Emboss（浮雕）……149

重点 案例实战——浮雕效果 …… 149
重点 答疑解惑：浮雕效果主要用于哪些方面？ …… 151
5.9.5 Find Edges（查找边缘） …… 151
重点 综合实战——铅笔画效果 …… 151
重点 答疑解惑：制作铅笔画效果时要注意哪些问题？ …… 153
5.9.6 Mosaic（马赛克） …… 153
重点 案例实战——马赛克效果 …… 153
重点 答疑解惑：马赛克效果有哪些作用？ …… 155
5.9.7 Posterize（色调分离） …… 155
5.9.8 Replicate（复制） …… 155
5.9.9 Roughen Edges（粗糙边缘） …… 156
5.9.10 Solarize（曝光） …… 157
5.9.11 Strobe Light（闪光灯） …… 157
5.9.12 Texturize（纹理） …… 158
5.9.13 Threshold（阈值） …… 158
5.10 Time（时间）类视频效果 …… 159
5.10.1 Echo（重影） …… 159
5.10.2 Posterize Time（抽帧） …… 160
5.11 Transform（变换）类视频效果 …… 160
5.11.1 Camera View（相机视图） …… 160
5.11.2 Crop（剪裁） …… 161
5.11.3 Edge Feather（羽化边缘） …… 161
5.11.4 Horizontal Flip（水平翻转） …… 161
5.11.5 Horizontal Hold（水平保持） …… 162
5.11.6 Vertical Flip（垂直翻转） …… 162
重点 案例实战——垂直翻转效果 …… 162
重点 答疑解惑：垂直翻转的应用有哪些？ …… 163
5.11.7 Vertical Hold（垂直保持） …… 164
5.12 Transition（过渡）类视频效果 …… 164
5.12.1 Block Dissolve（块状溶解） …… 164
5.12.2 Gradient Wipe（渐变擦除） …… 165
5.12.3 Linear Wipe（线性擦除） …… 165
5.12.4 Radial Wipe（径向擦除） …… 166
5.12.5 Venetian Blinds（百叶窗） …… 166
重点 案例实战——百叶窗效果 …… 166
重点 答疑解惑：百叶窗效果的优势有哪些？ …… 168
5.13 Utility（实用）类视频效果 …… 168
5.14 Video（视频）类视频效果 …… 169
重点 案例实战——时间码效果 …… 169
重点 答疑解惑：为什么要添加时间码效果？ …… 171

第 6 章 视频转场特效 …… 172

（视频演示：25分钟）

6.1 初识转场效果 …… 173
6.2 转场的基本操作 …… 173
6.2.1 添加和删除转场 …… 174
6.2.2 动手学：编辑转场效果 …… 174
6.3 3D Motion（3D过渡）类视频转场 …… 174
6.3.1 Cube Spin（立方体旋转） …… 175
重点 案例实战——立方体旋转 …… 175
6.3.2 Curtain（窗帘） …… 177
6.3.3 Doors（门） …… 178
6.3.4 Flip Over（翻转） …… 178
重点 思维点拨 …… 178
6.3.5 Fold Up（上折叠） …… 179
重点 案例实战——折叠转场 …… 179
重点 答疑解惑：可以同时为多少素材添加一个转场效果？ …… 180
6.3.6 Spin（旋转） …… 181
6.3.7 Spin Away（旋转离开） …… 181
6.3.8 Swing In（摆入） …… 181
重点 案例实战——摆入效果 …… 181
6.3.9 Swing Out（摆出） …… 183
6.3.10 Tumble Away（翻转过渡） …… 183
重点 案例实战——翻转过渡 …… 184
重点 答疑解惑：常用的转场效果有哪些？ …… 185
6.4 Dissolve（溶解）类视频转场 …… 185
6.4.1 Additive Dissolve（附加叠化） …… 185
6.4.2 Cross Dissolve（交叉叠化） …… 186
重点 案例实战——交叉叠化 …… 186
重点 答疑解惑：Cross Dissolve（交叉叠化）转场效果产生的不同效果有哪些？ …… 187
6.4.3 Dip to Black（黑场过渡） …… 187
6.4.4 Dip to White（白场过渡） …… 187
6.4.5 Dither Dissolve（抖动叠化） …… 188
重点 案例实战——抖动叠化 …… 188
重点 答疑解惑：经常使用的转场效果，如何设置为默认？ …… 189
6.4.6 Film Dissolve（胶片叠化） …… 189
6.4.7 Non-Additive Dissolve（无叠加溶解） …… 190
6.4.8 Random Invert（随机反相） …… 190
重点 案例实战——随机反相 …… 191
重点 答疑解惑：随机反相转场效果的反色方块的颜色只能根据素材颜色而变化吗？ …… 192
6.5 Iris（划像）类视频转场 …… 192
6.5.1 Iris Box（盒形划像） …… 192
6.5.2 Iris Cross（交叉划像） …… 193
6.5.3 Iris Diamond（菱形划像） …… 193
6.5.4 Iris Points（点划像） …… 194
6.5.5 Iris Round（圆形划像） …… 194
重点 案例实战——圆形划像 …… 194
重点 答疑解惑：划像效果系列包含多少种转场效果？ …… 196
6.5.6 Iris Shapes（形状划像） …… 196
6.5.7 Iris Star（星形划像） …… 197
6.6 Map（映射）类视频转场 …… 197
6.6.1 Channel Map（通道映射） …… 197
6.6.2 Luminance Map（亮度映射） …… 198

重点 案例实战——亮度映射 198
重点 答疑解惑：亮度映射的映射效果取决于什么？ 199
6.7 Page Peel（卷页）类视频转场 200
6.7.1 Center Peel（中心卷页） 200
6.7.2 Page Peel（卷页） 200
6.7.3 Page Turn（翻转卷页） 201
重点 案例实战——翻转卷页 201
重点 答疑解惑：卷页转场效果常应用于哪些素材上面？ 202
6.7.4 Peel Back（背面卷页） 202
6.7.5 Roll Away（滚动翻页） 202
6.8 Slide（滑动）类视频转场 203
6.8.1 Band Slide（带状滑动） 203
重点 案例实战——带状滑动 203
重点 答疑解惑：带状滑动转场效果的应用有哪些？ 205
6.8.2 Center Merge（中心合并） 205
6.8.3 Center Split（中心分割） 205
6.8.4 Multi-Spin（多重旋转） 206
6.8.5 Push（推动） 206
6.8.6 Slash Slide（斜线滑动） 207
重点 案例实战——斜线滑动转场 207
6.8.7 Slide（滑动） 209
6.8.8 Sliding Bands（滑动条带） 209
6.8.9 Sliding Boxes（滑动盒） 209
6.8.10 Split（分割） 210
6.8.11 Swap（交换） 210
6.8.12 Swirl（漩涡） 211
重点 案例实战——漩涡转场 211
6.9 Special Effect（特殊效果）类视频转场 213
6.9.1 Displace（置换） 213
6.9.2 Texturize（纹理） 213
重点 案例实战——纹理转场 214
6.9.3 Three-D（三次元） 215
6.10 Stretch（伸展）类视频转场 216
6.10.1 Cross Stretch（交叉伸展） 216
6.10.2 Stretch（伸展） 216
6.10.3 Stretch In（伸展进入） 217
重点 案例实战——伸展进入 217
6.10.4 Stretch Over（伸展覆盖） 218
6.11 Wipe（擦除）类视频转场 219
6.11.1 Band Wipe（带状擦除） 219
6.11.2 Band Doors（门式擦除） 219
6.11.3 Checker Wipe（方格擦除） 220
6.11.4 Checker Board（棋盘擦除） 220
重点 案例实战——棋盘擦除 220
6.11.5 Clock Wipe（时钟擦除） 222
6.11.6 Gradient Wipe（倾斜擦除） 223
6.11.7 Insert（插入） 223
6.11.8 Paint Splatter（涂料泼溅） 223
6.11.9 Pinwheel（纸风车） 224
6.11.10 Radial Wipe（射线划变） 224
6.11.11 Random Blocks（随机块） 225
6.11.12 Random Wipe（随机擦除） 225
重点 案例实战——随机擦除转场 225
6.11.13 Spiral Boxes（螺旋盒状） 227
6.11.14 Venetian Blinds（百叶窗） 227
6.11.15 Wedge Wipe（楔形擦除） 227
6.11.16 Wipe（擦除） 228
重点 案例实战——擦除转场 228
6.11.17 Zig-Zag Blocks（Z形块） 230
6.12 Zoom（缩放）类视频转场 230
6.12.1 Cross Zoom（交叉缩放） 230
6.12.2 Zoom（缩放） 231
6.12.3 Zoom Boxes（盒子缩放） 231
6.12.4 Zoom Trails（缩放拖尾） 231
重点 案例实战——缩放拖尾 232
重点 综合实战——多种转场效果 233
第 7 章 调色技术 235
（视频演示：23分钟）
7.1 初识调色 236
7.1.1 什么是色彩设计 236
7.1.2 色彩的混合原理 236
7.1.3 色彩的三大属性 237
7.2 Color Correction（颜色校正）类视频效果 238
7.2.1 Brightness & Contrast（亮度和对比度） 238
7.2.2 Broadcast Colors（广播级色彩） 239
7.2.3 Change Color（更改颜色） 239
重点 案例实战——衣服变色效果 239
重点 答疑解惑：在应用Color To Change（要更改的颜色）时，应该怎样选择？ 241
7.2.4 Change To Color（转换颜色） 241
重点 案例实战——红霞满天 242
重点 技术拓展：巧用红色 242
重点 答疑解惑：怎样让红霞的效果更加真实？ 243
7.2.5 Channel Mixer（通道混合器） 244
7.2.6 Color Balance（色彩平衡） 244
重点 案例实战——蓝调照片效果 244
重点 答疑解惑：利用Color Balance（色彩平衡）效果可以制作其他色调的效果吗？ 246
重点 案例实战——复古风格效果 246
重点 答疑解惑：制作复古风格需要注意哪些问题？ 248
重点 案例实战——Lomo风格效果 248
重点 答疑解惑：Lomo风格的主要色调有哪些？ 250
7.2.7 Color Balance（HLS）（色彩平衡（HLS）） 250
7.2.8 Equalize（色彩均化） 250
7.2.9 Fast Color Corrector（快速色彩校正） 251
重点 案例实战——怀旧质感画卷 252
重点 技术拓展：复古颜色的搭配原则 253

7.2.10 Leave Color（分色）…… 254
重点 案例实战——红色浪漫…… 254
7.2.11 Luma Corrector（亮度校正）…… 257
7.2.12 Luma Curve（亮度曲线）…… 257
7.2.13 RGB Color Corrector（RGB色彩校正）…… 258
重点 案例实战——黑夜变白天…… 259
重点 答疑解惑：可否将白天制作成黑夜的效果？…… 260
7.2.14 RGB Curves（RGB曲线）…… 260
重点 案例实战——变色城堡…… 261
重点 答疑解惑：可以将城堡更换为不同颜色吗？…… 262
7.2.15 Three-Way Color Corrector（三路色彩校正）…… 262
7.2.16 Tint（着色）…… 263
重点 案例实战——版画效果…… 263
重点 答疑解惑：在制作时，可以更换版画和背景颜色吗？…… 266
7.2.17 Video Limiter（视频限幅器）…… 266

7.3 Image Control（图像控制）类视频效果 …… 267
7.3.1 Black & White（黑与白）…… 267
重点 案例实战——黑白照片效果…… 267
7.3.2 Color Balance（RGB）（色彩平衡（RGB））…… 269
重点 案例实战——摩天轮非主流效果…… 269
重点 答疑解惑：非主流效果中常出现哪些物品和效果？…… 272
7.3.3 Color Pass（色彩传递）…… 272
重点 案例实战——阴天效果…… 272
重点 答疑解惑：怎样更好地表现阴天效果？…… 274
7.3.4 Color Replace（色彩替换）…… 274
7.3.5 Gamma Correction（灰度系数校正）…… 274
重点 综合实战——水墨画效果…… 275
重点 技术拓展：中式风格颜色的把握…… 275
重点 思维点拨：颜色搭配“少而精”原则…… 277
重点 答疑解惑：怎样使得水墨的质感更突出？…… 278

第 8 章 文字效果…… 279

（视频演示：43分钟）

8.1 初识字幕文字…… 280
8.1.1 文字的重要性…… 280
8.1.2 字体的应用…… 280

8.2 字幕窗口…… 280
8.2.1 Title Tools（字幕工具）…… 280
8.2.2 【Title（字幕）】面板…… 283
8.2.3 【Title Actions（字幕动作）】面板…… 284
8.2.4 【Title Properties（字幕属性）】面板…… 285
8.2.5 【Title Styles（字幕样式）】面板…… 287
8.2.6 动手学：添加新的字幕样式…… 288

8.3 创建滚动字幕…… 288

8.4 常用文字的制作方法…… 290
8.4.1 基础字幕动画效果…… 290
重点 案例实战——字幕的淡入淡出…… 290
重点 答疑解惑：淡入淡出的效果是什么？…… 292
重点 案例实战——移动字幕动画…… 292
重点 答疑解惑：移动字幕主要应用在哪些方面？…… 294
8.4.2 滚动字幕效果…… 295
重点 案例实战——底部滚动字幕…… 295
重点 答疑解惑：滚动字幕可以表现哪些内容？…… 296
重点 案例实战——自下而上滚动字幕…… 297
重点 答疑解惑：自下而上游动字幕可以应用在哪些地方？…… 299
8.4.3 文字色彩的应用…… 299
重点 案例实战——多彩光泽文字…… 299
重点 答疑解惑：文字色彩的搭配需要注意哪些？…… 301
重点 案例实战——创意纸条文字…… 301
重点 答疑解惑：纸条的制作需要注意哪些问题？…… 303
重点 案例实战——广告宣传文字…… 303
重点 答疑解惑：如何让广告宣传文字更具有吸引力？…… 306
8.4.4 制作三维空间文字…… 306
重点 案例实战——立体背景文字…… 307
重点 答疑解惑：可以调节立方体的颜色和大小吗？…… 309
重点 案例实战——三维文字…… 309
重点 答疑解惑：三维效果在生活中产生的影响有哪些？…… 311
8.4.5 绘制字幕图案…… 311
重点 案例实战——简易图案…… 311
重点 答疑解惑：绘制简易图案的方法有哪些？…… 313
重点 案例实战——积雪文字…… 313
重点 答疑解惑：为什么在文字上的积雪添加模糊效果？…… 316
8.4.6 文字混合模式应用…… 316
重点 案例实战——光影文字…… 316
重点 答疑解惑：文字与光影效果搭配应该注意哪些问题？…… 318
8.4.7 文字与视频特效的结合…… 319
重点 案例实战——光晕背景文字…… 319
重点 答疑解惑：光晕背景所表现的效果是什么？…… 321
重点 案例实战——火焰金属文字…… 322
重点 答疑解惑：黄金金属文字的特点有哪些？…… 324
重点 案例实战——彩板文字…… 324
重点 答疑解惑：彩板文字搭配的方法有哪些？…… 326
重点 案例实战——网格文字…… 326
重点 答疑解惑：网格还可以制作出哪些效果？…… 329
重点 案例实战——星光文字…… 329
重点 答疑解惑：制作各种文字效果的思路方向有哪些？…… 331
重点 综合实战——纪录片片头字幕…… 331
重点 答疑解惑：怎样使画面中的介绍文字更加突出？…… 334

第 9 章 音频处理…… 335

（视频演示：10分钟）

9.1 初识音频 …… 336
重点 思维点拨：什么是音色？ …… 336
9.1.1 初识音频 …… 336
9.1.2 音频的基本操作 …… 336
9.2 Audio Effect（音频特效） …… 337
9.2.1 Balance（均衡） …… 337
9.2.2 Bandpass（选频） …… 338
9.2.3 Bass（低音） …… 338
重点 案例实战——低音效果 …… 338
重点 答疑解惑：音频效果应该如何调节？ …… 339
9.2.4 Channel Volume（声道音量） …… 339
9.2.5 Chorus（和声） …… 339
重点 案例实战——和声效果 …… 339
重点 答疑解惑：和声效果与镶边效果有何不同？ …… 340
9.2.6 DeClicker（喀嚓声消音器） …… 340
9.2.7 DeCrackler（清除爆音） …… 341
9.2.8 DeEsser（清除嘶声） …… 341
9.2.9 DeHummer（清除蜂鸣） …… 341
9.2.10 Delay（延迟） …… 341
重点 案例实战——延迟音频效果 …… 341
重点 答疑解惑：利用延迟音频效果制作回声需要注意哪些问题？ …… 342
9.2.11 DeNoiser（降噪） …… 342
9.2.12 Dynamics（动态） …… 342
9.2.13 EQ（均衡器） …… 343
9.2.14 Fill Left（填充左声道） …… 343
9.2.15 Fill Right（填充右声道） …… 343
9.2.16 Flanger（镶边） …… 343
9.2.17 Highpass（高通） …… 343
9.2.18 Invert（反相） …… 343
9.2.19 Lowpass（低通） …… 343
9.2.20 Multiband Compressor（多频段压缩） …… 344
9.2.21 Multitap Delay（多功能延迟） …… 344
9.2.22 Mute（静音） …… 344
9.2.23 Notch（去除指定频率） …… 344
9.2.24 Parametric EQ（参数均衡） …… 344
9.2.25 Phaser（声道相位） …… 344
9.2.26 PitchShifter（变调） …… 345
9.2.27 Reverb（混响） …… 345
9.2.28 Spectral Noise Redution（频谱降噪） …… 345
9.2.29 Swap Channels（交换声道） …… 345
9.2.30 Treble（高音） …… 345
9.2.31 Volume（音量） …… 346
9.3 Audio Transitions （音频转场） …… 346
9.3.1 Constant Gain（恒定增益） …… 346
9.3.2 Constant Power（恒定功率） …… 346
9.3.3 Exponential Fade（指数淡入淡出） …… 346
9.4 Audio Mixer（音频合成器） …… 347
重点 案例实战——音频的自动控制 …… 348
重点 答疑解惑：制作音频的自动控制有哪些注意事项？ … 349
9.5 音频特效关键帧 …… 349
9.5.1 手动添加关键帧 …… 349
9.5.2 动手学：自动添加关键帧 …… 350
重点 案例实战——改变音频的速度 …… 350
重点 答疑解惑：调音台的主要功能有哪些？ …… 350
重点 案例实战——声音的淡入淡出 …… 351
重点 答疑解惑：声音淡入淡出的主要功能是什么？ …… 351

第 10 章 关键帧动画和运动特效 …… 353

（视频演示：43分钟）

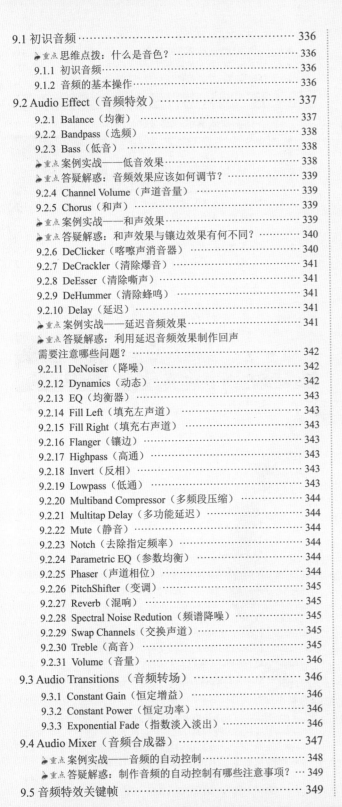

10.1 初识关键帧 …… 354
重点 思维点拨：什么是帧？ …… 354
10.2 【Effect Controls（效果控制）】面板 …… 354
10.2.1 效果控制面板参数的显示与隐藏 …… 354
10.2.2 设置参数值 …… 355
10.3 创建与查看关键帧 …… 355
10.3.1 创建添加关键帧 …… 355
10.3.2 查看关键帧 …… 357
10.4 编辑关键帧 …… 357
10.4.1 选择关键帧 …… 357
10.4.2 移动关键帧 …… 358
10.4.3 复制、粘贴关键帧 …… 358
重点 技术拓展：快速复制与粘贴关键帧 …… 359
10.4.4 删除关键帧 …… 359
10.5 【Effect Controls（效果控制）】面板参数 …… 360
10.5.1 Position（位置）选项 …… 361
重点 案例实战——电影海报移动效果 …… 361
重点 答疑解惑：制作多个图片移动效果时需注意哪些事项？ …… 363
10.5.2 Scale（比例）选项 …… 363
重点 案例实战——计算机图标移动 …… 364
重点 答疑解惑：制作计算机图标移动需要注意哪些问题？ …… 366
重点 案例实战——倒计时画中画效果 …… 366
10.5.3 Rotation（旋转）选项 …… 368
重点 案例实战——气球升空效果 …… 369
重点 答疑解惑：制作气球升空效果时需要注意哪些问题？ …… 370
10.5.4 Anchor Point（锚点）选项 …… 370
重点 案例实战——旋转风车效果 …… 371
重点 答疑解惑：关键帧的作用有哪些？ …… 372
重点 案例实战——花朵动画效果 …… 372
重点 答疑解惑：制作关键帧动画需要注意哪些问题？ …… 375
10.5.5 Anti-flicker Filter（抗闪烁过滤）选项 …… 375
10.5.6 Opacity（不透明度）选项 …… 375
重点 案例实战——动画的不透明度 …… 375
重点 案例实战——水墨文字的淡入效果 …… 377
重点 案例实战——产品展示广告 …… 380

重点 答疑解惑：产品展示广告的优势有哪些？…… 382
10.5.7 Time Remapping（时间重置）选项 …… 382
10.6 关键帧插值的使用…… 382
10.6.1 空间插值 …… 382
10.6.2 空间插值的修改及转换 …… 383
10.6.3 临时插值 …… 383
10.6.4 临时插值的修改及转换 …… 384
10.7 关键帧动画的综合应用 …… 385
重点 综合实战——花枝生长效果…… 385
重点 答疑解惑：如何修改关键帧的位置和参数？…… 387
重点 综合实战——地球旋转效果…… 387
重点 答疑解惑：本例主要利用哪些方法制作？…… 389
重点 综合实战——天空岛合成…… 389
重点 答疑解惑：缩放的等比缩放作用有哪些？…… 392
重点 综合实战——音符效果…… 392
重点 答疑解惑：可以根据音符飞出效果扩展哪些思路？… 395
重点 综合实战——动态彩条效果…… 395
重点 答疑解惑：制作动态彩条效果需要注意哪些问题？… 397
重点 综合实战——高空俯视效果…… 397
重点 答疑解惑：如何制作好穿越云层效果？…… 400
第 11 章 抠像与合成……401
11.1 初识抠像…… 402
11.1.1 什么是抠像 …… 402
11.1.2 抠像的原理 …… 402
11.2 常用Keying（键控）技术…… 402
11.2.1 Alpha Adjust（Alpha 调整） …… 403
11.2.2 Blue Screen Key（蓝屏键） …… 403
11.2.3 Chroma Key（色度键） …… 403
重点 案例实战——创意广告合成…… 404
重点 思维点拨：巧用比例效果…… 405
11.2.4 Color Key（颜色键） …… 406
重点 案例实战——飞鸟游鱼效果…… 406
重点 答疑解惑：在抠除蓝色的天空时需注意哪些？…… 407
11.2.5 Difference Matte（差异遮罩） …… 407
11.2.6 Eight-Point Garbage Matte（8点蒙版扫除） …… 408
11.2.7 Four-Point Garbage Matte（4点蒙版扫除） …… 408
11.2.8 Image Matte Key（图像遮罩键） …… 409
11.2.9 Luma Key（亮度键） …… 409
11.2.10 Non Red Key（非红色键） …… 409
11.2.11 RGB Difference Key（RGB差异键） …… 410
11.2.12 Remove Matte（移除蒙版键） …… 410
11.2.13 Sixteen-Point Garbage Matte（16点蒙版扫除）…… 410
11.2.14 Track Matte Key（轨道遮罩键） …… 411
重点 案例实战——蝴蝶跟踪效果…… 411
重点 答疑解惑：可否更换遮罩形状？…… 413
11.2.15 Ultra Key（极致键） …… 413
重点 案例实战——人像海报合成…… 414
重点 技术拓展：构图的重要性…… 415
重点 答疑解惑：在抠像中选色的原则有哪些？…… 416
第 12 章 常用效果综合运用……417
（视频演示：20分钟）
重点 综合实战——MV播放字幕效果…… 418
重点 答疑解惑：制作MV播放字幕效果需要注意哪些问题？…… 420
重点 综合实战——水波倒影效果…… 420
重点 综合实战——环境保护宣传…… 422
重点 综合实战——牛奶饮料…… 425
重点 综合实战——雪糕广告…… 429
第 13 章 输出影片……433
13.1 初识输出影片…… 434
13.1.1 什么是输出影片 …… 434
13.1.2 为什么需要输出影片 …… 434
13.2 Export（导出）菜单…… 434
13.3 Adobe媒体编码器…… 435
重点 思维点拨：什么是流媒体？…… 435
13.4 输出设置对话框…… 436
13.4.1 【Output Preview（输出预览）】窗口 …… 437
13.4.2 【Output Preset（输出预置）】面板…… 437
13.4.3 【Extended Parameters（扩展参数）】面板…… 438
13.5 Adobe Media Encoder渲染输出 …… 439
重点 思维点拨：Adobe Media Encoder的作用…… 439
13.5.1 初识Adobe Media Encoder…… 439
13.5.2 【Queue（队列）】面板 …… 440
13.5.3 【Preset Browser（预设浏览器）】面板 …… 440
13.5.4 【Watch Folders（监视文件夹）】面板…… 441
13.5.5 【Encoding（编码）】面板…… 441
13.6 Adobe Media Encoder菜单…… 441
13.7 输出视频文件…… 443
重点 案例实战——输出WMV格式的流媒体文件 …… 443
重点 答疑解惑：视频为什么在计算机上看有锯齿？…… 444
重点 案例实战——输出AVI视频文件…… 444
重点 答疑解惑：为什么输出几秒的AVI格式视频，文件会那么大？…… 445
重点 案例实战——输出QuickTime文件 …… 445

13.8 输出图像文件 446
重点 案例实战——输出单帧图像 446
重点 答疑解惑：输出的单帧图像有哪些作用？ 447
重点 案例实战——输出静帧序列文件 447
重点 案例实战——输出GIF动画文件 448
重点 答疑解惑：为什么在输出的时候提示磁盘空间不足？ 449
13.9 输出音频文件 449
重点 案例实战——输出音频文件 449
重点 答疑解惑：是否可以将视频中的音频输出？ 450
重点 技术拓展：借助视频转换软件更改格式或大小 450
第 14 章 MV剪辑 452
（视频演示：11分钟）
14.1 了解MV 453
14.1.1 什么是MV 453
14.1.2 MV的作用 453
重点 综合实战——MV剪辑效果 453
重点 技术专题——找到剪切点的方法 454
重点 技术专题——剪辑需注意旋律感 456
重点 技术专题——镜头的拍摄方式 458
第 15 章 产品广告 459
15.1 了解广告 460
15.1.1 广告设计 460
15.1.2 广告的作用 460
重点 综合实战——巧克力广告 460
第 16 章 创意招贴 464
（视频演示：11分钟）
16.1 了解招贴 465
16.1.1 创意在招贴中的重要性 465
16.1.2 招贴的特征 465
重点 综合实战——创意招贴效果 465
第 17 章 电子相册 470
17.1 了解电子相册 471
17.1.1 电子相册的应用 471
17.1.2 制作电子相册 471
重点 综合实战——电子相册效果 471
第 18 章 旅游片头 485
重点 综合实战——旅游片头效果 486

第1章

理论知识大讲堂

本章内容简介：

在学习视频编辑前，首先需要了解编辑视频过程中所应用到的知识，这样才能更好地理解和编辑作品。本章介绍了视频的格式制式、视频编辑术语和编辑类型，以及画面和声音的组接技巧等。

本章学习要点：

- 了解视频基本知识
- 了解非线性编辑基本知识
- 了解视频采集基础
- 了解蒙太奇的概念
- 了解Premiere三大要素

1.1 视频概述

1.1.1 什么是视频

连续的图像变化每秒超过24帧（frame）画面时，根据视觉暂留原理，人眼无法辨别单幅的静态画面，看上去是平滑连续的视觉效果，这样连续的画面叫做视频。

视频技术最早是为了电视系统而发展，但是现在已经发展为各种不同的格式，以利于消费者将视频记录下来。网络技术的发达也促使视频的纪录片段以串流媒体的形式存在于因特网之上，并可被计算机接收与播放。视频与电影属于不同的技术，后者是利用照相术将动态的影像捕捉为一系列的静态照片。

1.1.2 电视制式简介

世界上主要使用的电视广播制式有PAL、NTSC和SECAM三种，在中国大部分地区使用PAL制式，日本、韩国及东南亚地区，欧洲、美国等地区和国家使用NTSC制式，俄罗斯则使用SECAM制式。因此在中国大陆市场上买到的正式进口的DV产品也都是PAL制式。

电视信号的标准也称为电视的制式。目前各国的电视制式不尽相同，制式的区分主要在于其帧频（场频）、分解率、信号带宽、载频和色彩空间的转换关系不同等。电视制式就是用来实现电视图像信号和伴音信号，或其他信号传输的方法，和电视图像的显示格式，以及这种方法和电视图像显示格式所采用的技术标准。

严格来说，彩色电视机的制式有很多种，例如我们经常听到国际线路彩色电视机，一般都有21种彩色电视制式（但把彩色电视制式分得很详细来学习和讨论，并没有实际意义）。在人们的一般印象中，彩色电视机的制式一般只有3种，即NTSC、PAL、SECAM，它们的区别如图1-1所示。

NTSC制式	兼容性好，成本低，色彩不稳定
PAL制式	性能最佳，成本高，色彩效果好
SECAM制式	性能介于以上两者之间

图1-1

NTSC制

正交平衡调幅制——National Television Systems Committee，简称NTSC制。它是1952年由美国国家电视标准委员会指定的彩色电视广播标准，它采用正交平衡调幅的技术方式，故也称为正交平衡调幅制。美国、加拿大等大部分西半球国家以及中国台湾地区、日本、韩国、菲律宾等均采用这种制式。这种制式的帧速率为29.97fps（帧/秒），每帧525行262线，标准分辨率为720×480。

PAL制

正交平衡调幅逐行倒相制——Phase-Alternative Line，简称PAL制。它是德国在1962年指定的彩色电视广播标准，它采用逐行倒相正交平衡调幅的技术方法，克服了NTSC制相位敏感造成色彩失真的缺点。德国、英国等一些西欧国家，新加坡、中国大陆及香港、澳大利亚、新西兰等采用这种制式。这种制式帧速率为25fps，每帧625行312线，标准分辨率为720×576。

SECAM制

行轮换调频制——Sequential Coleur Avec Memoire，简称SECAM制。它是顺序传送彩色信号与存储恢复彩色信号制，由法国在1956年提出、1966年制定的一种新的彩色电视制式。它也克服了NTSC制式相位失真的缺点，但采用时间分隔法来传送两个色差信号。采用这种制式的有法国、东欧等一些国家。这种制式帧速率为25fps，每帧625行312线，标准分辨率为720×576。

1.1.3 数字视频基础

数字视频就是先用摄像机之类的视频捕捉设备，将外界影像的颜色和亮度信息转变为电信号，再记录到存储介质（如录像带）中。它以数字形式记录视频，和模拟视频是相对的。数字视频有不同的产生方式、存储方式和播出方式。比如通过数字摄像机直接产生数字视频信号，存储在数字带、P2卡、蓝光盘或者磁盘上，从而得到不同格式的数字视频。然后通过PC、特定的播放器等播放出来。

为了存储视觉信息，模拟视频信号的山峰和山谷必须通过模拟/数字（A/D）转换器来转变为数字的0或1。这个转变过程就是我们所说的视频捕捉（或采集过程）。如果要在电视机上观看数字视频，则需要一个从数字到模拟的转换器将二进制信息解码成模拟信号，才能进行播放。

1.1.4 视频格式

常用的视频格式非常多，掌握每个视频格式的特点和优劣对于我们学习Premiere是非常重要的。

- MPEG/MPG/DAT：MPEG是Motion Picture Experts Group 的缩写。这类格式包括了MPEG-1、MPEG-2 和MPEG-4在内的多种视频格式。其中MPEG-1是第一个官方的视频音频压缩标准，在VCD中被广泛采用。其中的音频压缩的第三级（MPEG-1 Layer3）简称MP3，是比较流行的音频压缩格式。MPEG-2是广播质量的视频、音频和传输协议。常用于无线的数字电视、数字卫星电视、数字有线电视以及DVD视频光盘技术中。MPEG-4是2003年发布的视频压缩标准，主要是扩展MPEG-1、MPEG-2等标准以支持视频/音频对象的编码、3D内容、低比特率编码和数字版权管理等。
- AVI：AVI是音频视频交错（Audio Video Interleaved）的英文缩写。AVI是由微软公司推出的视频格式。其优点是调用方便、图像质量好，可以跨多个平台使用，但缺点是文件体积过于庞大。
- RM：RM，是Real Networks公司所制定的音频/视频压缩规范Real Media中的一种，Real Player能做的就是利用Internet资源对这些符合Real Media技术规范的音频/视频进行实况转播。
- MOV：使用过Mac机的朋友应该多少接触过QuickTime。QuickTime原本是Apple公司用于Mac计算机上的一种图像视频处理软件。QuickTime提供了两种标准图像和数字视频格式，即可以支持静态的PIC和JPG图像格式，动态的基于Indeo压缩法的MOV和基于MPEG压缩法的MPG视频格式。
- ASF：ASF（Advanced Streaming format，高级流格式）。ASF是微软公司为了和现在的Real Player 竞争而发展出来的一种可以直接在网上观看视频节目的文件压缩格式。
- WMV：一种独立于编码方式的、在Internet上实时传播多媒体的技术标准，微软公司希望用其取代QuickTime之类的技术标准以及WAV、AVI之类的文件扩展名。
- nAVI：如果你发现原来的播放软件突然打不开此类格式的AVI文件，那你就要考虑是不是碰到了nAVI。nAVI是New AVI 的缩写，是一个名为Shadow Realm 的地下组织发展起来的一种新视频格式。
- DivX：这是由MPEG-4 衍生出的另一种视频编码（压缩）标准，它采用了MPEG-4的压缩算法，同时又综合了MPEG-4与MP3各方面的技术。即使用DivX压缩技术对DVD盘片的视频图像进行高质量压缩，同时用MP3或AC3对音频进行压缩，然后再将视频与音频合成并加上相应的外挂字幕文件而形成的视频格式。
- RMVB：这是一种由RM视频格式升级延伸出的新视频格式，它的先进之处在于RMVB视频格式打破了原先RM格式那种平均压缩采样的方式，在保证平均压缩比的基础上合理利用比特率资源，就是说静止和动作场面少的画面场景采用较低的编码速率，这样可以留出更多的带宽空间，而这些带宽会在出现快速运动的画面场景时被利用。
- FLV：FLV是随着Flash MX的推出发展而来的新的视频格式，其全称为Flash Video，是在 Sorenson 公司的压缩算法的基础上开发出来的。
- MP4：手机常用视频。
- 3GP：是一种3G流媒体的视频编码格式，是MP4格式的一种简化版本。
- AMV：一种MP4专用的视频格式。

1.2 非线性编辑概述

非线性编辑是相对于传统上以时间顺序进行线性编辑而言的。非线性编辑借助计算机来进行数字化制作，几乎所有的工作都在计算机中完成，不再需要那么多的外部设备，对素材的调用也是瞬间实现，不用反反复复在磁带上寻找，突破单一的时间顺序编辑限制，可以按各种顺序排列，具有快捷简便、随机的特性。非线性编辑只要上传一次就可以多次的编辑，信号质量始终不会变低，所以节省了设备、人力，提高了效率。非线性编辑需要专用的编辑软件、硬件，现在绝大多数的电视、电影制作机构都采用了非线性编辑系统。

非线性编辑是针对线性编辑而言的，在传统的电视节目制作中，电视编辑是在编辑机上进行的。编辑机通常由一台放像机和一台录像机组成，编辑人员通过放像机选择一段合适的素材，然后把它记录到录像机中的磁带上，再寻找下一个镜头，接着进行记录工作，如此反复操作，直至把所有合适的素材按照节目要求全部顺序记录下来。

思维点拨：非线性编辑的特点

磁带的记录画面是按照顺序的，无法再插入一个镜头，也无法删除一个镜头，这种编辑方式就叫做线性编辑，是不可逆的，因此限制非常多，导致编辑效率非常低。

而非线性编辑则是应用计算机图像技术，在计算机中对各种原始素材进行各种编辑操作，并将最终结果输出到计算机硬盘、磁带、录像带等记录设备上的一系列完整过程。可以任意地对素材进行修改（包括顺序的更改），因此非线性编辑的效率是非常高的。

1.3 视频采集基础

视频采集（Video Capture）把模拟视频转换成数字视频，并按数字视频文件的格式保存下来。所谓视频采集就是将模拟摄像机、录像机、LD视盘机、电视机输出的视频信号，通过专用的模拟、数字转换设备，转换为二进制数字信息的过程。在视频采集工作中，视频采集卡是主要设备，它分为专业和家用两个级别。专业级视频采集卡不仅可以进行视频采集，还可以实现硬件级的视频压缩和视频编辑。家用级的视频采集卡只能做到视频采集和初步的硬件级压缩，而更为“低端”的电视卡，虽可进行视频的采集，但它通常都省却了硬件级的视频压缩功能。

一般来说，使用Premiere进行采集，可以分为以下三大步骤：

安装

DV机上一般都有两个连接计算机的接口，其中一个是接串口或者接USB口的，这个一般是采集静像用的（有些带MPEG-1压缩的DV可以通过USB口采集MPEG-1格式，不过效果较差），另外一个就是我们采集DV视频要用到的1394口了，全称是IEEE1394，也叫FIRELINE（火线），SONY机上叫I.LINK，在DV机上是4针的小口，一般计算机上的1394口是个6针的大口。

思维点拨：什么是IEEE1394？

IEEE1394是在苹果计算机构想的局域网中，由IEEE1394工作组开发出来的，是一种外部串行总线标准。IEEE1394的全称是 IEEE1394 Interface Card，有时被简称为1394，其Backplane版本可以达到12.5Mbps、25 Mbps、50Mbps的传输速率，Cable 版本可以达到100Mbps、200 Mbps和400Mbps的传输速率，将来会推出1Gbps的传输速率技术。

软件准备

安装Premiere软件，视频采集对计算机的要求并不是很高，一般的赛扬CPU，5400转硬盘都可以做到不掉帧，不建议使用笔记本电脑进行采集，因为配置相对较低，容易产生掉帧现象。

开始采集

设备连接好，并打开Premiere 软件后，选择【File（文件）】/【Capture（采集）】命令，接着选择采集的格式，一般选择MPEG或AVI格式，单击采集按钮即可采集，如图1-2所示。

读书笔记

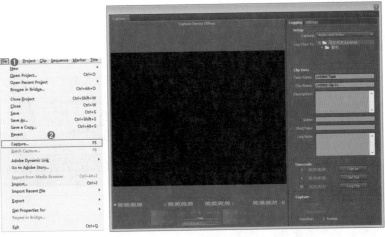

图1—2

1.4 蒙太奇

蒙太奇是音译的外来语，原为建筑学术语，意为构成、装配。这个概念最早被延伸到电影艺术中，后来逐渐在视觉艺术等衍生领域被广为运用。简要地说，蒙太奇就是根据影片所要表达的内容，和观众的心理顺序，将一部影片分别拍摄成许多镜头，然后再按照原定的构思组接起来。由此可知，蒙太奇就是将摄影机拍摄下来的镜头，按照生活逻辑、推理顺序、作者的观点倾向及其美学原则联结起来的手段。是一种有意涵的时空人地拼贴剪辑手法。如图1-3所示为电影中的蒙太奇运用。

图1—3

1.4.1 镜头组接基础

镜头组接，就是将电影或者电视里面单独的画面有逻辑、有构思、有意识、有创意和有规律地连贯在一起。完善的镜头组接可以形成一部精彩的电影或电视剧。当然，在电影和电视的组接过程中还有很多专业的术语，如电影蒙太奇手法画面组接的一般规律：动接动、静接静和声画统一等。

还有一个概念需要我们了解，那就是运动摄像，就是利用摄像机在推、拉、摇、移、跟、甩等形式的运动中进行拍摄的方式，是突破画面边缘框架的局限、扩展画面视野的一种方法。运动摄像符合人们观察事物的视觉习惯，以渐次扩展、集中、或者逐一展示的形式表现被拍摄物体，其时空的转换均由不断运动的画面来体现，完全同客观的时空转换相吻合。在表现固定的景物或者人物的时候，运用运动镜头技巧还可以改变固定景物为活动画面，增强画面的活力。

1.4.2 镜头组接蒙太奇

镜头组接蒙太奇的手法很多，主体可以概括为3类，分别是固定镜头之间的组接、运动镜头之间的组接、固定镜头和运动镜头组接。

静接静

固定镜头之间的组接，简称静接静 。静接静是最为常用的镜头组接类型之一，可以很好地体现两个相对静态的画面，如图1-4所示。

图1－4

动接动

运动镜头之间的组接，简称动接动，常用来体现运动和速度的画面，如图1-5所示。

图1－5

静接动

固定镜头和运动镜头组接，简称静接动，常用来体现对比的画面，如图1-6所示。

图1－6

1.4.3 声画组接蒙太奇

在时空动态中，声画匹配的声音构成方法叫做声音蒙太奇。所谓声音蒙太奇，可以理解为声音的剪辑，但这只是表层意思，它的深层含义其实是声音构成。声音分为画内和画外两种。电影声音蒙太奇，就是声音、时间和空间的各种不同形态的排列和组合，可以创造出以下几种相对的时空结构关系：时间非同步关系；空间同步关系、空间非同步关系；心理同步关系和心理非同步关系。

1.4.4 声音蒙太奇技巧

声音蒙太奇是通过声音组接来实现的，其主要的技巧手法有6种，分别为声音的切入/切出、声音延续、声音导前、声音渐显/渐隐、声音的重叠和声音的转场。

- 声音的切入/切出与镜头组接中切入/切出的方式一样，就是一种声音突然消失，另一种声音突然出现。这种切换方式通常与画面切换一致，有时也可进行特殊的时空转换。在声画合一的场合里，均采用声音的切入/切出技术进行声音转换。
- 画面切换后，前一镜头中画面声源形象所发出的声音连续下去，以画外音的形式出现于下一镜头，称为声音延续。这种延续可以使上一镜头的情绪或气氛不至于因镜头转换而突然中断，而是逐渐消失并转变的，这样的声音切换也有助于镜头转换的流畅性。
- 画面切换前，后一镜头中画面的声源形象所发出的声音提前出现在前一镜头中，称为声音导前。声音先于画面中声源形象的出现可以给观众带来预感，使他们有足够的心理准备去注意和接受新画面中的信息。声音导前方式也常常用于交代前后两个场景的内在联系。
- 声音的渐显/渐隐过渡手法与镜头组接中淡入/淡出类似，它是指声音出现后，音量逐渐增强和音量逐渐减弱，直至消失的叠加方式。这种方式主要用于时空段落的转换，即前一场景的声音淡出，后一场景的声音淡入。同时，声音的渐显/渐隐过渡手法也是表现声音运动感的必要手段。
- 声音的重叠与画面重叠一样，是指将一个以上的相同或不同内容、不同质感的声音素材叠加在一起。几个声音可以是同时出现式的重叠，也可以是上一场景的声音延续与下一场景的声音重叠呈现或后一场景的声音导前与前一场景的声音重叠。声音重叠的运用不仅丰富了声音的内容，也大大加强了声音力度和声像的立体效果。

- 声音的转场是一种当段落场景转换时，利用前一场景结束而后一场景开始时声音的相同或相似性，作为过渡因素进行前后镜头组接的声音蒙太奇方式。这种转场手法较为生动、流畅和自然。

1.5 Premiere 三大要素

在利用Premiere制作视频时，有三大元素是必须要掌握的，分别是画面、声音和色彩。画面用来展示给观众视觉上的冲击，是最直观的感受。声音用来给观众听觉上的感受，可以调和画面的气氛。色彩是画面的组成部分，是体现视频情感的重要元素。

1.5.1 画面

无论在电影还是在电视，或者其他视频形式中，画面都是传达信息的主要媒介，是叙述故事情节，表达思想感情的主要方式。Premiere是编辑和处理视频的非常重要的软件，在其中我们可以加载字幕、特效、调色等，使画面变得生动、丰富，如图1-7所示。

1.5.2 声音

声音在Premiere中是无法看到变化的， 需要通过听觉去判断。跟画面一样，也可以为其添加特效等，使其变得更加适合当前的画面、情绪，如图1-8所示。

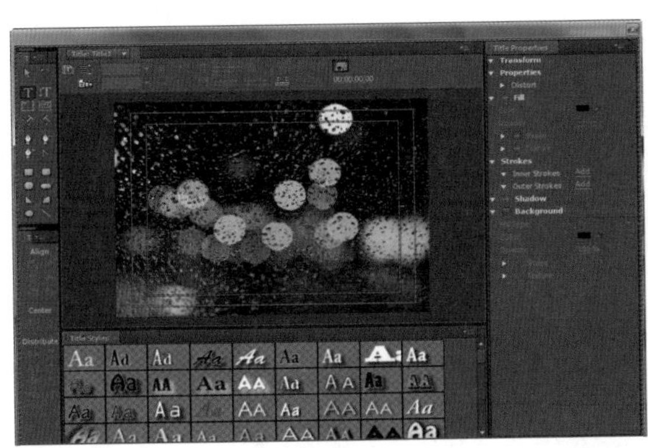

图1—7

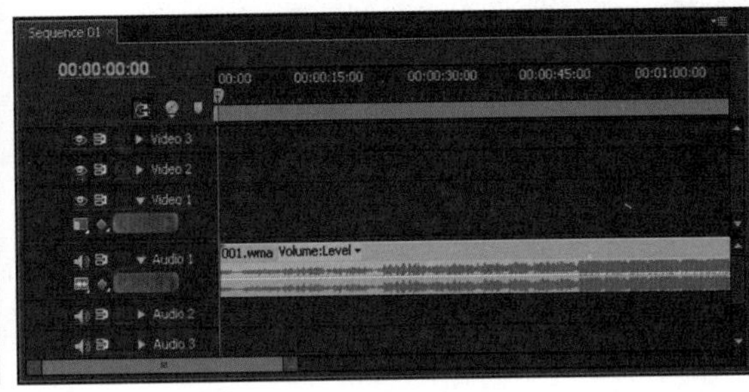

图1—8

1.5.3 色彩

色彩可以表达情感，是情感传递的一个非常重要的部分。不同的画面颜色可以产生不同的感受。如图1-9所示分别为体现梦幻和静谧的色彩。

如图1-10所示分别为体现清爽和雅致的色彩。

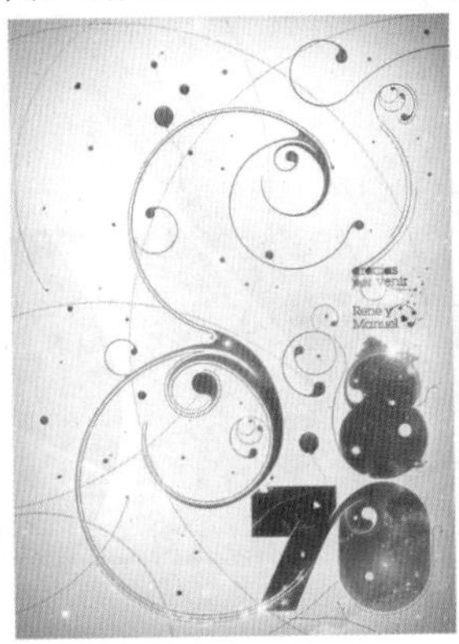

图1—9

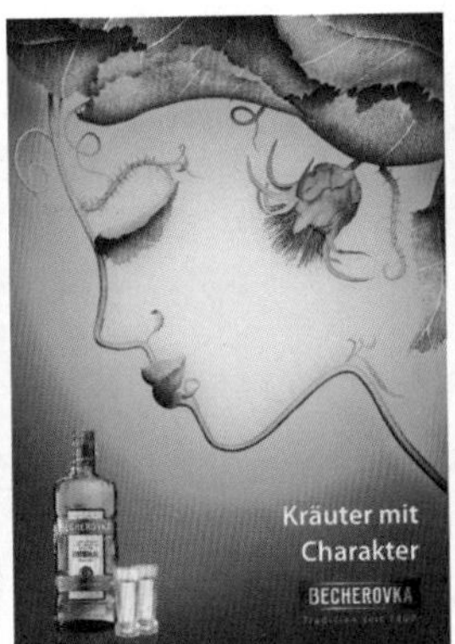

图1—10

三原色

光线会越加越亮，两两混合可以得到更亮的中间色：黄（yellow），青（cyan），品红（magenta或者叫洋红、红紫），3种等量组合可以得到白色。

补色指完全不含另一种颜色，红和绿混合成黄色，因为完全不含蓝色，所以黄色就是蓝色的补色。两个等量补色混合也形成白色。红色与绿色经过一定比例混合后就是黄色了。所以黄色不能称为三原色，如图1-11所示。

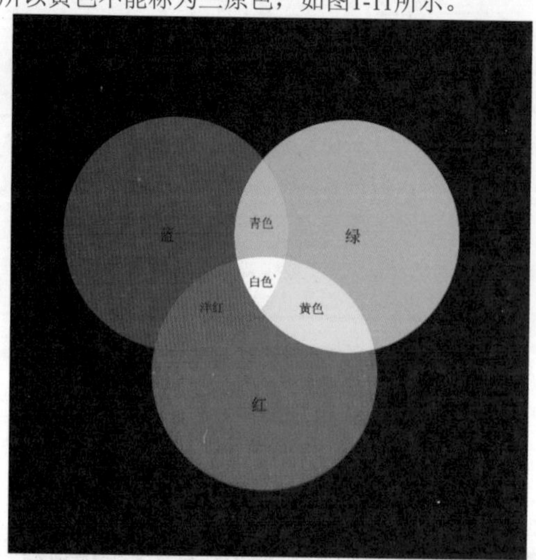

图1-11

色彩的三属性：色相、明度、纯度

- **色相**：即每种色彩的相貌、名称，如红、橘红、翠绿、草绿、群青等。色相是区分色彩的主要依据，是色彩的最大特征，如图1-12所示。色相的称谓，即色彩与颜料的命名有多种类型与方法。

图1-12

- **明度**：即色彩的明暗差别，也即深浅差别，如图1-13所示。色彩的明度差别包括两个方面：一是指某一色相的深浅变化，如粉红、大红、深红，都是红，但一种比一种深。二是指不同色相间存在的明度差别，如六标准色中黄最浅，紫最深，橙和绿、红和蓝处于相近的明度之间。

图1-13

- **纯度**：即各色彩中包含的单种标准色成分的多少。纯色色感强，即色度强，所以纯度亦是色彩感觉强弱的标志，如非常纯粹的蓝色和较灰的蓝色，如图1-14所示。

图1-14

画面用色规律

颜色丰富虽然看起来会吸引人，但是一定要把握住少而精的原则，即颜色搭配尽量要少，这样画面会显得较为整体、不杂乱。当然，特殊情况除外，比如要体现绚丽、缤纷、丰富等色彩时，色彩需要多一些。一般来说，一张图像中色彩不宜太多，不宜超过5种，如图1-15所示。

图1-15

若颜色过多，虽然显得很丰富，但是会感觉画面很杂乱、跳跃、无重心，如图1-16所示。

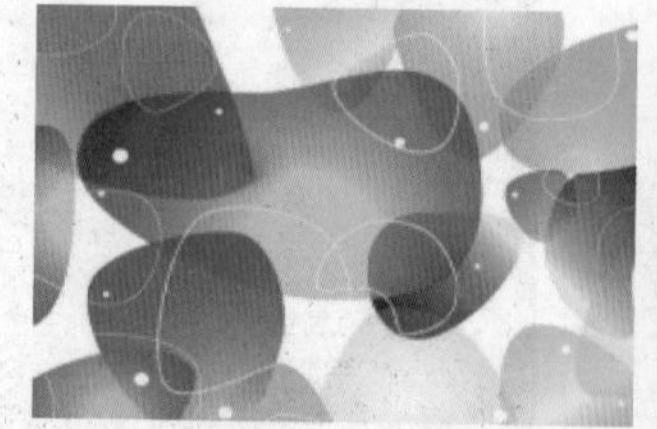

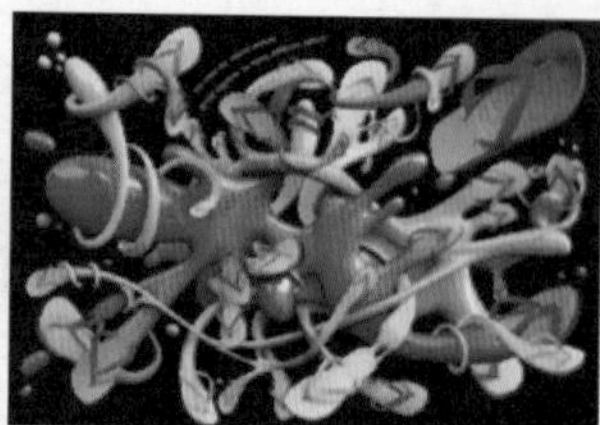

图1-16

本章小结

在编辑视频过程中，需要了解所应用到的知识和编辑技巧。通过本章学习，可以了解包括视频制式、蒙太奇技巧和Premiere的三大要素等概念，以更好地理解和编辑作品，制作出更加完美的效果。

读书笔记

第2章

初识Premiere Pro CS6

本章内容简介：

在学习使用Adobe Premiere Pro CS6软件之前，需要了解该软件的工作界面。了解Adobe Premiere Pro CS6的新特性和系统要求。掌握菜单栏的各项菜单功能，以及各个窗口和面板的作用。

本章学习要点：

- 了解Adobe Premiere Pro CS6界面分布
- 了解Adobe Premiere Pro CS6新特性和系统要求
- 了解Adobe Premiere Pro CS6菜单栏
- 了解Adobe Premiere Pro CS6窗口和面板

2.1 Adobe Premiere Pro CS6的工作界面

Adobe Premiere Pro是目前最流行的非线性编辑软件，其操作简洁、速度较快。本章将重点讲解Adobe Premiere Pro CS6的界面分布、菜单栏、窗口、面板等。如何熟练掌握界面分布、菜单栏、窗口、面板的设置，以及相应的操作方法是非常重要的，可以更快地提高我们的工作效率。

如图2-1所示为Adobe Premiere Pro CS6的启动界面。

在打开的界面中由于使用Adobe Premiere Pro CS6的目的不同，可以分为几种界面模式。选择菜单栏中的【Window（窗口）】/【Workspace（工作区）】命令，即可在其子菜单中选择合适的工作界面，如图2-2所示。

图2—1

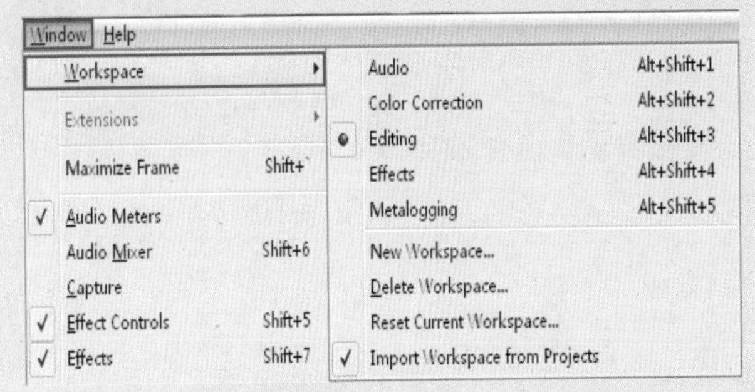

图2—2

2.1.1 Edit（编辑）模式下的界面

在Edit（编辑）模式的界面下，Monitor（监视器）和Timelines（时间线）窗口是主要的工作区域，更适合剪辑使用，如图2-3所示。

2.1.2 Color Correction（色彩校正）模式下的界面

在Color Correction（色彩校正）模式下的界面中，Timelines（时间线）窗口被压缩，新增加一个Peference（参考）窗口，以随机观察色彩变化前后的效果，如图2-4所示。

图2—3

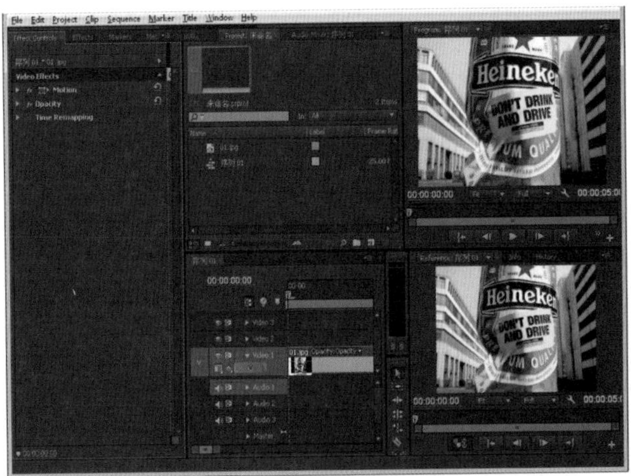

图2—4

2.1.3 Audio（音频）模式下的界面

在Audio（音频）模式下的界面中，会出现Audio mixer（调音台）窗口和Toll（工具）面板，方便对音频进行编辑和使用工具进行剪辑，如图2-5所示。

2.1.4 Effects（特效）模式下的界面

在Effects（特效）模式下的界面中，会出现Effect Controls（效果控制）面板和Effects（效果）窗口，可以方便地为素材添加特效，并在Effect Controls（效果控制）面板中调整相关参数，如图2-6所示。

图2－5

图2－6

在上面这些界面中，用户可以根据个人习惯随意组合，并且保存起来，以方便随时调用。选择菜单栏中的【Window（窗口）】/【Workspace（工作区）】命令，可以进行界面修改、保存和调用等操作。

2.2 Adobe Premiere Pro CS6的新功能和系统要求

2.2.1 Premiere Pro CS6新功能

Adobe Premiere Pro CS6软件结合了许多新的功能，包括能够处理最新的手机、DSLR、HD 和 RAW 格式；做到实时编辑、裁剪和调整效果；稳定晃动的素材；享受优美的改进用户界面并扩大了多机支持。

简化而高度直观的用户界面

拥有高度直观的可自定义界面，可以查看更多的视频并且减少杂乱。在新的监视面板中含有可以自定义的按钮栏。新的项目面板更侧重于媒体资料，允许拖曳、剪辑和标记。新的音频跟踪和改进的调音器面板，使处理声音变得更加容易。

动态时间轴剪切

采用全新而先进的剪切工具提高编辑精度。可以直接使用快捷键【J、K、L】在时间轴中或者在Program Monitor（节目监视器）中进行动态剪切。

Warp Stabilizer 效果

新的强大技术，能轻松地使晃动的相机变为平稳并自动锁定镜头。新的GPU加速Warp Stabilizer可消除抖动和滚动式快门伪像以及其他与运动相关的异常情况。

扩展的多机编辑

可以采用多个相机拍摄的多机素材，能快速方便地编辑。通过时间码同步，在两个轨道之间实时切换，并跨多个镜头调整颜色。

更直观的三法颜色校正器

使用更直观的三法颜色校正器更好地管理项目中的颜色，精确地校正主颜色和辅助颜色。使用 Adobe Photoshop 风格的自动校正功能可以即时改进视频图像的质量。

新的调整图层

应用跨多个剪辑的效果。在CS6版本中可以创建调整图层（与 Photoshop 和 After Effects 中的类似），并将效果应用于轨道中后续的剪辑。这样可以方便地创建蒙版，以调整某个镜头的所选区域。

改进的可自定义监视面板

为了更流畅地工作和编辑，可以按照个人习惯的方式选择在监视面板中显示或隐藏哪些按钮。

更快速的项目面板工作流程

使用重新设计的项目面板，可以比以前更方便地查看、排序媒体。通过设置切入和出点可以调整素材长度，通过缩览图大小功能，可以更快地进行编辑。

新的相机支持

支持最新视频相机（包括ARRI Alexa、Canon Cinema EOS C300、RED EPIC和RED Scarlet-X相机）拍摄的素材。可以立即开始编辑，无须转码或重新打包素材。

增强而灵活的音频跟踪

自由组合剪辑单声道和立体声。更先进的音频工作流程，新的多通道主音轨可方便地导出到多通道文件类型。

Adobe Prelude CS6 集成

新的Adobe Prelude CS6 集成。使用 Adobe Prelude能高效地记录素材，添加注释和标志符，能创建可导入 Adobe Premiere Pro 的粗略剪切内容。注释和标志符与媒体关联。

Adobe SpeedGrade CS6 集成

新的Adobe SpeedGrade CS6 集成。能将Adobe Premiere Pro 序列方便地导出到 SpeedGrade CS6，可以方便地处理分级任务，如匹配快照，并创建一致的细微颜色，能在视觉上增强项目效果。

不间断播放

编辑、应用滤镜和调整其参数全部可以在播放过程中完成。借助 Mercury Playback Engine，可通过循环播放和实时调整参数动态预览视频。（可能需要受支持的GPU）

新的 Preset Browser

在 Adobe Media Encoder CS6 中使用新的Preset Browser 可立即访问常用设置。通过类别组织预设、设置偏好和自定义最常用的编码预设。

性能和可靠性方面的改进

使用 Adobe Media Encoder CS6，在将单一源输出到多个输出时，可以更快地编码视频。在使用网络上的观看文件夹时，可以获得显著的性能改进。

新的 RED EPIC 和 RED Scarlet-X 支持

利用对 RED EPIC 5K 和 RED Scarlet-X 素材的新增支持，可以将其直接导入 Adobe Media Encoder CS6，并转码为 HD 和 SD 格式。

更多流行设备和格式预设

使用 Adobe Media Encoder 预设节省时间并更轻松地编码内容，以确保视频能通过常用的输出格式和设备（包括移动设备和 HDTV）很好地显示。

新的 64 位 Adobe Encore CS6

使用新的Adobe Encore CS6可以加速创作工作流程并获得卓越的性能和稳定性。更快地打开和保存项目，并在处理苛刻的项目时获得优异的性能。

思维点拨：什么是Adobe Encore？

Adobe Encore 过去曾作为一款完全独立的软件存在，但从CS3开始，Adobe 将其划归 Premiere Pro的附属组件，因为取消了 Premiere Pro 2.0 时期的 DVD 编码、设计与刻录集成，所以Encore已成为Premiere 必不可少的一个输出组成部分。

更快的 MPEG 导入

由于可在后台同时执行多个导入进程，因此能够将 MPEG 媒体资料更快地导入Encore CS6。

在预览中校正像素高宽比

借助 Encore CS6 中新的像素宽高比校正功能，在预览

DVD 模拟视频时可以查看正确的像素宽高比。

增强的 DVD 和蓝光光盘创作

在创作 DVD 和蓝光光盘时获得更多功能。新的 64 位 Encore CS6 添加了对 8 位颜色的支持，用于突出显示按钮和增强菜单颜色质量，并取消了蓝光幻灯片放映的99张限制。

增强的 Web DVD 创作

借助新的 Web DVD，支持弹出菜单、多面页菜单和循环菜单播放，并可以复制对等蓝光光盘所有功能。

2.2.2 Premiere Pro CS6的系统要求

Windows

- 需要支持 64 位 Intel® Core™2 Duo 或 AMD Phenom® II 处理器。
- Microsoft® Windows® 7 Service Pack 1（64 位）。
- 4GB 的 RAM（建议分配 8GB）。
- 用于安装的4GB可用硬盘空间以及安装过程中需要的其他可用空间（不能安装在移动闪存存储设备上）。
- 预览文件和其他工作文件所需的其他磁盘空间（建议分配 10 GB）。
- 1280×900显示器。
- 支持 OpenGL 2.0 的系统。
- 7200 RPM 硬盘（建议使用多个快速磁盘驱动器，首选配置了 RAID 0 的硬盘）。
- 符合ASIO 协议或Microsoft Windows Driver Model的声卡。
- 与双层 DVD 兼容的 DVD-ROM 驱动器（用于刻录 DVD 的 DVD±R 刻录机；用于创建蓝光光盘媒体的蓝光刻录机）。
- QuickTime功能需要的 QuickTime 7.6.6 软件。

Mac OS

- 支持 64 位多核 Intel 处理器。
- Mac OS X v10.6.8 或 v10.7。
- 4GB 的 RAM（建议分配 8GB）。
- 用于安装的4GB可用硬盘空间以及安装过程中需要的其他可用空间（不能安装在使用区分大小写的文件系统卷或移动闪存存储设备上）。
- 预览文件和其他工作文件所需的其他磁盘空间（建议分配 10 GB）。
- 1280×900 显示器。
- 7200 RPM 硬盘（建议使用多个快速磁盘驱动器，首选配置了 RAID 0 的硬盘）。
- 支持 OpenGL 2.0 的系统。
- 与双层DVD兼容的DVD-ROM驱动器（用于刻录DVD的SuperDrive刻录机；用于创建蓝光光盘媒体的蓝光刻录机）。
- QuickTime功能需要的 QuickTime 7.6.6 软件。

2.3 Adobe Premiere Pro CS6的菜单栏

技术速查：Adobe Premiere Pro CS6共包含9个主菜单，分别为File（文件）、Edit（编辑）、Project（项目）、Clip（素材）、Sequence（序列）、Marker（标记）、Title（字幕）、Window（窗口）和Help（帮助）菜单。

按照功能对Adobe Premiere Pro CS6菜单进行了划分，共分为9个菜单。菜单栏如图2-7所示。

File Edit Project Clip Sequence Marker Title Window Help

图2—7

- File（文件）：主要是打开、新建项目、存储、素材采集和渲染输出等操作命令。
- Edit（编辑）：主要是对素材进行操作，例如复制、清除、查找、编辑原始素材等。
- Project（项目）：主要是对项目进行检索，可以导入素材，创建素材，对素材进行排序、重命名等各种操作。
- Clip（素材）：用于更改素材运动和透明度等选项，也包含在时间线中版主编辑素材的功能。
- Sequence（序列）：主要是对时间轴上的影片进行操作，例如渲染工作区、提升、分离。
- Marker（标记）：主要是对素材和时间线窗口做标记。
- Title（文字）：主要对字幕进行调整。例如新建字幕、排版、颜色、排列方式等文字效果。
- Window（窗口）：主要用来切换编辑模式，打开或关闭各个窗口和浮动面板。
- Help（帮助）：主要提供相关帮助说明文档的索引以及快捷键查阅。

2.3.1 File（文件）菜单

File（文件）菜单主要包括打开项目、新建项目、存储、导入和渲染输出等操作命令，如图2-8所示。

- New（新建）：在Premiere中创建子项目，此命令包含以下子菜单，如图2-9所示。

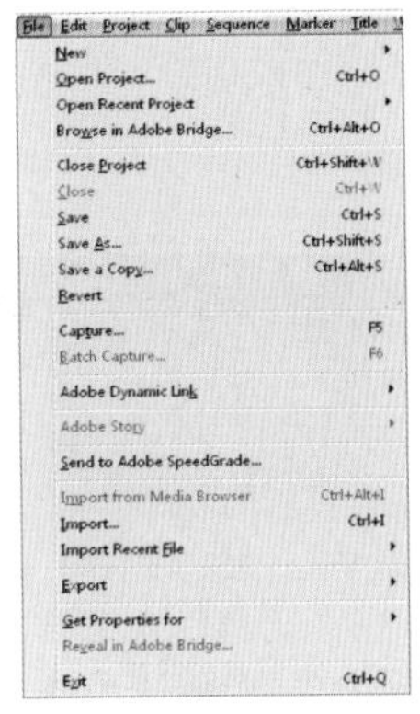

图2-8

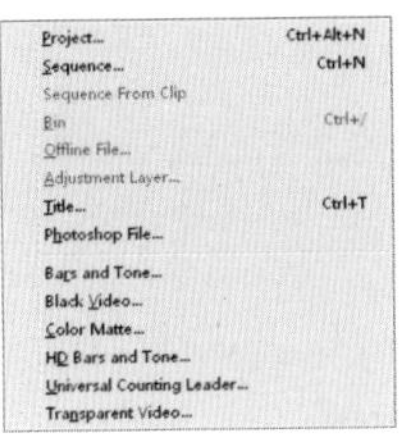

图2-9

  - Project（项目）：新建一个项目文件，用于组织、管理项目中的素材。合并工程文件时需要注意素材的链接位置是否正确。Adobe Premiere Pro 一次只允许操作和编辑一个项目工程文件。
  - Sequence（序列）：在项目文件中可以创建多个Sequence（序列）素材，用于复杂的编辑和嵌套。
  - Sequence From Clip（从素材序列）：将项目窗口中的序列素材变成一个音频/视频素材文件，并在新的序列中打开。
  - Bin（文件夹）：创建新的文件夹，主要用于分类管理各类型的素材。
  - Offline File（离线文件）：创建新的离线浏览素材，可以代替丢失的素材位或在编辑时作为临时素材操作。
  - Title（字幕）：创建新的默认静态字幕。
  - Adjustment Layer(调整层）：新建一个调整层，可以应用在多个轨道上方。对该层进行特效等操作，下面的图层也会起作用。
  - Photoshop File（Photoshop文件）：在Adobe Premiere Pro CS6中新建一个与Adobe Photoshop 软件协同工作的PSD工程文件。
  - Bars and Tone（音调条）：创建新的彩色条和音调素材。
  - Black Video（黑场）：创建新的黑视频素材。
  - Color Matte（彩色蒙版）：创建新的彩色蒙版素材。
  - HD Bars and Tone（HD音调条）：创建新的HD彩色条和音调素材。
  - Universal Counting Leader（通用倒计时器）：创建片头倒计时画面素材。
  - Transparent Video（透明视频）：新建一个透明视频素材。
- Open Project（打开项目）：打开已经保存的项目文件。快捷键为【Ctrl+O】。
- Open Recent Project（打开最近编辑过的项目）：打开其子菜单项下陈列的Premiere最近几次保存过的工程文件。
- Browse in Adobe Bridge（在Adobe Bridge中浏览）：选择该命令，可以在Adobe Bridge软件中浏览素材等。快捷键为【Ctrl+Alt+O】。
- Close Project（关闭项目）：关闭当前项目，而不关闭Premiere Pro软件。关闭前会提示对文件进行保存。快捷键为【Ctrl+Shift+W】。
- Close（关闭）：关闭当前选择的面板。快捷键为【Ctrl+W】。
- Save（保存）：保存对当前工程文件所做的修改操作。快捷键为【Ctrl+S】。
- Save As（另存为）：将当前工程文件另行保存并重新命名。快捷键为【Ctrl+Shift+S】。
- Save a Copy（保存副本）：将当前工程文件名称进行复制并可以重命名，保存为另一个备份文件。快捷键为【Ctrl+Alt+S】。
- Revert（返回）：返回到文件上一次保存时的状态。
- Capture（捕获）：执行视频捕获命令，在弹出的窗口中可以进行视频采集捕获。快捷键为【F5】。
- Batch Capture（批量捕获）：开始批处理捕获操作。快捷键为【F6】
- Adobe Dynamic Link（Adobe动态链接）：可以创建或调用Adobe Effects Composition，使其与Adobe产品整合。
- Adobe Story（Adobe 脚本）：在其子菜单中可以导入和清除Adobe Story的脚本文件。

思维点拨：什么是Adobe Story?

Adobe Story是一个由Adobe公司开发的合作脚本开发工具。它可以用来加速创造剧本和使它们转变为最终的媒体的过程。Adobe Story来自于Adobe的集成工具，可以帮助减少前期制作及后期制作时间。

- Send to Adobe SpeedGrade（发送到 Adobe SpeedGrade）：将当前项目序列存储为 Adobe SpeedGrade文件。
- Import From Media Browser（从浏览器导入）：从 Adobe Premiere Pro CS6的媒体浏览器窗口中导入素材。快捷键为【Ctrl+Alt+I】。
- Import（导入）：导入外部各种格式的素材文件。快捷键为【Ctrl+I】。
- Import Recent File（导入最近文件）：在其子菜单栏中选择最近编辑处理过的素材文件。
- Export（导出）：将编辑完成的项目文件渲染输出成为某种格式的成品文件。该命令子菜单如图2-10所示。
    - Media（媒体）：音频或者是视频等根据对话框中的设置将其导到磁盘中。
    - Ttile（字幕）：从项目面板中导出字幕。
    - Tape（录影带）：将时间线导出到录影带中。
    - EDL（EDL格式）：导出Edit Decision List（编辑决策表）。
    - OMF（OMF格式）：导出Open Media Framework（公开媒体框架）。
    - AAF（AAF格式）：导出Advanced Authoring Format（高级制作格式）。
    - Final Cut Pro XML（XML格式）：导出Extensible Markup Language（可扩展标记语言）。
- Get Properties for（获得属性）：得到属性。在Get Properties For（获得属性）的子菜单中可以选择外部的文件，也可以选择已经导入的文件，可以获取素材图片或视频的属性信息，如图2-11所示是某一素材图片的信息。

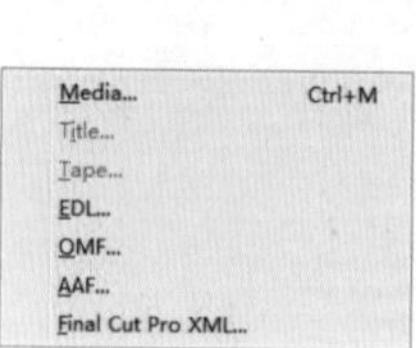

图2—10

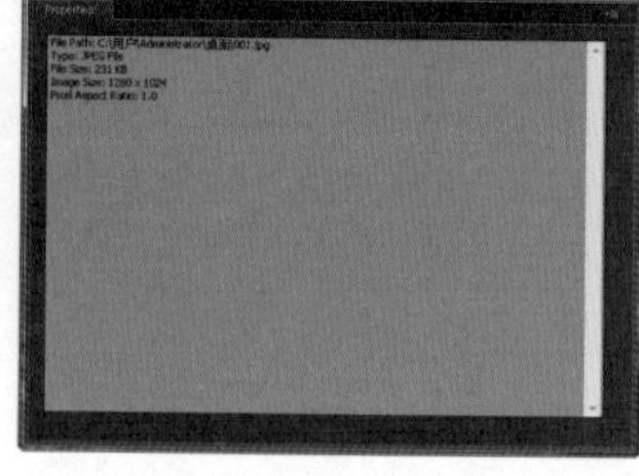

图2—11

- Reveal in Adobe Bridge（在Bridge中显示）：将在项目工程文件中选择的素材显示在Bridge中。
- Exit：退出Adobe Premiere Pro CS6程序。

2.3.2 Edit（编辑）菜单

Edit（编辑）菜单主要针对Project窗口中选择的素材文件和时间线窗口中选择的素材执行相应操作，如图2-12所示。

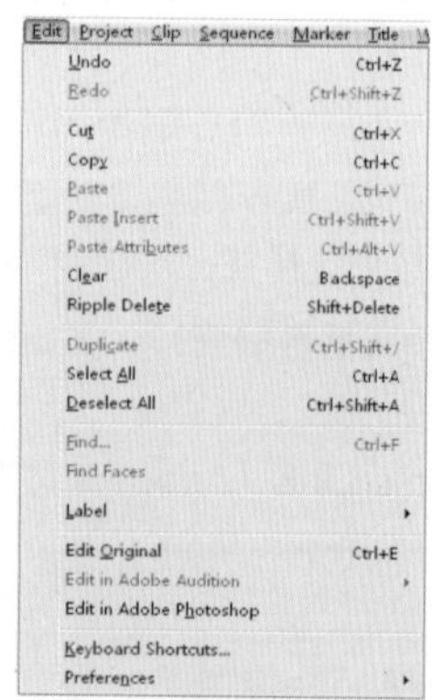

图2—12

- Undo（撤销）：取消上一步的操作。快捷键为【Ctrl+Z】。
- Redo（重复上一步操作）：重复刚刚的上一步操作。快捷键为【Ctrl+Shift+Z】。
- Cut（剪切）：将选定的内容剪切到剪贴板中，以供粘贴命令使用。但是有些对象剪切后在其他程序中无法使用，只能在Premiere中使用。快捷键为【Ctrl+X】。
- Copy（复制）：将选择的素材等复制到剪贴板中。快捷键为【Ctrl+C】。
- Paste（粘贴）：将剪贴板中的内容粘贴到时间线或者项目窗口中。快捷键为【Ctrl+V】。
- Paste Insert（插入粘贴）：将通过剪切或复制命令保存在剪贴板中的内容插入粘贴到指定区域。快捷键为【Ctrl+Shift+V】。
- Paste Attributes（粘贴属性）：将一个素材上设置的属性参数复制到另一个素材上，即对该素材进行同样的参数设置。快捷键为【Ctrl+Alt+V】。
- Clear（清除）：在项目或者时间线窗口中删除选定的素材。快捷键为【Backspace】。
- Ripple Delete（波纹删除）：在时间线上删除素材间空白区域，未锁定的素材会自动填补这片间隙，产生连续的视频效果。快捷键为【Shift+Delete】。
- Duplicate（副本）：直接在项目窗口中复制和粘贴素材，并自动重新命名。快捷键为【Ctrl+Shift+/】。
- Select All（选择所有）：选定激活窗口中的所有素材。快捷键为【Ctrl+A】。

- Deselect All（取消全选）：在项目面板中取消选择所有已经选择的素材。快捷键为【Ctrl+Shift+A】。
- Find（查找）：查找项目窗口中的素材。快捷键为【Ctrl+F】。
- Find Faces（查找面）：按文件名或者字符进行快速查找。
- Label（标签）：可以定义素材在项目面板中的标签颜色。
- Edit Original（编辑原始素材）：执行此命令将启动原始应用程序对项目窗口或时间线轨道中的素材进行打开并编辑。快捷键为【Ctrl+E】。
- Edit in Adobe Audition（在Adobe Audition中编辑）：在Adobe Audition音频软件中编辑项目窗口或时间线上的音频素材文件。
- Edit in Adobe Photoshop（在Adobe Photoshop中编辑）：在Adobe Photoshop图像软件中编辑项目窗口或时间线上的图片素材文件。
- Keyboard Shortcuts（键盘快捷键）：为各个命令指定不同的快捷键，如图2-13所示。
- Preferences（偏好设置）：可以进行属性的偏好设置。该命令的子菜单共15个选项，如图2-14所示。

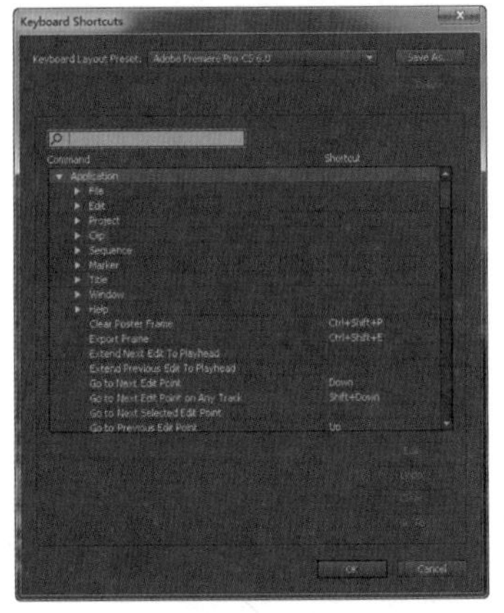

图2—13

General...
Appearance...
Audio...
Audio Hardware...
Audio Output Mapping...
Auto Save...
Capture...
Device Control...
Label Colors...
Label Defaults...
Media...
Memory...
Playback...
Titler...
Trim...

图2—14

- General（常规）：在该面板中可以设置视频转场默认长度等常规的参数，如图2-15所示。
- Appearance（外观）：在该面板中可以设置外观亮度的参数。
- Audio（音频）：在该面板中可以设置关于音频自动匹配时间和声道等参数。
- Audio Hardware（音频硬件）：在该面板中可以选择和设置音频硬件。
- Audio Output Mapping（音频输出映射）：在该面板中可以设置关于音频输出映射的设备。

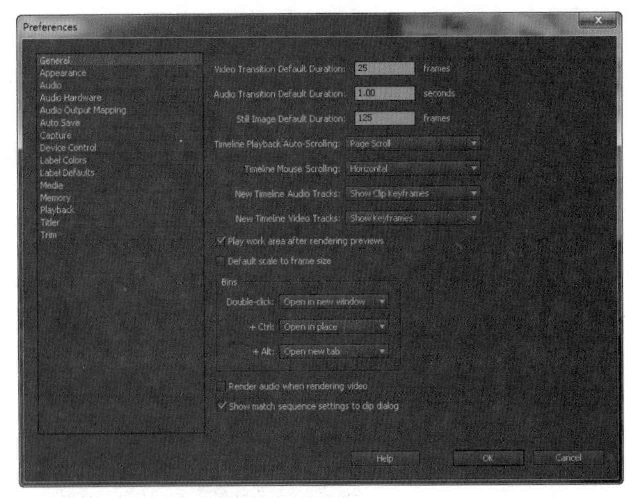

图2—15

- Auto Save（自动保存）：在该面板中可以设置关于自动保存时间等参数。
- Capture（捕获）：在该面板中可以设置关于捕获的参数。
- Device Control（设备控制）：在该面板中可以设置关于设备控制的参数。
- Label Colors（标签颜色）：在该面板中可以自定义设置标签颜色。
- Label Defaults（标签默认值）：在该面板中可以设置标签默认值的参数。
- Media（媒体）：在该面板中可以设置关于媒体的路径和帧数等参数。
- Memory（内存）：在该面板中可以设置关于优化渲染等参数。
- Playback（回放）：在该面板中可以设置关于播放器设备等参数。
- Titler（标题）：在该面板中可以设置关于标题的字体预览字符。
- Trim（修剪）：在该面板中可以设置关于修剪的参数。

2.3.3 Project（项目）菜单

Project（项目）菜单主要可以控制项目设置、链接媒体、造成脱机、自动匹配到序列、导入批处理列表、导出批处理列表、项目管理、移除未使用素材的操作，如图2-16所示。

- Project Settings（项目设置）：项目的设置命令，其下包括子菜单，共两个选项，如图2-17所示。分别为工程文件的General（常规参数）和Scratch Disks（暂存磁盘）。
  - General：执行此菜单项命令将弹出如图2-18所示的对话框。包括显示格式和捕获等设置。

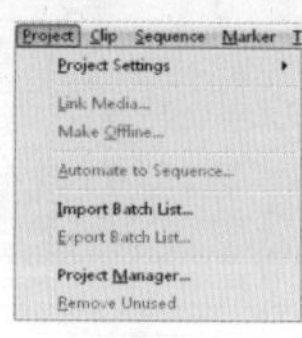

图2—16

图2—17

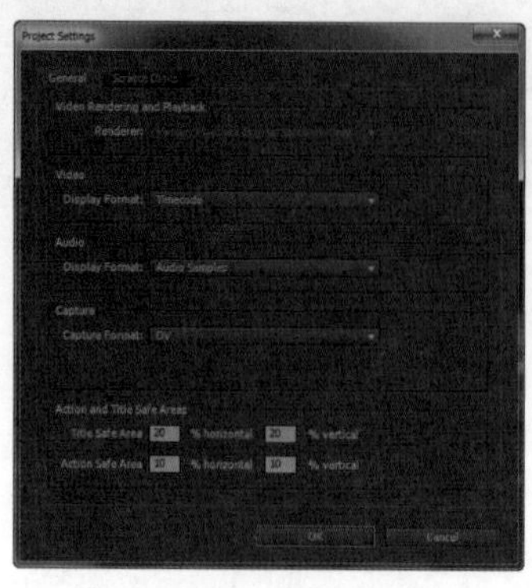

图2—18

  - Scratch Disks（暂存磁盘）：设置采集的视频、音频素材存放路径，预览影片时的缓冲存储路径等。
- Link Media（链接媒体）：使用磁盘上采集的文件替换时间线上的脱机文件。
- Make Offine（造成脱机）：使素材脱机，使之在项目中不可用。
- Automate to Sequence （自动匹配到序列）：按顺序将项目面板中的素材内容放置在时间线上。
- Import Batch List（导入批处理列表）：按出入点、名称或注释等信息批量导入素材。
- Export Batch List（导出批处理列表）：将项目窗口中的素材文本按编号输出为批量列表。
- Project Manager（项目管理）：收集或显示当前项目工程中的信息。
- Remove Unused（移除未使用素材）：从项目面板中移除未使用的素材。

2.3.4 Clip（素材）菜单

Clip（素材）菜单主要用来改变素材的运动效果和透明度，适用于在时间线窗口中进行的操作，其子菜单如图2-19所示。

- Rename（重命名）：重新设置所选择的素材的名字。
- Make Subclip（制作附加素材）：根据在素材源监视器中编辑的素材创建附加素材。
- Edit Subclip（编辑附加素材）：对源素材的剪辑副本进行编辑。
- Edit Offline（编辑脱机）：对脱机素材进行注释编辑。

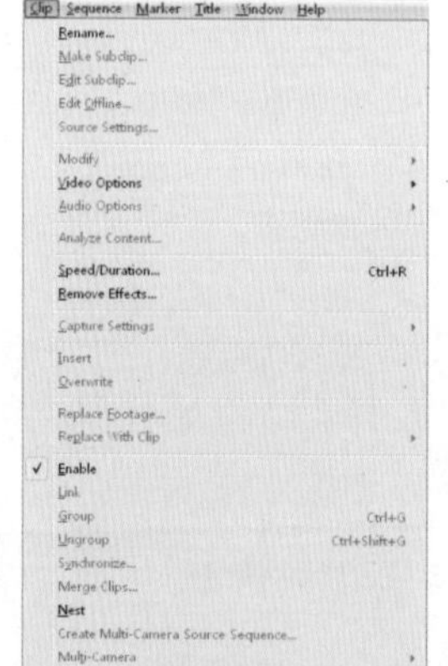

图2—19

- Source Settings（源设置）：对素材源进行设置。
- Modify（修改）：对源素材的声频声道、视频参数及时间码进行修改。
- Video Options（视频选项）：调整视频素材属性，其子菜单如图2-20所示。

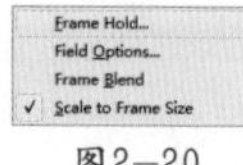

图2—20

  - Frame Hold（帧定格）：帧保持命令，它最大的优点是可以直接在时间线窗口中对要静止的帧进行定位。
  - Field Options（场选项）：解除隔行扫描选项设置，将当前的场颠倒且设置处理方式。
  - Frame Blend（帧混合）：当视频素材的速度、时间被改变时，帧融合可以让视频产生平滑的效果。
  - Scale to Frame Size（适配为当前画面大小）：使素材的大小自动调节到项目工程的尺寸大小。
- Audio Options（音频选项）：调整音频素材属性。其子菜单如图2-21所示。

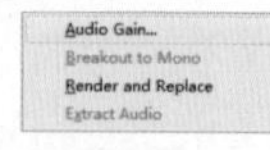

图2—21

  - Audio Gain（音频增益）：允许改变音频级别。
  - Breakout to Mono（单声道）：改变音频为单声道。
  - Render and Replace（渲染并替换）：将选定的音频素材替换为新素材并保留特效。

- Extract Audio（提取音频）：从选定素材中提取创建新的音频素材。
- Analyze Content（分析内容）：快速分析、编辑素材。
- Speed/Duration（速度/持续时间）：设置素材的播放速度和素材的时间长度。弹出的窗口如图2-22所示。快捷键为【Ctrl+R】。
  - Speed（速度）：通过调整百分比的数值可以更改素材长度和播放速度。
  - Duration（持续时间）：调整该数值可以控制素材的时间长度。
  - Reverse Speed（回转速度）：选中该复选框时，素材会反向播放。
  - Maintain Audio Pitch（保持音频不变）：选中该复选框时，无论视频如何变化，音频保持不变。
  - Ripple Edit,Shifting Trailing Clips（波纹编辑，移动后边的素材）：选中该复选框，使用波纹编辑工具时，后边的素材也会产生相应的变化。
- Remove Effects（删除效果）：删除关键帧上的各种效果。在弹出的窗口中可以选择删除的效果，如图2-23所示。

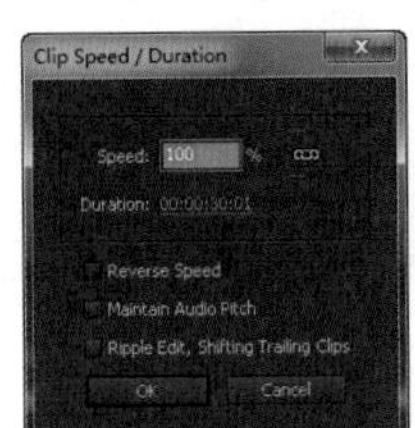

图2－22

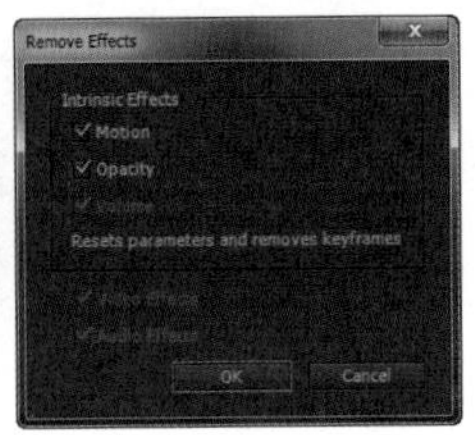

图2－23

  - Motion（运动）：选中该复选框，可以删除关键帧上的运动效果。
  - Opacity（不透明度）：选中该复选框，可以删除关键帧上的不透明度动画效果。
  - Volume（音量）：选中该复选框，可以删除关键帧上的音量动画效果。
  - Video Effects（视频效果）：选中该复选框，可以删除关键帧上的视频滤镜动画效果。
  - Audio Effects（音频效果）：选中该复选框，可以删除关键帧上的音频滤镜动画效果。
- Capture Settings（采集设置）：设置采集捕获时的控制参数。
- Insert（插入）：将一段素材根据需要插入到另一段素材中。
- Overwrite（覆盖）：在项目窗口中选择素材，并可以将其覆盖到另一段素材上，相交部分保留后添加的覆盖素材，未覆盖部分则保持素材不变。
- Replace Footage（替换影片）：为选定的剪辑生成新的素材并对原始素材进行替换。
- Replace With Clip（素材替换）：用新素材替换时间线上指定的素材。
- Enable（启用）：被启用的素材最终被渲染。未选中启用选项的素材没有被激活，无法在项目中查看并渲染。
- Link（链接）：选择视频素材和音频素材，然后选择该命令，即可将两个素材链接到一起。若是已经链接的视频和音频素材，则选择Unlink（不链接）命令，会使视频和音频分开。
- Group（组）：将时间线中两个或两个以上数量的素材进行选择，然后应用该命令，则会将这些被选择的素材变为一组，可以整体进行移动和拖动素材长度等操作。
- Ungroup（解组）：将已经变为一组的素材文件进行分离出组。
- Synchronize（同步）：可以设置素材的起始或结束时间，使素材之间长度同步。
- Merge Clips（合并片段）：该命令可以处理被单独录制（或双系统录制）的音视频同步，可以合并最多16个轨道的，可以包含单声道、立体声和5.1轨的音频和一个视频轨同步。
- Nest（嵌套）：将时间线上的素材进行选择，然后使用该命令，则会将这些素材打包成为一个新的序列。
- Create Multi-Camera Source Sequence（创建多摄像头的源序列）：创建一个多摄像头的源序列。
- Multi-Camera（多模式摄像机）：多模式摄像机素材。

2.3.5 Sequence（序列）菜单

Sequence（序列）菜单主要用于对时间线窗口进行相关操作，其子菜单如图2-24所示。

- Senquence Settings（序列设置）：设置序列参数。
- Render Effects in Work Area（渲染工作区域内的效果）：渲染或预览指定工作区域内的素材。快捷键为【Enter】。
- Render Entire Work Area（渲染整个工作区域）：渲染或预览整个工作区域内的素材。
- Render Audio（渲染音频）：对音频轨道上的声音素材进行渲染，可以听到经过处理后的声音。

- Delete Render Files（删除渲染文件）：删除当前工程文件的渲染文件。
- Delete Work Area Render File（删除工作区的渲染文件）：删除当前窗口工作区指定的渲染文件。
- Match Frame（匹配帧）：为素材匹配帧。快捷键为【F】。
- Add Edit（添加编辑）：为素材添加编辑。快捷键为【Ctrl+K】。
- Add Edit to All Tracks（所有序列添加编辑）：为所有的序列添加编辑。快捷键为【Ctrl+Shift+K】。
- Trim Edit（修剪编辑）：为素材进行修改编辑。快捷键为【T】。
- Extend Selected Edit to Playhead（编辑所选扩展到播放的开始）：用来控制所选编辑扩展到播放的开始。快捷键为【E】。
- Apply Video Transition（应用视频过渡）：在两段素材之间的当前时间指示器处应用默认视频切换效果。快捷键为【Ctrl+D】。
- Apply Audio Transition（应用音频过渡）：在两段素材之间的当前时间指示器处应用默认音频切换效果。快捷键为【Ctrl+Shift+D】。
- Apply Default Transition to Selection（应用默认过渡）：将默认的转场效果应用于所选择的素材上。
- Lift （提升）：移除监视器中设置的从入点到出点的帧，并在时间线上保留提升间隙。快捷键为【;】。
- Extract（提取）：移除监视器中设置的从入点到出点的帧，并不在时间线上保留提取间隙。快捷键为【’】。
- Zoom In（放大）：放大时间线，可以更加精确地显示时间线窗口中的剪辑，本质是缩小时间刻度。快捷键为【=】。
- Zoom Out（缩小）：缩小时间线，方便从全局查看时间线中的剪辑，本质是放大时间刻度。快捷键为【-】。
- Go to Gap（跳转间隔）：该命令下的子菜单中包含Next in Sequence（下一个序列）、Previous in Sequence（上一个序列）、Next in Track（下一个轨道）和Previous in Track（上一个轨道）4项，如图2-25所示。
- Snap（吸附）：在时间线窗口中操作对象时，自动吸附到素材边缘。快捷键为【S】。
- Closed Captioning（隐藏式字幕）：可以控制添加和清除隐藏式的字幕。
- Normalize Master Track（标准化主音轨）：统一主音轨的音量。

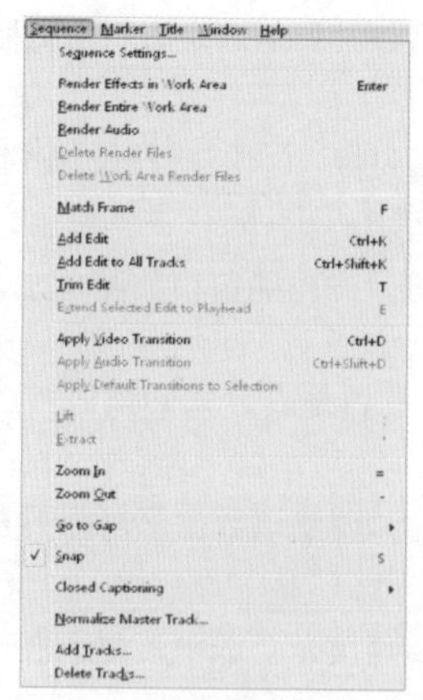

图2-24

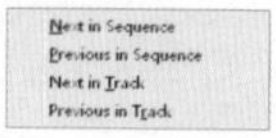

Next in Sequence
Previous in Sequence
Next in Track
Previous in Track

图2-25

- Add Tracks（添加轨道）：在时间线窗口中添加视频或者音频轨道，如图2-26所示。
- Delete Tracks（删除轨道）：删除时间线窗口中的视频或者音频轨道，如图2-27所示。

图2-26

图2-27

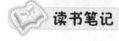

读书笔记

2.3.6 Marker（标记）菜单

Marker（标记）菜单主要用于对素材和时间线窗口进行标记。其目的是精确编辑和提高编辑效率，其子菜单如图2-28所示。

图2—28

- Mark In（标记入点）：选择该命令可以标记开始的部分，如图2-29所示。快捷键为【I】。

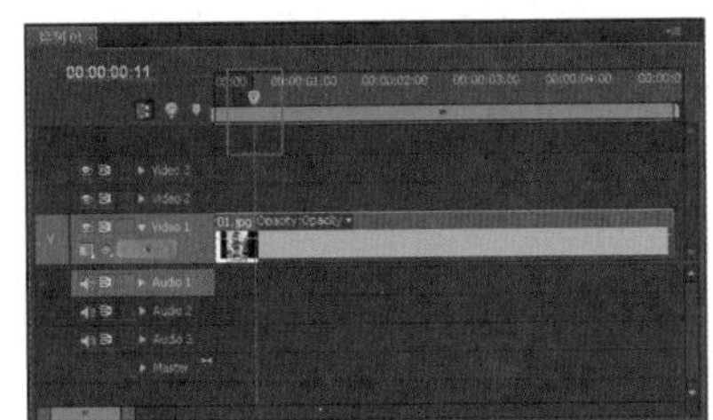

图2—29

- Mark Out（标记出点）：选择该命令可以标记结束的部分，如图2-30所示。快捷键为【O】。

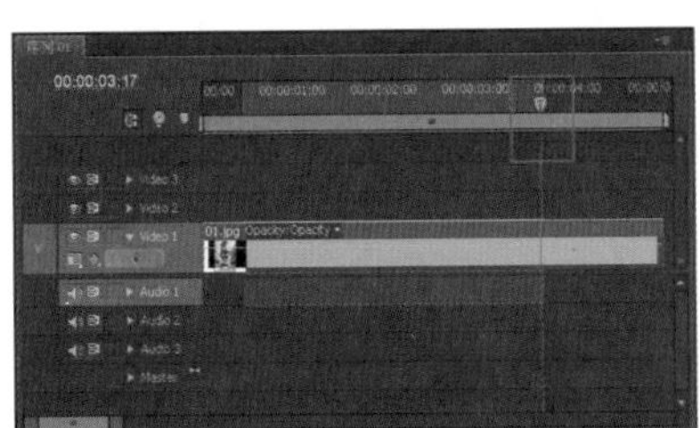

图2—30

- Mark Clip（标记剪辑）：该命令会标记出剪辑的部分，如图2-31所示。快捷键为【Shift+/】。

图2—31

- Mark Selection（标记选择）：执行该操作，会将选择的图层进行标记，如图2-32所示。快捷键为【/】。

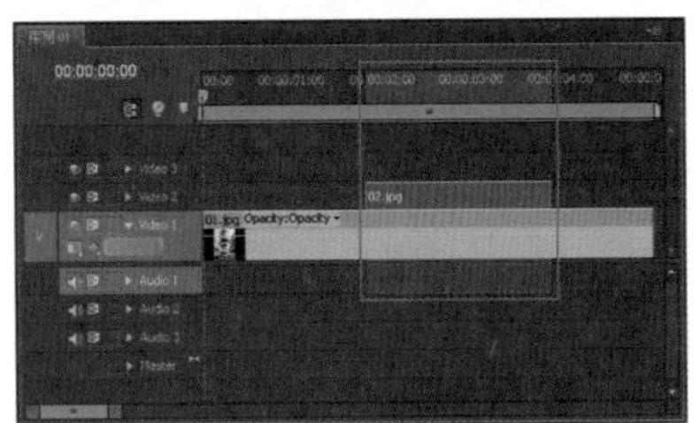

图2—32

- Mark Split（标记分割）：执行该操作，会标记分割的部分。
- Go to In（跳转到入点）：选择该命令会自动跳转到标记开始的位置。快捷键为【Shift+I】。
- Go to Out（跳转到出点）：选择该命令会自动跳转到标记结束的位置。快捷键为【Shift+O】。
- Go to Split（跳转到分割）：选择该命令会自动跳转到分割的位置。
- Clear In（清除入点）：可以将标记的开始点清除。快捷键为【Ctrl+Shift+I】。
- Clear Out（清除出点）：可以将标记的结束点清除。快捷键为【Ctrl+Shift+O】。
- Clear In and Out（清除入点和出点）：可以将标记的开始点和结束点都取消。快捷键为【Ctrl+Shift+X】。
- Add Marker（添加标记）：该选项可以用来添加标记。快捷键为【M】。
- Go to Next Marker（跳转到下一个标记）：可以跳转到下一个标记的位置。快捷键为【Shift+M】。
- Go to Previous Marker（跳转到前一个标记）：选择该命令可以跳转到前一个标记的位置。快捷键为【Ctrl+Shift+M】。
- Clear Current Markers（清除当前标记）：选择该命令可以清除当前选择位置的标记。快捷键为【Ctrl+Alt+M】。
- Clear All Markers（清除所有标记）：选择该命令可以清除在时间轴面板中的所有标记。快捷键为【Ctrl+Alt+Shift+M】。
- Edit Marker（修改标记）：该命令可以用来修改标记，并设置标记名称和位置等。
- Add Encore Chapter Marker（设置Eencore章节标

记）：在当前时间标记点处创建一个Eencore章节标记。

- Add Flash Cue Marker（设置Flash提示标记）：添加Flash交互式提示标记。

2.3.7 Title（字幕）菜单

Title（字幕）菜单主要是用于对素材字幕进行操作，其菜单如图2-33所示。

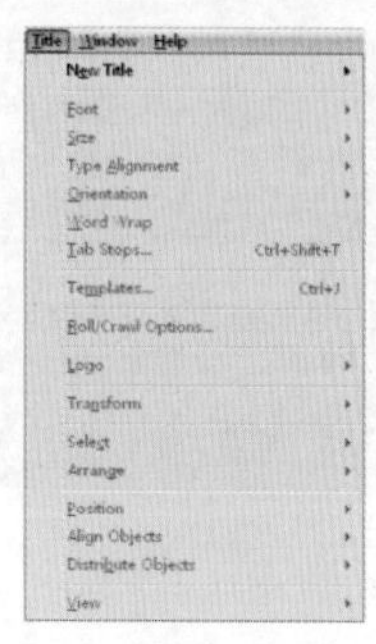

图2-33

- New Title（新建字幕）：建立新的字幕素材文件。
- Font（字体）：设置字幕文字的字体。
- Size（大小）：设置字幕文字的大小。
- Type Alignment（文字对齐）：设置字幕的对齐方式。
- Orientation（定向）：控制文字的横向或纵向的朝向。
- Word Wrap（自动换行）：设置字幕自动换行的激活方式。
- Tab Stops（停止跳格）：设置字幕制表定位符。
- Templates（模板）：使用和创建字幕模板。
- Roll/Crawl Options（滚动/游动选项）：创建滚动的字幕。
- Logo（标志）：将图片或者Logo（标志）导入字幕中。
- Transform（转换）：可以设置字幕的位置、比例、旋转和不透明度。
- Select（选择）：当多个字幕和图片叠加在一起时，可以使用选择工具任意选择文字和图片。
- Arrange（排列）：调整字幕或图像的排列方式。
- Position（位置）：设置文字和图形的对齐居中方式。
- Align Objects（排列对象）：当选择多个字幕和图像时，可统一设置它们的对齐方式。
- Distribute Objects（分布对象）：设置多个图像和字幕的排列方式。
- View（查看）：查看字幕和动作安全区域、文字基线、跳格标记等信息。

2.3.8 Window（窗口）菜单

Window（窗口）菜单主要用来切换编辑模式，打开或关闭各个窗口和浮动面板，如图2-34所示。

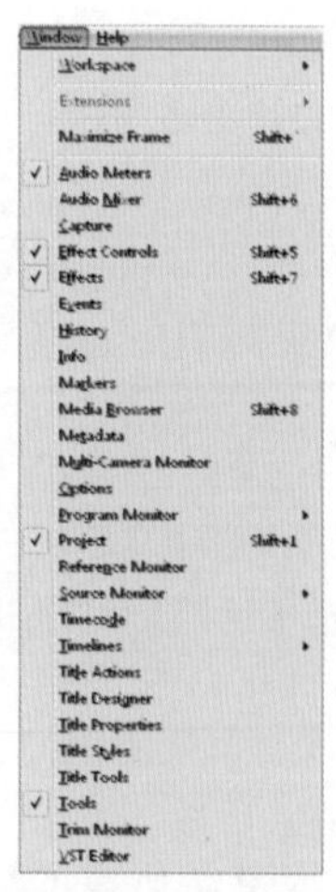

图2-34

- Workspace（工作区）：该命令用来对工作区域进行管理。
- Extensions（扩展）：该命令可以控制扩展，其中包括Access CS Live、CS Review和Resource Central 3种类型。
- Maximize Frame（最大化帧）：当选择该命令时，界面会自动切换到最大化帧的窗口。快捷键为【Shift+`】。
- Audio Meters（主音频表 ）：显示 / 隐藏主音频表。
- Audio Mixer（调音台）：显示 / 隐藏音频混音器窗口。快捷键为【Shift+6】。
- Capture（影音采集）：显示 / 隐藏影音采集窗口。
- Effect Controls（效果控制）：显示 / 隐藏效果控制窗口。快捷键为【Shift+5】。
- Effects（效果）：显示 / 隐藏效果控制窗口。快捷键为【Shift+7】。
- Events（事件）：显示 / 隐藏事件窗口。
- History（历史）：显示 / 隐藏历史记录窗口。
- Info（信息）：显示 / 隐藏信息面板。
- Markers（标记）：显示 / 隐藏标记窗口。
- Media Browser（媒体浏览）：显示 / 隐藏媒体浏览窗口。快捷键为【Shift+8】。
- Metadata（元数据）：显示 / 隐藏元数据信息窗口。

- Multi-Camera Monitor（多模式监视器）：显示/隐藏多模式监视器窗口。
- Options（选项）：显示/隐藏选项信息。
- Program Monitor（节目监视器）：显示/隐藏节目监视器预览窗口。
- Project（项目）：显示/隐藏项目素材窗口。快捷键为【Shift+1】。
- Refenrence Monitor（参考监视器）：显示/隐藏参考监视器窗口。
- Source Monitor（源监视器）：显示/隐藏源监视器窗口。
- Timecode（时间码）：显示/隐藏时间码窗口。
- Timelines（时间线）：显示/隐藏时间线窗口。
- Title Actions（字幕动作）：显示/隐藏字幕动作编辑窗口。
- Title Designer（字幕设计）：显示/隐藏字幕设计编辑窗口。
- Title Properties（字幕属性）：显示/隐藏字幕属性编辑窗口。
- Title Styles（字幕风格）：显示/隐藏字幕风格编辑窗口。
- Title Tools（字幕工具）：显示/隐藏字幕工具窗口。
- Tools（工具）：显示/隐藏工具窗口。
- Trim Monitor（修剪监视器）：显示/隐藏修剪监视器窗口。
- VST Editor（VST编辑器）：显示/隐藏VST编辑器窗口。

2.3.9 Help（帮助）菜单

Help（帮助）菜单主要是用于提供联机帮助、产品支持和在线教程等信息，如图2-35所示。

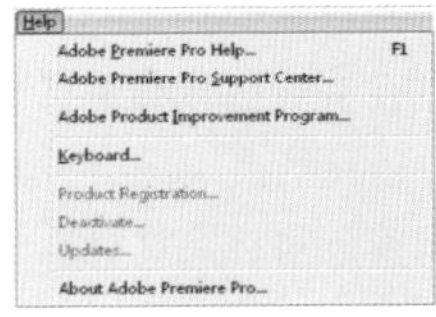

图2-35

- Adobe Premiere Pro Help（Adobe Premiere Pro帮助）：以目录的形式显示Adobe Premiere Pro的相关帮助内容。
- Adobe Premiere Pro Support Center（Adobe Premiere Pro支持中心）：联网获取Adobe Premiere Pro的技术支持。
- Adobe Product Improvement Program（Adobe 产品改进方案）：联网获取Adobe Premiere Pro的最新升级信息。
- Keyboard（键盘）：显示所有Adobe Premiere Pro的快捷键。
- Product Registration（产品注册）：对Adobe Premiere Pro进行在线注册。
- Deactivate（在线支持）：访问Adobe官方网站上的技术支持页面，从中可以得到使用中常见问题的解答。
- Updates（更新）：对Adobe Premiere Pro进行在线升级。
- About Adobe Premiere Pro（关于Adobe Premiere Pro）：关于Adobe Premiere Pro软件的说明。

2.4 Premiere Pro CS6的窗口

技术速查：要访问Premiere Pro CS6的各个窗口，只需在Window（窗口）菜单下单击选择其名称即可。

Premiere的工作窗口主要分为6个区域，分别为【Project（项目）】窗口、【Monitor（监视器）】窗口、【Timelines（时间线）】窗口、【Effects（效果）】窗口和【Audio Mixer（调音台）】窗口，如图2-36所示，以及【Title（字幕）】窗口，如图2-37所示。

2.4.1 【Project（项目）】窗口

技术速查：【Project（项目）】窗口主要是用于存放和管理导入的素材文件。

【Project（项目）】窗口主要是对素材进行存放和管理。文件导入时存放在【Project（项目）】窗口中，以便对素材的分类和非线性编辑。【Project（项目）】窗口主要包括上半部分的【Preview Area（预览区域）】和下部分存放素材的【File Storage Area（文件存放区）】两个部分，如图2-38所示。

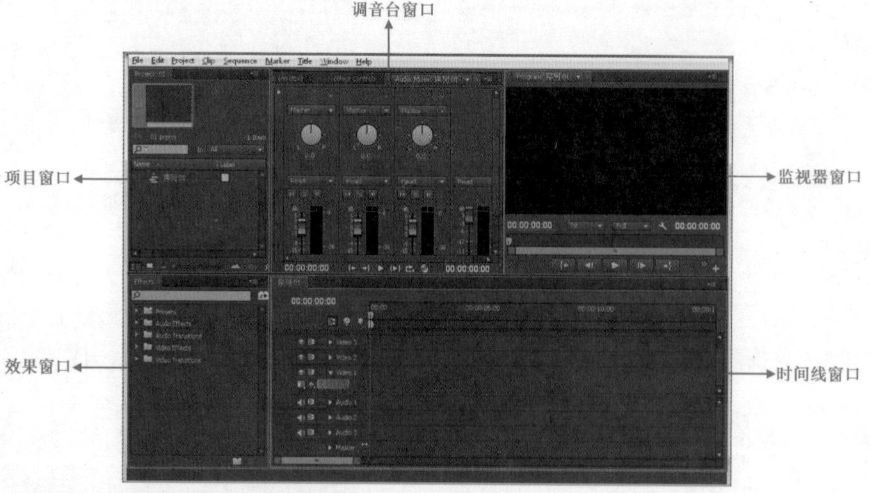

图2-36

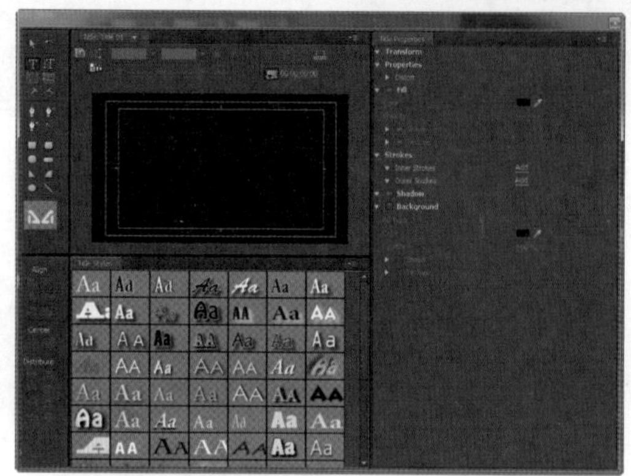

图2-37

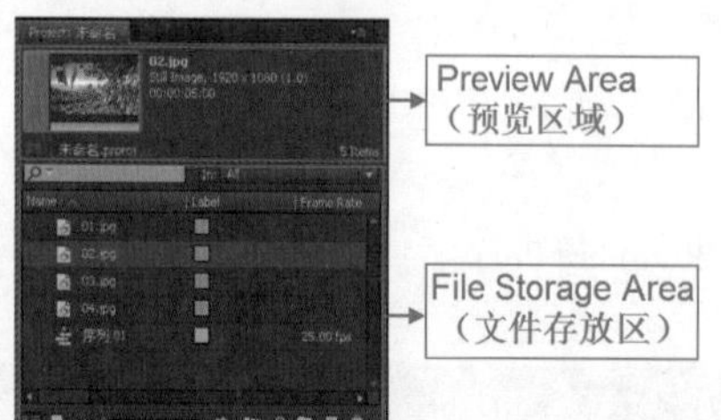

图2-38

Preview Area（预览区域）

窗口上半部分显示了当前选择的视频或图片素材的预览图，如图2-39所示。如果选定的是声音素材，则显示相应的声音时长和频率等信息，如图2-40所示。

图2-39　　图2-40

- （标识帧）：拖动下面的滑块，可以将视频素材的某一帧作为窗口预览查看画面。
- （播放）：单击该按钮，即可播放预览视频和音频素材。

File Storage Area（文件存放区）

File Storage Area（文件存放区）主要存放导入的素材文件和序列。在最下方有一排工具栏，可以对【Project（项目）】窗口中的素材进行整理，如图2-41所示。

- List View（列表显示）：单击该按钮，文件存放区中的素材会按照列表的方式显示。
- Icon View（图标显示）：单击该按钮，文件存放区中的素材会以图标的方式显示，如图2-42所示。

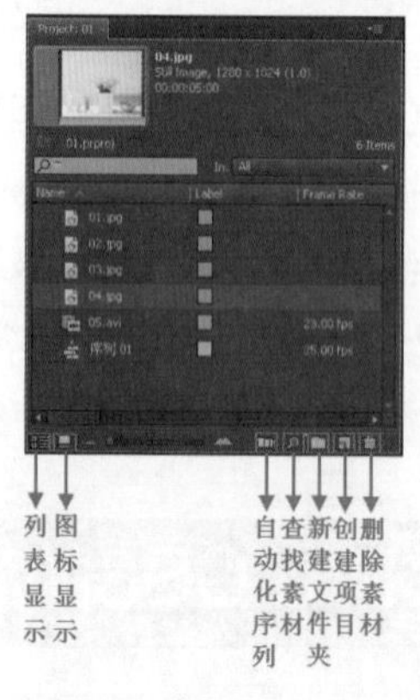

图2-41

图2-42

- Automate to Sequence（自动化序列）：单击该按钮，可以将文件存放区中选择的素材按顺序自动化到时间线窗口中。
- Find（查找）：单击该按钮，在弹出的窗口中按照条件查找所需的素材文件，如图2-43所示。
- New Bin（新建文件夹）：单击该按钮，可以在文件存放区中新建一个文件夹，方便对导入的素材进行归类，将相同性质的素材放在一个文件夹中。
- New Item（新建项目）：单击该按钮，可以在弹出的菜单中选择新建序列、脱机文件、调整层和字幕等项目，如图2-44所示。

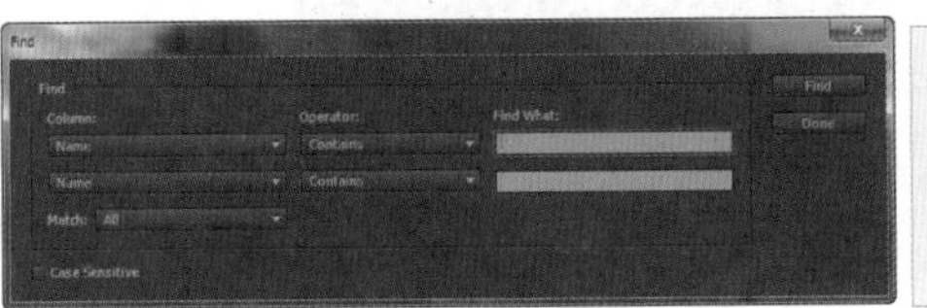

图2—43

Sequence...
Offline File...
Adjustment Layer...
Title...
Bars and Tone...
Black Video...
Color Matte...
HD Bars and Tone...
Universal Counting Leader...
Transparent Video...

图2—44

- Clear（清除）：单击该按钮，可以删除在文件存放区中已经选择的素材。

右键快捷菜单

在项目窗口中的空白处单击鼠标右键，会弹出如图2-45所示的快捷菜单。

图2—45

- Paste（粘贴）：用于将在项目窗口中已经复制的素材进行粘贴。
- New Bin（新建文件夹）：选择该命令，可以新建一个文件夹，相当于（新建文件夹）工具。
- New Item（新建项目）：新建一个项目，相当于（新建项目）工具。
- Import（导入）：可以导入所需要的素材。
- Find（查找）：可以进行文件查找，相当于（查找）工具。
- Find Faces（查找面）：选择该命令，可以按某种条件来搜寻所需的文件夹素材。

Window Menu（窗口菜单）

单击【Project（项目）】窗口右上方的，会弹出该窗口的菜单，如图2-46所示。

- Undock Panel（解除面板停靠）：激活当前面板成为浮动的独立面板。
- Undock Frame（解除框架停靠）：激活当前窗口成为浮动的独立窗口。
- Close Panel（关闭窗口）：关闭当前的浮动窗口。
- Close Frame（关闭框架）：关闭当前的浮动面板。
- Maximize Frame（最大化框架）：使当前面板以最大化显示。
- New Bin（新建文件夹）：功能与（新建文件夹）工具相同。
- Rename（重命名）：可以重新命名项目素材文件的名字。
- Delete（删除）：功能与（清除）工具相同。
- Automate to Sequence（自动匹配到序列）：功能与（自动化序列）工具相同。
- Find（查找）：功能与工具相同。
- List（列表）：功能与工具相同。
- Icon（图标）：功能与工具相同。
- Preview Area（预览区）：选中该选项，可以在上方显示素材的预览画面效果。
- Thumbnails（缩览图）：将文件存放区中的素材文件以缩览图的方式呈现，如图2-47所示。
- Hover Scrub（悬停状态）：控制是否处于悬停的状态。快捷键为【Shift+H】。
- Refresh（刷新）：对素材文件进行刷新，重新按顺序排列。
- Metadate Display（元数据显示）：在弹出的窗口中对素材进行查看和修改素材属性，如图2-48所示。

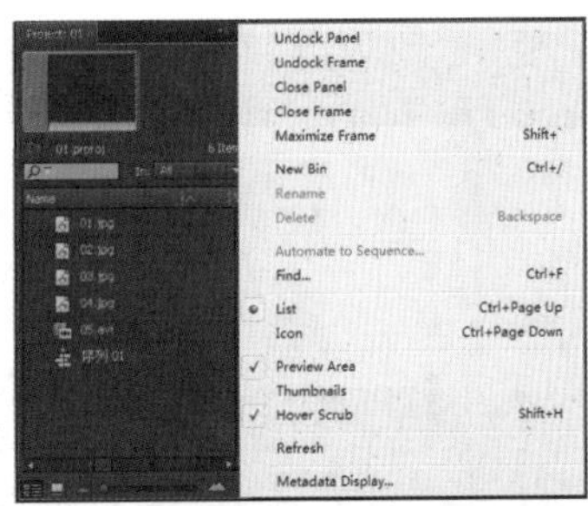

图2—46

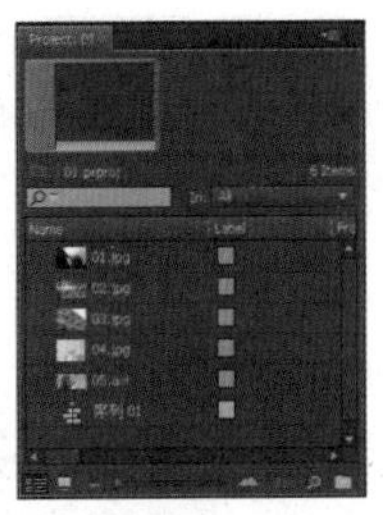

图2—47

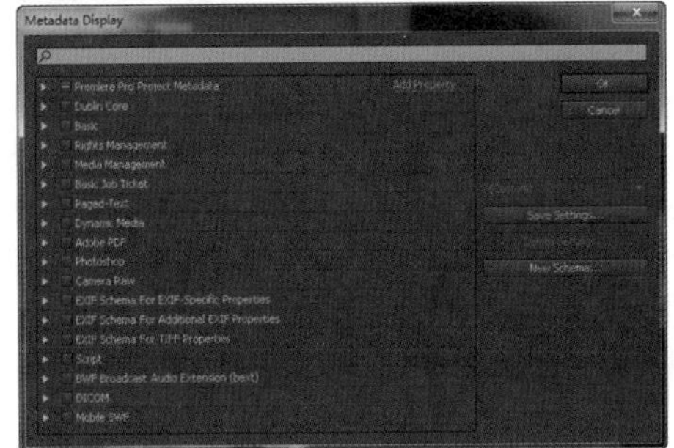

图2—48

2.4.2【Monitor（监视器）】窗口

【Monitor（监视器）】窗口，是用于在进行非线性编辑作品时对它进行预览和编辑的重要窗口，如图2-49所示。

Premiere Pro 提供了4种不同模式的监视器，分别是【Dual View（双显示）】模式、【Trim Monitor（修剪监视器）】模式、【Reference Monitor（参考监视器）】模式和【Multi-Camera Monitor（多机位监视器）】模式，可以根据实际情况来切换所需使用的监视器模式。

图2-49

【Dual View（双显示）】模式

【Dual View（双显示）】模式是Source Monitor（源素材监视器）和Sequence Monitor（序列监视器）组成的非线性的编辑工作环境。Source Monitor（源素材监视器）负责存放和显示待编辑的素材，Sequence Monitor（序列监视器）则可以快速地预览编辑的效果，如图2-50所示。

图2-50

Listed Files（文件列表）是监视器窗口中所管理的文件。对于Source Monitor（源素材监视器）来说，它管理的是单个的待编辑的源素材，如图2-51所示。对于Sequence Monitor（序列监视器）来说，它是剪辑后完成的序列，如图2-52所示。

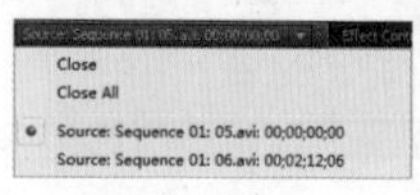

图2-51

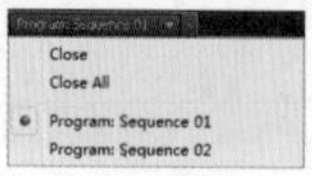

图2-52

Monitor Toolbars（监视器工具栏）提供了基本的剪辑工具和播放控制按钮，单击工具栏右侧的（按钮编辑器），然后在弹出的面板中选择相应的按钮拖动到工具栏中即可，如图2-53所示。

图2-53

- （设置入点）：单击该按钮后，当前编辑线所在的位置将被设置为入点。
- （设置出点）：单击该按钮后，当前编辑线所在的位置将被设置为出点。
- （设置未编号标记）：单击该按钮，在当前时间线上的指针处设定一个没有编号的标记。
- （跳转到入点）：单击该按钮，时间指针快速跳转到入点。
- （跳转到出点）：单击该按钮，时间指针快速跳转到出点。
- （播放入点到出点间的素材）：单击该按钮，可以播放入点到出点之间的素材内容。
- （跳转到上一个标记点）：单击该按钮，时间线快速跳转到上一个标记点处。
- （跳转到下一个标记点）：单击该按钮，时间线快速跳转到下一个标记点处。
- （上一帧）：单击该按钮，时间线跳转到上一帧的位置。
- （下一帧）：单击该按钮，时间线跳转到下一帧的位置。
- （播放）：单击该按钮，可以播放当前的素材文件。
- （循环）：单击该按钮，可以将当前的素材文件循环播放。
- （安全框）：单击该按钮，可以在画面中显示安全框，如图2-54所示。

图2-54

- （插入）：单击该按钮，正在编辑的素材插入到当前的时间指针处。
- （覆盖）：单击该按钮，正在编辑的素材覆盖到当前的时间指针处。
- （输出帧）：单击该按钮，输出当前编辑帧的画面效果。

【Trim Monitor（修剪监视器）】模式

在【Trim Monitor（修剪监视器）】模式下，可以使用更加精确的方式更改编辑线上的剪辑点，如图2-55所示。

图2—55

【Trim Monitor（修剪监视器）】模式下，当编辑线上的两段视频前后交接后，在前者的结束部分有多余，后者开始部分有多余的前提下，可以通过修剪视图改变二者的交接点，如图2-56所示。

图2—56

【Trim Monitor（修剪监视器）】模式下通过修剪视图改变二者的交接点，时间线窗口也出现相应的变化，如图2-57所示。

【Reference Monitor（参考监视器）】模式

在【Reference Monitor（参考监视器）】模式下，可以显示素材的波形并与节目监视器统调，所以多用于对素材进行颜色和音频的调整，还可以同时在节目监视器中查看实时素材，如图2-58所示。

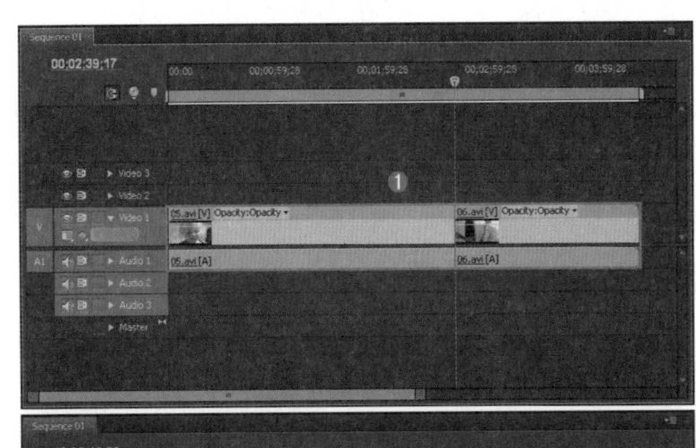

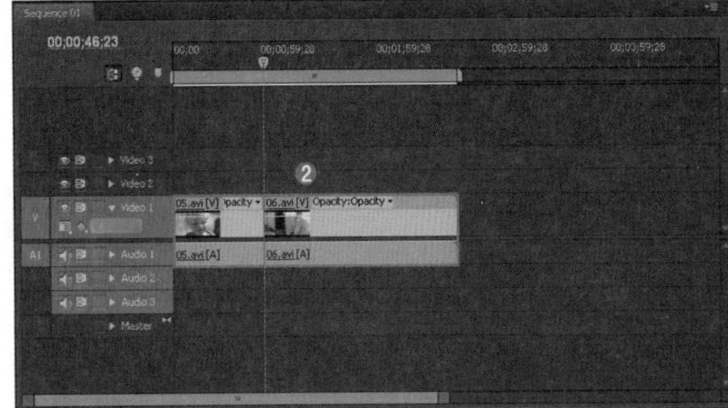

图2—57

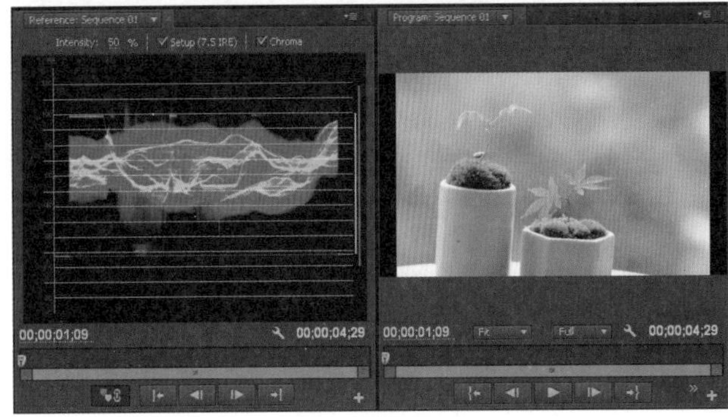

图2—58

另外，参考监视器可以设置与节目监视器同步播放或统调，也可以设置为不统调。很多情况下，参考监视器可以当做是另一个节目监视器。默认情况下是与节目监视器统调的，如图2-59所示。

图2—59

若想设置为参考监视器与节目监视器不统调，可以在▣上单击鼠标左键，然后选择嵌套到节目监视器选项，即可不统调，如图2-60所示。

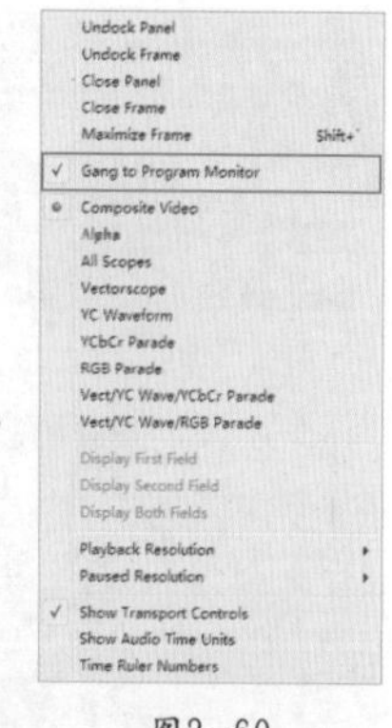

图2－60

【Multi-Camera Monitor（多机位监视器）】模式

在【Multi-Camera Monitor（多机位监视器）】模式下，可以编辑从不同的机位同步拍摄的视频素材，如图2-61所示。

图2－61

在多机位监视器模式下播放视频素材时，可以选定一个场景，将它插入到节目序列中。在编辑从不同机位拍摄的事件影片时，最适合使用多机位监视器，因为它可以同时查看4个视频素材，如图2-62所示。

图2－62

2.4.3【Timelines（时间线）】窗口

技术速查：【Timelines（时间线）】窗口是主要的编辑工作窗口，显示组成项目的素材、字幕和转场的临时图形。

【Timelines（时间线）】窗口是视频编辑最为重要的一个窗口。大部分编辑工作都在这里进行，它提供组成项目的视频序列、特效、字幕和转场切换效果的临时图形。Premiere Pro CS6默认3条视频轨道和3条音频轨道。轨道的编辑操作区可以排列和放置剪辑素材，如图2-63所示。

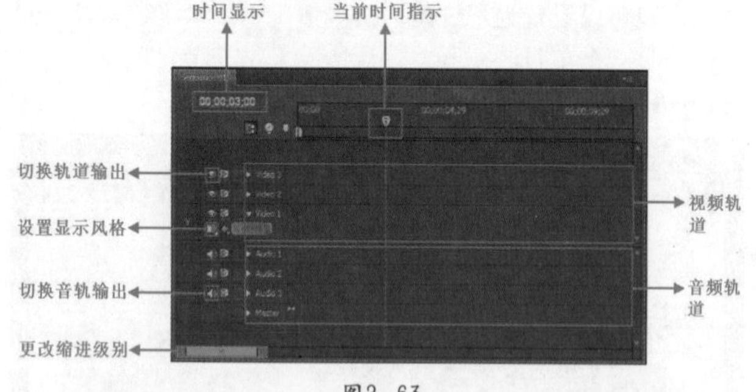

图2－63

- 00;00;03;00（时间显示）：显示当前时间指示所在位置。
- ▣（当前时间指示）：单击并拖动“当前时间指示”滑块可以移动到项目的任何部分。与此同时，时间线左上角的时间显示为当前帧的所在位置。
- ▣和▣（切换轨道输出）：控制轨道输出时的开关。图标显示时为开启输出，图标消失时为关闭输出。
- ▣（设置显示风格）：设置素材在时间线轨道中的显示风格。
- ▣（更改缩进级别）：更改时间线的时间间隔，越向左缩进，级别越大，就会占用较小的时间线区域。越向右缩进，级别越小，就会占用较大的时间线区域。
- Video 1（视频轨道）：可以将视频、图片、序列、PSD等素材放置到视频轨道上进行编辑。
- Audio 1（音频轨道）：可以将音频素材放置到音频轨道上进行编辑。

2.4.4【Title（字幕）】窗口

技术速查：在【Title（字幕）】窗口中可以为项目添加各种样式的文字效果。

选择【Title（字幕）】/【New Title（新建字幕）】命令，然后在其子菜单中选择所需要的字幕类型，如图2-64所示。

- Default Still（默认静止字幕）：选择该命令，可以创建静止字幕。
- Default Roll（默认滚动字幕）：选择该命令，可以创建滚动字幕。
- Default Crawl（默认游动字幕）：选择该命令，可以创建游动字幕。

在新建字幕时，可以在弹出的窗口中为字幕命名，并设置字幕长宽比。然后单击【OK（确定）】按钮即可创建新字幕，如图2-65所示。

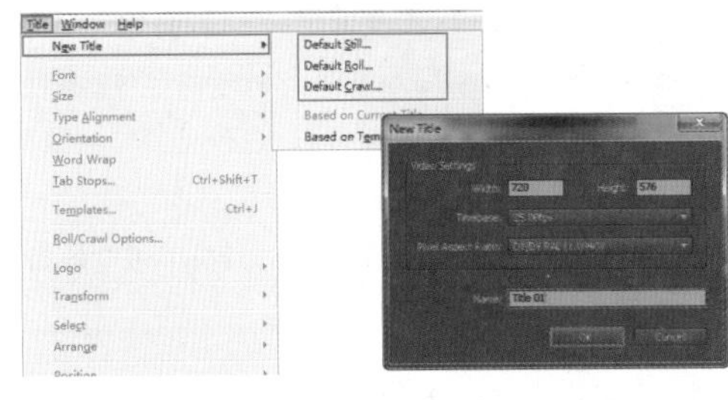

图2-64　图2-65

在弹出的【Title Design（字幕设计）】窗口中，其主要组成部分为Title（字幕）、Title Tools（字幕工具）、Title Actions（字幕动作）、Title Styles（字幕样式）和Title Poperties（字幕属性），如图2-66所示。

在工作区中单击鼠标左键，即可输入文字。在字幕创建完成后，关闭字幕窗口，所创建的字幕会自动出现在项目窗口中，如图2-67所示。可以将其拖曳到时间线窗口中的轨道上进行应用。

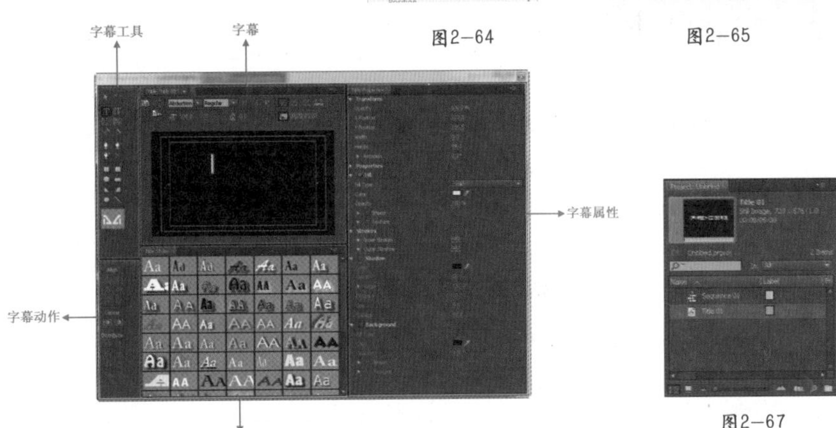

图2-66

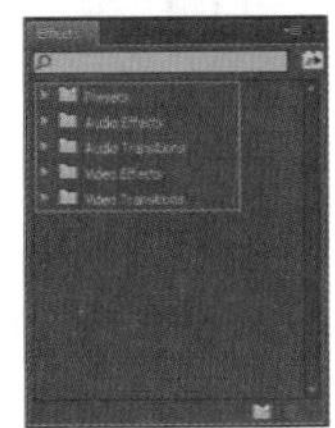

图2-67

2.4.5【Effects（效果）】窗口

技术速查：【Effects（效果）】窗口中可以直接应用多种视频特效、音频特效和转场效果，是最为常用的窗口。

【Effects（效果）】窗口提供的主要效果分别为Presets（预设）、Audio Effects（音频效果）、Audio Transitions（音频转换）、Video Effect（视频效果）和Video Transitions（视频转换）五大类，如图2-68所示。

图2-68

2.4.6【Audio Mixer（调音台）】窗口

技术速查：【Audio Mixer（调音台）】窗口中可以混合不同的音频轨道和创建音频特效以及录制音频素材。

在【Audio Mixer（调音台）】窗口中还可以在伴随视频的同时混合音频轨道以及音频特效的制作，如图2-69所示。

- （跳转到入点）：时间线跳转到音频的入点。
- （跳转到出点）：时间线跳转到音频的出点。
- （播放/停止）：控制播放音频和停止播放音频。
- （播放入点到出点）：播放音频的入点到出点的部分。
- （循环）：循环播放音频。
- （录制）：录制音频素材文件。

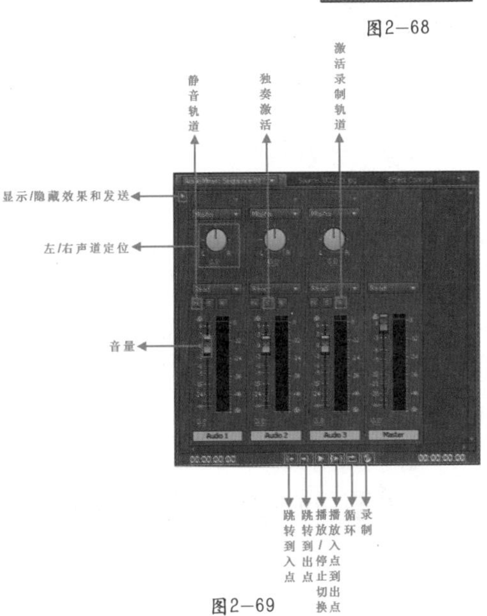

图2-69

2.5 Premiere Pro CS6的面板

Premiere Pro CS6的各个面板就是为了更好地应用这些功能而分类及组织起来的，包括【Tools（工具）】面板、【Effect Controls（效果控制）】面板、【History（历史）】面板、【Info（信息）】面板和【Media Browser（媒体浏览）】面板。

技巧提示

要打开和隐藏各个Premiere Pro CS6中的面板，可以单击【Window（窗口）】菜单下的各个面板名称即可，已经打开的面板前面会出现已勾选的对号。

2.5.1【Tools（工具）】面板

技术速查：在Premiere Pro CS6的【Tools（工具）】面板中的工具主要应用于编辑时间线中的素材文件。

在【Tools（工具）】面板中所要应用的工具上单击鼠标左键或者按键盘上相应的快捷键即可应用，如图2-70所示。

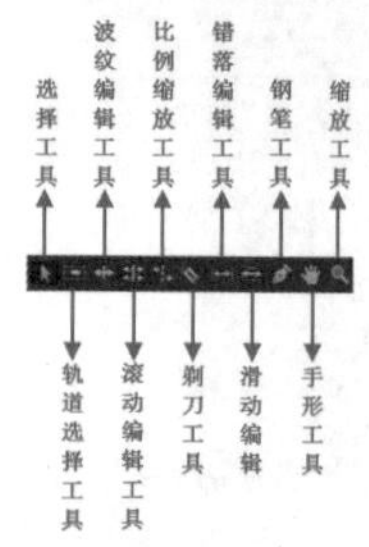

图2—70

- （选择工具）：用于选择时间线轨道上的素材文件。
- （轨道选择工具）：选择一条轨道上的所有分类，同时按住【Shift】键可以选择多条轨道。
- （波纹编辑工具）：可以编辑一个素材文件而不影响相邻的素材文件，而且后面的素材文件会自动移动填补空缺。
- （滚动编辑工具）：选择一个素材文件并拖动更改入点或出点时，也会同时改变相邻素材的入点或出点。
- （比例缩放工具）：选择素材文件并拖动边缘可以改变素材文件的长度和速率。
- （剃刀工具）：用于剪辑时间线中的素材文件，按住【Shift】键可以同时剪辑多条轨道中的素材。
- （错落编辑工具）：可以改变在两个素材文件之间的素材文件的入点和出点并保持原有持续时间不变。
- （滑动编辑）：用于两个素材之间的素材文件，在拖动时只改变相邻素材文件的持续时间。
- （钢笔工具）：可以在时间线的素材文件上创建关键帧。
- （手形工具）：用于左右平移时间线轨道。
- （缩放工具）：可以放大和缩小时间线窗口中的素材。

2.5.2【Effect Controls（效果控制）】面板

技术速查：在【Effect Controls（效果控制）】面板中可以调整素材文件上所添加的各种效果的参数和各个效果的显示与隐藏，同时可以创建动画关键帧。

在没有选择任何素材文件时，【Effect Controls（效果控制）】面板显示为空，如图2-71所示。

选择素材文件后，在【Effect Controls（效果控制）】面板中会显示出默认的Motion（运动）和Opacity（透明）等属性。【Effect Controls（效果控制）】面板中右侧有其独立的时间线和缩放时间线的滑块，如图2-72所示。

图2—71

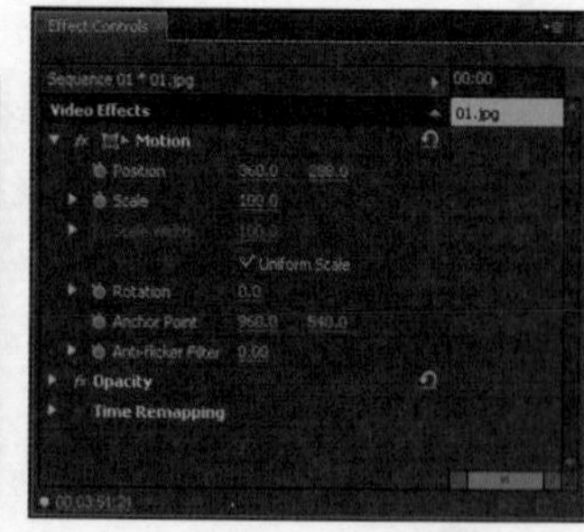

图2—72

2.5.3【History（历史）】面板

技术速查：在【History（历史）】面板中记录了操作的历史步骤，可以单击历史状态返回之前的操作。

在Premiere Pro CS6的【History（历史）】面板中可以无限制地进行Undo（撤销）操作。在制作中想返回之前的操作，直接在【History（历史）】面板中单击要返回的历史状态即可，如图2-73所示。

若想删除全部历史记录，在【History（历史）】面板中单击鼠标右键，在弹出的快捷菜单中选择【Clear History（清除历史）】命令。而想要删除某个历史状态时，在【History（历史）】面板中选中它，并且单击删除，或者按【Delete（删除）】键，如图2-74所示。

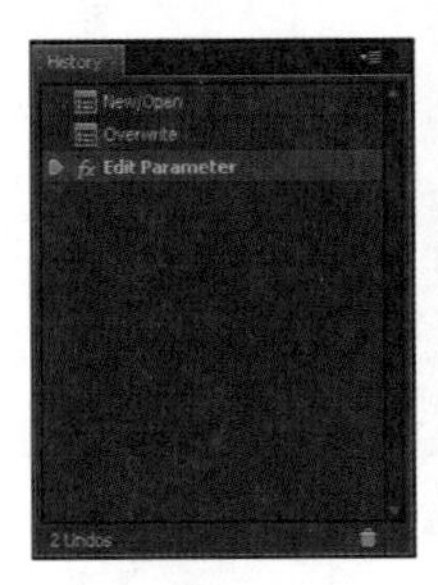

图2-73

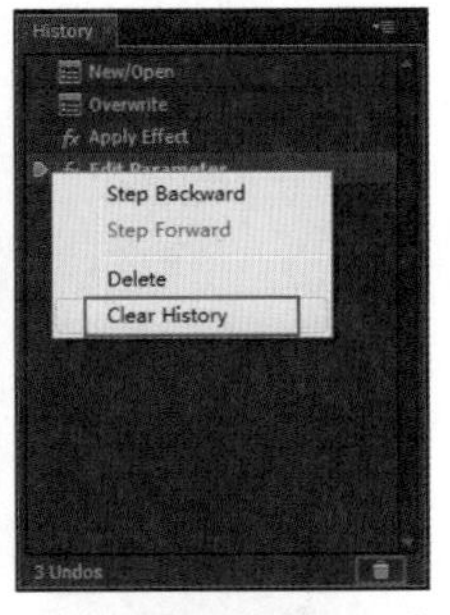

图2-74

2.5.4【Info（信息）】面板

技术速查：在Premiere Pro CS6的【Info（信息）】面板中显示了当前选择的素材等的信息。

在【Info（信息）】面板中显示了当前选择的素材和序列等信息。例如，选择了素材文件，【Info（信息）】面板中即显示出素材的大小、类型、持续时间以及起点和结束点，如图2-75所示。

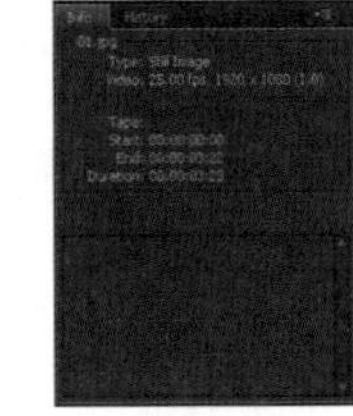

图2-75

2.5.5【Media Browser（媒体浏览）】面板

技术速查：在【Media Browser（媒体浏览）】面板中可以查看计算机中的内容并通过监视器预览。

在Premiere Pro CS6的【Media Browser（媒体浏览）】面板中，选择计算机路径即可查看其内容，如图2-76所示。同时可以在Source Monitor（源素材监视器）中预览计算机中的素材文件，如图2-77所示。

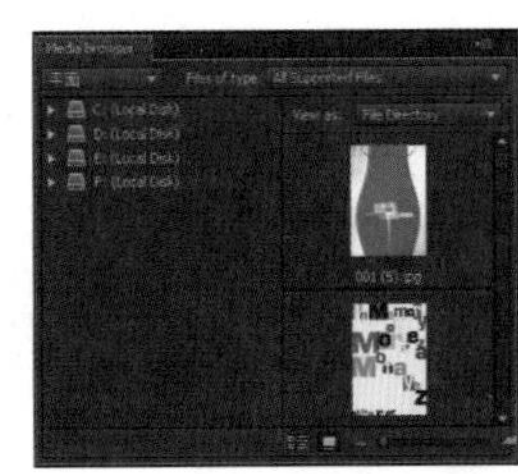

图2-76

图2-77

本章小结

通过Adobe Premiere Pro CS6中各个窗口中的命令，可以导入素材并进行相应的编辑等。通过本章的学习，可以了解菜单栏窗口和工作区窗口的各项命令功能和应用领域。灵活掌握各项命令，能够更快捷合理地对素材进行编辑。

读书笔记

第3章

素材的导入与采集

本章内容简介：

在Adobe Premiere Pro CS6中制作项目，很多时候需要导入各类素材文件进行编辑。本章介绍了新建项目、序列和文件夹的基础操作，以及采集素材和导入各类素材文件的方法。

本章学习要点：

- 了解新建项目、序列和文件夹的方法
- 掌握修改文件夹和素材名称的方法
- 掌握素材采集的方法
- 掌握导入各类素材的方法

3.1 大胆尝试——我的第一幅作品

通过Adobe Premiere Pro CS6软件，可以制作出各种精美的画面效果。下面就介绍制作一个案例的完整流程。

★ 案例实战——锈迹文字效果

案例文件	案例文件\第3章\锈迹文字效果.prproj
视频教学	视频文件\第3章\锈迹文字效果.flv
难易指数	★★★★★
技术要点	导入素材、字幕、边缘粗糙、斜角Alpha和阴影效果的应用

案例效果

很多读者在学习Adobe Premiere Pro CS6时，由于知识点比较多，容易造成思维混乱，因此在学各个技术模块之前，可以通过对本案例的学习，了解完整的作品制作流程。

通过Adobe Premiere Pro CS6可以添加图像素材和制作文字，并为素材或文字添加多种特效，制作出丰富的画面效果。本案例主要是针对“制作锈迹文字效果”的方法进行练习，如图3-1所示。

图3—1

操作步骤

01 打开Adobe Premiere Pro CS6软件，然后单击【New Project（新建项目）】选项，并单击【Browse（浏览）】按钮设置保存路径，在【Name（名称）】文本框中设置文件名称。接着在弹出的对话框中选择【DV-PAL】/【Standard 48kHz】选项，如图3-2所示。

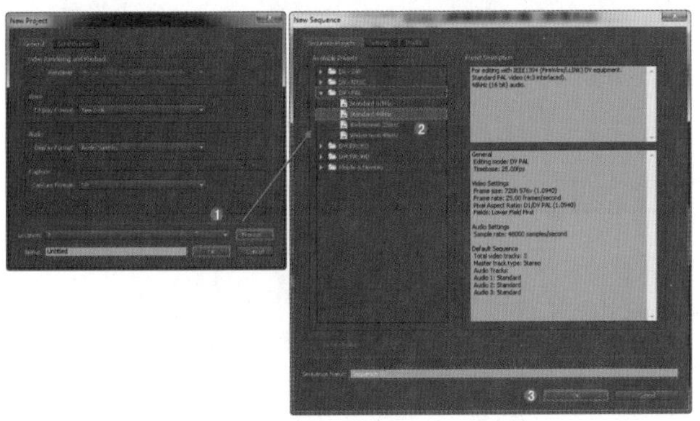

图3—2

02 选择【File（文件）】/【Import（导入）】命令或按快捷键【Ctrl+I】，然后在打开的对话框中选择所需的素材文件，并单击【打开】按钮导入，如图3-3所示。

图3—3

03 将Project项目1窗口中的【01.jpg】素材文件拖曳到时间线窗口中的Video1轨道上，如图3-4所示。

图3—4

04 选择Vidoe1轨道上的【01.jpg】素材文件，然后在【Effect Controls（效果控制）】面板中设置【Scale（缩放）】为66，如图3-5所示。此时效果如图3-6所示。

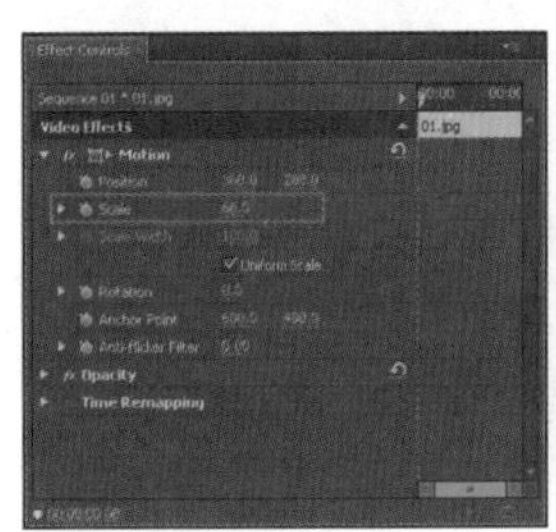

图3—5

图3—6

05 在菜单栏中选择【Title（字幕）】/【New Title（新建字幕）】/【Default Still（默认静态字幕）】命令，如图3-7所示。

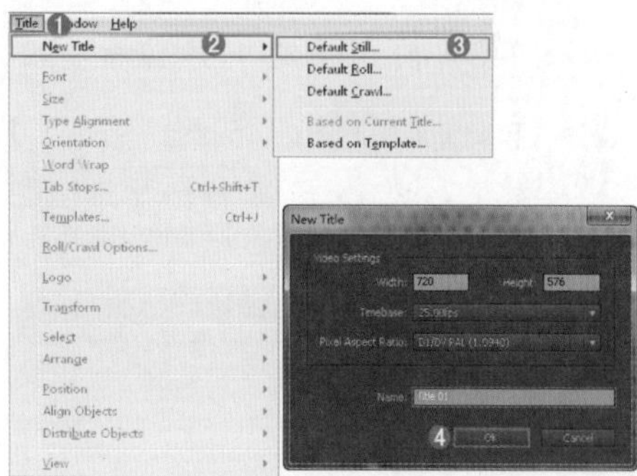

图3-7

06 选择T（文字工具），然后在工作区中输入文字，并设置【字体】为【Arial】，【字体样式】为【Bold（粗体）】，【字体大小】为285，【Fill Type（填充类型）】为【Linear Gradient（线性渐变）】，【颜色】为浅灰色（R：158，G：158，B：158）和深灰色（R：87，G：86，B：86）。接着将文字调整到合适的位置，如图3-8所示。

图3-8

07 关闭字幕窗口。然后将项目窗口中的【Title 01】拖曳到时间线窗口中的Video2轨道上，如图3-9所示。

图3-9

08 在【Effects（效果）】窗口中搜索【Roughen Edges（边缘粗糙）】效果，然后按住鼠标左键将其添加到Video2轨道的【Title 01】上，如图3-10所示。

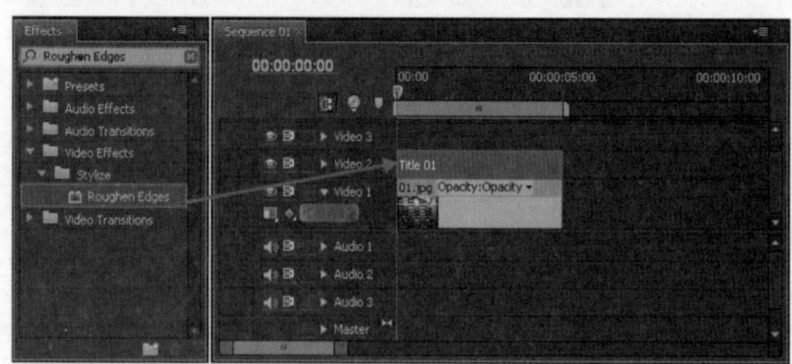

图3-10

09 选择Video2轨道上的【Title 01】，然后打开【Effect Controls（效果控制）】面板中的【Roughen Edges（边缘粗糙）】效果，并设置【Edge Type（边缘类型）】为【Rusty Color（生锈颜色）】，【Border（边框）】为35，【Edge Sharpness（边缘清晰度）】为0.6，如图3-11所示。此时效果如图3-12所示。

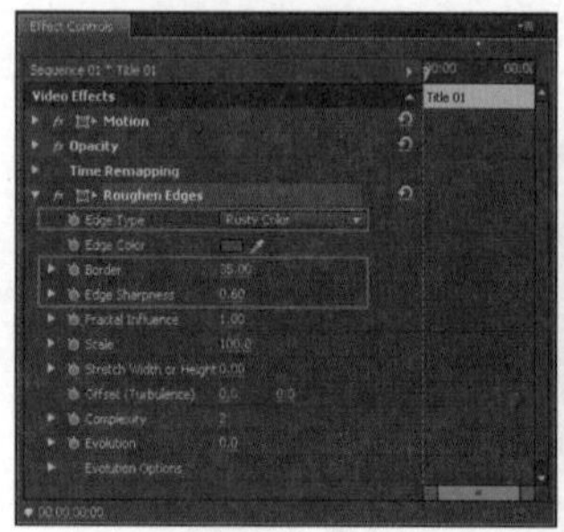

图3-11

图3-12

10 为Video2轨道上的【Title 01】添加【Bevel Alpha（斜角Alpha）】效果，然后设置【Edge Thickness（边缘厚度）】为5，【Light Intensity（照明强度）】为0.5，如图3-13所示。此时效果如图3-14所示。

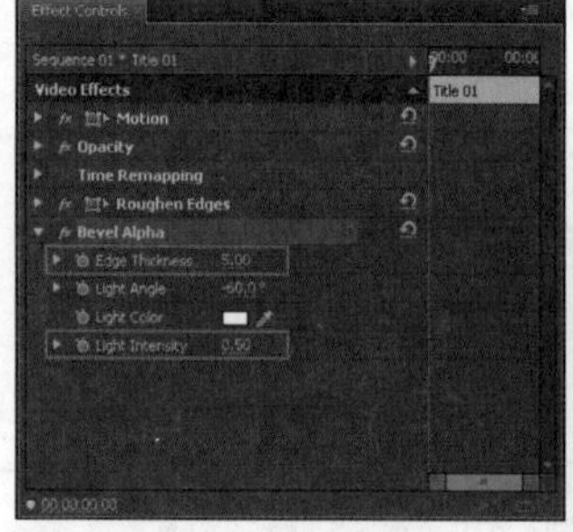

图3-13

图3-14

11 为Video2轨道上的【Title 01】添加【Drop Shadow（阴影）】效果，然后设置【Opacity（不透明度）】为100%，【Direction（方向）】为220°，【Distance（距离）】为10，【Softness（柔和度）】为50，如图3-15所示。

12 此时拖动时间线滑块查看最终效果，如图3-16所示。

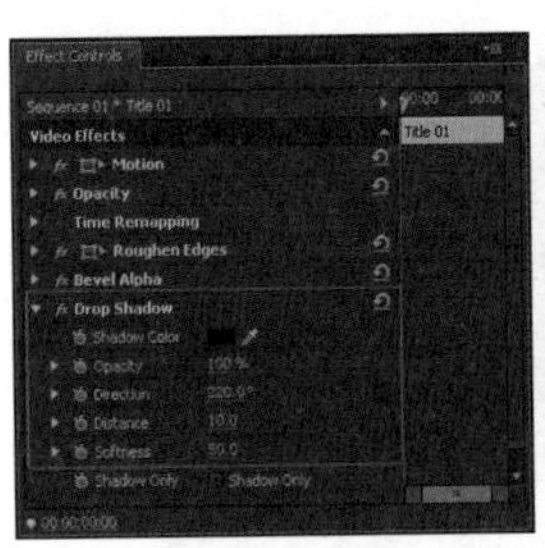

图3—15

图3—16

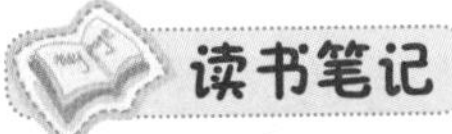

3.2 项目、序列、文件夹管理

项目是包含了序列和相关素材的Premiere Pro的文件，与其中的素材之间存在链接关系。每个项目都包含一个项目调板，其中存储着所有项目中所用的素材。

3.2.1 新建项目

技术速查：在Premiere Pro中选择【File（文件）】/【New（新建）】/【Project（项目）】命令，即可创建一个新项目。

如果当前Premiere Pro中正在运行一个项目，可以在菜单栏中选择【File（文件）】/【 New（新建）】/【Project（项目）】命令，新建一个项目，并关闭当前项目，如图3-17所示。

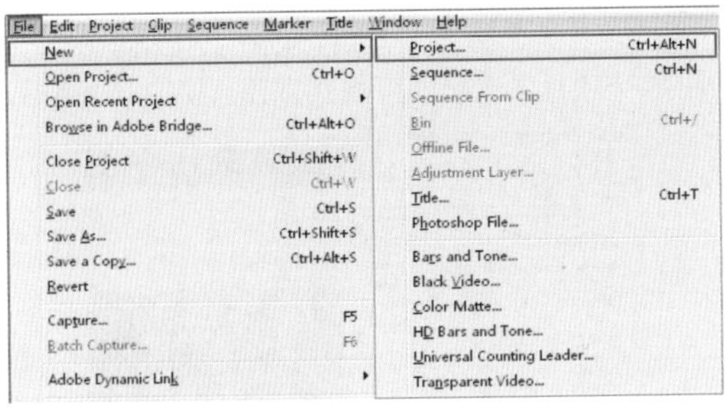

File Edit Project Clip Sequence Marker Title Window Help

New / Open Project... Ctrl+O / Open Recent Project / Browse in Adobe Bridge... Ctrl+Alt+O / Close Project Ctrl+Shift+W / Close Ctrl+W / Save Ctrl+S / Save As... Ctrl+Shift+S / Save a Copy... Ctrl+Alt+S / Revert / Capture... F5 / Batch Capture... F6 / Adobe Dynamic Link

Project... Ctrl+Alt+N / Sequence... Ctrl+N / Sequence From Clip / Bin Ctrl+/ / Offline File... / Adjustment Layer... / Title... Ctrl+T / Photoshop File... / Bars and Tone... / Black Video... / Color Matte... / HD Bars and Tone... / Universal Counting Leader... / Transparent Video...

图3—17

★ 案例实战——新建项目文件

案例文件	案例文件\第3章\新建项目文件.prproj
视频教学	视频文件\第3章\新建项目文件.flv
难易指数	★★★★★
技术要点	新建项目文件的方法

案例效果

若要使用Premiere Pro 软件编辑素材等，首先要创建一个项目，然后才能在项目中进行新建序列和编辑。本案例主要是针对“新建项目文件”的方法进行练习。

操作步骤

01 启动Adobe Premiere Pro CS6后，首先会出现一个欢迎对话框，此时可以单击【New Project（新建项目）】选项。其中【Open Project（打开项目）】按钮可以进行打开项目，而在【Recent Project（最近使用项目）】列表中会列出4个最近使用过的项目，单击项目名称即可将其打开，如图3-18所示。

02 单击【New Project（新建项目）】选项后， 会出现【New Project（新建项目）】对话框，接着可以设置项目的保存位置和名称，设置完成后，单击【OK（确定）】按钮，如图3-19所示。

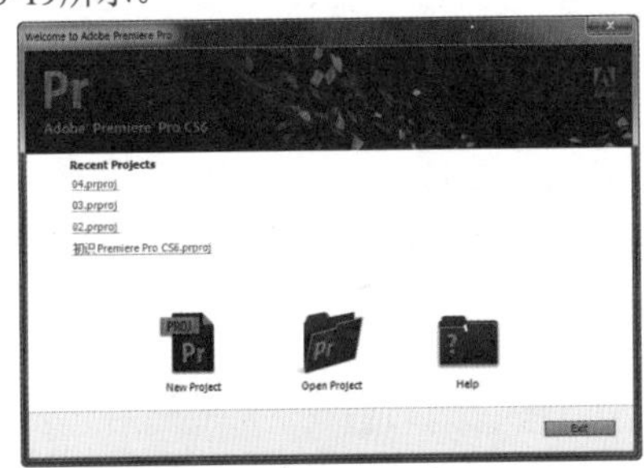

图3—18

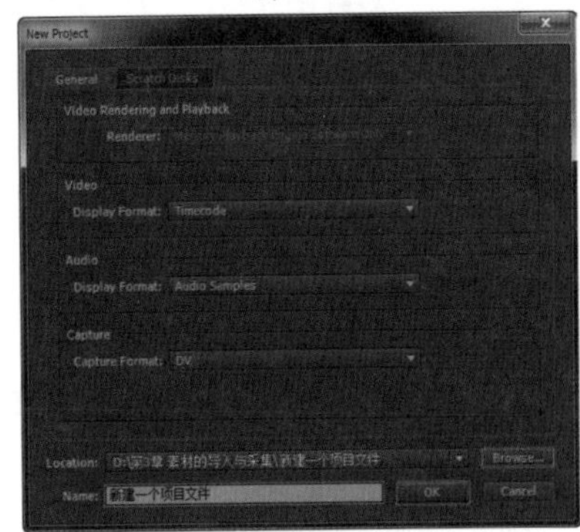

图3—19

03 进入【New Sequence（新建序列）】对话框中，在左侧有很多预设可供选择。单击【DV-PAL】展开该选项，并选择【Standard 48kHz】选项。接着设置【Sequence Name（序列名称）】，如图3-20所示。新建完成后，最终效果如图3-21所示。

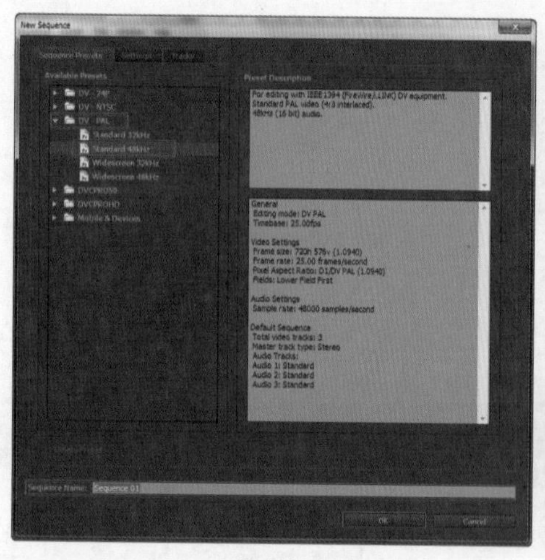
图3—20

图3—21

3.2.2 动手学：打开项目

技术速查：在Premiere Pro CS6中，可以通过【File（文件）】/【Open Project（打开项目）】命令打开已经存储的项目。

打开已存储的项目

在菜单栏中选择【File（文件）】/【Open Project（打开项目）】命令，可以查找并打开已经存储的项目，并关闭当前项目，如图3-22所示。

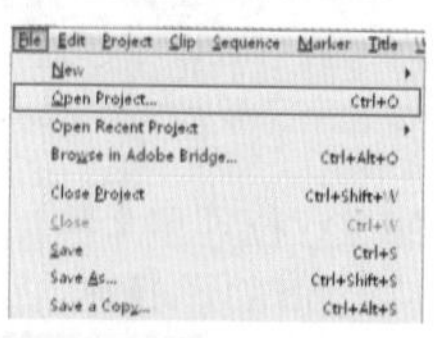
图3—22

在没有打开Premiere Pro CS6软件时，可以在需要打开的项目文件上双击鼠标左键打开，如图3-23所示。

图3—23

打开最近使用过的项目

在菜单栏中选择【File（文件）】/【Open Recent Project（打开最近项目）】命令，然后可以在其子菜单中看到最近使用过的5 个项目，选择即可将其打开，如图3-24所示。

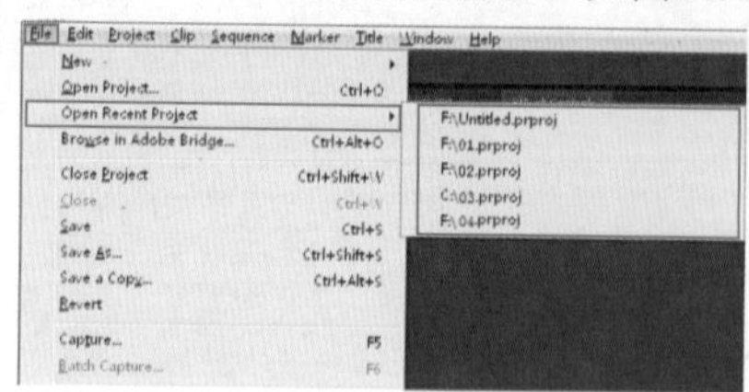
图3—24

3.2.3 关闭和保存项目

动手学：关闭项目

在菜单栏中选择【File（文件）】/【Close Project（关闭项目）】命令，即可将当前项目关闭，如图3-25所示，并回到欢迎对话框，如图3-26所示。

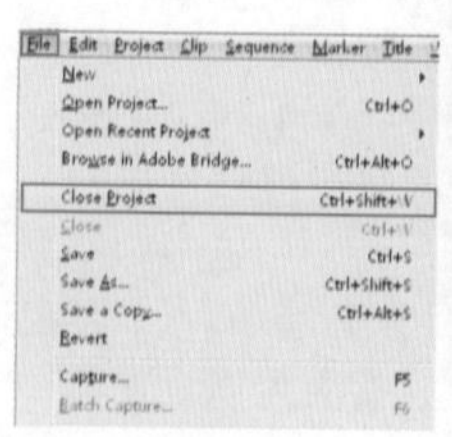
图3—25

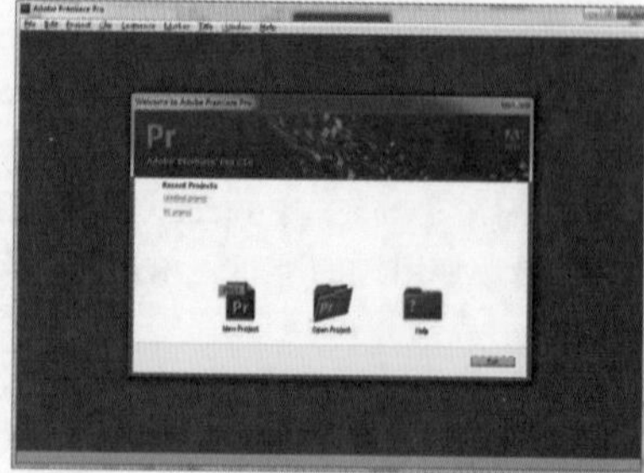
图3—26

动手学：保存项目

方法一：在菜单栏中选择【File（文件）】/【Save（保存）】命令，即可将当前项目进行保存，如图3-27所示。

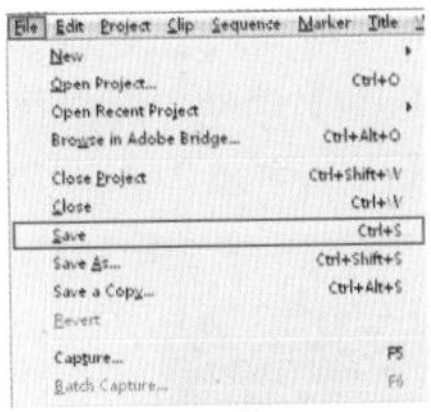

图3—27

技巧提示

若已经保存过该项目，那么应用该命令时，会自动覆盖已经存储的项目文件。快捷键为【Ctrl+S】。

方法二：将项目另存为。在菜单栏中选择【File（文件）】/【Save As（另存为）】命令，如图3-28所示。在弹出的对话框中设置保存的路径和名称，然后单击【保存】按钮即可，如图3-29所示。

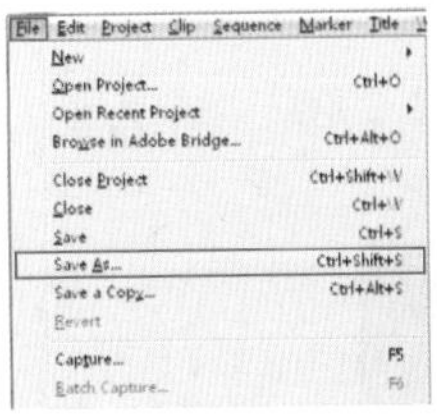

图3—28

图3—29

方法三：将项目保存副本备份。在菜单栏中选择【File（文件）】/【Save a Copy（保存副本）】命令，如图3-30所示。在弹出的对话框中选择保存路径，并单击【保存】按钮，即可将当前项目保存为一个副本，如图3-31所示。

图3—30

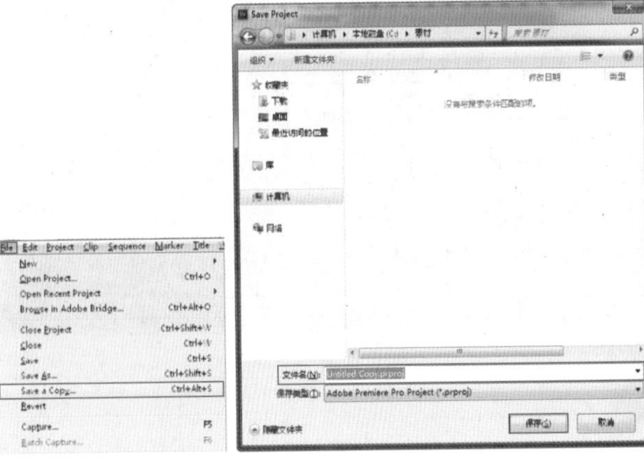

图3—31

读书笔记

3.2.4 动手学：新建序列

在打开Adobe Premiere Pro CS6时，新建项目的同时也新建了相应的序列，但是在工作界面中可以新建多个序列。

方法一

在【Project（项目）】窗口的空白处单击鼠标右键，在弹出的快捷菜单中选择【New Item（新项目）】/【Sequence（序列）】命令，如图3-32所示。在弹出的【New Sequence（新建序列）】对话框中，选择【DV-PAL】下的【Standard 48kHz】选项，然后单击【OK（确定）】按钮，如图3-33所示。即可创建新的序列，如图3-34所示。

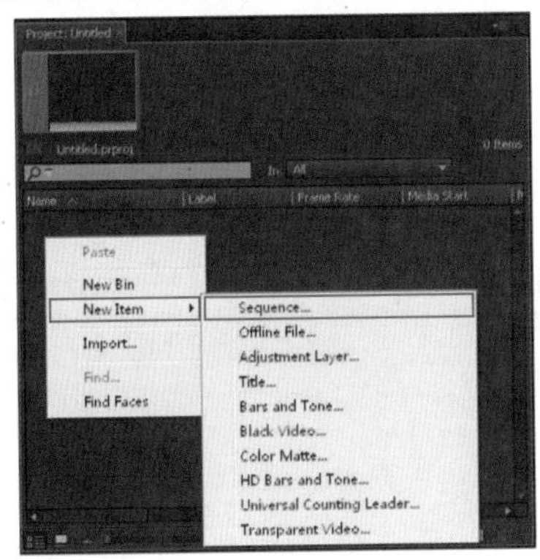

图3—32

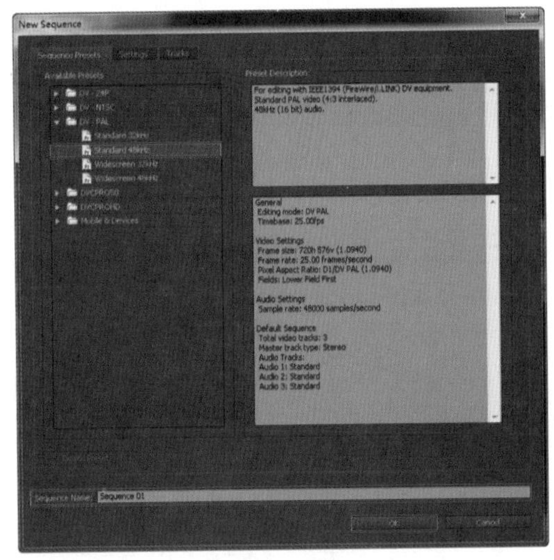

图3—33

方法二

单击【Project（项目）】窗口下的■（新项目）按钮，然后选择【Sequence（序列）】命令，如图3-35所示。

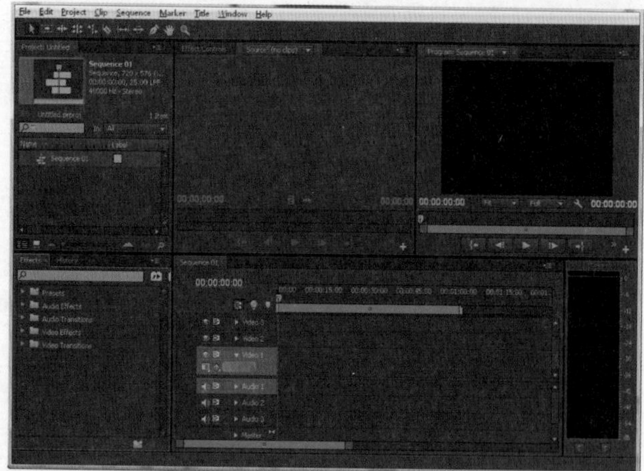

图3-34

方法三

在菜单栏中选择【File（文件）】/【New（新建）】/【Sequence（序列）】命令或者使用键盘上的快捷键【Ctrl+N】，如图3-36所示。

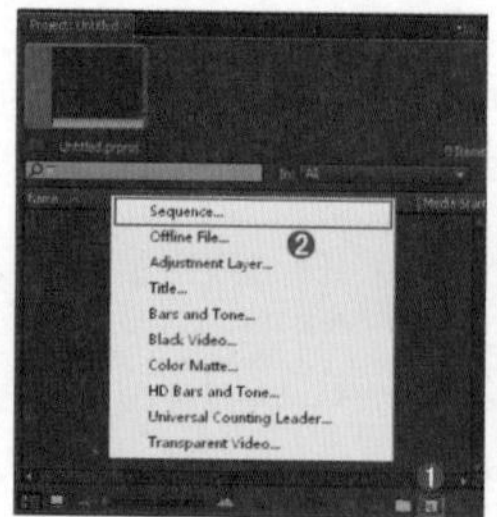

图3-35

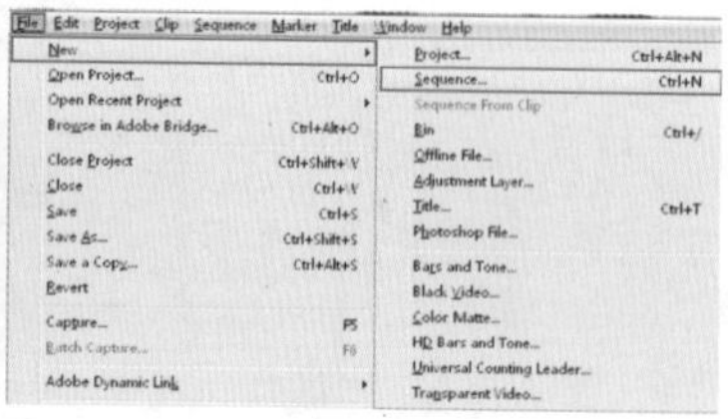

图3-36

★ 案例实战——新建序列

案例文件	案例文件\第3章\新建序列.prproj
视频教学	视频文件\第3章\新建序列.flv
难易指数	★★★★★
技术要点	新建序列的方法

案例效果

序列是编辑项目的基础，在对素材等进行编辑前，需要新建序列。也可以新建多个序列，并分别进行编辑。本案例主要是针对“新建序列”的方法进行练习。

操作步骤

01 在打开的Adobe Premiere Pro CS6窗口中新建序列。在菜单栏中选择【File（文件）】/【New（新建）】/【Sequence（序列）】命令，如图3-37所示。

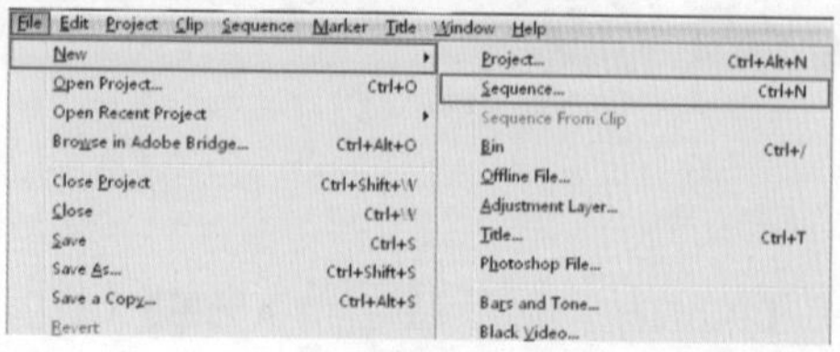

图3-37

02 在弹出的【New Sequence（新建序列）】对话框中，选择【DV-PAL】下的【Standard 48kHz】选项，然后设置【Sequence Name（序列名称）】为【Sequence 02】，并单击【OK（确定）】按钮，如图3-38所示。

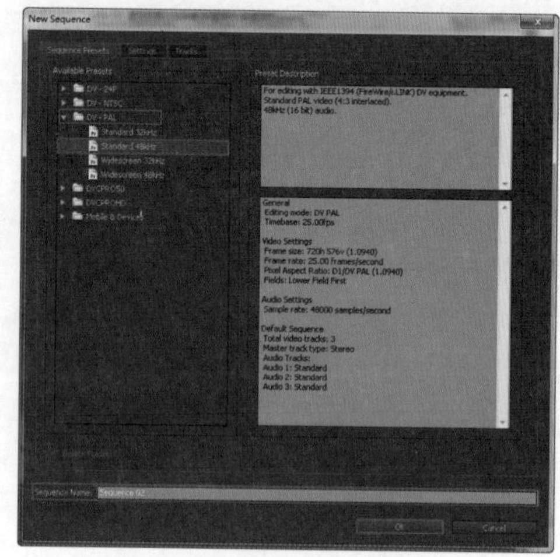

图3-38

03 此时，在【Project（项目）】窗口中出现了新建的【Sequence 02】序列，如图3-39所示。

图3-39

读书笔记

3.2.5 动手学：新建文件夹

在项目窗口中新建文件夹，是为了方便整理素材文件和进行分类，便于制作项目过程中的使用与查找。新建文件夹的方法有两种。

方法一

01 单击【Project（项目）】窗口下的【New Bin（新建文件夹）】按钮，即可创建文件夹，如图3-40所示。

02 若要为文件夹继续创建子文件夹，可以先单击选中该文件夹，然后再次单击【Project（项目）】窗口下的【New Bin（新建文件夹）】按钮即可，如图3-41所示。

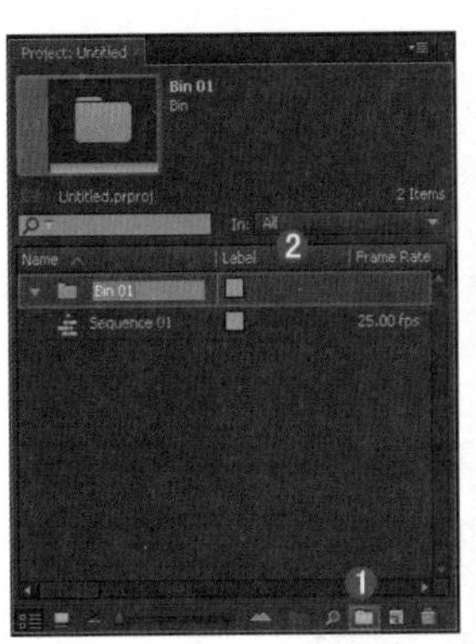

图3—40

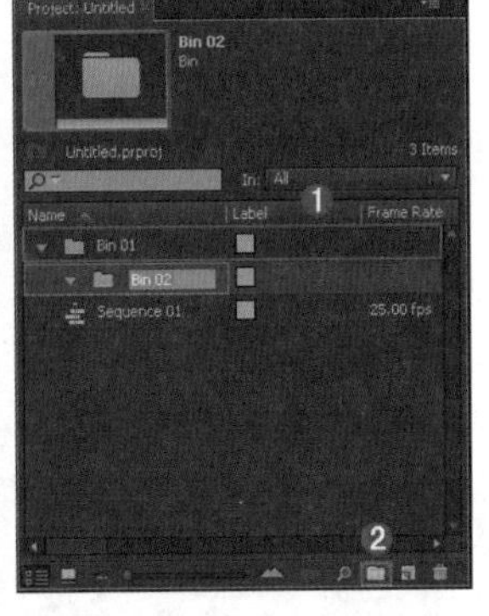

图3—41

技巧提示

若要创建平级的文件夹，则不用选择任何文件夹。直接单击【Project（项目）】窗口下的【New Bin（新建文件夹）】按钮即可，如图3—42所示。

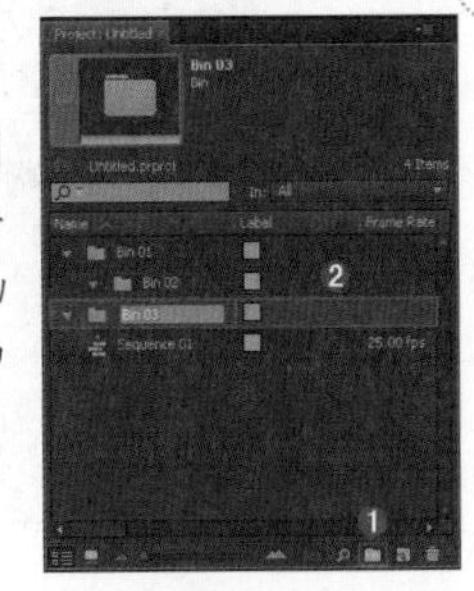

图3—42

方法二

在【Project（项目）】窗口下的空白处单击鼠标右键，在弹出的快捷菜单中选择【New Bin（新建文件夹）】命令，即可创建文件夹，如图3-43所示。

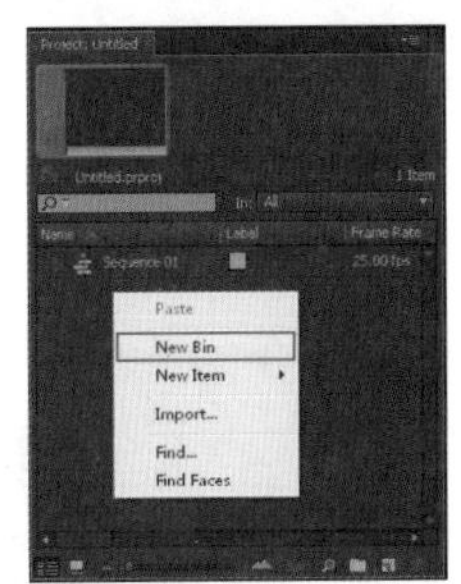

图3—43

3.2.6 动手学：修改文件夹名称

在创建文件夹后，可以根据素材需要将文件夹进行重命名来分类。修改文件夹名称的方法有两种。

方法一

在创建出文件夹后，可以直接在文件夹上更改名称。或者在创建文件夹结束后，在该文件夹的名称处单击鼠标左键即可进行修改，如图3-44所示。

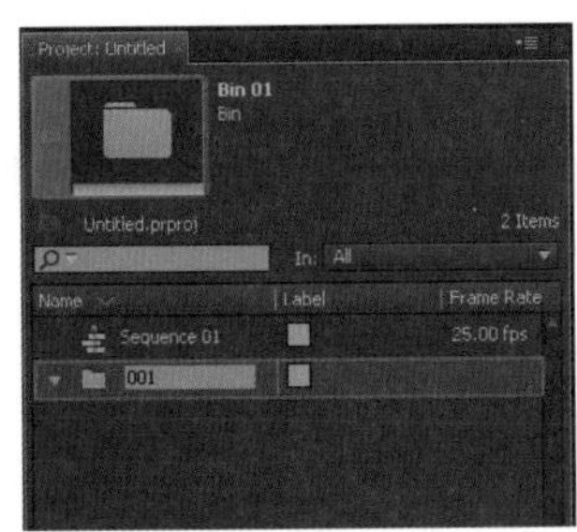

图3—44

方法二

还可以在文件夹上单击鼠标右键，在弹出的快捷菜单中选择【Rename（重命名）】命令，如图3-45所示。然后可以对该文件夹的名称进行修改，如图3-46所示。

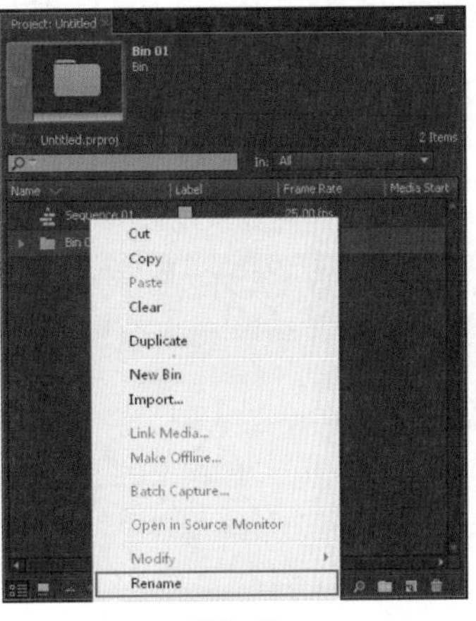

图3—45

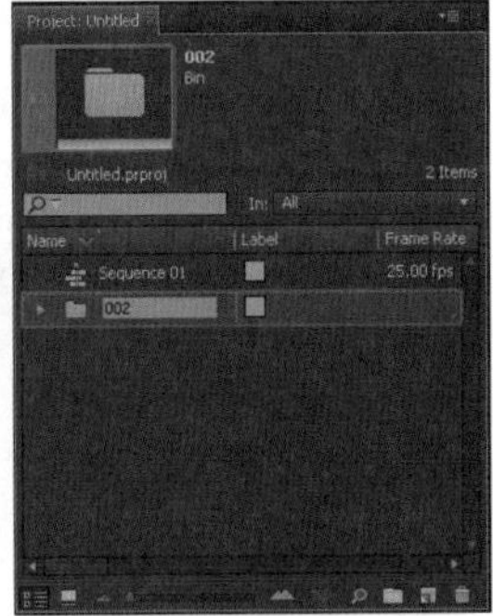

图3—46

技巧提示

因为方法一的操作比较方便，所以通常采用该种方法来对文件夹重命名。

以上两种方法也同样适用于项目窗口中的其他素材文件，如图3-47所示。

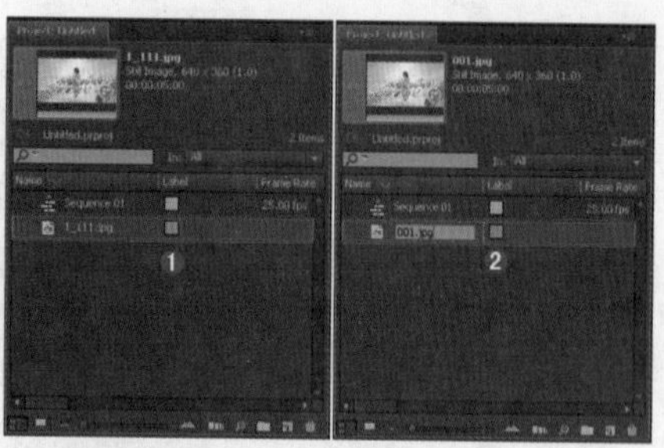

图3-47

3.2.7 动手学：整理素材文件

01 在【Project（项目）】窗口中包括多种类型的素材文件，如图3-48所示。此时单击【New Bin（新建文件夹）】按钮新建文件夹，并命名为【图片】，然后将图片类素材文件拖曳到该文件夹中，如图3-49所示。

02 以此类推，创建出【音频】和【视频】文件夹，并将相应的素材文件添加到文件夹中，如图3-50所示。

图3-48

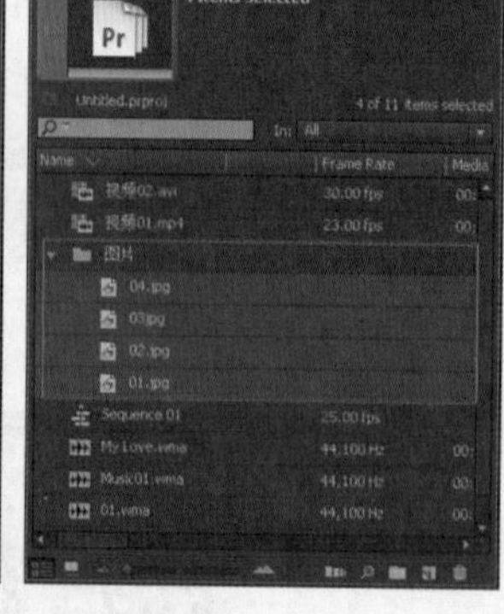

图3-49

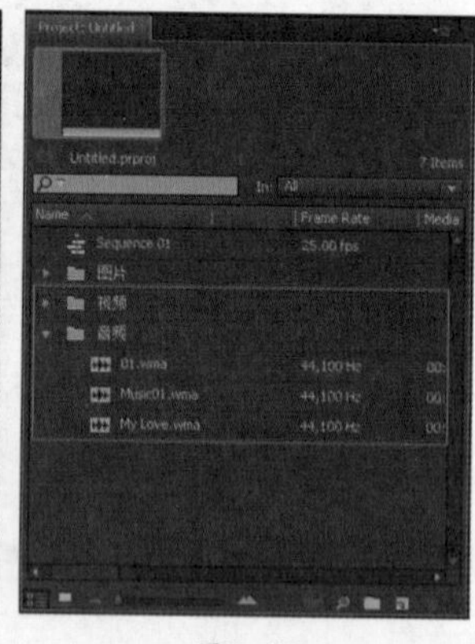

图3-50

3.3 视频采集

视频采集（Video Capture）是将模拟视频转换成数字视频，并按数字视频文件的格式保存下来。所谓视频采集就是将模拟摄像机、录像机、LD视盘机、电视机输出的视频信号，通过专用的模拟、数字转换设备，转换为二进制数字信息的过程。在视频采集工作中，视频采集卡是主要设备，它分为专业和家用两个级别。专业级视频采集卡不仅可以进行视频采集，还可以实现硬件级的视频压缩和视频编辑。家用级的视频采集卡只能做到视频采集和初步的硬件级压缩。

3.3.1 视频采集的参数

项目建立后，需要将拍摄的影片素材采集到计算机中进行编辑。对于模拟摄像机拍摄的模拟视频素材，需要进行数字化采集，将模拟视频转化为可以在计算机中编辑的数字视频；而对于数字摄像机拍摄的数字视频素材，可以通过配有IEEE 1394接口的视频采集卡直接采集到计算机中。

在Premiere Pro中不但可以通过采集或录制的方式获取素材，还可以将硬盘上的素材文件导入其中进行编辑。打开Premiere软件后，选择【File（文件）】/【Capture（采集）】命令，如图3-51所示。

此时弹出Capture（采集）参数面板，主要包括5个部分，分别是预览区域、素材操作区、记录面板、设置面板和采集面板菜单，如图3-52所示。

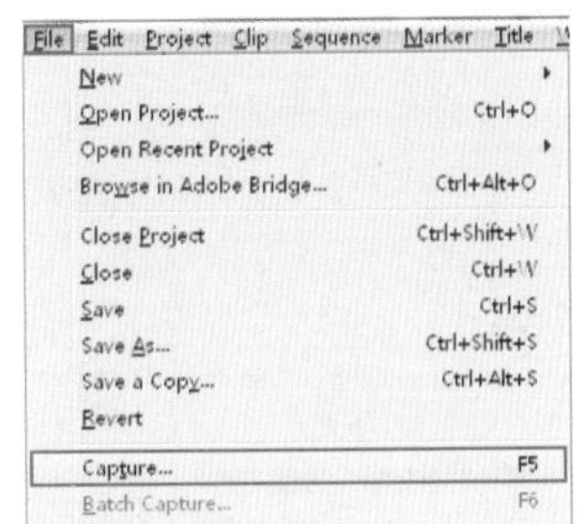

图3—51

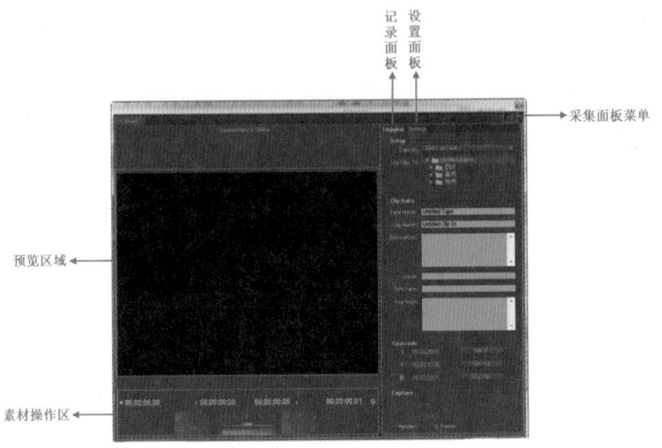

图3—52

素材操作区

素材操作区中包括很多按钮，这些按钮可以对采集的素材进行设置和控制预览效果，如图3-53所示。

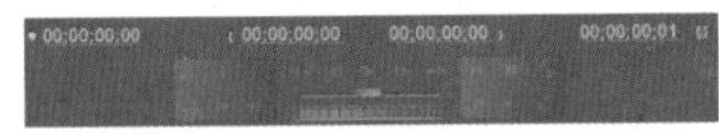

图3—53

- 00;00;00;00（素材起始帧）：设置素材开始采集时的入点位置。
- 00;00;00;00 00;00;00;00（素材入、出点）：设置素材开始采集时的入点和出点位置，通过鼠标拖动可重设入、出点时间帧。
- 00;00;00;01（素材时长）：设置采集素材的时间长度，通过鼠标拖动可重设素材时长。
- （下一场景）：跳转到下一段素材。
- （上一场景）：跳转到上一段素材。
- Set In（入点）：设置素材采集的起始帧。
- Set Out（出点）：设置素材采集的终止帧。
- Goto In Point（跳转到入点）：单击该按钮，时间帧会直接跳转到入点位置。
- Goto Out Point（跳转到出点）：单击该按钮，时间帧会直接跳转到出点位置。
- Rewind（快速后退）：单击该按钮，可以快速后退素材帧。
- Fast Forward（快速前进）：单击该按钮，可以快速前进素材帧。
- Frame Back（后退一帧）：单击该按钮，即可后退一帧，连续单击可逐帧后退。
- Frame Forward（前进一帧）：单击该按钮，即可前进一帧，连续单击可逐帧前进。
- Play（播放）：单击该按钮，即可开始播放素材。
- Pause（暂停）：单击该按钮，即可暂时停止播放素材。
- Stop（停止）：单击该按钮，可以停止播放素材。
- Record（采集）：单击该按钮，即可开始采集素材。
- Shuttle（滑动）：向右拖动时磁带快速前进，向左拖动时磁带快速倒退。
- Slow Reverse（慢速倒放）：单击该按钮，可慢速倒放素材。
- Slow Play（慢速播放）：单击该按钮，可慢速播放素材。
- Scene Detect（查找场景）：单击该按钮，可查找素材片段。

记录面板

【Logging（记录）】面板主要用于对采集后的素材的文件名、存储目录、素材描述、场景信息和日志信息等进行设置。其参数面板如图3-54所示。

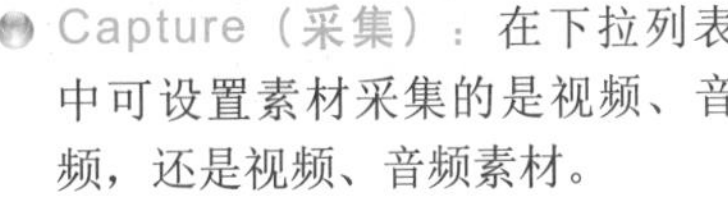

- Capture（采集）：在下拉列表中可设置素材采集的是视频、音频，还是视频、音频素材。
- Log Clips To（记录到素材）：指定素材采集后要保存到【Project（项目）】窗口中的哪一级目录或文件夹。

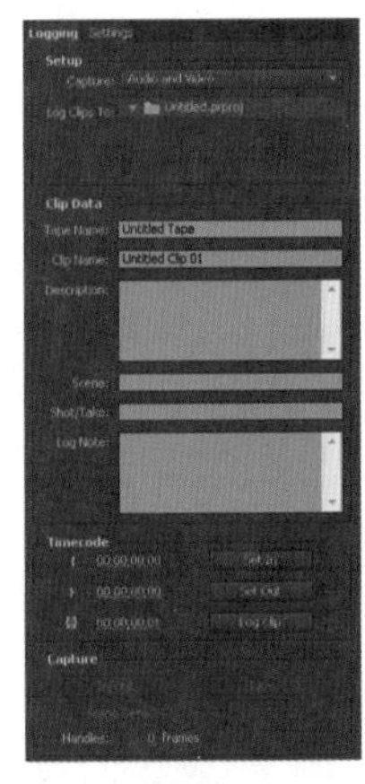

图3—54

- Tape Name（磁带名称）：设置磁带的标识名。
- Clip Name（素材名称）：设置素材采集后的名称。
- Description（描述）：对采集的素材添加描述说明。
- Scene（场景）：注释采集后的素材与源素材场景的关联信息。
- Shot/Take（拍摄/记录）：记录说明拍摄信息。
- Log Note（记录日志）：记录素材的日志信息。
- Set In（入点）：设置素材开始采集时的入点位置。
- Set Out（出点）：设置素材结束采集时的出点位置。
- Log Clip（采集时长）：设置采集素材的时间长度。
- In/Out（入点到出点）：单击该按钮，开始采集设置了入点和出点范围之间的素材。
- Tape（磁带）：单击该按钮，采集整个磁带上的素材内容。

- Scene Detect（场景侦测）：选中该复选框，在采集素材时会自动侦测场景。
- Handles（手控）：设置采集素材入、出点之外的帧长度。

设置面板

【Settings（设置）】面板主要对视频、音频素材的存储路径和素材的制式、设备控制等选项进行设置。其参数面板如图3-55所示。

- Capture Settings（采集设置）：用于选择素材采集时的设备，单击【Edit（编辑）】按钮，会弹出【Capture Settings（采集设置）】对话框。如果安装有模/数采集卡，则选择此设备；如果是DV采集，则选择【DV/IEEE1394Capture】选项。然后单击【OK（确定）】按钮即可，如图3-56所示。
- Capture Locations（采集位置）：用于单独设置视频、音频素材的存储路径，可通过【Browse（浏览）】按钮来进行选择，如图3-57所示。
- Device Control（设备控制）：用于设置采集设备的控制方式。单击【Options（选项）】按钮，会弹出【DV/HDV Device Control Settings（DV/ HDV设备控制设置）】对话框，如图3-58所示。

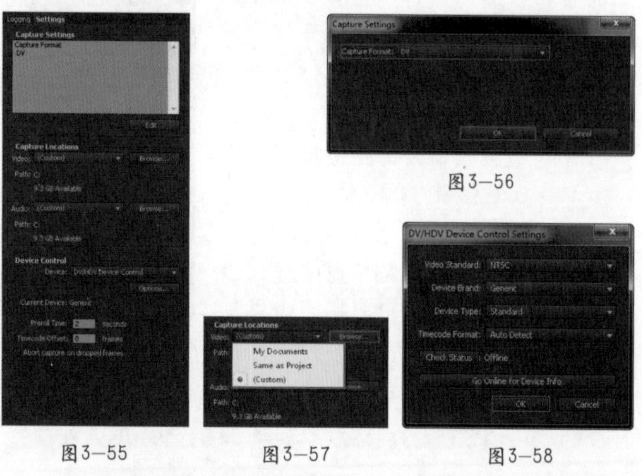

图3—55　图3—56　图3—57　图3—58

- Video Standard（视频制式）：该下拉列表中有PAL和NTSC两个选项，通常选择PAL制式。
- Device Brand（设备品牌）：该下拉列表中可以选择设备的品牌。
- Device Type（设置类型）：可以选择通用或根据设备的不同型号来设置。
- Timecode Format（时码格式）：用来设置采集时是否丢帧。
- Check Status（检查状态）：显示当前链接的设备是否正常。
- Go Online for Device Info（转到在线设备信息）：单击该按钮可与设备网站链接，获取更多参考信息。
- Preroll Time（预卷时间）：设置录像带开始运转到正式采集素材的时间间隔。
- Timecode Offset（时间码补偿）：设置采集到的素材与录像带之间的时间码偏移。此值可以精确匹配它的帧率，以降低采集误差。

采集面板菜单

采集面板参数可以控制采集的相关参数。在【Capture（采集）】窗口的右上角单击■按钮，弹出扩展菜单，如图3-59所示。

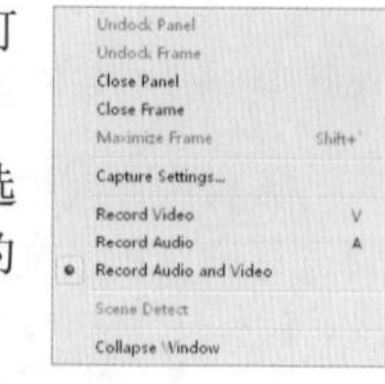

图3—59

- Capture Settings（采集设置）：可设置素材采集时的设备。
- Record Video（录制视频）：如果选择该选项，则采集时只录制素材的视频部分。
- Record Audio（录制音频）：如果选择该选项，则采集时只录制素材的音频部分。
- Record Audio and Video（录制音频和视频）：选择该选项，同时采集素材的视频、音频。
- Scene Detect（场景侦测）：同【Logging（记录）】面板的Scene Detect（场景侦测）功能。如果选择该选项，采集素材时自动侦测场景。
- Collapse Window（折叠窗口）：选择该选项，【Capture（采集）】窗口以精简模式显示。

3.3.2 视频采集

01 将装入录像带的数字摄像机用IEEE 1394与计算机连接。打开摄像机，并调到放像状态，如图3-60所示。

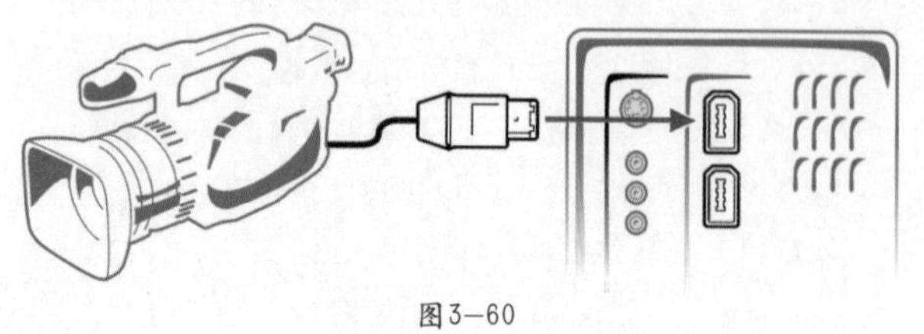

图3—60

02 在菜单栏中选择【File（文件）】/【Capture（采集）】命令，或使用快捷键【F5】，调出采集调板。在【Logging（记录）】面板中选择【Capture（采集）】素材的种类为Video（视频）、Audio（音频）或Audio and Video（音频和视频），并在【Capture Settings（采集位置）】栏中，对采集素材的保存位置进行设置，如图3-61所示。

03 单击摄像机上的播放按钮，播放并预览录像带。当播放到需要采集片段的入点位置时，单击控制面板上的【Record（采集）】按钮，开始采集。播放到需要的出点位置时，按【Esc】键，停止采集，如图3-62所示。

04 在弹出的保存采集文件对话框中输入文件名等相关数据，单击【OK（确定）】按钮，素材文件已经被采集到硬盘，并出现在项目调板中。

图3-61

图3-62

3.4 导入素材

在Premiere中可以导入很多素材，包括各种图片、视频、序列、音频、PSD分层文件和文件夹等。掌握每种素材的导入方法，会对我们学习和使用Premiere有很大的帮助。

3.4.1 动手学：导入图片和视频素材

01 新建项目和序列后，在【Project（项目）】窗口空白处双击鼠标左键，如图3-63所示。此时会弹出【Import（导入）】对话框，在该对话框中选择要导入图片和视频的素材，并单击【打开】按钮，如图3-64所示。

图3-63　　图3-64

技术拓展：快速调出【Import（导入）】对话框

Import（导入）的快捷键为【Ctrl+I】。使用快捷键可以快速调出【Import（导入）】对话框。

02 此时【Project（项目）】窗口中已经出现了刚刚导入的图片和视频素材文件，如图3-65所示。

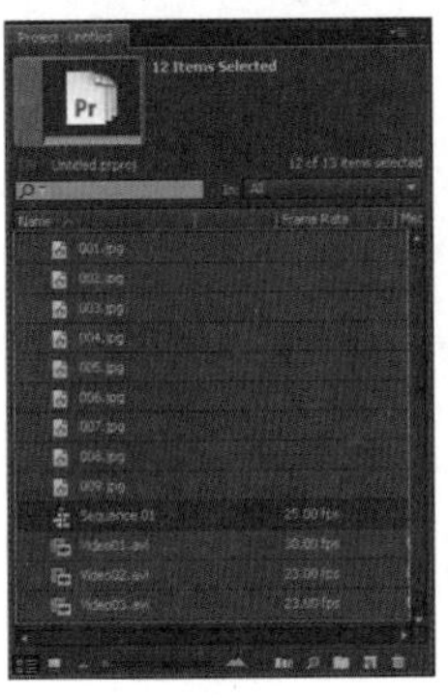

图3-65

技巧提示

还可以通过菜单命令导入素材。选择菜单栏中的【File（文件）】/【Import（导入）】命令，如图3-66所示。也会弹出【Import（导入）】对话框，选择要导入的图片或视频素材，并单击【打开】按钮即可，如图3-67所示。

音频素材文件也可以用同样的方法导入到【Project（项目）】窗口中。

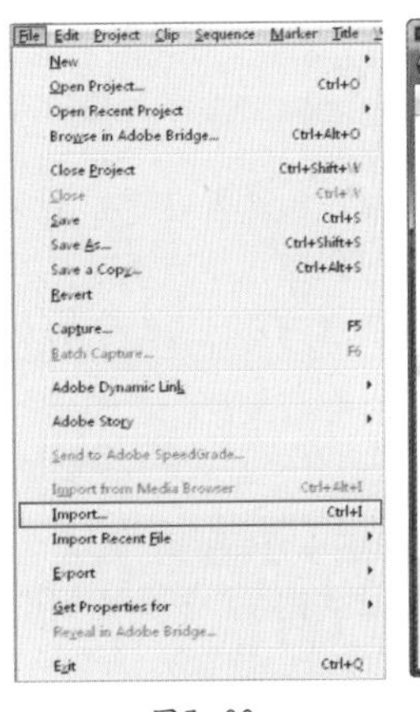

图3-66

图3-67

3.4.2 动手学：导入图片

01 新建项目后，在菜单栏中选择【File（文件）】/【Import（导入）】命令或使用快捷键【Ctrl+I】。然后在弹出的【Import（导入）】对话框中选择要导入的素材，单击【打开】按钮，如图3-68所示。

图3－68

02 导入后的效果如图3-69所示。

图3－69

03 将【Project（项目）】窗口的素材拖曳到时间线窗口中，如图3-70所示。

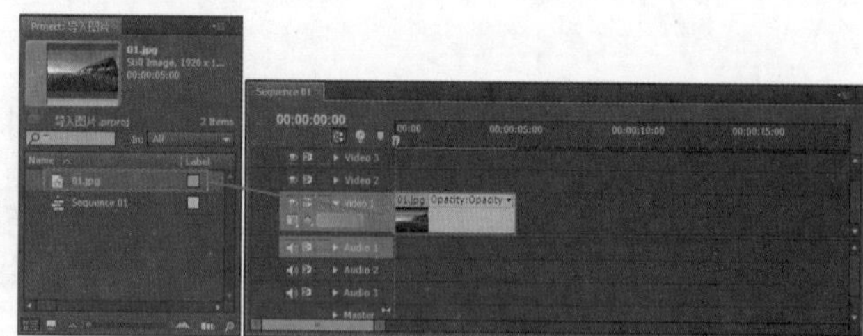

图3－70

04 此时的效果如图3-71所示。

图3－71

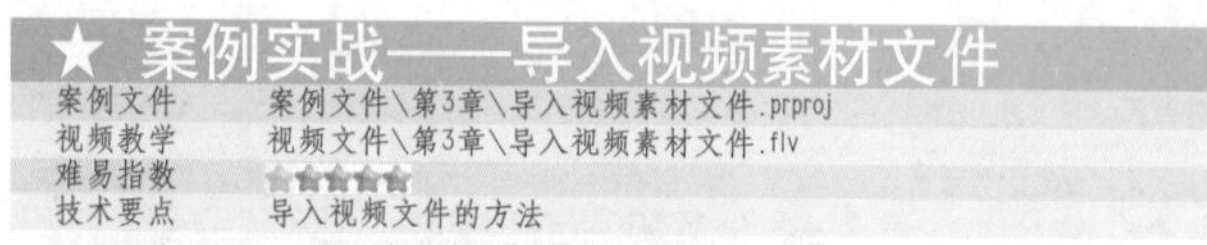

★ 案例实战——导入视频素材文件

案例文件	案例文件\第3章\导入视频素材文件.prproj
视频教学	视频文件\第3章\导入视频素材文件.flv
难易指数	★★★★★
技术要点	导入视频文件的方法

案例效果

平滑连续的画面视觉效果叫做视频，视频素材文件在制作中是经常应用到的素材文件之一，可以在视频的基础上再次进行编辑。本案例主要是针对“导入视频素材文件”的方法进行练习，如图3-72所示。

图3－72

操作步骤

01 单击【New Project（新建项目）】选项，并单击【Browse（浏览）】按钮，在【Name（名称）】文本框中修改文件名称，单击【OK（确定）】按钮。接着选择【DV-PAL】/【Standard 48kHz】选项，最后单击【OK（确定）】按钮，如图3-73所示。

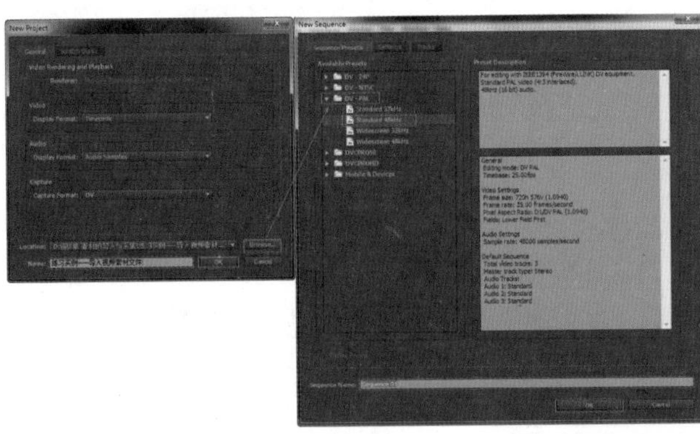

图3—73

02 方法一：在【Project（项目）】窗口中的空白处双击鼠标左键，然后在弹出的【Import（导入）】对话框中选择需要导入的视频素材，接着单击【打开】按钮，如图3-74所示。

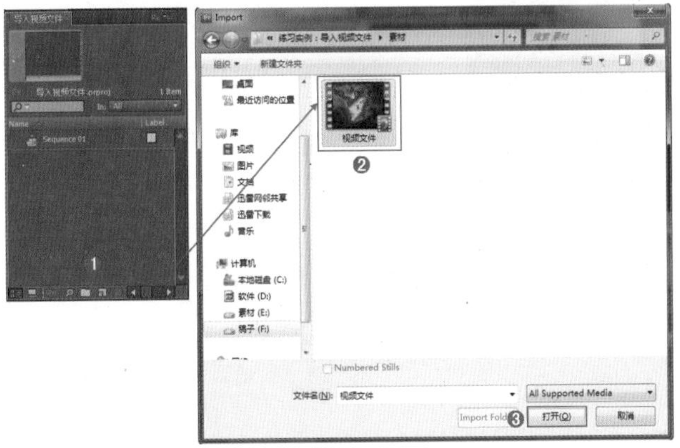

图3—74

方法二：选择【File（文件）】/【Import（导入）】命令或使用快捷键【Ctrl+I】，然后在弹出的【Import（导入）】对话框中选择需要导入的素材，接着单击【打开】按钮，如图3-75所示。

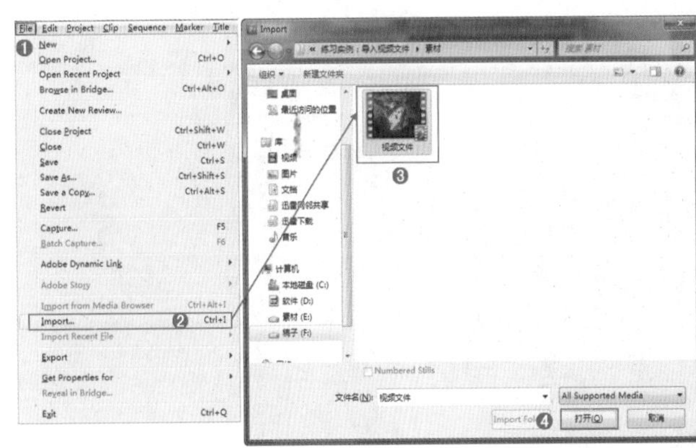

图3—75

03 将【Project（项目）】窗口中的视频素材文件按住鼠标左键拖曳到Video1轨道上，如图3-76所示。

图3—76

技术拓展：添加多个轨道

默认情况下，Premiere中有3个视频轨道、3个音频轨道，而很多时候我们制作大型作品时，需要很多轨道来放置素材，那么该如何调节出多个轨道呢？

方法一：将【Project（项目）】窗口中的素材文件按住鼠标左键直接拖曳到空白轨道的位置，如图3—77所示。然后释放鼠标左键，即会出现新的轨道，如图3—78所示。

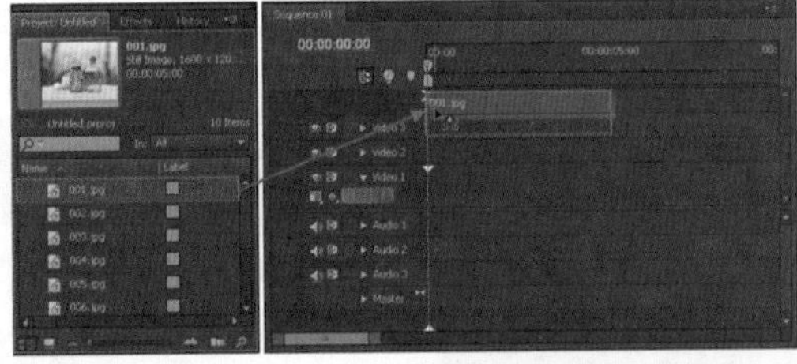

图3—77

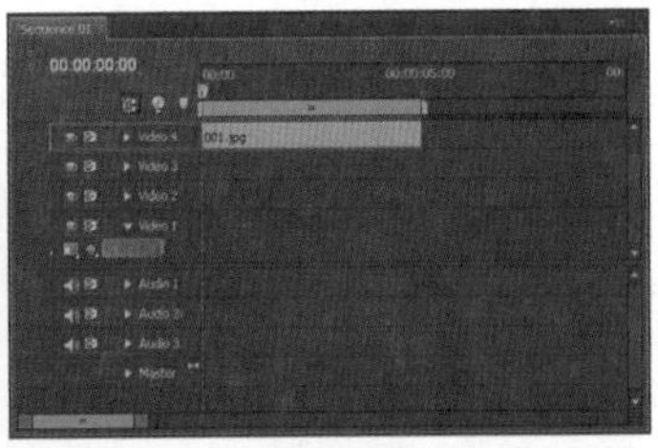

图3—78

方法二：在轨道栏上单击鼠标右键，在弹出的快捷菜单中选择【Add Tracks（添加轨道）】命令，如图3—79所示。然后在弹出的对话框中可以设置各个轨道的数量，设置完成后单击【OK（确定）】按钮即可，如图3—80所示。

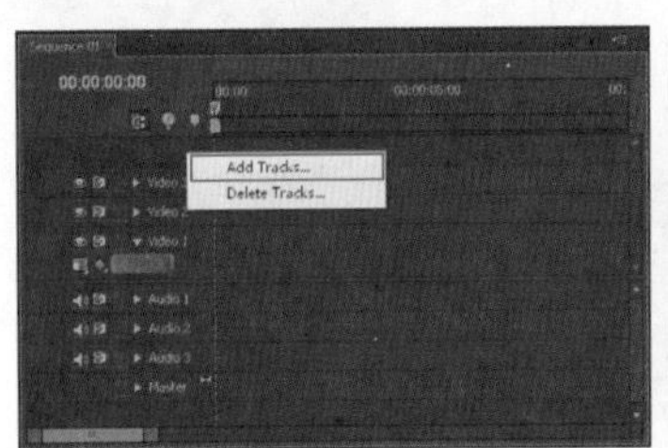

图3—79

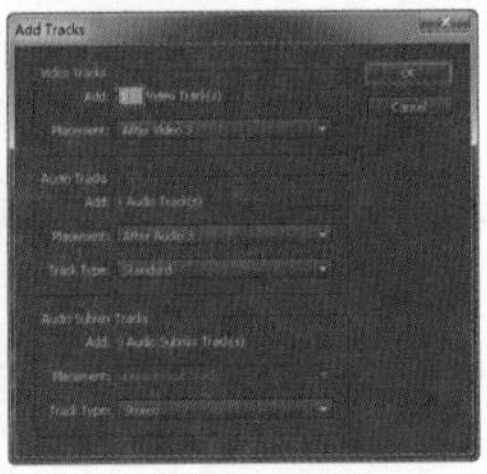

图3—80

04 此时拖动时间线滑块查看最终效果，如图3-81所示。

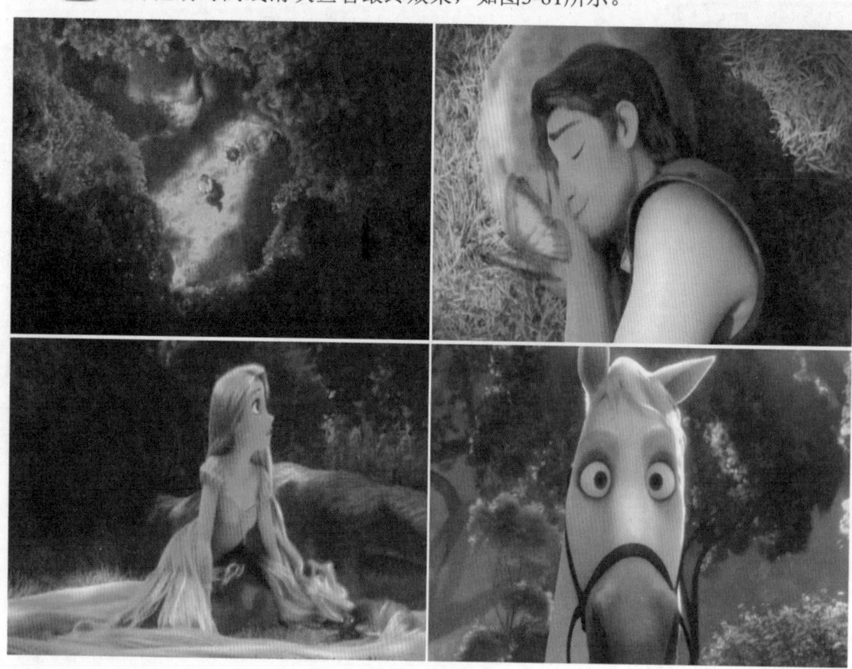

图3—81

答疑解惑：采用这个案例的方法还可以导入其他素材吗？

可以。利用本案例可以举一反三，如采用本案例的方法可以导入图片和音频素材文件。在同时导入多个素材文件时，可以按住【Ctrl】键加选。

但导入编辑前，所有的素材都要转换为数字格式，素材数字化编辑是保证视频品质和提高编辑效果的有效方法。

3.4.3 动手学：导入序列素材

静帧序列是按文件名生成的一组有规律的图像文件，每张图像代表一帧，而每一帧连起来就是一段动态的影像。

01 使用快捷键【Ctrl+I】打开【Import（导入）】对话框，然后在该对话框中找到并选择序列素材文件的第一帧图片，接着选中下面的【Image Sequence（图像序列）】复选框，并单击【打开】按钮，如图3-82所示。

02 此时，在【Project（项目）】窗口中已经出现了该图像序列素材，如图3-83所示。

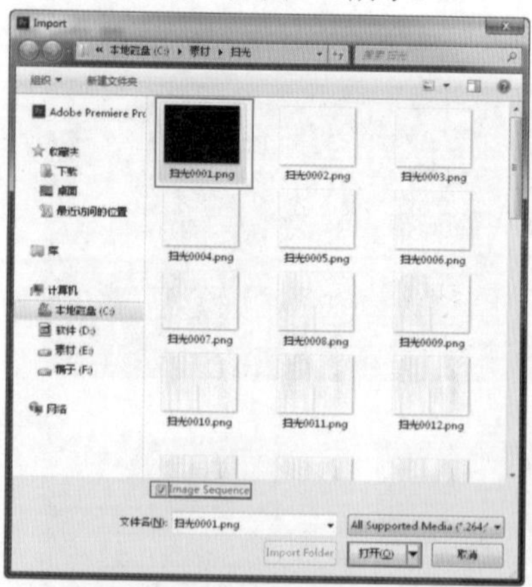

图3—82

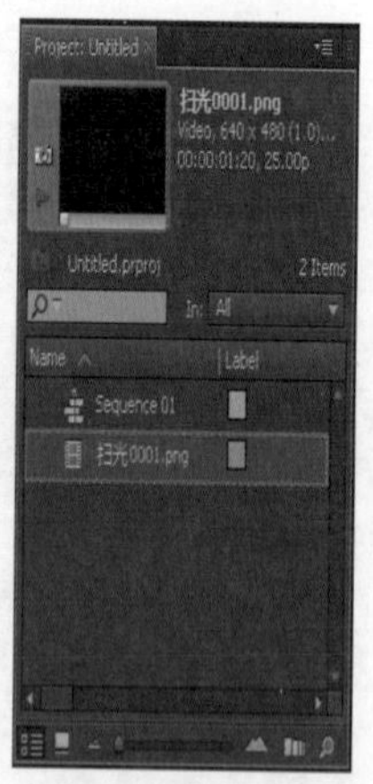

图3—83

★ 案例实战——导入序列静帧图像

案例文件	案例文件\第3章\导入序列静帧图像.prproj
视频教学	视频文件\第3章\导入序列静帧图像.flv
难易指数	★★★★★
技术要点	导入序列静帧图像的方法

案例效果

在制作项目时，适当添加一些静帧序列，可以将静帧图像制作出动态影像的效果。本案例主要是针对“导入序列静帧图像”的方法进行练习，如图3-84所示。

图3—84

操作步骤

01 打开本书配套光盘中的素材文件【01.prproj】，如图3-85所示。

图3—85

02 选择【File（文件）】/【Import（导入）】命令，然后在弹出的对话框中选择序列图片的第一张图片，接着选中【Numbered Stills（序列号）】复选框，最后单击【打开】按钮，如图3-86所示。

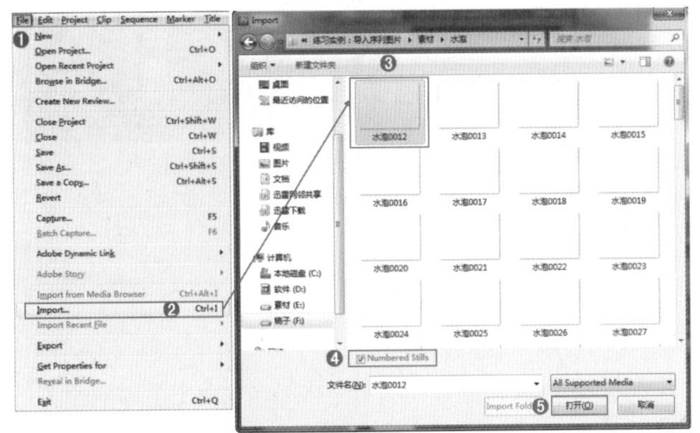

图3—86

03 将【Project（项目）】窗口中的视频素材文件按住鼠标左键拖曳到Video1轨道上，如图3-87所示。

图3—87

04 此时拖动时间线滑块查看最终效果，如图3-88所示。

图3—88

答疑解惑：序列静帧图像有哪些作用？

静帧图像是单张静止的图像，连续的序列静帧图像中，每张图像代表一帧，连起来即为一段动态影像。在制作作品时是常常使用的素材之一。

常用的序列静帧图像格式有JPG、BMP、TGA等，且序列静帧图像的排列是按名称的规律排列，例如气泡001、气泡002、气泡003……这样的规律名称排列。

3.4.4 动手学：导入PSD素材文件

技术速查：在Premiere Pro CS6中导入PSD格式的素材文件时，可以选择导入的图层或者整体效果。

01 使用快捷键【Ctrl+I】打开【Import（导入）】对话框，然后在该对话框中选择PSD素材文件，并单击【打开】按钮，如图3-89所示。

02 此时，会弹出【Import Layered File（导入图层文件）】对话框，然后可以选择导入的类型，接着单击【OK（确定）】按钮，如图3-90所示。

图3—89

图3—90

03 此时，在【Project（项目）】窗口中已经出现了所选择导入的PSD文件素材，如图3-91所示。

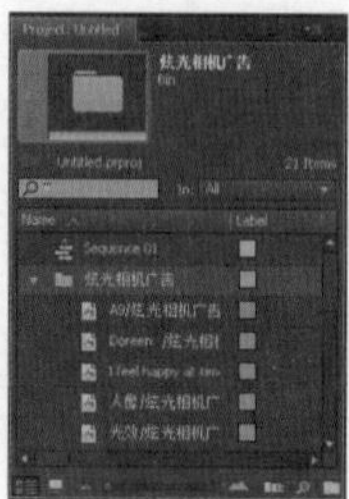

图3-91

★ 案例实战——导入PSD素材文件

案例文件	案例文件\第3章\导入PSD素材文件.prproj
视频教学	视频文件\第3章\导入PSD素材文件.flv
难易指数	★★★★★
技术要点	导入PSD文件的方法

案例效果

在Adobe Premiere Pro CS6软件中，有些复杂的图案效果不能制作出来。所以可以在Photoshop或其他软件中制作完成后再导入到Adobe Premiere Pro CS6软件中。本案例主要是针对“导入PSD素材文件”的方法进行练习，如图3-92所示。

图3-92

操作步骤

01 单击【New Project（新建项目）】选项，并单击【Browse（浏览）】按钮，在【Name（名称）】后修改文件名称，单击【OK（确定）】按钮。接着选择【DV-PAL】/【Standard 48kHz】选项，最后单击【OK（确定）】按钮，如图3-93所示。

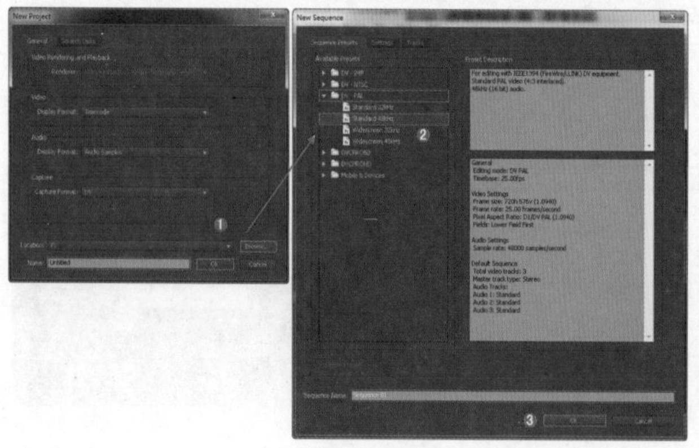

图3-93

02 选择【File（文件）】/【Import（导入）】命令，然后选择需要导入的PSD素材文件。接着单击【打开】按钮，如图3-94所示。

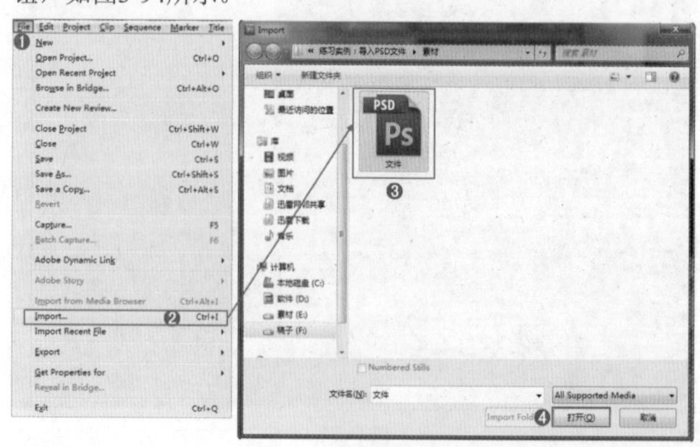

图3-94

03 在导入过程中，会弹出【Import Layered File（导入图层文件）】窗口。然后设置【Import As（导入）】为【Individual Layers（单个图层）】。接着单击【Select All（选择全部）】按钮，如图3-95所示。

图3-95

技巧提示

在【Import Layered File（导入图层文件）】窗口中，设置【Import As（导入）】为【Merge All Layers（合并所有图层）】，则PSD的所有图层合并为一个素材导入，如图3-96所示。若设置【Import As（导入）】为【Merged Layers（合并图层）】，则PSD素材的图层可以选择，然后再导入，如图3-97所示。

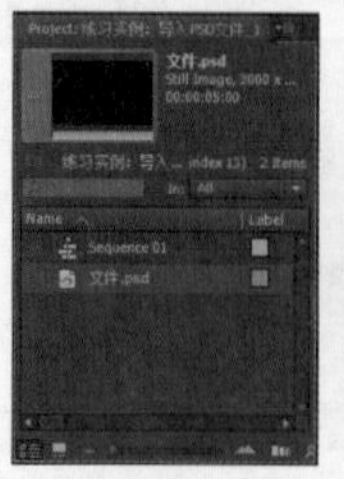

图3-96

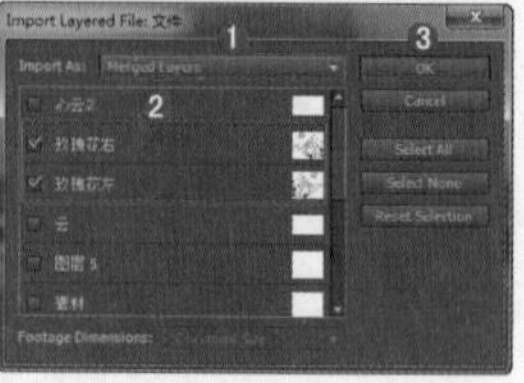

图3-97

设置【Import As（导入）】为【Sequence（序列）】，则可以选择导入的PSD图层，导入后每个图层都是独立的，同时生成一个与文件夹相同的序列素材，如图3-98所示。

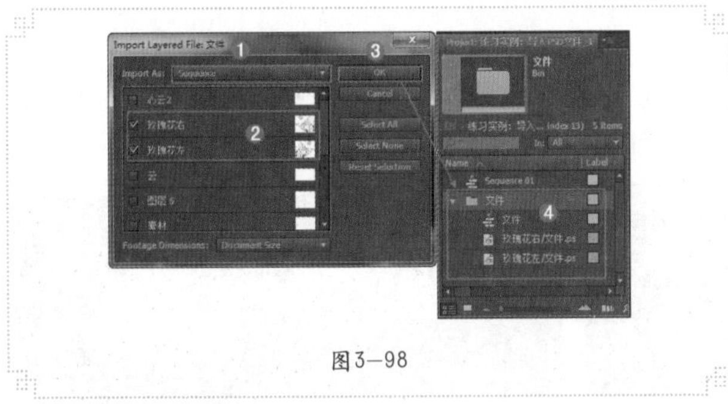

图3—98

04 将【Project（项目）】窗口中的素材文件拖曳到时间线窗口中，如图3-99所示。

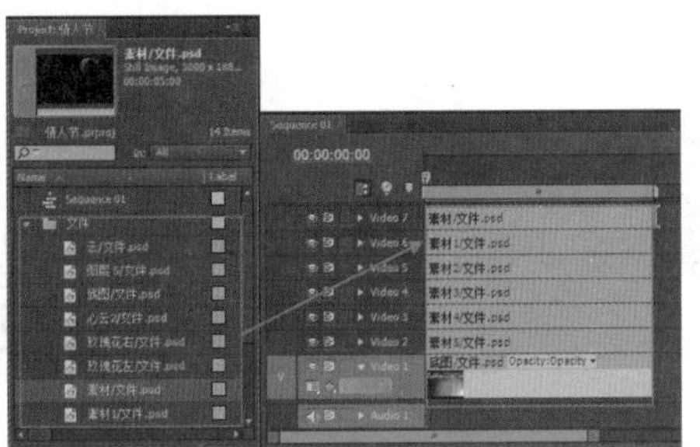

图3—99

05 此时拖动时间线滑块查看最终效果，如图3-100所示。

图3—100

答疑解惑：PSD素材文件的作用有哪些？

PSD格式的素材文件即分层文件，是Photoshop软件的专用格式，包含各种图层、通道、蒙版等。它是可以分层的文件格式，这是许多格式做不到的。

在Adobe Premiere Pro CS6软件中编辑时，利用PSD素材文件可以方便地制作出透明的背景效果，也可以省去在Adobe Premiere Pro CS6软件中进行复杂的抠像操作。

3.4.5 动手学：导入素材文件夹

有些素材文件已经分类保存在文件夹中，可以直接将整个文件夹导入到Adobe Premiere Pro CS6中，而不用在Project（项目）窗口中新建文件夹进行分类整理。

01 使用快捷键【Ctrl+I】打开【Import（导入）】对话框，然后在该对话框中选择一个素材文件，并单击【打开】按钮，如图3-101所示。

02 此时，在【Project（项目）】窗口中已经出现了所选择导入的文件夹和文件夹内的素材，如图3-102所示。

图3—101

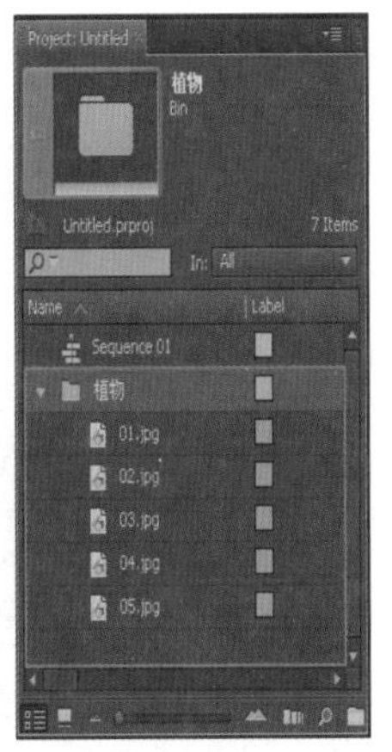

图3—102

★ 案例实战——导入素材文件夹

案例文件	案例文件\第3章\导入素材文件夹.prproj
视频教学	视频文件\第3章\导入素材文件夹.flv
难易指数	★★★★★
技术要点	导入文件夹的方法

案例效果

将需要导入的素材分类保存好，然后直接导入素材文件夹，可以方便素材文件的分类和整理。本案例主要是针对“导入素材文件夹”的方法进行练习，如图3-103所示。

图3—103

操作步骤

01 打开Premiere Pro CS6软件，单击New Project（新建项目），新建文件，并单击Browse（浏览）更改文件存储路径，在Name（名称）后修改文件名称，单击【OK（确定）】按钮在弹出的【New Sequence（新的序列）】对话框中选择【DV-PAL】/【Standard 48kHz】选项，单击【OK（确定）】按钮，如图3-104所示。

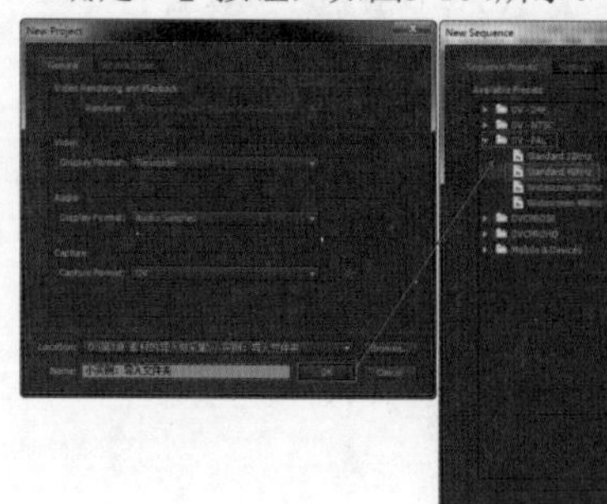
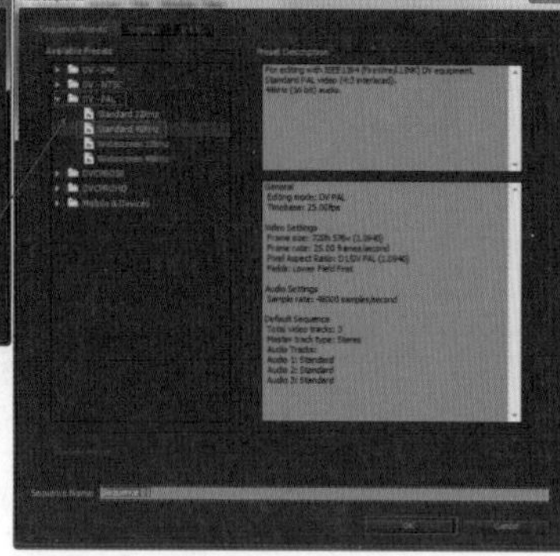

图3—104

02 在【Project（项目）】窗口中双击鼠标左键或使用快捷键【Ctrl+I】，然后在弹出的【Import（导入）】对话框中选择要导入的素材文件夹，并单击【Import Folder（导入文件夹）】按钮，如图3-105所示。

图3—105

03 此时，素材文件夹已经导入到【Project（项目）】窗口中，如图3-106所示。

04 将【Project（项目）】窗口的素材文件夹拖曳到时间线窗口中的视频轨道上，如图3-107所示。

图3—106

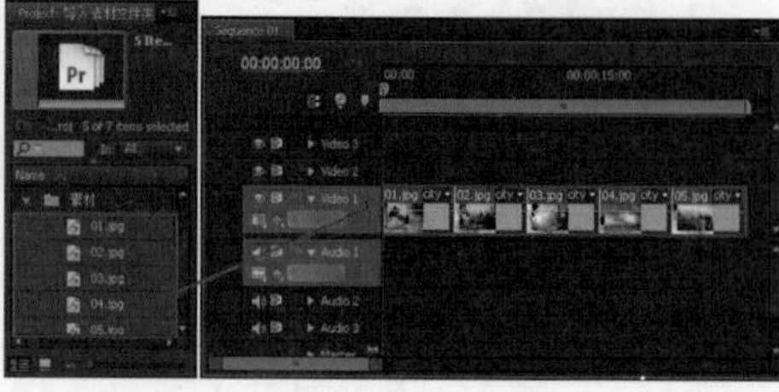

图3—107

05 此时拖动时间线滑块查看最终效果，如图3-108所示。

图3—108

本章小结

在编辑影片之前，需要新建序列和对素材进行导入。这样才能进行下一步的编辑工作，是制作项目的前提和基础。通过本章学习，可以掌握新建项目、序列和文件夹的基础操作，以及各类素材的导入方法。

读书笔记

第4章

Premiere的编辑基础

本章内容简介：

在使用Adobe Premiere Pro CS6制作项目时，首先要掌握Premiere的编辑基础方法。本章介绍了查看素材属性，设置入点、出点和标记的基本方法，以及【Clip（素材）】菜单中的命令使用和编辑操作的方法。

本章学习要点：

- 掌握素材属性的查看、设置入点和出点的方法
- 掌握修改速度、提升和提取、设置标记点、尺寸匹配的方法
- 掌握复制和粘贴、成组和解组、链接和解除链接等基础操作应用
- 掌握帧定格、帧融合、场选项、音频增益、嵌套和替换素材的使用方法

4.1 素材属性

在制作项目过程中，很多时候需要了解文件中素材的相关属性，如素材的Frame Rate（帧速率）、Media Start（媒体开始）、Media End（媒体结束）和Media Duration（媒体时间）等。

在Adobe Premiere Pro CS6中，一般可以通过4种方法查看素材的相关属性。

动手学：查看磁盘目录中的素材属性

01 打开或新建一个项目工程文件，选择【File（文件）】/【Get Properties for（获取属性）】/【File（文件）】命令，如图4-1所示。

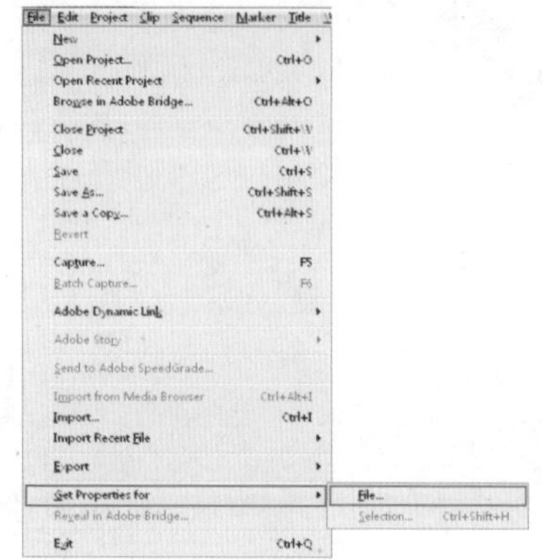

图4—1

02 执行命令后，会弹出素材属性的分析窗口。如图4-2所示为一张JPG格式的图片属性分析。

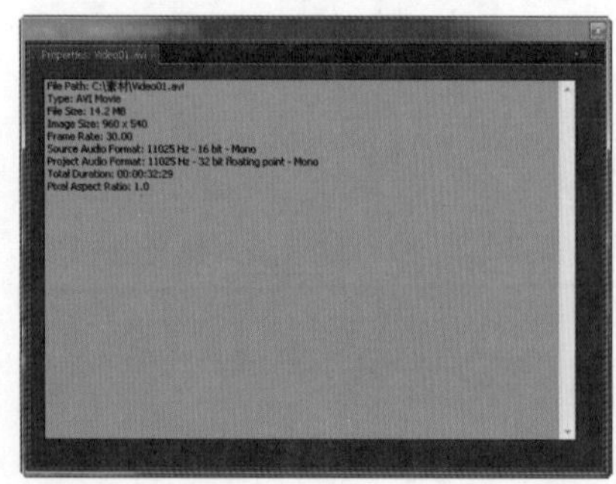

图4—2

动手学：查看【Project（项目）】窗口中的素材属性

01 选择【Project（项目）】窗口中的某一素材，然后选择【File（文件）】/【Get Properties for（获取信息自）】/【Selection（选择）】命令，即可弹出素材文件的属性分析对话框。如图4-3所示为一段AVI格式视频的属性分析对话框。

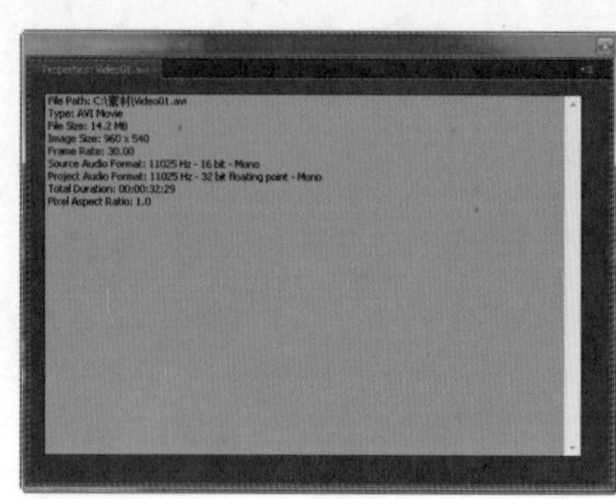

图4—3

02 用同样的方法可以对音频素材属性进行分析。对于音频素材，详细属性有音频采样、时间长度以及速率等。如图4-4所示为一段WMA格式的音频文件属性信息。

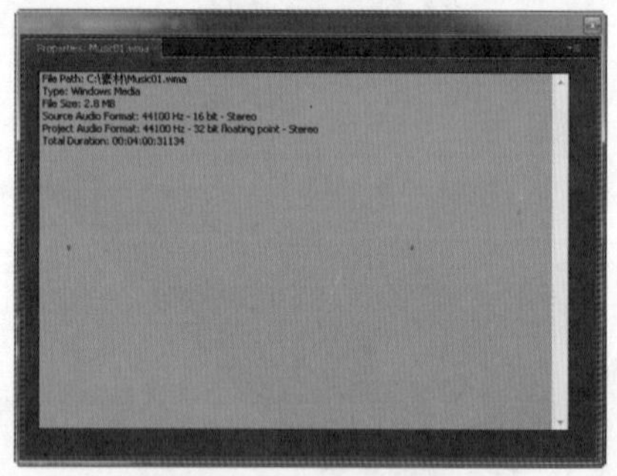

图4—4

动手学：通过【Project（项目）】窗口查看素材属性

将素材导入到【Project（项目）】窗口，然后将该窗口的右侧向右拖曳，即可查看所有的素材属性，如图4-5所示。

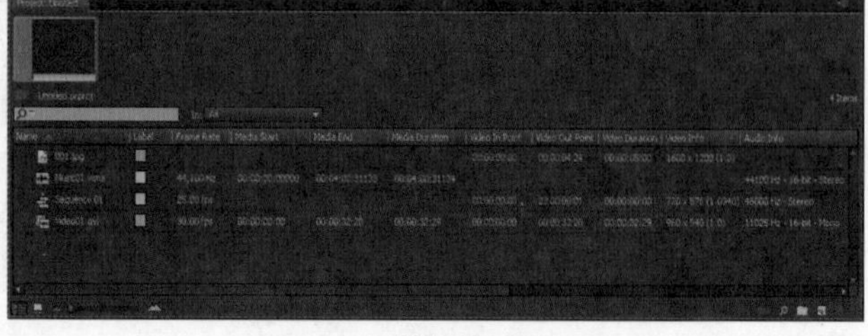

图4—5

动手学：通过【Info（信息）】面板查看属性

01 在菜单栏中选择【Window（窗口）】/【Info（信息）】命令，如图4-6所示。

Window Help
Workspace
Extensions
Maximize Frame Shift+`
Audio Meters
Audio Mixer Shift+6
Capture
Effect Controls Shift+5
Effects Shift+7
Events
History
Info
Markers
Media Browser Shift+8
Metadata
Multi-Camera Monitor
Options
Program Monitor
Project Shift+1
Reference Monitor
Source Monitor Shift+2
Timecode
Timelines
Title Actions
Title Designer
Title Properties
Title Styles
Title Tools
Tools
Trim Monitor
VST Editor

图4-6

02 此时可以调出【Info（信息）】面板。在该面板中可以查看很多属性，可以详细到素材的轨道空隙和转场等信息。如图4-7所示分别为*.jpg、*.wma、*.avi格式的文件属性信息。

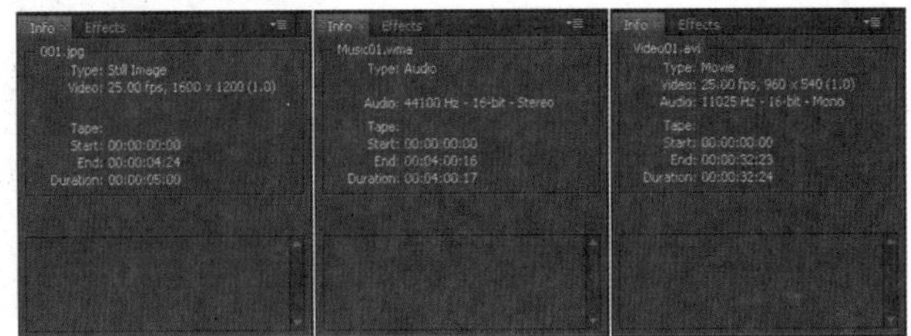

图4-7

4.2 添加素材到监视器

在Adobe Premiere Pro CS6默认编辑界面中，有【Source Monitor（源素材监视器）】和【Sequence Monitor（序列监视器）】窗口。在每个监视器下面有各个不同作用的效果控制键。【Source Monitor（源素材监视器）】窗口是负责存放和显示待编辑的素材，如图4-8所示。【Sequence Monitor（序列监视器）】窗口是用于同步预览时间线窗口中完成的素材编辑效果，如图4-9所示。

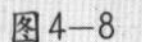

图4-8

图4-9

技术速查：在【Source Monitor（源素材监视器）】和【Sequence Monitor（序列监视器）】中可以添加和删除素材。

动手学：在【Sequence Monitor（序列监视器）】中添加素材

01 在【Project（项目）】窗口中选择单个或多个素材片段，将它们拖曳到【Sequence Monitor（序列监视器）】中，如图4-10所示。它们会自动以选择时的顺序排列到【Timeline（时间线）】轨道中，如图4-11所示。

02 在【Timeline（时间线）】轨道中的素材文件上双击鼠标左键，如图4-12所示。此时，该素材被添加到【Source Monitor（源素材监视器）】窗口中，并出现在【File List（文件列表）】中，如图4-13所示。

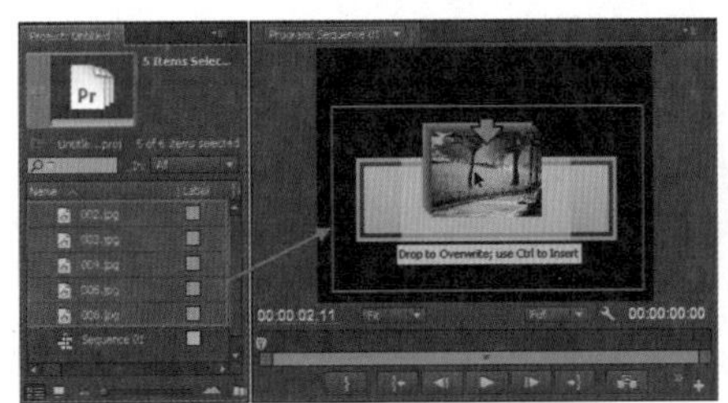

图4-10

图4-11

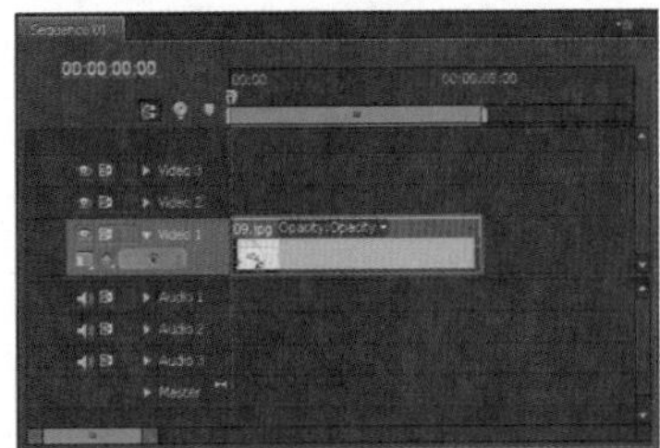

图4-12

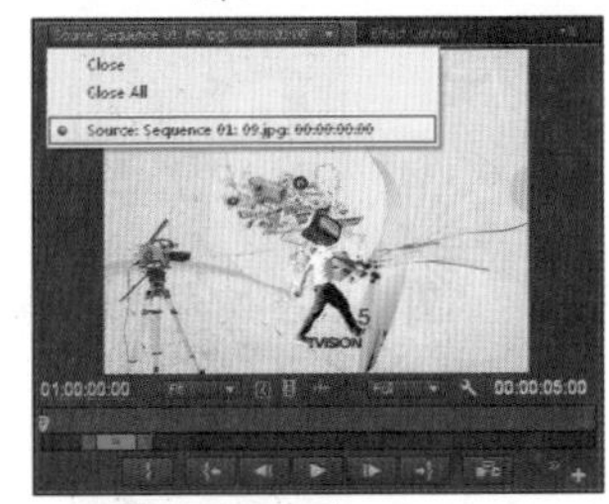

图4-13

动手学：在【Source Monitor（源素材监视器）】窗口中添加素材

在【Project（项目）】窗口中选择多个素材，将其直接拖曳到【Source Monitor（源素材监视器）】窗口中，如图4-14所示。此时，【Source Monitor（源素材监视器）】窗口中会显示最后导入的素材，而添加的素材也会在【File List（文件列表）】中显示，如图4-15所示。

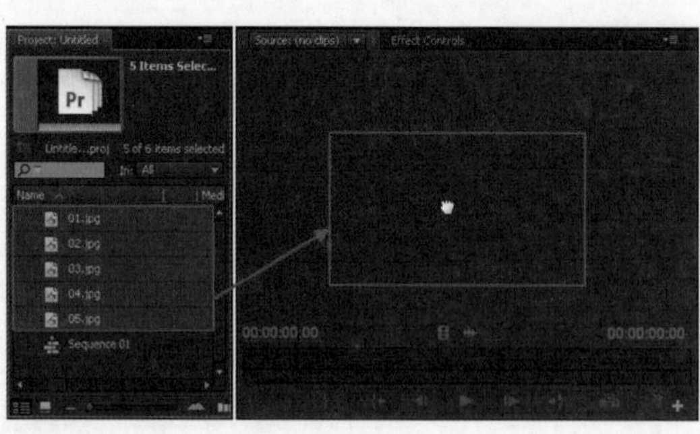

图4-14

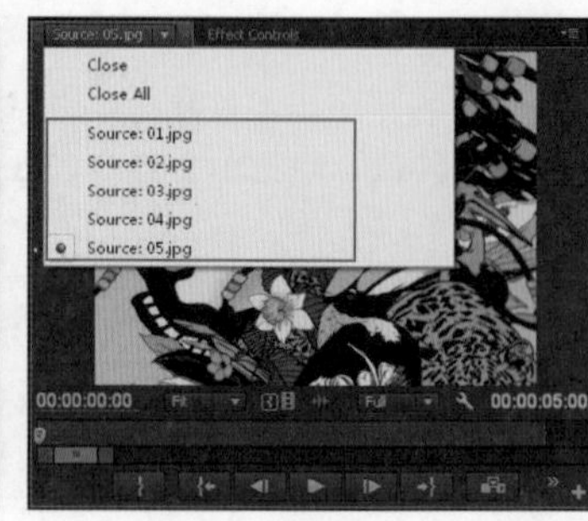

图4-15

动手学：删除【Source Monitor（源素材监视器）】窗口中的素材

01 当需要删除【Source Monitor（源素材监视器）】窗口中的全部素材时，只需要选择【File List（文件列表）】中的【Close All（关闭全部）】命令即可，如图4-16所示。

02 若要删除Source Monitor（源素材监视器）】窗口中的某一素材，需要先选择该素材，如图4-17所示。然后在【File List（文件列表）】中选择【Close（关闭）】命令即可，如图4-18所示。

图4-16

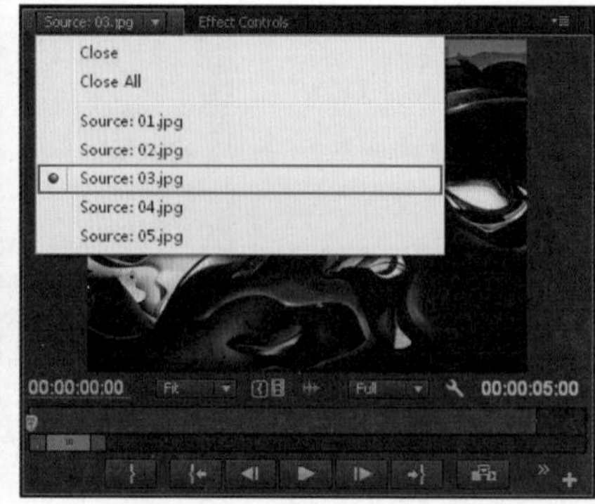

图4-17

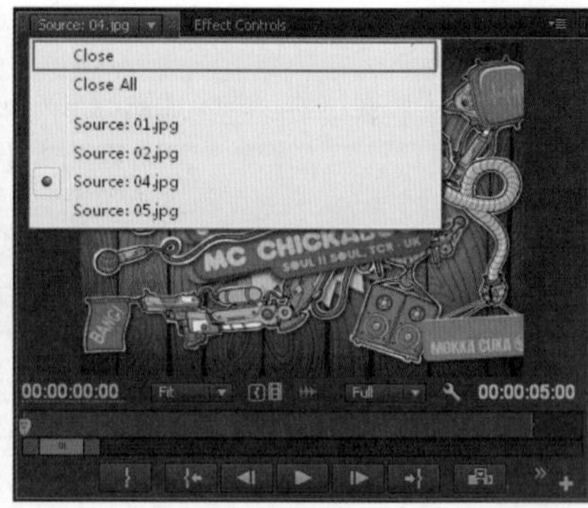

图4-18

4.3 动手学：自动化素材到时间线窗口

技术速查：应用【Automate To Sequence（自动化到序列）】命令，可以快速将素材添加到时间线窗口中，并可以随机添加转场效果。

01 在【Project（项目）】窗口中选择需要添加到时间线窗口的素材文件，如图4-19所示。然后选择菜单栏中的【Project（项目）】/【Automate To Sequence（自动化到序列）】命令，如图4-20所示。

02 此时会弹出【Automate To Sequence（自动化到序列）】对话框，在该对话框中可以设置素材自动化到时间线轨道的排列方式、添加方式和转场时间等，如图4-21所示。

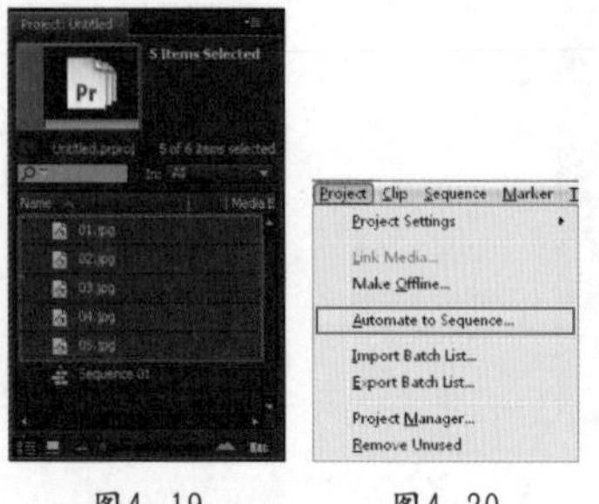

图4-19　图4-20

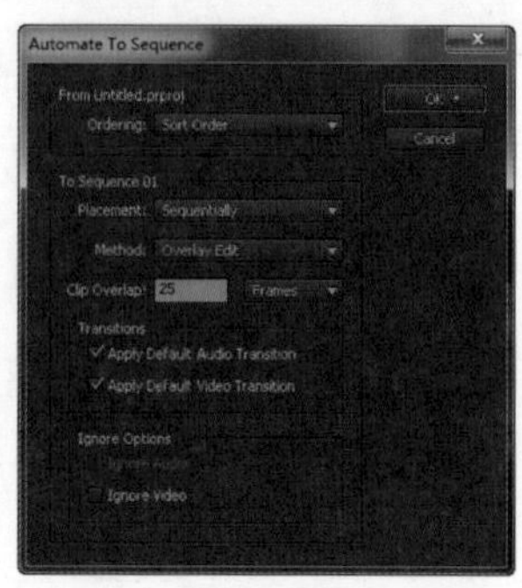

图4-21

- Ordering（顺序）：设置自动化素材到时间线轨道的排列方式，有以下两种模式。
  - Selection Order（选择顺序）：按照在【Project（项目）】窗口中选择素材时的顺序进行自动添加。
  - Sort Order（排序）：按素材在【Project（项目）】窗口中的排列顺序进行自动添加。
- Placement（放置）：设置素材在时间线轨道上的放置方式，有以下两种方式。
  - Sequentially（按顺序）：将素材无空隙地排放在时间线轨道上。
  - At Unnumbered Markers（在未编号的标记）：素材以无编号的标记点位基准放置到时间线轨道中。
- Method（方法）：设置自动化到时间线轨道上的添加方式，有以下两种方式。
  - Insert Edit（插入编辑）：素材以插入的方式添加到时间轨道上，原有的素材被分割，内容不变，总长度等于插入素材和原有素材的总和。
  - Overlay Edit（覆盖编辑）：素材以覆盖的方式添加到时间轨道上，原有的素材被覆盖替换。
- Clip Overlap（素材重叠）：设置素材重叠（过渡或转场）的帧长度。默认为30帧，即两段素材各自15帧的重叠帧。
- Apply Default Audio Transition（应用默认音频过渡效果）：使用默认的音频过渡效果。在Effects（效果）窗口中可以定义一种默认音频过渡效果。
- Apply Default Video Transition（应用默认音频过渡效果）：使用默认的视频过渡效果。在【Effects（效果）】窗口中可以定义一种默认视频过渡效果。
- Ignore Audio（忽略音频）：设置在自动化到时间线轨道上时是否忽略素材的音频部分。
- Ignore Video（忽略视频）：设置在自动化到时间线轨道上时是否忽略素材的视频部分。

★ 案例实战——自动化素材到时间线窗口

案例文件	案例文件\第4章\自动化素材到时间线窗口.prproj
视频教学	视频文件\第4章\自动化素材到时间线窗口.flv
难易指数	★★★★★
技术要点	自动化素材到时间线窗口

案例效果

将素材文件快速自动化到时间线窗口中是常用的高效方式，并且可以自动添加转场效果。本案例主要是针对“自动化素材到时间线窗口”的方法进行练习，如图4-22所示。

图4—22

操作步骤

01 打开Adobe Premiere Pro CS6软件，然后单击【New Project（新建项目）】选项，并单击【Browse（浏览）】按钮设置保存路径，在【Name（名称）】文本框中设置文件名称。接着在弹出的对话框中选择【DV-PAL】/【Standard 48kHz】选项，如图4-23所示。

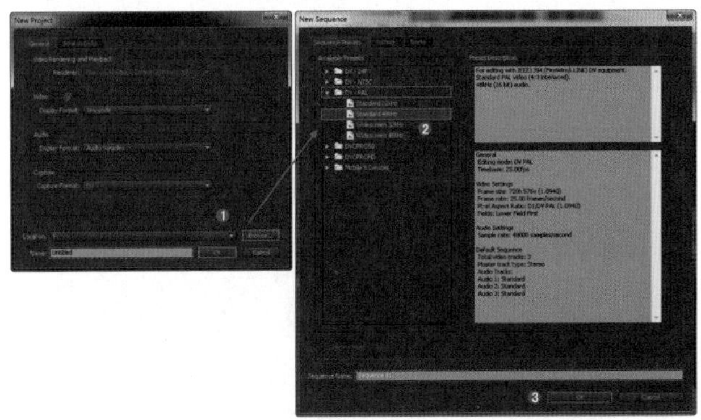

图4—23

02 选择菜单栏中的【File（文件）】/【Import（导入）】命令或按快捷键【Ctrl+I】，然后在打开的对话框中选择所需的素材文件，并单击【打开】按钮导入，如图4-24所示。

图4—24

03 在项目窗口中选择需要添加到时间线窗口的素材，然后选择【Project（项目）】/【Automate to Sequence（自动化匹配到序列）】命令，接着在弹出的窗口中单击【OK（确定）】按钮，如图4-25所示。

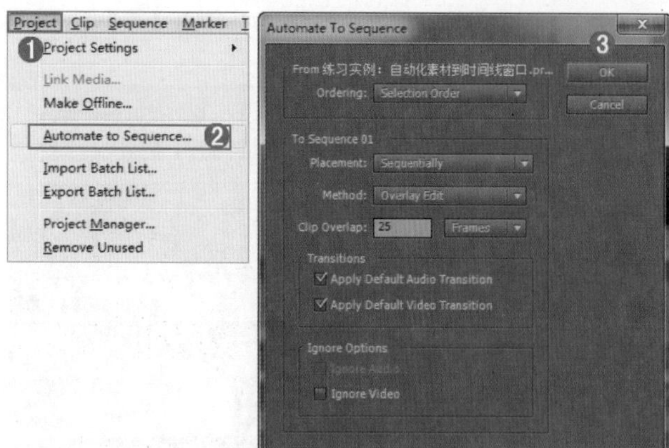

图4–25

单击【Project（项目）】窗口下方的（自动化匹配到序列）按钮，可以快速打开【Automate to Sequence（自动化匹配到序列）】对话框，如图4–26所示。

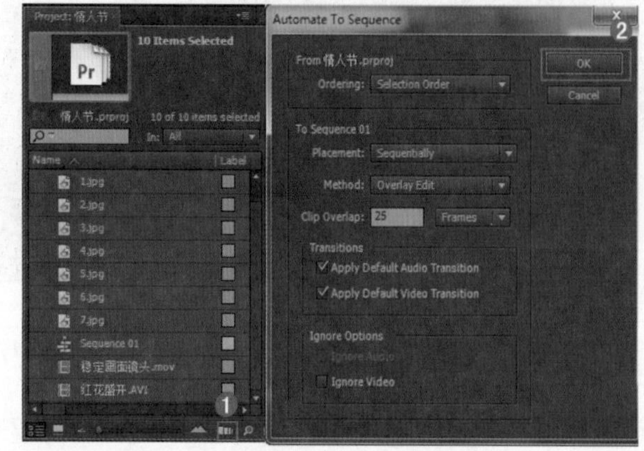

图4–26

04 此时，素材已经自动化到时间线窗口中，如图4-27所示。

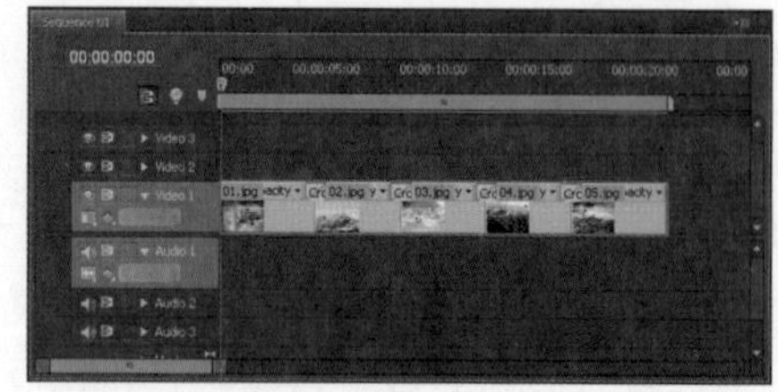

图4–27

05 此时拖动时间线滑块查看最终效果，如图4-28所示。

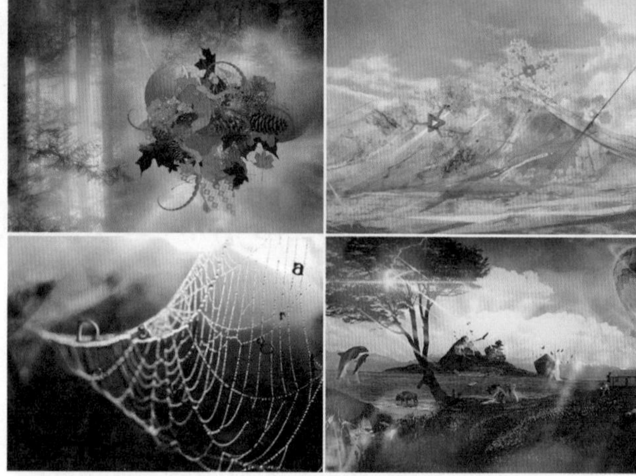

图4–28

答疑解惑：使用自动化素材到时间线窗口的方法有哪些优点？

自动化素材到时间线窗口是非常实用高效的，它可以根据选择的素材来设置添加条件，如排列方式和转场效果等。还可以利用时间线的位置来设置自动化素材的起始位置，为制作作品节省操作步骤与时间。

4.4 设置标记

标记点用于标注某些需要编辑的位置。利用标记点可以快速查找到这些位置，以方便修改和设置标记点的素材文件。在菜单栏的【Marker（标记）】菜单中，就可以看到有关标记和入、出点等相关的选项，如图4-29所示。

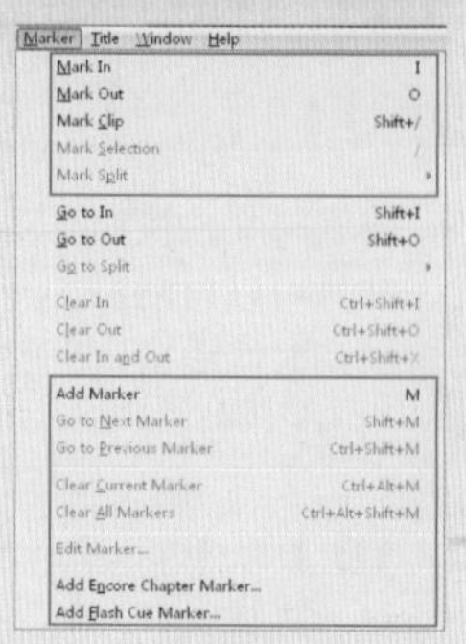

图4–29

4.4.1 动手学：为素材添加标记

技术速查：在【Source Monitor（源素材监视器）】窗口中可以为时间线窗口中的素材文件添加标记。

01 双击时间线窗口中需要标记的素材文件，然后在【Source Monitor（源素材监视器）】窗口中拖动时间线滑块来预览素材，预览到需要标记的位置时，单击下面的▼（标记）按钮来为素材添加标记，如图4-30所示。

图4—30

02 此时，在时间线窗口中的该素材文件的相应位置也出现了标记，如图4-31所示。

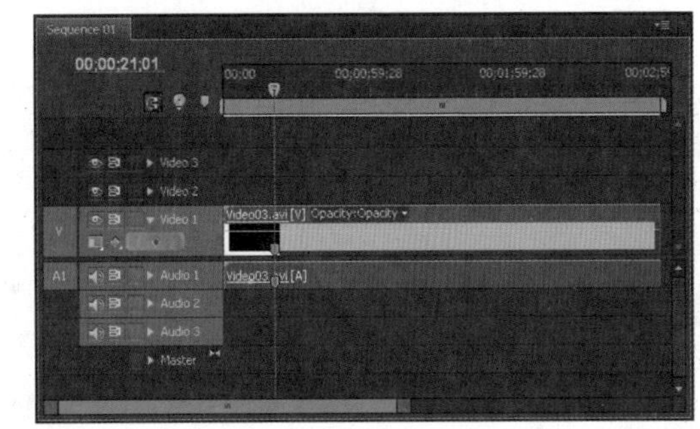

图4—31

可以单击监视器下面的▼◀（上一标记）和▶▼（下一标记）按钮来快速查找标记点。

★ 案例实战——设置标记

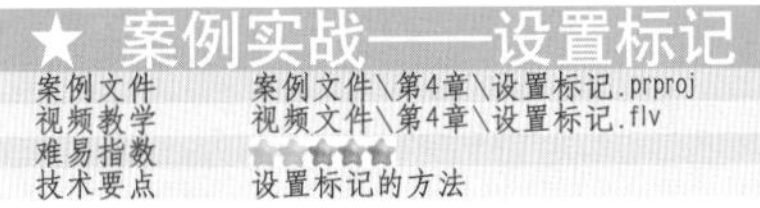

案例文件	案例文件\第4章\设置标记.prproj
视频教学	视频文件\第4章\设置标记.flv
难易指数	★★★★★
技术要点	设置标记的方法

案例效果

标记点用于标注某些编辑的位置。利用标记点可以快速查找到这些位置，以方便修改和设置标记点的素材文件。本案例主要是针对“设置标记”的方法进行练习，如图4-32所示。

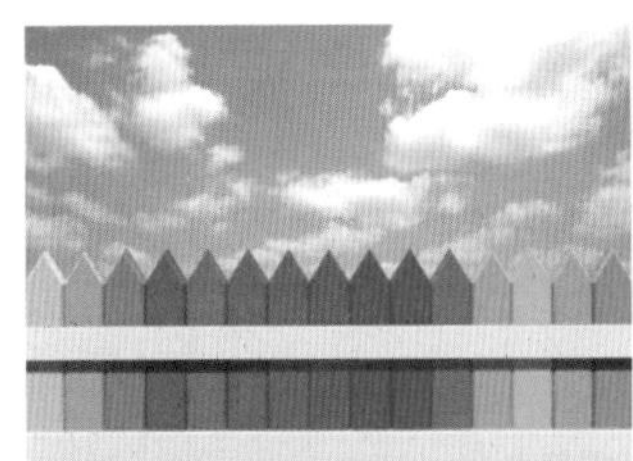

图4—32

操作步骤

01 打开Adobe Premiere Pro CS6软件，然后单击【New Project（新建项目）】选项，并单击【Browse（浏览）】按钮设置保存路径，在【Name（名称）】文本框中设置文件名称。接着在弹出的对话框中选择【DV-PAL】/【Standard 48kHz】选项，如图4-33所示。

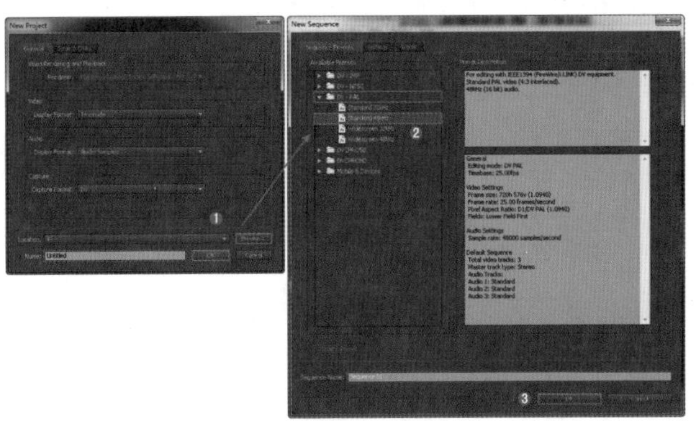

图4—33

02 选择菜单栏中的【File（文件）】/【Import（导入）】命令或按快捷键【Ctrl+I】，然后在打开的对话框中选择所需的素材文件，并单击【打开】按钮导入，如图4-34所示。

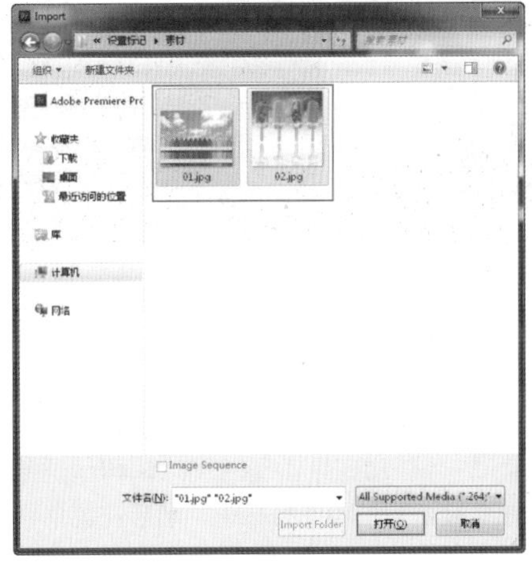

图4—34

03 双击时间线窗口中需要标记的素材文件，然后在监视器中拖动时间线滑块预览素材，预览到需要标记的位置时，单击■（标记点）按钮来为素材添加标记，如图4-35所示。

04 在时间线窗口的素材文件相应的位置出现一个标记，如图4-36所示。

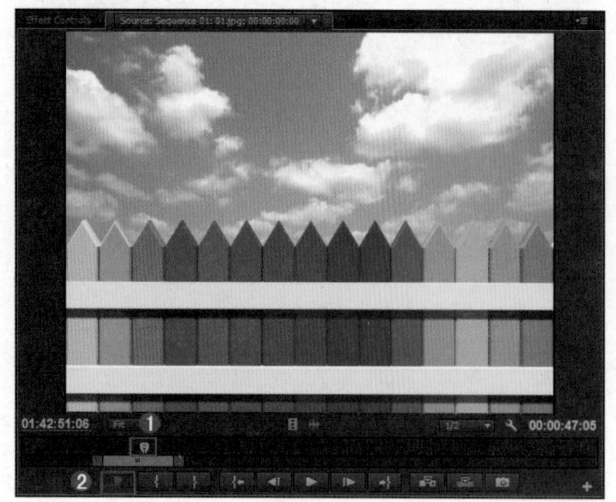

图4—35

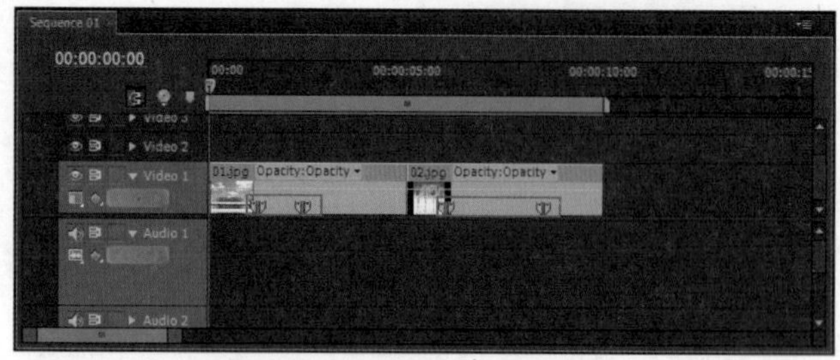

图4—36

答疑解惑：设置标记的作用有哪些？

设置标记用于标记时间线的位置，方便快速查找和定位时间线的某一画面位置。这在编辑视频中可以有效地提高编辑工作的效率。

有些时候需要查看某些画面，方便对比制作，此时利用设置的标记点可以快速查看。

4.4.2 为序列添加标记

动手学：在【Sequence Monitor（序列监视器）】窗口中添加标记

01 在【Sequence Monitor（序列监视器）】窗口中将时间线滑块拖到需要添加标记的位置，然后单击下面的■（标记）按钮，即可在当前位置添加一个标记，如图4-37所示。

02 此时，在时间线窗口中的该序列上也出现了标记，如图4-38所示。

动手学：在【Time Line（时间线）】窗口中设置标记点

在时间线窗口中，将时间线指针拖到需要添加标记点的位置，然后单击时间线窗口中的■按钮即可，如图4-39所示。此时，在时间线指针的位置出现一个标记点，如图4-40所示。

图4—37

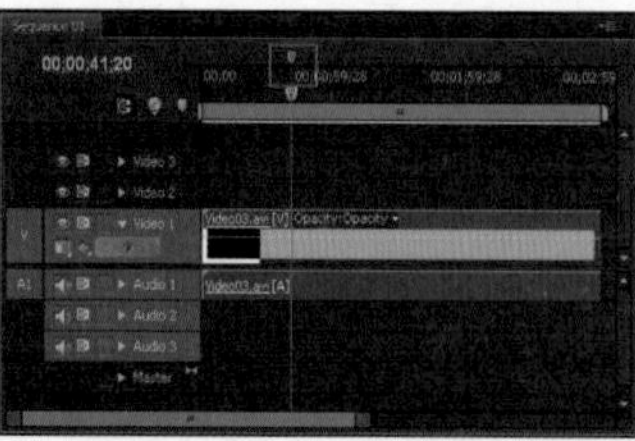

图4—38

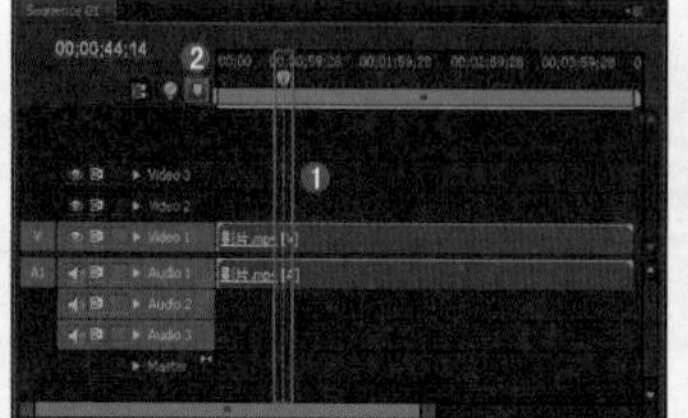

图4—39

图4—40

4.4.3 动手学：编辑标记

技术速查：在为素材添加多个标记时，为了防止混乱，可以为素材上的标记进行命名。通过菜单栏中的【Marker（标记）】/【Edit Marker（编辑标记）】命令可以对标记进行编辑。

01 在监视器窗口中选择标记，然后在菜单栏中选择【Marker（标记）】/【Edit Marker（编辑标记）】命令，如图4-41所示。

02 在弹出的对话框中可以选择标记，并设置该标记的【Name（名称）】和【Comments（注释）】等。设置完成后即可，如图4-42所示。

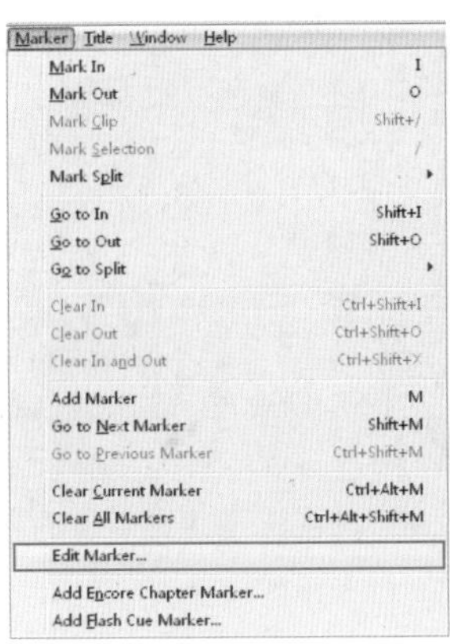

图4—41

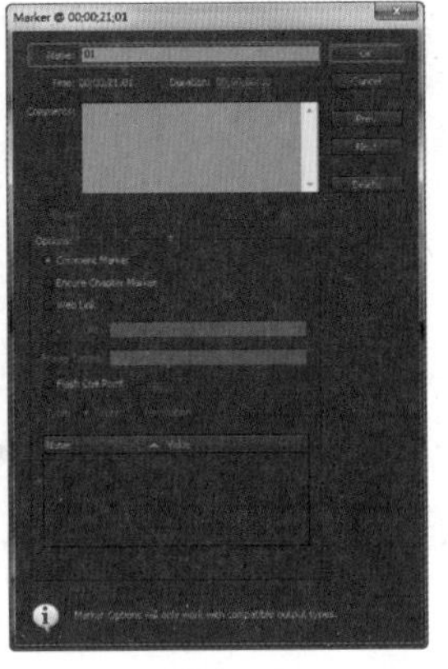

图4—42

03 此时，当鼠标移动到该标记上时，则会出现带有其名称和注释等相关信息的标签，如图4-43所示。

图4—43

在监视器窗口中的某一标记上双击鼠标左键，也可打开【Edit Marker（编辑标记）】对话框。

4.4.4 动手学：删除标记

技术速查：通过菜单栏中的【Marker（标记）】/【Clear Current Marker（清除当前标记）】和【Clear All Marker（清除当前标记）】命令可以删除标记。

在监视器窗口中选择需要删除的标记，如图4-44所示。然后在菜单栏中选择【Marker（标记）】/【Clear Current Marker（清除当前标记）】命令，即可删除该标记，如图4-45所示。

若想删除全部标记，选择该监视器窗口，然后直接在菜单栏中选择【Marker（标记）】/【Clear All Markers（清除当前标记）】命令即可，如图4-46所示。

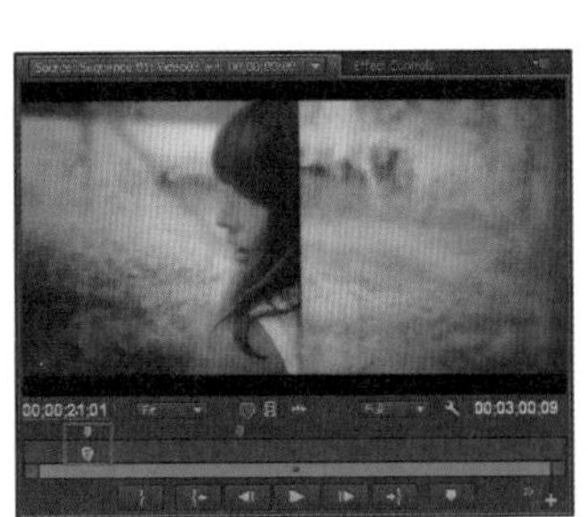

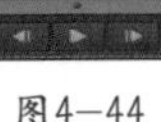

图4—44

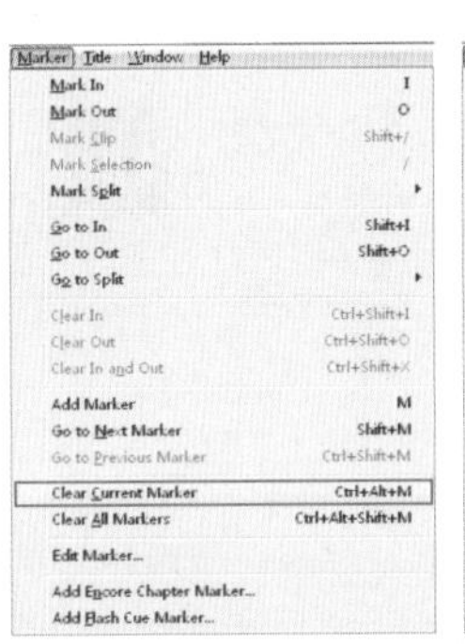

图4—45

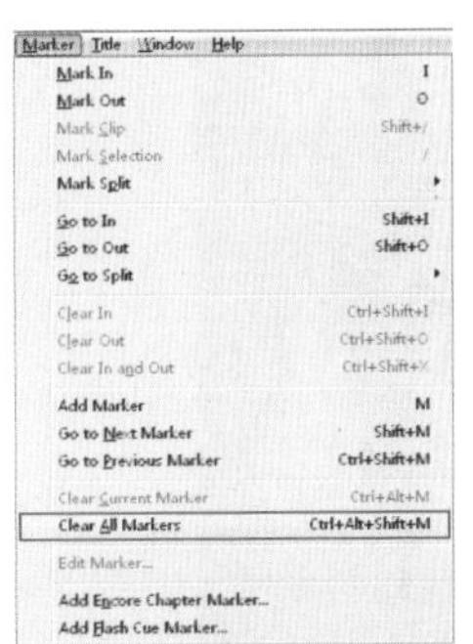

图4—46

PROMPT 技巧提示

还可以在【Edit Marker（编辑标记）】对话框中删除标记。首先双击监视器窗口中的标记，然后在打开的对话框中单击【Delete】按钮即可，如图4—47所示。

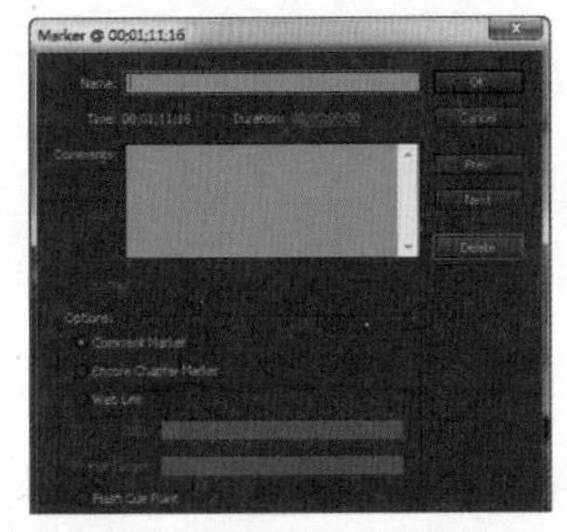

图4—47

4.5 设置入点和出点

在Premiere中，为源素材和序列设置入点和出点后，我们可以使用所需要的素材部分。我们把影片的起点称为In（入点），影片的结束称为Out（出点）。

4.5.1 动手学：设置序列的入、出点

技术速查：通过【Sequence Monitor（序列监视器）】下的 { （入点）和 } （出点）可以设置入点和出点。

双击时间线窗口中的素材文件，然后在【Sequence Monitor（序列监视器）】中拖动时间线滑块预览素材，到达需要设置入点的位置时，单击 （入点）按钮，设置入点，如图4-48所示。接着在需要设置出点的位置，单击 （出点）按钮，设置出点，如图4-49所示。

图4—48

图4—49

★ 案例实战——设置序列的入、出点

案例文件	案例文件\第4章\设置序列的入、出点.prproj
视频教学	视频文件\第4章\设置序列的入、出点.flv
难易指数	★★★★★
技术要点	设置序列的入、出点

案例效果

在编辑素材时，使用入点和出点来剪辑和截取素材文件是非常方便的方法之一。可以在监视器中设置入点和出点，也可以在时间线窗口中设置入点和出点。本案例主要是针对“设置序列的入、出点”的方法进行练习，如图4-50所示。

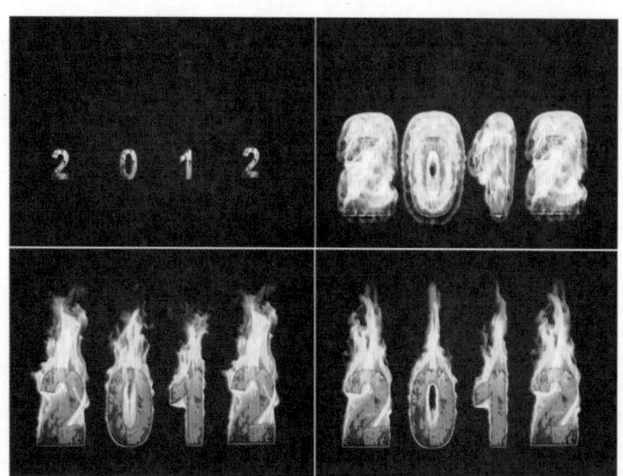

图4—50

操作步骤

01 打开Adobe Premiere Pro CS6软件，然后单击【New Project（新建项目）】选项，并单击【Browse（浏览）】按钮设置保存路径，在【Name（名称）】文本框中设置文件名称。接着在弹出的对话框中选择【DV-PAL】/【Standard 48kHz】选项，如图4-51所示。

02 选择菜单栏中的【File（文件）】/【Import（导入）】命令或按快捷键【Ctrl+I】，然后在打开的对话框中选择所需的素材文件，并单击【打开】按钮导入，如图4-52所示。

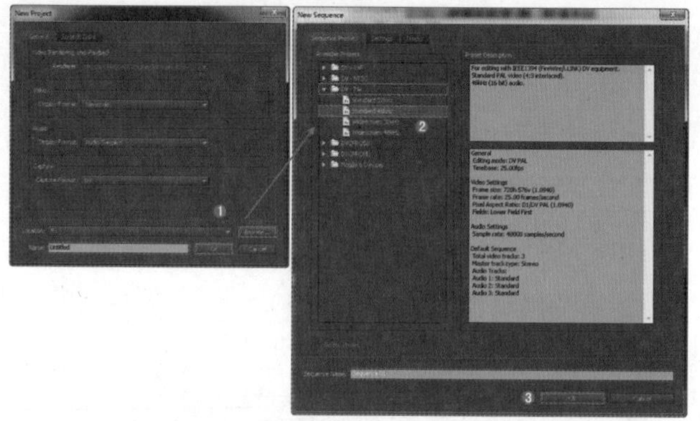

图4—51

图4—52

03 双击时间线窗口中的素材文件，然后在监视器中拖动时间线滑块预览素材，接着预览到在需要设置入点的位置时，选择【Marker（标记）】/【Mark In（标记入点）】命令，如图4-53所示。

04 在需要设置出点的位置选择【Marker（标记）】/【Mark Out（标记出点）】命令，如图4-54所示。

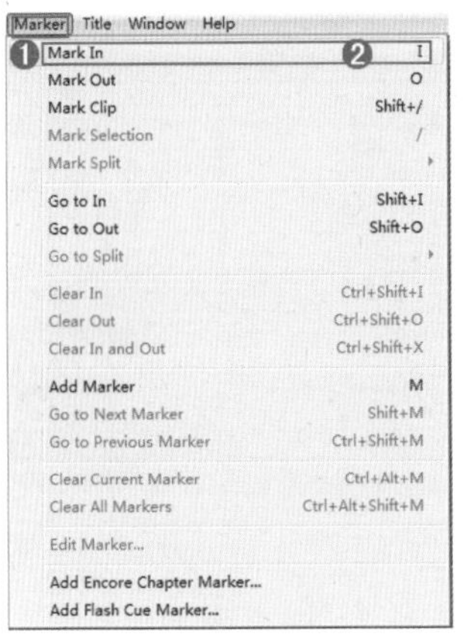

图4—53

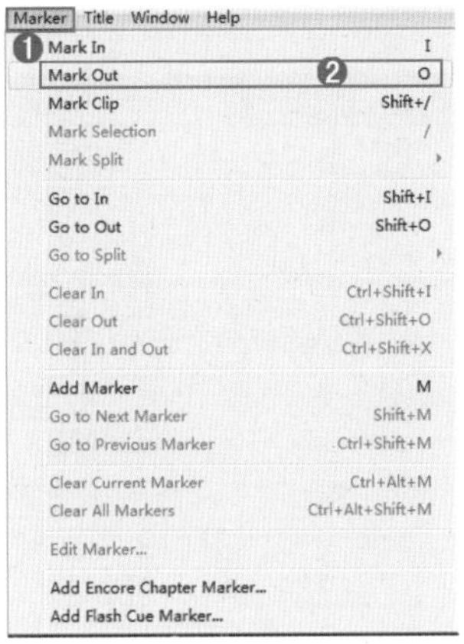

图4—54

技巧提示

【Mark In（标记入点）】的快捷键为【I】，【Mark Out（标记出点）】的快捷键为【O】。

05 此时查看最终序列入、出点效果，如图4-55所示。

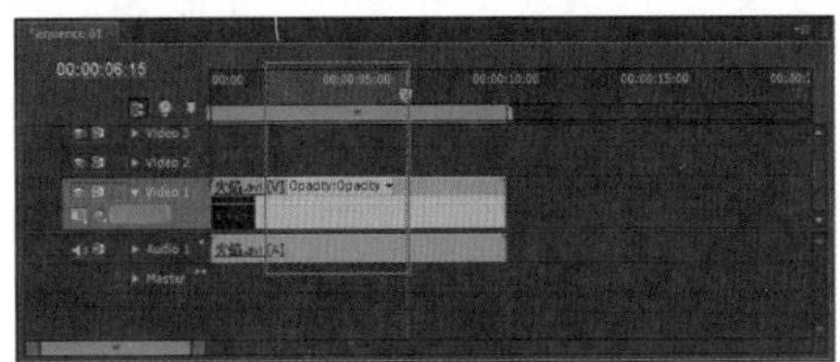

图4—55

4.5.2 动手学：通过入、出点剪辑素材

01 双击时间线窗口中的素材文件，然后在【Source Monitor（源素材监视器）】中拖动时间线滑块预览素材，到达需要设置入点的位置时，单击（入点）按钮，设置入点，如图4-56所示。接着在需要设置出点的位置单击（出点）按钮，设置出点，如图4-57所示。

图4—56

图4—57

02 此时，在时间线中的该素材文件已经按照入点和出点的位置剪辑完成了，如图4-58所示。

图4—58

答疑解惑：入点和出点的作用有哪些？

在非线性编辑中，使用入点和出点是剪辑和提取素材最有效的方法之一。利用这种方法截取出来的素材的起始位置即为入点，结束位置即为出点。

4.5.3 动手学：快速跳转到序列的入、出点

技术速查：使用【Marker（标记）】/【Go to In（到入点）】和【Go to Out（到出点）】命令可以直接跳转到序列的入点和出点。

01 在菜单栏中选择【Marker（标记）】/【Go to In（到入点）】或【Go to Out（到出点）】命令，如图4-59所示。

02 此时，在时间线窗口中的指针会自动跳转素材的入点或出点，如图4-60所示。

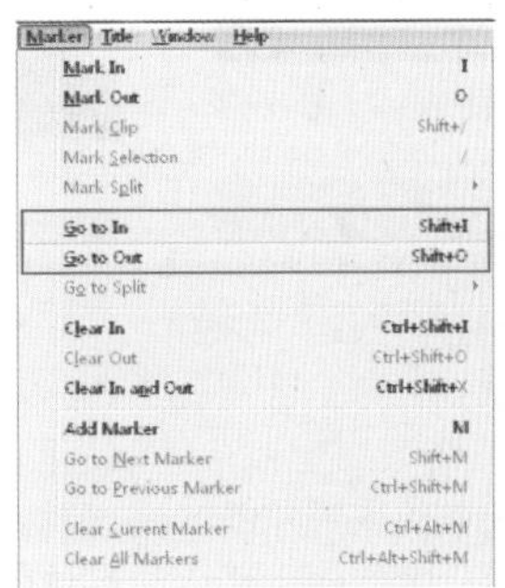

图4—59

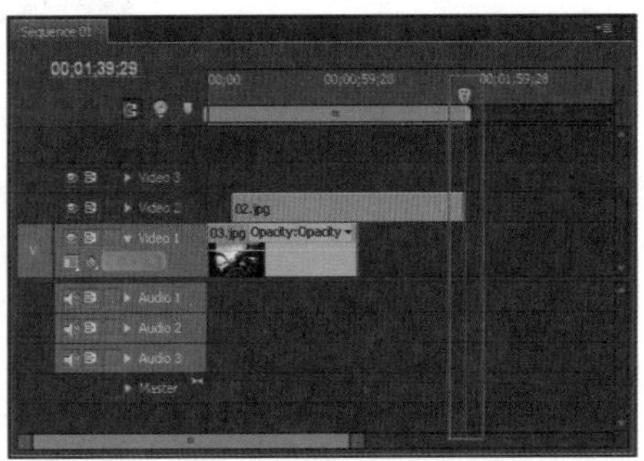

图4—60

4.5.4 清除序列的入、出点

动手学：分别清除入点或出点

选择时间线或监视器窗口，然后在菜单栏中单击【Marker（标记）】菜单，在其子菜单中选择【Clear In（清除入点）】或【Clear Out（清除出点）】命令，即可清除序列上的入点或出点，如图4-61所示。

动手学：同时清除入点和出点

若想清除序列上的所有入点和出点，则直接在菜单栏中选择【Marker（标记）】/【Clear In and Out（清除入点和出点）】命令即可，如图4-62所示。

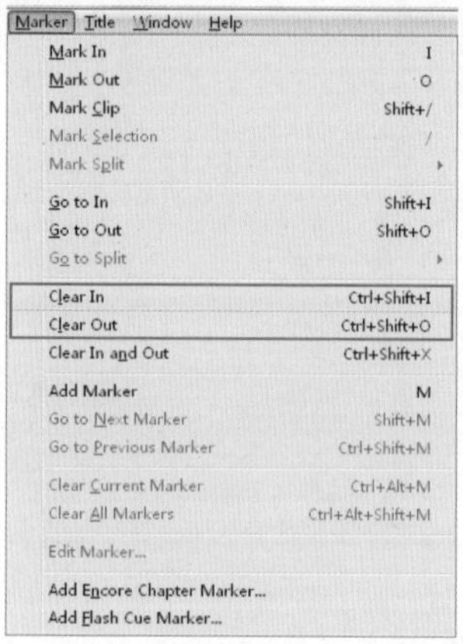

图4—61

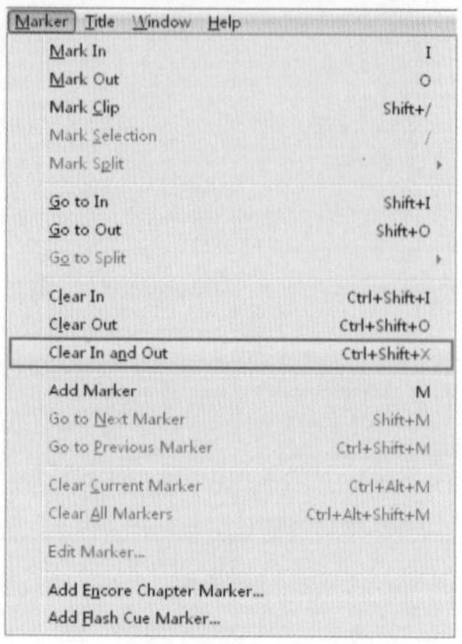

图4—62

4.6 速度和时间

在使用Premiere制作视频或音频时，可能会遇到视频播放速度较快或较慢的问题，因此需要对其速度或时间进行修改，以满足我们需求。

技术速查：通过【Clip（素材）】/【Speed/Duration（速度/持续时间）】命令，然后在其对话框中可以调整相关参数。

在时间线窗口选择需要修改速度和时间的视频或音频素材文件，然后在菜单栏中选择【Clip（素材）】/【Speed/Duration（速度/持续时间）】命令，如图4-63所示。

此时在弹出的对话框中可以调节素材的Speed（速度）或Duration（持续时间），然后单击【OK（确定）】按钮即可，如图4-64所示。

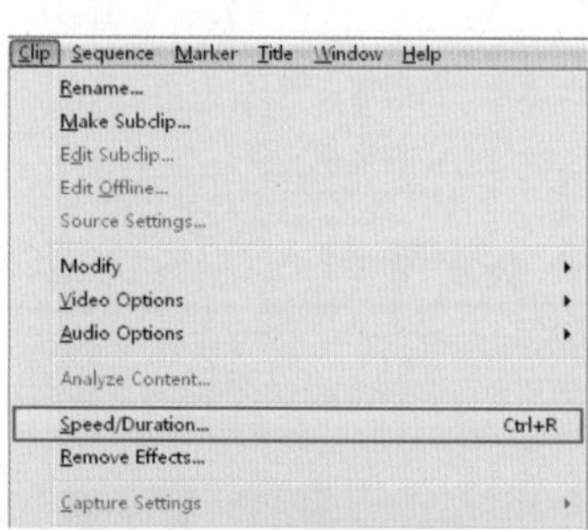

图4—63

图4—64

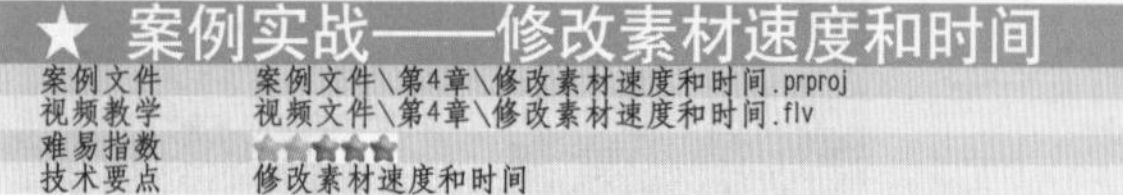

★ 案例实战——修改素材速度和时间

案例文件	案例文件\第4章\修改素材速度和时间.prproj
视频教学	视频文件\第4章\修改素材速度和时间.flv
难易指数	★★★★★
技术要点	修改素材速度和时间

案例效果

通过更改素材的速度和长度可以制作出视频的快进和慢放效果，也可以制作出音频的高音和低音效果。本案例主要是针对“修改素材速度和时间”的方法进行练习，如图4-65所示。

图4—65

操作步骤

01 打开Adobe Premiere Pro CS6软件，然后单击【New Project（新建项目）】选项，并单击【Browse（浏览）】按钮设置保存路径，在【Name（名称）】文本框中设置文件名称。接着在弹出的对话框中选择【DV-PAL】/【Standard 48kHz】选项，如图4-66所示。

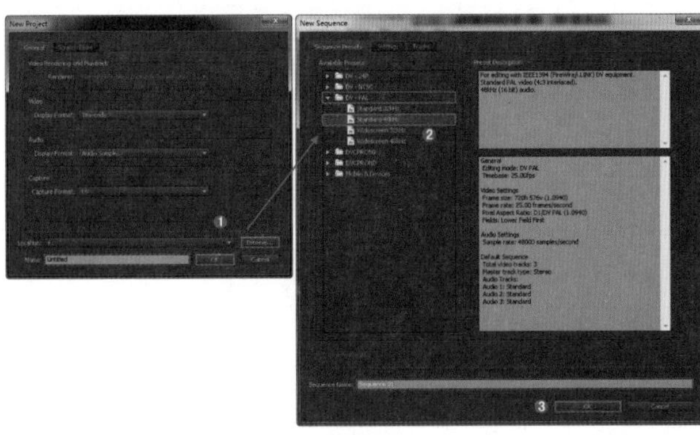

图4—66

02 选择菜单栏中的【File（文件）】/【Import（导入）】命令或按快捷键【Ctrl+I】，然后在打开的对话框中选择所需的素材文件，并单击【打开】按钮导入，如图4-67所示。

图4—67

03 在Video1轨道上的【花.AVI】素材文件上单击鼠标右键，然后在弹出的快捷菜单中选择【Speed/Duration（速度/持续时间）】命令。接着在弹出的对话框中设置【Speed（速度）】为200，并单击【OK（确定）】按钮，如图4-68所示。

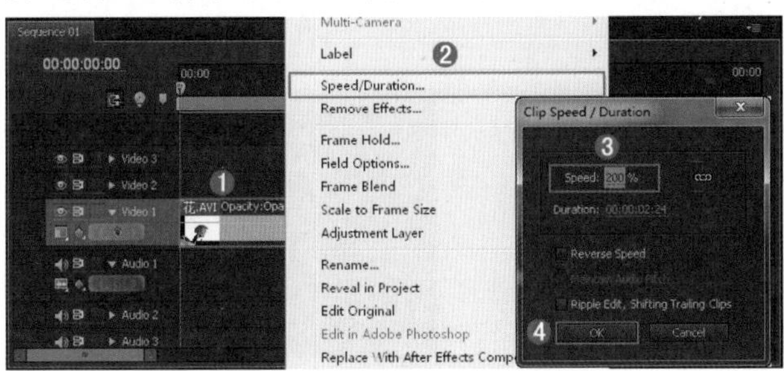

图4—68

技巧提示

也可以在菜单栏中选择【Clip（素材）】/【Speed/Duration（速度/持续时间）】命令，然后在弹出的对话框中设置【Speed（速度）】为200，如图4—69所示。

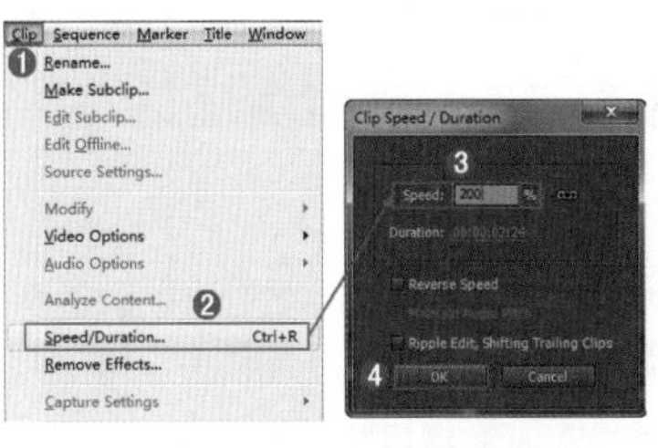

图4—69

04 此时Video1轨道上的【花.AVI】素材文件的长度缩短，播放速度变快，如图4-70所示。

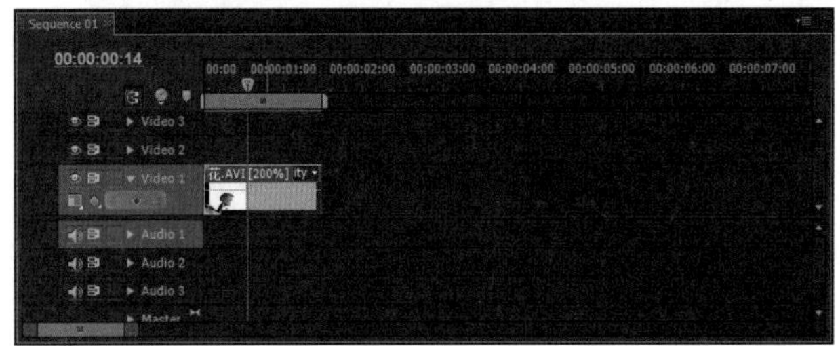

图4—70

答疑解惑：修改静态素材和动态素材有哪些不同？

修改静态的素材文件的持续时间，可以在时间线窗口中选择该素材，然后将鼠标放置于素材边缘，接着按住鼠标左键左右拖曳来改变素材的持续时间。

动态素材改变了速度和时间后，时间越短，播放速度越快；时间越长，播放速度越慢。可以利用这一方法制作出视频的快进和慢放效果。

读书笔记

4.7 提升和提取编辑

在Adobe Premiere Pro CS6中，可以对素材的某一部分进行提升和提取的处理，这也是一种剪辑的方法，而且也较为方便快捷。

4.7.1 动手学：提升素材

技术速查：使用【Lift（提升）】命令后，素材中被删除的部分会自动用黑色画面代替。

01 将时间线中的素材使用快捷键【I】和【O】设置入点和出点，如图4-71所示。然后在菜单栏中选择【Sequence（序列）】/【Lift（提升）】命令，如图4-72所示。

02 此时，在时间线窗口中的素材从入点到出点的部分已经被删除，如图4-73所示。

图4—71

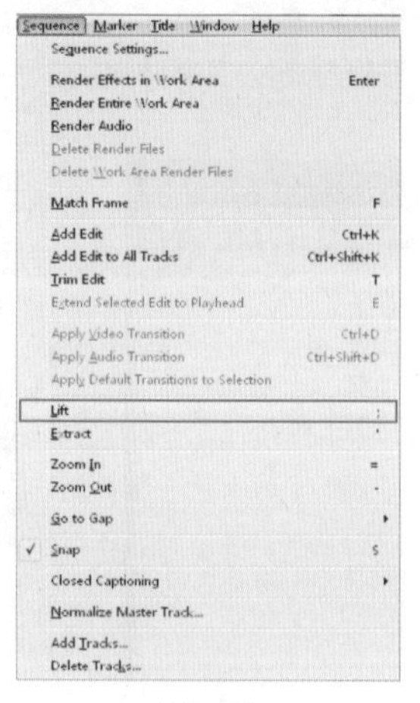

图4—72

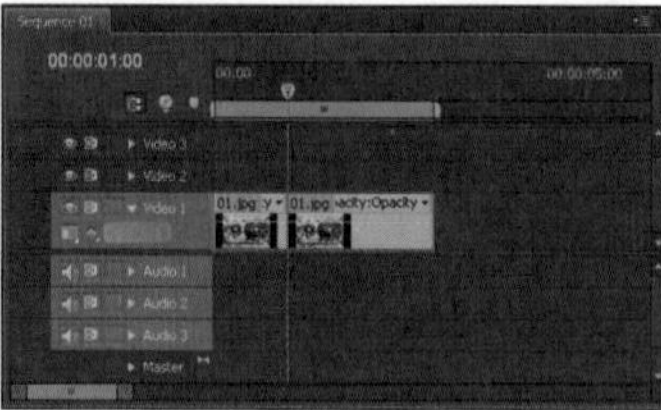

图4—73

4.7.2 动手学：提取素材

技术速查：使用【Extract（提取）】命令后，后面的素材片段会自动前移，并自动占据删除的部分。

01 将时间线中的素材使用快捷键【I】和【O】设置入点和出点，如图4-74所示。然后在菜单栏中选择【Sequence（序列）】/【Extract（提升）】命令，如图4-75所示。

02 此时，在时间线窗口中的素材从入点到出点的部分已经被删除，且后面的素材会自动前移，如图4-76所示。

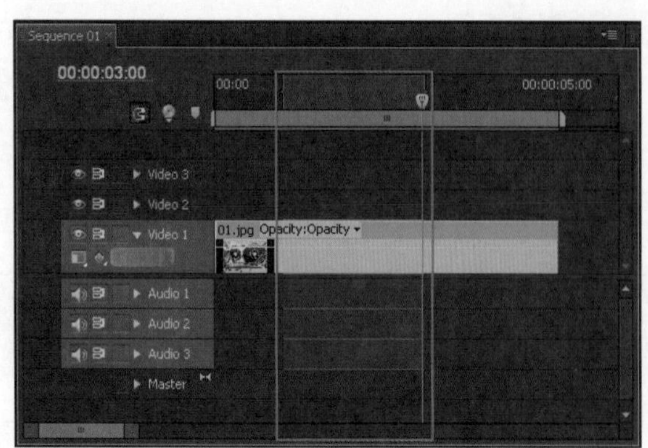

图4—74

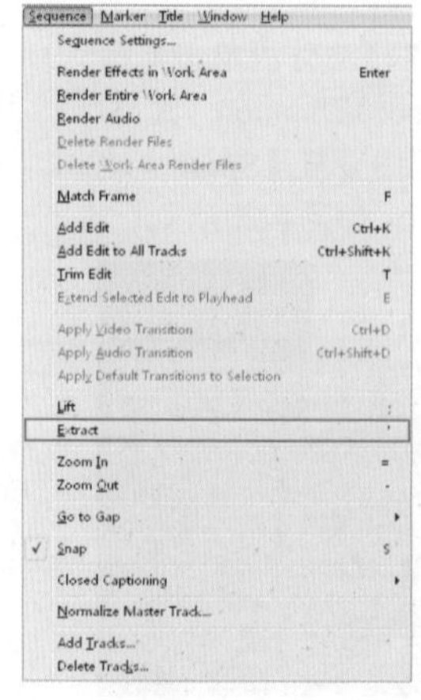

图4—75

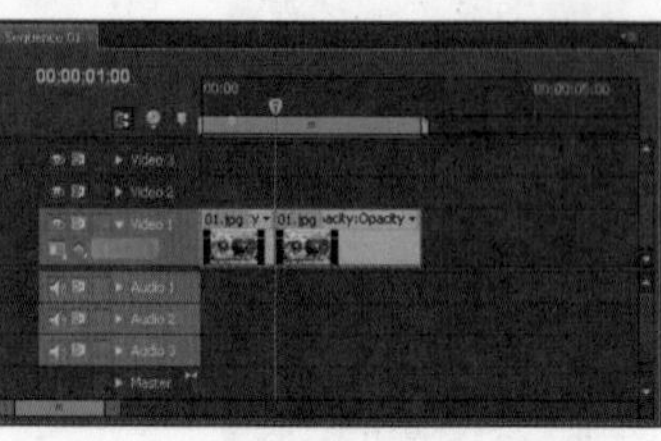

图4—76

4.8 素材画面与当前序列的尺寸匹配

Scale to Frame Size（缩放到框大小）可以将导入的素材与Project（项目）的大小自动匹配。在时间线窗口中的素材上单击鼠标右键，在弹出的快捷菜单中即可找到该命令，如图4-77所示。

★ 案例实战——素材与当前项目的尺寸匹配

案例文件	案例文件\第4章\素材与当前项目的尺寸匹配.prproj
视频教学	视频文件\第4章\素材与当前项目的尺寸匹配.flv
难易指数	★★★★★
技术要点	素材与当前项目的尺寸匹配

案例效果

当导入的素材大小与当前画幅不符时，可以使用【Scale to Frame Size（缩放到框大小）】命令来调节大小匹配。本案例主要是针对“素材与当前项目的尺寸匹配”的方法进行练习，如图4-78所示。

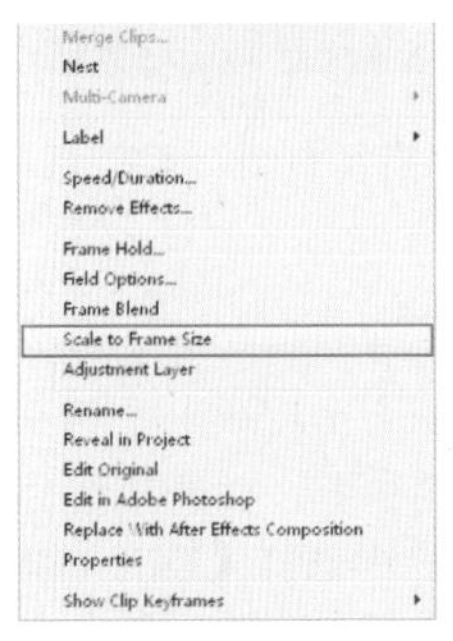

图4—77

图4—78

操作步骤

01 打开Adobe Premiere Pro CS6软件，然后单击【New Project（新建项目）】选项，并单击【Browse（浏览）】按钮设置保存路径，在【Name（名称）】文本框中设置文件名称。接着在弹出的对话框中选择【DV-PAL】/【Standard 48kHz】选项，如图4-79所示。

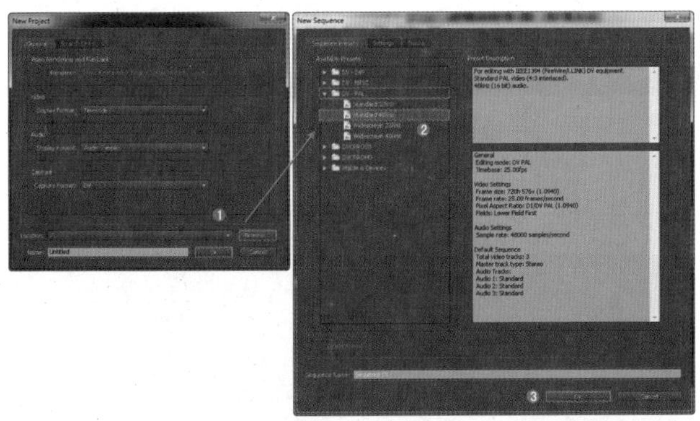

图4—79

02 选择菜单栏中的【File（文件）】/【Import（导入）】命令或按快捷键【Ctrl+I】，然后在打开的对话框中选择所需的素材文件，并单击【打开】按钮导入，如图4-80所示。

图4—80

03 选择项目窗口中的【01.jpg】素材文件，然后按住鼠标左键将其拖曳到时间线窗口的Video1轨道上，如图4-81所示。

图4—81

04 在Video1轨道的【01.jpg】素材文件上单击鼠标右键，在弹出的快捷菜单中选择【Scale to Frame Size（缩放到框大小）】命令，如图4-82所示。

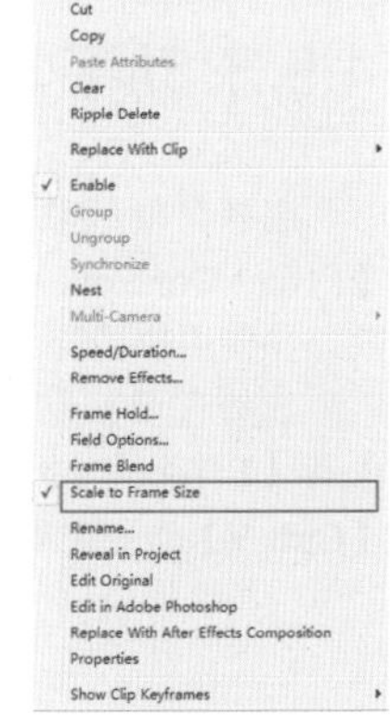

图4—82

05 此时画面大小与当前画幅的尺寸相匹配，也可做适当调整。最终效果如图4-83所示。

答疑解惑：哪些情况下适宜使用缩放到框大小命令？

当导入的静帧素材或视频素材文件的尺寸过大或过小，不符合视频窗口的大小匹配，且不方便调节大小时，可以使用【Scale to Frame Size（缩放到框大小）】命令来对素材大小先进行匹配，然后再根据需要在效果控制面板中调节大小位置等。

图4-83

4.9 Cut（剪切）、Copy（复制）和Paste（粘贴）

在Adobe Premiere Pro CS6中，Copy（复制）和Paste（粘贴）是最基本的操作。不仅素材本身可以进行复制，素材上面的特效也可以进行复制，熟练掌握Copy（复制）和Paste（粘贴）的操作可以提高我们的工作效率。

4.9.1 动手学：复制和粘贴素材

01 选择时间线的轨道中需要复制的素材文件，如图4-84所示。然后在菜单栏中选择【Edit（编辑）】/【Copy（复制）】命令，如图4-85所示。

02 将时间线拖到需要粘贴素材的位置，并选择粘贴的轨道，如图4-86所示。然后在菜单栏中选择【Edit（编辑）】/【Paste（粘贴）】命令，素材便会粘贴到指定位置，如图4-87所示。

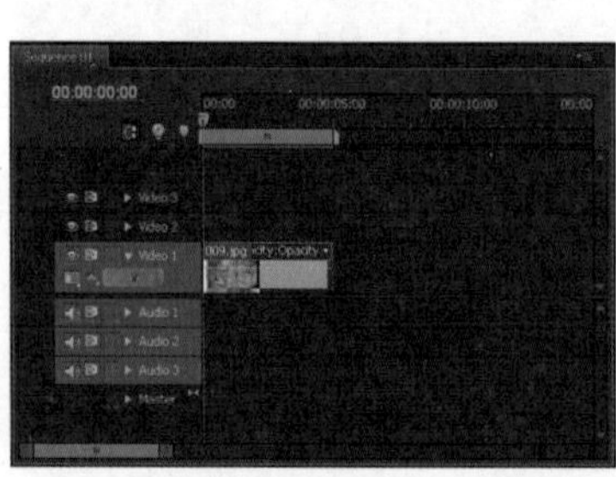

图4-84

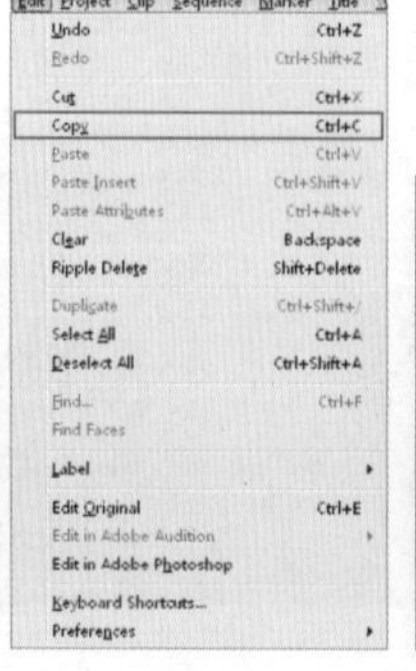

图4-85

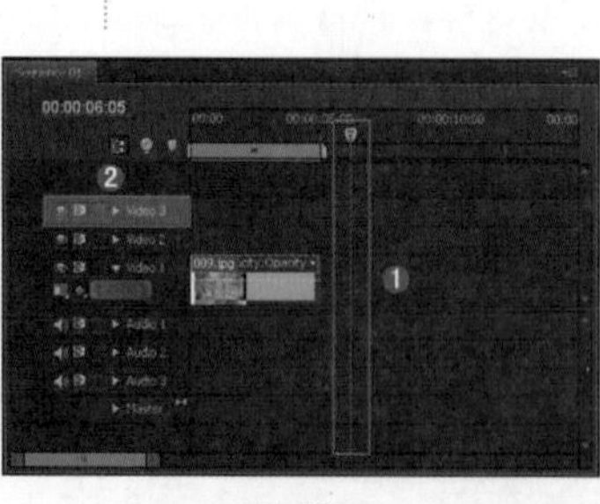

图4-86

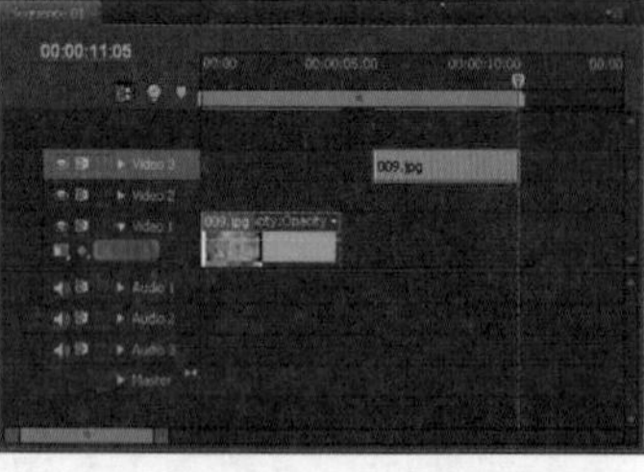

图4-87

4.9.2 动手学：复制和粘贴素材特效

选择时间线轨道中已经添加特效的素材文件，然后在【Effect Controls（效果控制）】面板中选择需要复制的特效，并使用快捷键【Ctrl+C】进行复制，如图4-88所示。

选择需要粘贴特效的时间线轨道中的素材文件，然后在其【Effect Controls（效果控制）】面板中使用快捷键【Ctrl+V】进行粘贴即可，如图4-89所示。

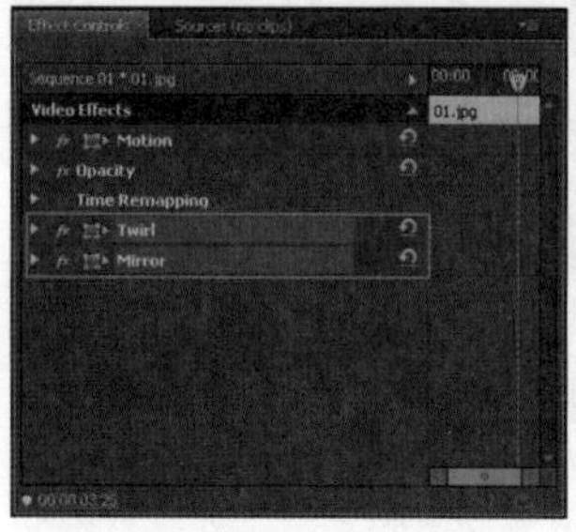

图4-88

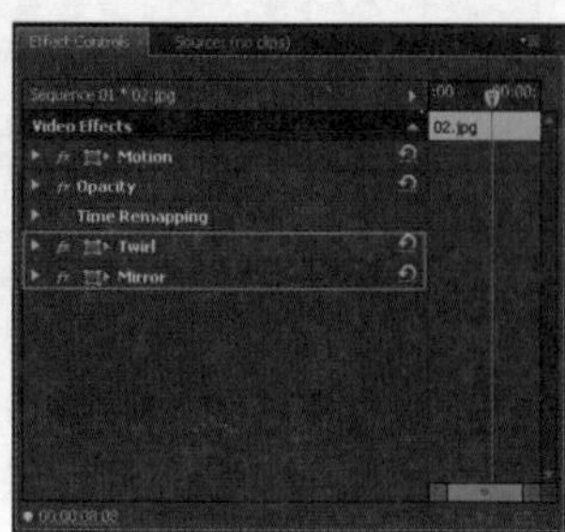

图4-89

★ 案例实战——素材特效的复制和粘贴

案例文件	案例文件\第4章\素材特效的复制和粘贴.prproj
视频教学	视频文件\第4章\素材特效的复制和粘贴.flv
难易指数	★★★★★
技术要点	素材特效的复制和粘贴

案例效果

复制粘贴素材可以方便制作，提高速度。在Adobe Premiere Pro CS6软件中可以同时复制和粘贴多个素材，也可以单独复制和粘贴素材中的特效。本案例主要是针对“素材和特效的复制和粘贴”的方法进行练习，如图4-90所示。

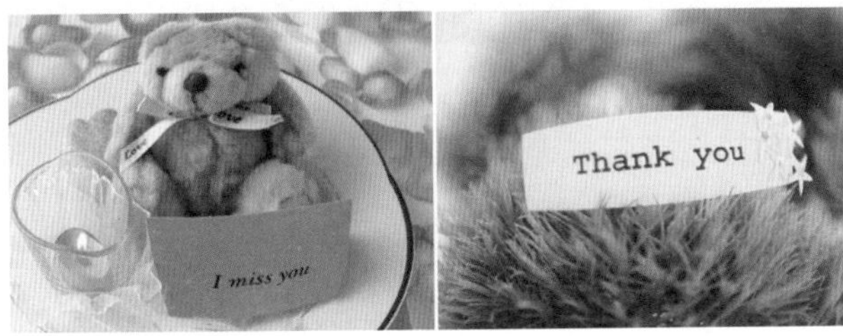

图4—90

操作步骤

01 打开Adobe Premiere Pro CS6软件，然后单击【New Project（新建项目）】选项，并单击【Browse（浏览）】按钮设置保存路径，在【Name（名称）】文本框中设置文件名称。接着在弹出的对话框中选择【DV-PAL】/【Standard 48kHz】选项，如图4-91所示。

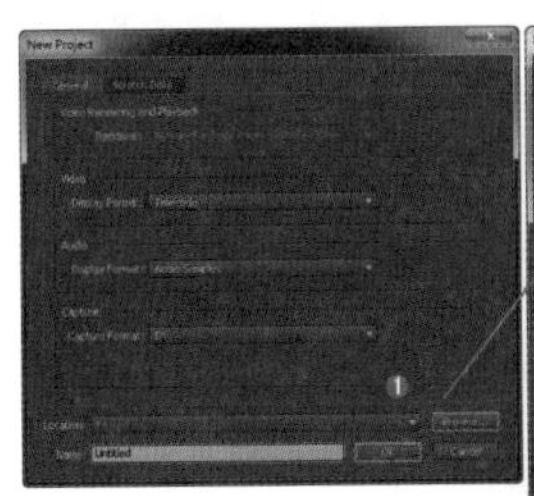
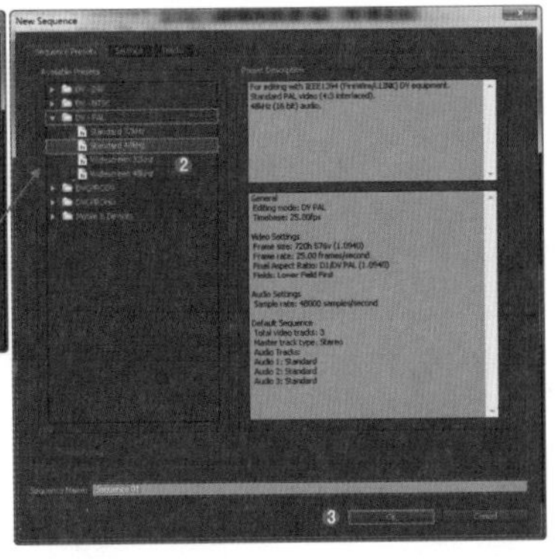

图4—91

02 选择菜单栏中的【File（文件）】/【Import（导入）】命令或按快捷键【Ctrl+I】，然后在打开的对话框中选择所需的素材文件，并单击【打开】按钮导入，如图4-92所示。

图4—92

03 将项目窗口中的【01.jpg】和【02.jpg】素材文件拖曳到Video1轨道上，如图4-93所示。

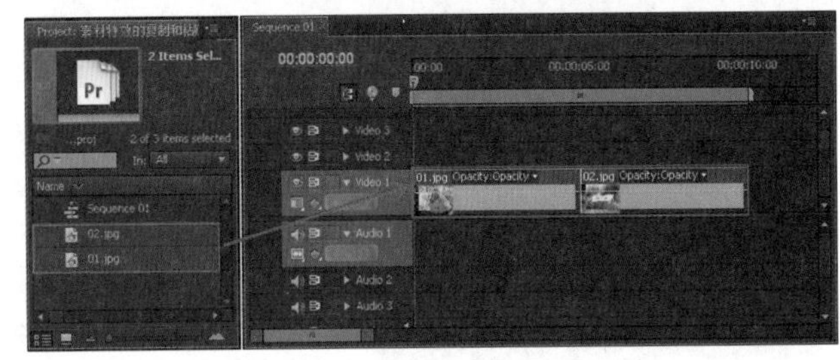

图4—93

04 选择【Effects（效果）】窗口中的【Spherize（球面）】效果，然后按住鼠标左键将其拖曳到Video1轨道的【01.jpg】素材文件上，如图4-94所示。

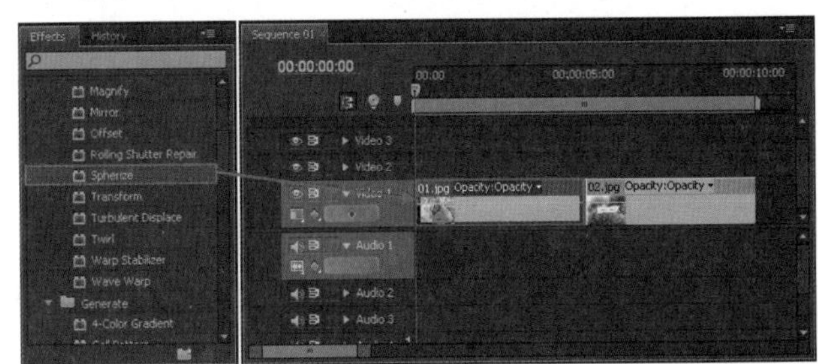

图4—94

05 选择Video1轨道的【01.jpg】素材文件，然后在【Effect Controls（效果控制）】面板中设置【Radius（半径）】为312，如图4-95所示。此时效果如图4-96所示。

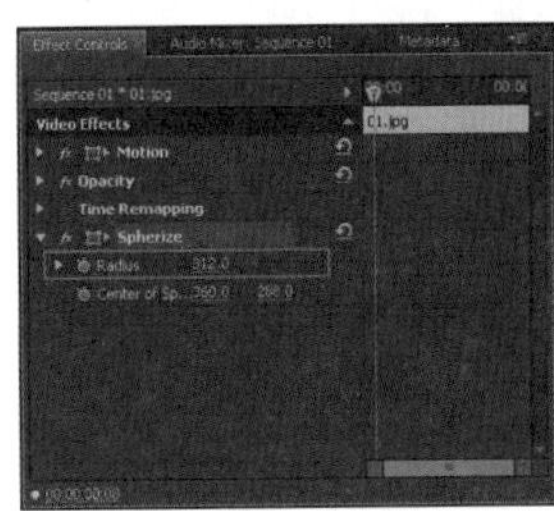

图4—95

图4—96

06 复制素材中的特效。选择Video1轨道中的【01.jpg】素材文件，然后选择【Effect Controls（效果控制）】面板中的【Spherize（球面）】效果，并按快捷键【Ctrl+C（复制）】，如图4-97所示。

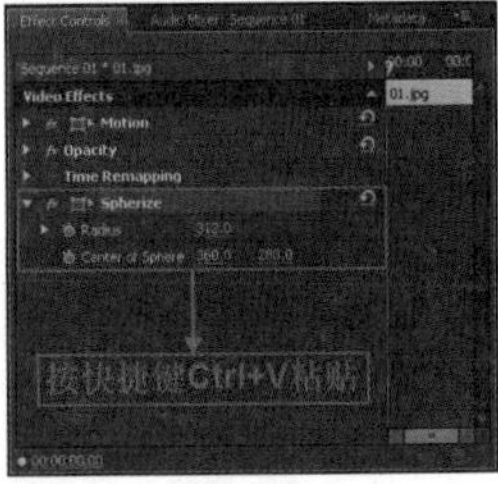

图4—97

07 选择需要粘贴特效的Video1轨道上的【02.jpg】素材文件，然后按快捷键【Ctrl+V（粘贴）】，即可将特效粘贴到【02.jpg】素材文件，如图4-98所示。

08 此时拖动时间线滑块查看最终效果，如图4-99所示。

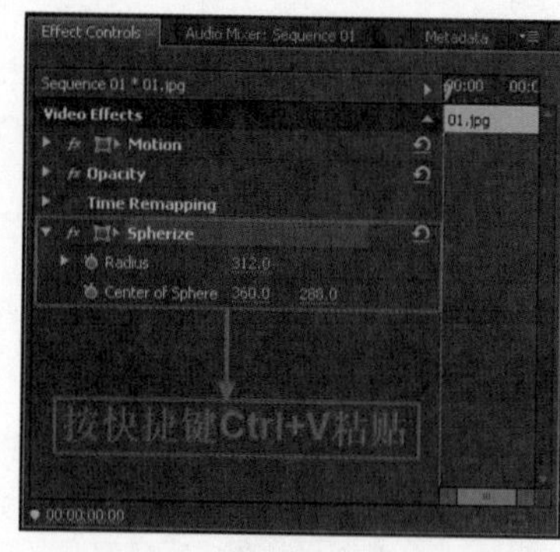

图4−98

图4−99

答疑解惑：素材和特效的复制和粘贴有哪些作用？

复制/粘贴以及剪切是编辑素材中常用的方法之一，可以提高编辑的工作效率。在复制了某个素材后，可以选择另一段素材，然后粘贴来进行替换素材或覆盖素材的某一部分。

若素材添加了特效和动画帧效果，也可以单独复制素材的特效属性。

4.10 Group（成组）和Ungroup（解组）素材

与很多软件一样，Premiere也具有将素材Group（成组）和Ungroup（解组）的功能，这个功能虽然简单，但是非常实用。

答疑解惑：将素材成组和解组后可以进行哪些操作？

将多个素材成组，是快速编辑素材的常用方法之一。成组后的素材即成为一个整体，可以进行统一的移动、裁剪、复制、删除和选择等操作。

但成组的素材不能统一添加特效，若要添加特效，可以将素材解组，然后对单独的素材文件添加特效。

4.10.1 动手学：成组素材

01 在时间线窗口中选择需要成组的素材文件，如图4-100所示。

02 在菜单栏中选择【Clip（素材）】/【Group（成组）】命令，选择的素材文件即可成为一组，如图4-101所示。

03 成组后的素材文件可以进行统一操作，例如，整体移动一组素材，如图4-102所示。

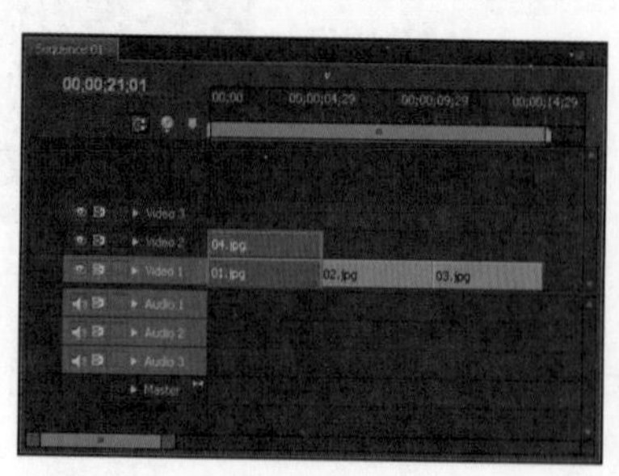

图4−100

图4−101

图4−102

4.10.2 动手学：解组素材

01 选择时间线窗口中需要解组的素材文件，如图4-103所示。然后在菜单栏中选择【Clip（素材）】/【UnGroup（解组）】命令，即可取消成组，如图4-104所示。

02 素材解组之后，就可以单一对素材进行操作，如图4-105所示。

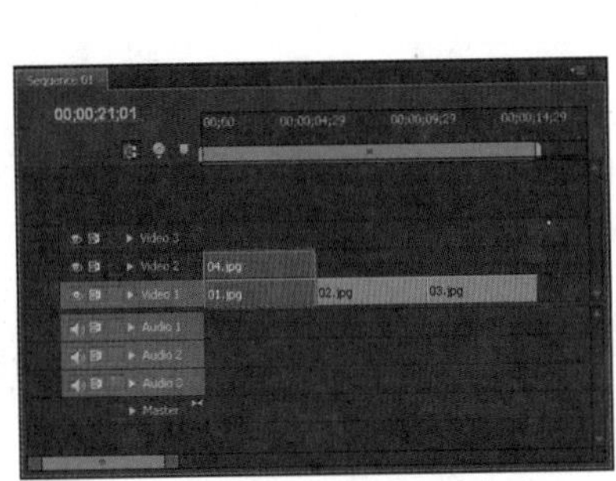

图4—103

图4—104

图4—105

技巧提示

成组与解组命令也包括在时间线窗口的快捷菜单中，所以可以更方便地进行应用，如图4—106所示。

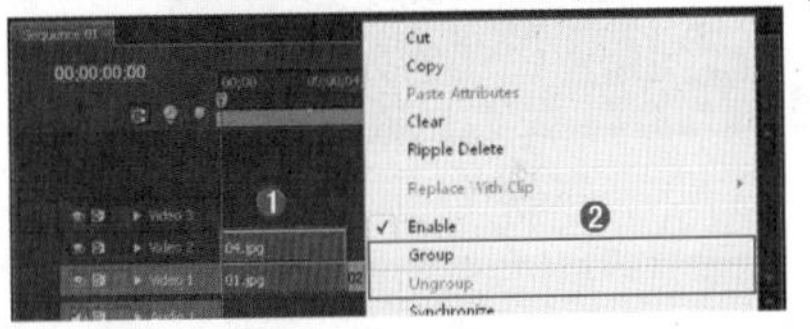

图4—106

4.11 链接和解除视频、音频链接

在Adobe Premiere Pro CS6中，视频和音频必须存在于不同的轨道中。比如一段视频带有原始的声音，但是想把原有的声音删除，而更换另一段音乐，或者需要将视频和音频分开，然后进行单独的操作时，就可以用到【Link（链接）】和【Unlink（解除链接）】命令了。

4.11.1 动手学：链接视频、音频素材

技术速查：通过【Link（链接）】命令可以将视频和音频素材链接在一起。

01 选择时间线窗口中需要链接在一起的视频和音频素材文件，如图4-107所示。然后在菜单栏中选择【Clip（素材）】/【Link（链接）】命令，如图4-108所示。

02 此时，在时间线窗口中的视频和音频素材文件已经链接在一起了，如图4-109所示。

图4—107

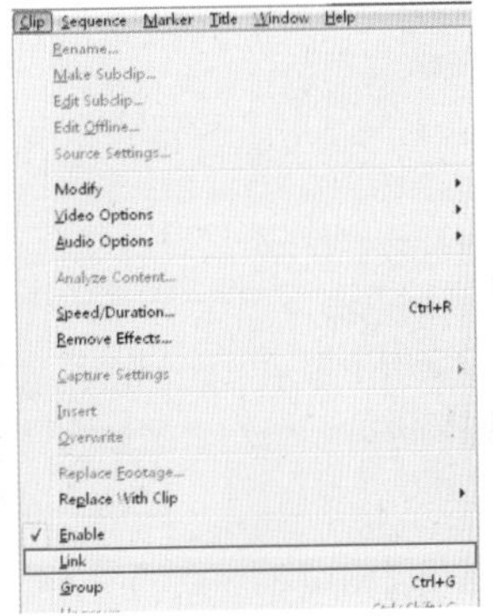

图4—108

图4—109

4.11.2 动手学：解除视频、音频素材链接

技术速查：通过【Unlink（解除链接）】命令可以将整体的视、音频素材分离为两个素材文件。

01 选择时间线窗口中需要解除链接的视、音频素材文件，如图4-110所示。然后在菜单栏中选择【Clip（素材）】/【Unlink（解除链接）】命令，如图4-111所示。

图4—110

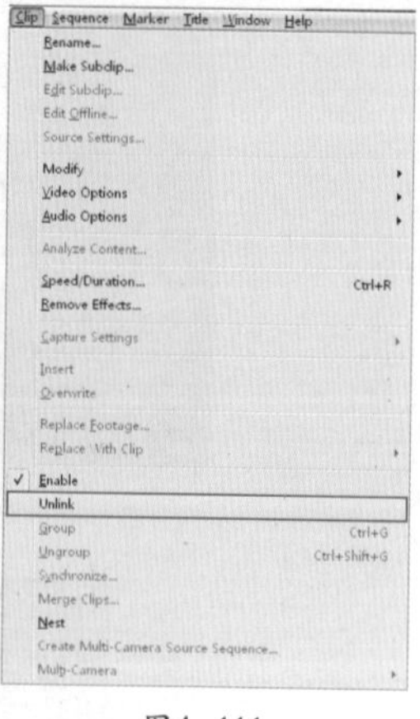

图4—111

02 此时，在时间线窗口中的视、音频素材文件已经解除链接，可以对其进行单一操作，如图4-112所示。

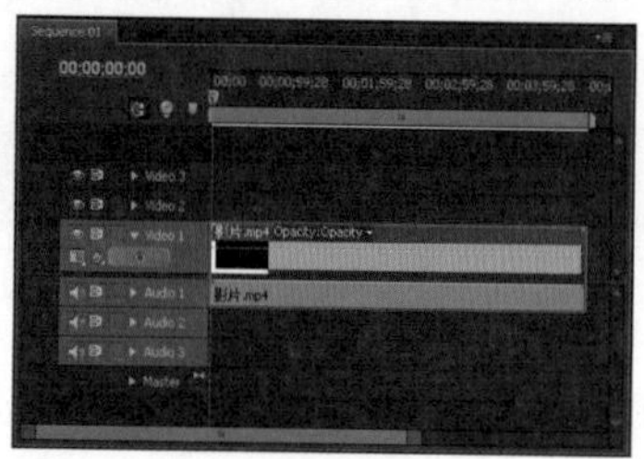

图4—112

技巧提示

在时间线窗口的右键快捷菜单中也包含【Link（链接）】或【Unlink（解除链接）】命令。

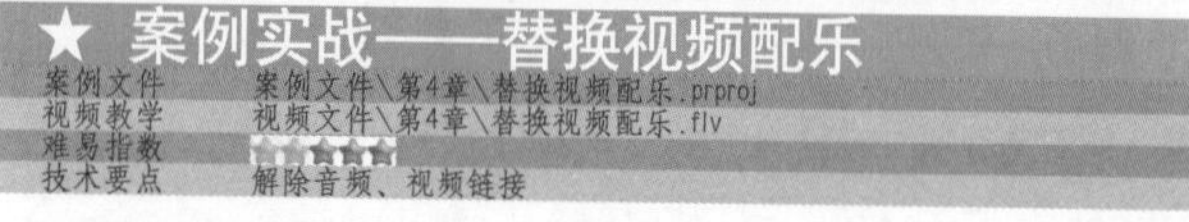

★ 案例实战——替换视频配乐

案例文件	案例文件\第4章\替换视频配乐.prproj
视频教学	视频文件\第4章\替换视频配乐.flv
难易指数	★★★★
技术要点	解除音频、视频链接

案例效果

在Adobe Premiere Pro CS6软件中，音频、视频分放在两个不同的轨道中，而且常常是链接在一起的。在制作视频、音频同步时，可以解除音频、视频链接来制作。本案例主要是针对“替换视频配乐”的方法进行练习，如图4-113所示。

操作步骤

01 打开Adobe Premiere Pro CS6软件，然后单击【New Project（新建项目）】选项，并单击【Browse（浏览）】按钮设置保存路径，在【Name（名称）】文本框中设置文件名称。接着在弹出的对话框中选择【DV-PAL】/【Standard 48kHz】选项，如图4-114所示。

图4—113

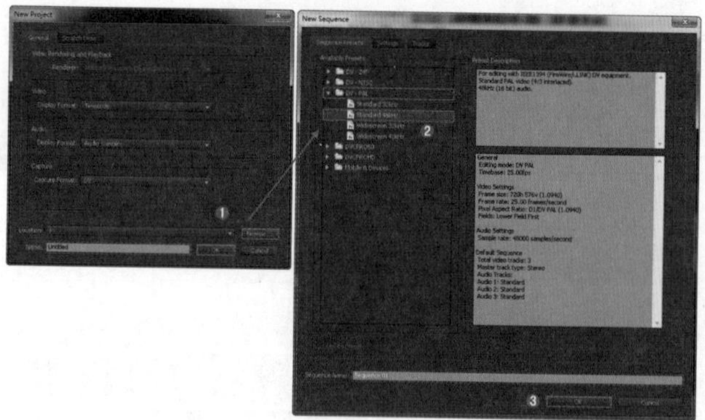

图4—114

02 选择菜单栏中的【File（文件）】/【Import（导入）】命令或按快捷键【Ctrl+I】，然后在打开的对话框中选择所需的素材文件，并单击【打开】按钮导入，如图4-115所示。

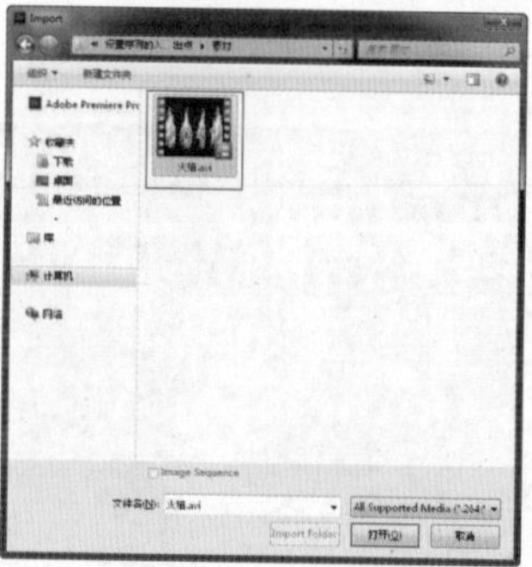

图4—115

03 将项目窗口中的素材文件拖曳到Video1轨道上，由于导入的影片自身是带有视频和音频的，因此导入后是保持链接的属性，如图4-116所示。

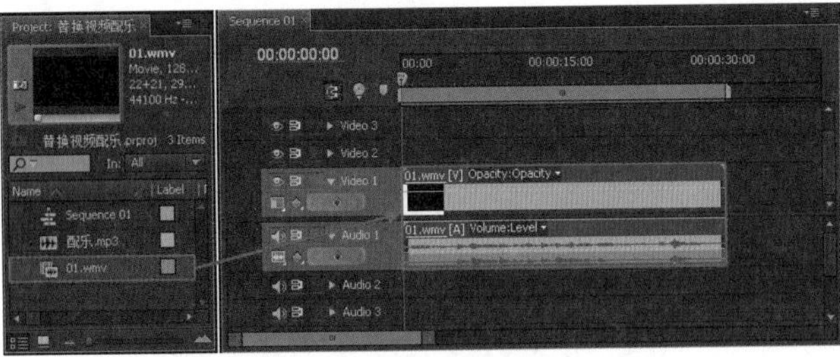

图4—116

04 选择Video1轨道上的【01.wmv】素材文件，然后选择菜单栏中的【Clip（素材）】/【Unlink（解除链接）】命令，如图4-117所示。

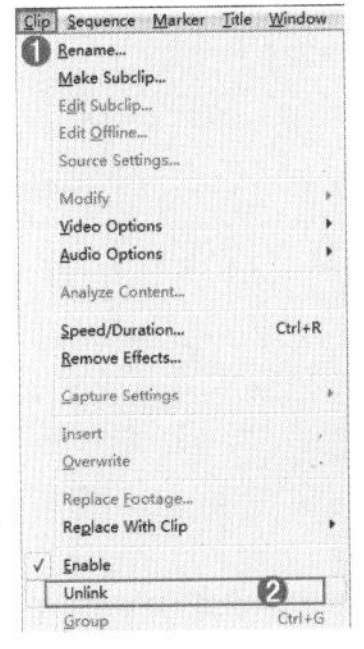

图4—117

05 此时音频、视频链接已经断开，然后选择Audio1轨道上的【01.wmv】素材文件，并按【Delete】键删除，如图4-118所示。

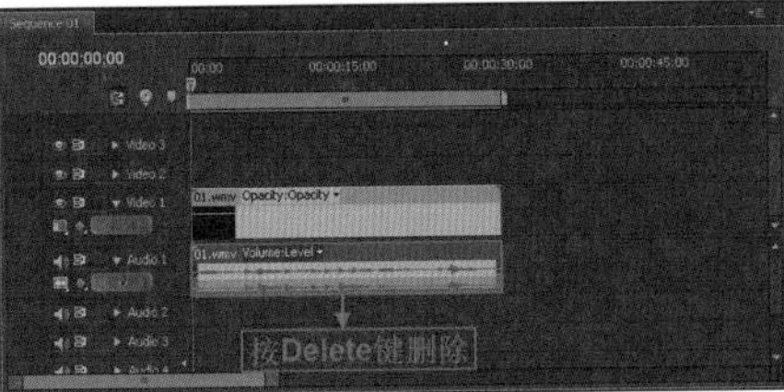

图4—118

06 按住鼠标左键将项目窗口的【配乐.mp3】素材文件拖曳到Audio1轨道上，如图4-119所示。

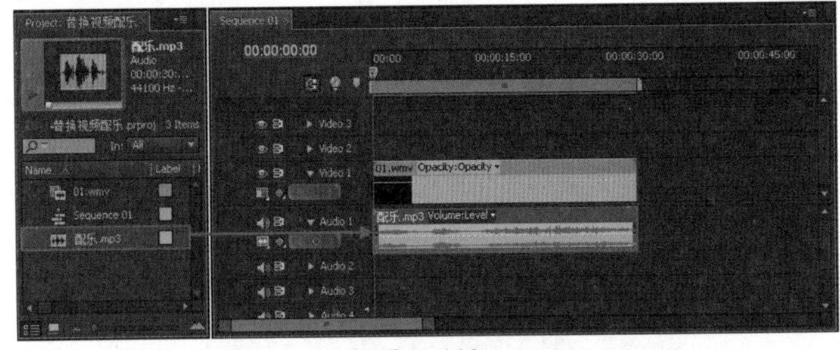

图4—119

07 此时拖动时间线滑块查看最终效果，如图4-120所示。

图4—120

答疑解惑：音频、视频链接的作用有哪些？

音频、视频一般是链接在一起的，以方便执行移动和其他统一操作。在编辑过程中，有时需要将素材的视频和音频分离或者将不同的两个视频和音频链接在一起，以方便制作。例如，视频的画面与音频不同步，就可以将视频和音频分离开来重新对位。

将两个视频和音频进行链接时，必须要选中两个素材，且链接命令只对两个独立的视频和音频素材起作用。

4.12 失效和激活素材

技术速查：通过合理使用失效和激活素材，可以提高工作效率。

在制作项目过程中，如果出现因为Premiere的文件过大而导致操作和预览速度非常慢时，可以将部分素材暂时设置为失效状态，而最终需要渲染时，重新将失效的素材进行激活即可。

4.12.1 动手学：失效素材

01 在时间线窗口中选择需要进行失效处理的素材文件，如图4-121所示。然后在弹出的菜单中取消选中【Enable（激活）】命令，如图4-122所示。

02 此时，在时间线窗口中被选择的素材文件已经失效，且颜色也随之发生变化，如图4-123所示。

图4-121

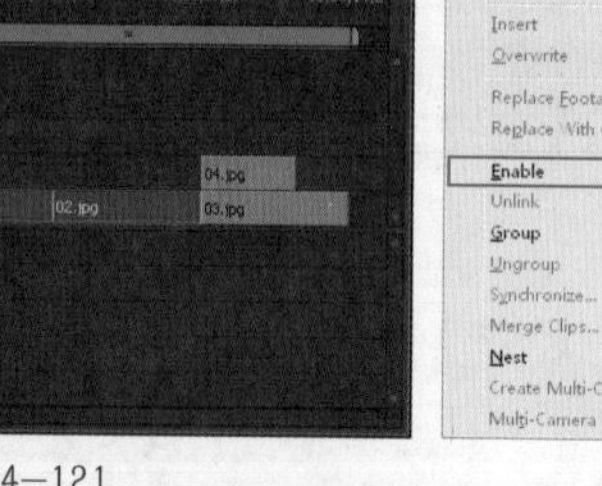

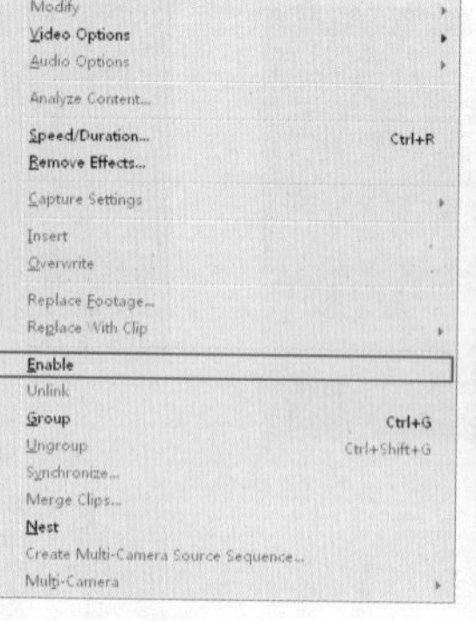

图4-122

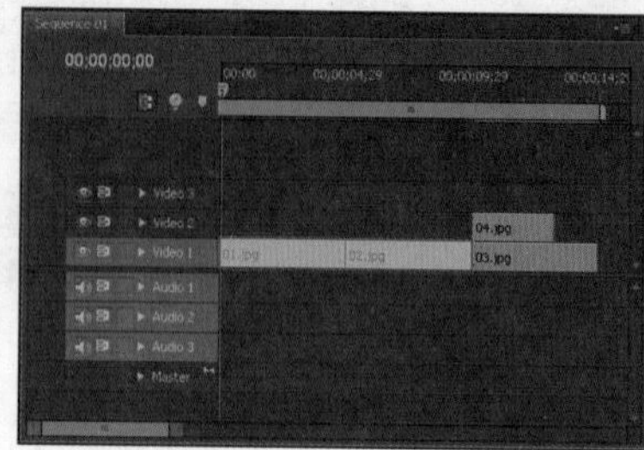

图4-123

4.12.2 动手学：激活素材

 在时间线窗口中选择需要进行激活的素材文件，如图4-124所示。然后在弹出的菜单中选中【Enable（激活）】命令，如图4-125所示。

02 此时，已经失效的素材文件又被激活了，如图4-126所示。

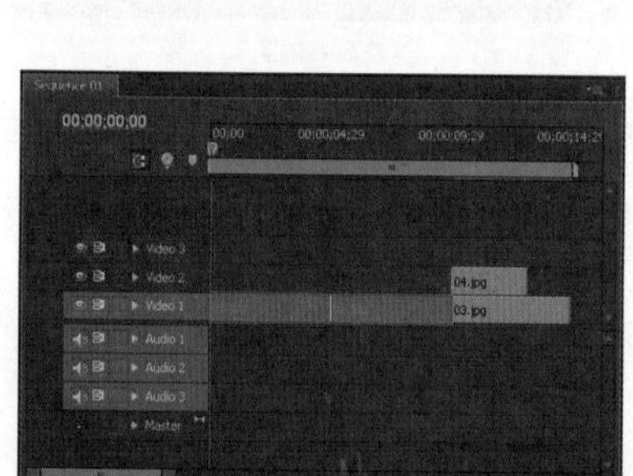

图4-124

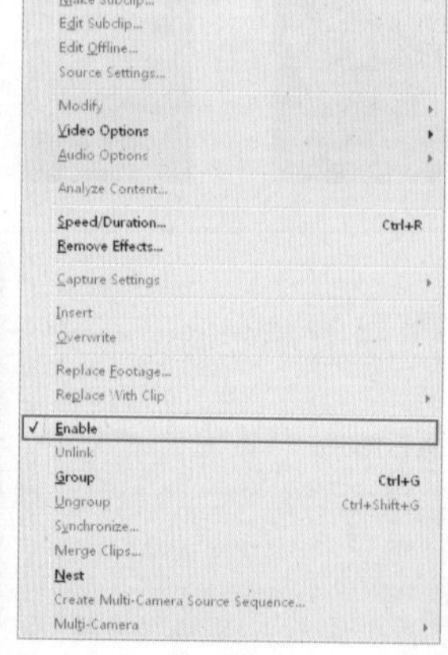

图4-125

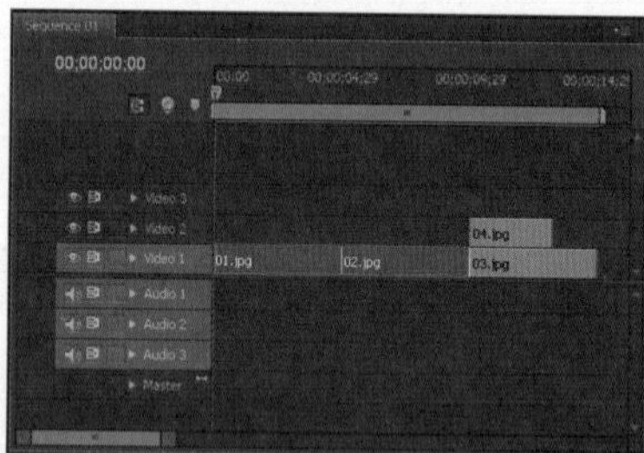

图4-126

技巧提示

在时间线窗口的右键快捷菜单中也包含【Enable（激活）】命令。

4.13 Frame Hold Options（帧定格选项）

技术速查：使用【Frame Hold（帧定格）】命令可以令素材画面的某一时刻静止，产生帧定格的效果。

在时间线窗口的右键快捷菜单中可以选择【Frame Hold（帧定格）】命令，如图4-127所示。此时，会弹出【Frame Hold Options（帧定格选项）】对话框，可以在该对话框中对帧定格进行设置，如图4-128所示。

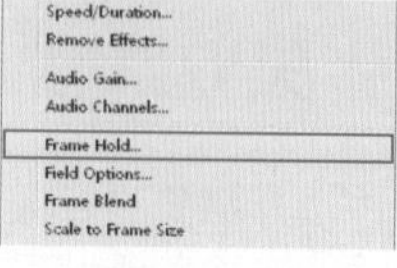

图4-127

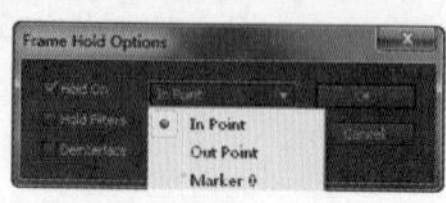

图4-128

- Hold On（定格在）：选择帧定格的位置。其选项包括【In Point（入点）】、【Out Point（出点）】和【Maker 0（标记0）】的位置。
- Hold Filter（定格滤镜）：选中该复选框，素材上的滤镜效果也一并保持静止。
- Deinterlace（消除交错）：选中该复选框，可以对素材交错的部分进行清除处理。

★ 案例实战——创建电影帧定格

案例文件	案例文件\第4章\创建电影帧定格.prproj
视频教学	视频文件\第4章\创建电影帧定格.flv
难易指数	★★★★★
技术要点	创建帧定格

案例效果

帧定格是电影镜头运用的技巧之一，表现为活动影像突然停止。常用来突出某一画面，也用在影片结尾时，用来表示结束。本案例主要是针对"创建帧定格"的方法进行练习，如图4-129所示。

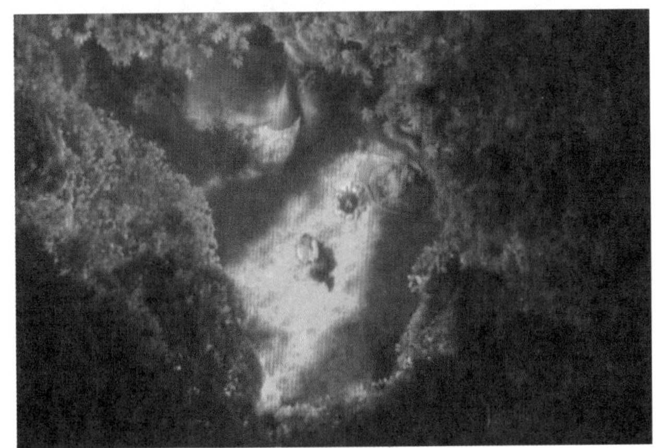

图4—129

操作步骤

01 打开Adobe Premiere Pro CS6软件，单击【New Project（新建项目）】选项，并单击【Browse（浏览）】按钮设置保存路径，在【Name（名称）】文本框中设置文件名称。接着在弹出的对话框中选择【DV-PAL】/【Standard 48kHz】选项，如图4-130所示。

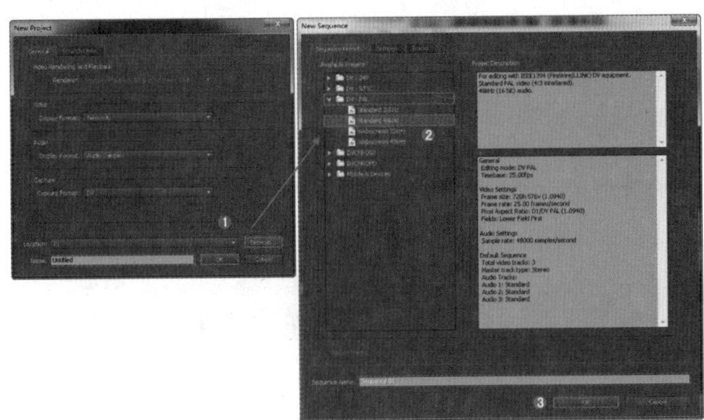

图4—130

02 选择菜单栏中的【File（文件）】/【Import（导入）】命令或按快捷键【Ctrl+I】，然后在打开的对话框中选择所需的素材文件，并单击【打开】按钮导入，如图4-131所示。

图4—131

03 将项目窗口中的【视频文件.avi】素材拖曳到时间线窗口的Video1轨道上，如图4-132所示。

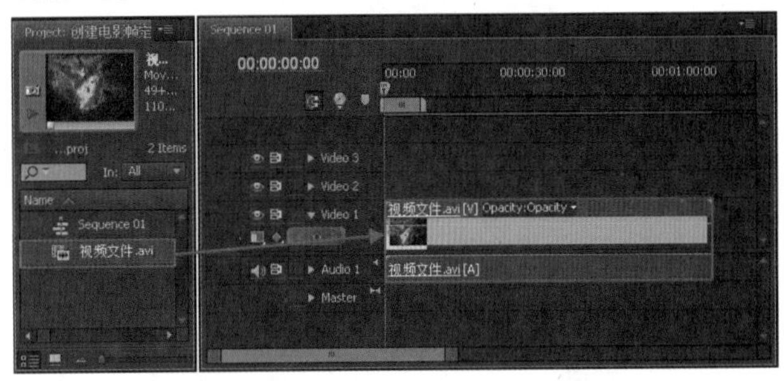

图4—132

04 在Video1轨道的素材文件上单击鼠标右键，然后在弹出的快捷菜单中选择【Frame Hold（帧定格）】命令。接着在弹出的对话框中选择【In Point（入点）】选项，并单击【OK（确定）】按钮，如图4-133所示。

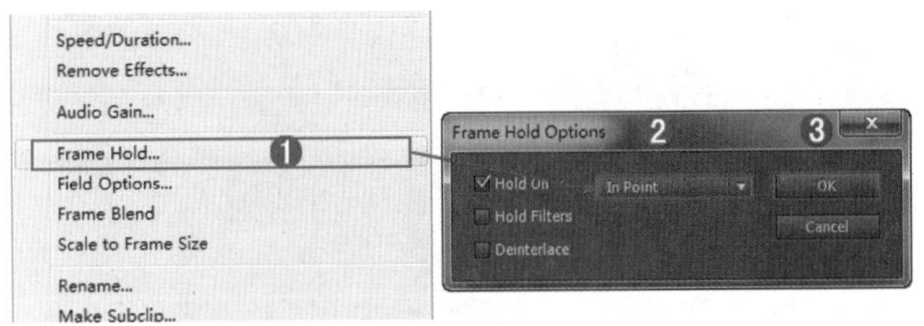

图4—133

技巧提示

设置为【In Point（入点）】，即选择帧定格在入点位置；设置为【Out Point（出点）】，即选择帧定格在出点的位置；选择【Marker0（标记0）】，即帧定格在标记0点的位置。

05 此时视频即定格在起始入点的位置。最终效果如图4-134所示。

答疑解惑：帧定格可以将素材上的特效也一并定格吗？

可以一并定格，单击帧定格后，在弹出的窗口中设置好位置后再选中【Hold Filters（定格滤镜）】复选框，然后单击【OK（确定）】按钮，就可以将素材上应用的滤镜特效也一并定格。

图4-134

4.14 Frame Blend（帧融合）

技术速查：使用【Frame Blend（帧融合）】命令可以使有停顿、跳帧的画面变得比较流畅平滑。

快放和慢放会对视频本身的素材进行拉伸和挤压，从而对视频本身的原像素造成影响。例如，影片播放速度太慢，就会发现画面有停顿或跳帧的现象。而使用帧融合后，可以使场有机地结合一部分，视频就不会有停顿的感觉了。在时间线窗口的右键快捷菜单中可以选择【Frame Blend（帧融合）】命令，如图4-135所示。

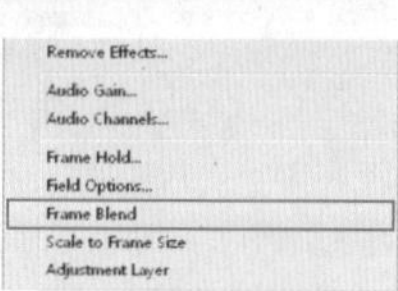

图4-135

★ 案例实战——帧融合

案例文件	案例文件\第4章\帧融合.prproj
视频教学	视频文件\第4章\帧融合.flv
难易指数	★★★★★
技术要点	视频帧融合

案例效果

在观看视频时，有的视频会有一卡一卡的顿促感，这是因为视频出现了跳帧的现象。可以使用帧融合来修复该视频效果。本案例主要是针对“帧融合”的方法进行练习，如图4-136所示。

图4-136

技巧提示

只有在改变了素材的速度或长度时，【Frame Blend（帧融合）】命令才会起作用。

操作步骤

01 打开Adobe Premiere Pro CS6软件，然后单击【New Project（新建项目）】选项，并单击【Browse（浏览）】按钮设置保存路径，在【Name（名称）】文本框中设置文件名称。接着在弹出的对话框中选择【DV-PAL】/【Standard 48kHz】选项，如图4-137所示。

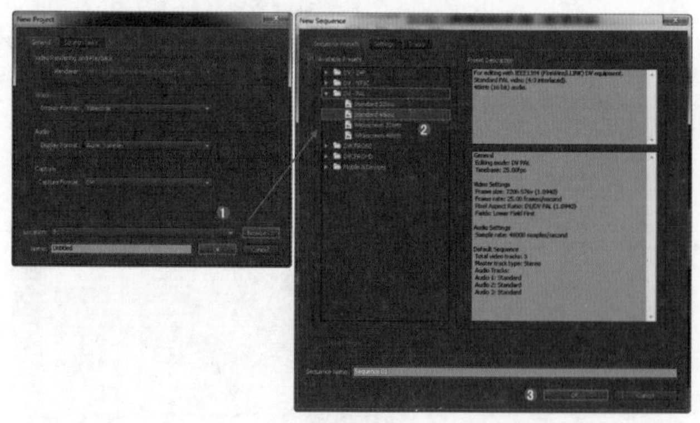

图4-137

02 选择菜单栏中的【File（文件）】/【Import（导入）】命令或按快捷键【Ctrl+I】，然后在打开的对话框中

选择所需的素材文件，并单击【打开】按钮导入，如图4-138所示。

图4-138

03 将项目窗口中的【车辆.mov】素材文件拖曳到时间线窗口的Video1轨道上，如图4-139所示。

图4-139

04 在Video1轨道上的【车辆.mov】素材文件上单击鼠标右键，然后在弹出的快捷菜单中选择【Speed/Duration（速度/时间）】命令。接着在弹出的窗口中设置【Speed（速度）】为50，并单击【OK（确定）】按钮，如图4-140所示。

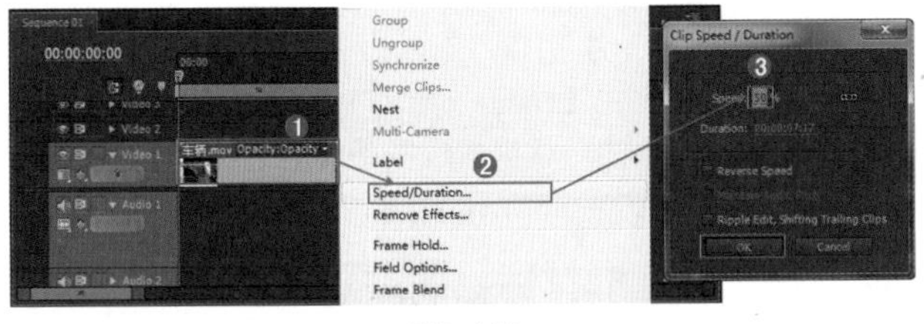

图4-140

05 在Video1轨道上的【车辆.mov】素材文件上单击鼠标右键，然后在弹出的快捷菜单中选择【Frame Blend（帧融合）】命令，如图4-141所示。

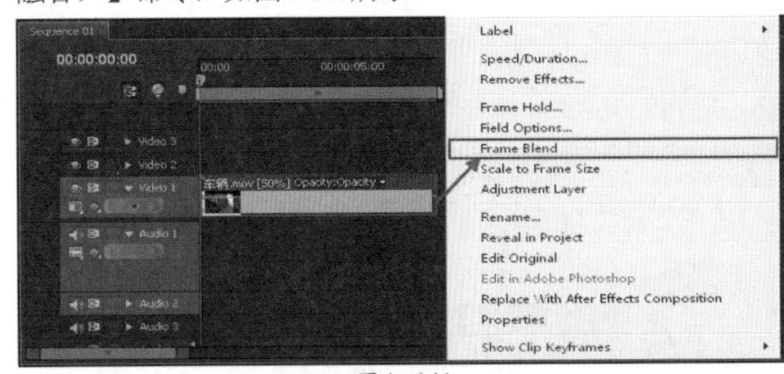

图4-141

06 此时拖动时间线滑块查看最终效果，如图4-142所示。

图4-142

思维点拨：为什么有些视频会出现跳帧现象？

当正常视频的时间长度改变了以后，视频会有快进或变慢的视觉效果。当视频的长度增长后，原来的视频帧数就无法满足播放需求，会出现跳帧的现象，从而影响画面的流畅度和质量。使用帧融合可以插补原素材中的过渡帧，使视频播放时更加流畅。

4.15 Field Options（场选项）

技术速查：使用【Field Options（场选项）】命令可以设置素材的扫描方式。主要用来设置交换场序和处理场的工作方式等。

在时间线窗口的右键快捷菜单中可以选择【Field Options（场选项）】命令，如图4-143所示。此时，会弹出【Field Options（场选项）】对话框，如图4-144所示。

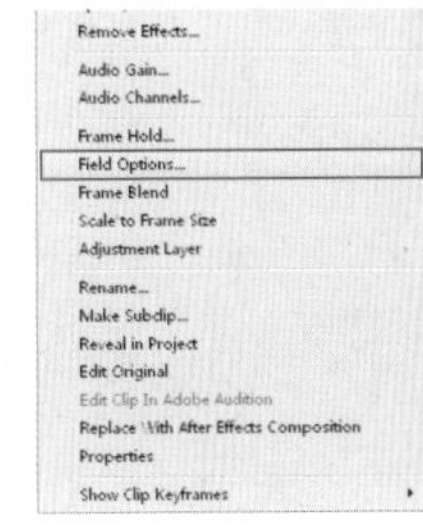

图4-143

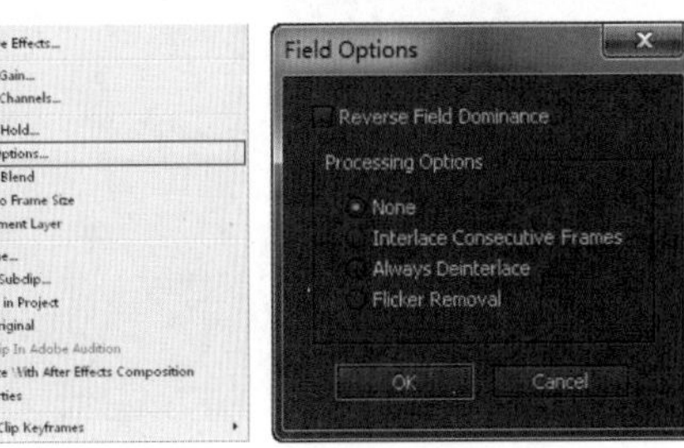

图4-144

- Reverse Field Dominance（交换场序）：交换场的扫描顺序。
- Proessing Options（处理选项）：设置场的工作方式。
  - None（无）：设置素材为无场。
  - Interlace Consecutive Frames（交错相邻帧）：对素材设置交错场处理，即隔行扫描。
  - Always Deinterlace（总是反交错）：对素材进行非交错场处理，即逐行扫描。
  - Flicker Removal（清除闪烁）：清除画面中的水平线闪烁。

4.16 Audio Gain（音频增益）

技术速查：Audio Gain（音频增益）是通过调节分贝增益来改变整个音频的音量。

由于音频素材格式和录制方式的多样性，在编辑这些素材时可能会出现声音较杂的情况，因此可以使用Audio Gain（音频增益）来编辑音频素材的正常输出。在时间线窗口的右键快捷菜单中可以选择【Audio Gain（音频增益）】命令，如图4-145所示。此时，会弹出【Audio Gain（音频增益）】对话框，如图4-146所示。

- Set Gain to（设置增益）：设置增益的分贝。
- Adjust Gain by（调节增益）：调节增益的分贝，【Set Gain to（设置增益）】数值同时发生变化。
- Normalize Max Peak to（标准化最大峰值）：设置增益标准化的最大峰值。
- Normalize All Peaks to（标准化所有峰值）：设置所有的标准化峰值。
- Peak Amplitude（峰值幅度）：峰值的幅度大小。

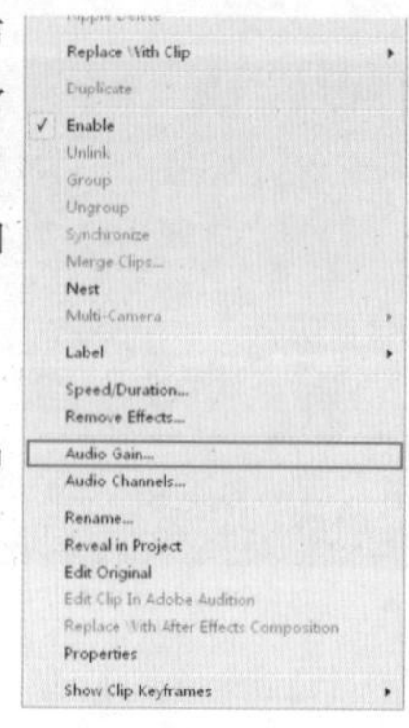

图4—145

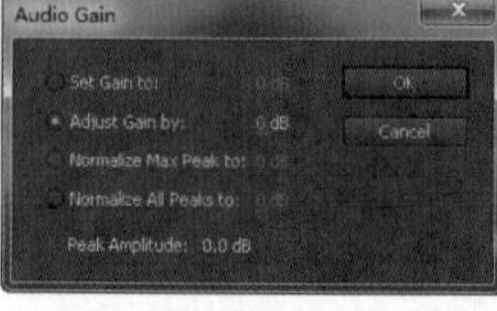

图4—146

★ 案例实战——调节音频素材音量

案例文件	案例文件\第4章\调节音频素材音量.prproj
视频教学	视频文件\第4章\调节音频素材音量.flv
难易指数	★★★★★
技术要点	Auto Gain（音频增益）的应用

案例效果

由于音频素材在编辑时，声音较高或较低，也可以使用Audio Gain（音频增益）来编辑音频素材的高低音量。本案例主要是针对“调节音频素材音量”的方法进行练习，如图4-147所示。

图4—147

操作步骤

01 打开Adobe Premiere Pro CS6软件，然后单击【New Project（新建项目）】选项，并单击【Browse（浏览）】按钮设置保存路径，在【Name（名称）】文本框中设置文件名称。接着在弹出的对话框中选择【DV-PAL】/【Standard 48kHz】选项，如图4-148所示。

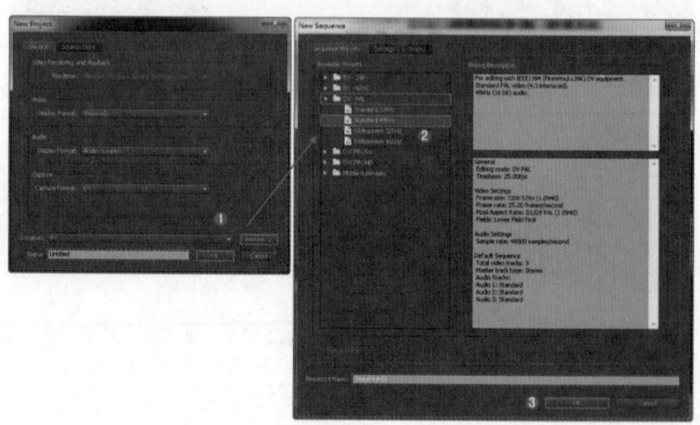

图4—148

02 选择菜单栏中的【File（文件）】/【Import（导入）】命令或按快捷键【Ctrl+I】，然后在打开的对话框中选择所需的素材文件，并单击【打开】按钮导入，如图4-149所示。

03 将项目窗口中的【01.jpg】和【音频素材.mp3】素材文件分别拖曳到Video1和Audio1轨道上，如图4-150所示。

图4—149

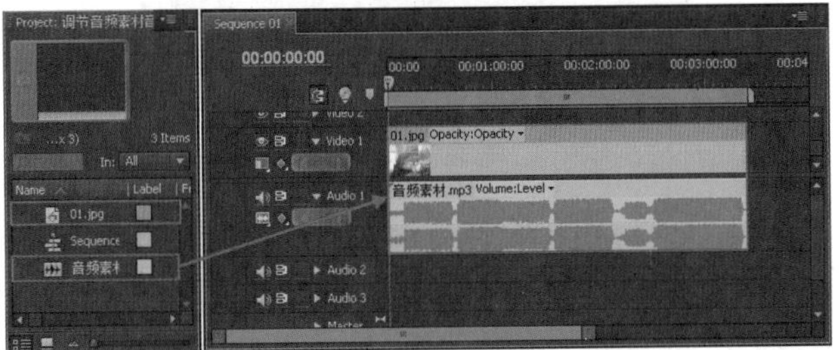

图4—150

04 本案例中需要将其声音降低。在Audio轨道的【音频素材.mp3】上单击鼠标右键，然后在弹出的快捷菜单中选择【Audio Gain（音频增益）】命令，如图4-151所示。

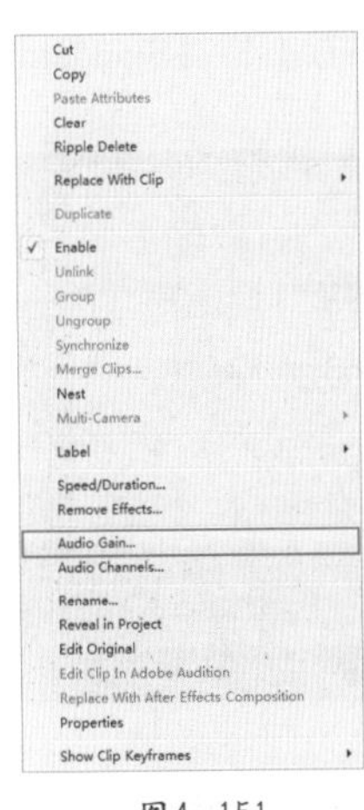

图4—151

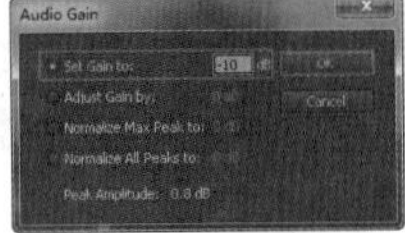

图4—152

05 此时会弹出【Audio Gain（音频增益）】窗口。然后选中【Set Gain to（设置增益值为）】单选按钮，并设置为-10，接着单击【OK（确定）】按钮，如图4-152所示。

06 再次播放时，就会发现音频降低了，同时声波的起伏也发生了明显改变，如图4-153所示。

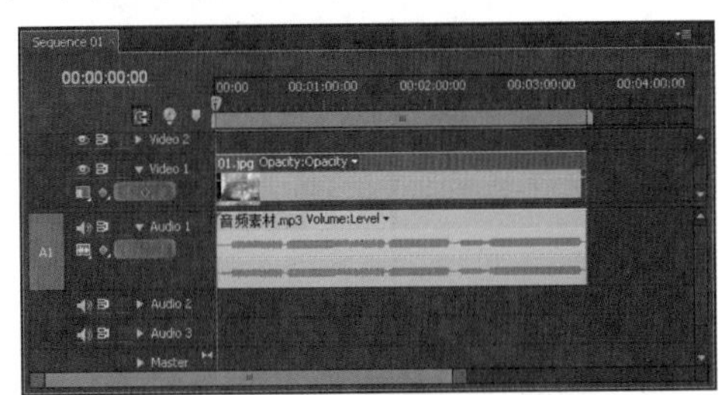

图4—153

4.17 Nest（嵌套）

技术速查：通过素材右键快捷菜单中的【Nest（嵌套）】命令，将部分素材片段整合到一起，方便整体管理和操作。

选择部分素材文件，然后使用【Nest（嵌套）】命令，就可以将选择的素材整合为一个序列。而且双击就可以展开原来的素材。在时间线窗口的右键快捷菜单中可以选择【Nest（嵌套）】命令，如图4-154所示。

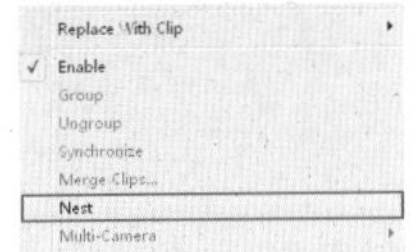

图4—154

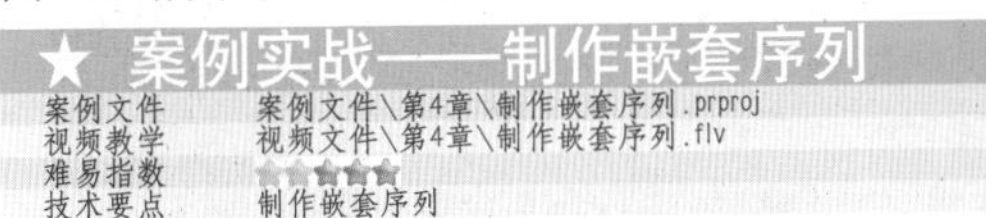

★ 案例实战——制作嵌套序列

案例文件	案例文件\第4章\制作嵌套序列.prproj
视频教学	视频文件\第4章\制作嵌套序列.flv
难易指数	★★★★☆
技术要点	制作嵌套序列

案例效果

使用嵌套序列可以将嵌套序列内的素材文件作为一个整体素材来进行统一操作，是一种制作过程中经常使用的方法。本案例主要是针对“制作嵌套序列”的方法进行练习，如图4-155所示。

图4—155

操作步骤

01 打开Adobe Premiere Pro CS6软件，然后单击【New Project（新建项目）】选项，并单击【Browse（浏览）】按钮设置保存路径，在【Name（名称）】文本框中设置文件名称。接着在弹出的对话框中选择【DV-PAL】/【Standard 48kHz】选项，如图4-156所示。

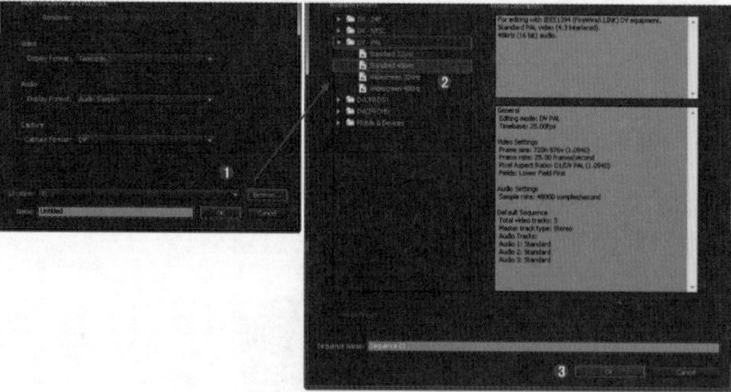

图4-156

02 选择菜单栏中的【File（文件）】/【Import（导入）】命令或按快捷键【Ctrl+I】，然后在打开的对话框中选择所需的素材文件，并单击【打开】按钮导入，如图4-157所示。

图4-157

03 将项目窗口中需要制作嵌套序列的素材文件拖曳到Video1轨道上，如图4-158所示。

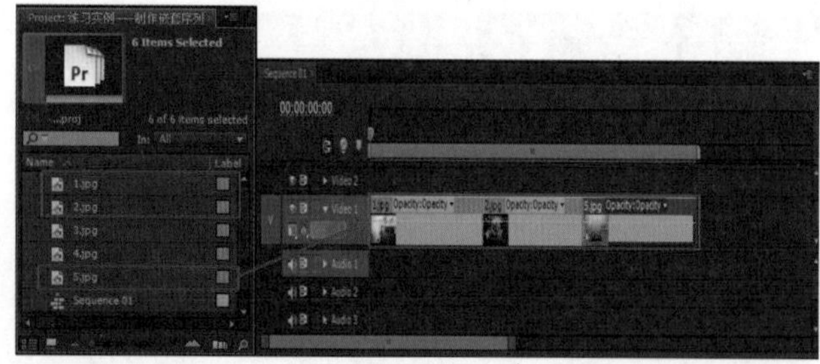

图4-158

04 将【Effects（效果）】窗口中的【Cross Dissolve（交叉叠化）】和【Slash Slide（斜线滑动）】转场效果拖曳到Video1轨道上的3个素材文件之间，如图4-159所示。

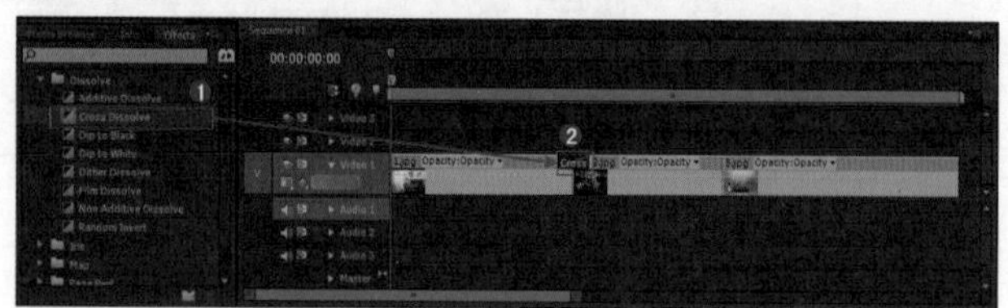

图4-159

05 此时选择Video1轨道上的所有素材文件，然后单击鼠标右键，在弹出的快捷菜单中选择【Nest（嵌套）】命令，如图4-160所示。

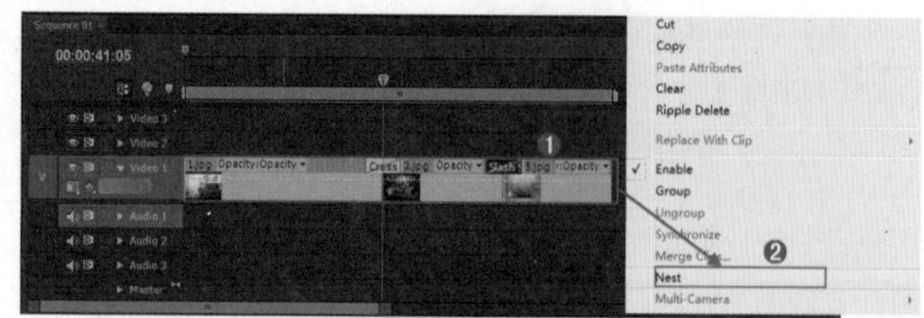

图4-160

06 此时Video1轨道上的素材文件合成为一个嵌套序列，并在一条轨道上。查看最终效果，如图4-161所示。

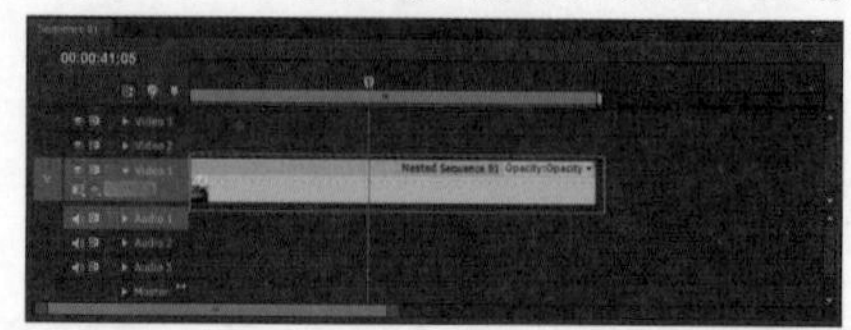

图4-161

07 此时拖动时间线滑块查看最终效果，如图4-162所示。

图4-162

技巧提示

在嵌套序列上双击鼠标左键，即可打开嵌套序列，并可以在嵌套序列内对素材进行编辑，如图4-163所示。

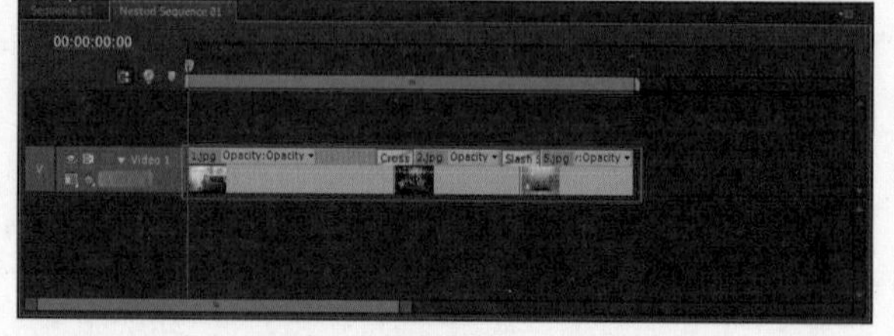

图4-163

答疑解惑：嵌套序列有哪些优点？

嵌套序列可以将一些素材文件合并为一个序列，且在时间线中仅占用一个轨道，节省编辑空间；也可以对嵌套序列内的素材文件进行统一移动和裁剪等操作；还可以双击打开嵌套序列，对嵌套序列内的素材文件进行调整操作。

4.18 替换素材

技术速查：通过【Replace Footage（素材替换）】命令可以对丢失和错误的素材文件进行替换。

在编辑过程中有时会出现素材路径更换和素材丢失等问题，这些问题都会导致打开Premiere源文件后缺失素材文件。那么这个时候就可以使用【Replace Footage（素材替换）】命令对素材进行替换，同样也可以对导入错误的素材进行替换。

01 在【Project（项目）】窗口中的素材文件上单击鼠标右键，然后在弹出的快捷菜单中选择【Replace Footage（素材替换）】命令，如图4-164所示。

02 此时会弹出【Replace Footage（素材替换）】对话框，选择需要的素材文件，然后单击【Select（选择）】按钮即可，如图4-165所示。

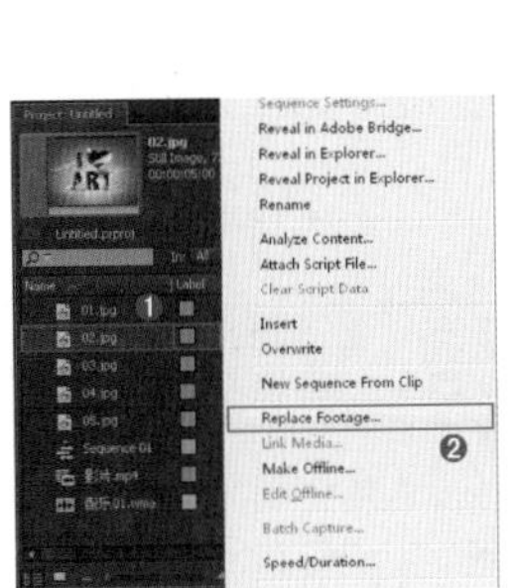

图4—164

图4—165

技巧提示

在弹出的【Replace Footage（素材替换）】对话框中，默认选中【Rename Clip to File Name（重命名素材文件名）】复选框，如图4—166所示。选中该复选框，可以将素材的名称也一并替换。若不选中复选框，则被替换素材的名称会被保留下来。

图4—166

4.19 彩色蒙版

利用彩色蒙版可以作为视频的背景或部分背景，也可以与其他素材进行混合模式等操作，使其产生特殊的效果。

01 在菜单栏中选择【File（文件）】/【New（新建）】/【Color Matte（彩色蒙版）】命令，如图4-167所示。

02 此时，会弹出【New Color Matte（新建彩色蒙版）】对话框，在该对话框中可以设置彩色蒙版的大小和像素长宽比等参数，接着单击【OK（确定）】按钮即可，如图4-168所示。

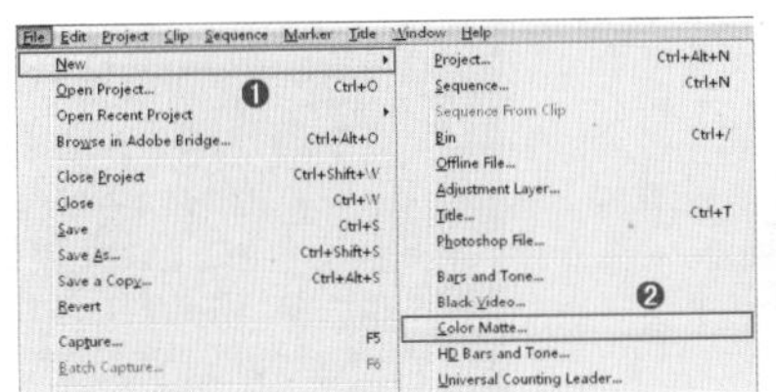

图4—167

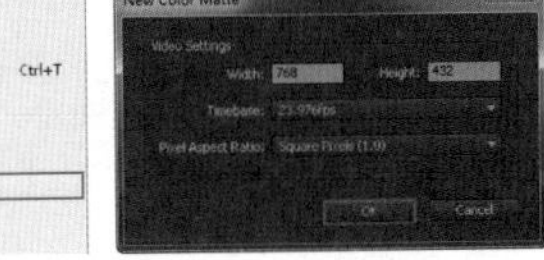

图4—168

技巧提示

默认情况下，【New Color Matte（新建彩色蒙版）】对话框中的参数与该序列参数相同。

03 弹出【Color Picker（拾色器）】窗口，在该窗口中设置合适的彩色蒙版颜色，然后单击【OK（确定）】按钮，如图4-169所示。接着会弹出【Choose Name（选择名称）】对话框，在该对话框中设置彩色蒙版的名称，然后单击【OK（确定）】按钮，如图4-170所示。

04 此时，在【Project（项目）】窗口中已经出现了彩色蒙版素材，如图4-171所示。

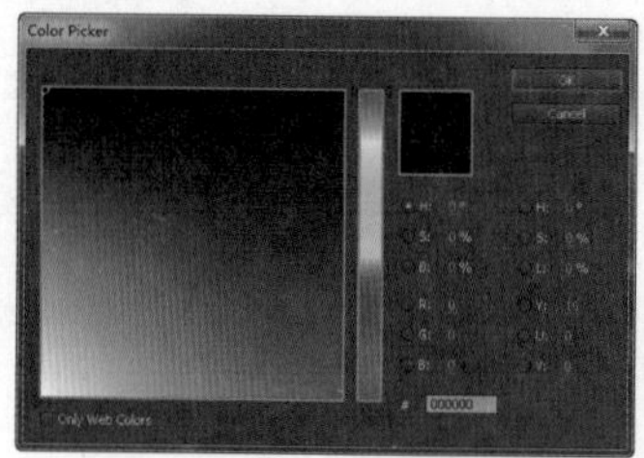

图4—169

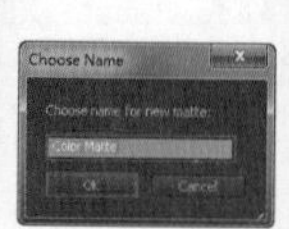

图4—170

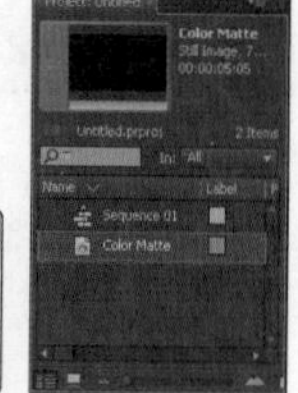

图4—171

技术拓展：更改彩色蒙版颜色

在【Project（项目）】窗口中的彩色蒙版上双击鼠标左键，就会弹出【Color Picker（拾色器）】窗口，可以对该彩色蒙版进行颜色更改。

★ 案例实战——彩色蒙版

案例文件	案例文件\第4章\彩色蒙版.prproj
视频教学	视频文件\第4章\彩色蒙版.flv
难易指数	★★★★★
技术要点	创建彩色蒙版

案例效果

利用彩色蒙版可以作为视频的背景或部分背景，也可以与其他素材进行混合模式等产生特殊效果。本案例主要是针对"制作彩色蒙版"的方法进行练习，如图4-172所示。

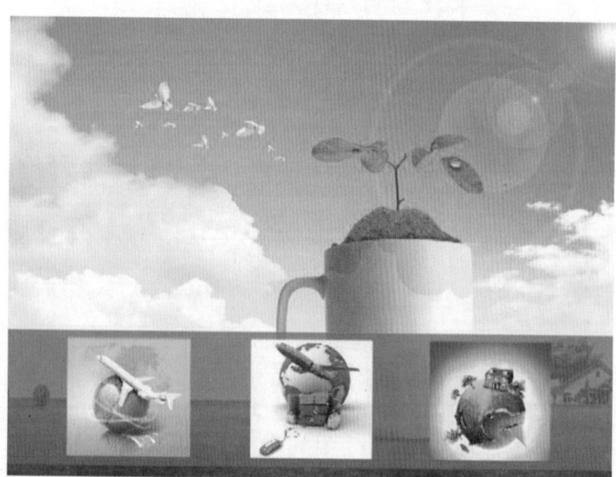

图4—172

操作步骤

01 打开Adobe Premiere Pro CS6软件，然后单击【New Project（新建项目）】选项，并单击【Browse（浏览）】按钮设置保存路径，在【Name（名称）】文本框中设置文件名称。接着在弹出的对话框中选择【DV-PAL】/【Standard 48kHz】选项，如图4-173所示。

02 选择菜单栏中的【File（文件）】/【Import（导入）】命令或按快捷键【Ctrl+I】，然后在打开的对话框中选择所需的素材文件，并单击【打开】按钮导入，如图4-174所示。

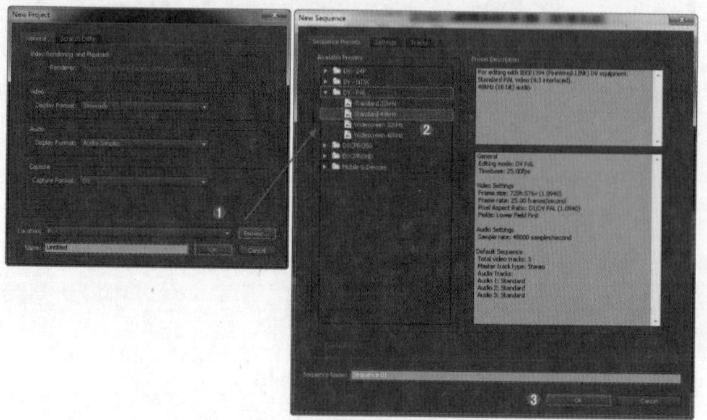

图4—173

图4—174

03 将项目窗口中的【背景.jpg】素材文件拖曳到Video1轨道上，如图4-175所示。

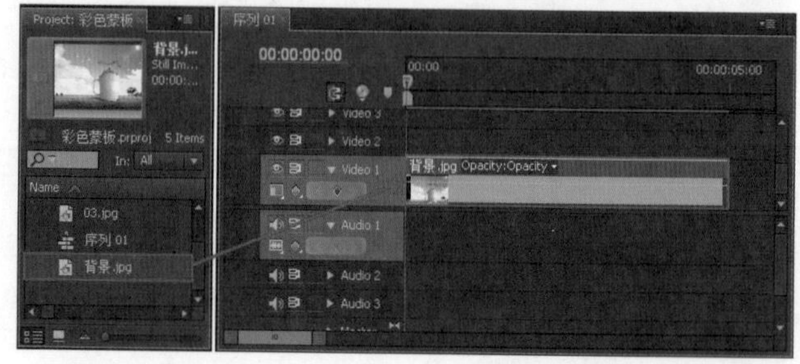

图4—175

04 选择Video1轨道上的【背景.jpg】素材文件，然后在【Effect Controls（效果控制）】面板中设置【Scale（缩放）】为71，如图4-176所示。此时效果如图4-177所示。

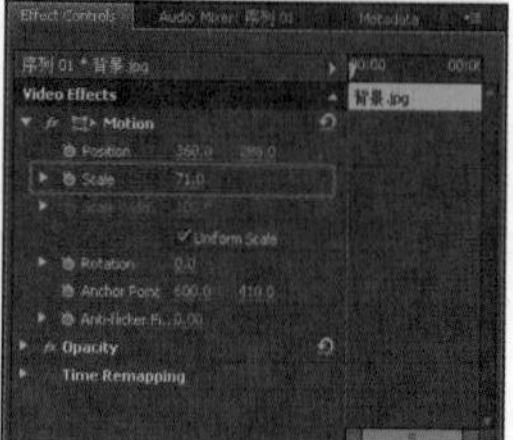

图4—176

图4—177

05 创建彩色蒙版。选择【File（文件）】/【New（新建）】/【Color Matte（彩色蒙版）】命令，然后在弹出的对话框中设置【Height（高度）】为170，如图4-178所示。接着设置颜色为蓝色（R：81，G：95，B：232），如图4-179所示。

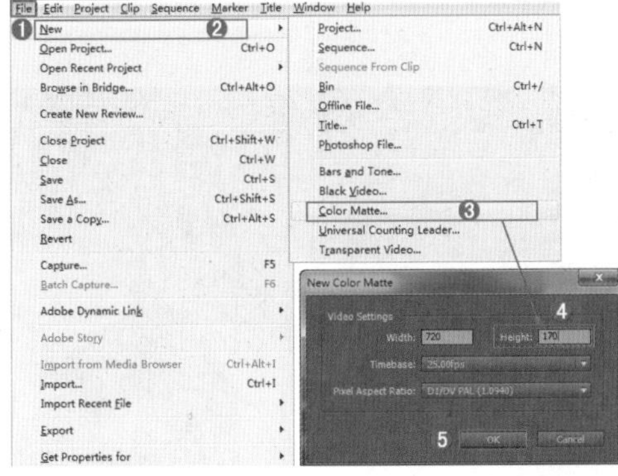

图4—178

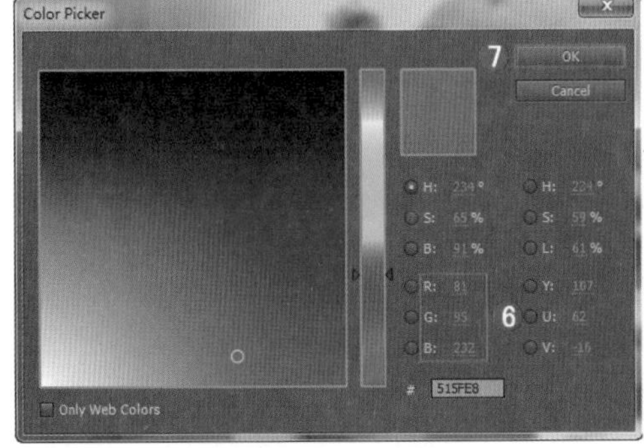

图4—179

06 将项目窗口中的【Color Matte（彩色蒙版）】拖曳到Video2轨道上，如图4-180所示。

07 选择Video1轨道上的【Color Matte（彩色蒙版）】素材文件，然后设置【Position（位置）】为（360,477），【Opacity（不透明度）】为70%，如图4-181所示。此时效果如图4-182所示。

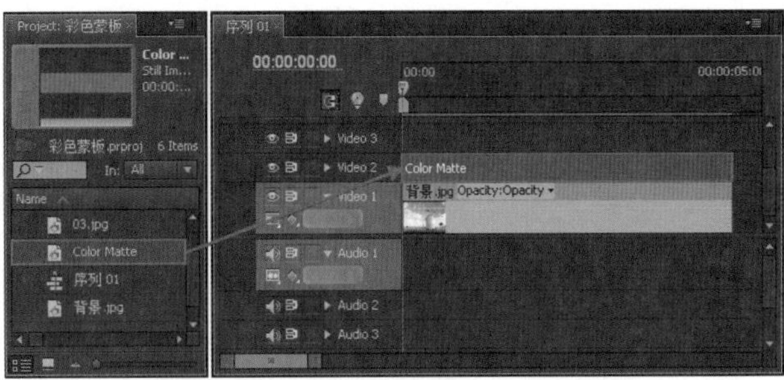

图4—180

图4—181

图4—182

08 将项目窗口中的【01.jpg】、【02.jpg】和【03.jpg】素材文件拖曳到Video2、Video3和Video4轨道上，如图4-183所示。

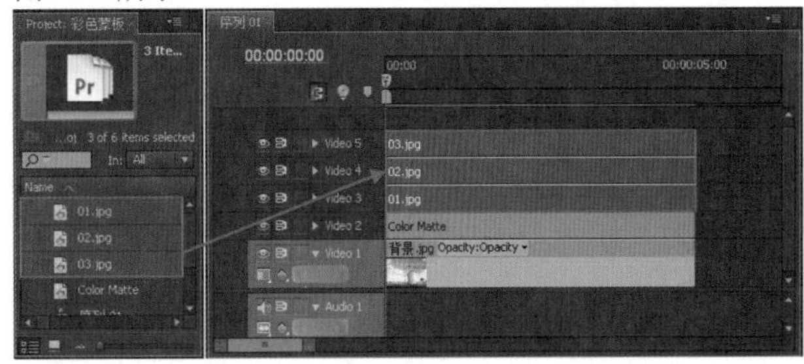

图4—183

09 设置【01.jpg】、【02.jpg】和【03.jpg】素材文件的【Scale（缩放）】都为22，然后适当调整素材位置，如图4-184所示。

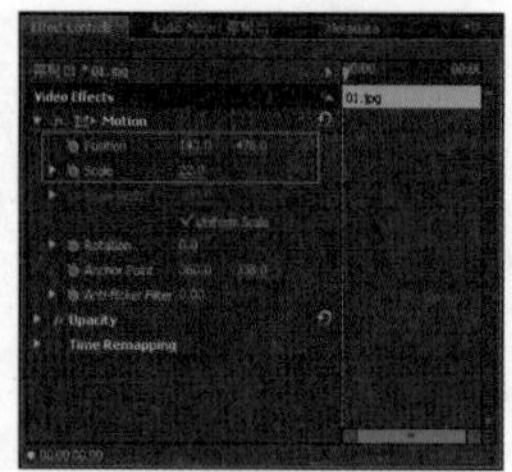

图4—184

答疑解惑：彩色蒙版的作用有哪些？

利用彩色蒙版可以制作素材的装饰图案和背景，这样改变彩色蒙版的颜色就可以改变背景的颜色。彩色蒙版的大小可以在创建时根据需求来进行设定。

可以在彩色蒙版上添加渐变效果，来制作渐变背景。也可以添加其他特效和设置混合模式来得到不同的特殊效果。

10 此时拖动时间线滑块查看最终效果，如图4-185所示。

图4—185

课后练习

【课后练习——替换素材文件】

思路解析：

01 在项目窗口中需要替换的素材文件上单击鼠标右键。

02 在弹出的快捷菜单中选择【Replace Footage（素材替换）】命令。

03 在弹出的对话框中选择将要替换的素材文件，并单击【打开】按钮即可。

本章小结

制作项目过程中，需要对素材等进行编辑操作。通过本章的学习，可以掌握Premiere的编辑基础方法，包括复制粘贴、制作嵌套序列和视频、音频链接等基本操作。熟练应用编辑基础的方法，有利于以后的项目制作。

读书笔记

第5章

视频效果

本章内容简介：

在影视作品中，一般都离不开特效的应用与制作。使用视频特效的目的是使作品产生更加丰富多彩的视频效果，增加画面的冲击力，以及更好地突出作品的主题、情感，从而达到制作视频的目的。本章介绍了在Premiere Pro CS6中各种效果的参数和为素材添加效果的基本操作，以及应用搭配和自定义效果参数的方法。

本章学习要点：

- 了解什么是视频效果
- 掌握添加效果的方法
- 了解效果之间的区别和类型
- 掌握应用和自定义效果参数的方法

初识视频效果

5.1.1 什么是视频效果

在Adobe Premiere Pro CS6中，视频效果是一些由Premiere封装好的程序，专门用于处理视频画面，并且可以实现各种视觉效果。Premiere的视频效果集合在【Effects（效果）】窗口中。在Premiere中，除了可以运用自带的视频效果对素材进行处理外，还可以运用外挂效果对素材进行处理。

5.1.2 为素材添加视频效果

技术速查：直接将【Effects（效果）】窗口中的效果拖曳添加到时间线窗口中的素材文件上即可。

为素材添加视频效果的方法有两种：一种是可以在【Effects（效果）】窗口中直接查找到相应效果，然后将其添加到素材上；另外一种是搜索查找相应效果，并将其添加到素材上。

动手学：直接查找，并添加效果

在【Effects（效果）】窗口中，展开相应文件夹，并将需要的视频效果直接按住鼠标左键拖曳到时间线窗口中的素材文件上，然后释放鼠标左键即可。如图5-1所示。

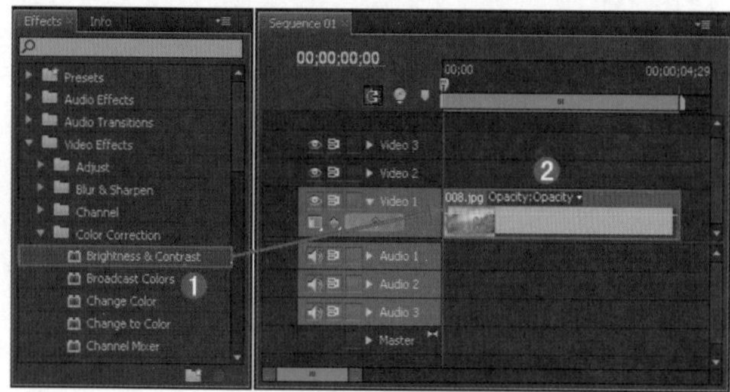

图5—1

动手学：搜索查找，并添加效果

在【Effects（效果）】窗口的搜索栏中输入效果的名称，然后软件会自动过滤并查找到所需要的效果。接着将该效果直接拖曳到素材文件上即可，如图5-2所示。

图5—2

5.1.3 动手学：设置视频效果参数

技术速查：选择已经添加特效的视频素材文件，然后在【Effect Controls（效果控制）】面板中即可对效果的参数进行设置。

首先将【Effects（效果）】窗口中的效果添加到时间线窗口中的素材文件上，如图5-3所示。然后选择该素材文件，即可在其【Effect Controls（效果控制）】面板中对效果参数进行设置，如图5-4所示。

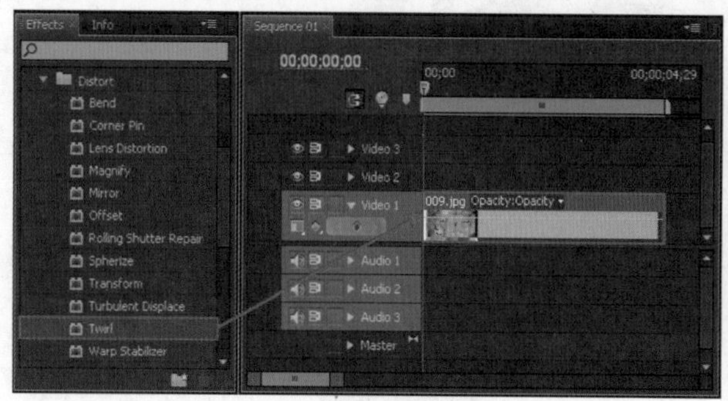

图5—3

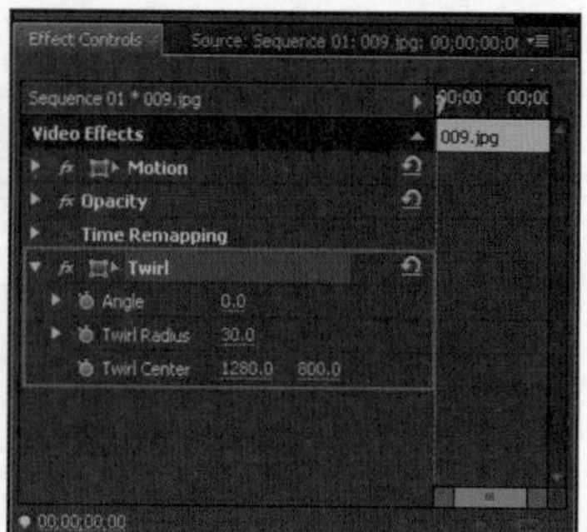

图5—4

5.2 Adjust（调整）类视频效果

Adjust（调整）类视频效果可以调节自动颜色、自动对比度、自动色阶等效果，如图5-5所示。

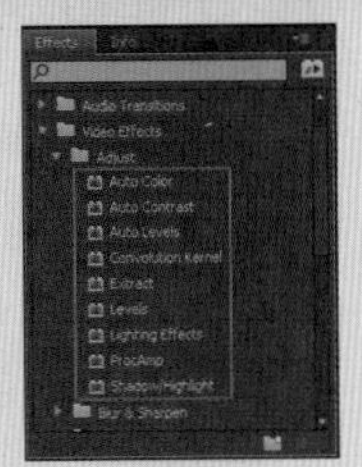

图5—5

5.2.1 Auto Color（自动颜色）

技术速查：Auto Color（自动颜色）对素材进行自动的色彩调节。

选择【Effects（效果）】窗口中的【Video Effects（视频效果）】/【Adjust（调整）】/【Auto Color（自动颜色）】效果，如图5-6所示，然后将其添加到时间线窗口中的素材文件上，即可在【Effect Controls（效果控制）】面板中查看该特效的参数，如图5-7所示。

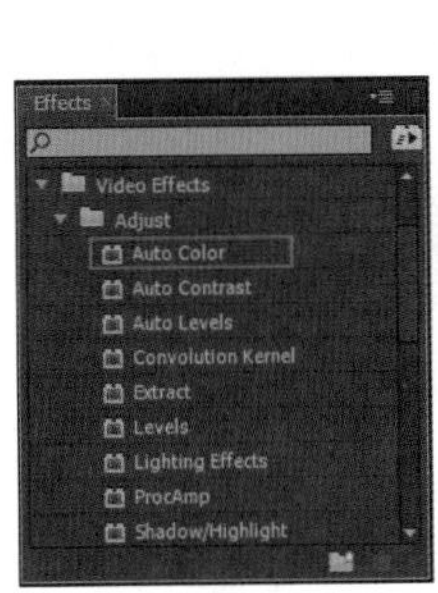

图5—6

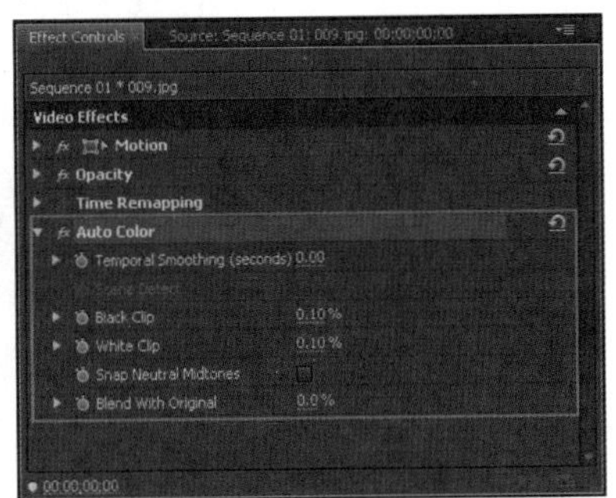

图5—7

- Temporal Smoothing（seconds）（时间平滑）：控制平滑的时间。
- Scene Detect（场景检测）：自动侦测到每个场景并进行色彩处理。
- Black Clip（减少黑色像素）：控制暗部的百分比。如图5-8所示为Black Clip（减少黑色像素）数值分别为0和10的对比效果。
- White Clip（减少白色像素）：控制亮部的百分比。
- Snap Neutral Midtones （中性中间调管理单元）：可使颜色接近中间色。
- Blend With Original（与原始图像混合）：控制素材间的混合程度。

图5—8

5.2.2 Auto Contrast（自动对比度）

技术速查：Auto Contrast（自动对比度）效果可以对素材进行自动的对比度调节。

选择【Effects（效果）】窗口中的【Video Effects（视频效果）】/【Adjust（调整）】/【Auto Contrast（自动对比度）】效果，如图5-9所示即可对素材进行自动对比度调节。其参数面板如图5-10所示。

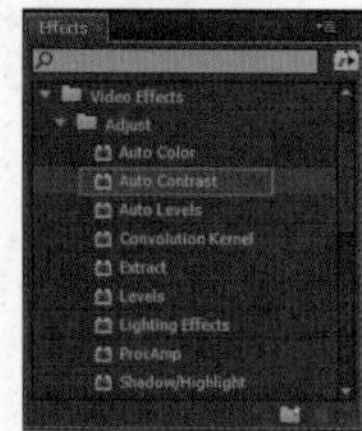

图5—9

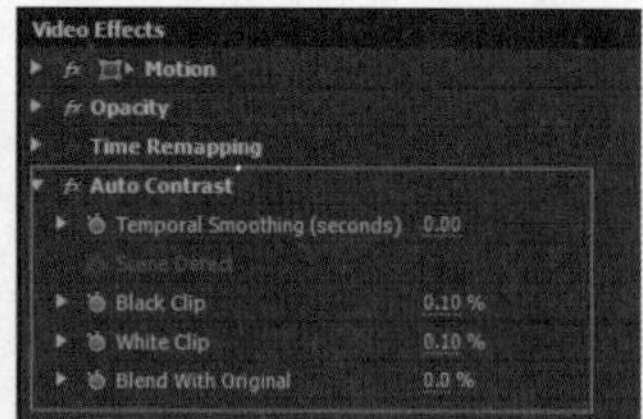

图5—10

- Temporal Smoothing（seconds）（时间平滑）：控制平滑的时间。
- Scene Detect（场景检测）：自动侦测到每个场景并进行对比度处理。
- Black Clip（减少黑色像素）：控制暗部的百分比。
- White Clip（减少白色像素）：控制亮部的百分比。如图5-11所示为White Clip（减少白色像素）数值分别为0和3的对比效果。
- Blend With Original（与原始图像混合）：控制素材间的混合程度。

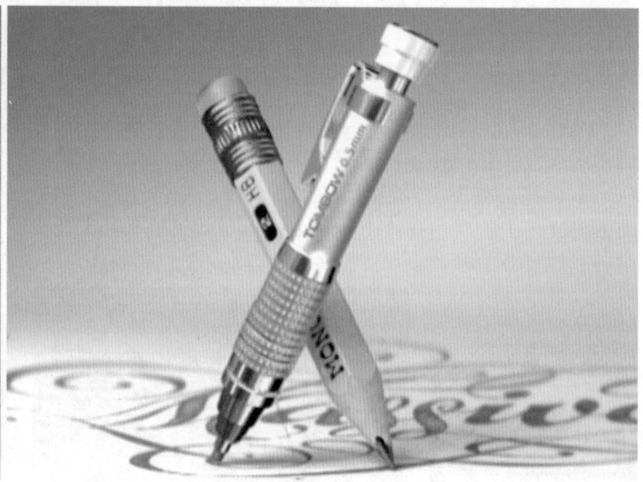

图5—11

★ 案例实战——自动对比度效果

案例文件	案例文件\第5章\自动对比度效果.prproj
视频教学	视频文件\第5章\自动对比度效果.flv
难易指数	★★★★☆
技术要点	Auto Contrast（自动对比度）效果的应用

案例效果

对比度是指一张图像中最亮的白和最暗的黑之间不同亮度的等级，差异越大表示对比越大，差异越小表示对比越小，对比度的适当调节可以使图像的色彩更加生动和丰富。本案例主要是针对“应用自动对比度效果”的方法进行练习，如图5-12所示。

图5—12

操作步骤

01 单击【New Project（新建项目）】选项，并单击【Browse（浏览）】按钮设置保存路径，在【Name（名称）】文本框中设置文件名称。接着在弹出的对话框中选择【DV-PAL】/【Standard 48kHz】选项，如图5-13所示。

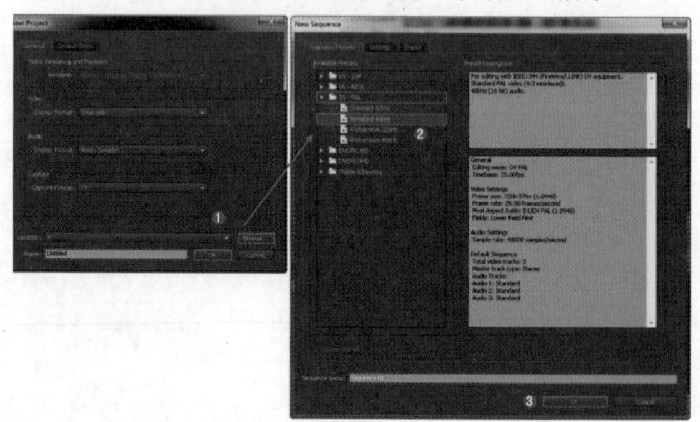

图5—13

02 选择菜单栏中的【File（文件）】/【Import（导入）】命令或按快捷键【Ctrl+I】，然后在打开的对话框中选择所需的素材文件，并单击【打开】按钮导入，如图5-14所示。

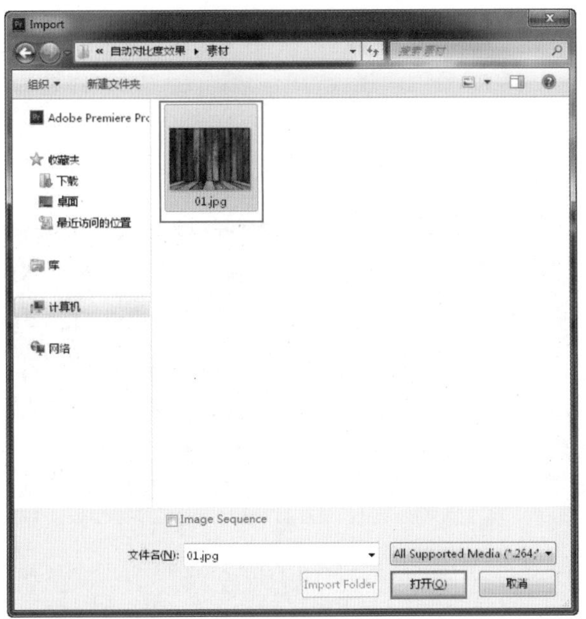

图5-14

03 将项目窗口中的【01.jpg】素材文件拖曳到Video1轨道上，如图5-15所示。

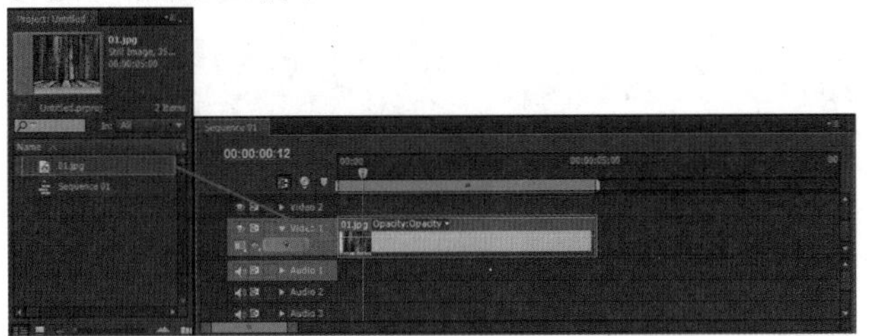

图5-15

04 在Video1轨道上的【01.jpg】素材文件上单击鼠标右键，在弹出的快捷菜单中选择【Scale to Frame Size（缩放到框大小）】命令。接着在【Effect Controls（效果控制）】面板中设置【Scale（缩放）】为104，如图5-16所示。此时效果，如图5-17所示。

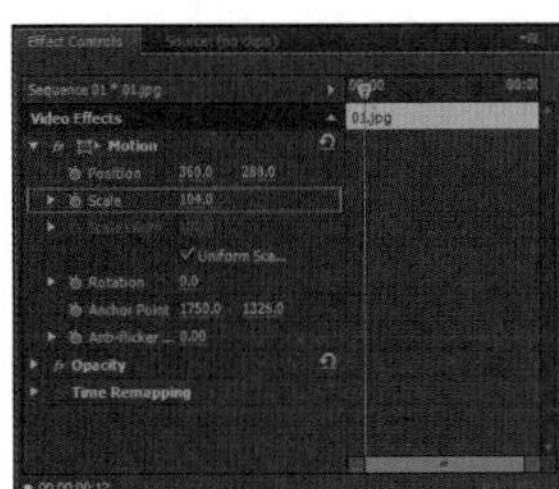

图5-16

图5-17

05 在【Effects（效果）】窗口中搜索【Auto Contrast（自动对比度）】效果，然后将其按住鼠标左键拖曳到Video1轨道的【01.jpg】素材文件上，如图5-18所示。

06 选择Video1轨道上的【01.jpg】素材文件，然后在【Effect Controls（效果控制）】面板中打开【Auto Contrast（自动对比度）】效果，并设置【Black Clip（减少黑色像素）】为10%，【White Clip（减少白色像素）】为10%，【Blend With Original（与原始图像混合）】为30%，如图5-19所示。

07 此时拖动时间线滑块查看最终的效果，如图5-20所示。

技巧提示

在素材图片过大时，可以在时间线窗口中的素材文件上单击鼠标右键，在弹出的快捷菜单中选择【Scale to Frame Size（缩放到框大小）】命令以方便调节素材的位置与大小。当然也可以直接在【Effect Controls（效果控制）】面板中调节素材的位置和大小。

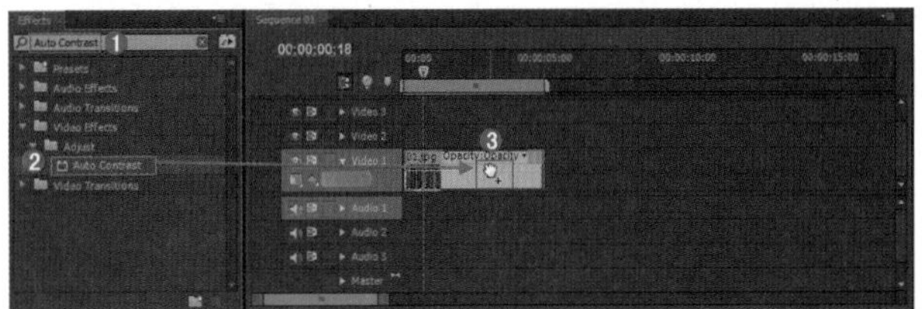

图5-18

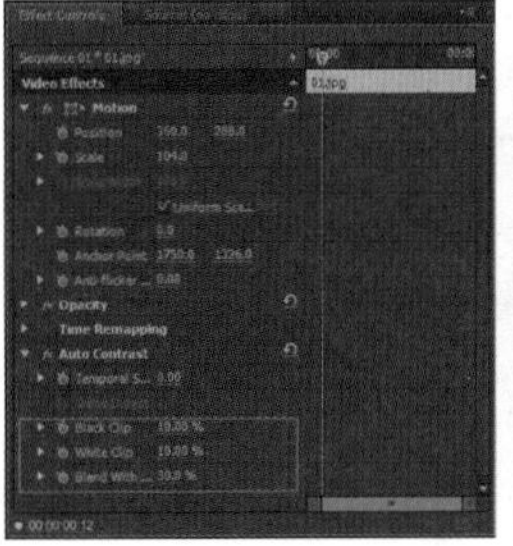

图5-19

图5-20

思维点拨：对比度对视觉的影响有哪些？

对比度对视觉效果的影响非常关键，对比度越大，图像越清晰越醒目，颜色也更鲜明；对比度越小，图像越模糊，颜色越灰。越高的对比度对于图像的清晰度、细节表现、灰度层次表现得更加清楚。对比度对黑白图像的清晰度和完整性更加明显。

对比度对于视频影响更明显，在动态中的明暗转换的对比度越大，人们越容易分辨出这样的转换过程。

读书笔记

5.2.3 Auto Levels（自动色阶）

技术速查：Auto Levels（自动色阶）效果可以对素材进行自动色阶调节。

选择【Effects（效果）】窗口中的【Video Effects（视频效果）】/【Adjust（调整）】/【Auto Levels（自动色阶）】效果，如图5-21所示即可对素材进行自动色阶调节。其参数面板如图5-22所示。

- Temporal Smoothing（seconds）（时间平滑）：控制平滑的时间。
- Scene Detect（场景检测）：自动侦测到每个场景并进行色阶处理。
- Black Clip（减少黑色像素）：控制暗部的百分比。
- White Clip（减少白色像素）：控制亮部的百分比。
- Blend With Original（与原始图像混合）：控制素材间的混合程度。

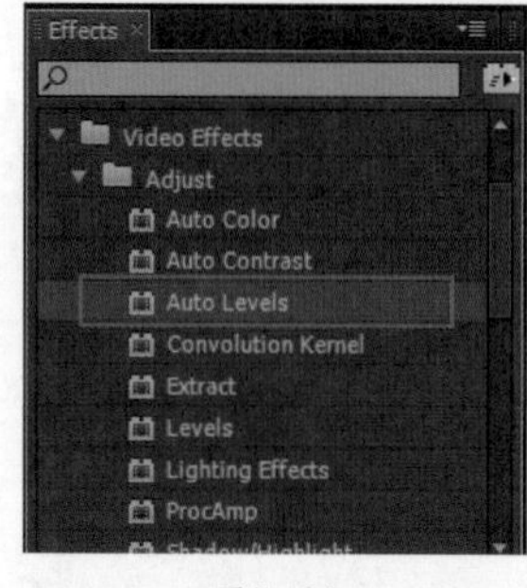

图5-21

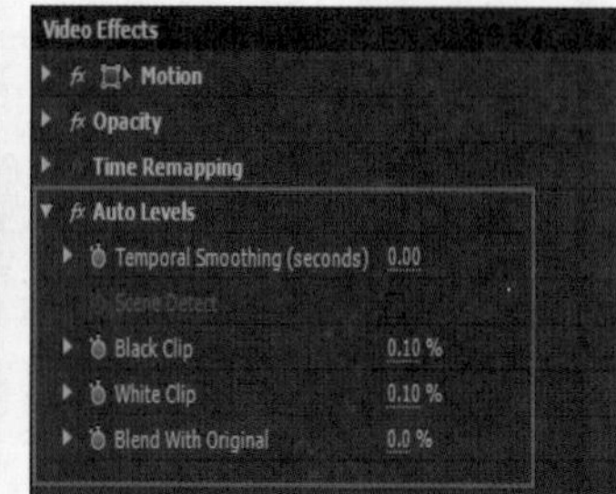

图5-22

5.2.4 Convolution Kernel（卷积内核）

技术速查：Convolution Kernel（卷积内核）效果可以根据特定的数学公式对素材进行处理。

选择【Effects（效果）】窗口中的【Video Effects（视频效果）】/【Adjust（调整）】/【Convolution Kernel（卷积内核）】效果，如图5-23所示。其参数面板如图5-24所示。

- M11、M12、M13：1级调节素材像素的明暗、对比度。
- M21、M22、M23：2级调节素材像素的明暗、对比度。如图5-25所示为M21数值分别为0和5的对比效果。
- M31、M32、M33：3级调节素材像素的明暗、对比度。
- Offset（偏移）：控制混合的偏移程度。
- Scale（比例）：控制混合的对比比例程度。
- Process Alpha（处理Alpha通道）：选中该复选框，素材的Alpha通道也被计算在内。

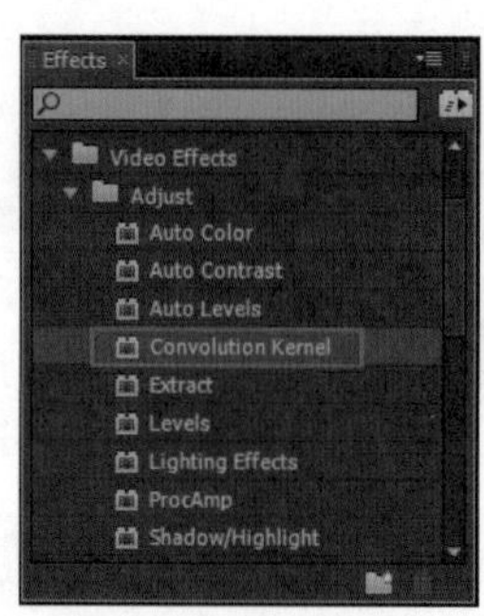

图5-23

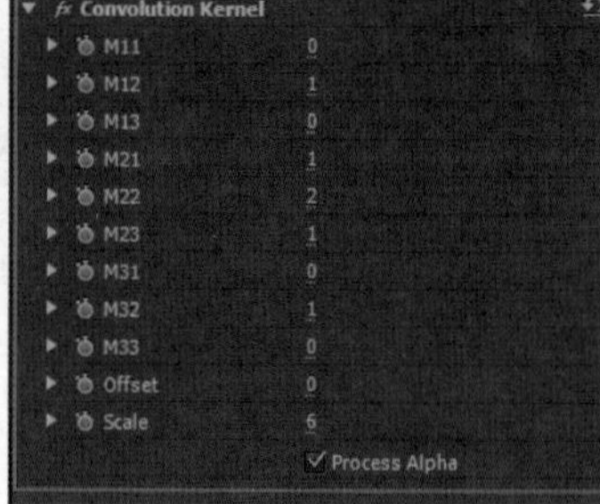

图5-24

图5-25

5.2.5 Extract（提取）

技术速查：Extract（提取）效果可消除视频剪辑的颜色，创建一个灰度图像。

选择【Effects（效果）】窗口中的【Video Effects（视频效果）】/【Adjust（调整）】/【Extract（提取）】效果，如图5-26所示。其参数面板如图5-27所示。

- Black Input Level（输入黑色阶）：控制图像中黑色的比例。
- White Input Level（输入白色阶）：控制图像中白色的比例。
- Softness（柔和度）：控制图像的灰度。

如图5-28所示为添加Extract（提取）效果的对比效果。

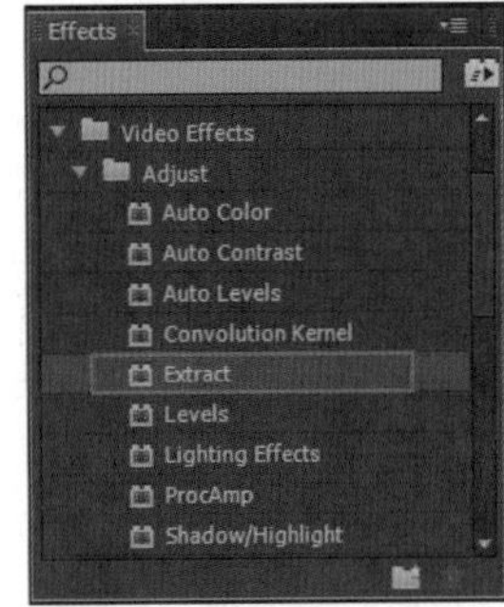

图5—26

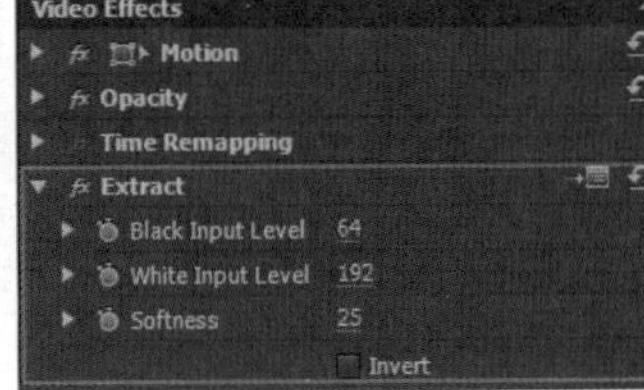

图5—27

图5—28

5.2.6 Levels（色阶）

技术速查：将亮度、对比度、色彩平衡等功能结合，对图像进行明度、阴暗层次和中间色的调整、保存和载入设置等。

选择【Effects（效果）】窗口中的【Video Effects（视频效果）】/【Adjust（调整）】/【Levels（色阶）】效果，如图5-29所示即可对图像进行色阶调节。其参数面板如图5-30所示。

- Black Input Level（输入黑色阶）：控制图像中黑色的比例。
- White Input Level（输入白色阶）：控制图像中白色的比例。
- Black Output Level（输出黑色阶）：控制图像中黑色的亮度。
- White Output Level（输出白色阶）：控制图像中白色的亮度。
- Gamma（灰度系数）：控制灰度级。

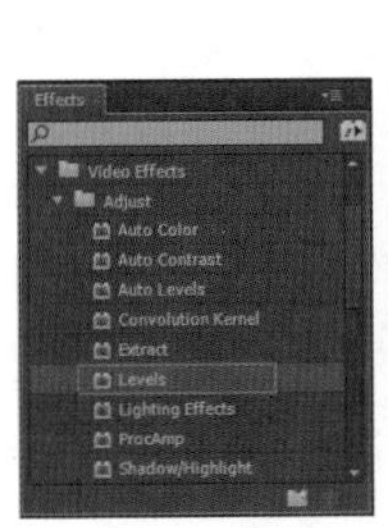

图5—29

图5—30

如图5-31所示为（G）Black Input Level（输入黑色阶）数值分别为0和100时的对比效果。

图5—31

5.2.7 Lighting Effects（照明效果）

技术速查：Lighting Effects（照明效果）效果可以为素材模拟出灯光效果。

选择【Effects（效果）】窗口中的【Video Effects（视频效果）】/【Adjust（调整）】/【Lighting Effects（照明效果）】效果，如图5-32所示。其参数面板如图5-33所示。

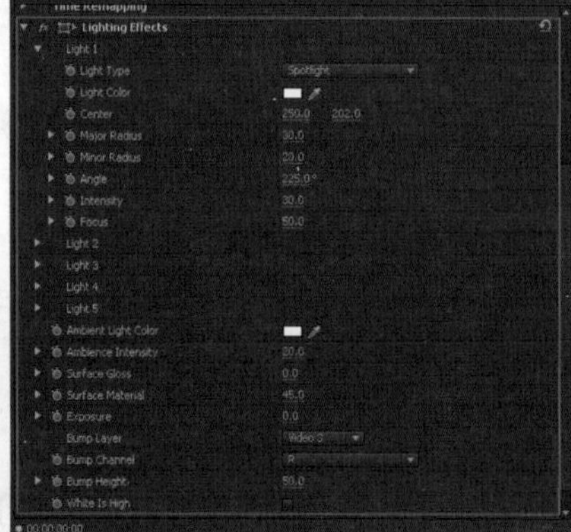

图5—32　　图5—33

- Light1（光照1）：添加灯光效果。同样光照2、3、4、5也是添加灯光效果，即同时可添加多盏灯光。灯效参数设置均相同，这里以灯光1为例。
- Light Type（灯光类型）：可选择的灯光类型。
- Light Color（照明颜色）：可改变灯光颜色。
- Center（中心）：改变灯光的中心位置。
- Major Radius（大半径）：控制主光的半径值。
- Minor Radius（小半径）：控制辅助光的半径值。
- Angle（角度）：控制灯光的角度。
- Intensity（强度）：控制灯光的强烈程度。
- Focus（聚焦）：控制灯光边缘羽化程度。
- Ambient Light Color（环境颜色照明）：调整周围环境的颜色。
- Ambience Intensity（环境照明强度）：控制周围环境光的强烈程度。如图5-34所示为Ambient Intensity（环境照明强度）数值分别为0和20时的对比效果。
- Surface Gloss（表面光泽）：控制表面的光泽强度。
- Surface Material（表面质感）：设置表面的材质效果。
- Exposure（曝光度）：控制灯光的曝光大小。
- Bump Layer（凹凸层）：设置产生浮雕的轨道。
- Bump Channel（凹凸通道）：设置产生浮雕的通道。
- Bump Height（凹凸高度）：控制浮雕的大小。
- White Is High（白色部分凸起）：反转浮雕的方向。

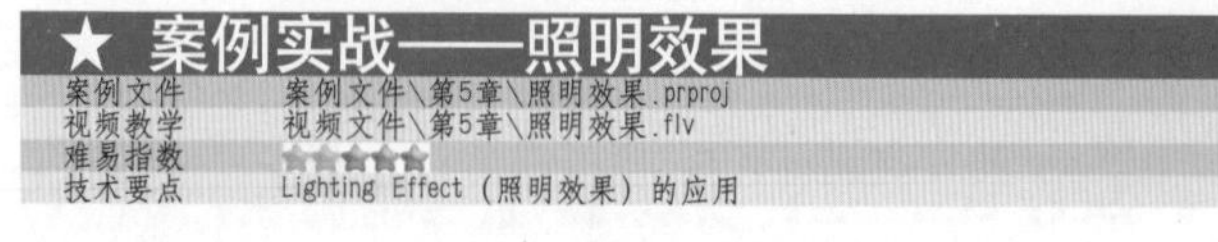

★ 案例实战——照明效果

案例文件	案例文件\第5章\照明效果.prproj
视频教学	视频文件\第5章\照明效果.flv
难易指数	★★★★★
技术要点	Lighting Effect（照明效果）的应用

案例效果

照明就是利用各种光源照亮工作和生活场所或个别物体。太阳和自然环境中的光叫做自然光。人工光源的叫做人工照明。照明主要的目的就是制造出舒适的可见度和愉快的环境。本案例主要是针对“应用照明效果”的方法进行练习，如图5-35所示。

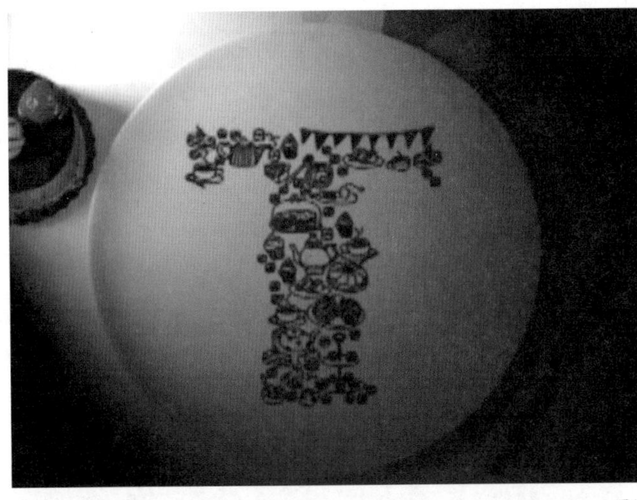

图5—34

图5—35

操作步骤

01 单击【New Project（新建项目）】选项，然后单击【Browse（浏览）】按钮设置保存路径，并在【Name（名称）】文本框中设置文件名称。接着在弹出的对话框中选择【DV-PAL】/【Standard 48kHz】选项，如图5-36所示。

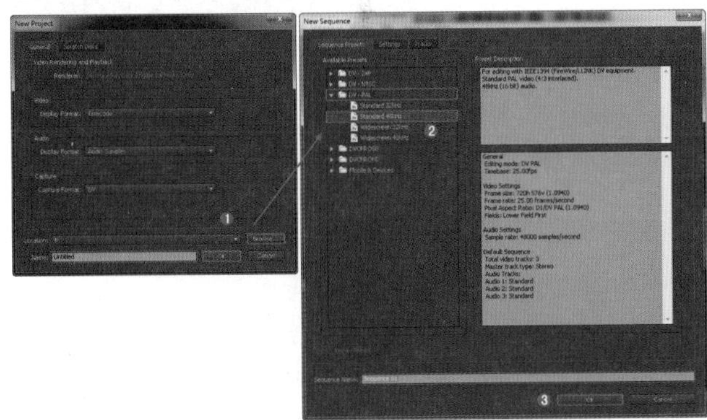

图5—36

02 选择菜单栏中的【File（文件）】/【Import（导入）】命令或按快捷键【Ctrl+I】，然后在打开的对话框中选择所需的素材文件，并单击【打开】按钮导入，如图5-37所示。

图5—37

03 将项目窗口中的【01.jpg】素材文件拖曳到Video1轨道上，如图5-38所示。

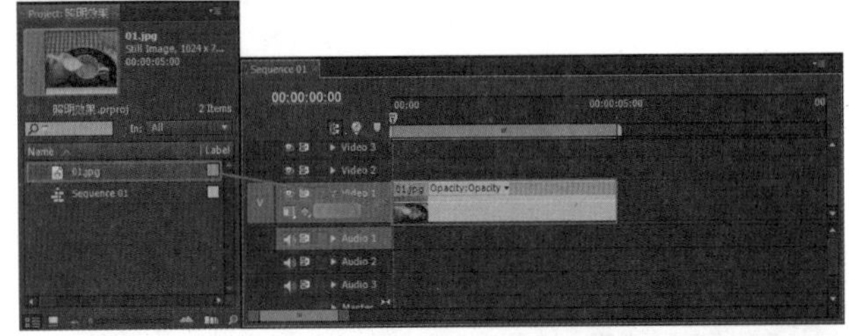

图5—38

04 选择Video1轨道上的【01.jpg】素材文件，然后在【Effect Controls（效果控制）】面板中设置【Scale（缩放）】为77，如图5-39所示。此时效果如图5-40所示。

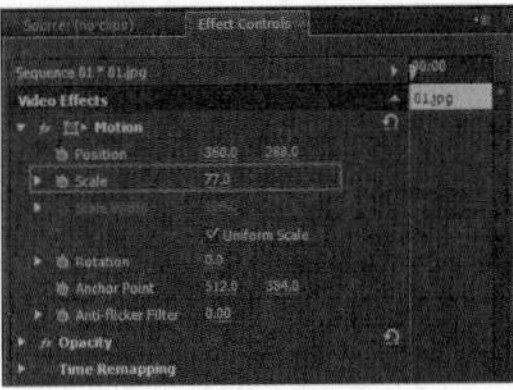

图5—39

05 在【Effects（效果）】窗口中搜索【Lighting Effect（照明效果）】效果，然后按住鼠标左键将其拖曳到Video1轨道的【01.jpg】素材文件上，如图5-41所示。

图5－40

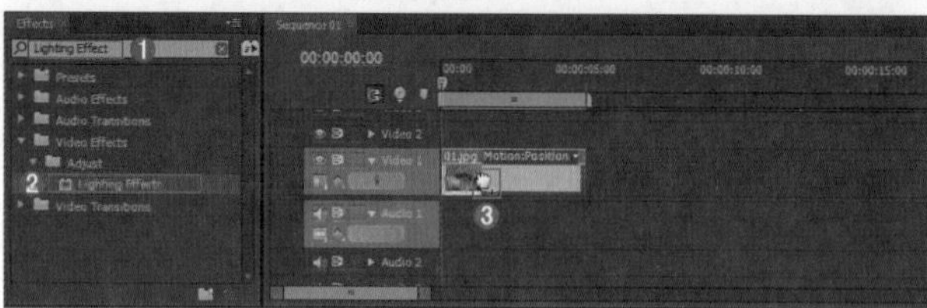
图5－41

06 选择Video1轨道上的【01.jpg】素材文件，然后打开【Lighting Effect（照明效果）】下的【Light 1（光照1）】。设置【Light Color（照明颜色）】为浅黄色（R：255，G：240，B：188），【Center（中心）】为（439,322），【Major Radius（大半径）】为34，【Minor Radius（小半径）】为21，【Angle（角度）】为84，【Intensity（强度）】为27，如图5-42所示。此时效果如图5-43所示。

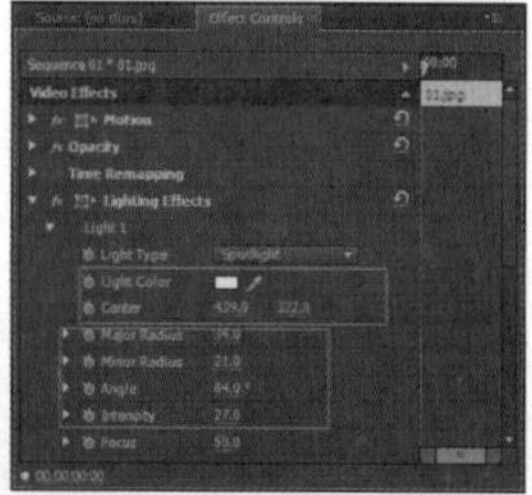
图5－42

图5－43

07 打开【Light 2（照明2）】，设置【Light Type（照明类型）】为【Spotlight（聚光灯）】，【Light Color（照明颜色）】为浅黄色（R：255，G：212，B：130），【Center（中心）】为（579,384），【Major Radius（大半径）】为36，【Angle（角度）】为37，【Intensity（强度）】为27。如图5-44所示。此时效果如图5-45所示。

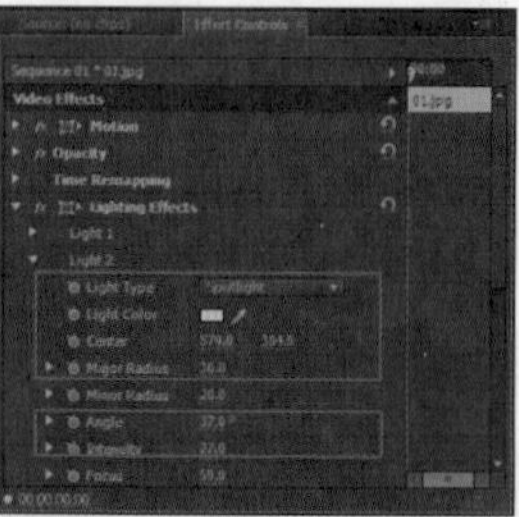
图5－44

图5－45

技巧提示

开启【Light 2（照明2）】效果，是为【Light1（照明1）】添加辅助光源，从而使光线效果产生更加明显和多层次的灯光效果。

08 在【Effect Controls（效果控制）】面板中打开【Lighting Effect（照明效果）】，设置【Ambient Light Color（环境颜色照明）】为浅黄色（R：255，G：212，B：130），【Ambient Intensity（环境照明强度）】为50，如图5-46所示。此时，拖动时间线滑块查看最终的效果，如图5-47所示。

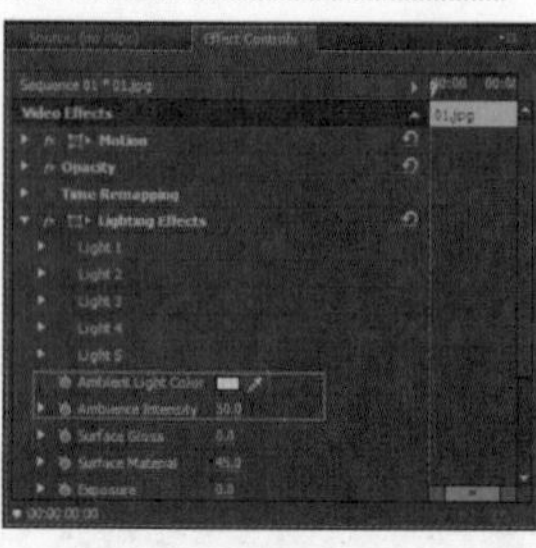
图5－46

答疑解惑：还可以制作出哪些不同的照明效果？

通过添加不同的照明光源和参数的调节可以制作出各式各样的照明效果，例如，射灯效果、舞台追光效果和房间里的不同灯光效果等。不断地调整尝试，就可以制作出各种不同的照明效果。

图5—47

★ 综合实战——夜视仪效果

案例文件	案例文件\第5章\夜视仪效果.prproj
视频教学	视频文件\第5章\夜视仪效果.flv
难易指数	★★★★★
技术要点	动画关键帧、黑色过渡、亮度&对比度和照明效果的应用

案例效果

夜视仪，即夜间瞄准工具，其利用微弱光照下目标所反射光线通过夜视设备在荧光屏上增强为人眼可感受的可见图像，用来观察和瞄准目标。本案例主要是针对“制作夜视仪效果”的方法进行练习，如图5-48所示。

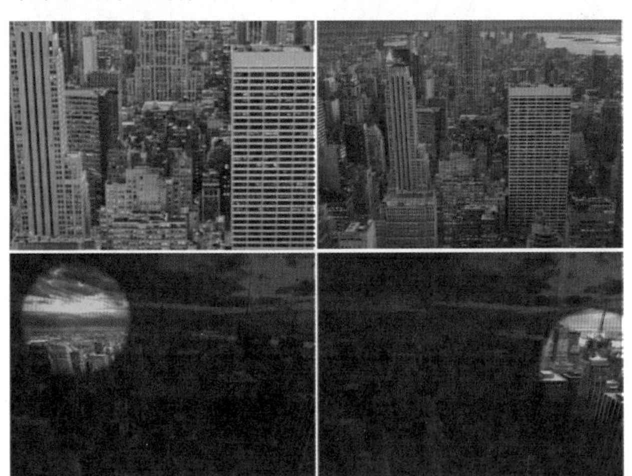

图5—48

操作步骤

Part01 制作素材的转场动画

01 单击【New Project（新建项目）】选项，然后单击【Browse（浏览）】按钮设置保存路径，并在【Name（名称）】文本框中设置文件名称。接着在弹出的对话框中选择【DV-PAL】/【Standard 48kHz】选项，如图5-49所示。

02 选择菜单栏中的【File（文件）】/【Import（导入）】命令或按快捷键【Ctrl+I】，然后在打开的对话框中选择所需的素材文件，并单击【打开】按钮导入，如图5-50所示。

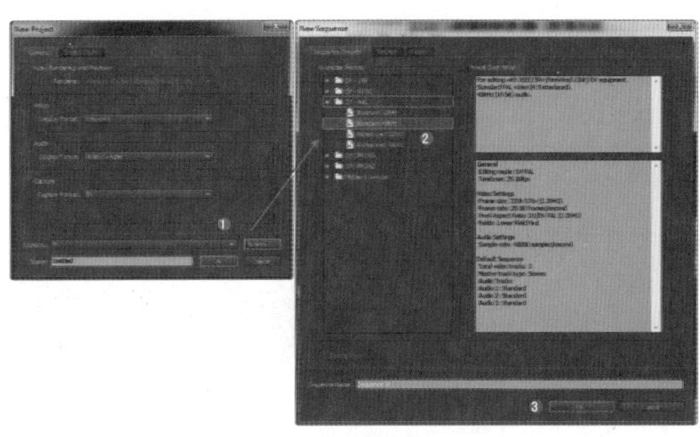

图5—49

03 将项目窗口中的【01.jpg】素材文件拖曳到Video1轨道上，并设置结束时间为第2秒的位置，如图5-51所示。

图5—50

图5—51

04 选择Video1轨道上的【01.jpg】素材文件，然后单击【Effect Controls（效果控制）】面板中【Scale（缩放）】前面的按钮，开启自动关键帧，并设置【Scale（缩放）】为263。将时间线拖到第2秒，设置【Scale（缩放）】为54，如图5-52所示。此时效果如图5-53所示。

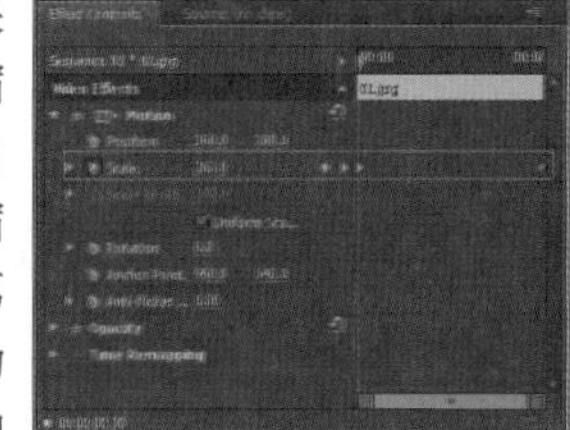

图5—52

图5—53

05 在【Effects（效果）】窗口中搜索【Dip to Black（黑场过渡）】效果，然后将其按住鼠标左键拖曳到Video1轨道的【01.jpg】素材文件的末尾处，如图5-54所示。

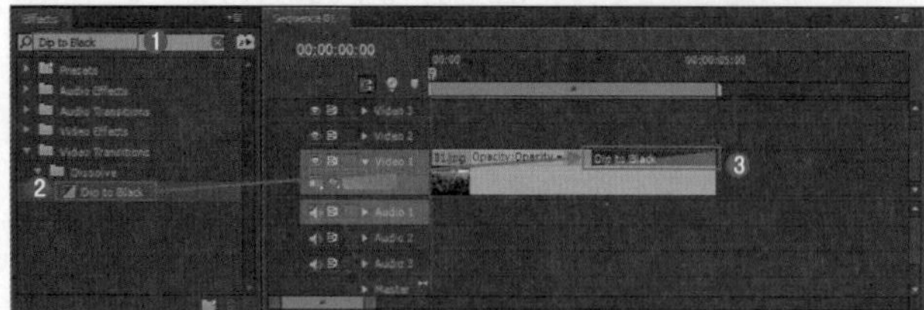

图5-54

技巧提示

除了使用【Dip to Black（黑场过渡）】转场效果，还可以在【Effect Controls（效果控制）】面板中利用【Opacity（不透明度）】属性制作黑场过渡动画效果。

06 再次将项目窗口中的【01.jpg】素材文件拖曳到Vidco1轨道上的素材文件后面，并重命名为【02.jpg】，然后设置结束时间为第7秒的位置，如图5-55所示。

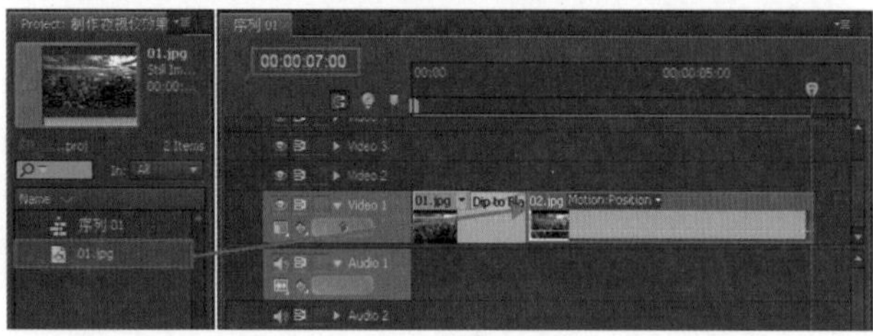

图5-55

07 在【Effects（效果）】窗口中搜索【Dip to Black（黑场过渡）】效果，然后将其按住鼠标左键拖曳到Video1轨道的【02.jpg】素材文件末尾处，如图5-56所示。

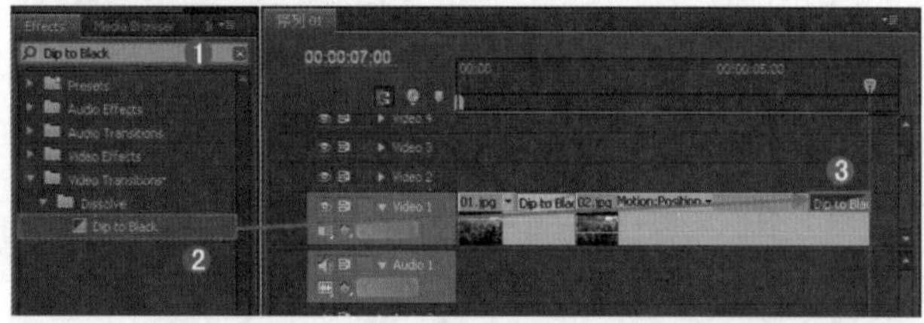

图5-56

08 在【Effects（效果）】窗口中搜索【Brightness & Contrast（亮度&对比度）】效果，然后将其按住鼠标左键拖曳到Video1轨道的【02.jpg】素材文件上，如图5-57所示。

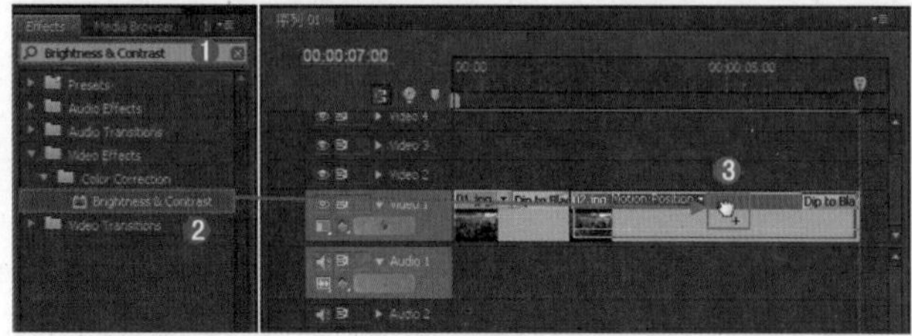

图5-57

09 选择Video1轨道上的【02.jpg】素材文件，然后在【Effect Controls（效果控制）】面板中，设置【Brightness & Contrast（亮度&对比度）】效果下的【Brightness（亮度）】为24，【Contrast（对比度）】为20，如图5-58所示。此时效果如图5-59所示。

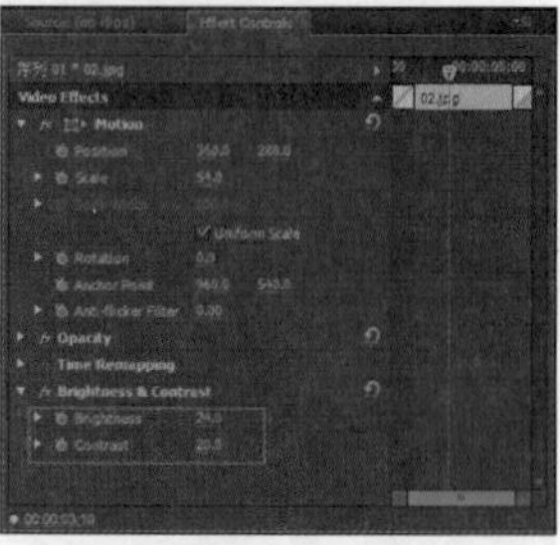

图5-58

图5-59

Part02 制作照明动画效果

01 在【Effects（效果）】窗口中搜索【Lighting Effects（照明效果）】，然后将其按住鼠标左键拖曳到Video1轨道的【02.jpg】素材文件上，如图5-60所示。

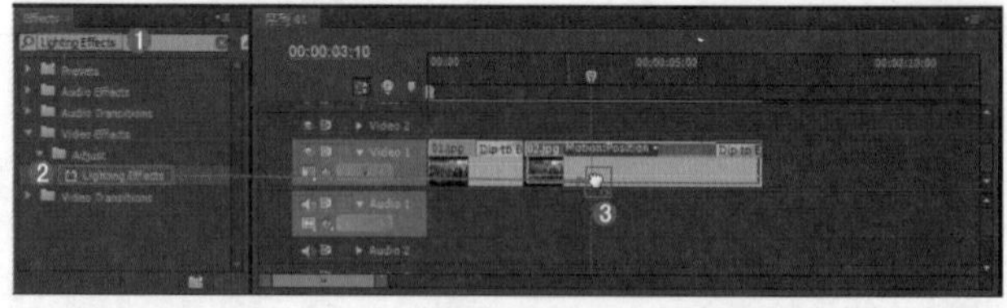

图5-60

02 选择Video1轨道上的【02.jpg】素材文件，然后打开【Lighting Effects（照明效果）】下的【Light1（照明1）】，并设置【Light Color（照明颜色）】为绿色（R：17，G：178，B：21），【Major Radius（主半径）】为10，【Minor Radius（次半径）】为10，【Intensity（强度）】为25，【Focus（聚集）】为100，如图5-61所示。此时效果如图5-62所示。

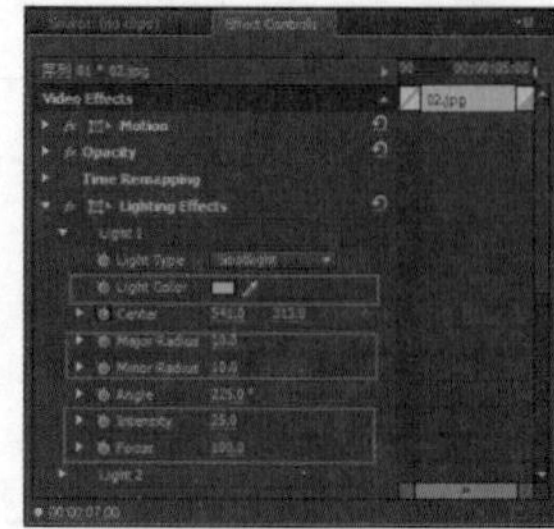

图5-61

图5-62

03 继续设置【Lighting Effects（照明效果）】的【Ambience Intensity（环境照明强度）】为10，【Surface Material（表面质感）】为40，如图5-63所示。此时效果如图5-64所示。

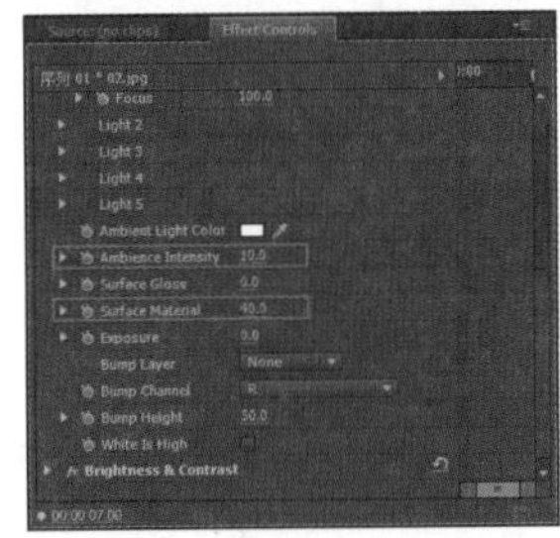

图5-63

图5-64

04 选择Video1轨道上的【02.jpg】素材文件，然后将时间线拖到第2秒的位置，单击【Light1（照明1）】下【Center（中心）】前面的，开启自动关键帧，并设置【Center（中心）】为（541，313）。接着将时间线拖到第3秒的位置，设置【Center（中心）】为（1544，536）。如图5-65所示。

05 将时间线拖到第4秒的位置，设置【Center（中心）】为（1284，999）。然后将时间线拖到第5秒的位置，设置【Center（中心）】为（1014，317）。最后将时间线拖到第6秒的位置，设置【Center（中心）】为（595，759），如图5-66所示。

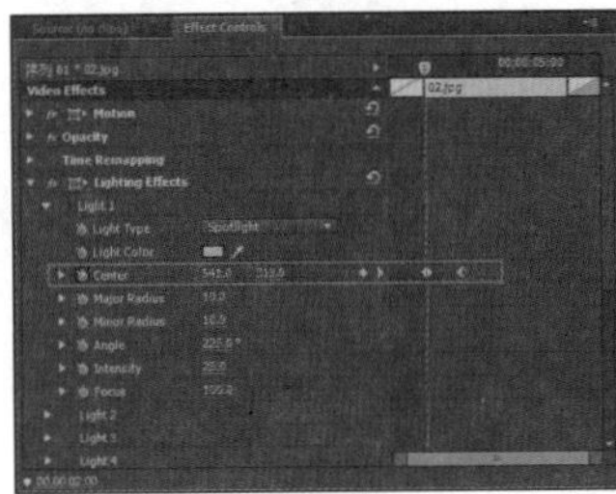

图5-65

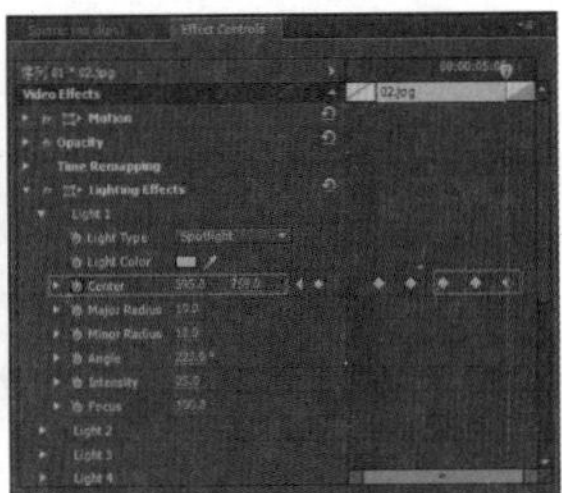

图5-66

答疑解惑：制作夜视仪效果需要注意哪些问题？

夜视仪是在夜晚观察时使用的，所以要降低周围物体的亮度。而且利用照明效果模拟夜视仪效果时，光照边缘要清晰，且形状规则。

夜视成像图以其诡异的绿色光泽而著称，这是因为电子的能量会使磷光质释出光子。这些磷光质会在屏幕上生成绿色图像。绿色的图像是夜视仪的一大特色。所以制作夜视仪效果时还要注意照明颜色的调节等。

06 此时，拖动时间线滑块查看最终的夜视仪效果，如图5-67所示。

图5-67

5.2.8 ProcAmp（基本信号设置）

技术速查：ProcAmp（基本信号设置）效果可以调整素材的亮度、对比度、色相、饱和度。

选择【Effects（效果）】窗口中的【Video Effects（视频效果）】/【Adjust（调整）】/【ProcAmp（基本信号设置）】效果，如图5-68所示。其参数面板如图5-69所示。

- Brightness（亮度）：控制素材的明亮程度。如图5-70所示为Brightness（亮度）数值分别为0和25时的对比效果。
- Hue（色相）：调整图像的色彩。
- Saturation（饱和度）：调整图像的色彩饱和度。
- Split Screen（拆分屏幕）：进行屏幕拆分。
- Split Percent（拆分百分比）：调整分割屏幕的百分比。

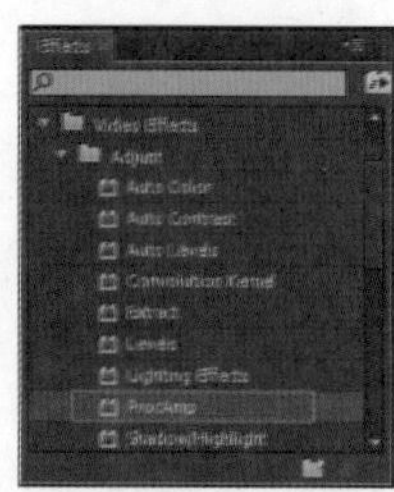

图5—68

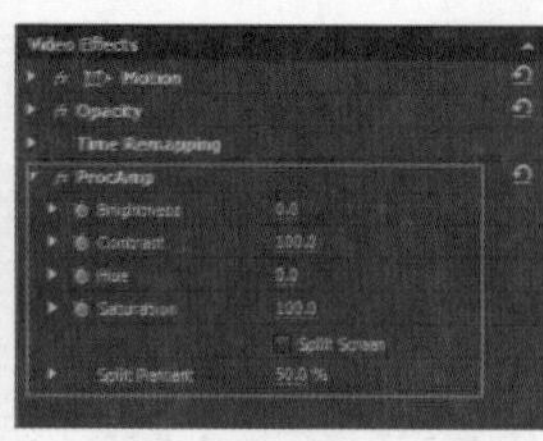

图5—69

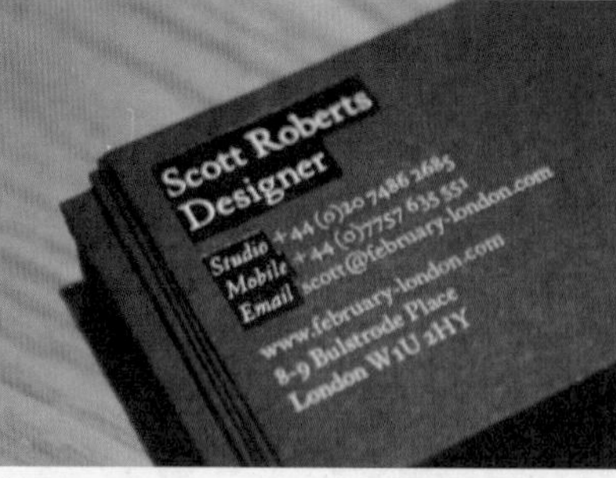

图5—70

5.2.9 Shadow/Highlight（阴影/高光）

技术速查：Shadow/Highlight（阴影/高光）效果可以调整素材的阴影、高光部分。

选择【Effects（效果）】窗口中的【Video Effects（视频效果）】/【Adjust（调整）】/【Shadow/Highlight（阴影/高光）】效果，如图5-71所示。其参数面板如图5-72所示。

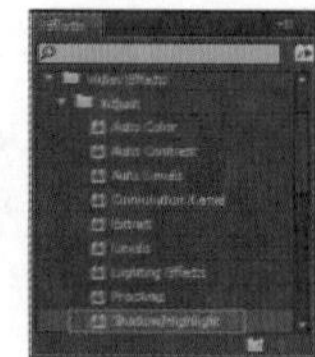

图5—71

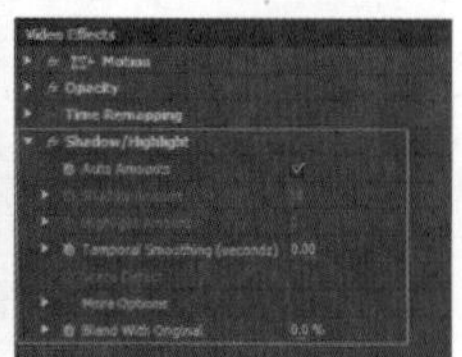

图5—72

- Auto Amounts（自动数量）：选中右侧的复选框，对素材进行自动阴影和高光的调整。应用该选项后，阴影数量和高光数量将不能使用。
- Shadow Amount（阴影数量）：控制素材阴影的数量。
- Highlight Amount（高光数量）：控制高光的数量。如图5-73所示为Highlight Amount（高光数量）数值分别为0和100时的对比效果。
- Temporal Smoothing（瞬间平滑）：设置时间滤波的秒数。
- Scene Detect（场景检测）：选中右侧的复选框可进行场景检测。
- More Options（更多选项）：可通过展开的参数对阴影和高光的数量、范围、宽度、色彩进行细致修改。
- Blend With Original（与原始图像混合）：调整初始状态的混合。

图5—73

5.3 Blur & Sharpen（模糊 & 锐化）类视频效果

Blur & Sharpen（模糊 & 锐化）类视频效果可以制作Antialias（消除锯齿）、Camera Blur（相机模糊）、Channel Blur（通道模糊）、Compound Blur（复合模糊）和Directional Blur（定向模糊）等模糊和锐化的效果。其参数面板如图5-74所示。

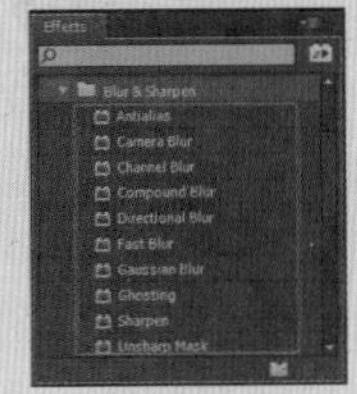

图5—74

5.3.1 Antialias（消除锯齿）

技术速查：消除锯齿的效果融合了高对比色领域之间的边缘，使暗部与亮部之间的过渡显得更自然。

选择【Effects（效果）】窗口中的【Video Effects（视频效果）】/【Blur & Sharpen（模糊 & 锐化）】/【Antialias（消除锯齿）】效果，如图5-75所示。其参数面板如图5-76所示。

Antialias（消除锯齿）没有参数选项。如图5-77所示为添加Antialias（消除锯齿）效果的对比效果。

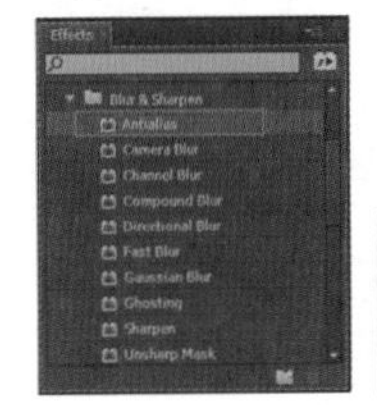

图5—75

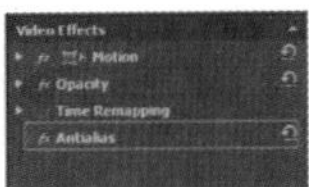

图5—76

图5—77

5.3.2 Camera Blur（相机模糊）

技术速查：Camera Blur（相机模糊）效果可以模拟摄像机变焦拍摄时产生的图像模糊效果。

选择【Effects（效果）】窗口中的【Video Effects（视频效果）】/【Blur & Sharpen（模糊 & 锐化）】/【Camera Blur（相机模糊）】效果，如图5-78所示。其参数面板如图5-79所示。

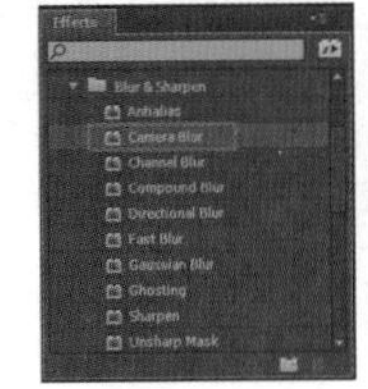

图5—78

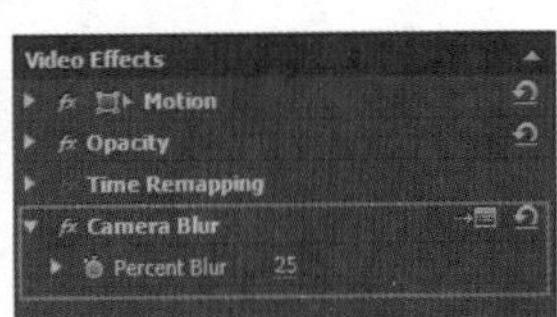

图5—79

- Percent Blur（百分比模糊）：设置摄影机的模糊程度。如图5-80所示为Percent Blur（百分比模糊）数值分别为0和15时的对比效果。

图5—80

5.3.3 Channel Blur（通道模糊）

技术速查：Channel Blur（通道模糊）效果可以对单独的红、绿、蓝、Alpha通道进行模糊处理，使素材产生特殊的效果。

选择【Effects（效果）】窗口中的【Video Effects（视频效果）】/【Blur & Sharpen（模糊 & 锐化）】/【Channel Blur（通道模糊）】效果，如图5-81所示。其参数面板如图5-82所示。

- Red Blurriness（红色模糊）：控制红色通道的模糊程度。如图5-83所示为Red Blurrinress（红色模糊）数值分别为0和127时的对比效果。

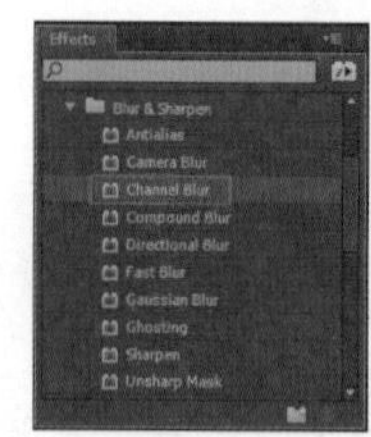

图5—81

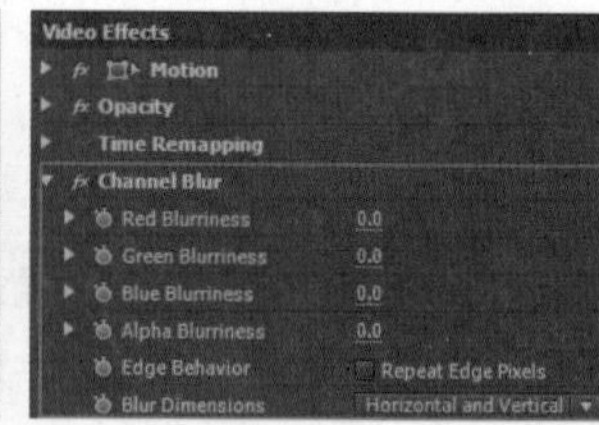

图5—82

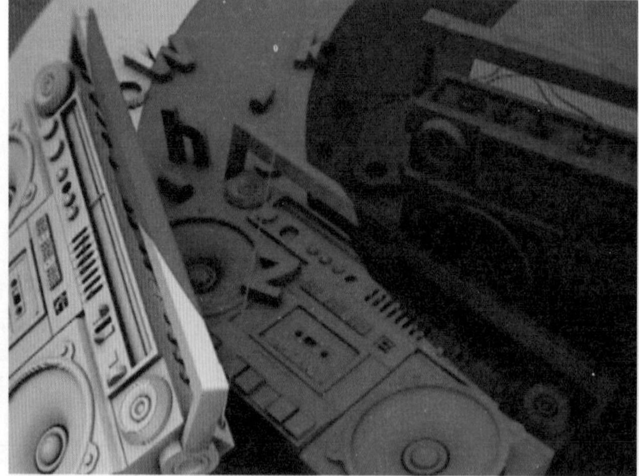

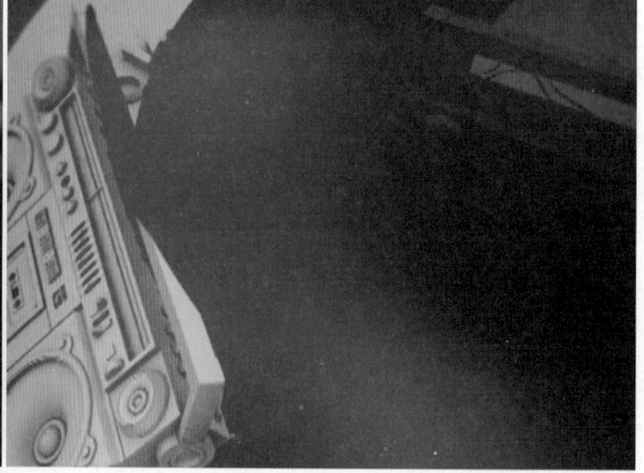

图5—83

- Green Blurriness（绿色模糊）：控制绿色通道的模糊程度。如图5-84所示为Green Blurrinress（绿色模糊）数值分别为0和15时的对比效果。
- Blue Blurriness（蓝色模糊）：控制蓝色通道的模糊程度。如图5-85所示为Blue Blurrinress（蓝色模糊）数值分别为0和127时的对比效果。

图5—84

图5—85

- Alpha Blurriness（Alpha模糊）：控制Alpha通道的模糊程度。如图5-86所示为Alpha Blurriness（Alpha模糊）数值分别为0和400时的对比效果。

图5—86

- Edge Behavior（边缘特性）：选中该选项后面的复选框，可以对材料的边缘进行像素模糊处理。
- Blur Dimensions（模糊方向）：设置模糊的处理方式。可以选择Horizontal（水平）或者Vertical（垂直）的方向模糊，也可选择在Horizontal and Vertical（水平和垂直）的方向模糊。

5.3.4 Compound Blur（复合模糊）

技术速查：Compound Blur（复合模糊）效果可以指定一个轨道层，然后与当前素材进行混合模糊处理，产生模糊效果。

选择【Effects（效果）】窗口中的【Video Effects（视频效果）】/【Blur & Sharpen（模糊 & 锐化）】/【Compound Blur（复合模糊）】效果，如图5-87所示。其参数面板如图5-88所示。

- Blur Layer（模糊图层）：指定混合模糊的轨道层。
- Maximum Blur（最大模糊）：设置混合模糊的程度。如图5-89所示为Maximum Blur（最大模糊）数值分别为0和20时的对比效果。

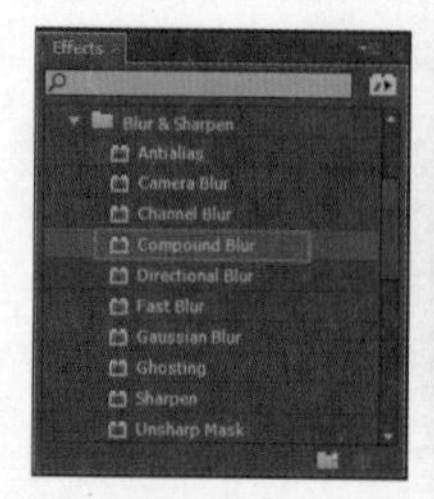

图5-87

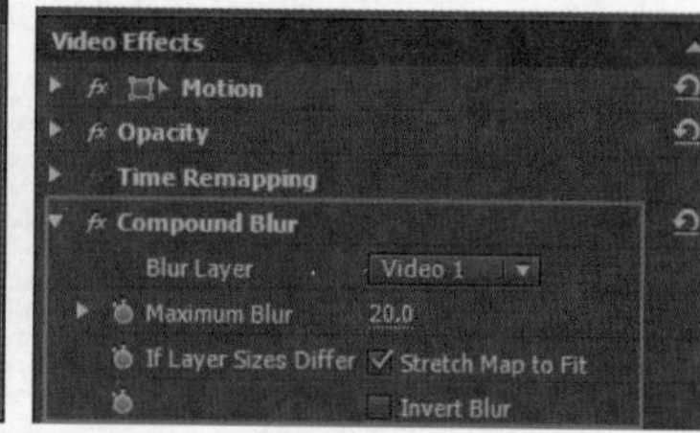

图5-88

图5-89

- If Layer Sizes Differ（如果图层大小不同）：设置如果混合模糊的两个素材尺寸不同，则采取什么措施。
- Stretch Map to Fit（伸展图层以适配）：选中该复选框，素材会自动适配大小。
- Invert Blur（相反模糊）：选中该复选框，则反转模糊。

5.3.5 Directional Blur（定向模糊）

技术速查：设置模糊的方向，按特定的方向进行模糊。

选择【Effects（效果）】窗口中的【Video Effects（视频效果）】/【Blur & Sharpen（模糊 & 锐化）】/【Directional Blur（定向模糊）】效果，如图5-90所示。其参数面板如图5-91所示。

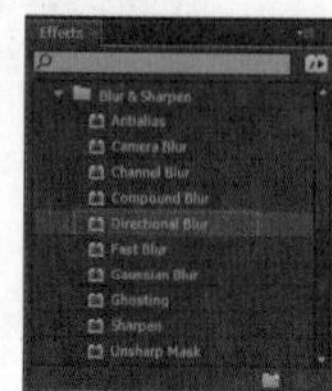

图5-90

图5-91

- Direction（方向）：设置模糊的方向。
- Blur Length（模糊长度）：设置模糊的程度。如图5-92所示为Blur Length（模糊长度）数值分别为0和20的对比效果。

★ 案例实战——定向模糊效果

案例文件	案例文件\第5章\定向模糊效果.prproj
视频教学	视频文件\第5章\定向模糊效果.flv
难易指数	★★★★☆
技术要点	Directional Blur（定向模糊）效果的应用

案例效果

定向模糊，可以使侧重对象产生不确定性，是留给人们一个可供领悟、体会、选择的弹性空间的一种方法，也可以

图5－92

是侧重表现某一个对象的一种方式，并可适当设置模糊的级别和角度。本案例主要是针对“应用定向模糊效果”的方法进行练习，如图5-93所示。

图5－93

操作步骤

01 单击【New Project（新建项目）】选项，然后单击【Browse（浏览）】按钮设置保存路径，并在【Name（名称）】文本框中设置文件名称。接着在弹出的对话框中选择【DV-PAL】/【Standard 48kHz】选项，如图5-94所示。

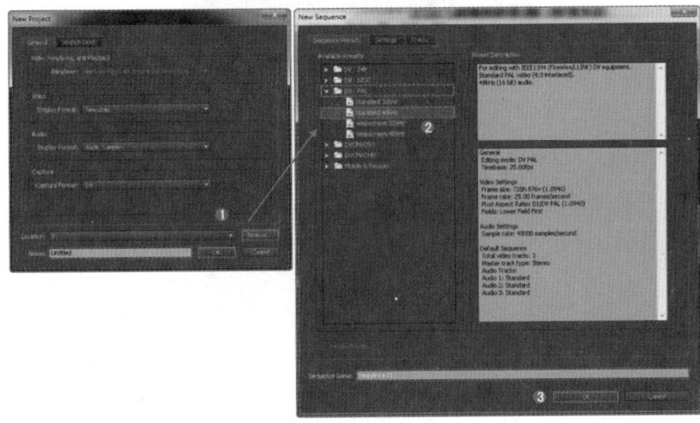

图5－94

02 选择菜单栏中的【File（文件）】/【Import（导入）】命令或按快捷键【Ctrl+I】，然后在打开的对话框中选择所需的素材文件，并单击【打开】按钮导入，如图5-95所示。

03 将项目窗口中的【背景.jpg】和【人物.png】素材文件分别拖曳到Video1和Video2轨道上，如图5-96所示。

图5－95

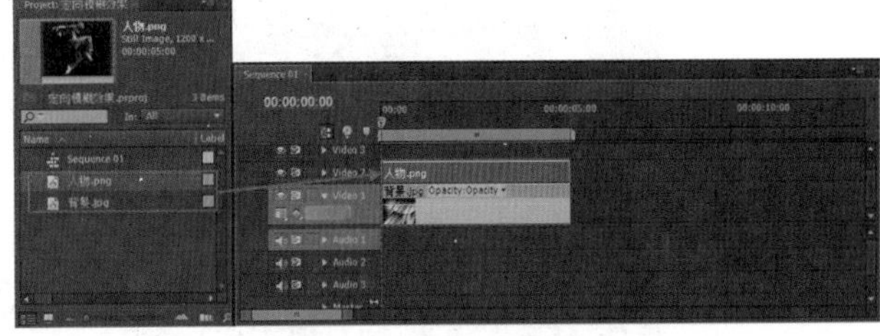

图5－96

04 选择Video2轨道上的【人物.png】素材文件，然后在【Effect Controls（效果控制）】面板中设置【Position（位置）】为（360，311），【Scale（缩放）】为67，如图5-97所示。此时效果如图5-98所示。

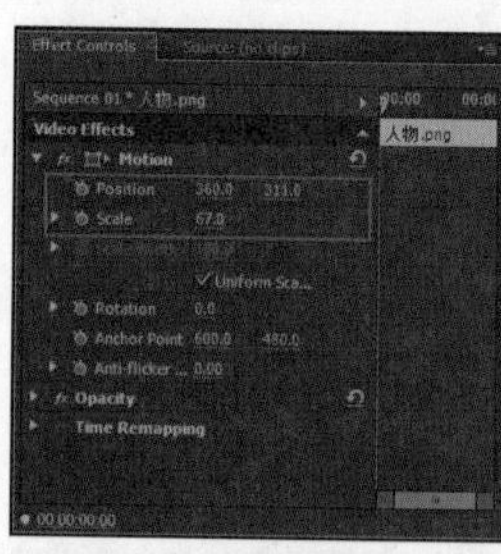
图5—97

图5—98

05 在【Effects（效果）】窗口中搜索【Directional Blur（定向模糊）】效果，然后将其按住鼠标左键拖曳到Video2轨道的【人物.png】素材文件上，如图5-99所示。

图5—99

06 选择Video2轨道上的【人物.png】素材文件，然后将时间线拖到起始帧的位置，并单击【Directional Blur（定向模糊）】效果下【Direction（定向）】和【Blur Length（模糊程度）】前面的◎，开启自动关键帧。接着将时间线拖到第1秒10帧的位置，设置【Direction（定向）】为45°，【Blur Length（模糊程度）】为20，如图5-100所示。此时效果如图5-101所示。

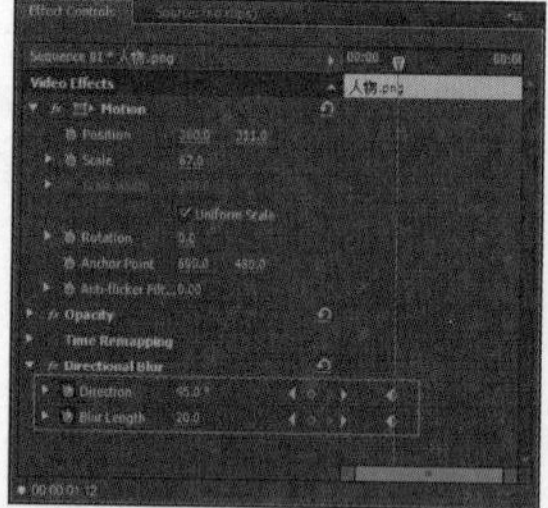
图5—100

图5—101

07 继续将时间线拖到第2秒10帧的位置，设置【Direction（定向）】为－45°，【Blur Length（模糊程度）】为10。最后将时间线拖到第3秒10帧的位置，设置【Direction（定向）】为0°，【Blur Length（模糊程度）】为0，如图5-102所示。此时，拖动时间线滑块查看最终的效果，如图5-103所示。

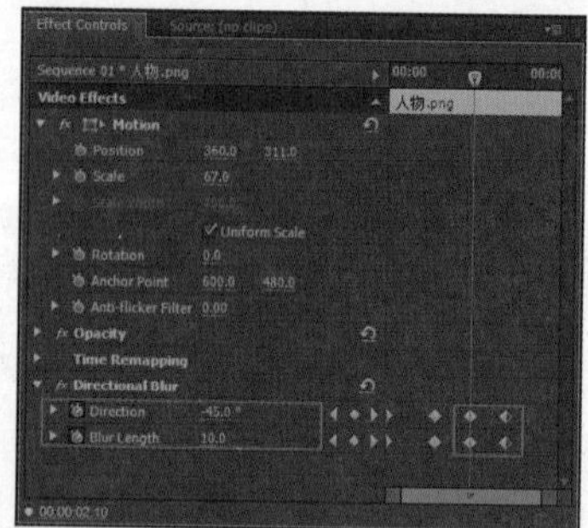
图5—102

图5—103

 答疑解惑：定向模糊常用于制作什么效果？

定向模糊效果可以在添加了动画关键帧后调整产生出动态模糊的效果，这个效果就类似于用固定照相机来给一个移动的对象进行拍照的效果。可以适当地调节模糊的角度和级别，制作出对象在飞驰的效果和镜头对焦的效果等。

5.3.6 Fast Blur（快速模糊）

技术速查：快速模糊是按设定的模糊处理方式，快速对素材进行模糊处理。

选择【Effects（效果）】窗口中的【Video Effects（视频效果）】/【Blur & Sharpen（模糊 & 锐化）】/【Fast Blur（快速模糊）】效果，如图5-104所示。其参数面板如图5-105所示。

- Blurriness（模糊量）：控制模糊的强度。如图5-106所示为Blurriness（模糊量）数值分别为0和25的对比效果。

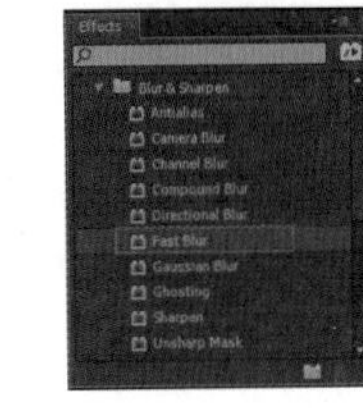

图5—104

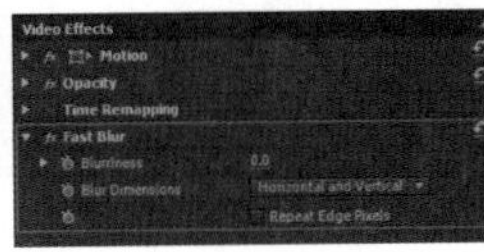

图5—105

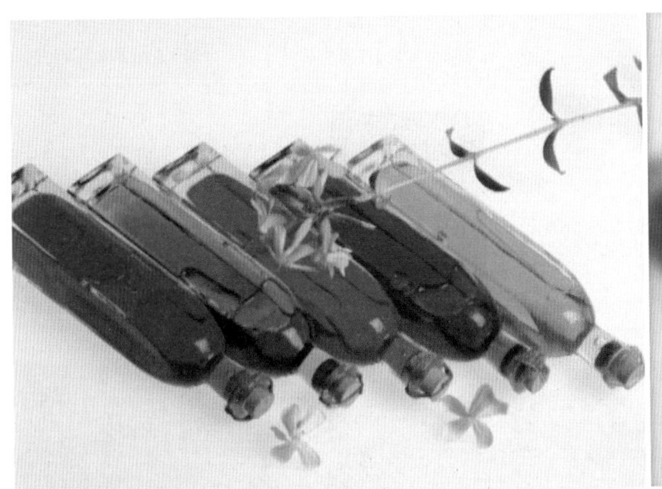

图5—106

- Blur Dimensions（模糊方向）：控制模糊的处理方式。可以选择在Horizontal（水平）或者Vertical（垂直）的方向模糊，也可选择在Horizontal and Vertical（水平和垂直）的方向模糊。
- Repeat Edge Pixels（重复边缘像素）：选中该复选框，对图像的边缘进行像素模糊处理。

5.3.7 Gaussian Blur（高斯模糊）

技术速查：高斯模糊效果模糊和柔化图像，消除了噪点。

选择【Effects（效果）】窗口中的【Video Effects（视频效果）】/【Blur&Sharpen（模糊&锐化）】/【Gaussian Blur（高斯模糊）】效果，如图5-107所示。其参数面板，如图5-108所示。

- Blurriness（模糊量）：控制高斯模糊的强度。如图5-109所示Blurriness（模糊量）的数值为0和20时的效果。
- Blur Dimensions（模糊方向）：控制模糊的处理方式。可以选择在Horizontal（水平）或者Vertical（垂直）的方向模糊，也可选择在Horizontal and Vertical（水平和垂直）的方向模糊。

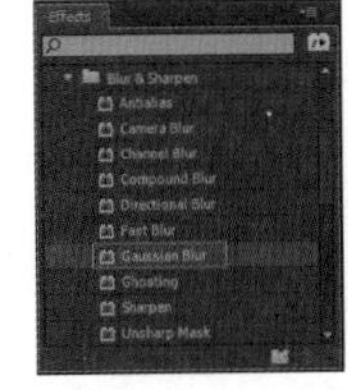

图5—107

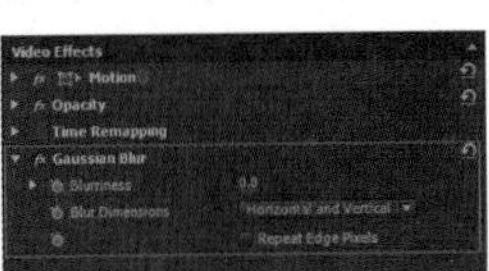

图5—108

- Repeat Edge Pixels（重复边缘像素）：选中该复选框，可以对图像的边缘进行像素模糊处理。

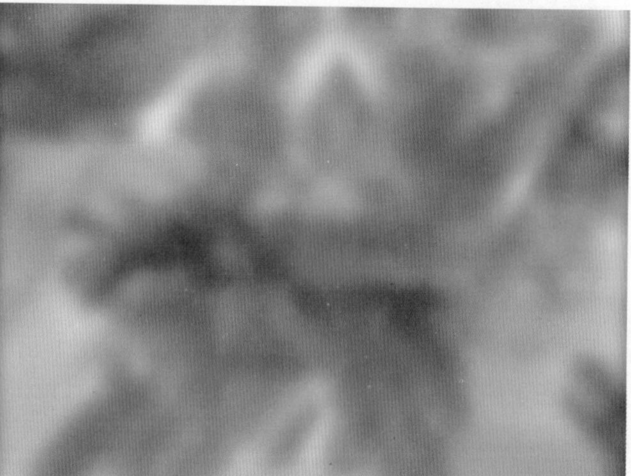

图5—109

5.3.8 Ghosting（残像）

技术速查：Ghosting（残像）效果只对素材中运动的元素（文字、线条或图像等）进行模糊处理，对固定的元素不做任何处理。

选择【Effects（效果）】窗口中的【Video Effects（视频效果）】/【Blur & Sharpen（模糊 & 锐化）】/【Ghosting（残像）】效果，如图5-110所示。其参数面板如图5-111所示。

Ghosting（残像）效果没有参数选项。如图5-112所示为添加Ghosting（残像）效果前后的对比效果。

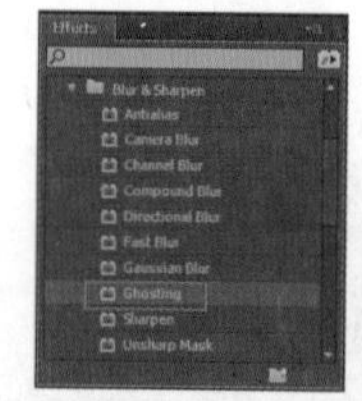

图5—110

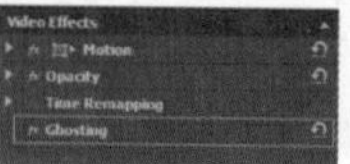

图5—111

图5—112

5.3.9 Sharpen（锐化）

技术速查：锐化效果，增加相邻色彩像素的对比度，从而提高清晰度。

选择【Effects（效果）】窗口中的【Video Effects（视频效果）】/【Blur & Sharpen（模糊 & 锐化）】/【Sharpen（锐化）】效果，如图5-113所示。其参数面板如图5-114所示。

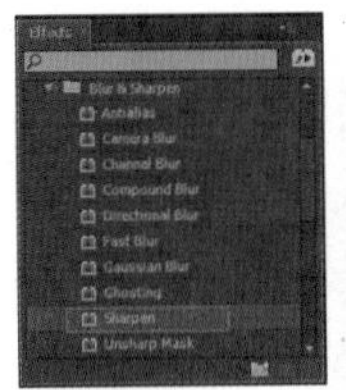

图5-113

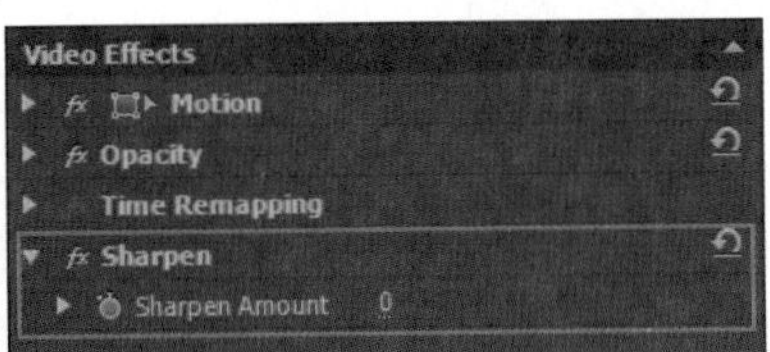

图5-114

- Sharpen Amount（锐化数量）：控制素材锐化的强度。如图5-115所示为Sharpen Amount（锐化数量）数值分别为0和100时的对比效果。

图5-115

5.3.10 Unsharp Mask（反遮罩锐化）

技术速查：USM锐化的效果，增加定义边缘的颜色之间的对比。

选择【Effects（效果）】窗口中的【Video Effects（视频效果）】/【Blur & Sharpen（模糊 & 锐化）】/【Unsharp Mask（反遮罩锐化）】效果，如图5-116所示。其参数面板如图5-117所示。

- Amount（数量）：控制锐化的强度。
- Radius（半径）：控制锐化处理的像素半径。
- Threshold（阈值）：控制锐化的容量差。

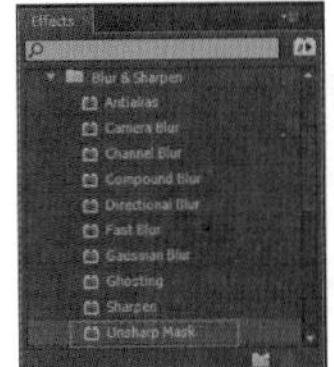

图5-116

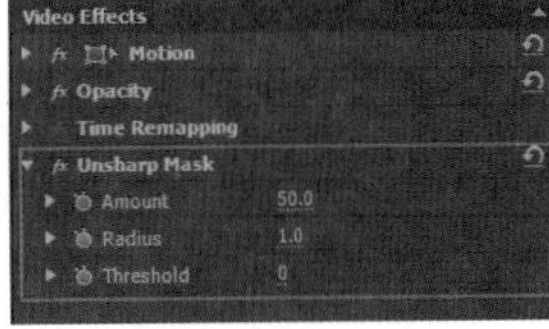

图5-117

5.4 Channel（通道）类视频效果

Channel（通道）类视频效果可以制作出Arithmetic（算术）、Blend（混合）、Calculations（计算）、Compound Arithmetic（复合运算）和Invert（反相）等效果。其参数面板如图5-118所示。

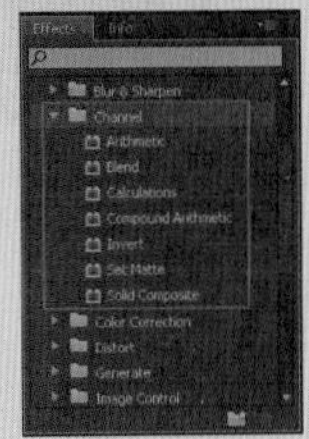

图5-118

5.4.1 Arithmetic（算术）

技术速查：Arithmetic（算术）效果可以调节RGB通道值，而产生素材混合效果。

选择【Effects（效果）】窗口中的【Video Effects（视频效果）】/【Channel（通道）】/【Arithmetic（算术）】效果，如图5-119所示。其参数面板如图5-120所示。

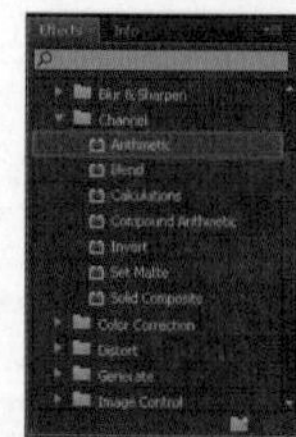

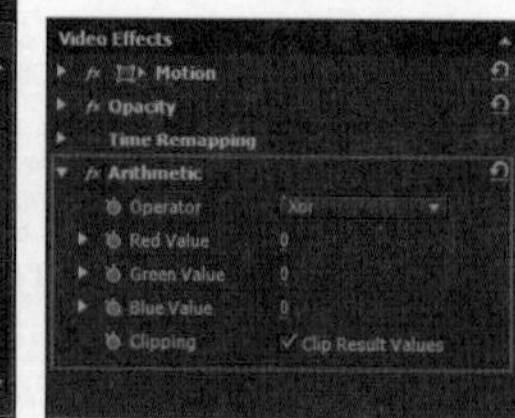

图5-119　　图5-120

- Operator（操作）：指定混合运算的数学方式。
- Red Value（红色值）：控制红色通道的混合程度。如图5-121所示为Red Value （红色值）数值分别为0和40时的对比效果。

图5-121

- Green Value（绿色值）：控制绿色通道的混合程度。如图5-122所示为Green Value （绿色值）数值分别为0和40时的对比效果。

图5-122

- Blue Value（蓝色值）：控制蓝色通道的混合程度。如图5-123所示为Blue Value （蓝色值）数值分别为0和100时的对比效果。

图5-123

- Clipping（剪切）：选中该选项后面的复选框，裁剪多余的混合信息。

5.4.2　Blend（混合）

技术速查：Blend（混合）效果可以指定一个轨道与原素材进行混合，产生效果。

选择【Effects（效果）】窗口中的【Video Effects（视频效果）】/【Channel（通道）】/【Blend（混合）】效果，如图5-124所示。其参数面板如图5-125所示。

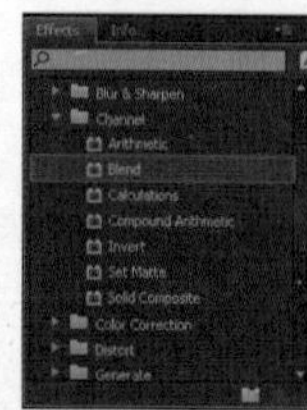

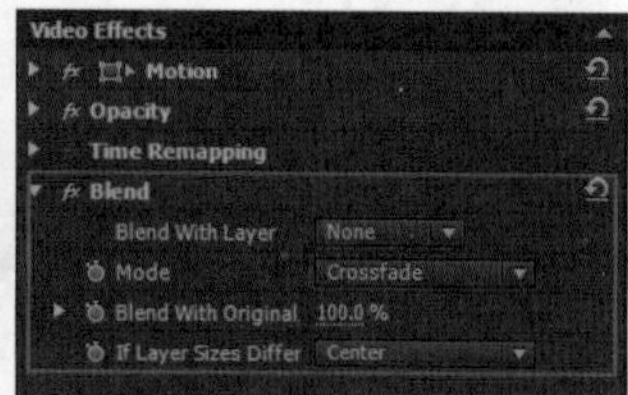

图5-124　　图5-125

- Blend With Layer（与图层混合）：指定要混合的第二个素材。
- Mode（模式）：设置混合的计算方式。
- Blend With Original （与原始图层混合）：控制透明度。如图5-126所示为Blend With Original（与原始图层混合）数值分别为100%和50%时的对比效果。
- If Layer Sizes Differ （如果图层大小不同）：设置指定的素材层与原素材层大小不同时，所采取的处理方式。

图5-126

读书笔记

5.4.3 Calculations（计算）

技术速查：Calculations（计算）效果可以指定素材的通道与原素材的通道进行混合。

选择【Effects（效果）】窗口中的【Video Effects（视频效果）】/【Channel（通道）】/【Calculations（计算）】效果，如图5-127所示，其参数面板如图5-128所示。

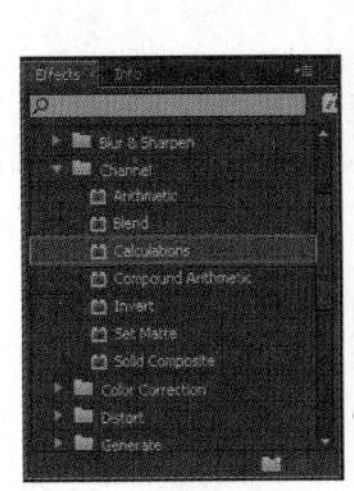

图5—127

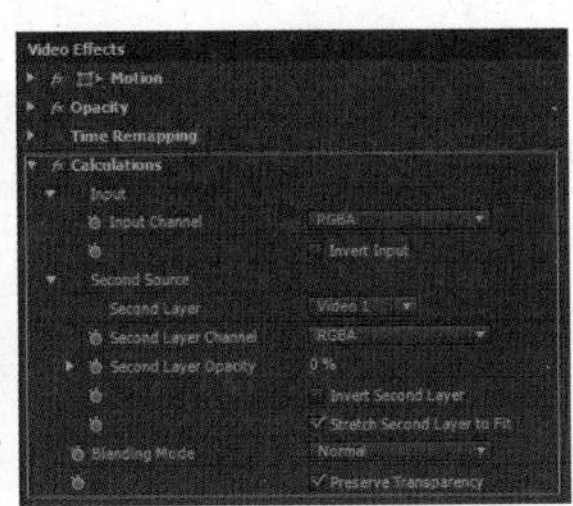

图5—128

- Input Channel（输入通道）：作为输入，混合操作的提取和使用的通道。
- Invert Input（反相输入）：反转剪辑效果之前提取指定通道信息。
- Second Layer（第二源）：视频轨道与计算融合了原始剪辑。如图5-129所示为未选中【Invert Input（反相输入）】复选框且Second Layer（第二源）数值为0与选中【Invert Input（反相输入）】复选框且Second Layer（第二源）数值为10的对比效果。

图5—129

- Second Layer Channel（二级图层通道）：混合输入通道的通道。
- Second Layer Opacity（二级图层透明度）：第二个视频轨道的透明度。
- Invert Second Layer（反相二级图层）：将反转指定素材的通道。
- Stretch Second Layer to Fit（伸展二级图层以适配）：当指定素材层与原素材层大小不同时，可用拉伸适配方式处理。
- Blending Mode（混合模式）：设置混合的运算模式。
- Preserve Transparency（保留透明度）：确保不修改原图层的Alpha通道。

5.4.4 Compound Arithmetic（复合运算）

技术速查：数学的复合运算效果，用于一个指定的视频轨道与原素材的通道进行混合。

选择【Effects（效果）】窗口中的【Video Effects（视频效果）】/【Channel（通道）】/【Compound Arithmetic（复合运算）】效果，如图5-130所示。其参数面板如图5-131所示。

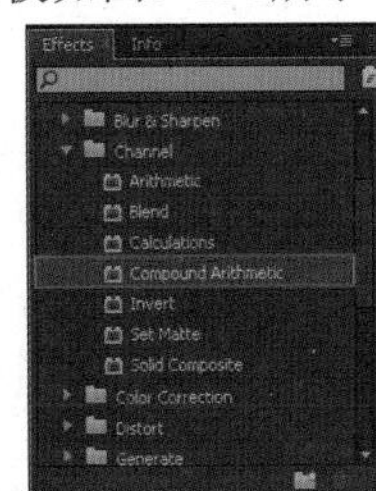

图5—130

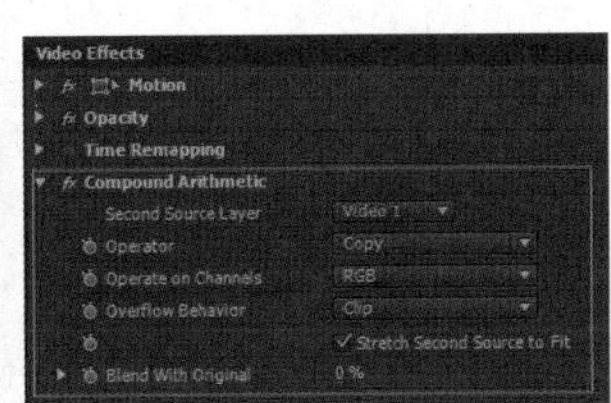

图5—131

- Second Source Layer（二级源图层）：指定要混合的第二个素材。
- Operator（操作）：设置混合的计算方式。
- Operate on Channels（在通道上操作）：指定通道的应用效果。
- Overflow Behavior（溢出特性）：设置混合失败后，所采取的处理方式。
- Stretch Second Source to Fit（伸展二级源以适配）：二级源素材自动调整大小，以适配。
- Blend With Original（与原始图像混合）：这是第二素材与原素材的混合百分比。如图5-132所示为Blend With Original（与原始图层混合）数值分别为0和70时的对比效果。

图5—132

5.4.5 Invert（反相）

技术速查：Invert（反相）效果可以反转素材的通道。

选择【Effects（效果）】窗口中的【Video Effects（视频效果）】/【Channel（通道）】/【Invert（反相）】效果，如图5-133所示。其参数面板如图5-134所示。

- Channel（通道）：设置要反转的颜色通道。
- Blend With Original（与原始图像混合）：设置反转通道后与原素材的混合百分比。

如图5-135所示为添加Invert（反相）效果前后的对比效果。

图5—133

图5—134

图5—135

★ 案例实战——反相效果

案例文件	案例文件\第5章\反相效果.prproj
视频教学	视频文件\第5章\反相效果.flv
难易指数	★★★★★
技术要点	Invert（反相）效果的应用

案例效果

反相效果可以反转当前所选择的通道，制作出原来颜色对应补色的画面效果。本案例主要是针对“应用反相效果”的方法进行练习，如图5-136所示。

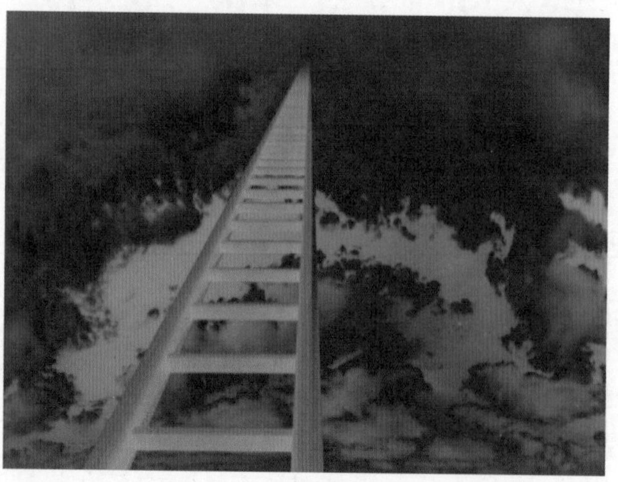

图5—136

操作步骤

01 单击【New Project（新建项目）】选项，然后单击【Browse（浏览）】按钮设置保存路径，并在【Name（名称）】文本框中设置文件名称。接着在弹出的对话框中选择【DV-PAL】/【Standard 48kHz】选项，如图5-137所示。

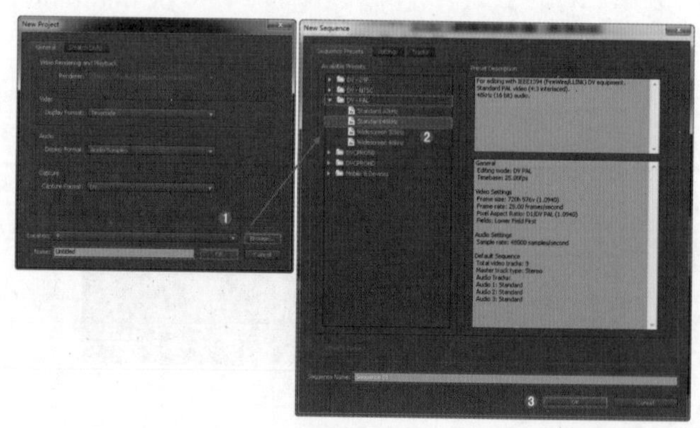

图5—137

02 选择菜单栏中的【File（文件）】/【Import（导入）】命令或按快捷键【Ctrl+I】，然后在打开的对话框中选择所需的素材文件，并单击【打开】按钮导入，如图5-138所示。

图5—138

03 将项目窗口中的【01.jpg】素材文件拖曳到Video1轨道上，如图5-139所示。

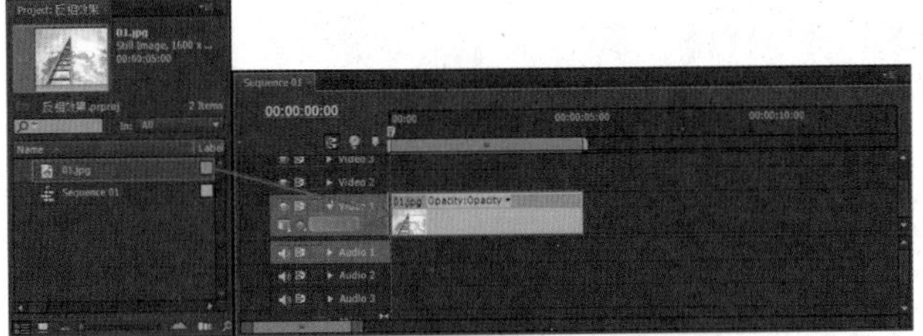

图5—139

04 选择Video1轨道上的【01.jpg】素材文件，然后在【Effect Controls（效果控制）】面板中设置【Scale（缩放）】为50，如图5-140所示。此时效果如图5-141所示。

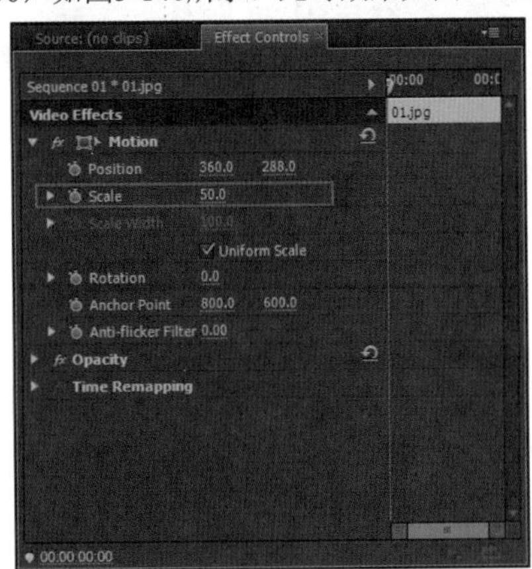

图5—140

05 在【Effects（效果）】窗口中搜索【Invert（反相）】效果，然后按住鼠标左键将其拖曳到Video1轨道的【01.jpg】素材文件上，如图5-142所示。

06 选择Video1轨道上的【01.jpg】素材文件，然后打开【Effect Controls（效果控制）】面板中的【Invert（反相）】效果，设置【Channel（通道）】为【Luminance（发光）】，【Blend With Original（与原始图像混合）】为15%，如图5-143所示。此时，拖动时间线滑块查看最终的效果，如图5-144所示。

图5—141

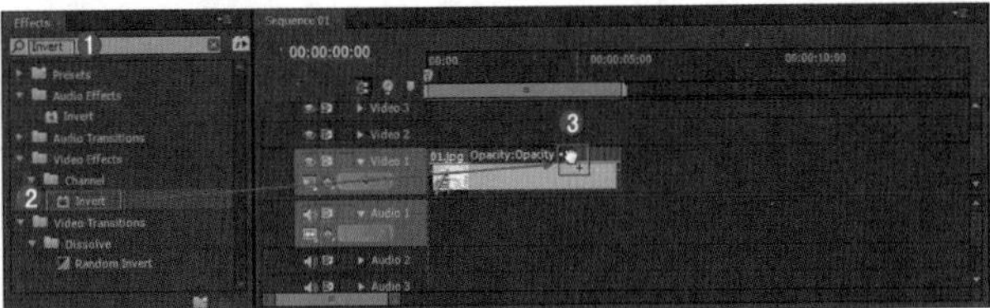

图5—142

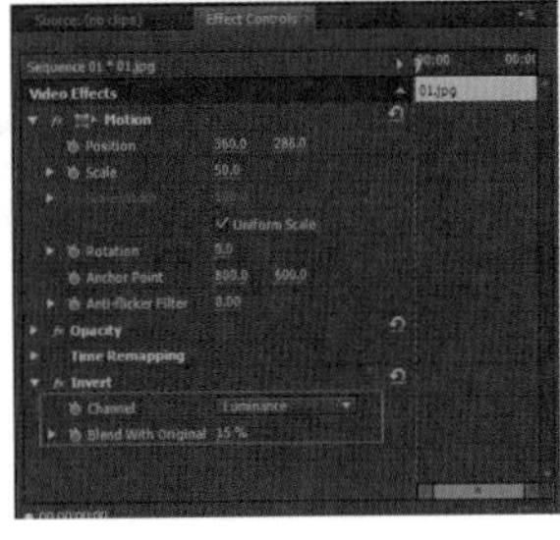

图5—143

图5—144

答疑解惑：反相的主要作用是什么？

反相的主要作用是调整反转图像中的颜色。在对图像进行反相时，通道中每个像素的亮度值都会翻转。即将某个颜色替换成它的补色，一张图像上有很多颜色，每个颜色都会转换成各自的补色，相当于将图像的色相旋转了180度，原来的黑色变白色，绿色变红色。

5.4.6 Set Matte（设置遮罩）

技术速查：Set Matte（设置遮罩）效果可以指定素材的通道作为遮罩与原素材进行混合。

选择【Effects（效果）】窗口中的【Video Effects（视频效果）】/【Channel（通道）/Set Matte（设置遮罩）】效果，如图5-145所示。其参数面板如图5-146所示。

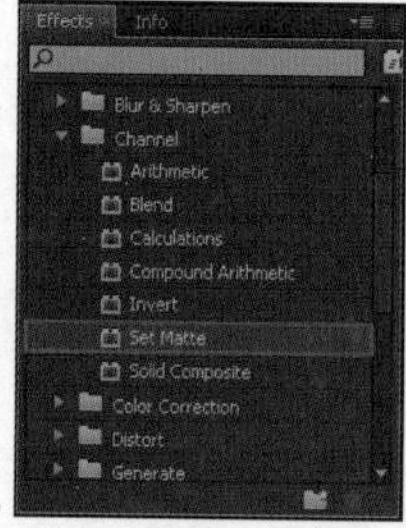

图5—145

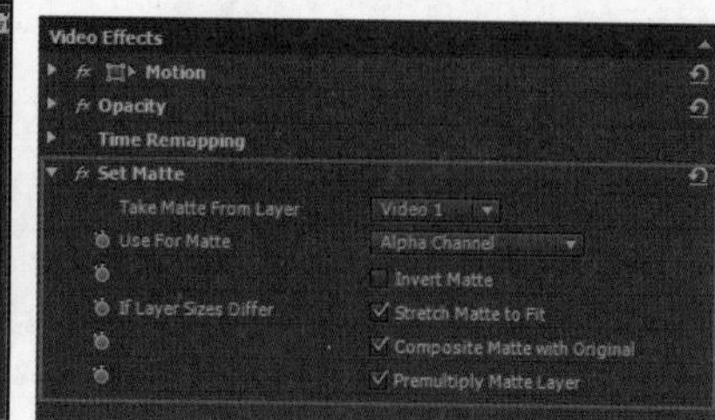

图5—146

- Take Matte From Layer （从图层中获取遮罩）：指定遮罩的获取层。
- Use For Matte（用于遮罩）：伸展作为遮罩的混合通道。
- Invert Matte（反相遮罩）：反转指定的遮罩。如图5-147所示是选中与未选中【Invert Matte（反相遮罩）】复选框的对比效果。

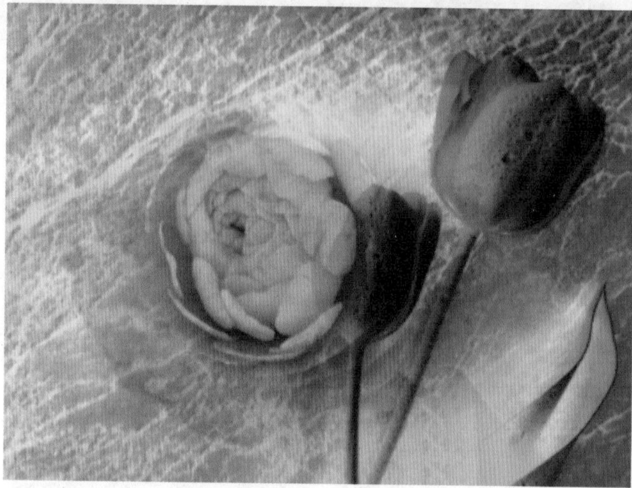

图5—147

- If Layer Sizes Differ（如果图层大小不同）：设置指定的素材层与原素材层大小不同时，所采取的处理方式。
- Stretch Matte To Fit（伸展遮罩以适配）：如果蒙版与素材层大小不同，则可以拉伸至适合。
- Composite Matte with Original（将遮罩与原始图像合成）：用指定的蒙版与原素材混合。
- Premultiply Matte Layer（预先进行遮罩图层正片叠加）：将遮罩图层正片叠加。

5.4.7 Solid Composite （固态合成）

技术速查：固体的综合效果提供了一种快速的方式将原素材的通道与指定的一种颜色值进行混合。

选择【Effects（效果）】窗口中的【Video Effects（视频效果）】/【Channel（通道）】/【Solid Composite （固态合成）】效果，如图5-148所示。其参数面板如图5-149所示。

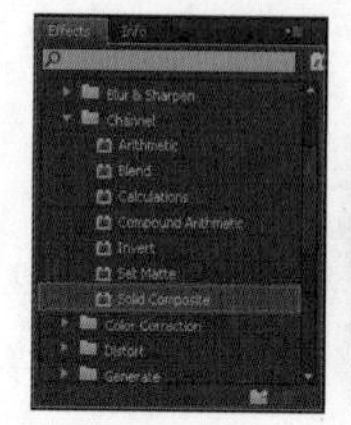

图5—148

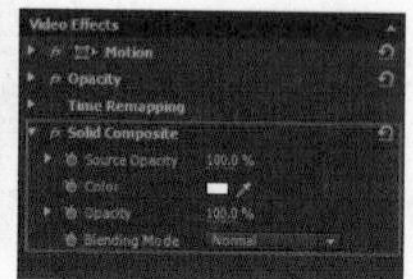

图5—149

- Source Opacity（源透明度）：控制原素材的不透明度。如图5-150所示为Source Opacity（源透明度）数值分别为100%和50%时的对比效果。
- Color（颜色）：指定一种颜色与原素材进行合成。
- Opacity（透明度）：控制指定颜色的不透明度。
- Blending Mode（混合模式）：设置指定颜色与原素材的混合模式。

图5－150

5.5 Distort（扭曲）类视频效果

Distort（扭曲）类视频效果可以制作出Bend（弯曲）、Corner Pin（边角固定）、Lens Distortion（镜头扭曲）和Magnify（放大）等各种扭曲变形的效果。其参数面板如图5-151所示。

图5－151

5.5.1 Bend（弯曲）

技术速查：Bend（弯曲）效果可以使素材在水平和垂直方向上产生波浪形状的扭曲。

选择【Effects（效果）】窗口中的【Video Effects（视频效果）】/【Distort（扭曲）】/【Bend（弯曲）】效果，如图5-152所示。其参数面板如图5-153所示。

图5－152

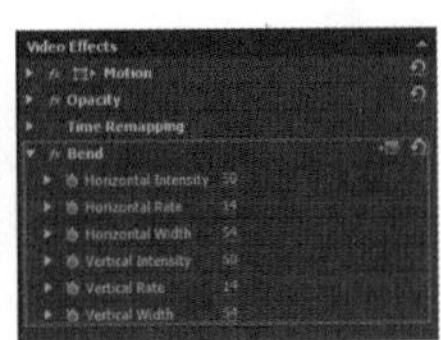

图5－153

单击该效果右侧的▤按钮，弹出如图5-154所示的对话框。

- Direction（方向）：设定弯曲的方向。
- Wave（波形）：指定波的形状。
- Intensity （强度）：指定振幅大小。

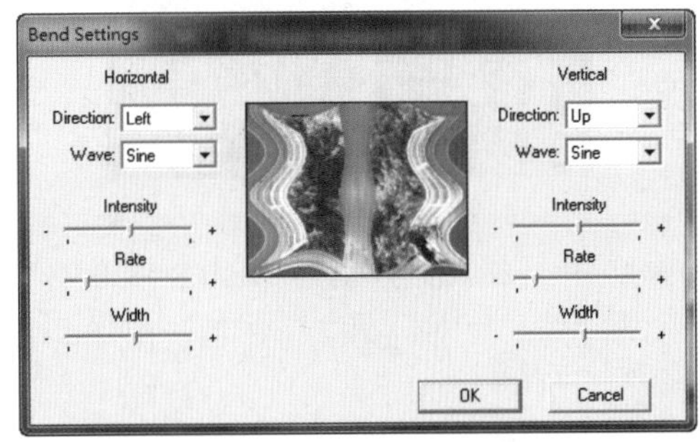

图5－154

- Rate（速率）：波形弯曲的频率。
- Width（宽度）：波形弯曲的宽度。
- Horizontal Intensity（水平强度）：控制水平方向上的弯曲强度。
- Horizontal Rate（水平速率）：控制水平方向上的弯曲频率。

- Horizontal Width（水平宽度）：控制水平方向上的弯曲宽度。
- Vertical Intensity（垂直强度）：控制垂直方向上的弯曲强度。
- Vertical Rate（垂直速率）：控制垂直方向上的弯曲频率。
- Vertical Width（垂直宽度）：控制垂直方向上的弯曲宽度。如图5-155所示为更改数值前后的对比效果。

图5—155

5.5.2 Corner Pin（边角固定）

技术速查：Corner Pin（边角固定）效果可以利用图像四个边角坐标位置的变化对图像进行透视扭曲。

选择【Effects（效果）】窗口中的【Video Effects（视频效果）】/【Distort（扭曲）】/【Corner Pin（边角固定）】效果，如图5-156所示。其参数面板如图5-157所示。

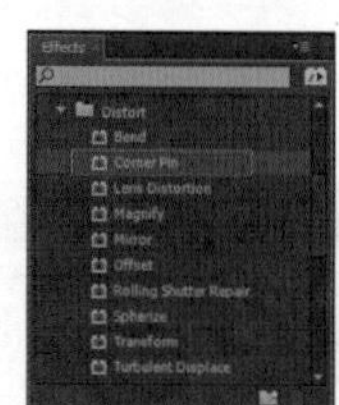

图5—156　图5—157

- Upper Left（左上）、Upper Right（右上）、Lower Left（左下）、Lower Right（右下）：分别用于4个角的坐标参数设置。

★ 案例实战——边角固定效果

案例文件　案例文件\第5章\边角固定效果.prproj
视频教学　视频文件\第5章\边角固定效果.flv
难易指数
技术要点　Corner Pin（边角固定）效果的应用

案例效果

使用边角固定可以将图像制作成不同角度的透视效果，还可以根据4个顶点来对素材进行不同形状的调整。本案例主要是针对“应用边角固定效果”的方法进行练习，如图5-158所示。

图5—158

操作步骤

01 单击【New Project（新建项目）】选项，然后单击【Browse（浏览）】按钮设置保存路径，并在【Name（名称）】文本框中设置文件名称。接着在弹出的对话框中选择【DV-PAL】/【Standard 48kHz】选项，如图5-159所示。

02 选择菜单栏中的【File（文件）】/【Import（导入）】命令或按快捷键【Ctrl+I】，然后在打开的对话框中

选择所需的素材文件，并单击【打开】按钮导入，如图5-160所示。

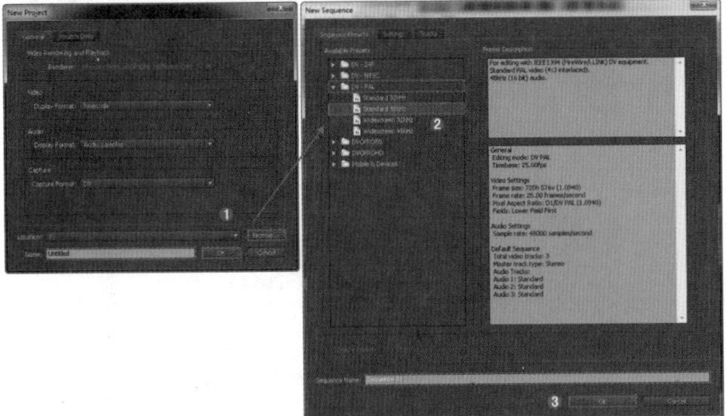

图5-159

图5-160

03 将项目窗口中的【1.jpg】和【2.jpg】素材文件分别拖曳到Video1和Video2轨道上，如图5-161所示。

图5-161

04 选择Video1轨道上的【1.jpg】素材文件，然后在【Effect Controls（效果控制）】面板中设置【Scale（缩放）】为54，如图5-162所示。此时效果如图5-163所示。

05 在【Effects（效果）】面板中搜索【Corner Pin（边角固定）】效果，然后按住鼠标左键将其拖曳到Video1轨道的【1.jpg】素材文件上，如图5-164所示。

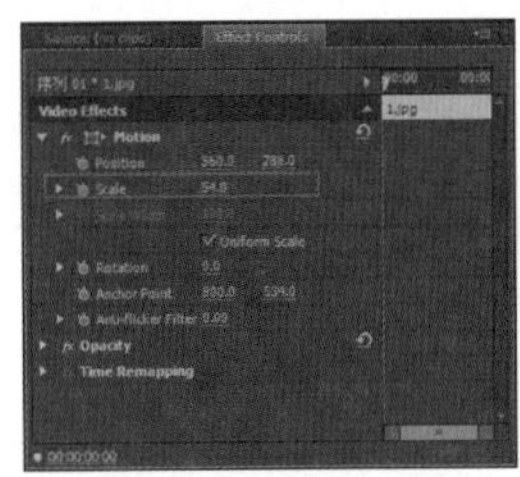

图5-162

图5-163

图5-164

06 选择Video2上的【2.jpg】素材文件，然后打开【Corner Pin（边角固定）】效果，并设置【Scale（缩放）】为30，【Upper Left（左上）】为（162，121），【Upper Right（右上）】为（1724，84），设置【Lower Left（左下）】为（199，1267），【Lower Right（右下）】为（1720，1462），如图5-165所示。此时，拖动时间线滑块查看最终的效果，如图5-166所示。

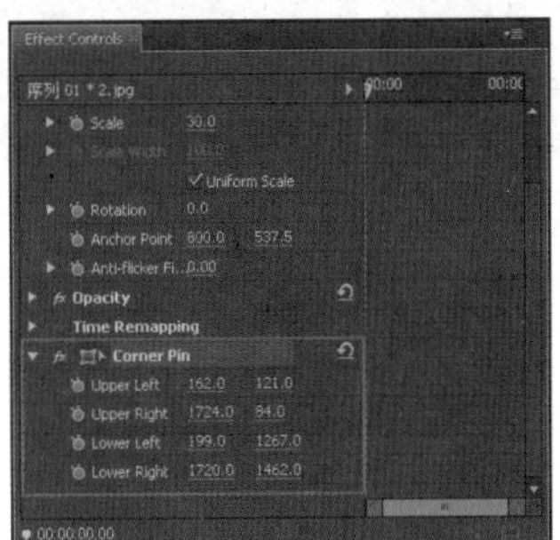

图5-165

图5-166

技巧提示

除了可以在【Effect Controls（效果控制）】面板中调节【Corner Pin（边角固定）】效果，也可以直接在监视器窗口中拖动控制点进行调节，如图5-167所示。

图5-167

5.5.3 Lens Distortion（镜头扭曲）

技术速查：Lens Distortion（镜头扭曲）效果可以使画面沿水平轴和垂直轴扭曲变形。

选择【Effects（效果）】窗口中的【Video Effects（视频效果）】/【Distort（扭曲）】/【Lens Distortion（镜头扭曲）】效果，如图5-168所示。其参数面板如图5-169所示。

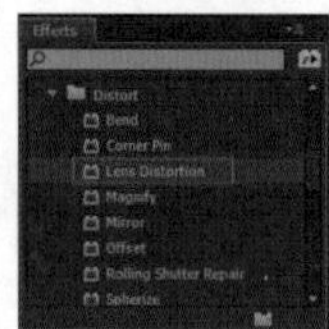

图5-168　图5-169

单击该效果右侧的按钮可以弹出如图5-170所示的对话框。

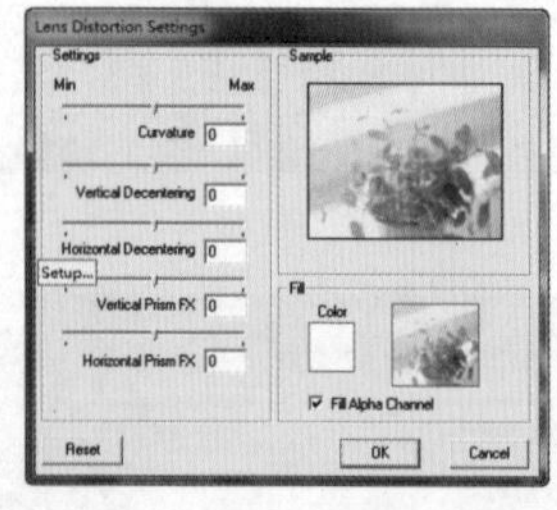

图5-170

- Curvature（弯度）：设置透镜的弯度。
- Vertical/Horizontal Decentering（垂直偏移/水平偏移）：图像在垂直和水平方向上偏离透镜原点的程度。如图5-171所示为 Horizontal Decenterin（水平偏移）数值分别为0和40时的对比效果。
- Vertical/Horizontal Prism FX（垂直棱镜效果/水平棱镜效果）：图像在垂直和水平方向上的扭曲程度。
- Fill Color（填充颜色）：图像偏移过度时背景呈现的颜色。
- Fill Alpha Channel （填充Alpha通道）：选中该复选框，将填充图像的Alpha通道。

图5-171

★ 案例实战——镜头扭曲效果

案例文件	案例文件\第5章\镜头扭曲效果.prproj
视频教学	视频文件\第5章\镜头扭曲效果.flv
难易指数	★★★★★
技术要点	Lens Distortion（镜头扭曲）效果的应用

案例效果

扭曲是指物体因外力作用而扭转变形，是改变物体形状的一种方法。利用镜头扭曲效果可以在不改变原物体形状的情况下在后期制作时制作出扭曲效果。本案例主要是针对“应用镜头扭曲效果”的方法进行练习，如图5-172所示。

图5-172

操作步骤

01 单击【New Project（新建项目）】选项，然后单击【Browse（浏览）】按钮设置保存路径，并在【Name（名称）】文本框中设置文件名称。接着在弹出的对话框中选择【DV-PAL】/【Standard 48kHz】选项，如图5-173所示。

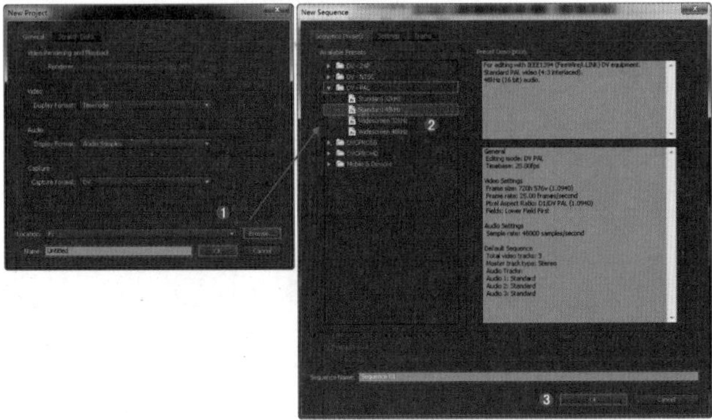

图5—173

02 选择菜单栏中的【File（文件）】/【Import（导入）】命令或按快捷键【Ctrl+I】，在打开的对话框中选择所需的素材文件，并单击【打开】按钮导入，如图5-174所示。

图5—174

03 将项目窗口中的【01.jpg】素材文件拖曳到Video1轨道上，如图5-175所示。

图5—175

04 在【Effects（效果）】窗口中搜索【Lens Distortion（镜头扭曲）】效果，然后按住鼠标左键将其拖曳到Video1轨道的【01.jpg】素材文件上，如图5-176所示。

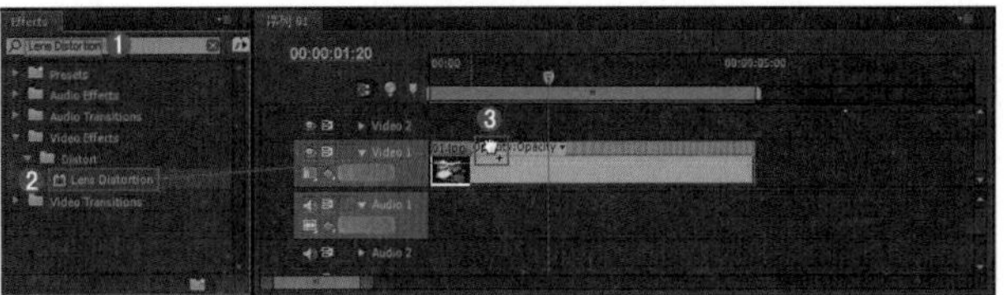

图5—176

05 选择Video1轨道上的【01.jpg】素材文件，然后打开【Lens Distortion（镜头扭曲）】效果，并设置【Curvature（弯度）】为-70，【Hortical Decentering（水平偏移）】为22，【Vertical Prism FX（水平棱镜效果）】为12，如图5-177所示。此时，拖动时间线滑块查看最终的效果，如图5-178所示。

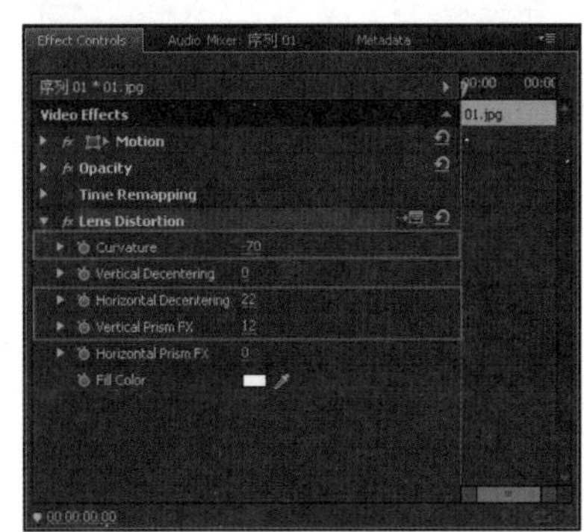

图5—177

图5—178

答疑解惑：镜头扭曲效果可以应用于哪些方面？

镜头扭曲是产生一种将图像进行旋转的效果。中心的旋转程度比边缘的旋转程度大，而且边扭曲边对图像进行球面化的挤压。可以用于影视转场和针对某一对象制作出类似扭曲旋转消失的效果。

5.5.4 Magnify（放大）

技术速查：Magnify（放大）效果可以使素材产生类似放大镜的扭曲变形效果。

选择【Effects（效果）】窗口中的【Video Effects（视频效果）】/【Distort（扭曲）】/【Magnify（放大）】效果，如图5-179所示。其参数面板如图5-180所示。

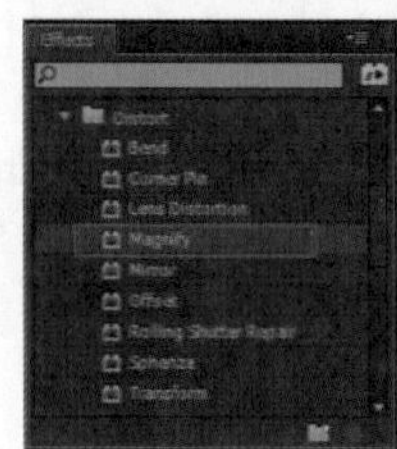

图5—179

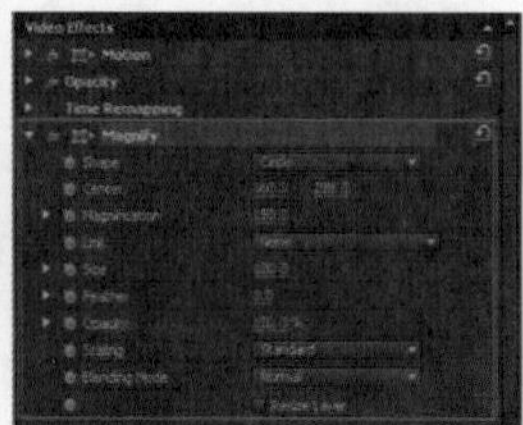

图5—180

- Shape（形状）：放大区域的形状。
- Center（中心）：放大区域的中心点。
- Magnification（放大率）：调整放大镜倍数。
- Link（链接）：设置放大镜与放大倍数的关系。
- Size（大小）：以像素为单位放大区域的半径。
- Feather（羽化）：设置放大镜的边缘模糊程度。如图5-181所示为Feather（羽化）数值分别为0和300时的对比效果。

图5—181

- Opacity（透明度）：设置放大镜的透明程度。
- Scaling（缩放）：选择缩放图像的类型。
- Blending Mode（混合模式）：混合模式的使用，结合原有的剪辑放大区域。
- Resize Layer（调整层）：如果选择调整层，放大区域可能超出原剪辑的边界。

5.5.5 Mirror（镜像）

技术速查：Mirror（镜像）效果可以按照指定的方向和角度将图像沿某一条直线分割为两部分，制作出相反的画面效果。

选择【Effects（效果）】窗口中的【Video Effects（视频效果）】/【Distort（扭曲）】/【Mirror（镜像）】效果，如图5-182所示。其参数面板如图5-183所示。

图5—182

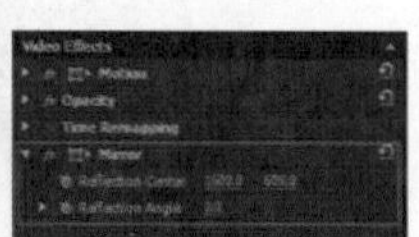

图5—183

- Reflection Center（反射中心）：调整反射中心点的坐标位置。如图5-184所示为修改Reflection Center（反射中心）参数为1024和512后的对比效果。

图5—184

- Reflection Angle（反射角）：调整反射角度。

★ 案例实战——镜像效果

案例文件	案例文件\第5章\镜像效果.prproj
视频教学	视频文件\第5章\镜像效果.flv
难易指数	★★★★★
技术要点	Mirror（镜像）效果的应用

案例效果

镜像效果，可以将素材图像复制出相反的图像效果，可以在同一画面中制作出两张相对应的镜像效果。本案例主要是针对“应用镜像效果”的方法进行练习，如图5-185所示。

图5—185

操作步骤

01 单击【New Project（新建项目）】选项，然后单击【Browse（浏览）】按钮设置保存路径，并在【Name（名称）】文本框中设置文件名称。接着在弹出的对话框中选择【DV-PAL】/【Standard 48kHz】选项，如图5-186所示。

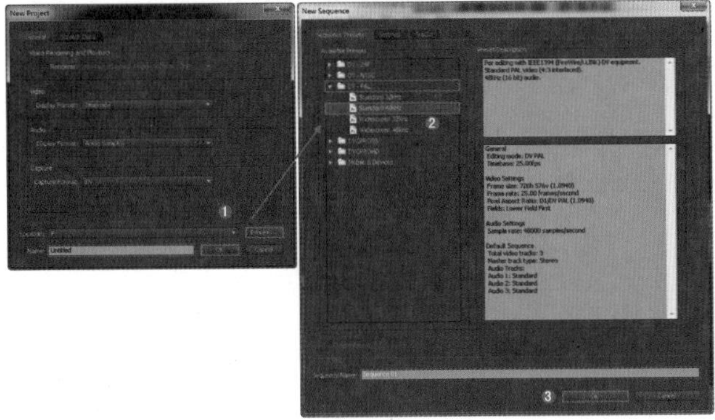

图5—186

02 选项菜单栏中的【File（文件）】/【Import（导入）】命令或按快捷键【Ctrl+I】，然后在打开的对话框中选择所需的素材文件，并单击【打开】按钮导入，如图5-187所示。

图5—187

03 将项目窗口中的【01.jpg】素材文件拖曳到Video1轨道上，如图5-188所示。

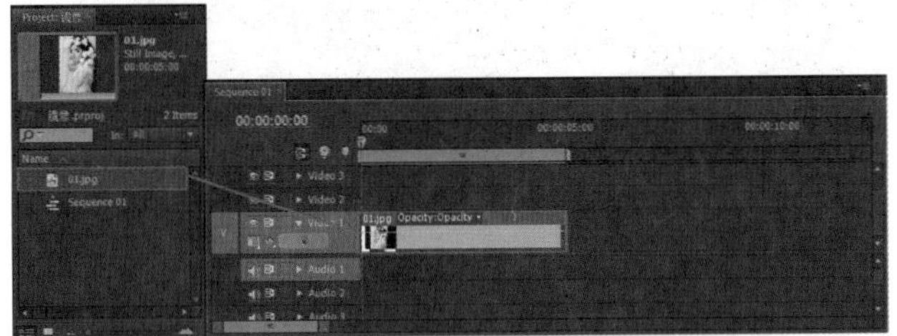

图5—188

04 选择Video1轨道上的【01.jpg】素材文件，然后在【Effect Controls（效果控制）】面板中设置【Position（位置）】为（230，390），【Scale（缩放）】为138，如图5-189所示。此时效果如图5-190所示。

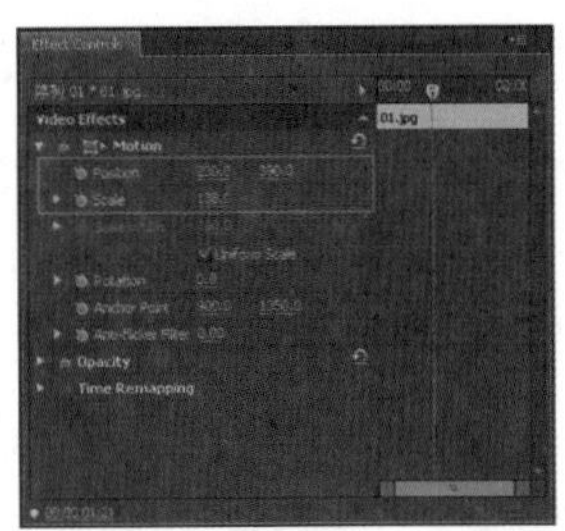

图5—189

图5—190

05 在【Effects（效果）】窗口中搜索【Mirror（镜像）】效果，然后按住鼠标左键将其拖曳到Video1轨道的【01.jpg】素材文件上，如图5-191所示。

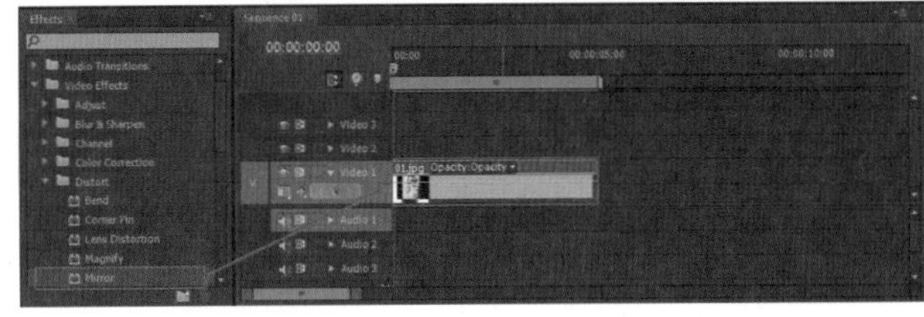

图5—191

06 选择Video1轨道上的【01.jpg】素材文件，然后打开【Effect Controls（效果控制）】面板中的【Mirror（镜像）】效果，并设置【Refletion Center（反射中心）】为（1391，1350），如图5-192所示。此时，拖动时间线滑块查看最终的效果，如图5-193所示。

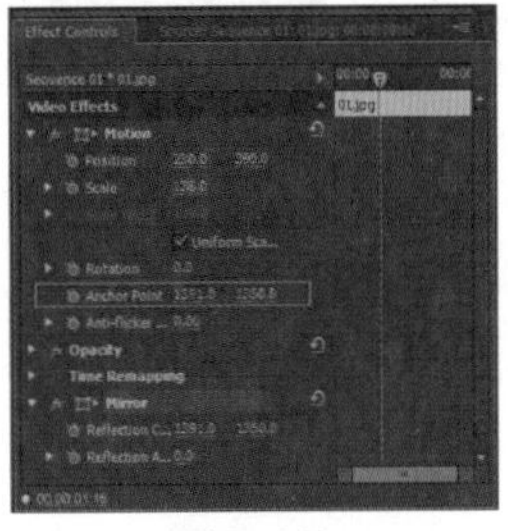

图5—192

图5—193

答疑解惑：镜像效果可以制作哪些效果？

利用镜像效果可以制作出很多有重复图像出现的画面，例如，本案例中制作的相连的人物效果。可以据此扩展思路，将植物、风景、建筑等利用镜像效果制作出不同的镜像效果。也可以制作出“三头六臂”的画面效果。

5.5.6 Offset（偏移）

技术速查：Offset（偏移）效果可以应用不同的形式对素材进行扭曲变形处理。

选择【Effects（效果）】窗口中的【Video Effects（视频效果）】/【Distort（扭曲）】/【Offset（偏移）】效果，如图5-194所示。其参数面板如图5-195所示。

图5—194

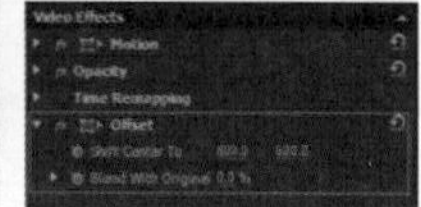

图5—195

- Shift Center To（移中心至）：调整中心点的坐标位置。
- Blend With Original（与原始图像混合）：设置效果与原图像间的混合比例。

如图5-196所示为修改参数前后的对比效果。

图5—196

5.5.7 Rolling Shutter Repair（卷帘快门修复）

技术速查：Rolling Shutter Repair（卷帘快门修复）效果的功能有助于消除滚动快门伪影。

选择【Effects（效果）】窗口中的【Video Effects（视频效果）】/【Distort（扭曲）】/【Rolling Shutter Repair（卷帘快门修复）】效果，如图5-197所示。其参数面板如图5-198所示。

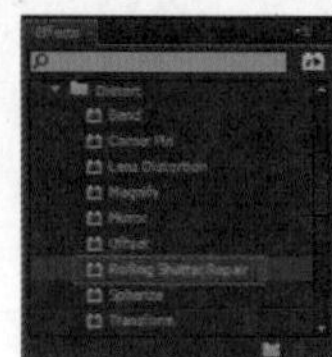

图5—197

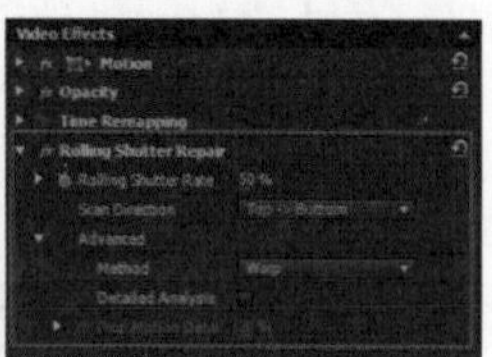

图5—198

- Rolling Shutter Rate（卷帘快门的速率）：卷帘快门的速率百分比。如图5-199所示是Rolling Shutter Rate（卷帘快门的速率）值为0和80的对比效果。
- Scan Direction（扫描方向）：扫描方向包括Top→/Bottom（从上到下）、Bottom→/Top（从下到上）、Left→/Right（从左到右）和Right→/Left（从右到左）。

图5—199

- Advanced（高级）：高级选项。
- Method（方法）：包括Warp（弯曲）和Pixel Motion（像素运动）。
- Detailed Analysis（详细分析）：是否开启详细分析。
- Pixel Motion Detail（像素运动详情）：像素运动详情的百分比。

5.5.8 Spherize（球面化）

技术速查：Spherize（球面化）效果可以使素材产生球形的扭曲变形效果。

选择【Effects（效果）】窗口中的【Video Effects（视频效果）】/【Distort（扭曲）】/【Spherize（球面化）】效果，如图5-200所示。其参数面板如图5-201所示。

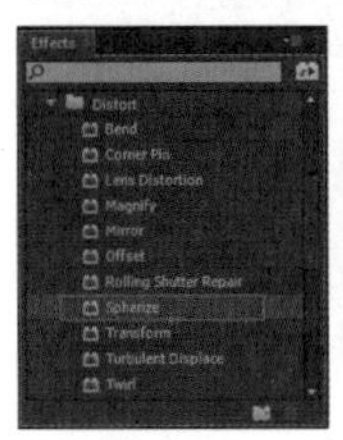

图5—200

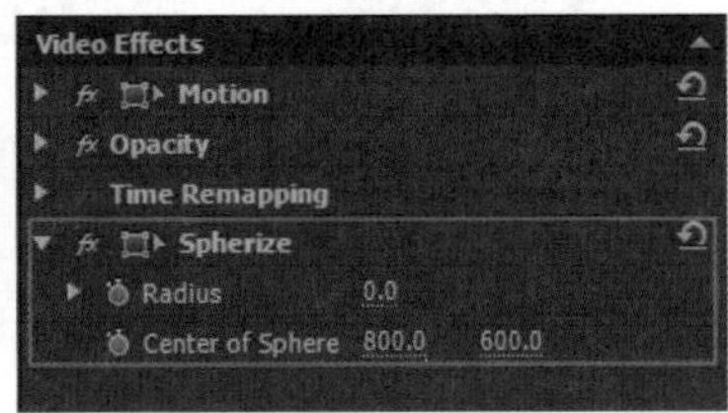

图5—201

- Radius（半径）：设置变形球体的半径。如图5-202所示为Radius（半径）数值分别为0和400时的对比效果。

图5—202

- Center of Sphere（球面中心）：设置变形球体中心点的坐标。

5.5.9 Transform（变换）

技术速查：Transform（变换）可以对图像的定位点、位置、尺寸、透明度、倾斜度和快门角度等进行综合调整。

选择【Effects（效果）】窗口中的【Video Effects（视频效果）】/【Distort（扭曲）】/【Transform（变换）】效果，如图5-203所示。其参数面板如图5-204所示。

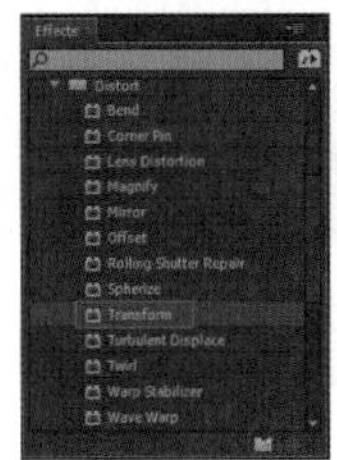

图5—203

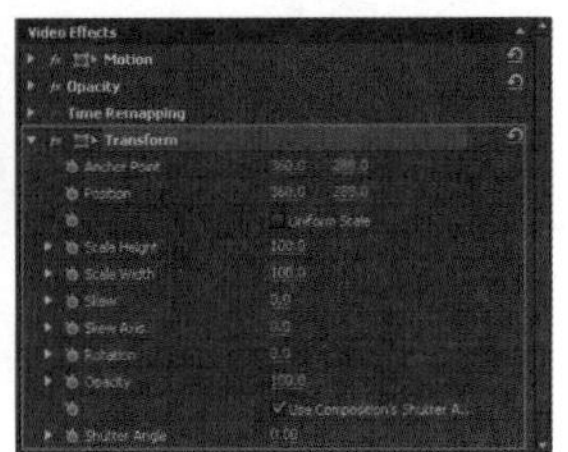

图5—204

- Anchor Point（定位点）：设置图像的定位点中心坐标。
- Position（位置）：设置图像的位置中心坐标。
- Uniform Scale（统一缩放）：选中该复选框，图像将进行等比例缩放。
- Scale Height（缩放高度）：设置图像高度的缩放。
- Scale Width（缩放宽度）：设置图像宽度的缩放。
- Skew（倾斜）：设置图像的倾斜度。如图5-205所示为Skew（倾斜）数值分别为0和50时的对比效果。

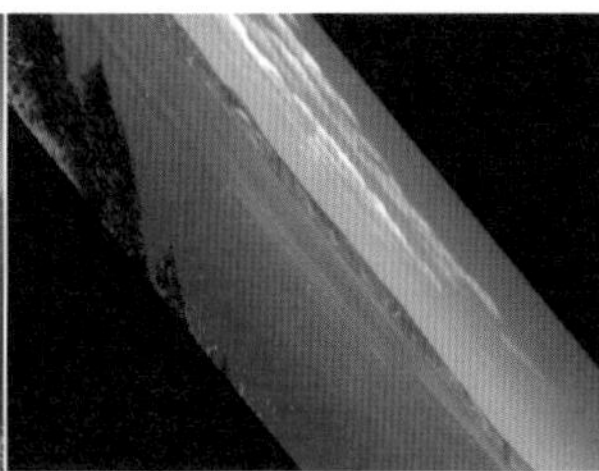

图5—205

- Skew Axis（倾斜轴）：控制倾斜的轴向。
- Rotation（旋转）：控制素材旋转的度数。
- Opacity（透明度）：控制图像的透明程度。如图5-206所示为Opacity（透明度）数值分别为100和45时的对比效果。

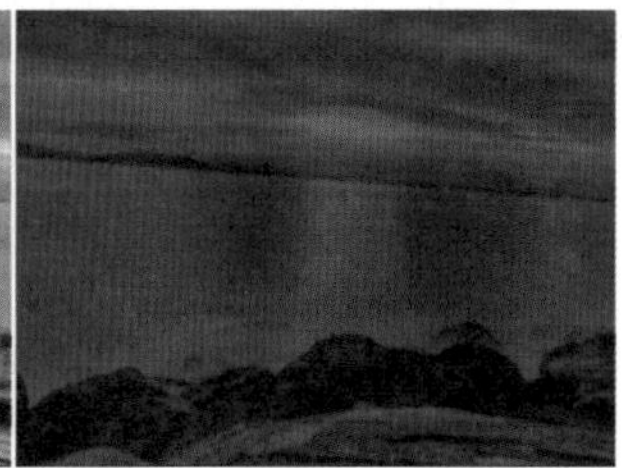

图5—206

- Use Composition's Shutter Angle（使用合成的快门角度）：选中该复选框，在运动模糊中使用混合图像的快门角度。
- Shutter Angle（快门角度）：控制运动模糊的快门角度。

5.5.10 Turbulent Displace（紊乱置换）

技术速查：Turbulent Displace（紊乱置换）效果可以使素材产生各种凸起、旋转等效果。

选择【Effects（效果）】窗口中的【Video Effects（视频效果）】/【Distort（扭曲）】/【Turbulent Displace（紊乱置换）】效果，如图5-207所示。其参数面板如图5-208所示。

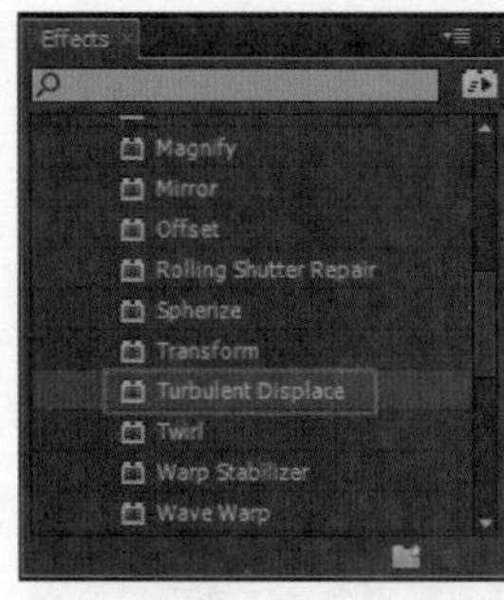

图5-207

图5-209

Video Effects
Motion
Opacity
Time Remapping
Turbulent Displace
Displacement Turbulent
Amount 50.0
Size 100.0
Offset (Turbulence) 800.0 600.0
Complexity 1.0
Evolution 0.0
Evolution Options
Pinning Pin All
Antialiasing for Best Quality Low

图5-208

- Displacement（置换）：可选择一种置换变形的命令。
- Amount（数量）：控制变形扭曲的数量。如图5-209所示为Amount（数量）数值分别为0和50时的对比效果。
- Size（大小）：控制变形扭曲的大小程度。
- Offset（偏移）：控制动荡变形的坐标位置。
- Complexity（复杂化）：控制动荡变形的复杂程度。
- Evolution（演化）：控制变形的成长程度。
- Pinning（固定）：可选择固定的形式。
- Antialiasing for Best Quality（消除锯齿）：可选择图形的抗锯齿质量。

5.5.11 Twirl（旋转扭曲）

技术速查：Twirl（旋转扭曲）效果可以使素材产生沿指定中心旋转变形的效果。

选择【Effects（效果）】窗口中的【Video Effects（视频效果）】/【Distort（扭曲）】/【Twirl（旋转扭曲）】效果，如图5-210所示。其参数面板如图5-211所示。

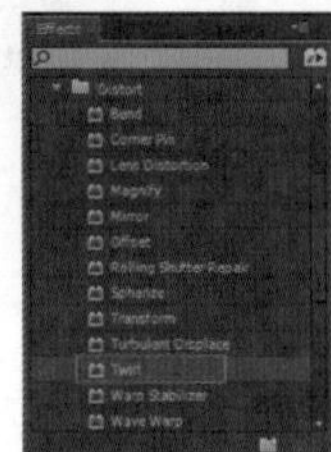

图5-210

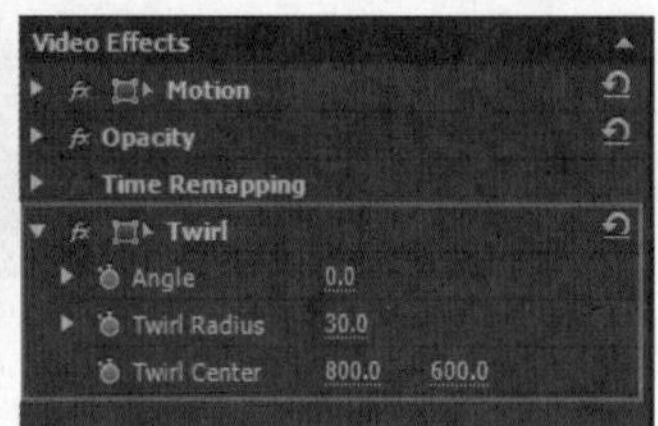

图5-211

- Angle（角度）：设置素材旋转的角度。如图5-212所示为Angle（角度）数值分别为0和80时的对比效果。

图5-212

- Twirl Radius（旋转扭曲半径）：控制素材旋转的半径值。
- Twirl Center（旋转扭曲中心）：控制素材旋转的中心点坐标位置。

5.5.12 Warp Stabilizer（弯曲稳定）

技术速查：Warp Stabilizer（弯曲稳定）效果可以轻松地使晃动的相机平稳地移动并自动锁定镜头。

选择【Effects（效果）】窗口中的【Video Effects（视频效果）】/【Distort（扭曲）】/【Warp Stabilizer（弯曲稳定）】效果，如图5-213所示。其参数面板如图5-214所示。

图5-213

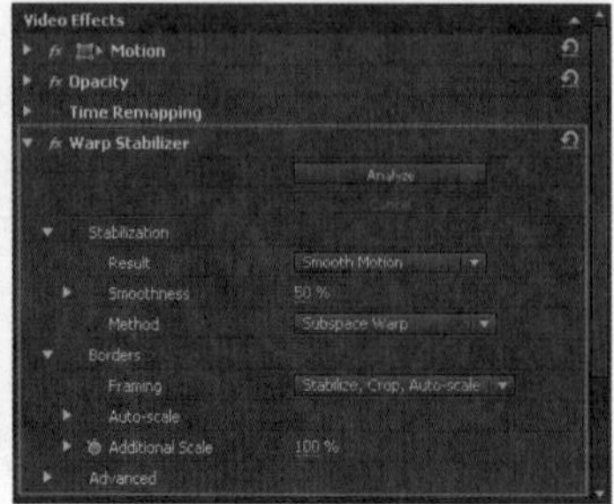

图5-214

- Analyze（分析）：弯曲稳定分析。
- Cancel（撤销）：撤销分析。
- Result（效果）：选择效果类型。
- Smoothness（平滑）：设置平滑的百分比。
- Method（模式）：选择模式。
- Framing（图像定位）：选择图像定位的类型。
- Auto-scale（自动缩放）：设置自动缩放效果。
- Additional Scale（附加比例）：附加比例的百分比。
- Advanced（高级）：高级选项。

5.5.13 Wave Warp（波形弯曲）

技术速查：Wave Warp（波形弯曲）效果可以使素材产生一种类似水波浪的扭曲效果。

选择【Effects（效果）】窗口中的【Video Effects（视频效果）】/【Distort（扭曲）】/【Wave Warp（波形弯曲）】效果，如图5-215所示。其参数面板如图5-216所示。

图5-215

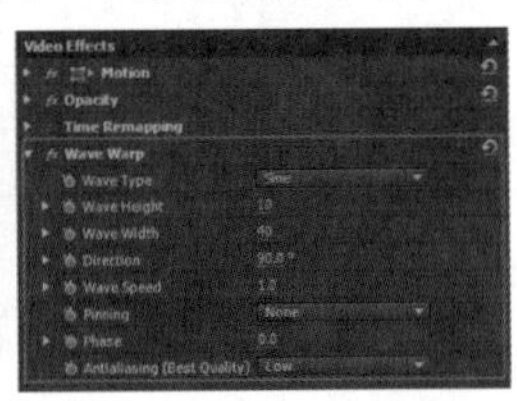

图5-216

- Wave Type（波形类型）：可选择波浪的形状。
- Wave Height（波形高度）：设置波浪的高度。如图5-217所示为 Wave Height（波形高度）数值分别为0和25时的对比效果。
- Wave Width（波形宽度）：设置波浪的宽度。

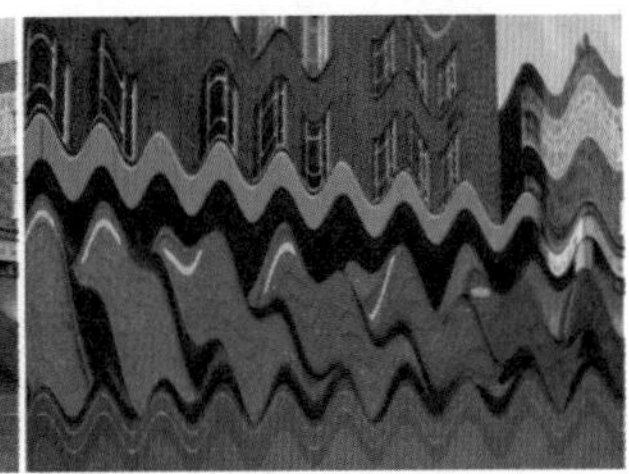

图5-217

- Direction（方向）：控制波浪的角度方向。
- Wave Speed（波形速度）：控制产生波浪速度的大小。
- Pinning（固定）：可选择固定的形式。
- Phase（相位）：设置波浪的位置。
- Antialiasing（消除锯齿）：可选择素材的抗锯齿质量。

5.6 Generate（生成）类视频效果

该滤镜组中的效果主要是对素材进行效果处理，渲染生成镜头光晕、闪电等效果。Generate（生成）文件夹中有12种效果处理方式。选择【Effects（效果）】窗口中的【Video Effects（视频效果）】/【Generate（生成）】效果，如图5-218所示。

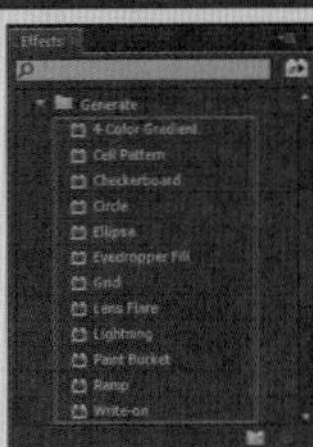

图5-218

5.6.1 4-Color Gradient（四色渐变）

技术速查：4-Color Gradient（四色渐变）效果可以在视频素材上通过调节透明度和叠加的方式，产生特殊的四色渐变的效果。

选择【Effects（效果）】窗口中的【Video Effects（视频效果）】/【Generate（生成）】/【4-Color Gradient（四色渐变）】效果，如图5-219所示。其参数面板如图5-220所示。

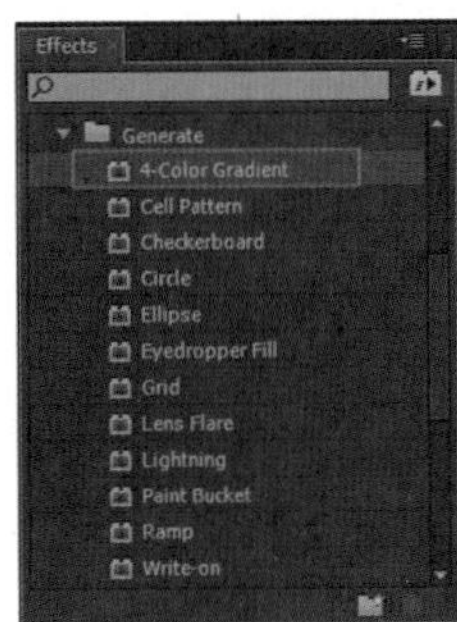

图5-219

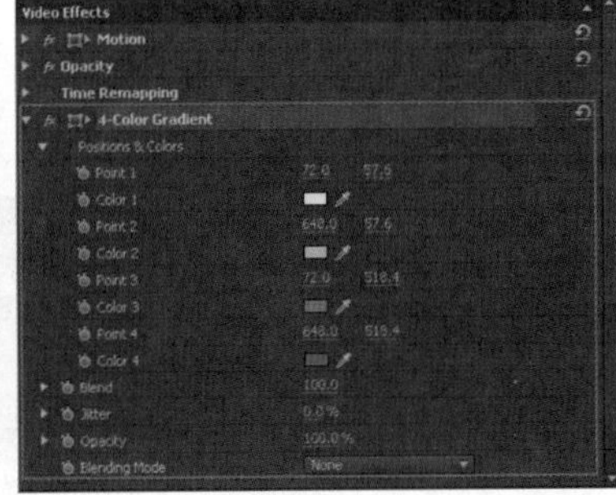

图5-220

添加4-Color Gradient（四色渐变）效果前后的对比实例如图5-221所示。

图5-221

- Positions&Color（位置和颜色）：设置渐变点位置和RGB值。不同的数值会产生不同的效果。
- Blend（混合）：设置渐变的4种颜色的混合百分比。如图5-222所示为Blend（混合）分别为5和500的对比效果。

图5-222

- Jitter（抖动）：设置颜色变化的百分比。
- Opacity（不透明度）：设置渐变层的不透明度。如图5-223所示为Jitter（抖动）和Opacity（不透明度）设置为0%与100%的对比效果。

图5-223

- Blending Mode（混合模式）：设置渐变层与素材的混合方式。如图5-224所示为Blending Mode（混合模式）为Hard light（强光）和Soft Light（柔光）的对比效果。

图5-224

★ 案例实战——四色渐变效果

案例文件	案例文件\第5章\四色渐变效果.prproj
视频教学	视频文件\第5章\四色渐变效果.flv
难易指数	★★★★★
技术要点	4-Color Gradient（四色渐变）效果的应用

案例效果

颜色渐变是柔和晕染开来的色彩，或从明到暗，或由深转浅，或是从一个颜色到另一个颜色的过渡，充满无尽的变换气息。本案例主要是针对“应用四色渐变效果”的方法进行练习，如图5-225所示。

操作步骤

Part01 制作四色渐变颜色

01 单击【New Project（新建项目）】选项，然后单击【Browse（浏览）】按钮设置保存路径，并在【Name（名称）】文本框中设置文件名称。接着在弹出的对话框中选择【DV-PAL】/【Standard 48kHz】选项，如图5-226所示。

图5-225

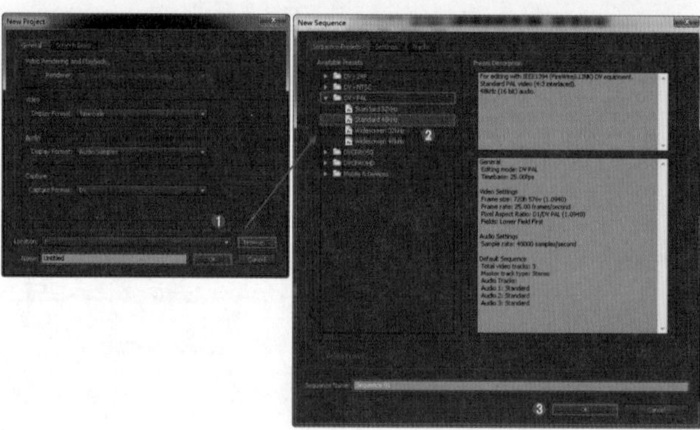

图5-226

02 选择菜单栏中的【File（文件）】/【Import（导入）】命令或按快捷键【Ctrl+I】，然后在打开的对话框中选择所需的素材文件，并单击【打开】按钮导入，如图5-227所示。

图5-227

03 将项目窗口中的【01.jpg】素材文件拖曳到Video1轨道上，如图5-228所示。

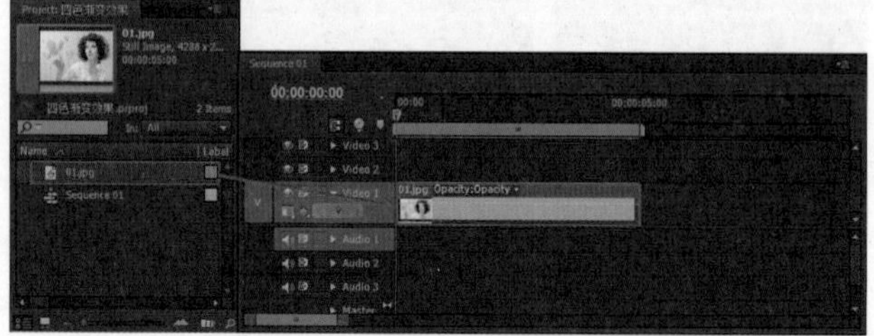

图5-228

04 选择Video1轨道上的【01.jpg】素材文件，然后在【Effect Controls（效果控制）】面板中设置【Scale（缩放）】为21，如图5-229所示。此时效果如图5-230所示。

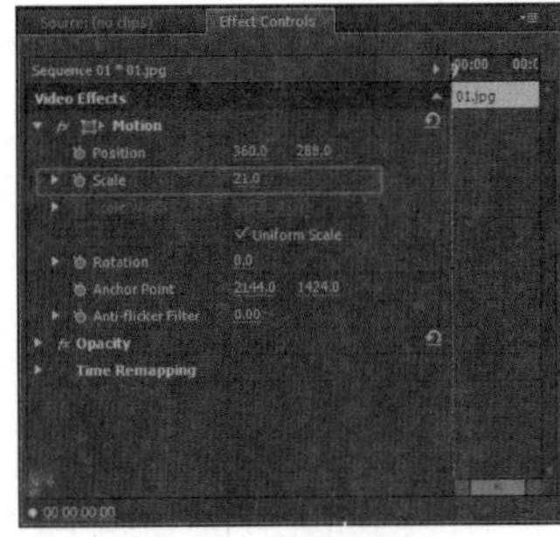

图5-229

图5-230

05 在【Effects（效果）】窗口中搜索【4-Color Gradient（四色渐变）】效果，然后按住鼠标左键将其拖曳到Video1轨道的【01.jpg】素材文件上，如图5-231所示。

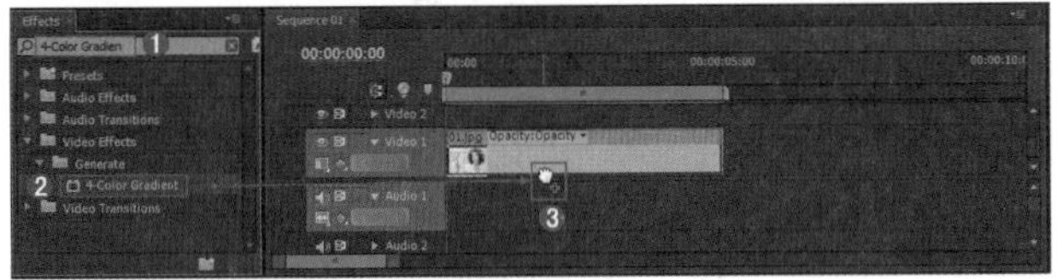

图5-231

06 选择时间线Video1上的【01.jpg】素材文件，然后打开【4-Color Gradient（四色渐变）】效果，并设置【Opacity（不透明度）】为70%，【Blending Mode（混合模式）】为【Hard Light（强光）】，如图5-232所示。此时效果如图5-233所示。

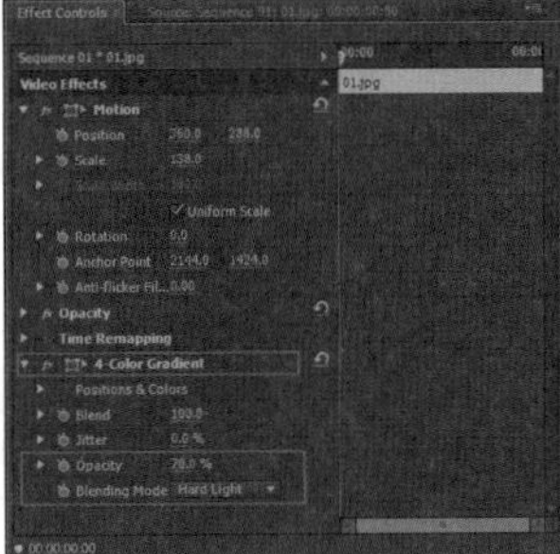

图5-232

图5-233

07 打开【4-Color Gradient（四色渐变）】效果下的【Positions & Colors（位置&颜色）】，并设置【Point 1（点1）】为（681，364），【Color 1（颜色1）】为黄色（R：251，G：216，B：96）。设置【Point 2（点2）】为（2033，1598），【Color 2（颜色2）】为绿色（R：0，G：175，B：12），如图5-234所示。此时效果如图5-235所示。

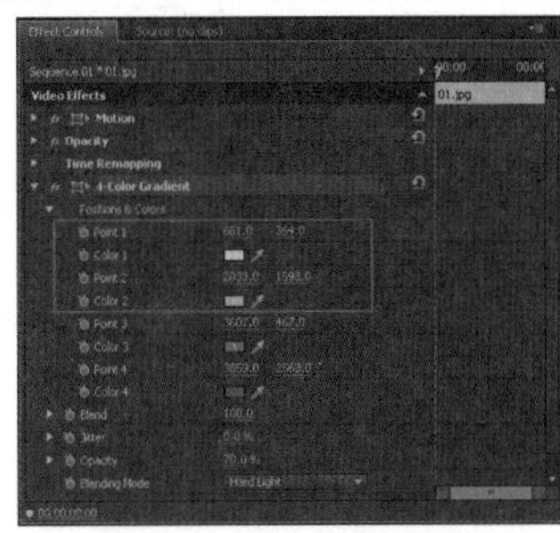

图5-234

图5-235

08 继续设置【Point 3（点3）】为（3607，467），【Color 3（颜色3）】为粉色（R：251，G：52，B：159）。设置【Point 4（点4）】为（3859，2563），【Color 4（颜色4）】为蓝色（R：0，G：0，B：255），如图5-236所示。此时效果如图5-237所示。

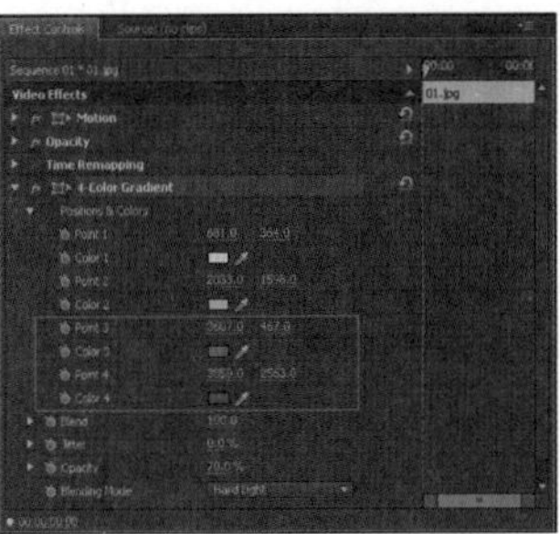

图5-236

图5—237

Part02 制作文字

01 为素材创建字幕。选择【Title（字幕）】/【New Title（新建字幕）】/【Default Still（默认静态字幕）】命令，并在弹出的【New Title（新建字幕）】对话框中单击【OK（确定）】按钮，如图5-238所示。

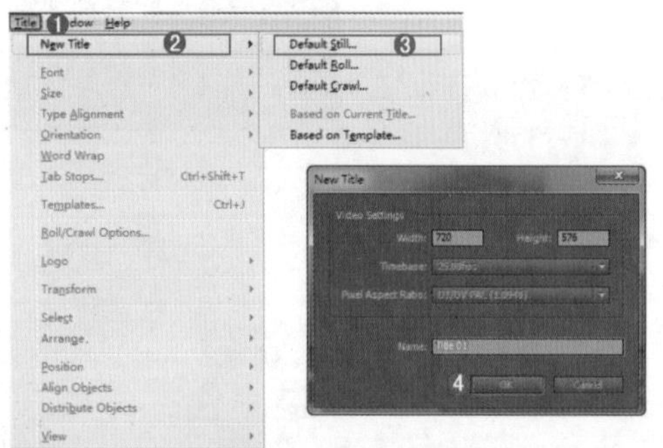

图5—238

02 在字幕窗口中单击T（横排文字工具）按钮，然后在字幕工作区输入文字“We Heart”，接着设置合适的【Font Family（字体）】，【Color（字体颜色）】为白色（R：255，G：255，B：255）。最后选中【Shadow（阴影）】复选框，设置【Opacity（不透明度）】为40%，【Distance（距离）】为13，【Spread（扩散）】为29，如图5-239所示。

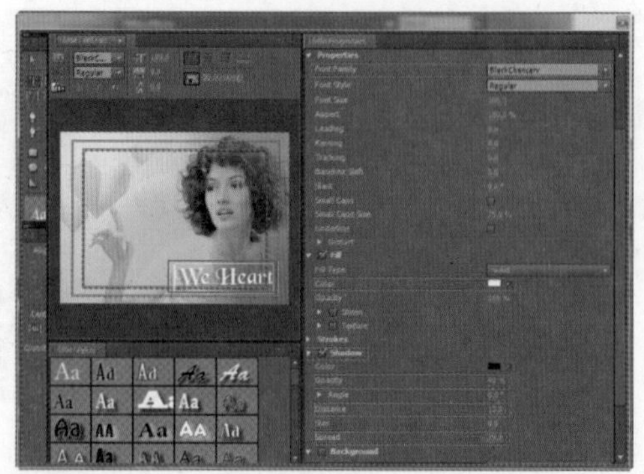

图5—239

03 关闭字幕窗口，将项目窗口中的【Title 01】素材文件拖曳到Video2轨道上，如图5-240所示。

图5—240

04 此时拖动时间线滑块查看，最终效果如图5-241所示。

图5—241

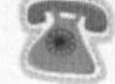

答疑解惑：如何使用四色渐变？

四色渐变效果可以在图像和视频素材上通过调节透明度和叠加的方式，产生特殊的四色渐变的效果。但是也只能最多有4个颜色的渐变。可以利用四色渐变来制作渐变玻璃色彩和Lomo风格，再为素材添加模糊和自然光等效果，制作出自然舒适的色彩感觉。

5.6.2 Cell Pattern （蜂巢模式）

技术速查：Cell Pattern （蜂巢模式）效果可以在视频素材上添加蜂巢模式，通过调节其参数控制静态或动态的背景纹理和图案。

选择【Effects（效果）】窗口中的【Video Effects（视频效果）】/【Generate（生成）】/【Cell Pattern （蜂巢模式）】效果，如图5-242所示。其参数面板如图5-243所示。

- Cell Pattern（细胞模式）：设置细胞模式的样式，如Bubbles（气泡）、Crystals（晶体）等12种样式，如图5-244所示。

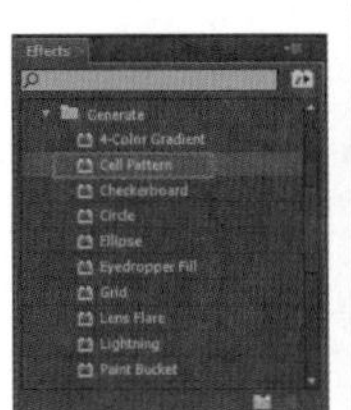

图5-242

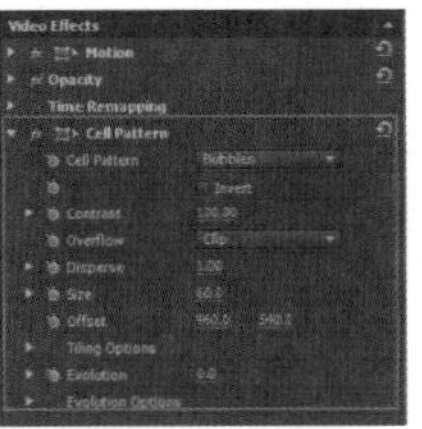

图5-243

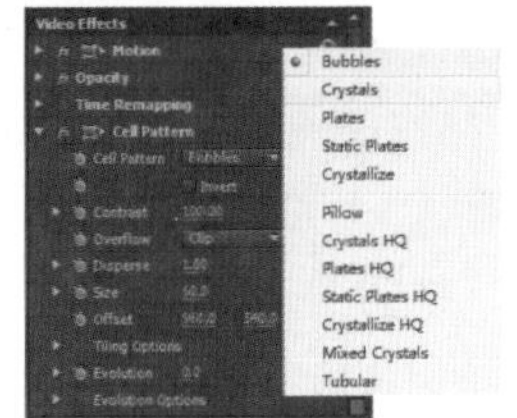

图5-244

如图5-245所示为Cell Pattern（细胞模式）设置为Bubbles（气泡）和Crystals（晶体）时的对比效果。

- Invert（倒置）：选中该复选框时，蜂巢颜色间转换。
- Contrast（对比度）：设置锐化值。
- Overflow（溢出）：设置蜂巢图案溢出部分的方式。
- Disperse（分散）：设置蜂巢图案的分散程度。

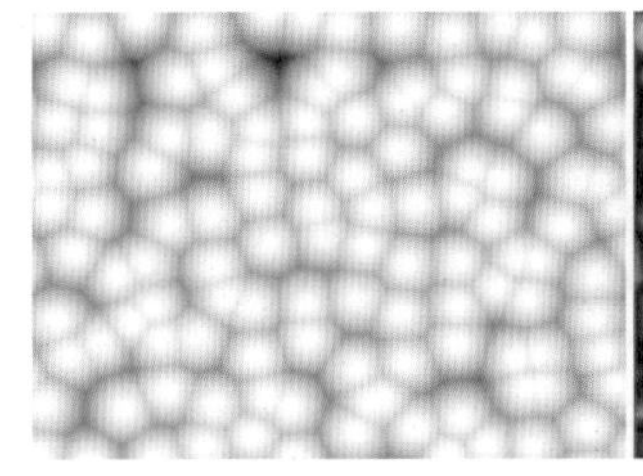

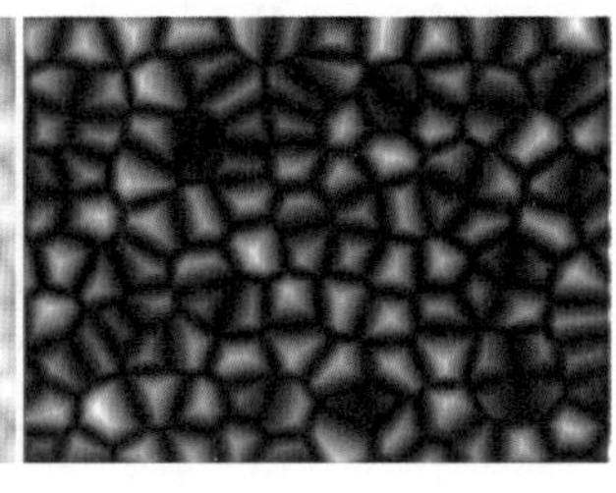

图5-245

- Size（大小）：设置蜂巢图案的大小。如图5-246所示为Cell Pattern（细胞模式）设置为Crystallize （结晶），Disperse（分散）分别设置为1与1.5，Size（大小）分别设置为95和30时的对比效果。

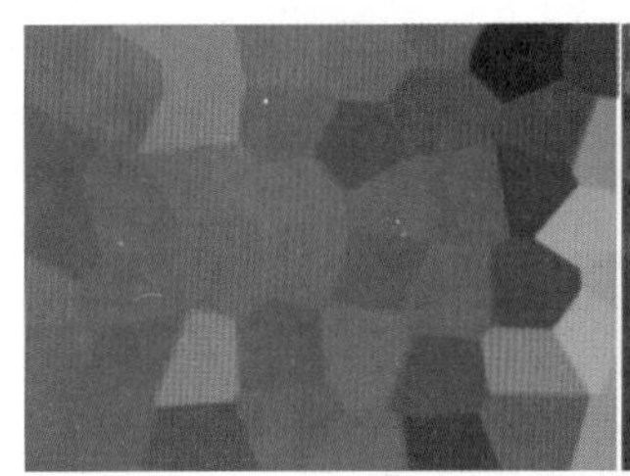

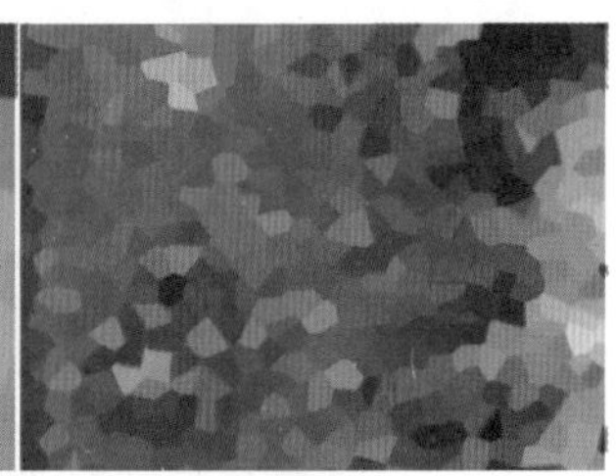

图5-246

- Offset（偏移）：设置蜂巢图案的坐标位置。
- Tiling Options（拼贴选项）：设置蜂巢图案水平与垂直的单元数量。
- Evolution（演化）：设置蜂巢图案的运动角度。
- Evolution Options（演化选项）：设置蜂巢图案的运动参数。

5.6.3 Checkerboard（棋盘）

技术速查：Checkerboard（棋盘）效果可以在视频素材上添加，产生特殊的矩形的棋盘效果。

选择【Effects（效果）】窗口中的【Video Effects（视频效果）】/【Generate（生成）】/【Checkerboard（棋盘）】效果，如图5-247所示。其参数面板如图5-248所示。

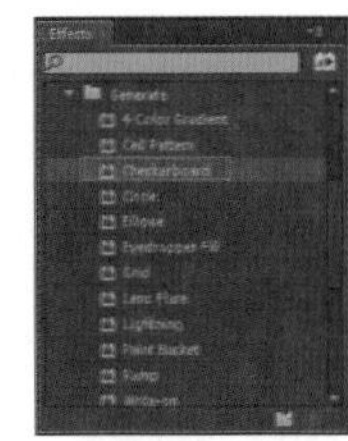

图5-247

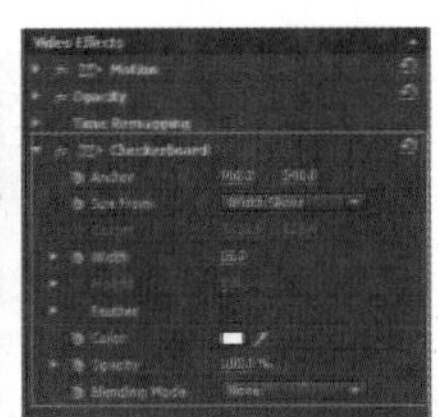

图5-248

- Anchor（定位点）：设置棋盘格的坐标位置。
- Size From（位置大小）：设置棋盘格的大小。包括棋盘格的Corner Point（角点）、Width Slider（宽度滑块）、Width & Height Sliders（宽度和高度滑块），此3项并联使用时，分别产生Corner（边角）、Width（宽度）和Height（高度）这三个并联的选项。
- Corner（边角）：设置棋盘格的边角位置和大小。
- Width（宽度）：设置棋盘格的宽度。
- Height（高度）：设置棋盘格的高度。如图5-249所示为Width（宽度）分别设置为25和130，Height（高度）分别设置为10和130的对比效果。

图5-249

- Feather（羽化）：设置格子之间的羽化值。
- Color（颜色）：设置格子填充的颜色。如图5-250所示为Color（颜色）分别设置为黄色和蓝色的对比效果。

图5-250

● Opacity（不透明度）：设置棋盘格的不透明度。

● Blending Mode（混合模式）：设置棋盘格和原素材的混合程度。

5.6.4 Circle（圆）

技术速查：Circle（圆）效果可以在视频素材上通过添加一个圆形，并对其半径、羽化、混合模式等参数进行调节产生特殊的效果。

选择【Effects（效果）】窗口中的【Video Effects（视频效果）】/【Generate（生成）】/【Circle（圆）】效果，如图5-251所示。其参数面板如图5-252所示。

图5-251　图5-252

● Center（中心）：设置圆形的中心坐标位置。

● Radius（半径）：设置圆形的半径。

● Edge（边缘）：设置并联的Edge Radius（边缘半径）、Thickness（厚度）、Thickness * Radius（厚度*半径）、Thickness & Feather * Radius（厚度和羽化*半径）参数是否捆绑在一起。

● Feather（羽化）：设置边缘的柔化程度。

● Invert Circle（反向圆形）：选中该复选框，反转圆形在素材中的区域。

● Color（颜色）：设置圆形颜色。

● Opacity（不透明度）：设置圆形的不透明度。

● Blending Mode（混合模式）：设置圆形和素材的混合模式。如图5-253所示是Overlay（覆盖）混合模式下Radius（半径）分别为150和450的对比效果。

图5-253

5.6.5 Ellipse（椭圆）

技术速查：Ellipse（椭圆）效果是在素材视频上添加一个椭圆，透过调节它的大小、透明度、混合程度等产生的效果。

选择【Effects（效果）】窗口中的【Video Effects（视频效果）】/【Generate（生成）】/【Ellipse（椭圆）】效果，如图5-254所示。其参数面板如图5-255所示。

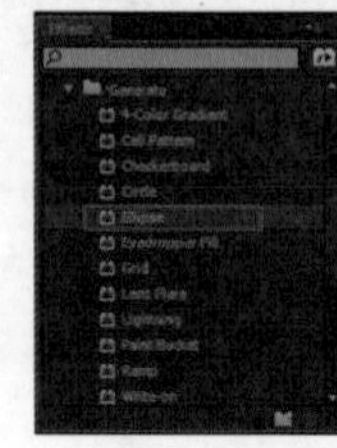

图5-254

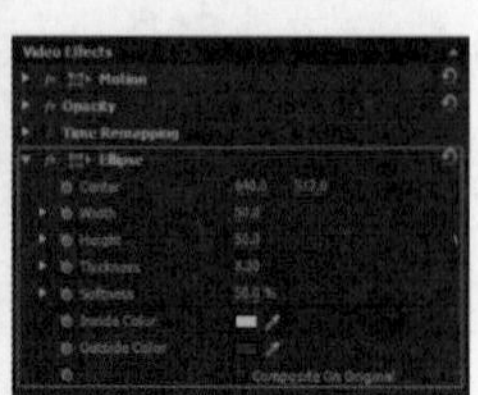

图5-255

● Center（中心）：设置椭圆的坐标位置。

● Width（宽度）：设置椭圆的宽度。如图5-256所示为Width（宽度）分别设置为450和750的对比效果。

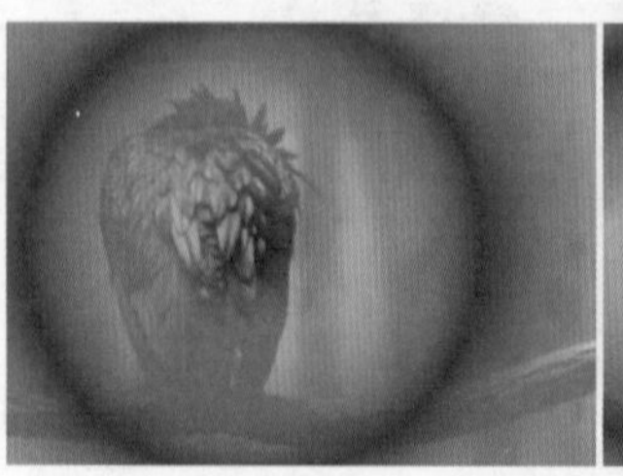
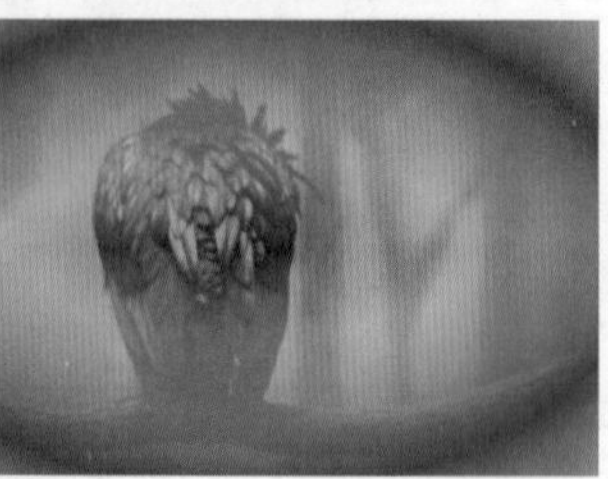

图5-256

● Height（高度）：设置椭圆的高度。

● Thickness（厚度）：设置椭圆的厚度。

● Softness（柔化）：设置椭圆边缘的柔化程度。

● Inside Color（内边颜色）：设置线条内边的颜色。

● Outside Color（外边颜色）：设置线条外边的颜色。

5.6.6 Eyedropper Fill（吸色管填充）

技术速查：Eyedropper Fill（吸色管填充）效果可以利用视频素材中的颜色，对素材进行填充修改，可调整素材的整体色调。

选择【Effects（效果）】窗口中的【Video Effects（视频效果）】/【Generate（生成）】/【Eyedropper Fill（吸色管填充）】效果，如图5-257所示。其参数面板如图5-258所示。

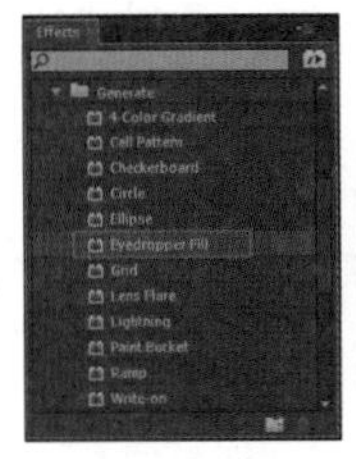

图5-257

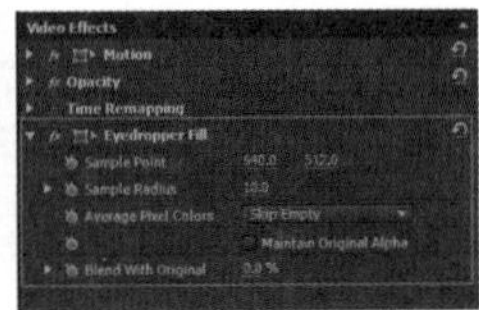

图5-258

- Sample Point（取样点）：设置颜色的取样点。
- Sample Radius（取样半径）：设置颜色的取样半径。
- Average Pixel Colors（平均像素半径）：设置平均像素半径的方式。
- Maintain Original Alpha（保持原始的Alpha）：选中该复选框，保持原素材的Alpha。
- Blend With Original（与原始图像混合）：设置填充色和原素材的不透明度。如图5-259所示为Sample Point（取样点）分别设置为（-207，4455）和（249，3372），Sample Radius（取样半径）分别设置为200和55，Blend With Original（与原始图像混合）分别为100%和60%的对比效果。

图5-259

5.6.7 Grid（网格）

技术速查：Grid（网格）效果可以为素材添加不同大小和混合模式的网格效果。

选择【Effects（效果）】窗口中的【Video Effects（视频效果）】/【Generate（生成）】/【Grid（网格）】效果，如图5-260所示。其参数面板如图5-261所示。

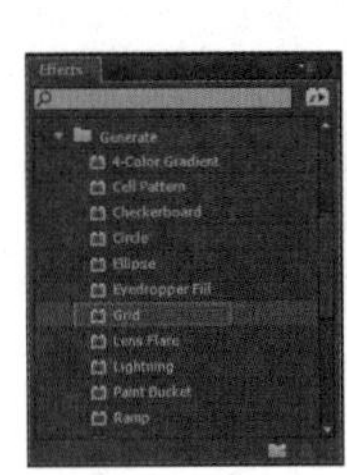

图5-260

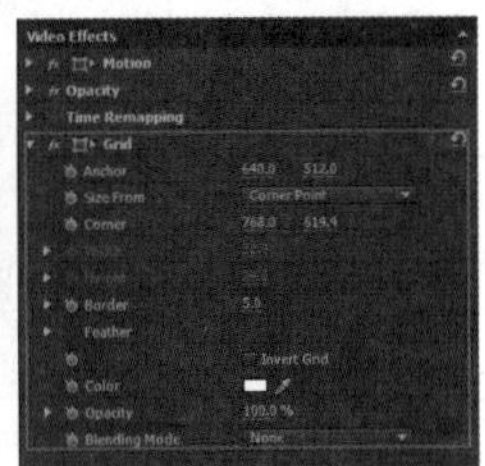

图5-261

- Anchor（定位点）：设置水平和垂直方向的网格数量。
- Size From（位置大小）：设置并联的3个选项，包括Corner Point（角点）、Width Slider（宽度滑块）、Width & Height Sliders（宽度和高度滑块），并产生不同的并联选项。如图5-262所示为Size From（位置大小）分别设置为Corner Point（角点）和Width Slider（宽度滑块）的对比效果。

图5-262

- Corner（边角）：设置网格的边角位置及网格数量。
- Width（宽度）：设置网格的宽度。
- Height（高度）：设置网格的高度。
- Border（边框）：设置网格的粗细。
- Feather（羽化）：设置水平和垂直网格的柔化程度。
- Invert Grid（反转网格）：选中该复选框时，反转网格效果。如图5-263所示为Border（边框）为15时，是否选中Invert Grid（反转网格）复选框的对比效果。

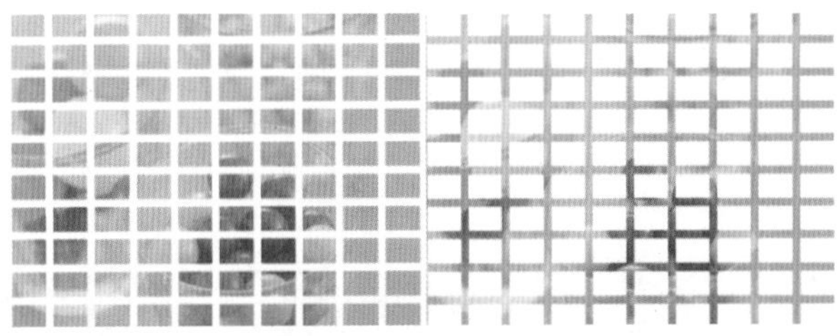

图5-263

- Color（颜色）：设置网格的颜色。
- Opacity（不透明度）：设置网格的不透明度。
- Blending Mode（混合模式）：设置网格和素材的混合模式。如图5-264所示为Color（颜色）分别设置为白色和蓝色，Opacity（不透明度）分别设置为100%和90%，Blending Mode（混合模式）分别设置为Normal（正常）和Soft Light（柔光）的对比效果。

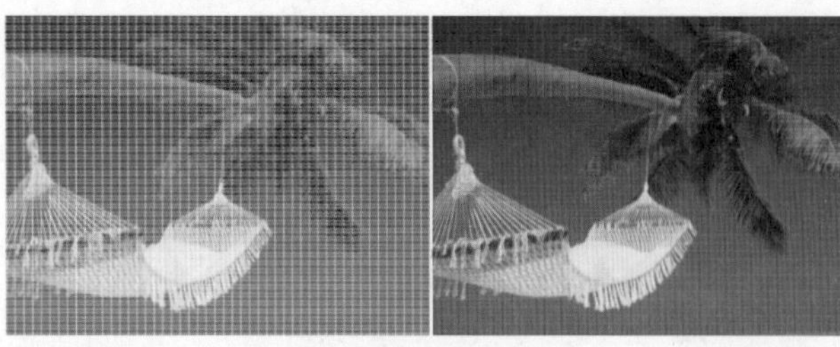

图5-264

★ 案例实战——网格效果

案例文件	案例文件\第5章\网格效果.prproj
视频教学	视频文件\第5章\网格效果.flv
难易指数	★★★★
技术要点	Grid（网格）效果的应用

案例效果

使用网格效果，可以制作出不同的画面混合效果，使画面更加多样和丰富。本案例主要是针对“应用网格效果”的方法进行练习，如图5-265所示。

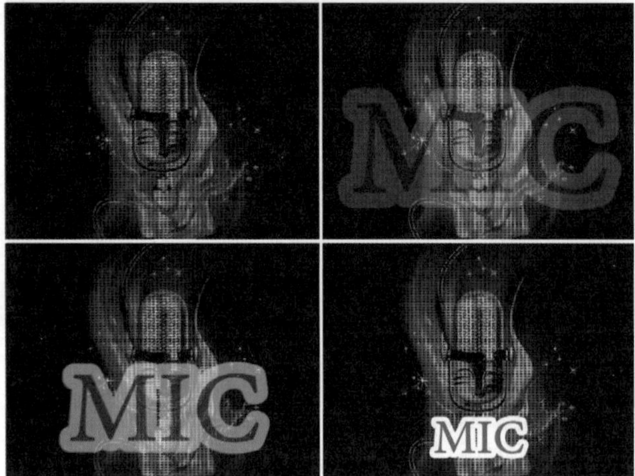

图5-265

操作步骤

Part01 制作网格的素材效果

01 单击【New Project（新建项目）】选项，然后单击【Browse（浏览）】按钮设置保存路径，并在【Name（名称）】文本框中设置文件名称。接着在弹出的对话框中选择【DV-PAL】/【Standard 48kHz】选项，如图5-266所示。

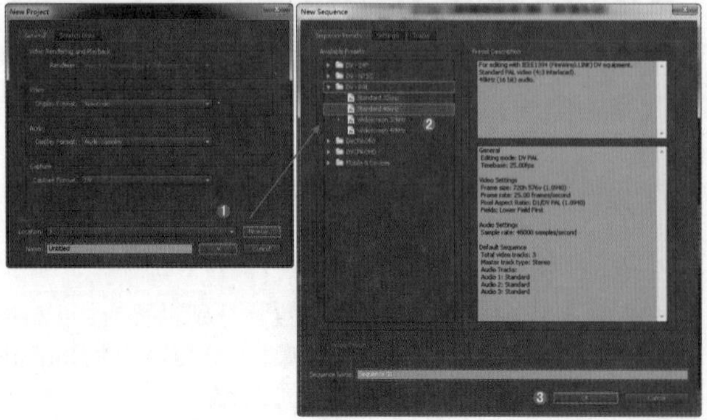

图5-266

02 选择菜单栏中的【File（文件）】/【Import（导入）】命令或按快捷键【Ctrl+I】，然后在打开的对话框中选择所需的素材文件，并单击【打开】按钮导入，如图5-267所示。

图5-267

03 将项目窗口中的【背景.jpg】素材文件拖曳到Video1轨道上，如图5-268所示。

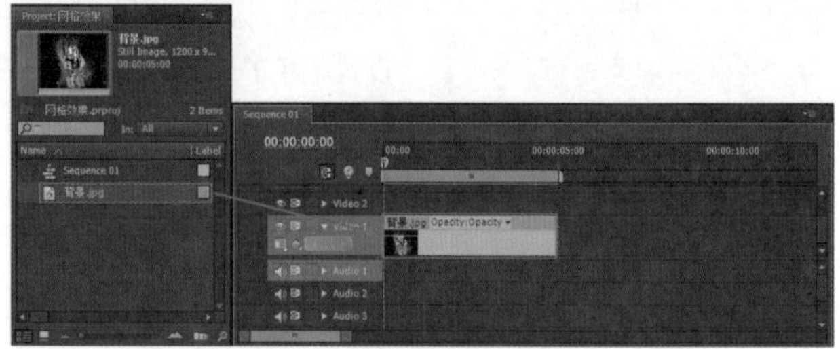

图5-268

04 选择Video1轨道上的【01.jpg】素材文件，然后在【Effect Controls（效果控制）】面板中设置【Scale（缩放）】为138，如图5-269所示。此时效果如图5-270所示。

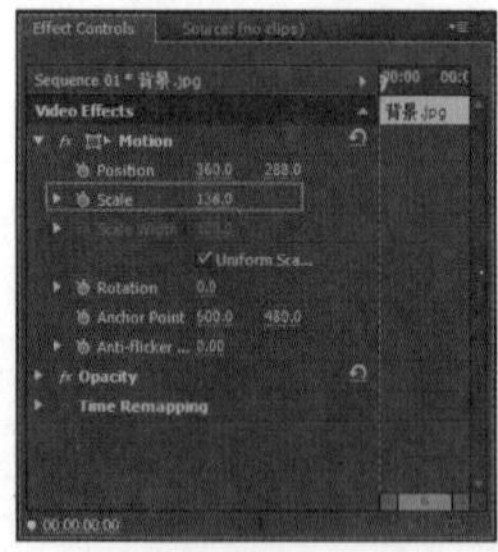

图5-269

图5-270

05 在菜单栏中选择【File（文件）】/【New（新建）】/【Black Video（黑场）】命令，然后在弹出的对话框中单击【OK（确定）】按钮，如图5-271所示。

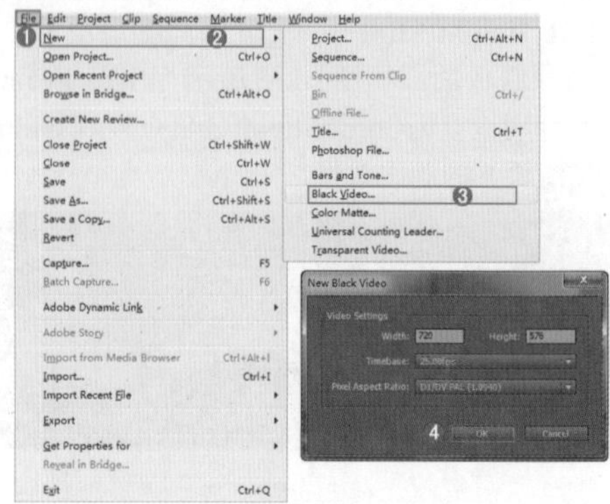

图5-271

技巧提示

也可以单击项目窗口下面的【New Item（新建项目）】按钮，并在弹出的菜单中选择【Black Video（黑场）】选项，然后在弹出的对话框中单击【OK（确定）】按钮，如图5-272所示。

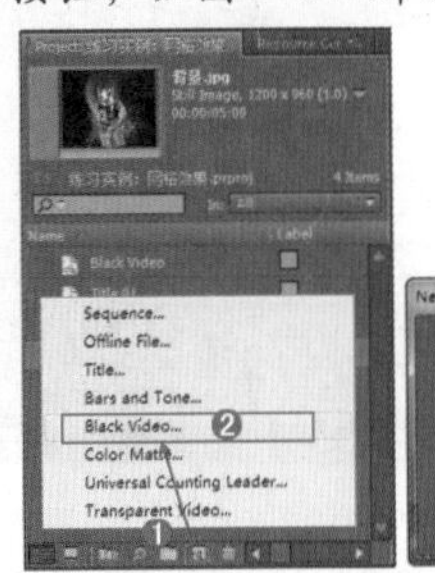
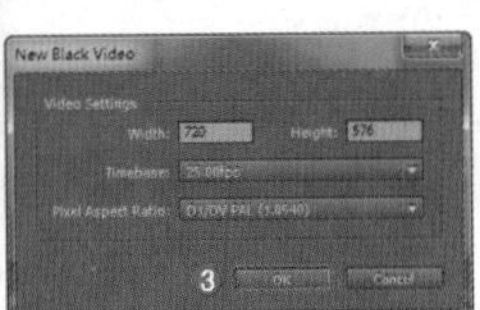

图5-272

06 将项目窗口中的【Black Video（黑场）】素材文件拖曳到Video2轨道上，如图5-273所示。

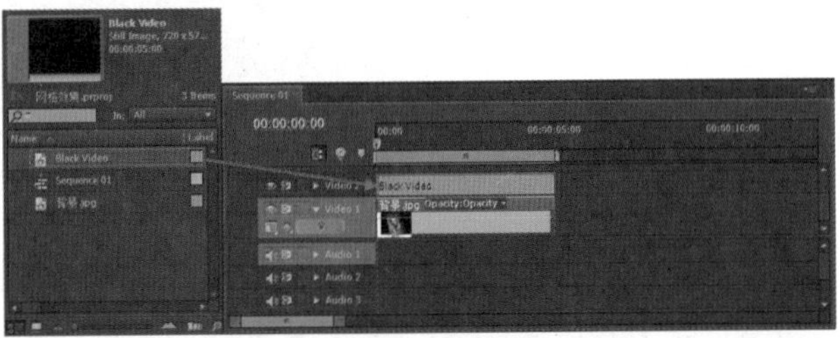

图5-273

07 在【Effects（效果）】窗口中搜索【Grid（网格）】效果，然后按住鼠标左键将其拖曳到Video2轨道的【Black Video（黑场）】素材文件上，如图5-274所示。

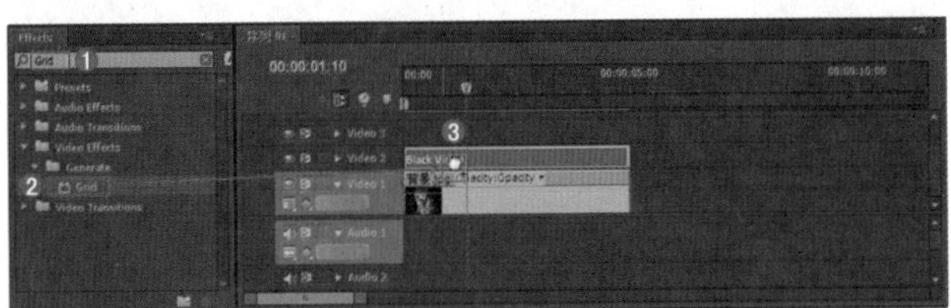

图5-274

08 选择Video2轨道上的【Black Video（黑场）】素材文件，然后打开【Grid（网格）】效果，并设置【Corner（边角）】为（370，295），【Border（边框）】为4，如图5-275所示。此时效果如图5-276所示。

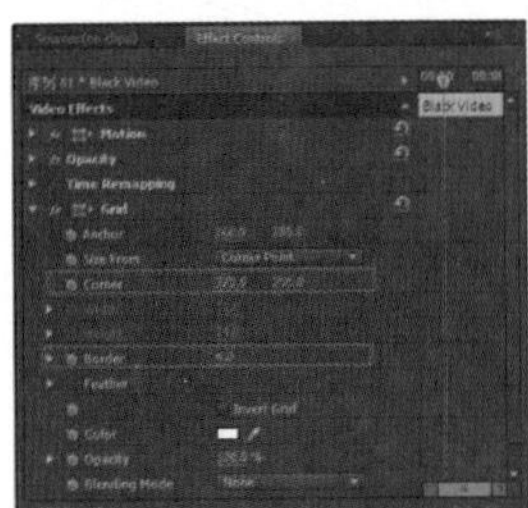

图5-275

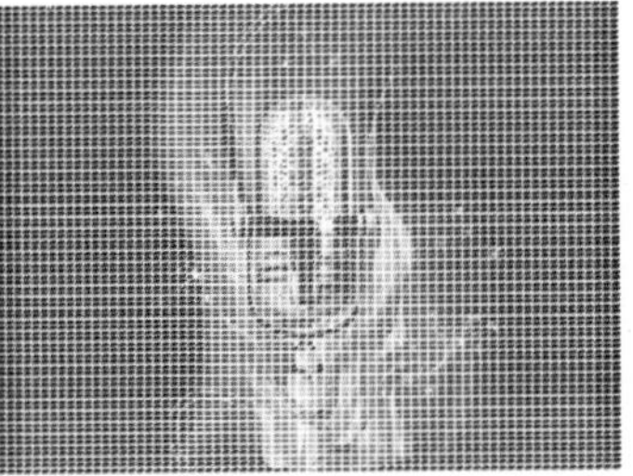

图5-276

09 在【Effects（效果）】窗口中搜索【Track Matte Key（轨道遮罩键）】效果，然后将其按住鼠标左键拖曳到Video1轨道的【背景.jpg】素材文件上，如图5-277所示。

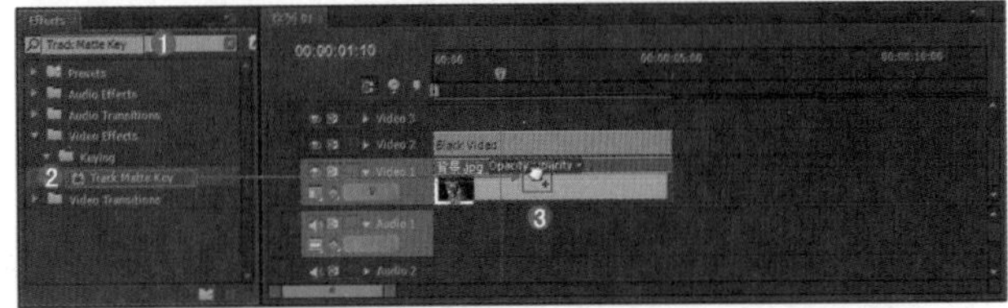

图5-277

10 选择Video1轨道上的【背景.jpg】素材文件，然后打开【Track Matte Key（轨道遮罩键）】效果，并设置【Matte（遮罩）】为Video2，如图5-278所示。此时效果如图5-279所示。

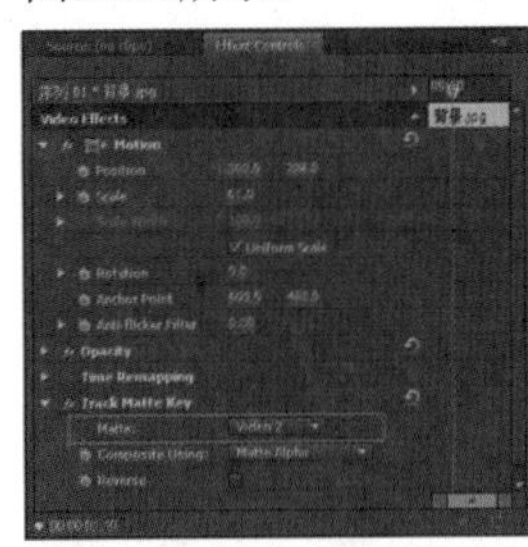

图5-278

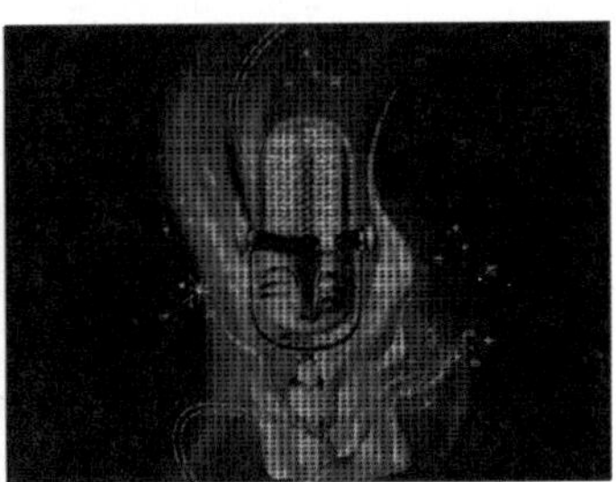

图5-279

Part02 制作文字动画

01 为素材创建字幕。选择【Title（字幕）】/【New Title（新建字幕）】/【Default Still（默认静态字幕）】命令，并在弹出的【New Title（新建字幕）】对话框中单击【OK（确定）】按钮，如图5-280所示。

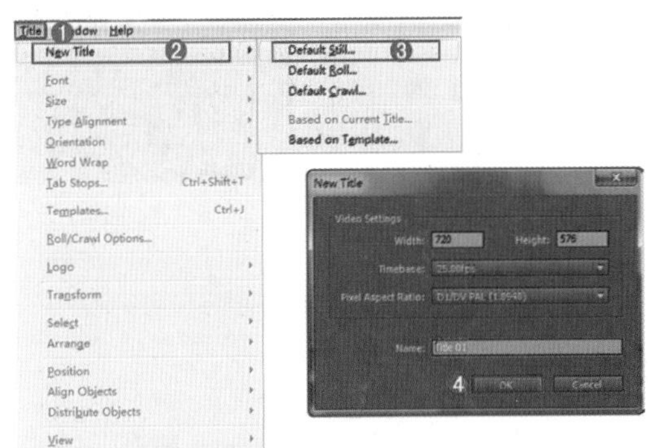

图5-280

02 在字幕窗口中单击T（横排文字工具）按钮，然后在字幕工作区输入文字“MIC”，并设置合适的【Font Family（字体）】，设置【Color（字体颜色）】为红色（R：210，G：0，B：0）。接着单击【Outer Strokes（外部描边）】后面的【Add（添加）】，然后设置【Size（大小）】为53，【Color（颜色）】为白色（R：255，G：255，B：255），如图5-281所示。

图5-281

03 关闭字幕窗口，将项目窗口中的【Title 01】素材文件拖曳到Video3轨道上，如图5-282所示。

图5-282

04 选择Video3轨道上的【Title 01】素材文件，然后将时间线拖到起始帧的位置，并单击【Position（位置）】、【Scale（缩放）】和【Opacity（不透明度）】前面的⏱，开启自动关键帧。接着设置【Scale（缩放）】为200，【Opacity（不透明度）】为0%，如图5-283所示。此时效果如图5-284所示。

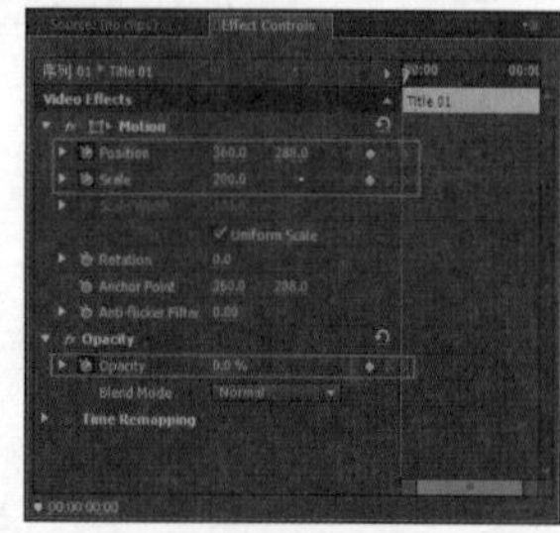

图5-283

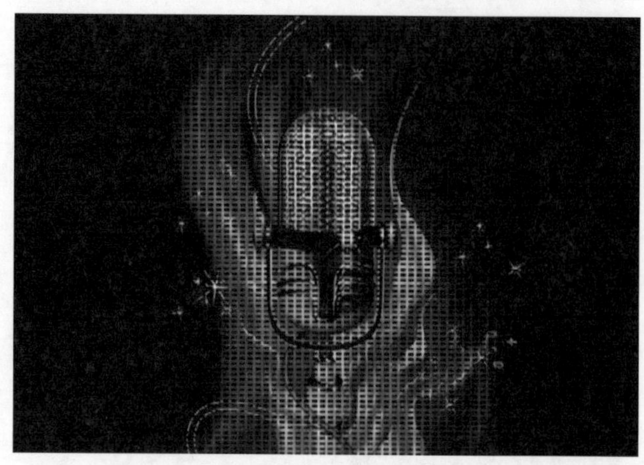

图5-284

05 将时间线拖到第1秒的位置，设置【Position（位置）】为（360，462），【Scale（缩放）】为60，【Opacity（不透明度）】为100%，如图5-285所示。此时，拖动时间线滑块查看最终的效果，如图5-286所示。

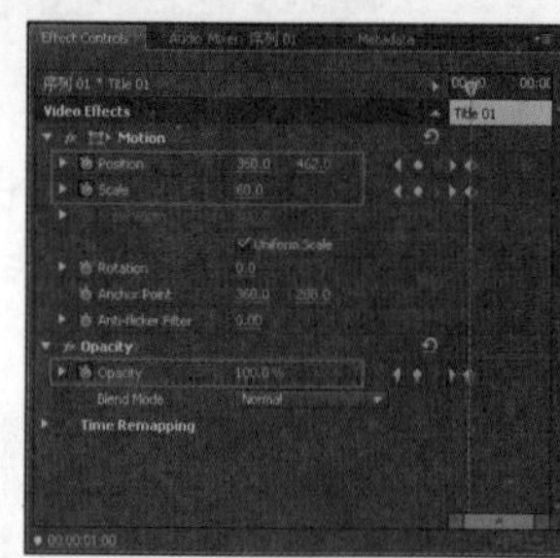

图5-285

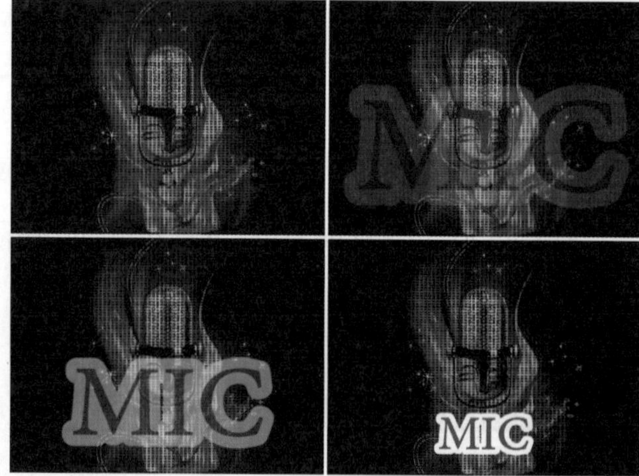

图5-286

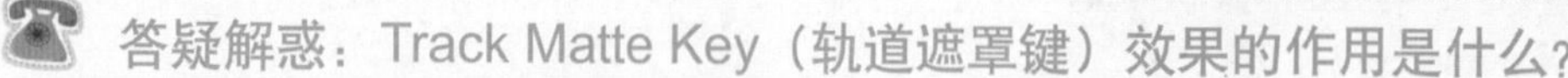

答疑解惑：Track Matte Key（轨道遮罩键）效果的作用是什么？

使用Track Matte Key（轨道遮罩键）效果时，要指定一个作为蒙版的轨道，然后利用这个轨道上的素材图案作为蒙版来与使用该效果的素材文件进行图像合唱。

本案例中作为蒙版的是添加了Grid（网格）效果的黑场素材文件，所以经过合成后，呈现在背景上的即为网格状的效果。

5.6.8 Lens Flare（镜头光晕）

技术速查：Lens Flare（镜头光晕）效果可以模拟摄像机在强光照射下，产生的镜头光晕效果。

选择【Effects（效果）】窗口中的【Video Effects（视频效果）】/【Generate（生成）】/【Lens Flare（镜头光晕）】效果，如图5-287所示。其参数面板如图5-288所示。

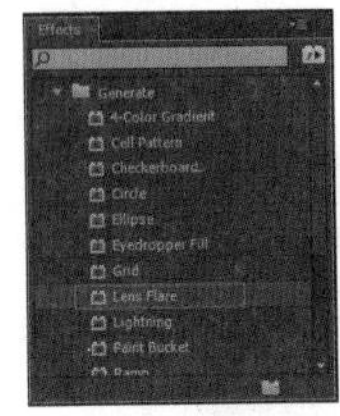

图5—287

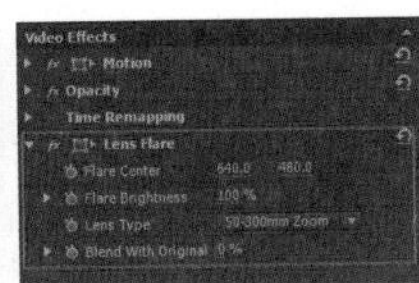

图5—288

- Flare Center（光晕中心）：设置镜头光晕中心的坐标位置。
- Flare Brightness（光晕亮度）：设置镜头光晕的亮度。如图5-289所示为Flare Center（光晕中心）分别设置为（1267，128）和（1107，108），Flare Brightness（光晕亮度）分别设置为79%和160%的对比效果。

图5—289

- Lens Type（镜头类型）：设置镜头类型，包括3种透镜焦距：50-300mm Zoom（50-300毫米变焦）、35mm Prime（35毫米定焦）和105mm Prime（105毫米定焦）。
- Blend With Original（原始混合）：设置镜头光晕效果和原始素材的混合比例。

★ 案例实战——镜头光晕效果

案例文件	案例文件\第5章\镜头光晕效果.prproj
视频教学	视频文件\第5章\镜头光晕效果.flv
难易指数	★★★★★
技术要点	Lens Flare（镜头光晕）效果

案例效果

镜头光晕效果可以模拟摄影机在强光下拍摄时所产生的光晕效果，并且可以调节镜头和光晕中心位置。本案例主要是针对“应用镜头光晕效果”的方法进行练习，如图5-290所示。

图5—290

操作步骤

01 单击【New Project（新建项目）】选项，然后单击【Browse（浏览）】按钮设置保存路径，并在【Name（名称）】文本框中设置文件名称。接着在弹出的对话框中选择【DV-PAL】/【Standard 48kHz】选项，如图5-291所示。

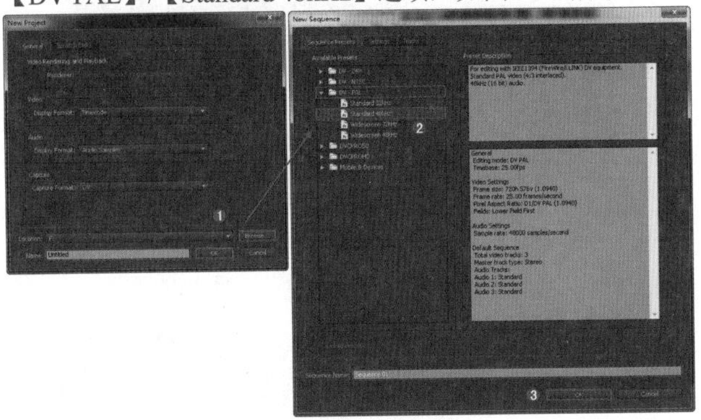

图5—291

02 选择菜单栏中的【File（文件）】/【Import（导入）】命令或按快捷键【Ctrl+I】，然后在打开的对话框中选择所需的素材文件，并单击【打开】按钮导入，如图5-292所示。

图5—292

03 将项目窗口中的【01.jpg】素材文件拖曳到Video1轨道上，如图5-293所示。

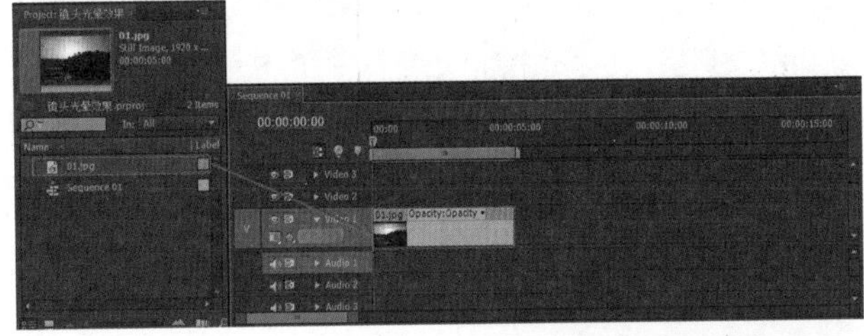

图5—293

04 选择Video1轨道上的【01.jpg】素材文件，然后在【Effect Controls（效果控制）】面板中设置【Scale（缩放）】为49，如图5-294所示。此时效果如图5-295所示。

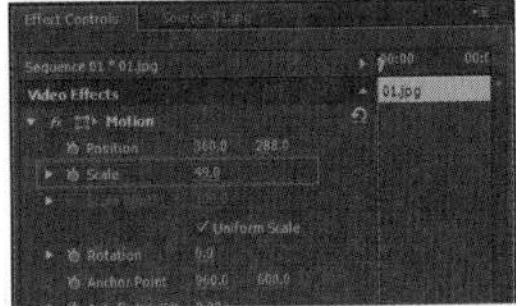

图5—294

图5—295

05 在【Effects（效果）】窗口中搜索【Lens Flare（镜头光晕）】效果，然后按住鼠标左键将其拖曳到Video1轨道的【01.jpg】素材文件上，如图5-296所示。

图5—296

06 选择Video1轨道上的【01.jpg】素材文件，然后打开【Effect Controls（效果控制）】面板中的【Lens Flare（镜头光晕）】效果，设置【Flare Center（光晕中心）】为（867，431），如图5-297所示。此时，拖动时间线滑块可查看最终的效果（见图5-290）。

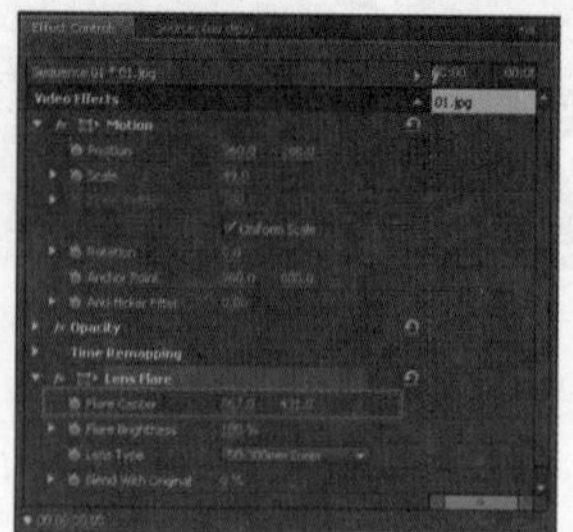

图5—297

答疑解惑：镜头光晕效果的应用有哪些？

镜头光晕效果除了可以模拟摄影机在强光下拍摄的效果，还可以用于各种效果制作中。例如，可以为光晕制作动画，对某一对象进行跟随，产生类似的发光效果等。

5.6.9 Lightning（闪电）

技术速查：Lightning（闪电）效果可以在素材画面上模拟闪电划过的视觉效果。

选择【Effects（效果）】窗口中的【Video Effects（视频效果）】/【Generate（生成）】/【Lightning（闪电）】效果，如图5-299所示。其参数面板如图5-300所示。

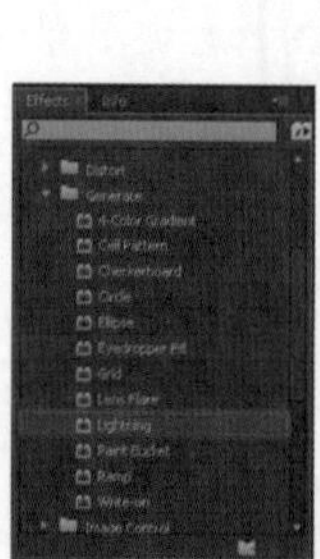

图5—299

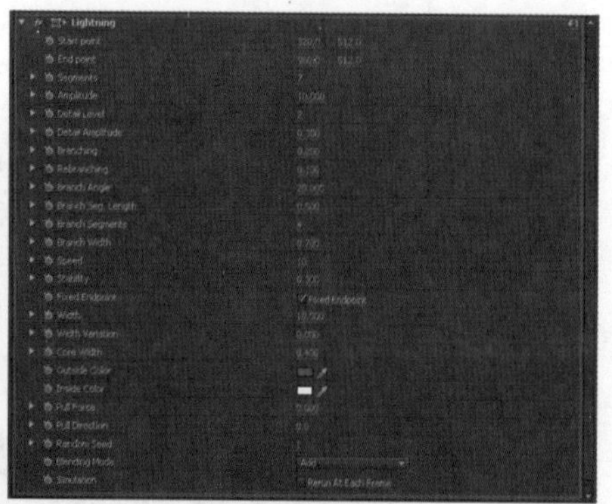

图5—300

- Start Point（起始点）：设置闪电起始发散的坐标位置。
- End Point（结束点）：设置闪电结束的位置。
- Segments（线段）：设置闪电主干上的线段数。线段数的多少和闪电的曲折成正比。
- Amplitude（波幅）：设置闪电的分布范围。波幅越大，分布范围越广。
- Detail Level（细节层次）：设置闪电的粗细。值越大，越粗。
- Detail Amplitude（细节波幅）：设置闪电在每个段上的复杂度。
- Branching（分支）：设置主干上的分支数量。
- Rebranching（再分支）：设置分支上的再分支数量。
- Branch Angle（分支角度）：设置闪电分支的角度。
- Branch Seg. Length（分支段长度）：设置闪电各分支的长度。
- Branch Segments（分支数量）：设置闪电分支的线段数。
- Branch Width（分支宽度）：设置闪电分支的粗细。
- Speed（速度）：设置闪电变化的速度。
- Stability（稳定性）：设置闪电稳定的程度。
- Fixed Endpoint（固定端点）：选中该复选框时，闪电的结束点固定在某一坐标上。取消选中该复选框时，闪电产生随机摇摆。
- Width（宽度）：设置主干和分支整体的粗细。
- Width Variation（宽度变化）：设置闪电的粗细的宽度随机变化。
- Core Width（核心宽度）：设置闪电的中心宽度。
- Outside Color（外面颜色）：设置闪电的外边缘的发光颜色。
- Inside Color（内部颜色）：设置闪电的内部的填充颜色。

- Pull Force（拉力）：设置闪电的推拉力的强度。
- Pull Direction（拉力方向）：设置闪电的拉力方向。
- Random Seed（随机种子）：设置闪电的随机变化。
- Blending Mode（混合模式）：设置闪电特效和原素材的混合模式。
- Simulation（模拟）：设置闪电的变化。在选中【Rerun At Each Frame（重新运行每帧）】复选框时，可重新对闪电的数值进行设置。

★ 案例实战——闪电效果

案例文件	案例文件\第5章\闪电效果.prproj
视频教学	视频文件\第5章\闪电效果.flv
难易指数	★★★★★
技术要点	动画关键帧、亮度&对比度和闪电效果的应用

案例效果

闪电是一种自然现象，是云与云之间、云与地之间或者云体内各部位之间的强烈放电现象。多在下雨前后发生。通常表现为一条巨大的电流产生出一道明亮夺目的闪光。本案例主要是针对“制作闪电效果”的方法进行练习，如图5-301所示。

图5-301

操作步骤

01 单击【New Project（新建项目）】选项，然后单击【Browse（浏览）】按钮设置保存路径，并在【Name（名称）】文本框中设置文件名称。接着在弹出的对话框中选择【DV-PAL】/【Standard 48kHz】选项，如图5-302所示。

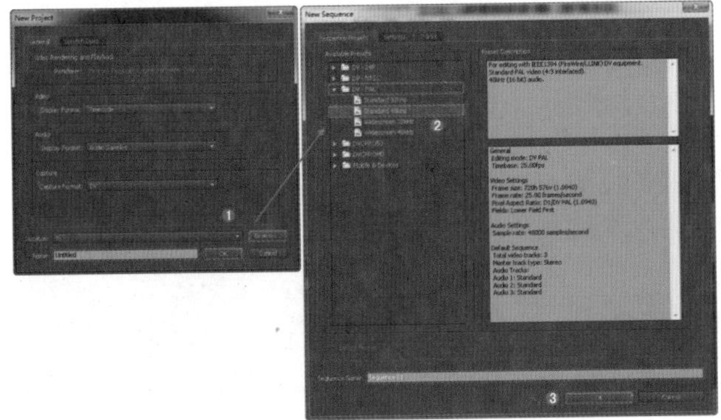

图5-302

02 选择菜单栏中的【File（文件）】/【Import（导入）】命令或按快捷键【Ctrl+I】，然后在打开的对话框中选择所需的素材文件，并单击【打开】按钮导入，如图5-303所示。

图5-303

03 将项目窗口中的【01.jpg】素材文件拖曳到Video1轨道上，如图5-304所示。

图5-304

04 选择Video1轨道上的【01.jpg】素材文件，并设置【Scale（缩放）】为57。接着将时间线拖到第2秒15帧的位置，设置【Opacity（不透明度）】为100。然后将时间线拖到第3秒20帧的位置，设置【Opacity（不透明度）】为0%，如图5-305所示。此时效果如图5-306所示。

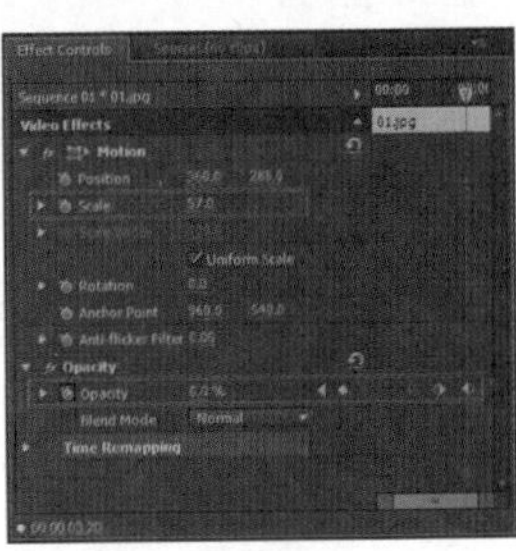

图5-305

图5-306

05 在【Effects（效果）】窗口中搜索【Lightning（闪电）】效果，然后按住鼠标左键将其拖曳到Video1轨道的【01.jpg】素材文件上，如图5-307所示。

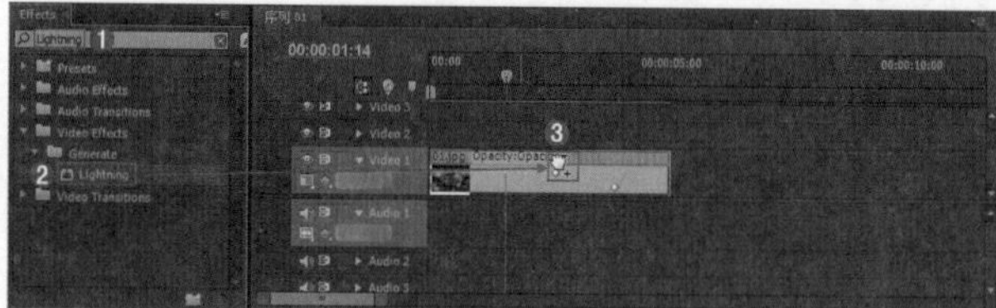

图5-307

06 选择Video1轨道上的【01.jpg】素材文件，然后打开【Lightning（闪电）】效果，并设置【Start point（起始点）】为（817.3，-20），【End point（结束点）】为（605.2，562.6），【Segments（线段）】为6，【Amplitude（波幅）】为3，【Detail Amplitude（细节幅度）】为1，【Branching（分支）】为1，【Rebranching（再分支）】为0.4，如图5-308所示。此时效果如图5-309所示。

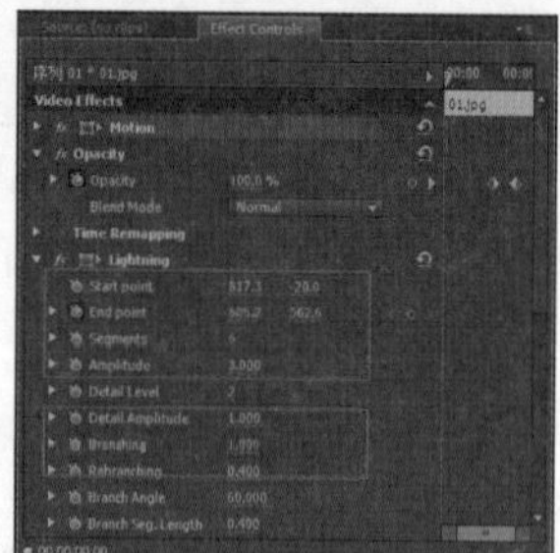

图5-308

图5-309

07 继续设置【Branch Angle（分支角度）】为60，【Branch Seg.Length（分支段长度）】为0.4，【Branch Segments（分支段）】为8，【Speed（速度）】为3，如图5-310所示。此时效果如图5-311所示。

图5-310

图5-311

08 设置【Outside Color（外部颜色）】为蓝色（R：11，G：11，B：216），【Inside Color（内部颜色）】为灰色（R：176，G：176，B：176），【Pull Force（拉力）】为28，【Pull Direction（拉力方向）】为15，选中【Simulation（模拟）】复选框，如图5-312所示。此时效果如图5-313所示。

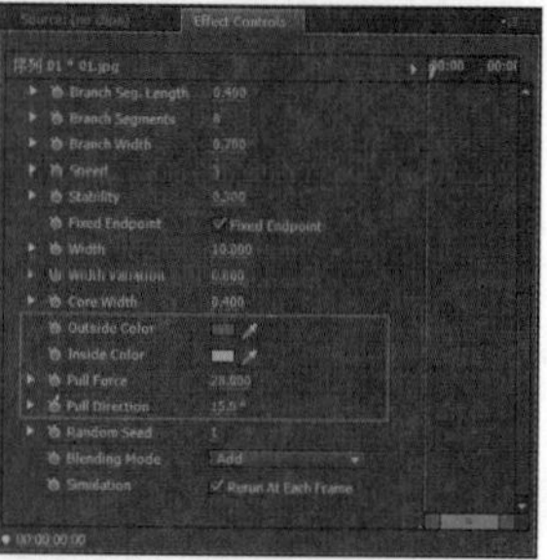

图5-312

图5-313

09 将时间线拖到第1秒的位置，然后单击【End point（结束点）】前面的⏱，开启自动关键帧，并设置【End point（结束点）】为（820.2，-50）。接着将时间线拖到第1秒14帧的位置，并设置【End point（结束点）】为（605.2，562.6），如图5-314所示。此时效果如图5-315所示。

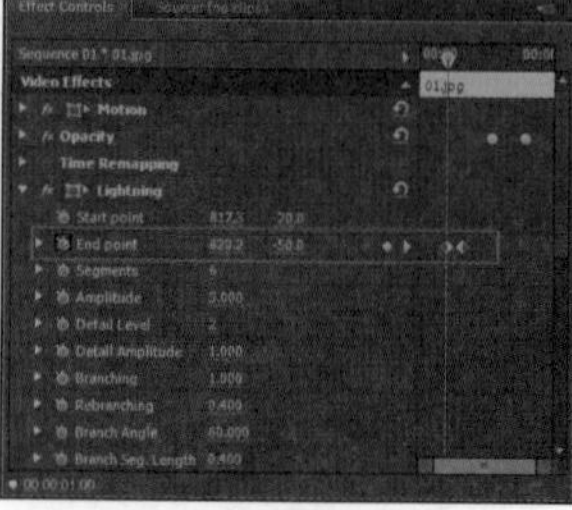

图5-314

图5-315

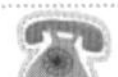 在【Effects（效果）】窗口中搜索【Brightness & Contrast（亮度&对比度）】效果，然后按住鼠标左键将其拖曳到Video1轨道上，如图5-316所示。

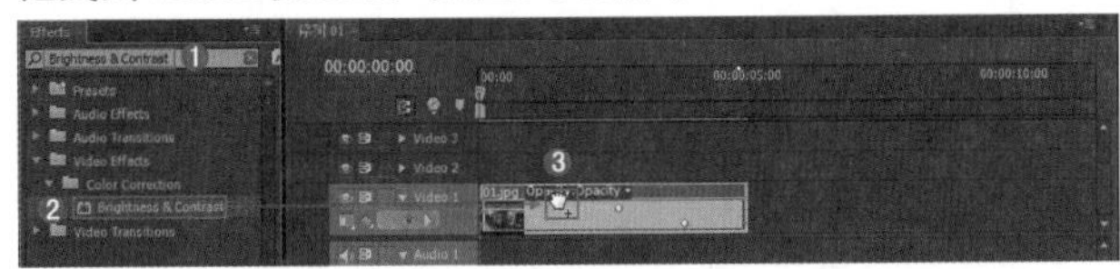

图5-316

11 选择Video1轨道上的【01.jpg】素材文件，然后打开【Brightness & Contrast（亮度&对比度）】效果，并设置【Contrast（对比度）】为40。接着将时间线拖到第1秒的位置，单击【Brightness（亮度）】前面的按钮，开启自动关键帧，并设置【Brightness（亮度）】为-10，如图5-317所示。此时效果如图5-318所示。

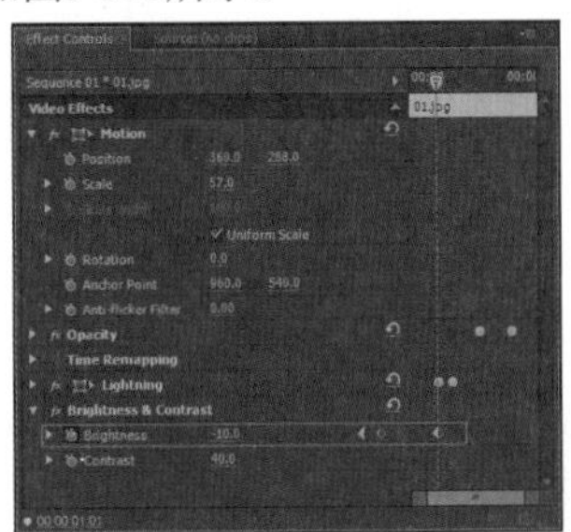

图5-317

图5-318

12 将时间线拖到第1秒14帧的位置，并设置【Brightness（亮度）】为20。最后将时间线拖到第2秒15帧的位置，然后设置【Brightness（亮度）】为-10，如图5-319所示。最终效果如图5-320所示。

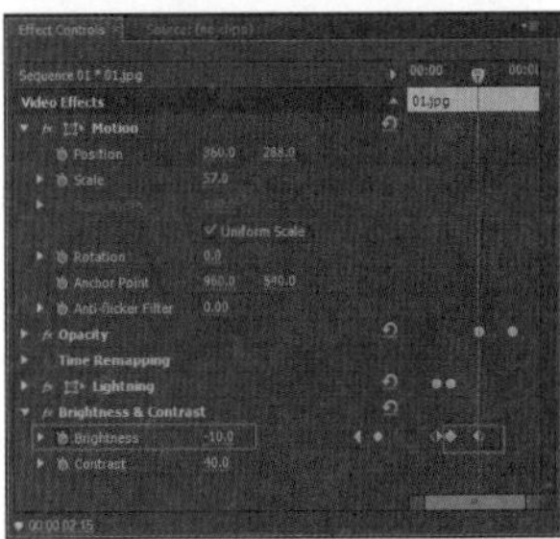

图5-319

图5-320

答疑解惑：闪电的效果有哪些？

闪电主要分为线形闪电和球形闪电，最常见的闪电是线形闪电，通常是非常明亮的白色、粉红色或蓝色的耀眼亮线，类似地面上的不断分支的河流，也像一棵蜿蜒曲折、枝杈纵横的树。

因为闪电在出现的时候会照亮周围的物体，所以制作闪电在空中出现效果时，要将闪电周围的物体提亮。

5.6.10 Paint Bucket（油漆桶）

技术速查：Paint Bucket（油漆桶）效果可以为素材指定的区域填充颜色。

选择【Effects（效果）】窗口中的【Video Effects（视频效果）】/【Generate（生成）】/【Paint Bucket（油漆桶）】效果，如图5-321所示。其参数面板如图5-322所示。

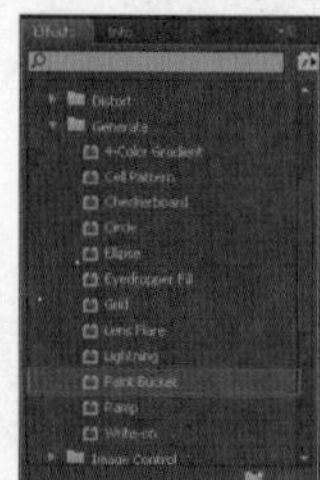
图5-321

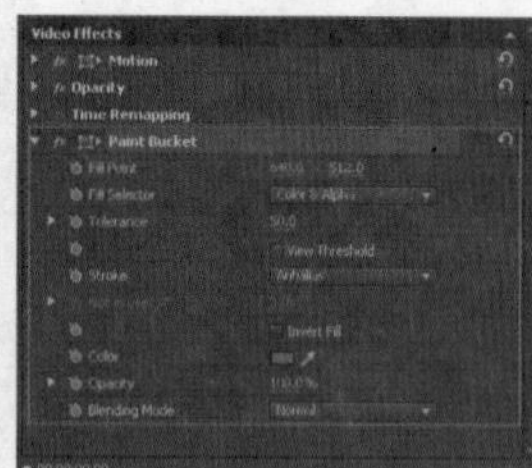
图5-322

- Fill Point（填充点）：用来设置填充颜色的区域。
- Fill Selector（填充选取器）：设置颜色填充的形式。包括Color&Alpha（色彩&Alpha）、Straight Color（直条色彩）、Transparency（透明度）、Opacity（不透明度）和Alpha Channel（Alpha通道）。
- Tolerance（容差度）：设置填充区域颜色的容差度。
- View Threshold（查看阈值）：选中该复选框，可以查看当前填充颜色后的黑白阈值效果。如图5-323所示为选中【View Threshold（查看阈值）】复选框前后的对比效果。

图5-323

- Stroke（描边）：设置画笔的类型。
- Color（颜色）：设置填充的颜色。
- Opacity（不透明度）：设置填充颜色的不透明度。
- Blending Mode（混合模式）：设置填充的颜色和原素材的混合模式。

5.6.11 Ramp（渐变）

技术速查：Ramp（渐变）效果可以令素材按照线性或径向的方式产生颜色渐变效果。

选择【Effects（效果）】窗口中的【Video Effects（视频效果）】/【Generate（生成）】/【Ramp（渐变）】效果，如图5-324所示。其参数面板如图5-325所示。

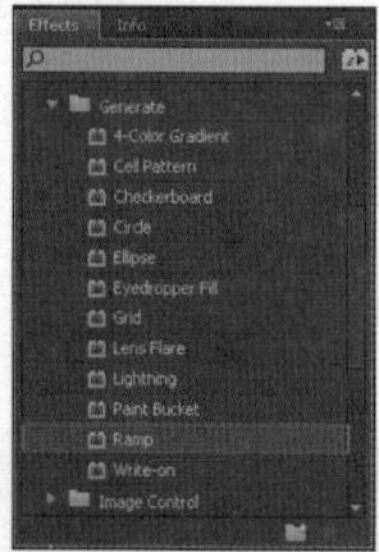
图5-324

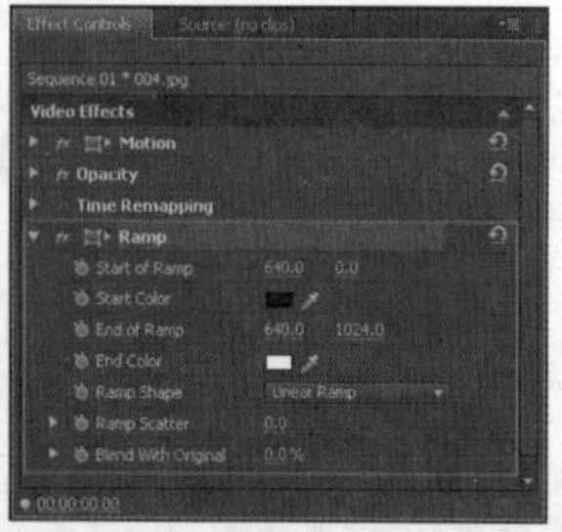
图5-325

- Start of Ramp（渐变开始）：设置渐变开始的位置。
- Start Color（开始颜色）：设置渐变开始时的颜色。
- End of Ramp（渐变结束）：设置渐变结束时的位置。
- End Color（结束颜色）：设置渐变结束的颜色。
- Ramp Shape（渐变形状）：设置渐变的形式。包括Linear Ramp（线性渐变）和Radial Ramp（径向渐变）两种形式。如图5-326所示为Linear Ramp（线性渐变）和Radial Ramp（径向渐变）的对比效果。
- Ramp Scatter（渐变扩散）：设置渐变的扩散程度。
- Blend With Original（与原始图像混合）：设置渐变和原素材的混合程度。

图5-326

5.6.12 Write-on（书写）

技术速查：Write-on（书写）效果可以制作出画笔的笔迹和绘制动画效果。

选择【Effects（效果）】窗口中的【Video Effects（视频效果）】/【Generate（生成）】/【Write-on（书写）】效果，如图5-327所示。其参数面板如图5-328所示。

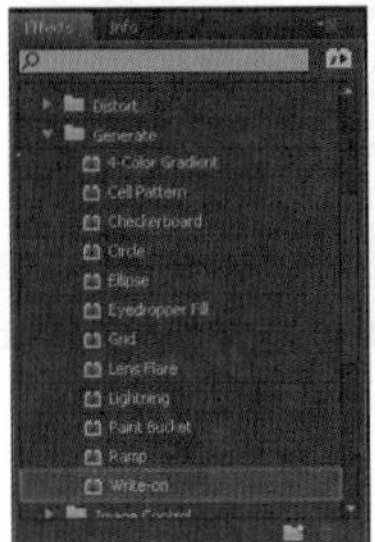

图5－327

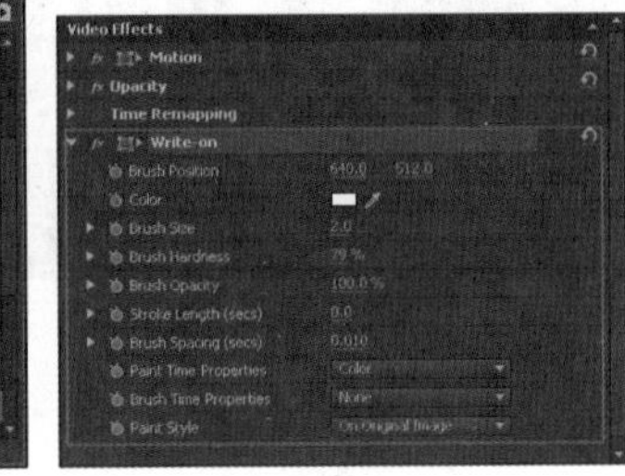

图5－328

- Brush Position（画笔位置）：设置画笔的位置。
- Color（颜色）：设置画笔的颜色。
- Brush Size（笔刷大小）：设置画笔的粗细。
- Brush Hardness（笔刷硬度）：设置笔刷的硬度。
- Brush Opacity（画笔不透明度）：设置笔刷的不透明度。
- Stroke Length（secs）（描边长度（秒））：设置笔触在素材上停留的时长。
- Brush Spacing（secs）（画笔间隔（秒））：设置笔触之间的时间间隔。
- Paint Time Properties（绘画时间属性）：设置笔触间的色彩模式。
- Brush Time Properties（画笔时间属性）：设置笔触间的硬度模式。
- Paint Style（绘画样式）：设置笔触与原素材的混合模式。

5.7 Noise & Grain（噪波和颗粒）类视频效果

该滤镜组中的滤镜以Alpha通道、HLS为条件，对素材应用不同效果的颗粒和划痕效果。Noise & Grain（噪波和颗粒）包括6个视频效果，选择【Effects（效果）】窗口中的【Video Effects（视频效果）】/【Noise & Grain（噪波和颗粒）】效果，如图5-329所示。

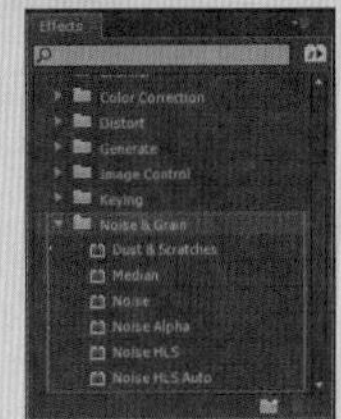

图5－329

5.7.1 Dust & Scratches（蒙尘和刮痕）

技术速查：Dust & Scratches（蒙尘和刮痕）效果可以在素材上添加蒙尘与划痕，并通过调节半径和阈值控制视觉效果。

选择【Effects（效果）】窗口中的【Video Effects（视频效果）】/【Noise & Grain（噪波和颗粒）】/【Dust & Scratches（蒙尘和刮痕）】效果，如图5-330所示。其参数面板如图5-331所示。

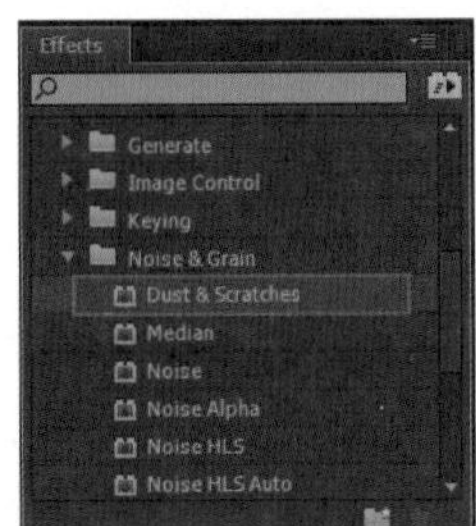

图5－330

图5－331

- Radius（半径）：设置蒙尘和刮痕颗粒的半径值。如图5-332所示为Radius（半径）分别为0与10的对比效果。

图5－332

- Threshold（阈值）：设置蒙尘和刮痕颗粒的色调容差值。
- Operate On Alpha Channel（在Alpha通道）：选中该复选框时，效果应用于Alpha通道。

5.7.2 Median（中间值）

技术速查：Median（中间值）效果可以在素材上添加Median（中间值），使画面颜色虚化处理。

选择【Effects（效果）】窗口中的【Video Effects（视频效果）】/【Noise & Grain（噪波和颗粒）】/【Median（中间值）】效果，如图5-333所示。其参数面板如图5-334所示。

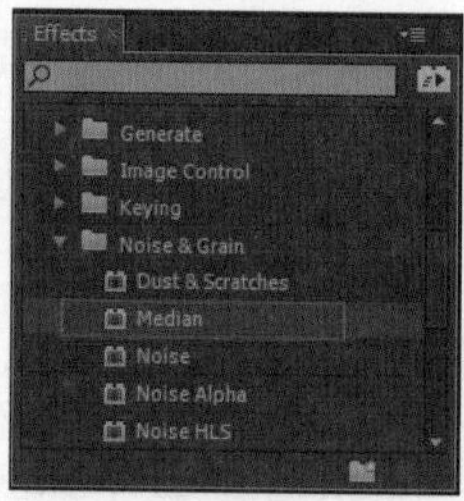

图5－333

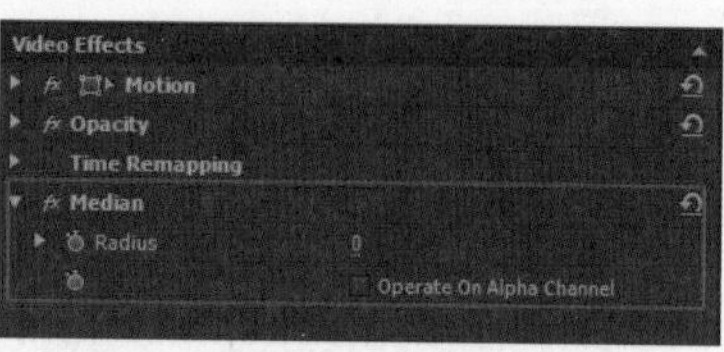

图5－334

- Radius（半径）：设置虚拟化像素的大小。如图5-335所示为设置Radius（半径）数值分别为0和15的对比效果。

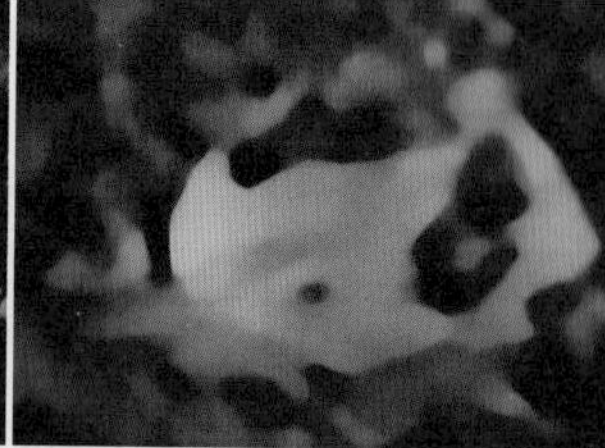

图5－335

- Operate On Alpha Channel（在Alpha通道）：选中该复选框时，该效果应用于Alpha通道。

5.7.3 Noise（噪波）

技术速查：Noise（噪波）效果可以使素材画面添加颗粒噪波点。

选择【Effects（效果）】窗口中的【Video Effects（视频效果）】/【Noise & Grain（噪波和颗粒）】/【Noise（噪波）】效果，如图5-336所示。其参数面板如图5-337所示。

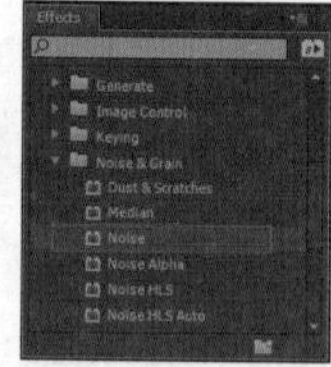

图5－336

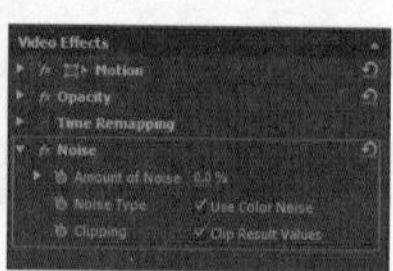

图5－337

- Amount Of Noise（噪波数量）：设置噪波的数量。如图5-338所示为Amount Of Noise（噪波数量）的数值分别为0和100的对比效果。

图5－338

- Noise Type（噪波类型）：选中【Use Color Noise（使用彩色噪波）】复选框时，产生彩色颗粒噪波。
- Clipping（剪切）：选中【Clip Result Values（剪切结果值）】复选框时，噪波叠加在原素材之上。

★ 案例实战——噪波效果

案例文件	案例文件\第5章\噪波效果.prproj
视频教学	视频文件\第5章\噪波效果.flv
难易指数	★★★★★
技术要点	Noise（噪波）效果的应用

案例效果

有时在看电视和图像时，会看到类似雪花的效果分布在屏幕上。屏幕上布满一些细小的糙点使图像看起来就像被弄脏了一样，这就是噪波效果。本案例主要是针对“应用噪波效果”的方法进行练习，如图5-339所示。

图5－339

操作步骤

01 单击【New Project（新建项目）】选项，然后单击【Browse（浏览）】按钮设置保存路径，并在【Name（名称）】文本框中设置文件名称。接着在弹出的对话框中选择【DV-PAL】/【Standard 48kHz】选项，如图5-340所示。

02 选择菜单栏中的【File（文件）】/【Import（导入）】命令或按快捷键【Ctrl+I】，然后在打开的对话框中选择所需的素材文件，并单击【打开】按钮导入，如图5-341所示。

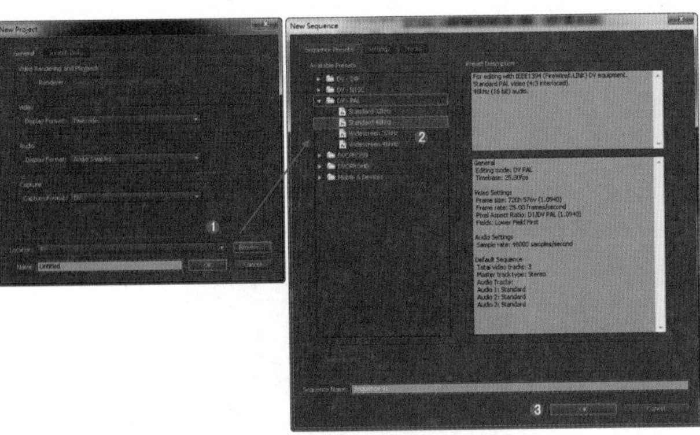

图5—340

图5—341

03 将项目窗口中的【背景.jpg】、【01.jpg】和【电视.png】素材文件按顺序分别拖曳到Video1、Video2和Video3轨道上，如图5-342所示。

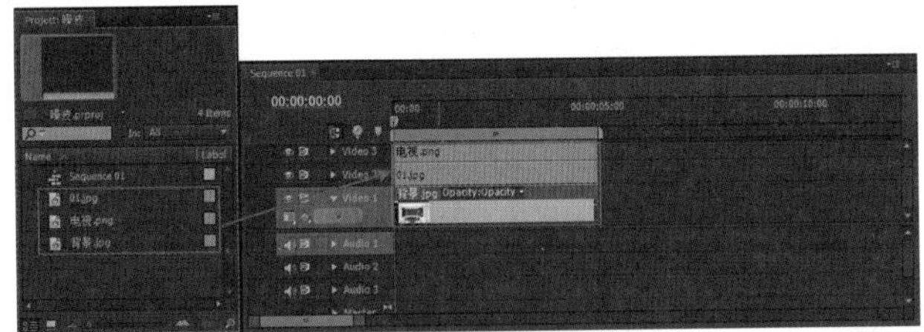

图5—342

04 选择Video1轨道上的【背景.jpg】素材文件，然后设置【Position（位置）】为（372，253），【Scale（缩放）】为56，如图5-343所示。此时隐藏其他图层查看效果，如图5-344所示。

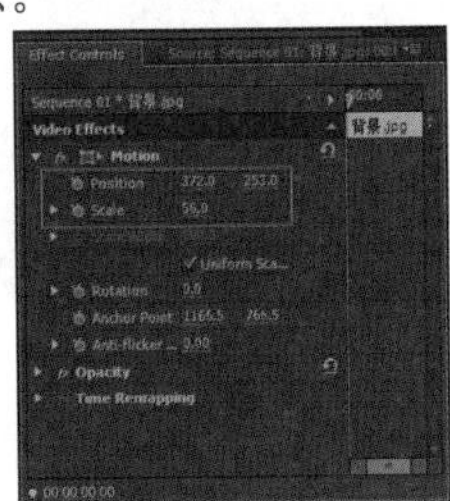

图5—343

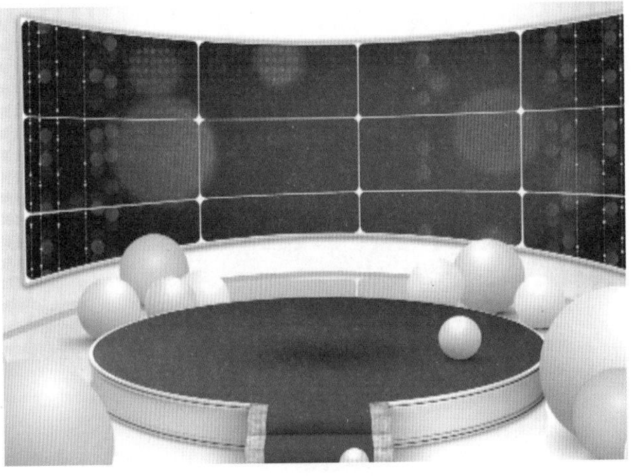

图5—344

05 选择Video3轨道上的【电视.png】素材文件，然后设置【Position（位置）】为（360，240），【Scale（缩放）】为80，如图5-345所示。此时隐藏其他未编辑图层查看效果，如图5-346所示。

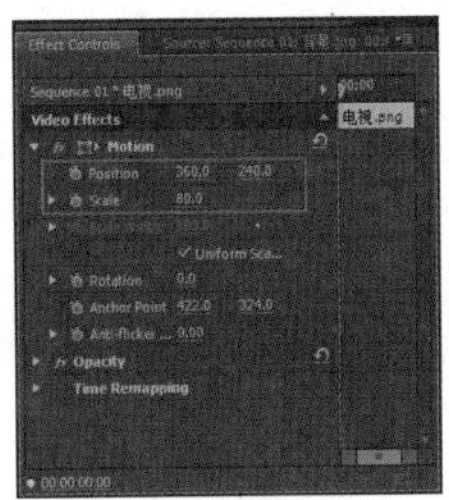

图5—345

图5—346

06 选择Video2轨道上的【01.jpg】素材文件，然后设置【Position（位置）】为（354，257），【Scale（缩放）】为20，如图5-347所示。此时效果如图5-348所示。

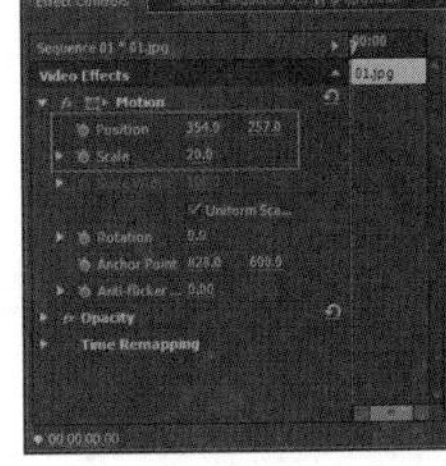

图5—347

图5-348

 在【Effects（效果）】窗口中搜索【Noise（噪波）】效果，然后按住鼠标左键将其拖曳到Video2轨道的【01.jpg】素材文件上，如图5-349所示。

图5-349

08 选择Video2轨道上的【01.jpg】素材文件，然后打开【Noise（噪波）】效果，并设置【Amount of Noise（噪波数量）】为100%，接着取消选中【Noise Type（噪波类型）】的【Use Color Noise（使用彩色噪波）】复选框。如图5-350所示。此时，拖动时间线滑块可查看最终的效果（见图5-339）。

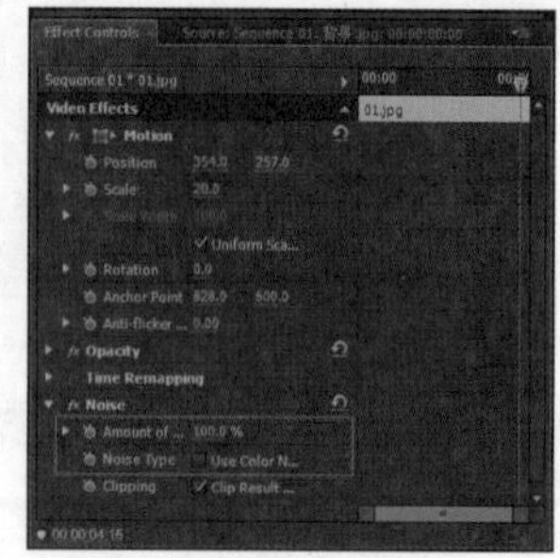

图5-350

答疑解惑：噪波产生的原因是什么？

在传播媒介接收信号并输出的过程中受到某些外来因素干扰所产生的图像粗糙效果，泛指图像中不应出现的其他像素，通常因为电子干扰而产生。

拍摄的数码照片如果用计算机将高画质图像缩小查看的话，不容易看出噪点。不过，如果将图像放大，就会出现其他的颜色。

5.7.4 Noise Alpha（噪波Alpha）

技术速查：Noise Alpha（噪波Alpha）效果可以对素材应用不同规则的颗粒效果。

选择【Effects（效果）】窗口中的【Video Effects（视频效果）】/【Noise & Grain（噪波和颗粒）】/【Noise Alpha（噪波Alpha）】效果，如图5-352所示。其参数面板如图5-353所示。

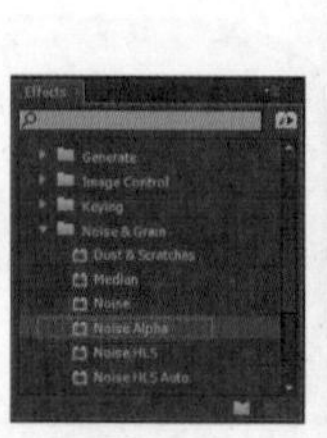

图5-352　图5-353

- Noise（噪波）：设置噪波的类型。包含4种，分别是Uniform Random（统一随机）、Squared Random（平方随机）、Uniform Animation（统一动画）和Squared Animation（方形动画）。
- Amount（数量）：设置噪波的数量。如图5-354所示为Amount（数量）分别设置为9%和70%时的对比效果。
- Original Alpha（原始Alpha）：设置噪波影响素材的方式。共有Add（添加）、Clamp（堆）、scale（缩小）和Edges（边缘）4种。
- Overflow（溢出）：设置素材中颗粒溢出后所采取的处理方式。共有Clip（剪切）、Wrap Back（转回）和Wrap（包裹）3种。
- Random Seed（随机种子）：设置颗粒的随机状态。
- Noise Options （Animation）（噪波选项（动画））：设置动画的循环次数。

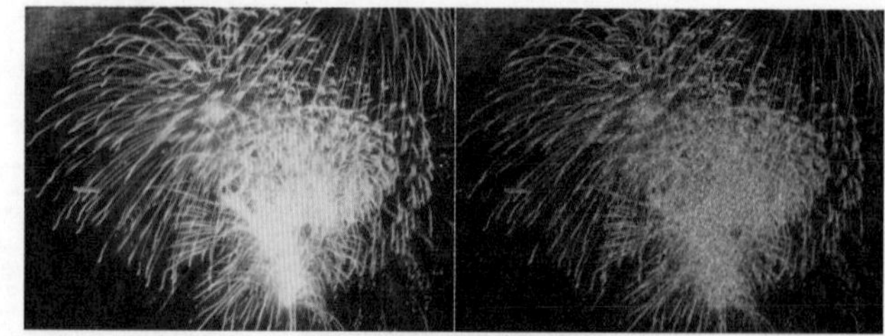

图5-354

5.7.5 Noise HLS（噪波HLS）

技术速查：Noise HLS（噪波HLS）效果可以通过参数的调节设置生成噪波的产生位置和透明度。

选择【Effects（效果）】窗口中的【Video Effects（视频效果）】/【Noise & Grain（噪波和颗粒）】/【Noise HLS（噪波HLS）】效果，如图5-355所示。其参数面板如图5-356所示。

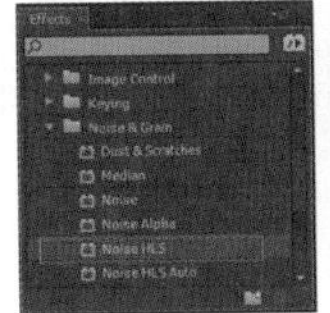

图5—355

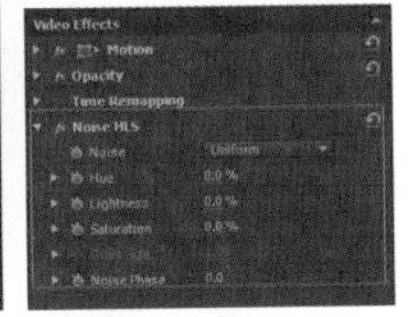

图5—356

- Noise（噪波）：设置噪波产生方式。包括Uniform（统一）、Squared（平方）和Grain（杂点）。
- Hue（色调）：设置噪波在色调中生成的数量。如图5-357所示为Noise（噪波）类型分别设置为Squared（平方）和Uniform（统一），Hue（色调）分别设置为3%和70%时的对比效果。

图5—357

- Lightness（亮度）：设置噪波在亮度中生成的多少。
- Saturation（饱和度）：设置噪波的饱和度变化。
- Grain Size（杂点大小）：设置杂点的尺寸大小。
- Noise Phase（噪波相位）：设置噪波的相位，即噪波动画的变化速度。

5.7.6 Noise HLS Auto（噪波HLS 自动）

技术速查：该效果与Noise HLS（噪波HLS）效果基本相同。只是通过参数的调节，可以自动生成噪波动画外效果。

选择【Effects（效果）】窗口中的【Video Effects（视频效果）】/【Noise & Grain（噪波和颗粒）】/【Noise HLS Auto（噪波HLS 自动）】效果，如图5-358所示。其参数面板如图5-359所示。

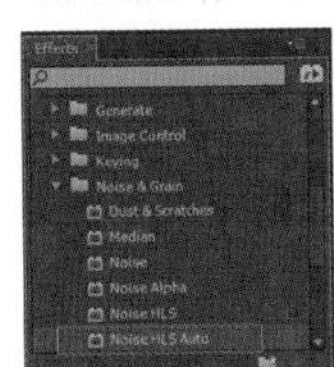

图5—358

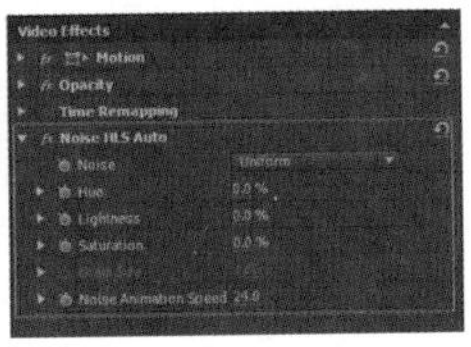

图5—359

- Noise（噪波）：设置噪波产生方式。包括Uniform（统一）、Squared（平方）和Grain（杂点）。
- Hue（色调）：设置噪波在色调中生成的数量。
- Lightness（亮度）：设置噪波亮度中生成的数量。如图5-360所示是Noise HLS Auto（噪波HLS 自动）中的参数Lightness（亮度）分别为20%和100%时的效果对比图。

图5—360

- Saturation（饱和度）：设置噪波的饱和度变化。
- Grain Size（杂点大小）：设置杂点的尺寸大小。
- Noise Animation Speed（随机种子）：设置杂点的随机值。

5.8 Perspective（透视）类视频效果

Perspective（透视）类效果主要是给视频素材添加各种透视效果。其中有5种透视效果，包括Basic 3D（基本3D）、Bevel Alpha（斜角Alpha）、Bevel Edges（边缘斜切）、Drop Shadow（投射阴影）和Radial Shadow（放射阴影），选择【Effects（效果）】窗口中的【Video Effects（视频效果）】/【Perspective（透视）】效果，如图5-361所示。

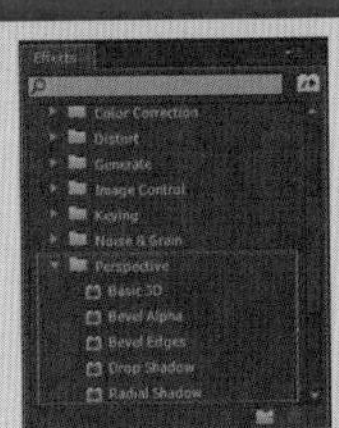

图5—361

5.8.1 Basic 3D（基本3D）

技术速查：Basic 3D（基本3D）效果可以对素材进行三维变换，绕水平轴或垂直轴进行旋转，可以产生图像运动的效果，并且可以将图片进行拉近或推远。

选择【Effects（效果）】窗口中的【Video Effects（视频效果）】/【Perspective（透视）】/【Basic 3D（基本3D）】效果，如图5-362所示。其参数面板如图5-363所示。

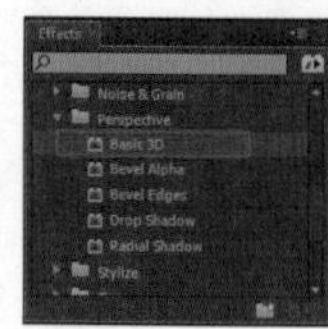

图5-362

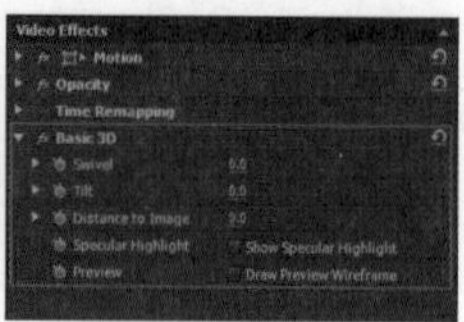

图5-363

- Swivel（旋转）：设置素材水平旋转的角度。
- Tilt（倾斜）：设置素材垂直旋转的角度。如图5-364所示是Tilt（倾斜）分别设置为0和30时的对比效果。

图5-364

- Distance to Image（与素材的距离）：设置素材拉近或推远的距离。
- Specular Highlight（镜面高光）：设置阳光照在素材上产生的光晕效果，模拟其真实效果。
- Preview（预览）：选中【Draws Preview Wireframe（绘制预选线框）】复选框时，在预览时素材会以线框的形式显示，这样可以加快素材的显示速度。如图5-365所示是Distance To Image（与素材的距离）分别设置为0和30，选中和取消选中【Specular Highlight（镜面高光）】后的复选框的对比效果。

图5-365

5.8.2 Bevel Alpha（斜角Alpha）

技术速查：Bevel Alpha（斜角Alpha）效果可以使素材出现分界，是通过二维的Alpha 通道效果形成三维立体外观。斜切效果特别适合包含文本的图像。

选择【Effects（效果）】窗口中的【Video Effects（视频效果）】/【Perspective（透视）】/【Bevel Alpha（斜角Alpha）】效果，如图5-366所示。其参数面板如图5-367所示。

图5-366

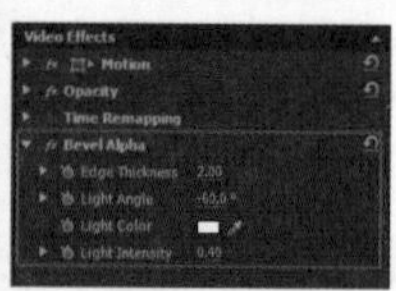

图5-367

- Edge Thickness（边缘厚度）：设置边缘的厚度值。如图5-368所示为Edge Thickness（边缘厚度）数值分别为0和12的对比效果。

图5-368

- Light Angle（灯光角度）：设置灯光的角度，即阴影所产生的方向。
- Light Color（灯光颜色）：设置灯光的颜色。
- Light Intensity（灯光强度）：设置灯光的强度值。

★ 案例实战——斜角Alpha效果

案例文件	案例文件\第5章\斜角Alpha效果.prproj
视频教学	视频文件\第5章\斜角Alpha效果.flv
难易指数	★★★★★
技术要点	横排文字工具、阴影和斜角Alpha效果的应用

案例效果

在许多平面构图中经常会有一些具有立体感效果的图案。这是因为有些图案添加了斜角效果，使其边缘产生了一定的斜角，从而形成类似立体的效果。本案例主要是针对“应用斜角Alpha效果”的方法进行练习，如图5-369所示。

操作步骤

01 单击【New Project（新建项目）】选项，然后单击【Browse（浏览）】按钮设置保存路径，并在【Name（名称）】文本框中设置文件名称。接着在弹出的对话框中选择【DV-PAL】/【Standard 48kHz】选项，如图5-370所示。

图5—369

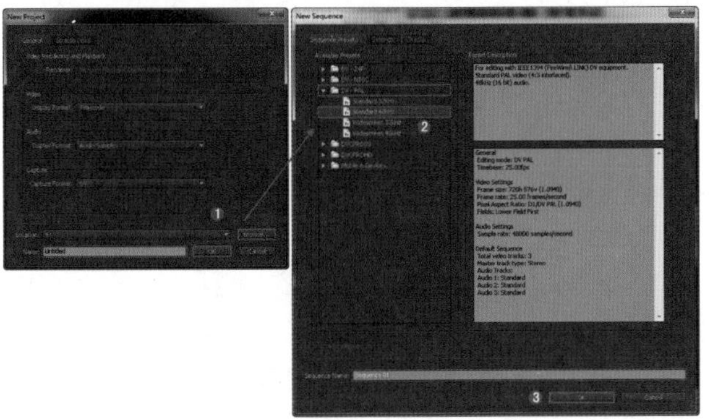

图5—370

02 选择菜单栏中的【File（文件）】/【Import（导入）】命令或按快捷键【Ctrl+I】，然后在打开的对话框中选择所需的素材文件，并单击【打开】按钮导入，如图5-371所示。

图5—371

03 将项目窗口中的【01.jpg】素材文件拖曳到Video1轨道上，如图5-372所示。

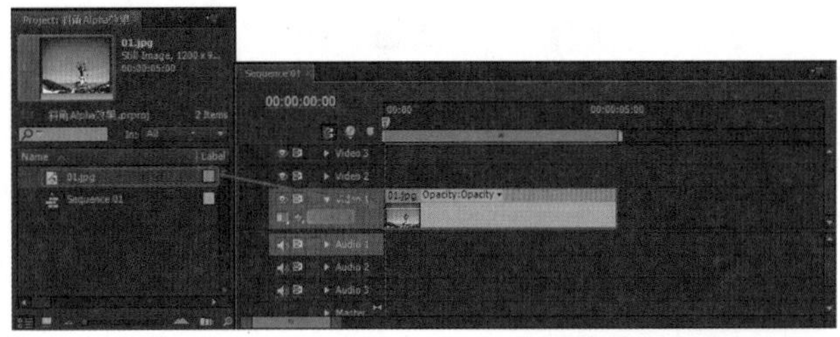

图5—372

04 选择Video1轨道上的【01.jpg】素材文件，然后在【Effect Controls（效果控制）】面板中设置【Scale（缩放）】为66，如图5-373所示。此时效果如图5-374所示。

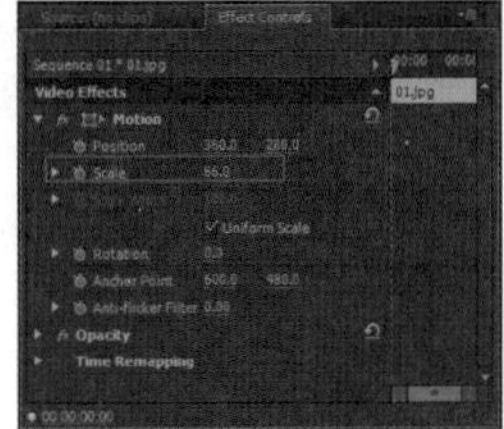

图5—373

图5—374

05 为素材创建字幕。选择【Title（字幕）】/【New Title（新建字幕）】/【Default Still（默认静态字幕）】命令，并在弹出的【New Title（新建字幕）】对话框中单击【OK（确定）】按钮，如图5-375所示。

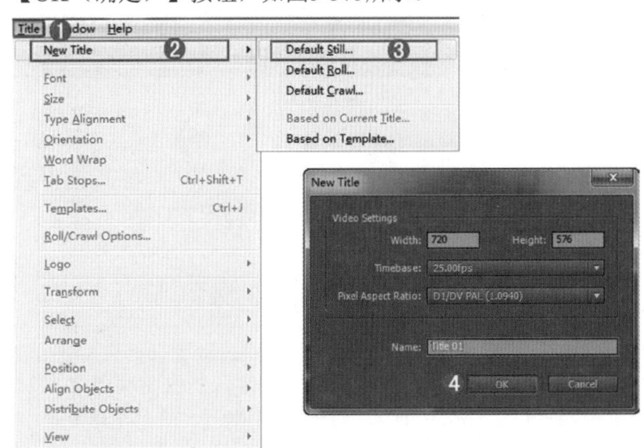

图5—375

06 在字幕面板中，单击T（横排文字工具）按钮，然后在字幕工作区中输入文字“Peace”，并设置合适的【Font Family（字体）】，设置【Font Size（字体大小）】为227，【Color（字体颜色）】为绿色（R：63，G：126，B：41）。接着选中【Shadow（阴影）】复选框，设置【Distance（距离）】为17，【Spread（扩散）】为49，如图5-376所示。

图5－376

技巧提示

文字的阴影效果，也可以在将文字拖曳到时间线窗口中后，将【Effects（效果）】窗口中的【Drop Shadow（投射阴影）】效果添加到文字上，再加以调整。最终效果是一样的。

07 关闭字幕面板，将项目窗口中的【Title 01】素材文件拖曳到Video3轨道上，如图5-377所示。

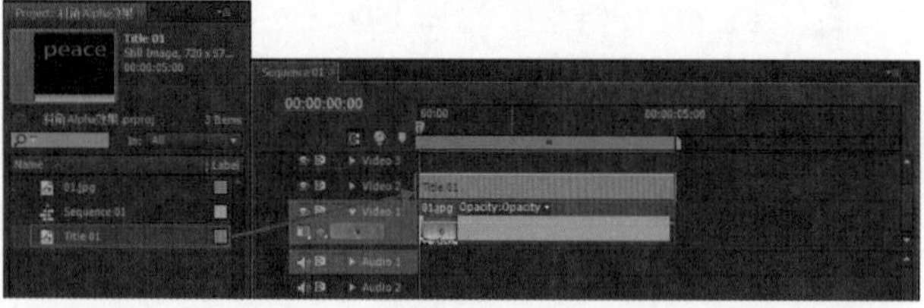

图5－377

08 在【Effects（效果）】窗口中搜索【Bevel Alpha（斜角Alpha）】效果，然后按住鼠标左键将其拖曳到Video1轨道的【01.jpg】素材文件上，如图5-378所示。

图5－378

09 选择Video2轨道上的【Title 01】素材文件，然后打开【Effect Controls（效果控制）】面板中的【Bevel Alpha（斜角Alpha）】效果，并设置【Edge Thickness（边缘厚度）】为6.8，【Light Angle（照明角度）】为－70，如图5-379所示。此时，拖动时间线滑块查看最终的效果，如图5-380所示。

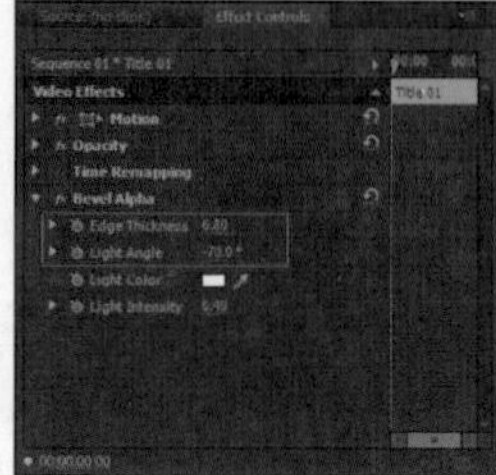

图5－379

图5－380

答疑解惑：斜角效果有哪些作用？

斜角效果即将物体的棱角制作成一定的斜面效果。为素材添加斜角效果，可以使素材看起来有一定的立体感。根据素材的内容，斜角的厚度可以进行适当调整来表现不同的效果。

例如，单独的二维效果给人孤独单薄的感觉，添加斜角效果加以调整，可以使其看起来更加具有力量和厚重感。

5.8.3 Bevel Edges（边缘斜切）

技术速查：Bevel Edges（边缘斜切）效果可以使素材的边缘产生立体的效果。但边缘斜切只能对矩形的图像形状应用，不能应用在带有Alpha通道的图像上。

选择【Effects（效果）】窗口中的【Video Effects（视频效果）】/【Perspective（透视）】/【Bevel Edges（边缘斜切）】效果，如图5-381所示。其参数面板如图5-382所示。

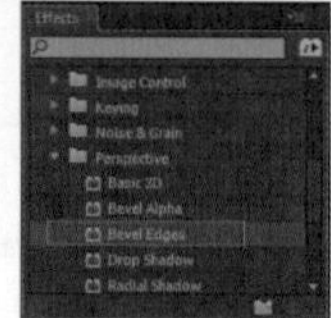

图5－381

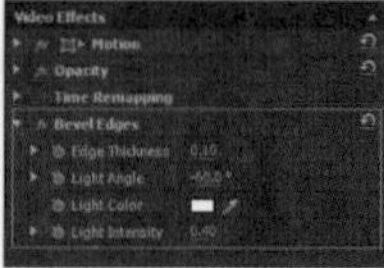

图5－382

- Edge Thickness（边缘厚度）：设置边缘的厚度值。如图5-383所示是Edge Thickness（边缘厚度）分别设置为0.1和0.5的效果对比图。

图5-383

- Light Angle（灯光角度）：设置灯光的角度，即阴影所产生的方向。
- Light Color（灯光颜色）：设置灯光的颜色。
- Light Intensity（灯光强度）：设置灯光的强度值。如图5-384所示为Light Color（灯光颜色）分别设置为绿色和黄色，Light Intensity（灯光强度）为0.2和0.5的对比效果。

图5-384

5.8.4 Drop Shadow（投射阴影）

技术速查：Drop Shadow（投射阴影）效果可以为素材添加阴影的效果，一般应用于多轨道文件中。

选择【Effects（效果）】窗口中的【Video Effects（视频效果）】/【Perspective（透视）】/【Drop Shadow（投射阴影）】效果，如图5-385所示。其参数面板如图5-386所示。

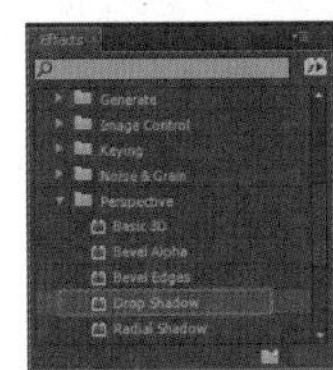

图5-385

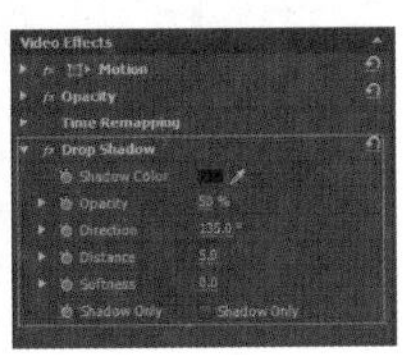

图5-386

- Shadow Color（阴影颜色）：设置阴影的颜色。
- Opacity（不透明度）：设置阴影的不透明度。
- Direction（方向）：设置阴影产生的方向。
- Distance（距离）：设置阴影和原画面的距离。如图5-387所示为Distance（阴影距离）的数值分别为0和40后的对比效果。

图5-387

- Softness（柔化）：设置阴影的柔化值。
- Shadow Only（仅阴影）：画面中仅显示阴影。

★ 案例实战——投射阴影效果

案例文件	案例文件\第5章\投射阴影效果.prproj
视频教学	视频文件\第5章\投射阴影效果.flv
难易指数	★★★★★
技术要点	Drop Shadow（投射阴影）效果的应用

案例效果

在一个有光线照射的空间里，由于物体遮住了光线的传播，而光线不能穿过不透明物体而形成的较暗区域，就是投射阴影，即一种光学现象。本案例主要是针对“应用投射阴影效果”的方法进行练习，如图5-388所示。

图5-388

操作步骤

01 单击【New Project（新建项目）】选项，然后单击【Browse（浏览）】按钮设置保存路径，并在【Name（名称）】文本框中设置文件名称。接着在弹出的对话框中选择【DV-PAL】/【Standard 48kHz】选项，如图5-389所示。

02 选择菜单栏中的【File（文件）】/【Import（导入）】命令或按快捷键【Ctrl+I】，然后在打开的对话框中选择所需的素材文件，并单击【打开】按钮导入，如图5-390所示。

03 将项目窗口中的【01.jpg】和【02.png】素材文件分别拖曳到Video1和Video2轨道上，如图5-391所示。

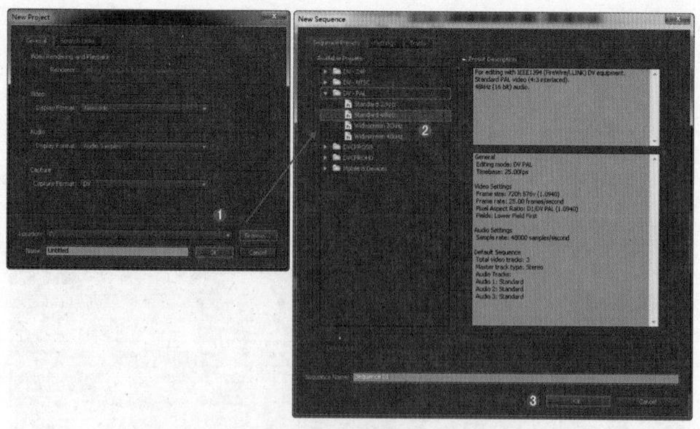

图5—389

图5—390

图5—391

04 选择Video1轨道上的【01.jpg】素材文件，然后在【Effect Controls（效果控制）】面板中设置【Scale（缩放）】为23，如图5-392所示。此时效果如图5-393所示。

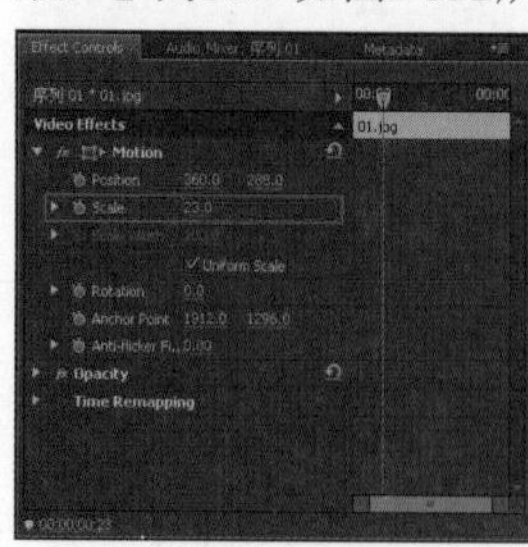

图5—392　　图5—393

05 选择Video2轨道上的【02.png】素材文件，然后在【Effect Controls（效果控制）】面板中设置【Position（位置）】为（360，226），【Scale（缩放）】为92，如图5-394所示。此时效果如图5-395所示。

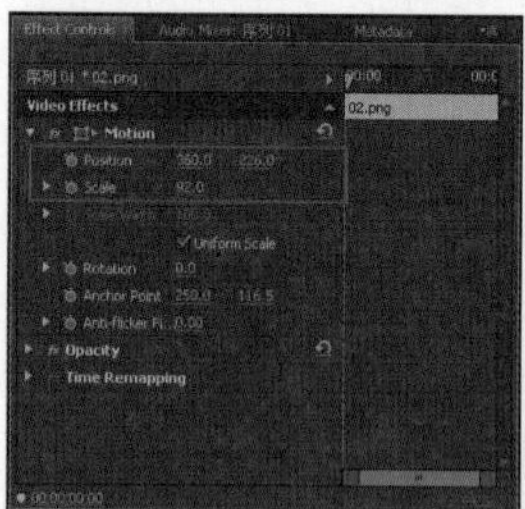

图5—394　　图5—395

06 在【Effects（效果）】窗口中搜索【Drop Shadow（投射阴影）】，并按住鼠标左键将其拖曳到Video2轨道的【02.png】素材文件上，如图5-396所示。

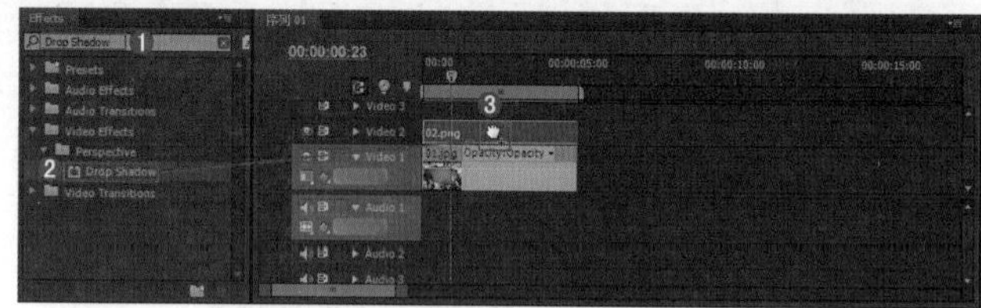

图5—396

07 选择Video2轨道的【02.png】素材文件，然后打开【Drop Shadow（投射阴影）】效果，并设置【Opacity（不透明度）】为85%，【Direction（方向）】为203°，【Distance（距离）】为45，【Softness（柔化）】为14，如图5-397所示。此时，拖动时间线滑块查看最终的效果，如图5-398所示。

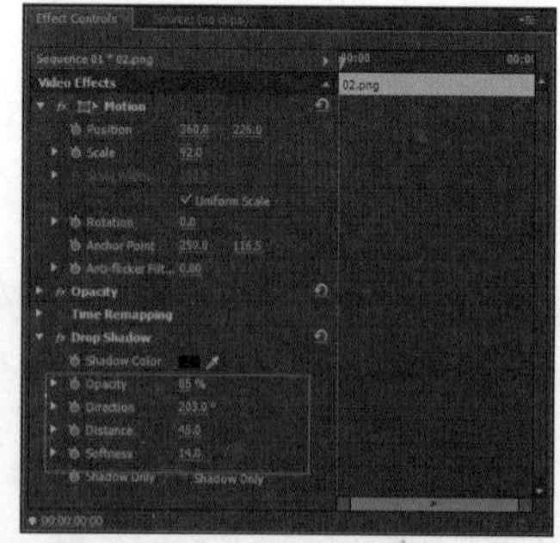

图5—397

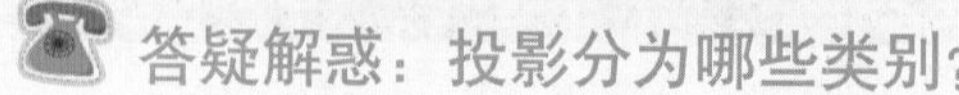

答疑解惑：投影分为哪些类别？

投影分为平行投影、中心投影、正投影和斜投影。

由平行光线形成的投影是平行投影。由同一点形成的投影叫做中心投影。投影线垂直于投影面产生的投影叫做正投影。投影线不垂直于投影面产生的投影叫做斜投影。物体正投影的形状、大小与它相对于投影面的位置和角度有关。

图5-398

读书笔记

5.8.5 Radial Shadow（放射阴影）

技术速查：Radial Shadow（放射阴影）效果与Drop Shadow（投射阴影）的效果类似，但比Radial Shadow（放射阴影）在控制上变化多一些，它可以使一个三维层的影子投射到一个二维层。

选择【Effects（效果）】窗口中的【Video Effects（视频效果）】/【Perspective （透视）】/【Radial Shadow（放射阴影）】效果，如图5-399所示。其参数面板如图5-400所示。

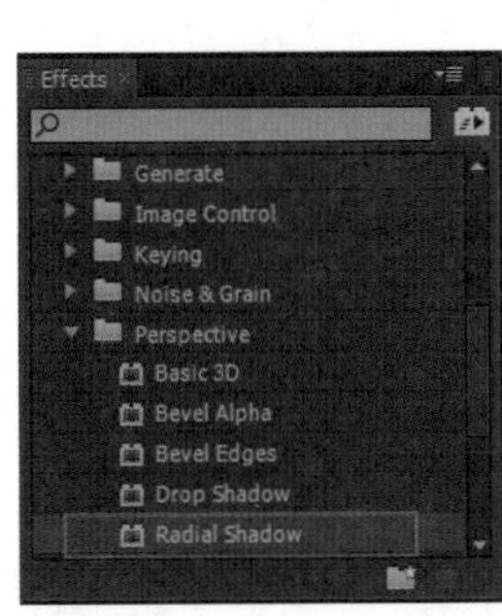

图5-399

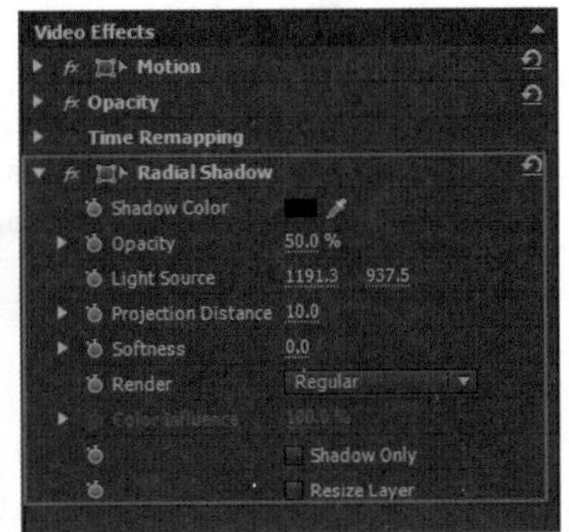

图5-400

- Shadow Color（阴影颜色）：设置阴影的颜色。
- Opacity（不透明度）：设置阴影的不透明度。
- Light Source（光源）：设置光源的位置。
- Projection Distance（发射距离）：设置阴影的发射距离。
- Softness（柔化）：设置阴影的柔化值。
- Render（渲染）：设置阴影的渲染方式。包括 Regular（正常）和Glass Edge（玻璃边缘）。
- Color Influence（颜色影响）：设置颜色对阴影的影响度。
- Shadow Only（仅阴影）：只显示阴影模式。
- Resize Layer（调整图层）：调整阴影图层的尺寸大小。

5.9 Stylize（风格化）类视频效果

Stylize（风格化）是一组风格化效果，用来模拟一些实际的绘画效果，使图像产生丰富的视觉效果。包括Alpha Glow（Alpha辉光）、Brush Strokes（画笔笔触）、Color Emboss（彩色浮雕）、Emboss（浮雕）、Find Edges（查找边缘）、Mosaic（马赛克）、Posterize（色调分离）、Replicate（复制）、Roughen Edges（粗糙边缘）、Solarize（曝光）、Strobe Light（闪光灯）、Texturize（纹理）、Threshold（阈值）13种效果。其面板如图5-401所示。

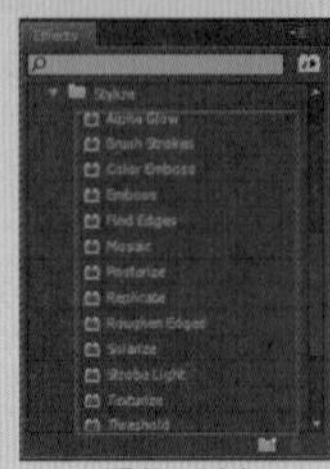

图5－401

5.9.1 Alpha Glow（Alpha辉光）

技术速查：Alpha Glow（Alpha辉光）效果可以对含有通道的素材起作用，在通道的边缘部分产生一圈渐变的辉光效果，也可以在单独的图像上应用，制作发光的效果。

选择【Effects（效果）】窗口中的【Video Effects（视频效果）】/【Stylize（风格化）】/【Alpha Glow（辉光）】效果，如图5-402所示。其参数面板如图5-403所示。

- Glow（辉光）：设置发光的大小。
- Brightness（亮度）：设置发光的强度。
- Start Color（起始颜色）：设置辉光开始的颜色。
- End Color（结束颜色）：设置辉光结束的颜色。
- Fade Out（淡出）：选中该复选框时，发光会逐渐衰退或者起始颜色和结束颜色之间产生平滑的过渡。

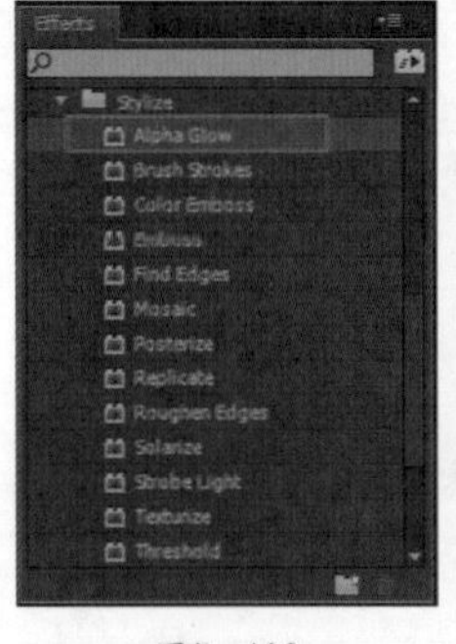

图5－402

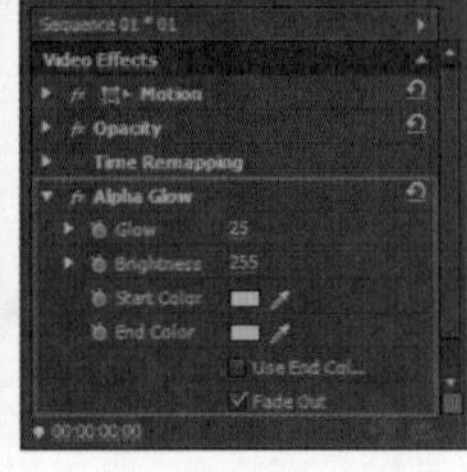

图5－403

5.9.2 Brush Strokes（画笔笔触）

技术速查：Brush Strokes（画笔笔触）效果可以调节参数，使素材产生类似水彩画效果。

选择【Effects（效果）】窗口中的【Video Effects（视频效果）】/【Stylize（风格化）】/【Brush Strokes（画笔笔触）】效果，如图5-404所示。其参数面板如图5-405所示。

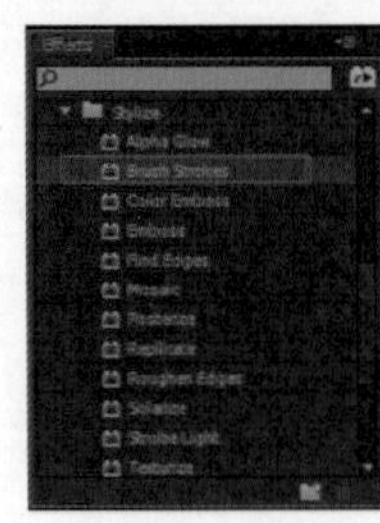

图5－404

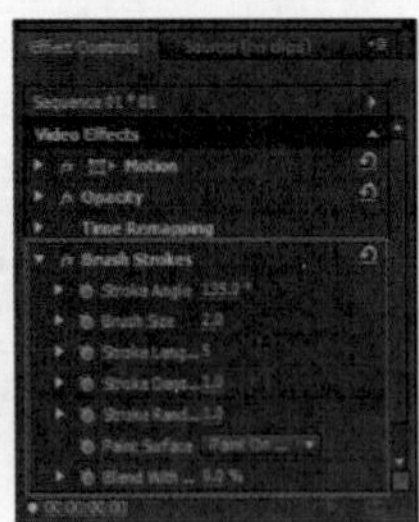

图5－405

- Stroke Angle（笔触角度）：设置笔触的角度。
- Brush Size（笔触大小）：设置笔触的尺寸大小。如图5-406所示为Stroke Angle（笔触角度）为145和203，Brush Size（笔触大小）分别设置为2和5的对比效果。
- Stroke Length（笔触长度）：设置每个笔触的长度大小。
- Stroke Density（笔触密度）：设置笔触的密度。如图5-407所示为Stroke Length（笔触长度）为2和40，Stroke Density（笔触密度）设置为1和1.3的对比效果。

图5－406

图5－407

- Stroke Randomness（笔触随机性）：设置笔触的随机性。
- Paint Surface（绘画表面）：设置笔触与画面的位置和绘画的进行方式。有Paint On Original Image（绘制到原始图像）、Paint On Transparenth（绘制到透明）、Panit On White（绘制到白色）、Paint On Black（绘制到黑色）等几种方式。
- Blend With Original（和原图像混合）：设置与原素材图像的混合比例。

5.9.3 Color Emboss（彩色浮雕）

技术速查：Color Emboss（彩色浮雕）效果可以调节参数，使素材产生浮雕效果，和Emboss（浮雕）不同的是，Color Emboss（彩色浮雕）包含颜色。

选择【Effects（效果）】窗口中的【Video Effects（视频效果）】/【Stylize（风格化）】/【Color Emboss（彩色浮雕）】效果，如图5-408所示。其参数面板如图5-409所示。

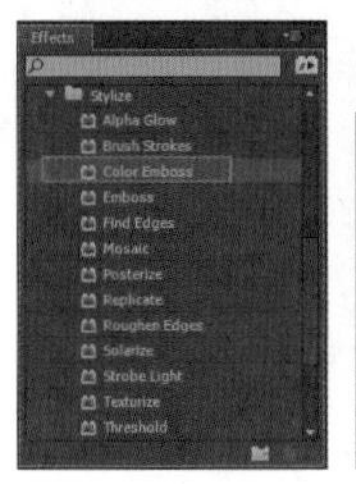

图5—408

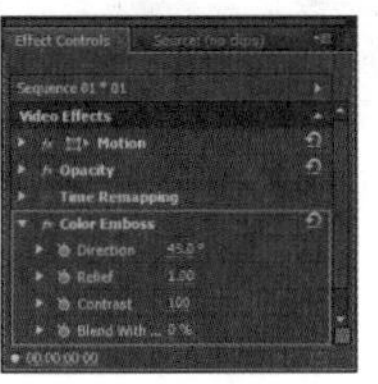

图5—409

- Direction（浮雕方向）：设置浮雕方向。
- Relief（浮雕大小）：设置浮雕的尺寸大小。如图5-410所示为Direction（浮雕方向）分别设置为15和45，Relief（浮雕大小）分别设置为5和25的对比效果。

图5—410

- Contrast（对比度）：设置与原图的浮雕对比度。
- Blend With Original（和原图像混合）：设置和原图像的混合数值。

5.9.4 Emboss（浮雕）

技术速查：Emboss（浮雕）效果和Color Emboss（彩色浮雕）不同的是，产生的素材视频浮雕为灰色。

选择【Effects（效果）】窗口中的【Video Effects（视频效果）】/【Stylize（风格化）】/【Emboss（浮雕）】效果，如图5-411所示。其参数面板如图5-412所示。

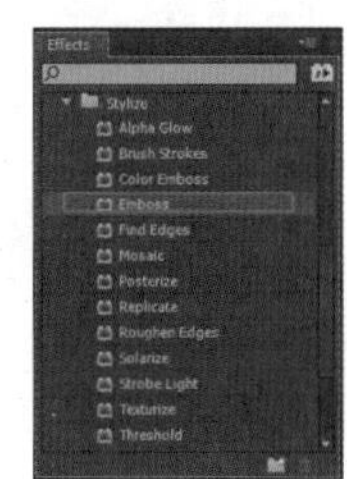

图5—411

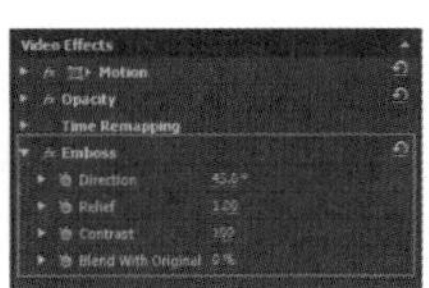

图5—412

- Direction（浮雕方向）：设置浮雕方向。
- Relief（浮雕大小）：设置浮雕的尺寸大小。
- Contrast（对比度）：设置与原图的浮雕对比度。
- Blend With Original（和原图像混合）：设置和原图像的混合数值。如图5-413所示为Blend With Original（和原图像混合）分别设置为30和0的对比效果。

★ 案例实战——浮雕效果

案例文件	案例文件\第5章\浮雕效果.prproj
视频教学	视频文件\第5章\浮雕效果.flv
难易指数	★★★★☆
技术要点	Emboss（浮雕）效果的应用

图5—413

案例效果

浮雕是雕塑与绘画结合的产物，利用透视等因素来表现三维空间效果，并只有一面或两面观看。浮雕在内容、形式和材质上丰富多彩。近年来，它在城市美化中占重要的地位。本案例主要是针对“应用浮雕效果”的方法进行练习，如图5-414所示。

操作步骤

01 单击【New Project（新建项目）】选项，然后单击【Browse（浏览）】按钮设置保存路径，并在【Name（名称）】文本框中设置文件名称。接着在弹出的对话框中选择【DV-PAL】/【Standard 48kHz】选项，如图5-415所示。

02 选择菜单栏中的【File（文件）】/【Import（导入）】命令或按快捷键【Ctrl+I】，然后在打开的对话框中

选择所需的素材文件，并单击【打开】按钮导入，如图5-416所示。

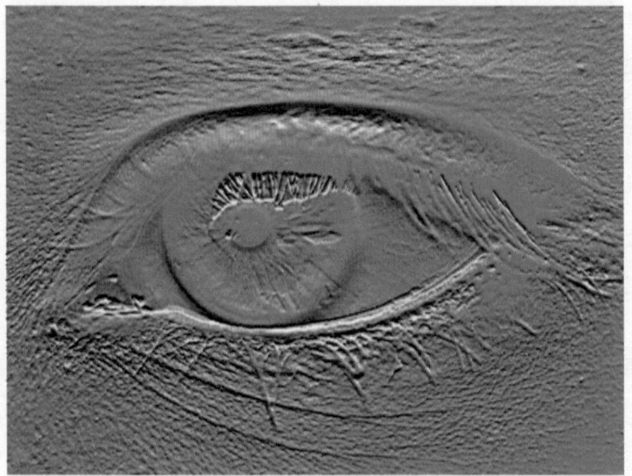

图5—414

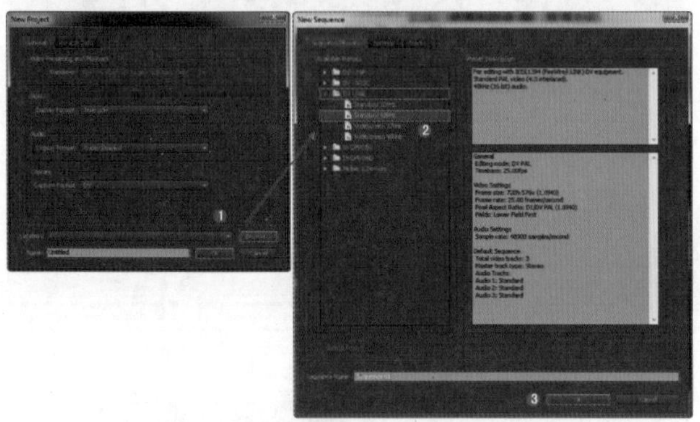

图5—415

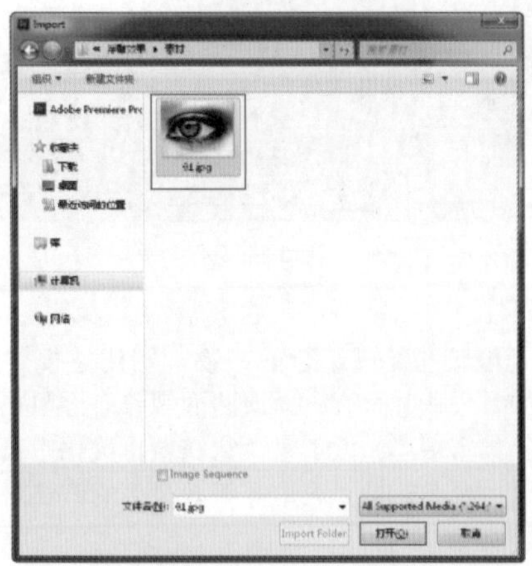

图5—416

03 将项目窗口中的【01.jpg】素材文件拖曳到Video1轨道上，如图5-417所示。

04 选择Video1轨道上的【01.jpg】素材文件，然后在【Effect Controls（效果控制）】面板中设置【Scale（缩放）】为40，如图5-418所示。此时效果如图5-419所示。

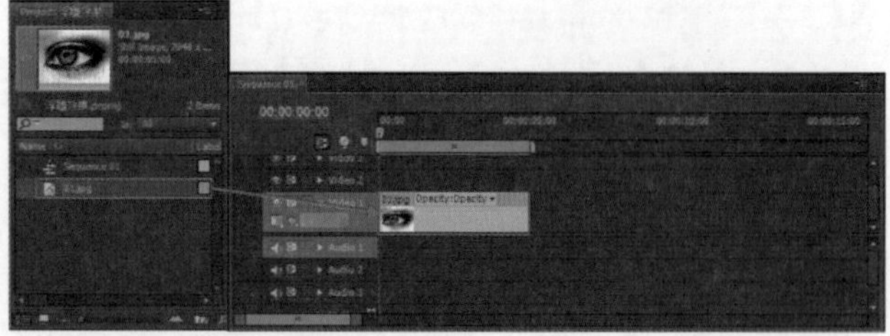

图5—417

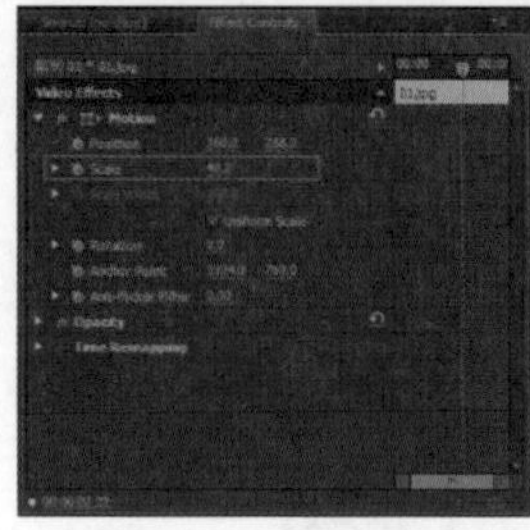

图5—418

图5—419

05 在【Effects（效果）】窗口中搜索【Emboss（浮雕）】效果，然后按住鼠标左键将其拖曳到Video1轨道的【01.jpg】素材文件上，如图5-420所示。

图5—420

06 选择Video1轨道上的【01.jpg】素材文件，然后打开【Effect Controls（效果控制）】面板中的【Emboss（浮雕）】效果，并设置【Direction（方向）】为4°，【Relief（大小）】为4，【Contrast（对比度）】为208，如图5-421所示。此时，拖动时间线滑块查看最终的效果，如图5-422所示。

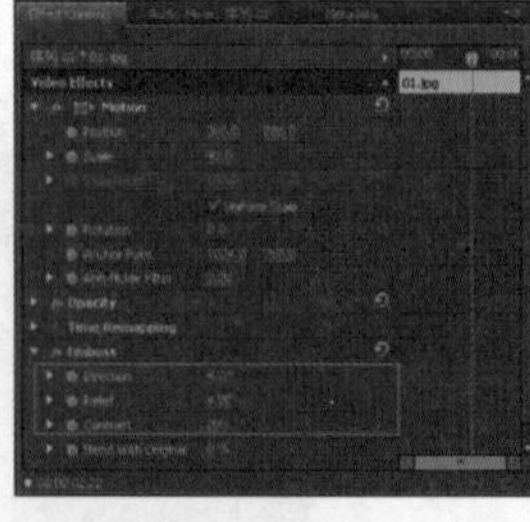

图5—421

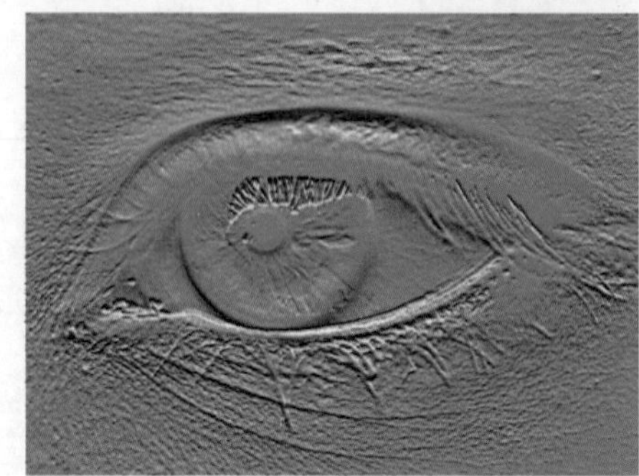

图5—422

答疑解惑：浮雕效果主要用于哪些方面？

由于浮雕是呈现在另一平面上的，且所占空间较小，所以适用于多种环境的装饰。因此在制作器具和建筑效果上经常使用。浮雕在内容、形式和材质上丰富多彩，浮雕的材料有石头、木头和金属等，可以据此制作出不同的浮雕效果。

5.9.5 Find Edges（查找边缘）

技术速查：Find Edges（查找边缘）效果可以对素材的边缘进行勾勒，从而使素材产生类似素描或底片的效果。

选择【Effects（效果）】窗口中的【Video Effects（视频效果）】/【Stylize（风格化）】/【Find Edges（查找边缘）】效果，如图5-423所示。其参数面板如图5-424所示。

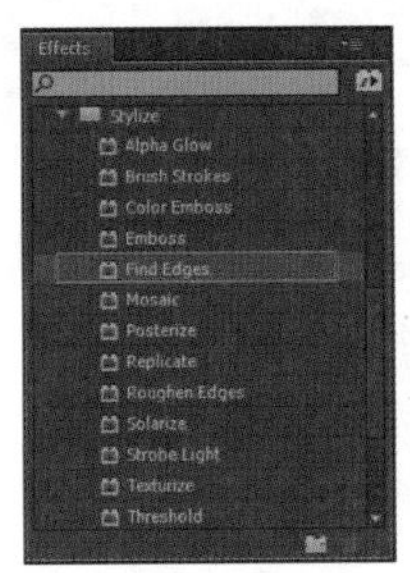

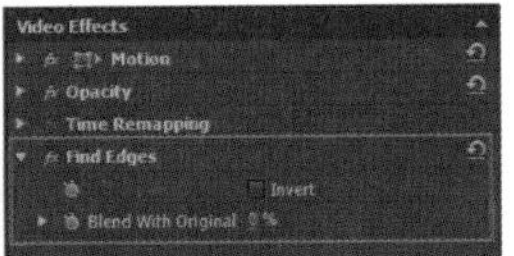

图5－423　　图5－424

- Invert（反向勾边）：用于反向勾边。
- Blend With Original（和原图像混合）：设置和原图像的混合数值。如图5-425所示为Invert（反向勾边）的对比，Blend With Original（和原图像混合）分别设置为40和1时的对比效果。

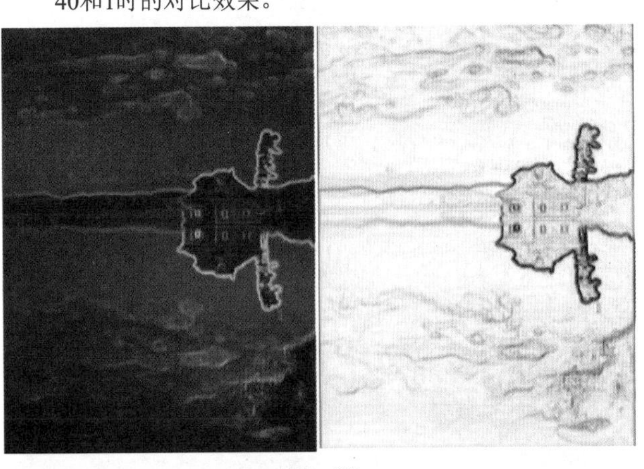

图5－425

★ 综合实战——铅笔画效果

案例文件	案例文件\第5章\铅笔画效果.prproj
视频教学	视频文件\第5章\铅笔画效果.flv
难易指数	★★★★★
技术要点	黑&白、查找边缘、快速模糊效果的应用

案例效果

铅笔画，是指使用铅笔绘制的画，包括铅笔素描、铅笔速写等。铅笔画，是一切图形艺术的基础，其基本表现为主要线条轮廓、肌理明暗关系等。本案例主要是针对“制作铅笔画效果”的方法进行练习，如图5-426所示。

图5－426

操作步骤

01 单击【New Project（新建项目）】选项，然后单击【Browse（浏览）】按钮设置保存路径，并在【Name（名称）】文本框中设置文件名称。接着在弹出的对话框中选择【DV-PAL】/【Standard 48kHz】选项，如图5-427所示。

02 选择菜单栏中的【File（文件）】/【Import（导入）】命令或按快捷键【Ctrl+I】，然后在打开的对话框中选择所需的素材文件，并单击【打开】按钮导入，如图5-428所示。

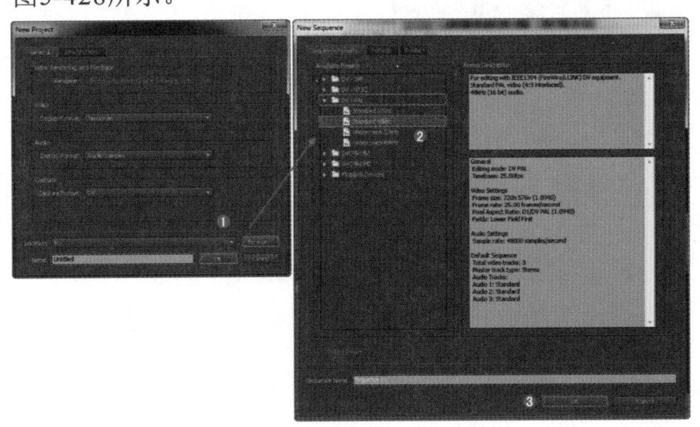

图5－427

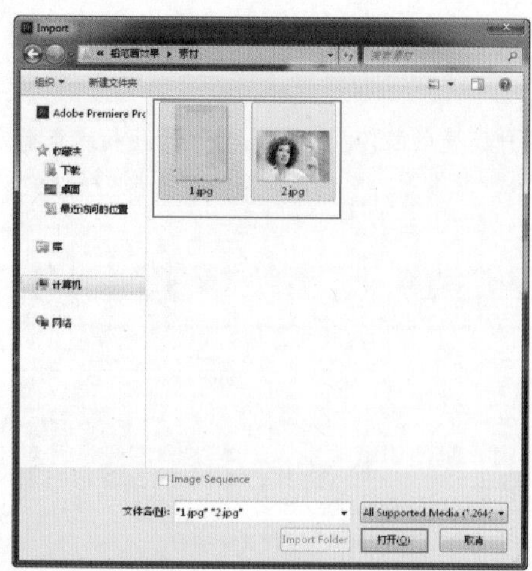
图5—428

03 将项目窗口中的【1.jpg】和【2.jpg】两个素材文件拖曳到Video1和Video2轨道上，如图5-429所示。

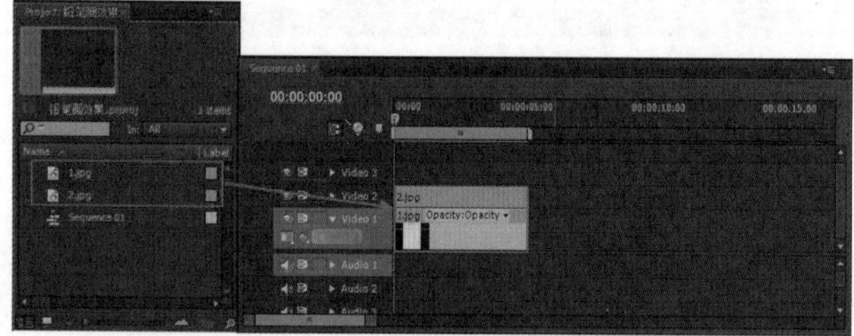
图5—429

04 选择Video1轨道上的【01.jpg】素材文件，然后在【Effect Controls（效果控制）】面板中设置【Scale（缩放）】为30，如图5-430所示。此时暂时隐藏Video2轨道上的素材文件查看效果，如图5-431所示。

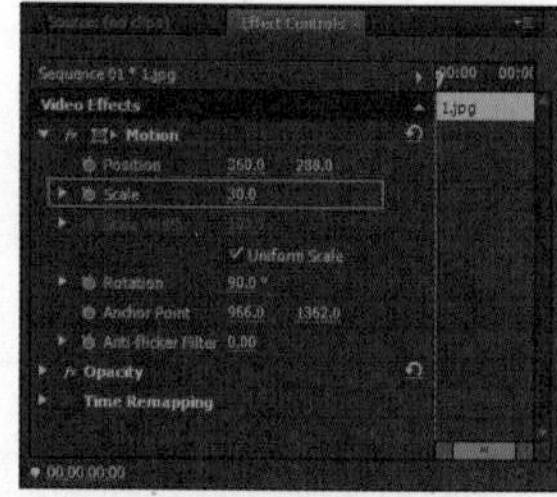
图5—430

图5—431

05 选择时间线Video2轨道上【2.jpg】素材文件，然后单击鼠标右键，在弹出的快捷菜单中选择【Scale to Frame Size（缩放到框大小）】命令。接着设置【Scale（缩放）】为114，【Blend Mode（混合模式）】为【Multiply（正片叠底）】，如图5-432所示。此时效果如图5-433所示。

06 在【Effects（效果）】窗口中搜索【Black & White】效果，然后按住鼠标左键将其拖曳到Video1轨道的【2.jpg】素材文件上，如图5-434所示。此时效果如图5-435所示。

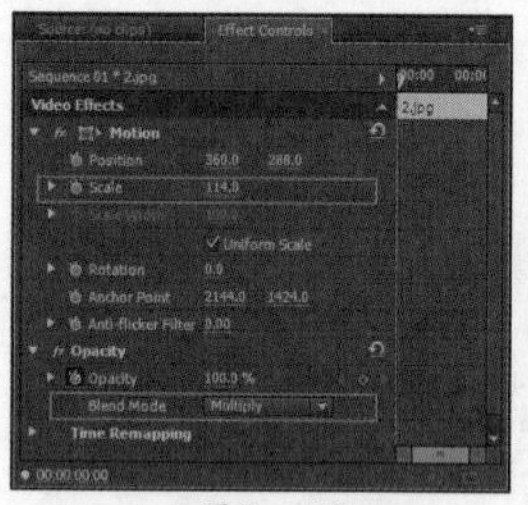
图5—432

图5—433

图5—434

图5—435

07 在【Effects（效果）】窗口中搜索【Find Edges（查找边缘）】效果，然后按住鼠标左键将其拖曳到Video2轨道的【2.jpg】素材文件上，如图5-436所示。

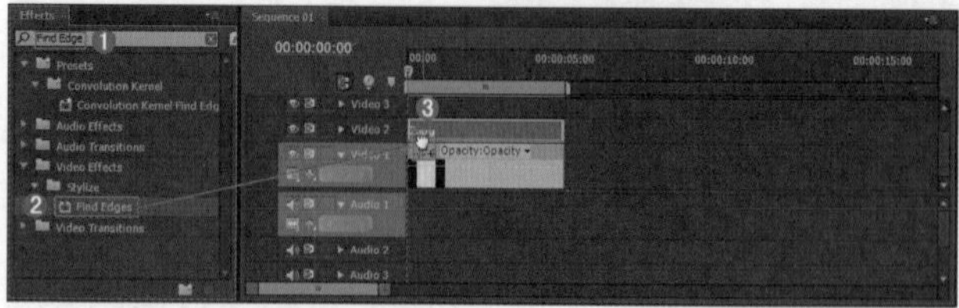
图5—436

08 选择Video2轨道上的【2.jpg】素材文件，然后打开【Effect Controls（效果控制）】面板中的【Find Edges（查找边缘）】效果，并设置【Blend With Original（与原始混合）】为5%，如图5-437所示。此时效果如图5-438所示。

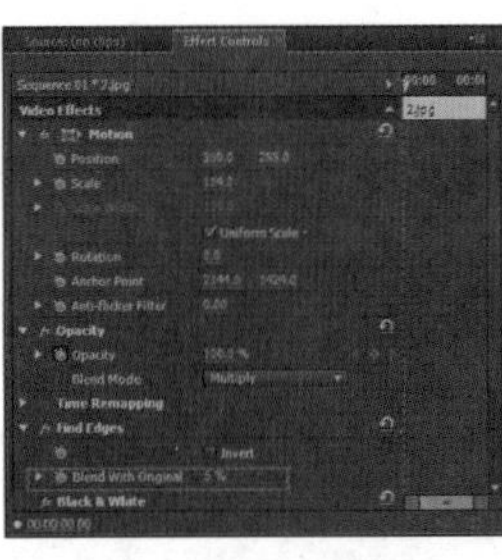

图5-437

图5-438

09 在【Effects（效果）】窗口中搜索【Fast Blur（快速模糊）】效果，然后按住鼠标左键将其拖曳到Video2轨道的【2.jpg】素材文件上，如图5-439所示。

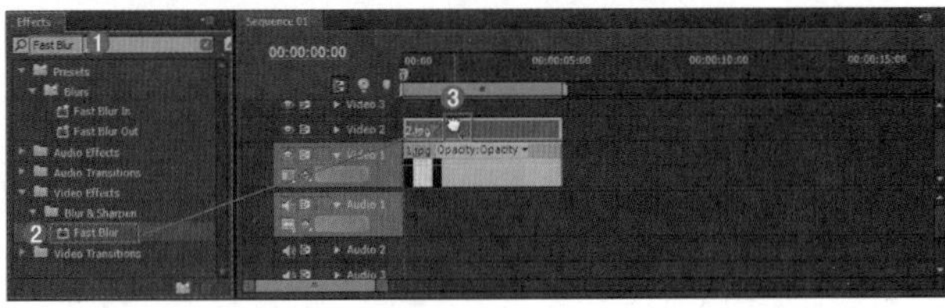

图5-439

10 选择Video2轨道上的【2.jpg】素材文件，然后打开【Effect Controls（效果控制）】面板中的【Fast Blur（快速模糊）】效果，并设置【Blirriness（模糊）】为2，【Blur Dimensions（模糊方向）】为【Horizontal（水平）】，如图5-440所示。此时，拖动时间线滑块查看最终的效果，如图5-441所示。

图5-440

图5-441

答疑解惑：制作铅笔画效果时要注意哪些问题？

铅笔画通常是以单色线条来画出物体明暗的画，是一种用线与面的表现方式。因为铅笔画通常都是黑白的，所以要将画面进行黑白处理。

每一个物体在光照下都有亮、灰、暗三部分。从最深到最亮依次是：明暗交界线、暗部、反光、灰部、亮部。因此在制作时亮部要尽量避免过脏，暗部要尽量避免过暗。

5.9.6 Mosaic（马赛克）

技术速查：Mosaic（马赛克）效果可以将画面分成若干个网格，每一个都可用本格内所有颜色的平均色进行填充，使画面产生分块式的马赛克效果。

选择【Effects（效果）】窗口中的【Video Effects（视频效果）】/【Stylize（风格化）】/【Mosaic（马赛克）】效果，如图5-442所示。其参数面板如图5-443所示。

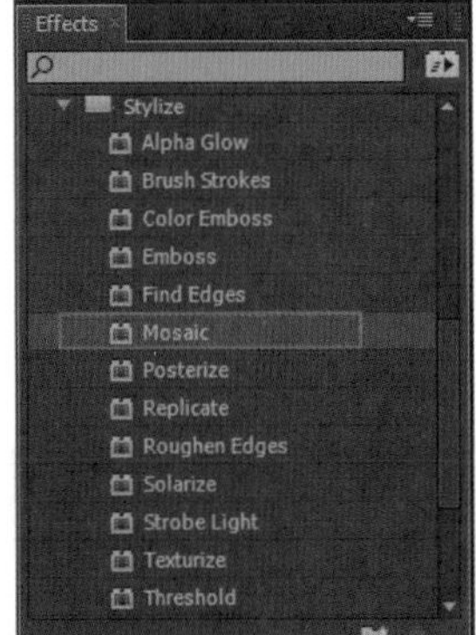

图5-442

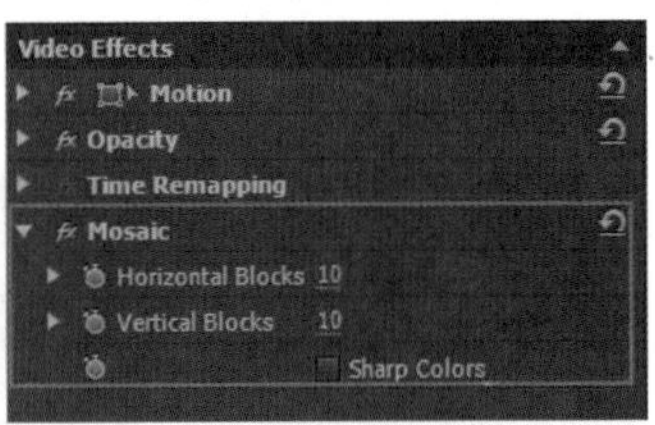

图5-443

- Horizontal Blocks（横块）：设置马赛克横块数值。
- Vertical Blocks（垂直块）：设置马赛克垂直块数值。如图5-444所示为Horizontal Blocks（横块）为100时，Vertical Blocks（垂直块）分别为20和100的对比效果。

图5-444

- Sharp Colors（形状颜色）：选择形状颜色。

★ 案例实战——马赛克效果

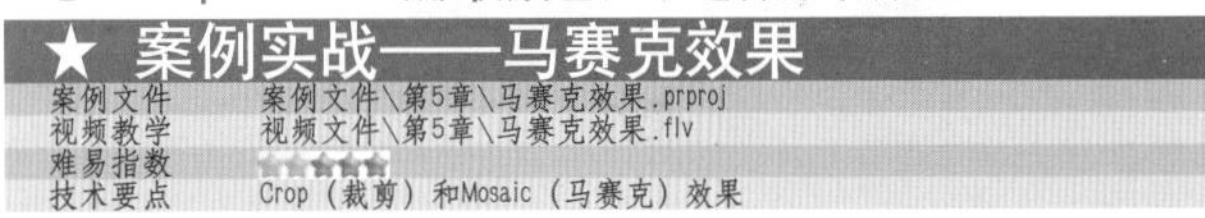

案例文件	案例文件\第5章\马赛克效果.prproj
视频教学	视频文件\第5章\马赛克效果.flv
难易指数	★★★★★
技术要点	Crop（裁剪）和Mosaic（马赛克）效果

案例效果

马赛克通常指建筑中使用的一种装饰材料，同时也是一种装饰艺术。马赛克具有五彩斑斓的视觉效果，也逐渐成为一种图像和视频的处理方法，该效果是将图像某个特定区域内的颜色进行色块打乱，形成一个个模糊效果的小方块效果。其目的通常是使其无法清晰辨认。本案例主要是针对“制作马赛克效果”的方法进行练习，如图5-445所示。

图5-445

操作步骤

01 单击【New Project（新建项目）】选项，然后单击【Browse（浏览）】按钮设置保存路径，并在【Name（名称）】文本框中设置文件名称。接着在弹出的对话框中选择【DV-PAL】/【Standard 48kHz】选项，如图5-446所示。

02 选择菜单栏中的【File（文件）】/【Import（导入）】命令或按快捷键【Ctrl+I】，然后在打开的对话框中选择所需的素材文件，并单击【打开】按钮导入，如图5-447所示。

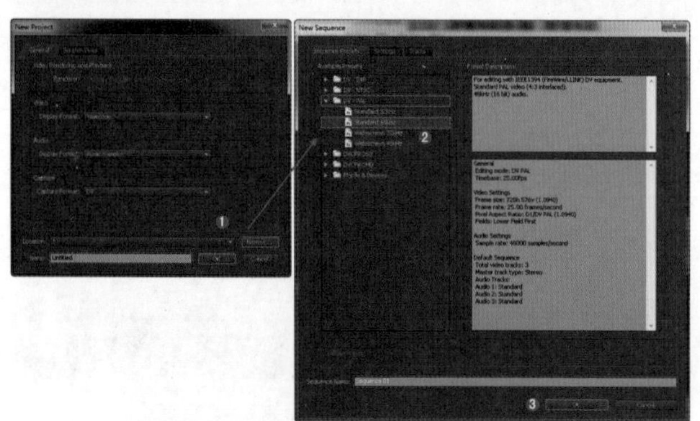

图5-446

图5-447

03 将项目窗口中的【01.jpg】素材文件拖曳到Video1轨道上，如图5-448所示。

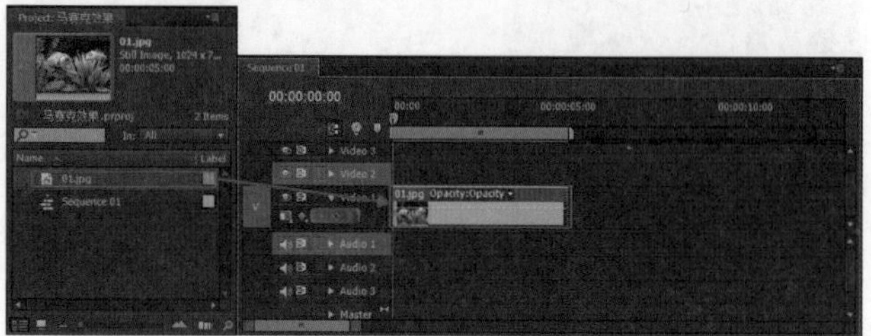

图5-448

04 选择Video1轨道上的【01.jpg】素材文件，然后在【Effect Controls（效果控制）】面板中设置【Scale（缩放）】为90，如图5-449所示。此时效果如图5-450所示。

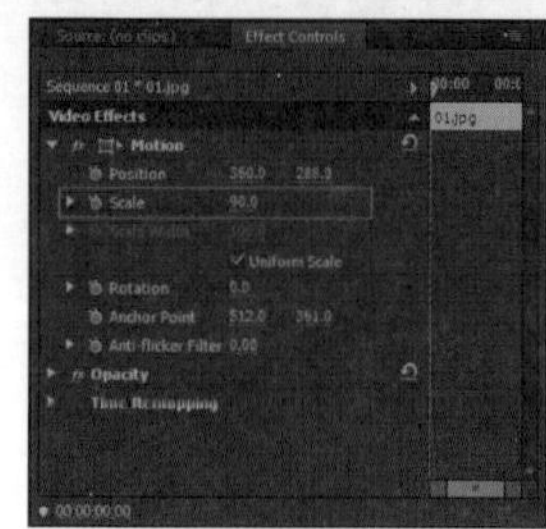

图5-449　　图5-450

05 选择Video1轨道上的【01.jpg】素材文件，然后按快捷键【Ctrl+C】。接着对其使用快捷键【Ctrl+V】粘贴到Video2轨道上，如图5-451所示。

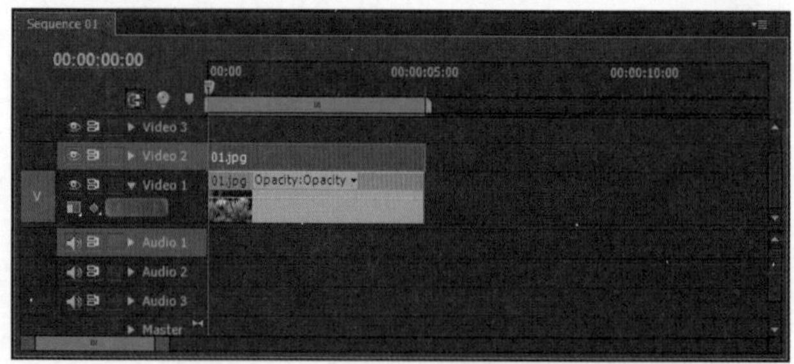

图5-451

06 在【Effects（效果）】窗口中搜索【Crop（裁剪）】效果，然后按住鼠标左键将其拖曳到Video2轨道的【01.jpg】素材文件上，如图5-452所示。

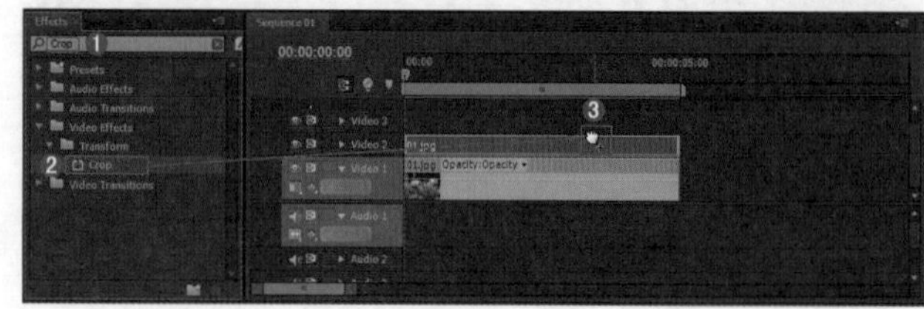

图5-452

07 隐藏Video1轨道上的素材文件。然后选择Video2轨道上的【01.jpg】素材文件，并在【Effect Controls（效果控制）】面板中设置【Crop（裁剪）】下的【Left（左）】为34%，【Top（顶部）】为28%，【Right（右）】为39%，【Bottom（底部）】为22%，如图5-453所示。此时效果如图5-454所示。

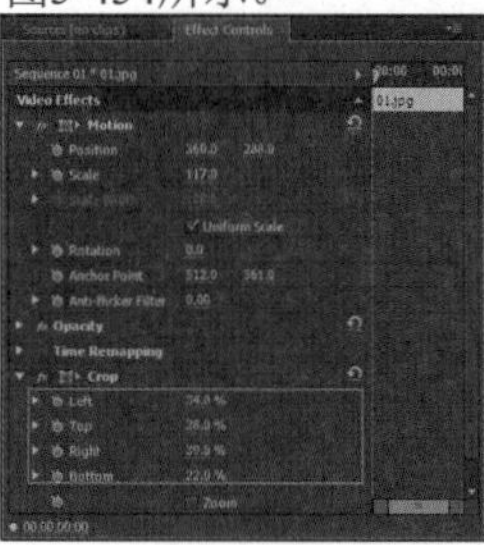

图5-453

图5-454

裁剪的素材图片是下面添加的马赛克效果所作用的部分。所以，裁剪留下的部分即马赛克所遮挡住的部分。

08 显示Video1轨道上的素材文件。然后在【Effects（效果）】窗口中搜索【Mosaic（马赛克）】效果，并按住鼠标左键将其拖曳到Video2轨道的【01.jpg】素材文件上，如图5-455所示。

图5-455

09 选择Video2轨道上的【01.jpg】素材文件，然后打开【Mosaic（马赛克）】效果，并设置【Horizontal Blocks（横块）】为30，【Vertical Blocks（垂直块）】为25，接着选中【Sharp Colors（形状颜色）】复选框。如图5-456所示。此时，拖动时间线滑块查看最终的效果，如图5-457所示。

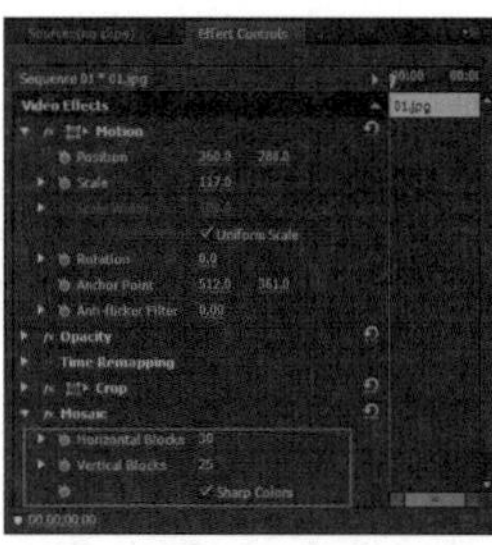

图5-456

图5-457

答疑解惑：马赛克效果有哪些作用？

马赛克常常被应用于影视播放中，用于遮挡部分画面，使遮挡部分的画面模模糊糊，达到令人无法辨认的目的。

马赛克还由于其在视觉文化中的地位，也成为了一种创作艺术。这一与众不同的设计理念，可以利用颜色方块将精细的人物花鸟和历史题材演绎得淋漓尽致。

5.9.7 Posterize（色调分离）

技术速查：Posterize（色调分离）效果可以将素材中的颜色信息减少，产生颜色的分离效果，也可以模拟手绘效果。

选择【Effects（效果）】窗口中的【Video Effects（视频效果）】/【Stylize（风格化）】/【Posterize（色调分离）】效果，如图5-458所示。其参数面板如图5-459所示。

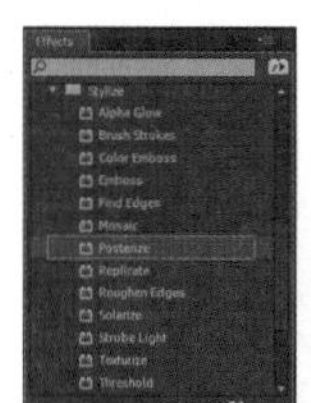

图5-458

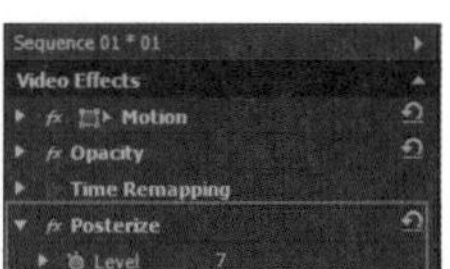

图5-459

- Level（色阶）：设置划分级别的数量，数值越小，效果越明显。如图5-460所示为Level（色阶）设置为80和4 的对比效果。

图5-460

5.9.8 Replicate（复制）

技术速查：Replicate（复制）效果可以将素材横向和纵向复制并排列，产生大量的复制相同素材。

选择【Effects（效果）】窗口中的【Video Effects（视频效果）】/【Stylize（风格化）】/【Replicate（复制）】效果，如图5-461所示。其参数面板如图5-462所示。

- Count（计算）：设置素材的复制倍数。如图5-463所示为Count（计算）设置为2和10时的对比效果。

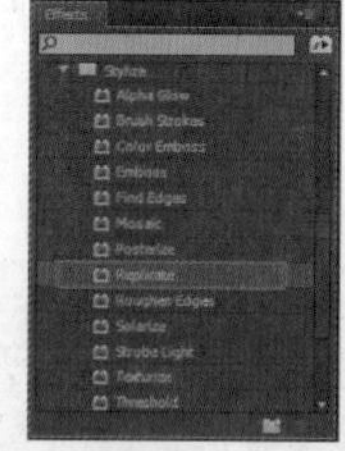

图5-461

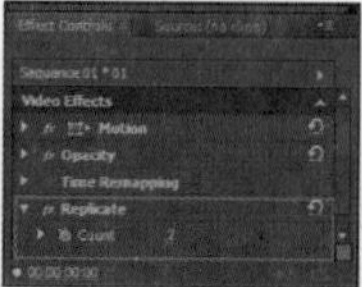

图5-462

图5-463

5.9.9 Roughen Edges（粗糙边缘）

技术速查：Roughen Edges（粗糙边缘）效果可以将素材画面边缘制作出粗糙效果和腐蚀效果。

选择【Effects（效果）】窗口中的【Video Effects（视频效果）】/【Stylize（风格化）】/【Roughen Edges（粗糙边缘）】效果，如图5-464所示。其参数面板如图5-465所示。

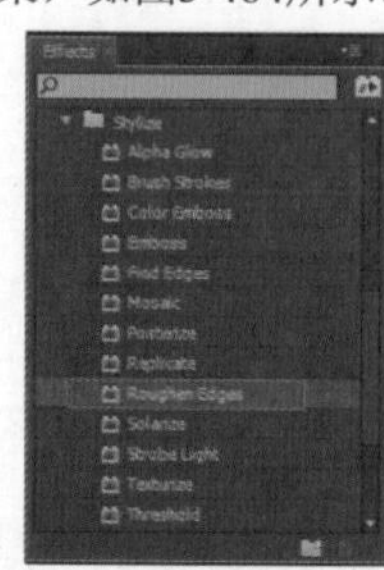

图5-464

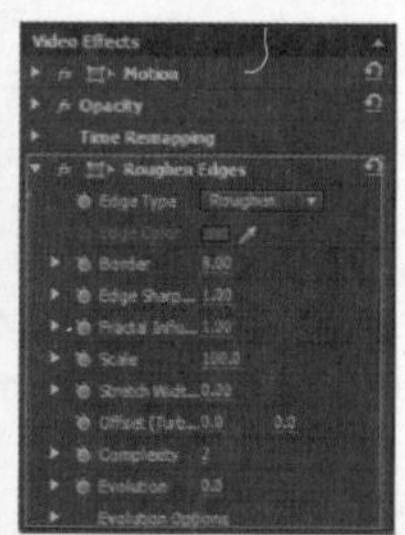

图5-465

- Edge Type（边缘类型）：包括Roughen（粗糙）、Roughen Color（毛色）、Cut（剪切）、Spiky（尖刻）、Rusty（生锈）、Rusty Color（锈色）、Photocopy（影印）、Photocopy Color（彩色影印）的类型。如图5-466所示为Roughen（粗糙）和Rusty Color（锈色）的对比效果。
- Edge Color（边缘颜色）：设置边缘的颜色。
- Border（边沿）：设置边沿数值。
- Edge Sharpness（轮廓清晰度）：设置清晰度数值，影响到边缘的柔和程度与清晰度。

图5-466

- Fractal Influence（不规则影响程度）：设置不规则影响程度数值。
- Scale（缩放）：设置缩放数值。
- Stretch Width or Height（控制宽度和高度的延伸程度）：设置控制宽度和高度的延伸程度数值。
- Offset（Turbulence）（偏移设置）：设置效果的偏移。如图5-467所示为Stretch Width or Height（控制宽度和高度的延伸程度）设置为1和14，Offset（Turbulence）（偏移设置）设置为409、0和1037、453时的对比效果。

- Complexity（复杂度）：设置复杂度数值。
- Evolution（演变）：控制边缘的粗糙变化。
- Evolution Options（演变选项）：演变选项的设置。
- Cycle（in Revolutions）（循环旋转）：设置循环旋转数值。
- Random Seed（随机种子）：设置随机效果。

图5-467

5.9.10 Solarize（曝光）

技术速查：Solarize（曝光）效果可以通过对其参数值的调节，设置曝光强度效果。

选择【Effects（效果）】窗口中的【Video Effects（视频效果）】/【Stylize（风格化）】/【Solarize（曝光）】效果，如图5-468所示。其参数面板如图5-469所示。

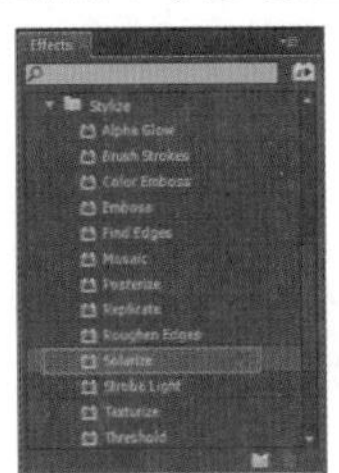

图5-468

图5-469

- Threshold（阈值）：设置曝光的强度。如图5-470所示为Threshold（阈值）设置为1和35时的对比效果。

图5-470

5.9.11 Strobe Light（闪光灯）

技术速查：Strobe Light（闪光灯）效果能够以一定的周期或随机地对一个片段进行算术运算，模拟画面闪光的效果。可以模拟计算机屏幕的闪烁或配合音乐增强感染力等。

选择【Effects（效果）】窗口中的【Video Effects（视频效果）】/【Stylize（风格化）】/【Strobe Light（闪光灯）】效果，如图5-471所示。其参数面板如图5-472所示。

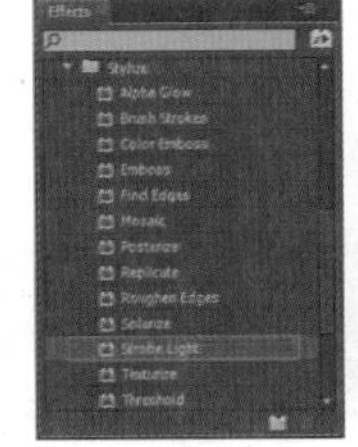

图5-471

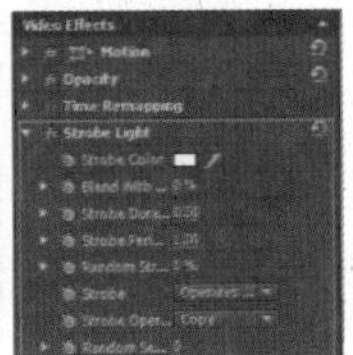

图5-472

- Strobe Color（频闪色）：选择闪光灯颜色。
- Blend With Original（和原图像混合度）：设置和原素材的混合程度数值。如图5-473所示为Strobe Color（频闪色）设置为淡蓝色和红色，Blend With Original（和原图像混合度）设置为80和60时的对比效果。
- Strobe Duration（secs）（频闪长度）：设置闪烁周期，以秒为单位。
- Strobe Period（secs）（频闪间隔）：设置间隔时间，以秒为单位。

图5-473

- Random Strobe Probablity（频闪概率）：设置频闪的随机概率。
- Strobe（闪光）：设置闪光的方式。可以选择 Operates On Color Only（在彩色图像上进行）或Mask Layer Transparent（在遮罩上进行。）
- Strobe Operator（频闪算法）：选择闪光的方式。可以选择Copy（复制）、Add（添加）、Subtract（减去）、Multiply（繁殖）、Difference（差异）、And（添加）、Or（或者）、Xor（异或）、Lighter（变亮）、Darker（变暗）、Minimum（最小）、Maximum（最大）、Screen（屏幕）。
- Random Seed（随机种子）：设置频闪的随机性，值大时透明度高。

5.9.12 Texturize（纹理）

技术速查：Texturize（纹理）效果可以在素材中产生浮雕形式的贴图效果。

选择【Effects（效果）】窗口中的【Video Effects（视频效果）】/【Stylize（风格化）】/【Texturize（纹理）】效果，如图5-474所示。其参数面板如图5-475所示。

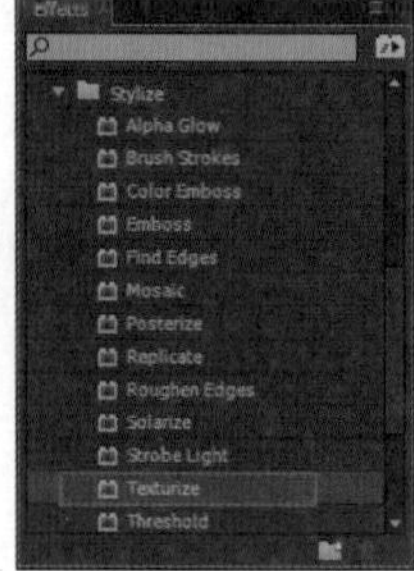

图5-474

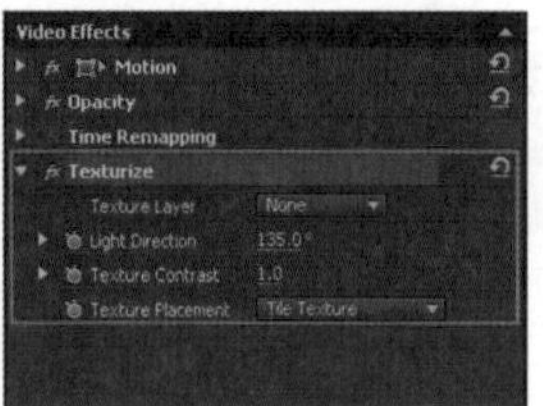

图5-475

- Texture Layer（纹理图层）：选择合成中的贴图层，如图5-476所示。
- Light Direction（灯光方向）：设置灯光的方向。
- Texture Contrast（纹理对比）：设置纹理的对比度。如图5-477所示为Texture Contrast（纹理对比）设置为0.5和2时的对比效果。

图5-476

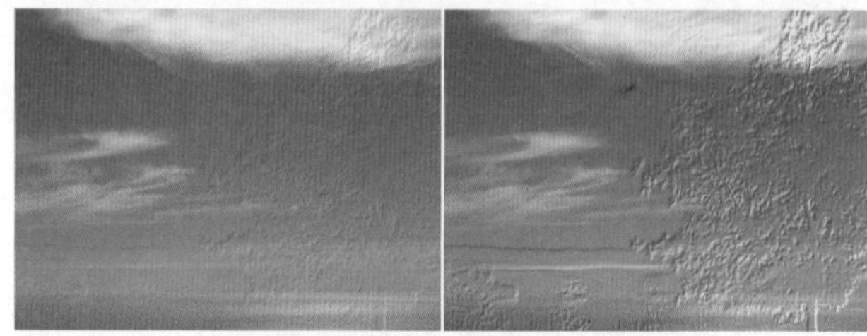

图5-477

- Texture Placement（纹理位移）：纹理位移，可以选择Tile Texture（平铺）、Center Texture（居中）或Stretch Texture To Fit（拉伸）。

5.9.13 Threshold（阈值）

技术速查：Threshold（阈值）效果可以将一个灰度或色彩素材转换为高对比度的黑白图像，并通过调整阈值级别来控制黑白所占有的比例。

选择【Effects（效果）】窗口中的【Video Effects（视频效果）】/【Stylize（风格化）】/【Threshold（阈值）】效果，如图5-478所示。其参数面板如图5-479所示。

- Level（级别）：设置素材中黑白比例大小，值越大，黑色所占比例越多。如图5-480所示为Threshold（阈值）分别为50和128时的对比效果。

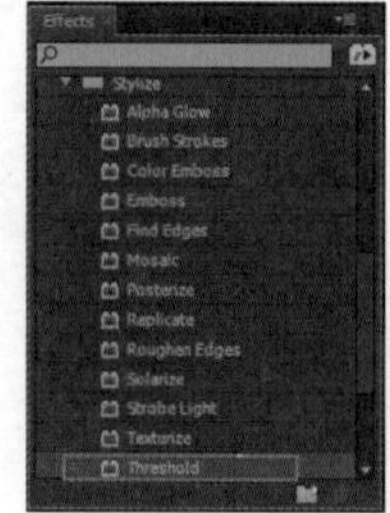

图5-478

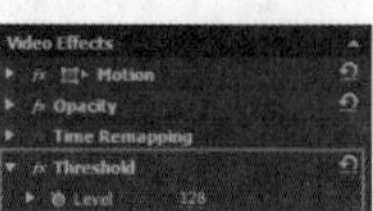

图5-479

图5-480

5.10 Time（时间）类视频效果

Time（时间）类效果主要是用于控制素材的时间特性，有Echo（重影）和Posterize Time（抽帧）两种效果。选择【Effects（效果）】窗口中的【Video Effects（视频效果）】/【Time（时间）】效果，如图5-481所示。

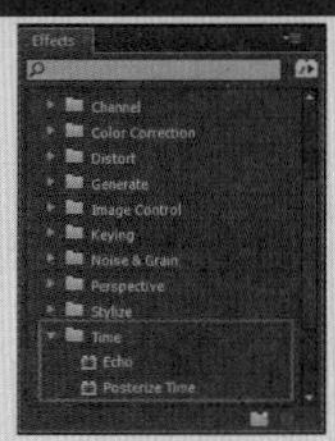

图5-481

5.10.1 Echo（重影）

技术速查：Echo（重影）效果可以将素材中不同时间的多个帧组合起来同时播放，产生重影效果，类似于声音中的回音效果，常用于动态视频素材中。

选择【Effects（效果）】窗口中的【Video Effects（视频效果）】/【Time（时间）】/【Echo（重影）】效果，如图5-482所示。其参数面板如图5-483所示。

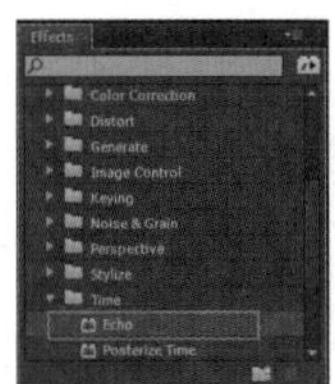

图5-482

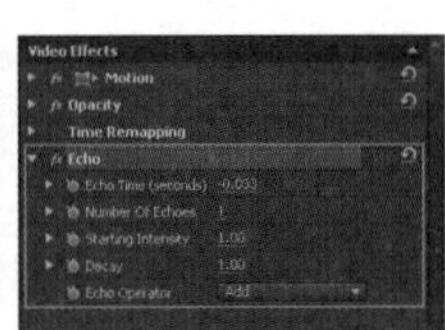

图5-483

- Echo Time（seconds）（重影时间/秒）：设置延时图像的产生时间，以秒为单位。
- Number Of Echoes（重影数量）：设置重影的数量。
- Starting Intensity（开始强度）：设置延续画面开始强度数值。如图5-484所示为Starting Intensity（开始强度）分别为0.8和0.3时的对比效果。

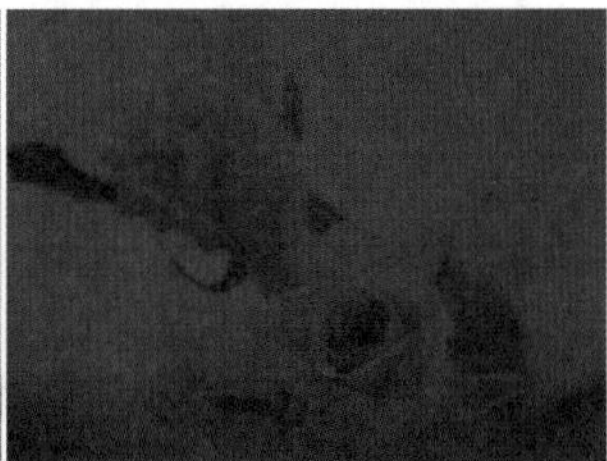

图5-484

- Decay（衰减）：设置延续画面的衰减情况。
- Echo Operator（重影算法）：选择运算时的模式。包括Add（添加）、Maximum（最大限度）、Minimum（最小限度）、Screen（屏幕）、Composite In Back（后合成）、Composite In Front（前合成）、Blend（混合）。

5.10.2 Posterize Time（抽帧）

技术速查：Posterize Time（抽帧）效果可以将素材锁定到一个指定的帧率，从而产生跳帧的播放效果。

选择【Effects（效果）】窗口中的【Video Effects（视频效果）】/【Time（时间）】/【Posterize Time（抽帧）】效果，如图5-485所示。其参数面板如图5-486所示。

- Frame Rate（帧速率）：设置帧速度的大小，以便产生跳帧播放效果。

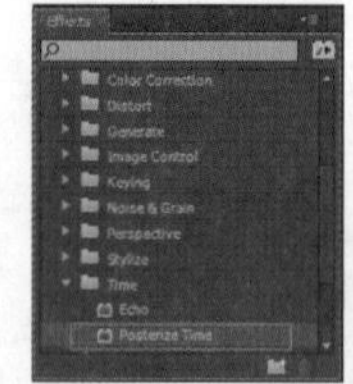

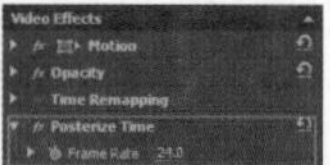

图5—485　图5—486

5.11 Transform（变换）类视频效果

Transform（变换）类效果主要是使素材产生二维或三维的形状，包括Camera View（相机视图）、Crop（剪裁）、Edge Feather（羽化边缘）、Horizontal Flip（水平翻转）、Horizontal Hold（水平保持）、Vertical Flip（垂直翻转）和Vertical Hold（垂直保持）7种效果。选择【Effects（效果）】窗口中的【Video Effects（视频效果）】/【Transform（变换）】效果，如图5-487所示。

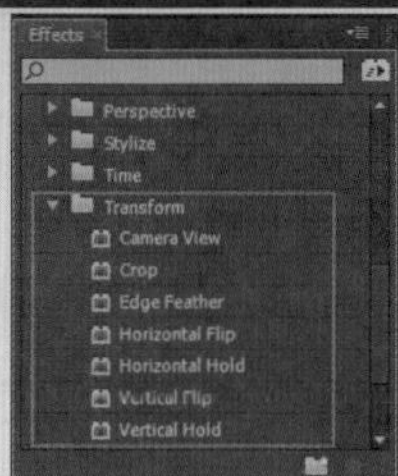

图5—487

5.11.1 Camera View（相机视图）

技术速查：此效果能够模拟照相机从不同角度拍摄同一个片段。通过控制照相机的位置，可以扭曲片段图像的形状。

选择【Effects（效果）】窗口中的【Video Effects（视频效果）】/【Transform（变换）】/【Camera View（相机视图）】效果，如图5-488所示。其参数面板如图5-489所示。

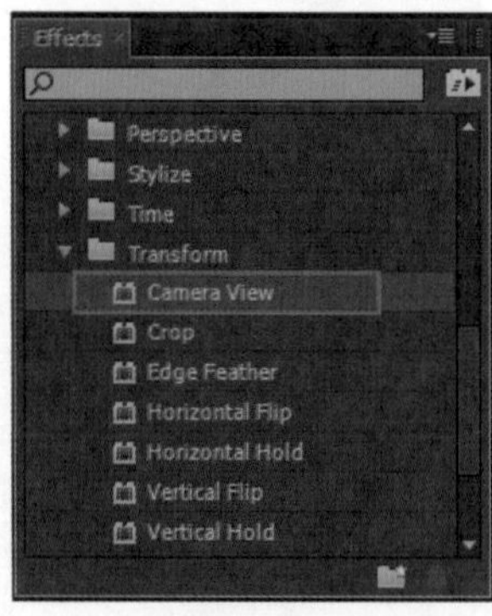

图5—488　图5—489

- Longitude（经度）：设置摄像机拍摄时的水平角度。如图5-490所示为Longitude（经度）为0和140时的对比效果。
- Latitude（纬度）：设置摄像机拍摄时的垂直角度。
- Roll（滚动）：设置摄像机绕自身转动时，使素材产生摆动的效果。
- Focal Length（焦距长度）：设置摄像机的角度，焦距越长，视野越窄。如图5-491所示为Roll（滚动）分别为119和18、FocalLength（焦距长度）分别为20和100的效果图对比。

图5—490

图5—491

- Distance（距离）：设置摄像机与素材之间的距离。
- Zoom（变焦）：设置变焦距。
- Fill Color（填充颜色）：设置素材周围空白区域的填充颜色。

5.11.2 Crop（剪裁）

技术速查：Crop（剪裁）效果可以通过设置素材四周的参数对素材进行剪裁。

选择【Effects（效果）】窗口中的【Video Effects（视频效果）】/【Transform（变换）】/【Crop（剪裁）】效果，如图5-492所示。其参数面板如图5-493所示。

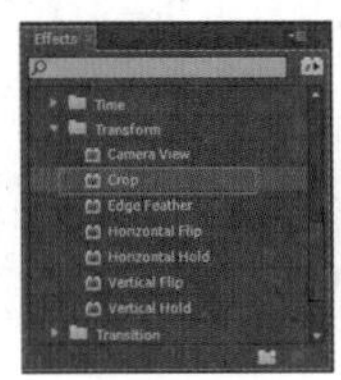

图5—492

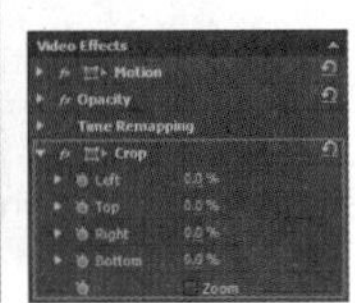

图5—493

- Left（左边）：设置左边边线的剪裁程度。
- Top（顶部）：设置顶部边线的剪裁程度。
- Right（右边）：设置右边边线的剪裁程度。
- Bottom（底部）：设置底部边线的剪裁程度。如图5-494所示，参数调节Left（左边）为0和25，Top（顶部）为0和20，Right（右边）为0和25，Bottom（底部）为0和20后的对比效果。

图5—494

- Zoom（缩放）：选中该复选框时，在剪裁的同时对素材缩放进行自动处理。

5.11.3 Edge Feather（羽化边缘）

技术速查：Edge Feather（羽化边缘）效果可以对素材边缘进行羽化处理。

选择【Effects（效果）】窗口中的【Video Effects（视频效果）】/【Transform（变换）】/【Edge Feather（羽化边缘）】效果，如图5-495所示。其参数面板如图5-496所示。

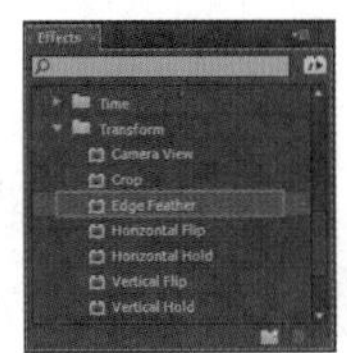

图5—495

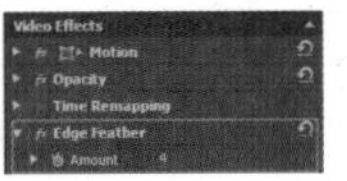

图5—496

- Amount（数量）：设置边缘羽化的程度。如图5-497所示为Amount（数量）分别设置为0和80时的对比效果。

图5—497

5.11.4 Horizontal Flip（水平翻转）

技术速查：Horizontal Flip（水平翻转）效果可以将素材进行水平翻转的效果处理。

选择【Effects（效果）】窗口中的【Video Effects（视频效果）】/【Transform（变换）】/【Horizontal Flip（水平翻转）】效果，如图5-498所示。

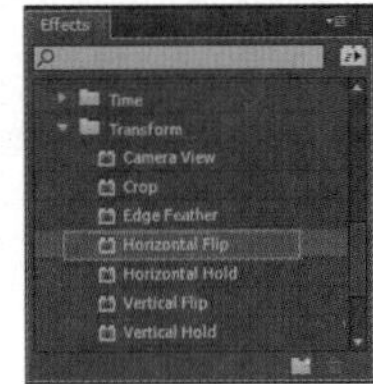

图5—498

该效果没有任何参数，应用其前后的对比图如图5-499所示。

图5—499

5.11.5 Horizontal Hold（水平保持）

技术速查：Horizontal Hold（水平保持）效果可以使素材在水平方向上产生倾斜。

选择【Effects（效果）】窗口中的【Video Effects（视频效果）】/【Transform（变换）】/【Horizontal Hold（水平保持）】效果，如图5-500所示。其参数面板如图5-501所示。

图5-500

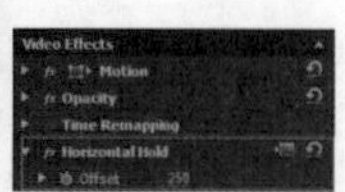

图5-501

- Offset（偏移）：设置素材的水平偏移程度。如图5-502所示为Offset（偏移）分别设置为250和260时的对比效果。

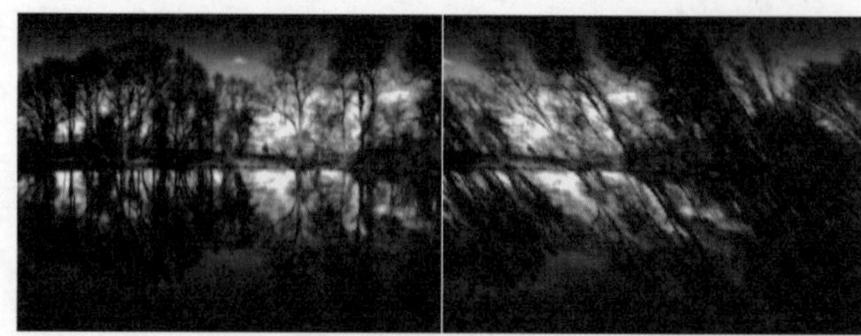

图5-502

5.11.6 Vertical Flip（垂直翻转）

技术速查：Vertical Flip（垂直翻转）效果可以使素材产生垂直翻转的画面效果。

选择【Effects（效果）】窗口中的【Video Effects（视频效果）】/【Transform（变换）】/【Vertical Flip（垂直翻转）】效果，如图5-503所示。

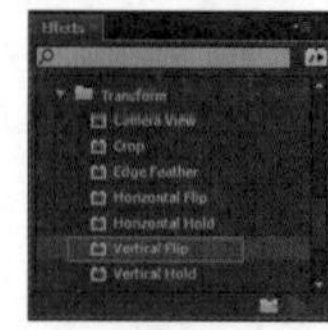

图5-503

该效果没有任何参数，应用该效果前后的对比图如图5-504所示。

图5-504

★ 案例实战——垂直翻转效果

案例文件	案例文件\第5章\垂直翻转效果.prproj
视频教学	视频文件\第5章\垂直翻转效果.flv
难易指数	★★★★★
技术要点	Vertical Flip（垂直翻转）效果的应用

案例效果

在日常生活中常见到的报纸、杂志和电视等传播媒体上，有时会看到通过垂直翻转过来的图片来创作出各种不同的艺术效果。本案例主要是针对“应用垂直翻转效果”的方法进行练习，如图5-505所示。

图5-505

操作步骤

01 单击【New Project（新建项目）】选项，然后单击【Browse（浏览）】按钮设置保存路径，并在【Name（名称）】文本框中设置文件名称。接着在弹出的对话框中选择【DV-PAL】/【Standard 48kHz】选项，如图5-506所示。

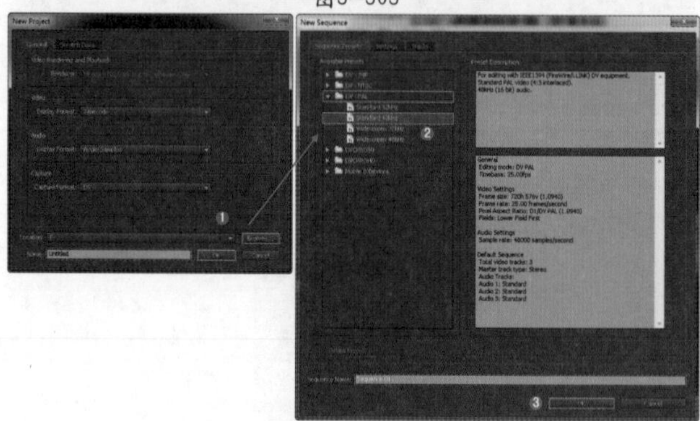

图5-506

02 选择菜单栏中的【File（文件）】/【Import（导入）】命令或按快捷键【Ctrl+I】，然后在打开的对话框中选择所需的素材文件，并单击【打开】按钮导入，如图5-507所示。

图5—507

03 将项目窗口中的【01.jpg】素材文件拖曳到Video1轨道上，如图5-508所示。

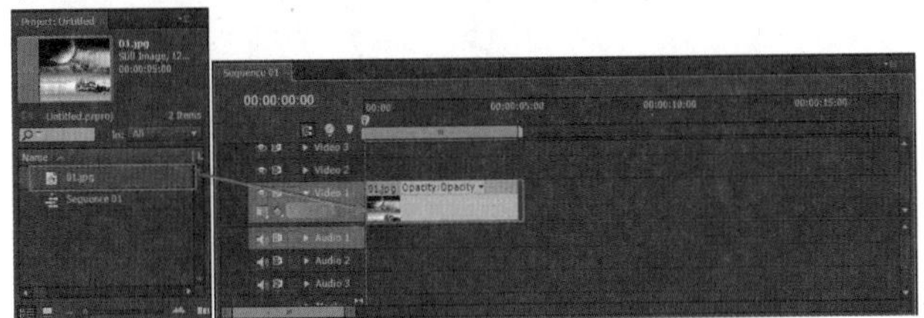

图5—508

04 选择Video1轨道上的【01.jpg】素材文件，然后在【Effect Controls（效果控制）】面板中设置【Scale（缩放）】为62，如图5-509所示。此时效果如图5-510所示。

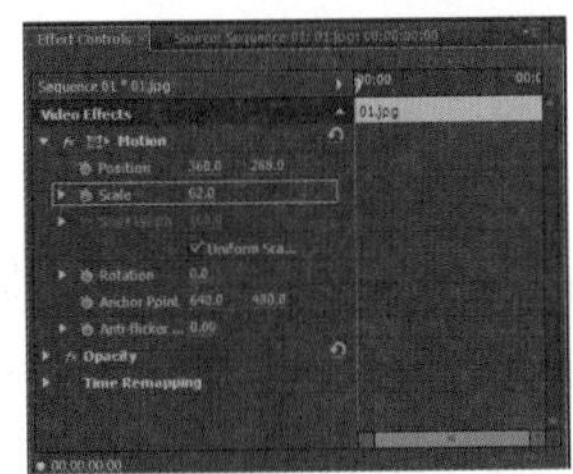

图5—509

图5—510

05 在【Effects（效果）】窗口中搜索【Vertical Flip（垂直翻转）】效果，然后按住鼠标左键将其拖曳到Video1轨道的【01.jpg】素材文件上，如图5-511所示。

06 此时拖到时间线滑块查看最终效果，如图5-512所示。

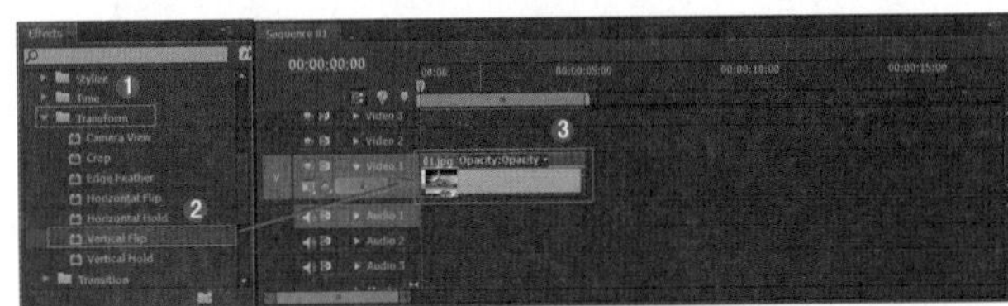

图5—511

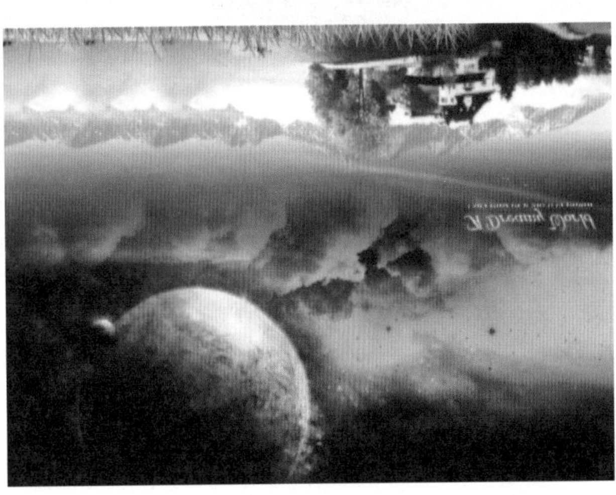

图5—512

答疑解惑：垂直翻转的应用有哪些？

垂直翻转可以做出很多创造性的效果，是从不同的角度制作出艺术作品的方法之一。可以利用垂直翻转效果制作出素材的倒影效果，还常常与波纹效果一起使用，用来制作水中倒影的效果。

读书笔记

5.11.7 Vertical Hold（垂直保持）

技术速查：Vertical Hold（垂直保持）效果可以使素材在垂直方向上滚动。

选择【Effects（效果）】窗口中的【Video Effects（视频效果）】/【Transform（变换）】/【Vertical Hold（垂直保持）】效果，如图5-513所示。

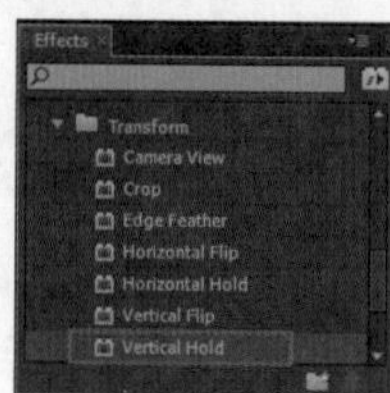

图5-513

该效果没有任何参数，应用其前后的对比图如图5-514所示。

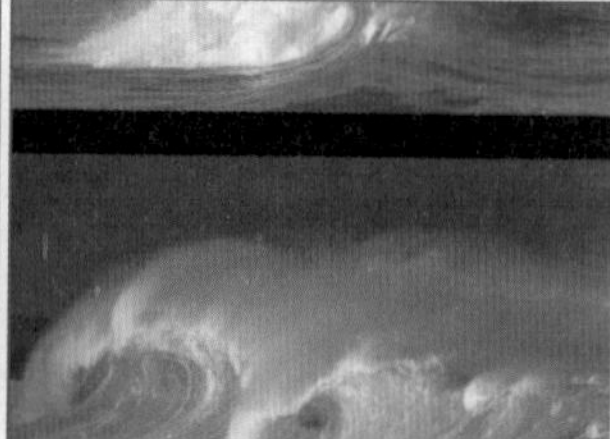

图5-514

5.12 Transition（过渡）类视频效果

Transition（过渡）类效果主要是用来制造素材间的过渡效果，此类效果和视频编辑中的转场效果相似，但用法不同，该类效果可以单独对素材进行效果转场，而视频转场是在两个视频素材的连接处制造转场效果。Transition（过渡）包含5种效果，分别为Block Dissolve（块状溶解）、Gradient Wipe（渐变擦除）、Radial Wipe（径向擦除）、Linear Wipe（线性扫描）和Venetian Blinds（百叶窗），选择【Effects（效果）】窗口中的【Video Effects（视频效果）】/【Transition（过渡）】效果，如图5-515所示。

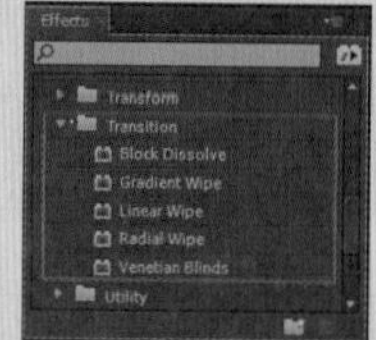

图5-515

5.12.1 Block Dissolve（块状溶解）

技术速查：Block Dissolve（块状溶解）效果可以使素材图像产生随机板块溶解的效果。

选择【Effects（效果）】窗口中的【Video Effects（视频效果）】/【Transition（过渡）】/【Block Dissolve（块状溶解）】效果，如图5-516所示。其参数面板如图5-517所示。

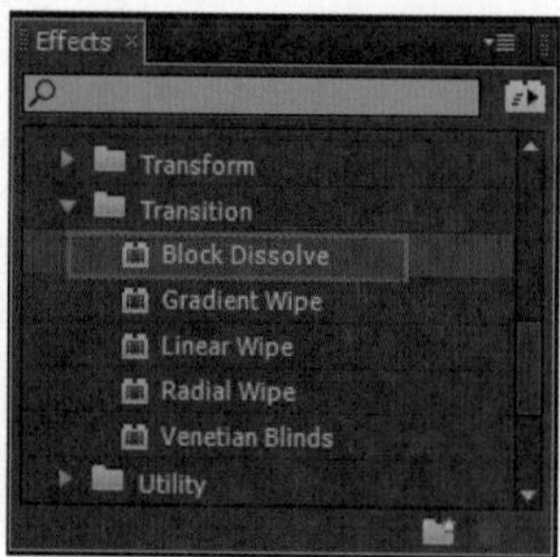

图5-516

图5-517

- Transition Completion（转场完成）：设置素材过渡转场的百分比。
- Block Width（块宽度）：设置块的宽度。如图5-518所示为Transition Completion（转场完成）设置为2和41，Block Width（块宽度）设置为1和80时的对比效果。

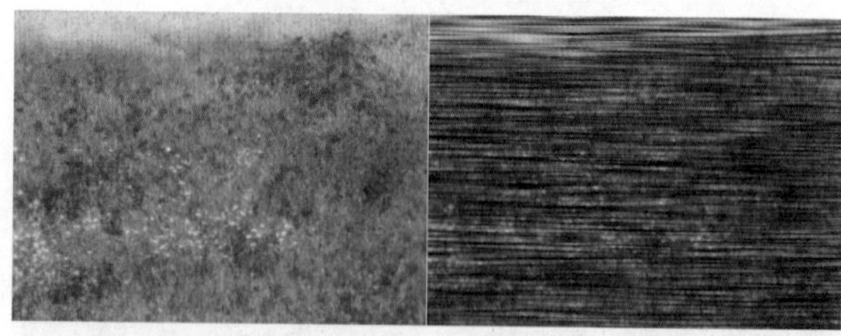

图5-518

- Block Height（块高度）：设置块的高度。
- Feather（羽化）：设置块的边缘羽化程度。
- Soft Edges（Best Quality）（边缘柔化（最好品质））：选中该复选框，块边缘更柔和。如图5-519所示为Feather（羽化）设置为0和54，不选中与选中【Soft Edges（Best Quality）（边缘柔化（最好品质））】复选框时的对比效果。

图5—519

5.12.2 Gradient Wipe（渐变擦除）

技术速查：Gradient Wipe（渐变擦除）效果可以使素材产生梯状渐变擦除的效果。

选择【Effects（效果）】窗口中的【Video Effects（视频效果）】/【Transition（过渡）】/【Gradient Wipe（渐变擦除）】效果，如图5-520所示。其参数面板如图5-521所示。

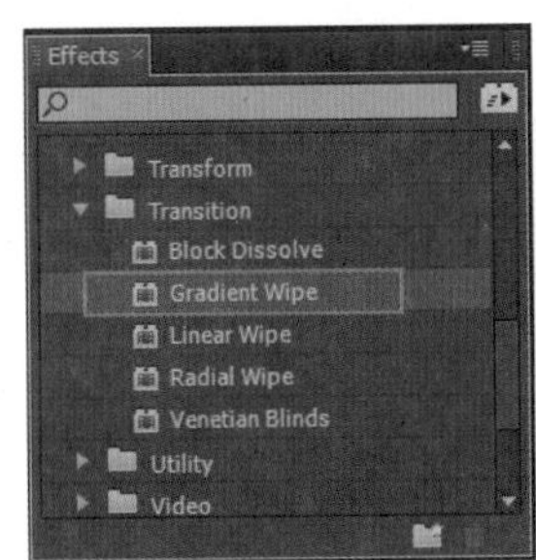

图5—520

图5—521

- Transition Completion（擦除完成）：设置素材擦除的百分比。如图5-522所示为Transition Completion（擦除完成）数值分别为0和50的对比效果。

图5—522

- Transition Softness（擦除柔化）：设置边缘柔化程度。
- Gradient Layer（渐变图层）：选择渐变图层。
- Gradient Placement（渐变替换）：设置擦除的方式。包括Tile Gradient（平铺）、Center Gradient（居中）和Stretch Gradient ToFit（拉伸）3种。
- Invert Gradient（反向渐变）：选中该复选框时，可以使素材产生相反方向的渐变擦除。

5.12.3 Linear Wipe（线性擦除）

技术速查：Linear Wipe（线性擦除）效果可以使素材产生线性擦除的效果。

选择【Effects（效果）】窗口中的【Video Effects（视频效果）】/【Transition（过渡）】/【Linear Wipe（线性擦除）】效果，如图5-523所示。其参数面板如图5-524所示。

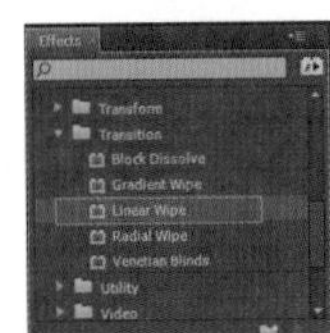

图5—523

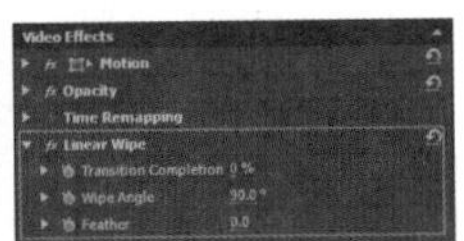

图5—524

- Transition Completion（切换结束）：设置素材擦除的百分比。
- Wipe Angle（擦除角度）：设置线性擦除角度。如图5-525所示为Transition Completion（切换结束）设置为0和20，Wipe Angle（擦除角度）设置为90和195时的对比效果。
- Feather（羽化）：设置边缘羽化数值。

图5-525

5.12.4 Radial Wipe（径向擦除）

技术速查：Radial Wipe（径向擦除）效果可以使素材产生按某一中心位置进行径向擦除的效果。

选择【Effects（效果）】窗口中的【Video Effects（视频效果）】/【Transition（过渡）】/【Radial Wipe（径向擦除）】效果，如图5-526所示。其参数面板如图5-527所示。

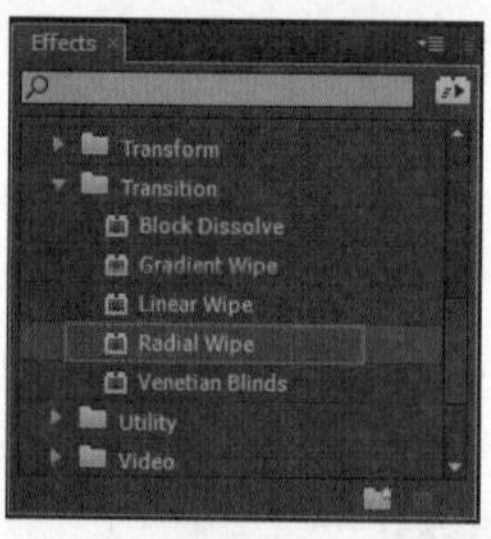

图5-526

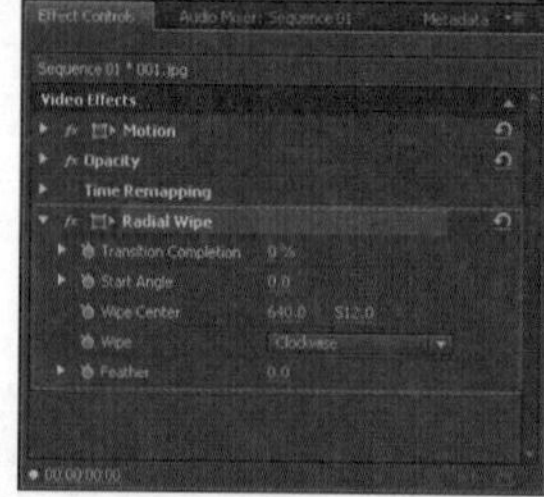

图5-527

- Transition Completion（切换结束）：设置素材擦除的百分比。如图5-528所示为Feather（羽化）设置为400时，Transition Completion（切换结束）为3和50时的对比效果。

图5-528

- Start Angle（初始角度）：设置径向擦除的角度。
- Wipe Center（扫画中心）：设置径向擦除中心位置。
- Wipe（擦除）：设置径向擦除类型，包括Clockwise（顺时针）、Counter Clockwise（逆时针）和Both（都选）3种。
- Feather（羽化）：设置边缘羽化数值。

5.12.5 Venetian Blinds（百叶窗）

技术速查：Venetian Blinds（百叶窗）效果可以使素材产生百叶窗过渡的效果。

选择【Effects（效果）】窗口中的【Video Effects（视频效果）】/【Transition（过渡）】/【Venetian Blinds（百叶窗）】效果，如图5-529所示。其参数面板如图5-530所示。

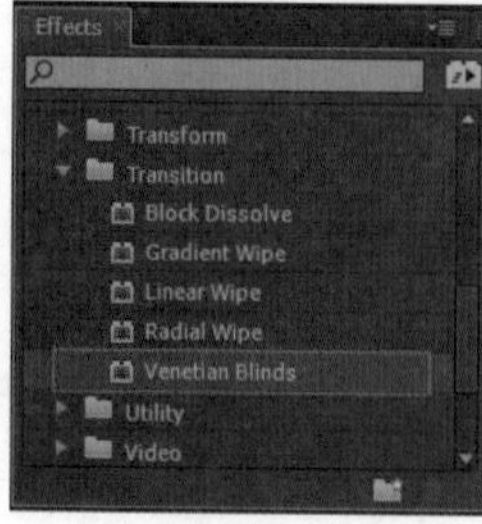

图5-529

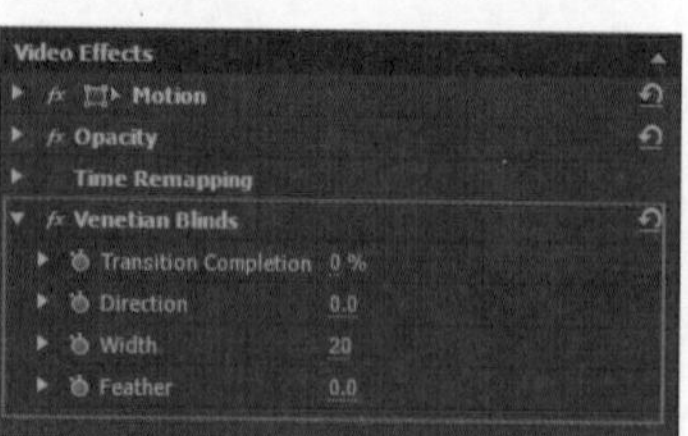

图5-530

- Transition Completion（切换结束）：设置素材擦除的百分比。
- Direction（方向）：设置百叶窗过渡的方向。如图5-531所示为Transition Completion（切换结束）设置为6和70，Direction（方向）设置为5和45时的对比效果。

图5-531

- Width（宽度）：设置百叶窗宽度。
- Feather（羽化）：设置边缘羽化程度。

★ 案例实战——百叶窗效果

案例文件	案例文件\第5章\百叶窗效果.prproj
视频教学	视频文件\第5章\百叶窗效果.flv
难易指数	★★★★★
技术要点	Venetian Blinds（百叶窗）效果的应用

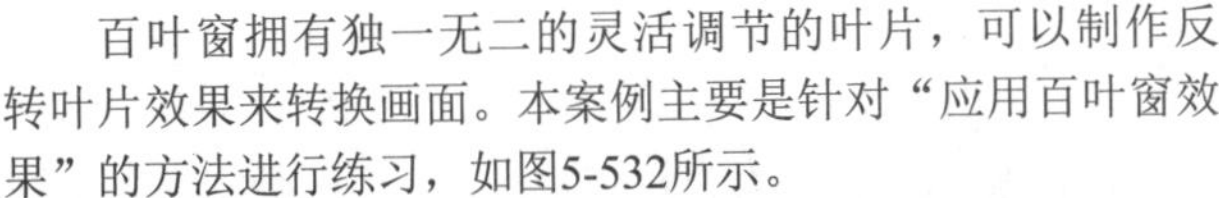

案例效果

百叶窗拥有独一无二的灵活调节的叶片，可以制作反转叶片效果来转换画面。本案例主要是针对“应用百叶窗效果”的方法进行练习，如图5-532所示。

图5—532

操作步骤

01 单击【New Project（新建项目）】选项，然后单击【Browse（浏览）】按钮设置保存路径，并在【Name（名称）】文本框中设置文件名称。接着在弹出的对话框中选择【DV-PAL】/【Standard 48kHz】选项，如图5-533所示。

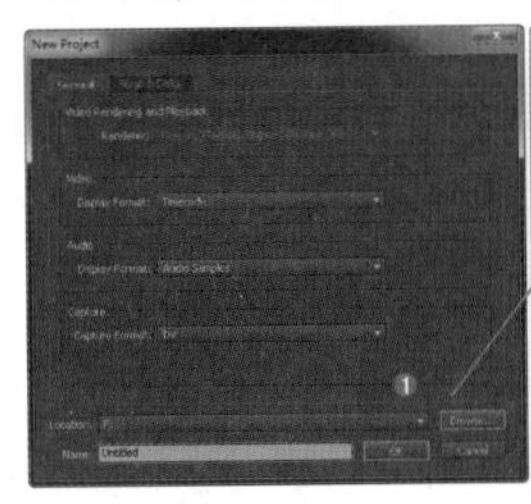

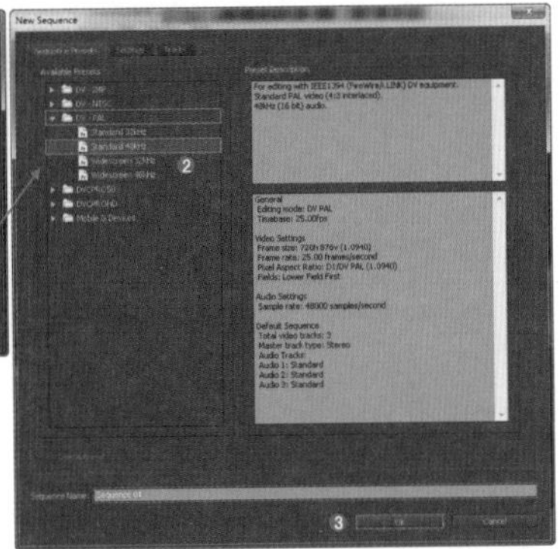

图5—533

02 选择菜单栏中的【File（文件）】/【Import（导入）】命令或按快捷键【Ctrl+I】，然后在打开的对话框中选择所需的素材文件，并单击【打开】按钮导入，如图5-534所示。

图5—534

03 将项目窗口中的【01.jpg】和【02.jpg】素材文件拖曳到Video1和Video2轨道上，如图5-535所示。

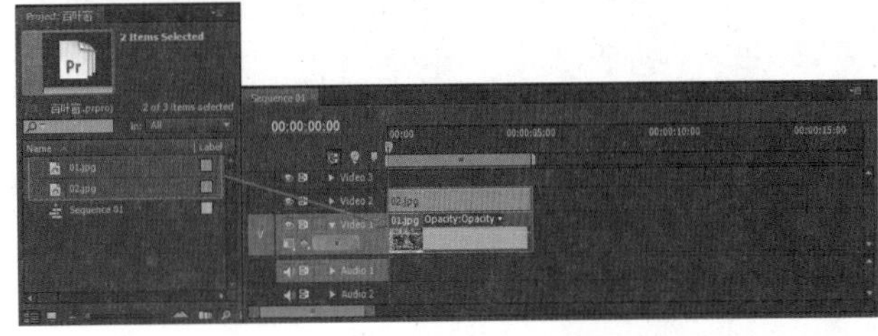

图5—535

04 分别在【Effect Contrls（效果控制）】面板中设置【01.jpg】和【02.jpg】素材文件的【Scale（缩放）】为50，如图5-536所示。此时效果如图5-537所示。

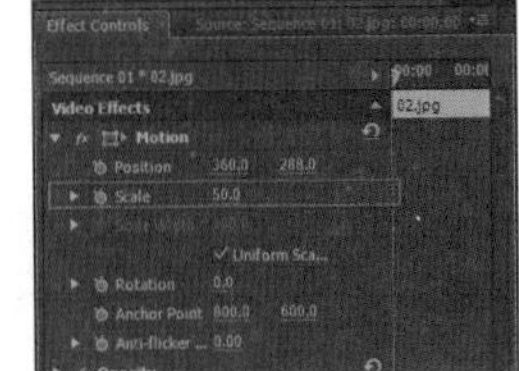

图5—536

图5—537

05 在【Effects（效果）】窗口中搜索【Venetian Blinds（百叶窗）】效果，然后按住鼠标左键将其拖曳到Video1轨道的【01.jpg】素材文件上，如图5-538所示。

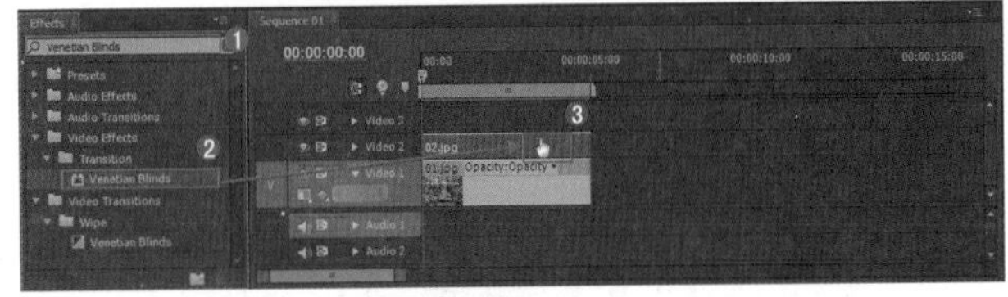

图5—538

06 选择Video2轨道上的【02.jpg】素材文件，然后将时间线拖到起始帧的位置，并单击【Venetian Blinds（百叶窗）】效果下【Transition Completion（切换结束）】前面的按钮，开启自动关键帧。接着将时间线拖到第4秒的位置，设置【Transition Completion（切换结束）】为100%，如图5-539所示。此时拖动时间线滑块查看效果，如图5-540所示。

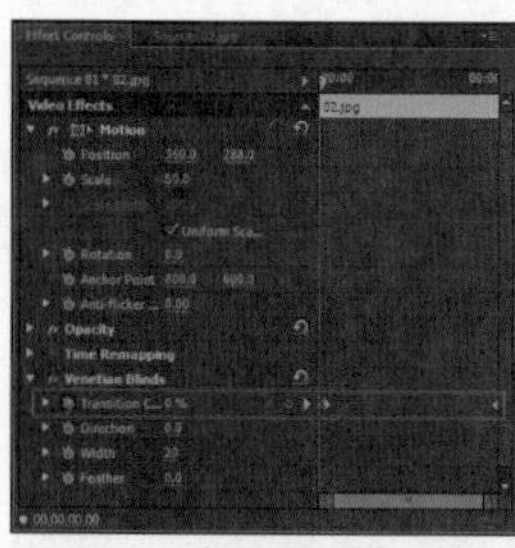

图5-539

图5-540

07 继续设置【Venetian Blinds（百叶窗）】效果下的【Direction（角度）】为90°，【Width（宽度）】为80，如图5-541所示。此时，拖动时间线滑块查看最终的效果，如图5-542所示。

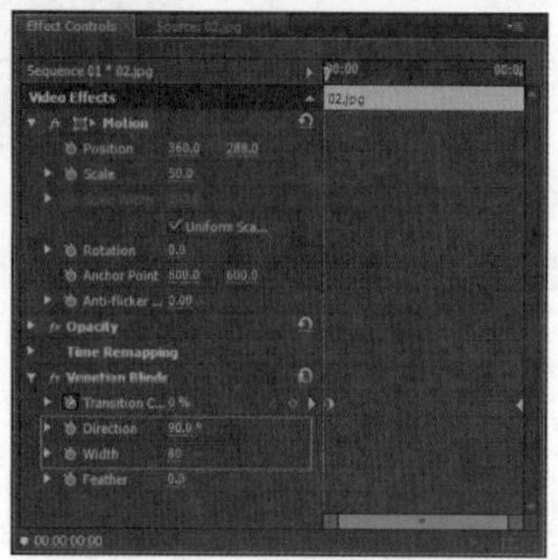

图5-541

图5-542

答疑解惑：百叶窗效果的优势有哪些？

百叶窗效果可以逐渐地翻转画面，而且可以控制叶片的数量与角度，还可以将翻转的素材更换为各种不同的材质效果，更能表现出接近真实的百叶窗效果。

5.13 Utility（实用）类视频效果

Utility（实用）效果主要设置素材颜色的输入和输出。该效果组中只有Cineon Converter（胶片转换）。选择【Effects（效果）】窗口中的【Video Effects（视频效果）】/【Utility（实用）】效果，如图5-543所示。

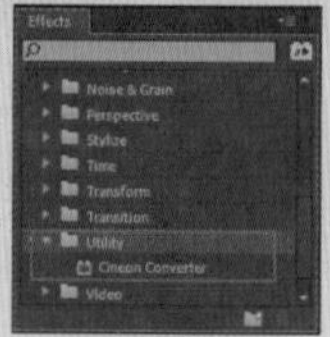

图5-543

技术速查：Cineon Converter（胶片转换）效果可以使素材的色调进行对数，线性之间转换，以达到不同的色调效果。

选择【Effects（效果）】窗口中的【Video Effects（视频效果）】/【Utility（实用）】/【Cineon Converter（胶片转换）】效果，如图5-544所示。其参数面板如图5-545所示。

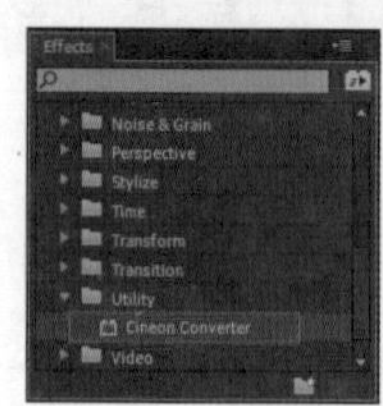

图5-544

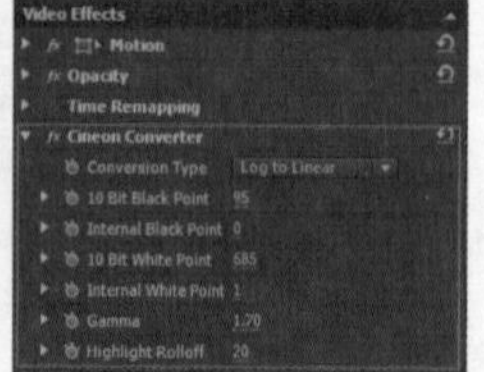

图5-545

- Conveter Type（变换类型）：设置色调的转换方式。
- 10Bit Black Point（10位黑点）：设置10 位黑点数值。
- Internal Black Point（内部黑点）：设置内部黑点的数值。
- 10Bit White Point（10位白点）：设置10 位白点数值。
- Internal White Point（内部白点）：设置内部白点数值。
- Gamma（伽马）：调整素材的灰度级数。
- Highlight Rolloff（高光重算）：设置高光部分的曝光情况。如图5-546所示为Gamma（伽马）分别为0.2和2，Highlight Rolloff（高光重算）分别为36和16的对比效果。

图5-546

5.14 Video（视频）类视频效果

Video（视频）效果中只包含Timecode（时间码）的视频效果。选择【Effects（效果）】窗口中的【Video Effects（视频效果）】/【Video（视频）】效果，如图5-547所示。

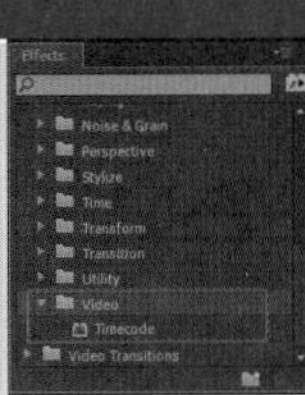

图5-547

技术速查：Timecode（时间码）效果可以在素材上添加与摄像机同步的时间码，以精准对位与编辑。

选择【Effects（效果）】窗口中的【Video Effects（视频效果）】/【Video（视频）】/【Timecode（时间码）】效果，如图5-548所示。其参数面板如图5-549所示。

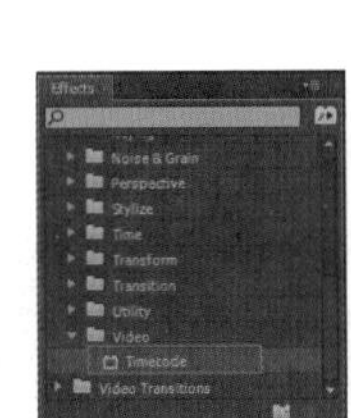

图5-548

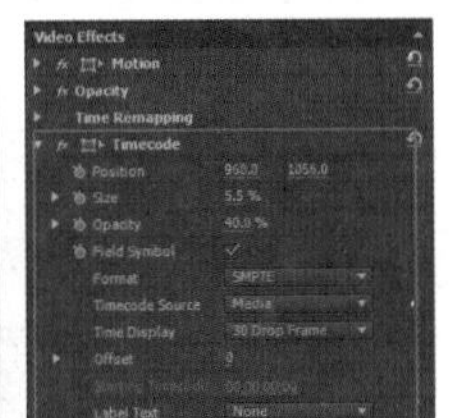

图5-549

- Position（位置）：设置时间码在素材上显示的位置。
- Size（大小）：设置时间在素材上的显示大小。
- Opacity（不透明度）：设置时间码的背景在素材上显示时的不透明度。
- Field Symbol（场景符号）：选中该复选框时，可显示素材的场景符号。
- Format（格式）：设置时间码的显示方式。
- Timecode Source（时间码源）：设置时间码的产生方式。
- Time Display（时间显示）：设置时间码的显示制式。
- Offset（偏移）：设置时间码的偏移帧数。
- Label Text（标签文本）：为时间码添加标签文字。如图5-550所示为Offset（偏移）设置为 - 139和90，Label Text（标签文本）设置为Camera9和Camera2时的对比效果。

图5-550

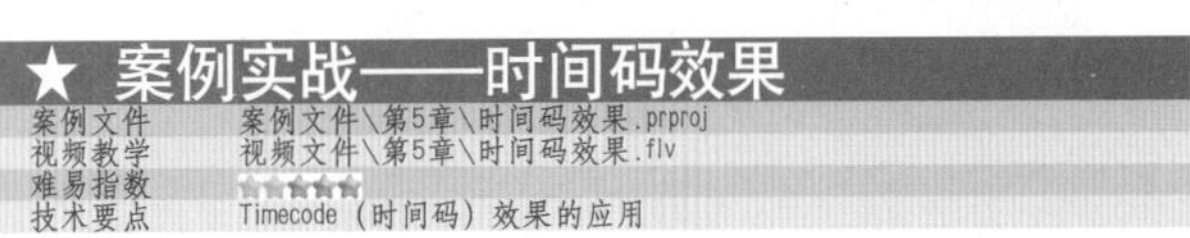

★ 案例实战——时间码效果

案例文件	案例文件\第5章\时间码效果.prproj
视频教学	视频文件\第5章\时间码效果.flv
难易指数	★★★★★
技术要点	Timecode（时间码）效果的应用

案例效果

时间码是记录拍摄时间的，每一个画面所对应的时间码是唯一的，而且时间码的显示是无法清零的。本案例主要是针对“应用时间码效果”的方法进行练习，如图5-551所示。

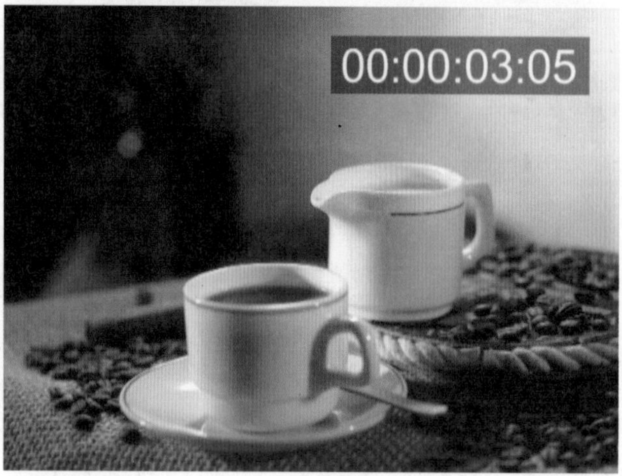

图5－551

操作步骤

01 单击【New Project（新建项目）】选项，然后单击【Browse（浏览）】按钮设置保存路径，并在【Name（名称）】文本框中设置文件名称。接着在弹出的对话框中选择【DV-PAL】/【Standard 48kHz】选项，如图5-552所示。

02 选择菜单栏中的【File（文件）】/【Import（导入）】命令或按快捷键【Ctrl+I】，然后在打开的对话框中选择所需的素材文件，并单击【打开】按钮导入，如图5-553所示。

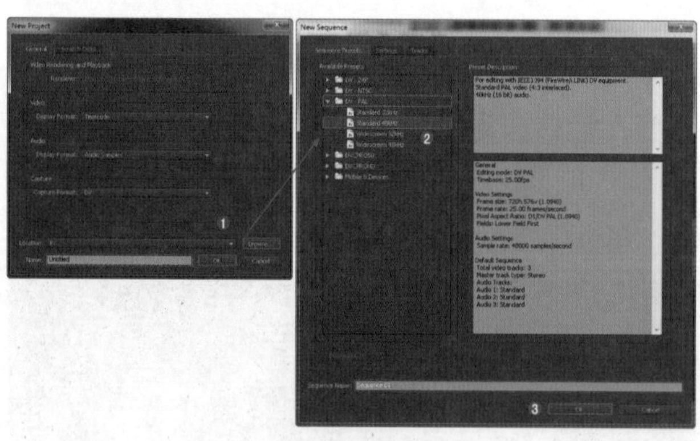

图5－552

03 将项目窗口中的【01.jpg】素材文件拖曳到Video1轨道上，如图5-554所示。

04 选择Video1轨道上的【01.jpg】素材文件，然后在【Effect Controls（效果控制）】面板中设置【Scale（缩放）】为80，如图5-555所示。此时效果如图5-556所示。

05 在【Effects（效果）】窗口中搜索【Timecode（时间码）】效果，然后按住鼠标左键将其拖曳到Video1轨道的【01.jpg】素材文件上，如图5-557所示。

图5－553

图5－554

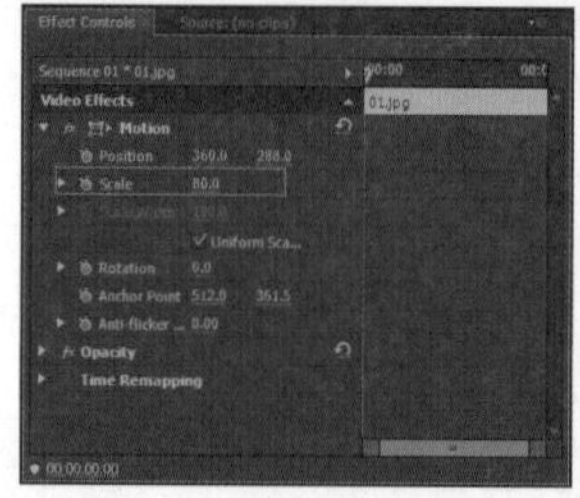

图5－555

图5－556

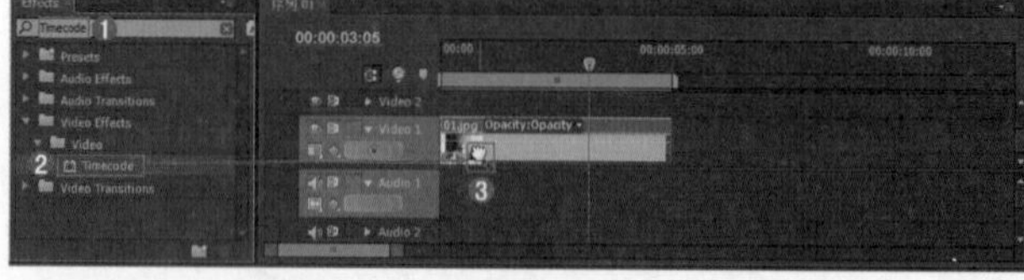

图5－557

06 选择Video1轨道上的【01.jpg】素材文件，然后在【Effect Controls（效果控制）】面板中打开【Timecode（时间码）】效果，并设置【Position（位置）】为（747，90），【Size（大小）】为13.5%，【Opacity（不透明度）】为50%，接着取消选中【Field Symbol（场景符号）】复选框，设置【Time Display（时间显示）】为25，如图5-558所示。此时，拖动时间线滑块查看最终的效果，如图5-559所示。

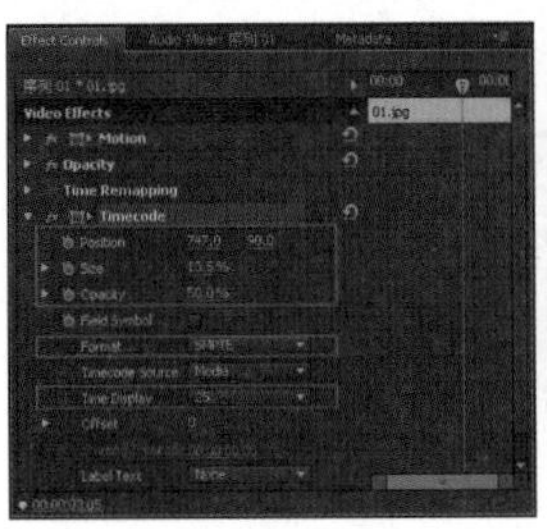
图5—558

图5—559

答疑解惑：为什么要添加时间码效果？

时间码是摄像机在记录图像信号的时候，针对每一幅图像记录的唯一的时间编码。是一种应用于流的数字信号。该信号为视频中的每个帧都分配一个数字，用以表示小时、分钟、秒钟和帧数。因为模拟摄像机基本没有这个功能，所以通过后期制作添加时间码效果。

课后练习

【课后练习——神奇电流效果】

思路解析：

01 在【Effects（效果）】窗口中找到【Lightning（闪电）】特效。

02 将该特效添加到时间线窗口中的素材文件上，并在【Effect Controls（效果控制）】面板中设置相关参数，即可得到最终的神奇电流效果。

03 还可以添加多个【Lightning（闪电）】特效，制作多条电流效果。

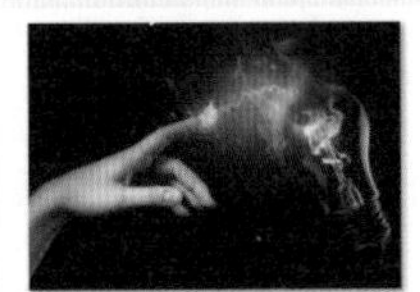

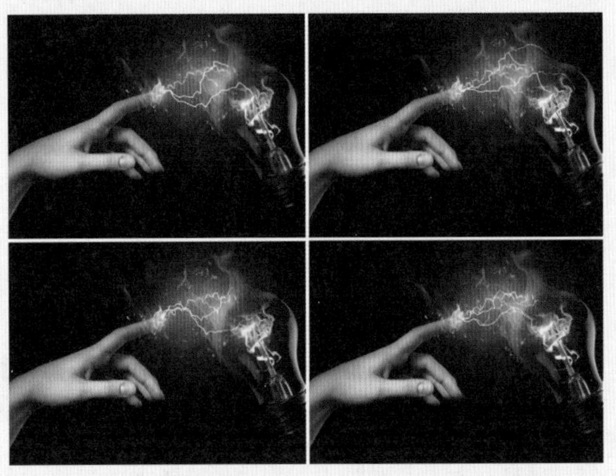

本章小结

在制作影片过程中，视频特效是被应用最多的功能之一。通过本章的学习，可以掌握视频特效的特点和功能。了解制作某一类型的效果应该使用哪些类型的特效。特效的选择很大程度上会影响画面效果。多加练习可以将各种效果做到运用自如的程度，为制作特殊效果的视频打下牢固基础。

读书笔记

第6章

视频转场特效

本章内容简介：

在使用Adobe Premiere Pro CS6编辑项目时，对素材的场景和场景、镜头和镜头之间可以添加适当的转场效果，这就需要掌握各种转场的使用方法和技巧。本章介绍了如何使用转场效果，以及适当调整转场效果的自定义参数和多重转场的综合应用。

本章学习要点：

- 了解什么是转场效果
- 掌握添加和删除转场的基本操作
- 了解各类型转场效果
- 掌握转场效果的综合应用

6.1 初识转场效果

转场效果就是我们常说的过渡效果，指从一个场景切换到另一个场景时画面的表现形式。可以产生多种切换的效果，使得两个画面过渡非常和谐，常用来制作电影、电视剧、广告、电子相册等两个画面的切换，如图6-1所示。

图6—1

6.2 转场的基本操作

单击【Effects（效果）】窗口中的Video Transitions（视频转换），其中包括3D Motion（3D过渡）、Dissolve（溶解）、Iris（划像）、Map（映射）、Page Peel（卷页）、Slide（滑动）、Special Effect（特殊效果）、Stretch（伸展）、Wipe（擦除）和Zoom（缩放）10类视频转场效果，如图6-2所示。

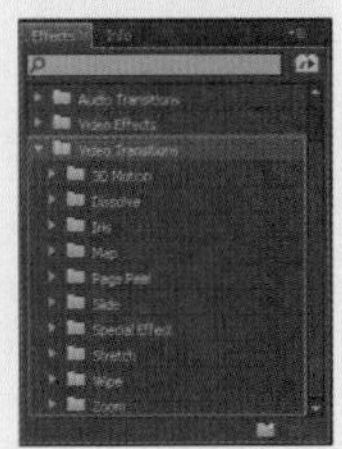

图6—2

6.2.1 添加和删除转场

动手学：添加转场

在【Effects（效果）】窗口中，选择Video Transitions（视频转换）下的转场效果，然后按住鼠标左键将其拖曳到时间线窗口中的素材文件上即可，如图6-3所示。

动手学：删除转场

在时间线窗口中素材文件的转场效果上单击鼠标右键，然后在弹出的快捷菜单中选择【Clear（清除）】命令，此时，该转场效果已经被删除，如图6-4所示。

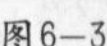

图6-3

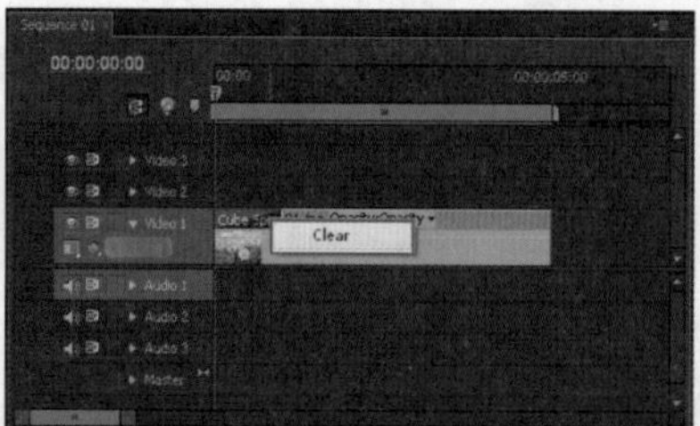

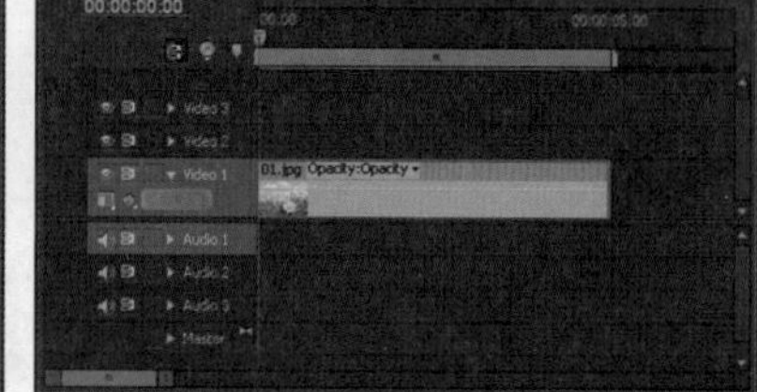

图6-4

技巧提示

也可以选择素材文件上的转场效果，然后按快捷键【Delete（删除）】来删除转场，这种方法更为常用和简单。

6.2.2 动手学：编辑转场效果

首先，选择素材文件上的转场效果，如图6-5所示。然后在【Effect Controls（效果控制）】面板中即可对该转场的时间和属性等进行编辑，如图6-6所示。

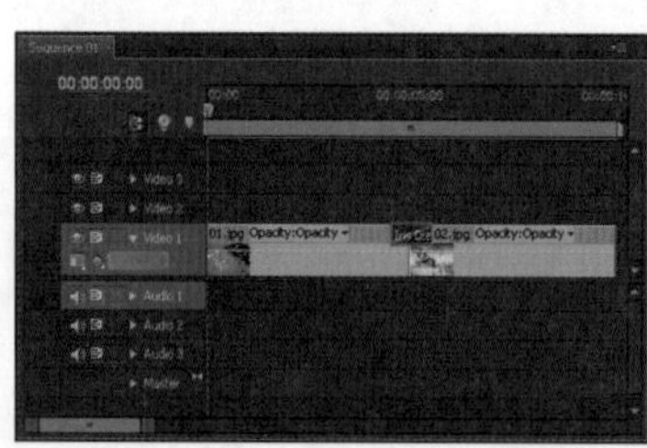

图6-5

图6-6

6.3 3D Motion（3D过渡）类视频转场

3D Motion（3D过渡）类型的转场主要通过模拟三维空间中的运动物体来使画面产生过渡。其中包括Cube Spin（立方体旋转）、Curtain（窗帘）、Doors（门）、Flip Over（翻转）、Fold Up（上折叠）、Spin（旋转）、Spin Away（旋转离开）、Swing In（摆入）、Swing Out（摆出）和Tumble Away（翻转过渡）10个切换效果，如图6-7所示。

图6-7

6.3.1 Cube Spin（立方体旋转）

技术速查：Cube Spin（立方体旋转）切换效果可以使用素材以旋转的3D立方体的形式从素材A切换到素材B。

选择【Effects（效果）】窗口中的【Video Transitions（视频转换）】/【3D Motion（3D过渡）】/【Cube Spin（立方体旋转）】命令，如图6-8所示。其参数面板如图6-9所示。

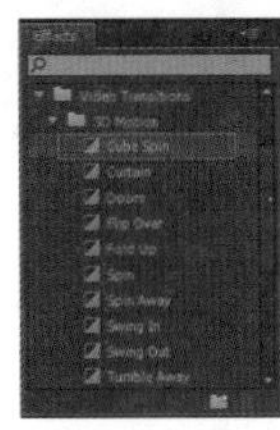

图6-8

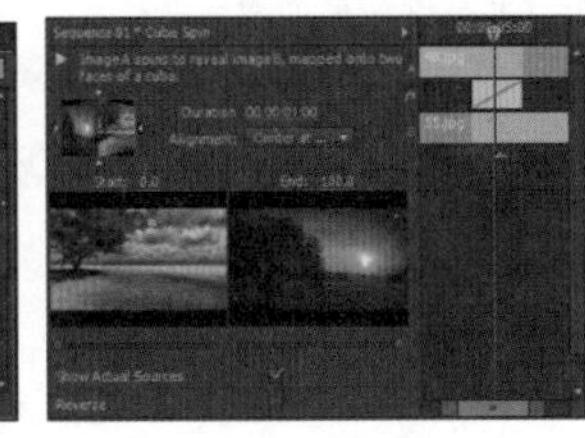

图6-9

- （播放）：单击该按钮可预览过渡切换效果。
- Duration（持续时间）：可输入准确的时间帧数。
- Alignment（对齐）：可在后面的下拉列表中选择过渡对齐方式。
- Start（开始）/End（结束）：设置过渡开始和结束的百分比。
- Show Actual Sources（显示实际来源）：选中该选项后面的复选框可显示出A、B的实际图片。选中前、选中后的对比效果如图6-10所示。

图6-10

- Reverse（反转）：选中该选项后面的复选框，运动效果将反向运行，效果如图6-11所示。

图6-11

★ 案例实战——立方体旋转

案例文件	案例文件\第6章\立方体旋转.prproj
视频教学	视频文件\第6章\立方体旋转.flv
难易指数	★★★★★
技术要点	Cube Spin（立方体旋转）转场效果的应用

案例效果

3D运动类主要用于实现三维立体视觉转场效果，主要是将两个或多个素材作为立方体的面，通过旋转立方体将素材逐渐显示出来。本案例主要是针对“应用立方体旋转效果”的方法进行练习，如图6-12所示。

图6-12

操作步骤

01 单击【New Project（新建项目）】选项，并单击【Browse（浏览）】按钮设置保存路径，在【Name（名称）】文本框中设置文件名称。接着在弹出的对话框中选择【DV-PAL】/【Standard 48kHz】选项，如图6-13所示。

02 选择菜单栏中的【File（文件）】/【Import（导入）】命令或按快捷键【Ctrl+I】，然后在弹出的对话框中选择所需的素材文件，并单击【打开】按钮导入，如图6-14所示。

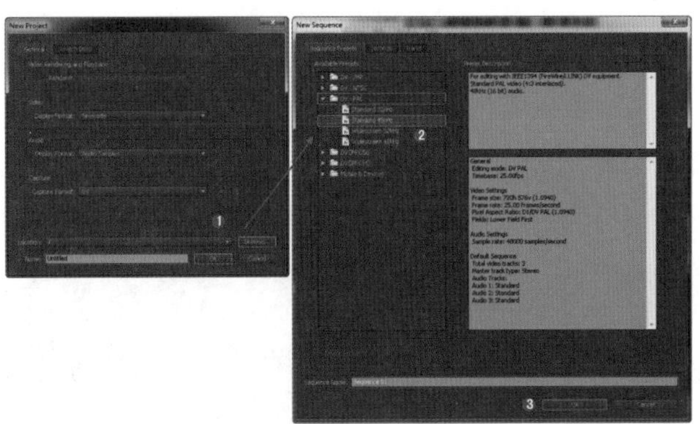

图6-13

图6-14

03 将项目窗口的【背景.jpg】素材文件拖曳到窗口中的Video1轨道上，如图6-15所示。

图6-15

04 选择Video1轨道上的【背景.jpg】素材文件，然后在【Effect Controls（效果控制）】面板中设置【Scale（缩放）】为62，如图6-16所示。此时效果如图6-17所示。

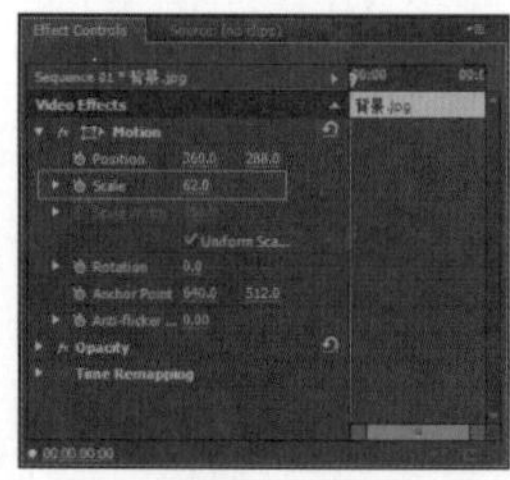

图6-16

图6-17

05 将项目窗口中的【01.jpg】、【02.jpg】和【03.jpg】素材文件拖曳到Video2轨道上，并设置结束时间与Video1轨道上的素材文件相同，如图6-18所示。

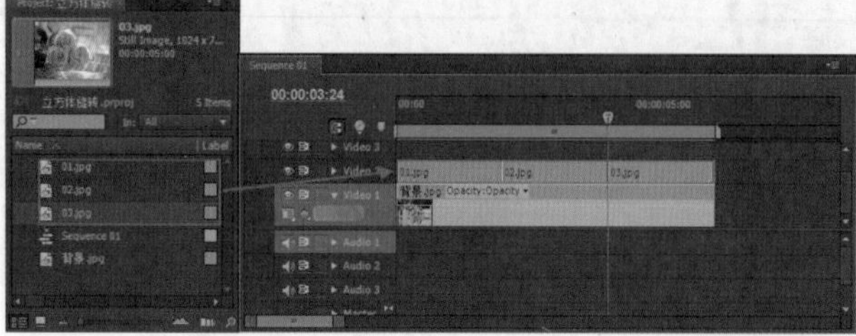

图6-18

06 分别设置【01.jpg】、【02.jpg】和【03.jpg】素材文件的【Scale（缩放）】为40，如图6-19所示。此时效果如图6-20所示。

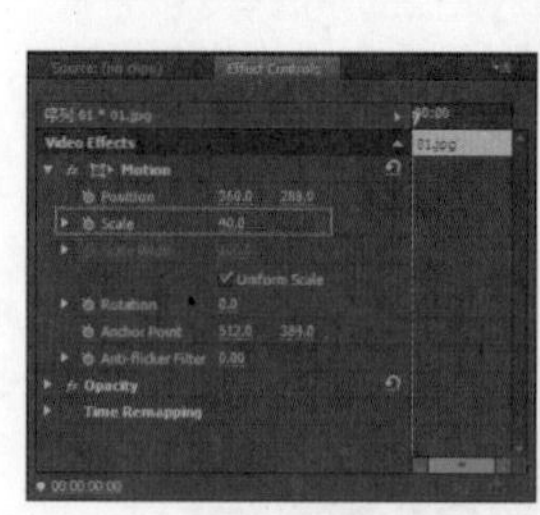

图6-19

图6-20

07 在【Effects（效果）】窗口中搜索【Cube Spin（立方体旋转）】效果，然后将其拖曳到Video2轨道上的3个素材文件中间，如图6-21所示。

图6-21

技巧提示

也可以在【Effects（效果）】窗口中选择【Video Transitions（视频转换）】/【3D Motion（3D运动）】/【Cube Spin（立方体旋转）】效果，每个文件夹对应不同的效果，所以这种方法适应所有效果，如图6-22所示。

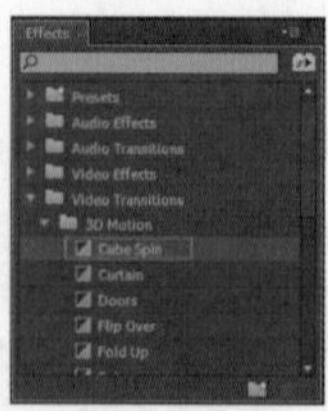

图6-22

读书笔记

08 此时拖动时间线滑块查看最终效果，如图6-23所示。

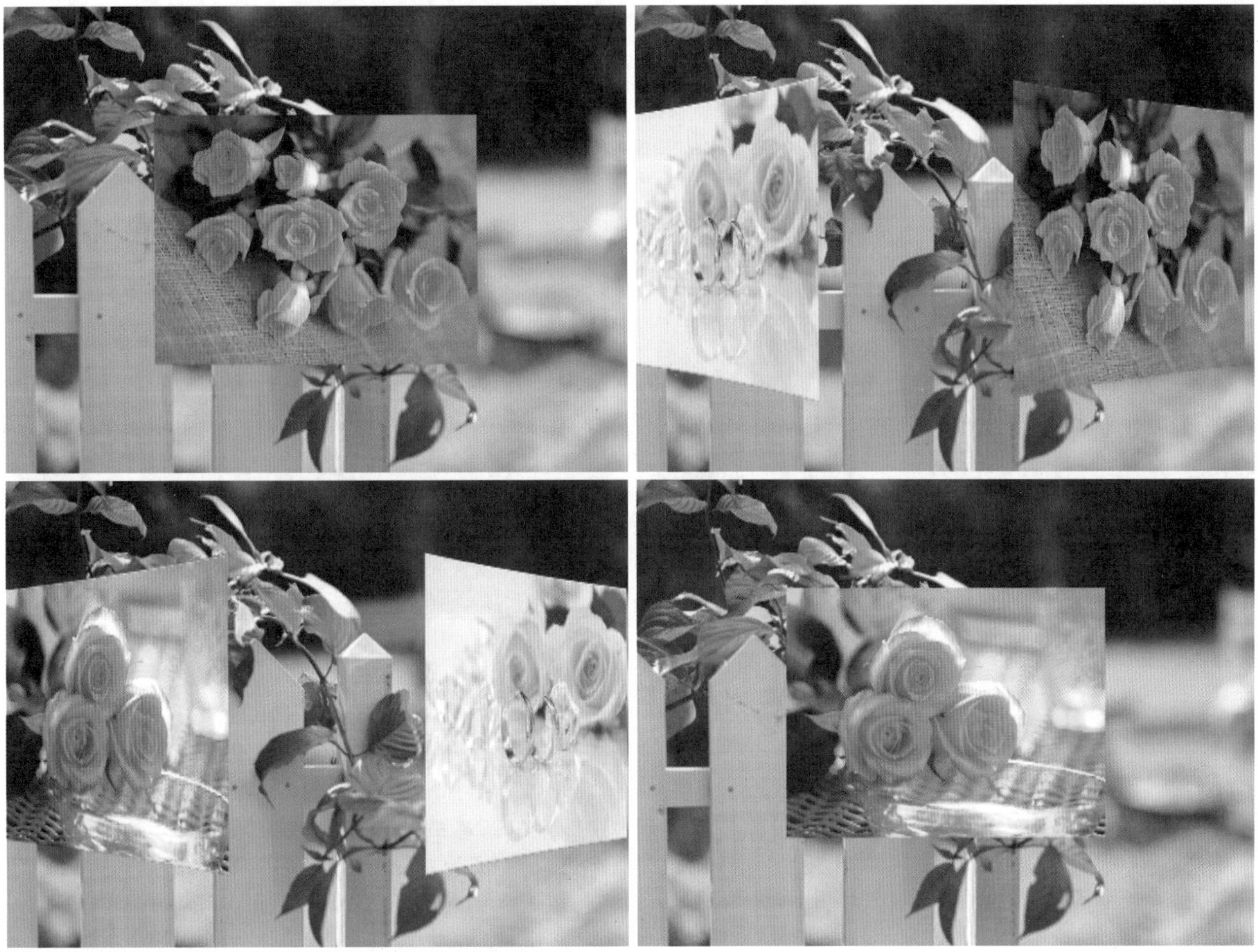

图6-23

6.3.2 Curtain（窗帘）

技术速查：该切换效果模仿窗帘，打开窗帘显示B素材来替换A素材。

选择【Effects（效果）】窗口中的【Video Transitions（视频转换）】/【3D Motion（3D过渡）】/【Curtain（窗帘）】命令，如图6-24所示。其参数面板如图6-25所示。

添加【Curtain（窗帘）】转场的效果如图6-26所示。

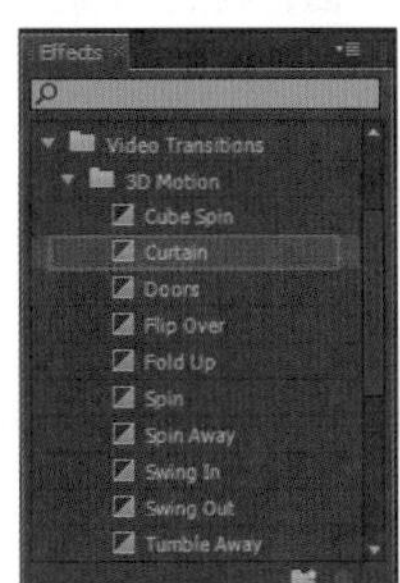

图6-24

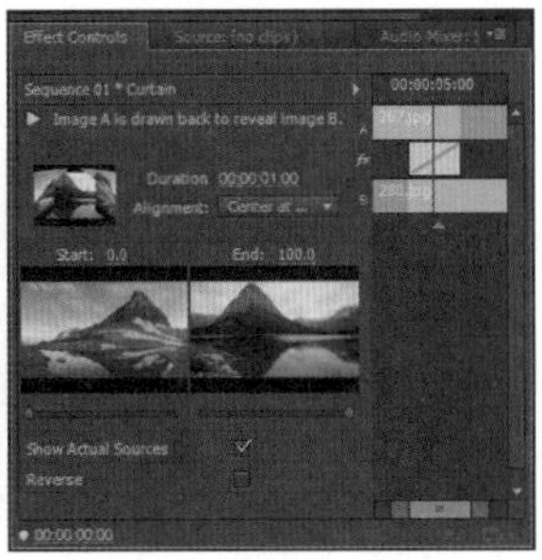

图6-25

图6-26

6.3.3 Doors（门）

技术速查：该切换效果模仿打开一扇门的效果。

选择【Effects（效果）】窗口中的【Video Transitions（视频转换）】/【3D Motion（3D过渡）】/【Doors（门）】命令，如图6-27所示。其参数面板如图6-28所示。

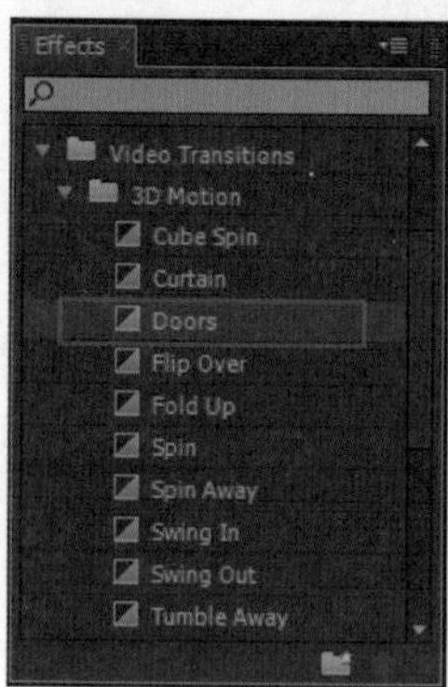

图6–27

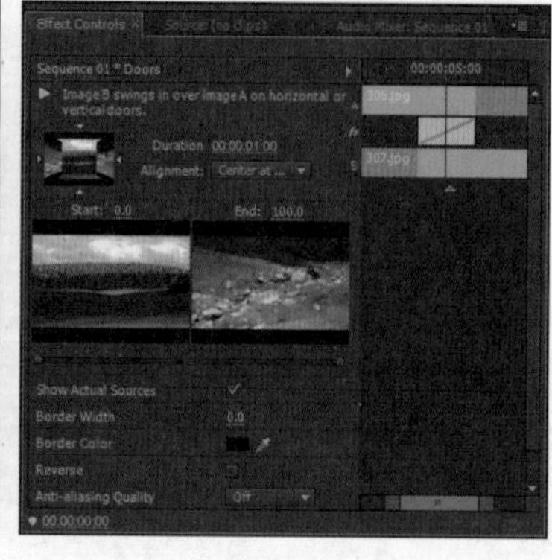

图6–28

- Border Width（边宽）：设置素材的边缘轮廓线的宽度。
- Border Color（边色）：设置素材的边缘轮廓颜色。
- Anti-aliasing Quality（抗锯齿质量）：可调节素材的边缘平滑程度。效果如图6-29所示。

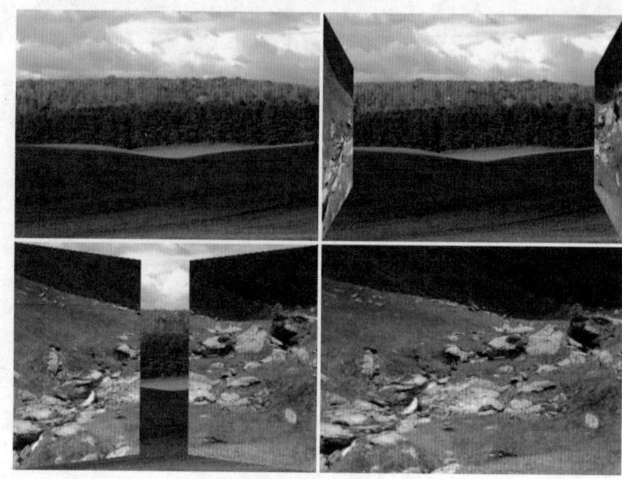

图6–29

6.3.4 Flip Over（翻转）

技术速查：该切换效果是垂直翻转素材A，然后逐渐显示素材B。

选择【Effects（效果）】窗口中的【Video Transitions（视频转换）】/【3D Motion（3D过渡）】/【Flip Over（翻转）】命令，如图6-30所示。其参数面板如图6-31所示。

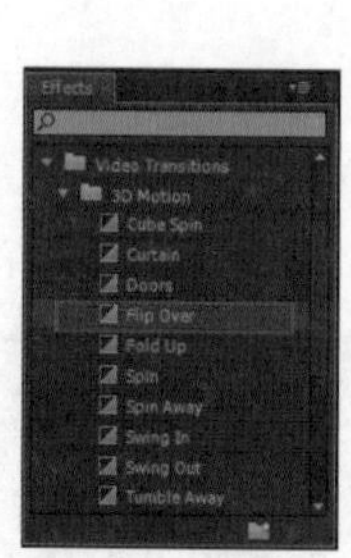

图6–30

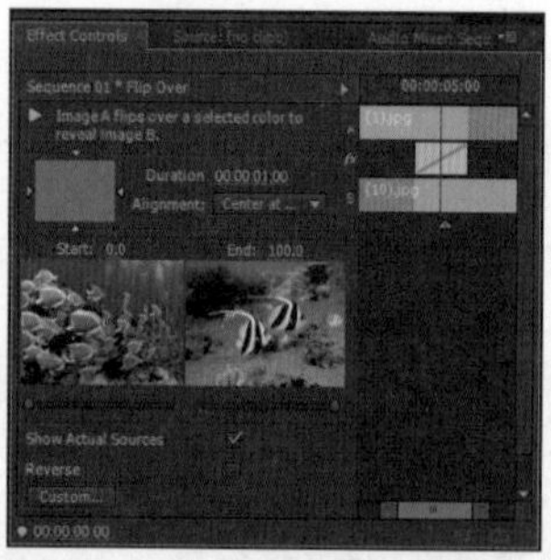

图6–31

- Custom（自定义）：单击该按钮，弹出如图6-32所示的对话框。其中Bands（带）用来设置翻转数量。Fill Color（填充颜色）用来设置翻转时背景的填充颜色。

图6–32

添加【Flip Over（翻转）】转场的效果如图6-33所示。

图6–33

思维点拨：

某些转场包含【自定义】选项，可以通过自定义选择对当前转场进行自定义参数设置，以达到需要的转场效果。

6.3.5 Fold Up（上折叠）

技术速查：该切换效果为素材A向上折叠，然后逐渐显示素材B。

选择【Effects（效果）】窗口中的【Video Transitions（视频转换）】/【3D Motion（3D过渡）】/【Fold Up（上折叠）】命令，如图6-34所示。其参数面板如图6-35所示。

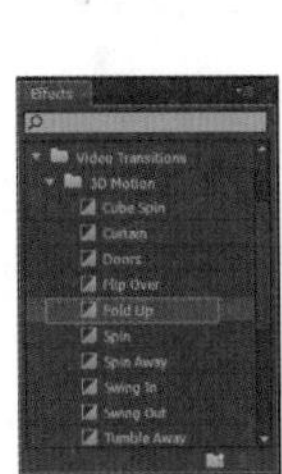

图6-34

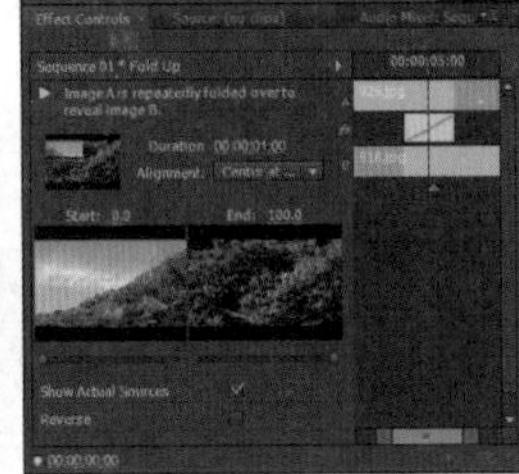

图6-35

添加【Fold Up（上折叠）】转场的效果如图6-36所示。

图6-36

★ 案例实战——折叠转场

案例文件	案例文件\第6章\折叠转场.prproj
视频教学	视频文件\第6章\折叠转场.flv
难易指数	★★★★★
技术要点	Fold Up（上折叠）转场效果的应用

案例效果

Fold Up（上折叠）转场主要是将素材进行重复中心对称折叠至消失，逐渐显现出下一个素材。本案例主要是针对“应用折叠转场效果”的方法进行练习，如图6-37所示。

图6-37

操作步骤

01 单击【New Project（新建项目）】选项，并单击【Browse（浏览）】按钮设置保存路径，在【Name（名称）】文本框中设置文件名称。接着在弹出的对话框中选择【DV-PAL】/【Standard 48kHz】选项，如图6-38所示。

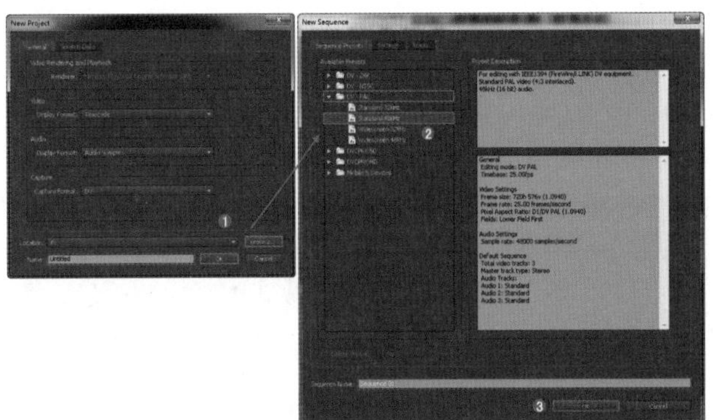

图6-38

02 选择菜单栏中的【File（文件）】/【Import（导入）】命令或按快捷键【Ctrl+I】，然后在弹出的对话框中选择所需的素材文件，并单击【打开】按钮导入，如图6-39所示。

图6-39

第6章 视频转场特效

03 将项目窗口中的【01.jpg】和【02.jpg】素材文件拖曳到窗口中的Video1轨道上，如图6-40所示。

图6-40

04 此时拖动时间线滑块查看效果，如图6-41所示。

图6-41

05 在【Effects（效果）】窗口中搜索【Fold Up（上折叠）】效果，然后拖曳到Video1轨道上的两个素材文件中间，如图6-42所示。

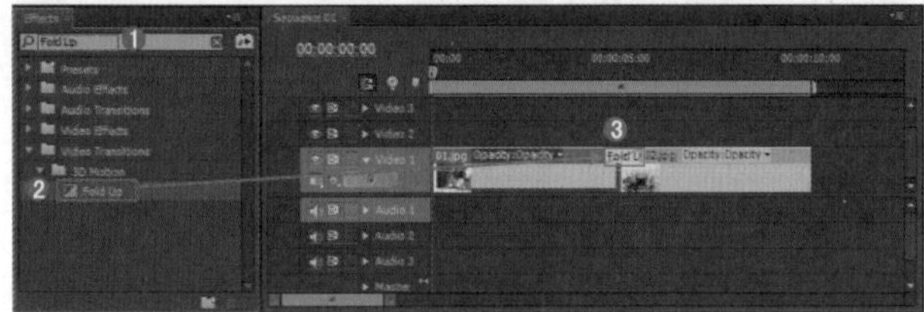

图6-42

技巧提示

将效果拖曳到素材上后，选择时间线窗口中的效果，然后就可以在【Effect Controls（效果控制）】面板中设置效果的各项参数，在面板中可以设置转场效果的【Duration（持续时间）】、转场起始位置和结束位置，选中【Show Actual Sources（显示实际来源）】后面的复选框可以在A和B预览窗口中显示出素材文件的效果，选中【Reverse（反转）】运动效果会反向运动，如图6-43所示。效果如图6-44所示。

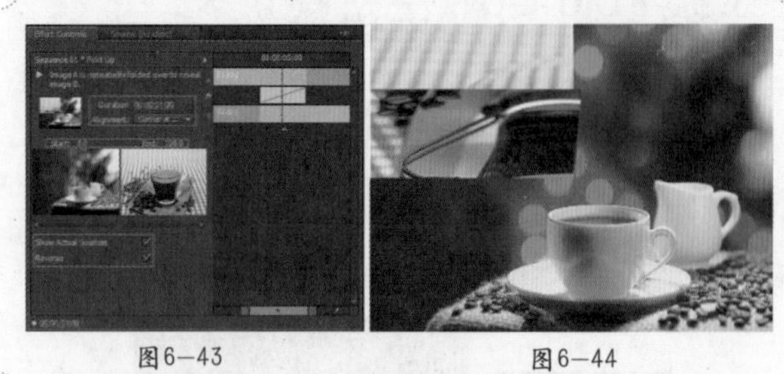

图6-43　图6-44

06 此时拖动时间线滑块查看最终效果，如图6-45所示。

图6-45

答疑解惑：可以同时为多少素材添加一个转场效果？

可以同时为所有相邻的素材文件添加转场效果，但不相邻的素材文件并不能共用一个效果。

除了可以为相邻的素材添加转场效果外，还可以为单独的素材添加转场效果，即可以形成一种动画效果。

读书笔记

6.3.6 Spin（旋转）

技术速查：该切换效果非常类似于翻转切换效果，只是素材B旋转出现，而不是翻转代替素材A。

选择【Effects（效果）】窗口中的【Video Transitions（视频转换）】/【3D Motion（3D过渡）】/【Spin（旋转）】命令，如图6-46所示。其参数面板如图6-47所示。

添加【Spin（旋转）】转场的效果如图6-48所示。

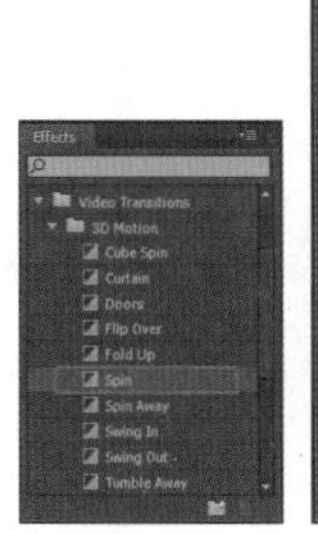

图6—46

图6—47

图6—48

6.3.7 Spin Away（旋转离开）

技术速查：该切换效果中，素材B类似于旋转切换效果，但是在旋转离开切换效果中，素材使用的帧要多于旋转切换效果。

选择【Effects（效果）】窗口中的【Video Transitions（视频转换）】/【3D Motion（3D过渡）】/【Spin Away（旋转离开）】命令，如图6-49所示。其参数面板如图6-50所示。

添加【Spin Away（旋转离开）】转场的效果如图6-51所示。

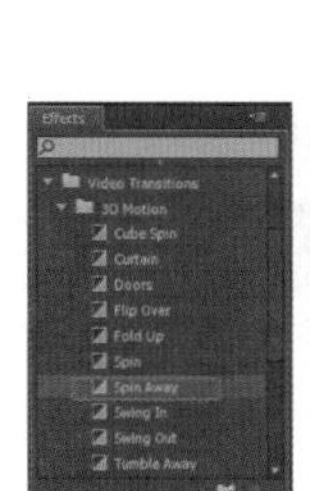

图6—49

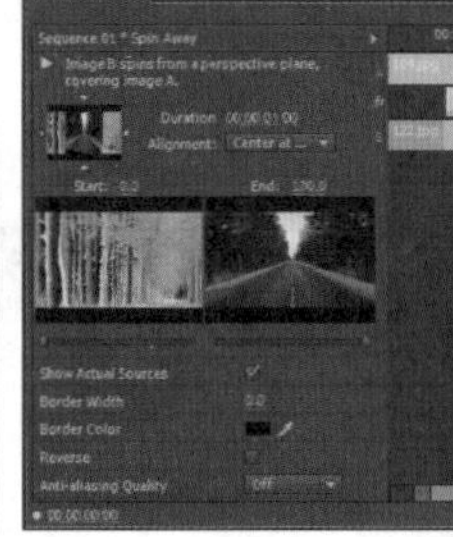

图6—50

图6—51

6.3.8 Swing In（摆入）

技术速查：该切换效果中，素材B以边缘从内至外摆动出现，并逐渐覆盖素材A。

选择【Effects（效果）】窗口中的【Video Transitions（视频转换）】/【3D Motion（3D过渡）】/【Swing In（摆入）】命令，如图6-52所示。其参数面板如图6-53所示。

添加【Swing In（摆入）】转场的效果如图6-54所示。

★ 案例实战——摆入效果

案例文件	案例文件\第6章\摆入效果.prproj
视频教学	视频文件\第6章\摆入效果.flv
难易指数	★★★★★
技术要点	Swing In（摆入）转场效果的应用

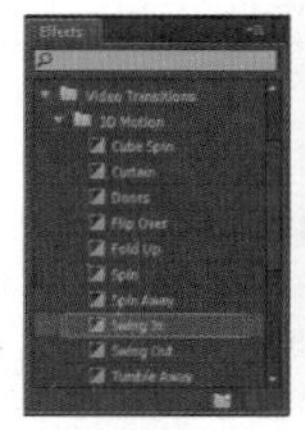

图6—52

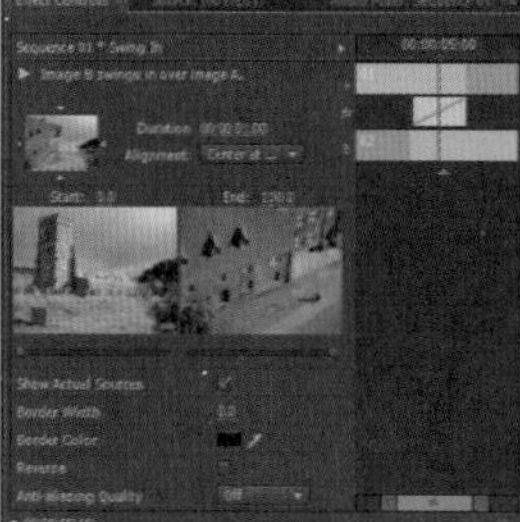

图6—53

图6-54

案例效果

Swing In（摆入）转场效果主要是素材从左边摆动出现，然后逐渐覆盖前面的素材。本案例主要是针对“应用摆入转场效果”的方法进行练习，如图6-55所示。

图6-55

操作步骤

01 单击【New Project（新建项目）】选项，并单击【Browse（浏览）】按钮设置保存路径，在【Name（名称）】文本框中设置文件名称。接着在弹出的对话框中选择【DV-PAL】/【Standard 48kHz】选项，如图6-56所示。

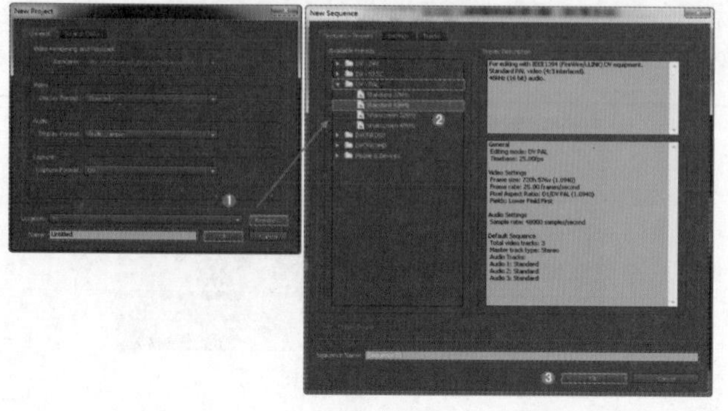
图6-56

02 选择菜单栏中的【File（文件）】/【Import（导入）】命令或按快捷键【Ctrl+I】，然后在弹出的对话框中选择所需的素材文件，并单击【打开】按钮导入，如图6-57所示。

图6-57

03 将项目窗口中的【01.jpg】和【02.jpg】素材文件拖曳到窗口中的Video1轨道上，如图6-58所示。

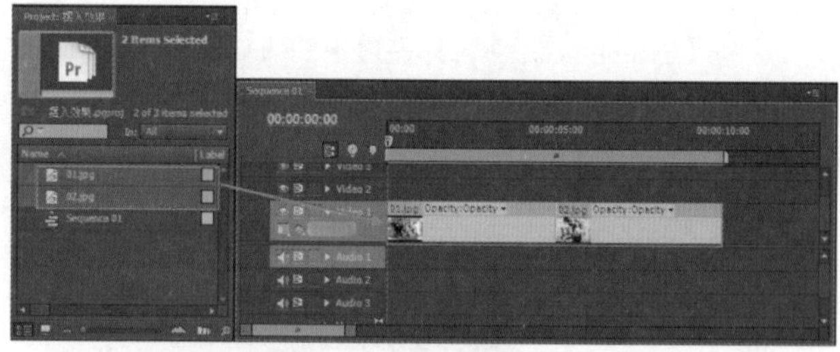
图6-58

04 此时拖动时间线滑块查看效果，如图6-59所示。

图6-59

05 在【Effects（效果）】窗口中搜索【Swing In（摆入）】效果，然后拖曳到Video1轨道上的两个素材文件中间，如图6-60所示。

图6-60

技巧提示

将效果拖曳到素材文件上后，可以在时间线轨道上调节效果的持续时间。将鼠标移动到素材的转场效果上，在边缘处就可以看见鼠标变成了红色的方向箭头形状，这时按住鼠标左键向左或向右拖动效果即可，如图6-61所示。

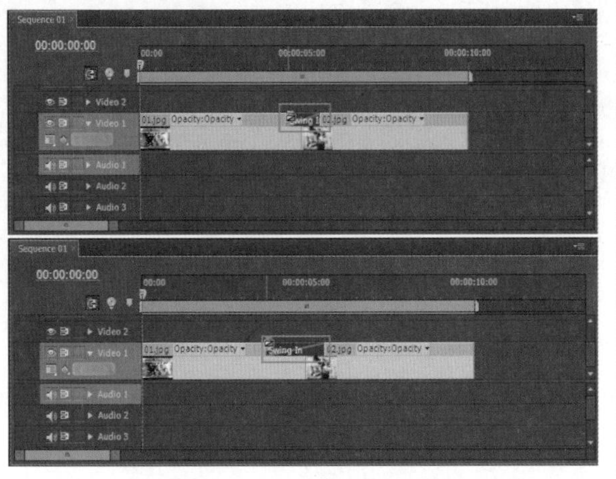

图6-61

06 此时拖动时间线滑块查看最终效果，如图6-62所示。

图6-62

6.3.9 Swing Out（摆出）

技术速查：该切换效果中，素材B以边缘从外至内，并逐渐覆盖素材A。

选择Effects（效果）】窗口中的【Video Transitions（视频转换）】/【3D Motion（3D过渡）】/【Swing Out（摆出）】命令，如图6-63所示。其参数面板如图6-64所示。

添加Swing Out（摆出）转场的效果如图6-65所示。

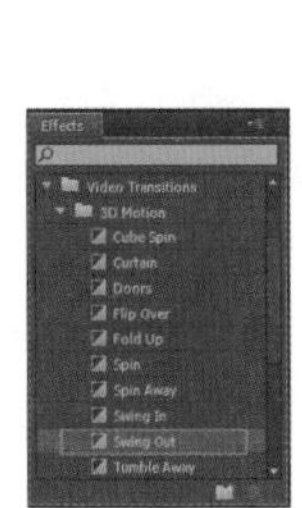

图6-63

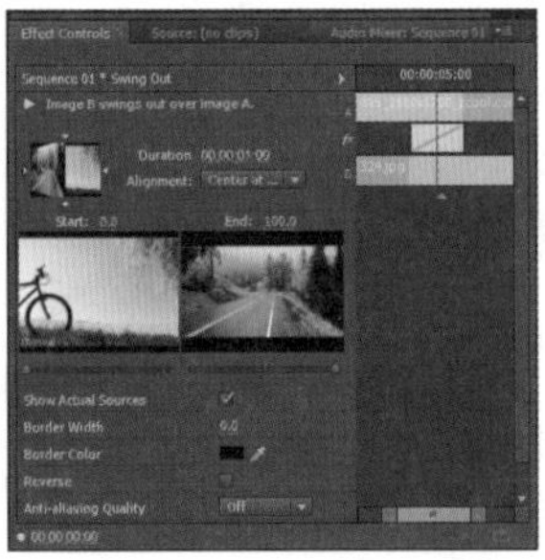

图6-64

图6-65

6.3.10 Tumble Away（翻转过渡）

技术速查：该切换效果是素材A像筋斗一样翻出，被素材B取代。

选择【Effects（效果）】窗口中的【Video Transitions（视频转换）】/【3D Motion（3D过渡）】/【Tumble Away（翻转过渡）】命令，如图6-66所示。其参数面板如图6-67所示。

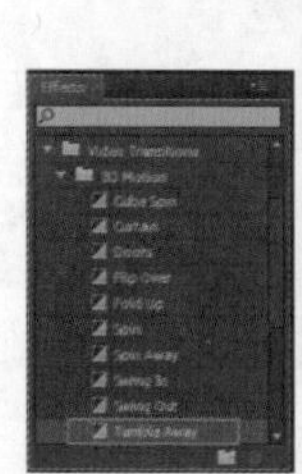

图6-66

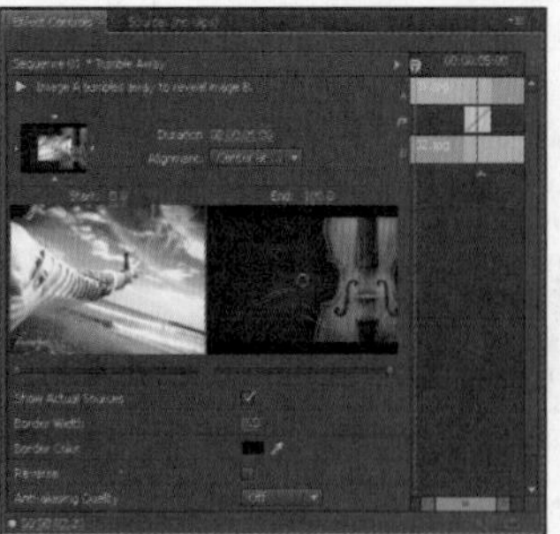

图6-67

● ■：该点为过渡转场的中心点，可对中心点进行移动设置。效果如图6-68所示。

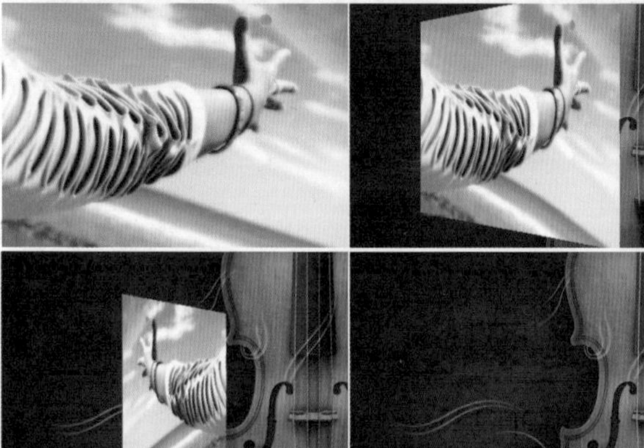

图6-68

★ 案例实战——翻转过渡

案例文件	案例文件\第6章\翻转过渡.prproj
视频教学	视频文件\第6章\翻转过渡.flv
难易指数	★★★★★
技术要点	Tumble Away（翻转过渡）转场效果的应用

案例效果

Tumble Away（翻转过渡）转场效果，表现为素材不断翻转，逐渐消失并逐渐显现出下一个素材。本案例主要是针对"应用翻转过渡"的方法进行练习，如图6-69所示。

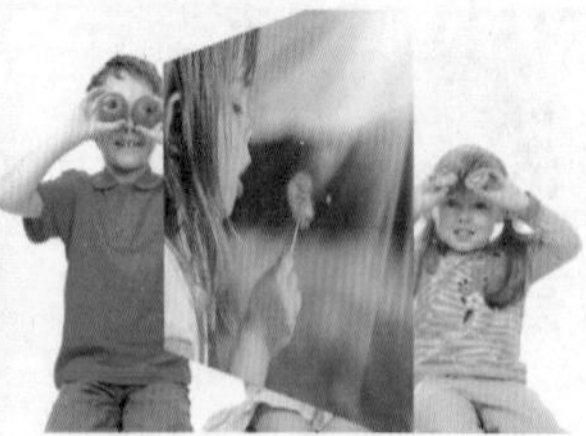

图6-69

操作步骤

01 单击【New Project（新建项目）】选项，并单击【Browse（浏览）】按钮设置保存路径，在【Name（名称）】文本框中设置文件名称。接着在弹出的对话框中选择【DV-PAL】/【Standard 48kHz】选项，如图6-70所示。

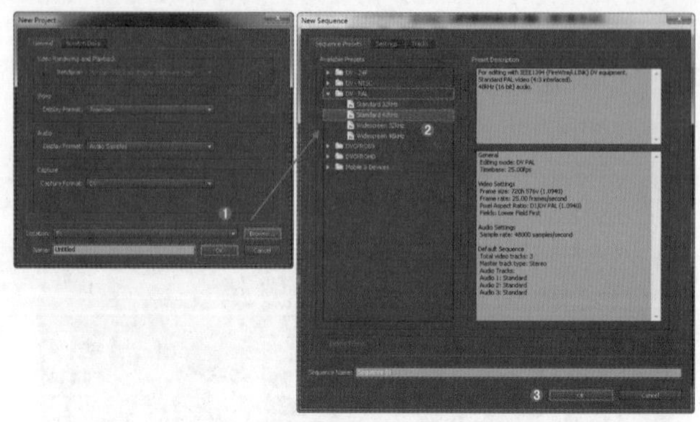

图6-70

02 选择菜单栏中的【File（文件）】/【Import（导入）】命令或者按快捷键【Ctrl+I】，将所需素材文件导入，如图6-71所示。

03 将项目窗口的素材文件拖曳到窗口中的Video1轨道上，如图6-72所示。

图6-71

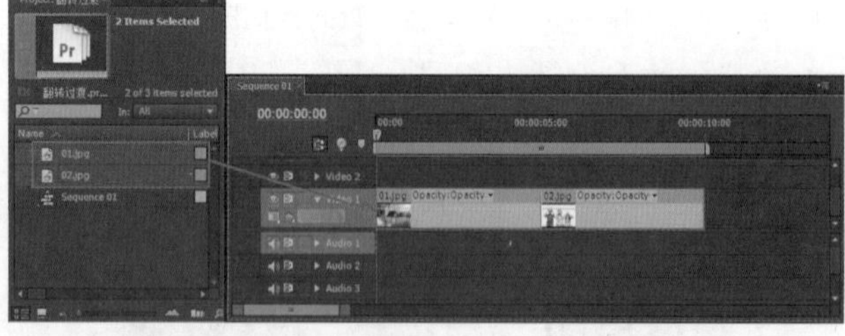

图6-72

04 分别选择Video1轨道上的素材文件，然后分别设置【Cale（缩放）】为54，如图6-73所示。此时效果如图6-74所示。

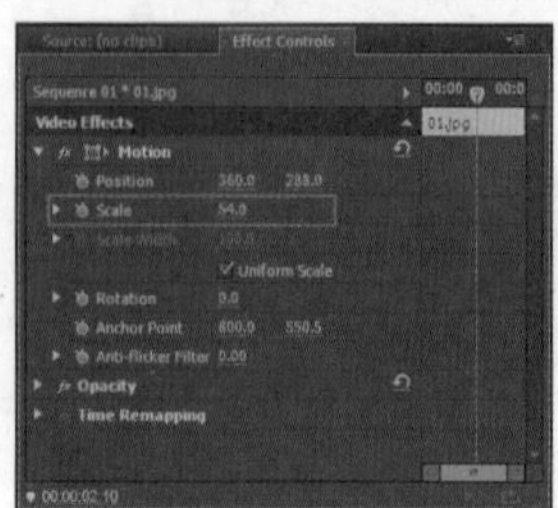

图6-73

图6-74

05 在【Effects（效果）】窗口中搜索【Tumble Away（翻转过渡）】效果，然后拖曳到【01.jpg】和【02.jpg】两个素材文件中间，如图6-75所示。

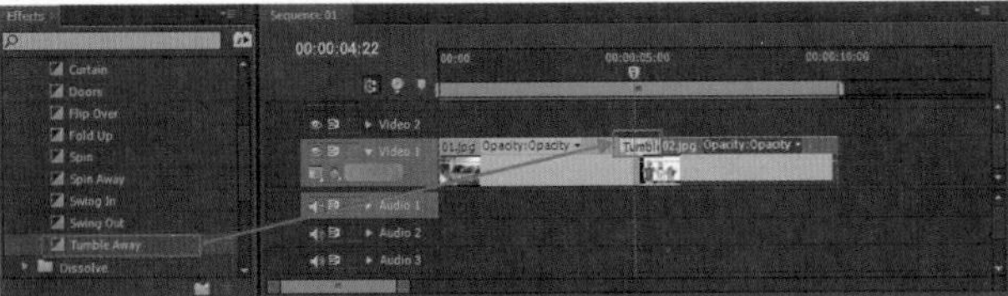

图6-75

技巧提示

在【Effect Controls（效果控制）】面板中，可以单击鼠标左键激活预览窗口四周的4个方向键来控制翻转反向。还可以通过调整移动预览窗口中的中心点位置来控制翻转中心位置，如图6-76所示。

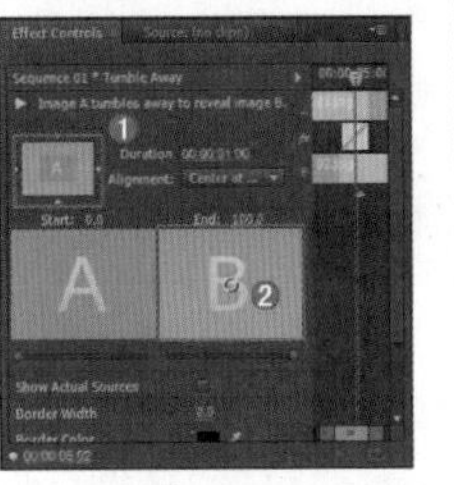

图6-76

06 此时拖动时间线滑块查看最终效果，如图6-77所示。

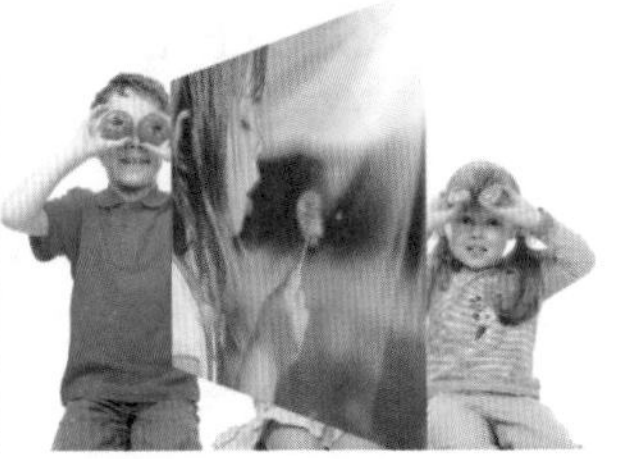

图6-77

答疑解惑：常用的转场效果有哪些？

转场效果是场景和镜头间相互切换的一种特殊技巧，常用的转场效果有淡入淡出效果、翻转过渡效果、交叉叠化效果和不规则过渡效果等。

在复杂的场景和镜头切换中加入合适的转场效果，可以使转接融入其中而没有生硬感。转场效果的应用具有一定的艺术性和创造性。

6.4 Dissolve（溶解）类视频转场

Dissolve（溶解）主要体现在一个画面逐渐消失，同时另一个画面逐渐显现。其中包括Additive Dissolve（附加叠化）、Cross Dissolve（交叉叠化）、Dip to Black（黑场过渡）、Dip to White（白场过渡）、Dither Dissolve（抖动叠化）、Film Dissolve（胶片叠化）、Non-Additive Dissolve（无叠加溶解）和Random Invert（随机反相）8个转场，如图6-78所示。

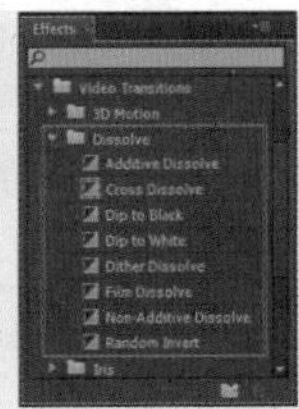

图6-78

6.4.1 Additive Dissolve（附加叠化）

技术速查：该切换效果创建从一个素材到下一个素材的淡化。

选择【Effects（效果）】窗口中的【Video Transitions（视频转换）】/【Dissolve（溶解）】/【Additive Dissolve（附加叠化）】命令，如图6-79所示。其参数面板如图6-80所示。

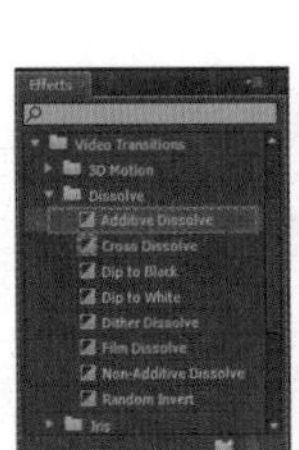

图6-79

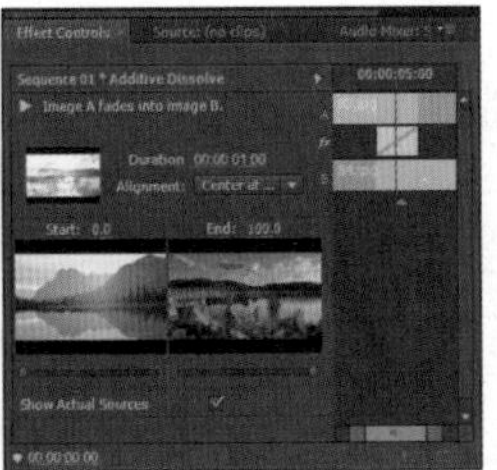

图6-80

添加【Additive Dissolve（附加叠化）】转场的效果如图6-81所示。

图6-81

6.4.2 Cross Dissolve（交叉叠化）

技术速查：该切换效果中，素材B在素材A淡出之前淡入。

选择【Effects（效果）】窗口中的【Video Transitions（视频转换）】/【Dissolve（溶解）】/【Cross Dissolve（交叉叠化）】命令，如图6-82所示。其参数面板如图6-83所示。

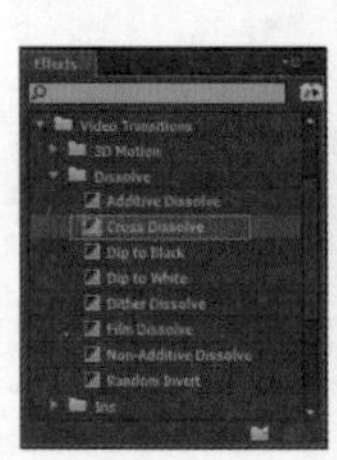

图6-82

图6-83

添加【Cross Dissolve（交叉叠化）】转场的效果如图6-84所示。

图6-84

★ 案例实战——交叉叠化

案例文件	案例文件\第6章\交叉叠化.prproj
视频教学	视频文件\第6章\交叉叠化.flv
难易指数	★★★★★
技术要点	Cross Dissolve（交叉叠化）转场效果的应用

案例效果

Cross Dissolve（交叉叠化）转场效果，主要是素材逐渐淡化，然后画面显现出下一个素材，即淡入淡出转场效果。本案例主要是针对“应用交叉叠化转场效果”的方法进行练习，如图6-85所示。

图6-85

操作步骤

01 单击【New Project（新建项目）】选项，并单击【Browse（浏览）】按钮设置保存路径，在【Name（名称）】文本框中设置文件名称。接着在弹出的对话框中选择【DV-PAL】/【Standard 48kHz】选项，如图6-86所示。

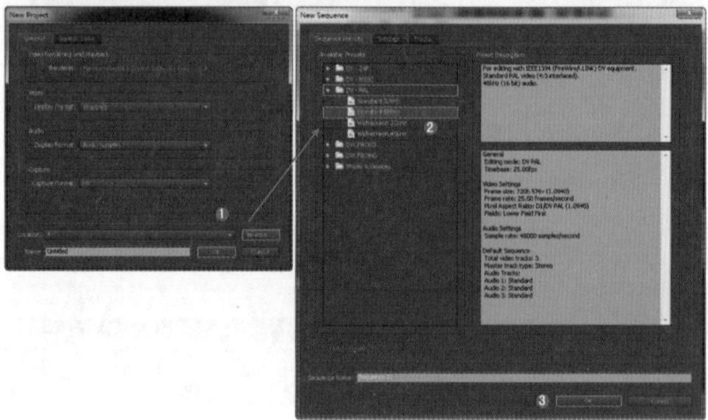

图6-86

02 选择菜单栏中的【File（文件）】/【Import（导入）】命令或者按快捷键【Ctrl+I】，将所需素材文件导入，如图6-87所示。

图6-87

03 将项目窗口的素材文件拖曳到窗口中的Video1轨道上，如图6-88所示。

图6-88

04 分别选择Video1轨道上的素材文件，然后分别设置【Scale（缩放）】为54，如图6-89所示。此时效果如图6-90所示。

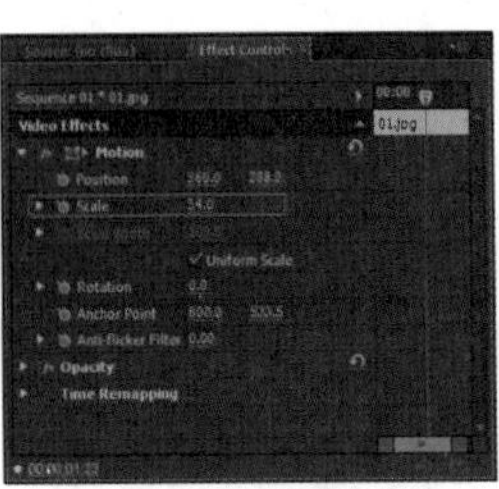

图6—89

图6—90

05 在【Effects（效果）】窗口中搜索【Cross Dissolve（交叉叠化）】效果，然后拖曳到【01.jpg】和【02.jpg】两个素材文件中间，如图6-91所示。

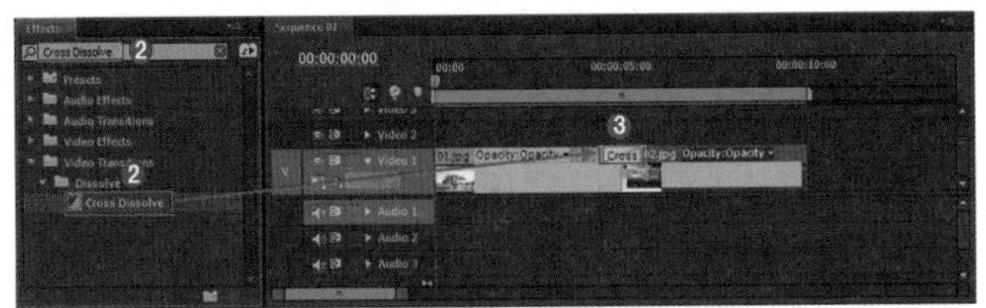

图6—91

06 此时拖动时间线滑块查看最终效果，如图6-92所示。

图6—92

答疑解惑：Cross Dissolve（交叉叠化）转场效果产生的不同效果有哪些？

转场效果在用于某一个图像和视频素材时，根据素材的不同，出现的效果也不同。比如将Cross Dissolve（交叉叠化）施加于单独素材的首端或尾端时，可实现淡入/淡出的效果。

但当Cross Dissolve（交叉叠化）效果在多个相邻素材之间时，就会出现两种素材相互混合的效果。

6.4.3 Dip to Black（黑场过渡）

技术速查：该切换效果是素材A逐渐淡化为黑色，然后再淡化为素材B。

选择【Effects（效果）】窗口中的【Video Transitions（视频转换）】/【Dissolve（溶解）】/【Dip to Black（黑场过渡）】命令，如图6-93所示。其参数面板如图6-94所示。

添加Dip to Black（黑场过渡）转场的效果如图6-95所示。

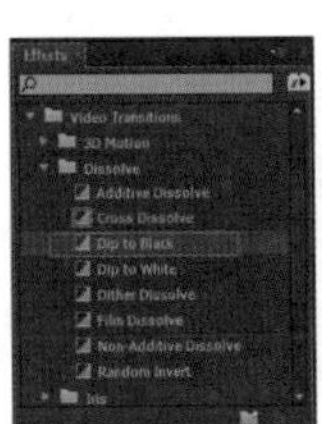

图6—93

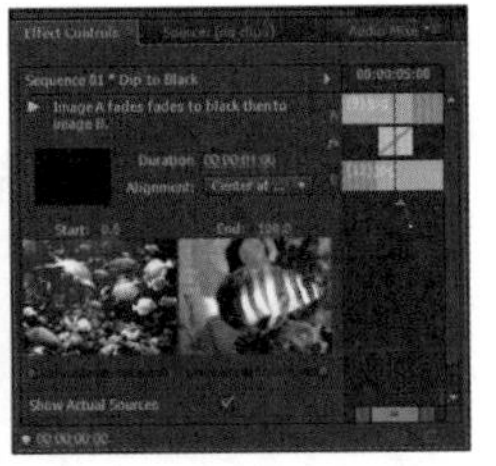

图6—94

图6—95

6.4.4 Dip to White（白场过渡）

技术速查：该切换效果是素材A淡化为白色，然后淡化为素材B。

选择Effects（效果）窗口中的【Video Transitions（视频转换）】/【Dissolve（溶解）】/【Dip to White（白场过渡）】命令，如图6-96所示。其参数面板如图6-97所示。

添加Dip to White（白场过渡）转场的效果如图6-98所示。

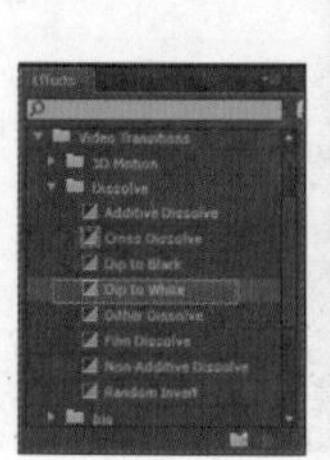
图6-96

图6-97

图6-98

6.4.5 Dither Dissolve（抖动叠化）

技术速查：该切换效果是素材A叠化为素材B，像许多微小的点出现在屏幕上。

选择【Effects（效果）】窗口中的【Video Transitions（视频转换）】/【Dissolve（溶解）】/【Dither Dissolve（抖动叠化）】命令，如图6-99所示。其参数面板如图6-100所示。

添加Dither Dissolve（抖动叠化）转场的效果如图6-101所示。

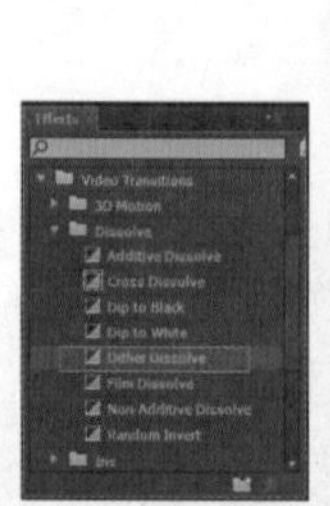
图6-99

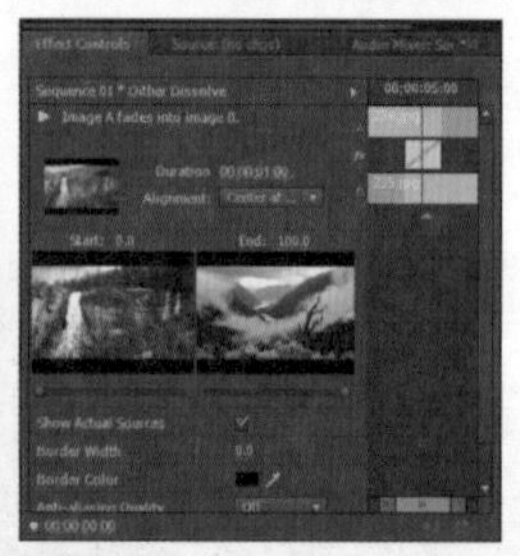
图6-100

图6-101

★ 案例实战——抖动叠化

案例文件	案例文件\第6章\抖动叠化.prproj
视频教学	视频文件\第6章\抖动叠化.flv
难易指数	★★★★★
技术要点	Dither Dissolve（抖动叠化）转场效果的应用

案例效果

Dither Dissolve（抖动叠化）转场效果，主要是呈现网点叠化的效果逐渐过渡到下一个素材。本案例主要是针对“应用Dither Dissolve（抖动叠化）转场效果”的方法进行练习，如图6-102所示。

图6-102

操作步骤

01 单击【New Project（新建项目）】选项，并单击【Browse（浏览）】按钮设置保存路径，在【Name（名称）】文本框中设置文件名称。接着在弹出的对话框中选择【DV-PAL】/【Standard 48kHz】选项，如图6-103所示。

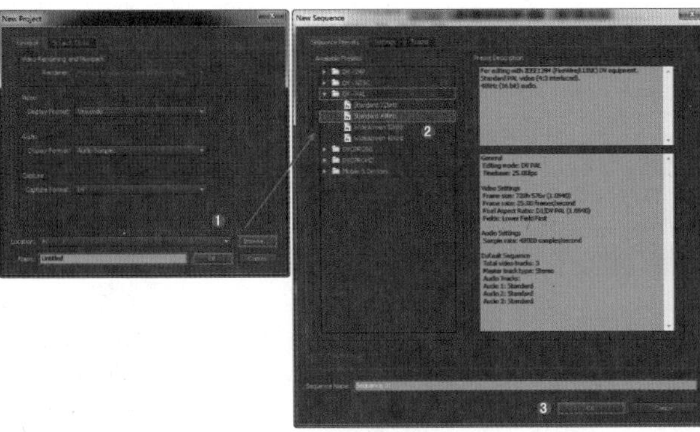

图6-103

02 选择菜单栏中的【File（文件）】/【Import（导入）】命令或者按快捷键【Ctrl+I】，将所需素材文件导入，如图6-104所示。

03 将项目窗口的素材文件拖曳到窗口中的Video1轨道上，如图6-105所示。

图6-104

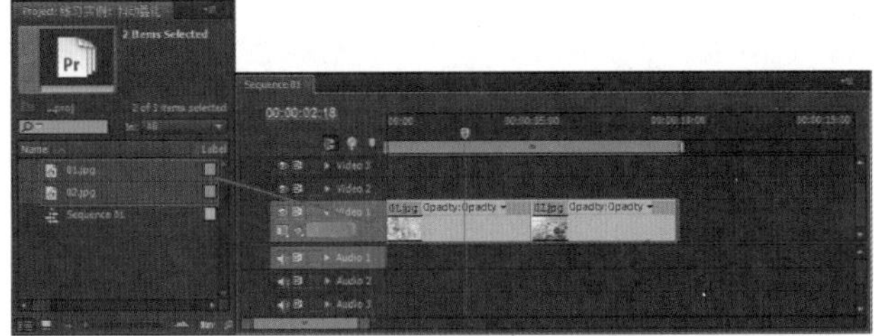

图6-105

04 分别选择Video1轨道上的素材文件，然后分别设置【Scale（缩放）】为55，如图6-106所示。此时效果如图6-107所示。

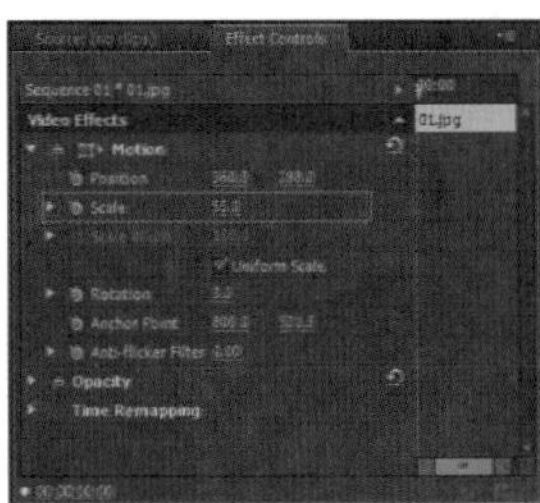

图6-106　　图6-107

05 在【Effects（效果）】窗口中搜索【Dither Dissolve（抖动叠化）】效果，然后拖曳到【01.jpg】和【02.jpg】两个素材文件中间，如图6-108所示。

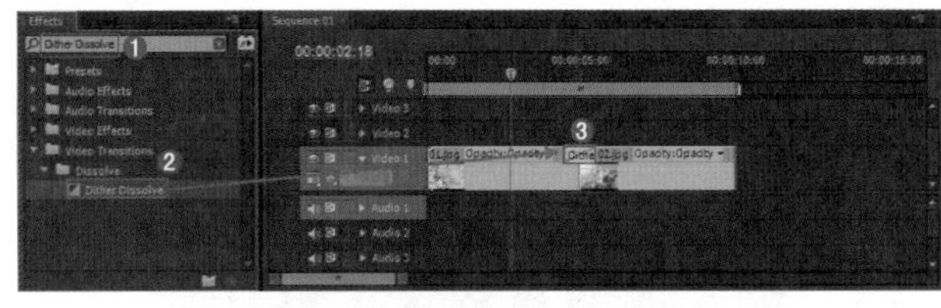

图6-108

技巧提示

在【Effect Controls（效果控制）】面板中，可以调整【Border Width（边宽）】来控制抖动叠化的网点大小。可以调整【Border Color（边色）】来调整抖动叠化的网点颜色，如图6-109和图6-110所示。

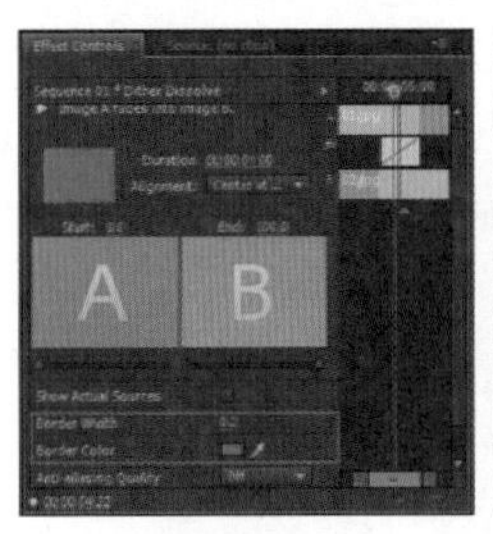

图6-109　　图6-110

06 此时拖动时间线滑块查看最终效果（见图6-102）。

答疑解惑：经常使用的转场效果，如何设置为默认？

在一个作品中多次应用到一个相同的转场效果时，将其设置为默认转场可以提高编辑速度。

在【Effects（效果）】窗口中选择将要设置为默认的转场效果，然后在其转场效果上单击鼠标右键，在弹出的快捷菜单中选择【Set Selected as Default Transition（设置为默认过渡）】命令即可。

在应用默认效果时，将鼠标放置到相应轨道素材文件上，然后单击【Sequence（序列）】/【Apply Video Transition（应用视频过渡效果）】，即应用到相应素材文件上。

6.4.6 Film Dissolve（胶片叠化）

技术速查：该转场效果是素材A逐渐透明至显示出素材B。

选择【Effects（效果）】窗口中的【Video Transitions（视频转换）】/【Dissolve（溶解）】/【Film Dissolve（胶片叠化）】命令，如图6-112所示。其参数面板如图6-113所示。

添加Film Dissolve（胶片叠化）转场的效果如图6-114所示。

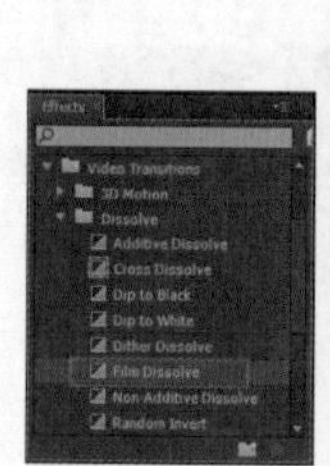
图6-112

图6-113

图6-114

6.4.7 Non-Additive Dissolve（无叠加溶解）

技术速查：该切换效果是素材B逐渐出现在素材A的彩色区域内。

选择【Effects（效果）】窗口中的【Video Transitions（视频转换）】/【Dissolve（溶解）】/【Non-Additive Dissolve（无叠加溶解）】命令，如图6-115所示。其参数面板如图6-116所示。

添加Non-Additive Dissolve（无叠加溶解）转场的效果如图6-117所示。

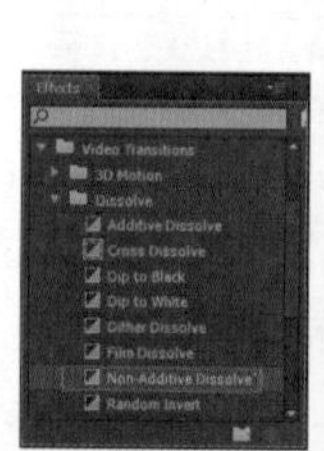
图6-115

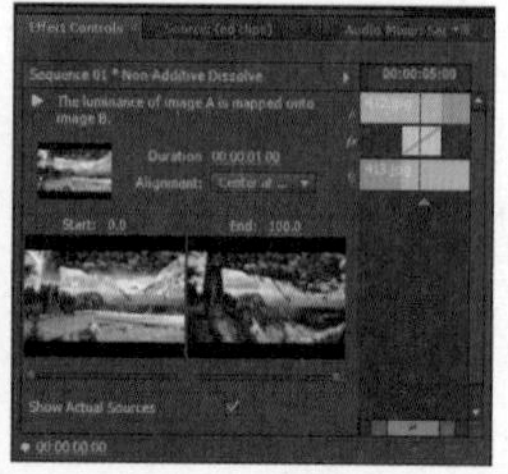
图6-116

图6-117

6.4.8 Random Invert（随机反相）

技术速查：该切换效果是素材B逐渐替换素材A，以随机点图形的形式出现。

选择【Effects（效果）】窗口中的【Video Transitions（视频转换）】/【Dissolve（溶解）】/【Random Invert（随机反相）】命令，如图6-118所示。其参数面板如图6-119所示。

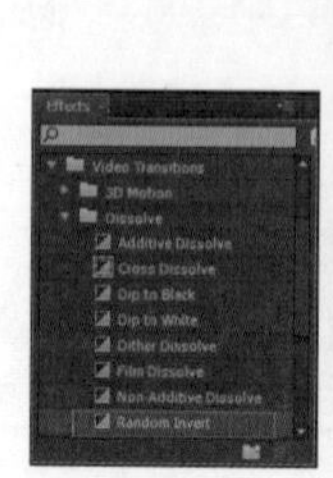
图6-118

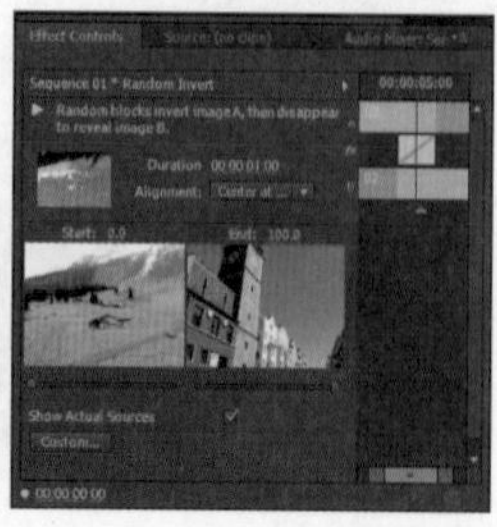
图6-119

Custom（自定义）：单击该按钮，弹出如图6-120所示的对话框。

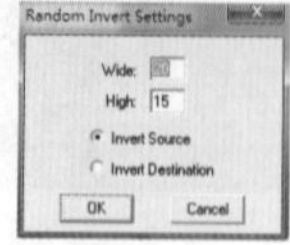

图6-120

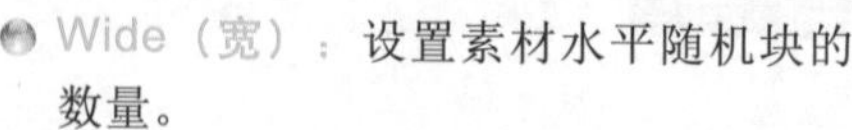

- Wide（宽）：设置素材水平随机块的数量。
- High（高）：设置素材垂直随机块的数量。
- Invert Source（反相源）：指定A素材的反色效果。
- Invert Destination（反相目标）：指定素材B的反色效果。

添加Random Invert（随机反相）转场的效果如图6-121所示。

图6—121

★ 案例实战——随机反相

案例文件　案例文件\第6章\随机反相.prproj
视频教学　视频文件\第6章\随机反相.flv
难易指数　★★★★
技术要点　Random Invert（随机反相）转场效果的应用

案例效果

Random Invert（随机反相）转场效果，主要是用一组素材随机的反色方块过渡到下一个素材。本案例主要是针对“应用Random Invert（随机反相）转场效果”的方法进行练习，如图6-122所示。

图6—122

操作步骤

01 单击【New Project（新建项目）】选项，并单击【Browse（浏览）】按钮设置保存路径，在【Name（名称）】文本框中设置文件名称。接着在弹出的对话框中选择【DV-PAL】/【Standard 48kHz】选项，如图6-123所示。

02 选择菜单栏中的【File（文件）】/【Import（导入）】命令或者按快捷键【Ctrl+I】，将所需素材文件导入，如图6-124所示。

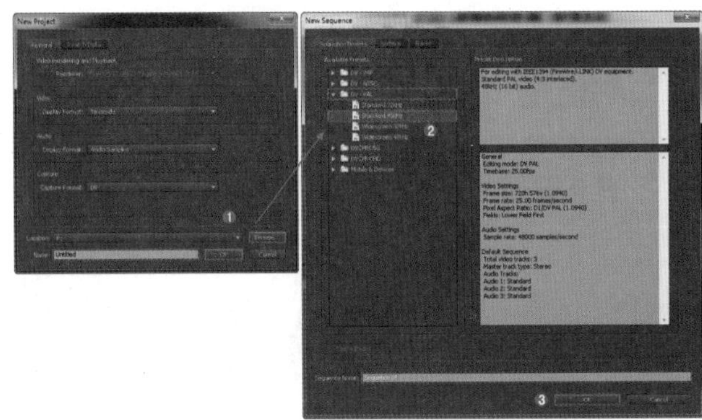

图6—123

图6—124

03 将项目窗口的素材文件拖曳到窗口中的Video1轨道上，如图6-125所示。

图6—125

04 分别选择Video1轨道上的素材文件，然后分别设置【Scale（缩放）】为50，如图6-126所示。此时效果如图6-127所示。

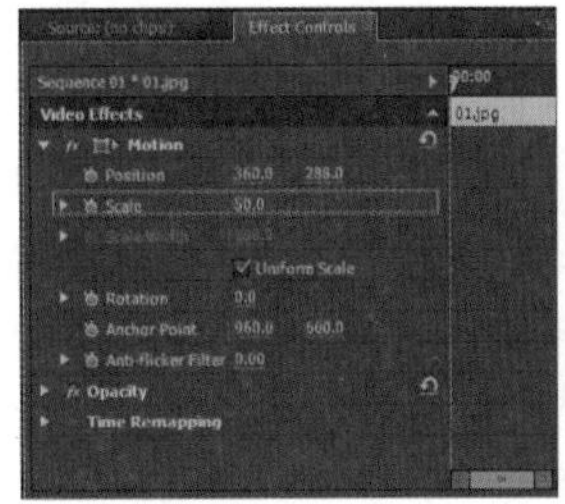

图6—126

图6—127

05 在【Effects（效果）】窗口中搜索【Random Invert（随机反相）】效果，然后拖曳到【01.jpg】和【02.jpg】两个素材文件中间，如图6-128所示。

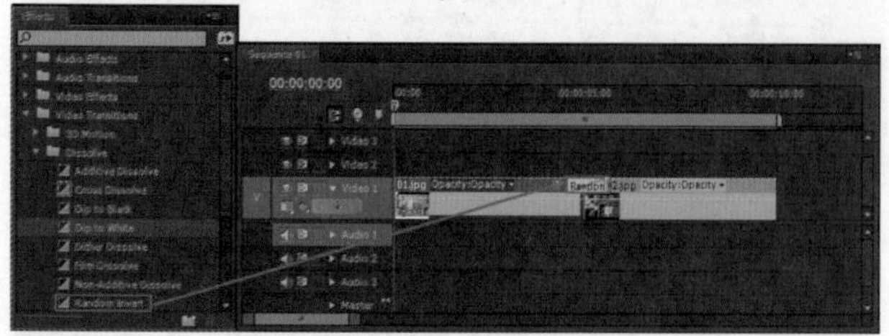

图6—128

技巧提示

在【Effect Controls（效果控制）】面板中，单击【Custom（自定义）】按钮，在弹出的对话框中可以设置随机块的【Wide（宽）】、【High（高）】、【Invert Source（反相源）】和【Invert Destination（反相目标）】，如图6-129所示。

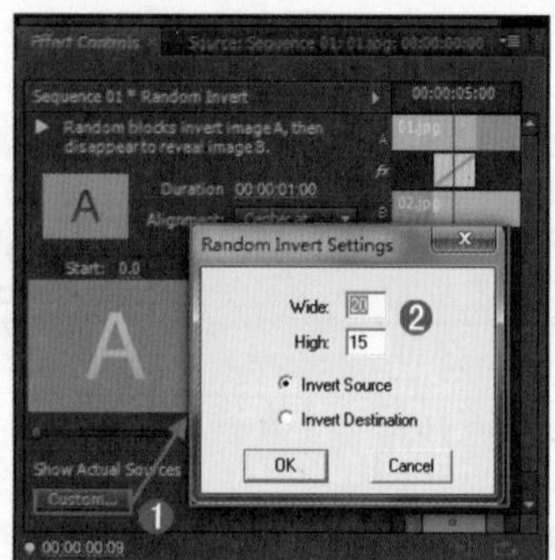

图6—129

06 此时拖动时间线滑块查看最终效果，如图6-130所示。

图6—130

答疑解惑：随机反相转场效果的反色方块的颜色只能根据素材颜色而变化吗？

随机反相转场效果的反色方块是根据素材的颜色来进行反相的，是根据素材颜色的变化而变化，所以颜色不可控制。但是单独一个素材文件应用随机反相时，因为背景颜色为黑色，所以反色方块的颜色为白色。

6.5 Iris（划像）类视频转场

Iris（划像）将一个视频素材逐渐淡入另一个视频素材中。其中包括Iris Box （盒形划像）、Iris Cross（交叉划像）、Iris Diamond（菱形划像）、Iris Points（点划像）、Iris Round（圆形划像）、Iris Shapes（形状划像）和Iris Star（星形划像）7个特效，如图6-131所示。

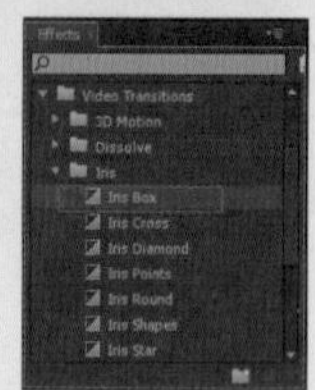

图6—131

6.5.1 Iris Box （盒形划像）

技术速查：该切换效果是素材B逐渐显示在一个慢慢变大的矩形中。

选择【Effects（效果）】窗口中的【Video Transitions（视频转换）】/【Iris（划像）】/【Iris Box（盒形划像）】命令，如图6-132所示。其参数面板如图6-133所示。

● ：该点为过渡转场的中心点，可对中心点进行移动设置。效果如图6-134所示。

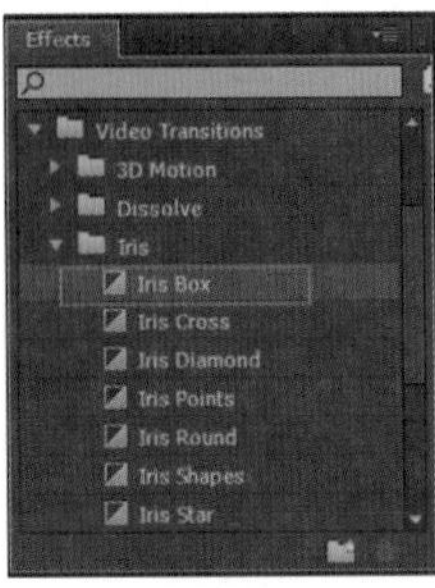

图6—132

图6—133

图6—134

6.5.2 Iris Cross （交叉划像）

技术速查：该切换效果是素材B逐渐出现在一个十字行中，该十字越来越大，最后占据整个画面。

选择【Effects（效果）】窗口中的【Video Transitions（视频转换）】/【Iris（划像）】/【Iris Cross（交叉划像）】命令，如图6-135所示。其参数面板如图6-136所示。

- ：该点为过渡转场的中心点，可对中心点进行移动设置。效果如图6-137所示。

图6—135

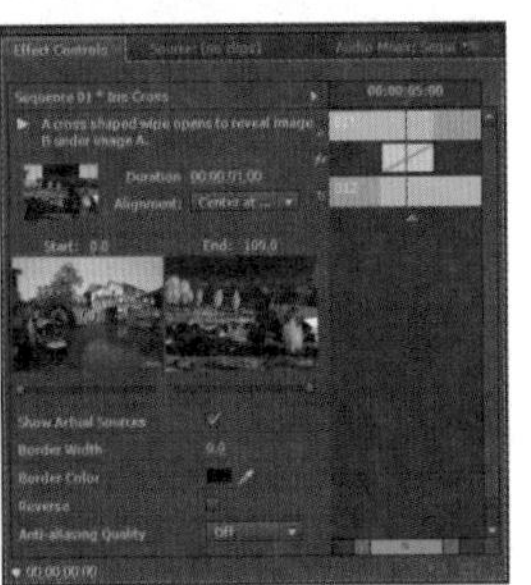

图6—136

图6—137

6.5.3 Iris Diamond（菱形划像）

技术速查：该切换效果中素材B逐渐出现在一个菱形中，该菱形逐渐占据整个画面。

选择【Effects（效果）】窗口中的【Video Transitions（视频转换）】/【Iris（划像）】/【Iris Diamond（菱形划像）】命令，如图6-138所示。其参数面板如图6-139所示。

- ：该点为过渡转场的中心点，可对中心点进行移动设置。效果如图6-140所示。

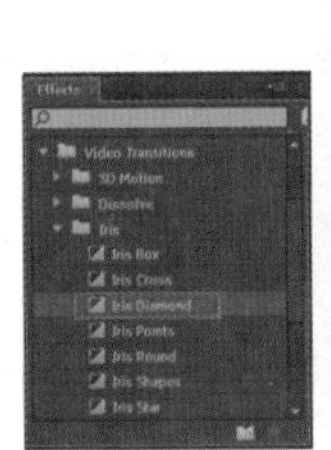

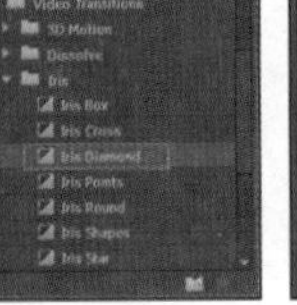

图6—138

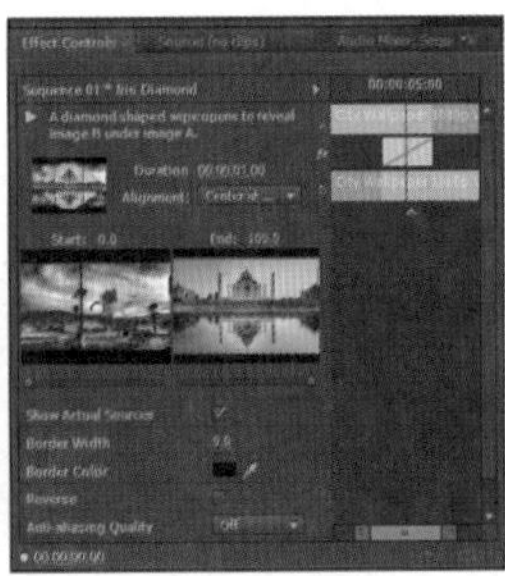

图6—139

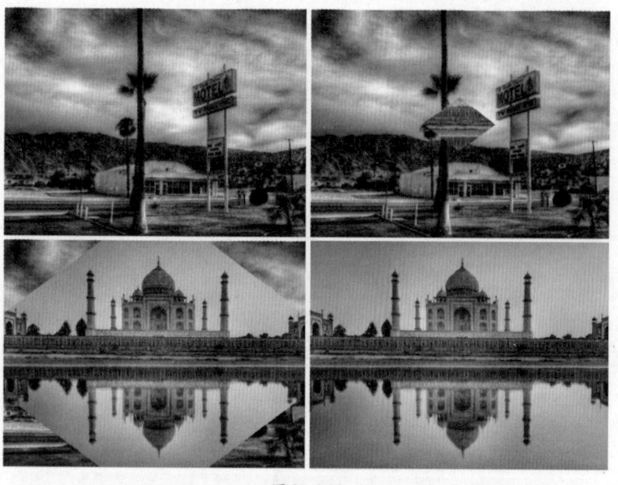

图6—140

读书笔记

6.5.4 Iris Points（点划像）

技术速查：该切换效果中素材B出现在一个大型十字的外边缘中，素材A在十字中，随着十字越变越小，素材B将逐渐占据整个屏幕。

选择【Effects（效果）】窗口中的【Video Transitions（视频转换）】/【Iris（划像）】/【Iris Points（点划像）】命令，如图6-141所示。其参数面板如图6-142所示。

添加Iris Points（点划像）转场的效果如图6-143所示。

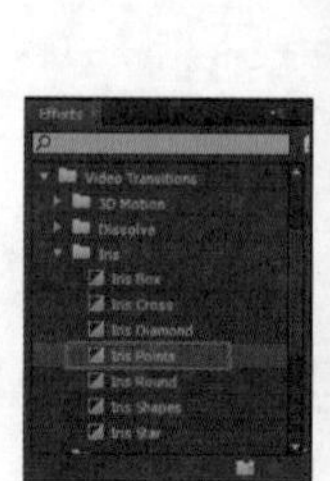

图6—141　　图6—142

图6—143

6.5.5 Iris Round（圆形划像）

技术速查：该切换效果中素材B逐渐出现在慢慢变大的圆形中，该圆形将占据整个画面。

选择【Effects（效果）】窗口中的【Video Transitions（视频转换）】/【Iris（划像）】/【Iris Round（圆形划像）】命令，如图6-144所示。其参数面板如图6-145所示。

- ：该点为过渡转场的中心点，可对中心点进行移动设置。效果如图6-146所示。

★ 案例实战——圆形划像

案例文件	案例文件\第6章\圆形划像.prproj
视频教学	视频文件\第6章\圆形划像.flv
难易指数	★★★★★
技术要点	Iris Round（圆形划像）转场效果的应用

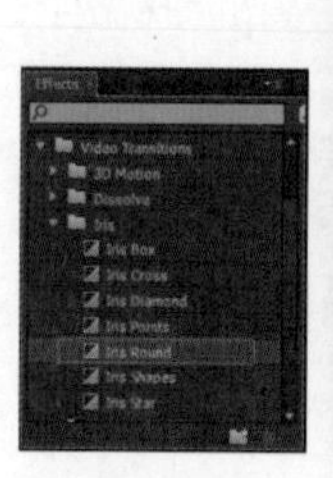

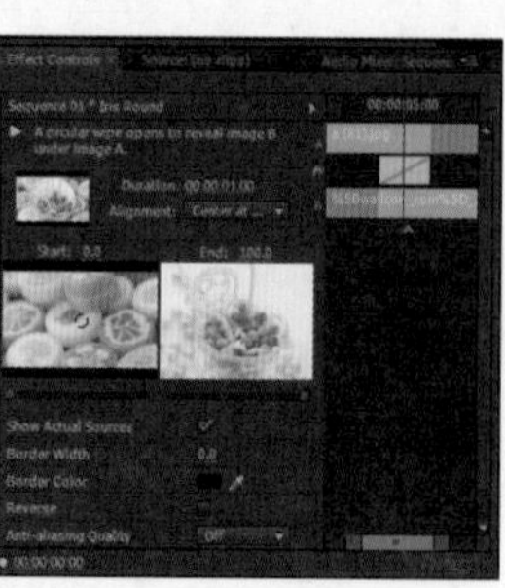

图6—144　　图6—145

图6—146

案例效果

Iris Round（圆形划像）转场效果，主要是一个圆形图案从中间由小变大直至显示出下一个素材。本案例主要是针对“应用Iris Round（圆形划像）转场效果”的方法进行练习，如图6-147所示。

图6—147

操作步骤

01 单击【New Project（新建项目）】选项，并单击【Browse（浏览）】按钮设置保存路径，在【Name（名称）】文本框中设置文件名称。接着在弹出的对话框中选择【DV-PAL】/【Standard 48kHz】选项，如图6-148所示。

02 选择菜单栏中的【File（文件）】/【Import（导入）】命令或者按快捷键【Ctrl+I】，将所需素材文件导入，如图6-149所示。

03 将项目窗口的素材文件拖曳到窗口中的Video1轨道上，如图6-150所示。

04 分别选择Video1轨道上的素材文件，然后分别设置【Scale（缩放）】为62，如图6-151所示。此时效果如图6-152所示。

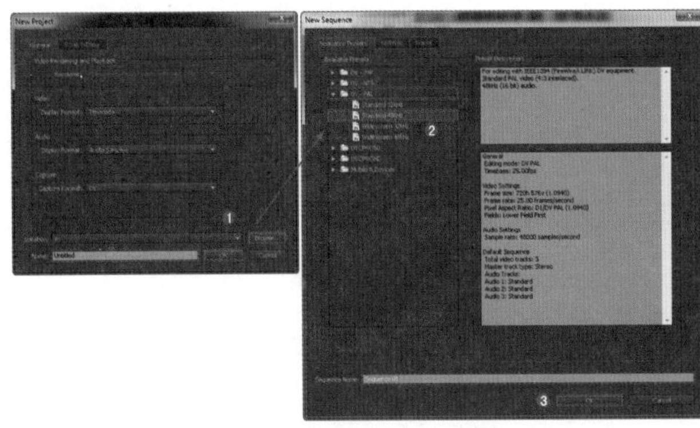

图6—148

图6—149

图6—150

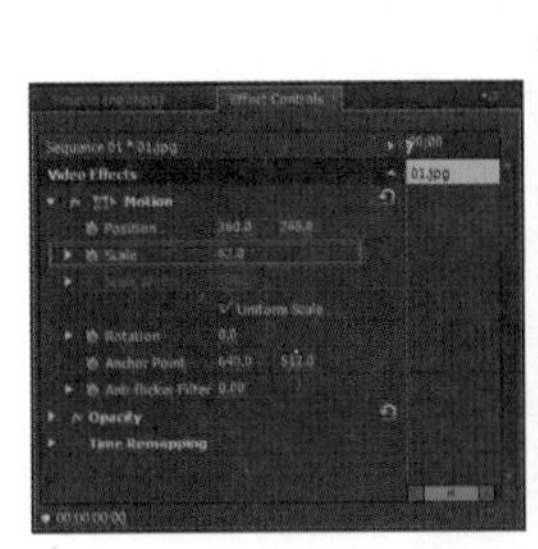

图6—151

图6—152

05 在【Effects（效果）】窗口中搜索【Iris Round（圆形划像）】效果，然后拖曳到【01.jpg】和【02.jpg】两个素材文件中间，如图6-153所示。

图6-153

技巧提示

在【Effect Controls（效果控制）】面板中，【Border Width（边宽）】用来控制划像边缘宽度，【Border Color（边色）】用来控制边宽的颜色。还可以移动中心点来控制圆形划像的中心位置，如图6-154和图6-155所示。

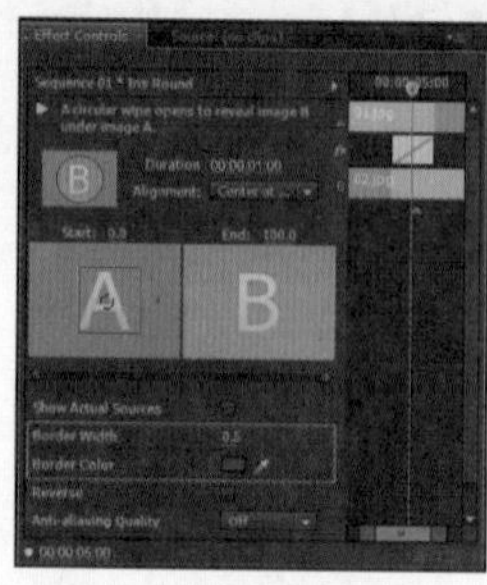
图6-154

图6-155

06 此时拖动时间线滑块查看最终效果，如图6-156所示。

图6-156

答疑解惑：划像效果系列包含多少种转场效果？

划像转场效果系列共有7种转场效果，都是一些规则的简易图形来进行转场的视觉效果。包括盒形划像、交叉划像、菱形划像、点划像、形状划像和星形划像。

6.5.6 Iris Shapes（形状划像）

技术速查：该切换效果中素材B逐渐出现在菱形、椭圆形和矩形中，这些形状会逐渐占据整个画面。

选择【Effects（效果）】窗口中的【Video Transitions（视频转换）】/【Iris（划像）】/【Iris Shapes（形状划像）】命令，如图6-157所示。其参数面板如图6-158所示。

Custom（自定义）：单击该按钮，弹出如图6-159所示的对话框。

- Number of shapes（形状数量）：通过宽高设置图案的数量。
- Shape Type（形状类型）：可更改形状有矩形、椭圆形和菱形3种，如图6-159所示。

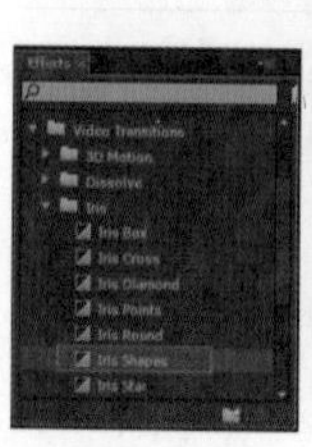
图6-157

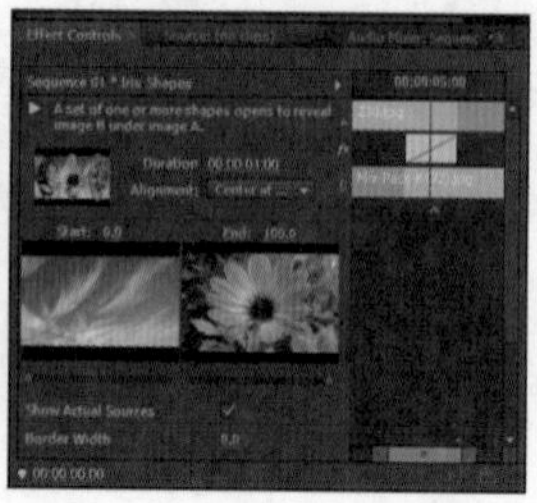

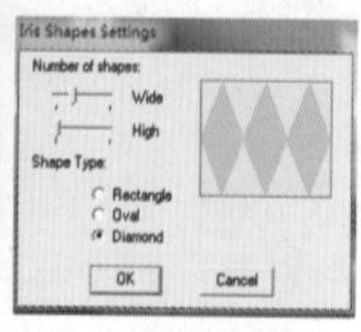
图6-158

图6-159

添加Iris Shapes（形状划像）转场的效果如图6-160所示。

图6-160

6.5.7 Iris Star（星形划像）

技术速查：该切换效果中素材B出现在慢慢变大的星形中，此星形将逐渐占据整个画面。

选择【Effects（效果）】窗口中的【Video Transitions（视频转换）】/【Iris（划像）】/【Iris Star（星形划像）】命令，如图6-161所示。其参数面板如图6-162所示。

- ：该点为过渡转场的中心点，可对中心点进行移动设置。效果如图6-163所示。

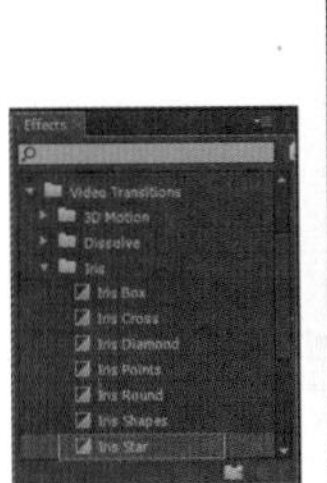

图6—161

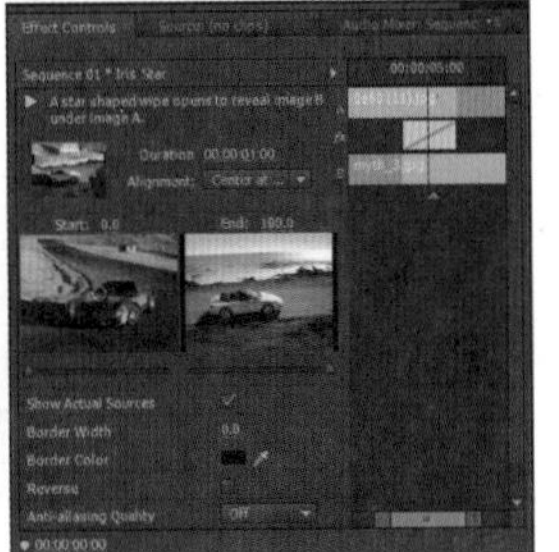

图6—162

图6—163

6.6 Map（映射）类视频转场

Map（映射），将一个画面中的某个因素映射为另一个画面中的某个因素，这是从画面内容本身进行过渡。其中包括Channel Map（通道映射）和Luminance Map（亮度映射）两个特效，如图6-164所示。

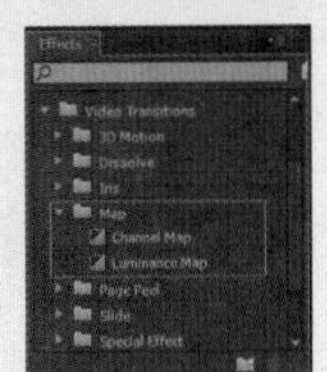

图6—164

6.6.1 Channel Map（通道映射）

技术速查：该切换效果用于产生素材A与素材B以通道的形式合并或映射到输出的效果。

选择【Effects（效果）】窗口中的【Video Transitions（视频转换）】/【Map（映射）】/【Channel Map（通道映射）】命令，如图6-165所示。其参数面板如图6-166所示。

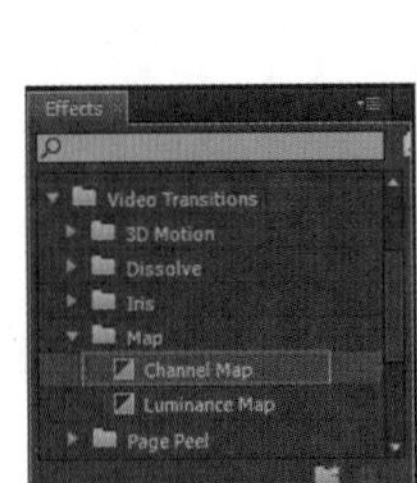

图6—165

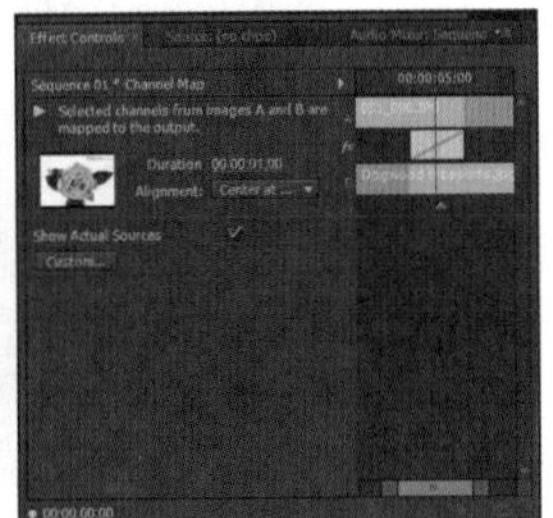

图6—166

Custom（自定义）：单击该按钮，弹出如图6-167所示的对话框。

- Map To Destination Alpha（映射到Alpha通道）：指定某个颜色通道映射到Alpha通道。
- Map To Destination Red（映射到红色通道）：指定某个颜色通道映射到红色通道。
- Map To Destination Green（映射到绿色通道）：指定某个颜色通道映射到绿色通道。
- Map To Destination Blue（映射到蓝色通道）：指定某个颜色通道映射到蓝色通道。

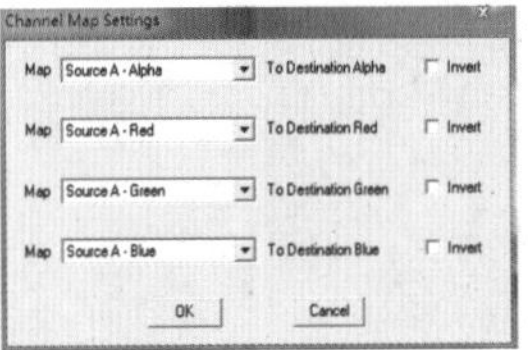

图6—167

如图6-168所示为选中Map To Destination Green（映射到绿色通道）选项后的复选框后的效果。

图6-168

6.6.2 Luminance Map（亮度映射）

技术速查：该切换效果是将素材A的亮度映射到素材B，产生融合效果。

选择【Effects（效果）】窗口中的【Video Transitions（视频转换）】/【Map（映射）】/【Luminance Map（亮度映射）】命令，如图6-169所示。其参数面板如图6-170所示。

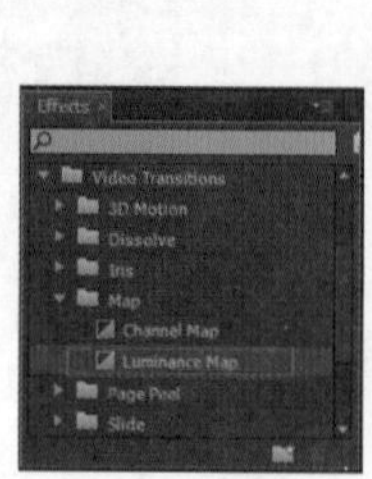

图6-169

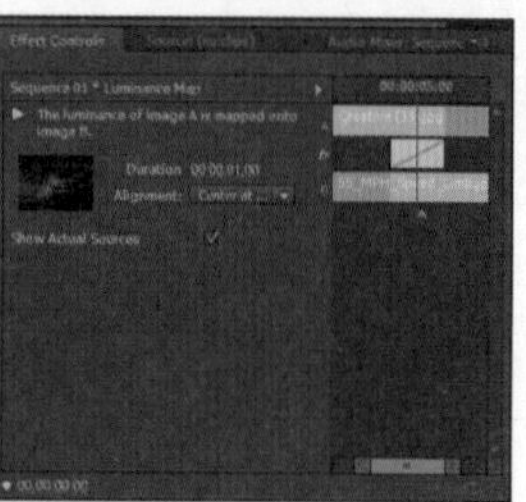

图6-170

添加Luminance Map（亮度映射）转场的效果如图6-171所示。

图6-171

★ 案例实战——亮度映射

案例文件	案例文件\第6章\亮度映射.prproj
视频教学	视频文件\第6章\亮度映射.flv
难易指数	★★★★★
技术要点	Luminance Map（亮度映射）转场效果的应用

案例效果

Luminance Map（亮度映射）转场效果，主要是将第二个素材的色调逐渐代替第一个素材。本案例主要是针对“应用Luminance Map（亮度映射）转场效果”的方法进行练习，如图6-172所示。

图6-172

操作步骤

01 单击【New Project（新建项目）】选项，并单击【Browse（浏览）】按钮设置保存路径，在【Name（名称）】文本框中设置文件名称。接着在弹出的对话框中选择

【DV-PAL】/【Standard 48kHz】选项，如图6-173所示。

02 选择菜单栏中的【File（文件）】/【Import（导入）】命令或者按快捷键【Ctrl+I】，将所需素材文件导入，如图6-174所示。

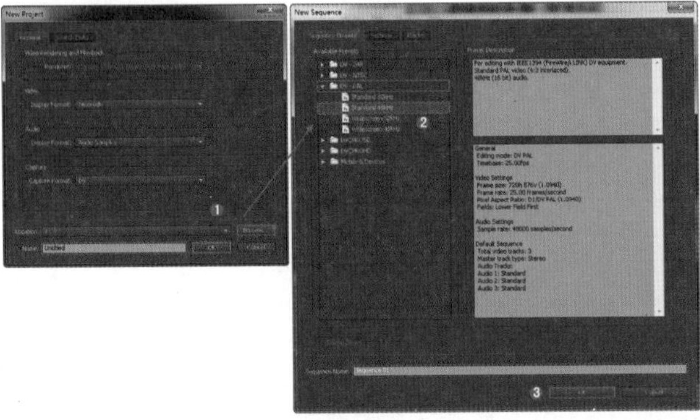

图6-173

图6-174

03 将项目窗口的素材文件拖曳到窗口中的Video1轨道上，如图6-175所示。

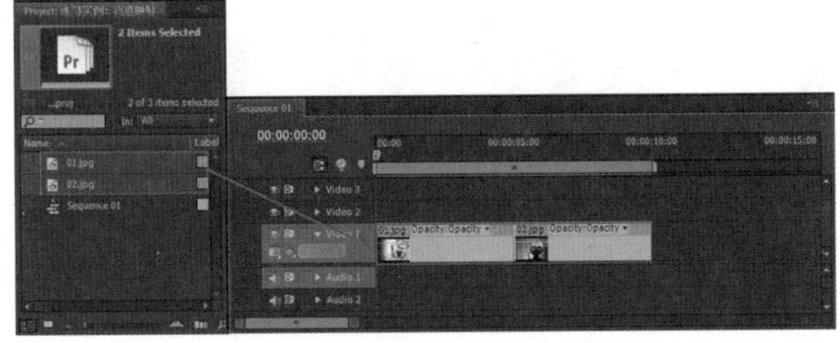

图6-175

04 分别在【Effect Controls（效果控制）】面板中设置【01.jpg】的【Scale（缩放）】为48，【02.jpg】的【Scale（缩放）】为60，如图6-176所示。

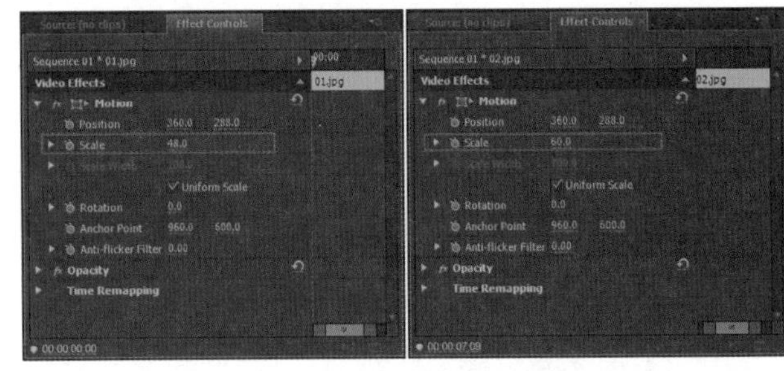

图6-176

05 在【Effects（效果）】窗口中搜索【Luminance Map（亮度映射）】效果，然后拖曳到【01.jpg】和【02.jpg】两个素材文件中间，如图6-177所示。

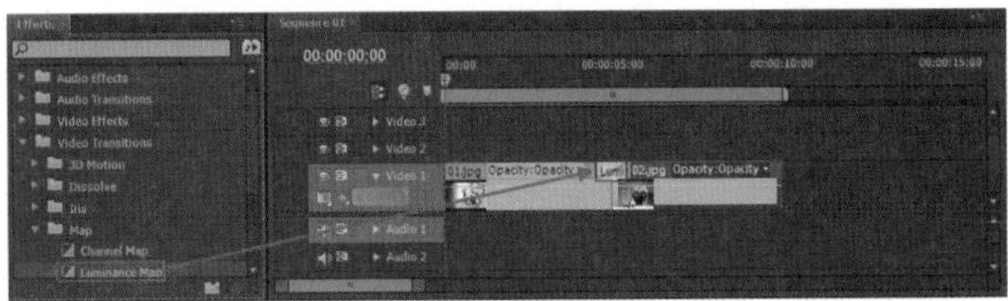

图6-177

06 此时拖动时间线滑块查看最终效果，如图6-178所示。

图6-178

答疑解惑：亮度映射的映射效果取决于什么？

亮度映射是将第一个素材的亮度值映射到另一个素材图像上，所以第一个素材的亮度数值决定了亮度映射转场效果的映射效果。

6.7 Page Peel（卷页）类视频转场

Page Peel（卷页）转场效果模仿翻转显示下一页的书页。其中包括Center Peel（中心卷页）、Page Peel（卷页）、Page Turn（翻转卷页）、Peel Back（背面卷页）和Roll Away（滚动翻页）5个特效，如图6-179所示。

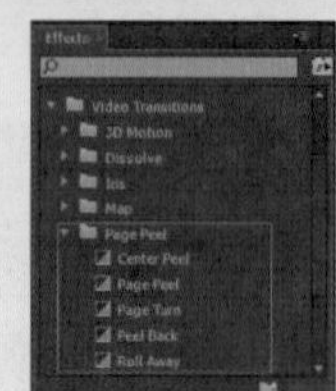

图6—179

6.7.1 Center Peel（中心卷页）

技术速查：该切换效果会使素材A在中心分为4块分别向四角卷起，露出素材B。

选择【Effects（效果）】窗口中的【Video Transitions（视频转换）】/【Page Peel（卷页）】/【Center Peel（中心卷页）】命令，如图6-180所示。其参数面板如图6-181所示。

添加Center Peel（中心卷页）转场的效果如图6-182所示。

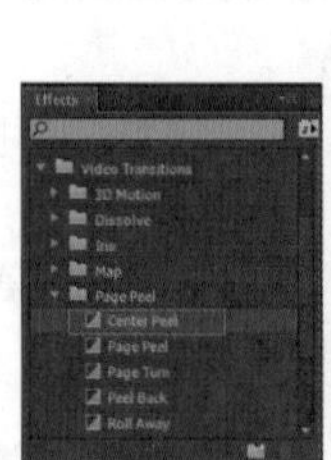

图6—180

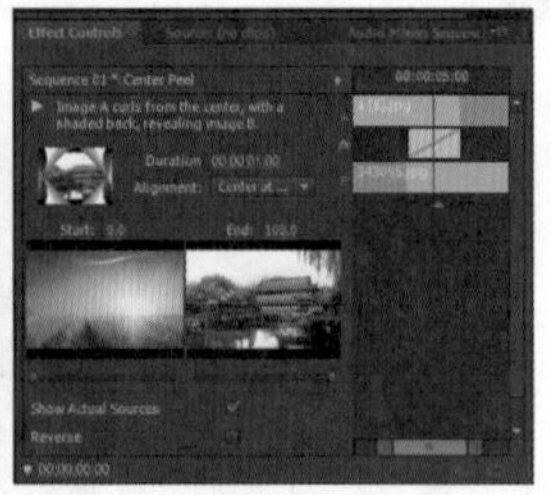

图6—181

图6—182

6.7.2 Page Peel（卷页）

技术速查：该切换效果会使素材A像纸一样被翻面卷起，露出素材B。

选择【Effects（效果）】窗口中的【Video Transitions（视频转换）】/【Page Peel（卷页）】/【Page Peel（卷页）】命令，如图6-183所示。其参数面板如图6-184所示。

添加Page Peel（卷页）转场的效果如图6-185所示。

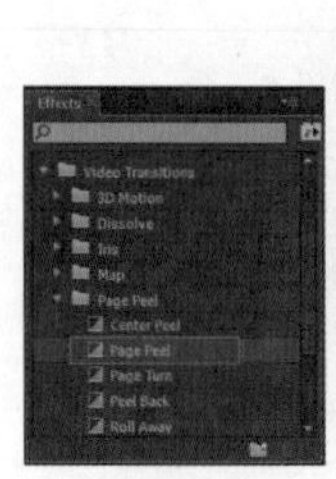

图6—183

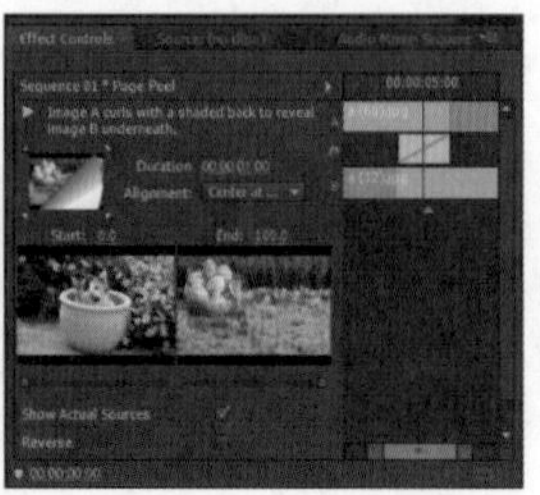

图6—184

图6—185

6.7.3 Page Turn（翻转卷页）

技术速查：该切换效果可使素材A画面沿某一角翻转页面至消失，逐渐显现出素材B。

选择【Effects（效果）】窗口中的【Video Transitions（视频转换）】/【Page Peel（卷页）】【Page Turn（翻转卷页）】命令，如图6-186所示。其参数面板如图6-187所示。

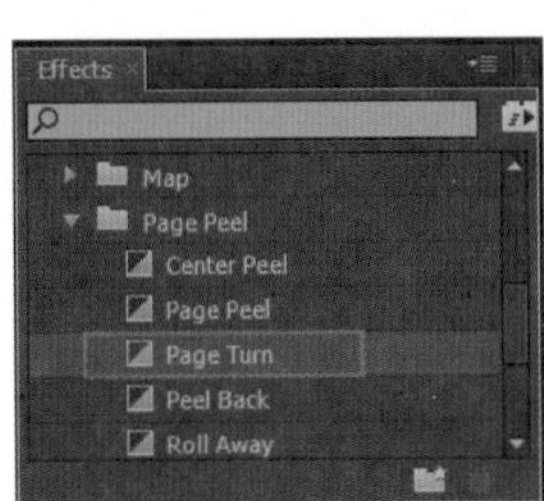

图6—186

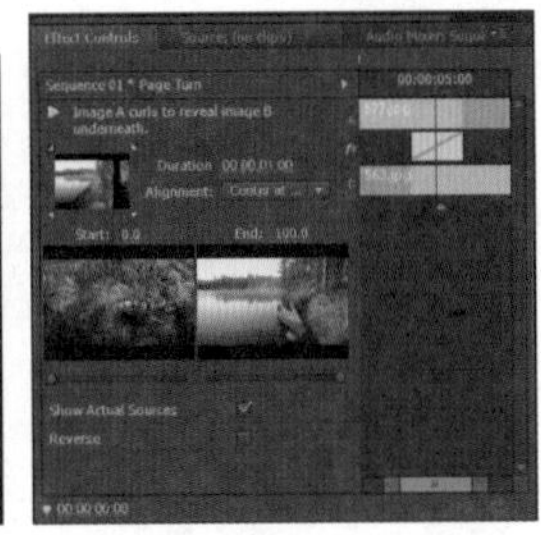

图6—187

添加Page Turn（翻转卷页）转场的效果如图6-188所示。

图6—188

★ 案例实战——翻转卷页

案例文件	案例文件\第6章\翻转卷页.prproj
视频教学	视频文件\第6章\翻转卷页.flv
难易指数	★★★★★
技术要点	Page Turn（翻转卷页）转场效果的应用

案例效果

Page Turn（翻转卷页）转场效果，主要是将素材以翻页的方式从一角翻起出画，直至显示出下一个素材。本案例主要是针对"应用Page Turn（翻转卷页）转场效果"的方法进行练习，如图6-189所示。

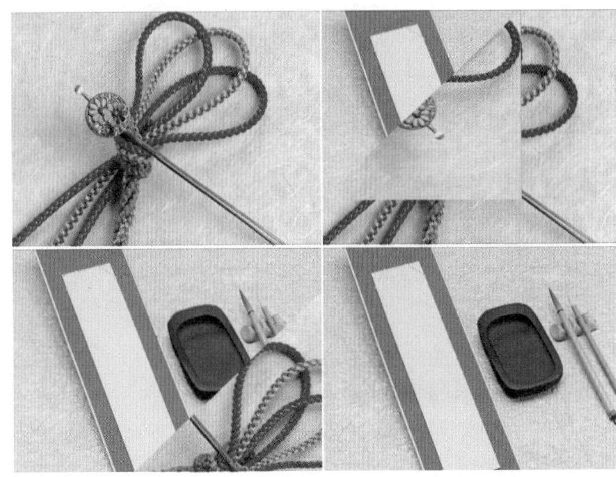

图6—189

操作步骤

01 单击【New Project（新建项目）】选项，并单击【Browse（浏览）】按钮设置保存路径，在【Name（名称）】文本框中设置文件名称。接着在弹出的对话框中选择【DV-PAL】/【Standard 48kHz】选项，如图6-190所示。

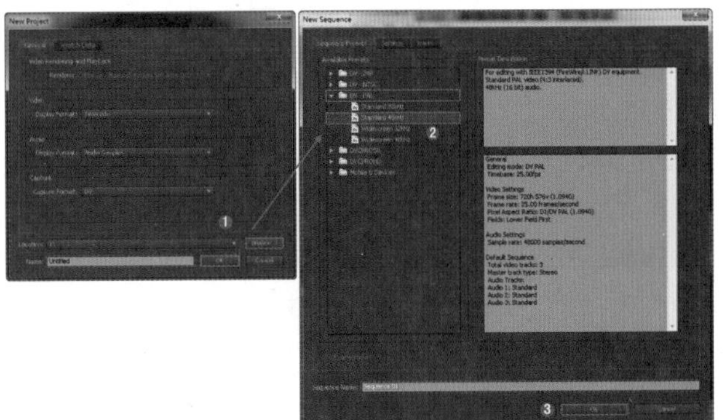

图6—190

02 选择菜单栏中的【File（文件）】/【Import（导入）】命令或者按快捷键【Ctrl+I】，将所需素材文件导入，如图6-191所示。

图6—191

03 将项目窗口的素材文件拖曳到窗口中的Video1轨道上，如图6-192所示。

04 分别选择Video1轨道上的素材文件，然后分别设置【Scale（缩放）】为50，如图6-193所示。此时效果如图6-194所示。

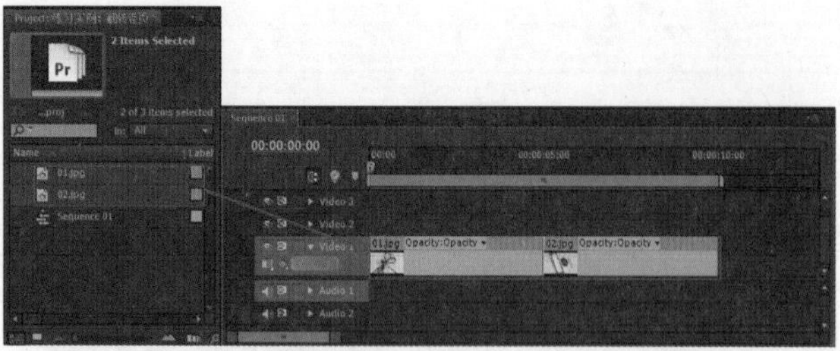

图6—192

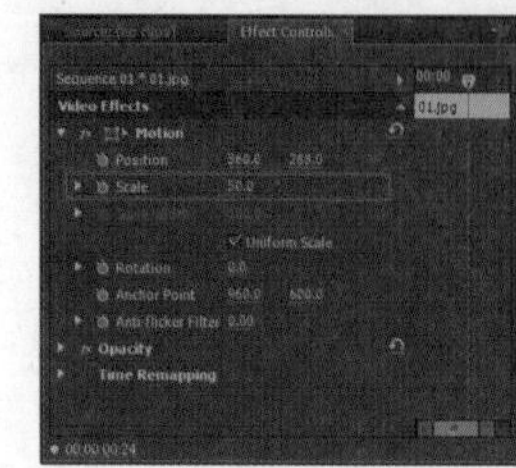

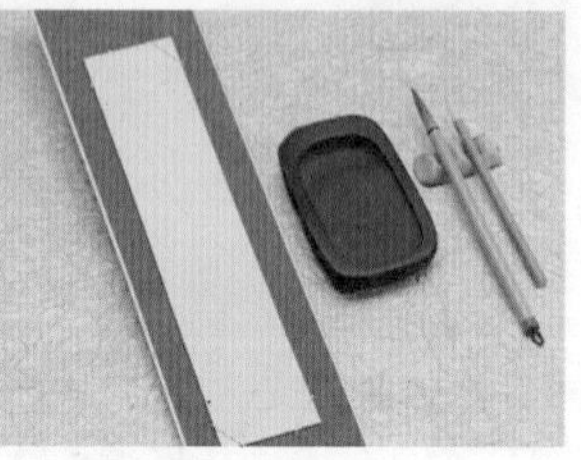

图6—193　　图6—194

05 在【Effects（效果）】窗口中搜索【Page Turn（翻转卷页）】效果，然后拖曳到【01.jpg】和【02.jpg】两个素材文件中间，如图6-195所示。

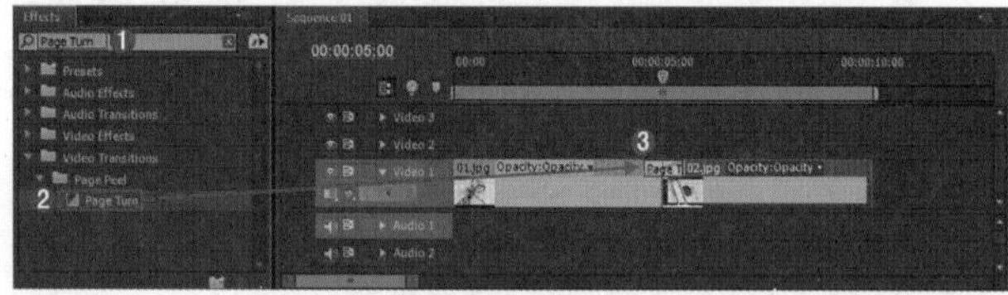

图6—195

06 此时拖动时间线滑块查看最终效果，如图6-196所示。

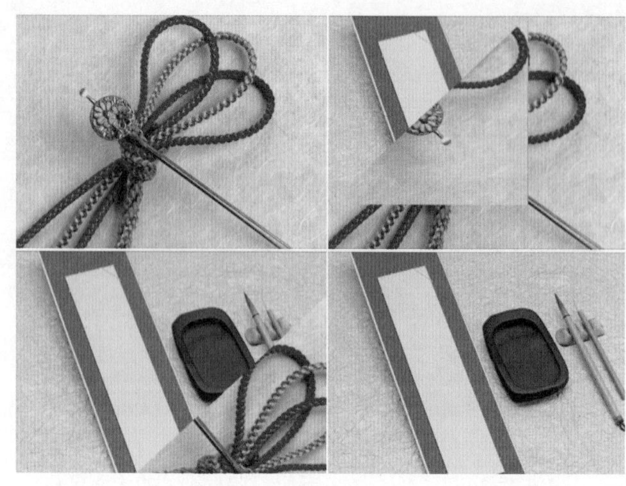

图6—196

答疑解惑：卷页转场效果常应用于哪些素材上面？

卷页转场效果系列常常应用于照片海报和文件纸张类素材上面，可以制作出纸张、卷轴翻转或剥落的视觉效果。

6.7.4 Peel Back（背面卷页）

技术速查：该切换效果会使素材A产生由中心点向四周分别被卷起的效果，并逐渐显示出素材B。

选择【Effects（效果）】窗口中的【Video Transitions（视频转换）】/【Page Peel（卷页）】/【Peel Back（背面卷页）】命令，如图6-197所示。其参数面板如图6-198所示。

添加Peel Back（背面卷页）转场的效果如图6-199所示。

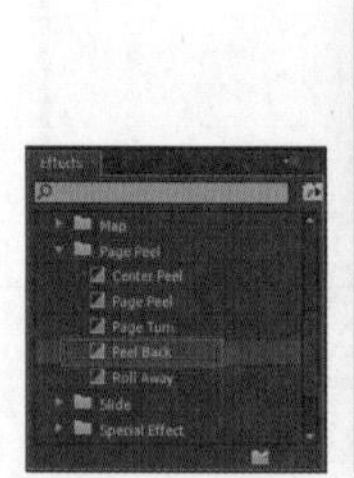

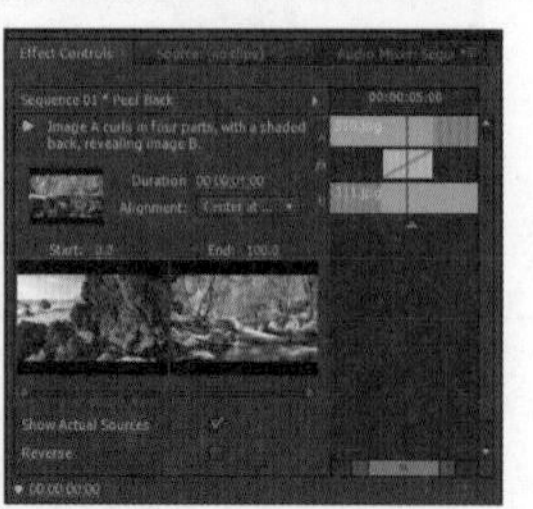

图6—197　　图6—198

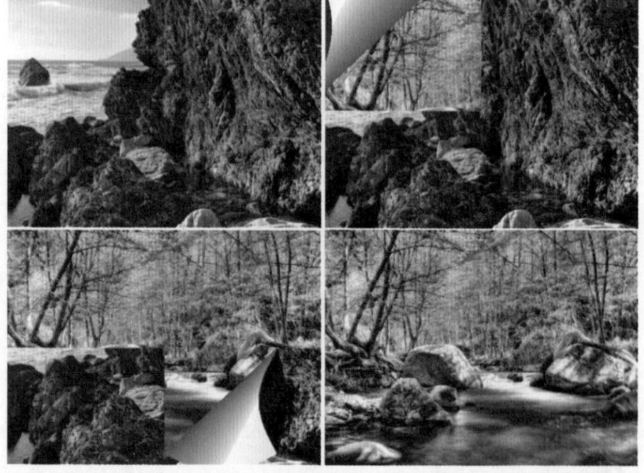

图6—199

6.7.5 Roll Away（滚动翻页）

技术速查：该切换效果会使素材A产生卷轴卷起效果，并逐渐显示出素材B。

选择【Effects（效果）】窗口中的【Video Transitions（视频转换）】/【Page Peel（卷页）】/【Roll Away（滚动翻页）】命令，如图6-200所示。其参数面板如图6-201所示。

添加Roll Away（滚动翻页）转场的效果如图6-202所示。

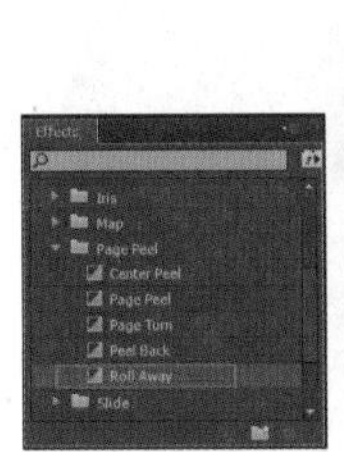

图6-200

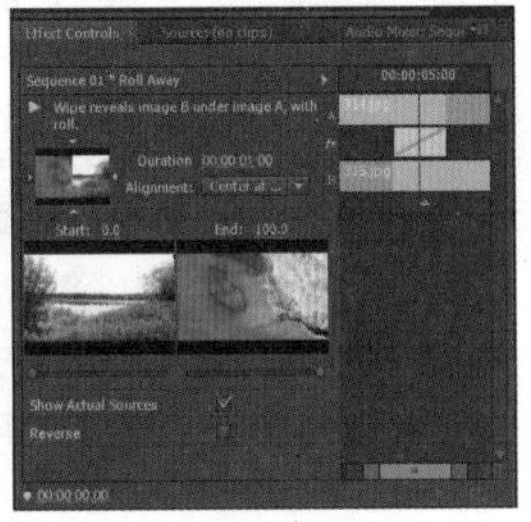

图6-201

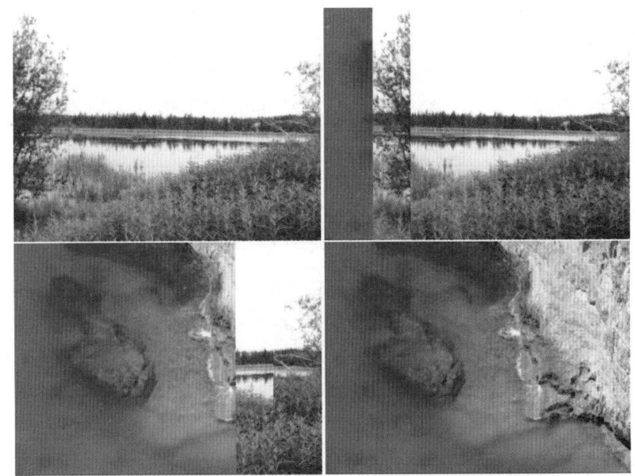

图6-202

6.8 Slide（滑动）类视频转场

Slide（滑动）是表现转场的最简单形式。将一个画面移开即可显示另一个画面。其中包括Band Slide（带状滑动）、Center Merge（中心合并）、Center Split（中心分割）、Multi-Spin（多重旋转）、Push（推动）、Slash Slide（斜线滑动）、Slide（滑动）、Sliding Bands（滑动条带）、Sliding Boxes（滑动盒）、Split（分割）、Swap（交换）和Swirl（漩涡）12个特效，如图6-203所示。

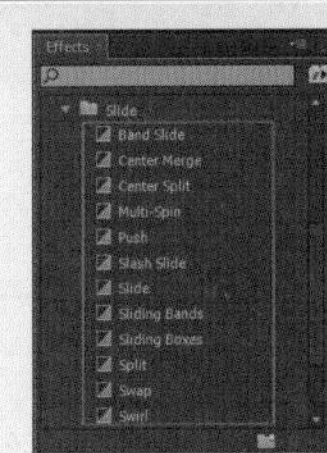

图6-203

6.8.1 Band Slide（带状滑动）

技术速查：该切换效果会使素材B以条状进入，并逐渐覆盖素材A。

选择【Effects（效果）】窗口中的【Video Transitions（视频转换）】/【Slide（滑动）】/【Band Slide（带状滑动）】命令，如图6-204所示。其参数面板如图6-205所示。

Custom（自定义）：单击该按钮，弹出如图6-206所示的对话框。

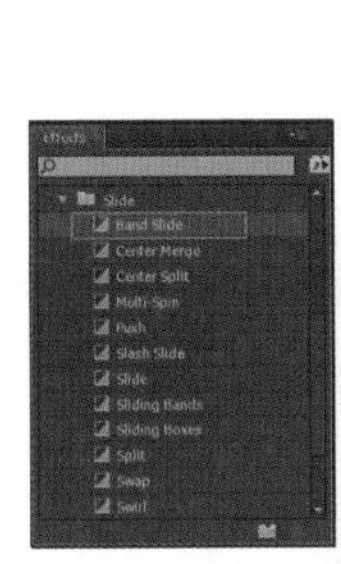

图6-204

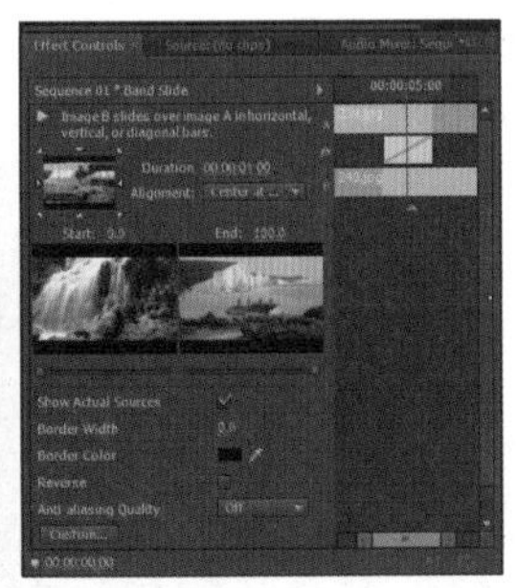

图6-205

图6-206

- Number of bands（带状数量）：可设置带状的条数。

添加Band Slide（带状滑动）转场的效果如图6-207所示。

图6-207

★ 案例实战——带状滑动

案例文件	案例文件\第6章\带状滑动.prproj
视频教学	视频文件\第6章\带状滑动.flv
难易指数	★★★★★
技术要点	Band Slide（带状滑动）转场效果的应用

案例效果

Band Slide（带状滑动）转场效果，主要是以隔行的方式分成若干带状。然后从两边的方向向中间滑动组合，直至显现下一个素材。本案例主要是针对“应用Page Turn（翻转卷页）转场效果”的方法进行练习，如图6-208所示。

图6-208

操作步骤

01 单击【New Project（新建项目）】选项，并单击【Browse（浏览）】按钮设置保存路径，在【Name（名称）】文本框中设置文件名称。接着在弹出的对话框中选择【DV-PAL】/【Standard 48kHz】选项，如图6-209所示。

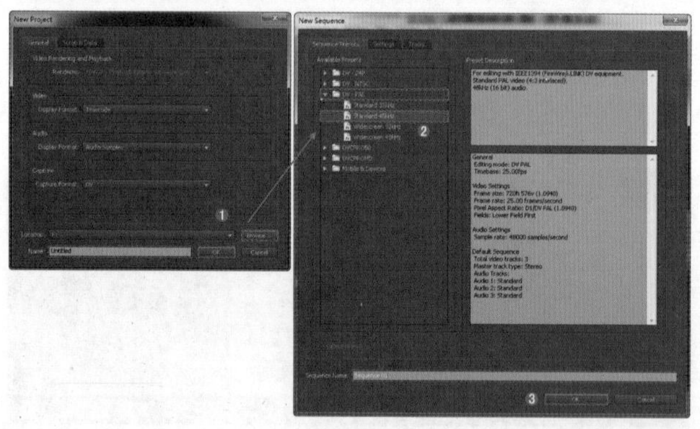

图6-209

02 选择菜单栏中的【File（文件）】/【Import（导入）】命令或者按快捷键【Ctrl+I】，将所需素材文件导入，如图6-210所示。

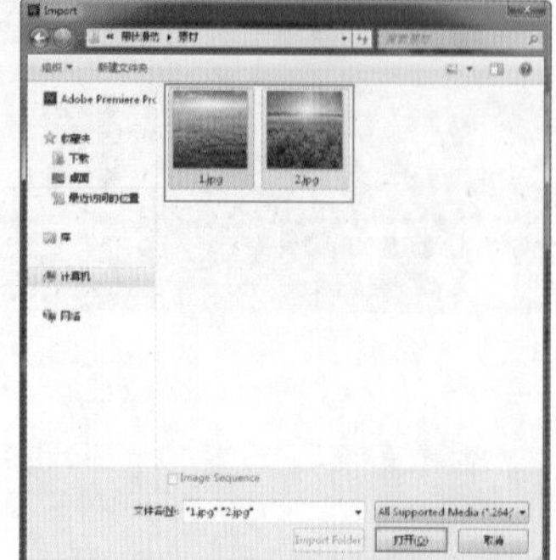

图6-210

03 将项目窗口的素材文件拖摇曳到窗口中的Video1轨道上，如图6-211所示。

图6-211

04 分别选择Video1轨道上的素材文件，然后分别设置【Position（位置）】为（360，379），【Scale（缩放）】为50，如图6-212所示。此时效果如图6-213所示。

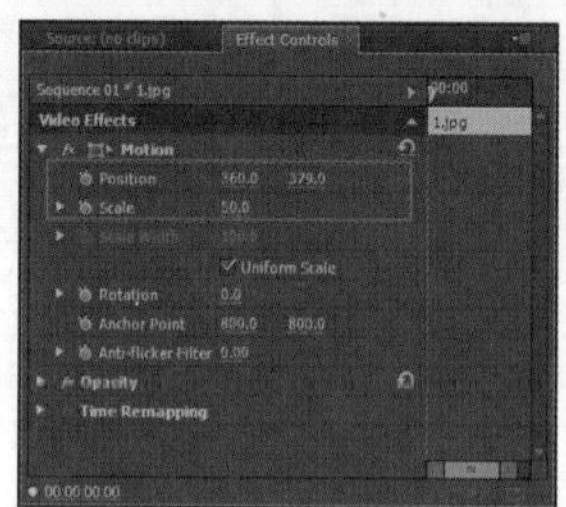

图6-212

图6-213

05 在【Effects（效果）】窗口中搜索【Band Slide（带状滑动）】效果，然后拖曳到【01.jpg】和【02.jpg】两个素材文件中间，如图6-214所示。

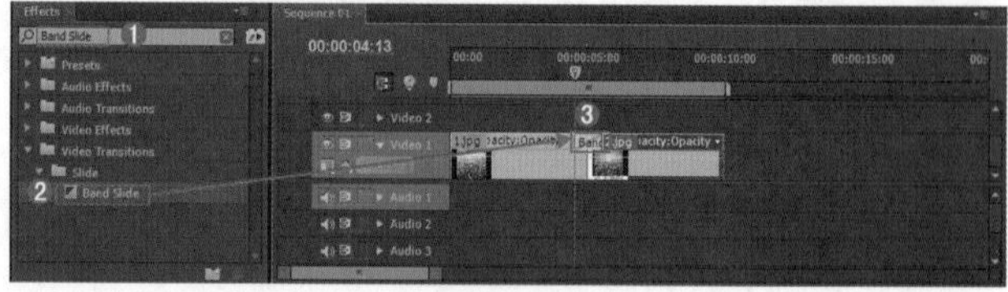

图6-214

技巧提示

在【Effect Controls（效果控制）】面板中，可以调节带状条的边宽和变色。单击【Custom（自定义）】按钮，在弹出的对话框中可以调节带状条的数量，如图6-215和图6-216所示。

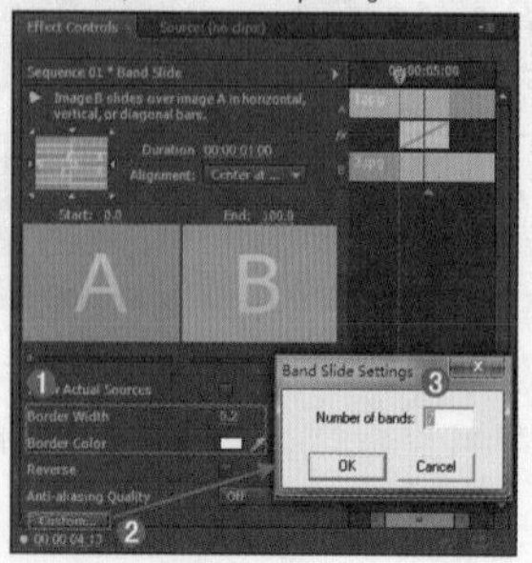

图6-215

图6-216

06 此时拖动时间线滑块查看最终效果，如图6-217所示。

图6-217

答疑解惑：带状滑动转场效果的应用有哪些？

带状滑动转场效果通过条状或块状的图形在素材上滑动覆盖，实现特殊的视觉效果。素材种类多种多样，带状滑动转场效果可以将素材进行分割对比，广泛应用于广告、杂志和一些视频制作中。

6.8.2 Center Merge（中心合并）

技术速查：该切换效果会使素材A分裂成4块由中心分开，并逐渐覆盖素材B。

选择【Effects（效果）】窗口中的【Video Transitions（视频转换）】/【Slide（滑动）】/【Center Merge（中心合并）】命令，如图6-218所示。其参数面板如图6-219所示。

添加Center Merge（中心合并）转场的效果如图6-220所示。

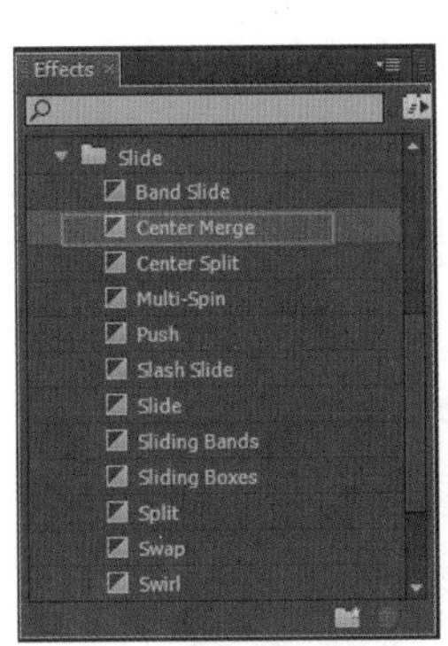

图6-218

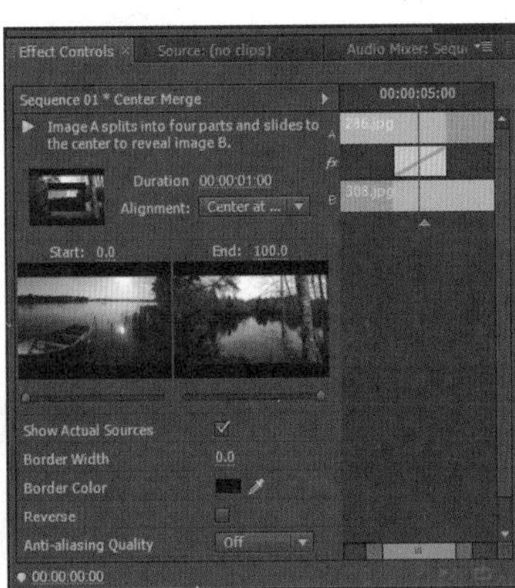

图6-219

图6-220

6.8.3 Center Split（中心分割）

技术速查：该切换效果会使素材A从中心分裂为4块，向四角滑出。

选择【Effects（效果）】窗口中的【Video Transitions（视频转换）】/【Slide（滑动）】/【Center Split（中心分割）】命令，如图6-221所示。其参数面板如图6-222所示。

添加Center Split（中心分割）转场的效果如图6-223所示。

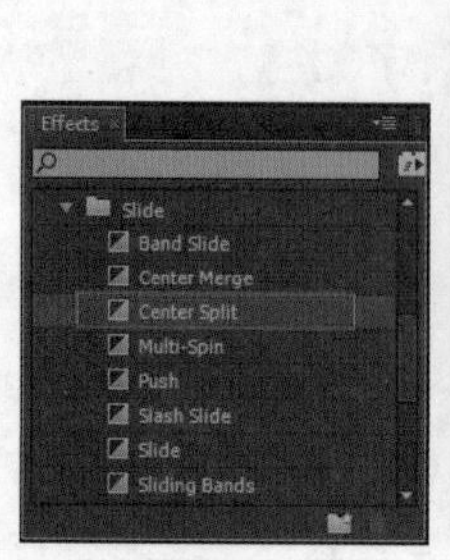

图6-221

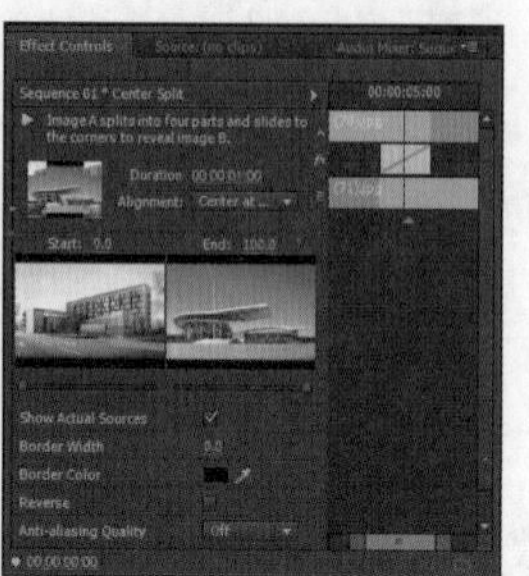
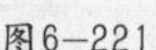

图6-222

图6-223

6.8.4 Multi-Spin（多重旋转）

技术速查：该切换效果会使素材A以多个方块的方式旋转至消失，并逐渐显现出素材B。

选择【Effects（效果）】窗口中的【Video Transitions（视频转换）】/【Slide（滑动）】/【Multi-Spin（多重旋转）】命令，如图6-224所示。其参数面板如图6-225所示。

Custom（自定义）：单击该按钮，弹出如图6-226所示的对话框。

- Horizontal（水平）：可调节水平方向的方格数。

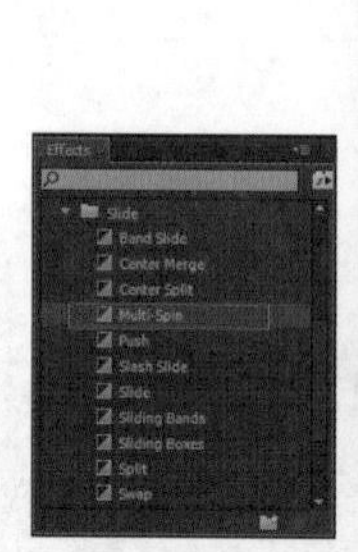

图6-224

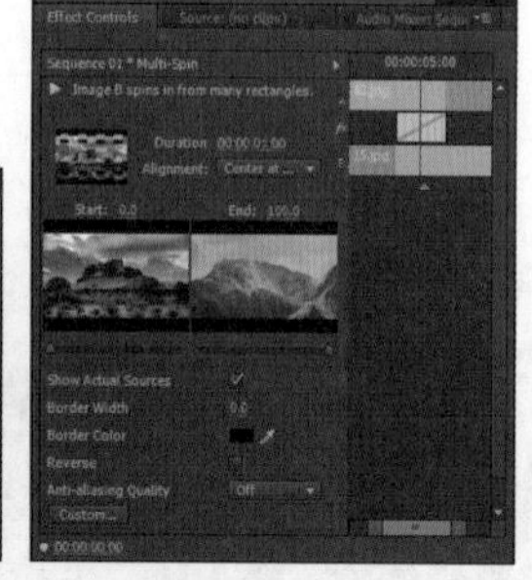
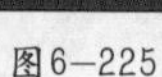

图6-225

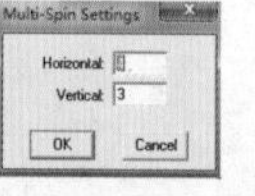

图6-226

- Vertical（垂直）：可调节垂直方向的方格数。

添加Multi-Spin（多重旋转）转场的效果如图6-227所示。

图6-227

6.8.5 Push（推动）

技术速查：该切换效果会使素材B将素材A推出屏幕。

选择【Effects（效果）】窗口中的【Video Transitions（视频转换）】/【Slide（滑动）】/【Push（推动）】命令，如图6-228所示。其参数面板如图6-229所示。

添加Push（推动）转场的效果如图6-230所示。

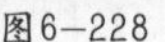

图6-228

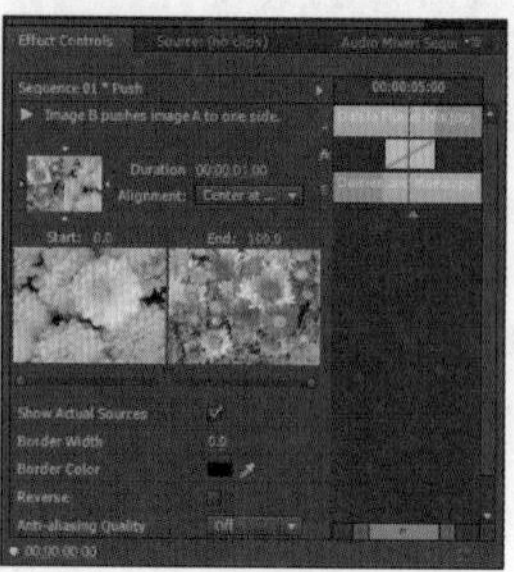

图6-229

图6–230

读书笔记

6.8.6 Slash Slide（斜线滑动）

技术速查：该切换效果会使素材B呈自由线条状滑入素材A。

选择【Effects（效果）】窗口中的【Video Transitions（视频转换）】/【Slide（滑动）】/【Slash Slide（斜线滑动）】命令，如图6-231所示。其参数面板如图6-232所示。

图6–231

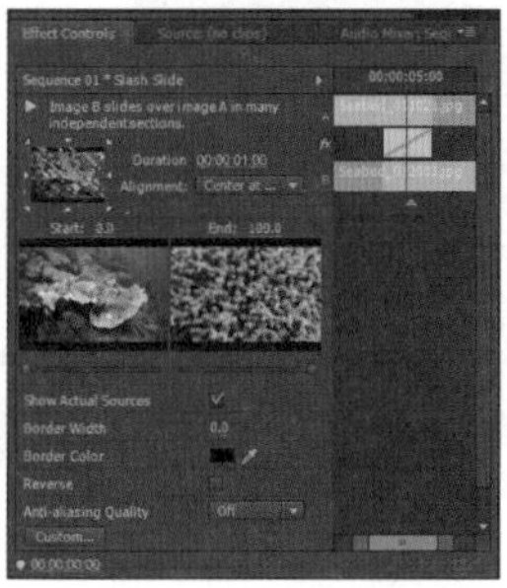

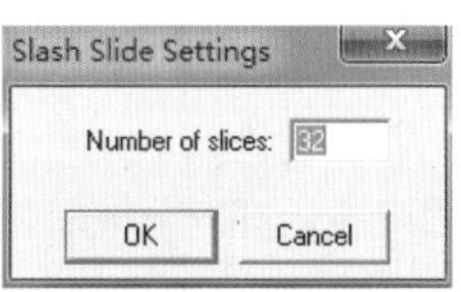

图6–232

Custom（自定义）：单击该按钮，弹出如图6-233所示的对话框。

- Number of slices（切片数量）：可调节斜线滑动的切片数量。

Slash Slide Settings
Number of slices: 32
OK Cancel

图6–233

添加Slash Slide（斜线滑动）转场的效果如图6-234所示。

图6–234

★ 案例实战——斜线滑动转场

案例文件	案例文件\第6章\斜线滑动转场.prproj
视频教学	视频文件\第6章\斜线滑动转场.flv
难易指数	★★★★★
技术要点	Slash Slide（斜线滑动）转场效果的应用

案例效果

Slash Slide（斜线滑动）转场效果，主要是以线条的形式将第二个素材过渡进画面直至覆盖第一个素材。本案例主要是针对“应用Slash Slide（斜线滑动）转场效果”的方法进行练习，如图6-235所示。

图6–235

操作步骤

01 单击【New Project（新建项目）】选项，并单击【Browse（浏览）】按钮设置保存路径，在【Name（名称）】文本框中设置文件名称。接着在弹出的对话框中选择【DV-PAL】/【Standard 48kHz】选项，如图6-236所示。

02 选择菜单栏中的【File（文件）】/【Import（导入）】命令或者按快捷键【Ctrl+I】，将所需素材文件导入，如图6-237所示。

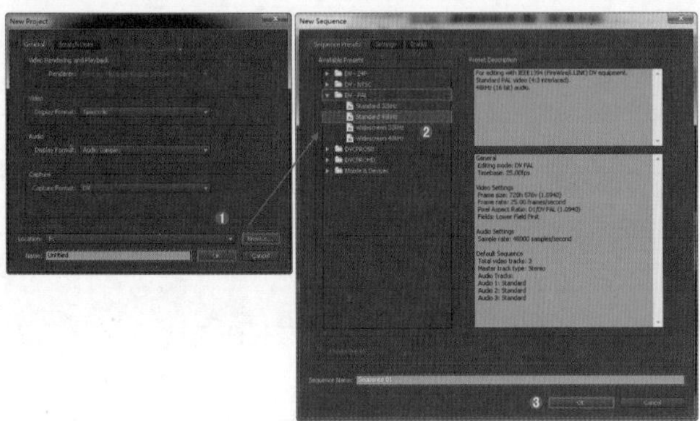

图6-236

图6-237

03 将项目窗口的素材文件拖曳到的Video1轨道上，如图6-238所示。

图6-238

04 分别选择Video1轨道上的素材文件，然后分别设置【Scale（缩放）】为70，如图6-239所示。此时效果如图6-240所示。

05 在【Effects（效果）】窗口中搜索【Slash Slide（斜线滑动）】效果，然后拖曳到【01.jpg】和【02.jpg】两个素材文件中间，如图6-241所示。

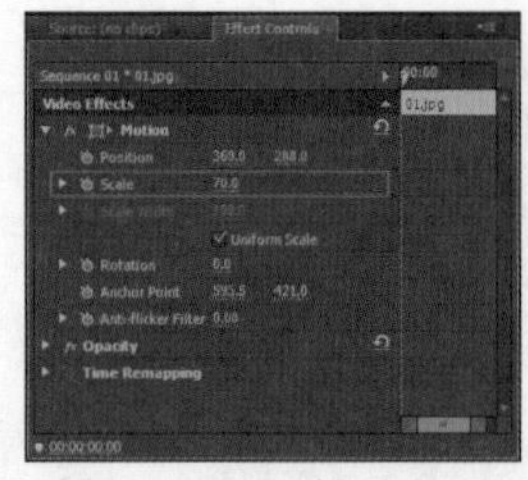

图6-239

图6-240

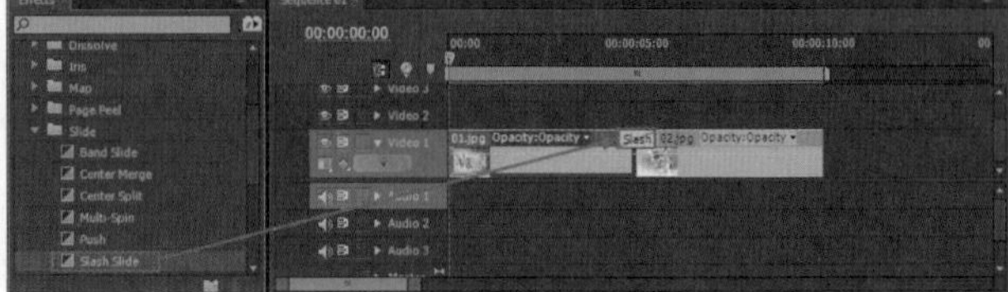

图6-241

技巧提示

在【Effect Controls（效果控制）】面板中，可以调节带状条的边宽和边色。单击【Custom（自定义）】按钮，在弹出的对话框中可以调节带状条的数量，如图6-242和图6-243所示。

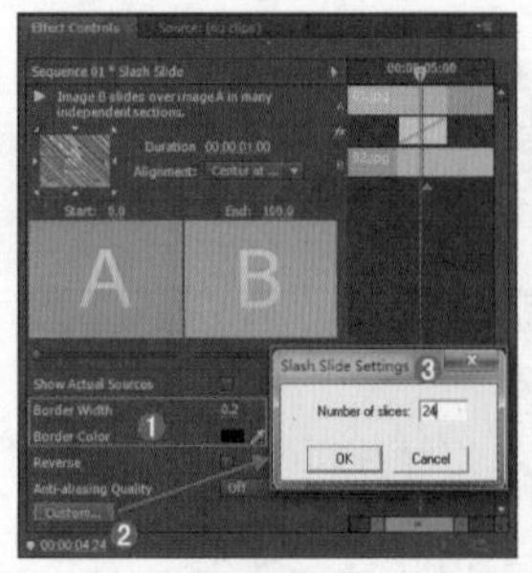

图6-242

图6-243

06 此时拖动时间线滑块查看最终效果，如图6-244所示。

图6-244

6.8.7 Slide（滑动）

技术速查：该切换效果会使素材B滑入，并逐渐覆盖素材A。

选择【Effects（效果）】窗口中的【Video Transitions（视频转换）】/【Slide（滑动）】/【Slide（滑动）】命令，如图6-244所示。其参数面板如图6-246所示。

添加Slide（滑动）转场的效果如图6-247所示。

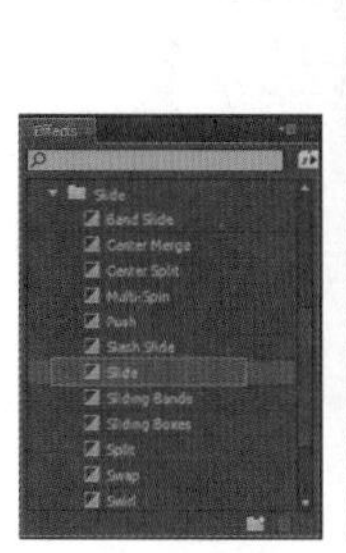
图6-245

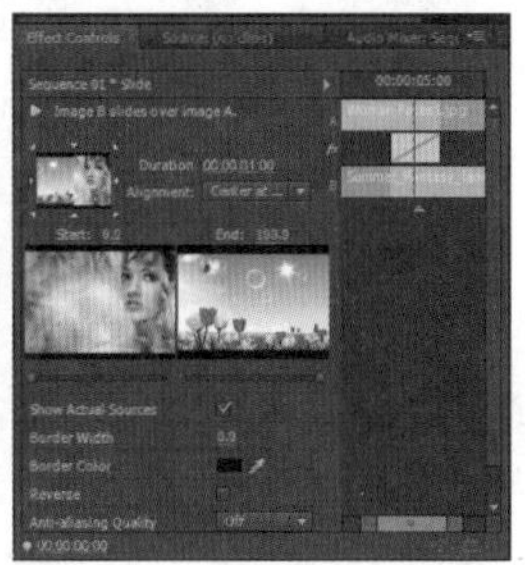
图6-246

图6-247

6.8.8 Sliding Bands（滑动条带）

技术速查：该切换效果会使素材B在水平或垂直的线条中逐渐显示。

选择【Effects（效果）】窗口中的【Video Transitions（视频转换）】/【Slide（滑动）】/【Sliding Bands（滑动条带）】命令，如图6-248所示。其参数面板如图6-249所示。

添加Sliding Bands（滑动条带）转场的效果如图6-250所示。

图6-248

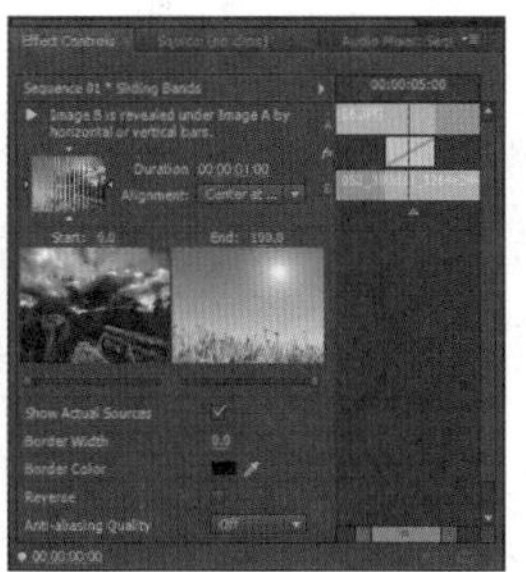
图6-249

图6-250

6.8.9 Sliding Boxes（滑动盒）

技术速查：该切换效果会使素材B以不同数量的带状逐渐替代素材A。

选择【Effects（效果）】窗口中的【Video Transitions（视频转换）】/【Slide（滑动）】/【Sliding Boxes（滑动盒）】命令，如图6-251所示。其参数面板如图6-252所示。

Custom（自定义）：单击该按钮，弹出如图6-253所示的对话框。

- Number of bands（带状数量）：可设置带状的条数。

添加Sliding Box（滑动盒）转场的效果如图6-254所示。

图6-251

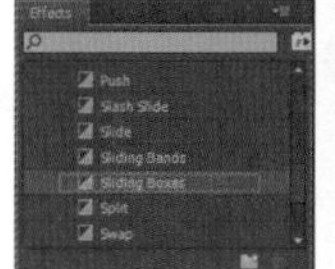
图6-252

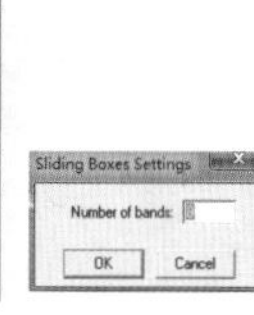

图6-253

图6-254

6.8.10 Split（分割）

技术速查：该切换效果会使素材A像自动门一样打开，并显示出素材B。

选择【Effects（效果）】窗口中的【Video Transitions（视频转换）】/【Slide（滑动）】/【Split（分割）】命令，如图6-255所示。其参数面板如图6-256所示。

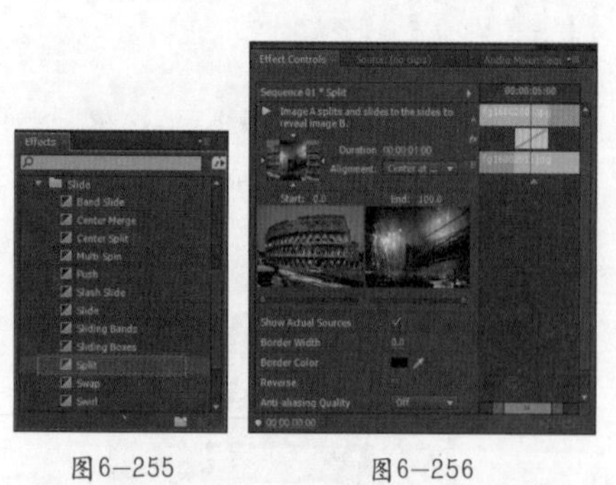

图6-255　　图6-256

添加Split（分割）转场的效果如图6-257所示。

图6-257

6.8.11 Swap（交换）

技术速查：该切换效果会使素材B从素材A的后方转向前方覆盖素材A。

选择【Effects（效果）】窗口中的【Video Transitions（视频转换）】/【Slide（滑动）】/【Swap（交换）】命令，如图6-258所示。其参数面板如图6-259所示。

添加Swap（交换）转场的效果如图6-260所示。

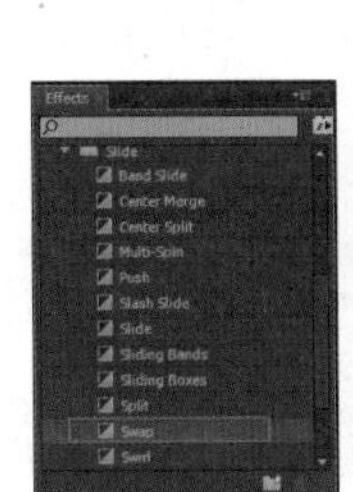
图6—258

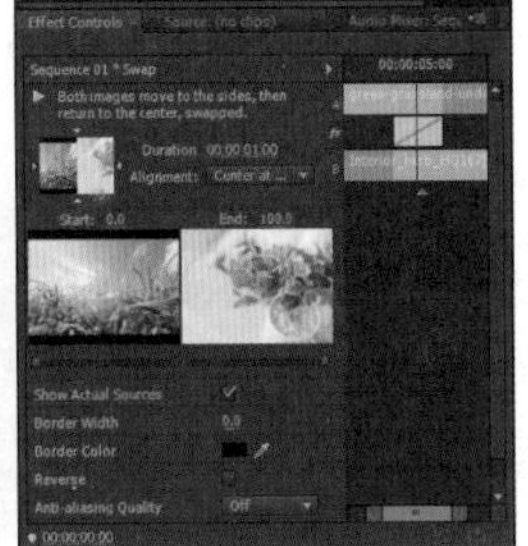
图6—259

图6—260

6.8.12 Swirl（漩涡）

技术速查：该切换效果会使素材B打破为若干方块从素材A中旋转而出。可设置水平/垂直方块的数量和旋转度。

选择【Effects（效果）】窗口中的【Video Transitions（视频转换）】/【Slide（滑动）】/【Swirl（漩涡）】命令，如图6-261所示。其参数面板如图6-262所示。

Custom（自定义）：单击该按钮，弹出如图6-263所示的对话框。

- Horizontal（水平）：可调节水平方向的漩涡方格数。
- Vertical（垂直）：可调节垂直方向的漩涡方格数。
- Rate（速率）：可调节漩涡的速度。

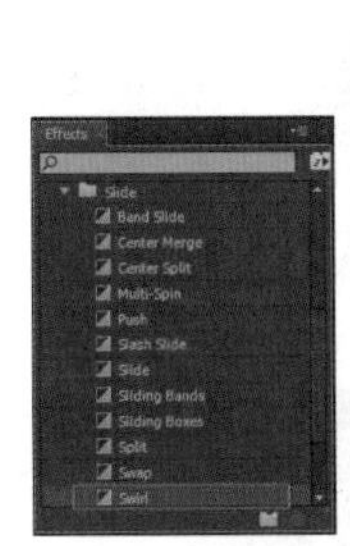
图6—261

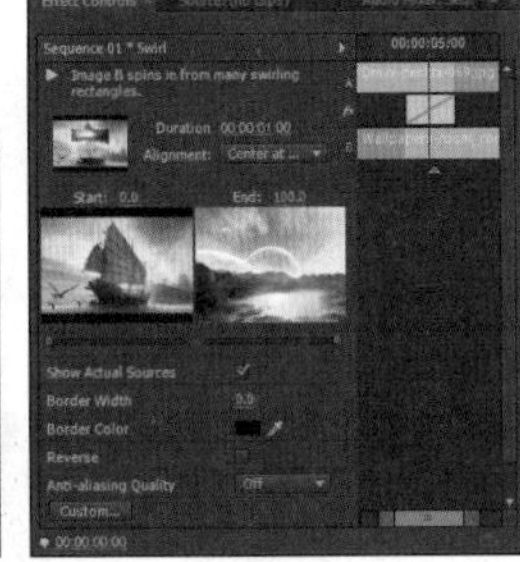
图6—262

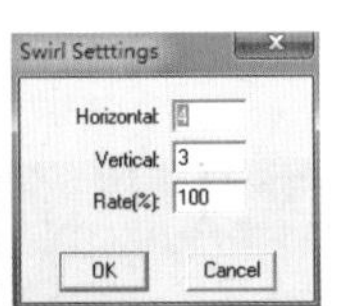

图6—263

添加Swirl（漩涡）转场的效果如图6-264所示。

图6—264

★ 案例实战——漩涡转场

案例文件	案例文件\第6章\漩涡转场.prproj
视频教学	视频文件\第6章\漩涡转场.flv
难易指数	★★★★★
技术要点	Swirl（漩涡）转场效果的应用

案例效果

Swirl（漩涡）转场效果，主要是将第二个素材分成若干块，然后从画面中间向外旋转扩大，直至覆盖当前素材。本案例主要是针对“应用Swirl（漩涡）转场效果”的方法进行练习，如图6-265所示。

图6—265

操作步骤

01 单击【New Project（新建项目）】选项，并单击【Browse（浏览）】按钮设置保存路径，在【Name（名称）】文本框中设置文件名称。接着在弹出的对话框中选择【DV-PAL】/【Standard 48kHz】选项，如图6-266所示。

02 选择菜单栏中的【File（文件）】/【Import（导入）】命令或者按快捷键【Ctrl+I】，将所需素材文件导入，如图6-267所示。

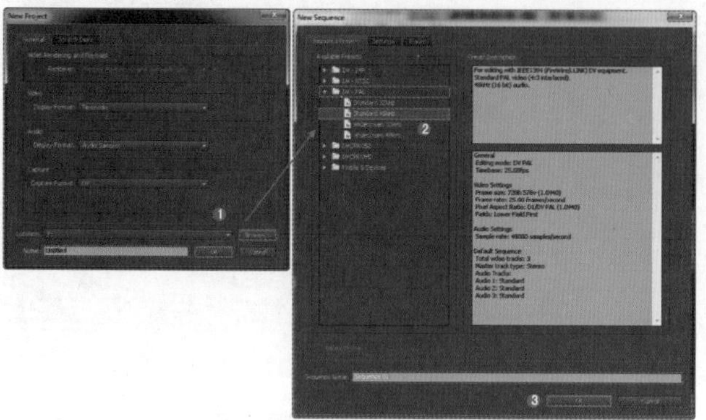

图6—266

图6—267

03 将项目窗口的素材文件拖曳到窗口中的Video1轨道上，如图6-268所示。

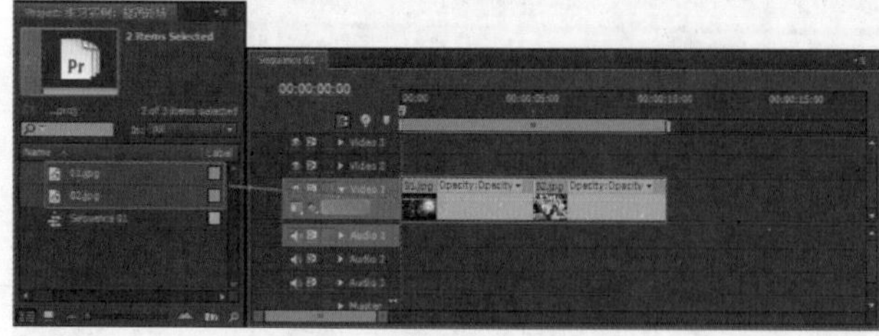

图6—268

04 分别选择Video1轨道上的素材文件，然后分别设置【Scale（缩放）】为69，如图6-269所示。此时效果如图6-270所示。

05 在【Effects（效果）】窗口中搜索【Swirl（漩涡）】效果，然后拖曳到【01.jpg】和【02.jpg】两个素材文件中间，如图6-271所示。

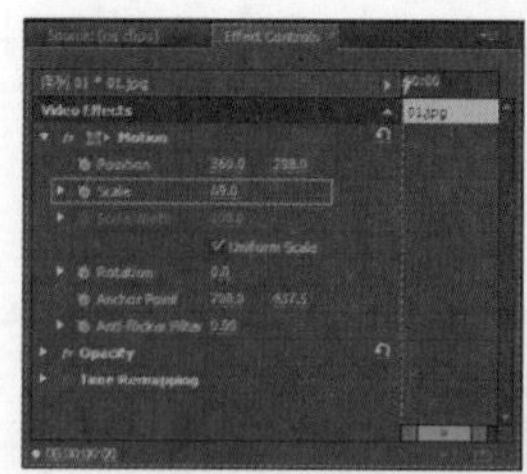

图6—269

图6—270

图6—271

技巧提示

在【Effect Controls（效果控制）】面板中，可以调节带状条的边宽和边色。单击【Custom（自定义）】按钮，在弹出的窗口中调节【Horizontal（水平）】的数值来调节水平漩涡的方格数，调节【Vertical（垂直）】的数值来调节垂直漩涡的方格数，调节【Rate（速率）】的数值来控制漩涡的运动速度，如图6—272和图6—273所示。

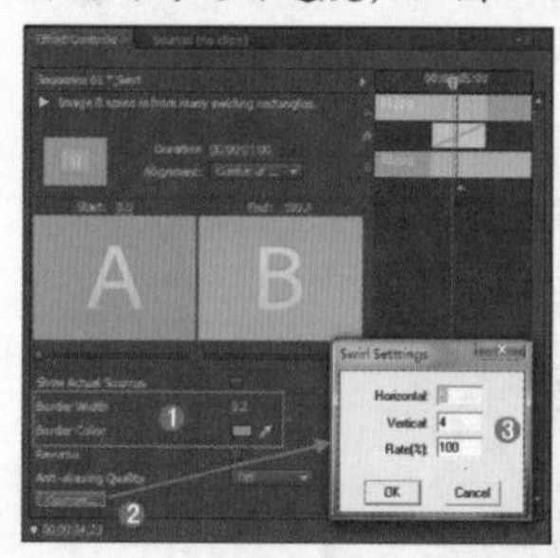

图6—272

图6—273

06 此时拖动时间线滑块查看最终效果，如图6-274所示。

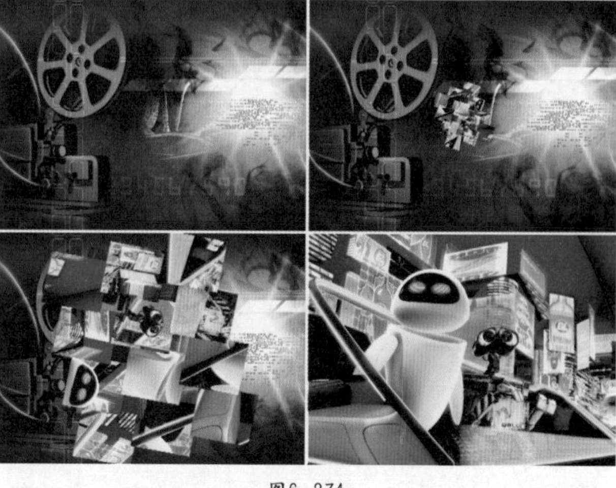

图6—274

6.9 Special Effect（特殊效果）类视频转场

Special Effect（特殊效果）可以改变颜色或扭曲图像。其中包括Displace（置换）、Texturize（纹理）和Three-D（三次元）3个特效，如图6-275所示。

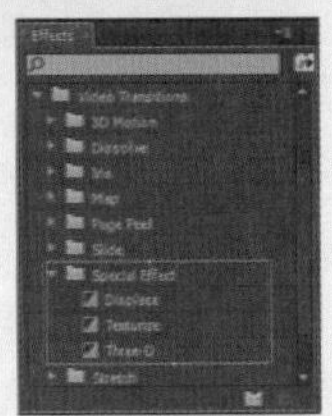
图6-275

6.9.1 Displace（置换）

技术速查：该切换效果会将处于时间线前方的片段作为位移图，以其像素颜色的明暗，分别用水平和垂直的错位，影响与其进行切换的片段。

选择【Effects（效果）】窗口中的【Video Transitions（视频转换）】/【Special Effect（特殊效果）】/【Displace（置换）】命令，如图6-276所示。其参数面板如图6-277所示。

添加Displace（置换）转场的效果如图6-278所示。

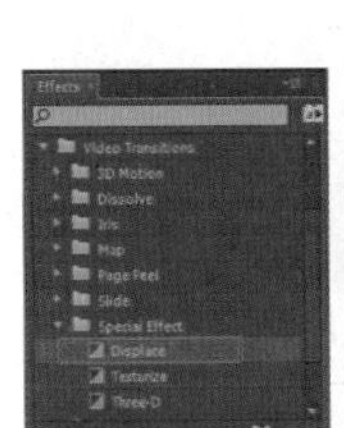
图6-276

图6-277

图6-278

6.9.2 Texturize（纹理）

技术速查：该切换效果会使素材A作为纹理贴图映像给素材B。

选择【Effects（效果）】窗口中的【Video Transitions（视频转换）】/【Special Effect（特殊效果）】/【Texturize（纹理）】命令，如图6-279所示。其参数面板如图6-280所示。

添加Texturize（纹理）转场的效果如图6-281所示。

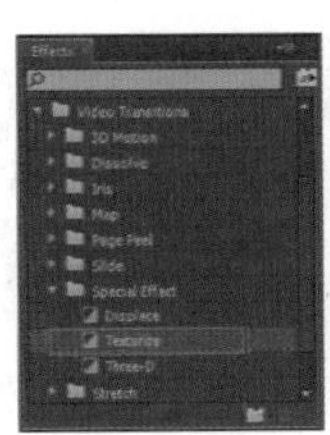
图6-279

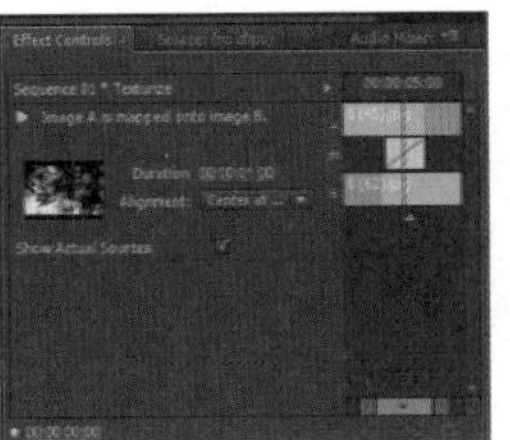
图6-280

图6-281

★ 案例实战——纹理转场

案例文件　案例文件\第6章\纹理转场.prproj
视频教学　视频文件\第6章\纹理转场.flv
难易指数　★★★★★
技术要点　Texturize（纹理）转场效果的应用

案例效果

Texturize（纹理）转场效果，主要是将素材的纹理通道与第二个素材混合过渡效果。本案例主要是针对“应用Texturize（纹理）转场效果”的方法进行练习，如图6-282所示。

图6-282

操作步骤

01 单击【New Project（新建项目）】选项，并单击【Browse（浏览）】按钮设置保存路径，在【Name（名称）】文本框中设置文件名称。接着在弹出的对话框中选择【DV-PAL】/【Standard 48kHz】选项，如图6-283所示。

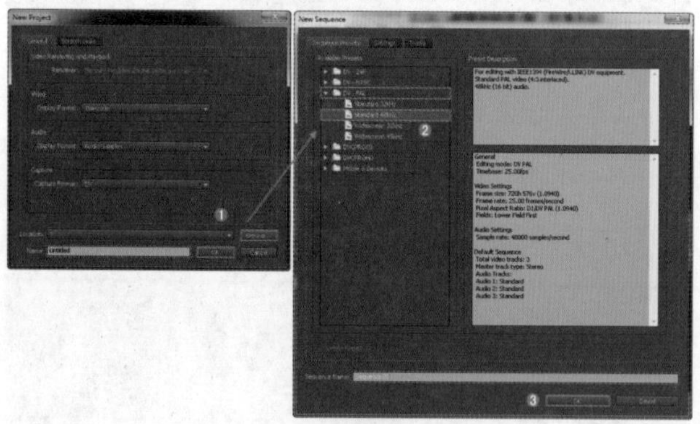

图6-283

02 选择菜单栏中的【File（文件）】/【Import（导入）】命令或者按快捷键【Ctrl+I】，将所需素材文件导入，如图6-284所示。

03 将项目窗口的素材文件拖曳到窗口中的Video1轨道上，如图6-285所示。

04 分别选择Video1轨道上的素材文件，然后单击【Effect Controls（效果控制）】面板，设置【01.jpg】的【Scale（缩放）】为148，设置【02.jpg】的【Position（位置）】为（360，-25），【Scale（缩放）】为212，如图6-286所示。

图6-284

图6-285

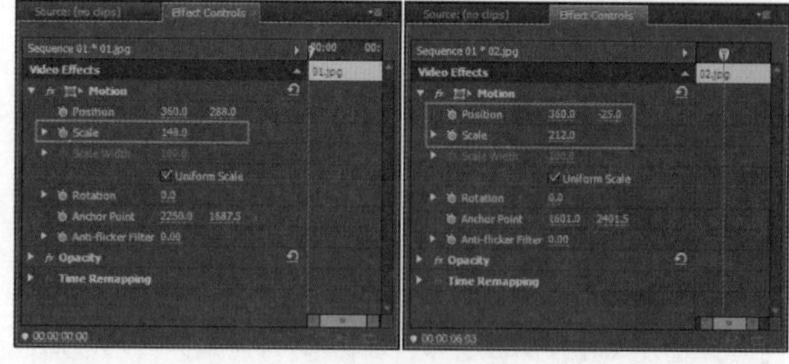

图6-286

05 在【Effects（效果）】窗口中搜索【Texturize（纹理）】效果，然后拖曳到【01.jpg】和【02.jpg】两个素材文件中间，如图6-287所示。

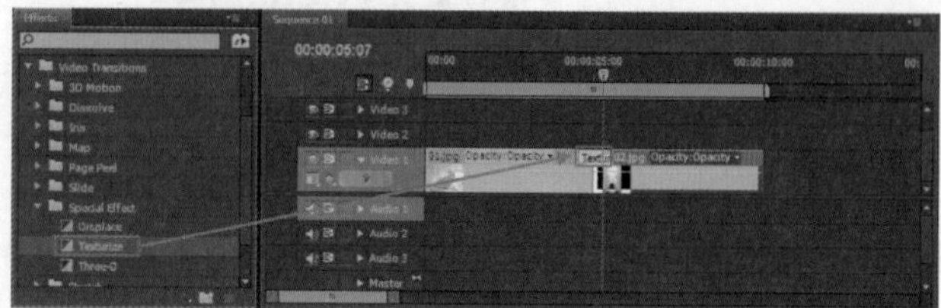

图6-287

06 此时拖动时间线滑块查看最终效果，如图6-288所示。

图6-288

6.9.3 Three-D（三次元）

技术速查：该切换效果会将素材A中的红蓝通道映射混合到素材B。

选择【Effects（效果）】窗口中的【Video Transitions（视频转换）】/【Special Effect（特殊效果）】/【Three-D（三次元）】命令，如图6-289所示。其参数面板如图6-290所示。

添加Three-D（三次元）转场的效果如图6-291所示。

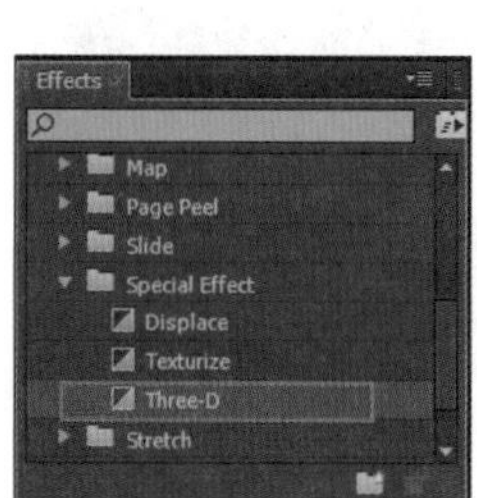

图6-289

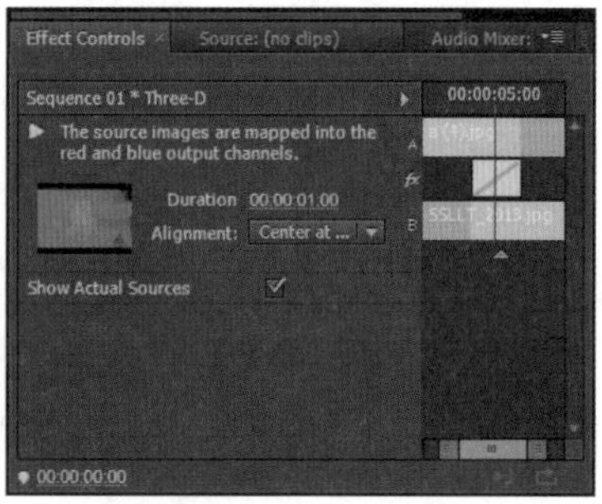

图6-290

图6-291

6.10 Stretch（伸展）类视频转场

Stretch（伸展），相对于推拉等转场，Stretch转场赋予画面更多柔性。其中包括Cross Stretch（交叉伸展）、Stretch（伸展）、Stretch In（伸展进入）和Stretch Over（伸展覆盖）4个特效，如图6-292所示。

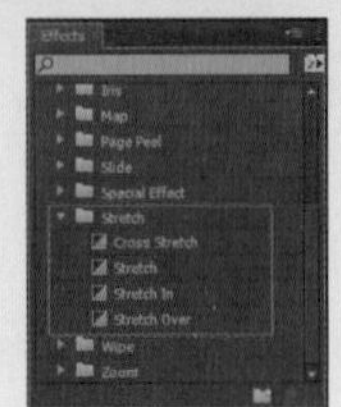

图6-292

6.10.1 Cross Stretch（交叉伸展）

技术速查：该切换效果会使素材A逐渐被素材B平行挤压替代。

选择【Effects（效果）】窗口中的【Video Transitions（视频转换）】/【Stretch（伸展）】/【Cross Stretch（交叉伸展）】命令，如图6-293所示。其参数面板如图6-294所示。

添加Cross Stretch（交叉伸展）转场的效果如图6-295所示。

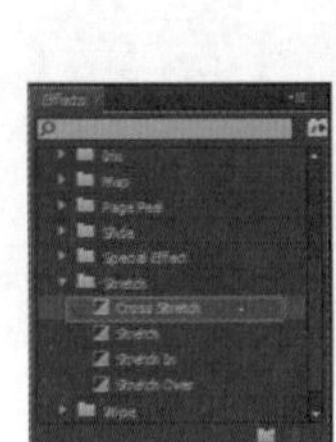

图6-293

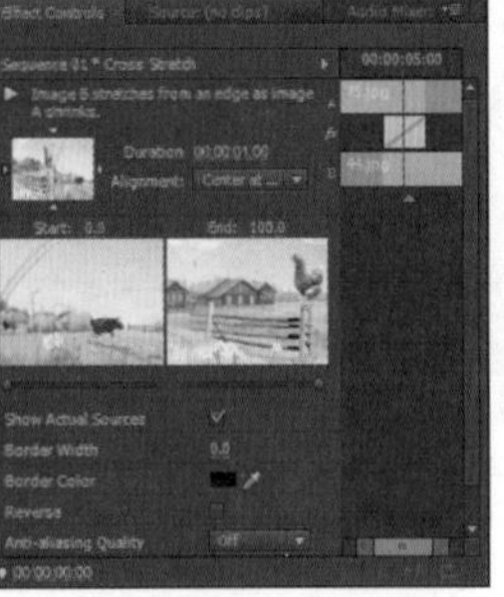

图6-294

图6-295

6.10.2 Stretch（伸展）

技术速查：该切换效果会使素材A从一边伸展覆盖素材B。

选择【Effects（效果）】窗口中的【Video Transitions（视频转换）】/【Stretch（伸展）】/【Stretch（伸展）】命令，如图6-296所示。其参数面板如图6-297所示。

添加Stretch（伸展）转场的效果如图6-298所示。

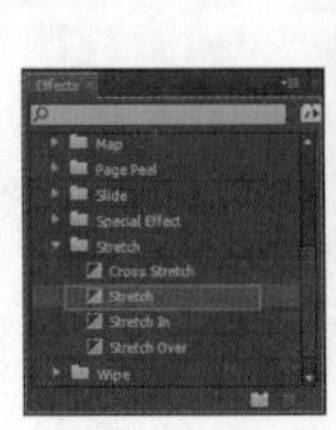

图6-296

图6-297

图6-298

6.10.3 Stretch In（伸展进入）

技术速查：该切换效果会使素材B在素材A的中心横向伸展。

选择【Effects（效果）】窗口中的【Video Transitions（视频转换）】/【Stretch（伸展）】/【Stretch In（伸展进入）】命令，如图6-299所示。其参数面板如图6-300所示。

Custom（自定义）：单击该按钮，弹出如图6-301所示的对话框。

- Bands（带）：可设置拉伸条数量。

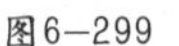

图6-299　　图6-300　　图6-301

添加Stretch In（伸展进入）转场的效果如图6-302所示。

图6-302

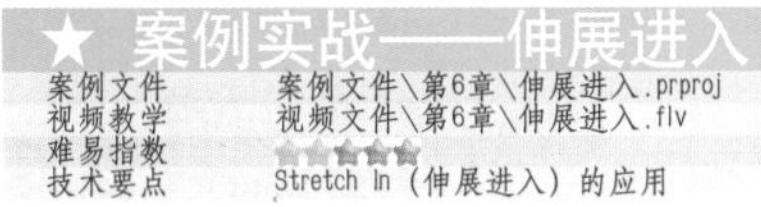

★ 案例实战——伸展进入

案例文件	案例文件\第6章\伸展进入.prproj
视频教学	视频文件\第6章\伸展进入.flv
难易指数	★★★★★
技术要点	Stretch In（伸展进入）的应用

案例效果

Stretch In（伸展进入）转场效果，主要是素材以中心轴横向拉伸成条状，然后逐渐向中心收缩进入屏幕。本案例主要是针对“应用Stretch In（伸展进入）转场效果”的方法进行练习，如图6-303所示。

操作步骤

01 单击【New Project（新建项目）】选项，并单击【Browse（浏览）】按钮设置保存路径，在【Name（名称）】文本框中设置文件名称。接着在弹出的对话框中选择【DV-PAL】/【Standard 48kHz】选项，如图6-304所示。

图6-303

02 选择菜单栏中的【File（文件）】/【Import（导入）】命令或者按快捷键【Ctrl+I】，将所需素材文件导入，如图6-305所示。

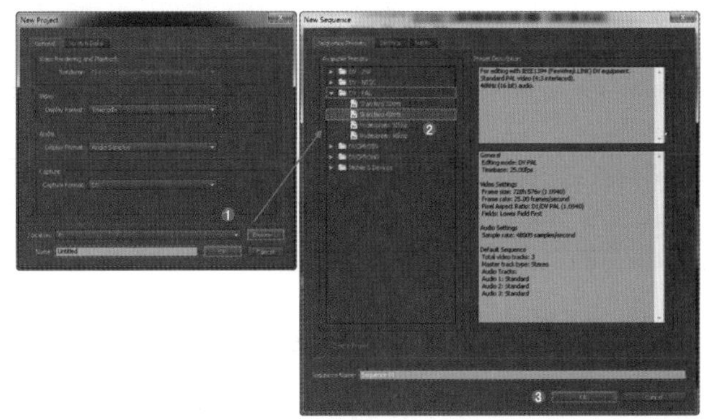

图6-304

图6-305

03 将项目窗口的素材文件拖曳到窗口中的Video1轨道上，如图6-306所示。

图6-306

04 分别选择Video1轨道上的素材文件，然后分别设置【Scale（缩放）】为70，如图6-307所示。此时效果如图6-308所示。

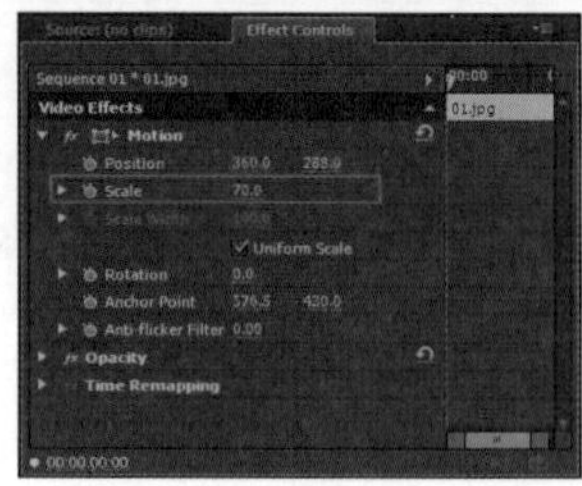

图6-307　　图6-308

05 在【Effects（效果）】窗口中搜索【Stretch In（伸展进入）】效果，然后拖曳到【01.jpg】和【02.jpg】两个素材文件中间，如图6-309所示。

图6-309

技巧提示

在【Effect Controls（效果控制）】面板中，单击【Custom（自定义）】按钮，在弹出的对话框中调节【Bands（带）】的数值控制拉伸条的数量，如图6-310和图6-311所示。

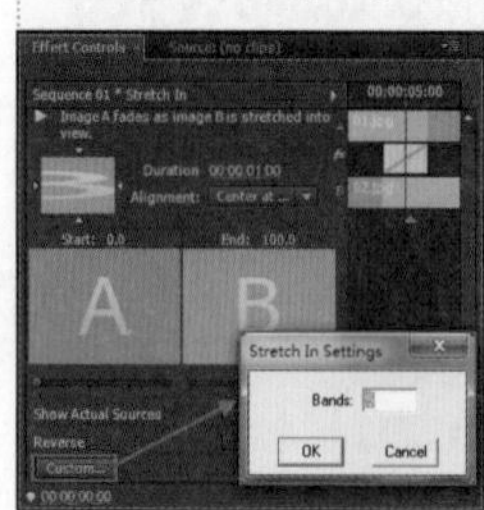

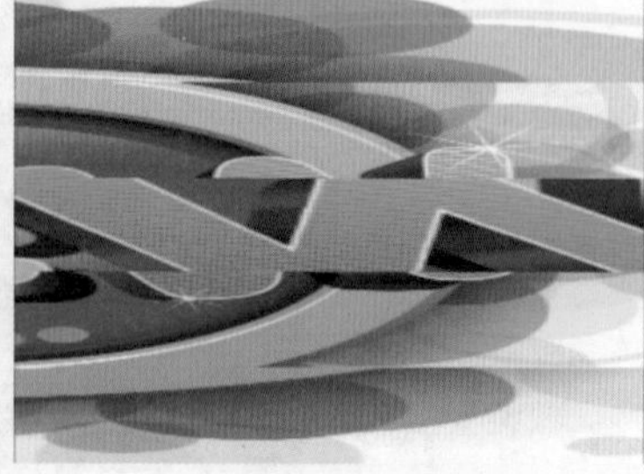

图6-310　　图6-311

06 此时拖动时间线滑块查看最终效果，如图6-312所示。

图6-312

6.10.4 Stretch Over（伸展覆盖）

技术速查：该切换效果会使素材B拉伸出现，逐渐代替素材A。

选择【Effects（效果）】窗口中的【Video Transitions（视频转换）】/【Stretch（伸展）】/【Stretch Over（伸展覆盖）】命令，如图6-313所示。其参数面板如图6-314所示。

添加Stretch Over（伸展覆盖）转场的效果如图6-315所示。

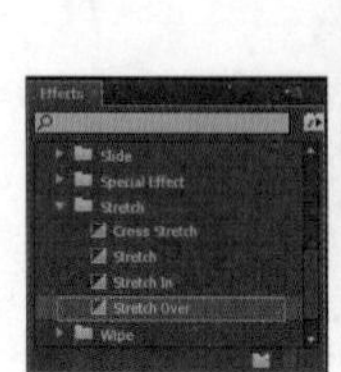

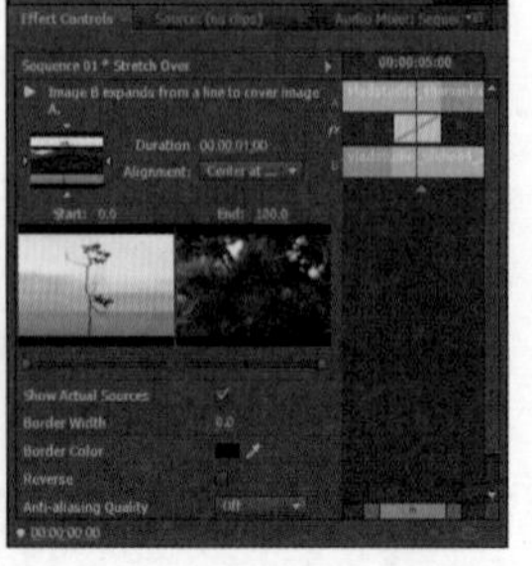

图6-313　　图6-314

图6-315

6.11 Wipe（擦除）类视频转场

Wipe（擦除）效果擦除素材A的不同部分来显示素材B。其中包括Band Wipe（带状擦除）、Band Doors（门式擦除）、Checker Wipe（方格擦除）、Checker Board（棋盘擦除）、Clock Wipe（时钟擦除）、Gradient Wipe（倾斜擦除）、Insert（插入）、Paint Splatter（涂料泼溅）、Pinwheel（纸风车）、Radial Wipe（射线划变）、Random Blocks（随机块）、Random Wipe（随机擦除）、Spiral Boxes（螺旋盒状）、Venetian Blinds（百叶窗）、Wedge Wipe（楔形擦除）、Wipe（擦除）和Zig-Zag Blocks（Z形块）共17个特效，如图6-316所示。

图6-316

6.11.1 Band Wipe（带状擦除）

技术速查：该切换效果会使素材B从水平方向以条状进入并覆盖素材A。

选择【Effects（效果）】窗口中的【Video Transitions（视频转换）】/【Wipe（擦除）】/【Band Wipe（带状擦除）】命令，如图6-317所示。其参数面板如图6-318所示。

Custom（自定义）：单击该按钮，弹出如图6-319所示的对话框。

- Number of bands（带状数量）：可设置带状滑动的条数。

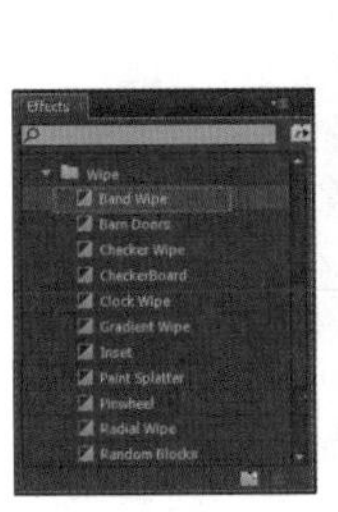

图6-317

图6-318

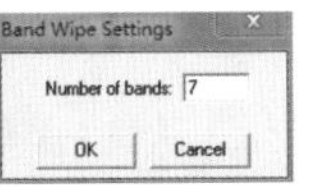

图6-319

添加Band Wipe（带状擦除）转场的效果如图6-320所示。

图6-320

6.11.2 Band Doors（门式擦除）

技术速查：该切换效果会使素材A以展开和关门的方式过渡到素材B。

选择【Effects（效果）】窗口中的【Video Transitions（视频转换）】/【Wipe（擦除）】/【Band Doors（门式擦除）】命令，如图6-321所示。其参数面板如图6-322所示。

添加Band Doors（门式擦除）转场的效果如图6-323所示。

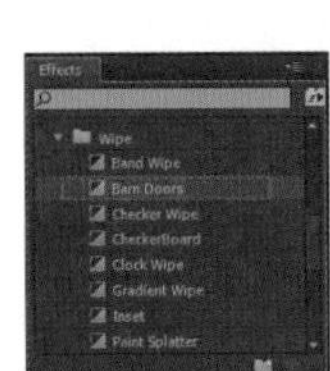

图6-321

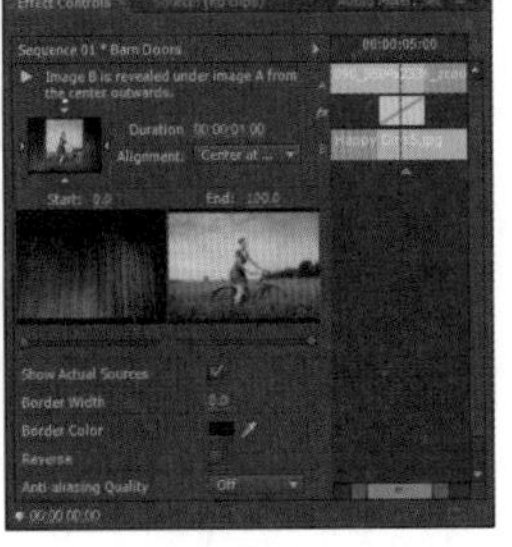

图6-322

图6-323

6.11.3 Checker Wipe（方格擦除）

技术速查：该切换效果会使素材B以方格形式逐行出现覆盖素材A。

选择【Effects（效果）】窗口中的【Video Transitions（视频转换）】/【Wipe（擦除）】/【Checker Wipe（方格擦除）】命令，如图6-324所示。其参数面板如图6-325所示。

Custom（自定义）：单击该按钮，弹出如图6-326所示的对话框。

图6－324

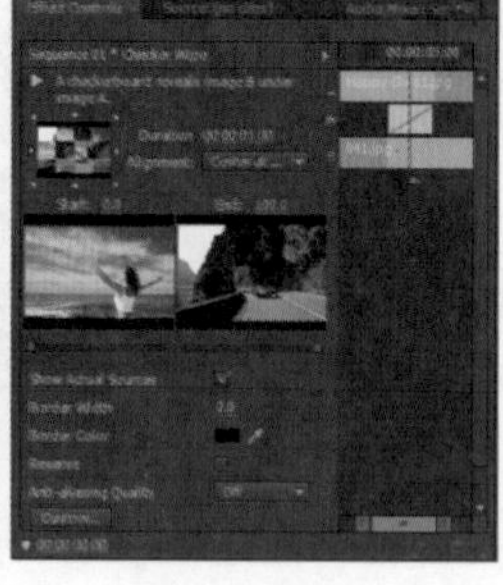

图6－325

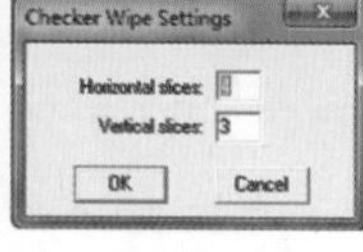

图6－326

● Horizontal slices（水平切片）：可调节水平方向的切片数。

● Vertical slices（垂直切片）：可调节垂直方向的切片数。

添加Checker Wipe（方格擦除）转场的效果如图6-327所示。

图6－327

6.11.4 Checker Board（棋盘擦除）

技术速查：该切换效果会使素材A以棋盘消失的方式过渡到素材B。

选择【Effects（效果）】窗口中的【Video Transitions（视频转换）】/【Wipe（擦除）】/【Checker Board（棋盘擦除）】命令，如图6-328所示。其参数面板如图6-329所示。

Custom（自定义）：单击该按钮，弹出如图6-330所示的对话框。

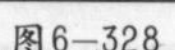

图6－328　　图6－329　　图6－330

● Horizontal slices（水平切片）：可调节水平方向的切片数。

● Vertical slices（垂直切片）：可调节垂直方向的切片数。

添加Checker Board（棋盘擦除）转场的效果如图6-331所示。

图6－331

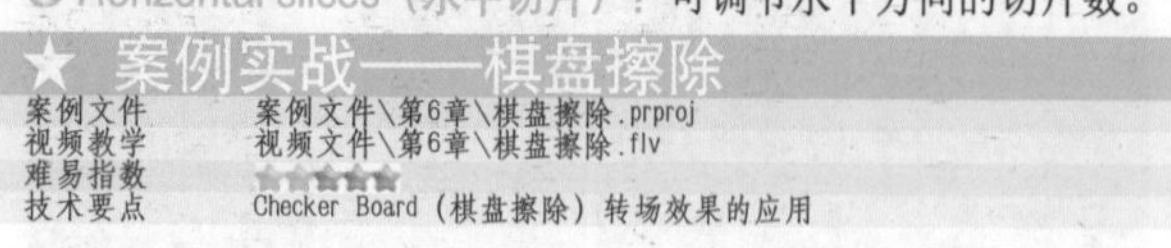

★ 案例实战——棋盘擦除

案例文件	案例文件\第6章\棋盘擦除.prproj
视频教学	视频文件\第6章\棋盘擦除.flv
难易指数	★★★★★
技术要点	Checker Board（棋盘擦除）转场效果的应用

案例效果

Checker Board（棋盘擦除）转场效果，主要是以棋盘格的形式将素材逐渐擦除，直至显示出下一个素材。本案例主要是针对“应用Checker Board（棋盘擦除）转场效果”的方法进行练习，如图6-332所示。

操作步骤

01 单击【New Project（新建项目）】选项，并单击【Browse（浏览）】设置保存路径，在【Name（名称）】后设置文件名称。接着在弹出的对话框中选择【DV-PAL】/【Standard 48kHz】选项，如图6-333所示。

02 选择菜单栏中的【File（文件）】/【Import（导入）】命令或者按快捷键【Ctrl+I】，将所需素材文件导入，如图6-334所示。

图6－332

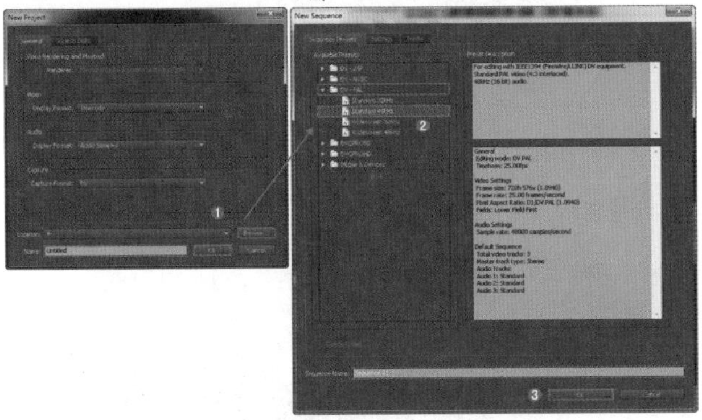

图6－333

图6－334

03 将项目窗口的素材文件拖曳到窗口中的Video1轨道上，如图6-335所示。

图6－335

04 分别选择Video1轨道上的素材文件，然后分别设置【01.jpg】的【Scale（缩放）】为51，【02.jpg】的【Scale（缩放）】为58，如图6-336所示。

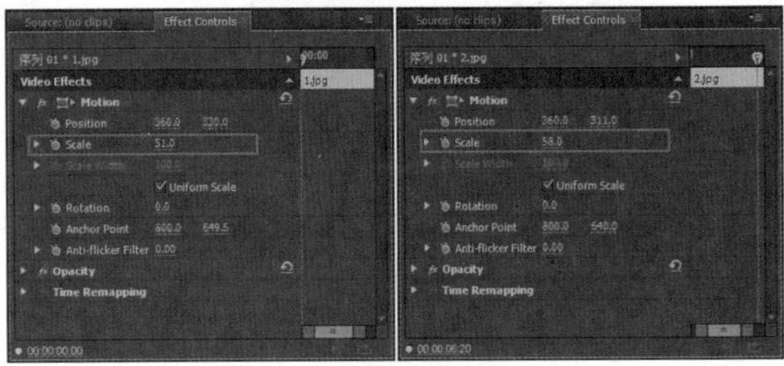

图6－336

05 在【Effects（效果）】窗口中搜索【Checker Board（棋盘擦除）】效果，然后拖曳到【01.jpg】和【02.jpg】两个素材文件中间，如图6-337所示。

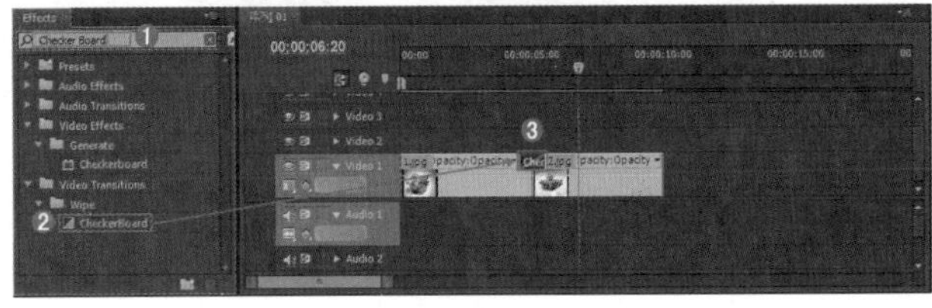

图6－337

技巧提示

在【Effect Controls（效果控制）】面板中，可以调节带状条的边宽和边色。单击【Custom（自定义）】按钮，在弹出的对话框中设置垂直和水平方向的切片数，如图6－338和图6－339所示。

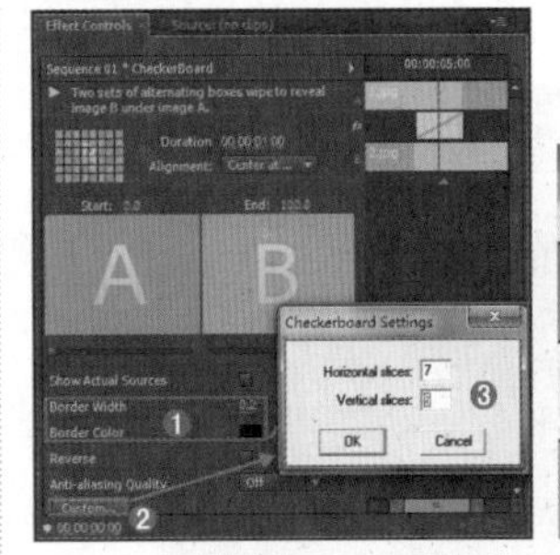

图6－338

图6－339

06 此时拖动时间线滑块查看最终效果，如图6-340所示。

图6—340

6.11.5 Clock Wipe（时钟擦除）

技术速查：该切换效果会使素材A以时钟放置方式过渡到素材B。

选择【Effects（效果）】窗口中的【Video Transitions（视频转换）】/【Wipe（擦除）】/【Clock Wipe（时钟擦除）】命令，如图6-341所示。其参数面板如图6-342所示。

添加Clock Wipe（时钟擦除）转场的效果如图6-343所示。

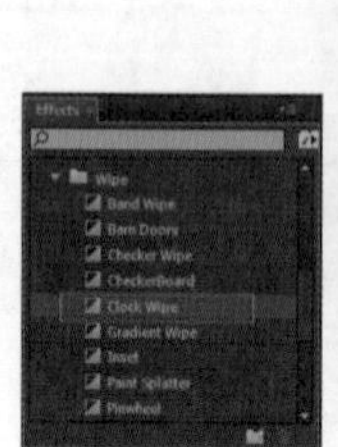

图6—341

图6—342

图6—343

6.11.6 Gradient Wipe（倾斜擦除）

技术速查：该切换效果可以用一张灰度图像制作渐变切换。在渐变切换中，素材A充满灰度图像的黑色区域，然后通过每一个灰度开始显示进行切换，直到白色区域完全透明。

选择【Effects（效果）】窗口中的【Video Transitions（视频转换）】/【Wipe（擦除）】/【Gradient Wipe（倾斜擦除）】命令，如图6-344所示。其参数面板如图6-345所示。

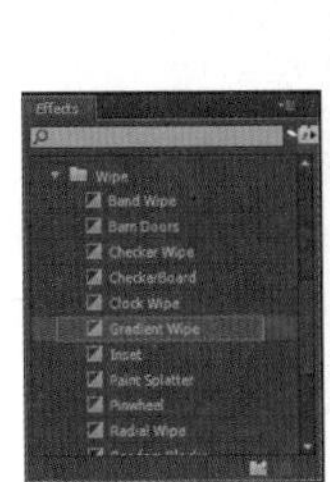

图6－344

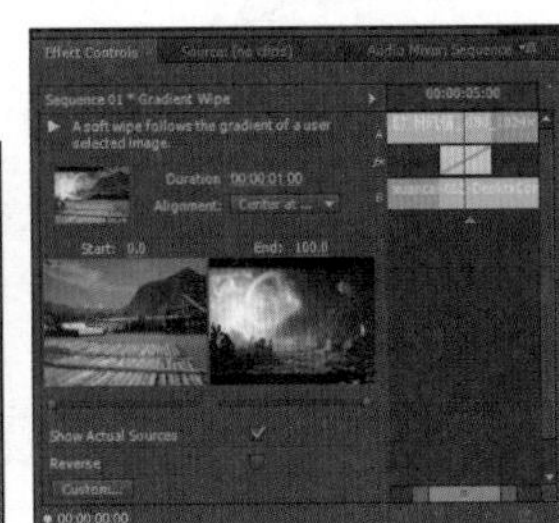

图6－345

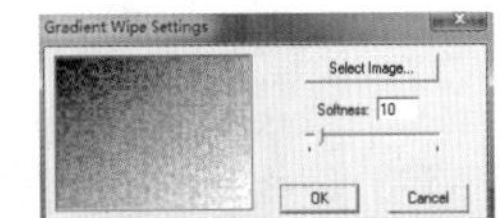

图6－346

Custom（自定义）：单击该按钮，弹出现如图6-346所示的对话框。

- Select Image（选择图像）：选择一张图片作为渐变擦除的条件。
- Softness（柔和度）：设置渐变的精确度。

添加Gradient Wipe（倾斜擦除）转场的效果，如图6-347所示。

图6－347

6.11.7 Insert（插入）

技术速查：该切换效果会使素材B从素材A的左上角斜插进入画面。

选择【Effects（效果）】窗口中的【Video Transitions（视频转换）】/【Wipe（擦除）】/【Insert（插入）】命令，如图6-348所示。其参数面板如图6-349所示。

添加Insert（插入）转场的效果如图6-350所示。

图6－348

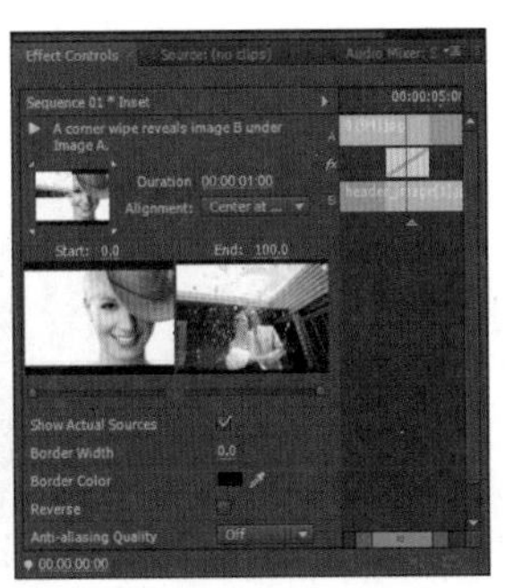

图6－349

图6－350

6.11.8 Paint Splatter（涂料泼溅）

技术速查：该切换效果会使素材B以墨点状覆盖素材A。

选择【Effects（效果）】窗口中的【Video Transitions（视频转换）】/【Wipe（擦除）】/【Paint Splatter（涂料泼溅）】命令，如图6-351所示。其参数面板如图6-352所示。

添加Paint Splatter（涂料泼溅）转场的效果如图6-353所示。

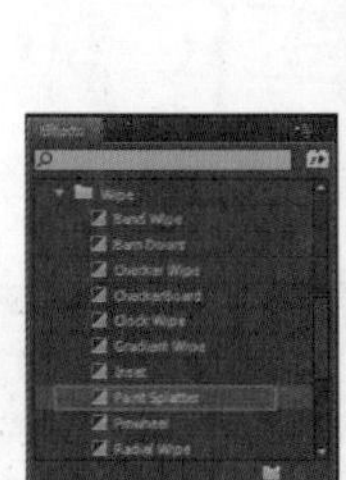

图6-351

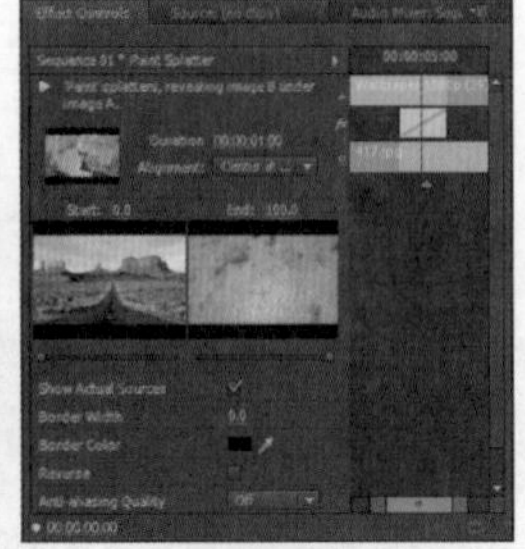

图6-352

图6-353

6.11.9 Pinwheel（纸风车）

技术速查：该切换效果会使素材B以风车轮状旋转覆盖素材A。

选择【Effects（效果）】窗口中的【Video Transitions（视频转换）】/【Wipe（擦除）】/【Pinwheel（纸风车）】命令，如图6-354所示。其参数面板如图6-355所示。

Custom（自定义）：单击该按钮，弹出如图6-356所示的对话框。

- Number of wedges（楔形数量）：可调节扇面的数量。

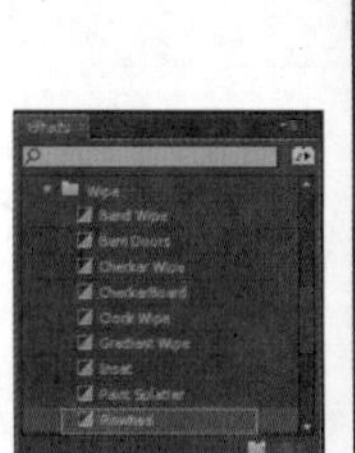

图6-354

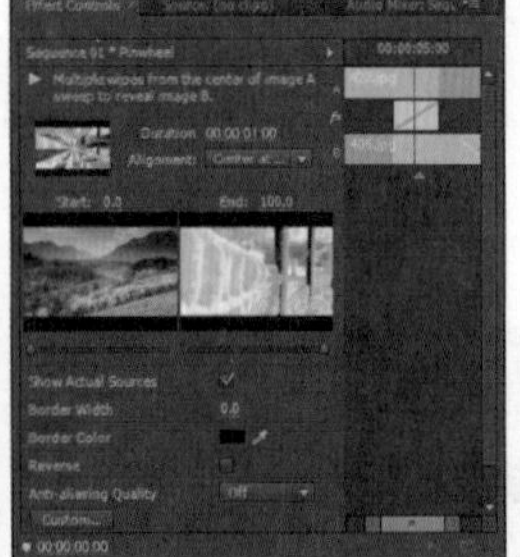

图6-355

图6-356

添加Pinwheel（纸风车）转场的效果如图6-357所示。

图6-357

6.11.10 Radial Wipe（射线划变）

技术速查：该切换效果会使素材B从素材A的一角扫入画面。

选择【Effects（效果）】窗口中的【Video Transitions（视频转换）】/【Wipe（擦除）】/【Radial Wipe（射线划变）】命令，如图6-358所示。其参数面板如图6-359所示。

添加Radial Wipe（射线划变）转场的效果如图6-360所示。

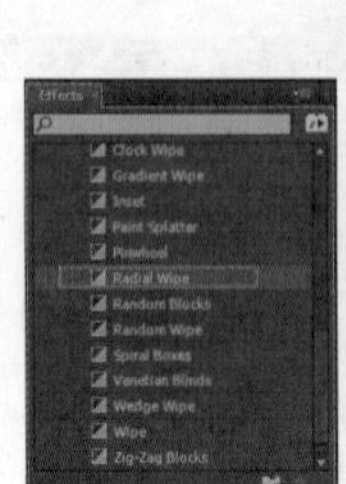

图6-358

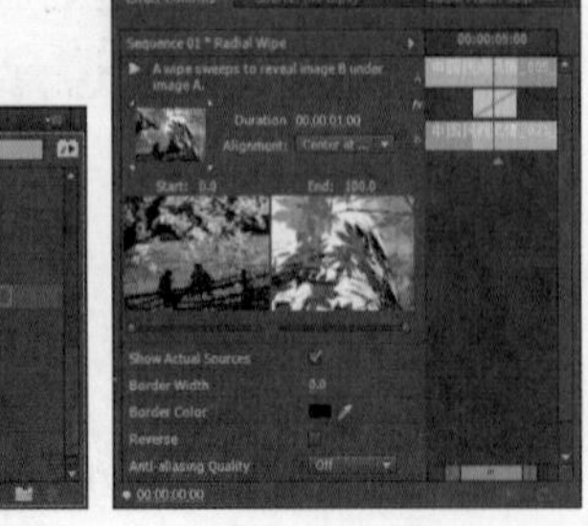

图6-359

图6-360

6.11.11 Random Blocks（随机块）

技术速查：该切换效果会使素材B以方块形式随意出现覆盖素材A。

选择【Effects（效果）】窗口中的【Video Transitions（视频转换）】/【Wipe（擦除）】/【Random Blocks（随机块）】命令，如图6-361所示。其参数面板如图6-362所示。

Custom（自定义）：单击该按钮，弹出现如图6-363所示的对话框。

- Wide（宽）：设置素材水平随机块的数量。
- High（高）：设置素材垂直随机块的数量。

图6－361

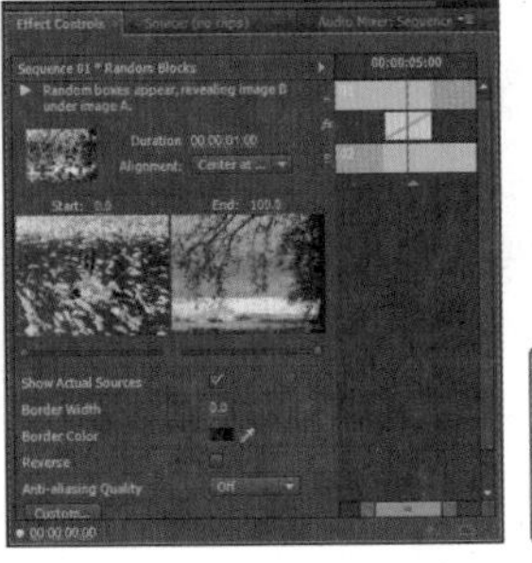
图6－362

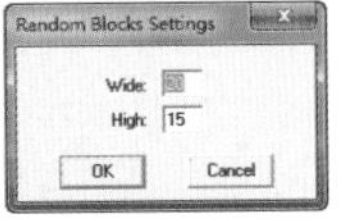

图6－363

添加Random Blocks（随机块）转场的效果，如图6-364所示。

图6－364

6.11.12 Random Wipe（随机擦除）

技术速查：该切换效果会使素材B产生随意方块方式由上向下擦除形式覆盖素材A。

选择【Effects（效果）】窗口中的【Video Transitions（视频转换）】/【Wipe（擦除）】/【Random Wipe（随机擦除）】命令，如图6-365所示。其参数面板如图6-366所示。

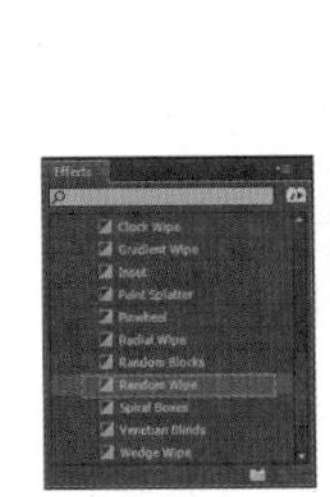
图6－365

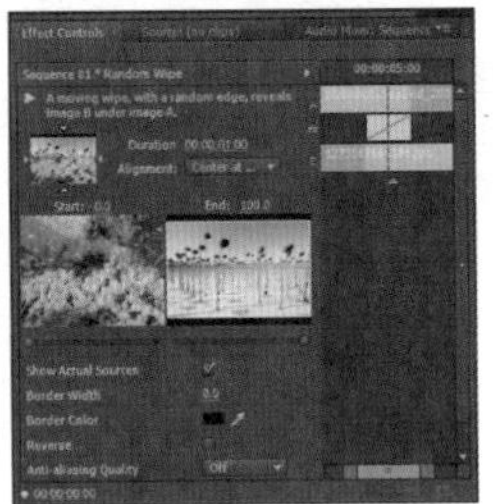
图6－366

添加Random Wipe（随机擦除）转场的效果如图6-367所示。

图6－367

★ 案例实战——随机擦除转场

案例文件	案例文件\第6章\随机擦除转场.prproj
视频教学	视频文件\第6章\随机擦除转场.flv
难易指数	★★★★★
技术要点	Random Wipe（随机擦除）转场效果的应用

案例效果

Random Wipe（随机擦除）转场效果，主要是随机产生方块，从一个方向逐渐向相对的方向逐渐擦除，直至显示出下一个素材。本案例主要是针对“应用Random Wipe（随机擦除）转场效果”的方法进行练习，如图6-368所示。

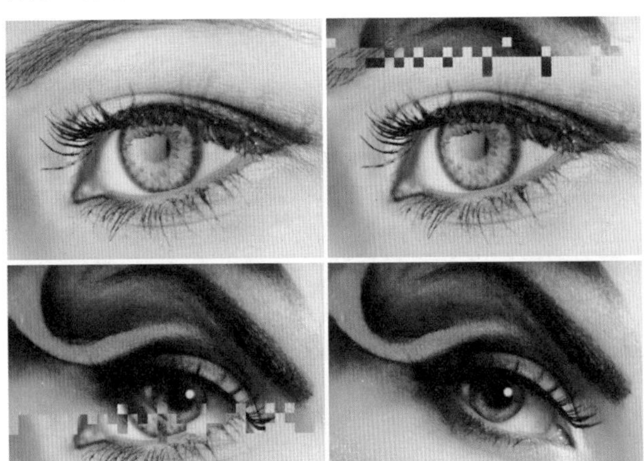
图6－368

操作步骤

01 单击【New Project（新建项目）】选项，并单击【Browse（浏览）】按钮设置保存路径，在【Name（名称）】文本框中设置文件名称。接着在弹出的对话框中选择【DV-PAL】/【Standard 48kHz】选项，如图6-369所示。

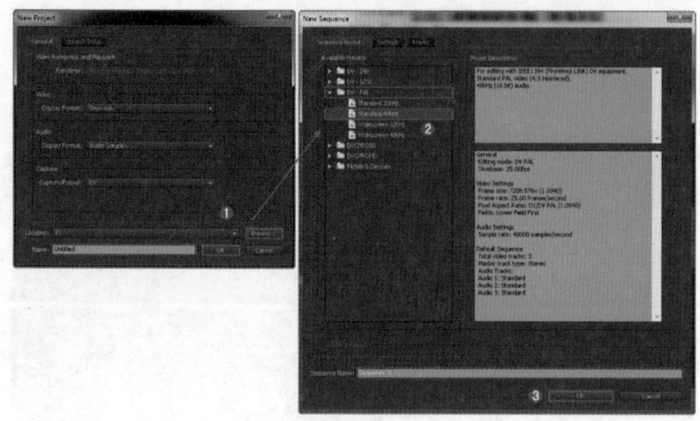

图6－369

02 选择菜单栏中的【File（文件）】/【Import（导入）】命令或者按快捷键【Ctrl+I】，将所需素材文件导入。如图6-370所示。

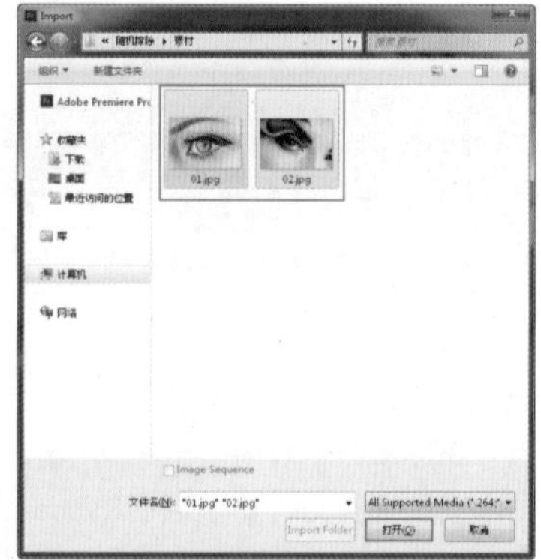

图6－370

03 将项目窗口的素材文件拖曳到窗口中的Video1轨道上，如图6-371所示。

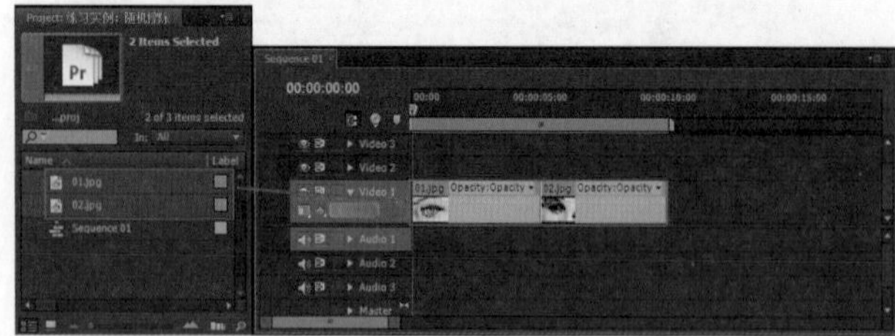

图6－371

04 分别选择Video1轨道上的素材文件，然后分别设置【01.jpg】的【Scale（缩放）】为120，【02.jpg】的【Position（位置）】为（465，332），【Scale（缩放）】为132，如图6-372所示。

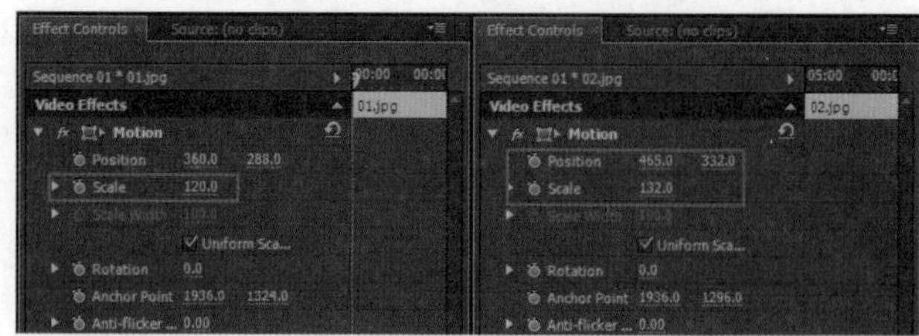

图6－372

05 在【Effects（效果）】窗口中搜索【Random Wipe（随机擦除）】效果，然后拖曳到【01.jpg】和【02.jpg】两个素材文件中间，如图6-373所示。

图6－373

技巧提示

在【Effect Controls（效果控制）】面板中，可以调节随机擦除块的边宽和边色，如图6－374和图6－375所示。

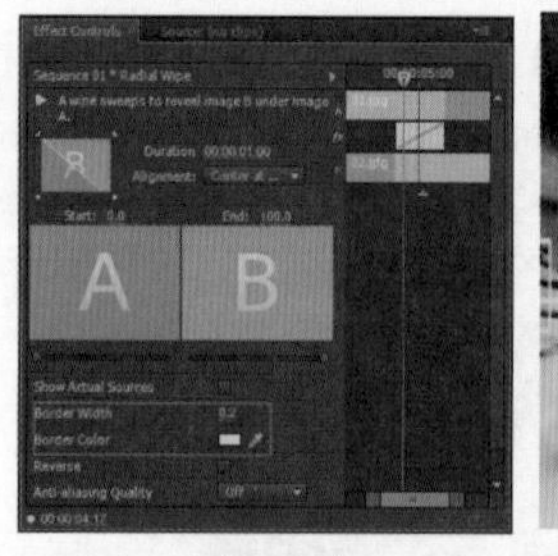

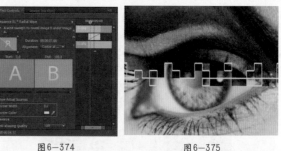

图6－374

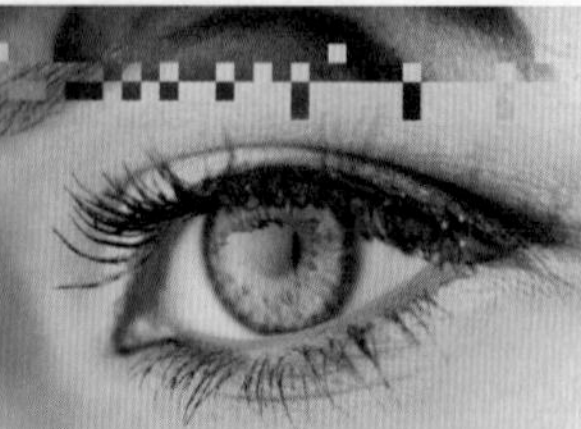

图6－375

06 此时拖动时间线滑块查看最终效果，如图6-376所示。

图6－376

6.11.13 Spiral Boxes（螺旋盒状）

技术速查：该切换效果会使素材B以螺旋块状旋转出现。可设置水平/垂直输入的方格数量。

选择【Effects（效果）】窗口中的【Video Transitions（视频转换）】/【Wipe（擦除）】/【Spiral Boxes（螺旋盒状）】命令，如图6-377所示。其参数面板如图6-378所示。

Custom（自定义）：单击该按钮，弹出如图6-379所示的对话框。

- Horizontal slices（水平切片）：可调节水平方向的擦除段数。
- Vertical slices（垂直切片）：可调节垂直方向的擦除段数。

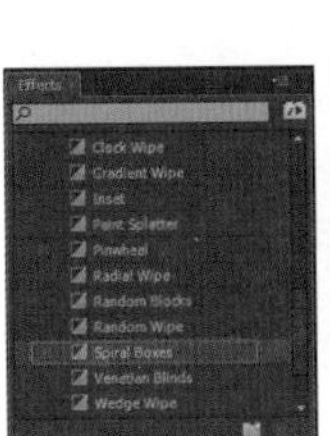
图6-377

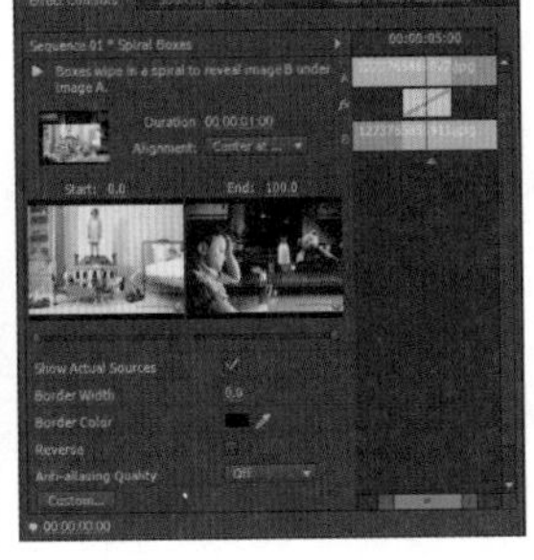
图6-378

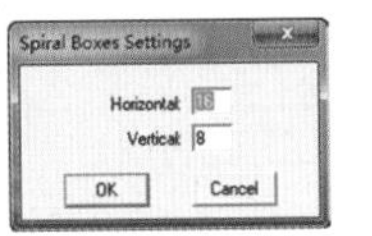

图6-379

添加Spiral Boxes（螺旋盒状）转场的效果如图6-380所示。

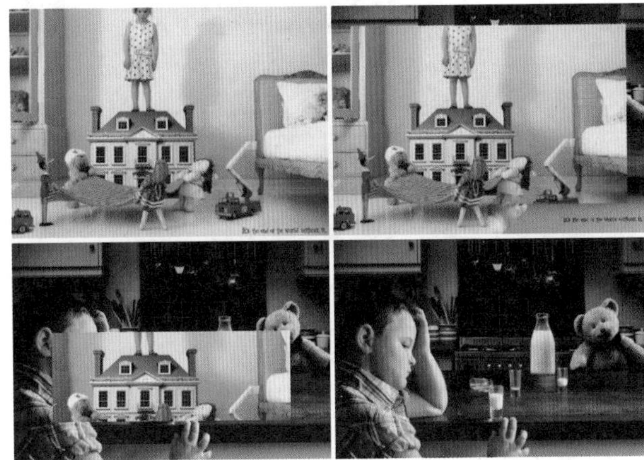
图6-380

6.11.14 Venetian Blinds（百叶窗）

技术速查：该切换效果会使素材B在逐渐加粗的线条中逐渐显示，类似于百叶窗效果。

单击【Effects（效果）】面板中的【Video Transitions（视频转换）】/【Wipe（擦除）】/【Venetian Blinds（百叶窗）】命令，如图6-381所示。其参数面板如图6-382所示。

Custom（自定义）：单击该按钮，弹出如图6-383所示的对话框。

- Number of bands（带状数量）：可设置带状滑动的条数。

图6-381

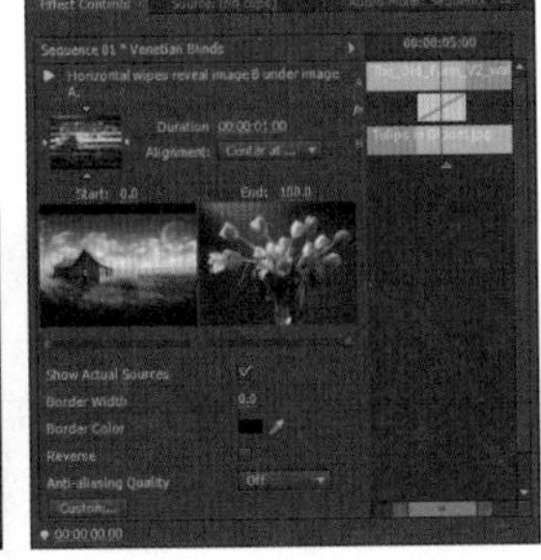
图6-382

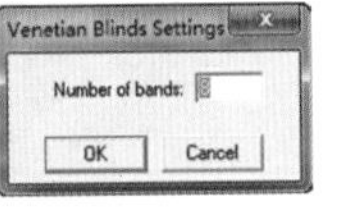

图6-383

添加Venetian Blinds（百叶窗）转场的效果如图6-384所示。

图6-384

6.11.15 Wedge Wipe（楔形擦除）

技术速查：该切换效果会使素材B呈扇形打开扫入。

选择【Effects（效果）】窗口中的【Video Transitions（视频转换）】/【Wipe（擦除）】/【Wedge Wipe（楔形擦除）】命令，如图6-385所示。其参数面板如图6-386所示。

添加Wedge Wipe（楔形擦除）转场的效果如图6-387所示。

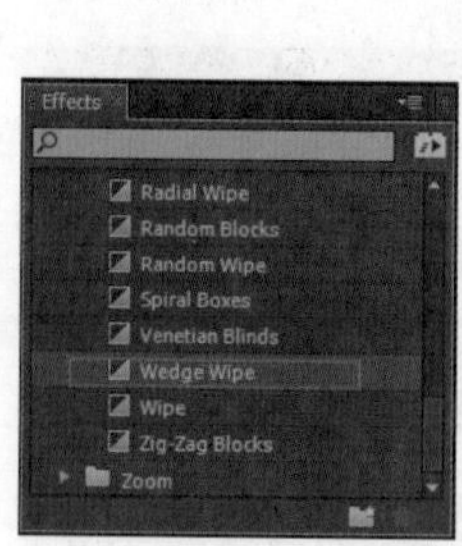

图6-385

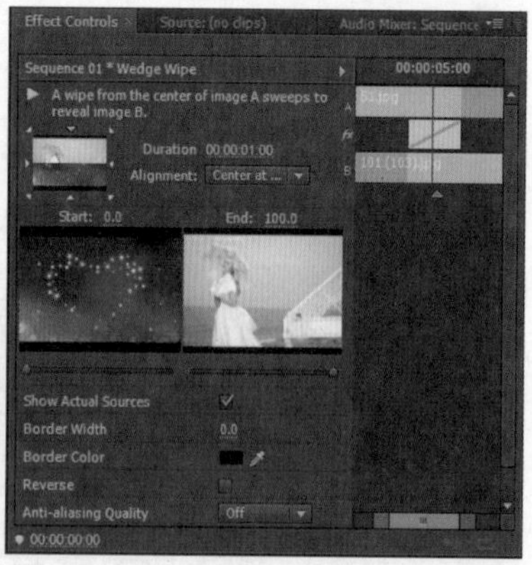

图6-386

图6-387

6.11.16 Wipe（擦除）

技术速查：该切换效果会使素材B逐渐扫过素材A。

选择【Effects（效果）】窗口中的【Video Transitions（视频转换）】/【Wipe（擦除）】/【Wipe（擦除）】命令，如图6-388所示。其参数面板如图6-389所示。

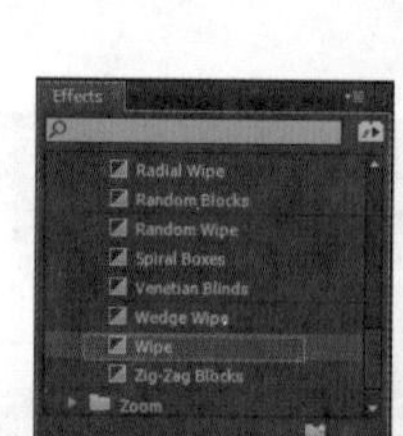

图6-388

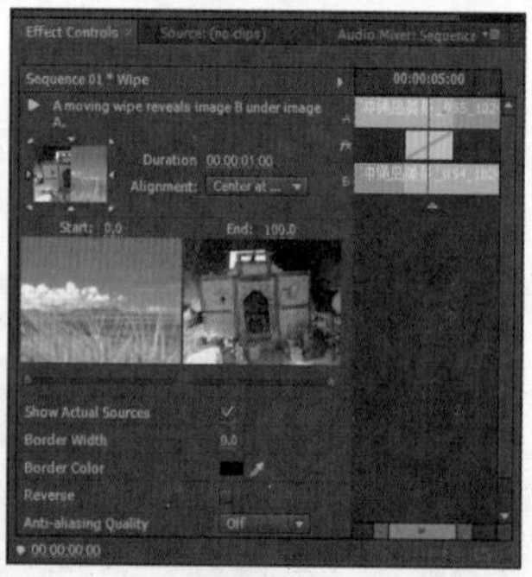

图6-389

添加Wipe（擦除）转场的效果如图6-390所示。

图6-390

★ 案例实战——擦除转场

案例文件	案例文件\第6章\擦除转场.prproj
视频教学	视频文件\第6章\擦除转场.flv
难易指数	★★★★★
技术要点	Wipe（擦除）转场效果的应用

案例效果

Wipe（擦除）转场效果，主要是将素材以一个方向进入画面，然后直至逐渐覆盖另一个素材。本案例主要是针对“应用Wipe（擦除）转场效果”的方法进行练习，如图6-391所示。

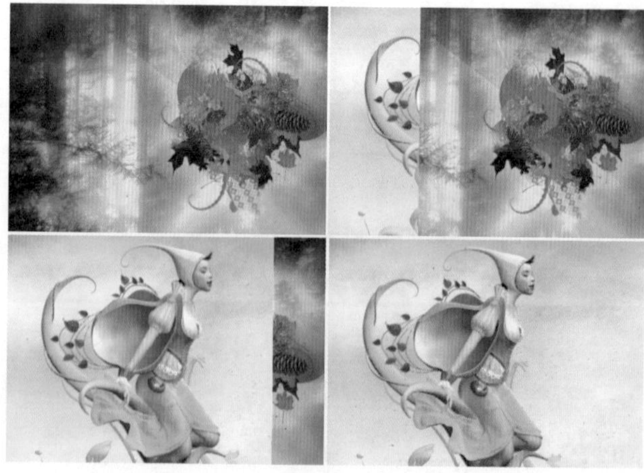

图6-391

操作步骤

01 单击【New Project（新建项目）】选项，并单击【Browse（浏览）】按钮设置保存路径，在【Name（名称）】文本框中设置文件名称。接着在弹出的对话框中选择【DV-PAL】/【Standard 48kHz】选项，如图6-392所示。

02 选择菜单栏中的【File（文件）】/【Import（导

入）】命令或者按快捷键【Ctrl+I】，将所需素材文件导入，如图6-393所示。

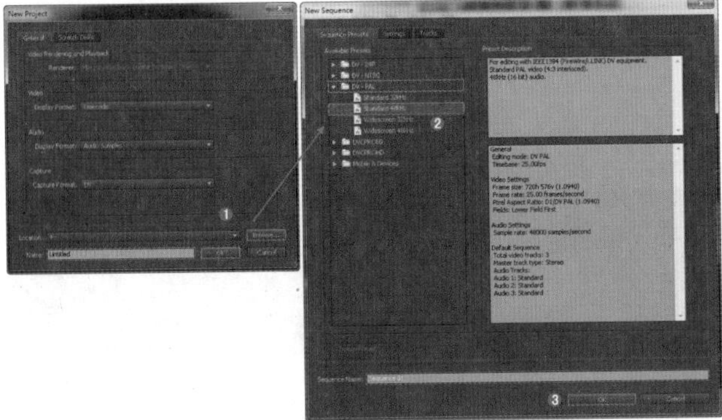

图6—392

图6—393

03 将项目窗口的素材文件拖曳到窗口中的Video1轨道上，如图6-394所示。

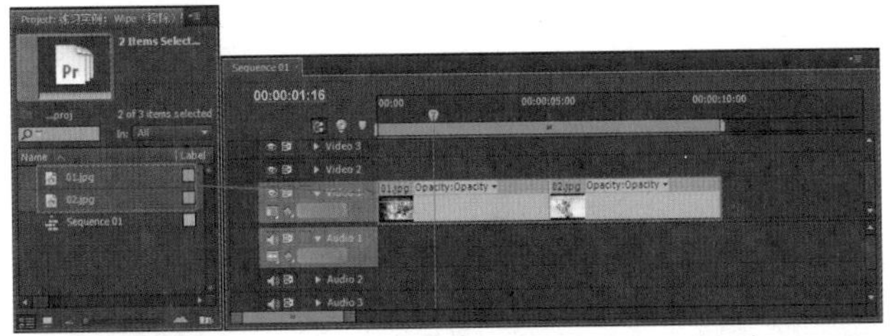

图6—394

04 分别选择Video1轨道上的素材文件，然后分别设置【Scale（缩放）】为74，如图6-395所示。此时效果如图6-396所示。

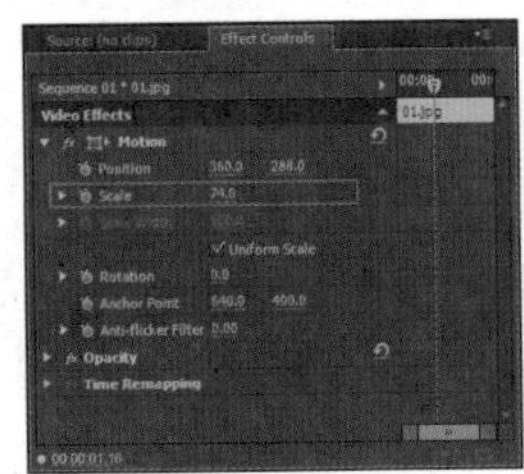

图6—395

图6—396

05 在【Effects（效果）】窗口中搜索【Wipe（擦除）】效果，然后拖曳到【01.jpg】和【02.jpg】两个素材文件中间，如图6-397所示。

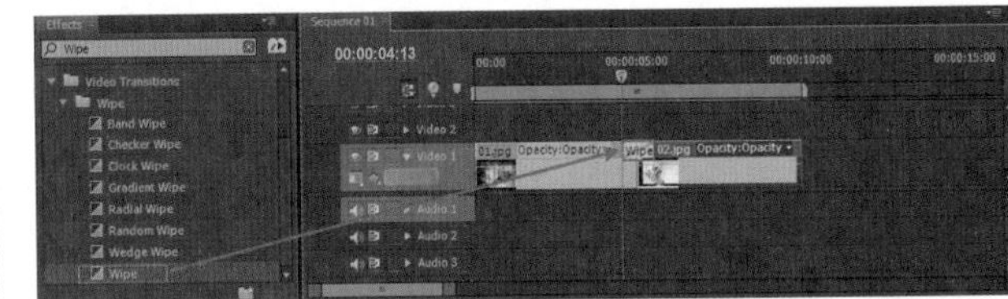

图6—397

技巧提示

在【Effect Controls（效果控制）】面板中，可以调节擦除素材的边宽和边色，如图6—398和图6—399所示。

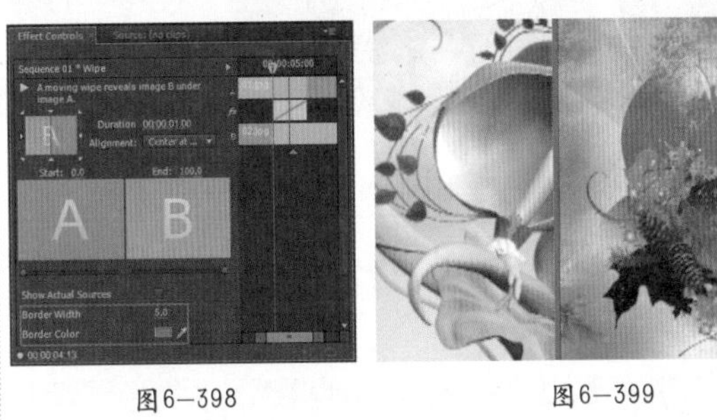

图6—398

图6—399

06 此时拖动时间线滑块查看最终效果，如图6-400所示。

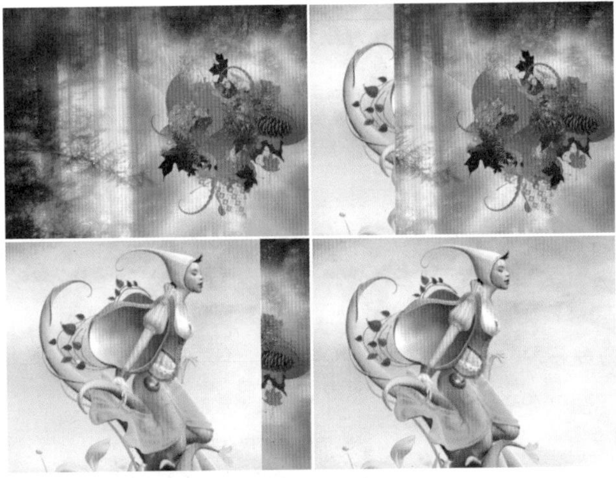

图6—400

读书笔记

6.11.17 Zig-Zag Blocks（Z形块）

技术速查：该切换效果会使素材B沿Z字形交错扫过素材A。可设置水平/垂直输入的方格数量。

选择【Effects（效果）】窗口中的【Video Transitions（视频转换）】/【Wipe（擦除）】/【Zig-Zag Blocks（Z形块）】命令，如图6-401所示。其参数面板如图6-402所示。

Custom（自定义）：单击该按钮，弹出如图6-403所示的对话框。

图6-401

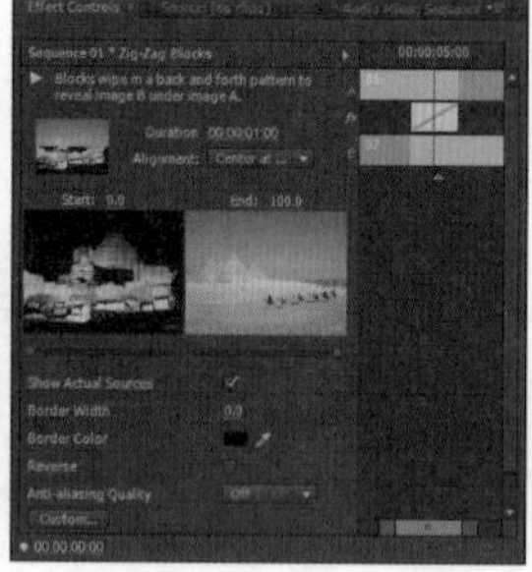
图6-402

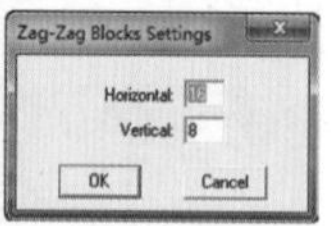

图6-403

- Horizontal slices（水平切片）：可调节水平方向的擦除段数。
- Vertical slices（垂直切片）：可调节垂直方向的擦除段数。

添加Zig-Zag Blocks（Z形块）转场的效果如图6-404所示。

图6-404

6.12 Zoom（缩放）类视频转场

Zoom（缩放）文件夹下的转场会对画面进行放大或者缩小操作，同时使缩放过后的画面运动起来，这就形成了花样丰富的转场特效。其中包括Cross Zoom（交叉缩放）、Zoom（缩放）、Zoom Boxes（盒子缩放）和Zoom Trails（缩放拖尾）4个特效，如图6-405所示。

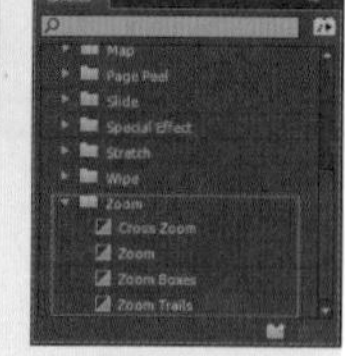
图6-405

6.12.1 Cross Zoom（交叉缩放）

技术速查：该切换效果会使素材A放大冲出画面，而素材B则缩小进入画面。

选择【Effects（效果）】窗口中的【Video Transitions（视频转换）】/【Zoom（缩放）】/【Cross Zoom（交叉缩放）】命令，如图6-406所示。其参数面板如图6-407所示。

- ：该点为过渡转场的中心点，可对中心点进行移动设置。效果如图6-408所示。

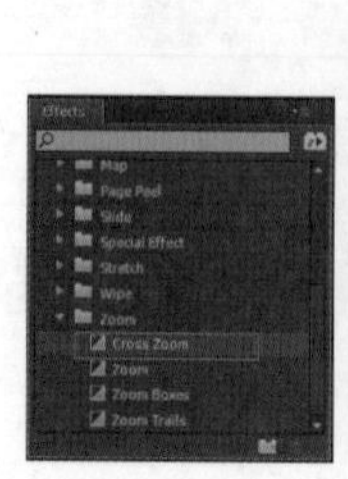
图6-406

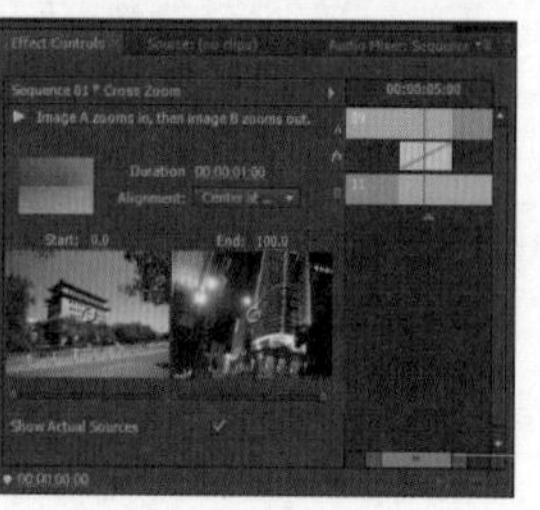
图6-407

图6-408

6.12.2 Zoom（缩放）

技术速查：该切换效果会使素材B从素材A中放大出现。

选择【Effects（效果）】窗口中的【Video Transitions（视频转换）】/【Zoom（缩放）】/【Zoom（缩放）】命令，如图6-409所示。其参数面板如图6-410所示。

- ：该点为过渡转场的中心点，可对中心点进行移动设置。效果如图6-411所示。

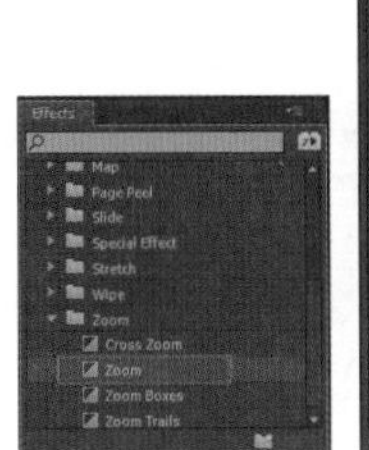

图6-409

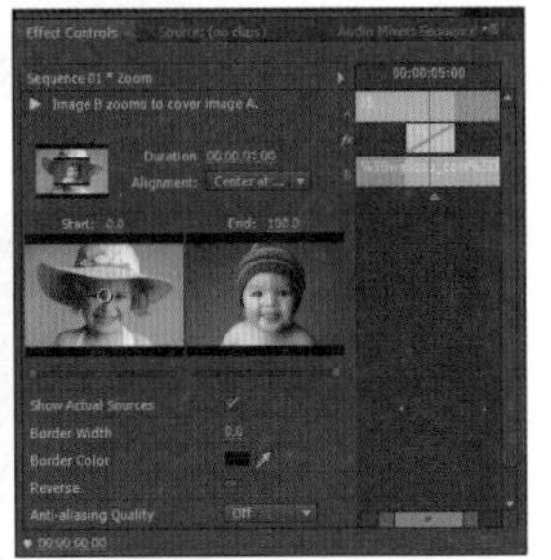

图6-410

图6-411

6.12.3 Zoom Boxes（盒子缩放）

技术速查：该切换效果会使素材B分为多个方块从A中放大出现。

选择【Effects（效果）】窗口中的【Video Transitions（视频转换）】/【Zoom（缩放）】/【Zoom Boxes（盒子缩放）】命令，如图6-412所示。其参数面板如图6-413所示。

Custom（自定义）：单击该按钮，弹出如图6-414所示的对话框。在该对话框中可调节矩形块的数量。

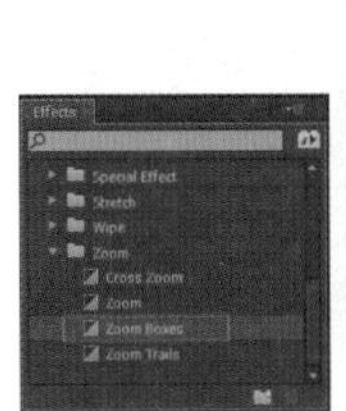

图6-412

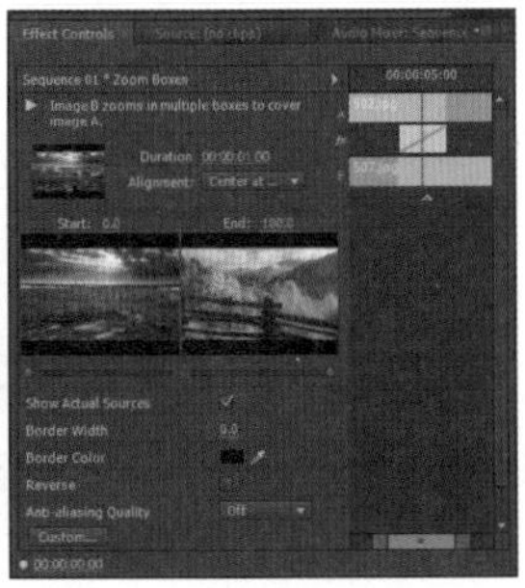

图6-413

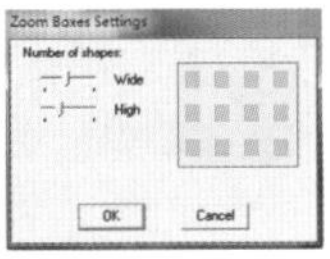

图6-414

添加Zoom Boxes（盒子缩放）转场的效果，如图6-415所示。

图6-415

6.12.4 Zoom Trails（缩放拖尾）

技术速查：该切换效果会使素材A缩小并带有拖尾消失。

选择【Effects（效果）】窗口中的【Video Transitions（视频转换）】/【Zoom（缩放）】/【Zoom Trails（缩放拖尾）】命令，如图6-416所示。其参数面板如图6-417所示。

Custom（自定义）：单击该按钮，弹出如图6-418所示的对话框。在该对话框中可调节运动轨迹产生的数目。

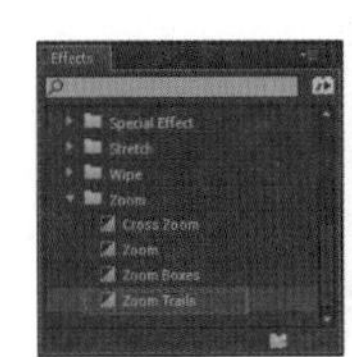

图6-416

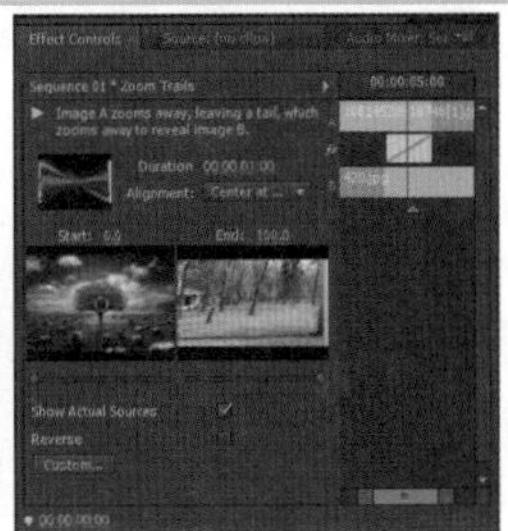

图6-417

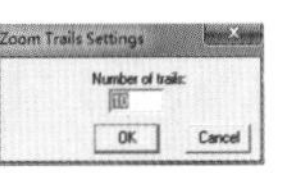

图6-418

● 【图标】：该点为过渡转场的中心点，可对中心点进行移动设置。效果如图6-419所示。

图6-419

★ 案例实战——缩放拖尾

案例文件	案例文件\第6章\缩放拖尾.prproj
视频教学	视频文件\第6章\缩放拖尾.flv
难易指数	★★★★★
技术要点	Zoom Trails（缩放拖尾）转场效果的应用

案例效果

Zoom Trails（缩放拖尾）转场效果，主要是素材由大到小向画面中间缩小，并同时产生缩放运动拖尾动画，直至显示出下一个素材。本案例主要是针对"应用Zoom Trails（缩放拖尾）转场效果"的方法进行练习，如图6-420所示。

图6-420

操作步骤

01 单击【New Project（新建项目）】选项，并单击【Browse（浏览）】按钮设置保存路径，在【Name（名称）】文本框中设置文件名称。接着在弹出的对话框中选择【DV-PAL】/【Standard 48kHz】选项，如图6-421所示。

02 选择菜单栏中的【File（文件）】/【Import（导入）】命令或者按快捷键【Ctrl+I】，将所需素材文件导入，如图6-422所示。

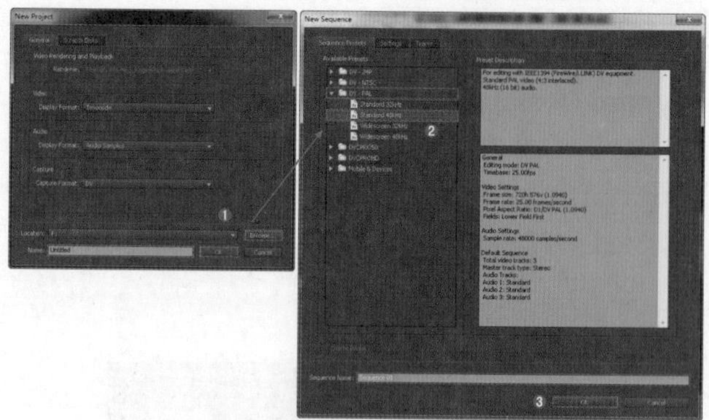

图6-421

图6-422

03 将项目窗口的素材文件拖曳到窗口中的Video1轨道上，如图6-423所示。

图6-423

04 分别选择Video1轨道上的素材文件，然后分别设置【Scale（缩放）】为50，如图6-424所示。此时效果如图6-425所示。

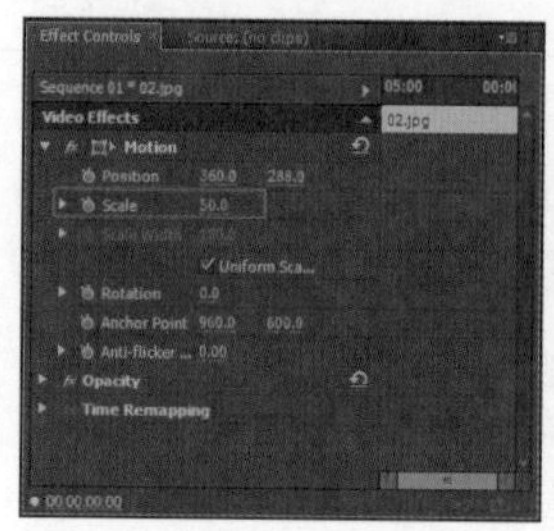

图6-424

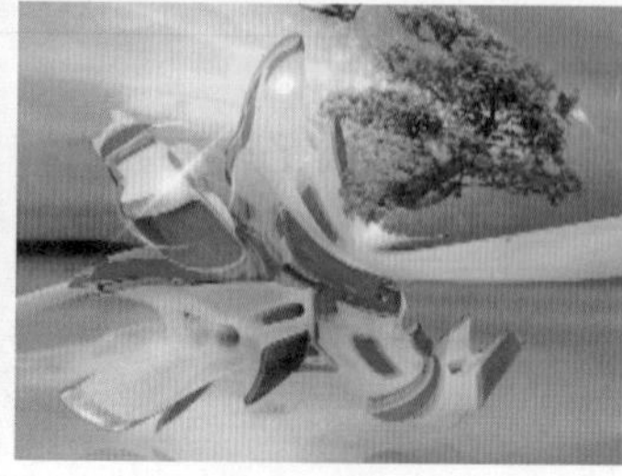

图6-425

05 在【Effects（效果）】窗口中搜索【Zoom Trails（缩放拖尾）】效果，然后拖曳到【01.jpg】和【02.jpg】两个素材文件中间，如图6-426所示。

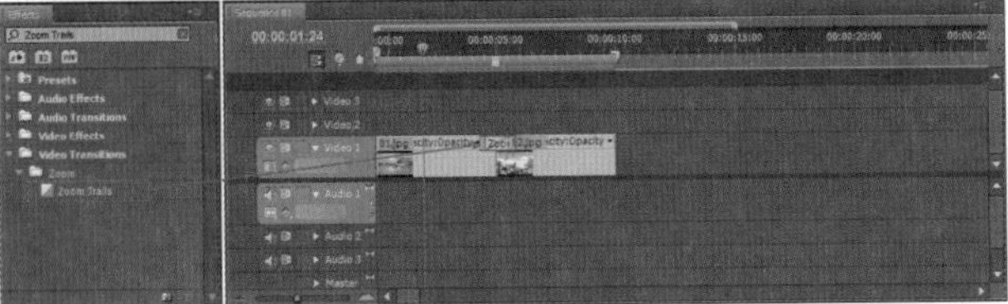

图6-426

技巧提示

在【Effect Controls（效果控制）】面板中，单击【Custom（自定义）】按钮，然后在弹出的对话框中调整【Number of trails（拖尾数量）】的数值来控制缩放拖尾的运动轨迹产生数量，如图6-427和图6-428所示。

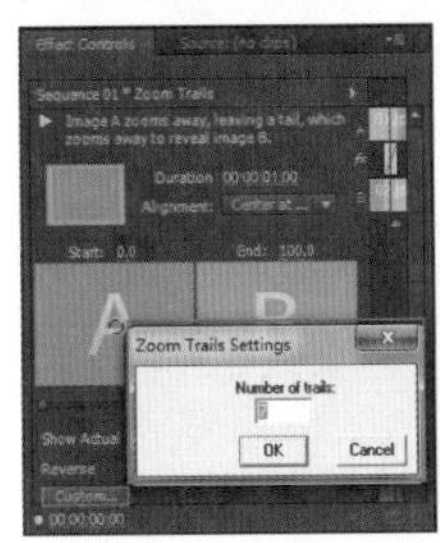

图6-427

图6-428

06 此时拖动时间线滑块查看最终效果，如图6-429所示。

图6-429

★ 综合实战——多种转场效果

案例文件　案例文件\第6章\多种转场效果.prproj
视频教学　视频文件\第6章\多种转场效果.flv
难易指数　★★★★★
技术要点　黑场过渡、星形划像、滑动条带、螺旋盒状和盒子缩放转场效的应用

案例效果

多种转场效果，主要是将【Effects（效果）】窗口中的多种转场效果综合运用。本案例主要是针对“应用多种转场效果”的方法进行练习，如图6-430所示。

图6-430

操作步骤

01 单击【New Project（新建项目）】选项，并单击【Browse（浏览）】按钮设置保存路径，在【Name（名称）】文本框中设置文件名称。接着在弹出的对话框中选择【DV-PAL】/【Standard 48kHz】选项，如图6-431所示。

02 选择菜单栏中的【File（文件）】/【Import（导入）】命令或者按快捷键【Ctrl+I】，将所需的素材文件导入，如图6-432所示。

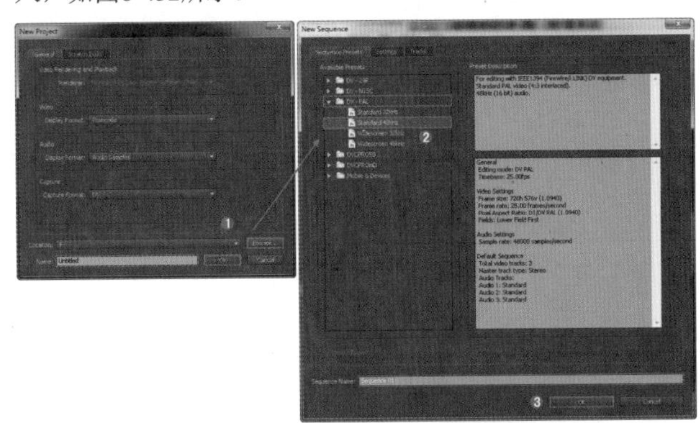

图6-431

图6-432

03 将项目窗口中的素材文件按顺序拖曳到Video1轨道上，并分别调节各个素材的缩放和位置，如图6-433所示。

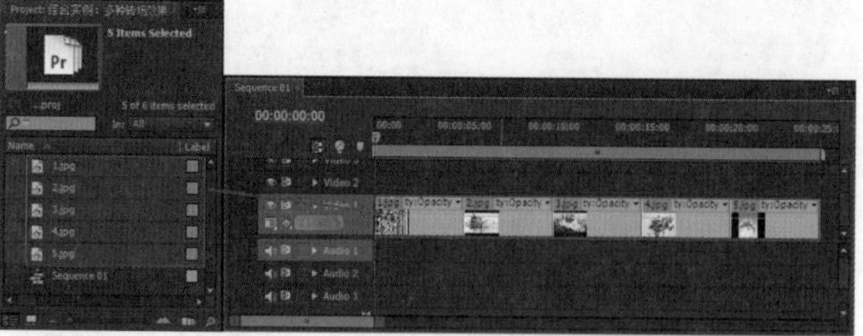

图6-433

04 在【Effects（效果）】窗口中将【Dip to Black（黑场过渡）】、【Iris Star（星形划像）】、【Sliding Bands（滑动条带）】、【Spiral Boxes（螺旋盒状）】、【Zoom Boxes（盒子缩放）】转场效果拖曳到Video1轨道上的素材文件之间，如图6-434所示。

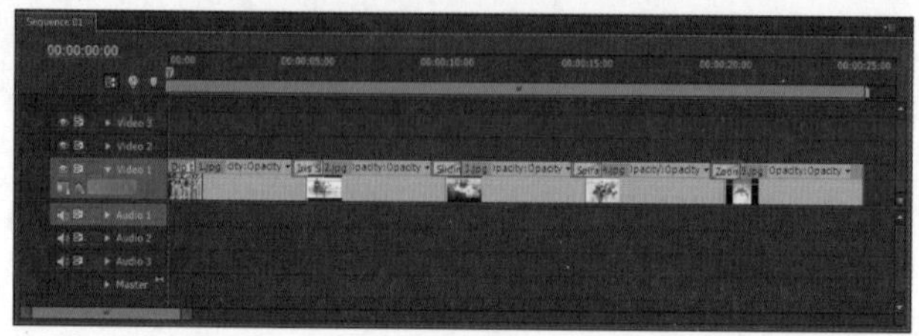

图6-434

05 此时拖动时间线滑块查看最终效果，如图6-435所示。

图6-435

课后练习

【课后练习——星形划像转场效果】

思路解析：

在【Effects（效果）】窗口中找到【Iris Star（星形划像）】转场效果。

将该转场效果添加到时间线窗口中的两个素材文件之间即可。

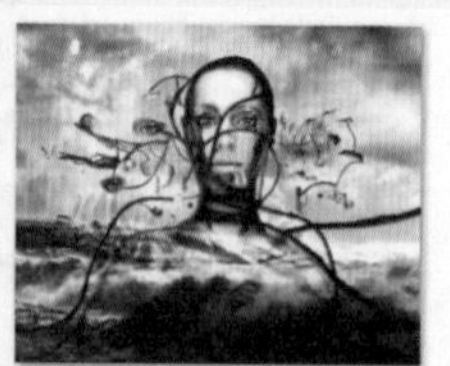

本章小结

转场效果的使用非常广泛，应用转场效果可以使场景与场景之间的转换过渡更加平滑。在转场的使用上，不同的转场可能会影响该影片的最终风格效果。精通和应用各种转场可以对画面过渡起到非常重要的作用。

第7章

调色技术

本章内容简介：

在Adobe Premiere Pro CS6中，可以利用多种调色特效对素材制作出不同的色彩画面效果。在制作之前，需要了解什么是调色，调色的应用方法是什么。本章介绍了调色效果的使用方法和基本应用操作，以及常用调色的技巧。

本章学习要点：

- 了解什么是调色
- 了解调色的效果
- 掌握调色效果的应用方法
- 掌握常用的调色技巧

7.1 初识调色

色彩既是客观世界的反映，同时又是主观世界的感受。调色具有很强的规律性，涉及色彩构成理论、颜色模式转换理论、通道理论。常用的调色效果包括色阶、曲线、色彩平衡、色相/饱和度等基本调色方式。

7.1.1 什么是色彩设计

色彩设计是设计领域中最为重要的一门课程，用于探索和研究色彩在物理学、生理学、心理学及化学方面的规律，以及对人的心理、生理产生的影响。如图7-1所示为颜色色环。

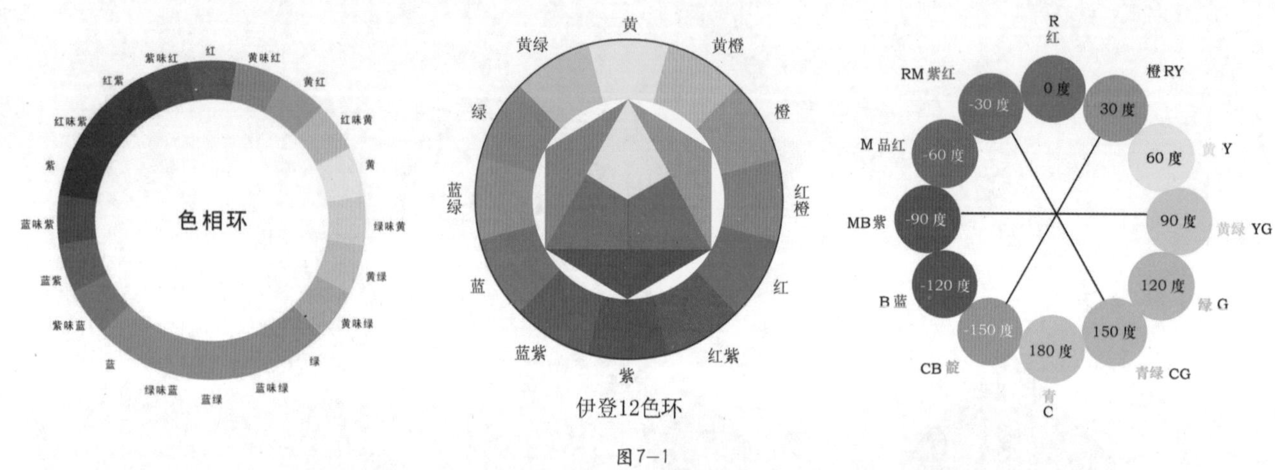

图7-1

7.1.2 色彩的混合原理

技术速查：色彩的混合有加色混合、减色混合和中性混合3种形式。最为常用的是加色混合和减色混合。

动手学：加色混合

在对已知光源色研究过程中，发现色光的三原色与颜料色的三原色有所不同，色光的三原色为红（略偏橙色）、绿、蓝（略偏紫色）。而色光三原色混合后的间色（红紫、黄、绿青）相当于颜料色的三原色，色光在混合中会使混合后的色光明度增加，使色彩明度增加的混合方法称为加法混合，也叫色光混合，如图7-2所示。

红光+绿光=黄光
红光+蓝光=品红光
蓝光+绿光=青光
红光+绿光+蓝光=白光

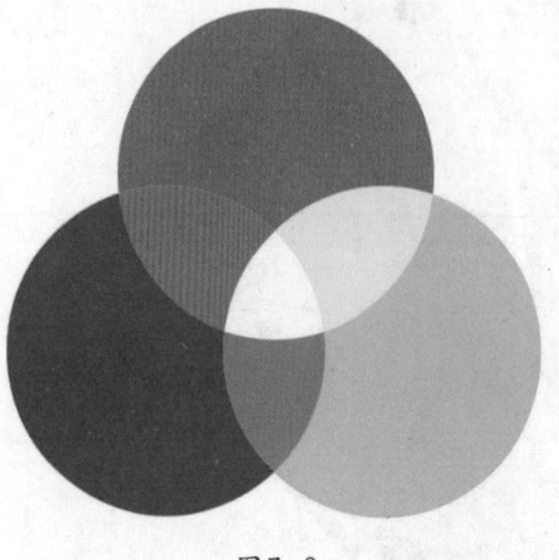

图7-2

动手学：减色混合

当色料混合在一起时，呈现另一种颜色效果，就是减色混合法。色料的三原色分别为品红、青和黄色，因为一般三原色色料的颜色本身就不够纯正，所以混合以后的色彩也不是标准的红、绿和蓝色。三原色色料的混合有着下列规律，如图7-3所示。

青色+品红色=蓝色
青色+黄色=绿色
品红色+黄色=红色
品红色+黄色+青色=黑色

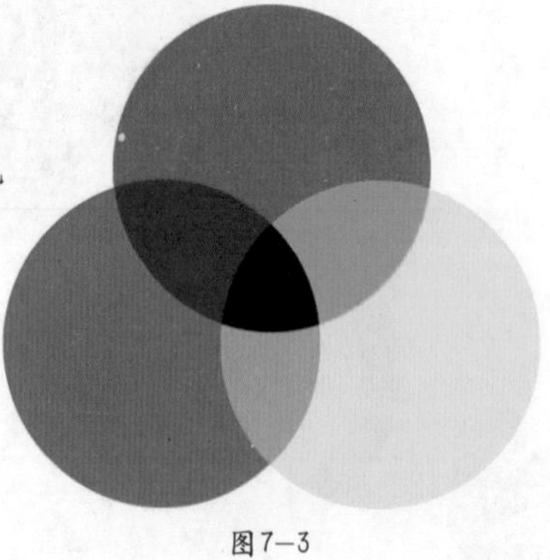

图7-3

7.1.3 色彩的三大属性

就像人类有性别、年龄、人种等可判别个体的属性一样，色彩也具有其独特的三大属性：色相、明度、纯度。任何色彩都有色相、明度、纯度3个方面的性质，这3种属性是界定色彩感官识别的基础。灵活地应用三属性变化也是色彩设计的基础，通过色彩的色相、明度、纯度的共同作用才能更加合理地达到某些目的或效果作用。“有彩色”具有色相、明度和纯度3个属性，“无彩色”只拥有明度。

色相

色相就是色彩的“相貌”，色相与色彩的明暗无关，只区别色彩的名称或种类。色相是根据该颜色光波长短划分的，只要色彩的波长相同，色相就相同，波长不同才产生色相的差别。

说到色相就不得不了解一下什么是“三原色”、“二次色”以及“三次色”。

三原色由3种基本原色构成，原色是指不能透过其他颜色的混合调配而得出的“基本色”，如■■■红蓝黄。

二次色即“间色”，是由两种原色混合调配而得出的，如■■■橙绿紫。三次色即是由原色和二次色混合而成的颜色，如■■■■■■红橙 黄橙 黄绿 蓝绿 蓝紫 红紫。

“红、橙、黄、绿、青、蓝、紫”是日常中最常听到的基本色，在各色中间加插一两个中间色，即可制出十二基本色相，如图7-4所示。

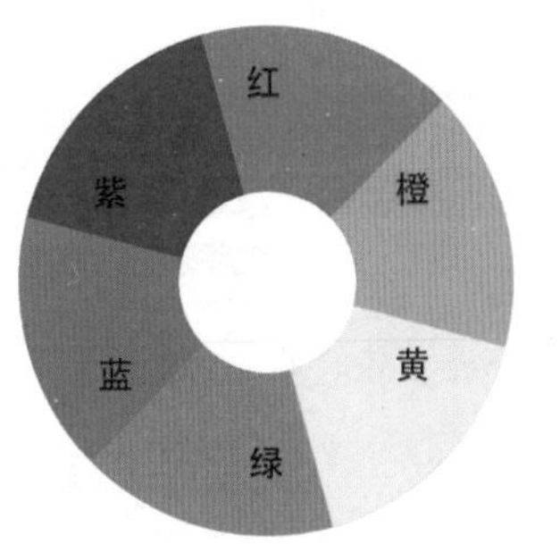

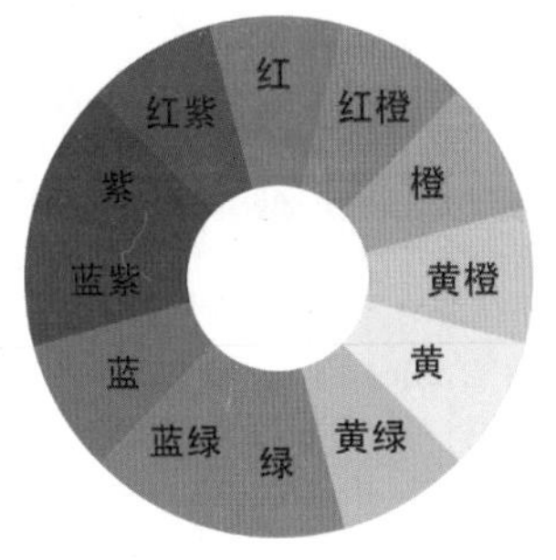

图7—4

在色相环中，穿过中心点的对角线位置即角度为180°的时候的两种颜色是互补色。因为这两种色彩的差异最大，所以当这两种颜色相互搭配，两种色彩的特征会相互衬托得十分明显。补色搭配也是常见的配色方法。

红色与绿色互为补色，紫色和黄色互为补色，如图7-5所示。

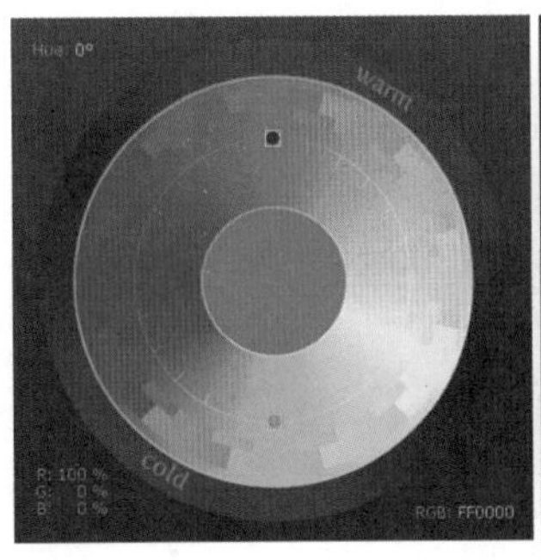

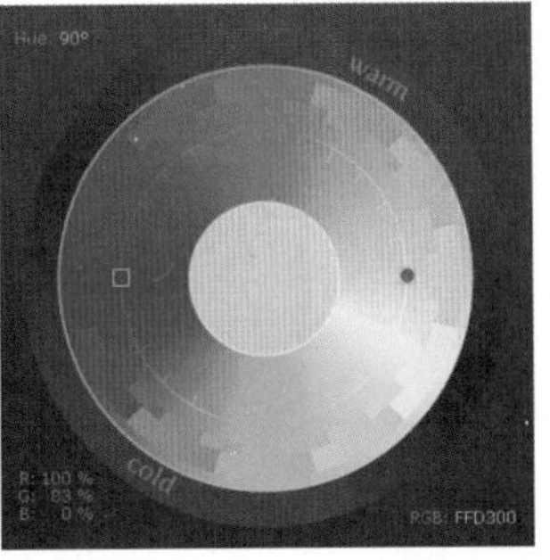

图7—5

明度

明度是眼睛对光源和物体表面的明暗程度的感觉，主要是由光线强弱决定的一种视觉经验。明度也可以简单地理解为颜色的亮度。明度越高，色彩越白越亮，反之则越暗，如图7-6所示。

高明度　中明度　低明度

图7—6

色彩的明暗程度有两种，同一颜色的明度变化和不同颜色的明度变化。同一色相的明度深浅变化效果如图7-7所示。不同的色彩也存在明暗变化，其中黄色明度最高，紫色明度最低，红、绿、蓝、橙色的明度相近，为中间明度。

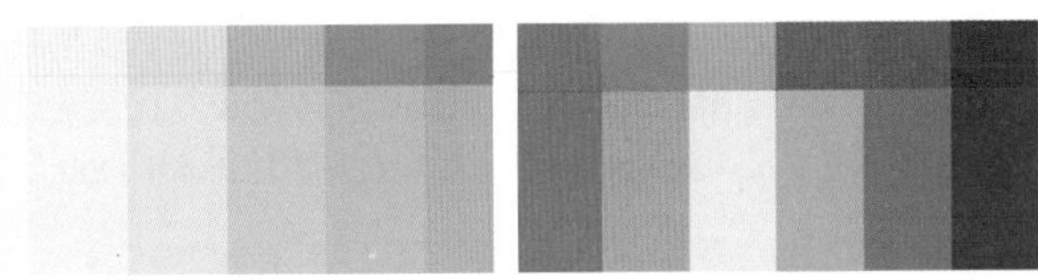

图7—7

使用不同明度的色块可以帮助表达画面的感情。在不同色相中的不同明度效果如图7-8所示。在同一色相中的明度深浅变化效果如图7-9所示。

图7—8　图7—9

纯度

纯度是指色彩的鲜浊程度，也就是色彩的饱和度。物体的饱和度取决于该物体表面选择性的反射能力。在同一色相中添加白色、黑色或灰色都会降低它的纯度。如图7-10所示为有彩色与无彩色的加法。

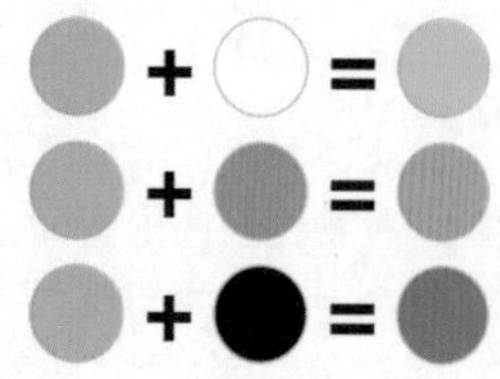

图7—10

色彩的纯度也像明度一样有着丰富的层次，使得纯度的对比呈现出变化多样的效果。混入的黑、白、灰成分越多，则色彩的纯度越低。以红色为例，在加入白色、灰色和黑色后其纯度都会随着降低，如图7-11所示。

图7—11

在设计中可以通过控制色彩纯度的方式对画面进行调整。纯度越高，画面颜色效果越鲜艳、明亮，给人的视觉冲击力越强；反之，色彩的纯度越低，画面的灰暗程度就会增加，其所产生的效果就更加柔和、舒服。如图7-12所示，高纯度给人一种艳丽的感觉，而低纯度给人一种灰暗的感觉。

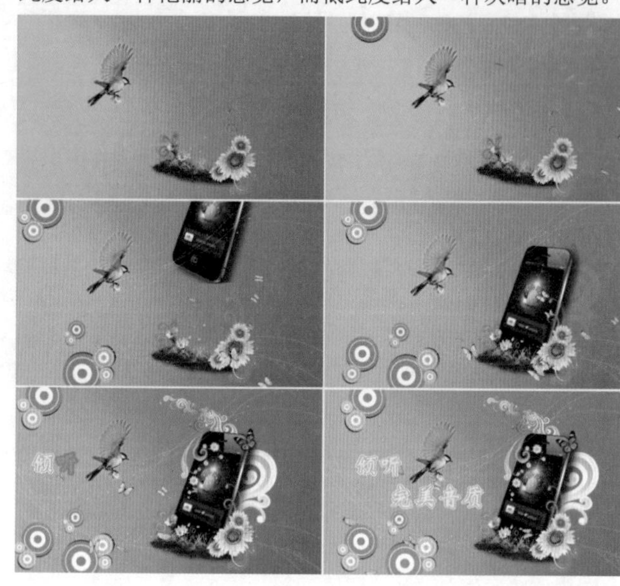

图7—12

7.2 Color Correction（颜色校正）类视频效果

Color Correction（颜色校正）类视频效果主要用于调节各种和颜色相关的效果，如更改颜色、曲线等。其中包括Brightness & Contrast（亮度和对比度）、Broadcast Colors（广播级色彩）、Change Color（更改颜色）、Change To Color（转换颜色）和Channel Mixer（通道混合器）等效果，如图7-13所示。

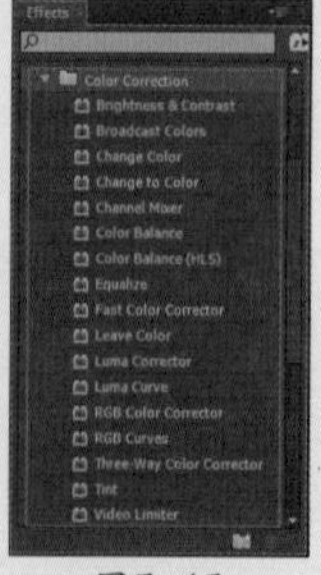

图7—13

7.2.1 Brightness & Contrast（亮度和对比度）

技术速查：亮度和对比度可以对素材画面的亮度和对比度进行调节。

选择【Effects（效果）】窗口中的【Video Effects（视频效果）】/【Color Correction（颜色校正）】/【Brightness & Contrast（亮度和对比度）】命令，如图7-14所示。其参数面板如图7-15所示。

- Brightness（亮度）：控制素材亮度。如图7-16所示为设置Brightness（亮度）值分别为0和30时的对比效果。
- Contrast（对比度）：控制素材对比度。如图7-17所示为设置Contrast（对比度）值分别为0和30时的对比效果。

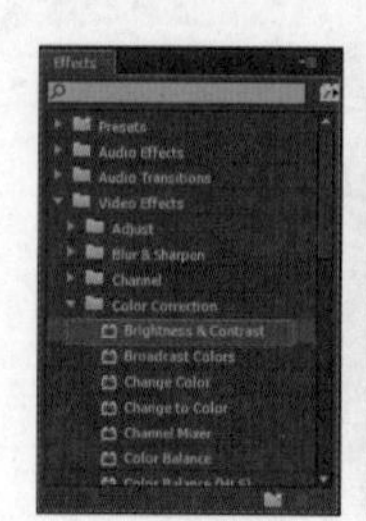

图7—14

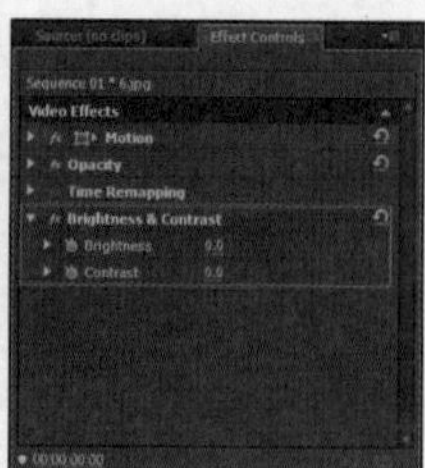

图7—15

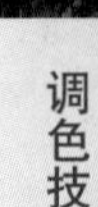

图7—16

图7—17

7.2.2 Broadcast Colors（广播级色彩）

技术速查：广播级色彩可以对素材的色彩值进行调整，以便能够在电视中更精确地显示。

选择【Effects（效果）】窗口中的【Video Effects（视频效果）】/【Color Correction（颜色校正）】/【Broadcast Colors（广播级色彩）】命令，如图7-18所示。其参数面板如图7-19所示。

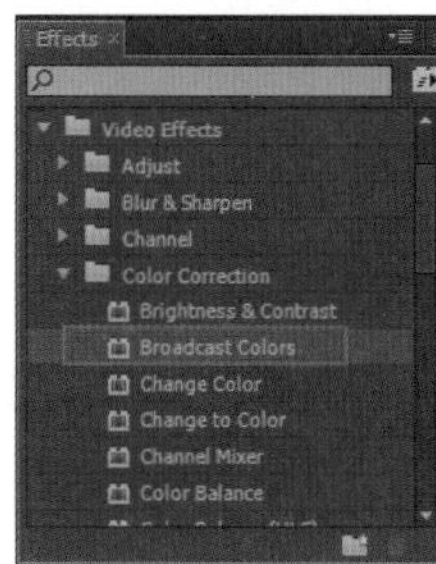

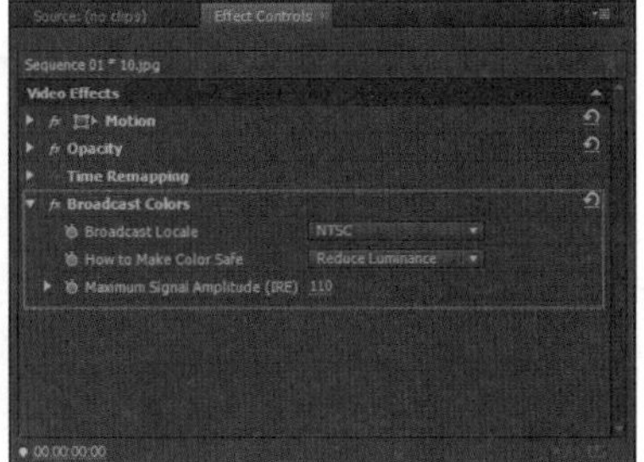

图7—18　　图7—19

- Broadcast Locale（广播区域设置）：用来选择适合的电视制式，包括NTSC和PAL制作，我国应该选PAL制。
- How To Make Color Safe（如何使色彩安全）：可以选择用于缩小信号振幅的方式。
- Maximum Signal Amplitude (IRE)（最大信号波幅（IRE））：设置当前信号振幅的最大值。如图7-20所示为设置Maximum Signal Amplitude (IRE)（最大信号波幅（IRE））值分别为110和90时的对比效果。

图7—20

7.2.3 Change Color（更改颜色）

技术速查：更改颜色效果可以调整素材画面的色相、明度和饱和度的颜色范围。

选择【Effects（效果）】窗口中的【Video Effects（视频效果）】/【Color Correction（颜色校正）】/【Change Color（更改颜色）】命令，如图7-21所示。其参数面板如图7-22所示。

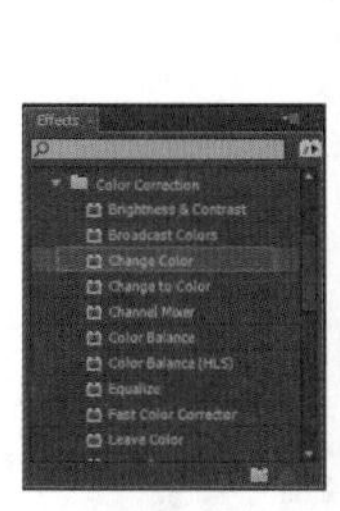

图7—21　　图7—22

- View（视图）：设置校正颜色的形式，可选择校正的图层和色彩校正的蒙版。
- Hue Transform（色相变换）：调整颜色的色相。
- Lightness Transform（明度变换）：调整颜色的明度。
- Saturation Transform（饱和度变换）：调整颜色的饱和度。
- Color To Change（要更改的颜色）：设置要改变的颜色。
- Matching Tolerance（匹配宽容度）：设置颜色的差值范围。
- Matching Softness（匹配柔和度）：设置颜色的柔和度。
- Match Colors（匹配颜色）：可设置匹配颜色。
- Invert Color Correction Mask（反相色彩校正蒙版）：选中该复选框，可将当前改变的颜色值反转。

★ 案例实战——衣服变色效果

案例文件	案例文件\第7章\衣服变色效果.prproj
视频教学	视频文件\第7章\衣服变色效果.flv
难易指数	★★★★★
技术要点	Change Color（更改颜色）和Brightness & Contrast（亮度和对比度）效果的应用

案例效果

不同的色彩给人以不同的感官享受，例如红色给人热情奔放的感觉，而紫色给人神秘和高雅的感觉。本案例主要是针对“制作衣服变色效果”的方法进行练习，如图7-23所示。

图7–23

操作步骤

01 单击【New Project（新建项目）】选项，并单击【Browse（浏览）】按钮设置保存路径，在【Name（名称）】文本框中设置文件名称。接着在弹出的对话框中选择【DV-PAL】/【Standard 48kHz】选项，如图7-24所示。

02 选择菜单栏中的【File（文件）】/【Import（导入）】命令或按快捷键【Ctrl+I】，在打开的对话框中选择所需的素材文件，并单击【打开】按钮导入，如图7-25所示。

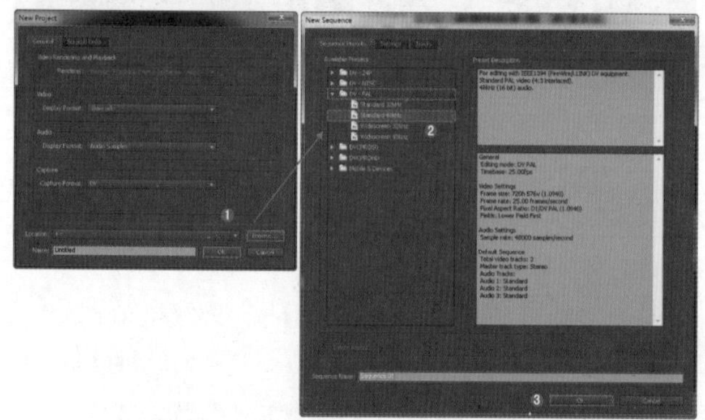

图7–24

图7–25

03 将项目窗口中的【01.jpg】素材文件分别拖曳到Video1和Video2轨道上，如图7-26所示。

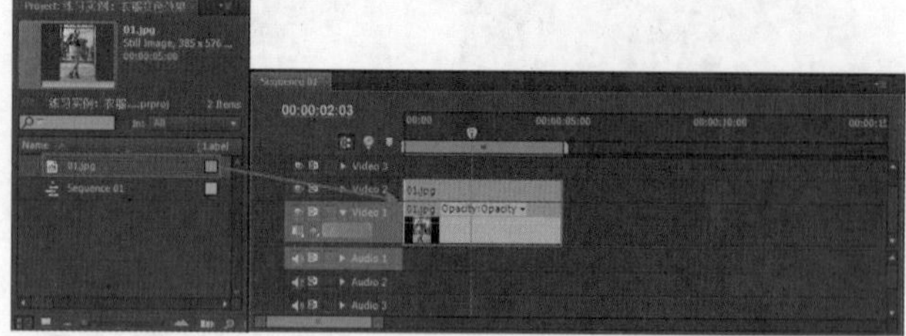

图7–26

04 选择Video1轨道上的【01.jpg】素材文件，然后设置【Position（位置）】为（175，288），【Scale（缩放）】为105，如图7-27所示。

05 选择Video2轨道上的【01.jpg】素材文件，然后设置【Position（位置）】为（543，288），【Scale（缩放）】为105，如图7-28所示。

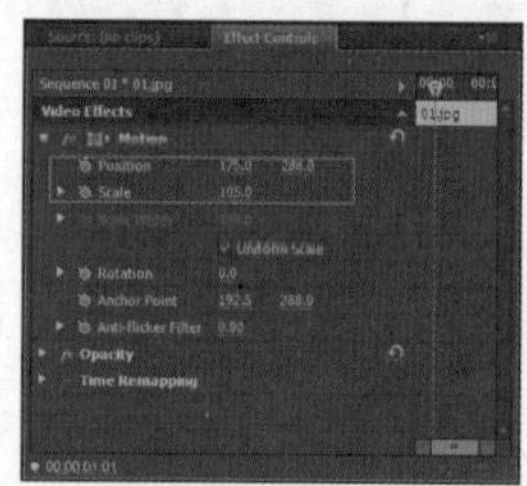

图7–27

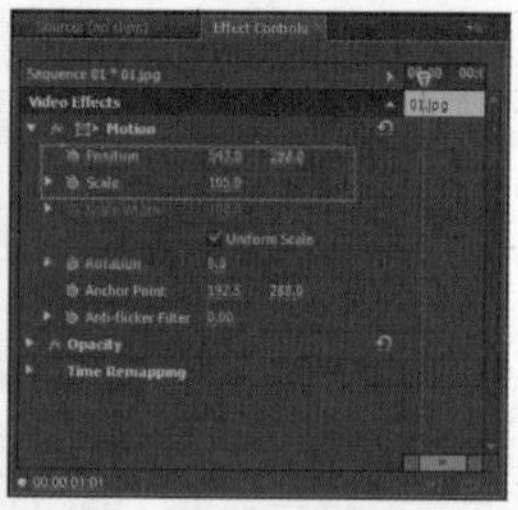

图7–28

06 在【Effects（效果）】窗口中搜索【Brightness & Contrast（亮度和对比度）】效果，并按住鼠标左键将其拖曳到Video1轨道的【01.jpg】素材文件上，如图7-29所示。

图7–29

07 选择Video1轨道的【01.jpg】素材文件，然后设置【Brightness & Contrast（亮度和对比度）】效果的【Brightness（亮度）】为16，【Contrast（对比度）】为29，如图7-30所示。此时效果如图7-31所示。

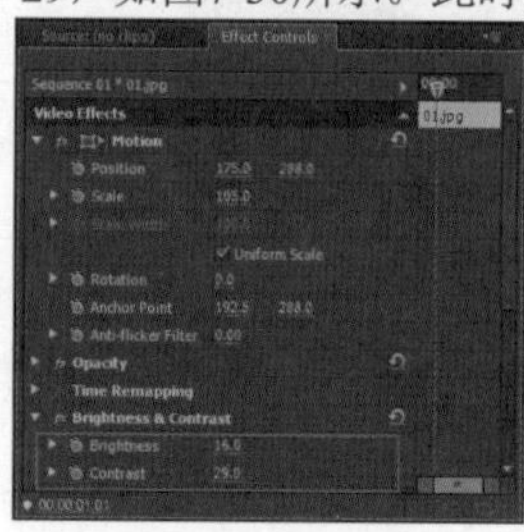

图7–30

图7–31

08 在【Effects（效果）】窗口中搜索【Change Color（更改颜色）】效果，并按住鼠标左键将其拖曳到Video1轨道的【01.jpg】素材文件上，如图7-32所示。

图7—32

09 选择Video1轨道上的【01.jpg】素材文件，然后设置【Change Color（更改颜色）】效果的【Match Colors（匹配颜色）】为【Using Hue（使用色相）】，【Color To Change（要更改的颜色）】为蓝色（R：35，G：77，B：159），【Hue Transform（色相变换）】为69，【Saturation Transform（饱和度变换）】为-10，【Matching Tolerance（匹配宽容度）】为25%，【Matching Softness（匹配柔和度）】为3%，如图7-33所示。此时效果如图7-34所示。

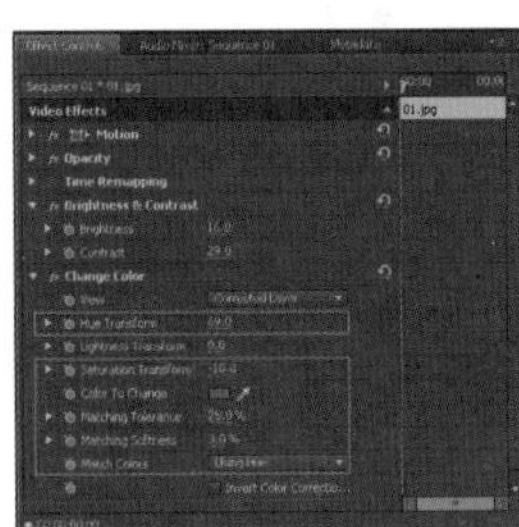

图7—33

图7—34

10 选择Video1轨道上的【01.jpg】素材文件，然后将其【Effect Controls（效果控制）】面板中的【Brightness & Contrast（亮度和对比度）】和【Change Color（更改颜色）】效果复制到Video2轨道的【01.jpg】素材文件上，并修改相关参数，如图7-35和图7-36所示。

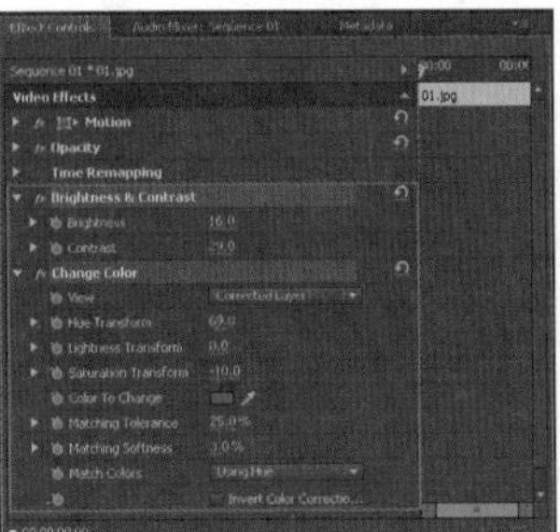

图7—35

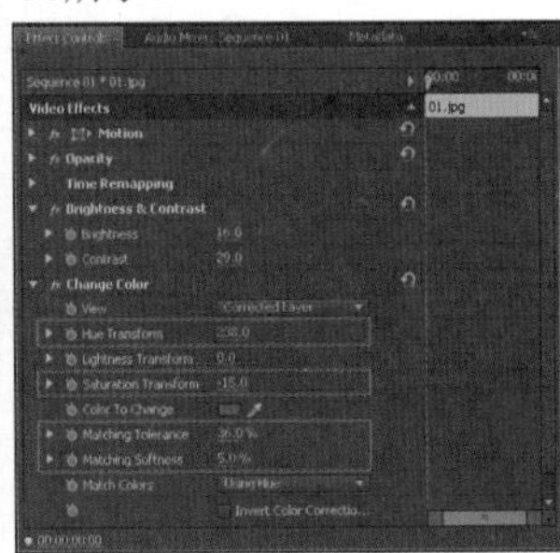

图7—36

11 此时拖动时间线滑块查看最终效果，如图7-37所示。

图7—37

答疑解惑：在应用Color To Change（要更改的颜色）时，应该怎样选择？

01 可以在Color To Change（要更改的颜色）文本框中直接输入颜色的RGB数值，也可以使用它的吸管工具吸取图片中的颜色，然后调节相关数值进行颜色的更改。

02 更改颜色的效果对视频素材同样有效果，而且还可以更改地面、墙壁等颜色。根据需要调整数值就能得到不同的颜色效果。

03 彩色或有色系列是指除了黑白系列以外的各种颜色。颜色的3个基本特征包括色调、饱和度和明度。这三者在视觉中组成一个统一的视觉效果，给人以不同颜色的感官享受。

7.2.4 Change To Color（转换颜色）

技术速查：转换颜色效果可以通过颜色的选择将一种颜色直接改变成为另一种颜色。

选择【Effects（效果）】窗口中的【Video Effects（视频效果）】/【Color Correction（颜色校正）】/【Change To Color（转换颜色）】命令，如图7-38所示。其参数面板如图7-39所示。

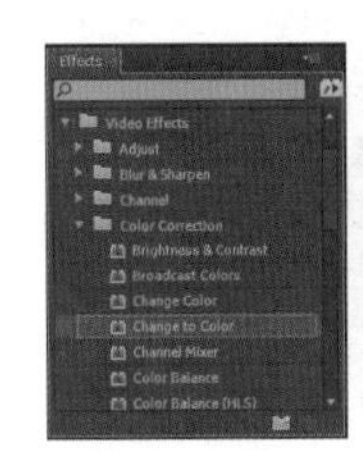

图7—38

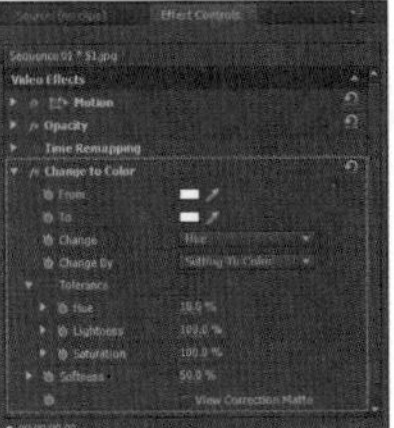

图7—39

- From（从）：需要改变的颜色范围。
- To（到）：改变到的颜色范围。
- Change（更改）：选择哪些渠道受到影响。
- Change By（更改依据）：设置颜色的替换方式。
- Tolerance（宽容度）：颜色可以不同，但仍然可以匹配。
- Softness（柔和度）：控制替换颜色后的柔和程度。
- View Correction Matte（查看校正杂边）：选中该复选框后，可将替换后的颜色变为蒙版形式。

★ 案例实战——红霞满天

案例文件	案例文件\第7章\红霞满天.prproj
视频教学	视频文件\第7章\红霞满天.flv
难易指数	★★★★★
技术要点	转换颜色、色彩平衡、亮度和对比度效果应用

案例效果

在日出日落时太阳呈现红色，当红色的光照到天空和云上时就形成了红霞。红霞给人一种美的感受，且红霞在中国有吉祥的意思，古有谚语：朝霞不出门，晚霞行千里，说的就是红霞这一自然景观。本案例主要是针对"制作红霞满天效果"的方法进行练习，如图7-40所示。

图7-40

技术拓展：巧用红色

红色代表着吉祥、喜气、热烈、奔放、激情、斗志、革命。在中国表示吉利、幸福、兴旺；在西方则有邪恶、禁止、停止、警告。红色与黑色、白色进行搭配会将红色色彩更好地展现出来。当然，红色也可以与其他颜色进行搭配，会出现更多不同的效果，如图7-41所示。

图7-41

操作步骤

01 单击【New Project（新建项目）】选项，并单击【Browse（浏览）】按钮设置保存路径，在【Name（名称）】文本框中设置文件名称。接着在弹出的对话框中选择【DV-PAL】/【Standard 48kHz】选项，如图7-42所示。

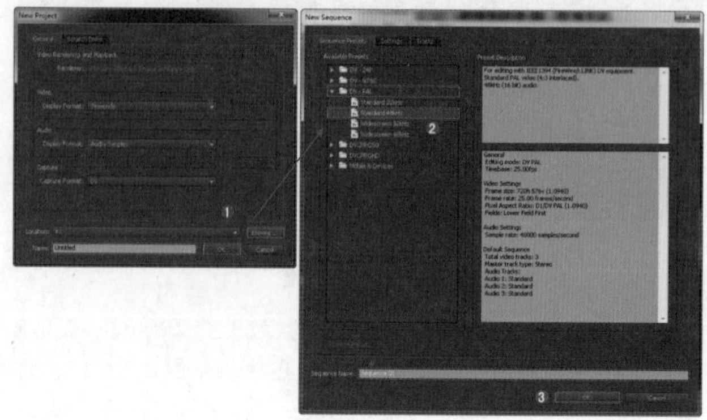

图7-42

02 选择菜单栏中的【File（文件）】/【Import（导入）】命令或按快捷键【Ctrl+I】，然后在打开的对话框中选择所需的素材文件，并单击【打开】按钮导入，如图7-43所示。

图7-43

03 将项目窗口中的【01.jpg】素材文件拖曳到Video1轨道上，如图7-44所示。

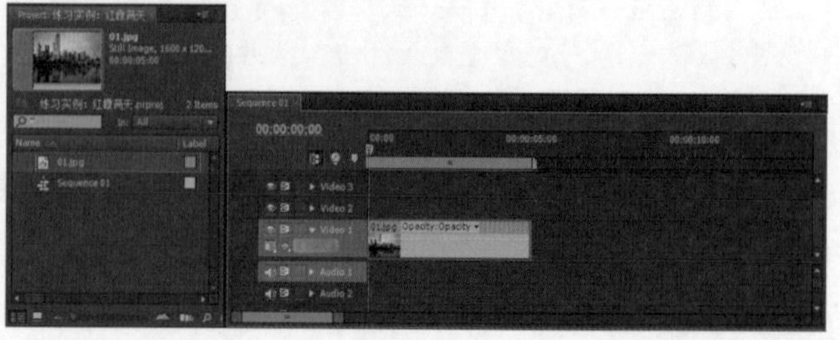

图7-44

04 选择Video1轨道上的【01.jpg】素材文件，然后设置【Scale（缩放）】为50，如图7-45所示。此时效果如图7-46所示。

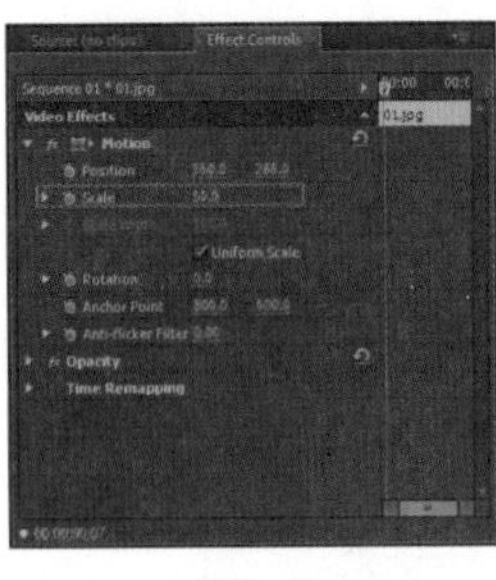

图7-45

图7-46

05 在【Effects（效果）】窗口中搜索【Change to Color（转换颜色）】效果，然后按住鼠标左键将其拖曳到Video1轨道的【01.jpg】素材文件上，如图7-47所示。

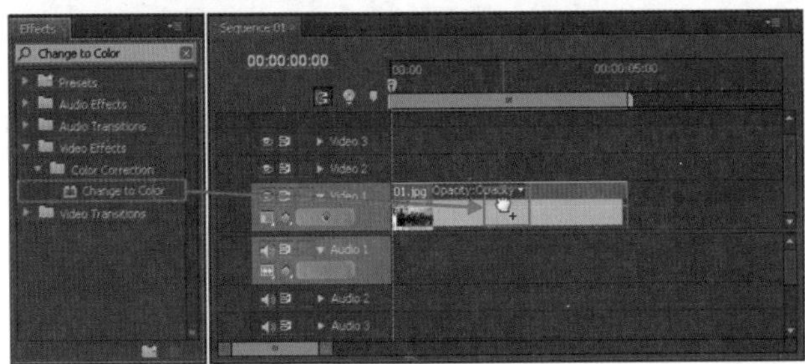

图7-47

06 选择Video1轨道上的【01.png】素材文件，然后设置【Change to Color（转换颜色）】效果的【From（从）】为浅紫色（R：182，G：181，B：225），【To（到）】为红色（R：255，G：0，B：0），【Hue（饱和度）】为20%，【Lightness（照明度）】为20%，【Saturation（饱和度）】为40%，如图7-48所示。此时效果如图7-49所示。

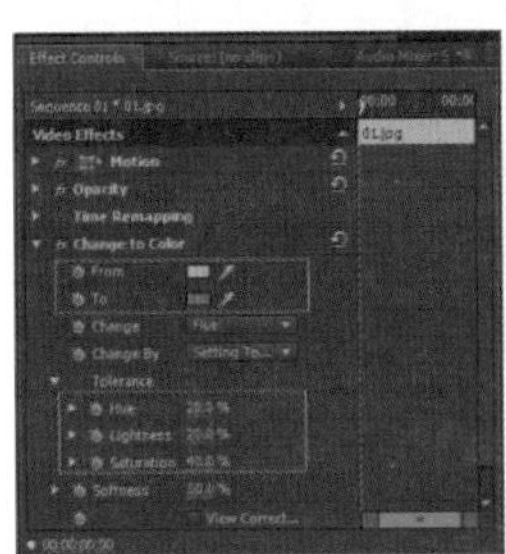

图7-48

图7-49

07 在【Effects（效果）】窗口中搜索【Color Balance（色彩平衡）】效果，然后按住鼠标左键将其拖曳到Video1轨道的【01.jpg】素材文件上，如图7-50所示。

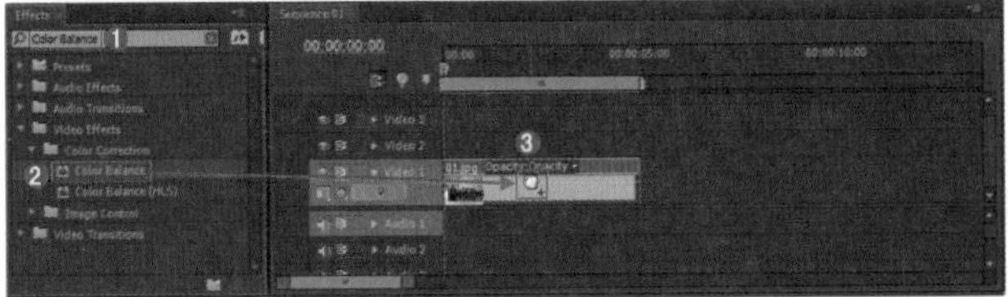

图7-50

08 选择Video1轨道上的【01.jpg】素材文件，然后打开【Color Balance（色彩平衡）】效果，并设置【Shadow Red Balance（阴影红色平衡）】为33，【Midtone Red Balance（中间调红色平衡）】为21，【Highlight Red Balance（高光红色平衡）】为16，如图7-51所示。此时效果如图7-52所示。

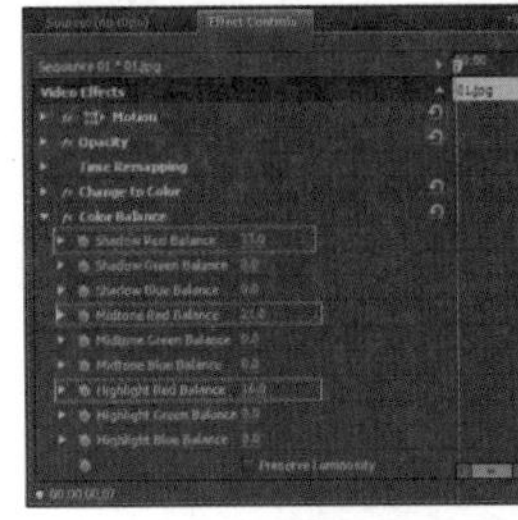

图7-51

图7-52

09 在【Effects（效果）】窗口中搜索【Brightness & Contraste（亮度和对比度）】效果，然后按住鼠标左键将其拖曳到Video1轨道的【01.jpg】素材文件上，如图7-53所示。

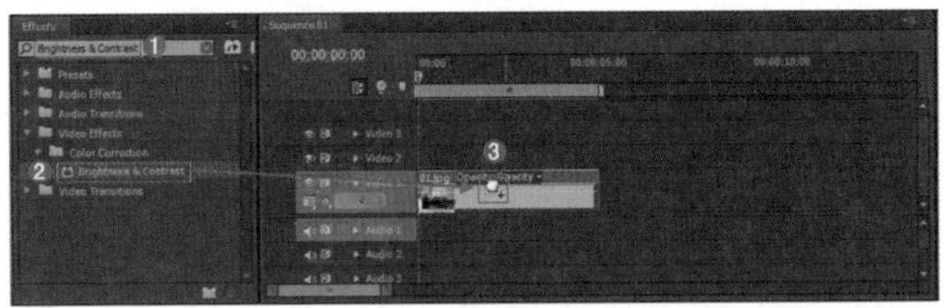

图7-53

10 选择Video1轨道上的【01.jpg】素材文件，然后打开【Brightness & Contraste（亮度和对比度）】，并设置【Brightness（亮度）】为-12，【Contraste（对比度）】为15，如图7-54所示。最终效果如图7-55所示。

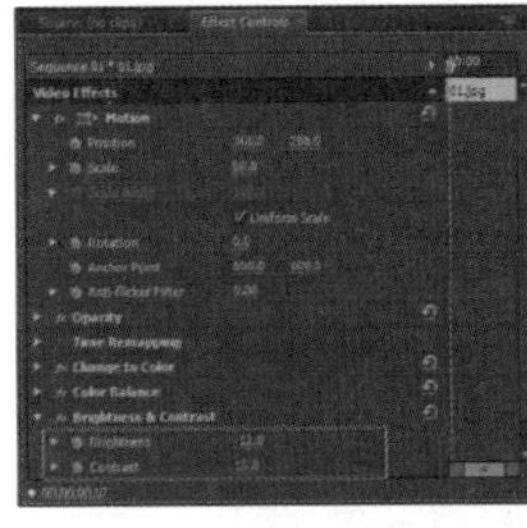

图7-54

图7-55

答疑解惑：怎样让红霞的效果更加真实？

红霞是由于空气分子对光线的散射所产生的。当空中的尘埃、水汽等杂质愈多时，其色彩愈显著。红霞多在日出和日落时出现，所以在制作红霞效果时，避免太阳高照的中午和太阳出现明显的素材。

在云多的时候，光线也会使云层变为红色或者橙色，所以，将云层也调节出红色或橙色的效果会更加真实。

7.2.5 Channel Mixer（通道混合器）

技术速查：通道混合器效果可以修改一个或多个通道的颜色值来调整素材的颜色。

选择【Effects（效果）】窗口中的【Video Effects（视频效果）】/【Color Correction（颜色校正）】/【Channel Mixer（通道混合器）】命令，如图7-56所示。其参数面板如图7-57所示。

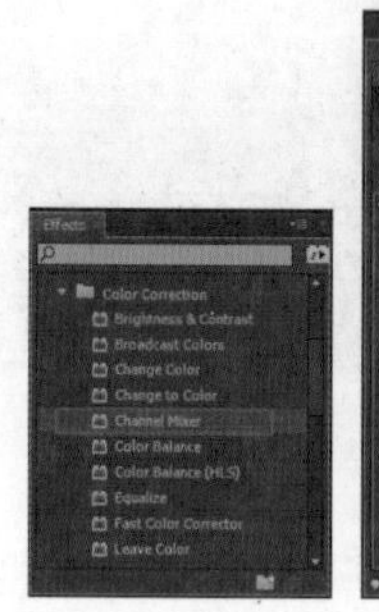

图7-56

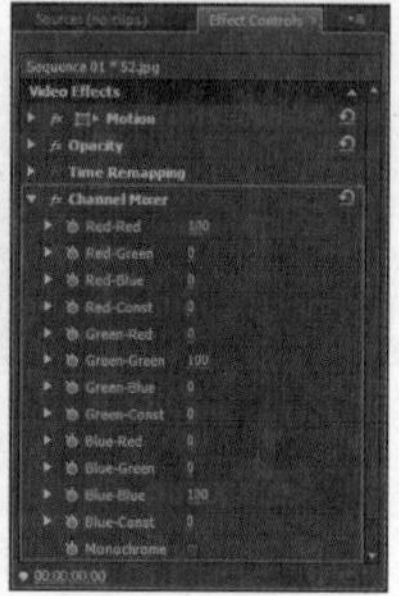

图7-57

- Red-Red（红色-红色）、Green-Green（绿色-绿色）、Blue-Blue（蓝色-蓝色）：表示素材RGB模式，分别调整红、绿、蓝3个通道，以此类推。
- Red-Green（红色-绿色）、Red-Blue（红色-蓝色）：表示在红色通道中绿色所占的比例，以此类推。
- Green-Red（绿色-红色）、Green-Blue（绿色-蓝色）：表示在绿色通道中红色所占的比例，以此类推。如图7-58所示为设置Green-Red（绿色-红色）值为0和-28时的对比效果。

图7-58

- Blue-Red（蓝色-红色）、Blue-Green（蓝色-绿色）：表示在蓝色通道中红色所占的比例，以此类推。
- Monochrome（单色）：选中该复选框，素材将变成灰度。

7.2.6 Color Balance（色彩平衡）

技术速查：色彩平衡效果可以调整素材画面的阴影、中间调和高光的色彩比例。

选择【Effects（效果）】窗口中的【Video Effects（视频效果）】/【Color Correction（颜色校正）】/【Color Balance（色彩平衡）】命令，如图7-59所示。其参数面板如图7-60所示。

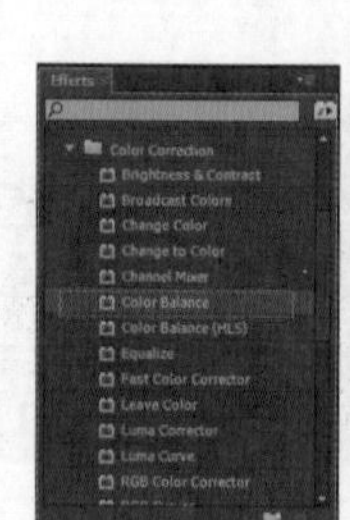

图7-59

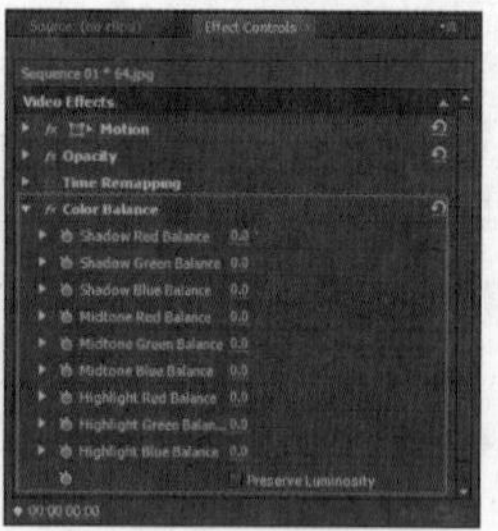

图7-60

- Shadow Red Balance（阴影红色平衡）、Shadow Green Balance（阴影绿色平衡）、Shadow Blue Balance（阴影蓝色平衡）：调整素材阴影的红、绿、蓝色彩平衡。如图7-61所示为设置Shadow Red Balance（阴影红色平衡）值分别为0和-60时的对比效果。
- Midtone Red Balance（中间调红色平衡）、Midtone Green Balance（中间调绿色平衡）、Midtone Blue Balance（中间调蓝色平衡）：调整素材的中间色调的红、绿、蓝色彩平衡。

图7-61

- Highlight Red Balance（高光红色平衡）、Highlight Green Balance（高光绿色平衡）、Highlight Blue Balance（高光蓝色平衡）：调整素材的高光区的红、绿、蓝色彩平衡。

★ 案例实战——蓝调照片效果

案例文件	案例文件\第7章\蓝调照片效果.prproj
视频教学	视频文件\第7章\蓝调照片效果.flv
难易指数	★★★★★
技术要点	Color Balance（色彩平衡）效果的应用

案例效果

色调是总体有一种倾向，是偏蓝或偏红，偏暖或偏冷等。通常可以从色相、明度、冷暖、纯度4个方面来定义一幅作品的色调。使用单色调，也可以形成一种风格。本案例主要是针对“制作蓝调照片效果”的方法进行练习，如图7-62所示。

图7—62

操作步骤

01 单击【New Project（新建项目）】选项，并单击【Browse（浏览）】按钮设置保存路径，在【Name（名称）】文本框中设置文件名称。接着在弹出的对话框中选择【DV-PAL】/【Standard 48kHz】选项，如图7-63所示。

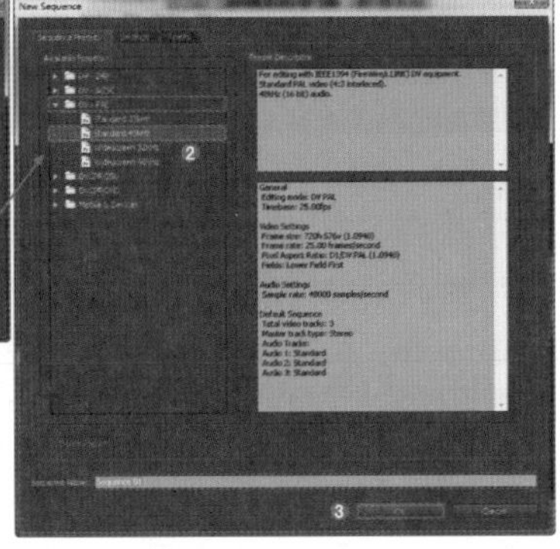

图7—63

02 选择菜单栏中的【File（文件）】/【Import（导入）】命令或按快捷键【Ctrl+I】，然后在打开的对话框中选择所需的素材文件，并单击【打开】按钮导入，如图7-64所示。

图7—64

03 将项目窗口中的【01.jpg】素材文件拖曳到Video1轨道上，如图7-65所示。

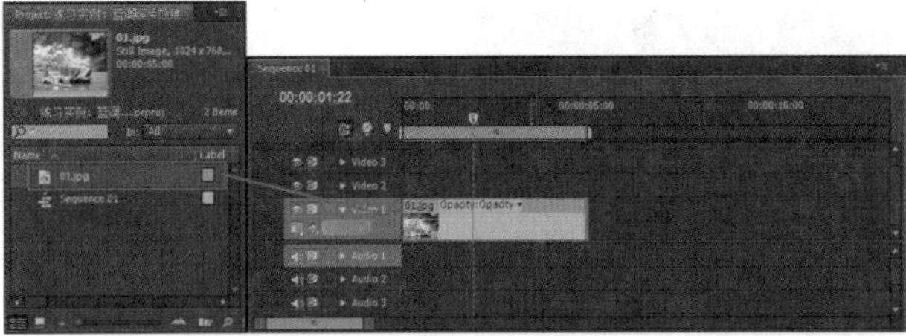

图7—65

04 选择Video1轨道上的【01.jpg】素材文件，然后设置【Position（位置）】为（360，273），【Scale（缩放）】为80，如图7-66所示。此时效果如图7-67所示。

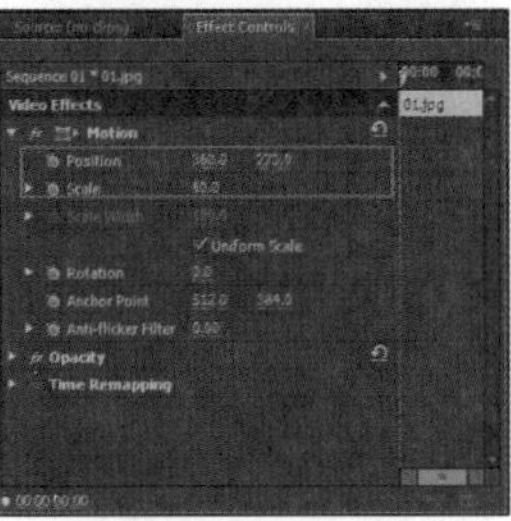

图7—66

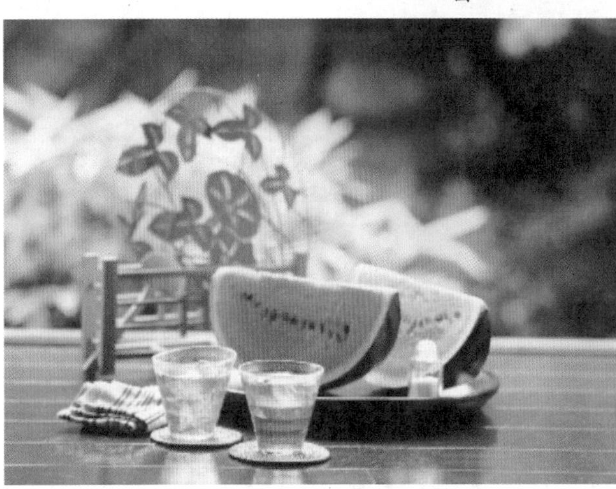

图7—67

05 在【Effects（效果）】窗口中搜索【Color Balance（色彩平衡）】效果，并按住鼠标左键将其拖曳到Video1轨道的【01.jpg】素材文件上，如图7-68所示。

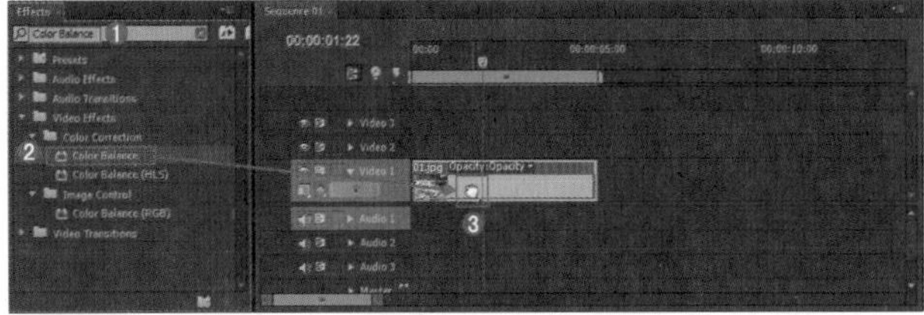

图7—68

06 选择Video1轨道的【01.jpg】素材文件，然后打开【Effect Controls（效果控制）】面板中的【Color Balance（色彩平衡）】效果，接着设置【Shadow Red Balance（阴影红色平衡）】为-93，【Shadow Green Balance（阴影绿色平衡）】为-7，【Shadow Blue Balance（阴影蓝色平衡）】为71，如图7-69所示。此时效果如图7-70所示。

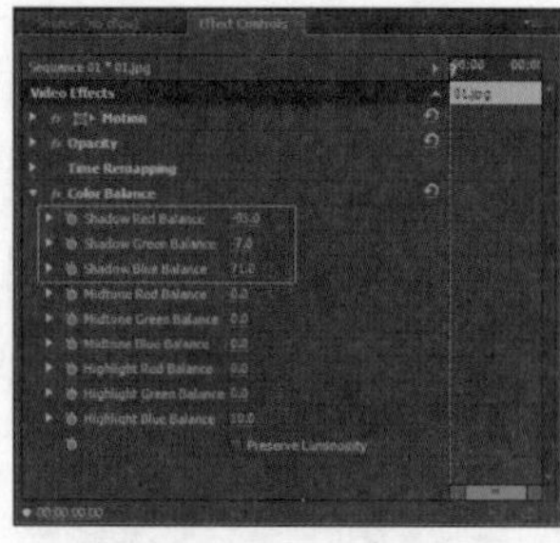

图7—69

图7—70

07 继续设置【Midtone Red Balance（中间调红色平衡）】为59，【Midtone Green Balance（中间调绿色平衡）】为-28，设置【Midtone Blue Balance（中间调蓝色平衡）】为84，如图7-71所示。此时效果如图7-72所示。

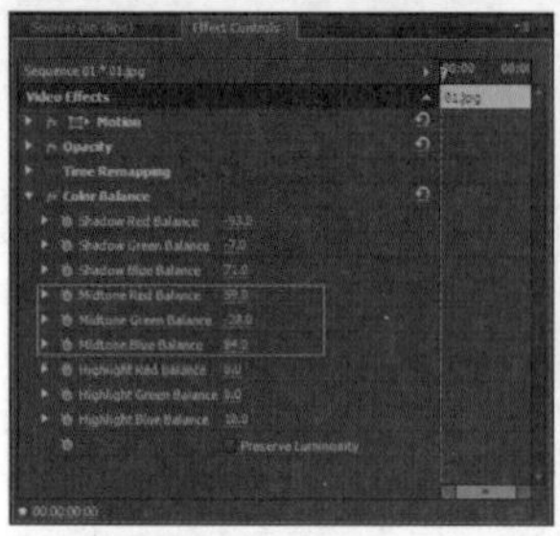

图7—71

图7—72

08 设置【Highlight Red Balance（高光红色平衡）】为20，【Highlight Green Balance（高光绿色平衡）】为-27，【Highlight Blue Balance（高光蓝色平衡）】为10，如图7-73所示。最终效果如图7-74所示。

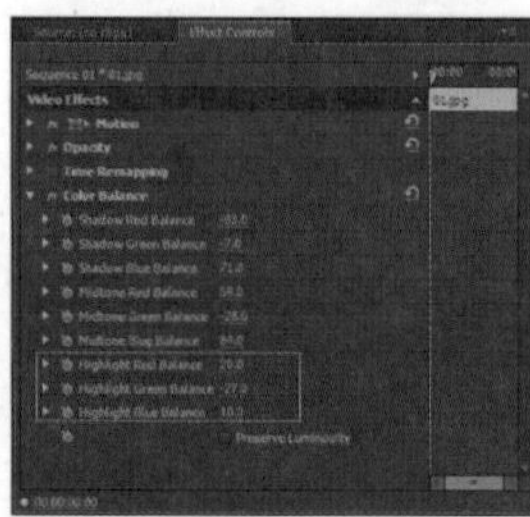

图7—73

图7—74

答疑解惑：利用Color Balance（色彩平衡）效果可以制作其他色调的效果吗？

利用Color Balance（色彩平衡）效果可以通过调节RGB的阴影颜色、中间颜色和高光颜色的各个数值来制作出其他不同的色调效果。

使用Color Balance（色彩平衡）效果前先调节一些素材的亮度和对比度，可以达到更加鲜明的效果。

★ 案例实战——复古风格效果

案例文件	案例文件\第7章\复古风格效果.prproj
视频教学	视频文件\第7章\复古风格效果.flv
难易指数	★★★★★
技术要点	色彩平衡、亮度和对比度、混合模式效果的应用

案例效果

复古风格是指通过改变素材画面的颜色和质感而产生出类似旧的一种视觉艺术，体现出年代感和沧桑感。本案例主要是针对“制作复古风格效果”的方法进行练习，如图7-75所示。

图7—75

操作步骤

01 单击【New Project（新建项目）】选项，并单击【Browse（浏览）】按钮设置保存路径，在【Name（名称）】文本框中设置文件名称。接着在弹出的对话框中选择【DV-PAL】/【Standard 48kHz】选项，如图7-76所示。

02 选择菜单栏中的【File（文件）】/【Import（导入）】命令或按快捷键【Ctrl+I】，然后在打开的对话框中选择所需的素材文件，并单击【打开】按钮导入，如图7-77所示。

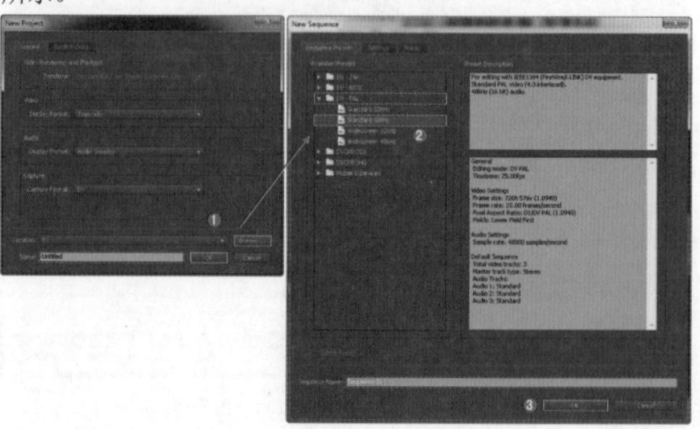

图7—76

03 将项目窗口中的【纸张.jpg】素材文件拖曳到Video1轨道上，并设置结束时间为第4秒20帧的位置，如图7-78所示。

图7—77

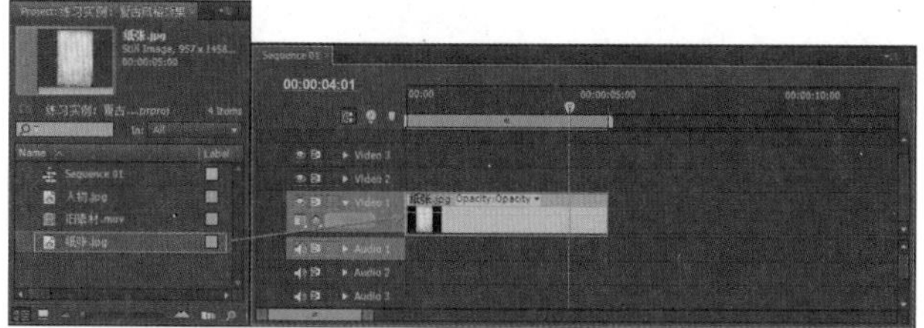
图7—78

04 选择Video1轨道上的【纸张.jpg】素材文件，然后设置【Scale（缩放）】为61，【Rotation（旋转）】为90°，如图7-79所示。此时效果如图7-80所示。

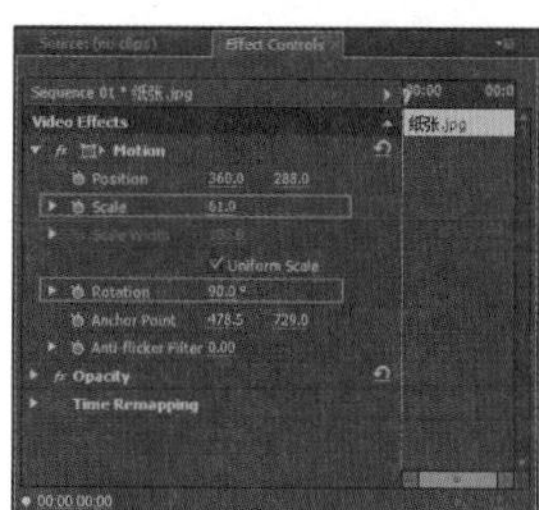
图7—79

图7—80

05 将项目窗口中的【人物.jpg】素材文件拖曳到Video2轨道上，并设置结束时间为第4秒20帧的位置，如图7-81所示。

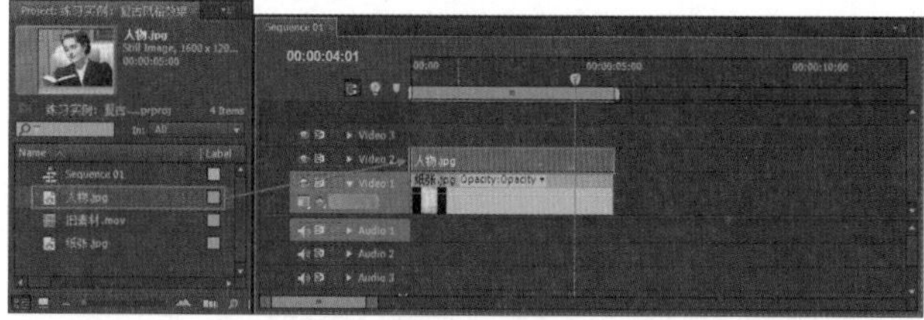
图7—81

06 选择Video2轨道上的【人物.jpg】素材文件，然后设置【Scale（缩放）】为51，【Blend Mode（混合模式）】为【Multiply（正片叠底）】，如图7-82所示。此时效果如图7-83所示。

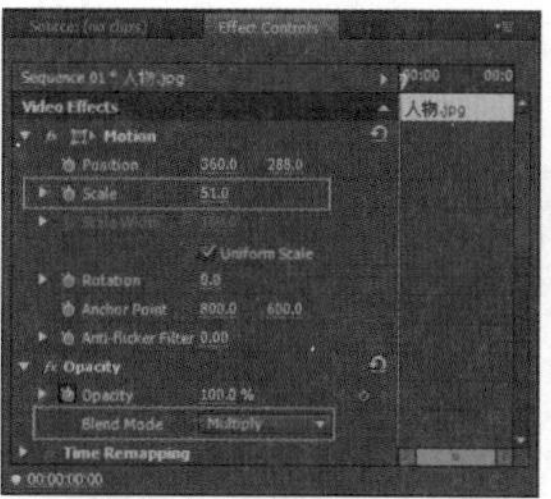
图7—82

图7—83

07 在【Effects（效果）】窗口中搜索【Brightness & Contrast（亮度和对比度）】效果，并按住鼠标左键将其拖曳到Video2轨道的【人物.jpg】素材文件上，如图7-84所示。

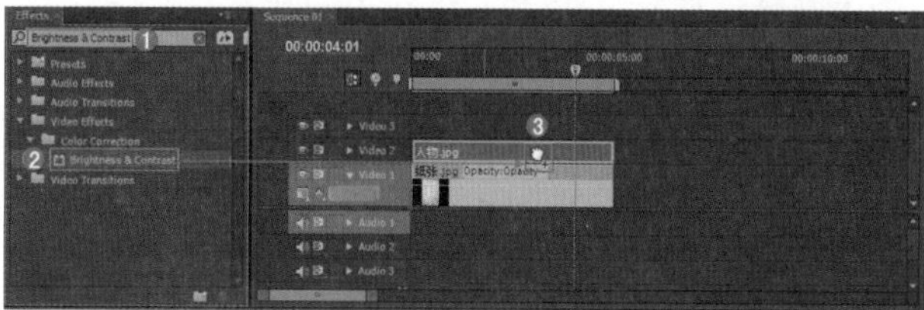
图7—84

08 选择Video2轨道上的【人物.jpg】素材文件，然后打开【Effect Controls（效果控制）】面板中的【Brightness & Contrast（亮度和对比度）】效果，并设置【Brightness（亮度）】为-30，【Contrast（对比度）】为-8，如图7-85所示。此时效果如图7-86所示。

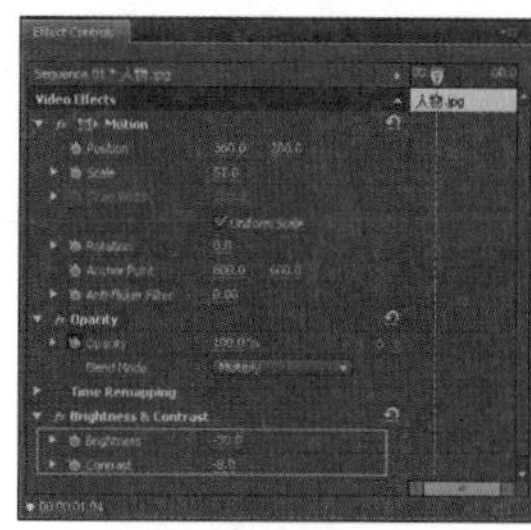
图7—85

图7—86

09 在【Effects（效果）】窗口中搜索【Color Balance（色彩平衡）】效果，并按住鼠标左键将其拖曳到Video2轨道的【人物.jpg】素材文件上，如图7-87所示。

图7—87

10 选择Video2轨道上的【人物.jpg】素材文件，然后打开【Color Balance（色彩平衡）】效果，并设置【Shadow Red Balance（阴影红色平衡）】为92，【Shadow Green Balance（阴影绿色平衡）】为27，【Shadow Blue Balance

（阴影蓝色平衡）】为-21，如图7-88所示。此时效果如图7-89所示。

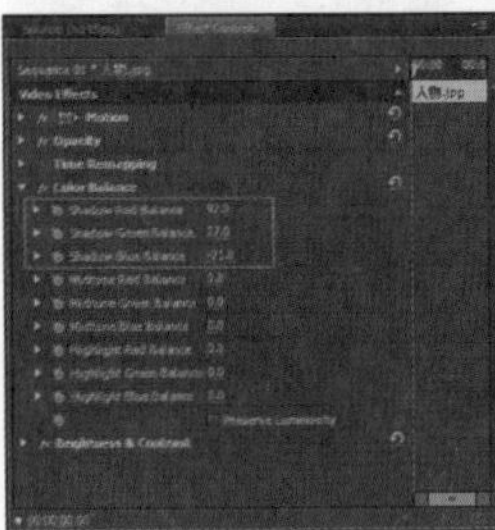
图7−88

图7−89

11 继续设置【Midtone Red Balance（中间调红色平衡）】为33，【Midtone Green Balance（中间调绿色平衡）】为18，【Midtone Blue Balance（中间调蓝色平衡）】为-63，如图7-90所示。此时效果如图7-91所示。

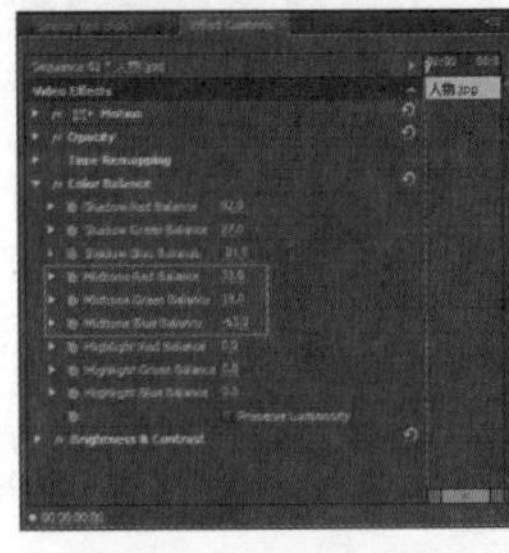
图7−90

图7−91

12 设置【Highlight Red Balance（高光红色平衡）】为21，【Highlight Green Balance（高光绿色平衡）】为7，【Highlight Blue Balance（高光蓝色平衡）】为-32，如图7-92所示。此时效果如图7-93所示。

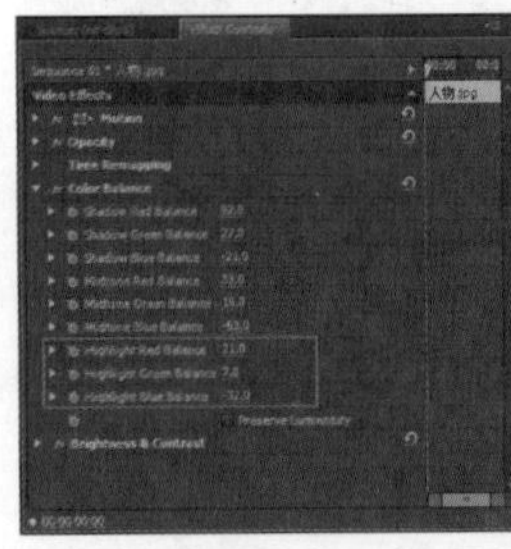
图7−92

图7−93

13 将项目窗口中的【旧素材.mov】素材文件拖曳到Video3轨道上，如图7-94所示。

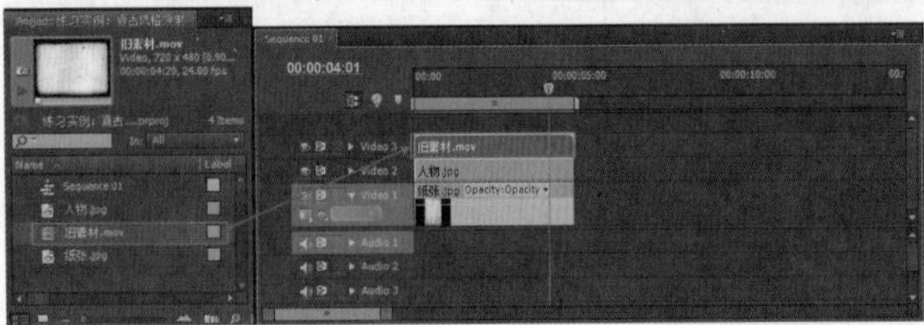
图7−94

14 选择Video3轨道上的【旧素材.mov】素材文件，然后设置【Scale（缩放）】为123，【Blend Mode（混合模式）】为【Multipy（正片叠底）】，如图7-95所示。

15 此时拖动时间线滑块查看最终效果，如图7-96所示。

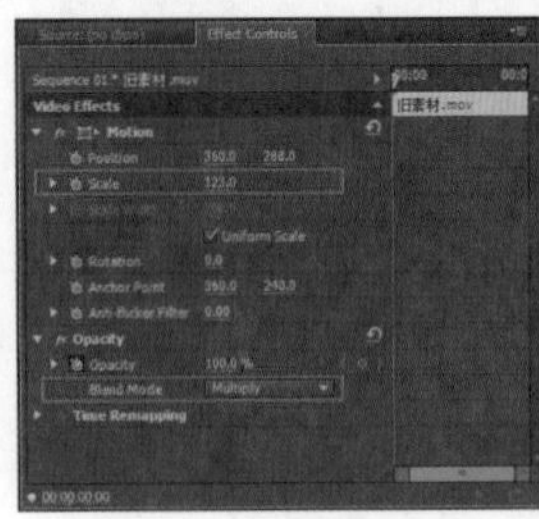
图7−95

图7−96

答疑解惑：制作复古风格需要注意哪些问题？

制作复古风格要注意背景颜色的调整，使其呈现出一种有年代感的颜色效果。再添加适当的裂纹、褶皱和污渍，更能体现出陈旧和残破感。可以采取正片叠底的方式制作出各种图像纹理效果。

★ 案例实战——Lomo风格效果

案例文件	案例文件\第7章\Lomo风格效果.prproj
视频教学	视频文件\第7章\Lomo风格效果.flv
难易指数	★★★★★
技术要点	色彩平衡、四色渐变及亮度和对比度效果应用

案例效果

Lomo是一种自然的、即兴的美学，体现模糊与随机性的潮流经典，即生活中所有的一种自然的、朦胧的美。本案例主要是针对“制作Lomo风格效果”的方法进行练习，如图7-97所示。

图7−97

操作步骤

01 单击【New Project（新建项目）】选项，并单击

【Browse（浏览）】按钮设置保存路径，在【Name（名称）】文本框中设置文件名称。接着在弹出的对话框中选择【DV-PAL】/【Standard 48kHz】选项，如图7-98所示。

02 选择菜单栏中的【File（文件）】/【Import（导入）】命令或按快捷键【Ctrl+I】，然后在打开的对话框中选择所需的素材文件，并单击【打开】按钮导入，如图7-99所示。

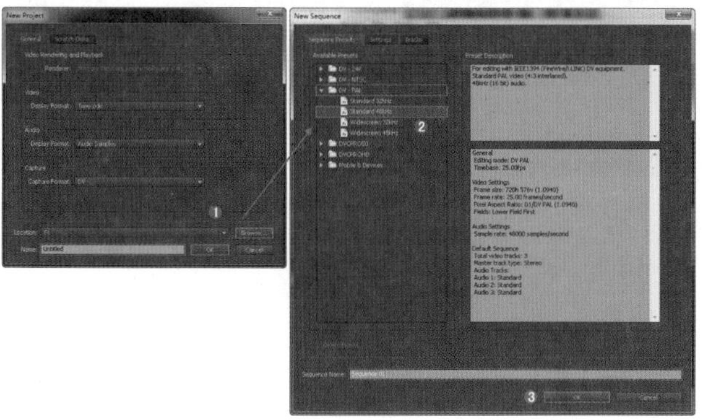

图7—98

图7—99

03 将项目窗口中的【01.jpg】素材文件拖曳到Video1轨道上，如图7-100所示。

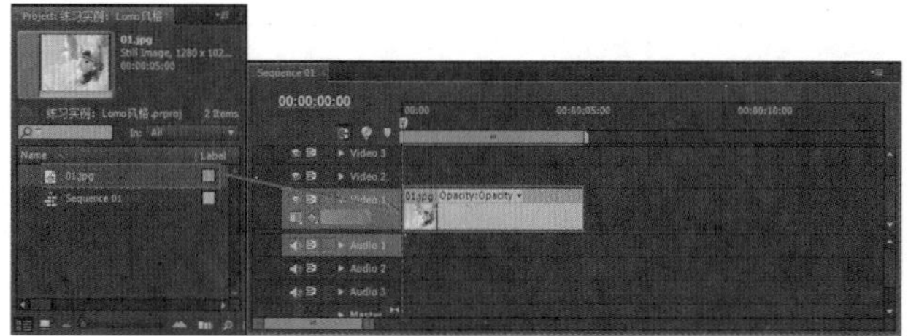

图7—100

04 在【Effects（效果）】窗口中搜索【Brightness & Contrast（亮度和对比度）】效果，然后按住鼠标左键将其拖曳到Video1轨道的【01.jpg】素材文件，如图7-101所示。

05 选择Video1轨道上的【01.jpg】素材文件，然后设置【Scale（缩放）】为62。接着打开【Brightness & Contrast（亮度和对比度）】效果，设置【Brightness（亮度）】为-10，【Contrast（对比度）】为5，如图7-102所示。此时效果如图7-103所示。

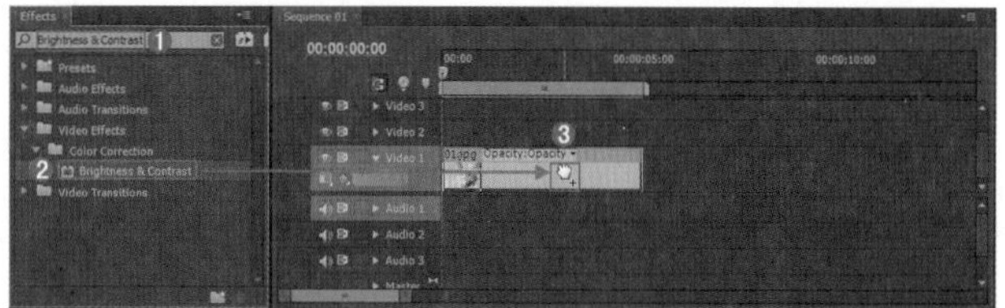

图7—101

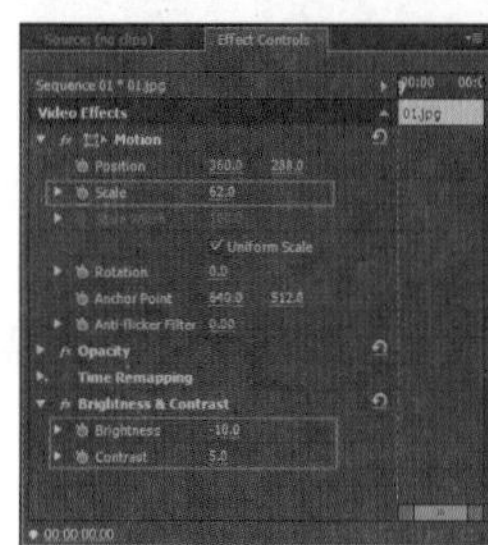

图7—102　　图7—103

06 在【Effects（效果）】窗口中搜索【Color Balance（色彩平衡）】效果，然后按住鼠标左键将其拖曳到Video1轨道的【01.jpg】素材文件，如图7-104所示。

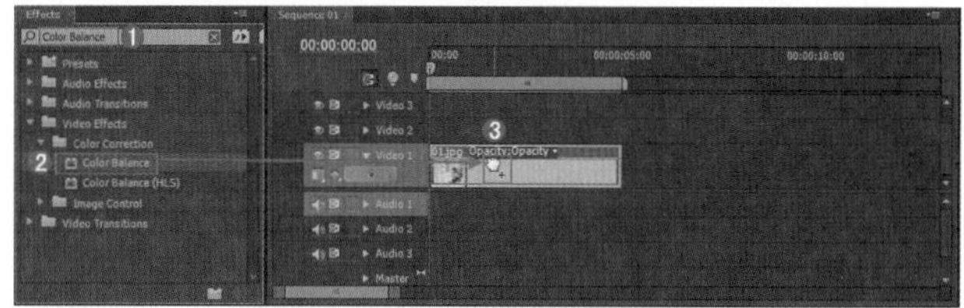

图7—104

07 选择Video1轨道上的【01.jpg】素材文件，然后打开【Color Balance（色彩平衡）】效果，并设置【Shadow Red Balance（阴影红色平衡）】为-48，【Shadow Green Balance（阴影绿色平衡）】为37，【Midtone Red Balance（中间调红色平衡）】为100，【Midtone Blue Balance（中间调蓝色平衡）】为20，如图7-105所示。此时效果如图7-106所示。

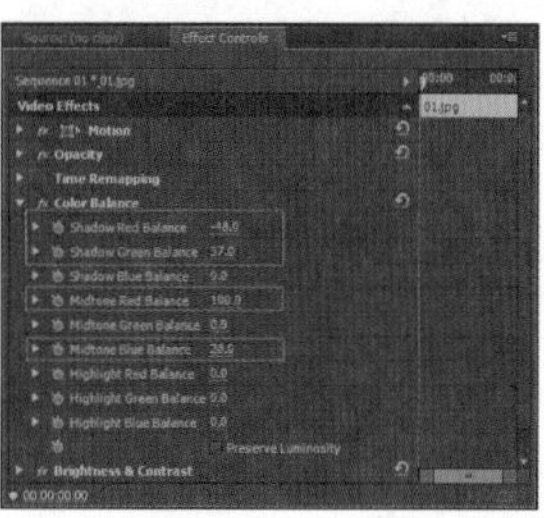

图7—105　　图7—106

08 在【Effects（效果）】窗口中搜索【4-Color Gradient（四色渐变）】效果，然后按住鼠标左键将其拖曳到Video1轨道的【01.jpg】素材文件上，如图7-107所示。

09 选择Video1轨道上的【01.jpg】素材文件，然后打开【4-Color Gradient（四色渐变）】效果，并设置【Blending Mode（混合模式）】为【Lighten（变亮）】，【Point 1（点1）】为（236，777），【Point 2（点2）】为（600，497）。【Point 3（点3）】为（237，345）。【Point 4（点4）】为（1138，875），继续设置【Blend（混合）】为400，【Opacity（不透明度）】为90%，如图7-108所示。

10 此时拖动时间线滑块查看最终效果，如图7-109所示。

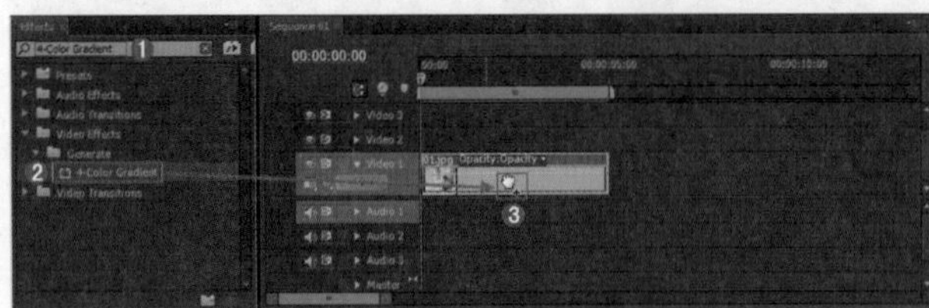

图7-107

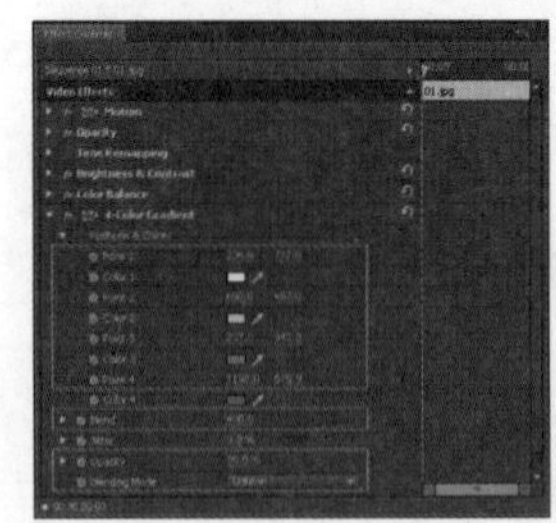

图7-108

图7-109

答疑解惑：Lomo风格的主要色调有哪些？

Lomo风格的主要色调是红、黄、蓝，在制作Lomo风格时，这3种颜色的色泽突出。再为素材添加模糊和自然光线效果，制作出自然和随机性的感觉。

Lomo的效果主要来源于Lomo相机的特殊效果，所以在制作时，可以借鉴相机的效果，调暗图片的光线，使红、黄、蓝的颜色突出，还可以调整光线为四周暗中间亮的效果。

7.2.7 Color Balance （HLS）（色彩平衡（HLS））

技术速查：色彩平衡(HLS)效果可以通过对素材的色相、亮度和饱和度各项参数的调整，来改变颜色。

选择【Effects（效果）】窗口中的【Video Effects（视频效果）】/【Color Correction（颜色校正）】/【Color Balance (HLS)（色彩平衡(HLS)）】命令，如图7-110所示。其参数面板如图7-111所示。

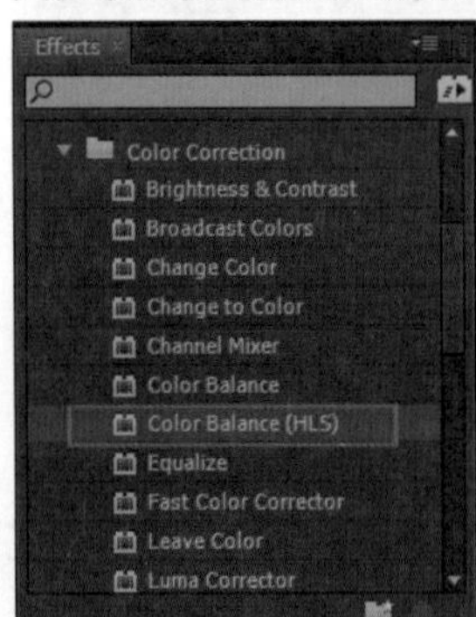

图7-110

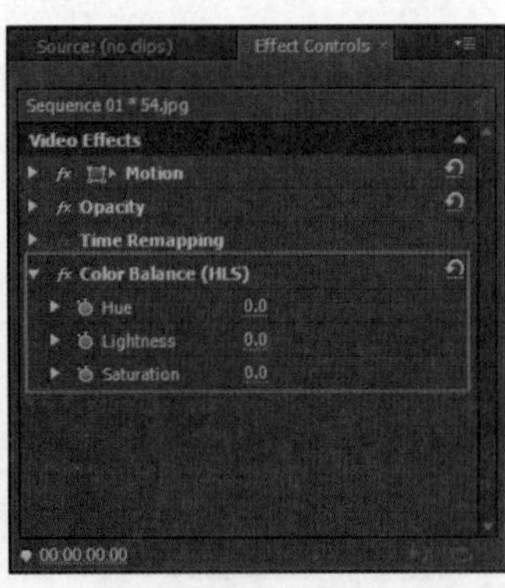

图7-111

- Hue（色相）：调整素材颜色。如图7-112所示为设置Hue（色相）值分别为0和30时的对比效果。
- Lightness（明度）：调整素材的明亮程度。
- Saturation（饱和度）：调整素材色彩的浓度。如图7-113所示为设置Saturation（饱和度）值分别为0和60时的对比效果。

图7-112

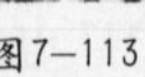

图7-113

7.2.8 Equalize（色彩均化）

技术速查：色彩均化效果可以通过RGB、亮度或Photoshop样式3种方式对素材进行色彩均化。

选择【Effects（效果）】窗口中的【Video Effects（视频效果）】/【Color Correction（颜色校正）】/【Equalize（色彩均化）】命令，如图7-114所示。其参数面板如图7-115所示。

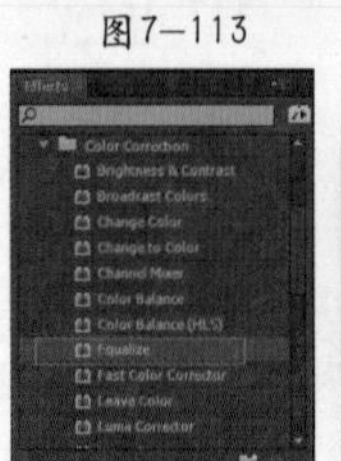

图7-114

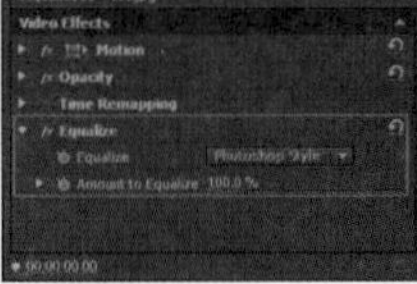

图7-115

- Equalize（色彩均化）：用来设置用于补偿的方式。如图7-116所示为设置Equalize（色彩均化）为Photoshop Style（Photoshop样式）和Brightness（亮度）时的对比效果。
- Amount To Equalize（色彩均化量）：设置用于补偿的程度。

图7—116

7.2.9 Fast Color Corrector（快速色彩校正）

技术速查：快速色彩校正效果可以调整素材的颜色、色调和饱和度。

选择【Effects（效果）】窗口中的【Video Effects（视频效果）】/【Color Correction（颜色校正）】/【Fast Color Corrector（快速色彩校正）】命令，如图7-117所示。其参数面板如图7-118所示。

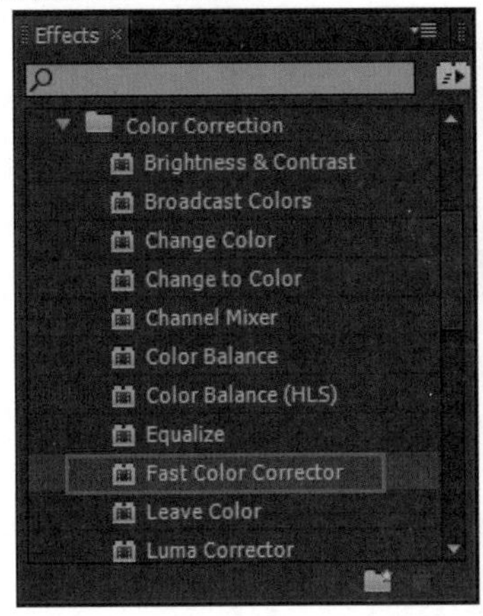

图7—117

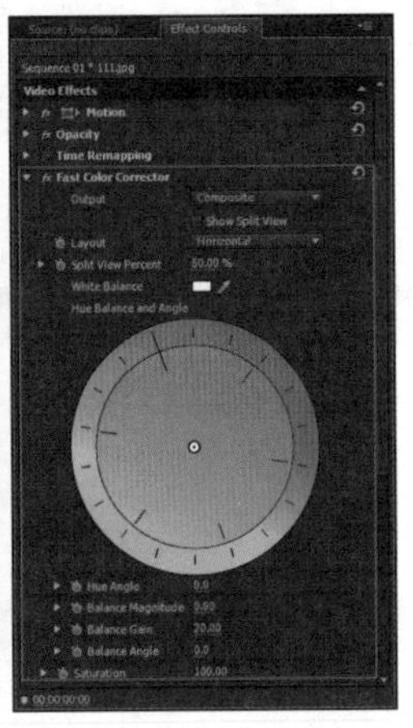

图7—118

- Output（输出）：选择用于输出的形式。
- Show Split View（显示拆分视图）：选中该复选框，可开启剪切视图，以制作动画效果。
- Layout（版面）：用于设置剪切视图的方式。
- Split View Percent（拆分视图的百分比）：调整、更正视图的大小。
- White Balance（白平衡）：选择用于校正的颜色。
- Hue Balance And Angle（色调平衡和角度）：可通过色盘来调整颜色的色相、平衡、数量和角度，也可以通过色相角度、平衡数量级、平衡增益、平衡角度参数来调整。
- Hue Angle（色相角）：控制色相旋转。如图7-119所示为设置Hue Angle（色相角）值分别为0和50时的对比效果。
- Balance Magnitude（平衡幅度）：控制色彩平衡校正量的平衡的角度。
- Balance Gain（平衡增益）：由乘法调整亮度值。
- Balance Angle（平衡角）：控制选择所需的色调值。

图7—119

- Saturation（饱和度）：调整素材的色彩浓度。
- Auto Black Level（自动黑色阶）：提高素材的黑色层次，使最暗的水平高于7.5 IRE（NTSC）或0.3V（PAL）。
- Auto Contrast（自动对比度）：适用于自动黑色阶和自动白色阶同步。
- Auto White Level（自动白色阶）：降低素材中的白色阶，所以最轻的级别不超过100 IRE（NTSC）或1.0V（PAL）。
- Black Level、Gray Level、White Level（黑色阶、灰度级、白色阶）：设置黑白灰程度，控制暗调、中间调和亮调的颜色。
- Input Levels（输入色阶）：用滑块设置输入色阶。
- Output Levels（输出色阶）：用滑块设置输出色阶。
- Input Black Level、Input Gray Level、Input White Level（输入黑色阶、输入灰度、输入白色阶）：调整黑色、中间调和白色，以及色调或阴影的输入色阶。如图7-120所示为设置Input Black Level（黑色阶输入）值分别为0和40时的对比效果。

图7—120

- Output Black Level、Output White Level（输出黑色阶、输出白色阶）：调整黑色和白色的输出色阶效果。

★ 案例实战——怀旧质感画卷

案例文件	案例文件\第7章\怀旧质感画卷.prproj
视频教学	视频文件\第7章\怀旧质感画卷.flv
难易指数	★★★★★
技术要点	快速色彩校正、更改颜色、色阶、亮度和对比度效果应用

案例效果

怀旧的色调是电影、广告中常用的一种技巧，而且逐渐成为了一种时尚类型。本案例主要是针对“制作怀旧质感画卷”的方法进行练习，如图7-121所示。

图7-121

操作步骤

Part01 导入背景和风景素材

01 单击【New Project（新建项目）】选项，并单击【Browse（浏览）】按钮设置保存路径，在【Name（名称）】文本框中设置文件名称。接着在弹出的对话框中选择【DV-PAL】/【Standard 48kHz】选项，如图7-122所示。

02 选择菜单栏中的【File（文件）】/【Import（导入）】命令或按快捷键【Ctrl+I】，在打开的对话框中选择所需的素材文件，并单击【打开】按钮导入，如图7-123所示。

03 将项目窗口中的【背景.jpg】素材文件拖曳到Video1轨道上，如图7-124所示。

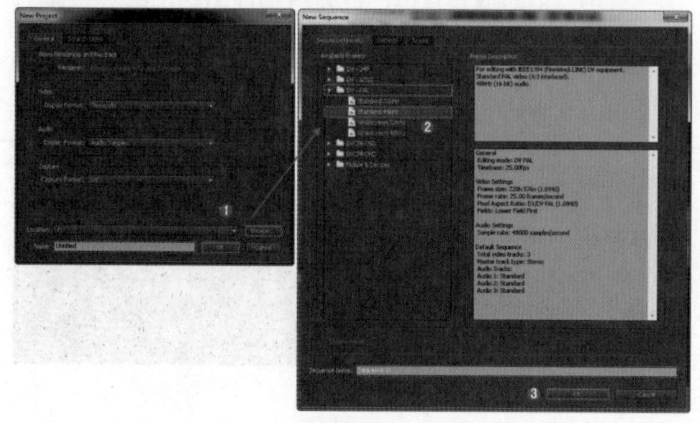

图7-122

图7-123

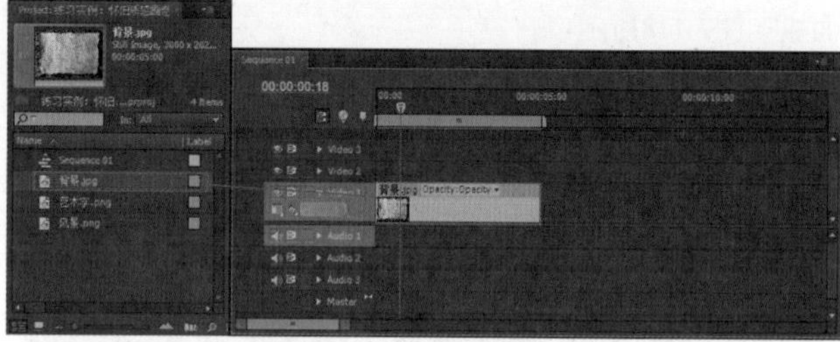

图7-124

04 选择Video1轨道上的【背景.jpg】素材文件，然后设置【Scale（缩放）】为29，如图7-125所示。此时效果如图7-126所示。

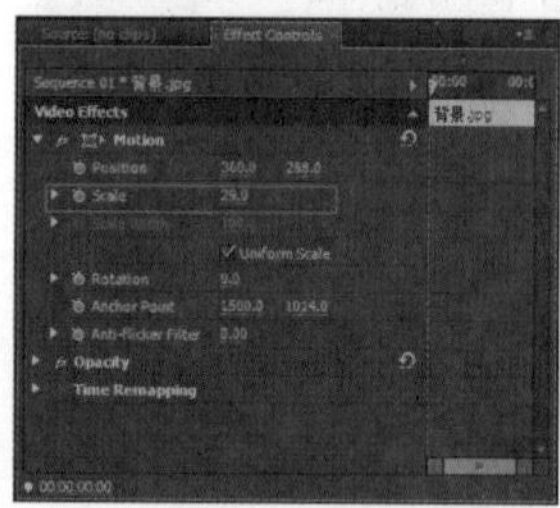

图7-125　图7-126

05 将项目窗口中的【风景.png】素材文件拖曳到Video2轨道上，如图7-127所示。

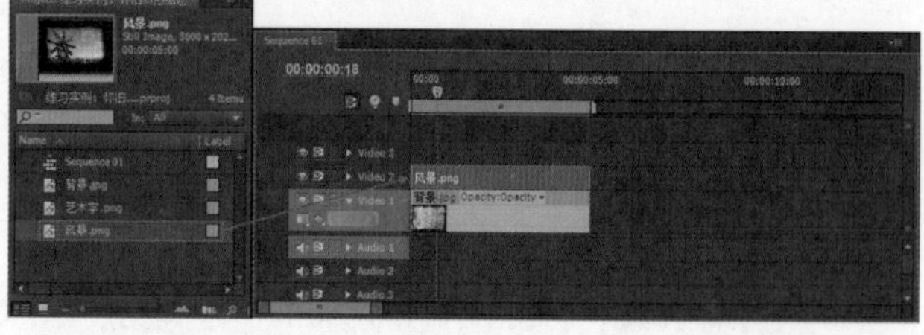

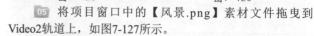

图7-127

06 选择Video2轨道上的【风景.jpg】素材文件，然后设置【Scale（缩放）】为29，【Blend Mode（混合模式）】为【Multiply（正片叠底）】，如图7-128所示。此时效果如图7-129所示。

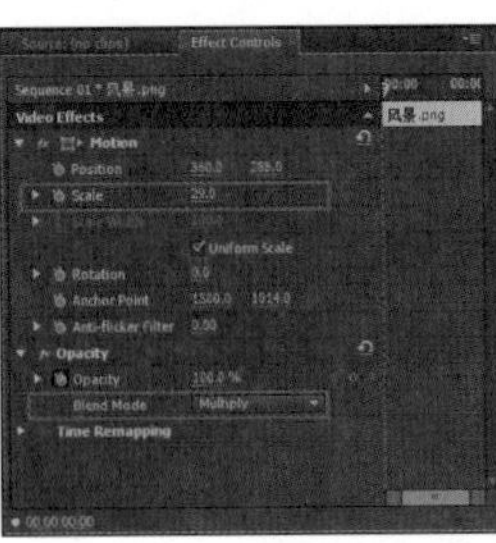

图7—128

图7—129

Part02 制作怀旧的色彩效果

01 在【Effects（效果）】窗口中搜索【Brightness & Contrast（亮度和对比度）】效果，然后按住鼠标左键将其拖曳到Video2轨道的【风景.png】素材文件上，如图7-130所示。

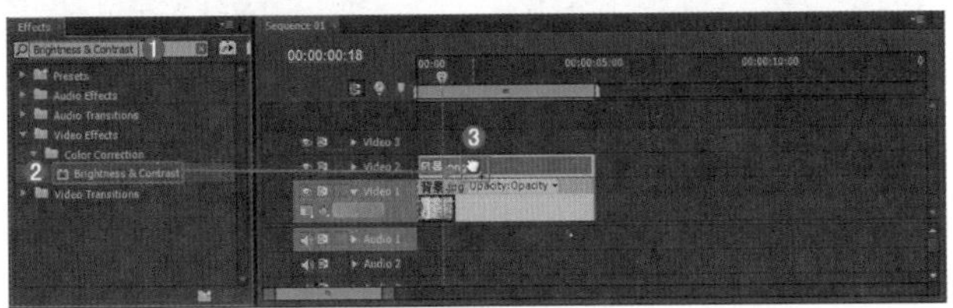

图7—130

02 选择Video2轨道上的【风景.png】素材文件，然后设置【Brightness & Contrast（亮度和对比度）】效果的【Brightness（亮度）】为40，如图7-131所示。此时效果如图7-132所示。

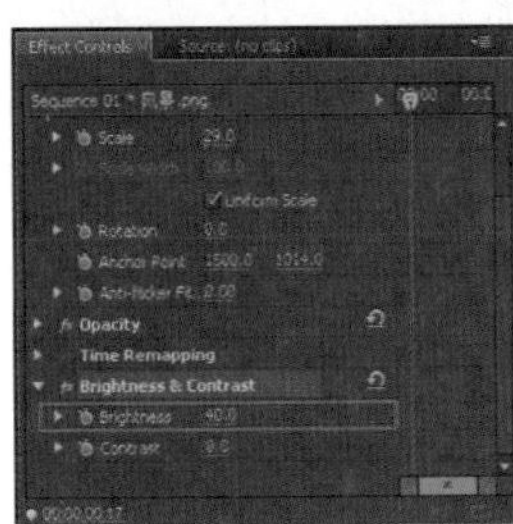

图7—131

图7—132

03 在【Effects（效果）】窗口中搜索【Fast Color Corrector（快速色彩校正）】效果，然后按住鼠标左键将其拖曳到Video2轨道的【风景.png】素材文件上，如图7-133所示。

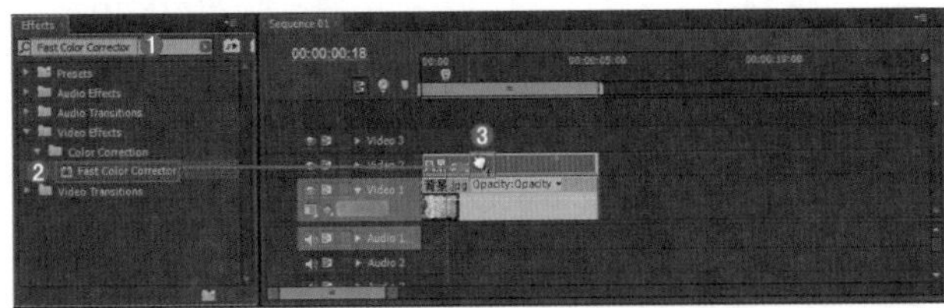

图7—133

04 选择Video2轨道上的【风景.png】素材文件，然后设置【Fast Color Corrector（快速色彩校正）】效果的【Hue Angle（饱和度角度）】为180°，【Input Gray Level（输入灰度级）】为1.8，如图7-134所示。此时效果如图7-135所示。

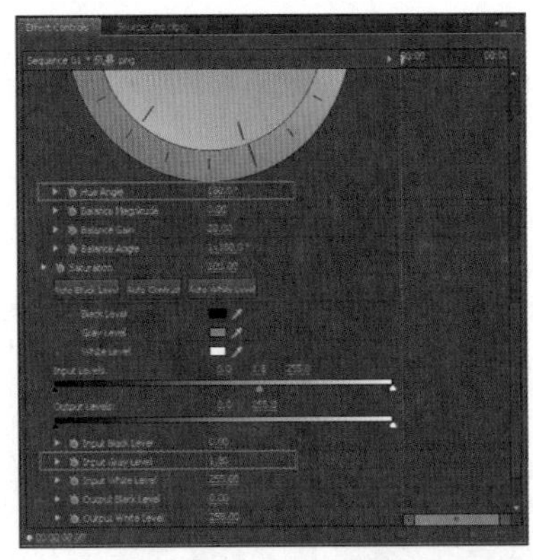

图7—134

图7—135

技术拓展：复古颜色的搭配原则

色彩在一幅作品中占据主导地位，它可以引导人们心里产生一定的情感、变化。在本案例中制作了复古颜色，以褐色、咖啡色为主基调色，给人一种怀旧、复古的感觉，同时褐色、咖啡色也会体现出稳定、厚重的感觉。这些色彩的共同特点是明度较低，搭配色彩时尽量避开鲜艳的颜色，达到画面的和谐统一，如图7—136所示。

图7—136

05 在【Effects（效果）】窗口中搜索【Change Color（更改颜色）】效果，然后按住鼠标左键将其拖曳到Video2轨道的【风景.png】素材文件上，如图7-137所示。

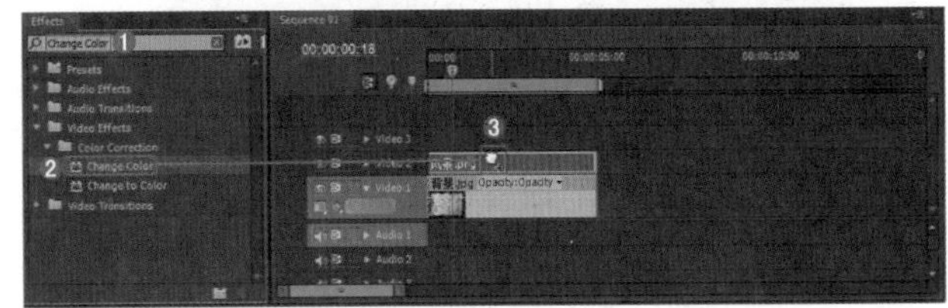

图7—137

06 选择Video2轨道上的【风景.png】素材文件，然后设置【Change Color（更改颜色）】效果的【Hue Transform（色相变换）】为188，【Lightness Transform（明度变换）】为-26，【Color To Change（要更改的颜色）】为浅灰色（R：132，G：164，B：160），如图7-138所示。此时效果如图7-139所示。

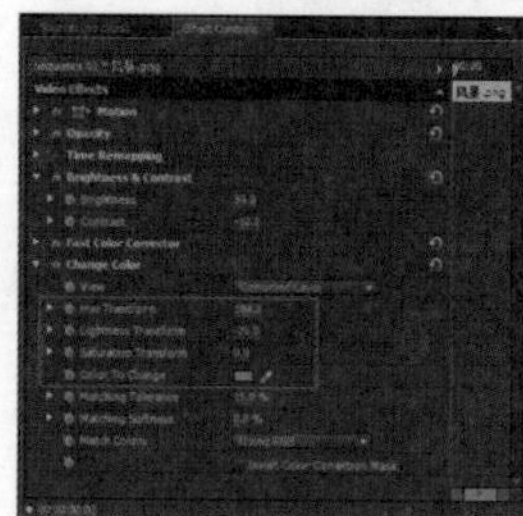

图7—138

图7—139

07 在【Effects（效果）】窗口中搜索【Levels（色阶）】效果，然后按住鼠标左键将其拖曳到Video2轨道的【风景.png】素材文件上，如图7-140所示。

图7—140

08 选择Video2轨道上的【风景.png】素材文件，然后设置【Levels（色阶）】效果的【（RGB）Black Input Level（RGB黑色阶输入）】为32，【（RGB）Black Output Level（RGB黑色阶输出）】为20，如图7-141所示。此时效果如图7-142所示。

09 将项目窗口中的【艺术字.png】素材文件拖曳到Video3轨道上，如图7-143所示。

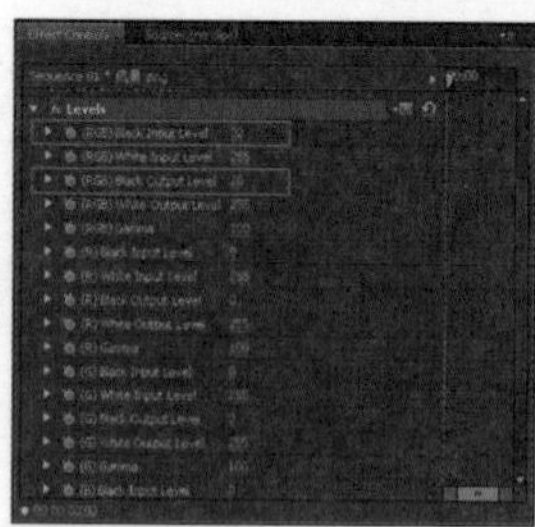

图7—141

图7—142

图7—143

10 选择Video3轨道上的【艺术字.png】素材文件，然后设置【Position（位置）】为（518，346），【Scale（缩放）】为29，如图7-144所示。最终效果如图7-145所示。

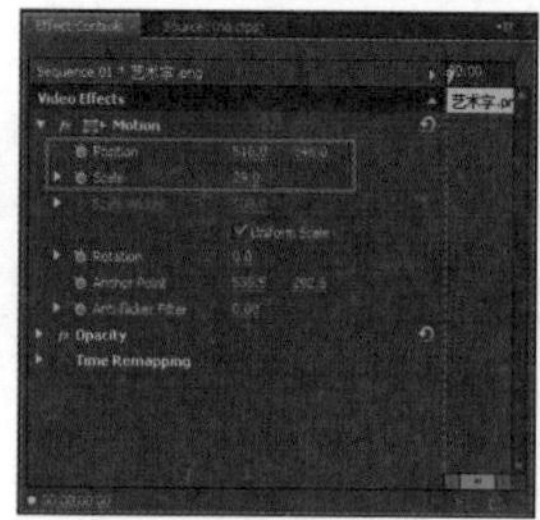

图7—144

图7—145

7.2.10 Leave Color（分色）

技术速查：分色效果可以设置一种颜色范围保留该颜色，而其他颜色漂白转化为灰度效果。

选择【Effects（效果）】窗口中的【Video Effects（视频效果）】/【Color Correction（颜色校正）】/【Leave Color（分色）】命令，如图7-146所示。其参数面板如图7-147所示。

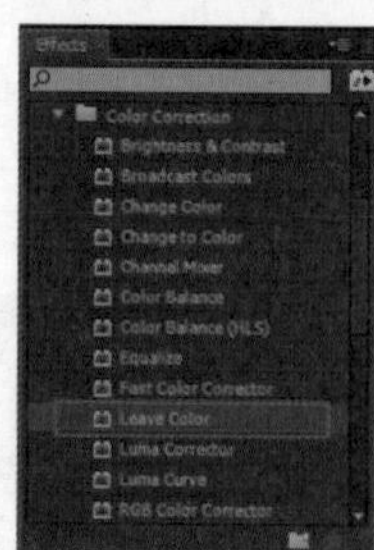

图7—146

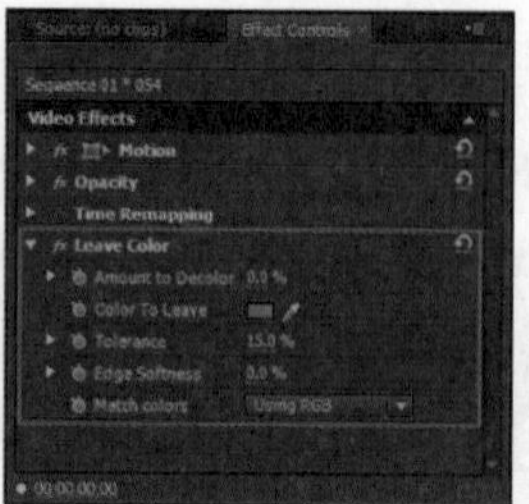

图7—147

- Amount To Decolor（分色量）：设置色彩的分色值。
- Color To Leave（要保留的颜色）：设置要保留的颜色。
- Tolerance（宽容度）：设置颜色的差值范围的数值。
- Edge Softness（边缘柔化）：设置边缘的柔化程度。
- Match Colors（配色）：用来设置颜色的匹配。

★ 案例实战——红色浪漫

案例文件	案例文件\第7章\红色浪漫.prproj
视频教学	视频文件\第7章\红色浪漫.flv
难易指数	★★★★★
技术要点	分色、亮度和对比度效果应用

案例效果

在需要重点表现画面中某一个对象时，可以通过降低周围物体的饱和度产生对比来实现。这是在很多图片和视频中的一种常见手法。本案例主要是针对“制作红色浪漫效果”的方法进行练习，如图7-148所示。

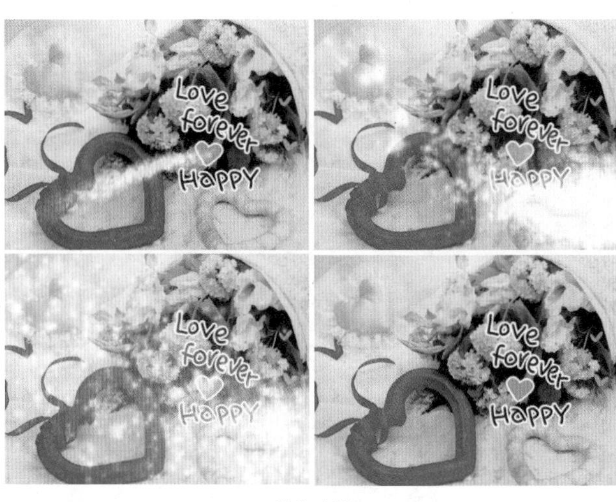

图7-148

操作步骤

Part01 制作画面中的分色效果

01 单击【New Project（新建项目）】选项，并单击【Browse（浏览）】按钮设置保存路径，在【Name（名称）】文本框中设置文件名称。接着在弹出的对话框中选择【DV-PAL】/【Standard 48kHz】选项，如图7-149所示。

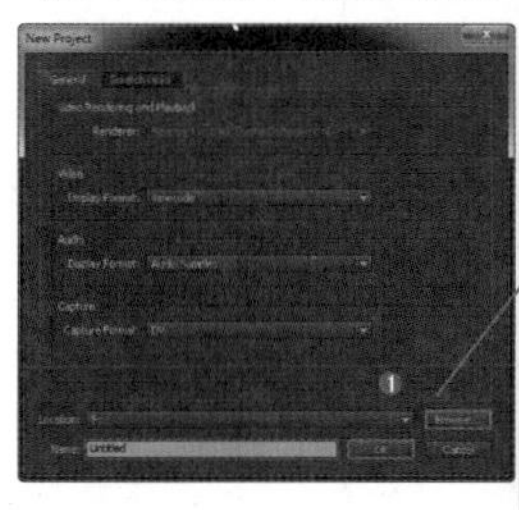

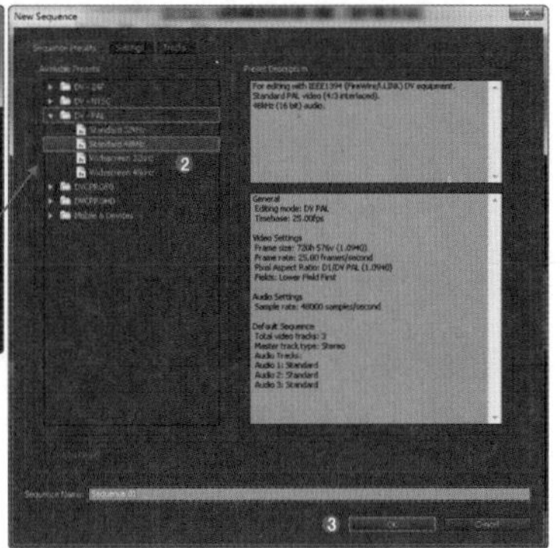

图7-149

02 选择菜单栏中的【File（文件）】/【Import（导入）】命令或按快捷键【Ctrl+I】，然后在打开的对话框中选择所需的素材文件，并单击【打开】按钮导入，如图7-150所示。

图7-150

03 将项目窗口中的【背景.jpg】素材文件拖曳到Video1轨道上，如图7-151所示。

图7-151

04 选择Video1轨道上的【背景.jpg】素材文件，然后设置【Scale（缩放）】为56，如图7-152所示。此时效果如图7-153所示。

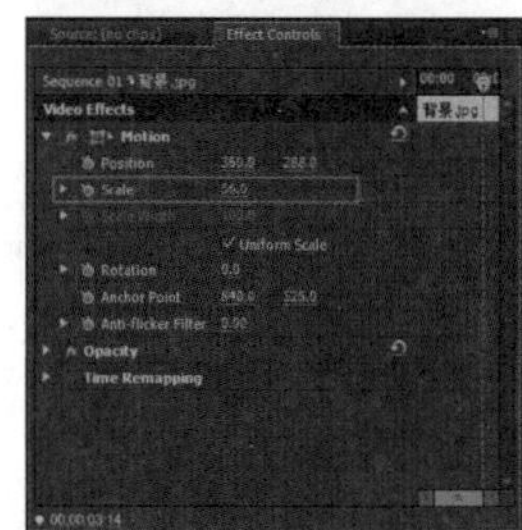

图7-152

图7-153

05 在【Effects（效果）】窗口中搜索【Leave Color（分色）】效果，然后按住鼠标左键将其拖曳到Video1轨道的【背景.jpg】素材文件上，如图7-154所示。

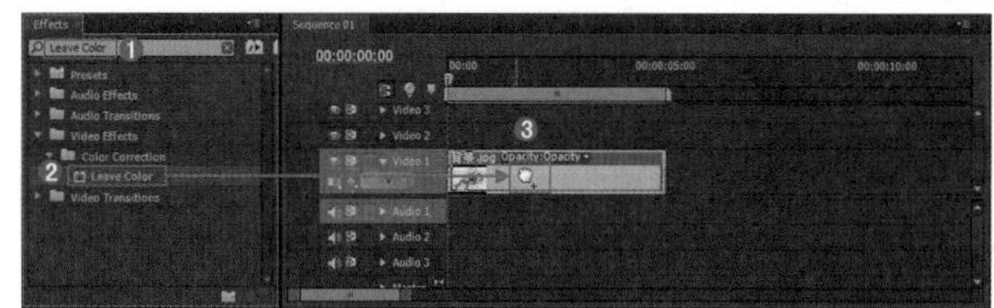

图7-154

06 选择Video1轨道上的【背景.jpg】素材文件，然后打开【Leave Color（分色）】效果，并设置【Amount to Decolor（分色量）】为100%，【Color To Leave（要保留的颜色）】为红色（R：246，G：43，B：85），【Tolerance（容差度）】为17%，【Edge Softness（边缘柔和度）】为10%，如图7-155所示。此时效果如图7-156所示。

07 在【Effects（效果）】窗口中搜索【Brightness & Contrast（亮度和对比度）】效果，然后按住鼠标左键将其拖曳到Video1轨道的【背景.jpg】素材文件上，如图7-157所示。

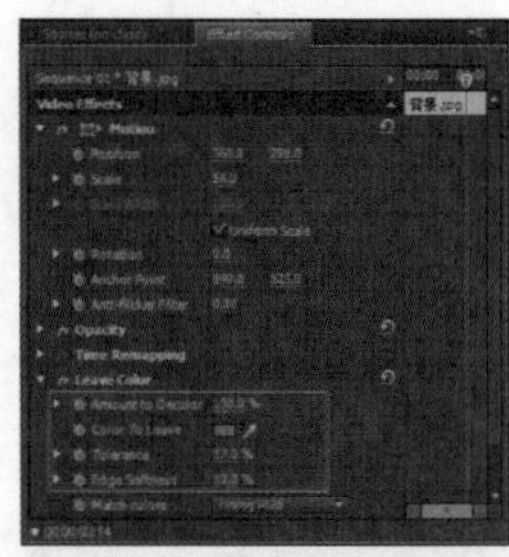

图7-155

图7-156

图7-157

08 选择Video1轨道上的【背景.jpg】素材文件，然后设置【Brightness & Contrast（亮度和对比度）】效果的【Brightness（亮度）】为-41，【Contrast（对比度）】为26，如图7-158所示。此时效果如图7-159所示。

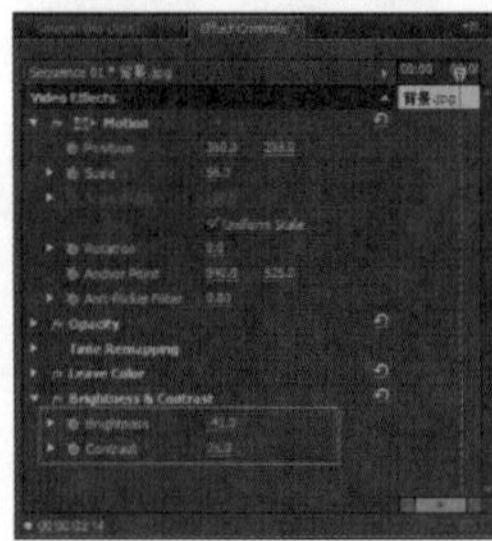

图7-158

图7-159

09 将项目窗口中的【艺术字.png】素材文件拖曳到Video2轨道上，如图7-160所示。

图7-160

10 选择Video2轨道上的【艺术字.png】素材文件，然后设置【Position（位置）】为（552，288），【Scale（缩放）】为122，如图7-161所示。此时效果如图7-162所示。

Part02 制作光效动画

01 将项目窗口中的【前景光效.avi】素材文件拖曳到Video3轨道上，如图7-163所示。

02 在Video3轨道的【光效前景.avi】素材文件上单击鼠标右键，在弹出的快捷菜单中选择【Speed/Duration（速度/持续时间）】命令，如图7-164所示。

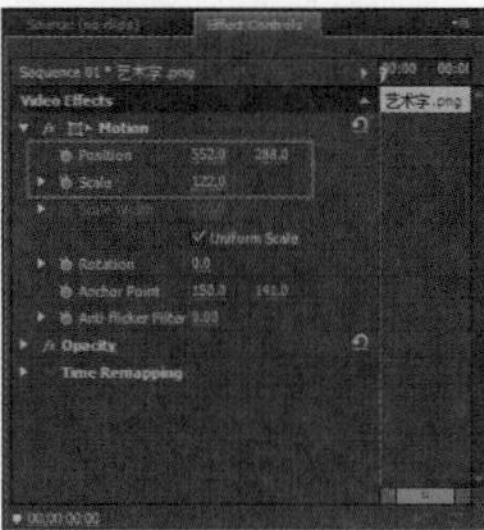

图7-161

图7-162

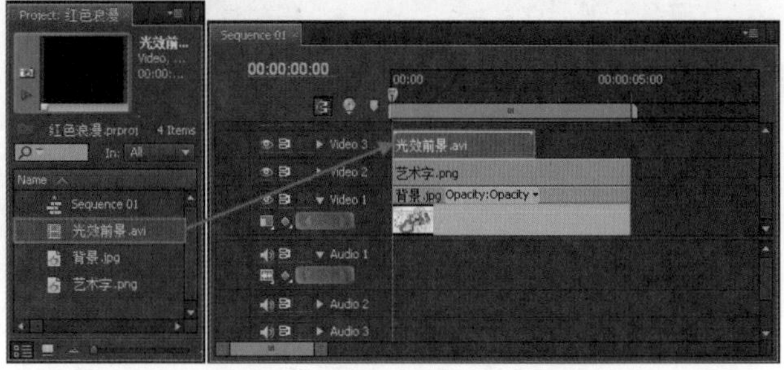

图7-163

03 在弹出的对话框中设置【Duration（持续时间）】为【00:00:05:00】，然后单击【OK（确定）】按钮，如图7-165所示。

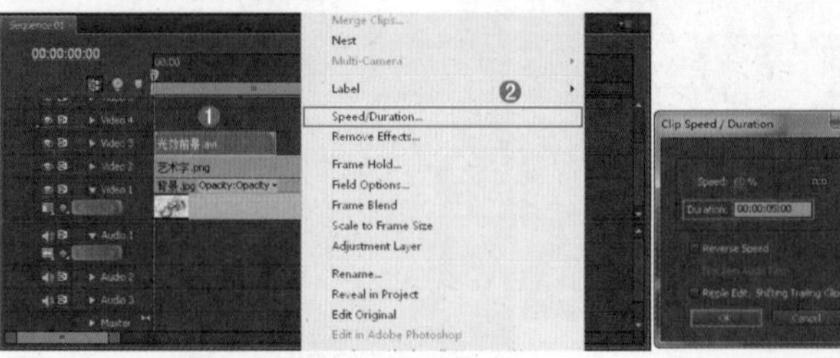

图7-164　　图7-165

04 选择Video3轨道上的【光效前景.avi】素材文件，然后设置【Scale（缩放）】为227，【Blend Mode（混合模式）】为【Screen（滤色）】，如图7-166所示。此时效果如图7-167所示。

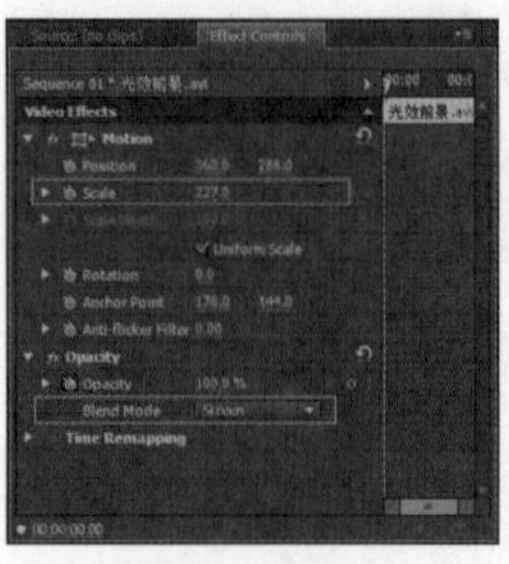

图7-166

图7-167

05 在【Effects（效果）】窗口中搜索【Brightness & Contrast（亮度和对比度）】效果，然后按住鼠标左键将其拖曳到Video3轨道的【光效前景.avi】，如图7-168所示。

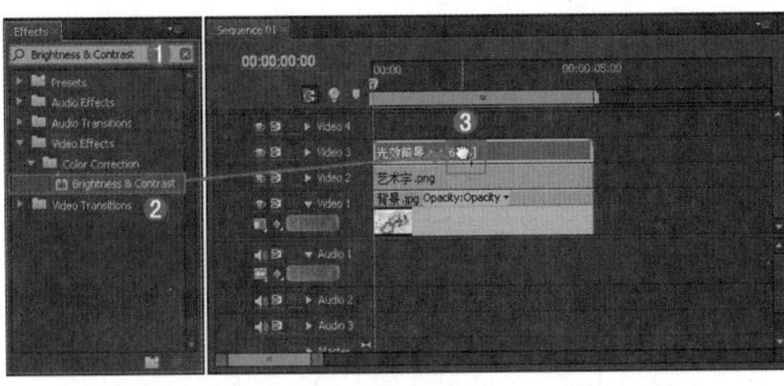

图7—168

06 选择Video3轨道上的【光效前景.avi】素材文件，然后设置【Brightness & Contrast（亮度和对比度）】效果的【Brightness（亮度）】为-4，【Contrast（对比度）】为27，如图7-169所示。此时效果如图7-170所示。

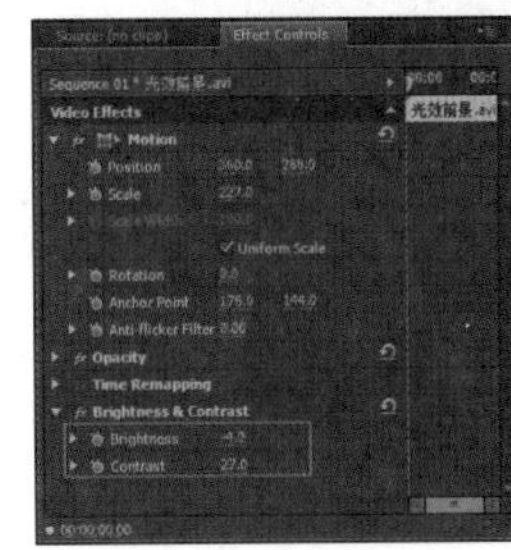

图7—169

图7—170

7.2.11 Luma Corrector（亮度校正）

技术速查：亮度校正效果可以调整画面的高光、中间色调和素材的阴影的亮度和对比度。

选择【Effects（效果）】窗口中的【Video Effects（视频效果）】/【Color Correction（颜色校正）】/【Luma Corrector（亮度校正）】命令，如图7-171所示。其参数面板如图7-172所示。

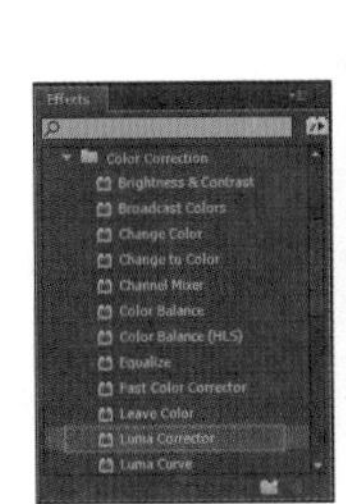

图7—171

图7—172

- Output（输出）：选择输出的形式。
- Show Split View（显示拆分视图）：选中该复选框，可开启剪切视图，以制作动画效果。
- Layout（版面）：用于设置剪切视图的方式。
- Split View Percent（拆分视图的百分比）：调整、更正视图的大小。
- Tonal Range Definition（色调范围定义）：定义使用衰减（柔软度）控制阈值和阈值的阴影和亮度的色调范围。
- Tonal Range（色调范围）：选择调节颜色的范围。
- Brightness（亮度）：调整素材的明亮程度。如图7-173所示为设置Brightness（亮度）值分别为0和-40时的对比效果。

图7—173

- Contrast（对比度）：调整素材的对比程度。
- Contrast Level（对比度级别）：辅助对比度调整素材的对比级别。
- Gamma（灰度系数）：用来调整素材的Gamma级别。
- Pedestal（基值）：设置素材调节的基础值。
- Gain（增益）：调整素材的曝光程度。
- Secondary Color Correction（辅助色彩校正）：可单独设置颜色，对其进行微调处理。
- Center（中心）：定义在指定的范围内中央的颜色。
- Hue, Saturation, and Luma（色调、饱和度和亮度）：指定的色彩范围纠正色调、饱和度或亮度。
- Soften（软化）：指定的区域更加分散的界限，融合与原始图像的校正。
- Edge Thinning（边缘减薄）：使指定区域更清晰、明确。
- Invert Limit Color（反转限制色彩）：所有颜色校正，色彩校正设置指定的色彩范围除外。

7.2.12 Luma Curve（亮度曲线）

技术速查：亮度曲线效果可以通过调整曲线来控制素材的亮度和对比度。

选择【Effects（效果）】窗口中的【Video Effects（视频效果）】/【Color Correction（颜色校正）】/【Luma Curve（亮度曲线）】命令，如图7-174所示。其参数面板如图7-175所示。

- Output（输出）：选择输出的形式。
- Show Split View（显示拆分视图）：选中该复选框，可开启剪切视图，以制作动画效果。

图7-174

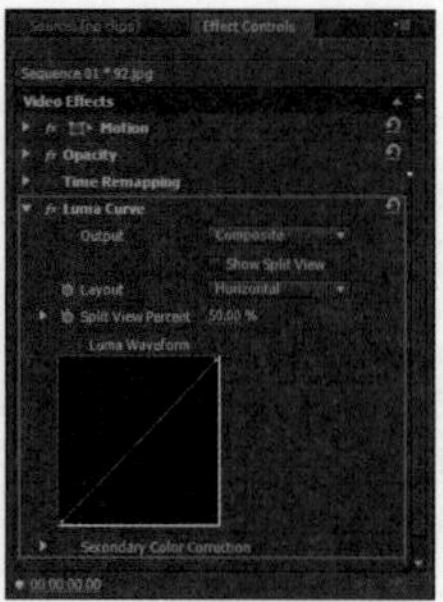

图7-175

● Layout（版面）：用于设置剪切视图的方式。

● Split View Percent（拆分视图的百分比）：调整、更正视图的大小。

● Luma Waveform（亮度波形）：通过改变曲线的形状来改变素材的亮度和对比度。如图7-176所示为改变Luma Waveform（亮度波形）曲线前后的对比效果。

● Secondary Color Correction（辅助色彩校正）：可通过色相、饱和度、亮度和柔和度对图像进行辅助颜色校正。

图7-176

● Center（中心）：定义在指定的范围内中央的颜色。

● Hue, Saturation, and Luma（色调、饱和度和亮度）：指定的色彩范围纠正色调、饱和度或亮度。

● Soften（软化）：指定的区域更加分散的界限，融合与原始图像的校正。

● Edge Thinning（边缘减薄）：使指定区域更清晰明确。

● Invert（反转）：所有颜色校正，色彩校正设置指定的色彩范围除外。

7.2.13 RGB Color Corrector（RGB色彩校正）

技术速查：RGB色彩校正效果可以通过对红、绿、蓝的调整，达到对素材色彩的校正。

选择【Effects（效果）】窗口中的【Video Effects（视频效果）】/【Color Correction（颜色校正）】/【RGB Color Corrector（RGB色彩校正）】命令，如图7-177所示。其参数面板如图7-178所示。

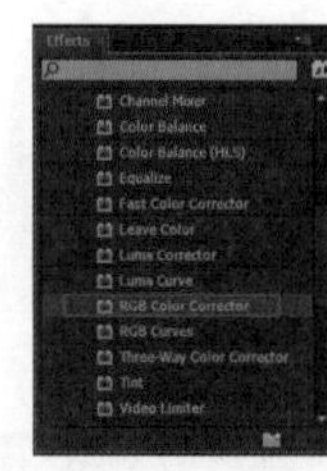

图7-177

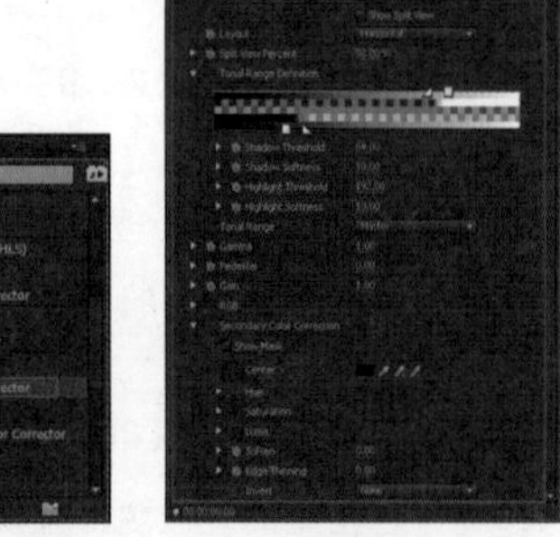

图7-178

● Output（输出）：选择输出的形式。

● Show Split View（显示拆分视图）：选中该复选框，可开启剪切视图，以制作动画效果。

● Layout（版面）：用于设置剪切视图的方式。

● Split View Percent（拆分视图的百分比）：调整、更正视图的大小。

● Tonal Range Definition（色调范围定义）：定义使用衰减（柔软度）控制阈值和阈值的阴影以及亮度的色调范围。

● Shadow Threshold（阴影阈值）：确定阴影的色调范围。

● Shadow Softness（阴影柔软）：确定与衰减阴影的色调范围。

● Highlight Threshold（高亮显示阈值）：确定高亮的色调范围。

● Highlight Softness（高亮柔软）：确定与衰减高光的色调范围。

● Tonal Range（色调范围）：选择调节颜色的范围。

● Gamma（灰度系数）：用来调整素材的伽玛级别。如图7-179所示为设置Gamma（灰度系数）值分别为1和4时的对比效果。

图7-179

● Pedestal（基值）：设置素材调节的基础值。

● Gain（增益）：调整素材的曝光程度。如图7-180所示为设置Gain（增益）值分别为1和2时的对比效果。

● RGB：通过红、绿、蓝对素材进行色调调整。

● Red Gamma, Green Gamma, and Blue Gamma（红色灰度系数，绿色灰度系数和蓝色灰度系数）：调整

红色，绿色或蓝色通道的中间色调值，而不会影响黑色和白色的水平。

图7—180

- Red Pedestal, Green Pedestal, and Blue Pedestal（红色的基值，绿色的基值和蓝色的基值）：通过增加一个固定偏置通道的像素值调整红色、绿色或蓝色通道的色调值。
- Red Gain, Green Gain, and Blue Gain（红增益，绿增益和蓝增益）：调整红色、绿色或蓝色通道的亮度值。
- Secondary Color Correction （辅助色彩校正）：可通过色相、饱和度、亮度和柔和度对图像进行辅助颜色校正。
- Center（中心）：定义在指定的范围内中央的颜色。
- Hue, Saturation, and Luma （色调，饱和度和亮度）：指定的色彩范围纠正色调、饱和度或亮度。
- Soften（软化）：指定的区域更加分散的界限，融合与原始图像的校正。
- Edge Thinning（边缘减薄）：使指定区域更清晰明确。
- Invert（反转）：所有颜色校正，色彩校正设置指定的色彩范围除外。

★ 案例实战——黑夜变白天

案例文件	案例文件\第7章\黑夜变白天.prproj
视频教学	视频文件\第7章\黑夜变白天.flv
难易指数	★★★★★
技术要点	RGB色彩校正、亮度和对比度效果应用

案例效果

一天分白天和黑夜。白天通常指从黎明至天黑的一段时间，物体清晰可见；而黑夜通常指从太阳落山到次日黎明，天空通常为黑色，物体都开始不清晰起来。本案例主要是针对“制作黑夜变白天效果”的方法进行练习，如图7-181所示。

图7—181

操作步骤

01 单击【New Project（新建项目）】选项，并单击【Browse（浏览）】按钮设置保存路径，在【Name（名称）】文本框中设置文件名称。接着在弹出的对话框中选择【DV-PAL】/【Standard 48kHz】选项，如图7-182所示。

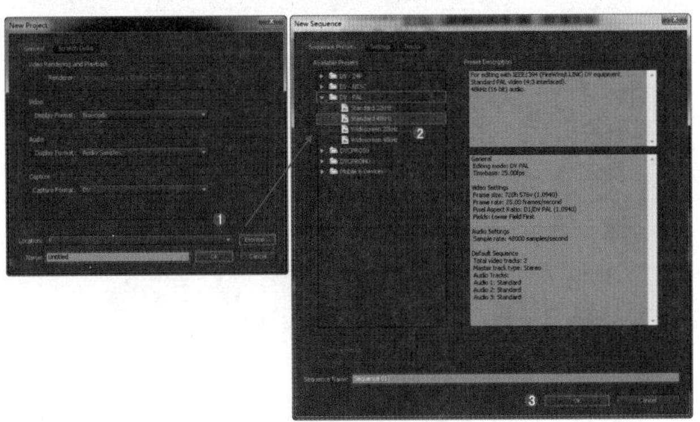

图7—182

02 选择菜单栏中的【File（文件）】/【Import（导入）】命令或按快捷键【Ctrl+I】，然后在打开的对话框中选择所需的素材文件，并单击【打开】按钮导入，如图7-183所示。

图7—183

03 将项目窗口中的【01.jpg】素材文件拖曳到Video1轨道上，如图7-184所示。

图7—184

04 在【Effects（效果）】窗口中搜索【RGB Color Corrector（RGB色彩校正）】，并拖曳到Video1轨道上，如图7-185所示。

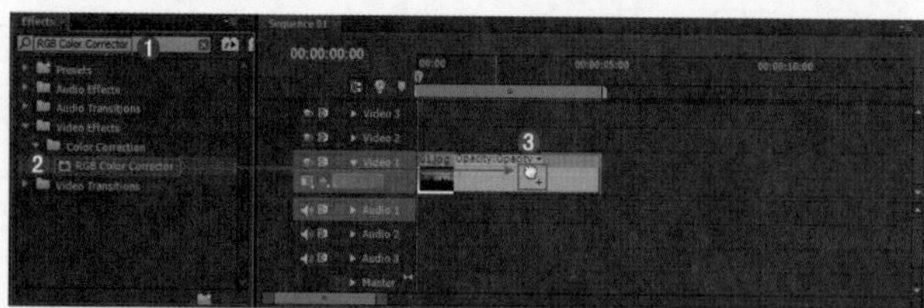
图7-185

05 选择Video1轨道上的【01.jpg】素材文件，然后打开【RGB Color Corrector（RGB色彩校正）】效果，并设置【Highlight Threshold（高亮显示阈值）】为64，【Gamma（灰度系数）】为4.5，如图7-186和图7-187所示。

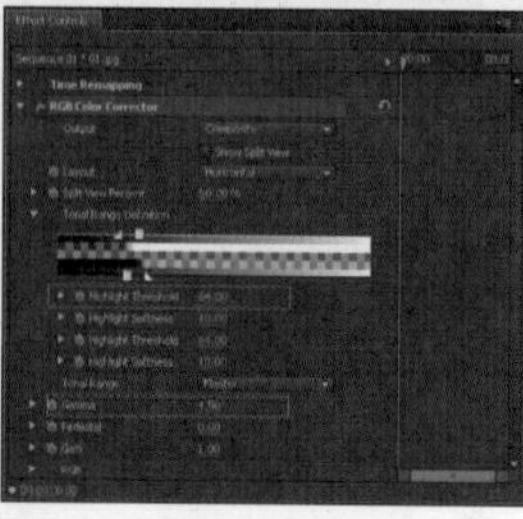
图7-186

图7-187

06 在【Effects（效果）】窗口中搜索【Brightness & Contrast（亮度和对比度）】效果，然后按住鼠标左键将其拖曳到Video1轨道的【01.jpg】素材文件上，如图7-188所示。

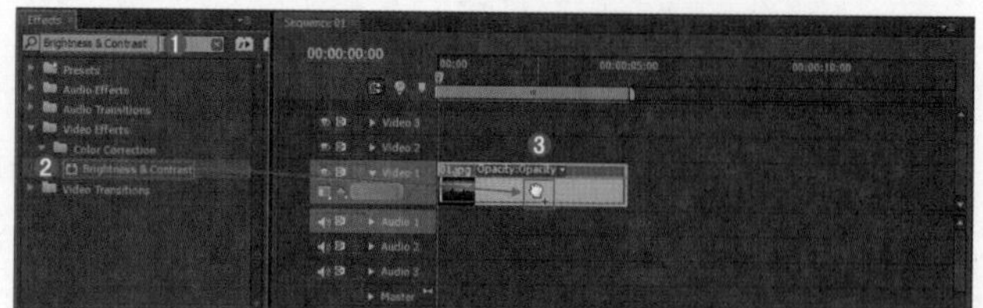
图7-188

07 选择Video1轨道上的【01.jpg】素材文件，然后设置【Brightness&Contrast（亮度和对比度）】效果的【Brightness（亮度）】为15，【Contrast（对比度）】为12，如图7-189所示。

08 此时拖动时间线滑块查看最终效果，如图7-190所示。

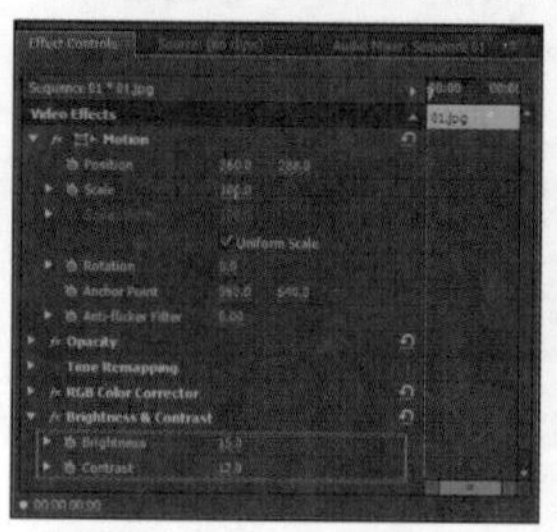
图7-189

图7-190

答疑解惑：可否将白天制作成黑夜的效果？

可以，通过调整色彩校正中的参数和各个颜色的变化，可以将白天制作出黑夜的效果。同时调节亮度和对比度，使物体在黑夜中的效果更加明显。

在制作黑夜和白天的转换时，需要注意周边环境。变为白天时，注意光线的亮度，调节亮度对比度，使物体看起来更加清晰。变为黑天时，注意不能过于黑，要有一定的光线，可以添加模糊效果来体现黑夜的感觉。

7.2.14 RGB Curves （RGB曲线）

技术速查：RGB曲线效果可以通过对红、绿、蓝进行曲线调整来校正素材的颜色。

选择【Effects（效果）】窗口中的【Video Effects（视频效果）】/【Color Correction（颜色校正）】/【RGB Curves（RGB曲线）】命令，如图7-191所示。其参数面板如图7-192所示。

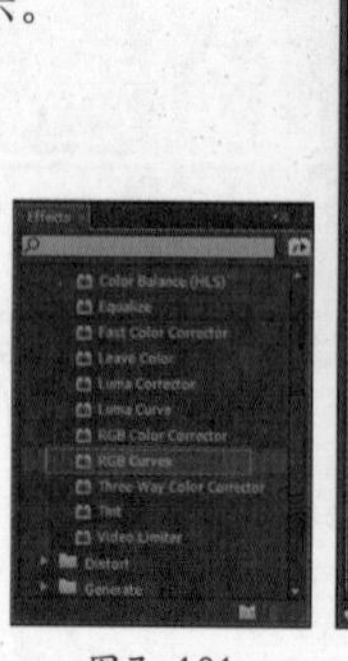
图7-191

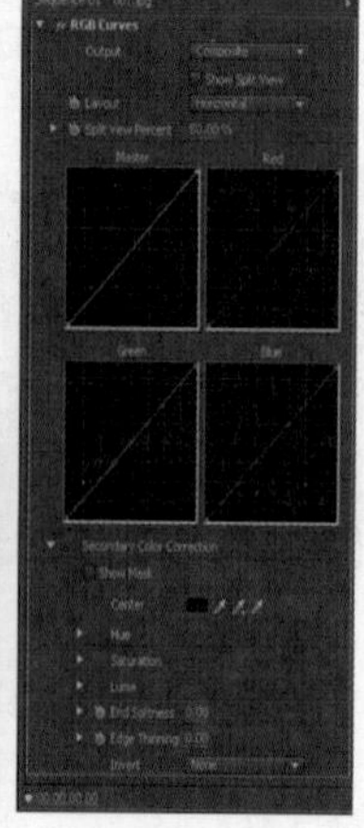
图7-192

- Output （输出）：选择输出的形式。
- Show Split View（显示拆分视图）：选中该复选框，可开启剪切视图，以制作动画效果。
- Layout （版面）：用于设置剪切视图的方式。
- Split View Percent（拆分视图的百分比）：调整、更正视图的大小。
- Master （主通道）：改变所有通道的亮度和对比度。如图7-193所示为改变Master （主通道）前后的对比。
- Red, Green, and Blue（红，绿和蓝）：改变红色，绿色，或蓝色通道的亮度和对比度。
- Secondary Color Correction （辅助色彩校正）：可通过色相、饱和度、亮度和柔和度对图像进行辅助颜色校正。
- Center（中心）：定义在指定的范围内，中央的颜色。

图7—193

- Hue, Saturation, and Luma（色调，饱和度和亮度）：指定的色彩范围纠正色调、饱和度或亮度。
- End Softness（结束柔软）：指定的区域更加分散的界限，融合与原始图像的校正。
- Edge Thinning（边缘减薄）：使指定区域更清晰、明确。
- Invert（反转）：所有颜色校正，色彩校正设置指定的色彩范围除外。

★ 案例实战——变色城堡

案例文件	案例文件\第7章\变色城堡.prproj
视频教学	视频文件\第7章\变色城堡.flv
难易指数	★★★★★
技术要点	RGB曲线和快速色彩校正效果应用

案例效果

色彩的意向微妙而多趣，根据环境的不同而调整不同的颜色会有不同的视觉和情绪效果。本例主要是针对"制作变色城堡效果"的方法进行练习，如图7-194所示。

图7—194

操作步骤

01 单击【New Project（新建项目）】选项，并单击【Browse（浏览）】按钮设置保存路径，在【Name（名称）】文本框中设置文件名称。接着在弹出的对话框中选择【DV-PAL】/【Standard 48kHz】选项，如图7-195所示。

02 单击菜单栏中的【File（文件）】/【Import（导入）】命令或按快捷键【Ctrl+I】，然后在打开的对话框中选择所需的素材文件，并单击【打开】按钮导入，如图7-196所示。

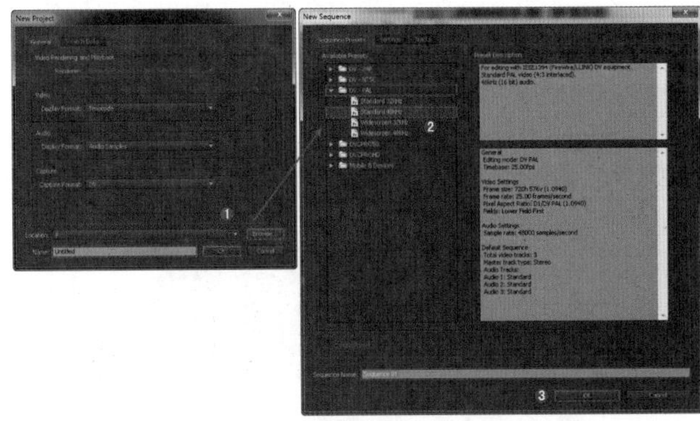

图7—195

图7—196

03 将项目窗口中的【01.jpg】素材文件拖曳到Video1轨道上，如图7-197所示。

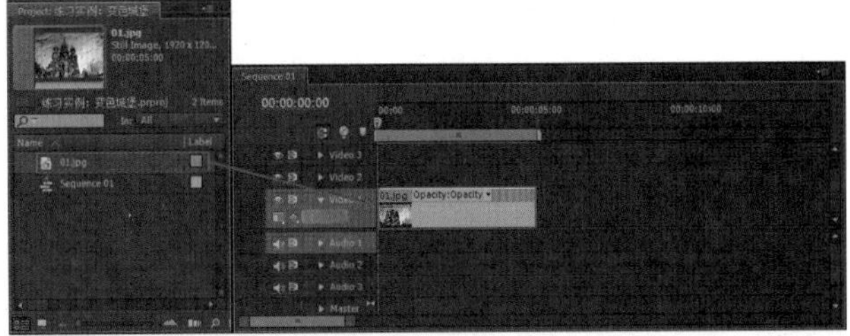

图7—197

04 在【Effects（效果）】窗口中搜索【RGB Curves（RGB曲线）】，然后按住鼠标左键将其拖曳到Video1轨道的【01.jpg】素材文件上，如图7-198所示。

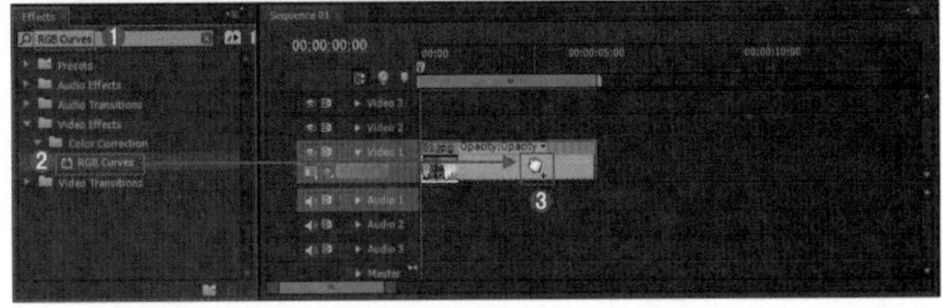

图7—198

05 选择Video1轨道上的【01.jpg】素材文件，然后打开【RGB Curves（RGB曲线）】效果，并调整【Master（主要色）】、【Red（红色）】和【Green（绿色）】的曲线形状，如图7-199所示。此时效果如图7-200所示。

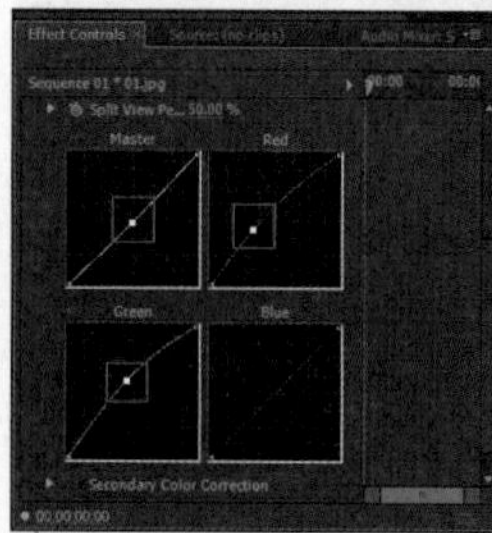

图7-199

图7-200

06 在【Effects（效果）】窗口中搜索【Fast Color Corrector（快速色彩校正）】效果，然后按住鼠标左键将其拖曳到Video1轨道的【01.jpg】素材文件上，如图7-201所示。

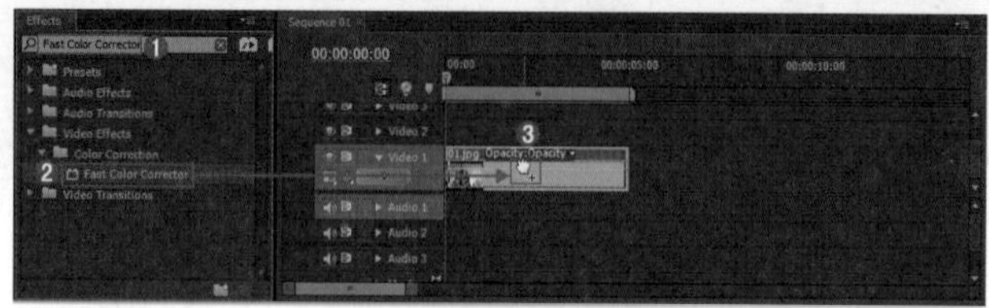

图7-201

07 选择Video1轨道上的【01.jpg】素材文件，然后设置【Fast Color Corrector（快速色彩校正）】效果的【Hue Angle（饱和度角度）】为177°，【Input Gray Level（输入灰度级）为0.5，【Output Black Level（输出黑色级）】为27，【Output White Level（输出白色级）】为241，如图7-202所示。此时拖动时间线滑块查看最终效果，如图7-203所示。

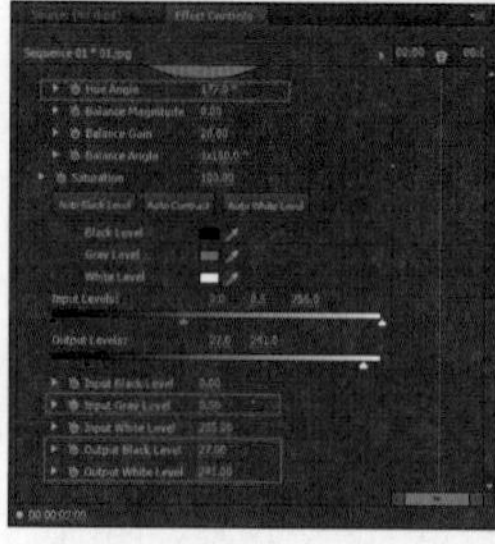

图7-202

图7-203

答疑解惑：可以将城堡更换为不同颜色吗？

可以，在快速色彩校正效果中调节颜色的饱和度以及不同的参数就可以调节出各种不同的颜色。颜色调整完，还要根据周围的环境调节图片的亮度和对比度，从而使颜色更加自然和融入周围环境。

7.2.15 Three-Way Color Corrector （三路色彩校正）

技术速查：三路色彩校正效果包含了快速色彩校正和RGB色彩校正等多种特效的混合。

选择【Effects（效果）】窗口中的【Video Effects（视频效果）】/【Color Correction（颜色校正）】/【Three-Way Color Corrector （三路色彩校正）】命令，如图7-204所示。其参数面板如图7-205所示。

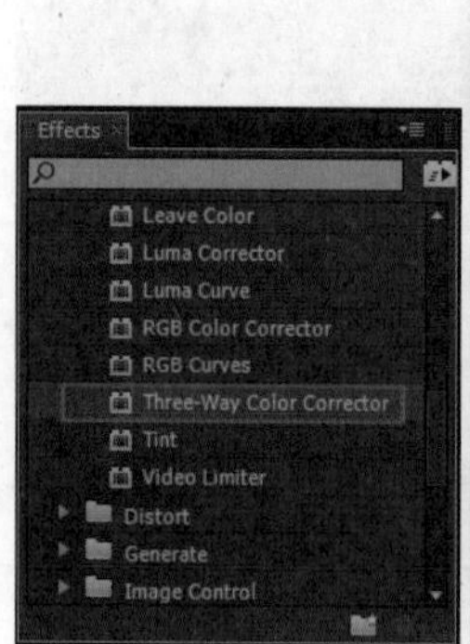

图7-204

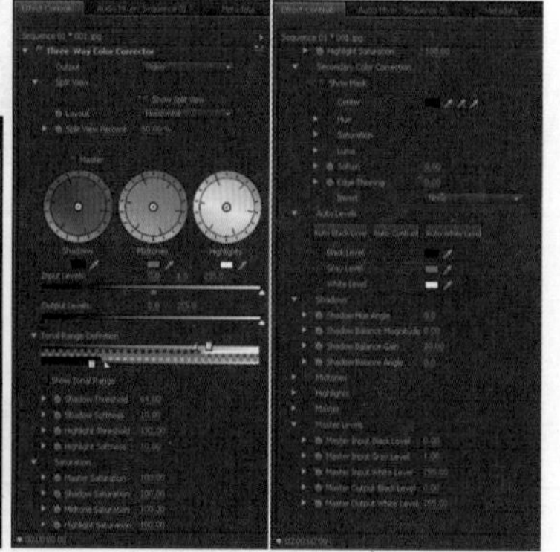

图7-205

- Output（输出）：选择输出的形式。
- Show Split View（显示拆分视图）：选中该复选框，可开启剪切视图，用来制作动画效果。
- Layout （版面）：用于设置剪切视图的方式。
- Split View Percent（拆分视图的百分比）：调整、更正视图的大小。
- Input Levels （输入色阶）：用滑块设置输入色阶。
- Output Levels（输出色阶）：用滑块设置输出色阶。
- Tonal Range Definition（色调范围定义）：定义使用衰减控制阈值和阈值的阴影和亮度的色调范围。
- Show Tonal Range （色调范围）：选择色相角度、平衡的幅度和饱和度，水平控制调整色调范围。
- Shadow Threshold/Softness（阴影阈值/柔化）：调整阴影中的阈值/柔化。
- Highlight Threshold/Softness（高光阈值/柔化）：调整高光中的阈值/柔化。
- Master/Shadows Midtones/HighlightSaturation（主/阴影/中间调/高光饱和度）：调整中主、阴影、中间调和高光的色彩饱和度。
- Secondary Color Correction（辅助色彩校正）：可通过色相、饱和度、亮度和柔和度对图像进行辅助颜色校正。
- Center（中心）：定义在指定的范围内中央的颜色。

- Hue, Saturation, and Luma（色调、饱和度和亮度）：指定的色彩范围纠正色调、饱和度或亮度。
- Soften（软化）：指定的区域更加分散的界限，融合与原始图像的校正。
- Edge Thinning（边缘减薄）：使指定区域更清晰、明确。
- Invert Limit Color（反转限制色彩）：所有颜色校正，色彩校正设置指定的色彩范围除外。
- Auto Black Level（自动黑色阶）：提高素材的黑色层次。
- Auto Contrast（自动对比度）：适用于自动黑色阶和自动白色阶同步。
- Auto White Level（自动白色阶）：降低素材中的白色阶。
- Black Level, Gray Level, White Level（黑色阶，灰度级，白色阶）：设置黑白灰程度，控制暗调、中间调和亮调的颜色。
- Shadow/Midtone/Highlight/Master Hue Angle（阴影/中间调/高光/主色调角）：控制高光、中间调或阴影的色相角度。
- Shadow/Midtone/Highlight/Master Balance Magnitude（阴影/中间调/高光/主平衡幅度）：控制色彩平衡校正量的平衡的角度。
- Shadow/Midtone/Highlight/Master Balance Gain（阴影/中间调/高光/主平衡增益）：调整亮度的数值。
- Shadow/Midtone/Highlight/Master Balance Angle（阴影/中间调/高光/主平衡角）：控制高光、色调或阴影。
- Master Input Black Level, Input Gray Level, Input White Level（主黑色阶输入，输入灰度，输入白色阶）：调整黑色、中间调和高光，以及色调或阴影的输入色阶。
- MasterOutput Black Level, Output White Level（输出黑色阶，输出白色阶）：调整输入的黑色和白色的高光，色调或阴影映射的输出级别。

7.2.16 Tint（着色）

技术速查：着色效果可以通过指定的颜色对图像进行颜色映射处理。

选择【Effects（效果）】窗口中的【Video Effects（视频效果）】/【Color Correction（颜色校正）】/【Tint（着色）】命令，如图7-206所示。其参数面板如图7-207所示。

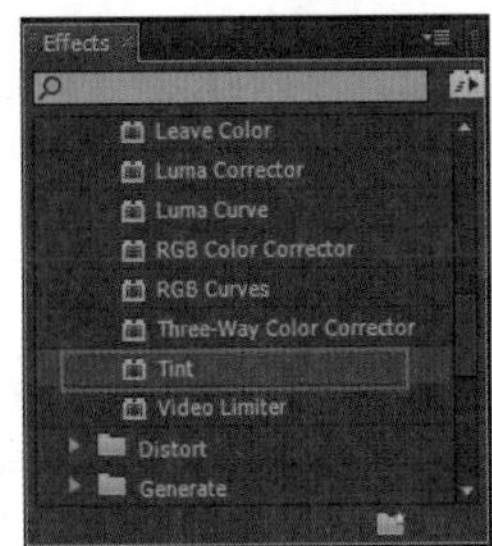

图7—206

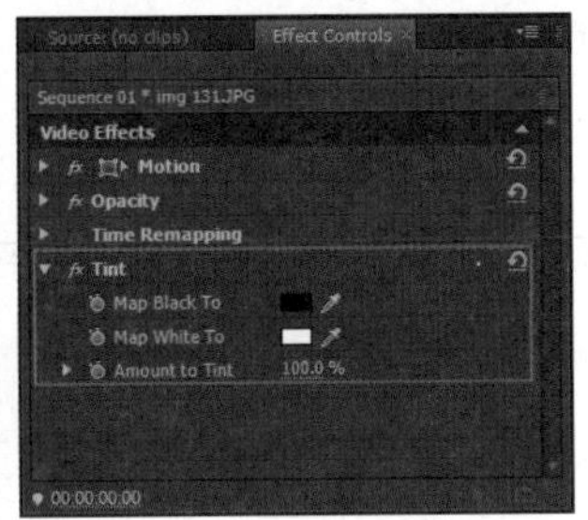

图7—207

- Map Black To（将黑色映射到）：设置图像中黑色和灰色颜色改变映射的颜色。
- Map White To（将白色映射到）：设置图像中白色改变映射的颜色。
- Amount to Tint（着色数量）：设置色调映射时的映射程度。如图7-208所示为设置Amount to Tint（着色数量）值分别为0和100时的对比效果。

图7—208

★ 案例实战——版画效果

案例文件	案例文件\第7章\版画效果.prproj
视频教学	视频文件\第7章\版画效果.flv
难易指数	★★★★★
技术要点	色彩平衡、亮度和对比度、阈值、快速模糊和着色的效果应用

案例效果

版画是一种视觉艺术，是经过构思和创作，然后版制印刷所产生的艺术作品。古代版画主要是木刻，也有少数铜版刻和套色漏印。独特的刀味与木味使它在中国文化艺术史上具有独立的艺术价值与地位。本案例主要是针对“制作版画效果”的方法进行练习，如图7-209所示。

图7—209

操作步骤

Part01 制作纸张效果

01 单击【New Project（新建项目）】选项，并单击【Browse（浏览）】按钮设置保存路径，在【Name（名称）】文本框中设置文件名称。接着在弹出的对话框中选择【DV-PAL】/【Standard 48kHz】选项，如图7-210所示。

02 选择菜单栏中的【File（文件）】/【Import（导入）】命令或按快捷键【Ctrl+I】，然后在打开的对话框中选择所需的素材文件，并单击【打开】按钮导入，如图7-211所示。

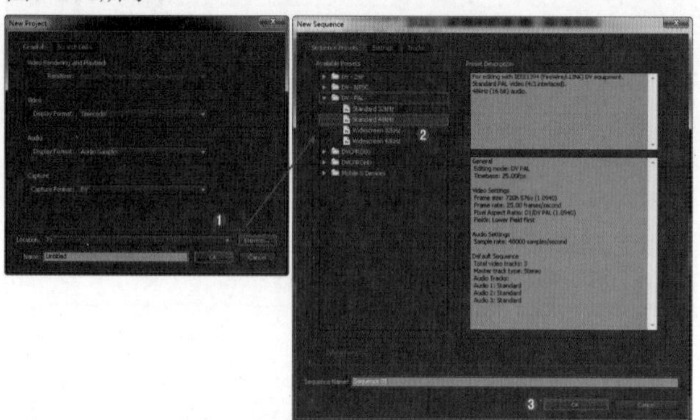

图7-210

图7-211

03 将项目窗口中的【纸.jpg】素材文件拖曳到Video1轨道上，如图7-212所示。

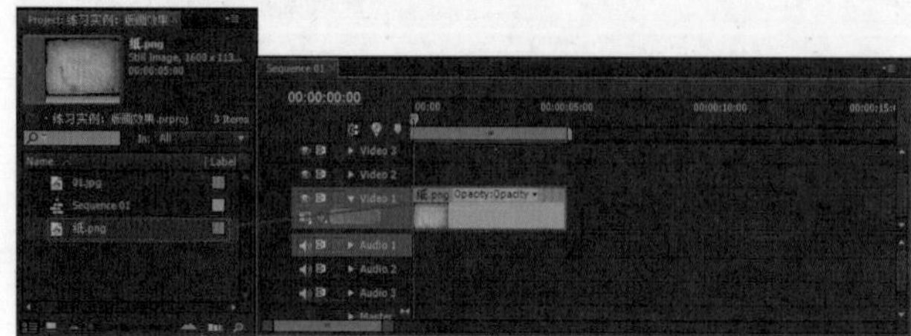

图7-212

04 在【Effects（效果）】窗口中搜索【Brightness & Contrast（亮度和对比度）】效果，并按住鼠标左键将其拖曳到Video1轨道的【纸.png】素材文件上，如图7-213所示。

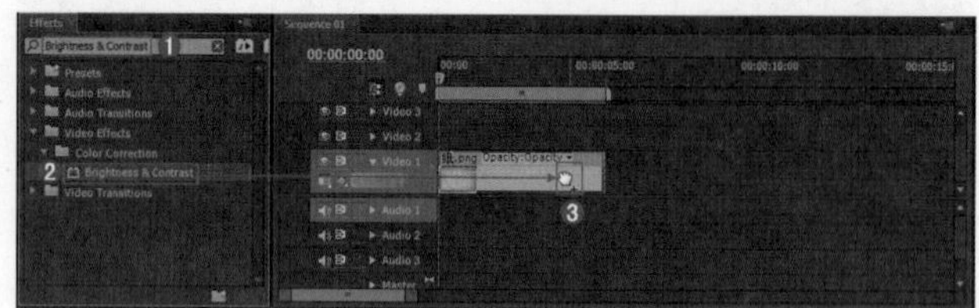

图7-213

05 选择Video1轨道上的【纸.png】素材文件，然后设置【Scale（缩放）】为54。接着设置【Brightness & Contrast（亮度和对比度）】效果的【Brightness（亮度）】为5，【Contrast（对比度）】为15，如图7-214所示。此时效果如图7-215所示。

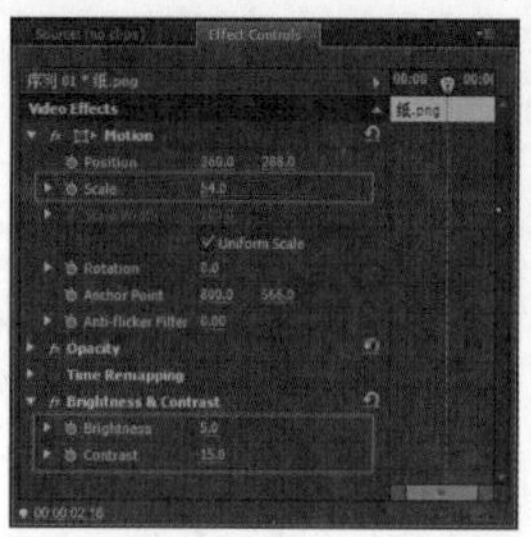

图7-214

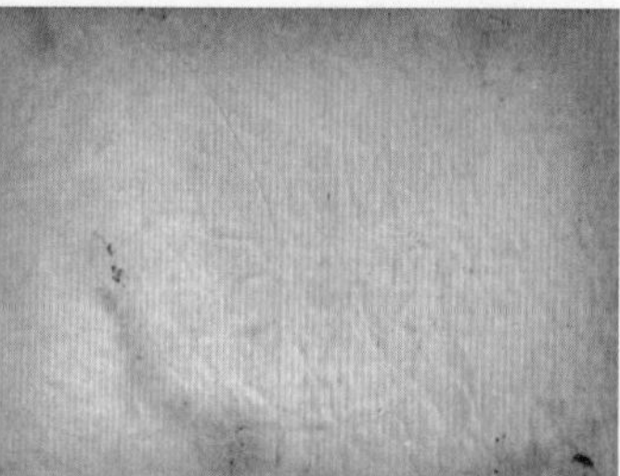

图7-215

Part02 制作纸张上的版画

01 在【Effects（效果）】窗口中搜索【Color Balance（色彩平衡）】效果，并按住鼠标左键将其拖曳到Video1轨道的【纸.png】素材文件上，如图7-216所示。

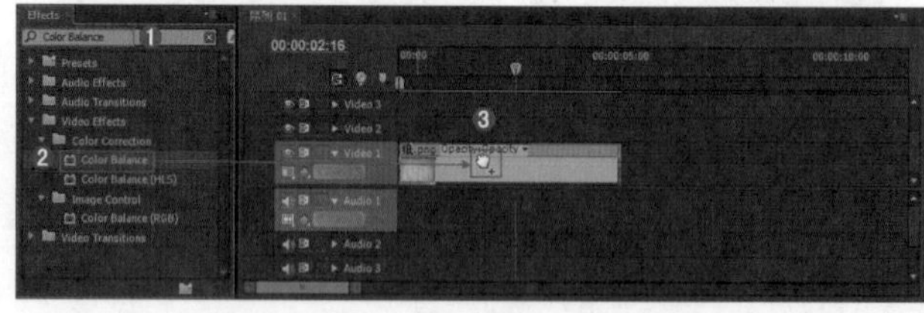

图7-216

02 选择Video1轨道上的【纸.png】素材文件，然后设置【Color Balance（色彩平衡）】效果的【Shadow Red Balance（阴影红色平衡）】为-24，【Midtone Red Balance（中间调红色平衡）】为-6，【Highlight Blue Balance（高光蓝色平衡）】为10，如图7-217所示。此时效果如图7-218所示。

03 将项目窗口中的【01.jpg】素材文件拖曳到Video2轨道上，如图7-219所示。

04 选择Video2轨道上的【01.jpg】素材文件，然后设置【Scale（缩放）】为49，【Blend Mode（混合模式）】为【Multiply（正片叠底）】，如图7-220所示。此时效果如图7-221所示。

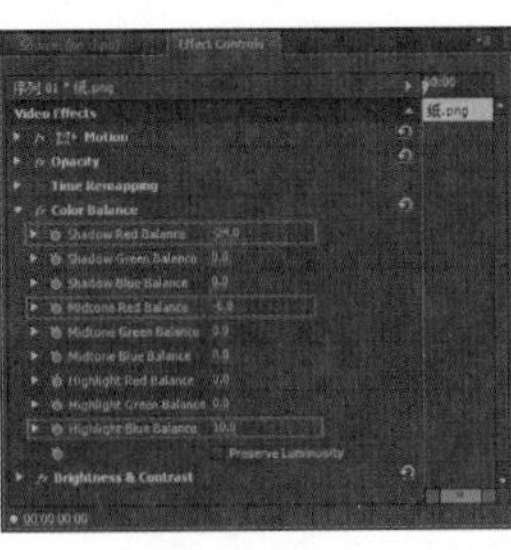
图7-217

图7-218

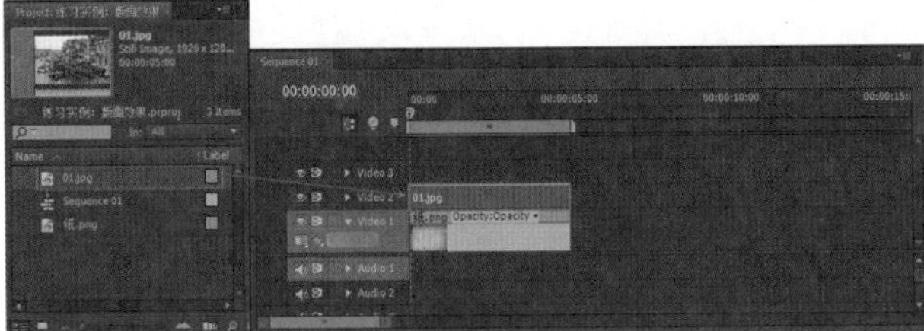
图7-219

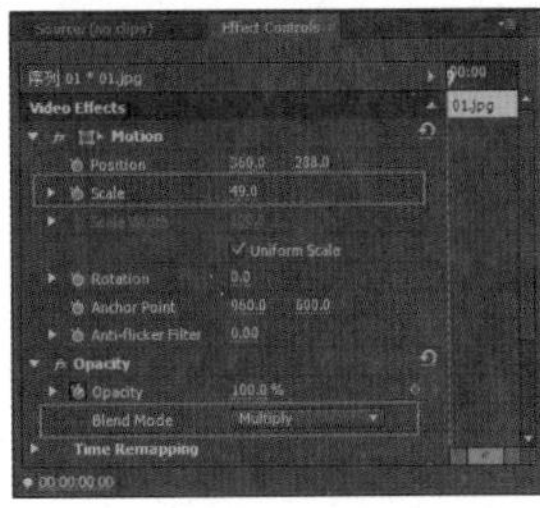
图7-220

图7-221

05 在【Effects（效果）】窗口中搜索【Threshold（阈值）】效果，然后按住鼠标左键将其拖曳到Video2轨道的【01.jpg】素材文件上，如图7-222所示。

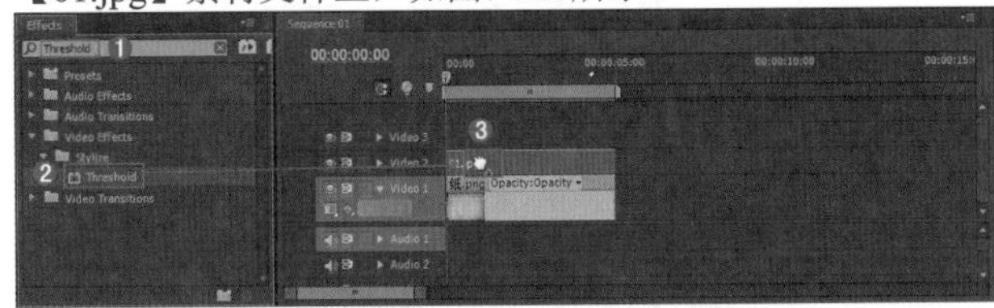
图7-222

06 选择Video2轨道上的【01.jpg】素材文件，将时间线拖到起始帧的位置，然后单击【Level（级别）】前面按钮，开启自动关键帧，并设置【Level（级别）】为-5。接着将时间线拖到第1秒13帧的位置，设置【Level（级别）】为82。继续将时间线拖到第4秒的位置，设置【Level（级别）】为82。最后将时间线拖到第4秒12帧的位置，设置【Level（级别）】为-5，如图7-223所示。此时效果如图7-224所示。

07 在【Effects（效果）】窗口中搜索【Tint（着色）】效果，然后按住鼠标左键将其拖曳到Video2轨道上，如图7-225所示。

08 选择Video2轨道上的【01.jpg】素材文件，然后设置【Tint（着色）】的【Map Black To（将黑色映射）】为深红色（R：116，G：20，B：20），如图7-226所示。此时效果如图7-227所示。

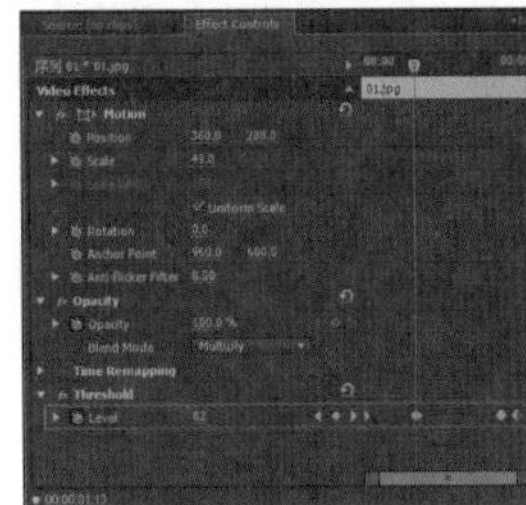
图7-223

图7-224

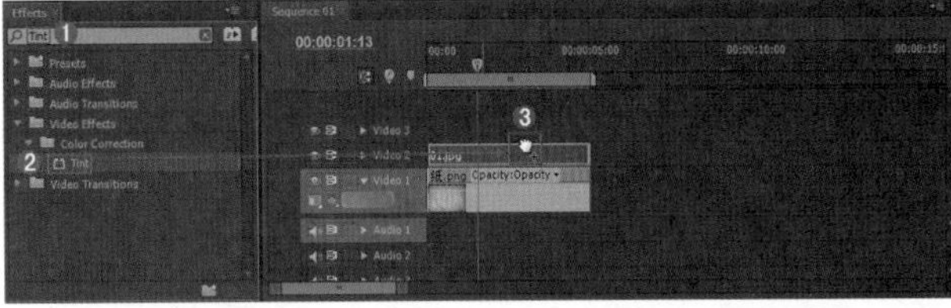
图7-225

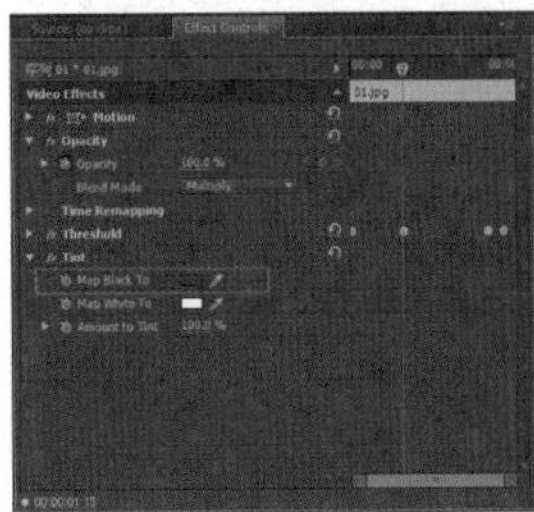
图7-226

图7-227

09 在【Effects（效果）】窗口中搜索【Fast Blur（快速模糊）】效果，然后按住鼠标左键将其拖曳到Video2轨道的【01.jpg】素材文件上，如图7-228所示。

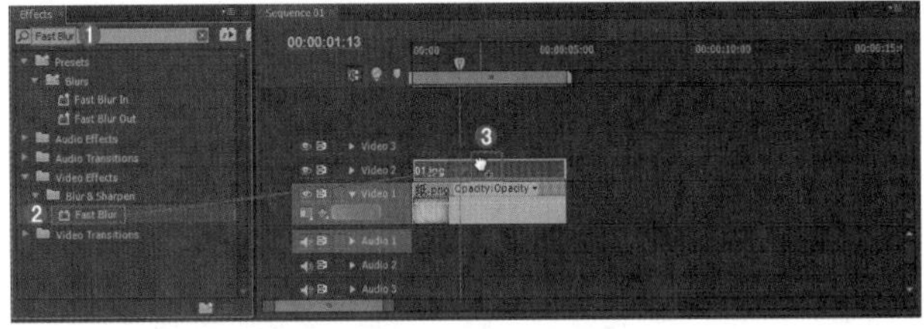
图7-228

在添加了阈值和着色效果后，画面边缘过于清晰，不像版画的印画效果。所以添加Fast Blur（快速模糊）效果，可以更真实地反映出版画的轻微模糊效果。

10 选择Video2轨道上的【01.jpg】素材文件，然后设置【Fast Blur（快速模糊）】效果的【Blurriness（模糊）】为3，如图7-229所示。

11 此时拖动时间线滑块查看最终效果，如图7-230所示。

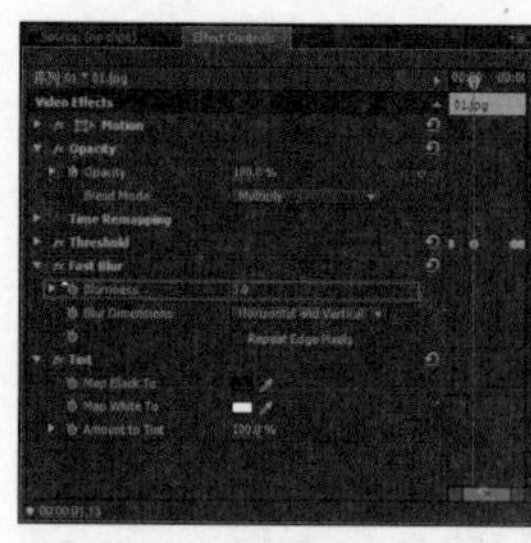

图7-229

图7-230

答疑解惑：在制作时，可以更换版画和背景颜色吗？

可以更换颜色，在应用Tint（着色）效果时，更改Map Black To（将黑色映射）的颜色即更改版画的颜色；更改Map White To（将白色映射）的颜色即可更改版画的背景颜色

7.2.17 Video Limiter（视频限幅器）

技术速查：视频限幅器可以对素材的色彩值进行调节，设置视频限制的范围，以便素材能够在电视中更精确地显示。

选择【Effects（效果）】窗口中的【Video Effects（视频效果）】/【Color Correction（颜色校正）】/【Video Limiter（视频限幅器）】命令，如图7-231所示。其参数面板如图7-232所示。

图7-231

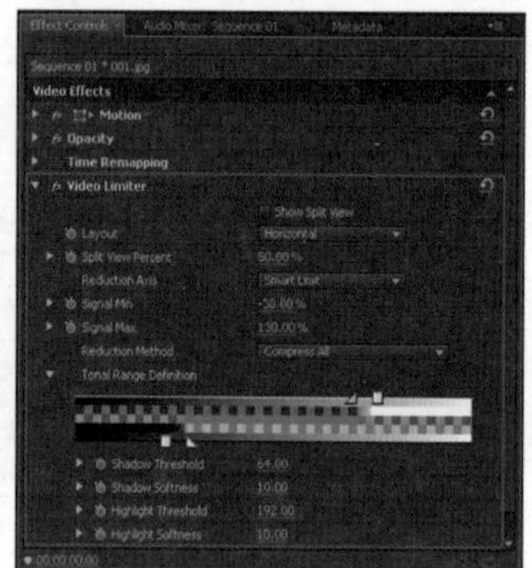

图7-232

- Show Split View（显示拆分视图）：选中该复选框，可开启剪切视图，以制作动画效果。
- Layout（版面）：用于设置剪切视图的方式。
- Split View Percent（拆分视图的百分比）：调整、更正视图的大小。
- Reduction Axis（缩小轴）：可让定义范围内的亮度和色度进行限制。
- Signal Min（信号最小值）：指定最小的视频信号，包括亮度和饱和度。
- Signal Max（信号最大值）：指定最大的视频信号，包括亮度和饱和度。如图7-233所示为设置Signal Max（信号最大值）值分别为130和70时的对比效果。

图7-233

- Reduction Method（缩小方式）：压缩特定的色调范围，保存重要的色调范围（高光压缩，压缩中间色调，阴影压缩）的细节，或压缩所有的色调范围压缩所有。
- Tonal Range Definition（色调范围定义）：定义使用衰减（柔软度）控制阈值和阈值的阴影和亮度的色调范围。
- Shadow Threshold, Shadow Softness, Highlight Threshold, Highlight Softness（阴影阈值，阴影柔和度，高光阈值，高光柔和度）：素材中的阴影，色调，并强调确定的阈值。

技巧提示

色彩搭配没有固定的原则，只要适合要表达的画面效果、画面情绪即可。如图7-234所示为几种常用的色彩搭配方案。

红：

橙：

黄：

绿：

青：

蓝：

紫：

图7-234

7.3 Image Control（图像控制）类视频效果

该滤镜组中的特效主要是对素材进行色彩处理，包括色彩平衡、颜色替换、传递等特效。该滤镜组中包括5个视频特效，选择【Effects（效果）】窗口中的【Video Effects（视频效果）】/【Image Control（图像控制）】命令，如下图7-235所示。

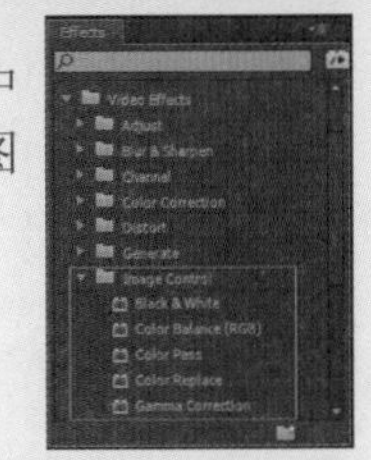

图7—235

7.3.1 Black & White（黑与白）

技术速查：黑与白效果可以将色彩视频素材处理为黑白效果。

选择【Effects（效果）】窗口中的【Video Effects（视频效果）】/【Image Control（图像控制）】/【Black & White（黑与白）】命令，如图7-236所示。

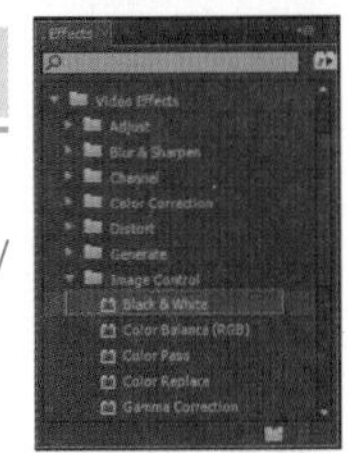

图7—236

该效果没有参数调节。前后效果对比图如图7-237所示。

图7—237

★ 案例实战——黑白照片效果

案例文件	案例文件\第7章\黑白照片效果.prproj
视频教学	视频文件\第7章\黑白照片效果.flv
难易指数	
技术要点	Black&White（黑与白）、Brightness & Contrast（亮度和对比度）和Luma Curve（亮度曲线）效果的应用

案例效果

黑白照片效果是一种常用的色彩处理的方式，可以将原来带有色彩的图像或视频处理为黑白灰的颜色效果。虽然失去了色彩，但是会展现出一种更有年代感、简练的效果。在Premiere中的处理的方法非常简单，但是重点在于把握住画面中黑白灰3种颜色的比例和层次。本案例主要是针对“制作黑白照片效果”的方法进行练习，如图7-238所示。

图7—238

操作步骤

01 单击【New Project（新建项目）】选项，并单击【Browse（浏览）】按钮设置保存路径，在【Name（名称）】文本框中后设置文件名称。接着在弹出的对话框中选择【DV-PAL】/【Standard 48kHz】选项，如图7-239所示。

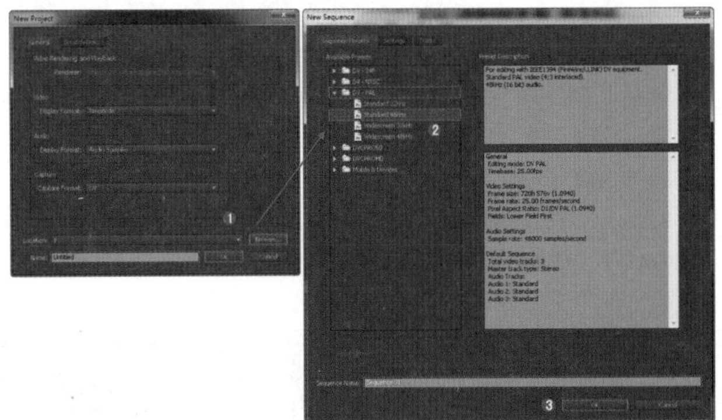

图7—239

02 选择菜单栏中的【File（文件）】/【Import（导入）】命令或按快捷键【Ctrl+I】，然后在打开的对话框中选择所需的素材文件，并单击【打开】按钮导入，如图7-240所示。

03 将项目窗口中的【01.jpg】素材文件拖曳到Video1轨道上，如图7-241所示。

图7-240

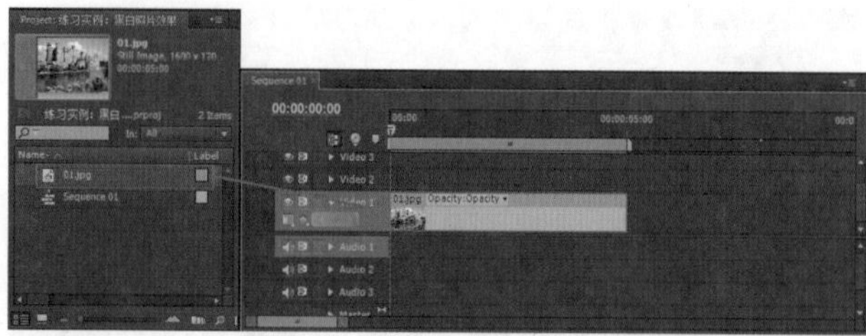

图7-241

04 选择Video1轨道上的【01.jpg】素材文件，然后设置【Scale（缩放）】为50，如图7-242所示。此时效果如图7-243所示。

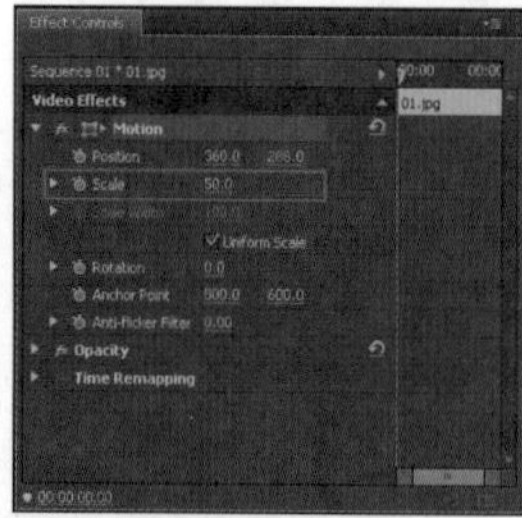

图7-242

图7-243

05 在【Effects（效果）】窗口中搜索【Brightness & Contrast（亮度和对比度）】效果，并按住鼠标左键将其拖曳到Video1轨道的【01.jpg】素材文件上，如图7-244所示。

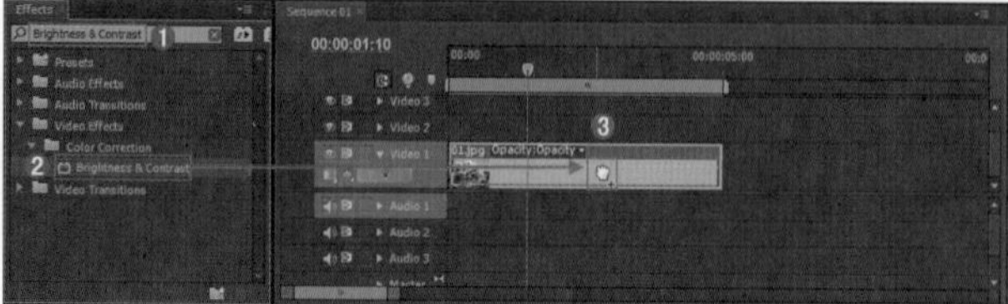

图7-244

06 选择Video1轨道上的【01.jpg】素材文件，然后设置【Brightness & Contrast（亮度和对比度）】的【Brightness（亮度）】为-27，【Contrast（对比度）】为18，如图7-245所示。此时效果如图7-246所示。

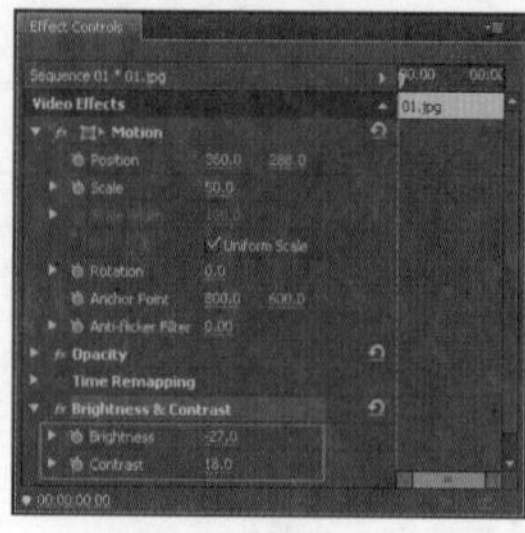

图7-245

图7-246

07 在【Effects（效果）】窗口中搜索【Luma Curve（亮度曲线）】效果，并按住鼠标左键将其拖曳到Video1轨道的【01.jpg】素材文件上，如图7-247所示。

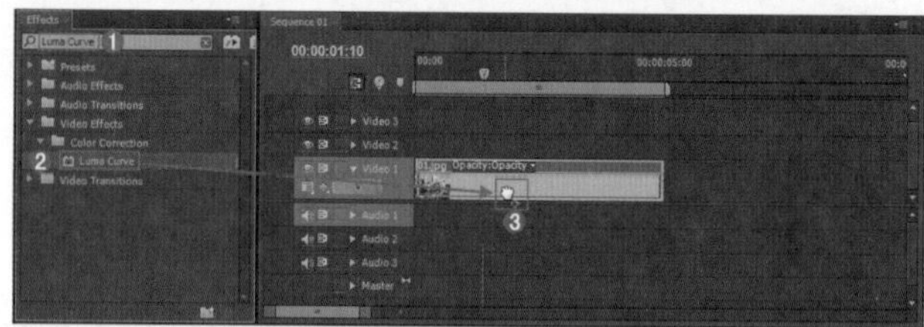

图7-247

08 选择Video1轨道上的【01.jpg】素材文件，然后在【Effect Controls（效果控制）】面板中适当调整【Luma Curve（亮度曲线）】的形状，如图7-248所示。此时效果如图7-249所示。

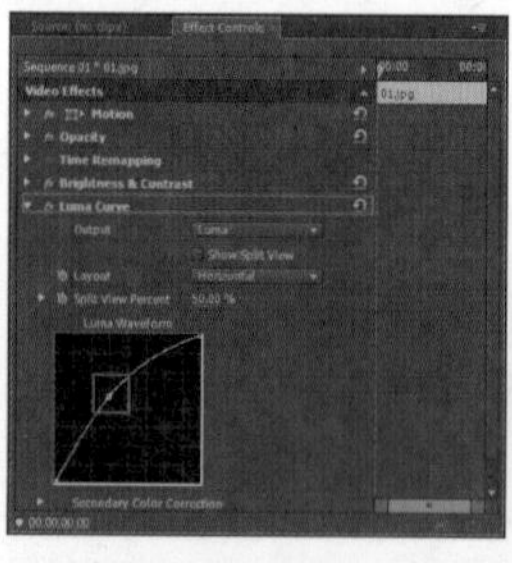

图7-248

图7-249

09 在【Effects（效果）】窗口中搜索【Black & White（黑与白）】效果，然后按住鼠标左键将其拖曳到Video1轨道的【01.jpg】素材文件上，如图7-250所示。

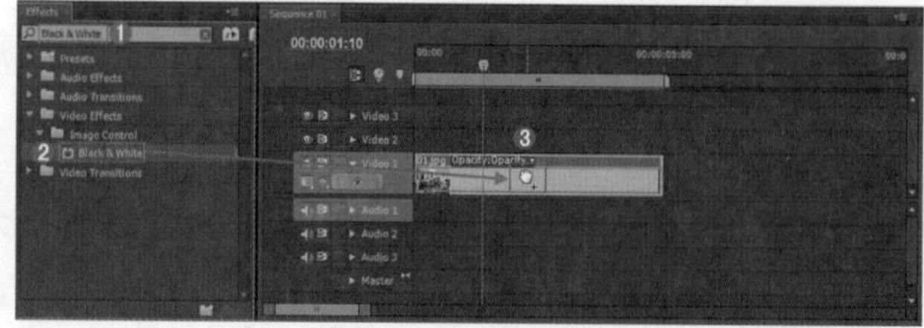

图7-250

10 此时拖动时间线滑块查看最终效果，如图7-251所示。

图7—251

> **技巧提示**
>
> 黑白照片虽然没有艳丽的色彩，但是画面黑白灰层次非常重要。一般来说，画面中黑白灰所占的比例分布合理，效果才会优质；而黑白灰对比微弱时，画面冲击力不强，如图7—252所示。
>
> 
>
> 黑白灰分布合理，画面冲击力强
>
> 
>
> 黑白灰分布不合理，画面冲击力弱
>
> 图7—252

7.3.2 Color Balance（RGB）（色彩平衡（RGB））

技术速查：色彩平衡（RGB）效果可以通过RGB值对素材的颜色进行处理。

选择【Effects（效果）】窗口中的【Video Effects（视频效果）】/【Image Control（图像控制）】/【Color Balance（RGB）（色彩平衡（RGB）】命令，如图7-253所示。其参数面板如图7-254所示。

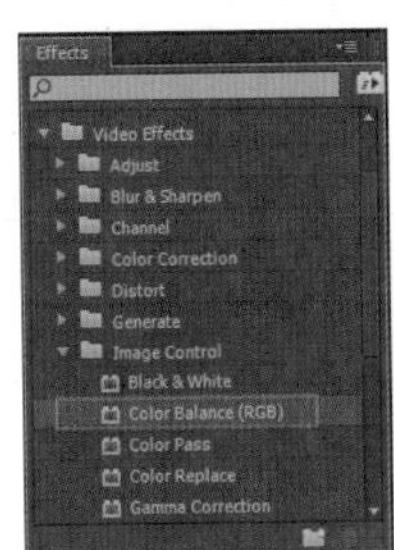

图7—253

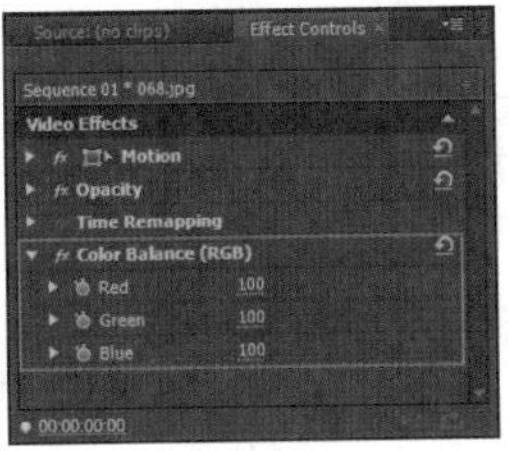

图7—254

- Red（红色）：对素材的红色通道进行调节。
- Green（绿色）：对素材的绿色通道进行调节。
- Blue（蓝色）：对素材的蓝色通道进行调节。如图7-255所示为Blue（蓝色）分别设置为100和150时的对比效果。

图7—255

★ 案例实战——摩天轮非主流效果

案例文件	案例文件\第7章\摩天轮非主流效果.prproj
视频教学	视频文件\第7章\摩天轮非主流效果.flv
难易指数	★★★★★
技术要点	亮度和对比度、色彩平衡、亮度曲线、色彩平衡（RGB）效果应用

案例效果

非主流效果即一种另类的画面效果，其色彩平衡都经过特别处理的，常常调暗画面的光线，添加一些特殊的文字和图案，夸张颜色效果，这些都给人不同于大众潮流的感觉。本案例主要是针对“制作摩天轮非主流效果”的方法进行练习，如图7-256所示。

图7—256

操作步骤

Part01 制作亮蓝色效果

01 单击【New Project（新建项目）】选项，并单击【Browse（浏览）】按钮设置保存路径，在【Name（名称）】文本框中设置文件名称。接着在弹出的对话框中选择【DV-PAL】/【Standard 48kHz】选项，如图7-257所示。

02 选项菜单栏中的【File（文件）】/【Import（导入）】命令或按快捷键【Ctrl+I】，然后在打开的对话框中选择所需的素材文件，并单击【打开】按钮导入，如图7-258所示。

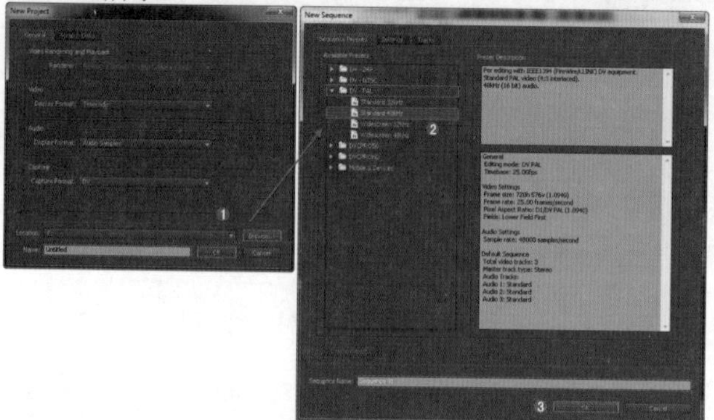

图7-257

图7-258

03 将项目窗口中的【摩天轮.jpg】素材文件拖曳到Video1轨道上，如图7-259所示。

图7-259

04 选择Video1轨道上的【摩天轮.jpg】素材文件，然后设置【Scale（缩放）】为78，如图7-260所示。此时效果如图7-261所示。

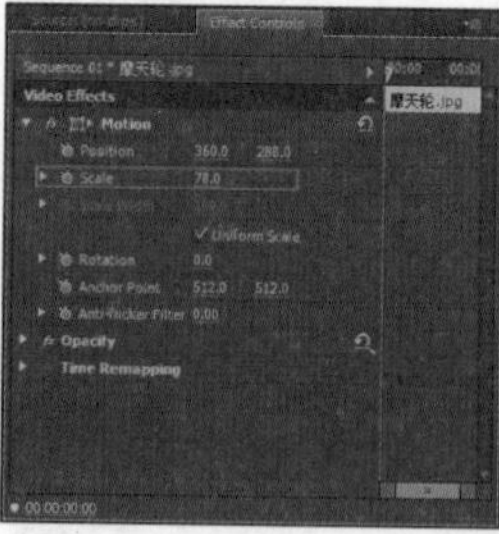

图7-260

图7-261

05 在【Effects（效果）】窗口中搜索【Brightness & Contrast（亮度和对比度）】效果，然后按住鼠标左键将其拖曳到Video1轨道的【摩天轮.jpg】素材文件上，如图7-262所示。

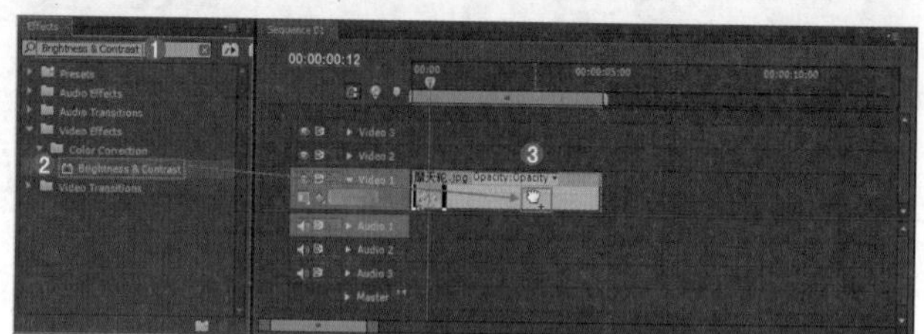

图7-262

06 选择Video1轨道上的【摩天轮.jpg】素材文件，然后设置【Brightness & Contrast（亮度和对比度）】效果的【Brightness（亮度）】为2，【Contrast（对比度）】为67，如图7-263所示。此时效果如图7-264所示。

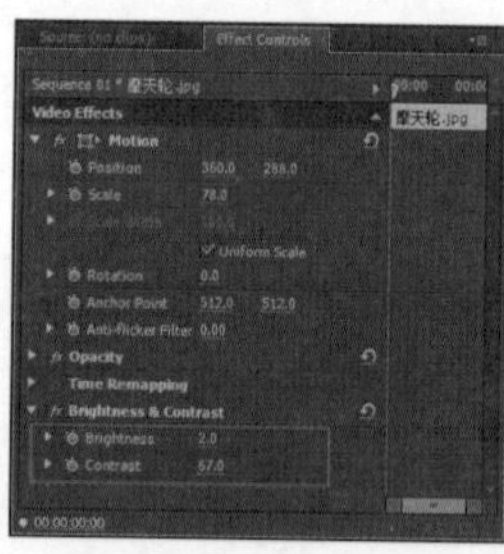

图7-263

图7-264

07 在【Effects（效果）】窗口中搜索【Color Balance（色彩平衡）】效果，然后按住鼠标左键将其拖曳到Video1轨道的【摩天轮.jpg】素材文件上，如图7-265所示。

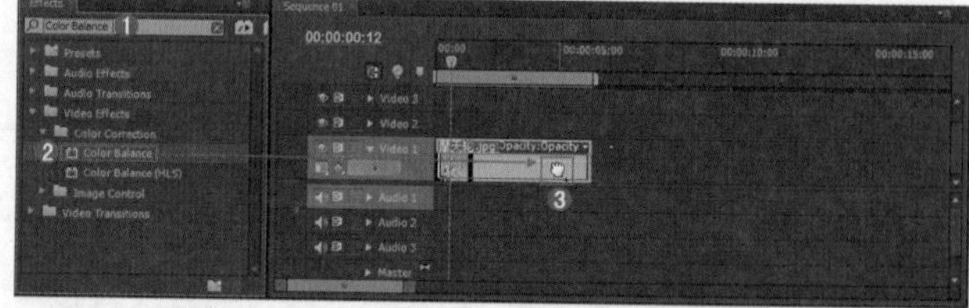

图7-265

08 选择Video1轨道上的【摩天轮.jpg】素材文件，然后设置【Color Balance（色彩平衡）】效果的【Shadow Red Balance（阴影红色平衡）】为45，【Shadow Blue Balance

（阴影蓝色平衡）】为100，如图7-266所示。此时效果如图7-267所示。

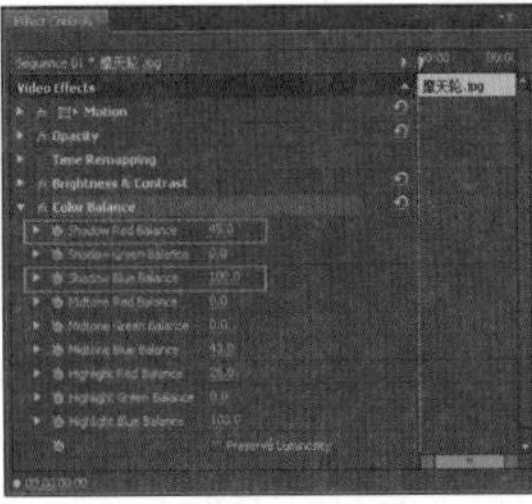

图7-266

图7-267

09 继续设置【Highlight Red Balance（高光红色平衡）】为26，【Highlight Blue Balance（高光蓝色平衡）】为100，如图7-268所示。此时效果如图7-269所示。

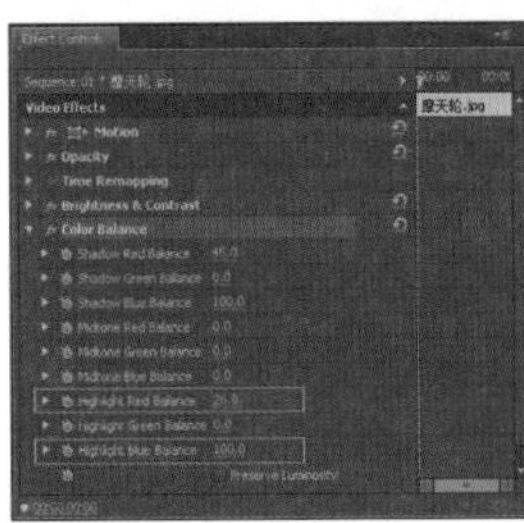

图7-268

图7-269

Part02 制作非主流颜色效果

01 在【Effects（效果）】窗口中搜索【Luma Curve（亮度曲线）】效果，然后按住鼠标左键将其拖曳到Video1轨道的【摩天轮.jpg】素材文件上，如图7-270所示。

图7-270

02 选择Video1轨道上的【摩天轮.jpg】素材文件，然后适当调整【Luma Curve（亮度曲线）】的形状，如图7-271所示。此时效果如图7-272所示。

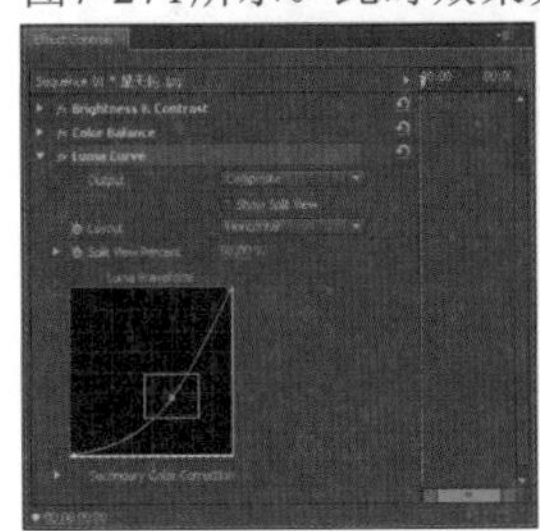

图7-271

图7-272

03 在【Effects（效果）】窗口中搜索【Color Balance（RGB）（色彩平衡（RGB））】效果，然后按住鼠标左键将其拖曳到Video1轨道的【摩天轮.jpg】素材文件上，如图7-273所示。

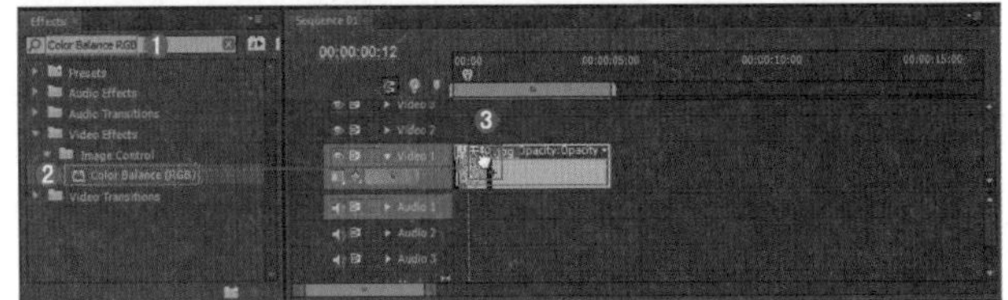

图7-273

04 选择Video1轨道上的【摩天轮.jpg】素材文件，然后设置【Color Balance（RGB）（色彩平衡（RGB））】效果的【Red（红色）】为130，【Green（绿色）】为80，【Blue（蓝色）】为58，如图7-274所示。此时效果如图7-275所示。

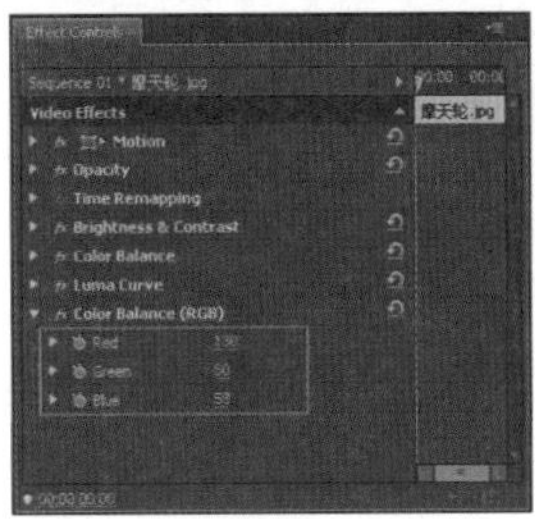

图7-274

图7-275

05 将项目窗口中的【01.png】素材文件拖曳到Video2轨道上，如图7-276所示。

图7-276

06 选择Video2轨道上的【01.png】素材文件，然后设置【Position（位置）】为（606，215），【Scale（缩放）】为172，如图7-277所示。此时效果如图7-278所示。

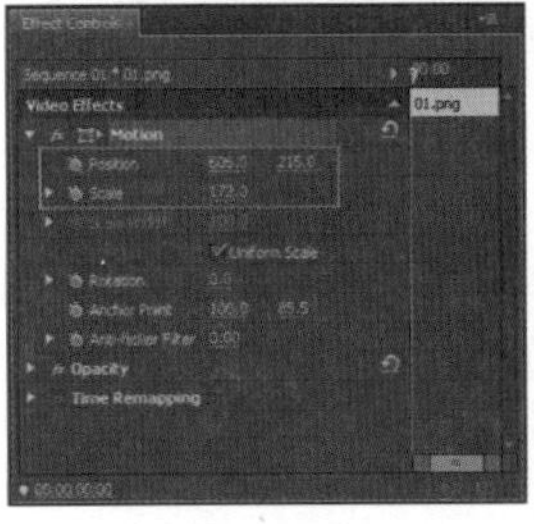

图7-277

图7-278

07 将项目窗口中的【02.png】素材文件拖曳到Video3轨道上，如图7-279所示。

第7章 调色技术

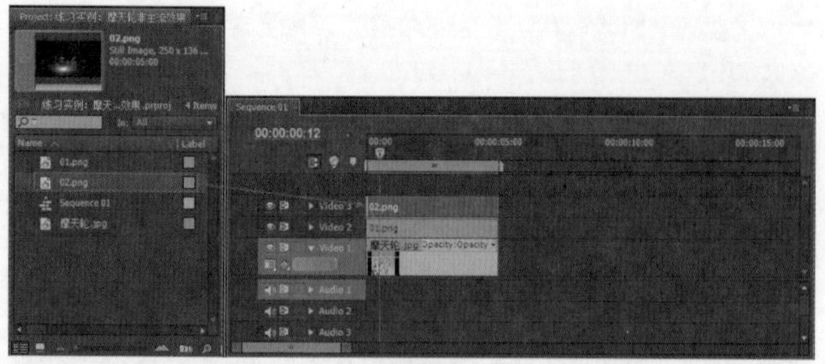

图7-279

08 选择Video2轨道上的【01.png】素材文件，然后设置【Position（位置）】为（643，498），如图7-280所示。

09 此时拖动时间线滑块查看最终效果，如图7-281所示。

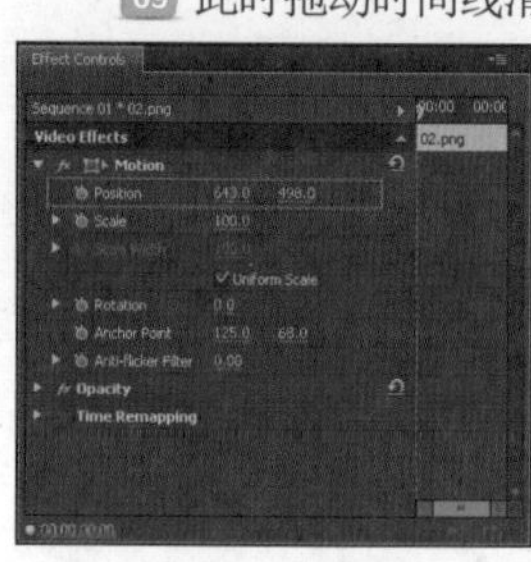

图7-280

图7-281

答疑解惑：非主流效果中常出现哪些物品和效果？

01 因其图片多为另类、非大众化，不同于大众的潮流方向。例如摩天轮、电线杆、气球、有大片云朵的天空、公园的长椅、可爱的小物件、用各种手法制造出来的心形图案等。

02 在非主流的效果中，图片多为刻意调暗或调亮光线，图片的主题比较独特，加上错落不一、形状各异的文字，各种各样的构图到色彩，再到排版，还有特殊拍摄角度等来制造出不同的画面效果。

03 图片还体现出很强的色彩饱和度和张力，一定的视觉冲击，图片手法创新，大胆，多种不同元素的混搭往往制造出意想不到的效果。

7.3.3 Color Pass （色彩传递）

技术速查：色彩传递效果可以将素材的部分区域保留，其余部分转换成黑白。

选择【Effects（效果）】窗口中的【Video Effects（视频效果）】/【Image Control（图像控制）】/【Color Pass （色彩传递）】命令，如图7-282所示。其参数面板如图7-283所示。

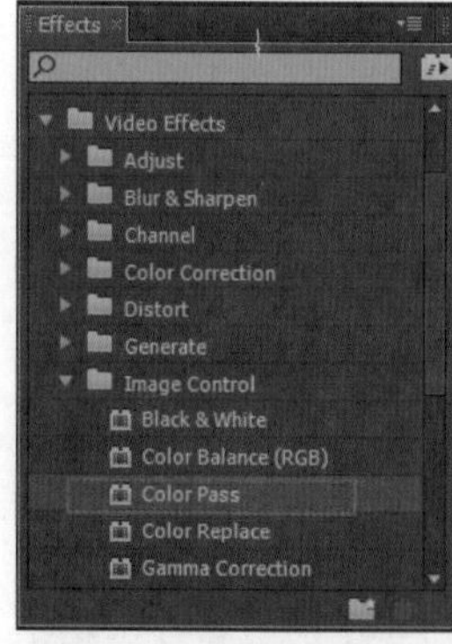

图7-282

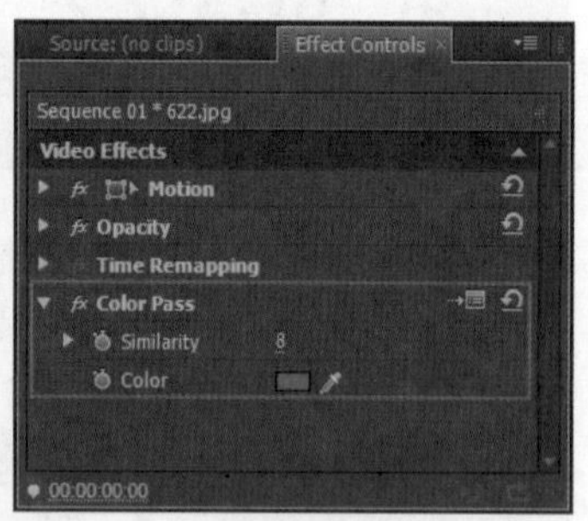

图7-283

- Similarity（相似性）：设置保留颜色的容差值。
- Color（颜色）：设置要保留的颜色。

★ 案例实战——阴天效果

案例文件	案例文件\第7章\阴天效果.prproj
视频教学	视频文件\第7章\阴天效果.flv
难易指数	★★★★★
技术要点	Color Pass（色彩传递）和Brightness & Contrast（亮度和对比度）的效果应用

案例效果

在下雨的前后，会出现阴天的情况。主要体现在阳光很少，不能透过天空上的云层，使天空呈现出阴暗的天空状况，且云层多为黑灰色效果。本案例主要是针对“制作阴天效果”的方法进行练习，如图7-284所示。

图7-284

操作步骤

01 单击【New Project（新建项目）】选项，并单击【Browse（浏览）】按钮设置保存路径，在【Name（名称）】文本框中设置文件名称。接着在弹出的对话框中选择【DV-PAL】/【Standard 48kHz】选项，如图7-285所示。

02 选择菜单栏中的【File（文件）】/【Import（导入）】命令或按快捷键【Ctrl+I】，然后在打开的对话框中选择所需的素材文件，并单击【打开】按钮导入，如图7-286所示。

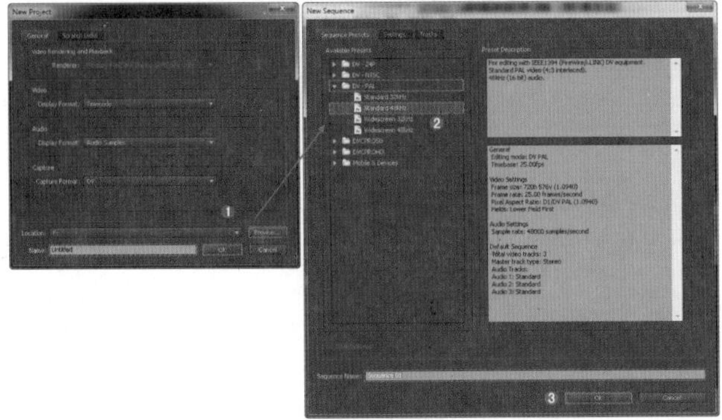

图7—285

图7—286

03 将项目窗口中的【01.jpg】素材文件拖曳到Video1轨道上，如图7-287所示。

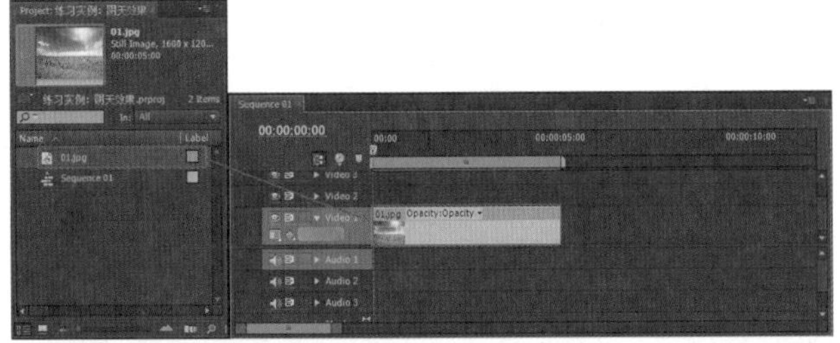

图7—287

04 选择Video1轨道上的【01.jpg】素材文件，然后设置【Scale（缩放）】为52，如图7-288所示，此时效果如图7-289所示。

05 在【Effects（效果）】窗口中搜索【Color Pass（色彩传递）】效果，并按住鼠标左键将其拖曳到Video1轨道的【01.jpg】素材文件上，如图7-290所示。

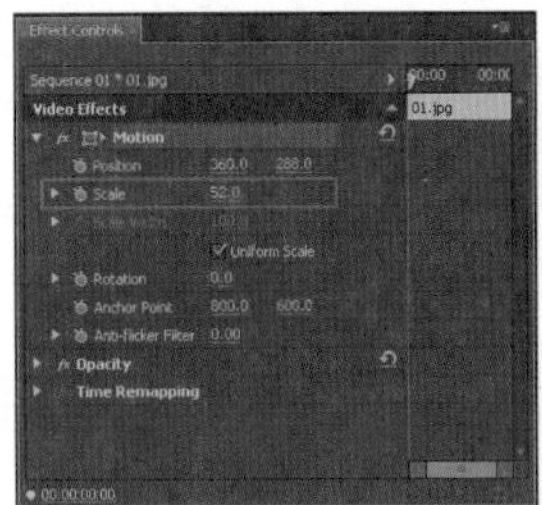

图7—288

图7—289

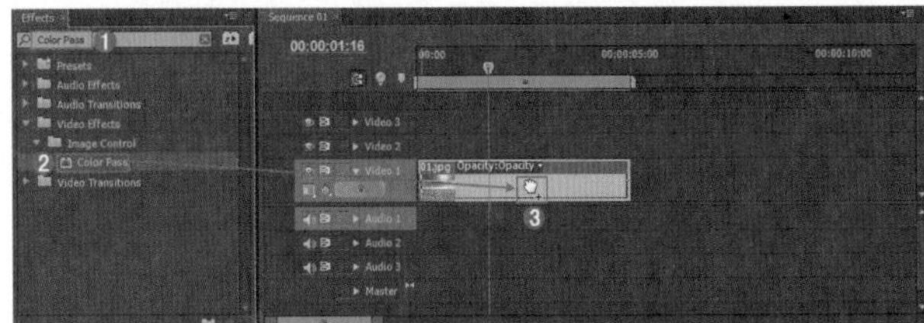

图7—290

06 选择Video1轨道上的【01.jpg】素材文件，然后设置【Color Pass（色彩传递）】效果的【Similarity（相似性）】为35，【Color（颜色）】为绿色（R：98，G：135，B：12），如图7-291所示。此时效果如图7-292所示。

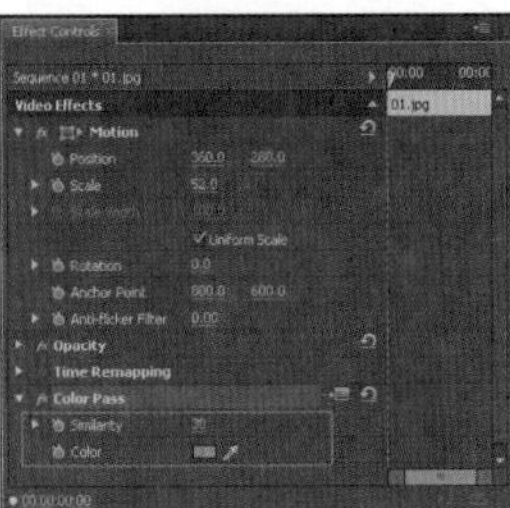

图7—291

图7—292

07 在【Effects（效果）】窗口中搜索【Brightness & Contrast（亮度和对比度）】效果，然后按住鼠标左键将其拖曳到Video1轨道的【01.jpg】素材文件上，如图7-293所示。

08 选择Video1轨道上的【01.jpg】素材文件，然后设置【Brightness & Contrast（亮度和对比度）】效果的【Brightness（亮度）】为-54，【Contrast（对比度）】为9，如图7-294所示。最终效果如图7-295所示。

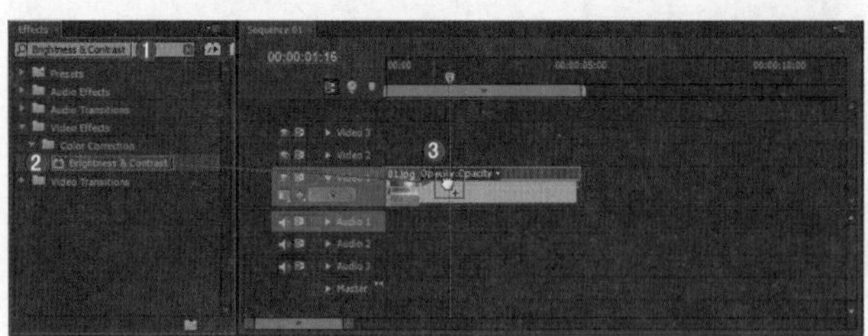
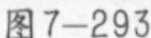

图7-293

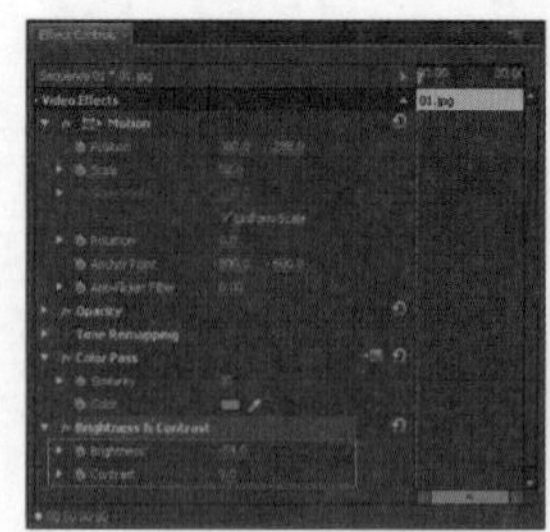

图7-294

图7-295

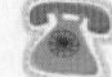

答疑解惑：怎样更好地表现阴天效果？

01 在将天空颜色变成阴天时的效果后，就要调整整个环境的颜色和光线效果了，因为阳光少而且透不过厚厚的云层，照射和反射在环境中的光线也就少了许多。所以对应天空的颜色来调整颜色周围环境的颜色能更好地表现出阴天时候的效果。

02 调整环境的亮度和对比度可以降低环境中的亮度和颜色对比度，使其呈现出一种昏暗的效果。

7.3.4 Color Replace（色彩替换）

技术速查：色彩替换效果可以用新的颜色替换原素材上取样的颜色。

选择【Effects（效果）】窗口中的【Video Effects（视频效果）】/【Image Control（图像控制）】/【Color Replace（色彩替换）】命令，如图7-296所示。其参数面板如图7-297所示。

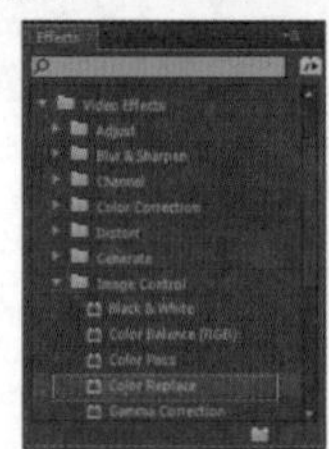

图7-296　图7-297

- Similarity（相似性）：设置目标颜色的容差值。
- Target Color（目标颜色）：设置素材的取样色。
- Replace Color（替换颜色）：设置颜色的替换后颜色。如图7-298所示为Similarity（相似性）分别设置为36和0，Target Color（目标颜色）分别设置为暗红和大红时的对比效果。

图7-298

7.3.5 Gamma Correction（灰度系数校正）

技术速查：灰度系数校正效果可以对素材的中间色的明暗度进行调整，而使素材效果变暗或变亮。

选择【Effects（效果）】窗口中的【Video Effects（视频效果）】/【Image Control（图像控制）】/【Gamma Correction（灰度系数校正）】命令，如图7-299所示。其参数面板如图7-300所示。

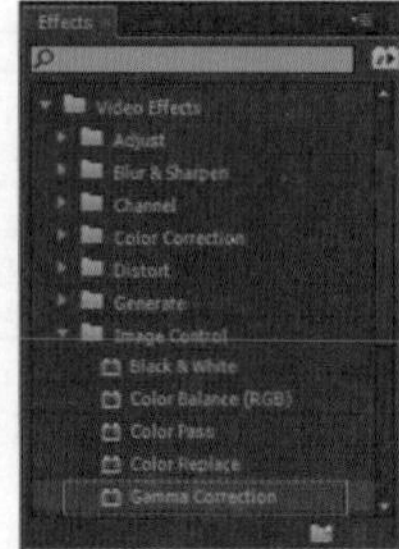

图7-299　图7-300

- Gamma（灰度系数）：设置素材中间色的明暗度。如图7-301所示为Gamma （灰度系数）值为5和15时的对比效果。

图7-301

★ 综合实战——水墨画效果

案例文件	案例文件\第7章\水墨画效果.prproj
视频教学	视频文件\第7章\水墨画效果.flv
难易指数	★★★★★
技术要点	Noise（噪波）、Black & White（黑与白）、Levels（色阶）效果的应用

案例效果

水墨效果是一种常用的特殊表现技法，一般指用水和墨所作的画。由墨色的焦、浓、重、淡、清产生丰富的变化，表现物象，有独到的艺术效果。本案例主要是针对"制作水墨效果"的方法进行练习，如图7-302所示。

图7—302

技术拓展：中式风格颜色的把握

中式风格是电影、电视、广告常用的手法之一。颜色搭配是非常重要的，常用的中式风格有传统的中国风（本案例的风格），颜色以大红为主，搭配少量的金色，虽然红色和金色都非常抢眼，但是两者搭配在一起却十分和谐，体现出无法阻挡的中式魅力，更体现了传统、华贵。

同时近些年中式风格延伸出以黑白灰色调的"水墨风格"，使用也非常广泛，如图7—303所示。

图7—303

操作步骤

Part01 制作单色背景

01 单击【New Project（新建项目）】选项，并单击【Browse（浏览）】按钮设置保存路径，在【Name（名称）】文本框中设置文件名称。接着在弹出的对话框中选择【DV-PAL】/【Standard 48kHz】选项，如图7-304所示。

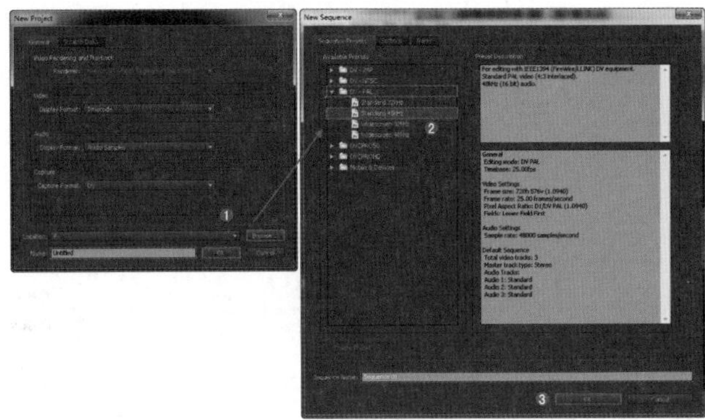

图7—304

02 选择菜单栏中的【File（文件）】/【Import（导入）】命令或按快捷键【Ctrl+I】，然后在打开的对话框中选择所需的素材文件，并单击【打开】按钮导入，如图7-305所示。

图7—305

03 选择菜单栏中的【File（文件）】/【New（新建）】/【Color Matte（彩色蒙版）】命令，然后在弹出的对话框中单击【OK（确定）】按钮，如图7-306所示。接着在弹出的【Color Picker（拾色器）】对话框中设置颜色为浅灰色（R：157，G：154，B：135），并单击【OK（确定）】按钮，如图7-307所示。

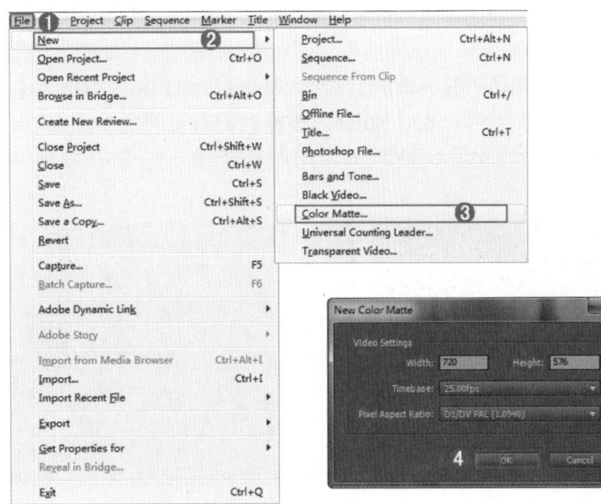

图7—306

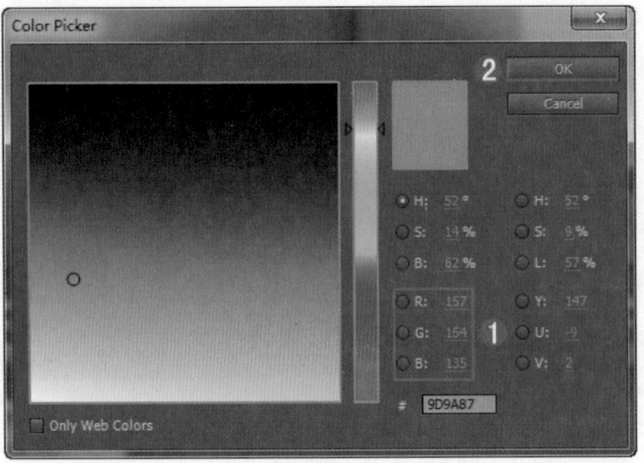

图7-307

04 此时，将项目窗口中的【Color Matter（彩色蒙版）】素材拖曳到Video1轨道上，如图7-308所示。

图7-308

05 在【Effects（效果）】窗口中搜索【Noise（噪波）】效果，并按住鼠标左键将其拖曳到Video1轨道的【Color Matte（彩色蒙版）】素材上，如图7-309所示。

图7-309

06 选择Video1轨道上的【Color Matte（彩色蒙版）】素材文件，然后设置【Noise（噪波）】效果的【Amount of Noise（噪波数量）】为7%，如图7-310所示。此时效果如图7-311所示。

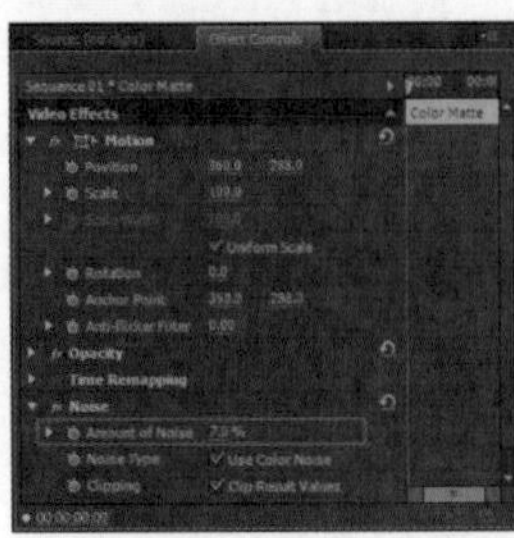

图7-310

图7-311

Part02 制作黑白的水墨风景效果

01 将项目窗口中的【风景.jpg】拖曳到Video2轨道上，如图7-312所示。

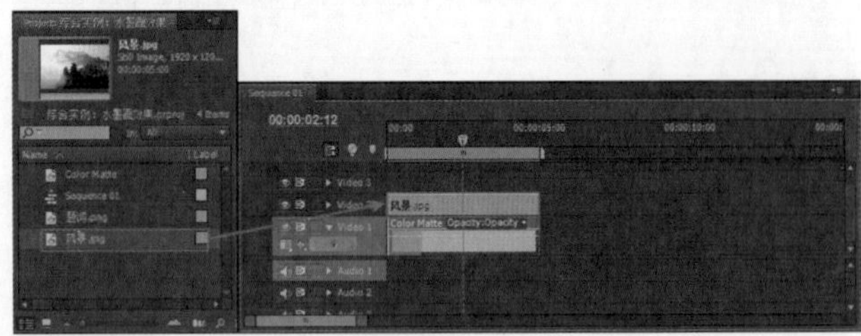

图7-312

02 在【Effects（效果）】窗口中搜索【Crop（剪裁）】效果，并按住鼠标左键将其拖曳到Video2轨道的【风景.jpg】素材文件上，如图7-313所示。

图7-313

03 选择Video2轨道上的【风景.jpg】素材文件，然后设置【Position（位置）】为（360，335），设置【Scale（缩放）】为42。接着展开【Crop（剪裁）】效果，设置【Bottom（底）】为20%，如图7-314所示。此时效果如图7-315所示。

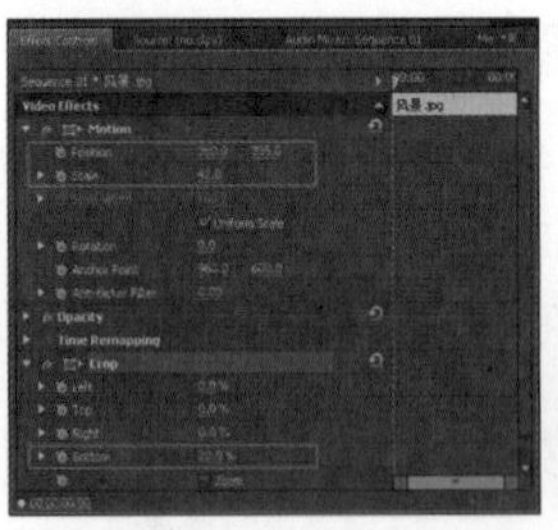

图7-314

图7-315

04 在【Effects（效果）】窗口中搜索【Black & White（黑与白）】效果，并按住鼠标左键将其拖曳到Video2轨道的【风景.jpg】素材文件上，如图7-316所示。

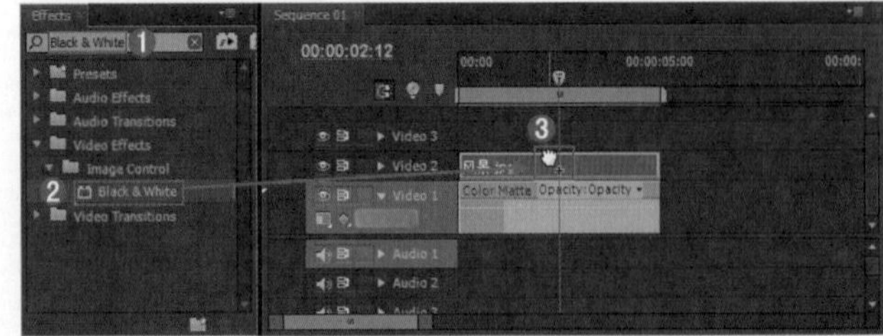

图7-316

思维点拨：颜色搭配"少而精"原则

颜色虽然丰富会看起来吸引人，但是一定要把握住"少而精"的原则，即颜色搭配尽量要少，这样画面会显得较为整体、不杂乱，当然特殊情况除外，比如要体现绚丽、缤纷、丰富等色彩时，色彩需要多一些。

一般来说，一张图像中色彩不宜太多，不宜超过5种。

若颜色过多，虽然显得很丰富，但是会感觉画面很杂乱、跳跃、无重心，如图7-317所示。

图7—317

05 在【Effects（效果）】窗口中搜索【Levels（色阶）】效果，并按住鼠标左键将其拖曳到Video2轨道的【风景.jpg】素材文件上，如图7-318所示。

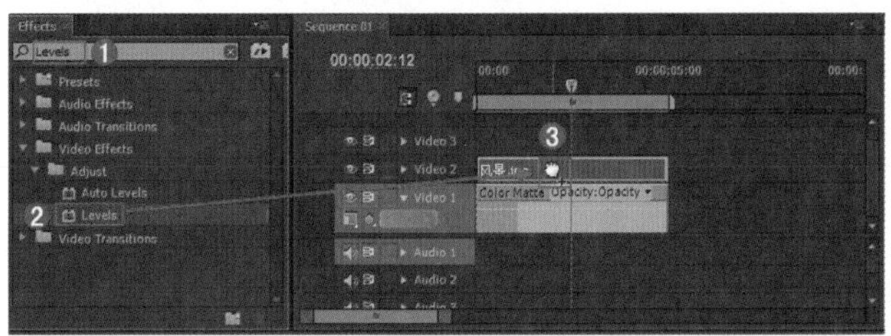

图7—318

06 选择Video2轨道上的【风景.jpg】素材文件，然后展开【Effect Controls（效果控制）】面板中的【Levels（色阶）】效果，设置【（RGB）Black Input Level（RGB黑色阶输入）】为69，【（RGB）White Input Level（RGB白色阶输入）】为251，【（RGB）Black Output Level（RGB黑色阶输出）】为25，【（RGB）Gamma（RGB伽马）】为97，【（B）White Output Level（白色阶输出）】为240，如图7-319所示。此时效果如图7-320所示。

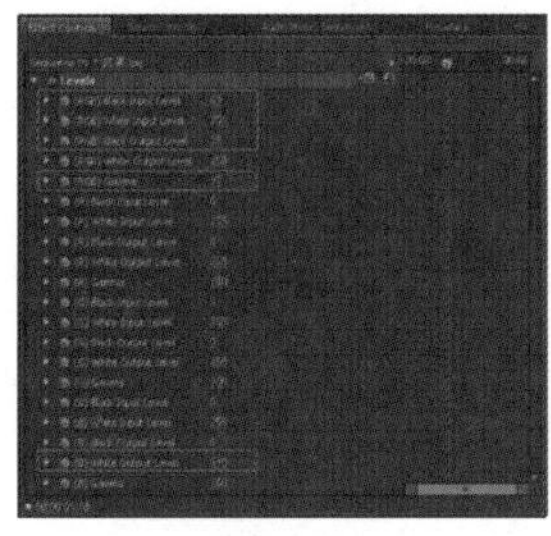

图7—319

图7—320

07 在【Effects（效果）】窗口中搜索【Gaussian Blur（高斯模糊）】效果，并按住鼠标左键将其拖曳到Video2轨道的【风景.jpg】素材文件上，如图7-321所示。

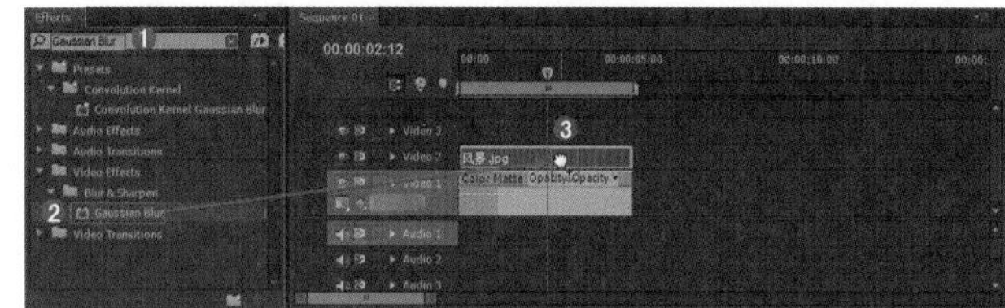

图7—321

08 选择Video2轨道上的【风景.jpg】素材文件，然后设置【Gaussian Blur（高斯模糊）】效果的【Blurriness（模糊）】为7，如图7-322所示。此时效果如图7-323所示。

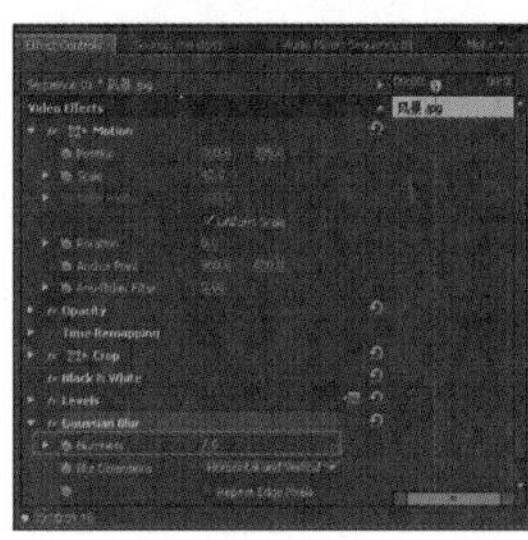

图7—322　　图7—323

09 将项目窗口中的【题词.png】素材文件拖曳到Video3轨道上，如图7-324所示。

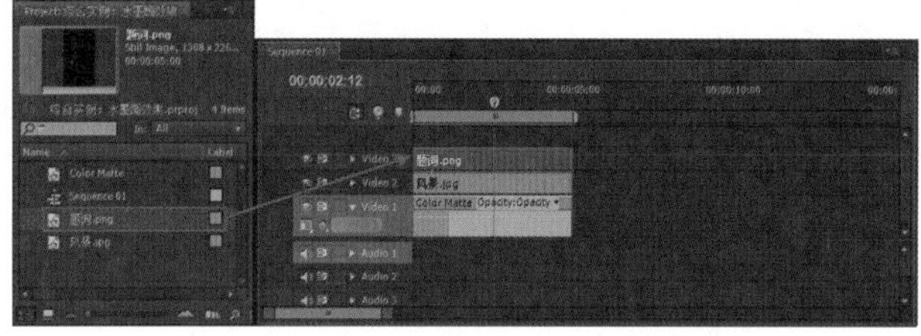

图7—324

10 选择Video3轨道上的【题词.png】素材文件，然后设置【Position（位置）】为（100，288），【Scale（缩放）】为18，如图7-325所示。最终效果如图7-326所示。

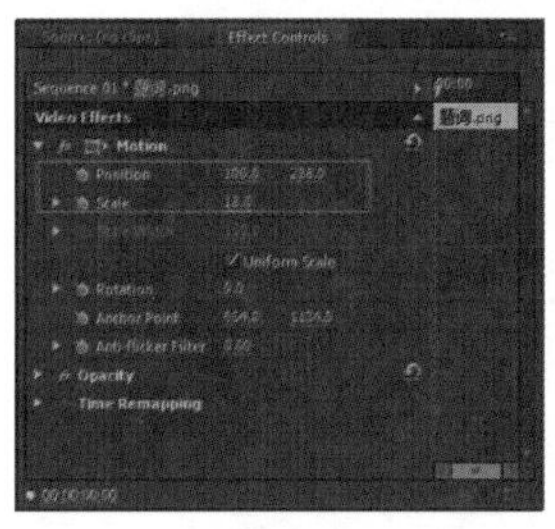

图7—325　　图7—326

答疑解惑：怎样使得水墨的质感更突出？

01 把握住画面的黑白灰层次，会使得画面层次分明。注意画面颜色，可略带红色，体现中国风的效果。

02 适当添加景深效果、云雾效果，使得画面“流动”起来。

03 水墨元素一定要清晰，如墨滴、书法字、落款等。

课后练习

【课后练习——旧照片效果】

思路解析：

01 在【Effects（效果）】窗口中找到【Tint（着色）】特效。

02 将该特效添加到时间线窗口中的素材文件上，并在【Effect Controls（效果控制）】面板中设置相关映射颜色和着色数量，即可得到最终的旧照片效果。

本章小结

调色是调整画面氛围的一种常用方法。不同的色调效果会使画面传递出不同信息。通过本章学习，可以掌握常用的调色方法，以及各种调色效果的合理应用。熟练应用调色技术，可以使制作出来的画面感觉和氛围更佳。

读书笔记

第8章

文字效果

本章内容简介：

在制作项目或影片时，常需要添加片头和片尾字幕，以及其他丰富多彩的文字效果。这时，可以使用字幕工具进行添加，并可以根据需要调整字幕的大小、字体和添加描边等效果。本章介绍了添加字幕和设置字幕属性的方法，以及字幕和视频特效相结合的应用。

本章学习要点：

- 了解字幕的基本操作
- 掌握常用字幕工具的使用
- 掌握字幕属性的调节方法
- 掌握创建滚动字幕效果

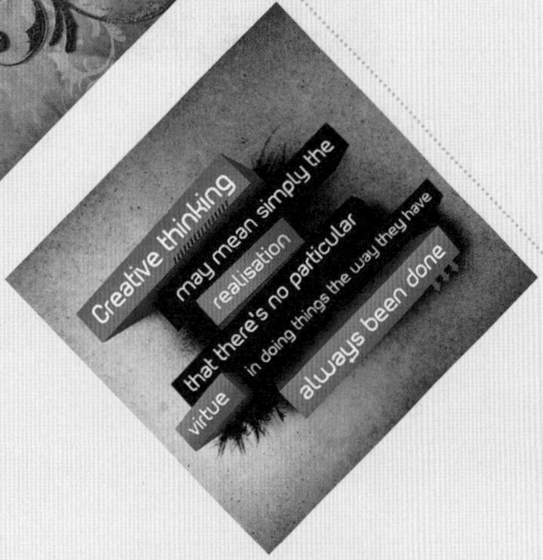

8.1 初识字幕文字

字幕是指以文字的方式呈现在电视、电影等对话类影像上的，也指影视作品后期加工而添加的文字。将语音内容以字幕方式显示。字幕还可以用于画面装饰上，起到丰富画面内容的效果。

8.1.1 文字的重要性

文字在画面中占有重要的位置。文字本身的变化及文字的编排、组合，对画面来说极为重要。文字不仅是信息的传达，也是视觉传达最直接的方式，在画面中运用好文字，首先要掌握的是字体、字号、字距、行距。然后，灵活运用制作出合适的文字效果。

8.1.2 字体的应用

字体是文字的表现形式，不同的字体给人的视觉感受和心理感受不同，这就说明字体具有强烈的感情性格，设计者要充分利用字体的这一特性，选择准确的字体，有助于主题内容的表达；美的字体可以使读者感到愉悦，帮助阅读和理解，如图8-1所示。

图8—1

8.2 字幕窗口

合理利用字幕，在影视作品的开头部分可以起到引入主题和解释画面等作用。打开Adobe Premiere Pro CS6软件，新建一个项目文件。然后执行【Title（字幕）】/【New Title（新建字幕）】/【Default Still（默认静态字幕）】命令，如图8-2所示。

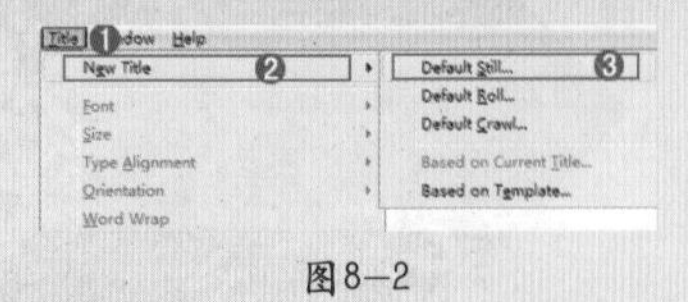

图8—2

在新建字幕时弹出的对话框中可以为字幕命名和设置字幕长宽比，然后单击【OK（确定）】按钮即可，如图8-3所示。

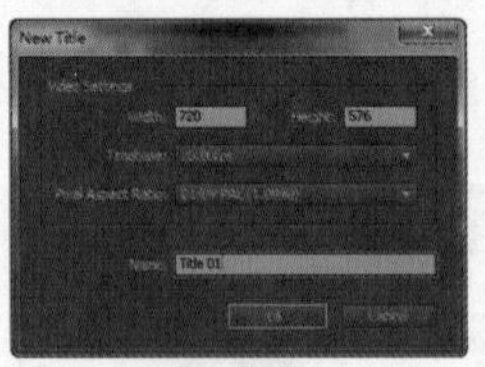

图8—3

字幕的基本工具包括【Title（字幕）】窗口、【Title Tools（字幕工具）】面板、【Title Actions（字幕动作）】面板、【Title Properties（字幕属性）】面板和【Title Styles（字幕样式）】面板，如图8-4所示。

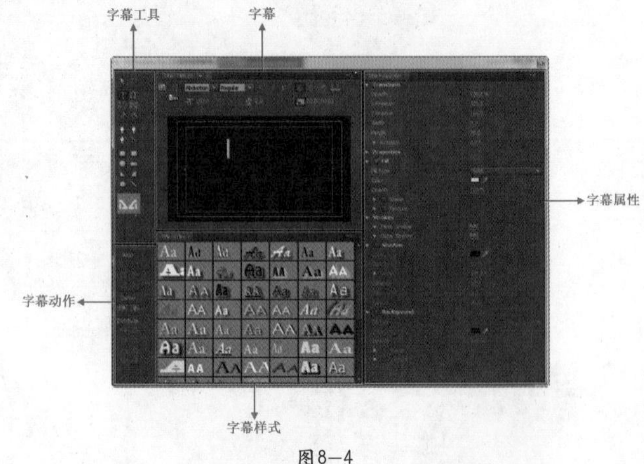

图8—4

8.2.1 Title Tools（字幕工具）

技术速查：字幕工具面板中提供了一些选择文字、制作文字、编辑文字和绘制图形的基本工具。

默认情况下Title Tools（字幕工具）面板在字幕窗口的左侧，其面板如图8-5所示。

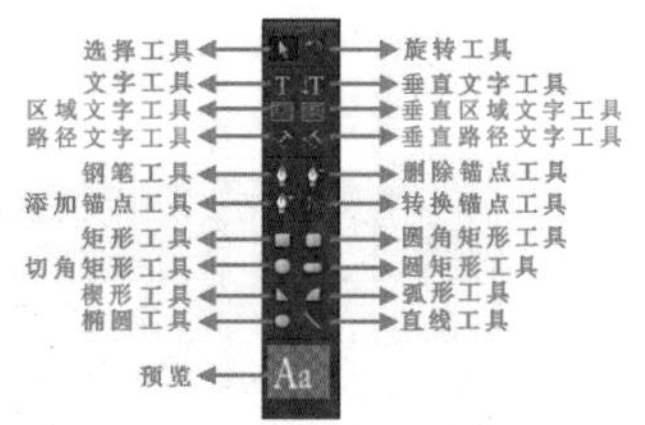

图8—5

- Selection Tool（选择工具）：用来对工作区中的对象进行选择，包括字幕和各种几何图形。
- Rotation Tool（旋转工具）：选择该工具，将鼠标移到当前所选对象上，鼠标将变成旋转状，在对象所围边框的6个锚点上拖曳鼠标即可进行旋转。按快捷键【V】可以在选择工具和旋转工具之间相互切换。如图8-6所示为旋转前后的对比效果。

图8—6

- Type Tool（文字工具）：选择该工具，然后在工作区单击鼠标会出现一个文本输入框，此时就可以输入字幕文字。也可以按住鼠标在工作区拖曳出一个矩形文本框，输入的文字将自动在矩形框内进行多行排列。
- Vertical Type Tool（垂直文字工具）：选择该工具后输入文字时，文字将自动从上向下，从右到左竖着排列。
- Area Type Tool（区域文字工具）：选择该工具后，需要先在工作区划出一个矩形框以输入多行文字。也就是先单击Type Tool，然后划出文本输入框，如图8-7所示。

图8—7

- Vertical Area Type Tool（垂直区域文字工具）：选择该工具后需要先在工作区划出一个矩形框，以便输入多行垂直文字。
- Path Type Tool（路径文字工具）：使输入的文字沿着我们绘制的曲线路径进行排列。输入的文本字符和路径是垂直的。
- Vertical PathType Tools（垂直路径文字工具）：输入的字符和路径是平行的。
- Pen Tool（钢笔工具）：用于绘制贝塞尔曲线，并且可以选择曲线上的点和点上的控制手柄。
- Delete Anchor Point Tool（删除锚点工具）：选择该工具后单击贝塞尔曲线上的锚点可以将该点删除。
- Add Anchor Point Tool（添加锚点工具）：选择该工具后在贝塞尔曲线上单击，可以添加更多的锚点。
- Convert Anchor Point Tool（转换锚点工具）：默认情况下，锚点使用两条（外切）切线用来对该点处的弧度进行修改，选择该工具后单击该点，则该点处的曲线将转换为内切形式。

技巧提示

在选择并使用（钢笔工具）、（删除锚点工具）、（添加锚点工具）和（转换锚点工具）时，按住快捷键【Ctrl】，可以整体选择绘制的图案，并进行移动和缩放。

- Rectangle Tool（矩形工具）：选择该工具后可以在工作区域中绘制一个矩形框。矩形框颜色为默认的灰白，但可以被修改。
- Rounded Corner Rectangle Tool（圆角矩形工具）：绘制的矩形在拐角处是弧形的，但四个边上始终有一段是直的。
- Clipped Corner Tectangle Tool（切角矩形工具）：用来在工作区绘制一个八边形。
- Round Rectangle Tool（圆矩形工具）：比上一个工具提供更加圆角化的拐角，因而可以用它绘制出一个圆形——按住【Shift】键后绘制即可画出一个正圆。
- Wedge Tool（楔形工具）：可以绘制出任意形状的三角状图形。按住【Shift】键后可以绘制一个等腰三角形。
- Arc Tool（弧形工具）：绘制任意弧度的弧形。按住【Shift】键后可以绘制一个90°的扇形。
- Ellipse Tool（椭圆工具）：绘制一个椭圆。按住【Shift】键后可以绘制出一个正圆。
- Line Tool（直线工具）：绘制一条直线。按住鼠标后拖动即可在鼠标按下时的位置和松开时的位置两点之间绘制出一条直线。按住【Shift】键后可以绘制45°整数倍方向的直线。

动手学：输入文字

01 选择菜单栏中的【Title（字幕）】/【New Title（新建字幕）】/【Default Still（默认静态字幕）】命令，然后在弹出的对话框中单击【OK（确定）】按钮，如图8-8所示。

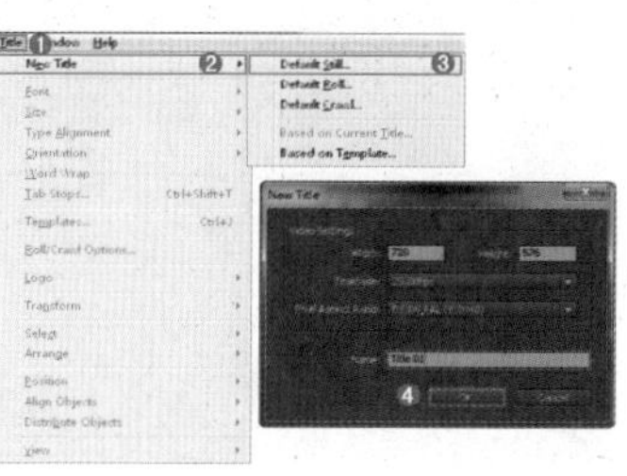
图8—8

02 在字幕面板中单击 (文字工具)按钮，然后在工作区域中单击鼠标左键出现文本框，如图8-9所示。接着输入文字，输入完成后单击面板空白处即可，最后可以使用 (选择工具)适当调整文字位置，如图8-10所示。

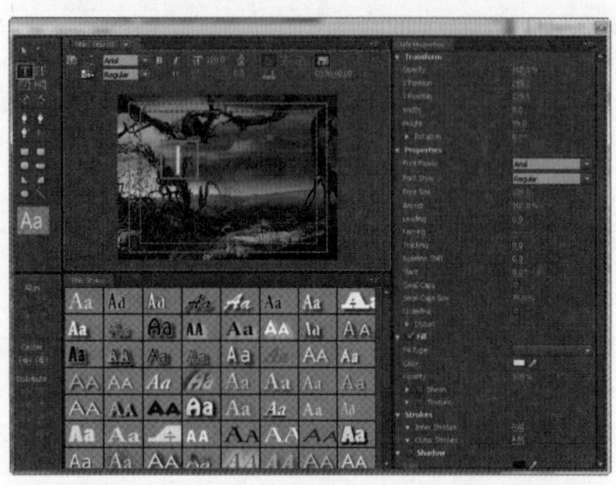

图8—9

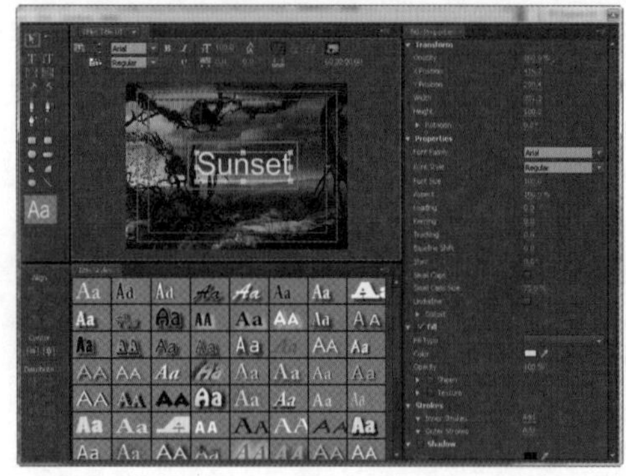

图8—10

03 关闭字幕窗口，然后将字幕【Title 01】素材文件从项目窗口中拖曳到Video2轨道上即可，如图8-11所示。

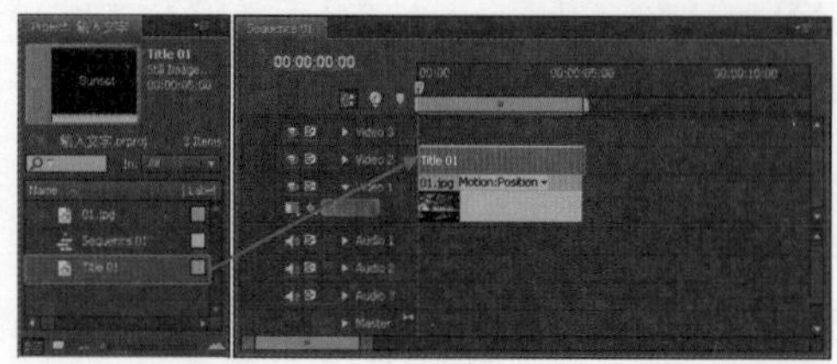

图8—11

技巧提示

在Premiere Pro CS6中直接关闭字幕窗口，字幕将自动存储在【Project（项目）】窗口中。

04 此时拖动时间线滑块查看最终效果，如图8-12所示。

图8—12

动手学：钢笔工具绘制图案

在字幕工具面板中选择 (钢笔工具)，然后在工作区域中单击鼠标绘制图案，并适当调整锚点位置，如图8-13所示。选择 (转换锚点工具)，然后对一些锚点的控制手柄进行调节，完善图案效果，如图8-14所示。

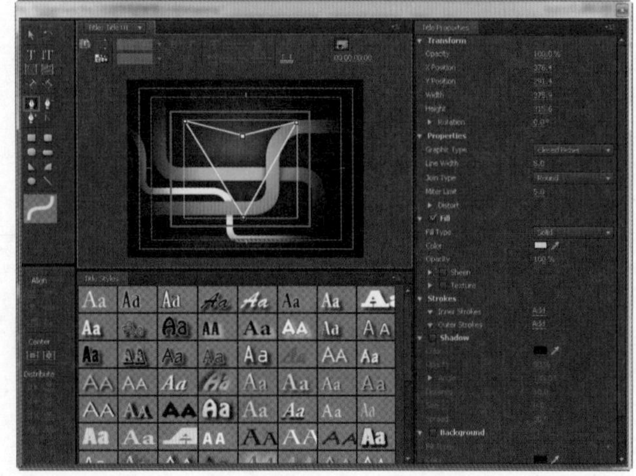

图8—13

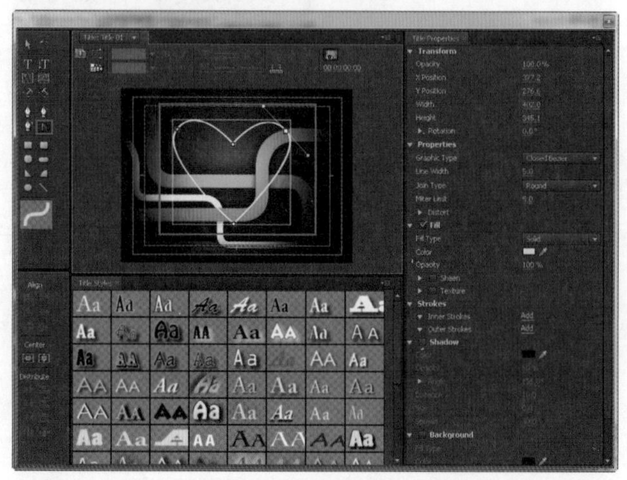

图8—14

动手学：图形工具绘制图案

在字幕工具面板中选择■（矩形工具），然后在工作区域中按住鼠标左键拖曳绘制图案，并适当调整其位置，如图8-15所示。

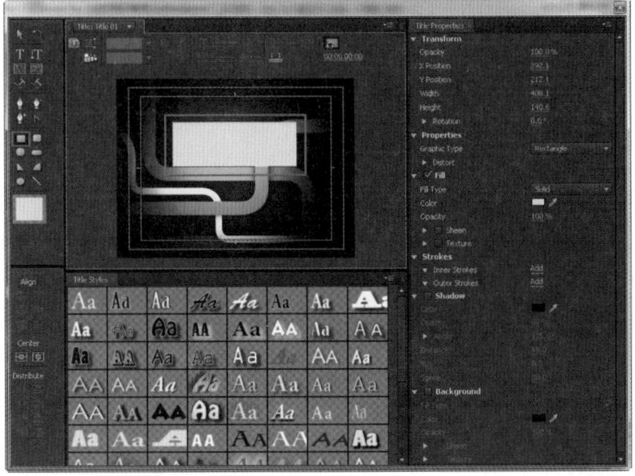

图8—15

01 在字幕属性面板中的【Graphic Type（图形类型）】下拉菜单中选择该图案的类型，如图8-16所示。

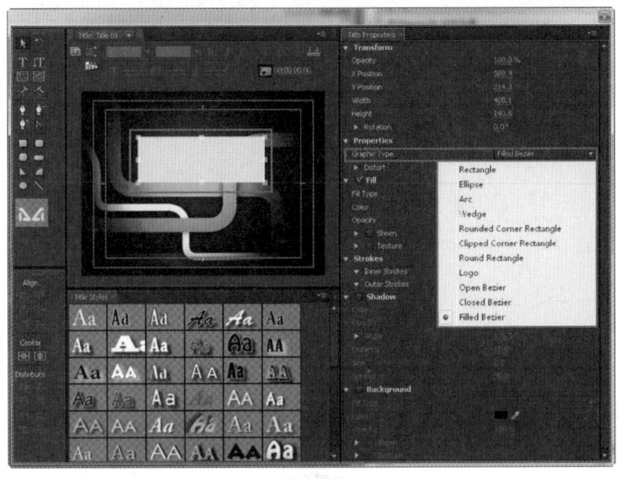

图8—16

02 若选择关于贝塞尔曲线的图形类型，则可以使用■（添加锚点工具）和■（转换锚点工具）对图案进行操作，如图8-17所示。

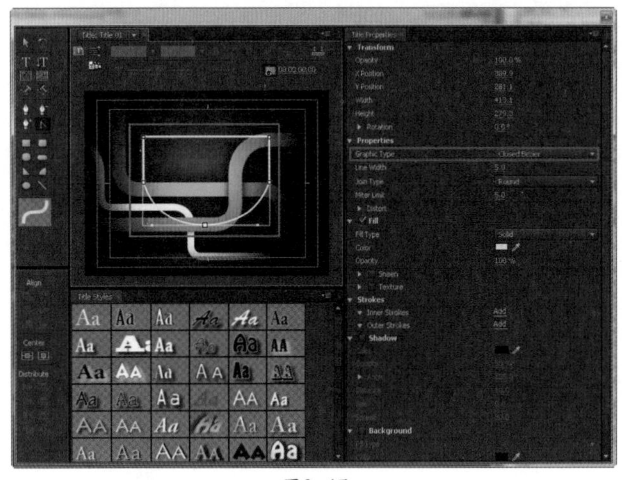

图8—17

其他图形工具的使用方法与■（矩形工具）相同。

8.2.2【Title（字幕）】面板

技术速查：该区域用于新建字幕、设置字幕的运动、字体、对齐方式和视频背景等。

【Title（字幕）】面板效果如图8-18所示。

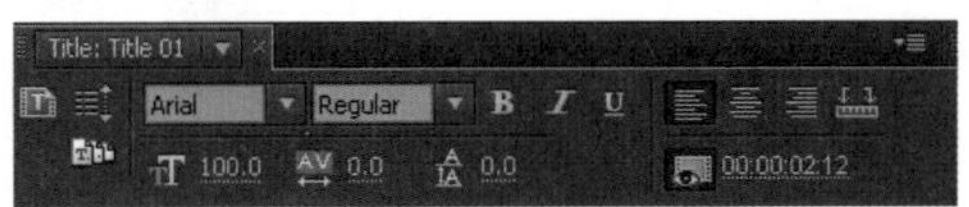

图8—18

技巧提示

随着面板的大小调节，字幕面板中的选项和按钮等也会随之重新排列，如图8-19所示。

图8-19

- Title: Title 01（字幕列表）：如果创建了多个字幕，在不关闭字幕窗口的情况下，可通过该列表在字幕文件之间切换编辑。
- （新建字幕）：在当前字幕的基础上创建一个新的字幕。
- （滚动/游动选项）：可设置字幕的类型、滚动方向和时间帧，如图8-20所示。

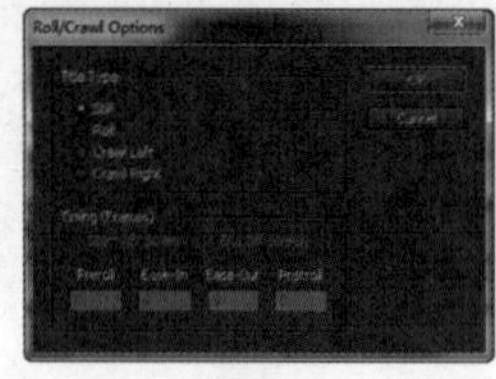

图8-20

- Still（静态）：字幕不会产生运动效果。
- Roll（滚动）：设置字幕沿垂直方向滚动。选中【Start Off Screen（开始于屏幕外）】和【End Off Screen（结束于屏幕外）】复选框后，字幕将从下向上滚动。
- Crawl Left（左游动）：字幕沿水平向左滚动。
- Crawl Right（右游动）：字幕沿水平向右滚动。
- Start Off Screen（开始于屏幕外）：选中该复选框，字幕从屏幕外开始进入。
- End Off Screen（结束于屏幕外）：选中该复选框，字幕滚到屏幕外结束。
- Preroll（预卷）：设置字幕滚动的开始帧数。
- Ease-In（缓入）：设置字幕从滚动开始缓入的帧数。
- Ease-Out（缓出）：设置字幕缓出结束的帧数。
- Postroll（过卷）：设置字幕滚动的结束帧数。
- Arial（字体）：设置字体类型。
- Regular（字体类型）：设置字体的字形。例如（加粗）、（倾斜）、（下划线）。
- （字体大小）：设置文字的大小。
- （字距）：设置文字的间距。
- （行距）：设置文字的行距。
- （左对齐）、（居中）、（右对齐）：设置文字的对齐方式。
- （显示背景视频）：单击将显示当前视频时间位置、视频轨道的素材效果，并显示出时间码。

动手学：设置文字属性

选择工作区域中的文字，然后即可在上方的【Title（字幕）】面板中调整（字体大小）、Arial（字体）和Regular（字体类型）等参数，如图8-21所示。

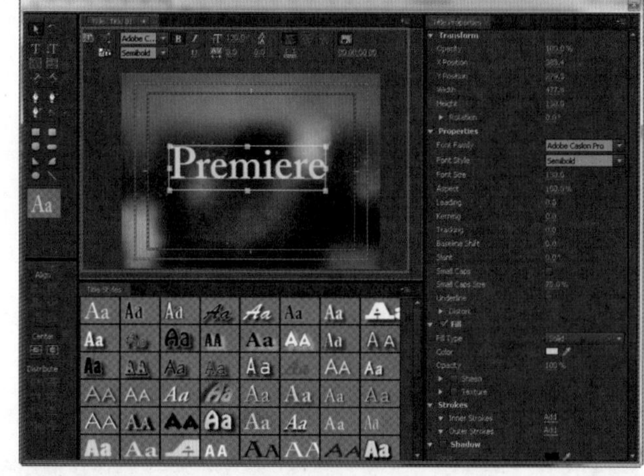

图8-21

8.2.3【Title Actions（字幕动作）】面板

技术速查：该区域用于选择对象的对齐与分布设置。

【Title Actions（字幕动作）】面板效果如图8-22所示。

- Align（对齐）：选择对象的对齐方式。
  - （水平靠左）：所有选择的对象以最左边的基准对齐，如图8-23所示。
  - （垂直靠上）：所有选择的对象以最上方的对象对齐。
  - （水平居中）：所有选择的对象以水平中心的对象对齐。
  - （垂直居中）：所有选择的对象以垂直中心的对象对齐。
  - （水平靠右）：所有选择的对象以最右边的对象对齐，如图8-24所示。

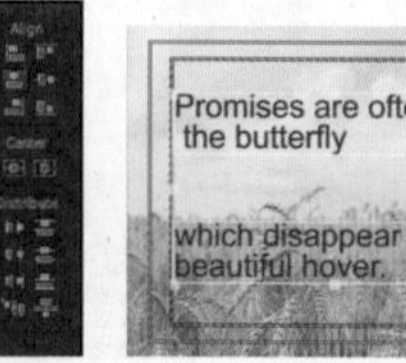

图8-22

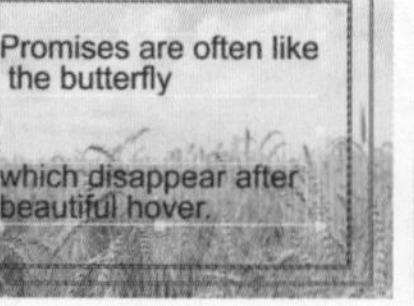

图8-23

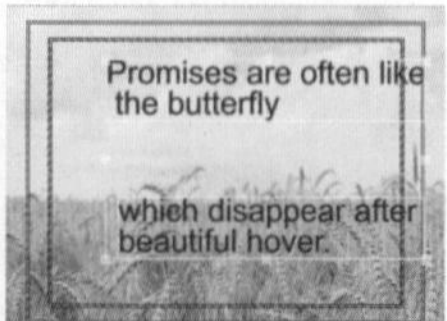

图8-24

- （垂直靠下）：所有选择的对象以最下方的对象对齐。
- Center（中心）：设置对象在窗口中的中心对齐方式。
- （水平居中）：选择对象在水平方向居中对齐。
- （垂直居中）：选择对象与预演窗口在垂直方向居中对齐。
- Distribute（分散）：设置3个以上对象的对齐方式。
- （水平靠左）：所有选择对象都以最左边的对象对齐。
- （垂直靠上）：所有选择对象都以最上方的对象对齐。
- （水平居中）：所有选择对象都以水平中心的对象对齐。
- （垂直居中）：所有选择对象都以垂直中心的对象对齐。
- （水平靠右）：所有选择对象都以最右边的对象对齐。
- （垂直靠下）：所有选择对象都以最下方的对象对齐。
- （水平等距间隔）：所有选择的对象水平间距平均对齐。
- （垂直等距间隔）：所有选择对象垂直间距平均对齐。

8.2.4【Title Properties（字幕属性）】面板

技术速查：该区域用于更改文字的相关属性，共分为6个部分。

【Title Properties（字幕属性）】面板如图8-25所示。

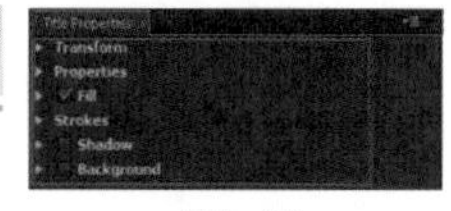

图8-25

Transform（变换）

Transform（变换）主要用于设置字幕的透明度、位置和旋转等参数。其参数面板如图8-26所示。

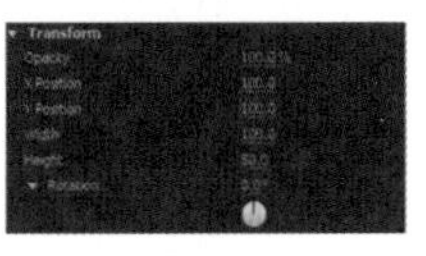

图8-26

- Opacity（透明度）：控制所选对象的不透明度。如图8-27所示为设置Opacity（透明度）数值分别为100和50的对比效果。

图8-27

- XPosition（X轴位置）：设置在X轴的具体位置。
- YPosition（Y轴位置）：设置在Y轴的具体位置。
- Width（宽）：设置所选对象的水平宽度数值。
- Height（高）：设置所选对象的垂直高度值。
- Rotation（旋转）：设置所选对象的旋转角度。

Properties（属性）

Properties（属性）主要用于设置字幕的字体、字体样式和行距等参数。其参数面板如图8-28所示。

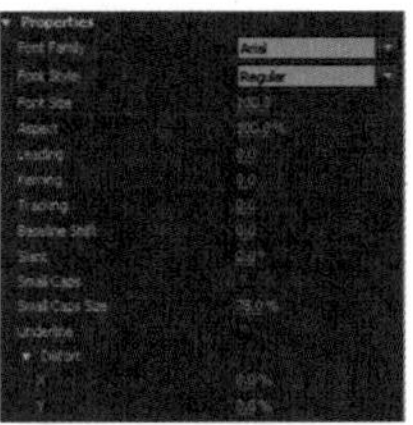

图8-28

- Font Family（字体）：设置文字的字体。
- Font Style（字体样式）：设置文字的字体样式。
- Font Size（字体大小）：设置文字的大小。
- Aspect（纵横比）：设置文字的长度和宽度的比例。
- Leading（行距）：设置文字的行间距或列间距。
- Kerning（字距）：设置文字的字间距。如图8-29所示为Kerning（字距）分别为0和20的对比效果。

图8-29

- Tracking（跟踪）：在字距设置的基础上进一步设置文字的字距。
- Baseline Shift（基线位移）：用来调整文字的基线位置。
- Slant（倾斜）：调整文字倾斜度。
- Small Caps（小型大写字母）：调整英文字母。
- Small Caps Size（大写字母尺寸）：调整大写字母的大小。
- Underline（下划线）：为选择文字添加下划线。
- Distort（扭曲）：对文字进行X轴或Y轴方向的扭曲变形。如图8-30所示为Y轴数值为0与-100的对比效果。

图8-30

技巧提示

【Properties（属性）】面板中的参数与【Title（字幕）】面板中的参数按钮的作用是相同的，如图8-31所示。

图8-31

Fill（填充）

Fill（填充）用于对选择对象进行填充操作。其参数面板如图8-32所示。

- Fill Type（填充类型）：可以设置颜色填充的类型。其中包括Solid（实色）、Linear Gradient（线性渐变）、Radial Gradient（径向渐变）、4 Color Gradient（四色渐变）、Bevel（斜面）、Eliminate（消除）和Ghost（残像）7种，如图8-33所示。
- Solid（实色）：为文字填充单一的颜色。
- Linear Gradient（线性渐变）：为文字填充两种颜色混合的线性渐变，并可以调整渐变颜色的透明度和角度，如图8-34所示。

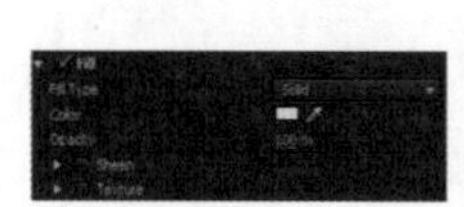

图8-32

图8-33

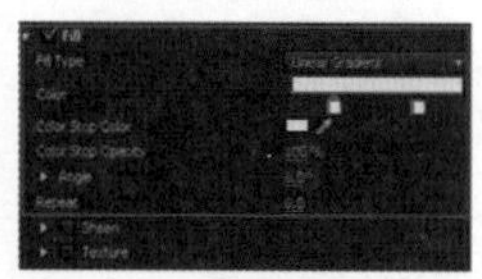

图8-34

- Radial Gradient（径向渐变）：为文字填充两种颜色混合的径向渐变。
- 4 Color Gradient（四色渐变）：为文字填充4种颜色混合的渐变，如图8-35所示。
- Bevel（斜面）：为文字设置斜面浮雕效果。
- Eliminate（消除）：消除文字的填充。
- Ghost（残像）：将文字的填充去除。
- Sheen（光泽）：选中该复选框，可以为工作区中的文字或图案添加光泽效果。其参数面板如图8-36所示。

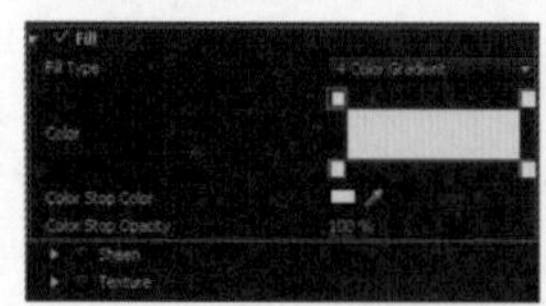

图8-35

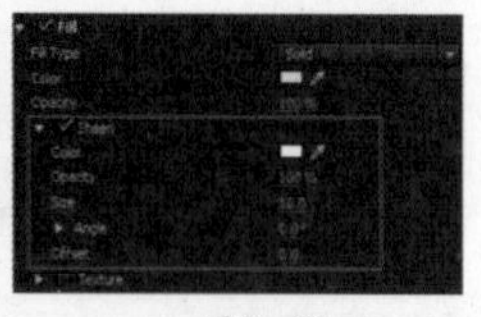

图8-36

- Color（颜色）：设置添加光泽的颜色。
- Opacity（透明度）：设置添加光泽的透明度。
- Size（大小）：设置添加光泽的宽度。如图8-37所示为Size（大小）的数值分别为10和70的对比效果。

图8-37

- Angle（角度）：设置添加光泽的旋转角度。
- Offset（偏移）：设置光泽在文字或图案上的位置。
- Texture（材质）：选中该复选框，可以为文字添加纹理效果。其参数面板如图8-38所示。

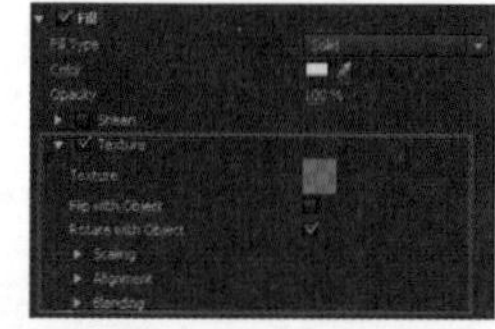

图8-38

- Texture（材质）：单击右侧的■，即可在弹出的【Choose a Texture Image（选择一个材质图片）】对话框中选择一张图片作为纹理进行填充。如图8-39所示为填充纹理前后的对比效果。

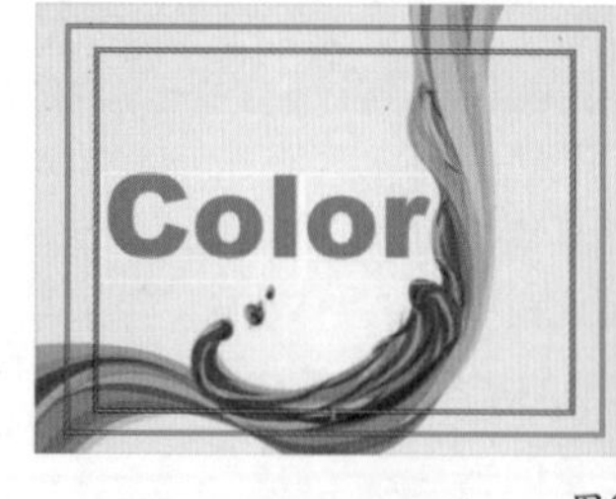

图8-39

- Flip with Object（对象翻转）：选中该复选框，填充的图案和图形一起翻转。
- Rotate with Object（对象旋转）：选中该复选框，填充图案和图形一起旋转。
- Scaling（缩放）：对文字进行X轴Y轴上的缩放、平铺设置，可水平、垂直缩放对象。
- Alignment（对齐）：对文字进行X轴Y轴上的位置确定，可通过偏移和对齐调整填充图案的位置。
- Blending（混合）：可对填充色、纹理进行混合，也可以通过通道进行混合。

Strokes（描边）

图8-40

Strokes（描边）用于为文字进行描边处理，可设置内部描边和外部描边效果。需要先单击【Add（添加）】链接，才会出现参数面板，如图8-40所示。

- Inner Strokes（内部描边）：为文字内侧添加描边。
  - Type（类型）：设置描边类型。其中包括Depth（深度）、Edge（边缘）和Drop Face（正面投影）。
  - Size（大小）：设置描边宽度。如图8-41所示为添加Inner Strokes（内部描边）前后的对比效果。

图8-41

- Outer Strokes（外部描边）：为文字外侧添加描边。

技巧提示

多次单击【Inner Strokes（内部描边）】和【Outer Strokes（内部描边）】右侧的【Add】，可以添加多个内部描边或外部描边效果。

Shadow（阴影）

图8-42

Shadow（阴影）用于设置文字的阴影。其参数面板如图8-42所示。

- Color（颜色）：设置阴影颜色。
- Opacity（透明度）：设置阴影的透明度。
- Angle（角度）：设置阴影的角度。
- Distance（距离）：设置阴影与原图之间的距离。如图8-43所示为设置Distance（距离）数值分别是0和30时的对比效果。

图8-43

- Size（大小）：设置阴影的大小。
- Spread（扩散）：设置阴影的扩展程度。

Background（背景）

图8-44

Background（背景）用于控制字幕的背景。其参数面板如图8-44所示。

- Fill Type（填充类型）：设置背景填充的类型。其中包括Solid（实色）、Linear Gradient（线性渐变）、Radial Gradient（径向渐变）、4 Color Gradient（四色渐变）、Bevel（斜面）、Eliminate（消除）和Ghost（残像）7种。
- Color（颜色）：设置背景颜色。
- Opacity（透明度）：设置背景填充颜色的透明度。

8.2.5【Title Styles（字幕样式）】面板

技术速查：该区域用于给文字添加不同的字幕样式，很多默认自带的字幕样式可供选择，直接单击即可进行更换。

其参数面板如图8-45所示。

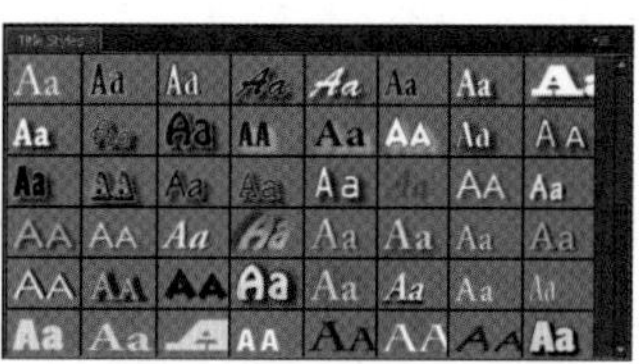

图8-45

Undock Panel
Undock Frame
Close Panel
Close Frame
Maximize Frame Shift+`
New Style...
Apply Style
Apply Style with Font Size
Apply Style Color Only
Duplicate Style
Delete Style
Rename Style...
Reset Style Library...
Append Style Library...
Save Style Library...
Replace Style Library...
Text Only
Small Thumbnails
✓ Large Thumbnails

图8-46

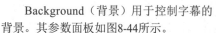

选项区中的字体样式是系统默认的样式，可以从中选择比较常用的字体样式。单击按钮，在弹出的菜单中可以进行New Style（新建样式）、Apply Style（应用样式）以及Reset Style Library（重置样式库）等操作，如图8-46所示。

- Undock Panel（浮动面板）、Undock Frame（浮动窗口）、Close Panel（关闭面板）、Close Frame（关闭窗口）、Maximize Frame（最大化窗口）：对窗口进行相应的调整。
- New Style（新建样式）：选择该选项，可以在弹出的对话框中设置要保存文字样式的Name（名称），如图8-47所示。

- Apply Style（应用样式）：可对文字使用设置完成的样式。
- Apply Style with Font Size（应用带字体大小的样式）：文字应用某样式时，应用该样式的全部属性。

图8—47

- Apply Style Color Only（仅应用样式颜色）：文字应用某样式时，只应用该样式的颜色效果。
- Duplicate Style（复制样式）：选择某样式后，选择该选项可对样式进行复制。
- Delete Style（删除样式）：将不需要的样式清除。
- Rename Style（重命名样式）：对样式进行重命名。
- Reset Style Library（重置样式库）：选择该选项，样式库将还原。
- Append Style Library（追加样式库）：添加样式种类，选中要添加的样式单击打开即可。
- Save Style Library（存储样式库）：将样式库进行保存。
- Replace Style Library（替换样式库）：选择打开的样式库，替换原来的样式库。
- Text Only（仅文字）：选择该选项，样式库中只显示样式的名称。
- Small Thumbnails（小缩略图）、Large Thumbnails（大缩略图）：调整样式库的图标显示大小。

8.2.6 动手学：添加新的字幕样式

01 在字幕窗口中选择已经设置完成的文字，然后单击【Title Styles（字幕样式）】面板上的按钮，在弹出的菜单中选择【New Style（新建样式）】命令，如图8-48所示。

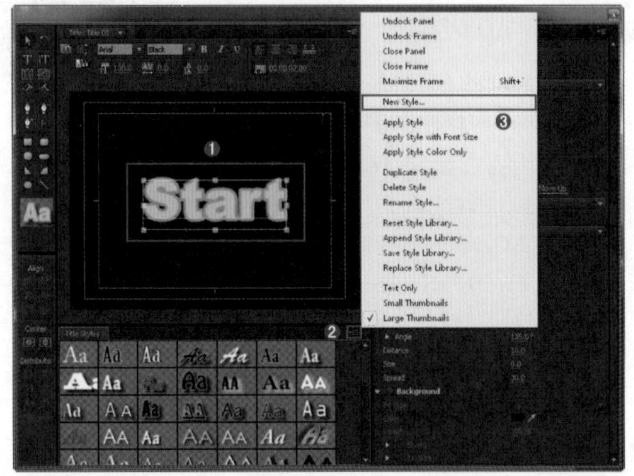

图8—48

02 在弹出的对话框中可以设置新建字幕样式的Name（名称），如图8-49所示。

图8—49

03 此时，在【Title Styles（字幕样式）】面板中的最后出现了新添加的字幕样式，如图8-50所示。

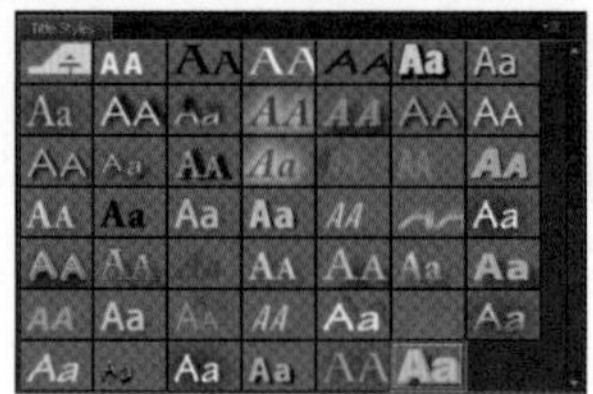

图8—50

8.3 创建滚动字幕

滚动字幕可以设置在影片的开始或结束的位置，用来显示影片的相应信息。也可以放在影片中间，配合画面起到解释的作用。Premiere将滚动字幕分为Roll（滚动）和Crawl（游动）两种。

在Adobe Premiere CS6中创建滚动字幕的方法有两种：

动手学：向上滚动字幕

01 选择菜单栏中的【Title（文件）】/【New Title（新建）】/【Default Roll（滚动字幕）】命令，然后在弹出的对话框中单击【OK（确定）】按钮，如图8-51所示。

02 在弹出的字幕窗口中，选择Type Tool（文字工具），然后在工作区域中输入文字，如图8-52所示。

03 单击字幕面板上的（滚动/游动选项）按钮，然后在弹出的对话框中选中【Start Off Screen（开始于屏幕外）】复选框，如图8-53所示。

04 关闭字幕窗口，然后将其添加到时间线轨道中，拖动时间线滑块查看字幕向上滚动效果，如图8-54所示。

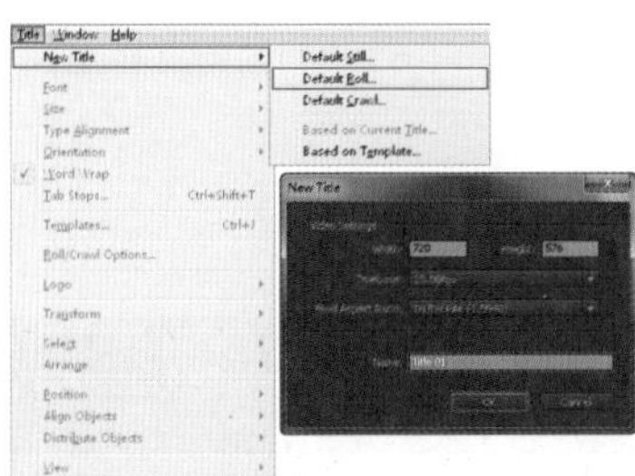

图8—51

图8—52

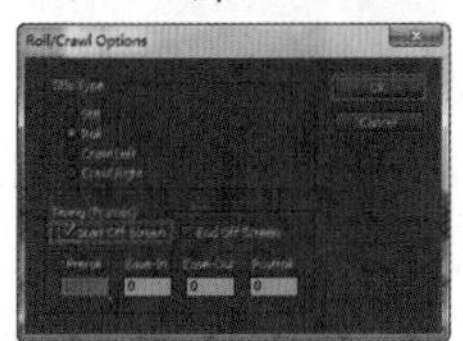

图8—53

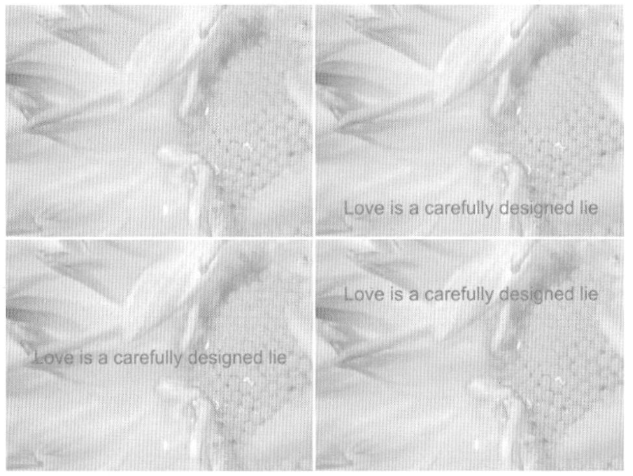

图8—54

动手学：左右滚动字幕

01 在静态字幕中创建滚动字幕。选择菜单栏中的【Title（字幕）】/【New Title（新建字幕）】/【Default Still（默认静态字幕）】命令，然后在弹出的对话框中单击【OK（确定）】按钮，如图8-55所示。

02 单击字幕面板上的▤（滚动/游动选项）按钮，然后在弹出的对话框中选择【Crawl Left（左游动）】单选按钮，接着选中【Start Off Screen（开始于屏幕外）】和【End Off Screen（结束于屏幕外）】复选框，如图8-56所示。

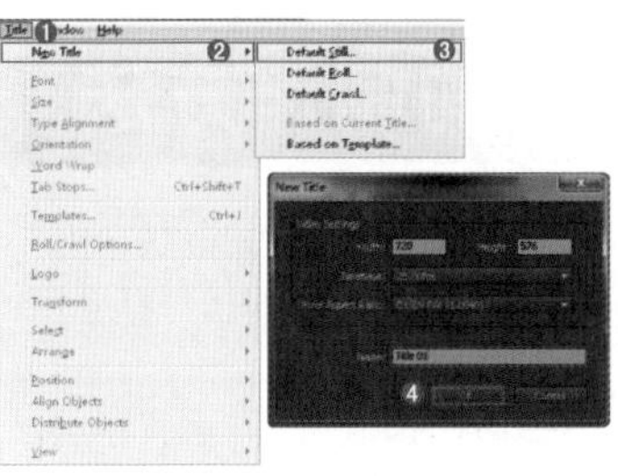

图8—55

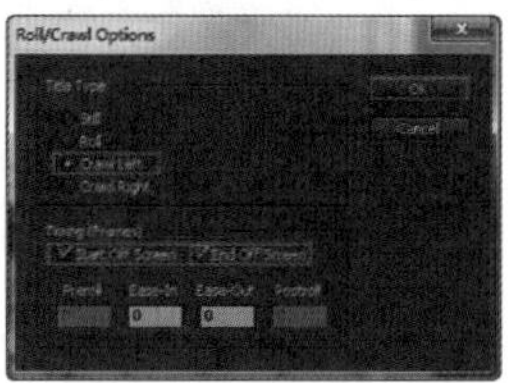

图8—56

03 此时，选择T Type Tool（文字工具），然后在工作区域中输入文字，如图8-57所示。

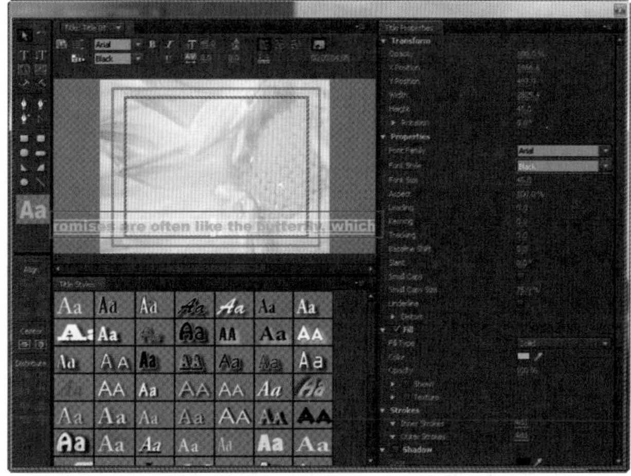

图8—57

04 关闭字幕窗口，然后将其添加到时间线轨道中，拖动时间线滑块查看字幕从右至左的滚动效果，如图8-58所示。

图8—58

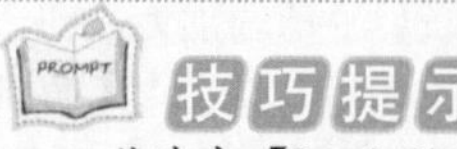

若选中【Crawl Right（右游动）】单选按钮，则字幕会从左至右滚动。

8.4 常用文字的制作方法

文字是信息传达的主要方式之一。在Premiere Pro CS6中创建文字，然后通过调整字幕窗口中的属性参数和添加【Effects（效果）】窗口中的效果，可以制作出一些常用的文字效果。

8.4.1 基础字幕动画效果

技术速查：将制作完成的字幕添加到时间线窗口中后，可以在【Effect Controls（效果控制）】面板中设置其位置、大小和透明度等参数。

选择时间线窗口中的字幕素材，然后在其【Effect Controls（效果控制）】面板中单击【Position（位置）】、【Scale（缩放）】或【Rotation（旋转）】等属性前面的（关键帧）按钮，即可添加该属性的关键帧动画，如图8-59所示。

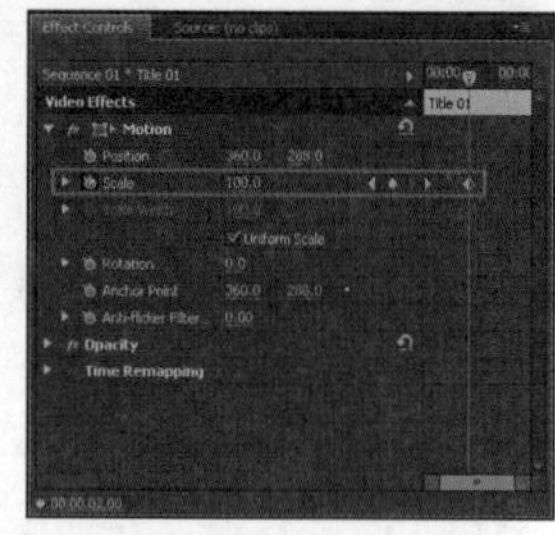

图8-59

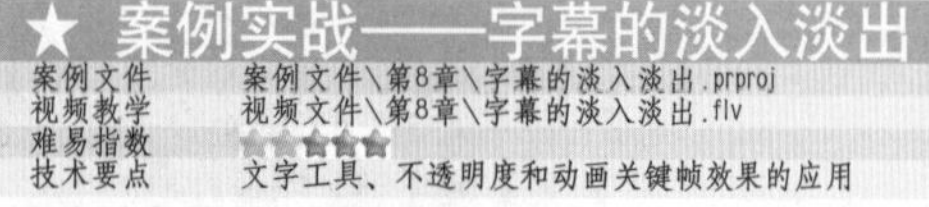

★ 案例实战——字幕的淡入淡出

案例文件	案例文件\第8章\字幕的淡入淡出.prproj
视频教学	视频文件\第8章\字幕的淡入淡出.flv
难易指数	★★★★★
技术要点	文字工具、不透明度和动画关键帧效果的应用

案例效果

在视频播放的时候有时会有标题字幕逐渐显现，然后又逐渐消失的效果，且画面不受影响。本案例主要是针对“制作字幕的淡入淡出效果”的方法进行练习，如图8-60所示。

图8-60

操作步骤

01 单击【New Project（新建项目）】选项，并单击【Browse（浏览）】按钮设置保存路径，在【Name（名称）】文本框中设置文件名称。接着在弹出的对话框中选择【DV-PAL】/【Standard 48kHz】选项，如图8-61所示。

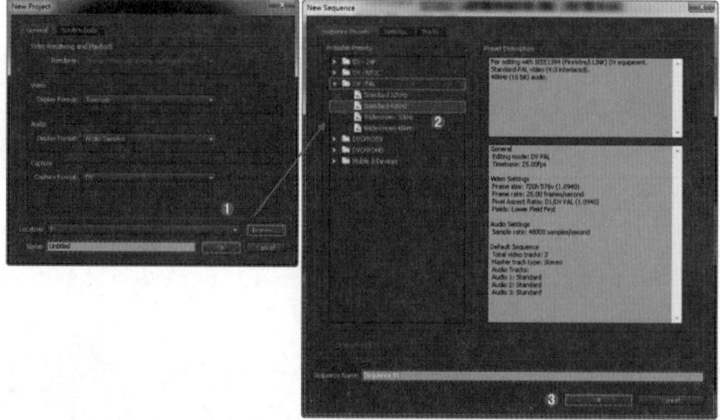

图8-61

02 在【Project（项目）】窗口中空白处双击鼠标左键，然后在打开的对话框中选择所需的素材文件，并单击【打开】按钮导入，如图8-62所示。

图8-62

03 将项目窗口中的【01.jpg】素材文件拖曳到Video1轨道上，如图8-63所示。

图8-63

技巧提示

通常情况下，将项目窗口的素材拖曳到时间线上后，会发现素材显示得比较长或者比较短，此时可以将其在时间线窗口中进行缩放，以达到更适合查看的效果，如图8-64所示。

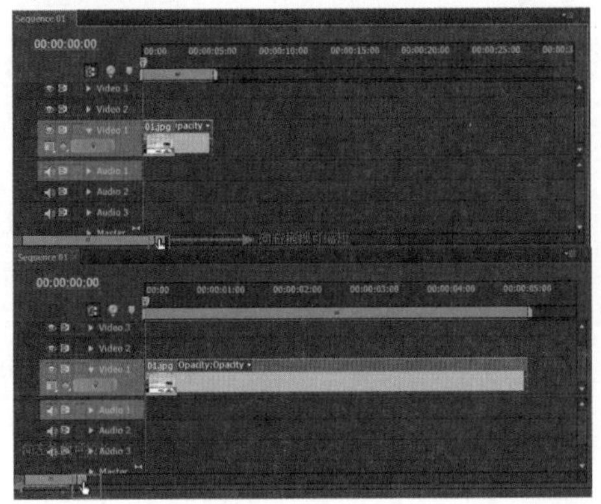

图8-64

04 选择Video1轨道上的【01.jpg】素材文件，然后设置【Scale（缩放）】为51，如图8-65所示。此时效果如图8-66所示。

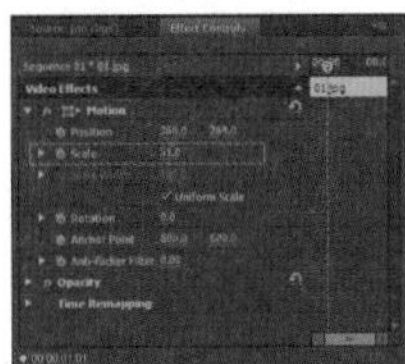

图8-65

图8-66

05 选择菜单栏中的【Title（字幕）】/【New Title（新建字幕）】/【Default Still（默认静态字幕）】命令，然后在弹出的对话框中单击【OK（确定）】按钮，如图8-67所示。

06 在字幕面板中单击T（文字工具）按钮，然后在工作区域输入文字"绿色物语"，并设置【Font Family（字体）】为【FZZhiYi-M12S】，【Color（颜色）】为浅红色（R：255，G：95，B：129）。接着选中【Shadow（阴影）】复选框，设置【Angle（角度）】为-173°，【Spread（扩散）】为40，如图8-68所示。

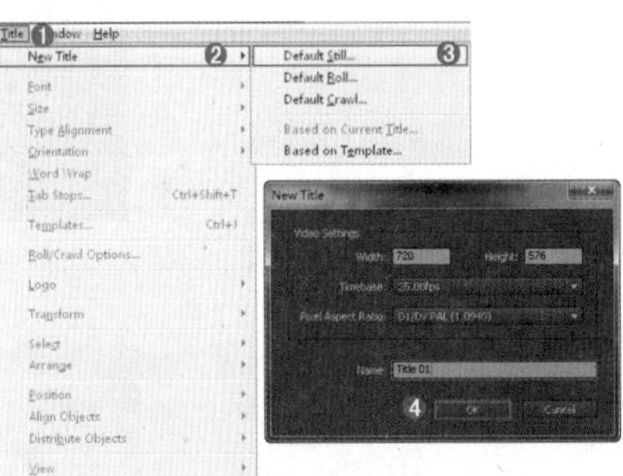

图8-67

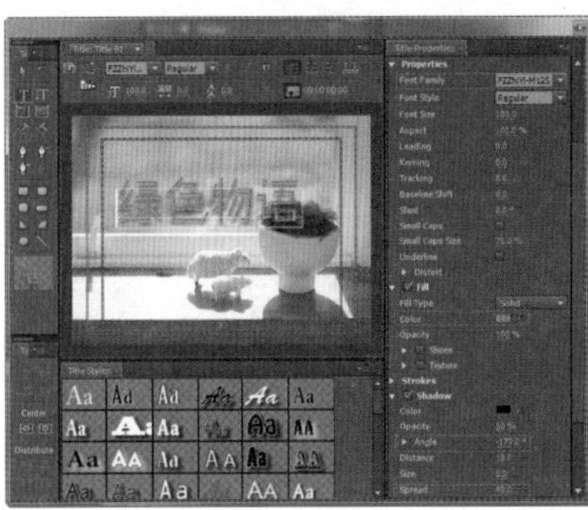

图8-68

07 关闭字幕窗口，然后将字幕【Title 01】素材文件从项目窗口中拖曳到Video2轨道上，如图8-69所示。

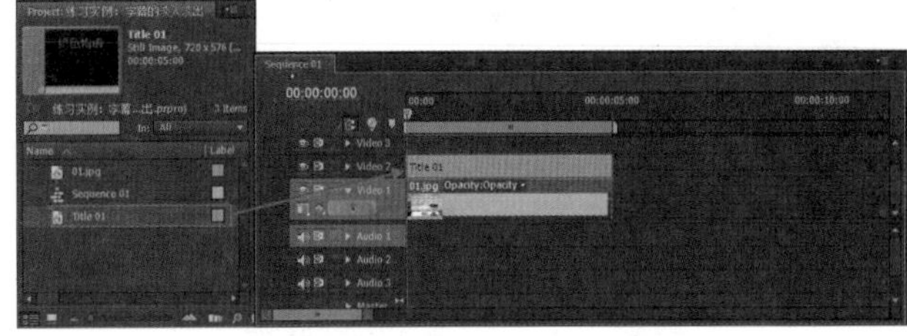

图8-69

技巧提示

在Premiere Pro CS6中直接关闭字幕窗口，字幕将自动存储在Project（项目）窗口中。

08 选择Video2轨道上的【Title 01】素材文件，然后将时间线拖到起始帧的位置，并单击【Opacity（不透明度）】前面的按钮，开启自动关键帧。接着将时间线拖到第1秒的位置时，设置【Opacity（不透明度）】为100%，如图8-70所示。

图8-70

09 继续将时间线拖到第4秒的位置，设置【Opacity（不透明度）】为100%，最后将时间线拖到第5秒的位置，设置【Opacity（不透明度）】为0%，如图8-71所示。此时拖动时间线滑块查看最终效果，如图8-72所示。

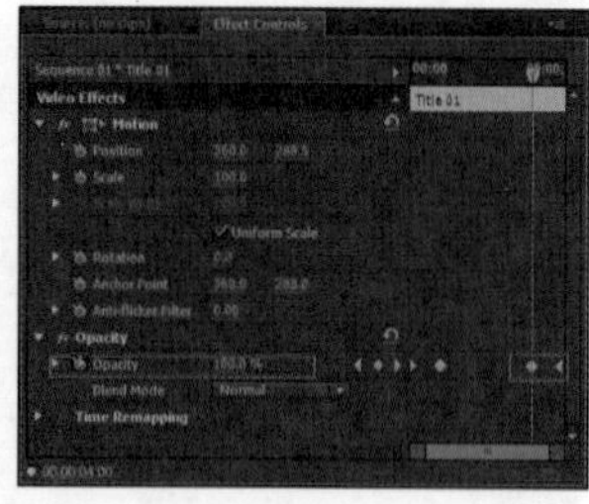

图8-71

图8-72

技巧提示

在Premiere中，可以拖动时间线查看动画效果，当然也可以单击【Program（节目）】面板中的【播放】按钮  进行播放，如图8-73所示。

图8-73

答疑解惑：淡入淡出的效果是什么？

淡入淡出是电影中表示时间和空间转换的一种技巧。电影中常用来分隔时间、空间等，表明剧情段落。淡出表示一个段落的结束。淡入表示一个段落的开始，能使观众产生完整的段落感。

淡入淡出表示画面或文字渐隐渐显的过程，它节奏舒缓，能够制造出富有表现力的气氛。

★ 案例实战——移动字幕动画

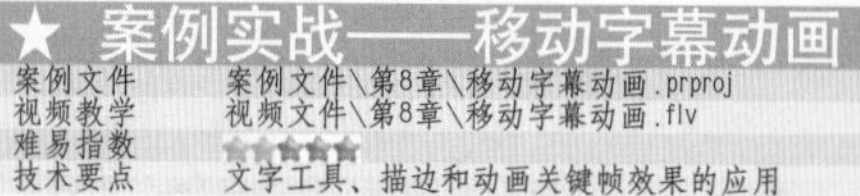

案例文件	案例文件\第8章\移动字幕动画.prproj
视频教学	视频文件\第8章\移动字幕动画.flv
难易指数	★★★★★
技术要点	文字工具、描边和动画关键帧效果的应用

案例效果

制作各种颜色的文字并搭配不同的背景图案，可以更加符合要表达的主题。本案例主要是针对“制作移动字幕动画效果”的方法进行练习，如图8-74所示。

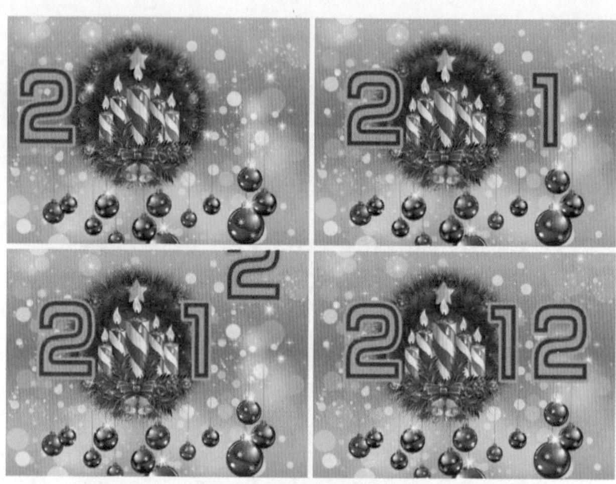

图8-74

操作步骤

01 单击【New Project（新建项目）】选项，并单击【Browse（浏览）】按钮设置保存路径，在【Name（名称）】文本框中设置文件名称。接着在弹出的对话框中选择【DV-PAL】/【Standard 48kHz】选项，如图8-75所示。

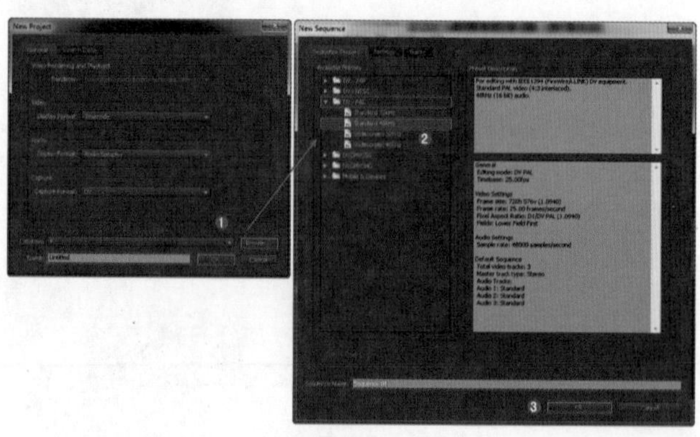

图8-75

02 在【Project（项目）】窗口中空白处双击鼠标左键，然后在打开的对话框中选择所需的素材文件，并单击【打开】按钮导入，如图8-76所示。

图8-76

03 将项目窗口中的【背景.jpg】素材文件拖曳到Video1轨道上，如图8-77所示。

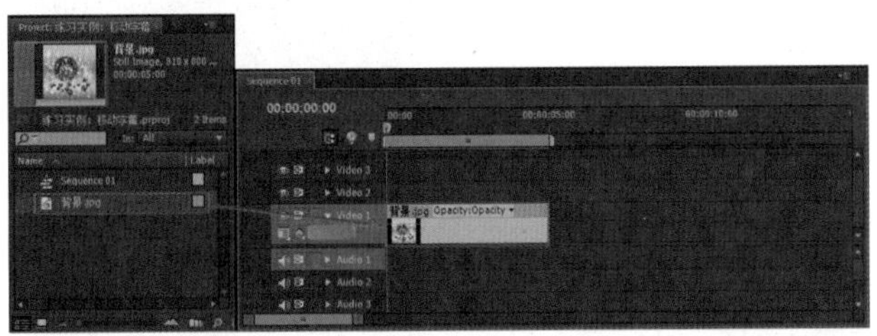

图8-77

04 选择菜单栏中的【Title（字幕）】/【New Title（新建字幕）】/【Default Still（默认静态字幕）】命令，然后在弹出的对话框中单击【OK（确定）】按钮，如图8-78所示。

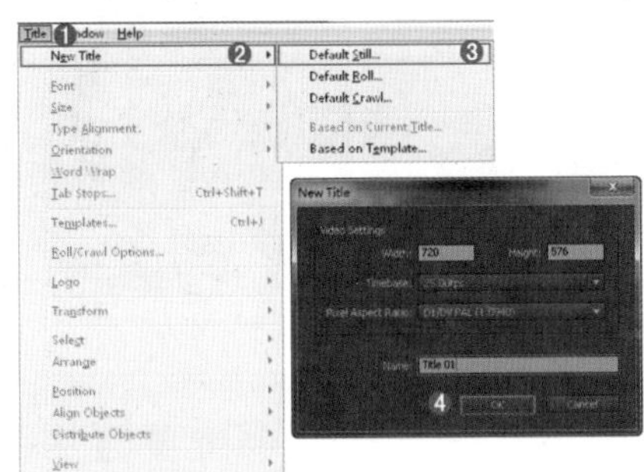

图8-78

05 在字幕面板中单击T（文字工具）按钮，然后在工作区域输入文字“2”，并设置【Font Family（字体）】为【HYZongYiJ】，【Font Size（字体大小）】为260，【Color（颜色）】为绿色（R：163，G：196，B：54），如图8-79所示。

06 单击【Inner Strokes（内部描边）】后面的【Add（添加）】，并设置【Size（大小）】为27，【Color（颜色）】为深绿色（R：43，G：89，B：5）。然后单击【Outer Strokes（外部描边）】后面的【Add（添加）】，并设置【Size（大小）】为19，【Color（颜色）】为绿色（R：163，G：196，B：54），如图8-80所示。

图8-79

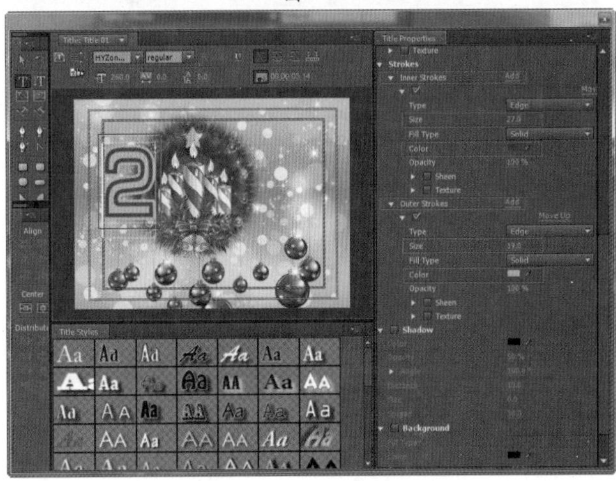

图8-80

07 关闭字幕窗口，然后将项目窗口中的【Title 01】素材文件拖曳到时间线窗口Video1轨道上，如图8-81所示。

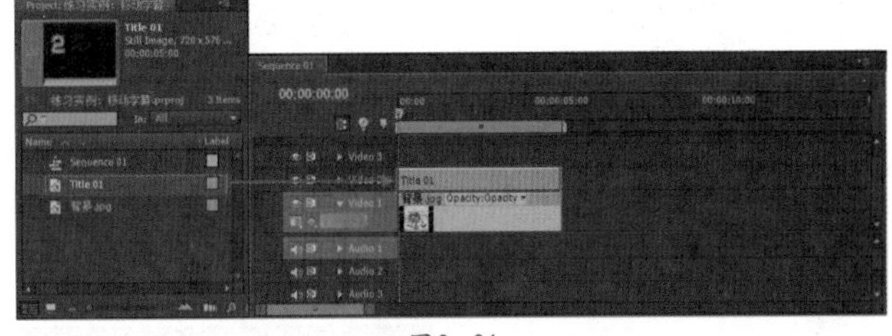

图8-81

08 以此类推，制作出【Title 02】和【Title 03】，然后拖曳到Video3和Video4轨道上，并设置起始时间为第1秒和第2秒的位置，如图8-82所示。

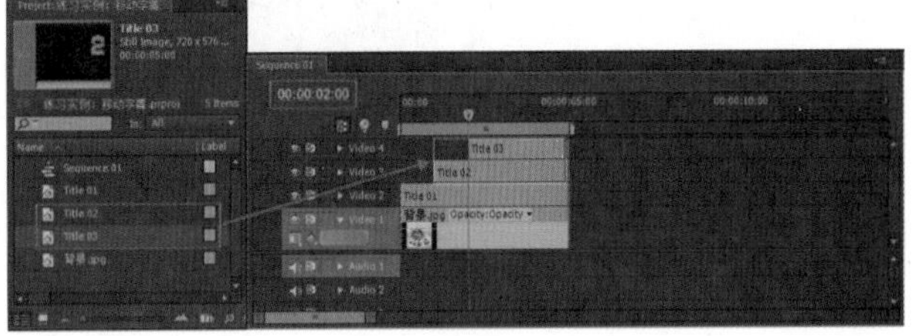

图8-82

09 此时拖动时间线滑块查看效果，如图8-83所示。

图8—83

10 选择Video2轨道上的【Title 01】素材文件，然后将时间线拖到起始帧的位置，并单击【Position（位置）】前面的按钮，开启自动关键帧，设置【Position（位置）】为（118，288）。最后将时间线拖到第1秒的位置，设置【Position（位置）】为（360，288），如图8-84所示。

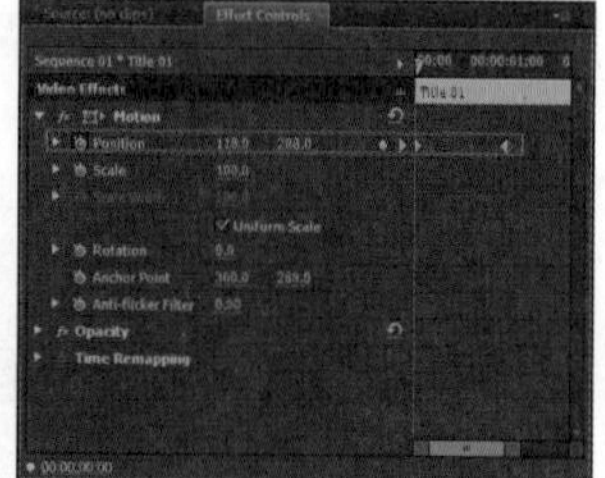

图8—84

11 此时拖动时间线滑块查看效果，如图8-85所示。

图8—85

12 选择Video3轨道上的【Title 02】素材文件，然后将时间线拖到第1秒的位置，并单击【Position（位置）】前面的按钮，开启自动关键帧。接着设置【Position（位置）】为（708，288）。最后将时间线拖到第2秒的位置，设置【Position（位置）】为（360，288），如图8-86所示。

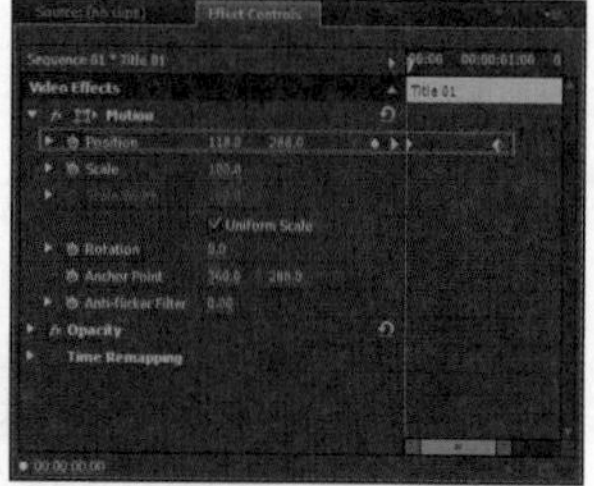

图8—86

13 此时拖动时间线滑块查看效果，如图8-87所示。

图8—87

14 选择Video4轨道上的【Title 03】素材文件，然后将时间线拖到第2秒的位置，并单击【Position（位置）】前面的按钮，开启自动关键帧。接着设置【Position（位置）】为（360，-64）。最后将时间线拖到第3秒的位置，设置【Position（位置）】为（360，288），如图8-88所示。此时拖动时间线滑块查看最终效果，如图8-89所示。

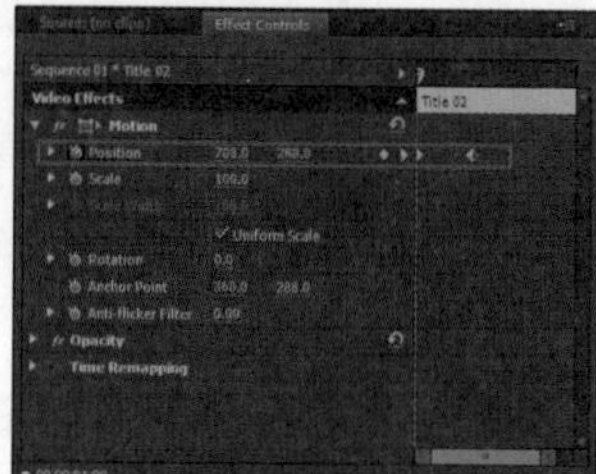

图8—88

图8—89

答疑解惑：移动字幕主要应用在哪些方面？

移动字幕可以在广告宣传时使用。也可以在制作视频时添加临时字幕，然后制作移动动画效果。

在制作移动字幕时，为文字添加各种不同的颜色和图案会更具有吸引力和视觉效果。

读书笔记

8.4.2 滚动字幕效果

技术速查：通过▤（滚动/游动选项）可以制作出上下或左右的滚动字幕效果。

在字幕窗口中制作出上下或左右的滚动字幕后，可以为文字更改颜色、添加描边和阴影等，制作出精美的滚动字幕效果。

★ 案例实战——底部滚动字幕

案例文件	案例文件\第8章\底部滚动字幕.prproj
视频教学	视频文件\第8章\底部滚动字幕.flv
难易指数	★★★★☆
技术要点	文字工具、滚动/游动选项和描边效果的应用

案例效果

在我们看电视和纪录片的时候，经常可以看见屏幕下方的滚动字幕，出现的文字常常为节目预告或当前节目的介绍等。本案例主要是针对“制作画面底部滚动字幕效果”的方法进行练习，如图8-90所示。

图8—90

操作步骤

01 单击【New Project（新建项目）】选项，并单击【Browse（浏览）】按钮设置保存路径，在【Name（名称）】文本框中设置文件名称。接着在弹出的对话框中选择【DV-PAL】/【Standard 48kHz】选项，如图8-91所示。

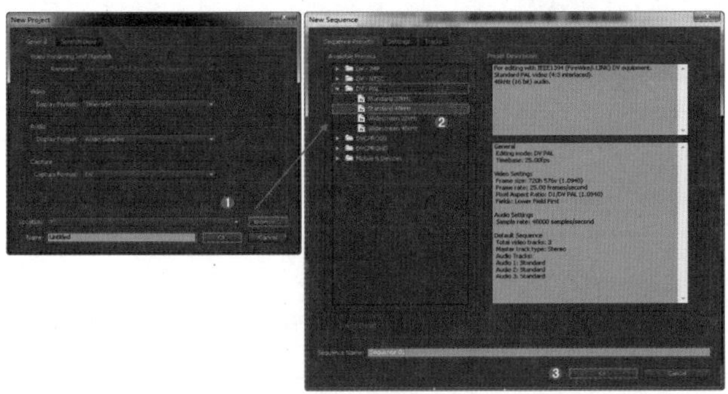

图8—91

02 在【Project（项目）】窗口中空白处双击鼠标左键，然后在打开的对话框中选择所需的素材文件，并单击【打开】按钮导入，如图8-92所示。

图8—92

03 将项目窗口中的素材文件按顺序拖曳到时间线Video1轨道上，如图8-93所示。

图8—93

04 选择菜单栏中的【Title（字幕）】/【New Title（新建字幕）】/【Default Still（默认静态字幕）】命令，并在对话框中设置【Name（名字）】为【字幕01】，然后单击【OK（确定）】按钮，如图8-94所示。

05 在字幕面板中单击▤【Roll/Crawl Options（滚动/游动选项）】按钮，然后在弹出的对话框中选中【Roll（滚动）】单选按钮，并选中【Start Off Screen（开始于屏幕外）】和【End Off Screen（结束于屏幕外）】复选框，如图8-95所示。

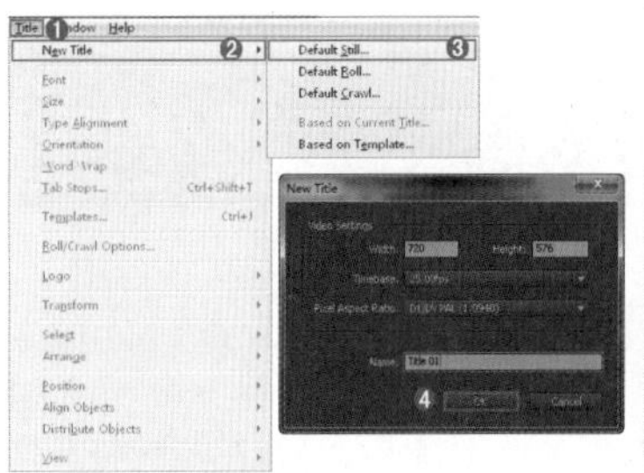

图8—94

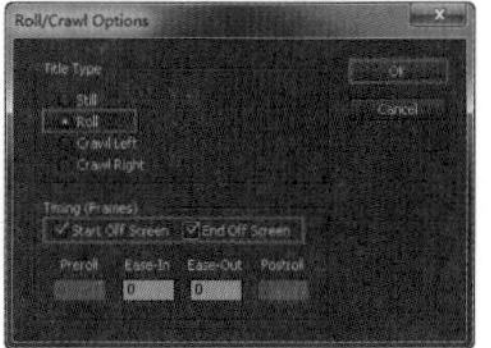

图8—95

技巧提示

设置Roll（滚动）、Start Off Screen（开始于屏幕外）、End Off Screen（结束于屏幕外）、Preroll（预卷）、Ease-In（缓入）、Ease-Out（缓出）、Postroll（过卷）的数值可调节滚动字幕。

06 单击T（文字工具）按钮，然后在工作区域输入文字，接着设置【Font Family（字体）】为【SimHei】，【Size（大小）】为34，【Color（颜色）】为白色（R：255，G：255，B：255）。最后单击【Outer Strokes（外部描边）】后面的【Add（添加）】，并设置【Size（大小）】为25，【Color（颜色）】为蓝色（R：40，G：7，B：205），如图8-96所示。

图8-96

07 关闭字幕窗口，然后将项目窗口中的【字幕 1】素材文件拖曳到Video2轨道上，并设置结束时间与Video1轨道上的素材相同，如图8-97所示。

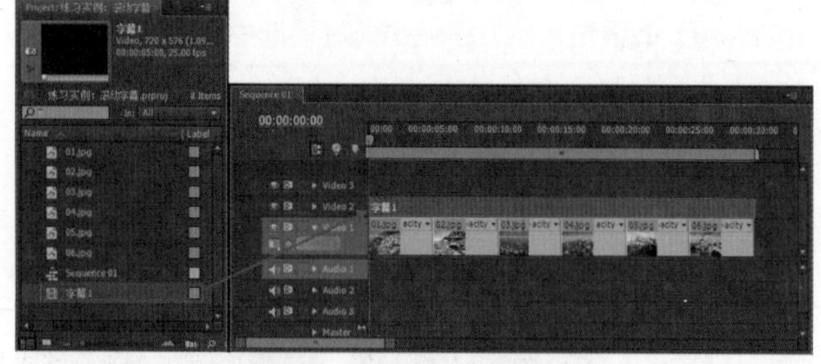

图8-97

08 为素材制作淡入淡出效果。选择Video1轨道上的素材，并在起始和结束附近单击，为素材添加4个关键帧，并选择起始和结束位置的关键帧，按住鼠标左键将其拖曳到下方，如图8-98所示。

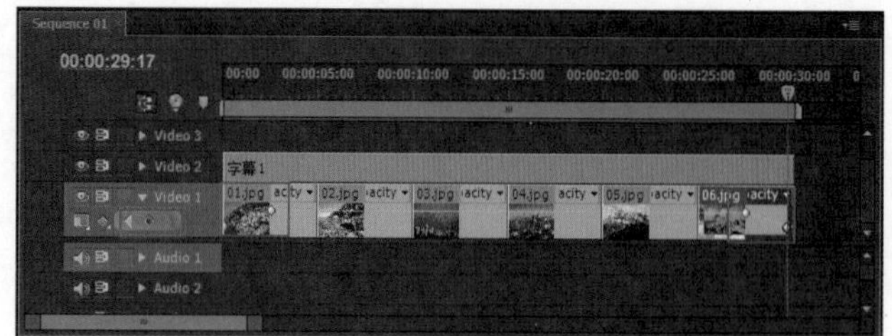

图8-98

09 在【Effects（效果）】窗口中将【Additive Dissolve（附加叠化）】、【Band Slide（带状滑动）】、【Stretch（拉伸）】、【Clock Wipe（时钟式划变）】和【Zoom（缩放）】转场效果拖曳到Video1轨道上的素材文件之间，如图8-99所示。

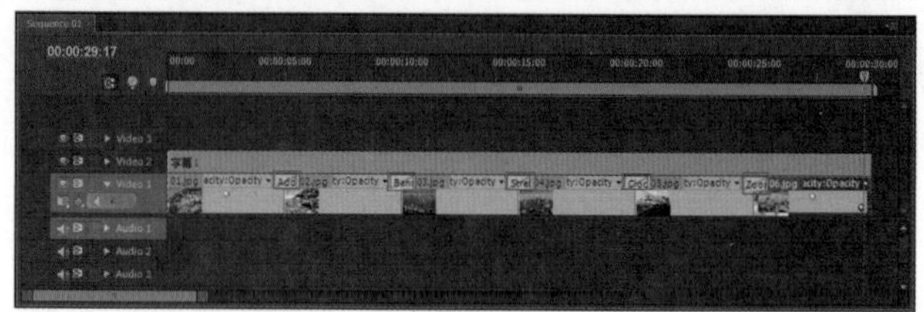

图8-99

10 此时拖动时间线滑块查看最终效果，如图8-100所示。

图8-100

答疑解惑：滚动字幕可以表现哪些内容？

滚动字幕的内容可以是广告，也可以是新闻，还可以是介绍当前节目内容等，只要是不与当前画面所播出的内容产生过大的分歧，都是可以的。

制作滚动字幕时，要想让字幕与当前画面所播出的内容颜色分明，可以适当地添加背景颜色条和调整字体颜色，或者添加描边效果等。

★ 案例实战——自下而上滚动字幕

案例文件	案例文件\第8章\自下而上滚动字幕.prproj
视频教学	视频文件\第8章\自下而上滚动字幕.flv
难易指数	★★★★★
技术要点	文字工具、描边和滚动/游动选项效果的应用

案例效果

在视频的结束有时会出现片尾字幕，且字幕是持续向上游动的，直到结束消失。本案例主要是针对“制作自下而上滚动字幕效果”的方法进行练习，如图8-101所示。

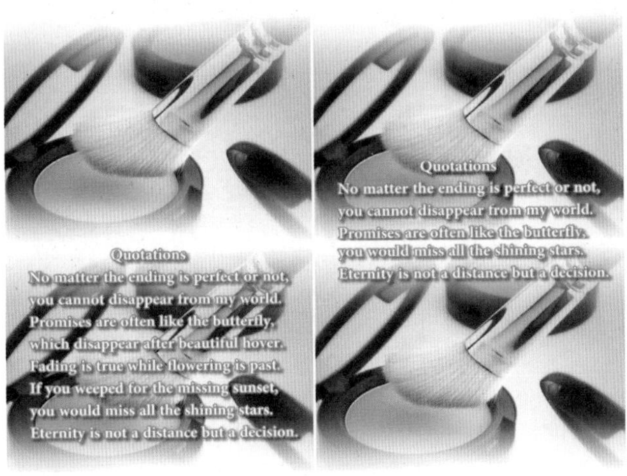

图8—101

操作步骤

01 单击【New Project（新建项目）】选项，并单击【Browse（浏览）】按钮设置保存路径，在【Name（名称）】文本框中设置文件名称。接着在弹出的对话框中选择【DV-PAL】/【Standard 48kHz】选项，如图8-102所示。

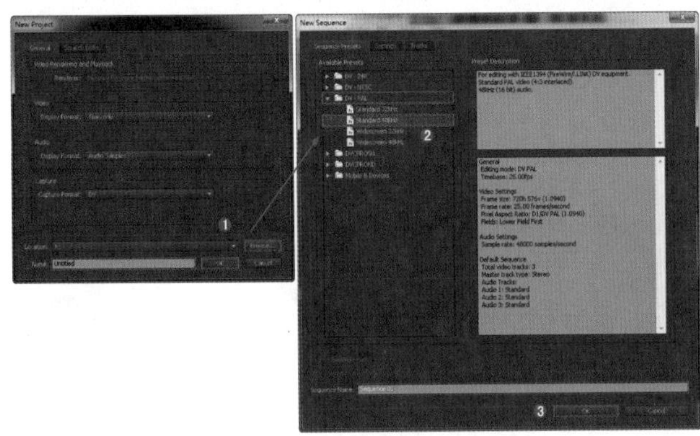

图8—102

02 在【Project（项目）】窗口中空白处双击鼠标左键，然后在打开的对话框中选择所需的素材文件，并单击【打开】按钮导入，如图8-103所示。

03 将项目窗口中的【背景.jpg】素材文件拖曳到Video1轨道上，如图8-104所示。

04 选择菜单栏中的【Title（字幕）】/【New Title（新建字幕）】/【Default Still（默认静态字幕）】命令，然后在弹出的对话框中单击【OK（确定）】按钮，如图8-105所示。

图8—103

图8—104

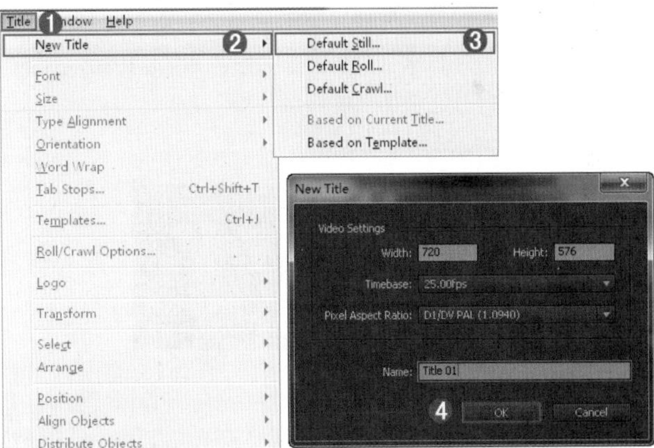

图8—105

05 在字幕面板中选择▣（矩形工具），并在字幕工作】绘制一个矩形，然后设置【Fill Type（填充类型）】为【4Color Gradient（四色渐变）】，【Color（颜色）】为白色（R：255，G：255，B：255），接着设置上面两个颜色块的【Color Stop Opacity（颜色不透明度）】为100%，设置下面两个颜色块的【Color Stop Opacity（颜色不透明度）】为0%，最后再绘制一个矩形，与上面的矩形相反，如图8-106所示。

06 将项目窗口中的【Title 01】素材文件拖曳到Video2轨道上，如图8-107所示。

图8—106

图8—107

07 选择菜单栏中的【Title（字幕）】/【New Title（新建字幕）】/【Default Still（默认静态字幕）】命令，然后在弹出的对话框中单击【OK（确定）】按钮，如图8-108所示。

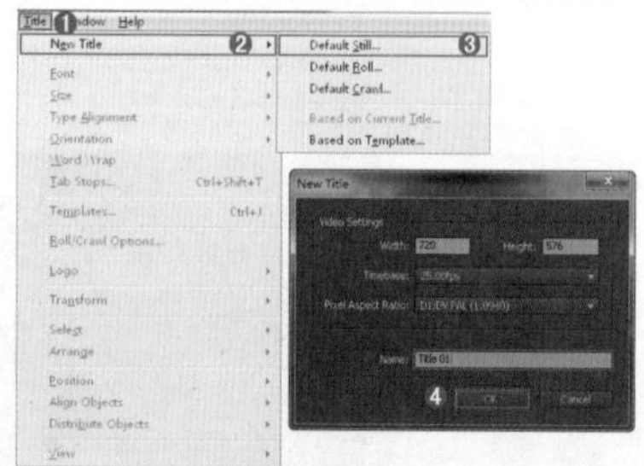

图8—108

08 在字幕面板中单击【Roll/Crawl Options（滚动/游动选项）】按钮，然后在弹出的对话框中选中【Roll（滚动）】单选按钮。接着选中【Start Off Screen（开始于屏幕外）】和【End Off Screen（结束于屏幕外）】复选框，如图8-109所示。

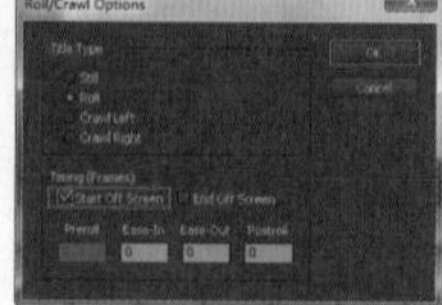

图8—109

09 单击T（文字工具）按钮，然后在【工作区域】输入文字，并设置【Font Family（字体）】为【Adobe Arabic】，【Font Size（字体大小）】为56，【Color（颜色）】为白色（R：255，G：255，B：255）。接着单击【Outer Strokes（外部描边）】后面的【Add（添加）】，设置【Size（大小）】为30，【Color（颜色）】为浅粉色（R：236，G：118，B：78）。最后选中【Shadow（阴影）】复选框，如图8-110所示。

图8—110

10 关闭字幕窗口，然后将项目窗口中的【Title 02】素材文件拖曳到Video3轨道上，如图8-111所示。

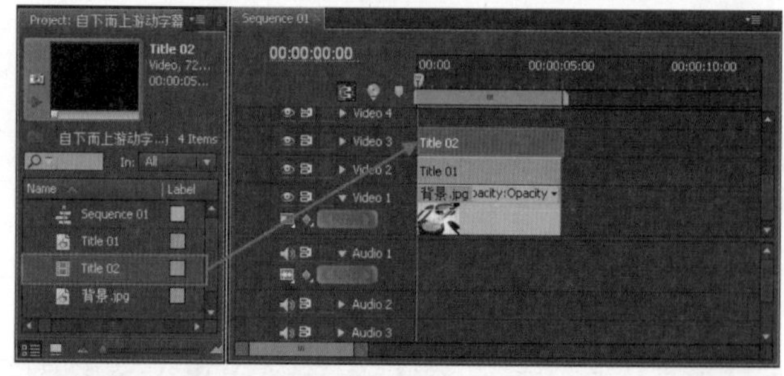

图8—111

11 此时拖动时间线滑块查看效果，如图8-112所示。

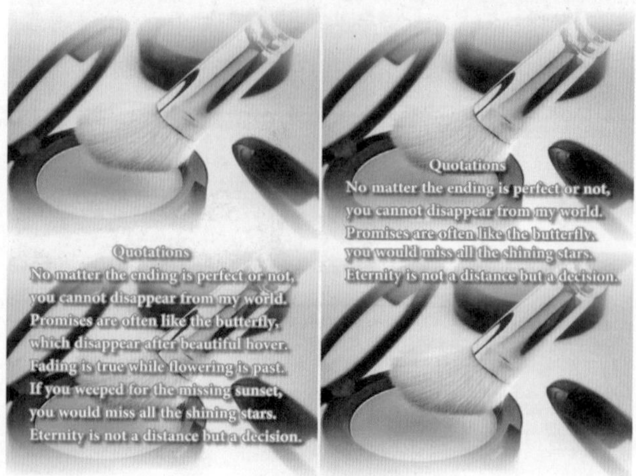

图8—112

答疑解惑：自下而上游动字幕可以应用在哪些地方？

自下而上游动字幕通常应用在片尾字幕上。但是，也可以应用在各种不同的领域中。可以是在表现一首诗，自下而上地缓缓游动。也可以应用在广告上，细致阐明所表现的内容等。

8.4.3 文字色彩的应用

技术速查：在属性面板中的【Fill（填充）】下，可以为文字设置合适的【Color（颜色）】和【Sheen（光泽）】效果。

选择工作区域中的文字，然后在属性面板中设置合适的颜色，并选中【Sheen（光泽）】效果，如图8-113所示。

设置【Sheen（光泽）】下的【Opacity（透明度）】、【Size（大小）】、【Angle（角度）】和【Offset（位移）】的参数，可以得到不同的光泽效果，如图8-114所示。

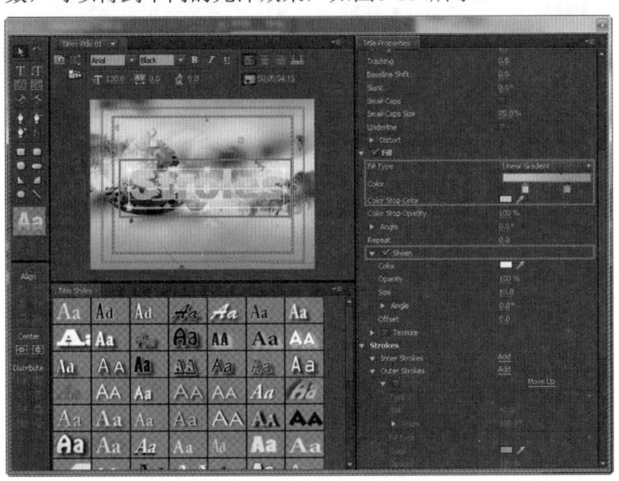

图8—113

图8—114

★ 案例实战——多彩光泽文字

案例文件	案例文件\第8章\多彩光泽文字.prproj
视频教学	视频文件\第8章\多彩光泽文字.flv
难易指数	★★★★
技术要点	文字工具、光泽、描边和阴影效果的应用

案例效果

文字在生活中必不可少，且丰富多彩，不同的颜色搭配给人不同的视觉感受，而且好的文字色彩搭配可以吸引更多的注意力。本案例主要是针对“制作多彩光泽文字效果”的方法进行练习，如图8-115所示。

图8—115

操作步骤

01 单击【New Project（新建项目）】选项，并单击【Browse（浏览）】按钮设置保存路径，在【Name（名称）】文本框中设置文件名称。接着在弹出的对话框中选择【DV-PAL】/【Standard 48kHz】选项，如图8-116所示。

02 在【Project（项目）】窗口中空白处双击鼠标左键，然后在打开的对话框中选择所需的素材文件，并单击【打开】按钮导入，如图8-117所示。

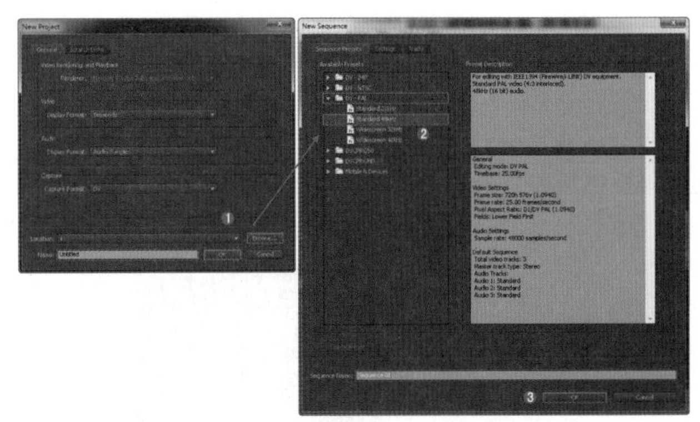

图8—116

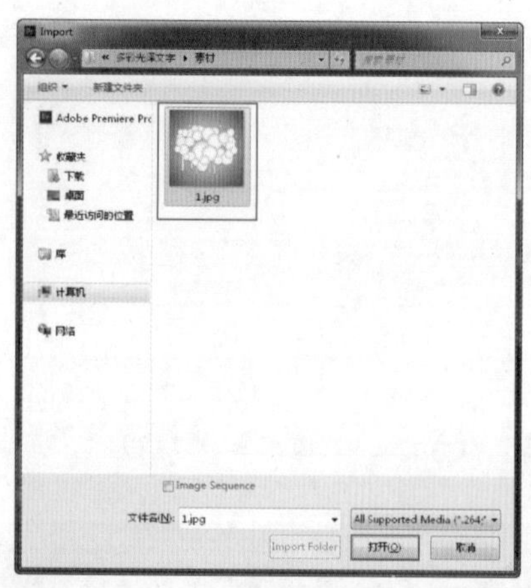

图8-117

03 将项目窗口中的【1.jpg】素材文件拖曳到Video1轨道上，如图8-118所示。

图8-118

04 选择Video1轨道上的【1.jpg】素材文件，然后设置【Scale（缩放）】为79，如图8-119所示。此时效果如图8-120所示。

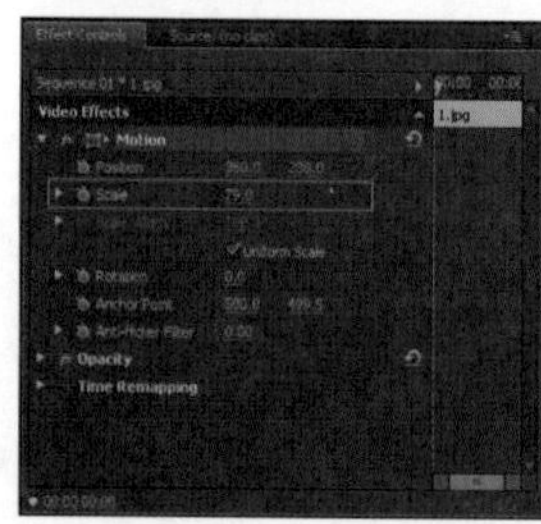

图8-119

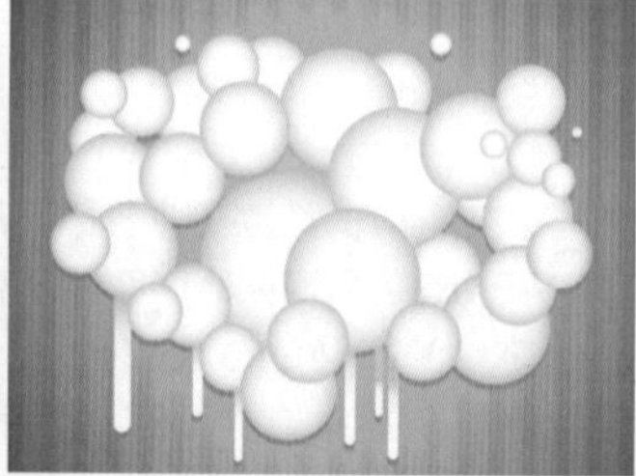

图8-120

05 创建字幕，选择菜单栏中的【Title（字幕）】/【New Title（新建字幕）】/【Default Still（默认静态字幕）】命令，然后在弹出的对话框中单击【OK（确定）】按钮，如图8-121所示。

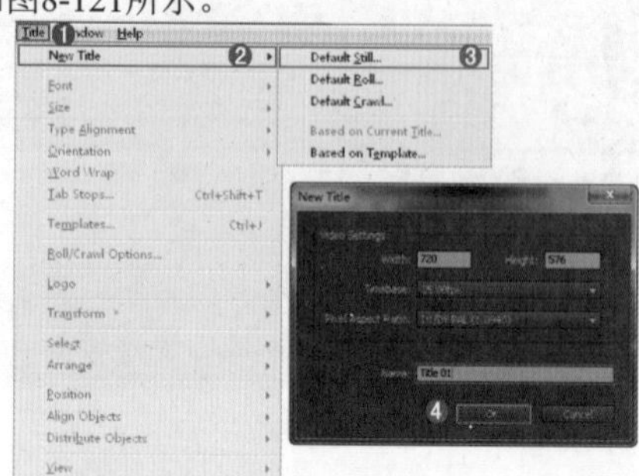

图8-121

06 单击T（文字工具）按钮，在工作区域中输入文字"NEW"，然后设置【Font Family（字体）】为【FZHuPo-M04T】，【Font Size（字体大小）】为170，每个字母的【Color（颜色）】分别为橙色（R：255，G：133，B：34）、红色（R：255，G：0，B：0）和紫色（R：202，G：39，B：200），如图8-122所示。

图8-122

07 选择文字，然后选中【Fill（填充）】下的【Sheen（光泽）】复选框，并设置【Size（大小）】为76，【Angle（角度）】为25°，【Offset（偏移）】为30。接着单击【Inner Strokes（内部描边）】后面的【Add（添加）】，并设置【Size（大小）】为23，【Color（颜色）】为白色（R：255，G：255，B：255），如图8-123所示。

图8-123

08 选择文字，然后选中【Shadow（阴影）】复选框，并设置【Angle（角度）】为-230°，【Distance（距离）】为28，【Spread（扩散）】为40，如图8-124所示。

09 此时拖动时间线滑块查看最终效果，如图8-125所示。

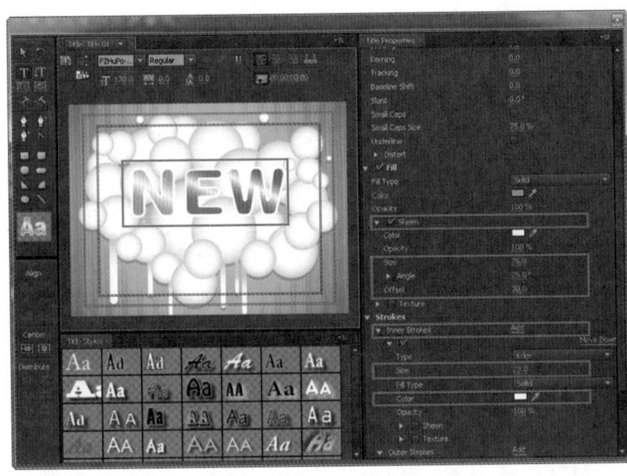

图8—124

图8—125

答疑解惑：文字色彩的搭配需要注意哪些？

文字色彩作为商品最显著的外貌特征，能够首先引起消费者的关注。文字色彩的搭配需要注意文字表达的主题和主次程度，还有颜色的对比效果。例如，在凸显某个促销的物品时，可以将这个物品的表达文字颜色设置为红色或者其他鲜明且突出的色彩。必要时可以降低周围文字颜色的亮度和对比度。

★ 案例实战——创意纸条文字

案例文件	案例文件\第8章\创意纸条文字.prproj
视频教学	视频文件\第8章\创意纸条文字.flv
难易指数	★★★★★
技术要点	矩形工具、文字工具和阴影效果的应用

案例效果

文字或图案可以传递信息，也可以为文字设置不同的样式或颜色等作为画面的装饰。本案例主要是针对“制作创意纸条文字效果”的方法进行练习，如图8-126所示。

图8—126

操作步骤

01 单击【New Project（新建项目）】选项，并单击【Browse（浏览）】按钮设置保存路径，在【Name（名称）】文本框中设置文件名称。接着在弹出的对话框中选择【DV-PAL】/【Standard 48kHz】选项，如图8-127所示。

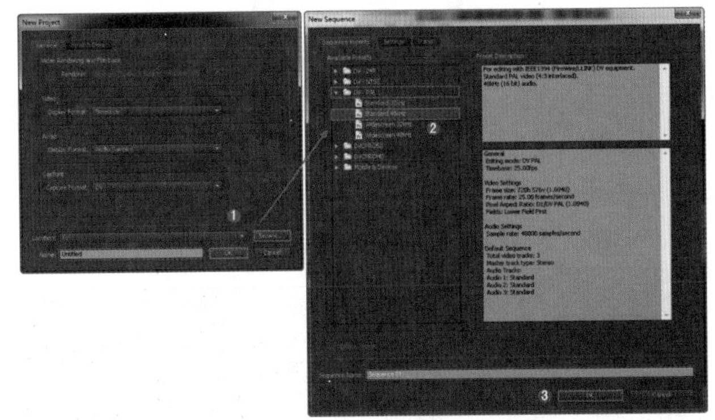

图8—127

02 在【Project（项目）】窗口中空白处双击鼠标左键，然后在打开的对话框中选择所需的素材文件，并单击【打开】按钮导入，如图8-128所示。

图8—128

03 选择菜单栏中的【File（文件）】/【New（新建）】/【Black Video（黑场）】命令，如图8-129所示。

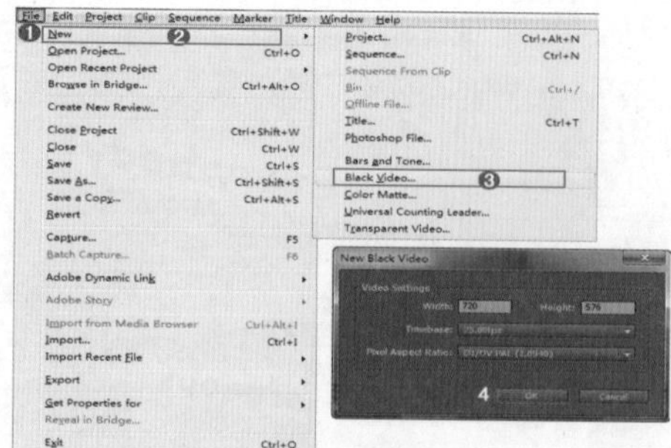

图8—129

也可以单击项目窗口中的■（新项目）按钮，然后在弹出的菜单中选择【Black Video（黑场）】选项，如图8—130所示。

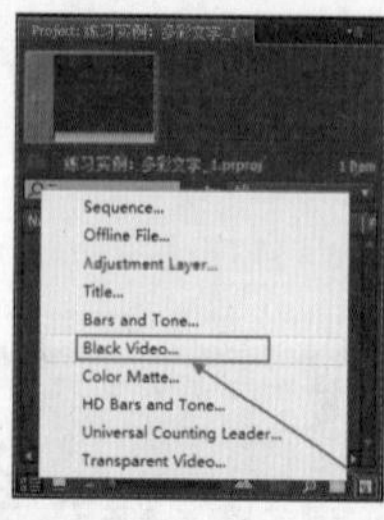

图8—130

04 将项目窗口中的【Black Video（黑场）】素材文件拖曳到Video1轨道上，如图8-131所示。

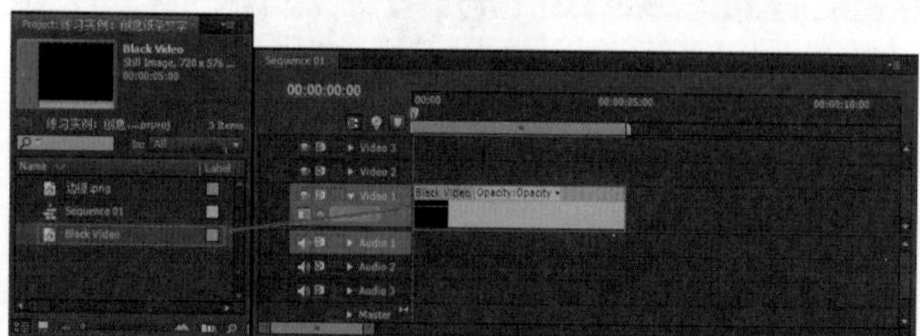

图8—131

05 在【Effects（效果）】窗口中搜索【Ramp（渐变）】效果，然后按住鼠标左键将其拖曳到Video1轨道的【Black Video（黑场）】素材文件上，如图8-132所示。

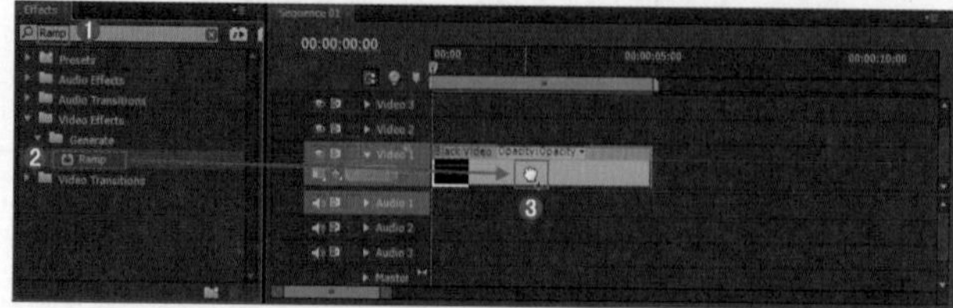

图8—132

06 选择Video1轨道上的【Black Video（黑场）】素材文件，然后打开【Ramp（渐变）】效果，设置【Ramp Shape（渐变形状）】为【Radial Ramp（径向渐变）】。【Start of Ramp（开始渐变）】为（349，288），【Start Color（开始颜色）】为浅粉色（R：233，G：183，B：226），【End of Ramp（结束渐变）】为（650，491），【End Color（结束颜色）】为浅粉色（R：220，G：116，B：204），如图8-133所示。此时效果如图8-134所示。

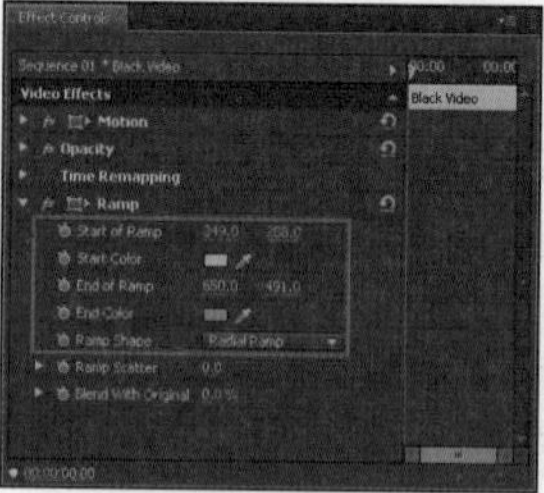

图8—133

图8—134

07 将项目窗口中的【边缘.png】素材文件拖曳到Video2轨道上，如图8-135所示。

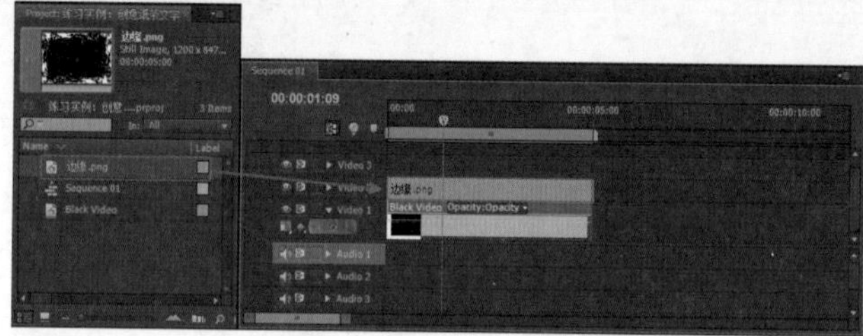

图8—135

08 选择Video1轨道上的【背景.jpg】素材文件，然后设置【Scale（缩放）】为68，如图8-136所示，此时效果如图8-137所示。

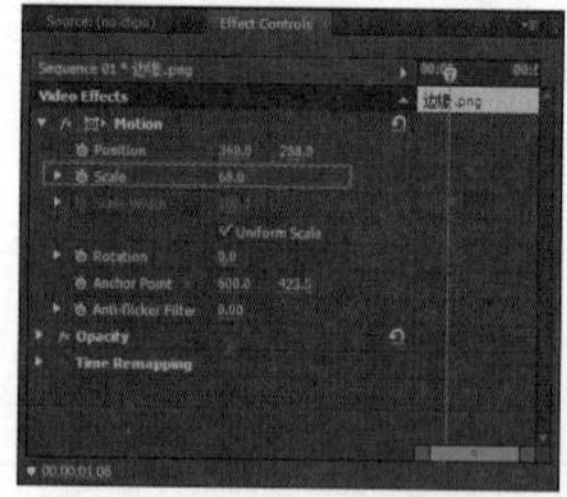

图8—136

图8—137

09 选择菜单栏中的【Title（字幕）】/【New Title（新建字幕）】/【Default Still（默认静态字幕）】命令，如图8-138所示。

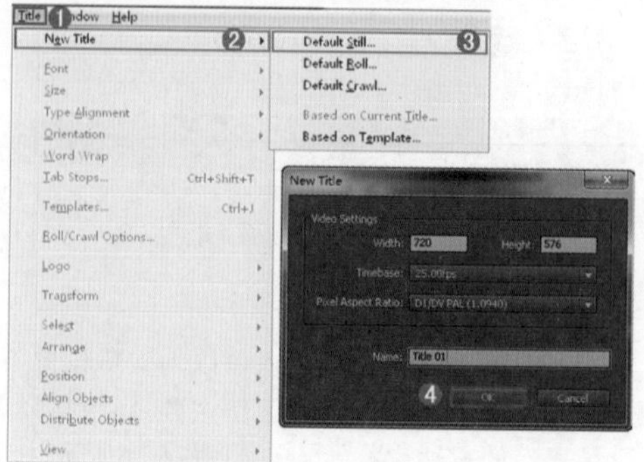

图8—138

10 在弹出的字幕面板中单击■（矩形工具）按钮，在工作区域中绘制一个矩形，并设置【Rotation（旋转）】为352°，【Color（颜色）】为白色（R：255，G：255，B：255）。然后选中【Shadow（阴影）】复选框，设置【Opacity（不透明度）】为36%，【Angle（角度）】为-188°，【Distance（距离）】为26，【Spread（扩散）】为65，如图8-139所示。

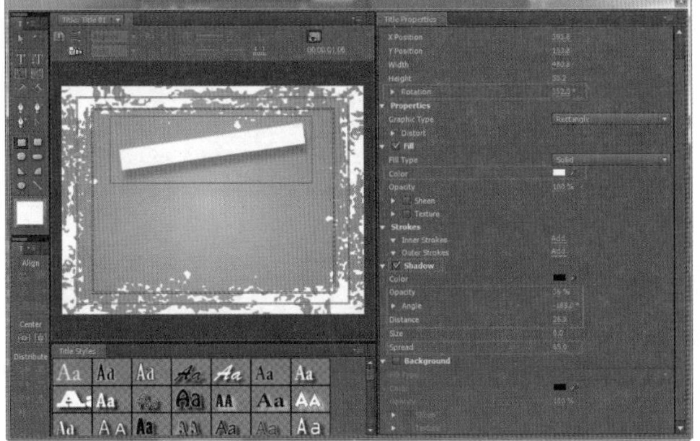

图8—139

11 单击T（文字工具）按钮，在工作区域中输入文字“every body”，然后设置【Rotation（旋转）】为352°，【Font Family（字体）】为【Aharoni】，【Font Size（字体大小）】为41，【Color（颜色）】为绿色（R：2，G：106，B：12），如图8-140所示。

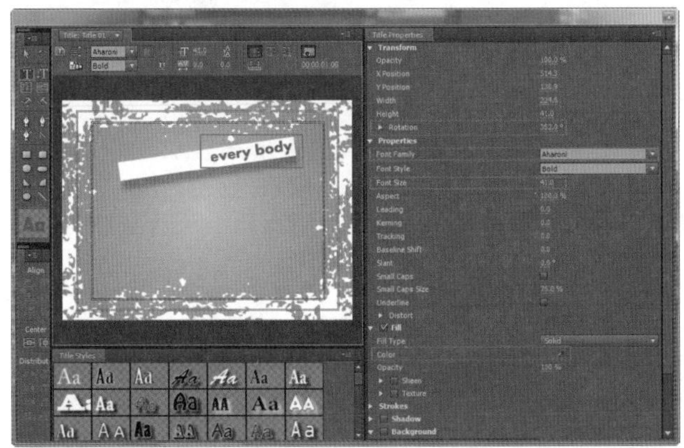

图8—140

12 关闭字幕窗口，然后将项目窗口中的【Title 01】素材文件拖曳到Video3轨道上，如图8-141所示。

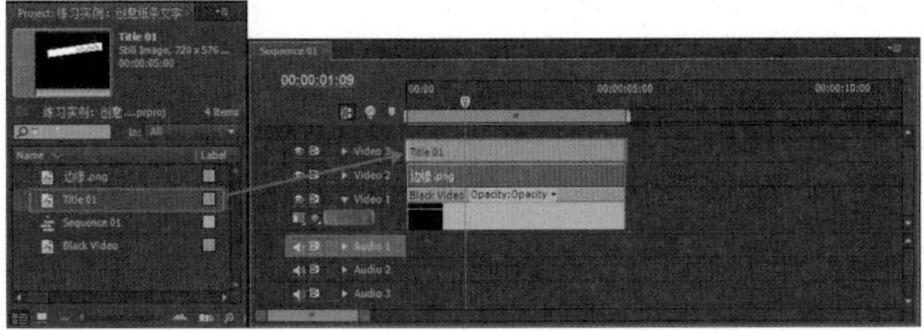

图8—141

13 以此类推，复制出多个纸条文字并错落放置。此时拖动时间线滑块查看最终效果，如图8-142所示。

图8—142

答疑解惑：纸条的制作需要注意哪些问题？

在制作纸条时要将纸条制作成长条的形状，这样才符合纸条的含义。在制作纸条的时候可以制作出毛边和锯齿，也可以添加一些褶皱，用来表现不同环境下纸条的不同效果。纸条的颜色可以丰富多彩。根据需求可以调节成不同的颜色和字体。

★ 案例实战——广告宣传文字

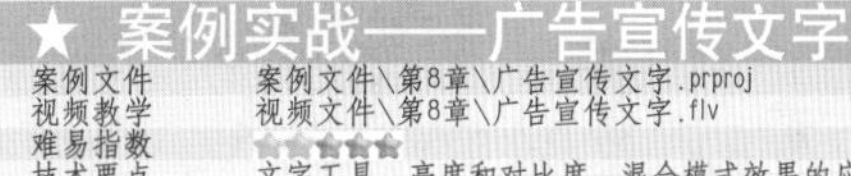

案例文件	案例文件\第8章\广告宣传文字.prproj
视频教学	视频文件\第8章\广告宣传文字.flv
难易指数	★★★★★
技术要点	文字工具、亮度和对比度、混合模式效果的应用

案例效果

广告是为了某些特定的需要，通过各种形式的媒体，公开地、广泛地向公众传递信息的宣传手段。包括广告的文字宣传和影片宣传等。本案例主要是针对“制作广告宣传文字效果”的方法进行练习，如图8-143所示。

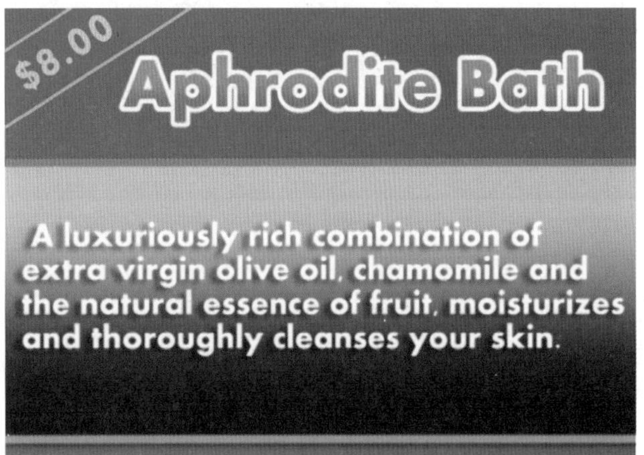

图8—143

操作步骤

01 单击【New Project（新建项目）】选项，并单击【Browse（浏览）】按钮设置保存路径，在【Name（名称）】文本框中设置文件名称。接着在弹出的对话框中选择【DV-PAL】/【Standard 48kHz】选项，如图8-144所示。

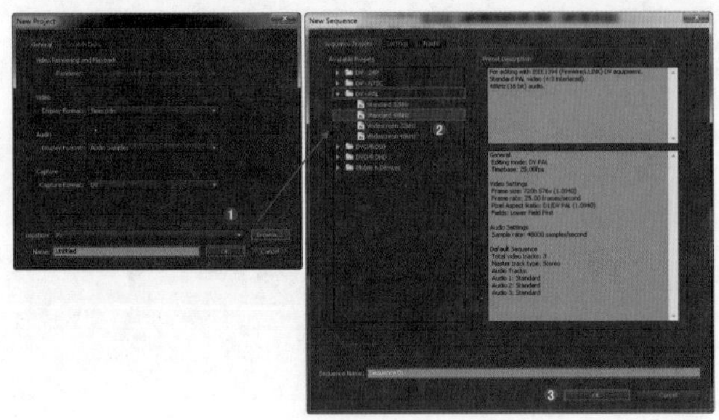

图8-144

02 选择菜单栏中的【File（文件）】/【New（新建）】/【Color Matte（彩色蒙版）】命令，如图8-145所示。接着设置颜色为蓝色（R：49，G：108，B：149），如图8-146所示。

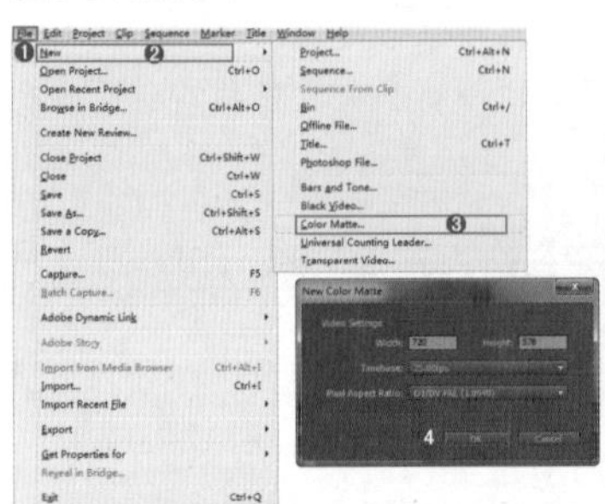

图8-145

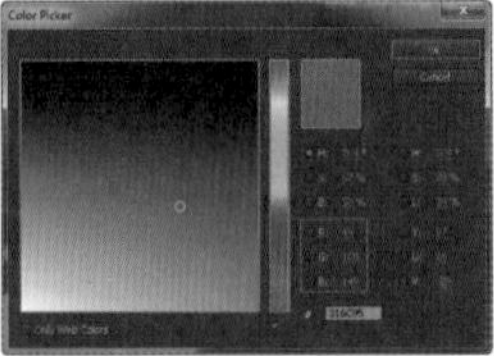

图8-146

03 将项目窗口中的【Color Matte（彩色蒙版）】拖曳到Video1轨道上，如图8-147所示。

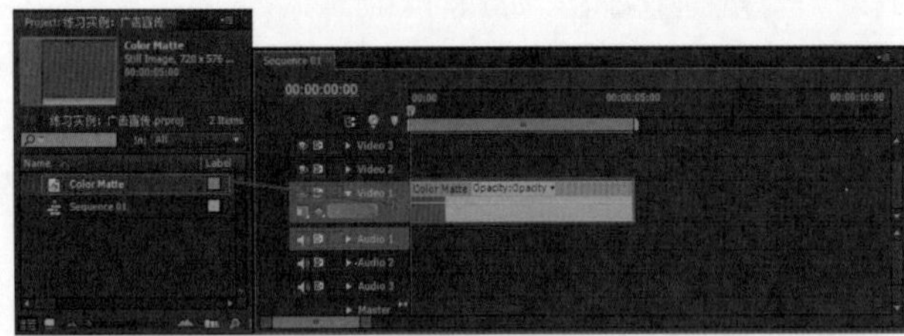

图8-147

04 选择菜单栏中的【Title（字幕）】/【New Title（新建字幕）】/【Default Still（默认静态字幕）】命令，如图8-148所示。

05 在字幕面板中单击T（文字工具）按钮，然后在工作区域输入文字"Aphrodite Bath"，并设置【Font Family（字体）】为【Aharoni】，【Font Size（字体大小）】为84，【Fill Type（填充类型）】为【Linear Gradient（线性渐变）】，【Color（颜色）】为橙色（R：255，G：142，B：9）和深橙色（R：239，G：90，B：31）。接着单击【Outer Strokes（外部描边）】后面的【Add（添加）】，并设置【Size（大小）】为45，如图8-149所示。

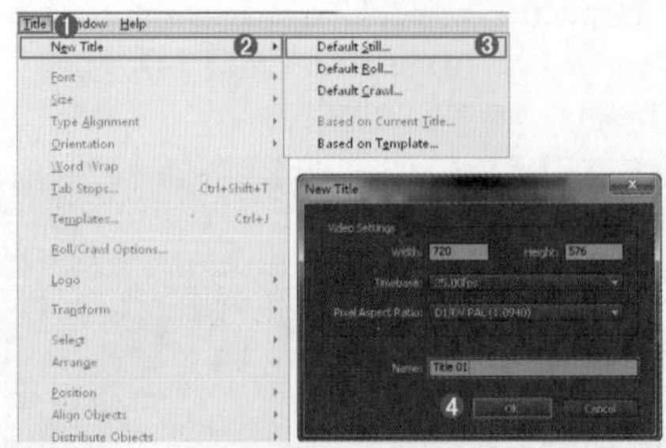

图8-148

图8-149

06 关闭字幕窗口，然后将项目窗口中的【Title 01】素材文件拖曳到Video2轨道上，如图8-150所示。

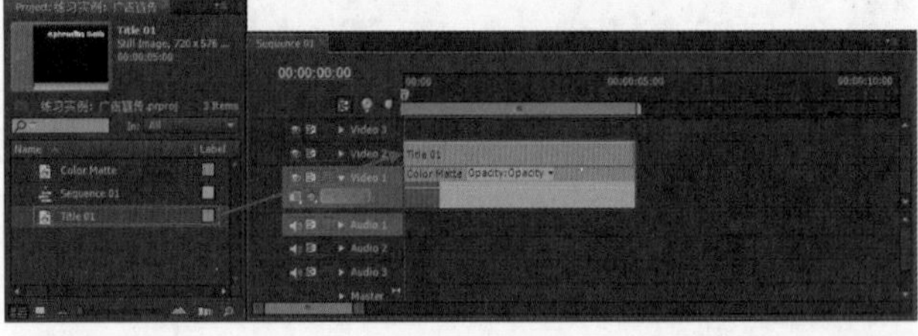

图8-150

07 新建字幕文件【Title 02】，然后选择▭（矩形工具），在工作区域中绘制一个矩形，并设置【Fill Type（填充类型）】为【Linear Gradient（线性渐变）】，【Color（颜色）】为灰色（R：205，G：205，B：205）和深灰色（R：35，G：35，B：35）。接着单击【Outer Strokes（外部描边）】后面的【Add（添加）】，设置【Fill Type（填充类型）】为【Linear Gradient（线性渐变）】，【Color（颜色）】为橙色（R：255，G：108，B：0）和黄色

（R：255，G：156，B：0），如图8-151所示。

图8－151

08 在字幕面板中单击T（文字工具）按钮，然后在工作区域输入文字，并设置【Font Family（字体）】为【Aharoni】，【Font Size（字体大小）】为41，【Color（颜色）】为白色（R：255，G：255，B：255）。接着选中【Shadow（阴影）】复选框，并设置【Angle（角度）】为－119°，如图8-152所示。

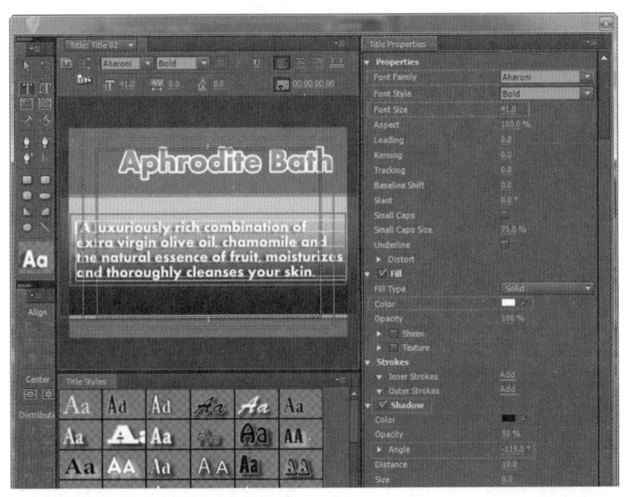

图8－152

09 关闭字幕窗口，然后将项目窗口中的【Title 02】素材文件拖曳到Video3轨道上，如图8-153所示。

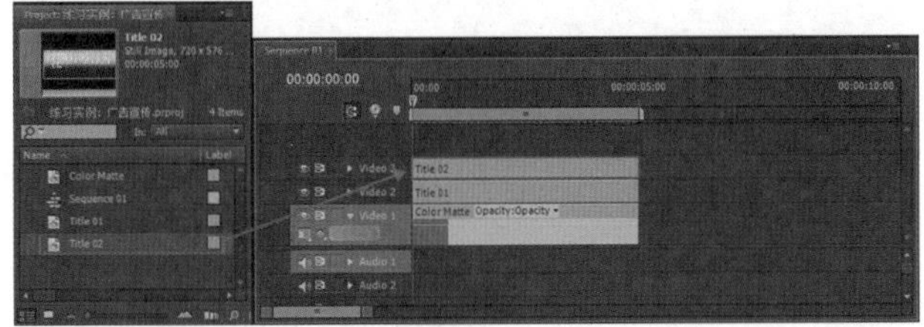

图8－153

10 新建字幕文件【Title 03】。然后选择▭（矩形工具），在工作区域中绘制一个矩形，并设置【Color（颜色）】为红色（R：255，G：0，B：0）。接着单击【Inner Strokes（内部描边）】后面的【Add（添加）】，设置【Color（颜色）】为黄色（R：255，G：192，B：0），如图8-154所示。此时效果如图8-155所示。

图8－154

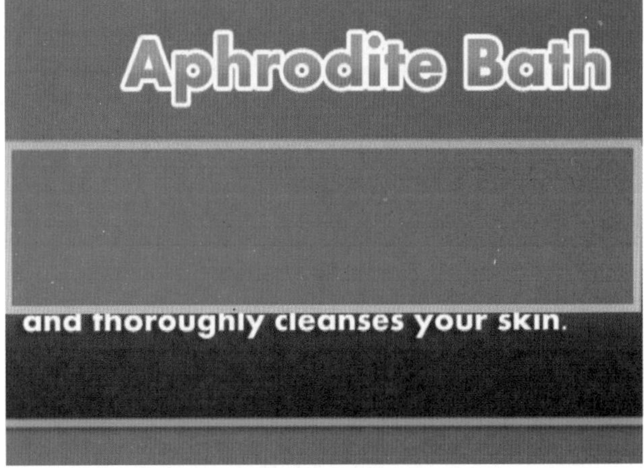

图8－155

11 在字幕面板中单击T（文字工具）按钮，然后在工作区域输入文字“$8.00”，并设置【Font Family（字体）】为【Aharoni】，【Font Size（字体大小）】为181，【Color（颜色）】为黄色（R：255，G：216，B：0），如图8-156所示。此时效果如图8-157所示。

12 关闭字幕窗口，然后将项目窗口中的【Title 03】素材文件拖曳到Video4轨道上，如图8-158所示。

13 选择Video4轨道上的【Title 03】素材文件，然后设置【Position（位置）】为（75，47），【Scale（缩放）】为40，【Rotation（旋转）】为－32°，如图8-159所示。此时拖动时间线滑块查看最终效果，如图8-160所示。

图8—156

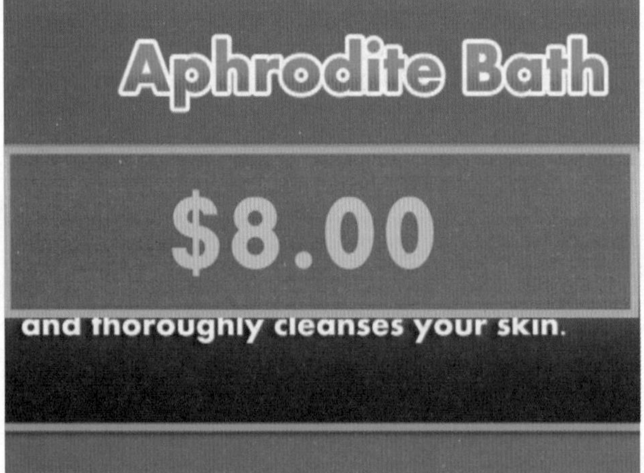

图8—157

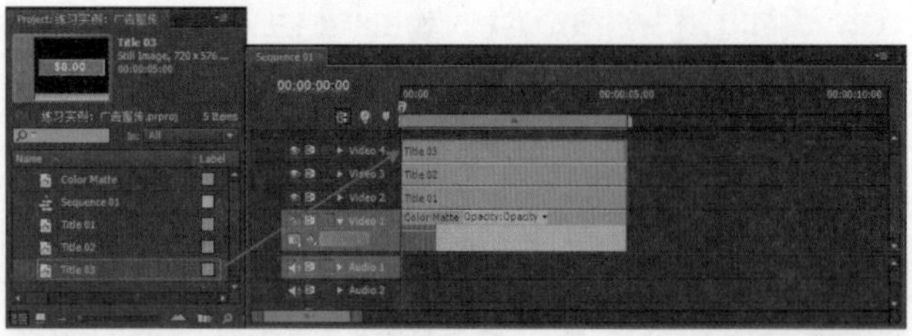

图8—158

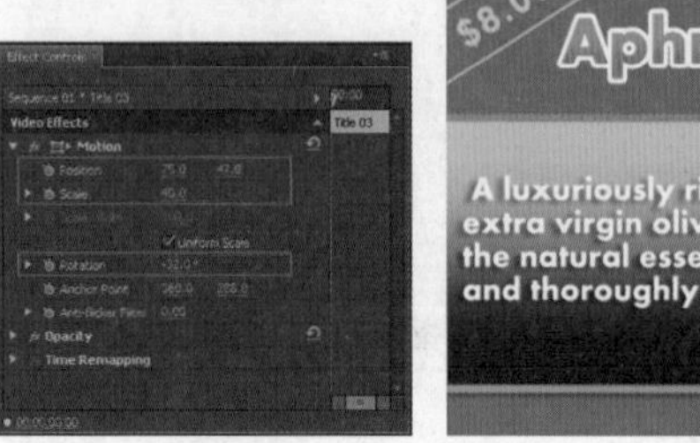

图8—159

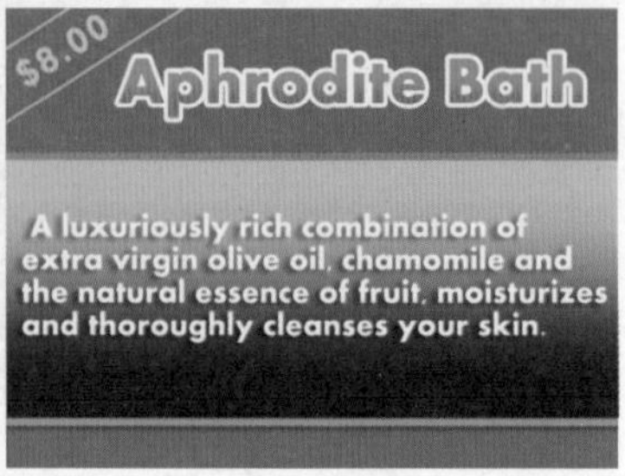

图8—160

答疑解惑：如何让广告宣传文字更具有吸引力？

首先要求广告宣传文字的颜色和层次分明。在制作文字广告的时候要将重点突出表现出来，包括文字颜色等。这样才更加吸引消费者的注意力。可以根据产品的风格制作出符合的广告宣传文字效果。

8.4.4 制作三维空间文字

技术速查：为字幕添加描边效果，并设置【Type（类型）】为【Depth（深度）】，即可模拟出类似三维空间的效果。

选择文字或图形，然后单击【Outer Strokes（外部描边）】后面的【Add（添加）】。接着设置【Type（类型）】为【Depth（深度）】，如图8-161所示。

设置文字或图形【Outer Strokes（外部描边）】下的【Size（大小）】和【Angle（角度）】，并设置合适的【Color（颜色）】，如图8-162所示。

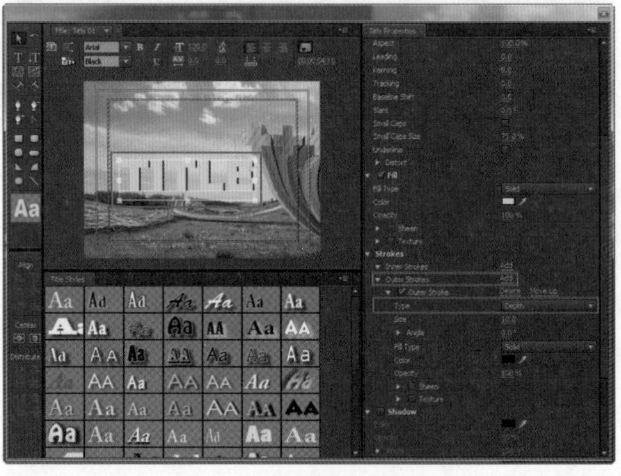

图8—161

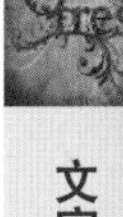

图8—162

★ 案例实战——立体背景文字

案例文件	案例文件\第8章\立体背景文字.prproj
视频教学	视频文件\第8章\立体背景文字.flv
难易指数	★★★★★
技术要点	矩形工具和描边工具效果的应用

案例效果

立方体的效果常给人力度和重量的感觉，为表达某物体代表文字的力度和视觉效果，可以在文字的基础上制作出立方体的效果。本案例主要是针对"制作立体背景文字效果"的方法进行练习，如图8-163所示。

图8—163

操作步骤

01 单击【New Project（新建项目）】选项，并单击【Browse（浏览）】按钮设置保存路径，在【Name（名称）】文本框中设置文件名称。接着在弹出的对话框中选择【DV-PAL】/【Standard 48kHz】选项，如图8-164所示。

02 在【Project（项目）】窗口中空白处双击鼠标左键，然后在打开的对话框中选择所需的素材文件，并单击【打开】按钮导入，如图8-165所示。

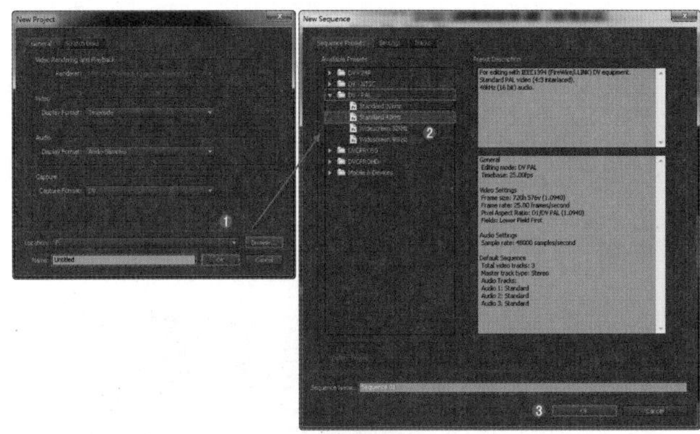

图8—164

图8—165

03 将项目窗口中的【书.jpg】素材文件拖曳到Video1轨道上，如图8-166所示。

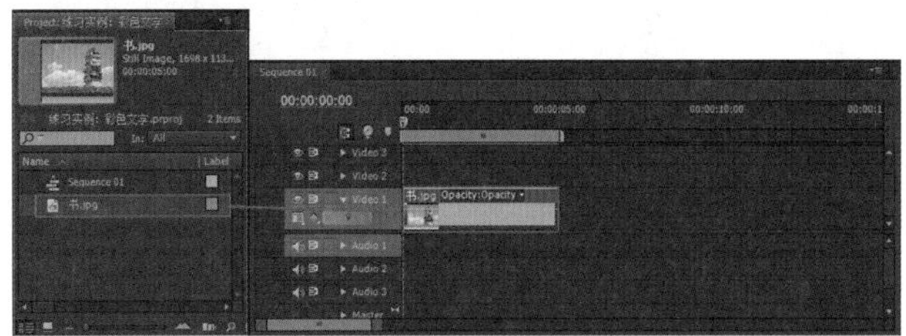

图8—166

04 选择Video1轨道上的【书.jpg】素材文件，然后设置【Scale（缩放）】为53，如图8-167所示。此时效果如图8-168所示。

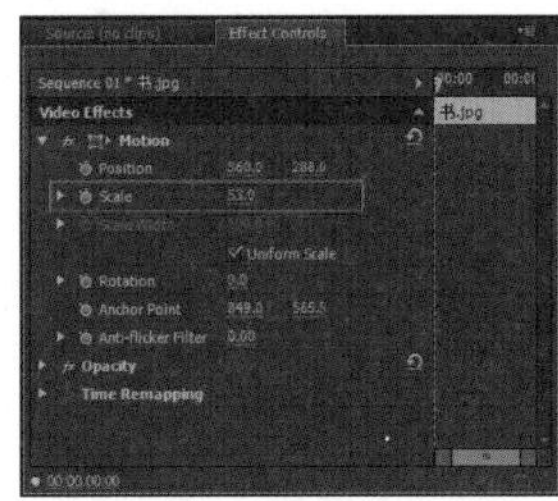

图8—167

图8—168

05 创建字幕，选择菜单栏中的【Title（字幕）】/【New Title（新建字幕）】/【Default Still（默认静态字幕）】命令，如图8-169所示。

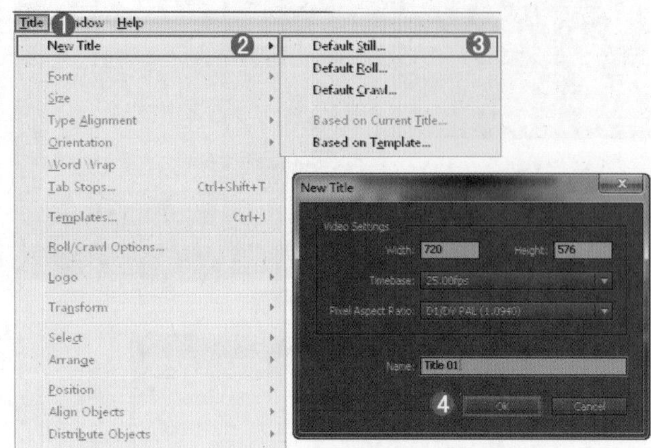

图8—169

06 在弹出的字幕面板中单击■（矩形工具）按钮，在工作区域中绘制一个矩形，并设置【Color（颜色）】为绿色（R：173，G：224，B：37）。然后单击【Strokes（描边）】下【Inner Strokes（内部描边）】后面的【Add（添加）】，接着设置【Size（大小）】为8，【Color（颜色）】为黄色（R：249，G：217，B：1），如图8-170所示。

图8—170

07 单击【Outer Strokes（外部描边）】后面的【Add（添加）】，然后设置【Type（类型）】为【Depth（深度）】，【Size（大小）】为52，【Angle（角度）】为165°，设置【Fill Type（填充类型）】为【Linear Gradiert（线性渐变）】，【Color（颜色）】为浅绿色（R：146，G：189，B：30）和深绿色（R：137，G：177，B：25），【Angle（角度）】为140°，如图8-171所示。

08 单击T（文字工具）按钮，在工作区域中输入文字“读书”，然后设置【Font Family（字体）】为【FZZhanBiHei-M22S】，【Font Size（字体大小）】为114，【Color（颜色）】为红色（R：255，G：0，B：0），如图8-172所示。

09 单击【Outer Strokes（外部描边）】后面的【Add（添加）】，然后设置【Size（大小）】为38，【Color（颜色）】为白色（R：255，G：255，B：255），如图8-173所示。

图8—171

图8—172

图8—173

10 此时拖动时间线滑块查看最终效果，如图8-174所示。

图8—174

答疑解惑：可以调节立方体的颜色和大小吗？

可以调节，在字幕面板的外部描边中调整颜色和角度，就可以得到各种立方体效果。同样文字的颜色也可以随意更换。

也可以改变立方体形状，在文字工作区绘制不同形状的图形，然后填充并添加外部描边就可以制作出各种不同形状的三维图形。

★ 案例实战——三维文字

案例文件	案例文件\第8章\三维文字.prproj
视频教学	视频文件\第8章\三维文字.flv
难易指数	★★★★★
技术要点	照明效果、描边和阴影效果的应用

案例效果

三维是指在平面二维系中又加入了一个方向向量构成的空间系，在这里可以通过添加深度描边效果模拟出类似三维的效果。本案例主要是针对“制作三维文字效果”的方法进行练习，如图8-175所示。

图8—175

操作步骤

01 单击【New Project（新建项目）】选项，并单击【Browse（浏览）】按钮设置保存路径，在【Name（名称）】文本框中设置文件名称。接着在弹出的对话框中选择【DV-PAL】/【Standard 48kHz】选项，如图8-176所示。

02 在【Project（项目）】窗口中空白处双击鼠标左键，然后在打开的对话框中选择所需的素材文件，并单击【打开】按钮导入，如图8-177所示。

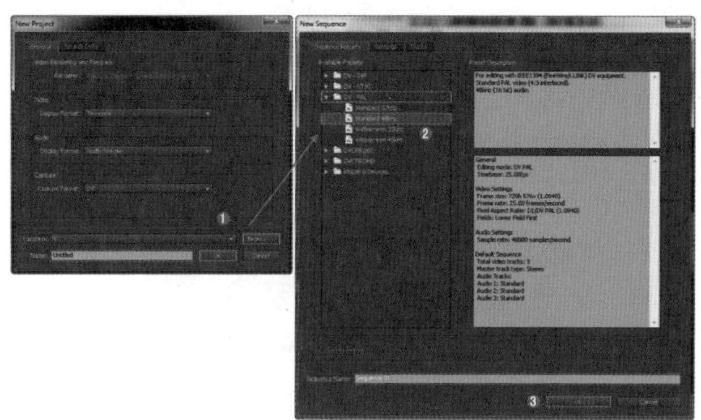

图8—176

图8—177

03 将项目窗口中的【背景.jpg】素材文件拖曳到Video1轨道上，如图8-178所示。

图8—178

04 在【Effects（效果）】窗口中搜索【Lighting Effects（照明效果）】，然后按住鼠标左键将其拖曳到Video1轨道的【背景.jpg】素材文件上，如图8-179所示。

图8-179

05 选择Video1轨道上的【背景.jpg】素材文件，然后打开【Lighting Effects（照明效果）】，并设置【Major Radius（大半径）】为20，【Angle（角度）】为1×11°，【Intensity（强度）】为21，【Focus（焦距）】为-14，【Ambience Intensity（环境照明强度）】为45，【Exposure（曝光度）】为-4，如图8-180所示。此时效果如图8-181所示。

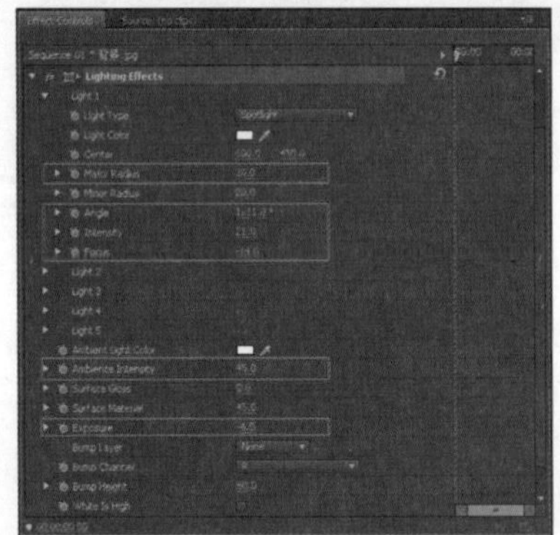
图8-180

图8-181

06 选择菜单栏中的【Title（字幕）】/【New Title（新建字幕）】/【Default Still（默认静态字幕）】命令，如图8-182所示。

07 在字幕面板中单击T（文字工具）按钮，然后在工作区域输入文字“STAR”，接着设置【Font Family（字体）】为【Aharoni】，【Font Size（字体大小）】为224，【Fill Type（填充类型）】为【Linear Gradient（线性渐变）】。然后将【Color（颜色）】分别设置为橙色、蓝色、紫色和绿色，如图8-183所示。

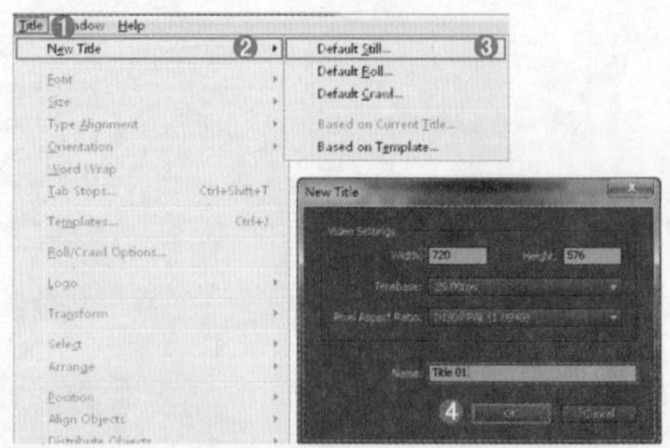
图8-182

图8-183

08 单击【Outer Strokes（外部描边）】后面的【Add（添加）】，并设置【Type（类型）】为【Depth（深度）】，【Size（大小）】为51，【Fill Type（填充类型）】为【Linear Gradient（线性渐变）】。然后将【Color（颜色）】分别按照字体颜色设置为渐变色。接着选中【Shadow（阴影）】复选框，并设置【Angle（角度）】为77°，【Distance（距离）】为31，【Size（大小）】为29，【Spread（扩散）】为92，如图8-184所示。

图8-184

09 关闭字幕窗口，然后将项目窗口中的【Title 01】素材文件拖曳到Video2轨道上，如图8-185所示。

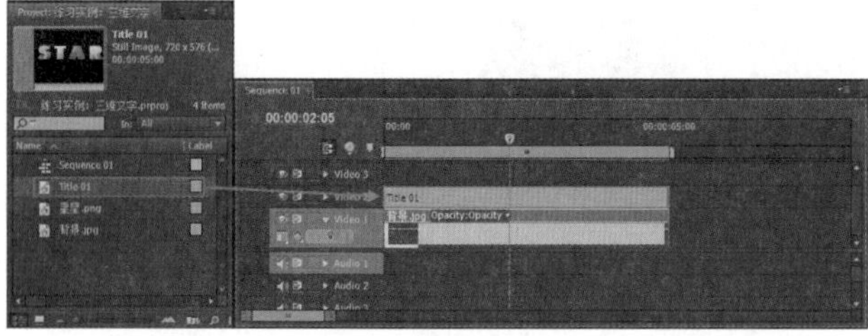

图8—185

10 用同样的方法制作出【Title 02】，并选中【Fill（填充）】下面的【Sheen（光泽）】复选框，然后设置【Opacity（不透明度）】为81%，【Size（大小）】为45，【Angle（角度）】为14°，【Offset（偏移）】为23°，如图8-186所示。

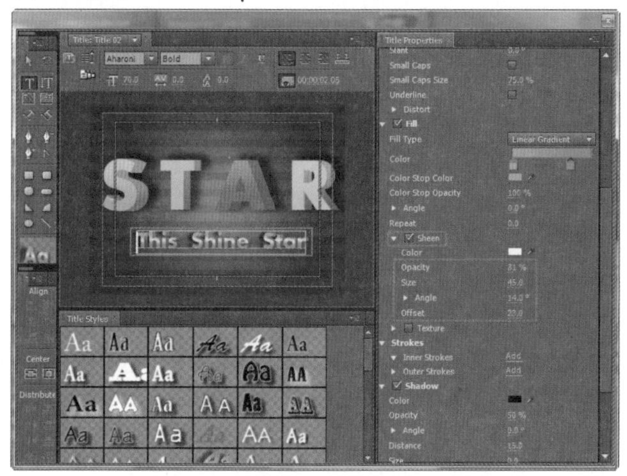

图8—186

11 将项目窗口中的【星星.png】素材文件拖曳到Video4轨道上，如图8-187所示。

图8—187

12 选择Video4轨道上的【星星.png】素材文件，然后设置【Scale（缩放）】为65，如图8-188所示。此时拖动时间线滑块查看最终效果，如图8-189所示。

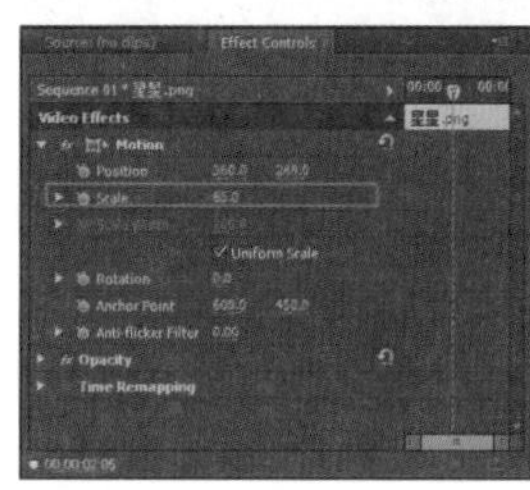

图8—188

图8—189

答疑解惑：三维效果在生活中产生的影响有哪些？

三维效果是广告市场的新媒体、新感觉、新潮流，立体文字广告的出现是广告行业一道亮丽的风景线。立体视觉的广告画面立体逼真，仿佛触手可及，给人们带来强烈的视觉冲击，从而产生强大的广告效应。

人眼对光影、明暗、虚实的感觉得到立体的感觉，而没有利用双眼的立体视觉，一只眼看和两只眼看都是一样的。

8.4.5 绘制字幕图案

技术速查：在字幕窗口中利用钢笔工具等绘制图案，并通过调整其属性参数可以得到不同的画面效果。

★ 案例实战——简易图案

案例文件	案例文件\第8章\简易图案.prproj
视频教学	视频文件\第8章\简易图案.flv
难易指数	★★★★★
技术要点	钢笔工具、文字工具、阴影和滚动转场效果的应用

案例效果

形体结构是图案中最基本的要素，而且会以比较简便的结构表现出物体的形象。本案例主要是针对“制作简易图案效果”的方法进行练习，如图8-190所示。

图8—190

操作步骤

01 单击【New Project（新建项目）】选项，并单击【Browse（浏览）】按钮设置保存路径，在【Name（名称）】文本框中设置文件名称。接着在弹出的对话框中选择【DV-PAL】/【Standard 48kHz】选项，如图8-191所示。

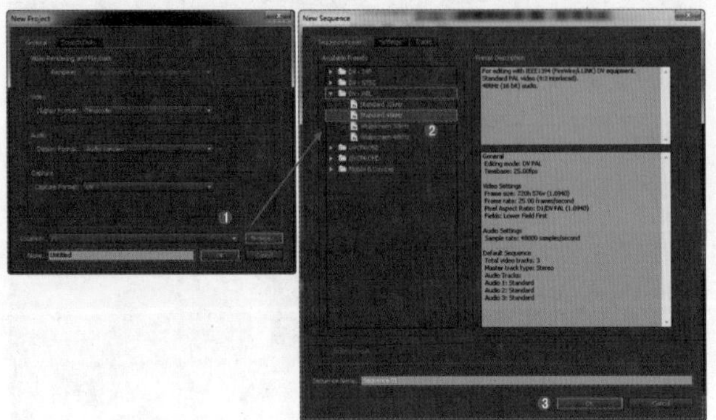

图8-191

02 在【Project（项目）】窗口中空白处双击鼠标左键，然后在打开的对话框中选择所需的素材文件，并单击【打开】按钮导入，如图8-192所示。

图8-192

03 将项目窗口中的【1.jpg】素材文件拖曳到Video1轨道上，如图8-193所示。

图8-193

04 选择Video1轨道上的【1.jpg】素材文件，然后设置【Scale（缩放）】为23，如图8-194所示。此时效果如图8-195所示。

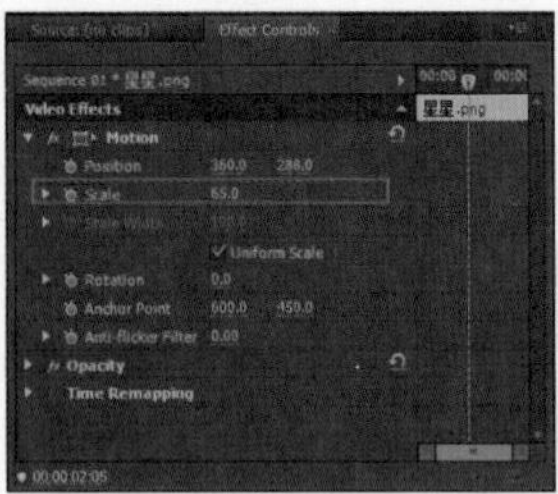

图8-194

图8-195

05 选择菜单栏中的【Title（字幕）】/【New Title（新建字幕）】/【Default Still（默认静态字幕）】命令，并在弹出的对话框中单击【OK（确定）】按钮，如图8-196所示。

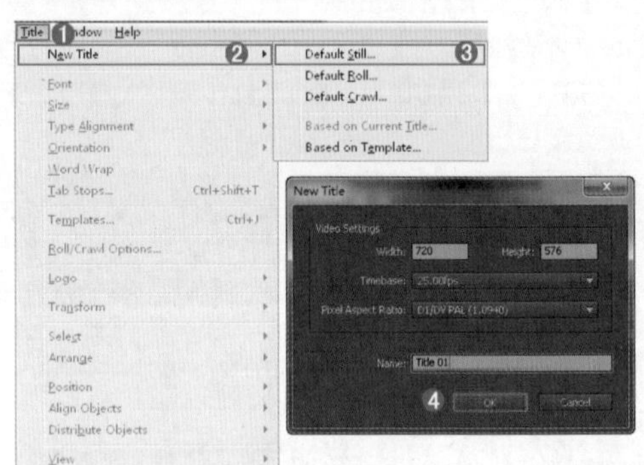

图8-196

06 在字幕面板中选择（钢笔工具），然后单击鼠标左键绘制出蝴蝶形状的闭合曲线，并使用（转换锚点工具）调节形状。接着设置【Color（颜色）】为浅绿色（R：175，G：236，B：63），最后选中【Shadow（阴影）】复选框，如图8-197所示。

图8-197

07 单击（文字工具）按钮，然后在工作区域输入文字“butterfly”，接着设置【Font Family（字体）】为【Brush Script Std】，【Font Size（字体大小）】为110，【Color（颜色）】为浅绿色（R：175，G：236，B：63），然后选中【Shadow（阴影）】复选框，如图8-198所示。

图8—198

技巧提示

在Premiere中制作文字非常简单，但是很容易出现一些问题。比如说我们打开一个项目文件，计算机中可能没有制作该项目时使用的字体，那么会造成字体的缺失或显示不正确的现象。因此我们建议读者在复制文件时，也将使用过的字体进行复制，并将字体安装到使用的计算机中，这样就不会出现文字显示不正确的问题了。如图8—199所示为字体不正确和正确的对比效果。

图8—199

08 关闭字幕窗口，然后将项目窗口中的【Title 01】素材文件拖曳到Video2轨道上，如图8-200所示。

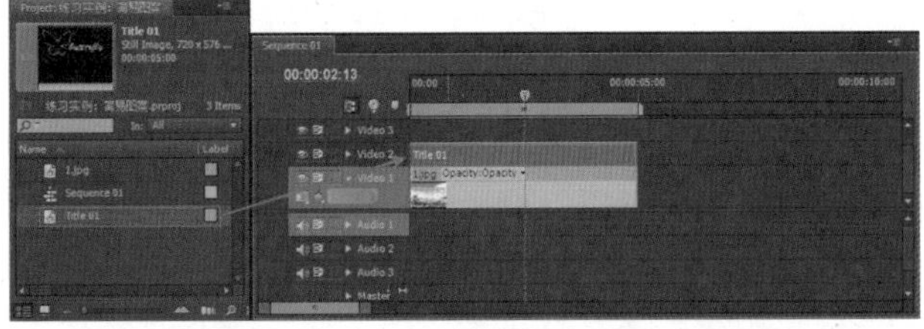

图8—200

09 在【Effects（效果）】窗口中搜索【Roll Away（滚动）】转场效果，然后按住鼠标左键将其拖曳到Video2轨道的【Title 01】素材文件上，如图8-201所示。

图8—201

10 此时拖动时间线滑块查看效果，如图8-202所示。

图8—202

答疑解惑：绘制简易图案的方法有哪些？

绘制简易图案，需要了解所绘图案的主要特征。然后在绘制的时候凸显出来，尽可能用少量的线条绘制。

图案的细节特点，有的明显，有的却不大明显，通过比较，同中求异，可以运用夸张的方法把各种物体的细节特点表现得鲜明突出。例如，在画树的时候，树冠和枝干相似，就可突出树叶或花果的不同特点，加以适当夸张。

★ 案例实战——积雪文字

案例文件	案例文件\第8章\积雪文字.prproj
视频教学	视频文件\第8章\积雪文字.flv
难易指数	★★★★★
技术要点	文字工具、外部描边、阴影、钢笔工具和快速模糊效果的应用

案例效果

覆盖在物体表面的雪叫做积雪，积雪会因为物体的表面形状而形成高低不平的效果。本案例主要是针对“制作积雪文字效果”的方法进行练习，如图8-203所示。

图8—203

操作步骤

01 单击【New Project（新建项目）】选项，并单击【Browse（浏览）】按钮设置保存路径，在【Name（名称）】文本框中设置文件名称。接着在弹出的对话框中选择【DV-PAL】/【Standard 48kHz】选项，如图8-204所示。

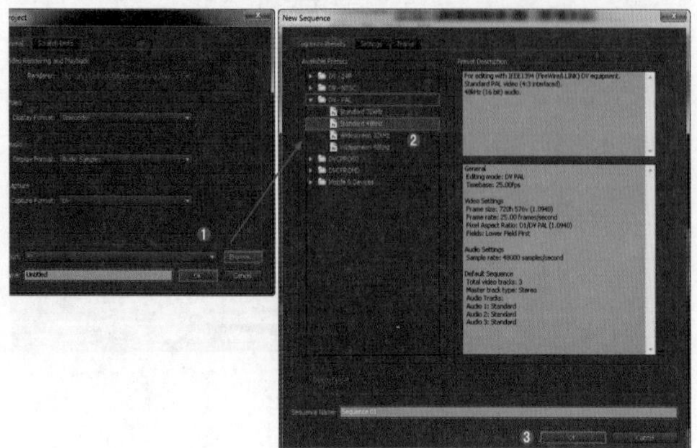

图8-204

02 在【Project（项目）】窗口中空白处双击鼠标左键，然后在打开的对话框中选择所需的素材文件，并单击【打开】按钮导入，如图8-205所示。

图8-205

03 将项目窗口中的【背景.jpg】素材文件拖曳到Video1轨道上，如图8-206所示。

图8-206

04 选择Video1轨道上的【背景.jpg】素材文件，然后设置【Scale（缩放）】为66，如图8-207所示。此时效果如图8-208所示。

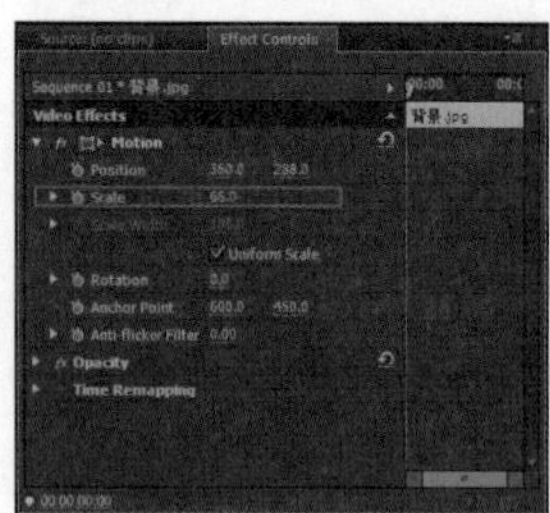

图8-207

图8-208

05 选择菜单栏中的【Title（字幕）】/【New Title（新建字幕）】/【Default Still（默认静态字幕）】命令，如图8-209所示。

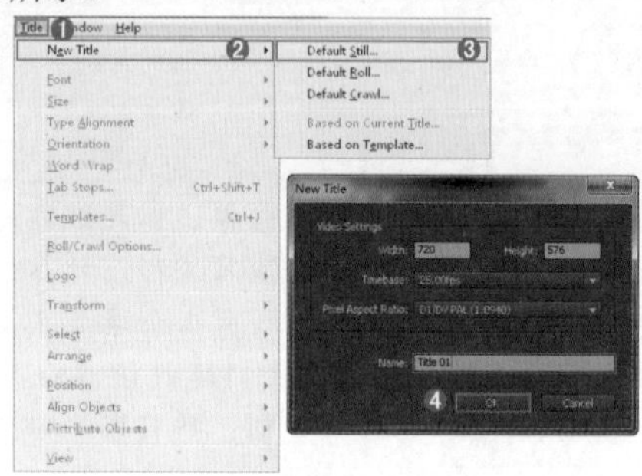

图8-209

06 单击T（文字工具）按钮，然后在工作区域中输入文字“SNOW”，并设置【Font Family（字体）】为【Aharoni】，【Font Size（字体大小）】为216，设置【Fill Type（填充类型）】为【Linear Gradient（线性渐变）】，接着分别设置每个字母的【Color（颜色）】，如图8-210所示。

图8-210

07 选择文字，然后单击【Outer Strokes（外部描边）】后面的【Add（添加）】，并设置【Type（类型）】为【Depth（深度）】，【Size（大小）】为37，【Angle（角度）】为173°，【Fill Type（填充类型）】为【Linear Gradient（线性渐变）】。分别设置每个字母的外部描边【Color（颜色）】。最后设置【Angle（角度）】为19°，如图8-211所示。

图8-211

08 选择文字，然后选中【Shadow（阴影）】复选框，并设置【Angle（角度）】为-150°，【Distance（距离）】为28，【Spread（扩散）】为100，如图8-212所示。

图8-212

09 关闭字幕窗口，然后将项目窗口中的【Title 01】素材文件拖曳到Video2轨道上，如图8-213所示。

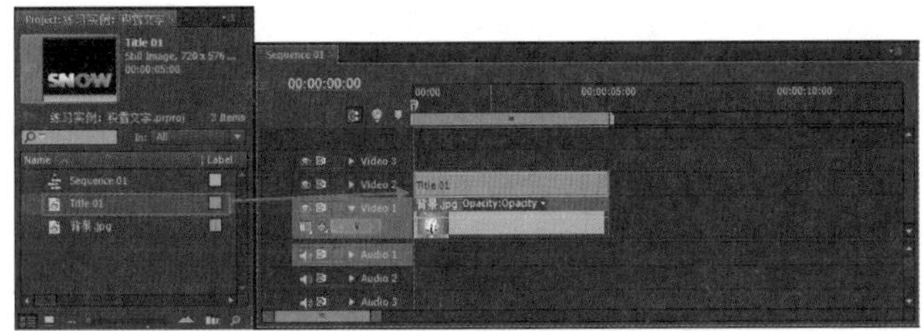

图8-213

10 选择菜单栏中的【Title（字幕）】/【New Title（新建字幕）】/【Default Still（默认静态字幕）】命令，如图8-214所示。

11 在字幕面板中选择（钢笔工具），然后单击鼠标左键绘制落雪效果的轮廓，并使用（转换锚点工具）调节形状，如图8-215所示。此时效果如图8-216所示。

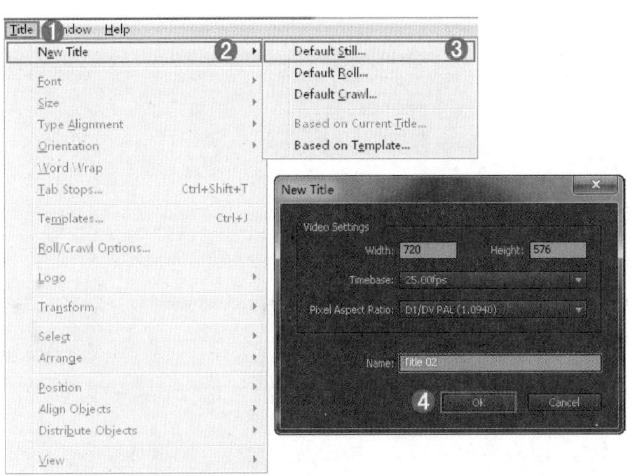

图8-214

图8-215

图8-216

12 选择所有绘制出的闭合曲线，然后设置【Line Width（线宽度）】为20，【Color（颜色）】为白色（R：255，G：255，B：255），如图8-217所示。此时效果如图8-218所示。

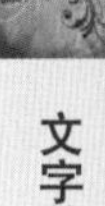

图8-217

图8-218

13 关闭字幕窗口，然后将项目窗口中的【Title 02】素材文件拖曳到Video3轨道上，如图8-219所示。

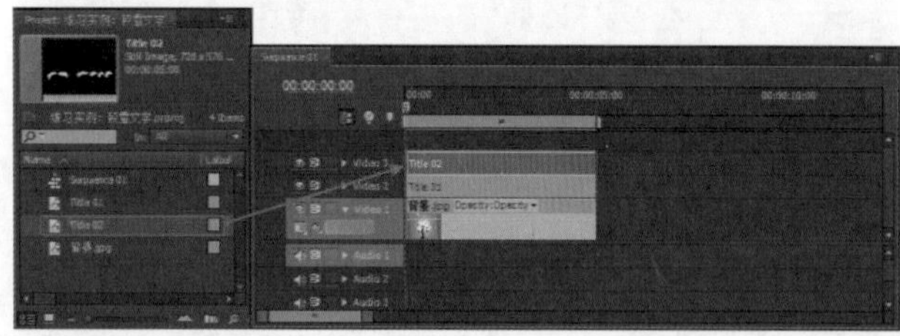
图8-219

14 在【Effects（效果）】窗口中搜索【Fast Blur（快速模糊）】效果，然后按住鼠标左键将其拖曳到Video3轨道的【Title 02】素材文件上，如图8-220所示。

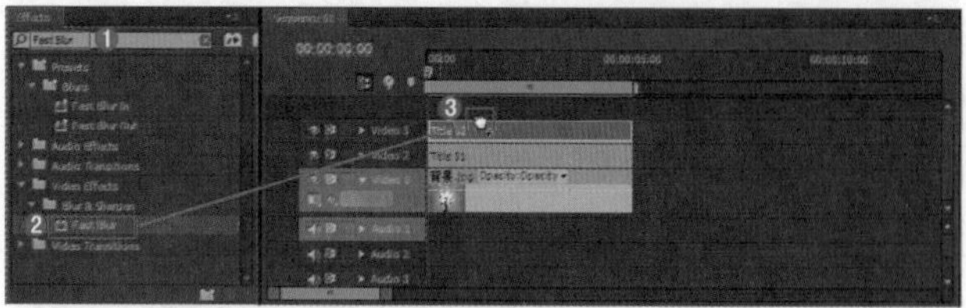
图8-220

15 选择Video3轨道上的【Title 02】素材文件，然后在【Effect Controls（效果控制）】面板中打开【Fast Blur（快速模糊）】效果，并设置【Blurriness（模糊）】为5，如图8-221所示。

16 此时拖动时间线滑块查看最终效果，如图8-222所示。

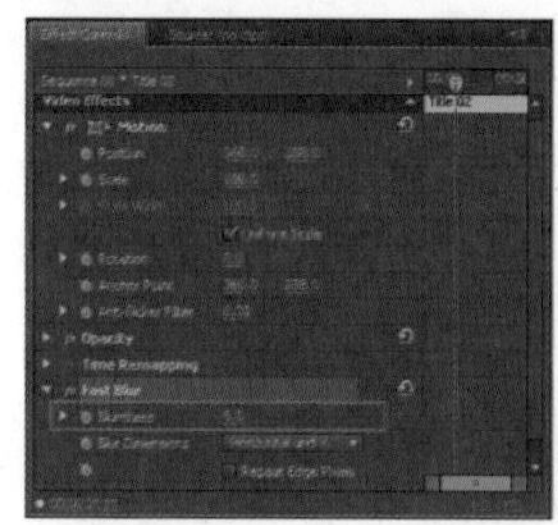
图8-221

图8-222

答疑解惑：为什么在文字上的积雪添加模糊效果？

因为雪在自然中会反光，会融化，所以透过雪看物体时会有一种朦胧且模糊的感觉。为了模拟这一感觉，需要给制作的积雪添加一些模糊效果。在制作落雪形状时，要根据文字的高低起伏变化而变，做出积雪高低不平的效果。

8.4.6 文字混合模式应用

技术速查：在文字制作完成后，可以在文字图层的【Effect Controls（效果控制）】面板中调整混合模式。与背景图案结合，可以制作出多种特殊的文字效果。

选择时间线窗口中的字幕素材，然后在【Effect Controls（效果控制）】面板中即可调整其混合模式，如图8-223所示。

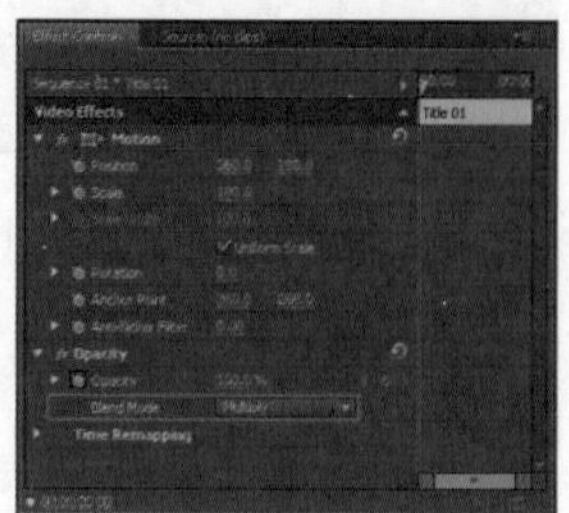
图8-223

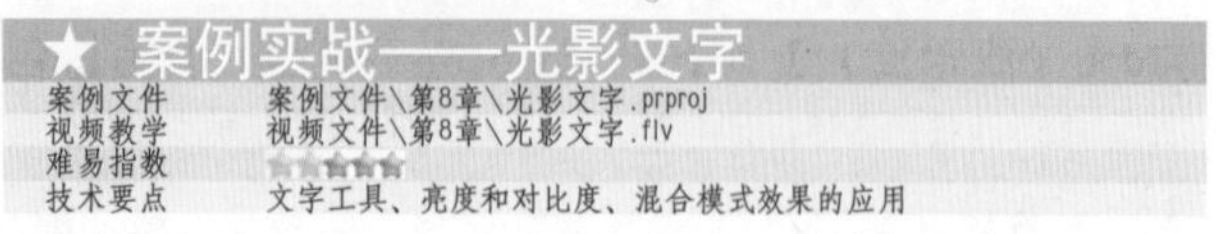

★ 案例实战——光影文字

案例文件	案例文件\第8章\光影文字.prproj
视频教学	视频文件\第8章\光影文字.flv
难易指数	★★★★★
技术要点	文字工具、亮度和对比度、混合模式效果的应用

案例效果

各种颜色的叠加和灯光的效果可以制作出各种色彩独特的特殊效果。光与影的互相搭配产生出各种各样的绚丽效果。本案例主要是针对“制作光影文字效果”的方法进行练习，如图8-224所示。

图8-224

操作步骤

01 单击【New Project（新建项目）】选项，并单击【Browse（浏览）】按钮设置保存路径，在【Name（名称）】文本框中设置文件名称。接着在弹出的对话框中选择【DV-PAL】/【Standard 48kHz】选项，如图8-225所示。

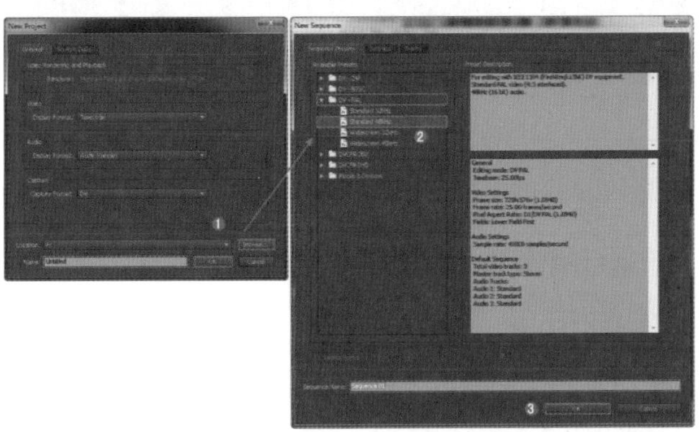

图8-225

02 在【Project（项目）】窗口中空白处双击鼠标左键，然后在打开的对话框中选择所需的素材文件，并单击【打开】按钮导入，如图8-226所示。

图8-226

03 将项目窗口中的【01.jpg】素材文件拖曳到Video1轨道上，如图8-227所示。

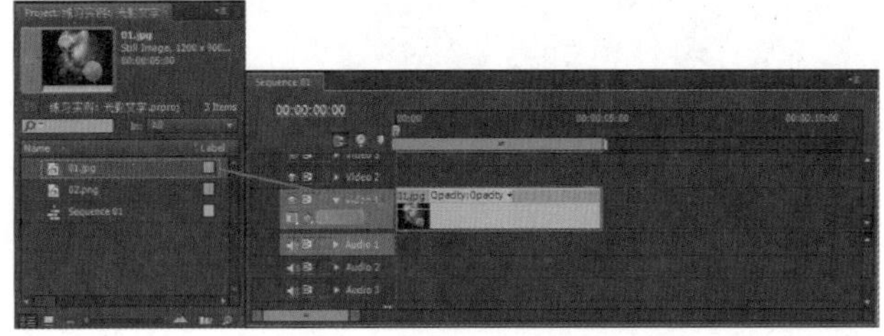

图8-227

04 在【Effects（效果）】窗口中搜索【Brightness & Contrast（亮度和对比度）】效果，然后按住鼠标左键将其拖曳到Video1轨道的【01.jpg】素材文件上，如图8-228所示。

图8-228

05 选择Video1轨道上的【01.jpg】素材文件，设置【Scale（缩放）】为66，然后打开【Brightness & Contrast（亮度和对比度）】效果，并设置【Brightness（亮度）】为16，【Contrast（对比度）】为19，如图8-229所示。此时效果如图8-230所示。

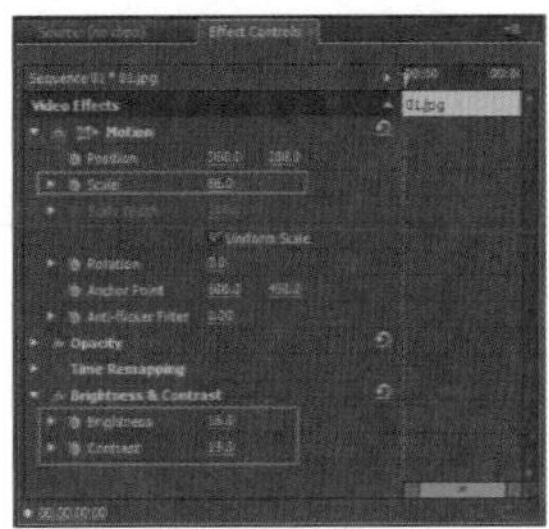

图8-229

图8-230

06 将项目窗口中的【02.png】素材文件拖曳到Video6轨道上，如图8-231所示。

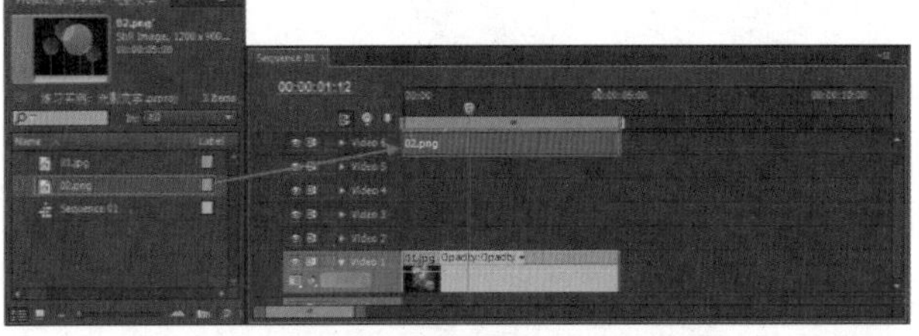

图8-231

07 选择Video6轨道上的【02.png】素材文件，然后设置【Scale（大小）】为63，【Blend Mode（混合模式）】为【Lighten（变亮）】，如图8-232所示。此时效果如图8-233所示。

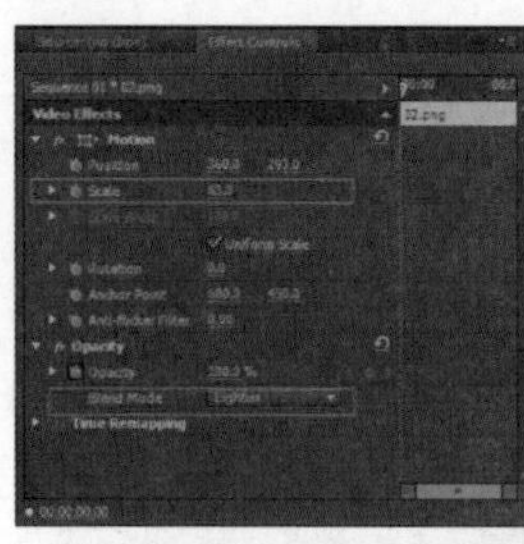

图8—232

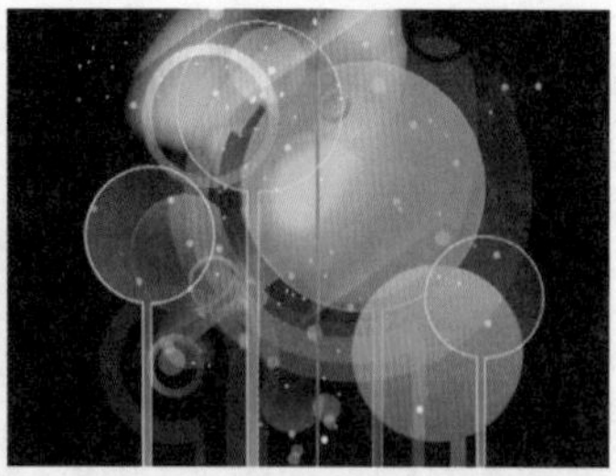

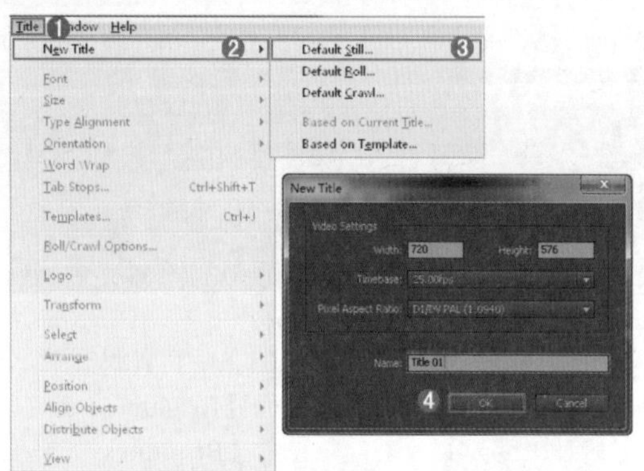

图8—233

08 选择菜单栏中的【Title（字幕）】/【New Title（新建字幕）】/【Default Still（默认静态字幕）】命令，如图8-234所示。

图8—234

09 在字幕面板中单击T（文字工具）按钮，然后在工作区域中输入文字“B”，接着设置【Font Family（字体）】为【Arial】，【Font Style（字体风格）】为【Bold】，【Font Size（字体大小）】为140，【Fill Type（填充类型）】为【Linear Gradient（线性渐变）】，【Color（颜色）】为白色（R：255，G：255，B：255）和蓝色（R：15，G：25，B：16），【Angle（角度）】为321°，如图8-235所示。

图8—235

10 关闭字幕窗口，然后将项目窗口中的【Title 01】素材文件拖曳到Video2轨道上，如图8-236所示。

图8—236

11 选择【Title 01】素材文件，然后设置【Blend Mode（混合模式）】为【Difference（差值）】，如图8-237所示。此时效果如图8-238所示。

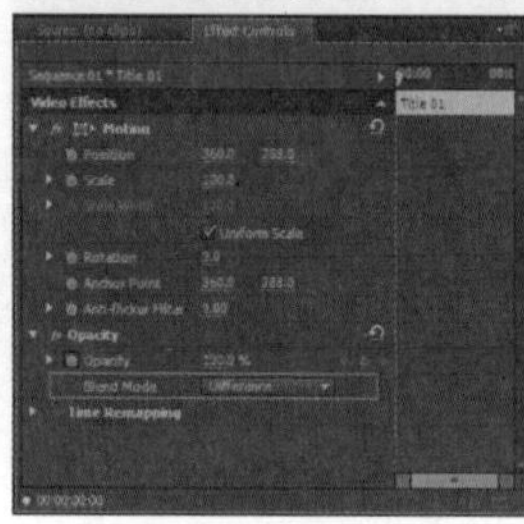

图8—237

图8—238

12 以此类推，制作出【Title 02】、【Title 03】、【Title 04】，然后分别拖曳到Video3、Video4和Video5轨道上，如图8-239所示。

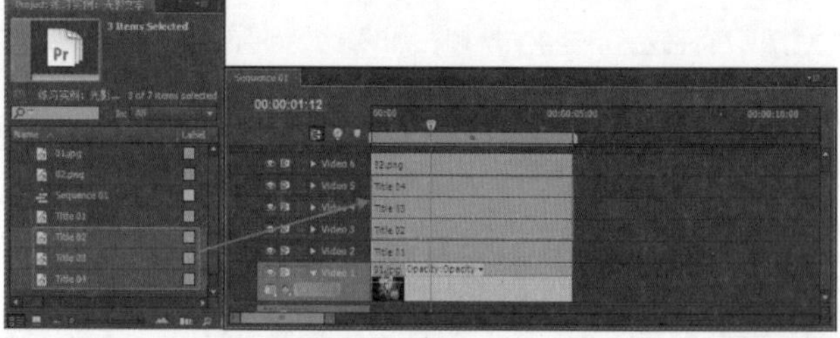

图8—239

13 分别设置【Title 02】、【Title 03】、【Title 04】的【Blend Mode（混合模式）】为【Lighten（变亮）】，如图8-240所示。此时拖动时间线滑块查看最终效果，如图8-241所示。

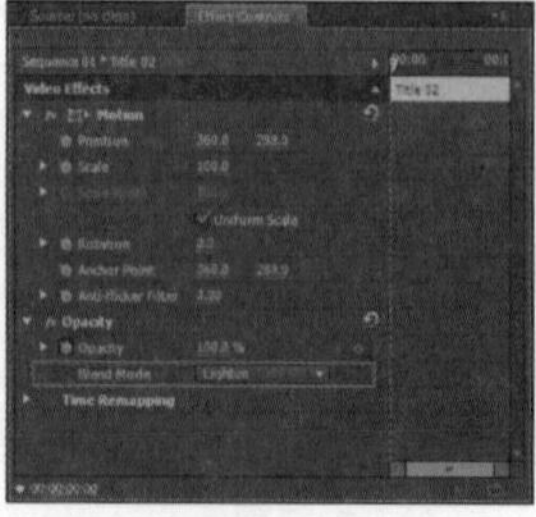

图8—240

图8—241

答疑解惑：文字与光影效果搭配应该注意哪些问题？

文字与光影效果搭配需要注意文字与效果的一致性，包括字体和字体颜色，尽可能地使其融入其中。

8.4.7 文字与视频特效的结合

技术速查：在文字制作完成后，可以将【Effects（效果）】窗口中的各种效果添加到文字图层上，从而制作出精美的文字效果。

在【Effects（效果）】窗口中选择某一特效，然后将该特效拖曳到时间线窗口中的文字素材上，如图8-242所示。

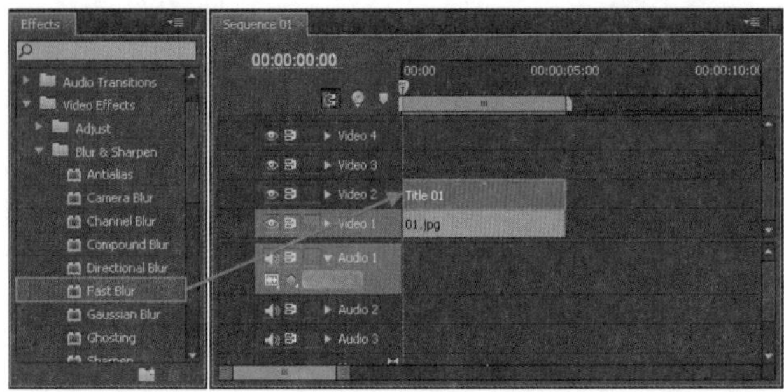

图8—242

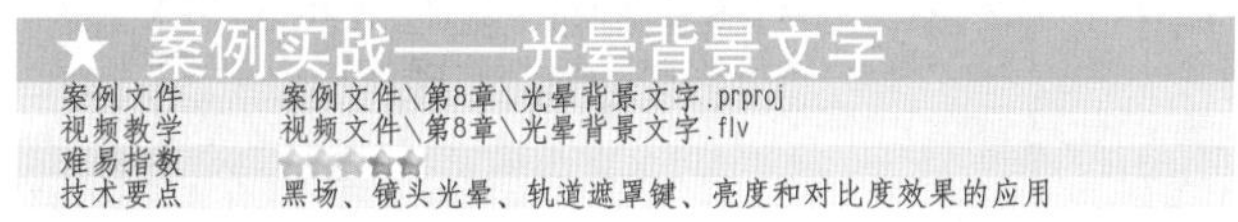

★ 案例实战——光晕背景文字

案例文件	案例文件\第8章\光晕背景文字.prproj
视频教学	视频文件\第8章\光晕背景文字.flv
难易指数	★★★★★
技术要点	黑场、镜头光晕、轨道遮罩键、亮度和对比度效果的应用

案例效果

图像颜色朦胧且有光线进入时的效果，给人一种梦幻的感觉。因为图像的不确定性，留给人们一个可供理解领悟、体会、选择的空间。本案例主要是针对“制作光晕背景文字效果”的方法进行练习，如图8-243所示。

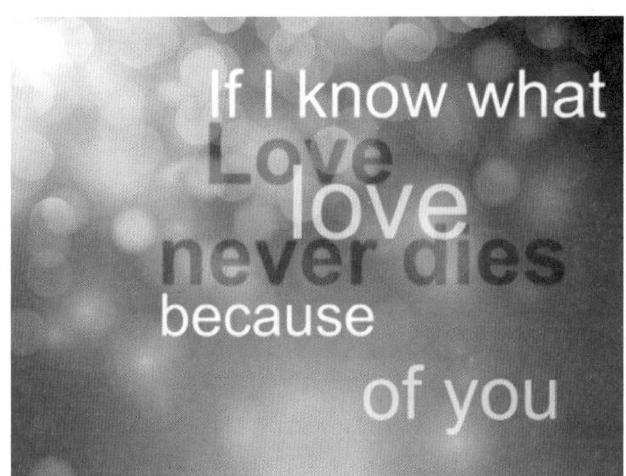

图8—243

操作步骤

01 单击【New Project（新建项目）】选项，并单击【Browse（浏览）】按钮设置保存路径，在【Name（名称）】文本框中设置文件名称。接着在弹出的对话框中选择【DV-PAL】/【Standard 48kHz】选项，如图8-244所示。

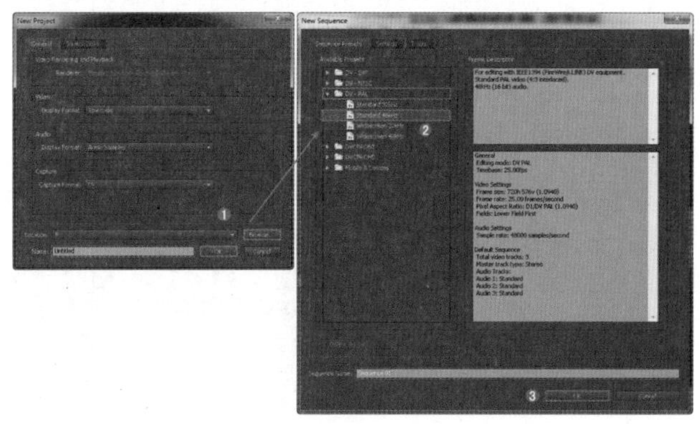

图8—244

02 在【Project（项目）】窗口中空白处双击鼠标左键，然后在打开的对话框中选择所需的素材文件，并单击【打开】按钮导入，如图8-245所示。

图8—245

03 将项目窗口中的【背景.jpg】素材文件拖曳到Video1轨道上，如图8-246所示。

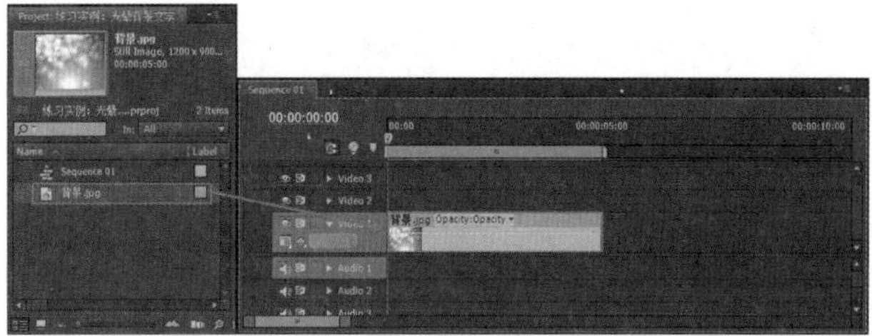

图8—246

04 在【Effects（效果）】窗口中搜索【Brightness & Contrast（亮度和对比度）】效果，然后按住鼠标左键将其拖曳到Video1轨道的【背景.jpg】素材文件上，如图8-247所示。

图8—247

05 选择Video1轨道上的【背景.jpg】素材文件，然后设置【Scale（缩放）】为66。接着打开【Brightness & Contrast（亮度和对比度）】效果，并设置【Brightness（亮度）】为－58，【Contrast（对比度）】为－4，如图8-248所示。此时效果如图8-249所示。

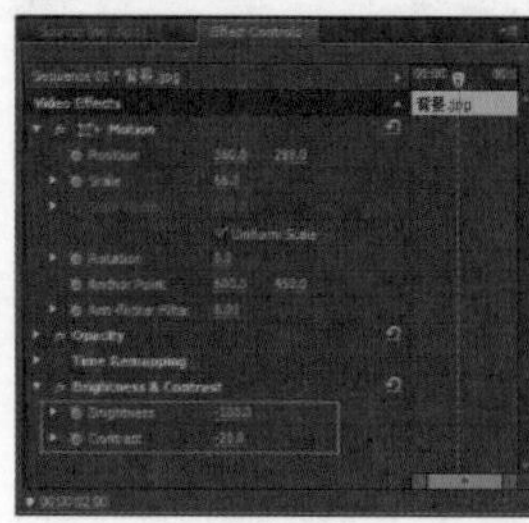

图8—248

图8—249

06 选择菜单栏中的【File（文件）】/【New（新建）】/【Black Video（黑场）】命令，如图8-250所示。

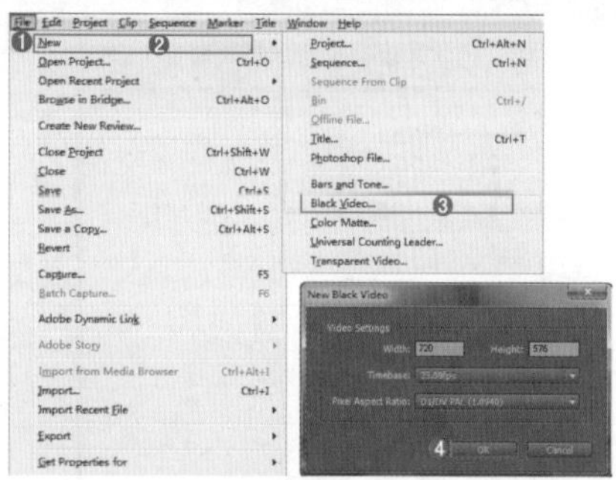

图8—250

07 将项目窗口中的【Black Video（黑场）】素材文件拖曳到Video2轨道上，如图8-251所示。

图8—251

08 在【Effects（效果）】窗口中搜索【Lens Flare（镜头光晕）】效果，然后按住鼠标左键将其拖曳到Video2轨道的【Black Video（黑场）】素材文件上，如图8-252所示。

图8—252

09 选择Video2轨道上的【Black Video（黑场）】素材文件，然后设置【Blend Mode（混合模式）】为【Screen（滤色）】。接着打开【Lens Flare（镜头光晕）】效果，并设置【Flare Center（光晕中心）】为（25，37），【Flare Brightness（光晕亮度）】为126%，【Lens Type（光晕类型）】为【105mm Prime】，如图8-253所示。此时效果如图8-254所示。

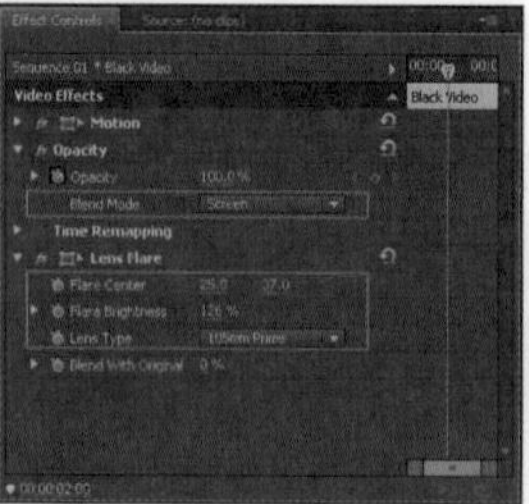

图8—253

图8—254

10 将Video1轨道上的【背景.jpg】素材文件复制一份到Video3轨道上，如图8-255所示。

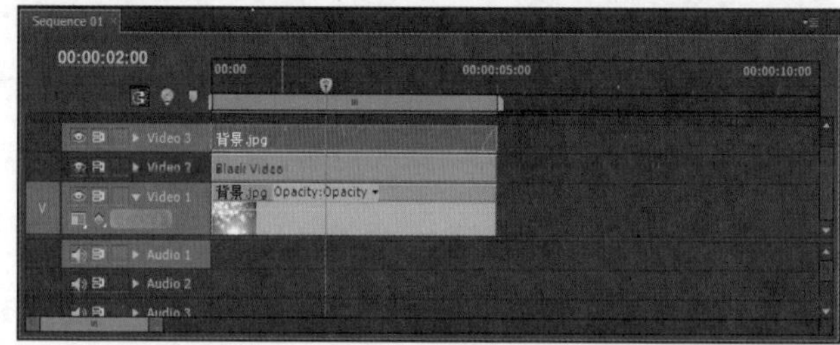

图8—255

11 选择Video3轨道上的【背景.jpg】素材文件，打开【Effect Controls（效果控制）】面板中的【Brightness & Contrast（亮度和对比度）】效果，并设置【Brightness（亮度）】为－100，【Contrast（对比度）】为－20，如图8-256所示。此时效果如图8-257所示。

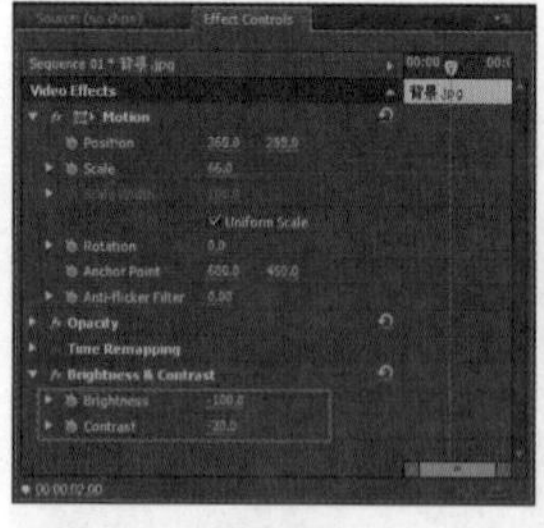

图8—256

图8—257

12 创建字幕，选择菜单栏中的【Title（字幕）】/【New Title（新建字幕）】/【Default Still（默认静态字幕）】命令，如图8-258所示。

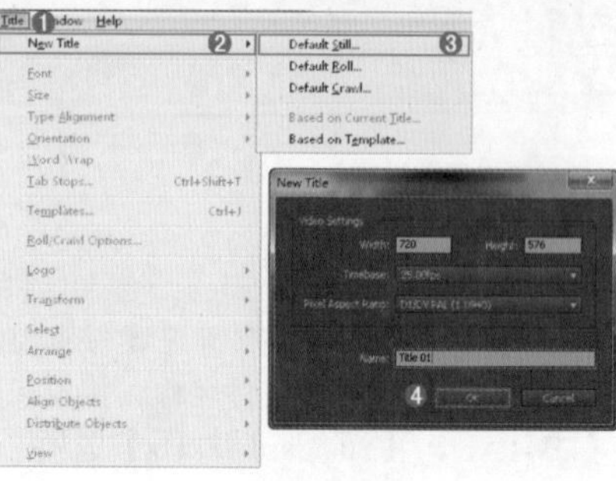

图8—258

13 单击T（文字工具）按钮，在工作区域中输入文字“Love never dies”，然后设置【Font Family（字体）】为【Arial】，【Leading（行距）】为25，【Color（颜色）】为白色（R：255，G：255，B：255），如图8-259所示。

图8–259

14 关闭字幕窗口，然后将项目窗口中的【Title 01】素材文件拖曳到Video4轨道上，如图8-260所示。

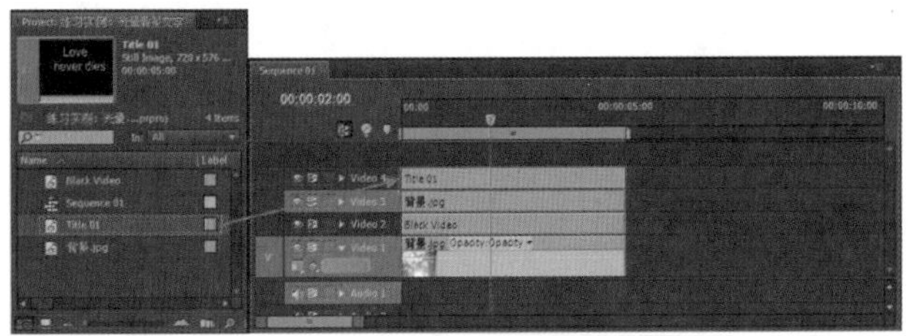

图8–260

15 在【Effects（效果）】窗口中搜索【Track Matte Key（轨道遮罩键）】效果，然后按住鼠标左键将其拖曳到Video3轨道的【背景.jpg】素材文件上，如图8-261所示。

图8–261

16 选择Video3轨道上的【背景.jpg】素材文件，然后打开【Track Matte Key（轨道遮罩键）】效果，设置【Matte（遮罩）】为【Video4】，如图8-262所示。此时效果如图8-263所示。

17 新建字幕文件【Title 02】。单击T（文字工具）按钮，在工作区域中输入文字“If I know what”，然后设置【Font Family（字体）】为【Arial】，【Font Size（字体大小）】为79，【Color（颜色）】为白色（R：255，G：255，B：255），如图8-264所示。

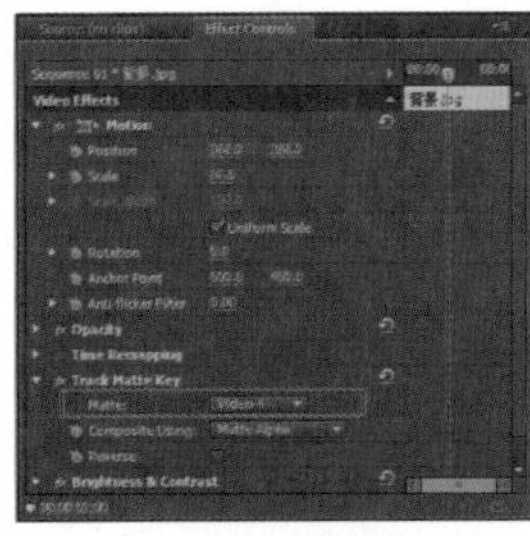

图8–262

图8–263

图8–264

18 以此类推，制作出更多的字幕并错落放置。此时拖动时间线滑块查看最终效果，如图8-265所示。

图8–265

答疑解惑：光晕背景所表现的效果是什么？

光晕背景效果侧重于表达某些对象的不确定性，给人们留下想象的空间。轮廓模糊不清，强调难以辨认的效果。根据色调的变化制作出冷暖对比效果，还可以调节光线的进入方向，制作出更多光线效果。

★ 案例实战——火焰金属文字

案例文件	案例文件\第8章\火焰金属文字.prproj
视频教学	视频文件\第8章\火焰金属文字.flv
难易指数	★★★★★
技术要点	文字工具、混合模式、斜角Alpha效果的应用

案例效果

文字的不同颜色和效果对应不同的环境，例如，蓝天白云就是蓝色搭配白色给人清新自然的感觉。文字的不同颜色对应不同的环境感觉，文字的厚度效果还可以给人力量感和庄重感。本案例主要是针对“制作火焰黄金文字效果”的方法进行练习，如图8-266所示。

图8-266

技巧提示

在本案例中使用了字母作为LOGO。字母设计在标志设计中常以夸张的手法进行再现，运用各种对字母的变形赋予标志不同的含义及内容，使标志更加具有内涵，引起人们对其的兴趣与关注，赢得人们的喜爱与欣赏，起到对产品及品牌的推广作用，达到对品牌的宣传目的，给人以深刻印象，如图8-267所示。

图8-267

操作步骤

01 单击【New Project（新建项目）】选项，并单击【Browse（浏览）】按钮设置保存路径，在【Name（名称）】文本框中设置文件名称。接着在弹出的对话框中选择【DV-PAL】/【Standard 48kHz】选项，如图8-268所示。

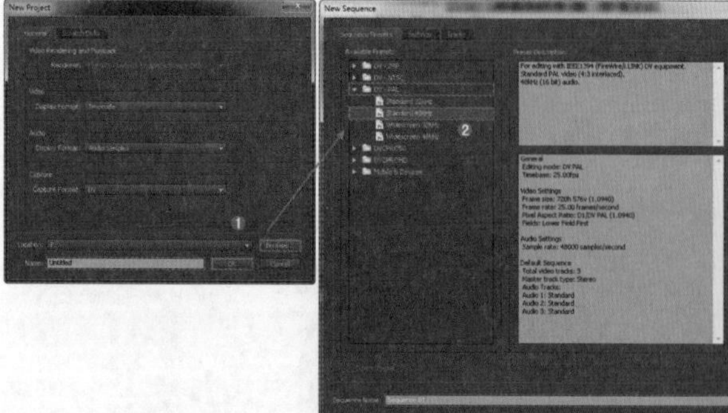

图8-268

02 在【Project（项目）】窗口中空白处双击鼠标左键，然后在打开的对话框中选择所需的素材文件，并单击【打开】按钮导入，如图8-269所示。

图8-269

03 将项目窗口中的【金属.jpg】素材文件拖曳到Video1轨道上，如图8-270所示。

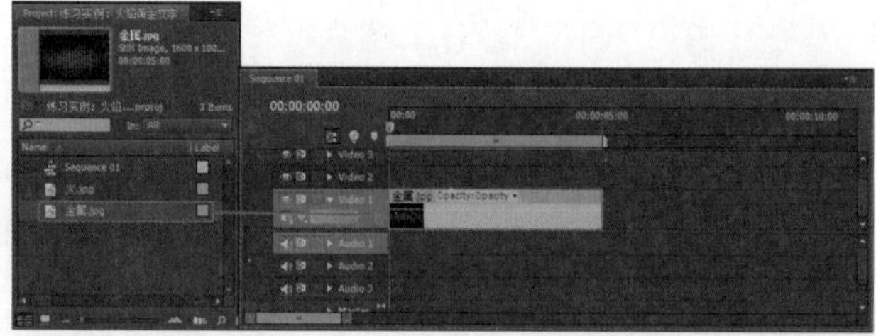

图8-270

04 选择Video1轨道上的【金属.jpg】素材文件，然后设置【Position（位置）】为（366，291），【Scale（缩放）】为37，如图8-271所示。此时效果如图8-272所示。

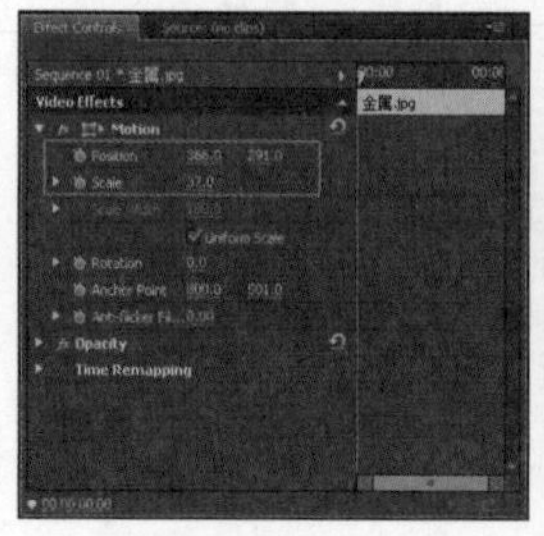

图8-271

图8-272

05 将项目窗口中的【火.jpg】素材文件拖曳到Video4轨道上，如图8-273所示。

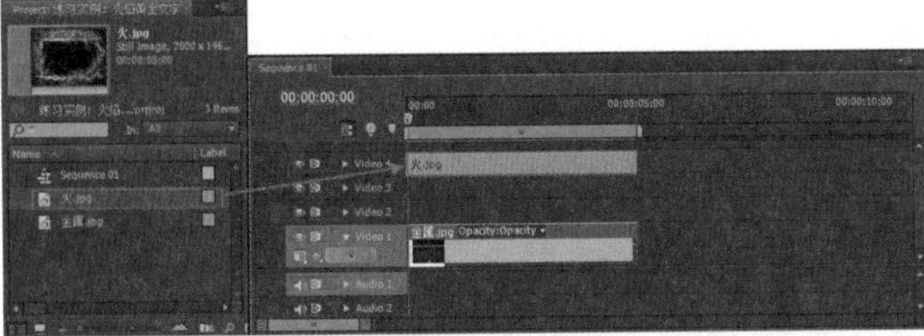

图8—273

因为接下来制作的文字要在【火.jpg】素材文件的下面，所以将【火.jpg】素材文件拖曳到Video4轨道上。

06 选择Video4轨道上的【火.jpg】素材文件，然后设置【Scale（缩放）】为40，【Blend Mode（混合模式）】为【Screen（滤色）】，如图8-274所示。此时效果如图8-275所示。

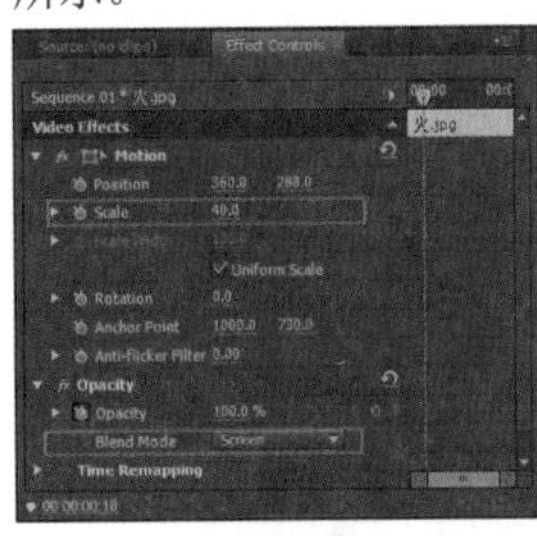

图8—274

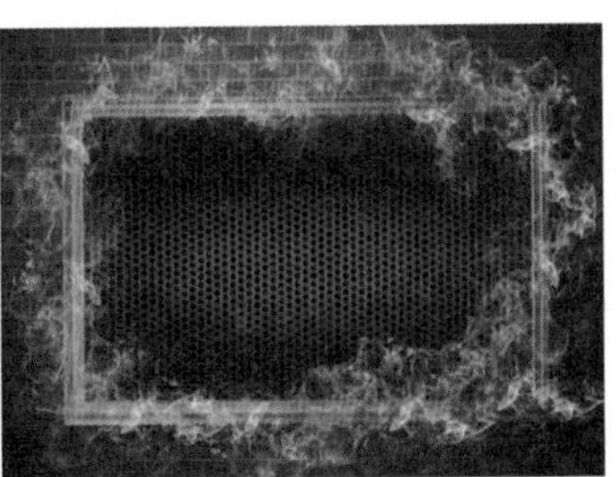

图8—275

07 选择菜单栏中的【Title（字幕）】/【New Title（新建字幕）】/【Default Still（默认静态字幕）】命令，如图8-276所示。

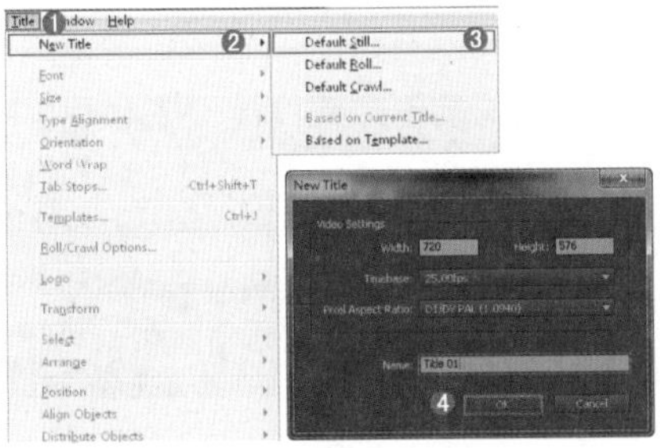

图8—276

08 单击T（文字工具）按钮，然后在工作区域中输入文字，并设置【Font Family（字体）】为【FZCuQian-M17S】，【Font Size（字体大小）】为203，【Fill Type（填充类型）】为【Linear Gradient（线性渐变）】，【Color（颜色）】为黄色（R：238，G：232，B：147）和深黄色（R：140，G：114，B：54）。接着选中【Sheen（光泽）】复选框，设置【Color（颜色）】为黄色（R：238，G：231，B：184），【Size（大小）】为32，【Offset（偏移）】为30，如图8-277所示。

图8—277

09 关闭字幕窗口，然后将项目窗口中的【Title 01】素材文件拖曳到Video2轨道上，如图8-278所示。

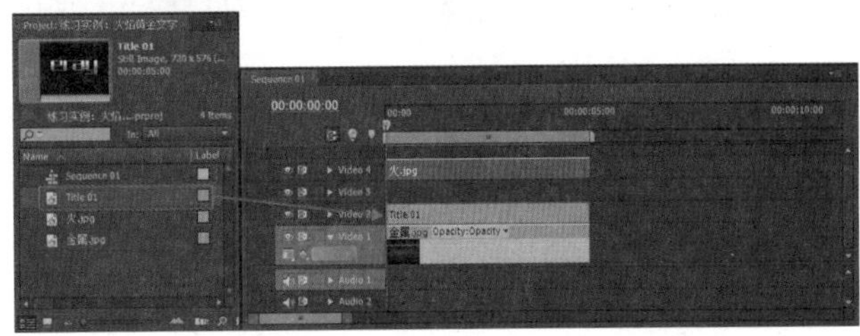

图8—278

10 在【Effects（效果）】窗口中搜索【Bevel Alpha（斜角Alpha）】效果，然后按住鼠标左键将其拖曳到Video2轨道的【Title 01】素材文件上，如图8-279所示。

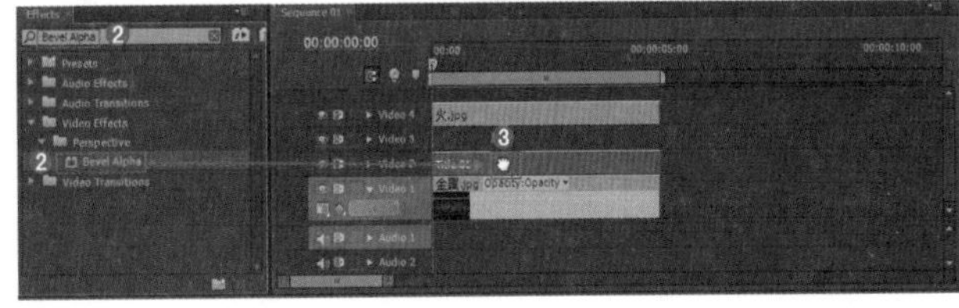

图8—279

11 选择Video2轨道上的【Title 01】素材文件，然后打开【Bevel Alpha（斜角Alpha）】效果，并设置【Edge Thickness（边缘厚度）】为4.5，【Light Angle（照明角度）】为90°，【Light Intensity（照明强度）】为0.3，如图8-280所示。此时效果如图8-281所示。

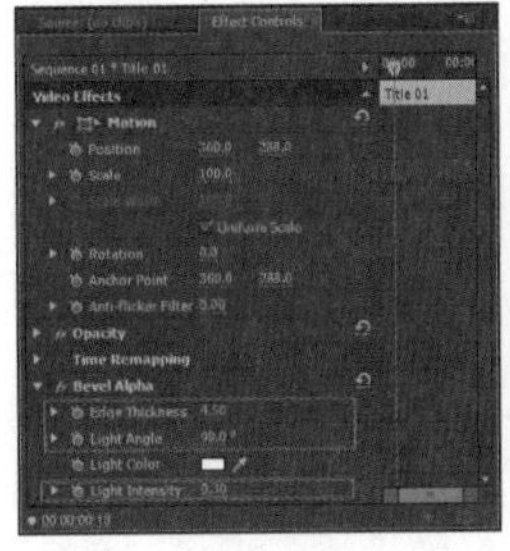

图8—280

图8—281

12 以同样的方法制作出字幕【Title 02】，并放置在Video3轨道上。此时拖动时间线滑块查看最终效果，如图8-282所示。

图8-282

答疑解惑：黄金金属文字的特点有哪些？

黄金金属文字色彩绚丽，效果醒目，而且有反光的效果。

在制作金属文字的时候，为文字添加斜角效果，让文字更有立体感。还可以根据光线的不同方向调整反光的角度和偏移。

★ 案例实战——彩板文字

案例文件	案例文件\第8章\彩板文字.prproj
视频教学	视频文件\第8章\彩板文字.flv
难易指数	★★★★★
技术要点	文字工具、渐变、边角固定、斜角Alpha效果的应用

案例效果

文字的各种创意搭配，常常给人意想不到的效果，比如彩色的背景搭配统一色调的文字等。本案例主要是针对"制作彩板文字效果"的方法进行练习，如图8-283所示。

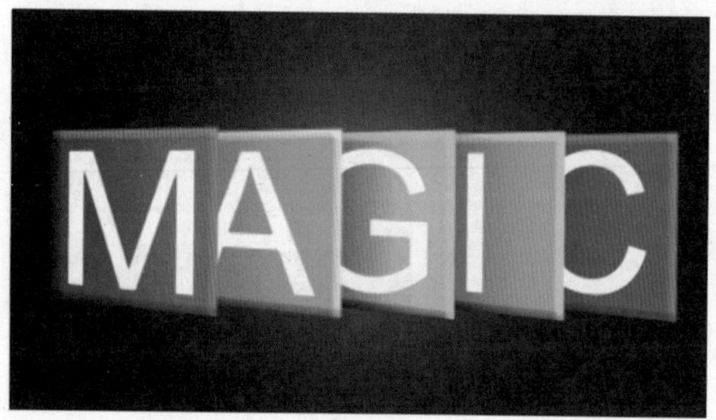

图8-283

操作步骤

01 单击【New Project（新建项目）】选项，并单击【Browse（浏览）】按钮设置保存路径，在【Name（名称）】文本框中设置文件名称。接着在弹出的对话框中选择【DV-PAL】/【Standard 48kHz】选项，如图8-284所示。

02 选择菜单栏中的【File（文件）】/【New（新建）】/【Black Video（黑场）】命令，如图8-285所示。

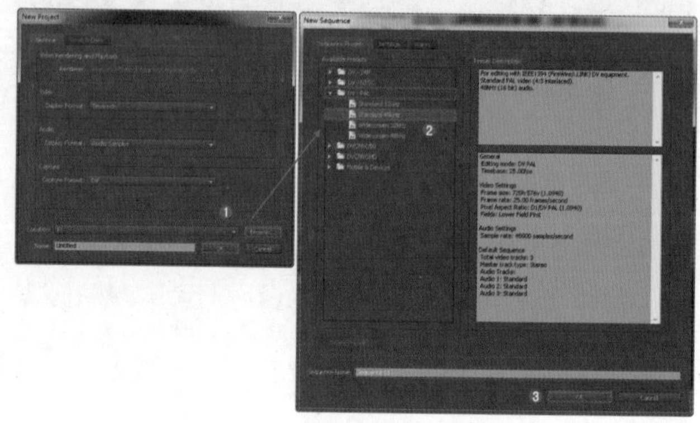

图8-284

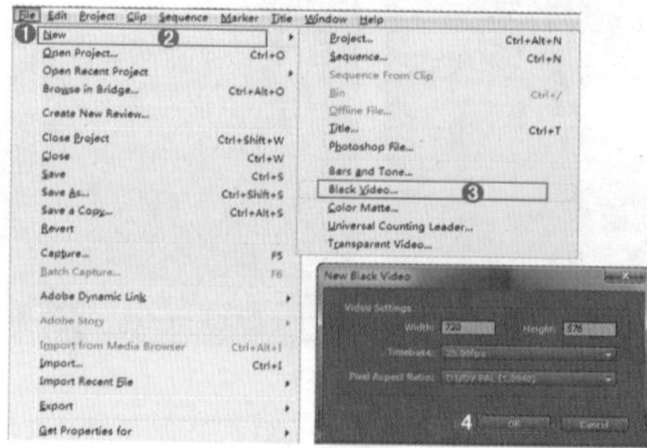

图8-285

03 将项目窗口中的【Black Video（黑场）】素材文件拖曳到Video1轨道上，如图8-286所示。

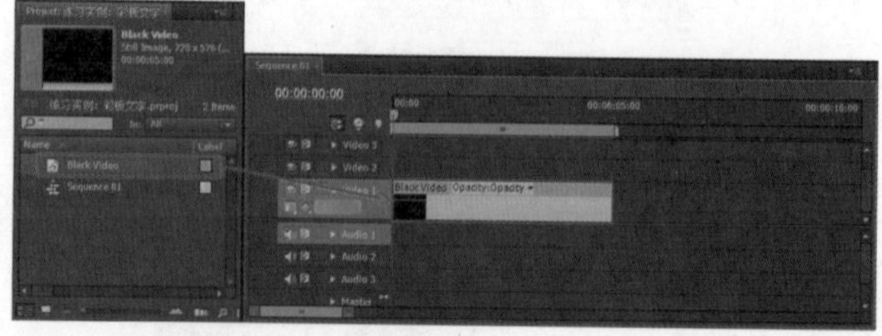

图8-286

04 在【Effects（效果）】窗口中搜索【Ramp（渐变）】效果，然后按住鼠标左键将其拖曳到Video1轨道的【Black Video（黑场）】素材文件上，如图8-287所示。

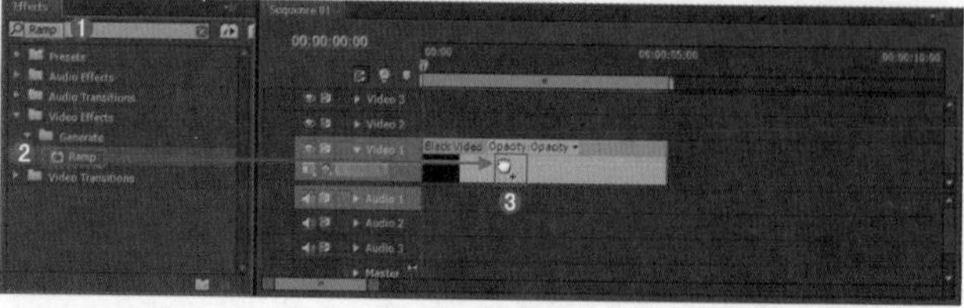

图8-287

05 选择Video1轨道上的【Black Video（黑场）】素材文件，然后设置【Ramp（渐变）】效果下的【Ramp Shape（渐变形状）】为【Radial Ramp（径向渐变）】。接着设置【Start of Ramp（开始渐变）】为（360，288），【Start Color（开始颜色）】为灰色（R：106，G：106，B：106），【End Color（开始颜色）】为黑色（R：0，G：0，B：0），如图8-288所示。此时效果如图8-289所示。

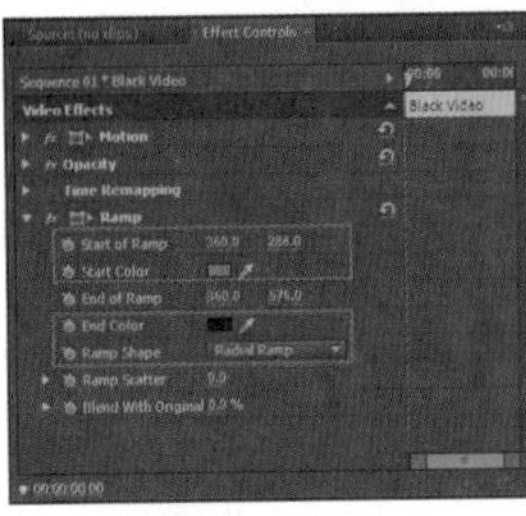

图8-288

图8-289

06 选择菜单栏中的【Title（字幕）】/【New Title（新建字幕）】/【Default Still（默认静态字幕）】命令，并在弹出的对话框中设置【Name（名字）】为【紫色】，然后单击【OK（确定）】按钮，如图8-290所示。

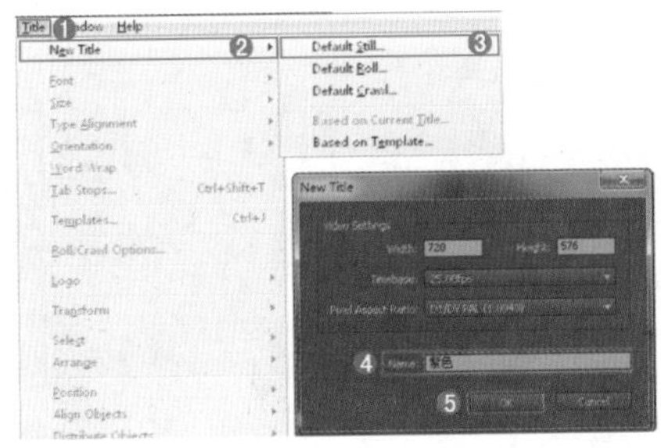

图8-290

07 选择▢（矩形工具），然后在工作区域绘制一个矩形，并设置【Fill Type（填充类型）】为【Linear Gradient（线性渐变）】，【Color（颜色）】为深紫色（R：79，G：31，B：133）和紫色（R：114，G：45，B：208），【Angle（角度）】为270°，如图8-291所示。

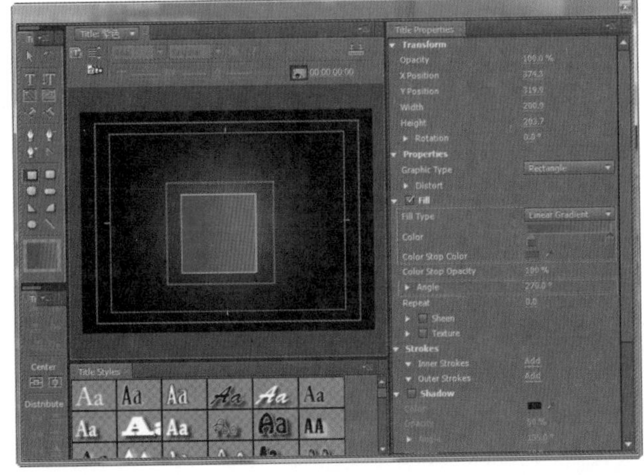

图8-291

08 单击T（文字工具）按钮，然后在工作区域输入文字【C】，接着设置【Font Family（字体）】为【Arial】，【Font Size（字体大小）】为210，【Color（颜色）】为白色（R：255，G：255，B：255），如图8-292所示。

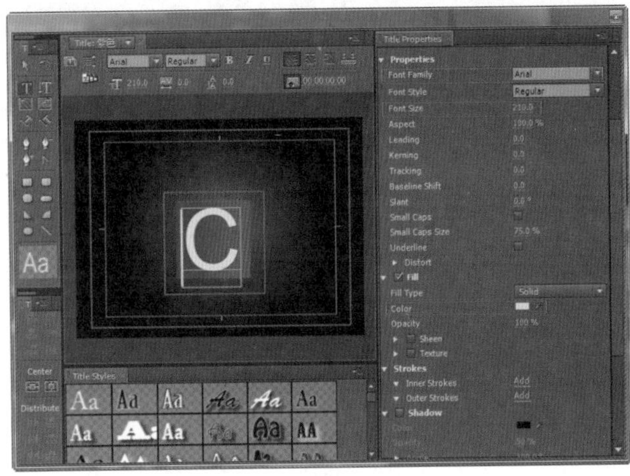

图8-292

09 关闭字幕窗口，然后将项目窗口中的【紫色】素材文件拖曳到Video2轨道上，如图8-293所示。

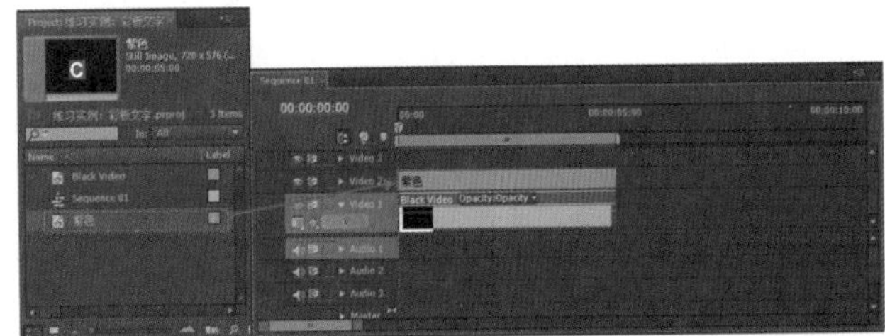

图8-293

10 在【Effects（效果）】窗口中搜索【Bevel Alpha（斜角Alpha）】效果，然后按住鼠标左键将其拖曳到Video2轨道的【紫色】素材文件上，如图8-294所示。

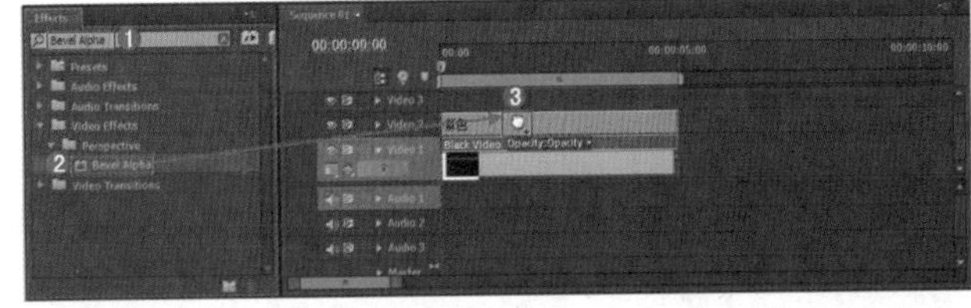

图8-294

11 选择Video2轨道上的【紫色】素材文件，然后打开【Bevel Alpha（斜角Alpha）】效果，并设置【Edge Thickness（边缘厚度）】为10，【Light Angle（照明角度）】为44°，如图8-295所示。此时效果如图8-296所示。

12 在【Effects（效果）】窗口中搜索【Corner Pin（边角固定）】效果，然后按住鼠标左键将其拖曳到Video2轨道的【紫色】素材文件上，如图8-297所示。

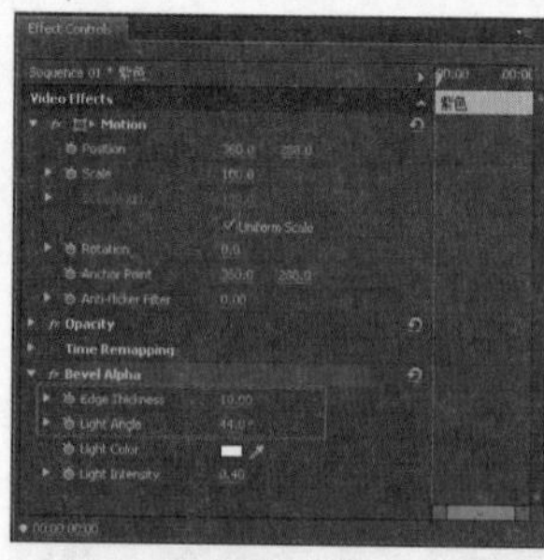

图8－295

图8－296

图8－297

13 选择Video2轨道上的【紫色】素材文件，然后设置【Position（位置）】为（700，288）。接着打开【Corner Pin（边角固定）】效果，并设置【Upper Left（上左）】为（0，58），【Upper Right（上右）】为（720，－69），【Lower Left（下左）】为（0，506），【Lower Right（下右）】为（720，651），如图8-298所示。此时效果如图8-299所示。

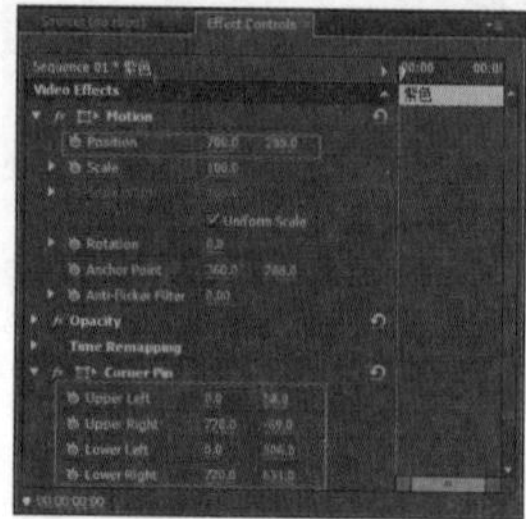

图8－298

图8－299

14 以此类推，制作出蓝色、绿色、橙色、红色4个彩板文字。此时拖动时间线滑块查看最终效果，如图8-300所示。

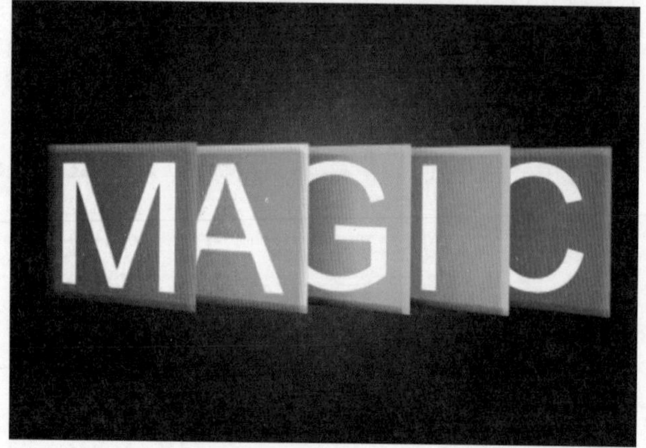

图8－300

答疑解惑：彩板文字搭配的方法有哪些？

主要表现在彩板的颜色和文字能否协调，一张彩板给人孤立且单薄的感觉，所以多种色彩的搭配，给人耳目一新的多彩感受。背板的不同效果和颜色需要搭配不同的字体。例如，有立体感的方形彩板可以搭配比较正式和端庄风格的字体。

★ 案例实战——网格文字

案例文件	案例文件\第8章\网格文字.prproj
视频教学	视频文件\第8章\网格文字.flv
难易指数	★★★★★
技术要点	渐变、文字工具、描边和网格效果的应用

案例效果

文字上常常赋予不同的图案来彰显个性。由此可见，在文字上添加不同的图案可以表现出不同的效果。本案例主要是针对“制作网格文字效果”的方法进行练习，如图8-301所示。

图8－301

操作步骤

01 单击【New Project（新建项目）】选项，并单击【Browse（浏览）】按钮设置保存路径，在【Name（名称）】文本框中设置文件名称。接着在弹出的对话框中选择【DV-PAL】/【Standard 48kHz】选项，如图8-302所示。

02 选择菜单栏中的【File（文件）】/【New（新建）】/【Black Video（黑场）】命令，如图8-303所示。

03 将项目窗口中的【Black Video（黑场）】素材文件拖曳到Video1轨道上，如图8-304所示。

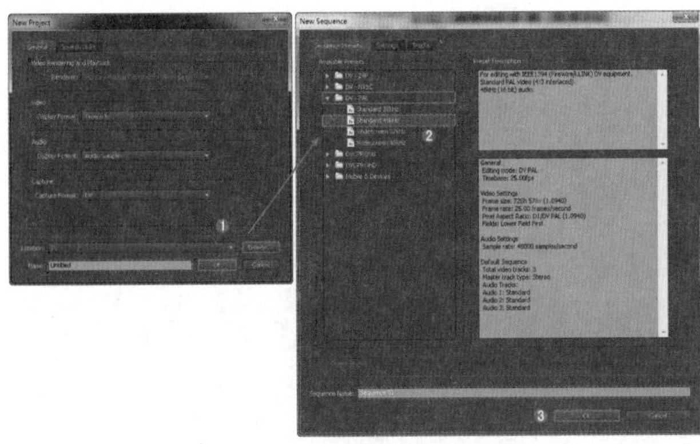

图8－302

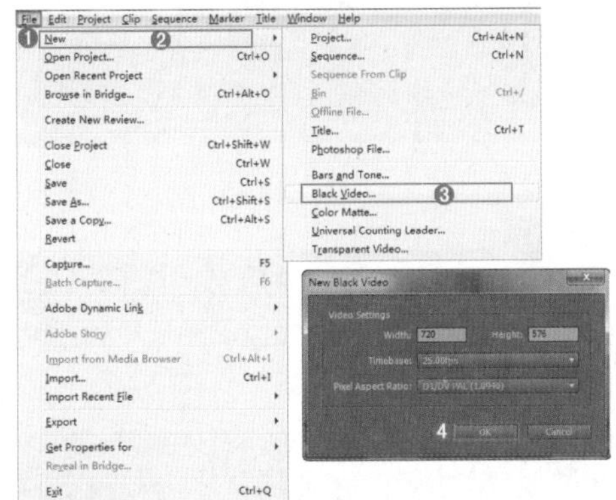

图8－303

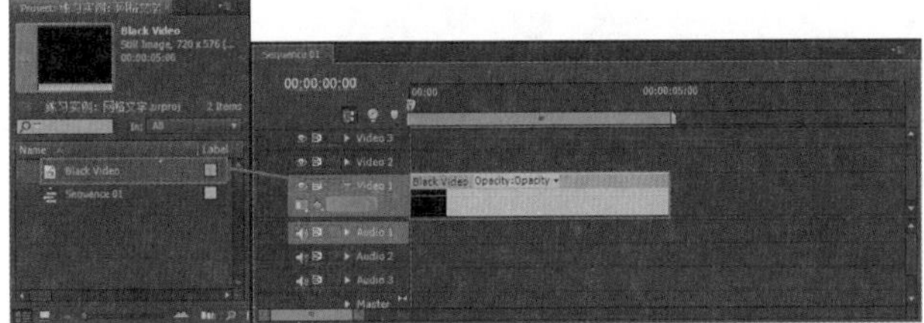

图8－304

04 在【Effects（效果）】窗口中搜索【Ramp（渐变）】效果，然后按住鼠标左键将其拖曳到Video1轨道的【Black Video（黑场）】素材文件上，如图8-305所示。

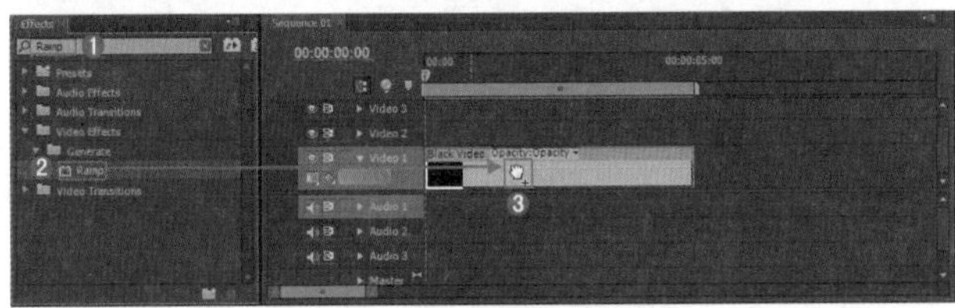

图8－305

05 选择Video1轨道上的【Black Video（黑场）】素材文件，然后打开【Ramp（渐变）】效果，设置【Start Color（开始颜色）】为蓝色（R：4，G：86，B：117），【End of Ramp（结束渐变）】为（360，370），【End Color（结束颜色）】为深蓝色（R：0，G：18，B：25），如图8-306所示。此时效果如图8-307所示。

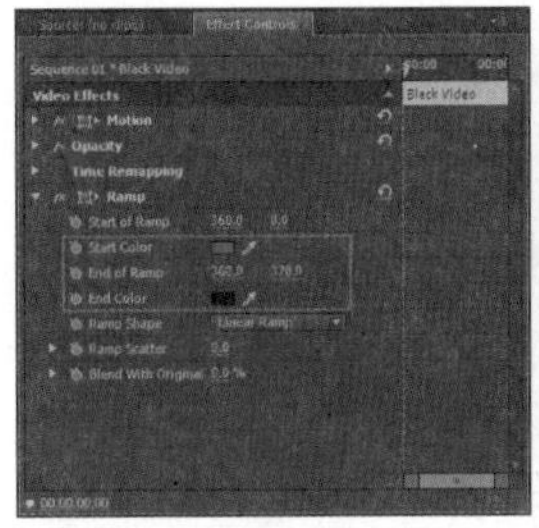

图8－306

图8－307

06 选择菜单栏中的【Title（字幕）】/【New Title（新建字幕）】/【Default Still（默认静态字幕）】命令，如图8-308所示。

07 在字幕面板中单击T（文字工具）按钮，然后在工作区域输入文字“Davi”，接着设置【Font Family（字体）】为【Chaparral Pro】，【Font Size（字体大小）】为233，【Color（颜色）】为红色（R：255，G：0，B：0），如图8-309所示。

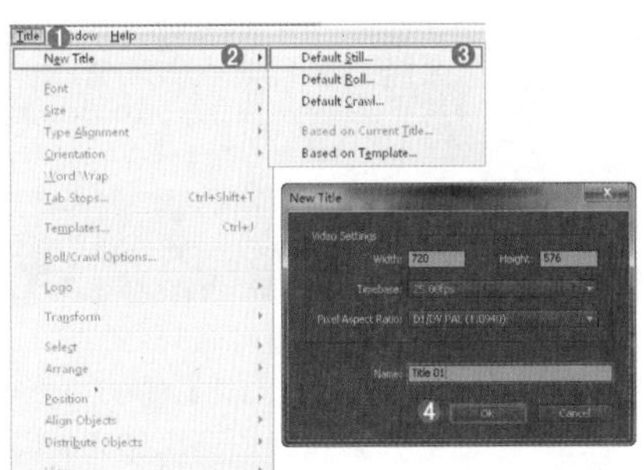

图8－308

图8－309

08 单击【Outer Strokes（外部描边）】后面的【Add（添加）】，然后设置【Size（大小）】为32，【Fill Type（填充类型）】为【Linear Gradient（线性渐变）】，【Color（颜色）】为浅红色（R：237，G：198，B：181）和深红色（R：134，G：25，B：16）。接着选中【Sheen（光泽）】复选框，并设置【Size（大小）】为24，【Offset（偏移）】为－51，如图8-310所示。

图8–310

09 关闭字幕窗口，然后将项目窗口中的【Title 01】素材文件拖曳到Video2轨道上，如图8-311所示。

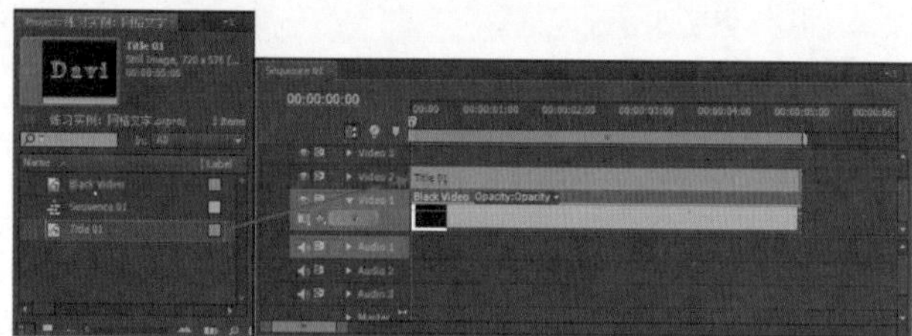
图8–311

10 将项目窗口中的【Title 01】素材文件复制出一份，并重命名为【Title 02】，然后拖曳到Video3轨道上，如图8-312所示。

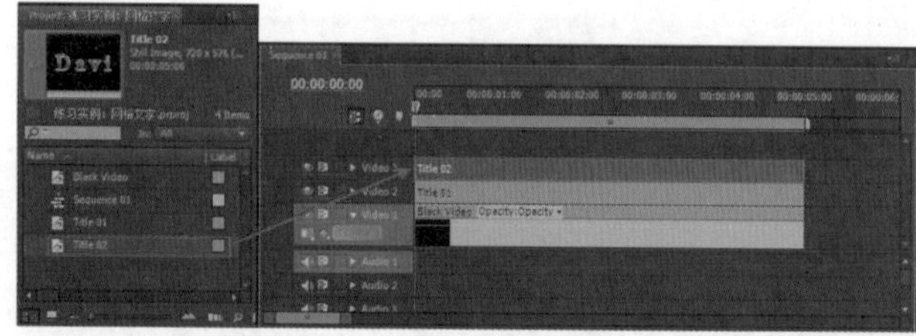
图8–312

11 双击打开【Title 02】素材文件，重新设置【Color（颜色）】为白色（R：255，G：255，B：255）和深红色（R：190，G：44，B：33），设置【Sheen（光泽）】下的【Size（大小）】为29，【Offset（偏移）】为－20，如图8-313所示。

12 将项目窗口中的【Title 01】素材文件复制出一份，并重命名为【Title 03】，然后拖曳到Video3轨道上，如图8-314所示。

13 双击打开【Title 03】素材文件，重新设置【Color（颜色）】为红色（R：204，G：25，B：25）和深红色（R：67，G：6，B：6），设置【Sheen（光泽）】下的【Size（大小）】为31，【Offset（偏移）】为－37。单击【Inner Strokes（内部描边）】后面的【Add（添加）】，然后设置【Size（大小）】为6，【Opacity（不透明度）】为70%，如图8-315所示。此时效果如图8-316所示。

图8–313

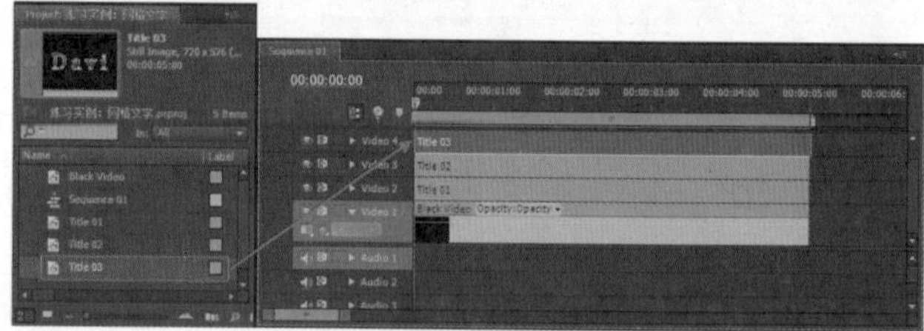
图8–314

图8–315

图8–316

14 在【Effects（效果）】窗口中搜索【Grid（网格）】效果，然后按住鼠标拖曳到Video4轨道的【Title 03】素材文件上，如图8-317所示。

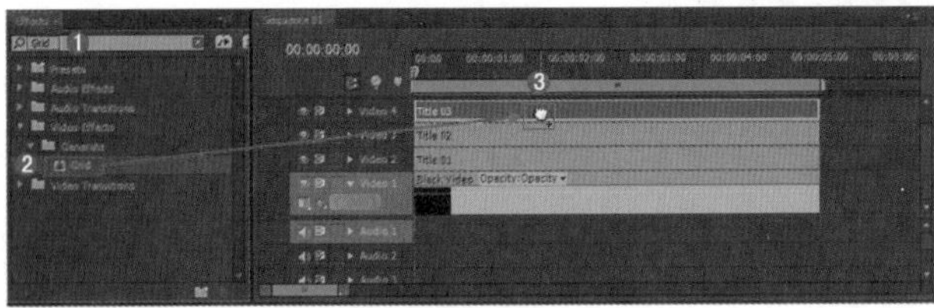

图8—317

15 选择Video4轨道上的【Title 03】素材文件，然后打开【Grid（网格）】效果，并设置【Size From（位置大小）】为【Width Slider（宽度滑块）】，【Width（宽度）】为3，【Border（边框）】为2，【Blending Mode（混合模式）】为【Add（添加）】，如图8-318所示。此时拖动时间线滑块查看最终效果，如图8-319所示。

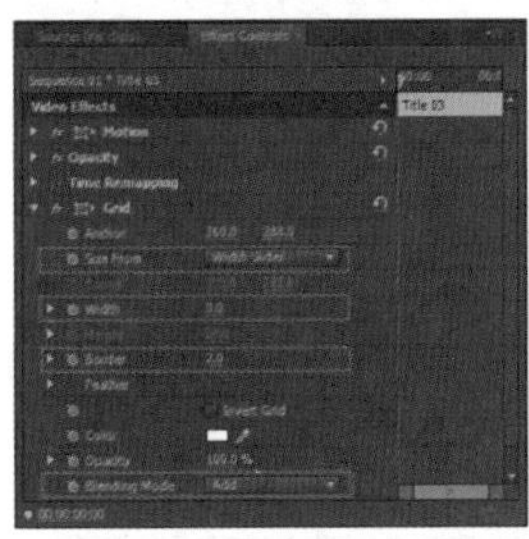

图8—318

图8—319

答疑解惑：网格还可以制作出哪些效果？

网格效果即在素材上添加一个栅格，通过调节网格数量、透明度和叠加方式来产生特殊的效果。例如，可以制作出铁丝网的效果，还可以制作出棋盘格效果等。

★ 案例实战——星光文字

案例文件	案例文件\第8章\星光文字.prproj
视频教学	视频文件\第8章\星光文字.flv
难易指数	★★★★★
技术要点	文字工具、描边、网格和镜头光晕效果的应用

案例效果

文字经过创新制作后，千姿百态，变化万千，是一种文字艺术的创新，越来越被大众喜欢。本案例主要是针对“制作星光文字效果”的方法进行练习，如图8-320所示。

图8—320

操作步骤

01 单击【New Project（新建项目）】选项，并单击【Browse（浏览）】按钮设置保存路径，在【Name（名称）】文本框中设置文件名称。接着在弹出的对话框中选择【DV-PAL】/【Standard 48kHz】选项，如图8-321所示。

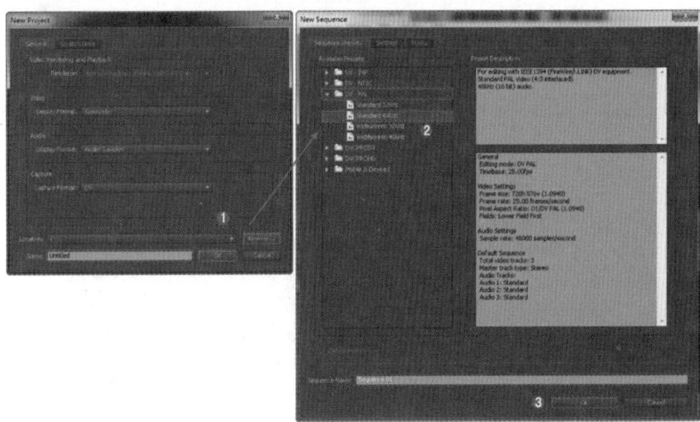

图8—321

02 在【Project（项目）】窗口中空白处双击鼠标左键，然后在打开的对话框中选择所需的素材文件，并单击【打开】按钮导入，如图8-322所示。

图8—322

03 选择菜单栏中的【Title（字幕）】/【New Title（新建字幕）】/【Default Still（默认静态字幕）】命令，如图8-323所示。

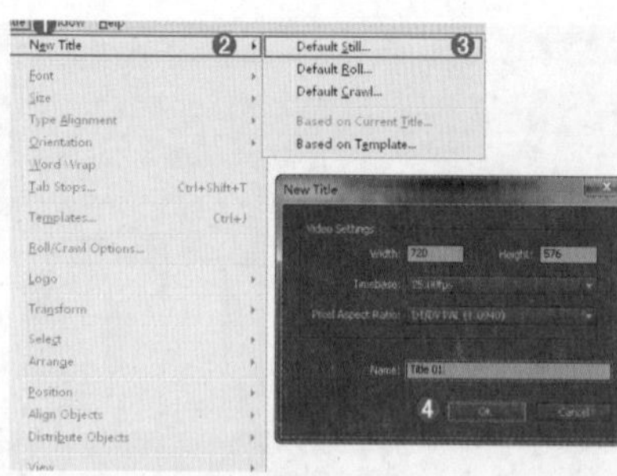

图8-323

04 在字幕面板中单击T（文字工具）按钮，然后在工作区域输入文字“TWINKLE”，并设置【Font Family（字体）】为【Impact】，【Font Size（字体大小）】为138，【Fill Type（填充类型）】为【Linear Gradient（线性渐变）】，【Color（颜色）】为浅黄色（R：255，G：95，B：129）和土黄色（R：169，G：98，B：6），如图8-324所示。

图8-324

05 选中【Fill（填充）】下面的【Sheen（光泽）】复选框，然后设置【Size（大小）】为67，【Offset（偏移）】为47。接着单击【Outer Strokes（外部描边）】后面的【Add（添加）】，并设置【Size（大小）】为14，【Color（颜色）】为白色（R：255，G：255，B：255），如图8-325所示。

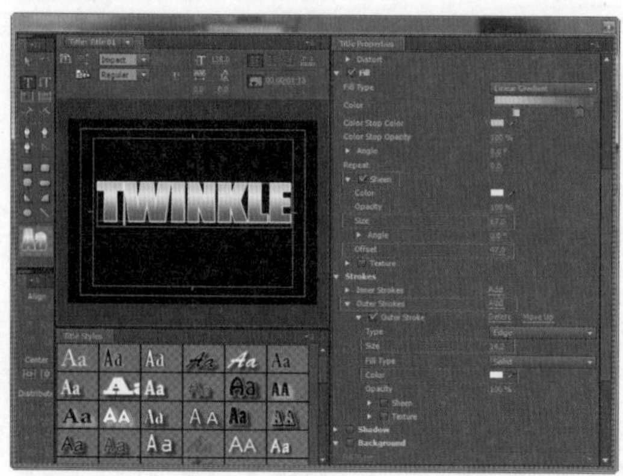

图8-325

06 关闭字幕窗口，然后将项目窗口中的【Title 01】素材文件拖曳到Video1轨道上，如图8-326所示。

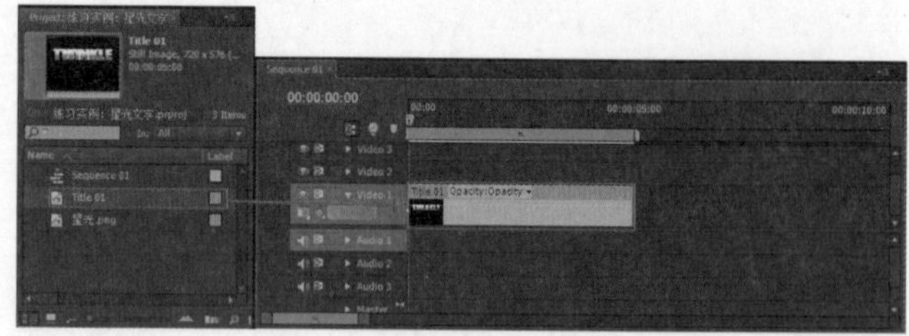

图8-326

07 在【Effects（效果）】窗口中搜索【Bevel Alpha（斜角Alpha）】效果，然后按住鼠标左键将其拖曳到Video1轨道的【Title 01】素材文件上，如图8-327所示。

图8-327

08 选择Video1轨道上的【Title 01】素材文件，然后打开【Bevel Alpha（斜角Alpha）】效果，并设置【Edge Thickness（边缘厚度）】为10，如图8-328所示。此时效果如图8-329所示。

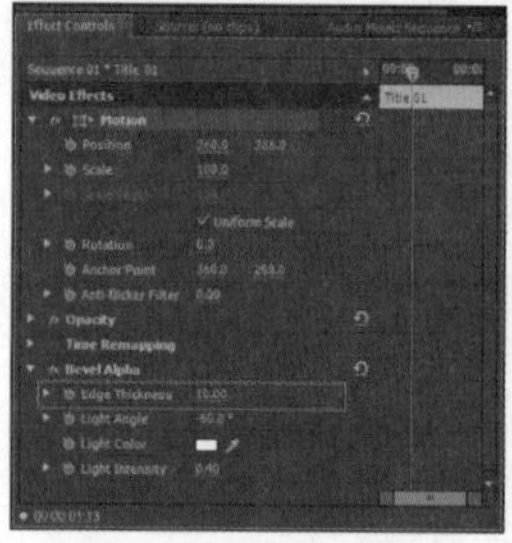

图8-328　　图8-329

09 在【Effects（效果）】窗口中搜索【Grid（网格）】效果，然后按住鼠标左键将其拖曳到Video1轨道的【Title 01】素材文件上，如图8-330所示。

图8-330

10 选择Video1轨道上的【Title 01】素材文件，然后打开【Grid（网格）】效果，并设置【Corner（边角）】为（354，279.6），【Border（边框）】为3，【Color（颜色）】为浅黄色（R：255，G：222，B：176），【Blending Mode（混合模式）】为【Soft Light（柔光）】，如图8-331所示。此时效果如图8-332所示。

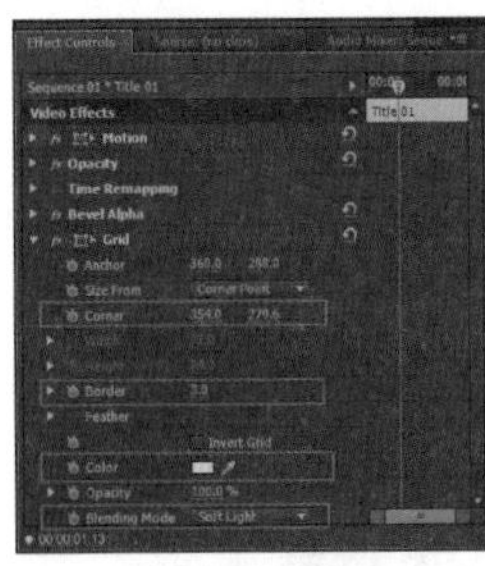
图8-331

图8-332

11 选择菜单栏中的【File（文件）】/【New（新建）】/【Black Video（黑场）】命令，如图8-333所示。

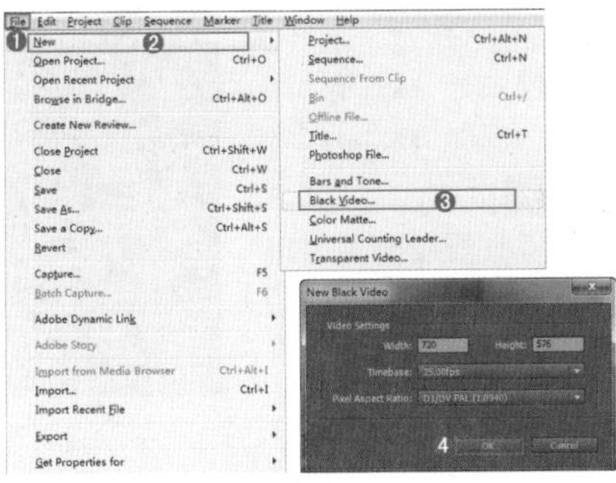
图8-333

12 将项目窗口中的【Black Video（黑场）】素材文件拖曳到Video2轨道上，如图8-334所示。

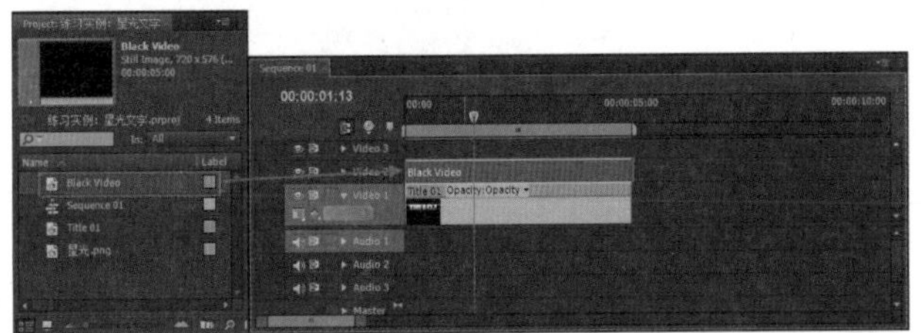
图8-334

13 在【Effects（效果）】窗口中搜索【Lens Flare（镜头光晕）】效果，然后按住鼠标左键将其拖曳到Video2轨道的【Black Video（黑场）】素材文件上，如图8-335所示。

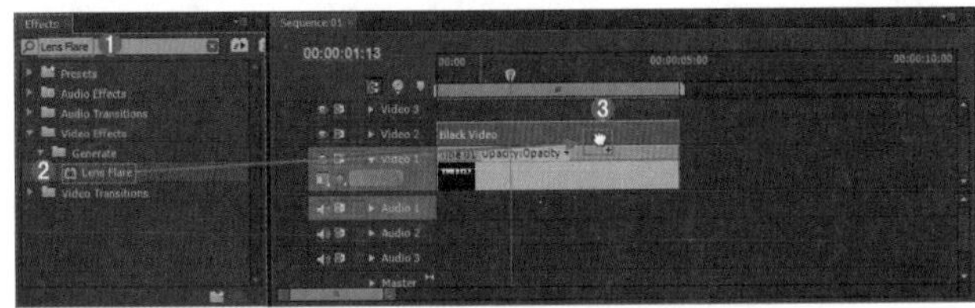
图8-335

14 选择Video2轨道上的【Black Video（黑场）】素材文件，然后设置【Blend Mode（混合模式）】为【Screen（滤色）】。接着打开【Lens Flare（镜头光晕）】效果，并设置【Flare Center（光晕中心）】为（81，200），【Flare Brightness（光晕亮度）】为73%，【Lens Type（镜头类型）】为【105mm Prime】，如图8-336所示。此时效果如图8-337所示。

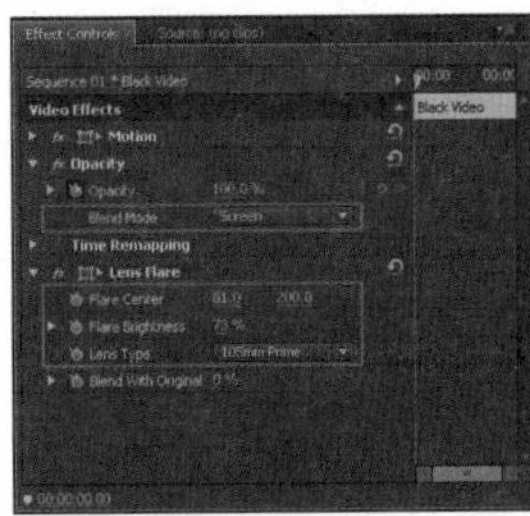
图8-336

图8-337

15 将项目窗口中的【星光.png】素材文件拖曳到Video3轨道上，如图8-338所示。

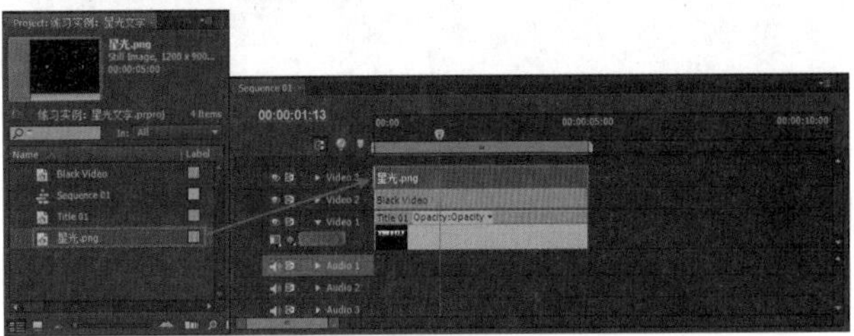
图8-338

16 选择Video3轨道上的【星光.png】素材文件，然后设置【Scale（缩放）】为90，如图8-339所示。此时拖动时间线滑块查看最终效果，如图8-340所示。

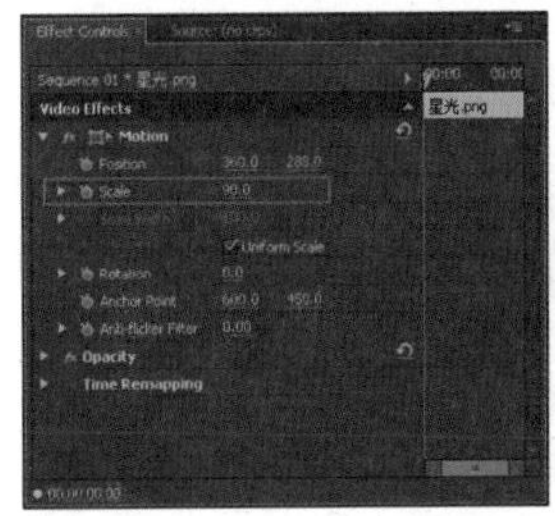
图8-339

图8-340

答疑解惑：制作各种文字效果的思路方向有哪些？

为文字制作出各种效果，具有美观有趣、易认易识、醒目张扬等特性，是一种有图案意味或装饰意味的艺术。可以根据文字表达的含义制作出不同场景，添加视觉效果等。还可以从文字的义、形和结构特征出发，对文字的笔画和结构作合理的变形装饰，制作出美观形象的文字效果。

★ 综合实战——纪录片片头字幕

案例文件	案例文件\第8章\纪录片片头字幕.prproj
视频教学	视频文件\第8章\纪录片片头字幕.flv
难易指数	★★★★★
技术要点	动画关键帧、不透明度、矩形工具和竖排文字以及外部描边效果的应用

案例效果

在介绍纪录片的时候，通常会添加字幕来介绍影片中出

现的场景。颇具中国特色的纪录片片头中可以加入具有中国色彩的文字效果进行搭配。本案例主要是针对"制作纪录片头字幕效果"的方法进行练习，如图8-341所示。

图8-341

操作步骤

01 单击【New Project（新建项目）】选项，并单击【Browse（浏览）】按钮设置保存路径，在【Name（名称）】文本框中设置文件名称。接着在弹出的对话框中选择【DV-PAL】/【Standard 48kHz】选项，如图8-342所示。

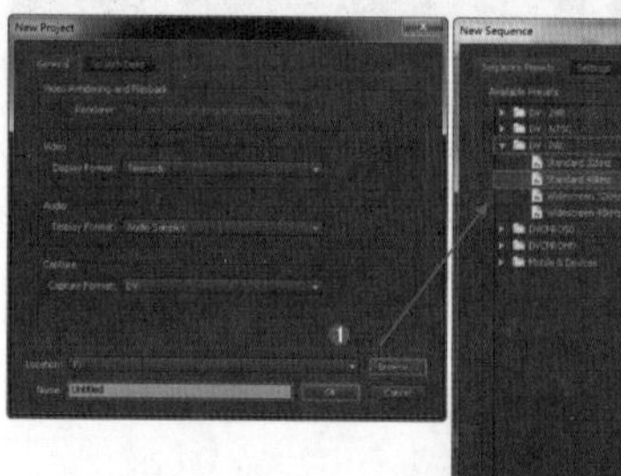

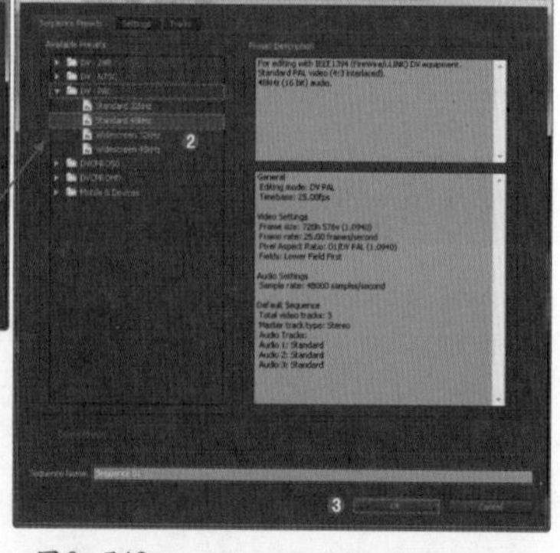

图8-342

02 在【Project（项目）】窗口中空白处双击鼠标左键，然后在打开的对话框中选择所需的素材文件，并单击【打开】按钮导入，如图8-343所示。

图8-343

03 将项目窗口中的素材文件按顺序拖曳到时间线窗口中的Video1轨道上，并设置每个素材的持续时间为3秒，如图8-344所示。

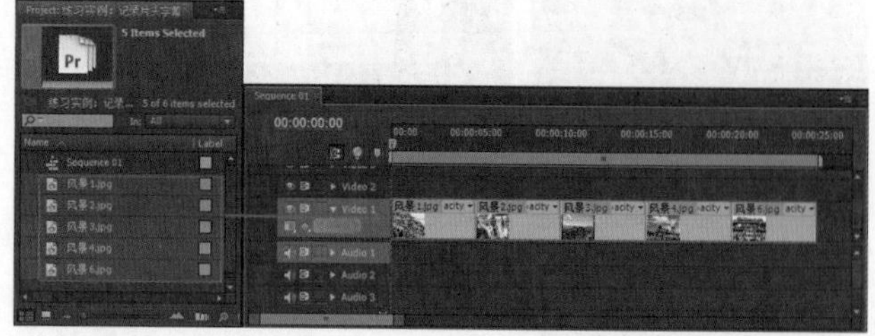

图8-344

04 选择Video1轨道上的【风景1.jpg】素材文件，然后将时间线拖到起始帧，单击【Scale（缩放）】前面的按钮，开启自动关键帧。接着将时间线拖到第1秒的位置，设置【Scale（缩放）】为50，如图8-345所示。

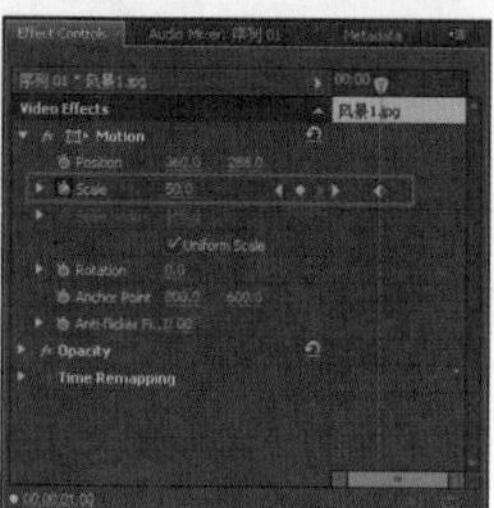

图8-345

05 以此类推，将Video1轨道上的其他风景素材文件也调整到合适的画面效果，如图8-346所示。

图8-346

06 为素材创建字幕。选择菜单栏中的【Title（字幕）】/【New Title（新建字幕）】/【Default Still（默认静态字幕）】命令，并在弹出的对话框中单击【OK（确定）】按钮，如图8-347所示。

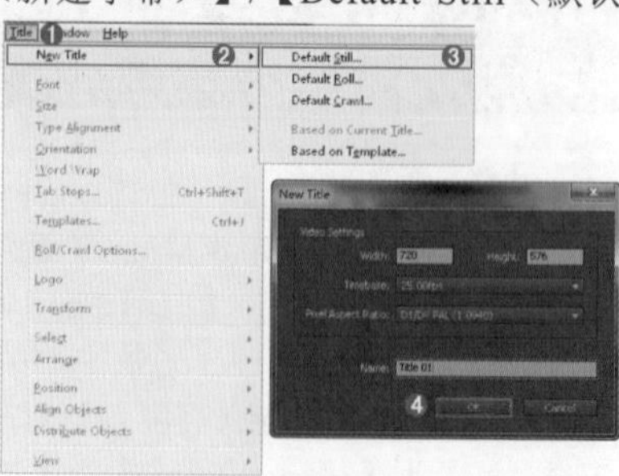

图8-347

07 在字幕面板中单击（矩形工具）按钮，并在工作区域绘制一个矩形，然后设置【Color（颜色）】为红色（R：140，G：12，B：12）。接着单击【Outer Strokes（外部描边）】后面的【Add（添加）】，并设置【Size（大小）】为3，【Color（颜色）】为黄色（R：255，G：210，B：0），如图8-348所示。

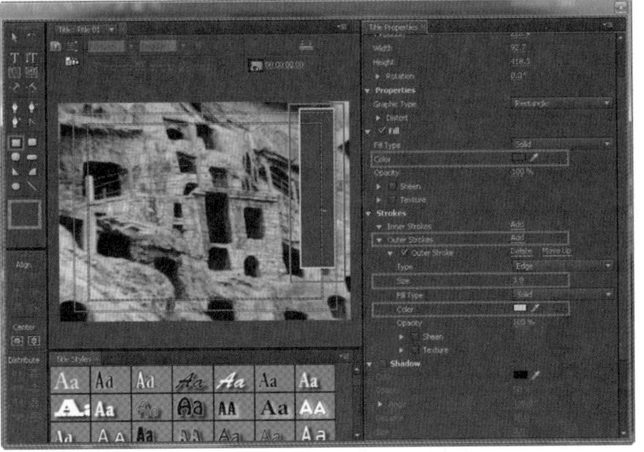

图8－348

08 单击（垂直文字工具）按钮，然后在工作区域输入文字，并设置【Font Family（字体）】为【FZHuangCao-S09S】，【Font Size（字体大小）】为91，【Color（颜色）】为白色（R：255，G：255，B：255），如图8-349所示。

图8－349

09 关闭字幕窗口，然后将项目窗口中的【Title 01】拖曳到Video2轨道上，如图8-350所示。

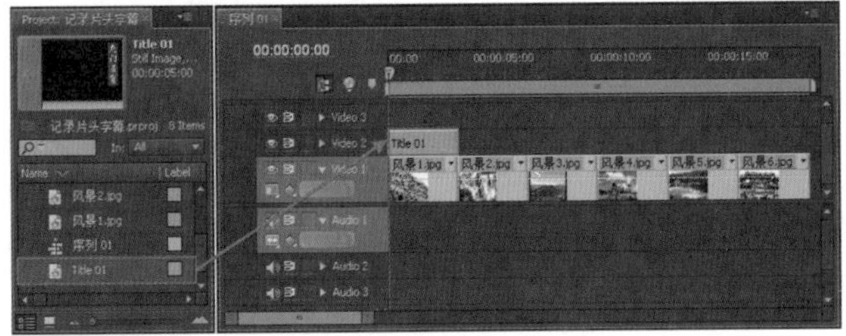

图8－350

10 制作动画。选择Video2轨道上的【Title 01】素材文件，然后将时间线拖到起始帧的位置，并单击【Position（位置）】和【Scale（缩放）】前面的按钮，开启自动关键帧。接着设置【Position（位置）】为（－398，427），【Scale（缩放）】为262，【Opacity（不透明度）】为0%，如图8-351所示。

11 继续将时间线拖到第1秒的位置，并设置【Position（位置）】为（360，288），【Scale（缩放）】为100，【Opacity（不透明度）】为100%，如图8-352所示。

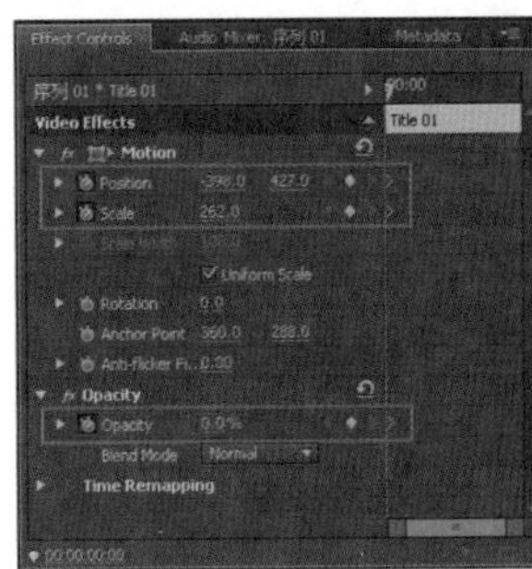

图8－351

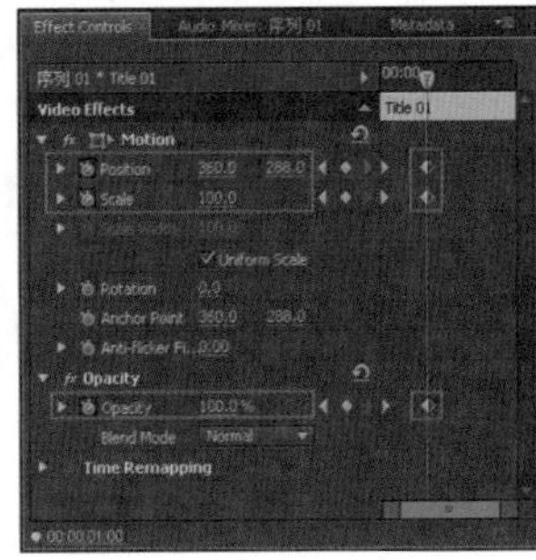

图8－352

12 此时拖动时间线滑块查看效果，如图8-353所示。

图8－353

13 利用复制的方法制作出字幕文件【Title02】、【Title03】、【Title04】、【Title05】、【Title06】，然后分别添加到Video2轨道相对应的位置，并适当调节字幕动画和位置，如图8-354所示。

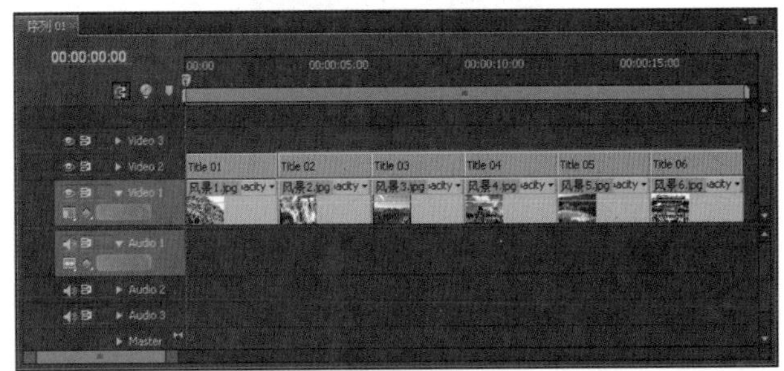

图8－354

14 在【Effects（效果）】窗口中将【Iris Shapes（形状划像）】、【Push（推）】、【Slash Sllide（斜线滑动）】、【Random Wipe（随机划变）】和【Roll Away（滚动）】转场效果拖曳到时间线窗口的素材文件之间，如图8-355所示。

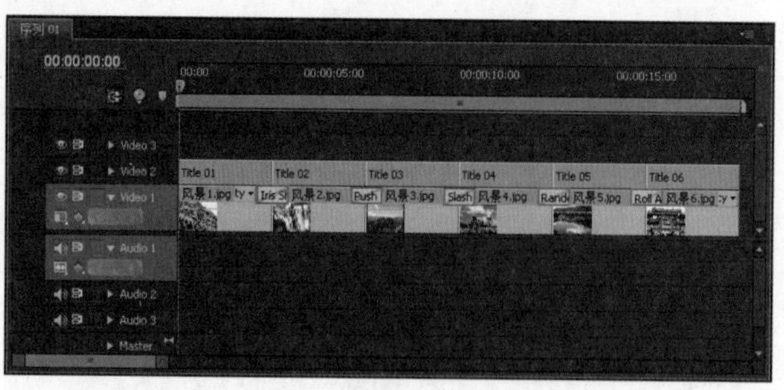

图8—355

15 此时拖动时间线滑块查看最终效果，如图8-356所示。

图8—356

答疑解惑：怎样使画面中的介绍文字更加突出？

把握住画面的整体层次和色彩方向，使画面与文字分明。可以更换不同颜色来搭配画面效果。

也可以制作文字背景颜色和边框，但背景颜色要与画面风格相符。即突出文字效果，也与整体画面和谐统一。

课后练习

【课后练习——左右滑动字幕效果】

思路解析：

01 新建字幕，并在字幕面板中通过（滚动/游动选项）按钮设置字幕的滚动方向。

02 关闭字幕面板，然后在【Project（项目）】窗口中复制多个字幕，并重新设置文字和滚动方向。

03 将设置完成的字幕添加到时间线窗口中，并适当调整字幕起始时间，即可得到最终的左右滑动字幕效果。

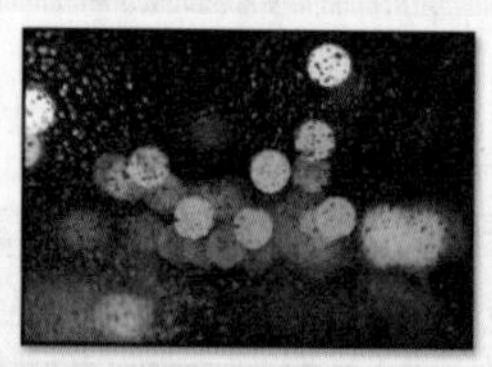

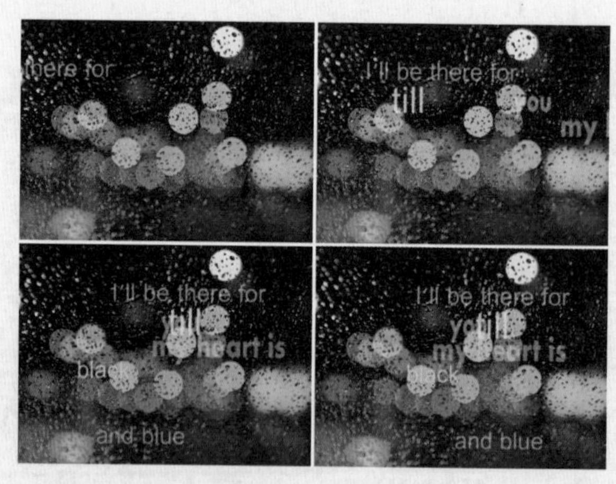

本章小结

字幕的使用是非常频繁的。无论是进行平面设计，还是后期影片处理，字幕无一例外都会被多次使用到。字幕的效果，很大程度上会影响画面效果和影片含义。所以通过本章学习，并通过不断练习可以精通字幕技术，能够制作各种类型的字幕效果。

读书笔记

第9章

音频处理

本章内容简介：

在Premiere Pro CS6中可以为音频素材添加各种音频特效来制作画面音效，以及作为影片的背景音乐。为影片添加背景音乐和音效可以突出主题，烘托气氛。与影片画面相结合可以产生更加丰富的效果。本章介绍了如何添加、替换和删除音频素材，以及编辑音频和音频特效的应用。

本章学习要点：

- 掌握音频的基本操作
- 了解音频特效
- 掌握音频特效的应用方法

9.1 初识音频

人类生活在一个声音的环境中，通过声音进行交谈、表达思想感情以及开展各种活动。不同的声音会使人产生不同的情绪，因此声音是很重要的。

在后期合成中有两个元素，一个是视频画面，另一个就是声音。声音的处理在后期合成中非常重要，好的视频不仅需要画面和声音同步，而且需要声音的丰富变化效果。有些画面效果虽然比较简单，但声音效果和音色上的完美应用，可以营造一种非常强烈的气氛，如喜悦、悲伤、兴奋、平静的心理反应。

思维点拨：什么是音色？

音色是指声音的感觉特性。不同的发声体能够产生不同的振动频率。可以通过音色去分辨发声体的声音特色。同样，音量和音调的不同音色就像同样色度和亮度的不同色相效果一样。音色的不同取决于不同的泛音，每一种发声体发出的声音，都会有不同频率的泛音跟随，而这些泛音则决定了其不同的音色效果。

9.1.1 初识音频

在Premiere 中，对声音的处理主要集中在音量增减、声道设置和特效运用上。因为Premiere 是一个剪辑软件，所以声音的制作能力相对较弱，适合在已有声音上添加特效再处理，但如果对上述技术点能够灵活运用，往往也会取得不俗的表现。

9.1.2 音频的基本操作

动手学：添加音频

01 选择菜单栏中的【File（文件）】/【Import（导入）】命令或者按快捷键【Ctrl+I】，然后在弹出的对话框中选择所需的音频素材文件，并单击【打开】按钮导入到项目窗口中，如图9-1所示。

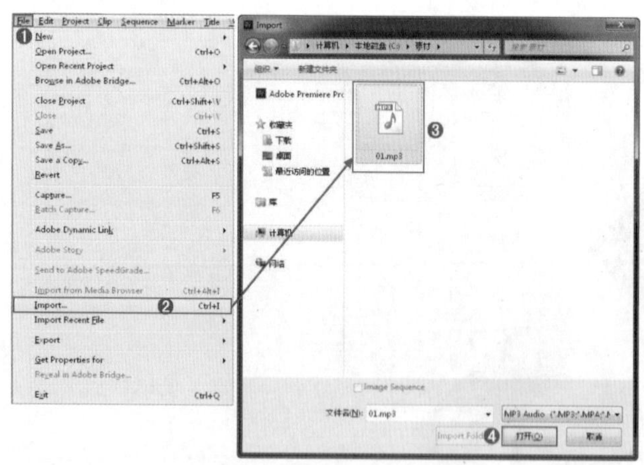

图9－1

02 按住鼠标左键将项目窗口中的音频素材文件拖曳到时间线的音频轨道上，如图9-2所示。

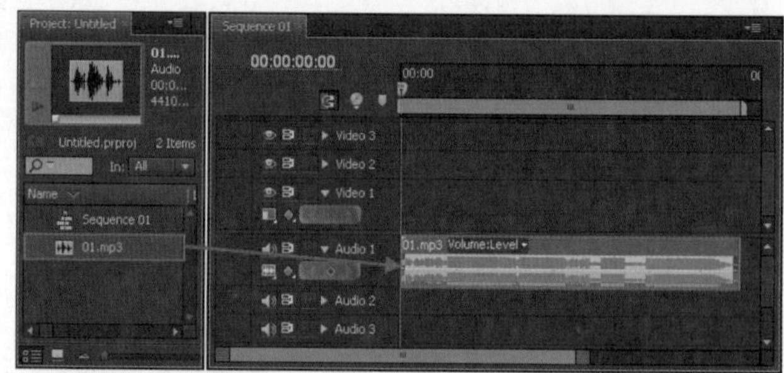

图9－2

动手学：删除音频

01 在时间线窗口中选择所要删除的音频文件，然后按【Delete】键删除，如图9-3所示。

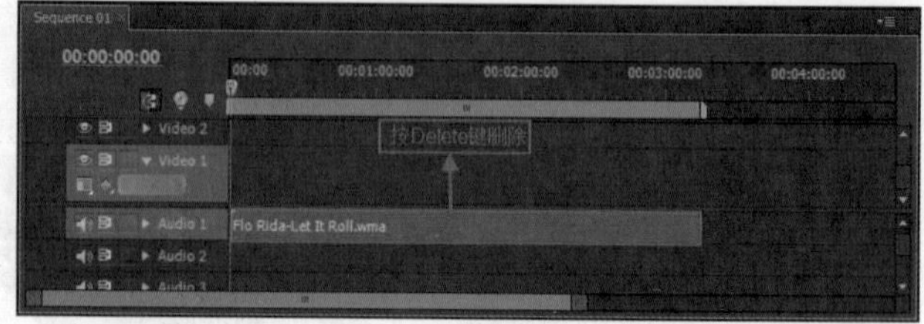

图9－3

02 也可以在时间线上所要删除的音频文件上单击鼠标右键，然后在弹出的快捷菜单中选择【Clear（清除）】命令，即可删除所选音频文件，如图9-4所示。

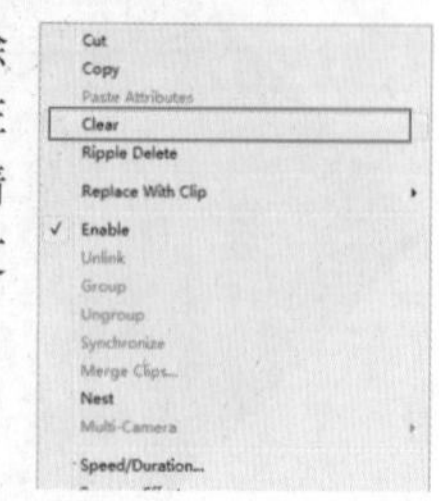

图9－4

动手学：编辑音频

01 选择时间线窗口中的音频素材文件，如图9-5所示。然后在【Effect Controls（效果控制）】面板中即可对音频素材文件进行编辑，如图9-6所示。

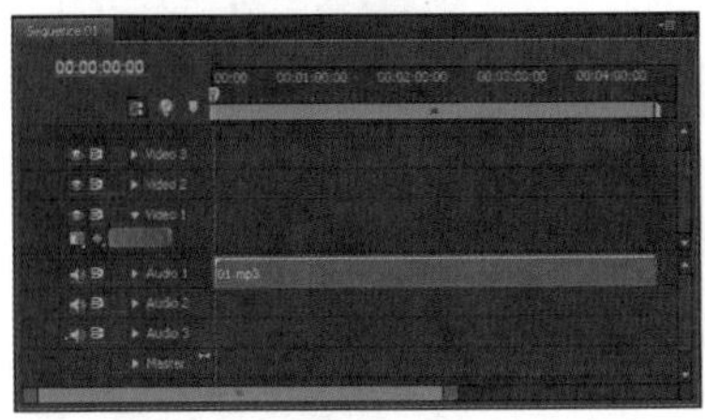

图9—5

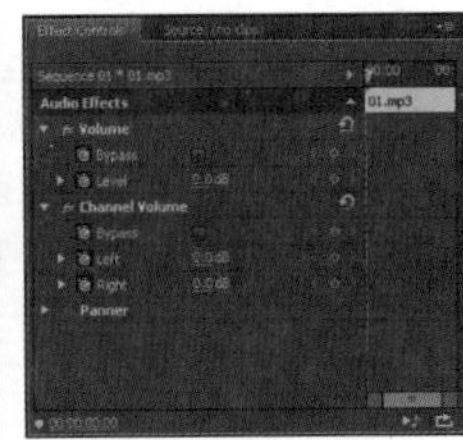

图9—6

02 在【Effect Controls（效果控制）】面板中添加关键帧并适当调节数值，能够制作出音频的淡入淡出等效果，如图9-7所示。

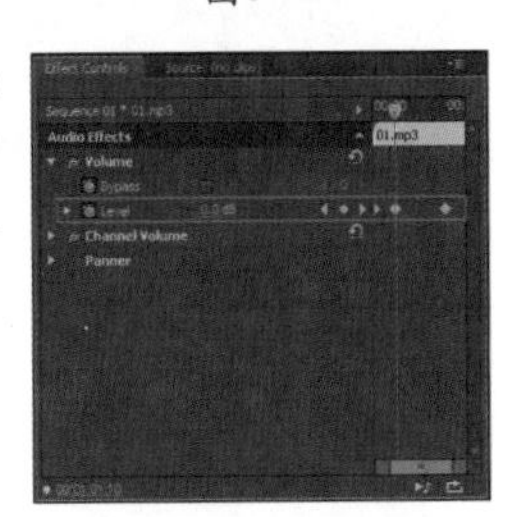

图9—7

动手学：添加音频特效

01 为音频素材文件添加特效。在【Effects（效果）】窗口中选择所要添加的特效，按住鼠标左键将其拖曳到时间线轨道的音频素材文件上，如图9-8所示。

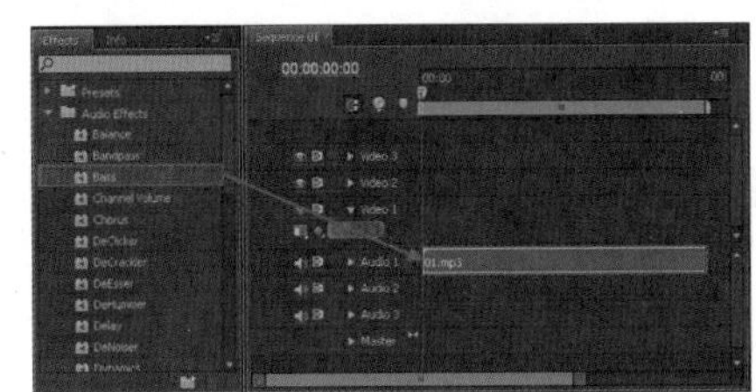

图9—8

02 选择时间线上添加特效的音频素材文件，然后在【Effect Controls（效果控制）】面板中即可调整该音频特效的参数，如图9-9所示。

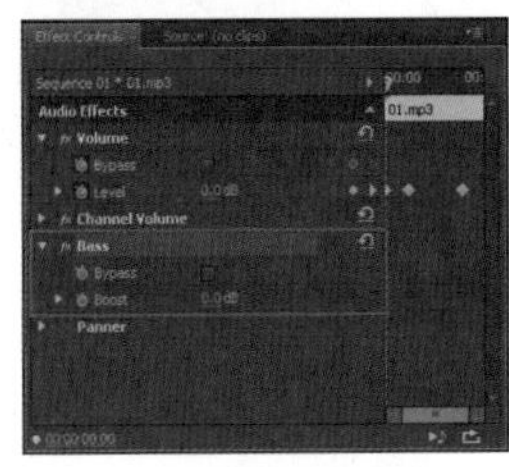

图9—9

9.2 Audio Effect（音频特效）

技术速查：在Audio Effect（音频特效）中，主要的操作范围是音频的不同轨道。可以对音频添加单个特效或多个特效。

在Premiere Pro CS6中，Audio Effect（音频特效）是调节声音素材的声放属性的一种听觉特效。其中包括Balance（均衡）、Bandpass（选频）、Bass（低音）、Channel Volume（声道音量）、Chorus（和声）、DeClicker（喀嚓声消音器）等31种音频特效，如图9-10所示。

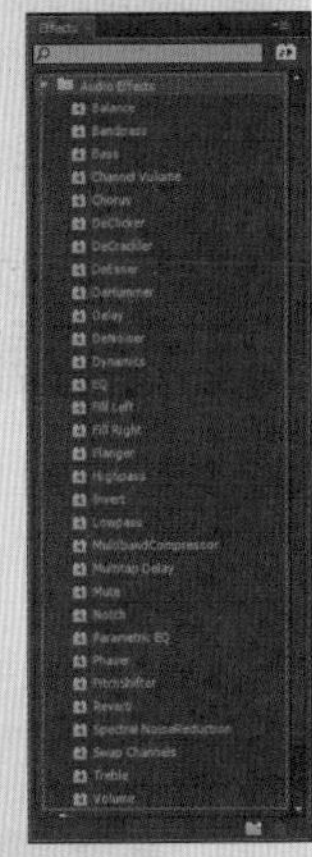

图9—10

9.2.1 Balance（均衡）

技术速查：均衡特效可以控制立体声左右声道的音量比。

该特效面板参数如图9-11所示。

- Balance（均衡）：拖动左右滑块，改变立体声道的音量比。

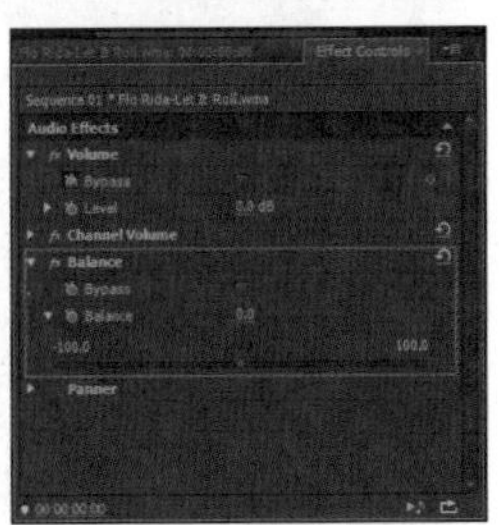

图9—11

9.2.2 Bandpass（选频）

技术速查：选频特效可以消除音频片段中我们不需要的高频部分或者低频部分，调整音频的频率范围，还可以消除录制过程中掺杂的电源噪音。

该特效面板参数如图9-12所示。

- Center（中心）：指定音频的增高范围。
- Q：调节强度。

图9-12

9.2.3 Bass（低音）

技术速查：低音特效可以调整音频素材的低音分贝。

该特效面板参数如图9-13所示。

- Boost（放大）：增加或降低素材的低音分贝。

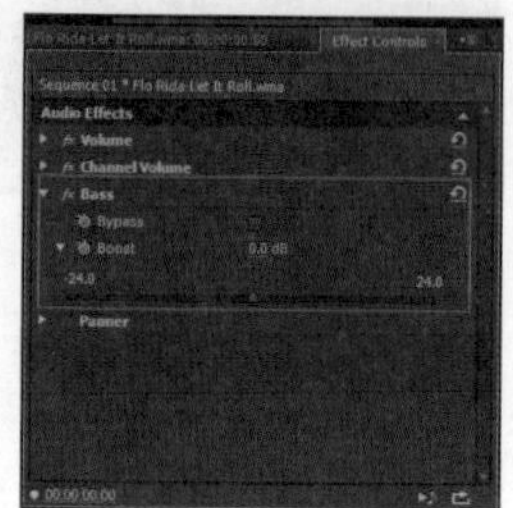

图9-13

★ 案例实战——低音效果

案例文件	案例文件\第9章\低音效果.prproj
视频教学	视频文件\第9章\低音效果.flv
难易指数	★★★★★
技术要点	剃刀工具和低音效果的应用

案例效果

在音频中常常制作出低音效果，用来增加和减少音频素材的低音分贝。本案例主要是针对“制作低音效果”的方法进行练习。

操作步骤

01 打开素材文件【01.prproj】。然后按住鼠标左键将项目窗口中的【配乐.mp3】素材文件拖曳到Audio1轨道上，如图9-14所示。

图9-14

技巧提示

通常情况下，将项目窗口的素材拖曳到时间线上后，可以单击Audio轨道前面的▶显示扩展属性和隐藏扩展属性，如图9-15所示。

图9-15

02 单击（剃刀工具）按钮，然后在【配乐.mp3】素材文件27秒03帧的位置，单击鼠标左键剪辑【配乐.mp3】素材文件，如图9-16所示。

图9-16

03 单击（选择工具）按钮。然后选中剪辑后半部分的【配乐.mp3】素材文件，接着按【Delete】键删除，如图9-17所示。

图9-17

04 在【Effects（效果）】窗口中搜索【Bass（低音）】特效，然后按住鼠标左键将其拖曳到Audio1轨道的【配乐.mp3】素材文件上，如图9-18所示。

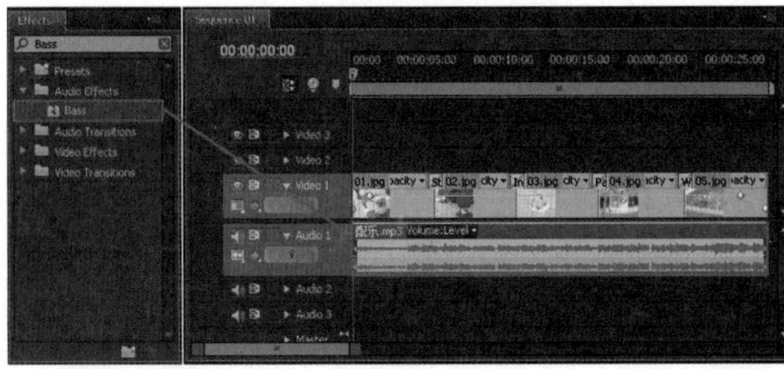

图9—18

05 选择Audio1轨道上的【配乐.mp3】素材文件，然后在【Effect Controls（效果控制）】面板中打开【Bass（低音）】效果，并设置【Boost（放大）】为8，如图9-19所示。此时按空格键播放预览，就可以听到音频的低音效果。

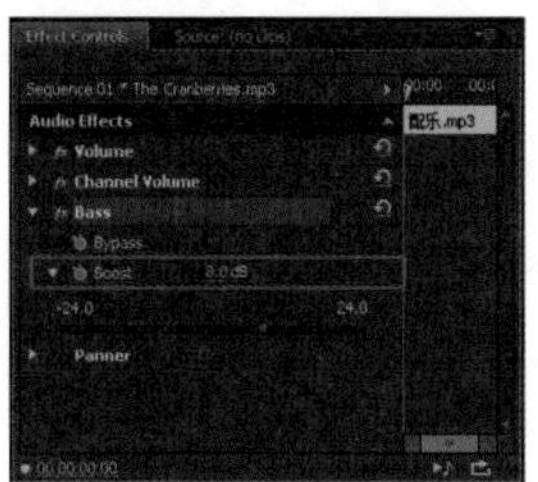

图9—19

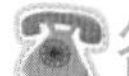
答疑解惑：音频效果应该如何调节？

在Adobe Premiere Pro CS6中，可以通过【Effect Controls（效果控制）】面板和【Audio Mixer（调音台）】调节音频。【Audio Mixer（调音台）】对所有音频轨道上的素材文件起作用，可以对音频素材文件进行统一调整。但是，【Effect Controls（效果控制）】面板的参数调节只针对音频轨道中的某一个素材文件起作用，而对其他素材文件无效。

9.2.4 Channel Volume（声道音量）

技术速查：声道音量特效可以设置左、右声道的音量大小。

该特效面板参数如图9-20所示。

- Left（左）：设置左声道的音量大小。
- Right（右）：设置右声道的音量大小。

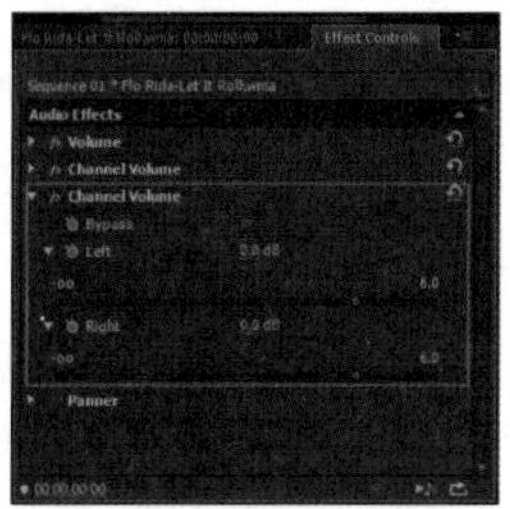

图9—20

9.2.5 Chorus（和声）

技术速查：和声特效可以创造和声效果。它将原声进行复制，并将频率稍加偏移形成一个和声效果。然后让效果声与原始声混合播放。对单一乐器或者单一语音的音频信号片段来说，运用和声特效能够取得比较好的效果。

该特效面板参数如图9-21所示。

- Lfo Type（和声处理类型）：设置和声的类型。包括Sine（正弦波）、Rect（矩形）和Triangle（三角形）3种和声处理类型。
- Rate（速率）：设置和声频率和音频素材的速率。
- Depth（深度）：设置和声频率的幅度变化值。
- Mix（混合）：设置和声特效和原音频素材的混合程度。
- FeedBack（反馈）：设置和声声效的反馈程度。
- Delay（延时）：设置和声的延续时间。

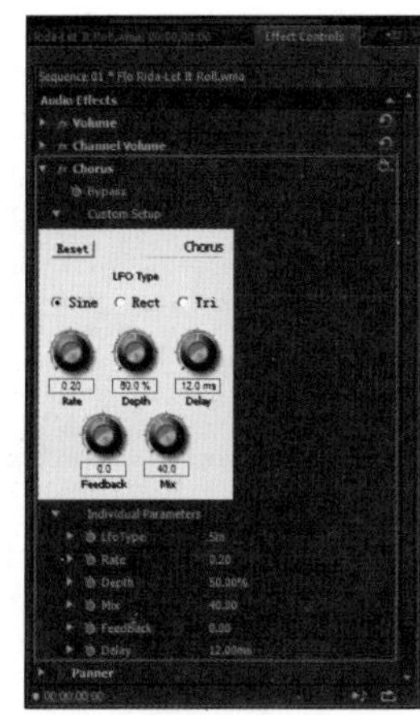

图9—21

★ 案例实战——和声效果

案例文件	案例文件\第9章\和声效果.prproj
视频教学	视频文件\第9章\和声效果.flv
难易指数	★★★★
技术要点	剃刀工具以及和声效果的应用

案例效果

和声可以理解为很多人一起合唱一首歌曲。歌曲中添加和声有时比单独演唱的效果要更加动听。可以通过添加和声音频效果来制作和声效果。本案例主要是针对“制作和声效果”的方法进行练习。

操作步骤

01 打开素材文件【02.prproj】。然后按住鼠标左键将项目窗口中的【配乐.wma】素材文件拖曳到Audio1轨道上，如图9-22所示。

图9-22

02 单击（剃刀工具）按钮，然后在【配乐.wma】素材文件36秒的位置，单击鼠标左键剪辑【配乐.wma】素材文件，如图9-23所示。

图9-23

03 单击（选择工具）按钮，然后选中剪辑【配乐.wma】素材文件的后半部分，并按【Delete】键删除，如图9-24所示。

图9-24

04 在【Effects（效果）】窗口中搜索【Chorus（和声）】，并按住鼠标左键拖曳到Audio1轨道的【配乐.wma】素材文件上，如图9-25所示。

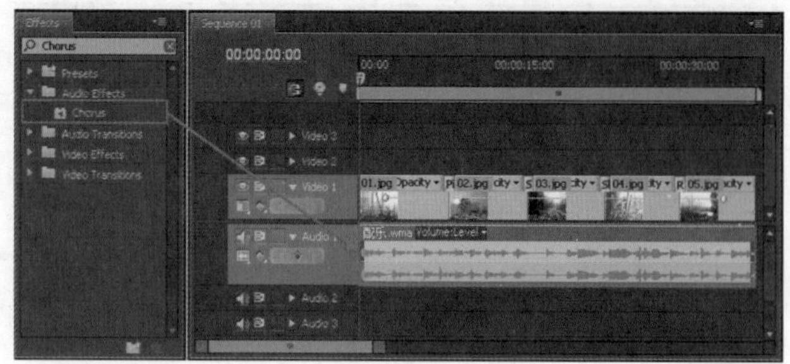

图9-25

技巧提示

和声效果分为两种操作方法，一种是上面的图形化的旋转按钮方法，另一种就是下面的调节数值的方法。使用两种方法的效果是完全相同的。

05 选择Audio1轨道上的【配乐.wma】素材文件，然后打开【Chorus（和声）】效果下的【Individual Parameters（单独参数）】，并设置【Rate（速率）】为1.02，【Mix（混合）】为53.7，【FeedBack（反馈）】为6.9，如图9-26所示。此时按空格键播放预览，就可以听到音频的和声效果。

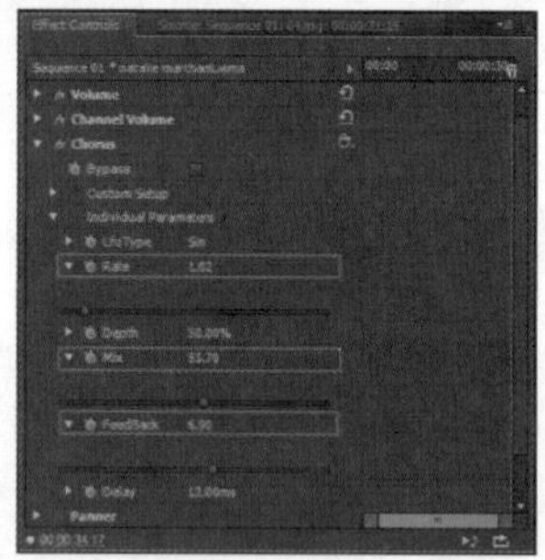

图9-26

答疑解惑：和声效果与镶边效果有何不同？

Chorus（和声）效果和Flanger（镶边）效果的参数完全相同，但对音频添加效果后的听觉效果完全不同。和声效果会有多人和音的效果，而镶边效果通过与原音频素材的混合能产生出声音短暂延误和随机变化音调的塑胶唱片的效果。

9.2.6 DeClicker（喀嚓声消音器）

技术速查：喀嚓声消音器可以为音频素材自动消除喀嚓声。

该特效面板参数如图9-27所示。

- Threshold（阈值）：设置清除咯嚓音的检验范围。
- Deplop(去除程度)：设置去除咯嚓声的程度。
- Mode（模式）：设置消除咯嚓声的模式。
- Audition（试听设定）：设置是否开启咯嚓声清除后的试听模式。

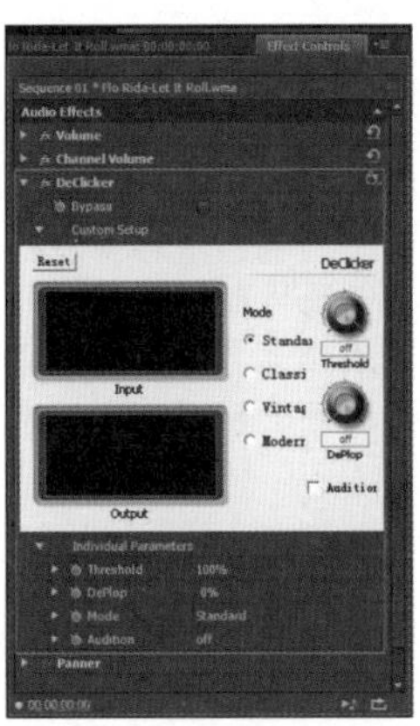

图9—27

9.2.7 DeCrackler（清除爆音）

技术速查：清除爆音特效可以为音频素材自动消除爆音。

该特效面板参数如图9-28所示。

- Threshold（阈值）：设置清除爆音的检验范围。
- Reduction（减少）：设置爆音的清除量。
- Audition（试听设定）：设置是否开启爆音清除后的试听模式。

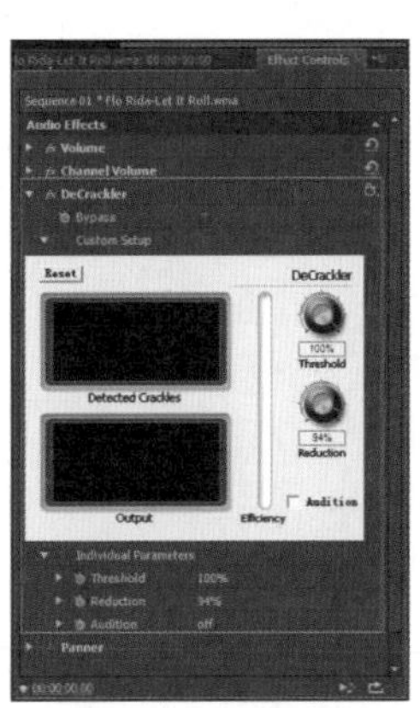

图9—28

9.2.8 DeEsser（清除嘶声）

技术速查：清除嘶声特效可以为音频素材自动消除嘶声。

该特效面板参数如图9-29所示。

- Gain（增益）：设置去除嘶哑声的增益量。
- Gender（性别）：设置去除嘶哑声的男女声限值。

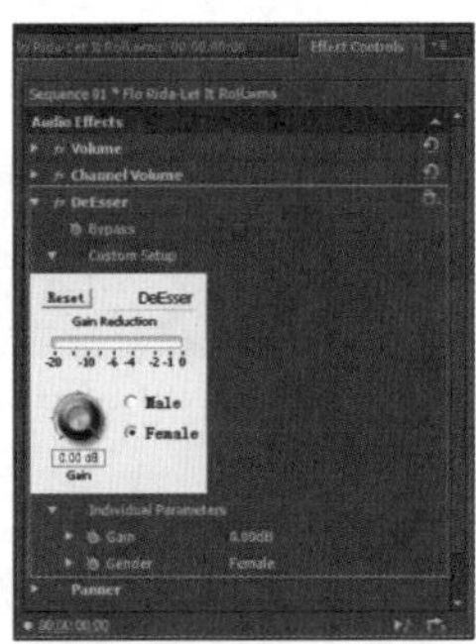

图9—29

9.2.9 DeHummer（清除蜂鸣）

技术速查：清除蜂鸣特效可以为音频素材自动消除蜂鸣。

该特效面板参数如图9-30所示。

- Reduction（减少）：设置去除蜂鸣的数量。
- Frequency（频率）：设置一个上限频率。
- Filter（级别）：设置去除蜂鸣声的运算级别。

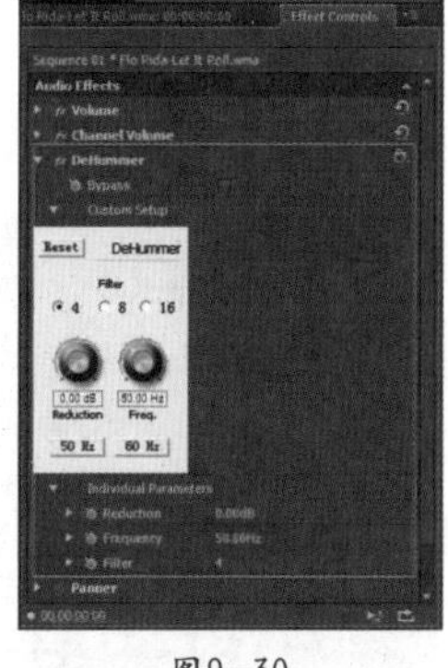

图9—30

9.2.10 Delay（延迟）

技术速查：延迟特效可以为音频素材添加回声效果。

该特效面板参数如图9-31所示。

- Delay（延迟）：设置回声的延续时间。
- Feedback（反馈）：设置回声的强弱。
- Mix（混合）：设置混响的强度。

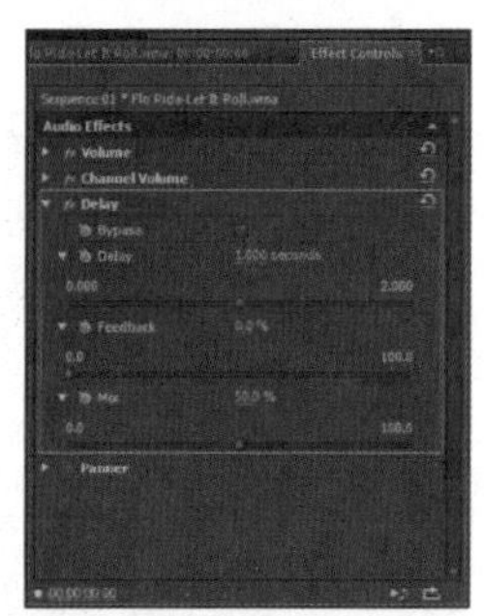

图9—31

★ 案例实战——延迟音频效果

案例文件	案例文件\第9章\延迟音频效果.prproj
视频教学	视频文件\第9章\延迟音频效果.flv
难易指数	★★★★★
技术要点	剃刀工具和延迟效果的应用

案例效果

在许多电影或歌曲中会有回声的效果，可以通过为音频素材添加Delay（延迟）来模拟回声的效果。本案例主要是针对“制作延迟音频效果”的方法进行练习。

操作步骤

01 打开素材文件【03.prproj】。然后按住鼠标左键将项目窗口中的【配乐.mp3】素材文件拖曳到Audio1轨道上，如图9-32所示。

图9—32

02 单击（剃刀工具）按钮，然后在【配乐.mp3】素材文件35秒11帧的位置，单击鼠标左键剪辑【配乐.mp3】素材文件，如图9-33所示。

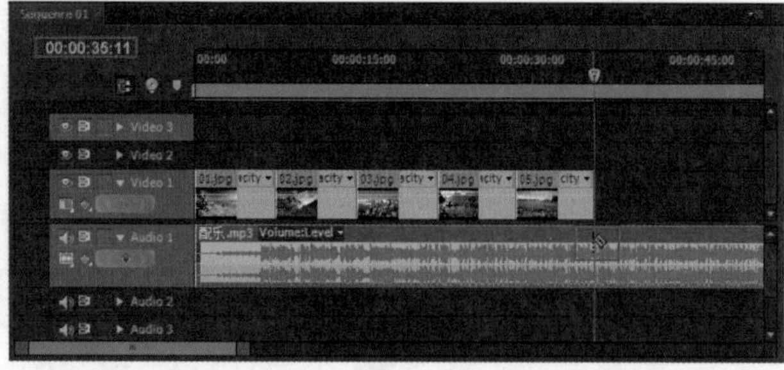

图9—33

03 单击（选择工具）按钮，然后选中剪辑【配乐.mp3】素材文件的后半部分，并按【Delete】键删除，如图9-34所示。

图9—34

04 在【Effect（效果）】窗口中搜索【Delay（延迟）】，并按住鼠标左键拖曳到Audio1轨道的【配乐.mp3】素材文件上，如图9-35所示。

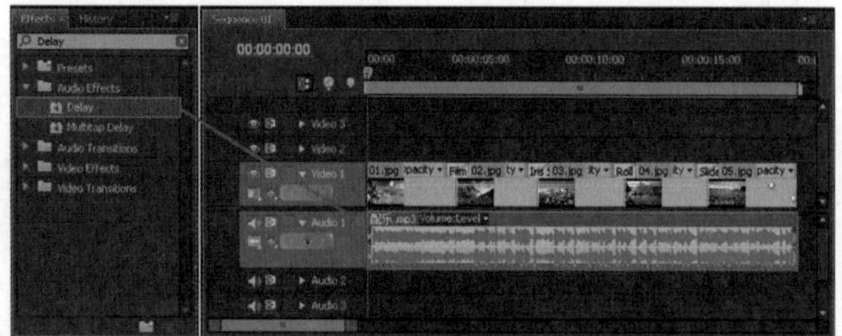

图9—35

05 选择Audio1轨道上的【配乐.mp3】素材文件，然后打开【Delay（延迟）】效果，并设置【Feedback（反馈）】为30%，【Mix（混合）】为90%，如图9-36所示。此时按空格键播放预览，就可以听到音频的延迟效果。

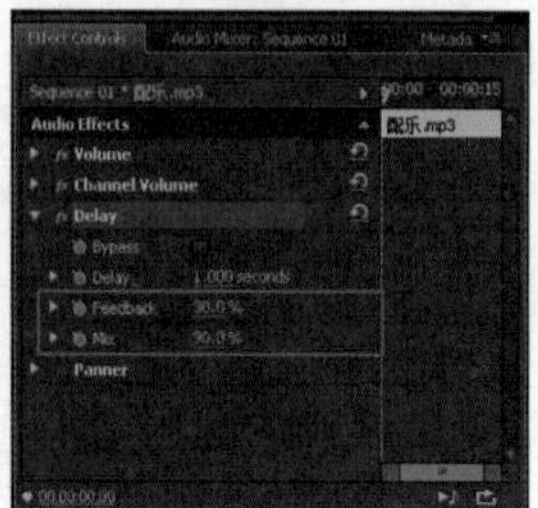

图9—36

答疑解惑：利用延迟音频效果制作回声需要注意哪些问题？

首先要注意回声与原音频素材文件的延迟时间，声音延迟时间越长听起来越遥远，声音延迟时间越短听起来越近。还要注意设置有多少的回声反馈到原音频素材文件上和混响的强度。

9.2.11 DeNoiser（降噪）

技术速查：降噪特效可以为音频素材降低声道的噪音。

该特效面板参数如图9-37所示。

- Noisefloor（噪声层）：设置清除噪音的数量。
- Offset（偏移）：设置降噪时的偏移值。
- Freeze（冻结）：将某一频段的信号值保持不变。

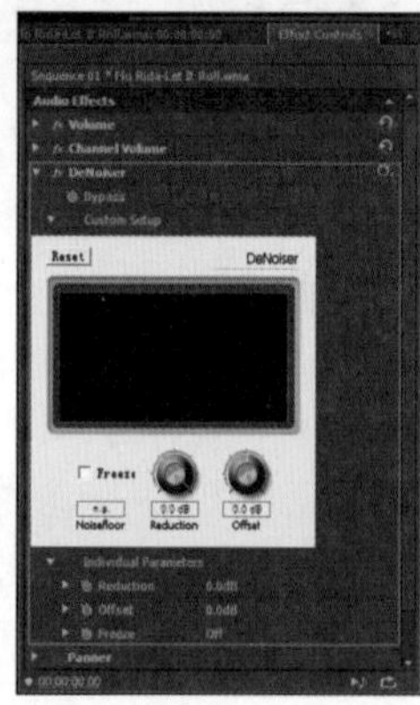

图9—37

9.2.12 Dynamics（动态）

技术速查：动态特效是针对音频信号中的低音与高音之间的音调，可以消除或者扩大某一个范围内的音频信号，从而突出主体信号的音量或控制声音的柔和度。

该特效面板参数如图9-38所示。

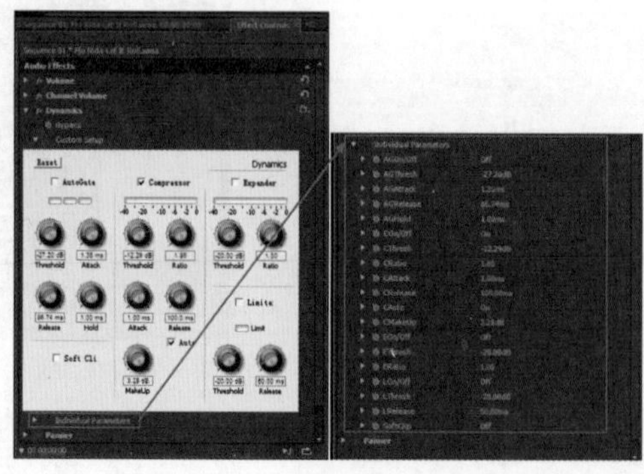

图9—38

9.2.13 EQ（均衡器）

技术速查：均衡特效主要是针对素材音频的高音部分和低音部分进行相互协调。

该特效面板参数如图9-39所示。

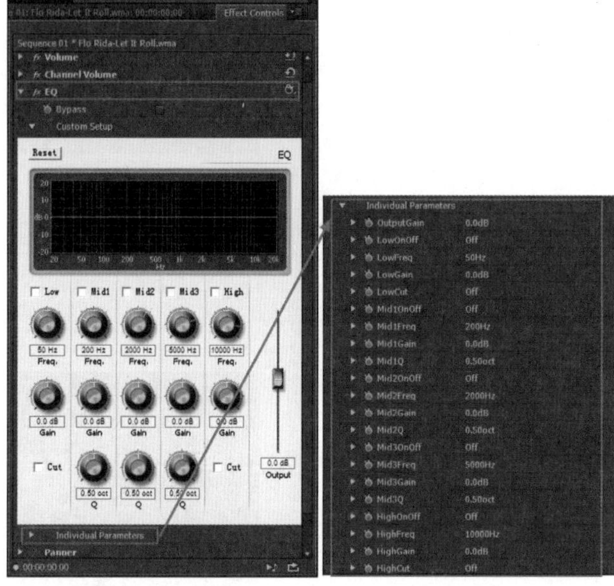

图9－39

9.2.14 Fill Left（填充左声道）

技术速查：填充左声道特效将指定的音频素材旋转在左声道进行回放。

该特效没有参数，将其拖曳到音频素材上即可产生作用，如图9-40所示。

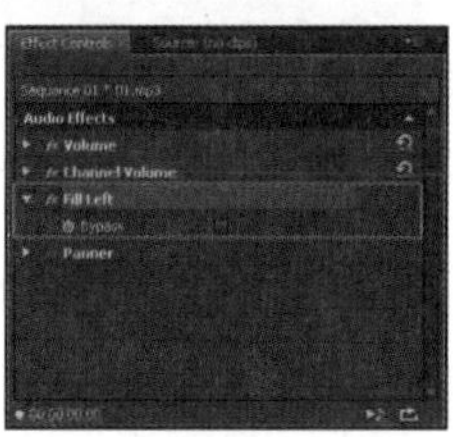

图9－40

9.2.15 Fill Right（填充右声道）

技术速查：填充右声道特效将指定的音频素材旋转在右声道进行回放。

该特效没有参数，将其拖曳到音频素材上即可产生作用，如图9-41所示。

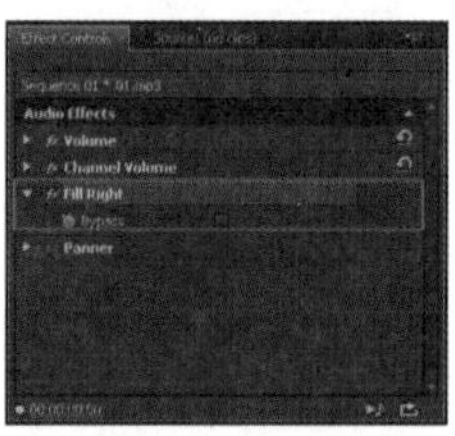

图9－41

9.2.16 Flanger（镶边）

技术速查：镶边特效可以将完好的音频素材调节成声音短期延误、停滞或随机间隔变化的音频信号。

该特效面板参数如图9-42所示。

- Lfo Type（频率振动类型）：设置频率振动的类型。包括Sine（正弦波）、Rect（矩形）、Triangle（三角形）3种和声处理的类型。
- Rate（速率）：设置频率振动的速度。
- Depth（深度）：设置频率振幅。
- Mix（混合）：设置该音频特效与原音频素材的混合程度。
- FeedBack（反馈）：设置振幅凝滞效果反馈到音频素材上的强弱。
- Delay（延迟）：设置频率振动延误的时间。

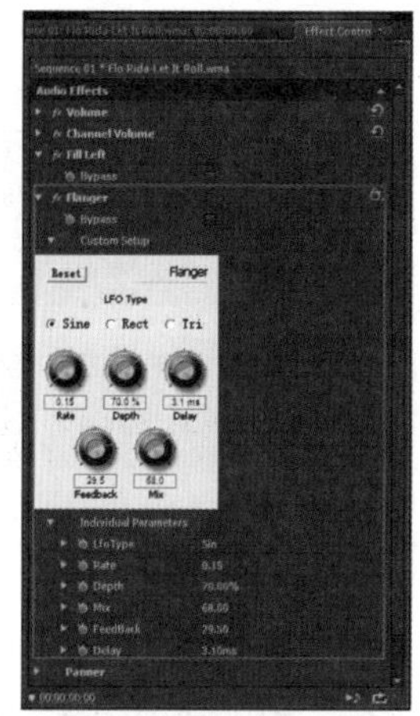

图9－42

9.2.17 Highpass（高通）

技术速查：高通特效可以将音频信号的低频过滤。

该特效面板参数如图9-43所示。

- Cutoff（过滤强度）：设置低频过滤的起始值。

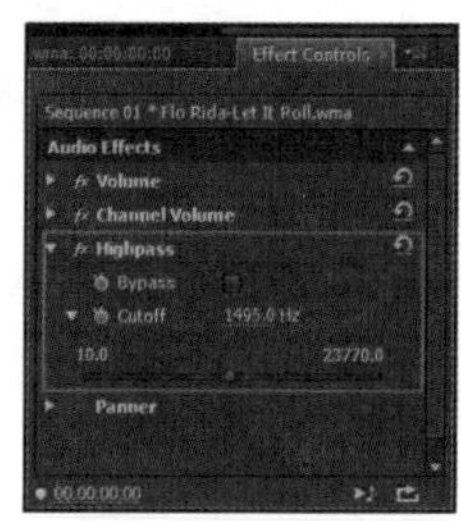

图9－43

9.2.18 Invert（反相）

技术速查：反相特效可以反转当前声道状态。

该特效没有参数，将其拖曳到音频素材上即可产生作用，如图9-44所示。

图9－44

9.2.19 Lowpass（低通）

技术速查：低通特效可以将音频素材文件的低频部分从声音中滤除。

该特效面板参数如图9-45所示。

- Cutoff（过滤强度）：设置高频过滤的起始值。

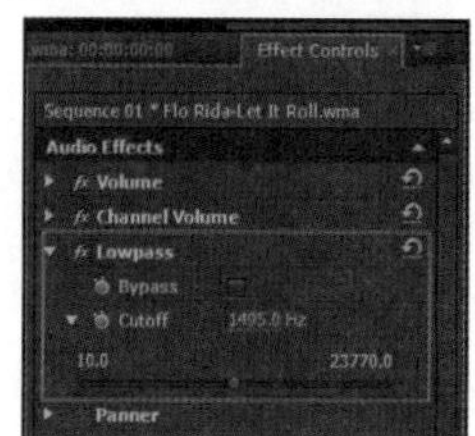

图9－45

9.2.20 Multiband Compressor（多频段压缩）

技术速查：多频段压缩特效可以对音频素材的低、中、高频段进行压缩。

该特效面板参数如图9-46所示。

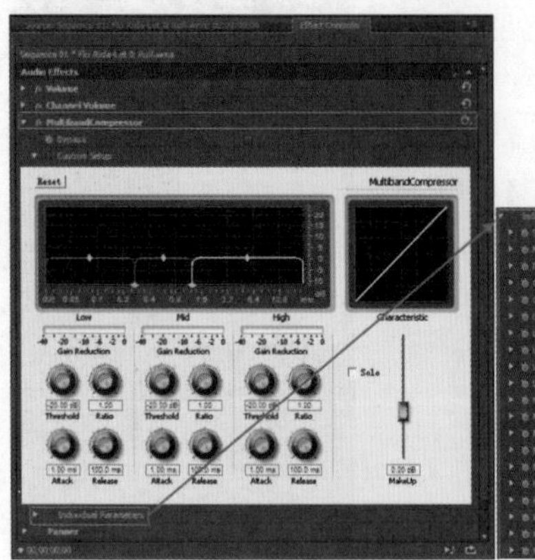
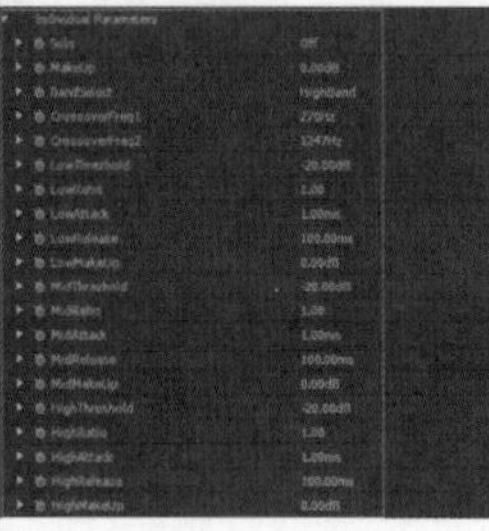

图9—46

- Low\Mid\High（低\中\高）：为音频素材的3个频段，分别对它们的音频信号进行压缩。
- Threshold（阈值）：设置3个波段的压缩上限，当音频信号低于上限值时，压缩不需要的频段信息。
- Ratio（压缩系数）：设定3个波段的压缩系数。
- Attck（处理）：设置3个波段压缩时的处理时间。
- Release（释放）：设置3个波段压缩时的结束时间。
- Solo（独奏）：是否只播放被激活的波段音频。
- Make Up（波段调节）：移动被压缩的波段。

9.2.21 Multitap Delay（多功能延迟）

技术速查：多功能延迟特效可以对延时效果进行高程度控制，使音频素材产生同步、重复回声效果。

该特效面板参数如图9-47所示。

- Delay（延迟）：设置回声和原音频素材延迟的时间。
- Feedback（反馈）：设置回声反馈的多少。
- Level（级别）：设置回声的音量。
- Mix（混合）：设置回声和音频的混合程度。

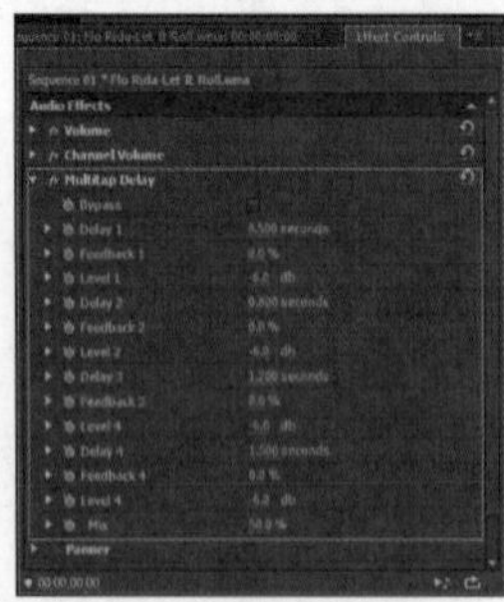

图9—47

9.2.22 Mute（静音）

技术速查：静音特效可以使音频素材文件的指定部分静音。

该特效面板参数如图9-48所示。

- Mute（静音）：静音音频素材整体。
- Mute1（静音1）：静音音频素材的左声道。
- Mute2（静音2）：静音音频素材的右声道。

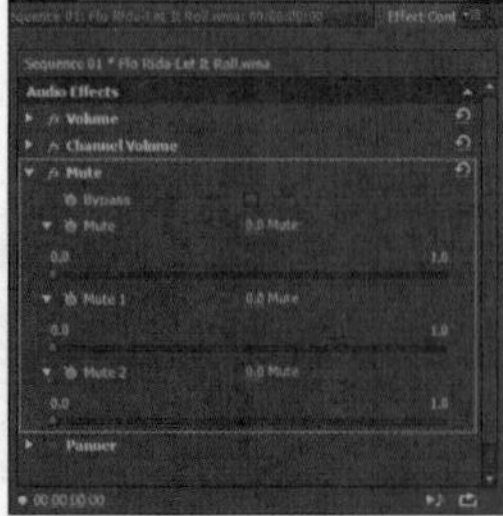

图9—48

9.2.23 Notch（去除指定频率）

技术速查：去除指定频率特效可以消除设定范围内的频率。

该特效面板参数如图9-49所示。

- Center（中心）：设置去除不需要的频率初始范围。
- Q：设置去除指定频率的强度。

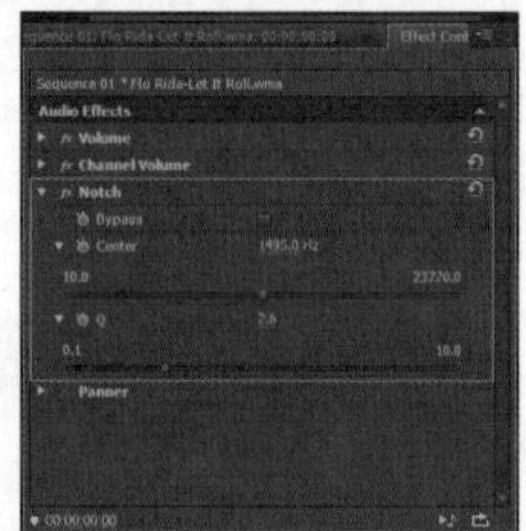

图9—49

9.2.24 Parametric EQ（参数均衡）

技术速查：参数均衡特效均衡设置，可以精确地调节音频的高音和低音，可以在相应的频段按照百分比来调节原始音频，以实现音调的变化。

该特效面板参数如图9-50所示。

- Center（中心）：设置均衡的初始频段的范围。
- Q：设置影响强度。
- Boost（放大）：调节音频素材的音量。

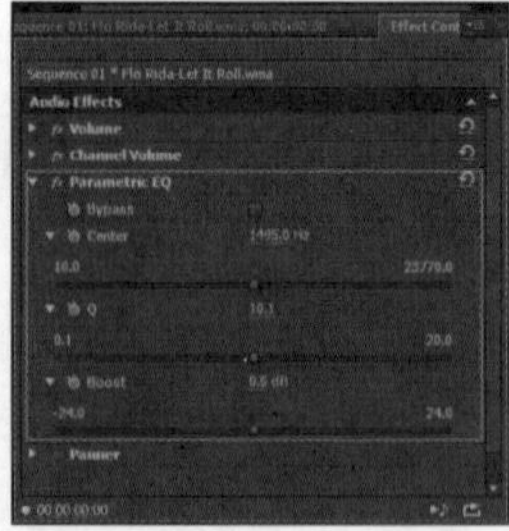

图9—50

9.2.25 Phaser（声道相位）

技术速查：声道相位特效可以对音频素材产生素材声道错位的效果。

该特效面板参数如图9-51所示。

- Lfo Type（声道相位类型）：设置音频素材的错位类型。包括Sine（正弦波）、Rect（矩形）、Triangle（三角形）3种声道处理的类型。

- Rate（速率）：设置错位频率的速度。
- Depth（深度）：错位频率的变化值。
- Mix（混合）：设置错位频率和原音频素材的混合程度。
- Feedback（反馈）：设置错位声道效果反馈的多少。
- Delay（延迟）：设置错位频率与原音频素材延迟的时间。

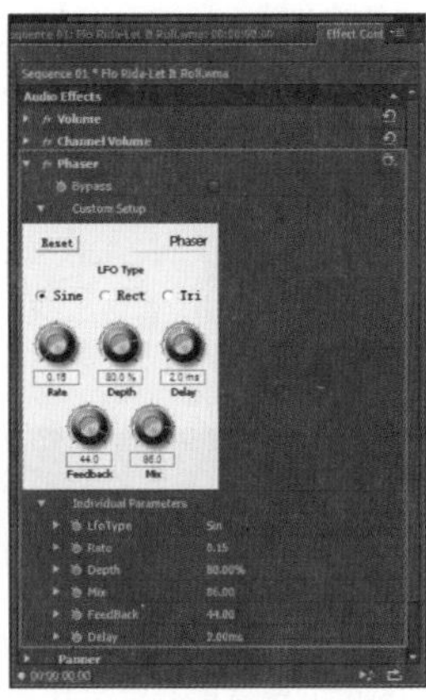

图9－51

9.2.26 PitchShifter（变调）

技术速查：变调特效可以改变原音频素材的音调。

该特效面板参数如图9-52所示。

- Pitch（声调）：设置音调的变化量。
- Fine Tune（微调）：对素材音频的声调微调。
- Formant Preseve（频高限制）：限制变调时出现爆音现象。

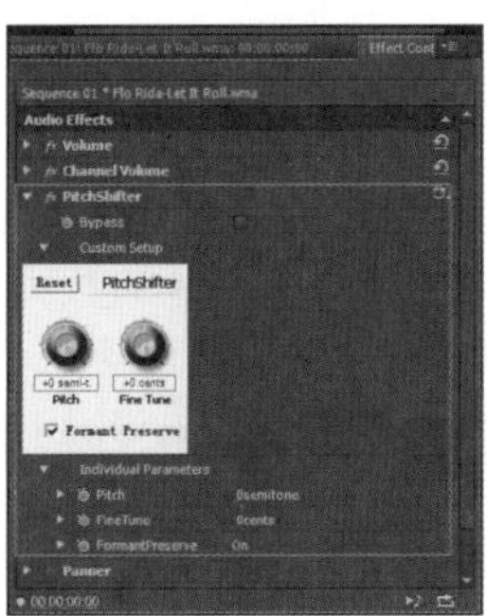

图9－52

9.2.27 Reverb（混响）

技术速查：混响特效可以用于为音频素材文件添加回响效果。

该特效面板参数如图9-53所示。

- Pre Delay（预延迟）：设置声音碰撞物体后发出的声音延迟的时间。
- Absorption（吸收）：设置声音的吸收率。
- Size（大小）：设置碰撞空间的大小。
- Density（强度）：设置声音吸收的强度。
- Lo Damp（低频阻尼）：设置一个低频阻尼。
- Hi Damp（高频阻尼 ）：设置一个高频阻尼。
- Mix（混合）：设置混响和原音频素材的混合程度。

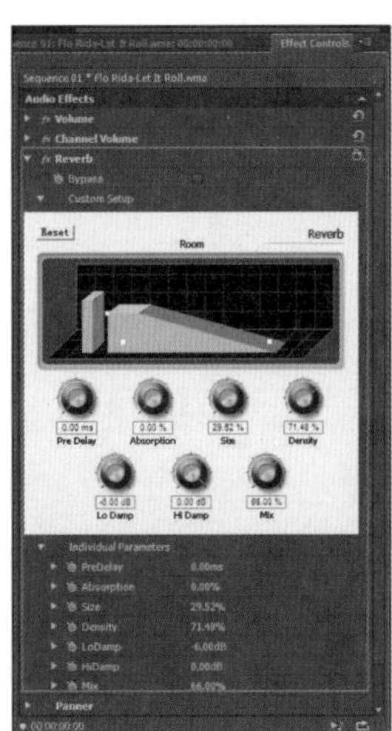

图9－53

9.2.28 Spectral Noise Redution（频谱降噪）

技术速查：频谱降噪特效可以用频谱表的形式去除音频素材的噪音。

该特效面板参数如图9-54所示。

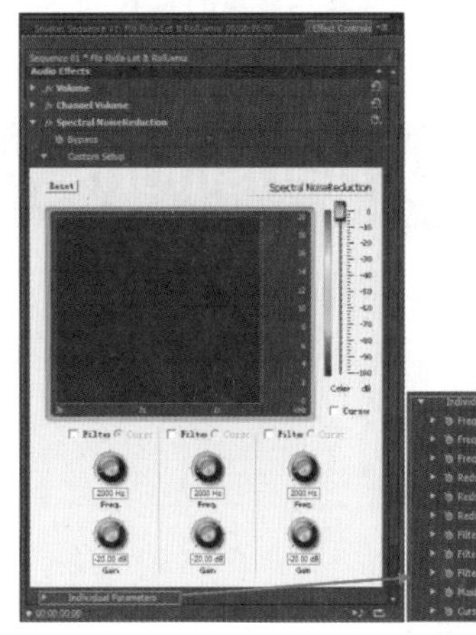

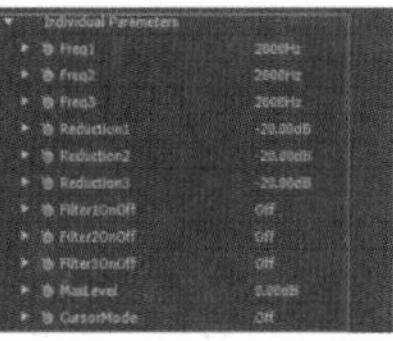

图9－54

- Freq1\2\3（频率1\2\3）：设置音频素材的3个频率的滤波器值。
- Reduction1\2\3（减少1\2\3）：设置音频素材的3个频率的消弱噪音的阈值。
- Filter 1\2\3On Off（滤波器1\2\3）：分别设置3个滤波器的开关。
- Max Level（最大级别）：设置滤波器的降噪的最大级别。
- Cursor Mode（光标模式）：设置过滤器光标模式的开关。

9.2.29 Swap Channels（交换声道）

技术速查：交换声道特效可以将音频素材的左右声道互换。

该特效没有参数，将其拖曳到音频素材上即可产生作用，如图9-55所示。

图9－55

9.2.30 Treble（高音）

技术速查：高音特效可以用于调节音频素材的高音分贝。

该特效面板参数如图9-56所示。

- Boost（放大）：用于调节音贝的高低。

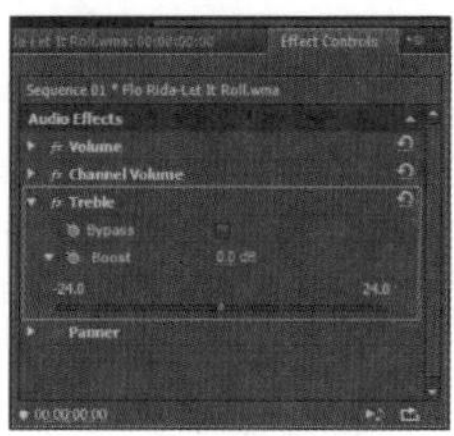

图9－56

9.2.31 Volume（音量）

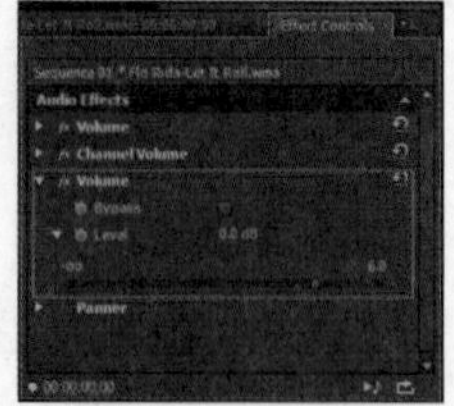

图9—57

技术速查：音量特效可以用于调节音频素材的音量大小。

该特效面板参数如图9-57所示。

- Level（级别）：调节音频素材音量的大小。

9.3 Audio Transitions（音频转场）

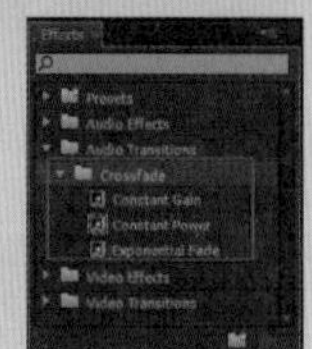

图9—58

在Audio Transitions（音频转场）中包括3种，分别为Constant Gain（恒定功率）、Constant Power（恒定增益）和Exponential Fade（指数淡入淡出）。其参数面板如图9-58所示。

9.3.1 Constant Gain（恒定增益）

技术速查：恒定增益特效可以对音频素材文件制作出交叉淡入淡出的变化，且是在一个恒定的速率和剪辑之间的过渡。

该特效面板参数如图9-59所示。

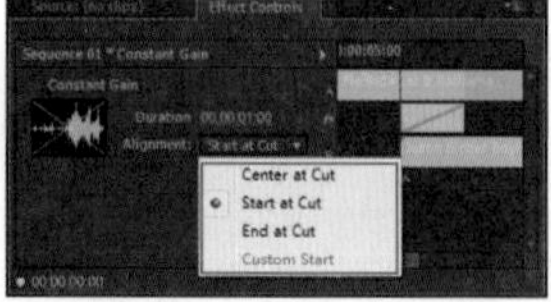

图9—59

- Center at Cut（剪切中心）：以剪切处为中心，第一段音频素材末向第二段素材转场。
- Start at Cut（从剪切处开始）：从第二段音频素材开始处淡入。
- End at Cut（在剪切处结束）：从第一段音频素材末处开始，到剪切中心淡出。
- Custom Start（自定义开始）：自定义开始转场开始与结束，不常用。

9.3.2 Constant Power（恒定功率）

技术速查：恒定功率特效可以对音频素材文件制作出交叉淡入淡出，创建一个平稳、逐渐过渡的效果。

该特效面板参数如图9-60所示。

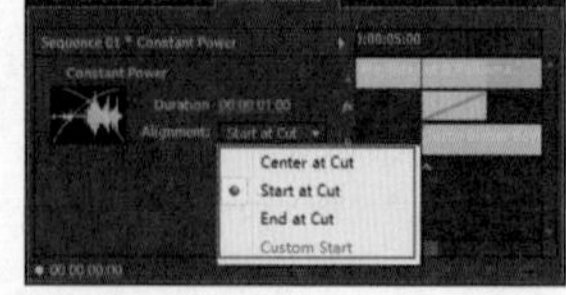

图9—60

- Center at Cut（剪切中心）：以剪切处为中心，第一段音频素材末向第二段素材转场。
- Start at Cut（从剪切处开始）：从第二段音频素材开始处淡入。
- End at Cut（在剪切处结束）：从第一段音频素材末处开始，到剪切中心淡出。
- Custom Start（自定义开始）：自定义开始转场开始与结束。

9.3.3 Exponential Fade（指数淡入淡出）

技术速查：指数淡入淡出特效可以将淡化线线形线段交叉。对于Constant Power（恒定增益），相对比较机械。

该特效面板参数如图9-61所示。

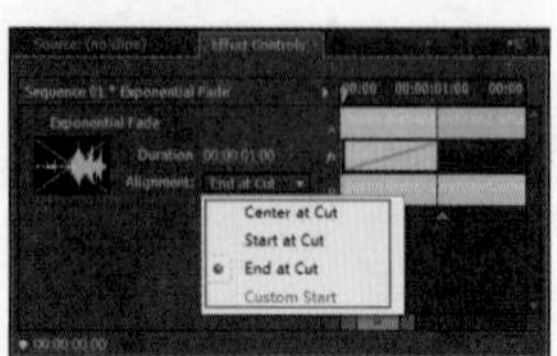

图9—61

- Center at Cut（剪切中心）：以剪切处为中心，第一段音频素材末向第二段素材转场。
- Start at Cut（从剪切处开始）：从第二段音频素材开始处淡入。
- End at Cut（在剪切处结束）：从第一段音频素材末处开始，到剪切中心淡出。
- Custom Start（自定义开始）：自定义开始转场开始与结束，不常用。

9.4 Audio Mixer（音频合成器）

在【Audio Mixer（音频合成器）】窗口，能在收听音频和观看视频的同时调整多条音频轨道的音量等级以及摇摆/均衡度。Premiere使用自动化过程来记录这些调整，然后在播放剪辑时再应用它们。Audio Mixer窗口就像一个音频合成控制台，为每一条音轨都提供了一套控制。选择【Window（窗口）】/【Audio Mixer（音频合成器）】/【Sequence 01（序列01）】命令，如图9-62所示。此时进入【Audio Mixer（音频合成器）】窗口，如图9-63所示。

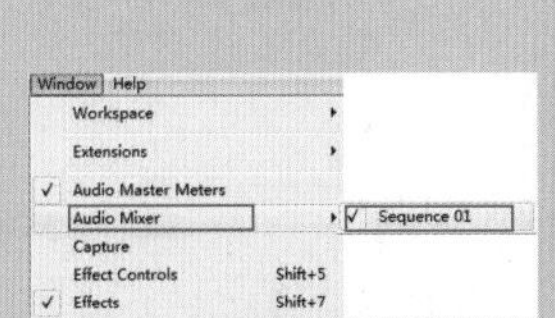

图9—62

图9—63

调音台的每一个通道都设有滤波器、均衡器和音量控制等，可以对声音进行调整。调音台可以对若干路外来信号作总体或单独的调整。每条单轨可根据时间线窗口中的相应编号，拖动每条轨道的音量淡化器来调整音量。

在使用混音器窗口进行调整时，Premiere 同时在时间线窗口中音频剪辑的音量线上创建控制点，并且应用所作的改动。如图9-64所示为【Audio Mixer（音频合成器）】窗口的各个功能菜单。

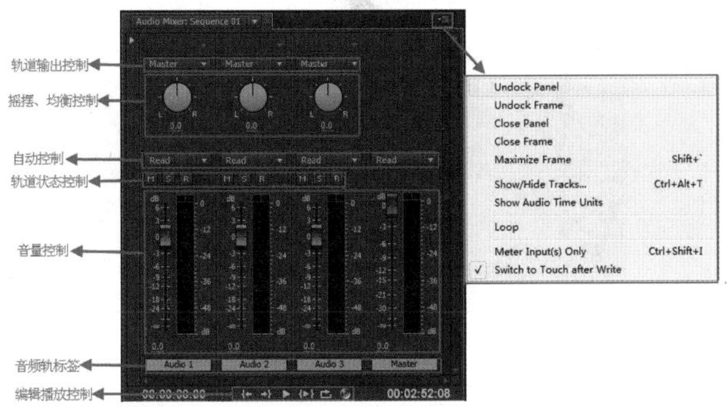

图9—64

技巧提示

默认情况下，【Audio Mixer（音频合成器）】窗口被隐藏，因此可以通过执行菜单栏中的【Window（窗口）】/【Audio Mixer（音频合成器）】命令，将其调出来，如图9—65所示。

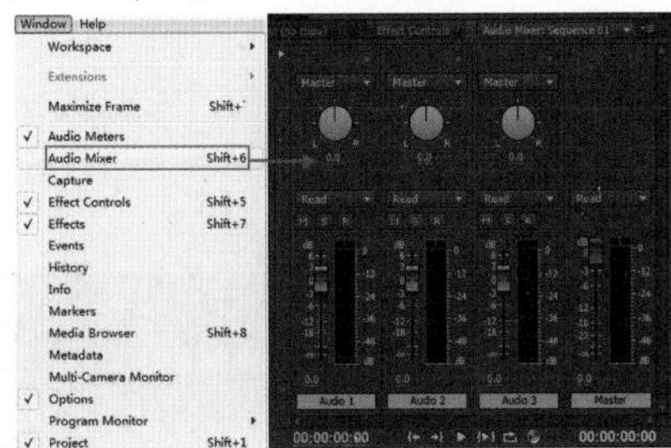

图9—65

Track Name（音频轨标签）

音频轨标签主要用来显示音频的轨道。其参数面板如图9-66图所示。

图9—66

Automation Mode（自动控制）

自动控制主要用来选择控制的方式。包括Off（关闭）、Read（读）、Latch（锁存）、Touch（涉及）、Write（写）。其参数面板如图9-67所示。

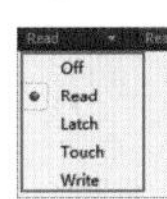

图9—67

- Off（关闭）：关闭模式。
- Read（读）：只是读入轨道的音量等级和摇摆 / 均衡数据，并保持这些控制设置不变。
- Latch（锁存）：可在拖动音量淡化工具和摇摆 / 均衡控制的同时，修改之前保持的音量等级和摇摆 / 均衡数据，并随后保持这些控制设置不变。
- Touch（涉及）：可只在拖动音量淡化工具和摇摆 / 均衡控制的同时，修改先前保存的音量等级和摇摆 / 均衡数据。在释放了鼠标左键后，控制将回到它们原来的位置。
- Write（写）：可基于音频轨道控制的当前位置来修改先前保存的音量等级和摇摆 / 均衡数据。在录制期间，不必拖动控件就可自动写入系统所作的处理。

Left/Right Balance（摇摆、均衡控制）

摇摆、均衡控制：每个音轨上都有这个控制器，作用是将单声道的音频素材在左右声道来回切换，最后将其平衡为立体声。参数范围为 - 100～100。L表示左声道，R表示右声道。如图9-68所示，按住鼠标拖动按钮上的指针对音频轨道做摇摆或均衡设置，也可以单击旋钮下边的数字，直接输入参数。负值表示将音频设定在左声道，正值表示将音频设定在右声道。

图9-68

Track Conditon（轨道状态）

Track Conditon（轨道状态）主要用来控制轨道的状态。其参数面板如图9-69所示。

图9-69

- (Mute Track（静音轨道））：单击该按钮，音频素材播放时为静音。
- (SoloTrack（独奏轨道））：单击该按钮，只播放单一轨道上的音频素材，其他轨道上的音频素材则为静音。
- (Enable track for recording（音频信号录制轨道））：单击该按钮，将外部音频设备输入的音频信号录制到当前轨道。

Volume Control（音量控制）

Volume Control（音量控制）对当前轨道的声音进行调节，拖动，控制声音的高低，如图9-70所示。

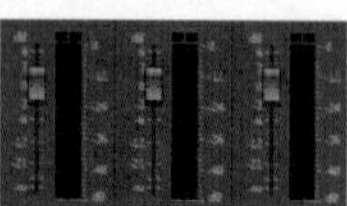

图9-70

Track Output Assignment（轨道输出控制）

轨道输出控制主要用来控制轨道的输出，如图9-71所示。

图9-71

Editor Play（编辑播放）

Editor Play（编辑播放）控制音频的播放状态，如图9-72所示。

图9-72

- （到入点）：单击该按钮，将时间指针移到入点位置。
- （到出点）：单击该按钮，将时间指针移到出点位置。
- （播放）：单击该按钮，播放音频素材文件。
- （播放入、出点）：单击该按钮，播放入点到出点间的音频素材内容。
- （循环）：单击该按钮，循环播放音频。
- （录制）：单击该按钮，开始录制音频设备输入的信号。

★ 案例实战——音频的自动控制

案例文件	案例文件\第9章\音频的自动控制.prproj
视频教学	视频文件\第9章\音频的自动控制.flv
难易指数	
技术要点	剃刀工具和调音台的应用

案例效果

音频的音量和左右声道通常都要进行手动调节来实现，但是在一个音频素材中出现多次的音量和左右声道变化手动调节会非常麻烦，所以可以为音频制作自动控制效果。本案例主要是针对“制作音频的自动控制效果”的方法进行练习。

操作步骤

01 打开素材文件【04.prproj】。然后按住鼠标左键将项目窗口中的【配乐.mp3】素材文件拖曳到Audio1轨道上，如图9-73所示。

图9-73

02 单击（剃刀工具）按钮，然后在【配乐.mp3】素材文件27秒19帧的位置，单击鼠标左键剪辑【配乐.mp3】素材文件，如图9-74所示。

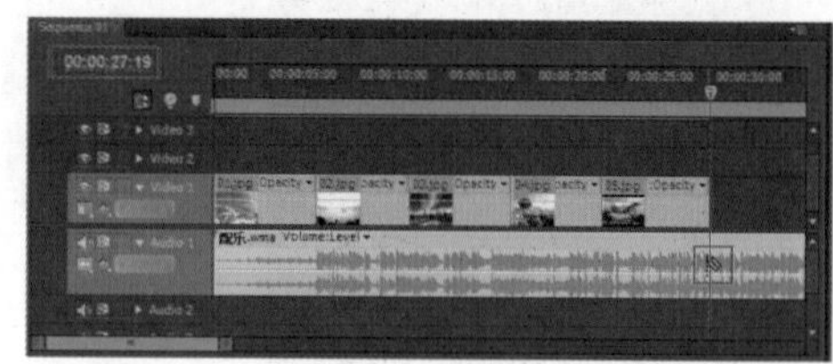

图9-74

03 单击（选择工具）按钮，然后选中剪辑【配乐.mp3】素材文件的后半部分，并按【Delete】键删除，如图9-75所示。

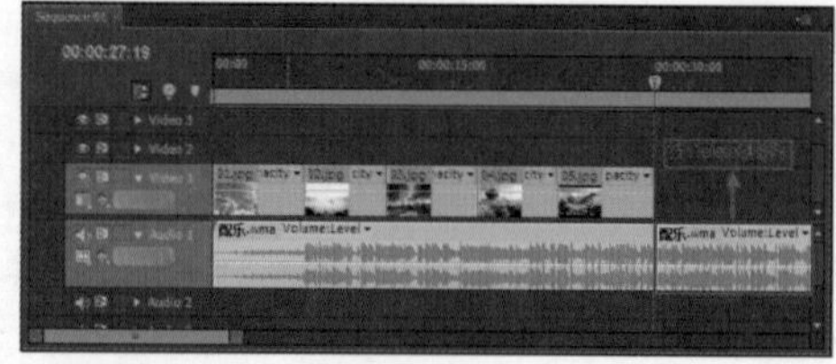

图9-75

04 单击Audio1轨道前面的（显示关键帧）按钮，在弹出的菜单中选择【Show Track Keyframes（显示轨道关键帧）】选项，如图9-76所示。

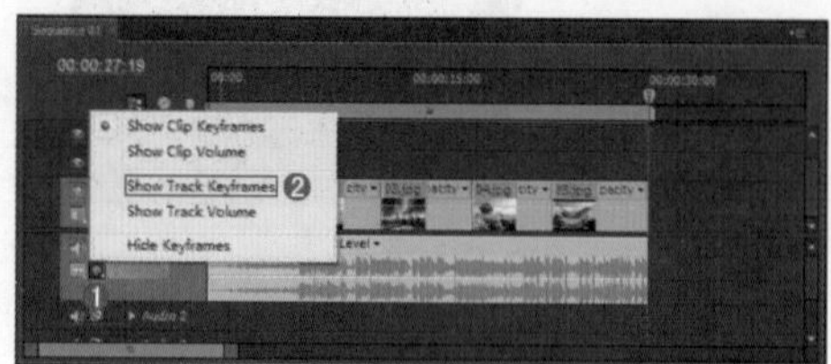

图9-76

技巧提示

只有在选择了【Show Track Keyframes（显示轨道关键帧）】的模式下，写入的音量大小关键帧才能看到，否则在通常的【Show Clip Keyframes（显示素材关键帧）】模式下是看不到的。

05 在【Audio Mixer（调音台）】窗口中设置Audio1的【Auto Controls（自动控制）】为【Write（写入）】，如图9-77所示。

06 单击【Audio Mixer（调音台）】窗口下面的▶（播放）按钮播放音频，并同时上下滑动Audio2的音量按钮，如图9-78所示。

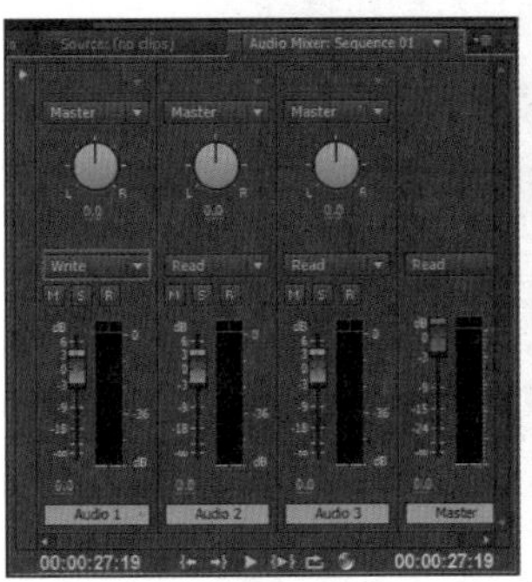

图9—77

图9—78

技巧提示

不仅单击【Audio Mixer（调音台）】窗口下面的▶（播放）按钮播放音频来制作音频的自动控制有效，单击监视器窗口下面的▶（播放）按钮也同样有效。

07 在适当的位置再次单击▶（播放）按钮停止播放。此时Audio1轨道的【配乐.mp3】素材文件上会出现很多音量的关键帧。此时已经完成了写入自动控制，如图9-79所示。

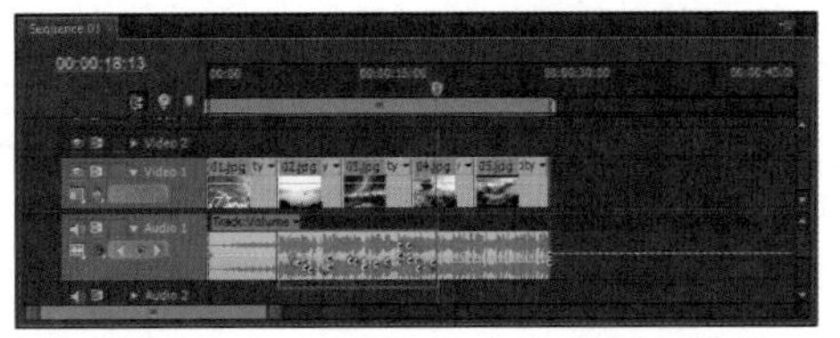

图9—79

08 在【Audio Mixer（调音台）】窗口中设置Audio1的【Auto Controls（自动控制）】为【Touch（触动）】，如图9-80所示。

09 单击【Audio Mixer（调音台）】窗口下面的▶（播放）按钮播放音频，并同时左右旋转Audio1的【Left/Right Balance（左右平衡）】按钮，也可以直接输入数值，如图9-81所示。此时按空格键播放预览，就可以听到音频的音量变化和左右声道来回变换的效果。

图9—80

图9—81

答疑解惑：制作音频的自动控制有哪些注意事项？

在制作音频的自动控制音量时，一定要先将Auto Controls（自动控制）设置为Write（写入）之后再调节音量。这样调节音量的关键帧才能被写入。同样，调节左右声道的时候也一定要将Auto Controls（自动控制）设置为Touch（触动）。

9.5 音频特效关键帧

Premiere不仅可以添加音频特效，而且可以设置相应的关键帧，使其产生音频的变化。

9.5.1 手动添加关键帧

选择时间线窗口中的素材文件，然后将时间线滑块拖到合适的位置，并单击前面的◀◇▶按钮，即可为音频素材文件添加一个关键帧，如图9-82所示。

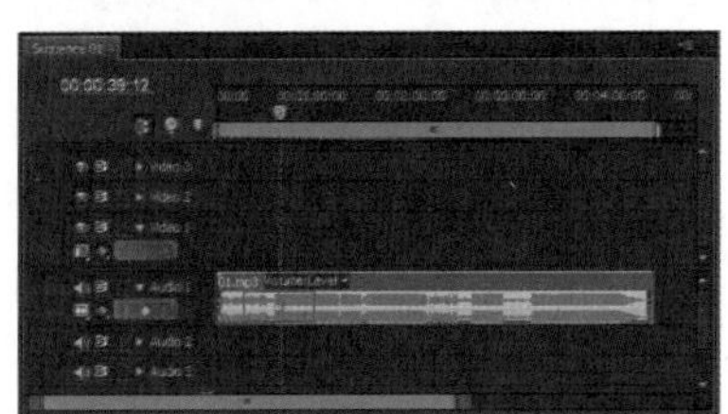

图9—82

9.5.2 动手学：自动添加关键帧

01 选择时间线窗口中的素材文件，然后在【Effect Controls（效果控制）】面板中拖动时间线滑块到合适位置，并设置【Level（级别）】为 - 10，则自动添加一个关键帧，如图9-83所示。

02 将时间线拖到合适的位置，再次设置【Level（级别）】为0，则自动添加一个关键帧，如图9-84所示。

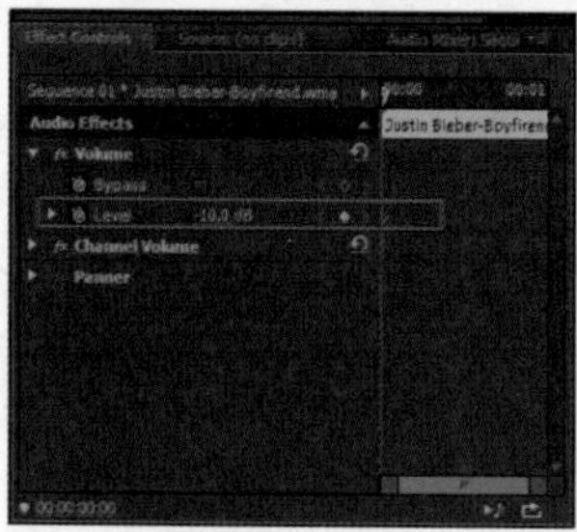
图9－83

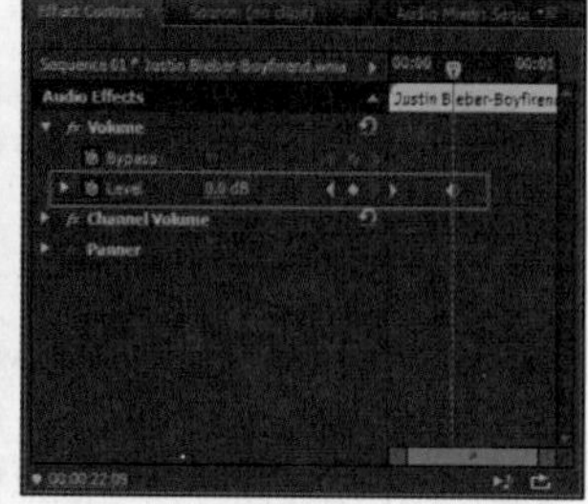
图9－84

★ 案例实战——改变音频的速度

案例文件	案例文件\第9章\改变音频的速度.prproj
视频教学	视频文件\第9章\改变音频的速度.flv
难易指数	★★★★★
技术要点	剃刀工具和Speed/Duration（速度/持续时间）的应用

案例效果

通过改变音频的速度可以改变音频的长短，并使声音产生粗细变化。本案例主要是针对“改变音频的速度”的方法进行练习。

操作步骤

01 打开素材文件【05.prproj】。然后按住鼠标左键将项目窗口中的【配乐.wma】素材文件拖曳到Audio1轨道上，如图9-85所示。

图9－85

02 在Audio1轨道的【配乐.wma】素材文件上单击鼠标右键，在弹出快捷菜单中选择【Speed/Duration（速度/持续时间）】命令。然后在弹出的对话框中设置【Speed（速度）】为110，如图9-86所示。

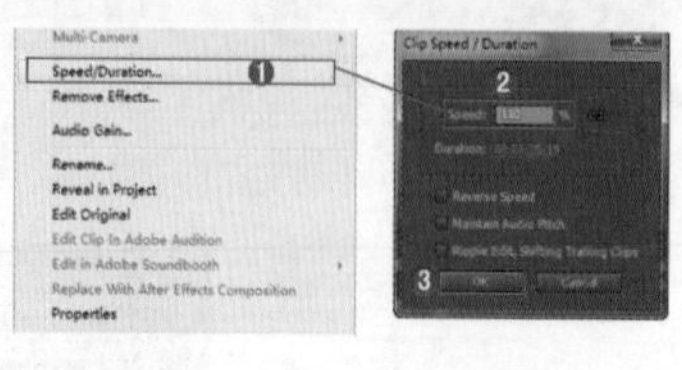
图9－86

技巧提示

调节音频的速度时，设置【Speed（速度）】的百分比越大素材的时间越短，百分比越小素材的时间越长。如图9-87所示，分别是【Speed（速度）】为150%和50%时素材的时间长短效果。

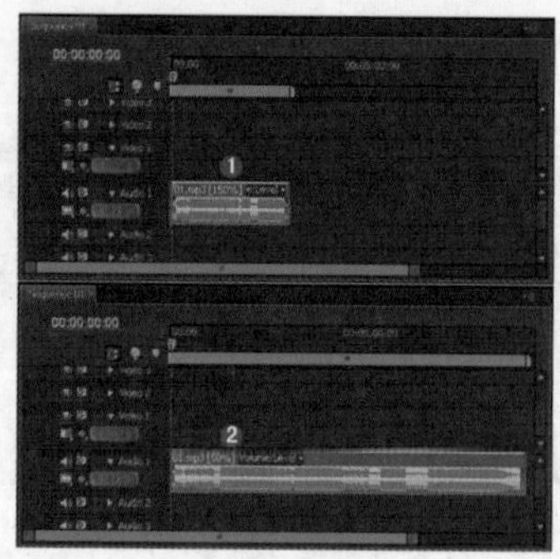
图9－87

03 单击（剃刀工具）按钮，然后在【配乐.wma】素材文件25秒20帧的位置，单击鼠标左键剪辑【配乐.wma】素材文件，如图9-88所示。

图9－88

04 单击（选择工具）按钮，然后选中剪辑后半部分的【配乐.wma】素材文件，接着按【Delete】键删除，如图9-89所示。此时按空格键播放预览，就可以听到音频的速度变化效果。

图9－89

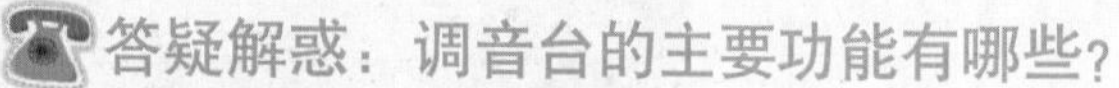

答疑解惑：调音台的主要功能有哪些？

Audio Mixer（调音台）是一个直观的音频工具，它将时间线窗口中的所有音频轨道收纳在窗口中，可以调节音频素材的音量和左右声道，还可以对多个音频轨道直接进行编辑，如添加音频效果、制作自动控制等。

★ 案例实战——声音的淡入淡出

案例文件	案例文件\第9章\声音的淡入淡出.prproj
视频教学	视频文件\第9章\声音的淡入淡出.flv
难易指数	★★★★★
技术要点	剃刀工具和动画帧效果的应用

案例效果

在影视作品中的插曲配乐等都有淡入淡出的效果，因为淡入淡出效果才会使音乐更好地融入影视作品中，而不会产生喧宾夺主的效果。本案例主要是针对“声音的淡入淡出效果”的方法进行练习。

操作步骤

01 打开素材文件【06.prproj】。然后按住鼠标左键将项目窗口中的【配乐.mp3】素材文件拖曳到Audio1轨道上，如图9-90所示。

图9—90

答疑解惑：声音淡入淡出的主要功能是什么？

声音的淡入淡出是表示声音逐渐从无到有和从有到无的效果，避免声音进入得过于突然和生硬。淡入表示一个段落的开始，淡出表示一个段落的结束。

淡入淡出效果可以使它节奏舒缓，能够制造出富有表现力的气氛。

02 单击（剃刀工具）按钮，然后在【配乐.mp3】素材文件35秒11帧的位置，单击鼠标左键剪辑【配乐.mp3】素材文件，如图9-91所示。

图9—91

03 单击（选择工具）按钮，然后选中剪辑后半部分的【配乐.mp3】素材文件，接着按【Delete】键删除，如图9-92所示。

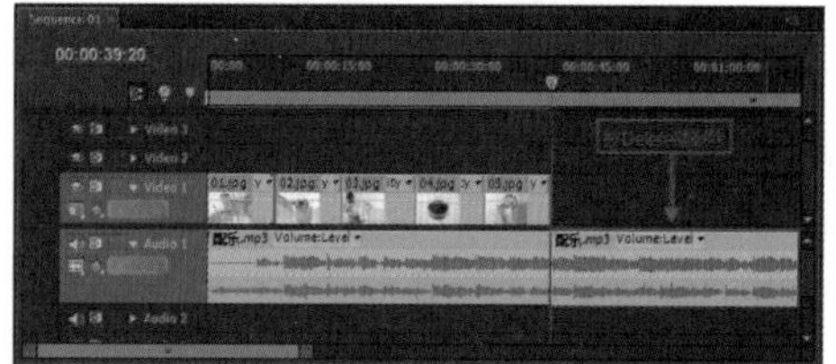

图9—92

04 选择时间线Audio1轨道上【配乐.mp3】音频素材文件，在起始帧和结束帧的位置单击按钮，各添加一个关键帧。然后在3秒11帧的位置和36秒22帧的位置各添加一个关键帧，如图9-93所示。

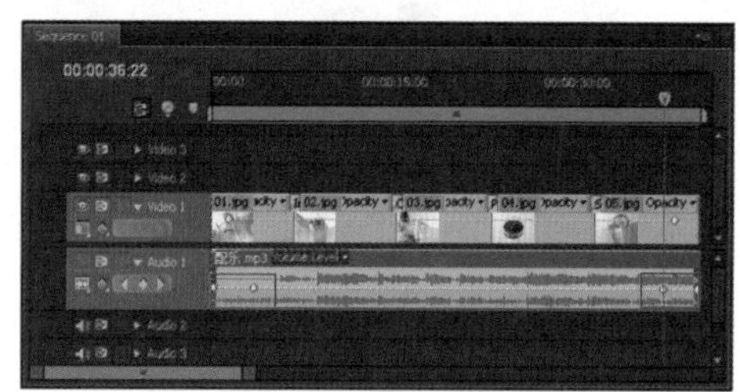

图9—93

05 将鼠标分别放置在第一个和最后一个关键帧上，并按住鼠标左键向下拖曳。制作出音乐的淡入淡出效果，如图9-94所示。此时按空格键播放预览，就可以听到音频的淡入淡出效果。

图9—94

技巧提示

声音的淡入淡出效果，也可以在【Effect Controls（效果控制）】面板中进行制作。将时间线拖动到相应位置，然后在【Effect Controls（效果控制）】面板中设置【Level（级别）】的数值，即可添加音量的自动关键帧，如图9—95所示。

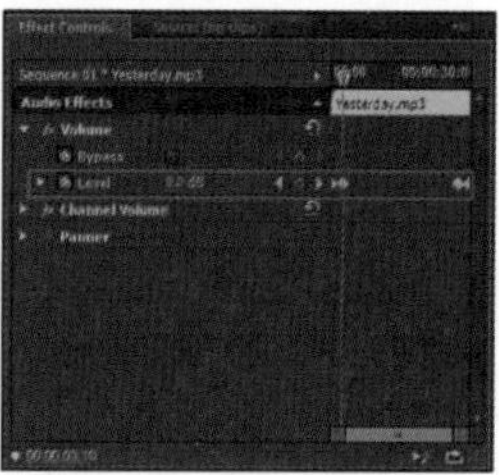

图9—95

课后练习

【课后练习——降低背景噪音效果】

思路解析：

01 在【Effects（效果）】窗口中找到【Notch（去除指定频率）】音频特效。

02 将该特效添加到时间线窗口中的音频素材上，并在【Effect Controls（效果控制）】面板中设置该特效的频率范围和影响强度。最终得到降低背景噪音的效果。

本章小结

音频效果是影片中的重要组成部分之一，可以通过音频烘托气氛，引导情感。本章讲解了如何添加和编辑音频素材，以及音频特效的使用。通过本章学习，可以掌握常用的编辑音频方法和技巧。

读书笔记

第10章

关键帧动画和运动特效

本章内容简介：

在Adobe Premiere Pro CS6中，可以为时间线窗口中的素材的相应属性添加关键帧，制作出相关动画效果。首先需要了解什么是关键帧，本章介绍了关键帧的添加和删除等基本操作，以及掌握多个属性关键帧的结合应用。

本章学习要点：

- 了解什么是关键帧
- 掌握添加、移动和删除关键帧的基本操作
- 掌握复制和粘贴关键帧的方法
- 关键帧动画的应用
- 了解关键帧插值

10.1 初识关键帧

使用Premiere Pro的关键帧功能可以修改时间线上某些特定点处的视频效果。通过关键帧，可以使Premiere Pro应用时间线上某一点的效果设置逐渐变化到另一点的设置。使用关键帧可以让视频素材或静态素材更加生动，还可以导入标识静态帧素材，并通过关键帧为它创建动画。

任何动画要表现运动或变化，至少前后要有两个不同的关键状态，而中间状态的变化和衔接会自动完成，表示关键状态的帧动画叫做关键帧动画。

所谓关键帧动画，就是给需要动画效果的属性，准备一组与时间相关的值，这些值都是在动画序列中比较关键的帧中提取出来的，而其他时间帧中的值，可以利用这些关键值采用特定的插值方法计算得到，从而达到比较流畅的动画效果。如图10-1所示分别为静止画面和关键帧动画的对比效果。

图10—1

思维点拨：什么是帧？

帧是影像动画中最小单位的单幅影像画面，相当于电影胶片上的每一格镜头。一帧就是一幅静止的画面，连续的帧就形成了动画，如电影图像等。帧数，即在1秒钟时间里传输的图片帧数，也可以理解为图形处理器每秒钟能够刷新几次，通常用fps（Frames Per Second）表示。高的帧率可以得到更流畅、更逼真的动画。PAL电视标准，每秒25帧。NTSC电视标准，每秒29.97帧（简化为30帧）。

10.2 【Effect Controls（效果控制）】面板

导入的素材添加到视频轨道上后，单击选择素材，在【Effect Controls（效果控制）】面板中可以看到3个选项，包括Motion（运动）、Opacity（不透明度）和Time Remapping（时间重置）。这3个选项中都包含相关参数，可以对素材进行关键帧动画等操作。

10.2.1 效果控制面板参数的显示与隐藏

技术速查：在【Effect Controls（效果控制）】面板中单击选项左侧的▶按钮可以显示和隐藏属性参数。

单击选项左侧的按钮，即可将该选项组展开，显示选项组中的选项。展开后该按钮会变成按钮，单击此按钮可折叠选项组，如图10-2所示。

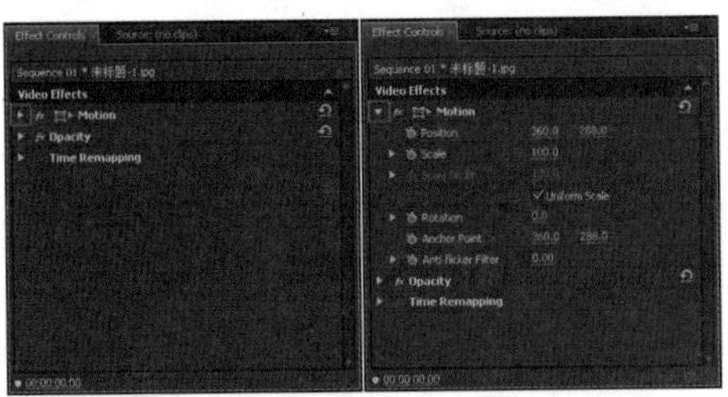

图10—2

【Effect Controls（效果控制）】面板的上方有一个（显示/隐藏时间线视图）按钮，单击该按钮可隐藏时间线视图，再次单击即可显示。可以便于查看和编辑关键帧，更好地掌握动画制作，如图10-3所示。

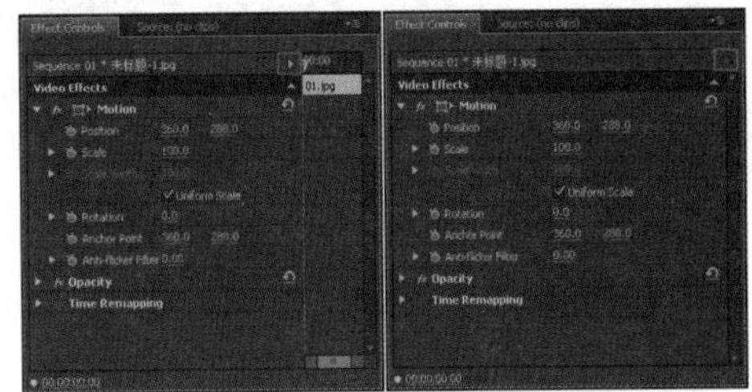

图10—3

10.2.2 设置参数值

技术速查：可以利用鼠标拖动和输入数值来更改设置属性的参数。

单击该选项后面的数值，即可输入新的参数值，如图10-4所示。或者将光标移动到参数值上，当光标变成双箭头时，按住鼠标左键左右拖动，即可调节参数值的大小，如图10-5所示。

技巧提示

其他选项的参数设置方法也与该方法相同。

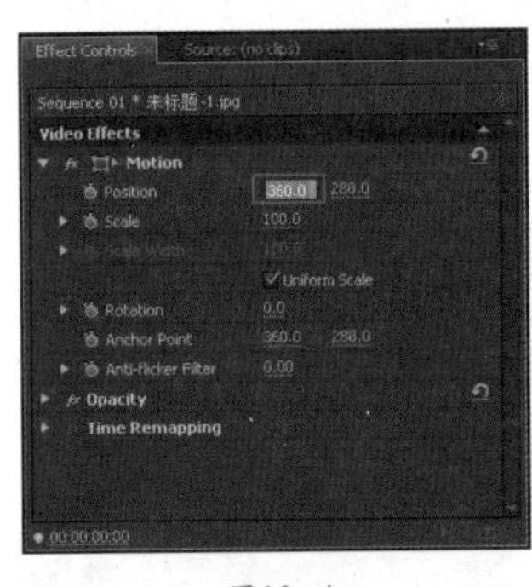

图10—4

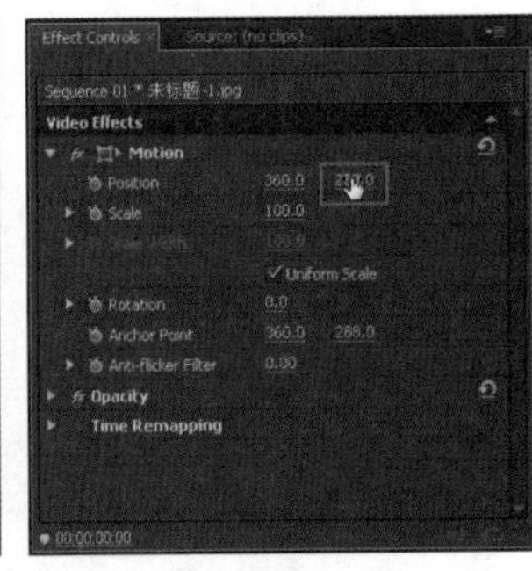

图10—5

10.3 创建与查看关键帧

在制作关键帧动画时，必须要为某一属性创建至少两个具有不同数值的关键帧，才能为素材设置该属性动画。在添加关键帧后，可以查看已经添加的关键帧参数。

10.3.1 创建添加关键帧

技术速查：通过属性前面的按钮可以创建关键帧，而通过修改参数和（添加/删除关键帧）按钮可以快速添加关键帧。

在Premiere Pro中，每一个特效或者属性都有一个对应的切换动画按钮。制作关键帧动画之前要单击切换动画按钮将其激活，激活之后即可为素材创建关键帧。

技巧提示

已经将按钮激活了，不能再次单击该按钮创建关键帧。因为再次单击切换动画按钮将自动删除全部关键帧。

为素材添加关键帧的方法主要有以下几种。

动手学：在效果控制面板中添加关键帧

方法一：在【Effect Controls（效果控制）】面板中将时间线滑块移动到合适的位置，然后单击属性前的按钮，并更改属性参数，会自动创建关键帧，如图10-6所示。

方法二：在已经激活按钮后，可以单击（添加/删除关键帧）按钮，手动创建关键帧，而不更改参数，如图10-7所示。

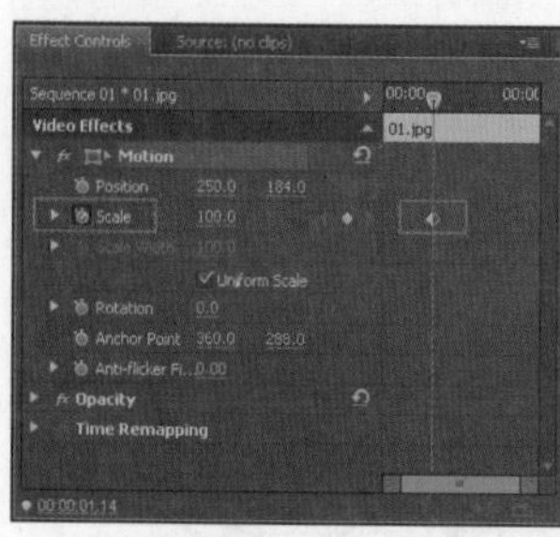

图10-6

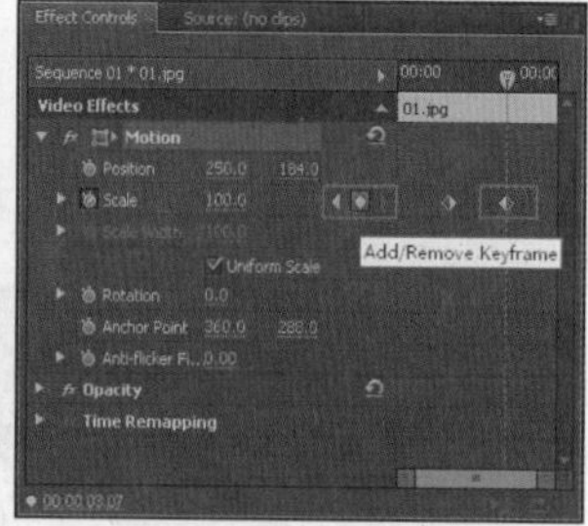

图10-7

动手学：通过【Program Monitor（节目监视器）】窗口添加关键帧

01 以【Scale（缩放）】属性为例。在【Effect Controls（效果控制）】面板中将时间线滑块移动到合适的位置，然后单击属性前面的按钮，并更改属性参数，会自动创建关键帧，如图10-8所示。该操作是为素材设置第一个关键帧，此时效果如图10-9所示。

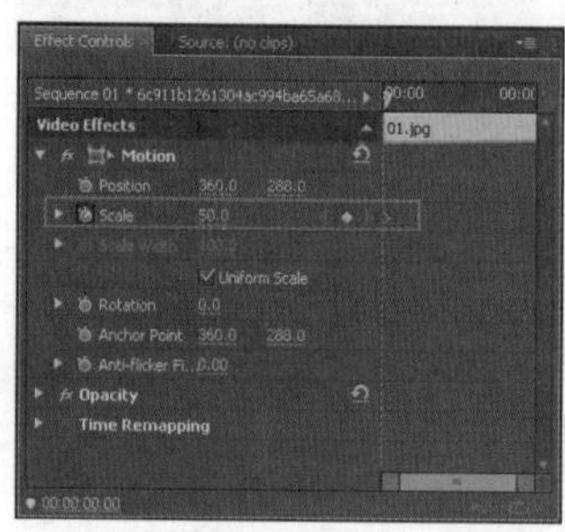

图10-8

图10-9

02 将当前时间线滑块移至要添加关键帧的位置，然后在【Program Monitor（节目监视器）】窗口中直接改变素材文件大小，如图10-10所示。此时，即可在当前时间线所在位置添加关键帧，并且参数也跟随更改，如图10-11所示。

图10-10

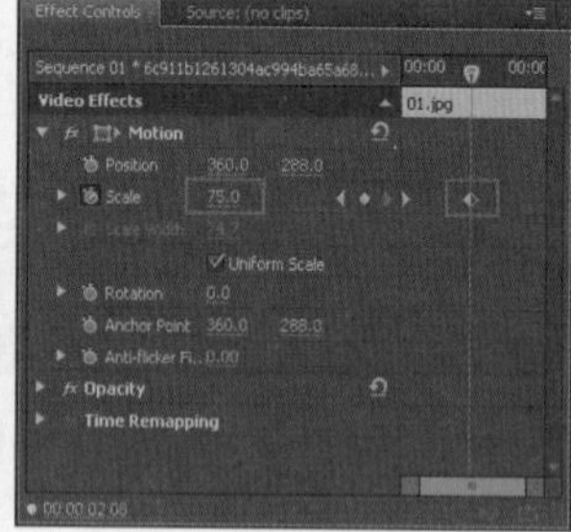

图10-11

动手学：在时间线窗口中使用鼠标添加关键帧

01 单击时间线窗口中素材文件上的效果属性菜单，然后选择要设置动画的属性，如图10-12所示。

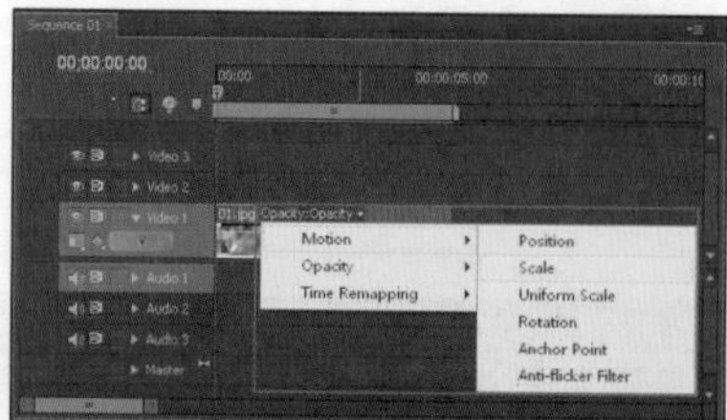

图10-12

02 将光标移动到时间线窗口中素材上的黄线附近，当光标呈现状时，如图10-13所示，按住【Ctrl】键，然后单击鼠标左键即可添加关键帧，如图10-14所示。

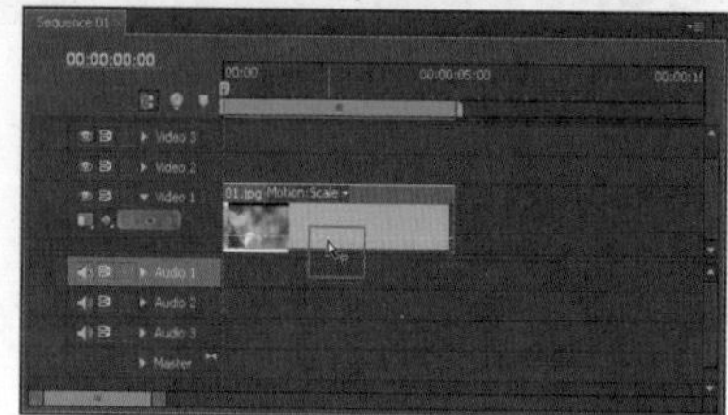

图10-13

图10-14

技巧提示

除了【Position（位置）】和【Anchor Point（锚点）】属性，其他基本属性都可用此方法在时间线窗口中添加关键帧。

动手学：在时间线窗口中使用【添加/删除关键帧】按钮添加关键帧

将时间线滑块拖到需要添加关键帧的位置，然后单击该素材轨道前面的（添加/删除关键帧）按钮，即可添加一个关键帧，如图10-15所示。

图10-15

10.3.2 查看关键帧

技术速查：通过关键帧导航器可以查看已经添加的关键帧。

创建关键帧后，可以使用关键帧导航器查看关键帧，如图10-16所示。同样，在时间线窗口中也可以通过关键帧导航器查看关键帧，如图10-17所示。

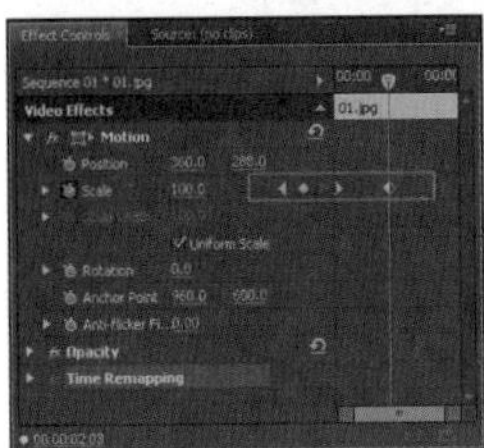

图10—16

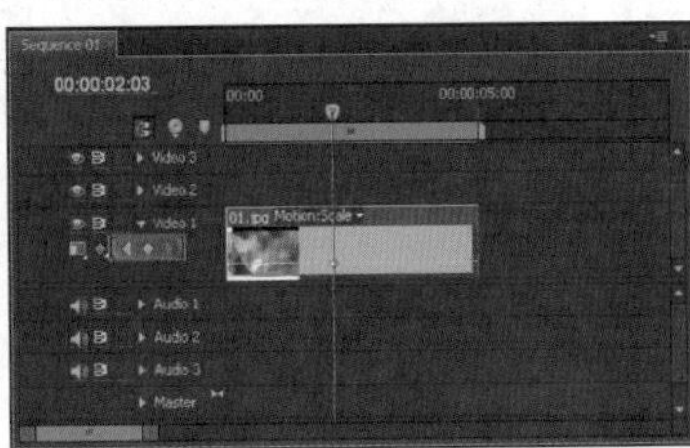

图10—17

- （跳转到前一关键帧）：可以跳转到前一个关键帧的位置。
- （跳转到下一关键帧）：可以跳转到后一个关键帧的位置。
- （添加/删除关键帧）：为每个属性添加或删除关键帧。
- ：表示当前位置左右均有关键帧。
- ：表示当前位置右侧有关键帧。
- ：表示当前位置左侧有关键帧。
- ：表示当前时间线位于关键帧上。
- ：表示当前时间线位置没有关键帧。

技巧提示

所有属性都可以利用（添加/删除关键帧）按钮添加关键帧。

时间线与关键帧对齐

若要让时间线与关键帧对齐，需要按住【Shift】键，然后向关键帧方向拖动时间线，时间线会自动与关键帧对齐，如图10-18所示。

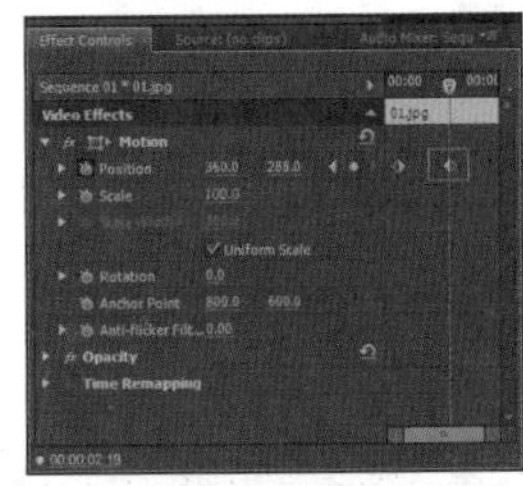

图10—18

10.4 编辑关键帧

要为效果设置动画，创建完关键帧后，就要重新编辑关键帧。关键帧的编辑包括选择关键帧、移动关键帧、复制/粘贴关键帧和删除关键帧等。

10.4.1 选择关键帧

选择关键帧之后，可以方便对选择的关键帧进行操作而不影响其他关键帧。

动手学：选择指定关键帧

方法一：若要选择指定的关键帧，首先要单击（选择工具）按钮，然后在【Effect Controls（效果控制）】面板中单击需要选择的关键帧即可，如图10-19所示。

方法二：按住【Shift】键，可以多选。关键帧显示为黄色时，表示该关键帧已经被选择，如图10-20所示。

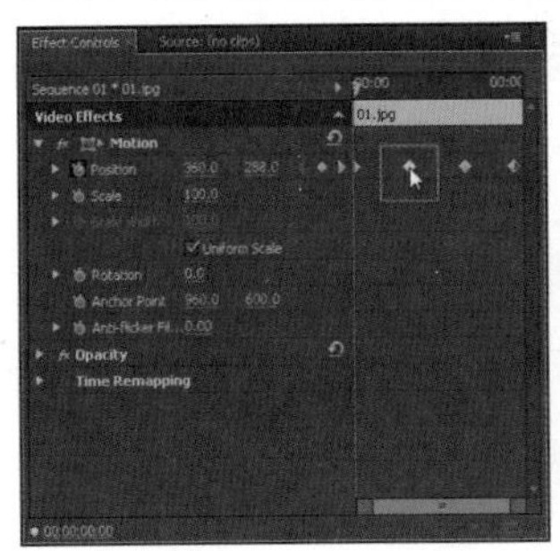

图10—19

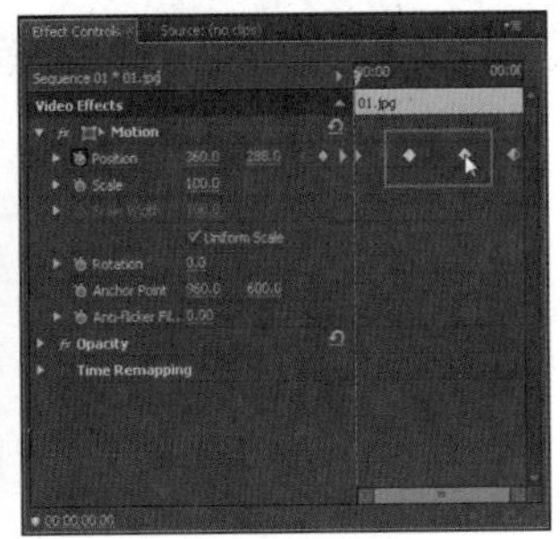

图10—20

技巧提示

使用同样的方法，也可在时间线窗口中选择关键帧，如图10—21所示。

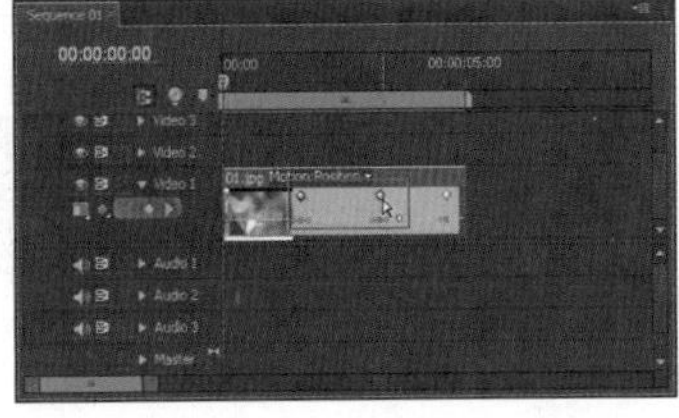

图10—21

动手学：选择某属性全部关键帧

若要选择某一属性的全部关键帧。在【Effect Controls（效果控制）】面板中双击该属性的名称，即可选择该属性的全部关键帧，如图10-22所示。

动手学：框选关键帧

可以利用鼠标框选多个关键帧。在需要选择的范围内按住鼠标左键，并拖曳出一个框选范围，如图10-23所示。然后释放鼠标左键，此时，在框选范围内的关键帧都已经被选择，如图10-24所示。

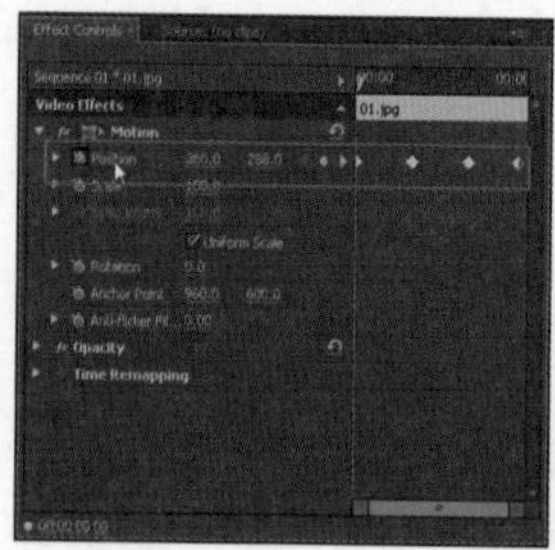
图10—22

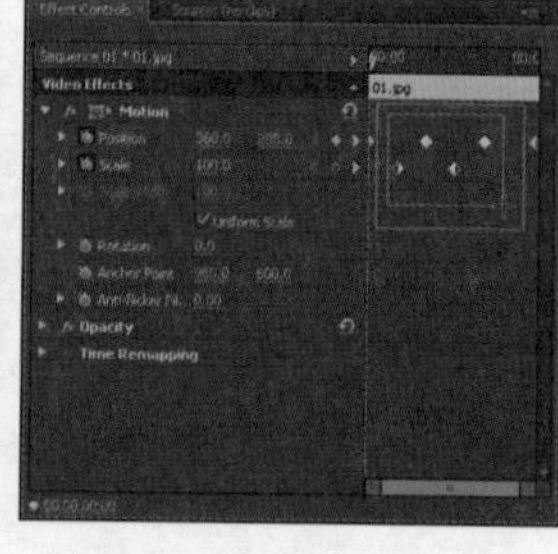
图10—23

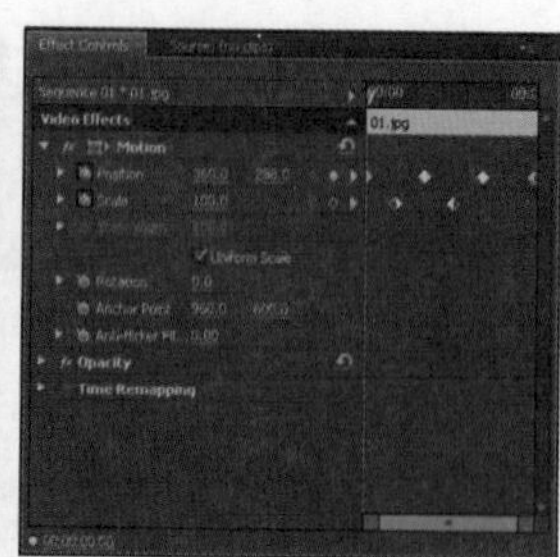
图10—24

10.4.2 移动关键帧

在制作的关键帧的时间位置需要更改时，可以直接移动关键帧来修改动画的时间位置。

动手学：移动单个关键帧

单击（选择工具）按钮，然后在【Effect Controls（效果控制）】面板中选择某一关键帧，如图10-25所示。然后按住鼠标左键，并将其左右拖曳，即可移动该关键帧的位置，如图10-26所示。移动到指定位置后释放鼠标左键即可。

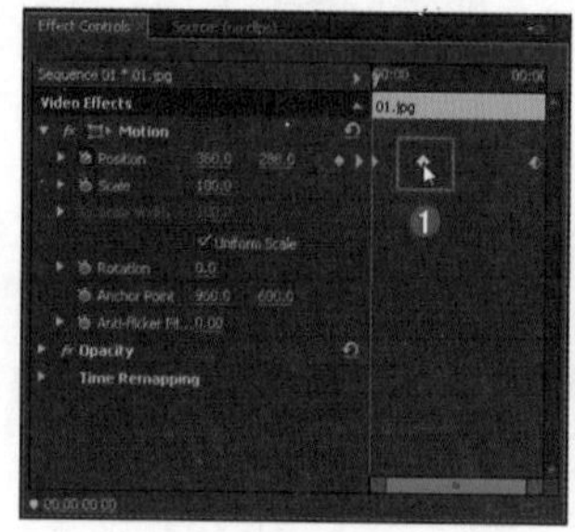
图10—25

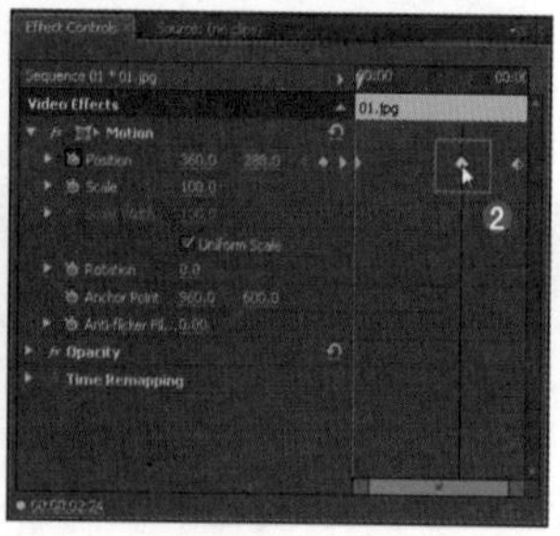

图10—26

动手学：移动多个关键帧

可以同时移动多个关键帧。首先选择多个关键帧，如图10-27所示。然后在其中一个关键帧上按住鼠标左键，并将其左右拖曳，即可同时移动多个关键帧的位置，如图10-28所示。

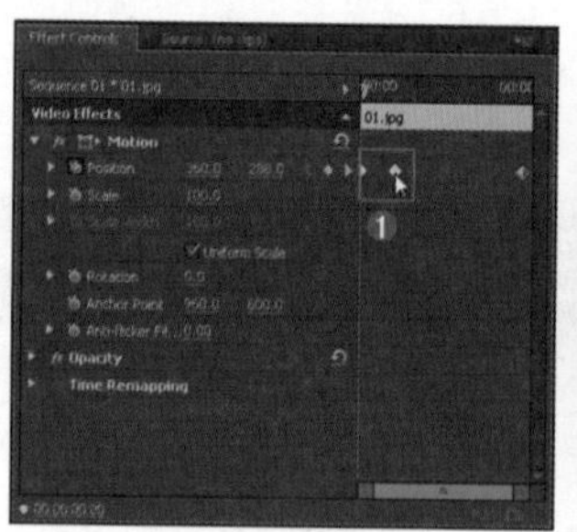
图10—27

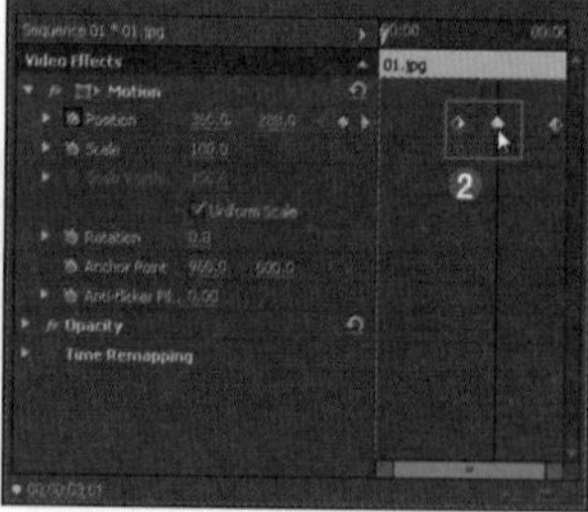
图10—28

技巧提示

使用同样的方法，也可在时间线窗口中移动关键帧，如图10—29所示。

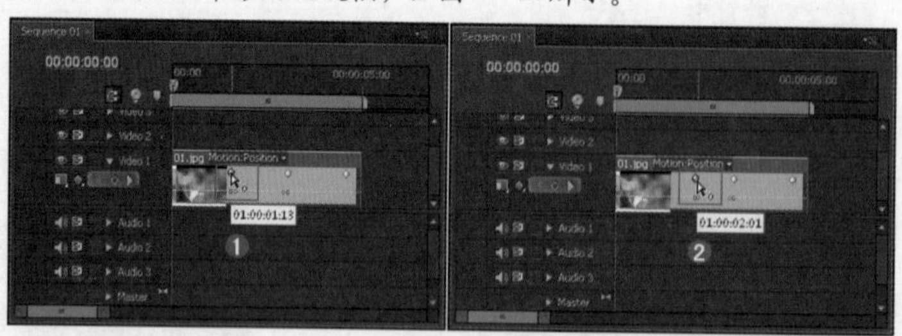
图10—29

10.4.3 复制、粘贴关键帧

技术速查：通过快捷键和菜单命令的方法可以将关键帧进行复制和粘贴。

在制作多个相同动作的动画效果时，可以先创建出动画关键帧效果，然后将关键帧进行复制和粘贴，该方法使制作更加简单和快速。

复制和粘贴关键帧主要有以下两种方法。

动手学：拖动关键帧进行复制和粘贴

首先选择要复制的关键帧，如图10-30所示。然后按住【Alt】键，同时在该关键帧上按住鼠标左键拖到所需位置，即可在该位置出现一个相同的关键帧，如图10-31所示。接着释放鼠标左键即可。

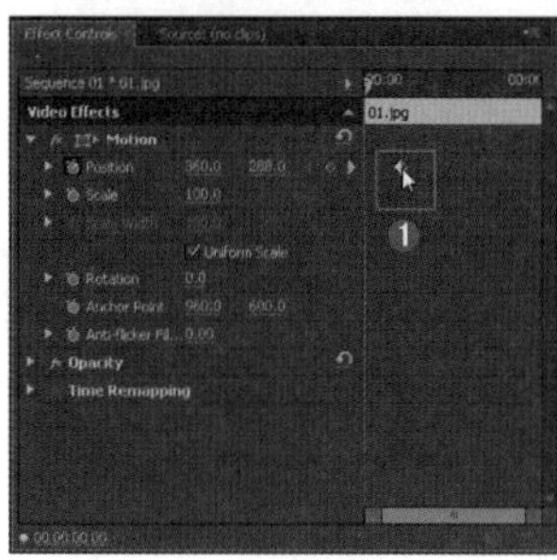
图10—30

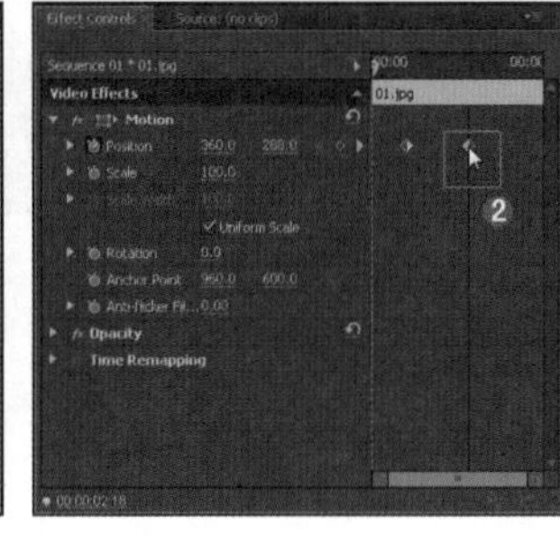
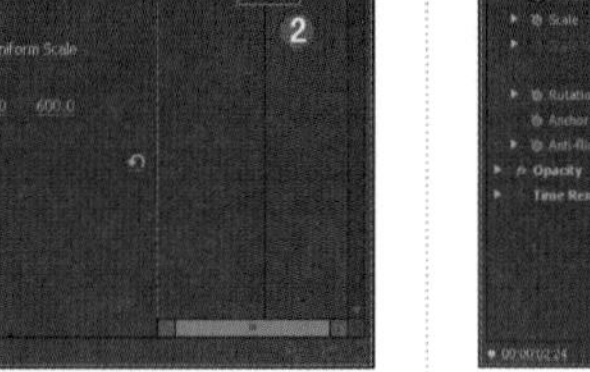
图10—31

技巧提示

使用该方法时，选择多少个关键帧，即可复制和粘贴出多少个关键帧，如图10—32所示。

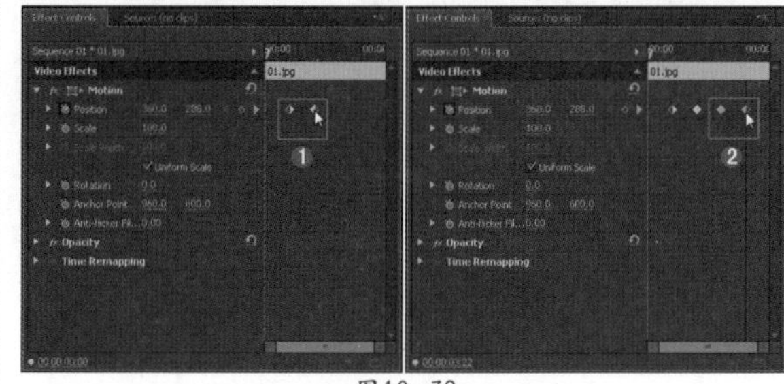
图10—32

动手学：在右键菜单中复制和粘贴关键帧

选择一个或多个关键帧，然后单击鼠标右键，在弹出的快捷菜单中选择【Copy（复制）】命令，如图10-33所示。接着将时间线移动到要粘贴关键帧的位置。此时单击鼠标右键，在弹出的快捷菜单中选择【Paste（粘贴）】命令即可，如图10-34所示。

图10—33

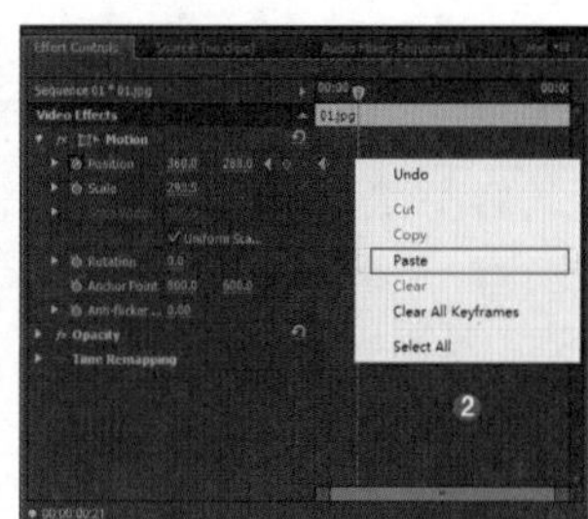

图10—34

技术拓展：快速复制与粘贴关键帧

选择关键帧，然后使用快捷键【Ctrl+C（复制）】。接着将时间线拖到需要粘贴关键帧的位置，使用快捷键【Ctrl+V（粘贴）】即可，如图10—35所示。

图10—35

10.4.4 删除关键帧

技术速查：可以通过快捷键、◆（添加/删除关键帧）按钮和右键菜单命令来删除已经添加的关键帧。

有时候在操作中会出现添加了多余的关键帧，那么就需要将这些关键帧删除。删除已经添加的关键帧的方法有以下3种。

动手学：快捷键删除关键帧

在【Effect Controls（效果控制）】面板中选择要删除的关键帧，然后按【Delete】键，如图10-36所示，即可删除该关键帧，如图10-37所示。

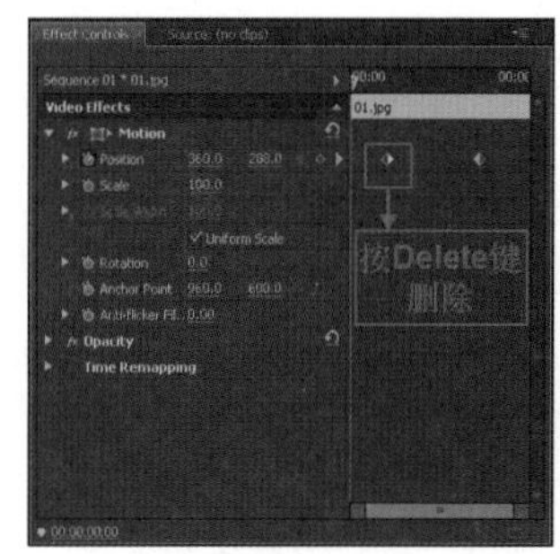

图10—36

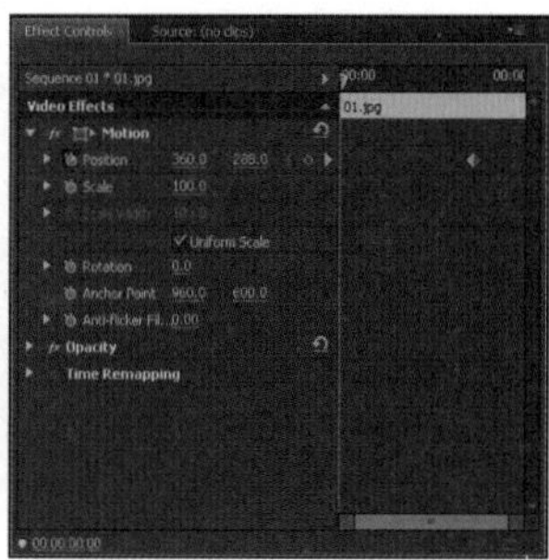
图10—37

动手学：【添加/删除关键帧】按钮删除关键帧

将时间线对齐到要删除的关键帧上，然后单击◆（添加/删除关键帧）按钮，如图10-38所示。即可删除该关键帧，如图10-39所示。

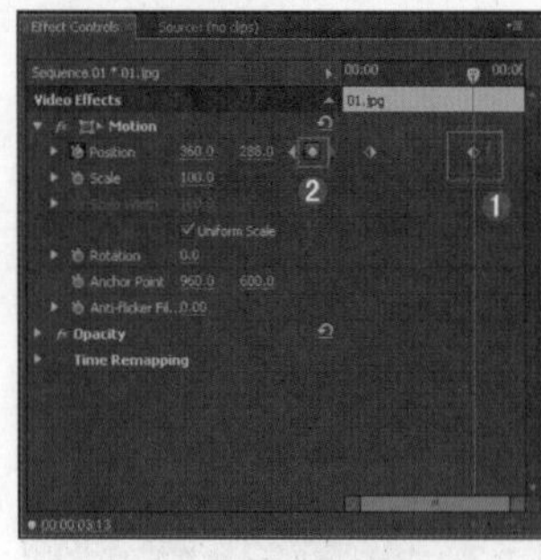

图10—38

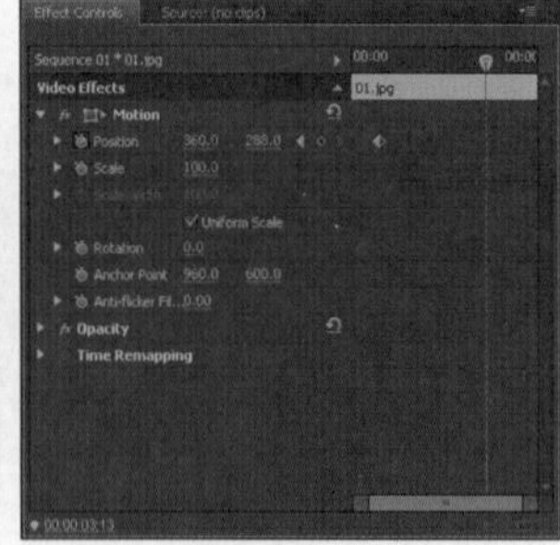

图10—39

技巧提示

使用以上两种方法，也可在时间线窗口中删除关键帧。选择时间线窗口中素材文件上的关键帧，然后使用快捷键【Delete】即可删除，如图10—40所示。

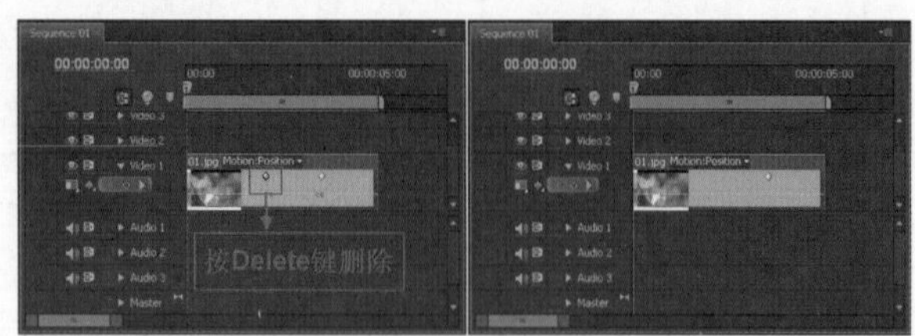

图10—40

将时间线窗口中的时间线滑块与关键帧对齐，然后单击该轨道前面的◆（添加/删除关键帧）按钮，即可删除该关键帧，如图10—41所示。

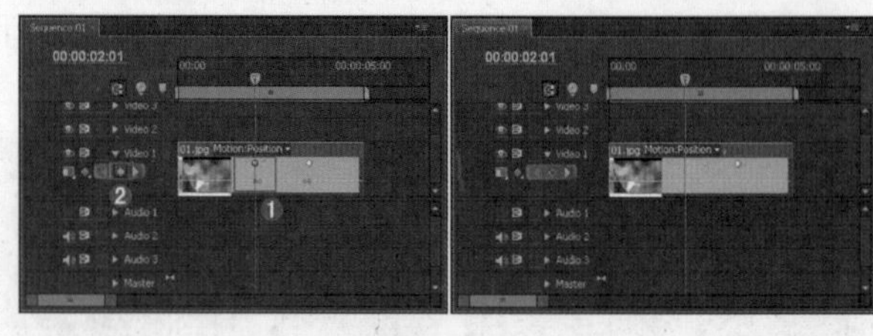

图10—41

动手学：右键菜单删除关键帧

选择要删除的关键帧，然后单击鼠标右键，在弹出的菜单中选择【Clear（清除）】命令，如图10-42所示。即可删除该关键帧，如图10-43所示。

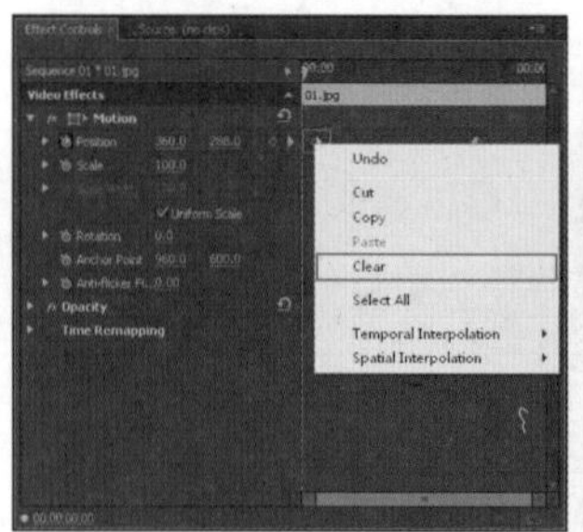

图10—42

图10—43

10.5 【Effect Controls（效果控制）】面板参数

技术速查：运动特效是所有素材共有的特效，当素材添加到视频轨道上时，选择素材后，在【Effect Controls（效果控制）】面板中可看到该特效。

其中包含Position（位置）、Scale（比例）、Rotation（旋转）、Anchor Point（锚点）和Anti-flicker Filter（抗闪烁过滤）等，如图10-44所示。

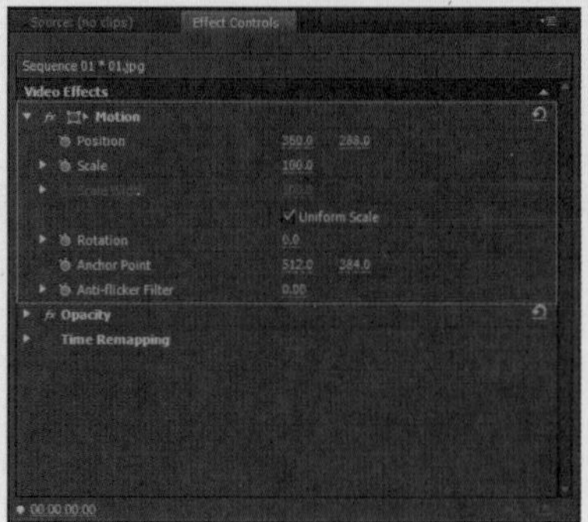

图10—44

10.5.1 Position（位置）选项

技术速查：Position（位置）用来设置图像的屏幕位置，这个位置是图像的中心点。Position（位置）的两个值分别代表水平位置和垂直位置。

Position（位置）参数如图10-45所示。

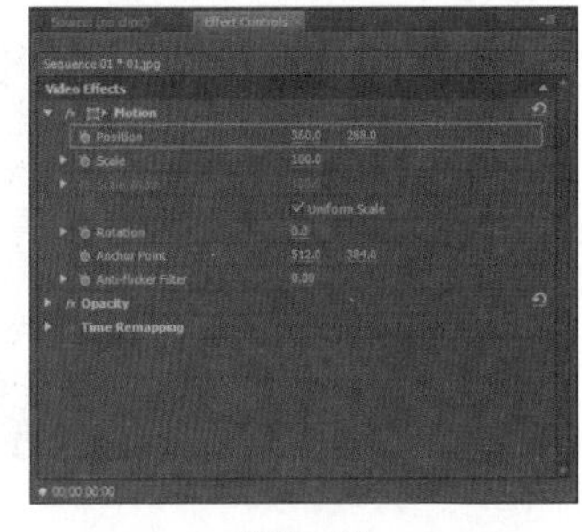

图10—45

方法一：通过调节【Position（位置）】参数可以修改素材文件在【Program Monitor（节目监视器）】窗口中的位置，如图10-46所示。

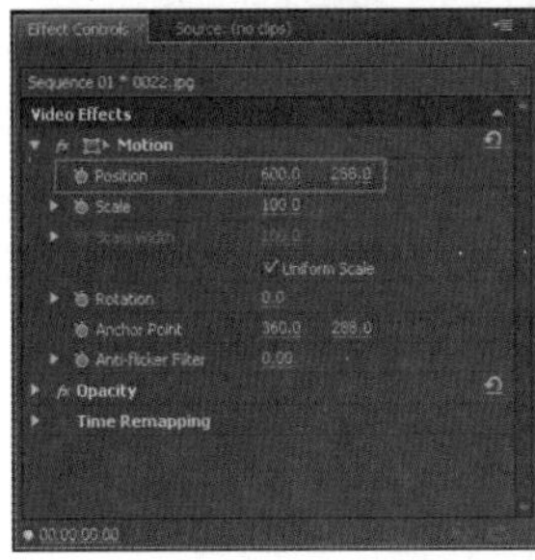

图10—46

方法二：也可以选择【Effect Controls（效果控制）】面板中的Motion选项，然后直接在【Program Monitor（节目监视器）】窗口中按住鼠标左键拖动素材文件来调整其位置，如图10-47所示。

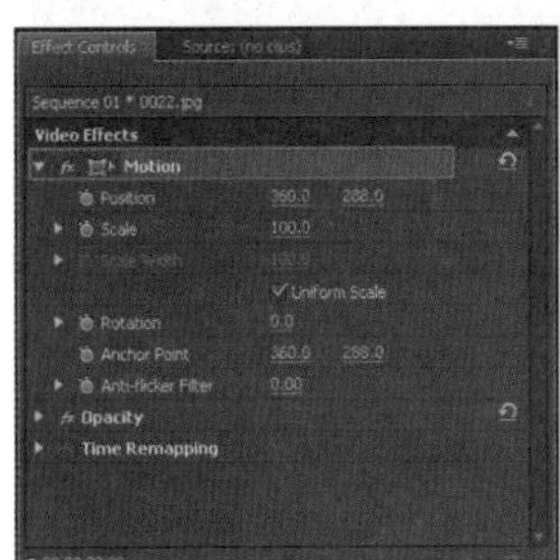

图10—47

★ 案例实战——电影海报移动效果

案例文件	案例文件\第10章\电影海报移动效果.prproj
视频教学	视频文件\第10章\电影海报移动效果.flv
难易指数	★★★★★
技术要点	位移和缩放效果的应用

案例效果

利用位移效果可以制作出电影海报画面和胶片一起移动的效果。本案例主要是针对"制作电影海报移动效果"的方法进行练习，如图10-48所示。

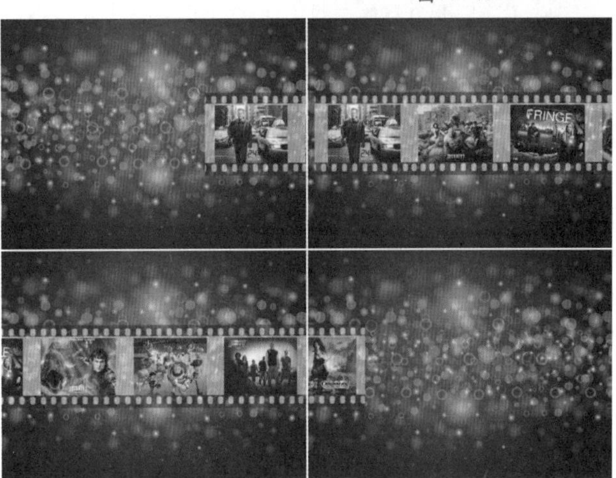

图10—48

操作步骤

01 单击【New Project（新建项目）】选项，并单击【Browse（浏览）】按钮设置保存路径，在【Name（名称）】文本框中设置文件名称。接着在弹出的对话框中选择【DV-PAL】/【Standard 48kHz】选项，如图10-49所示。

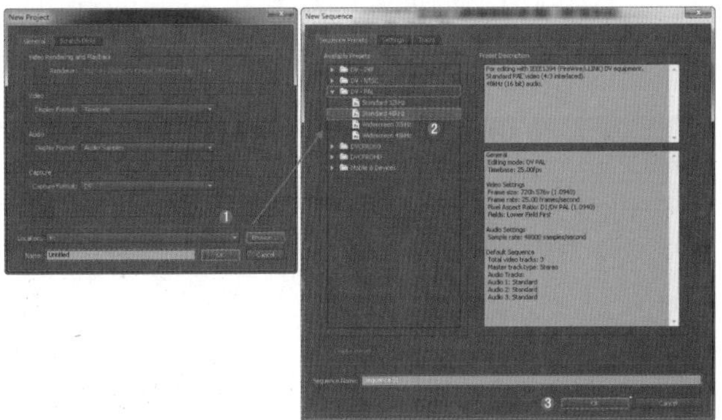

图10—49

02 在【Project（项目）】窗口中空白处双击鼠标左键，然后在打开的对话框中选择所需的素材文件，并单击【打开】按钮导入，如图10-50所示。

图10—50

03 将项目窗口中的【背景.jpg】和【胶片.jpg】素材文件拖曳到Video1和Video2轨道上，如图10-51所示。

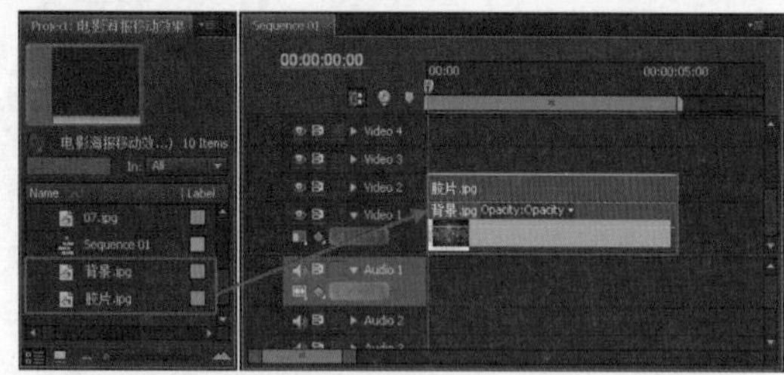

图10—51

04 选择Video1轨道上的【背景.jpg】素材文件，然后设置【Scale（缩放）】为50，如图10-52所示。此时效果如图10-53所示。

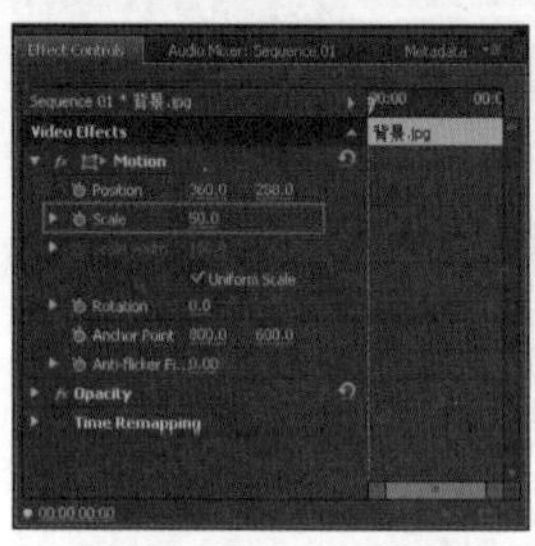

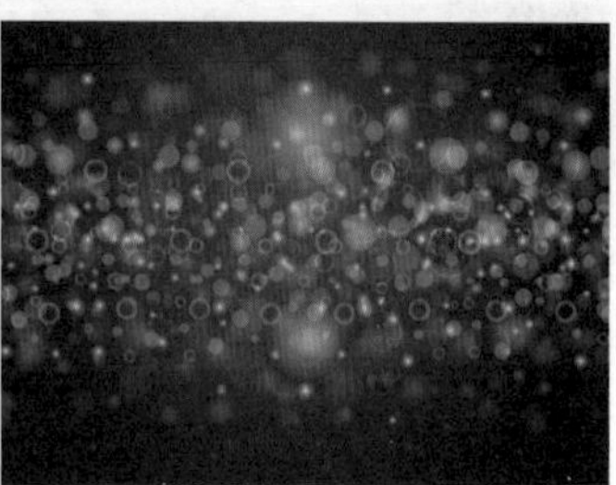

图10—52　　图10—53

05 选择Video2轨道上的【胶片.jpg】素材文件，然后将时间线拖到起始帧的位置，单击【Position（位置）】前面的按钮，开启关键帧，并设置【Position（位置）】为（1498，288），【Opacity（不透明度）】为55%。接着将时间线拖到第4秒05帧的位置，设置【Position（位置）】为（-818，288），如图10-54所示。此时效果如图10-55所示。

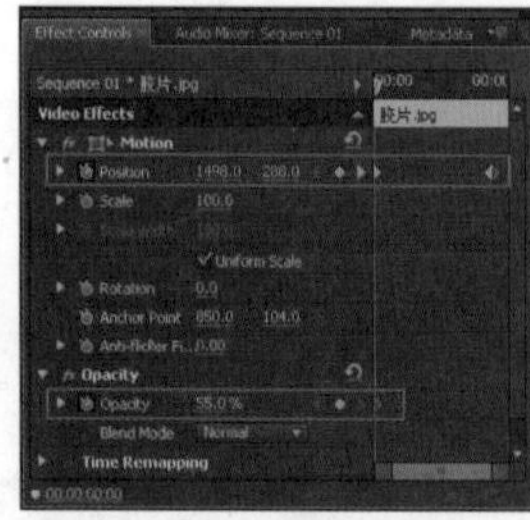

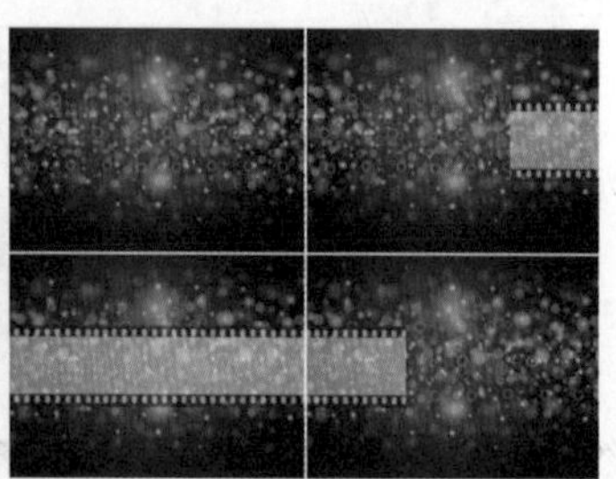

图10—54　　图10—55

06 将项目窗口中的【01.jpg】素材文件拖曳到Video1轨道上，如图10-56所示。

图10—56

07 选择Video1轨道上的【01.jpg】素材文件，然后设置【Scale（缩放）】为12。接着单击【Position（位置）】前面的按钮，开启关键帧，并设置【Position（位置）】为（828，288）。最后将时间线拖到第4秒的位置，设置【Position（位置）】为（-1339，288）。如图10-57所示。此时效果如图10-58所示。

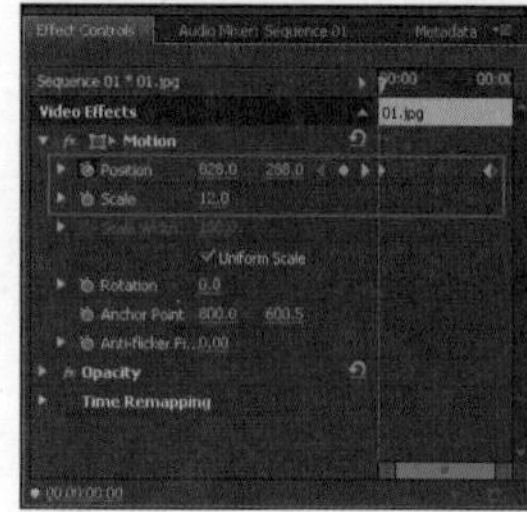

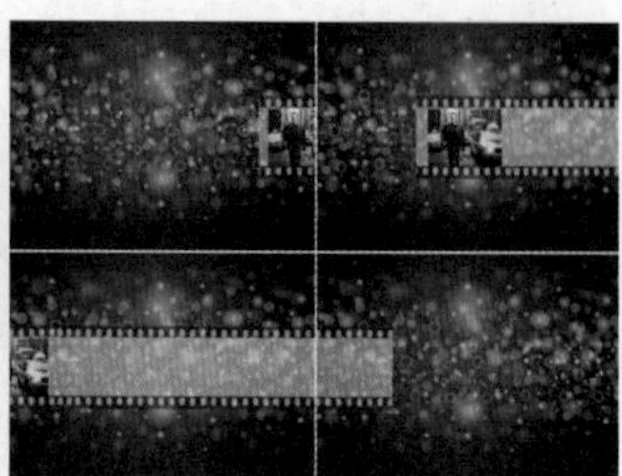

图10—57　　图10—58

08 将项目窗口中的【02.jpg】至【07.jpg】素材文件按顺序拖曳到Video4至Video9轨道上，如图10-59所示。

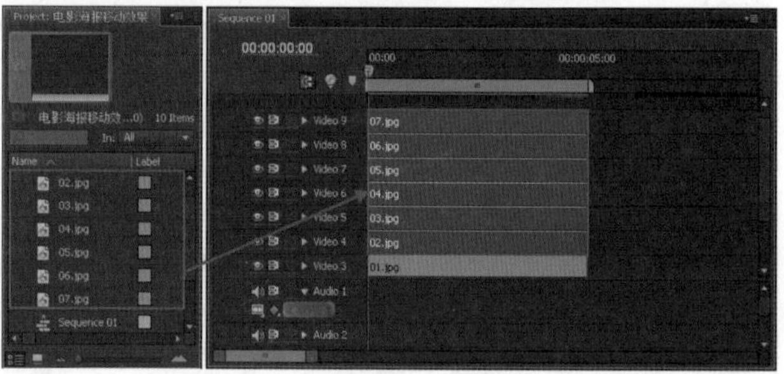

图10—59

09 选择Video1轨道上的【01.jpg】素材文件，然后将【Effect Controls（效果控制）】面板中的【Position（位置）】关键帧依次复制到【02.jpg】至【07.jpg】素材文件上，如图10-60所示。

10 将时间线窗口中的【02.jpg】至【07.jpg】素材文件依次向后移动10帧的位置，如图10-61所示。

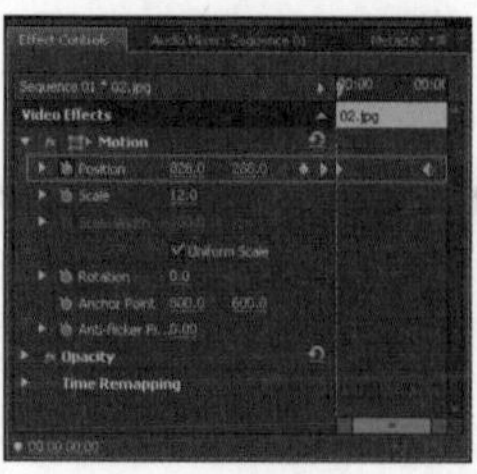

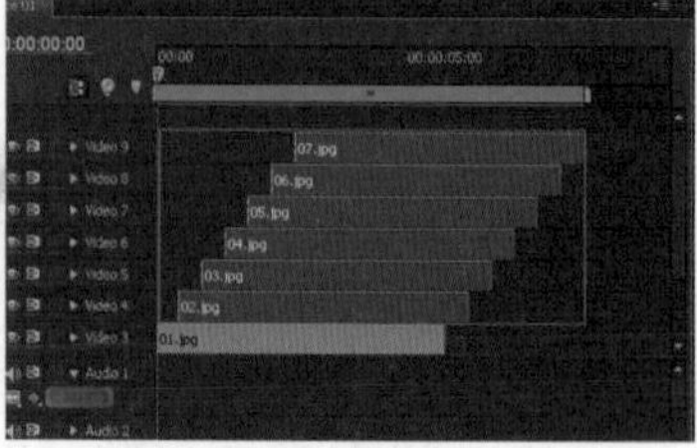

图10—60　　图10—61

技巧提示

移动效果除了可以是电影海报外，也可以是视频和序列帧图片，这样在移动的同时可以产生动态的画面效果。

11 此时拖动时间线滑块查看最终效果，如图10-62所示。

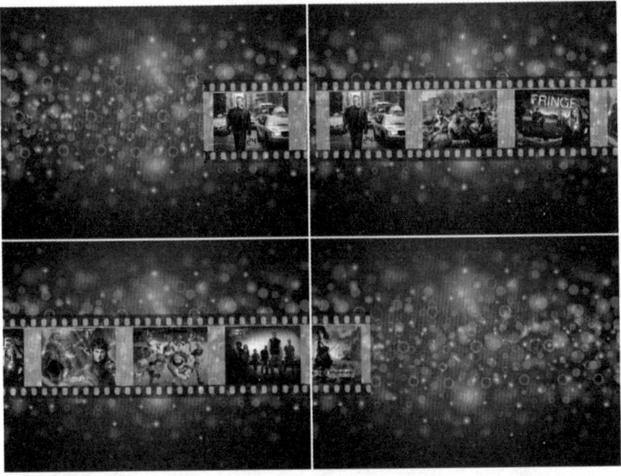

图10—62

答疑解惑：制作多个图片移动效果时需注意哪些事项？

在制作多个图片移动效果时，其他粘贴关键帧的素材文件向后的移动时间长度，决定了素材移动时的间距。

读书笔记

10.5.2 Scale（比例）选项

技术速查：Scale（比例）可以调整当前素材文件的尺寸大小，可以直接修改参数。

Scale（比例）参数如图10-63所示。

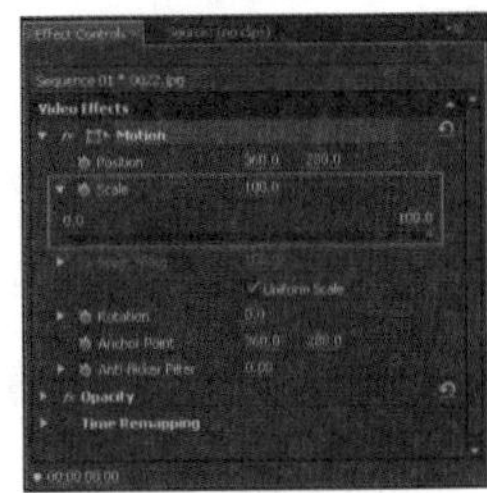

图10—63

- Uniform Scale（等比缩放）：选中该复选框，素材可以进行等比例缩放，如图10-64所示。取消选中该复选框，将激活【Scale Width（缩放宽度）】，同时【Scale（缩放）】会变成【Scale Height（缩放高度）】，此时可以分别缩放素材的宽度和高度，如图10-65所示。

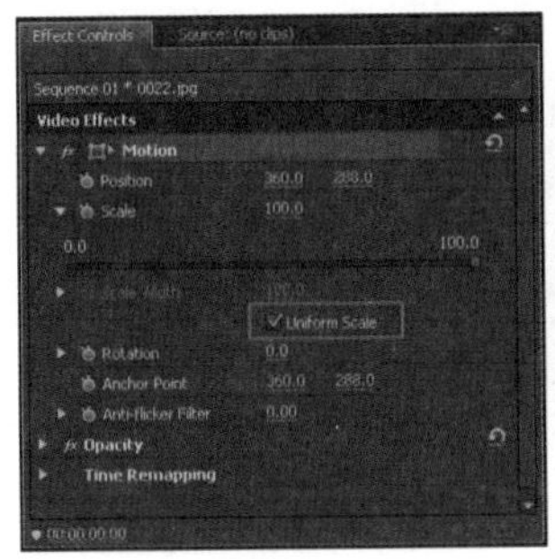

图10—64

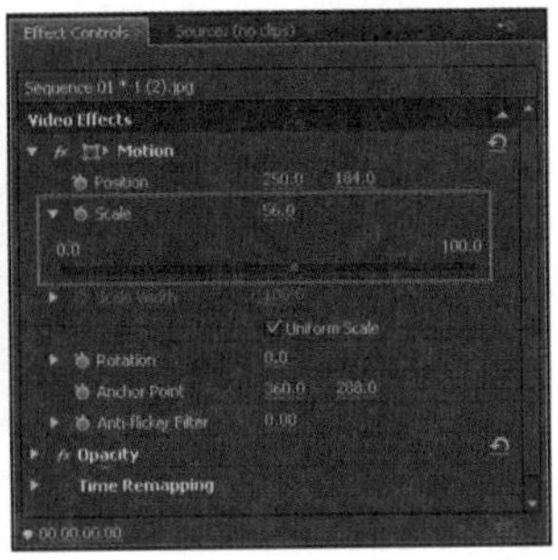

图10—65

01 通过调节【Scale（缩放）】参数可以修改素材文件在【Program Monitor（节目监视器）】窗口中的大小，如图10-66所示。

图10—66

通过左右拖动选项参数下面的滑块，也可以调整参数，如图10—67所示。

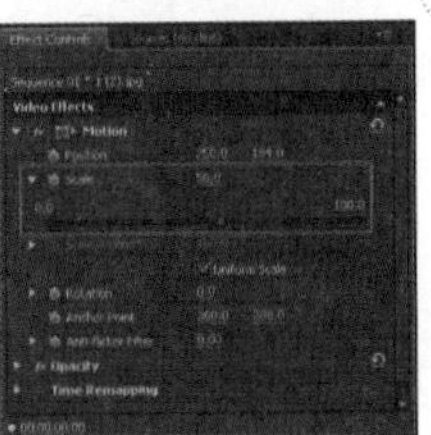

图10—67

02 也可以选择【Effect Controls（效果控制）】面板中的 Motion 选项，然后直接在【Program Monitor（节目监视器）】窗口中通过素材文件周围的控制点来调整其大小，如图10-68所示。

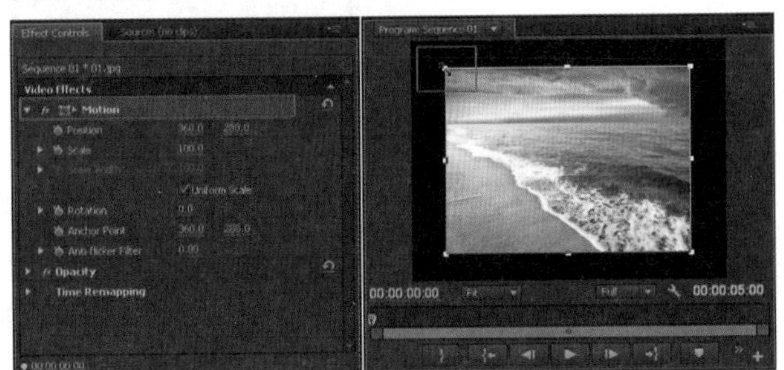

图10—68

★ 案例实战——计算机图标移动

案例文件	案例文件\第10章\计算机图标移动.prproj
视频教学	视频文件\第10章\计算机图标移动.flv
难易指数	★★★★★
技术要点	位移和缩放效果的应用

案例效果

在计算机桌面上按住鼠标移动图标，是一种移动桌面图标常用的方法。本案例主要是针对“制作计算机图标移动效果”的方法进行练习，如图10-69所示。

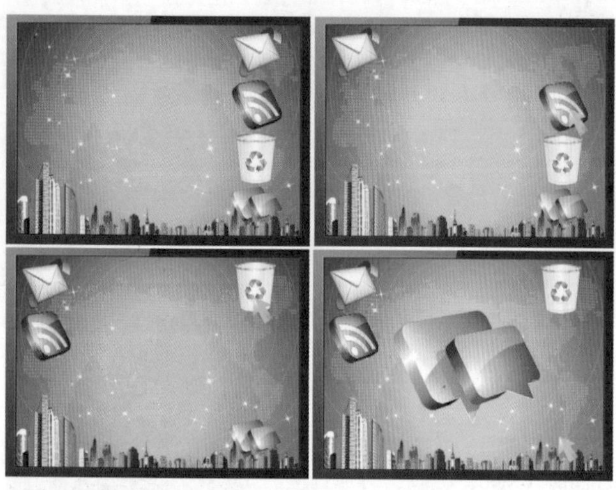

图10-69

操作步骤

01 单击【New Project（新建项目）】选项，并单击【Browse（浏览）】按钮设置保存路径，在【Name（名称）】文本框中设置文件名称。接着在弹出的对话框中选择【DV-PAL】/【Standard 48kHz】选项，如图10-70所示。

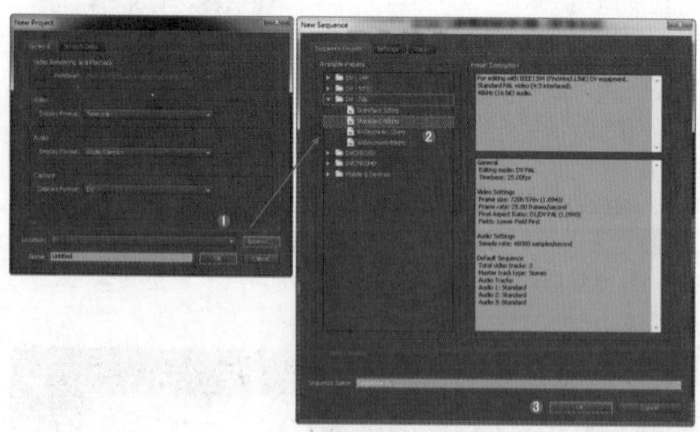

图10-70

02 在【Project（项目）】窗口中空白处双击鼠标左键，然后在打开的对话框中选择所需的素材文件，并单击【打开】按钮导入，如图10-71所示。

03 将项目窗口中的【背景.jpg】素材文件拖曳到Video1轨道上，如图10-72所示。

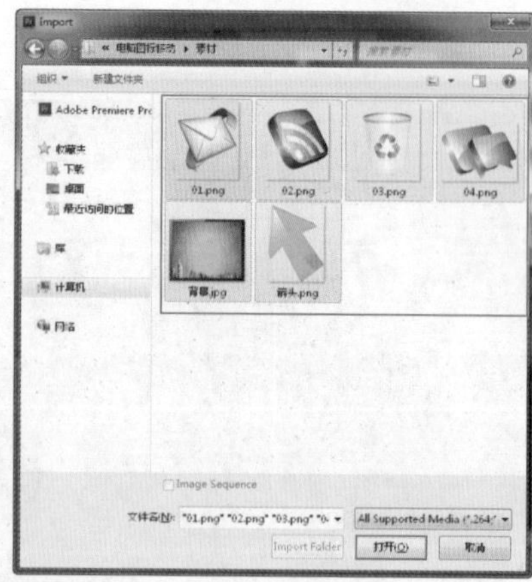

图10-71

图10-72

04 选择Video1轨道上的【背景.jpg】素材文件，然后取消选中【Uniform Scale（等比缩放）】复选框。接着设置【Scale Height（缩放高度）】为45，【Scale Width（缩放宽度）】为50，如图10-73所示。此时效果如图10-74所示。

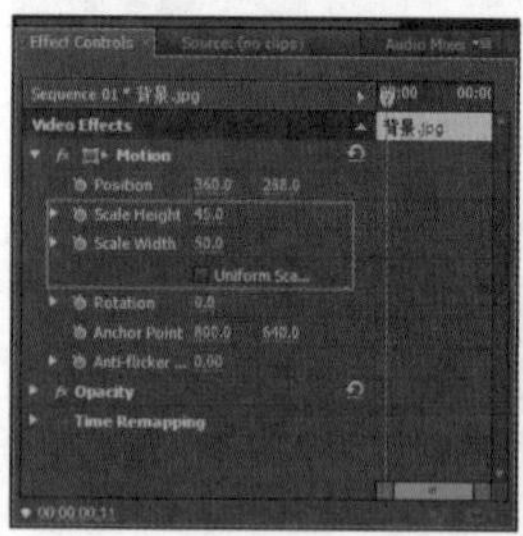

图10-73

图10-74

05 将项目窗口中的【01.png】至【04.png】素材文件按顺序拖曳到时间线窗口中的Video2至Video5轨道上，如图10-75所示。

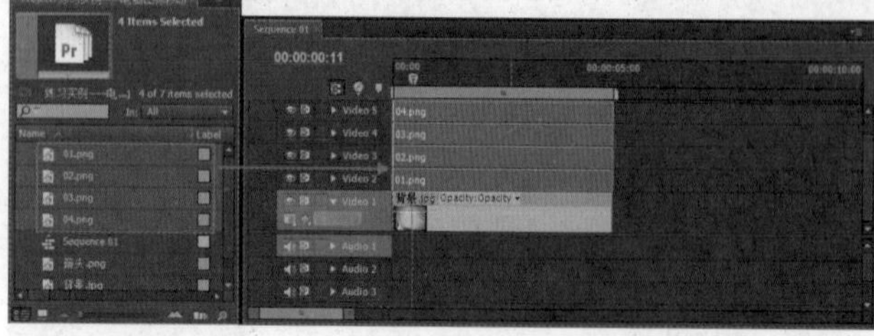

图10-75

06 分别设置【01.png】、【02.png】、【03.png】和【04.png】素材文件的【Scale（缩放）】为20。然后分别设置每个素材的【Position（位置）】，使4个素材文件在监视器窗口中在右侧从上至下排列，如图10-76所示。此时效果如图10-77所示。

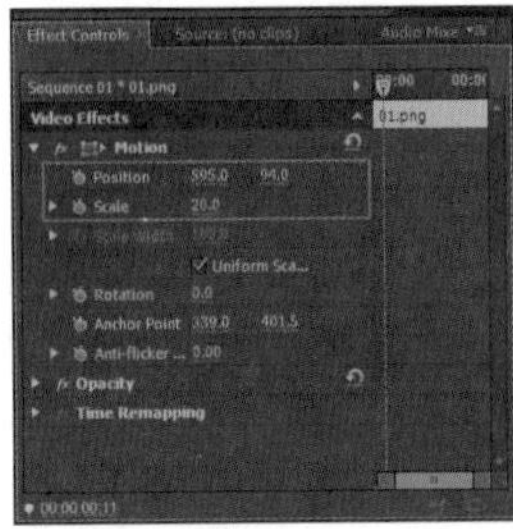

图10－76

图10－77

07 选择Video2轨道上的【01.png】素材文件。将时间线拖到第15帧的位置，然后单击【Position（位置）】前面的按钮，开启关键帧，并设置【Position（位置）】为（595，94）。接着将时间线拖曳到第1秒的位置，设置【Position（位置）】为（95，94），如图10-78所示。此时效果如图10-79所示。

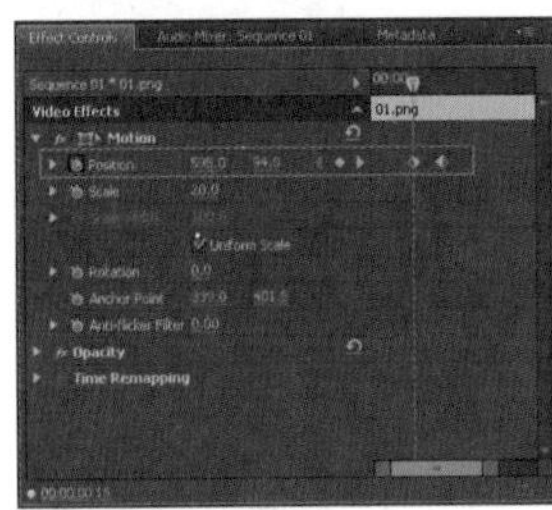

图10－78

图10－79

08 选择Video2轨道上的【02.png】素材文件。将时间线拖到第1秒20帧的位置，然后单击【Position（位置）】前面的按钮，开启关键帧，并设置【Position（位置）】为（595，226）。接着将时间线拖曳到第2秒05帧的位置，设置【Position（位置）】为（95，226），如图10-80所示。此时效果如图10-81所示。

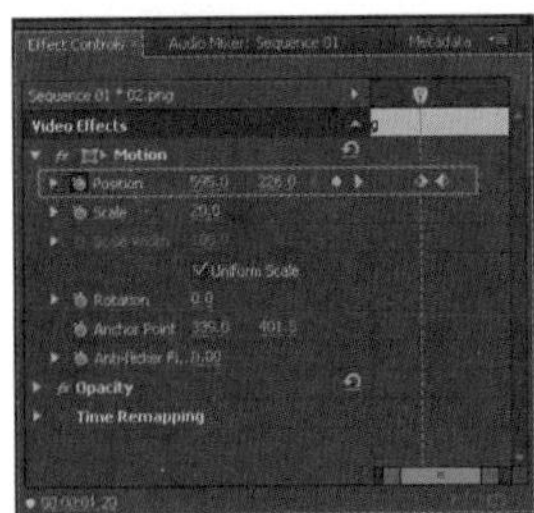

图10－80

图10－81

09 选择Video3轨道上的【03.png】素材文件。将时间线拖到第3秒的位置，然后单击【Position（位置）】前面的按钮，开启关键帧，并设置【Position（位置）】为（595，355）。接着将时间线拖曳到第3秒10帧的位置，设置【Position（位置）】为（595，92），如图10-82所示。此时效果如图10-83所示。

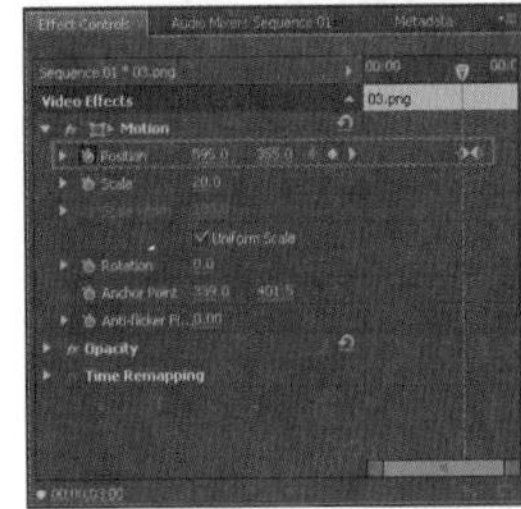

图10－82

图10－83

10 选择Video4轨道上的【04.png】素材文件。将时间线拖到第4秒05帧的位置，然后单击【Position（位置）】和【Scale（缩放）】前面的按钮，开启关键帧，并设置【Position（位置）】为（595，475）。接着将时间线拖曳到第4秒10帧的位置，设置【Position（位置）】为（371，288），【Scale（缩放）】为58，如图10-84所示。此时效果如图10-85所示。

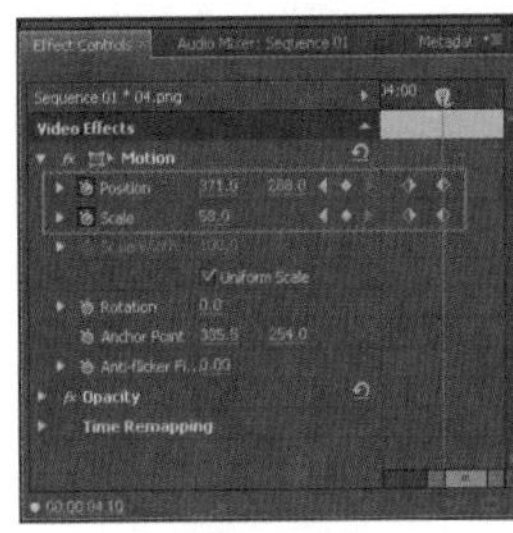

图10－84

图10－85

11 将项目窗口中的【箭头.png】素材文件拖曳到Video6轨道上，如图10-86所示。

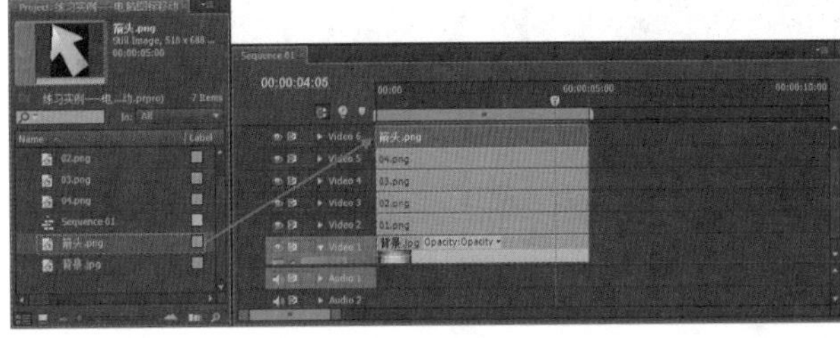

图10－86

12 选择Video5轨道上的【箭头.png】素材文件，然后设置【Scale（缩放）】为10。将时间线拖到起始帧的位置，并单击【Position（位置）】前面的按钮，开启关键帧，设置【Position（位置）】为（813，120）。继续将时间线拖曳到第15帧的位置，设置【Position（位置）】为（616，124）。接着将时间线拖到第1秒的位置，设置【Position（位置）】为（116，124），如图10-87所示。此时效果如图10-88所示。

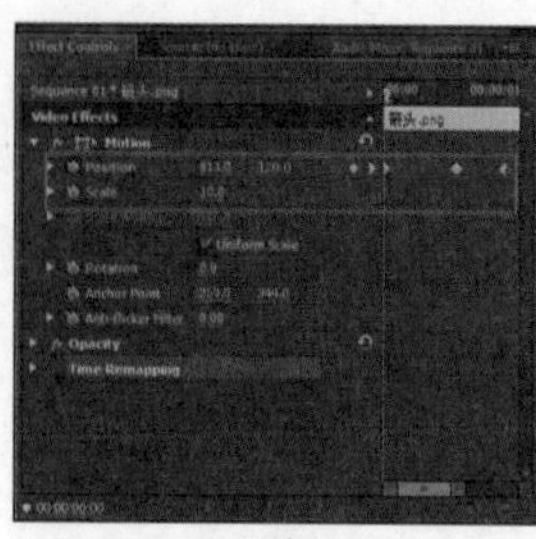

图10—87

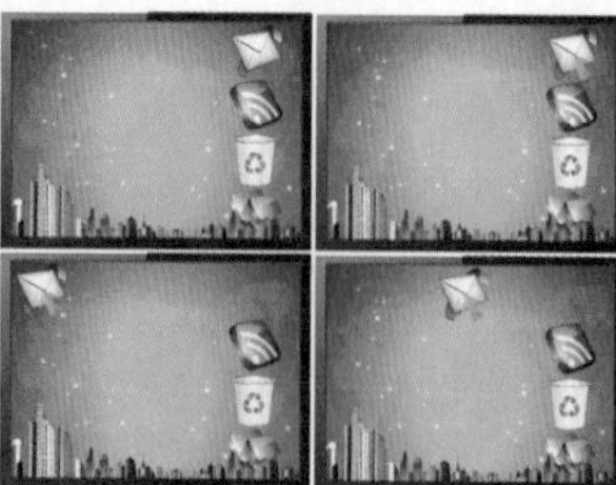

图10—88

13 将时间线拖到第1秒20帧的位置，设置【Position（位置）】为（631，263）。接着将时间线拖到第2秒05帧的位置，设置【Position（位置）】为（130，263），如图10-89所示。此时效果如图10-90所示。

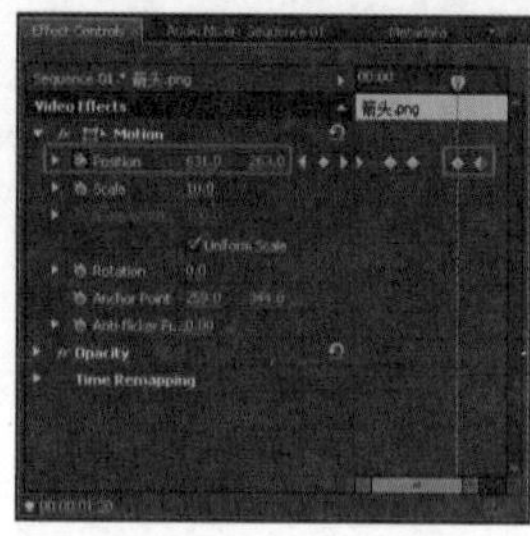

图10—89

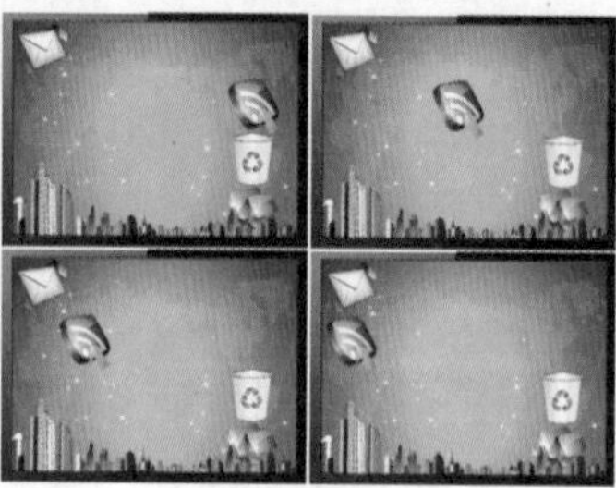

图10—90

14 将时间线拖到第3秒的位置，设置【Position（位置）】为（612，382）。接着将时间线拖到第3秒10帧的位置，设置【Position（位置）】为（612，117）。最后将时间线拖到第3秒20帧的位置，设置【Position（位置）】为（612，498），如图10-91所示。此时效果如图10-92所示。

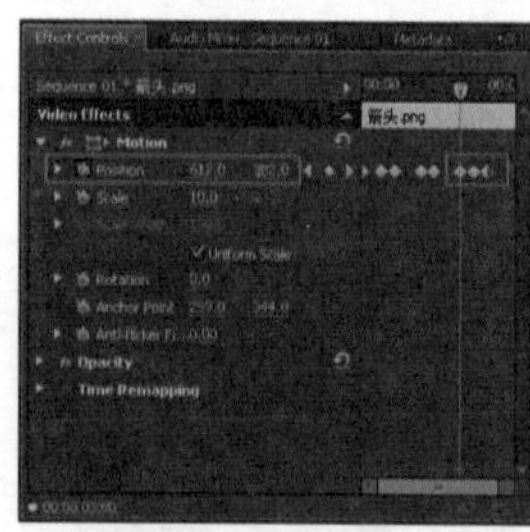

图10—91

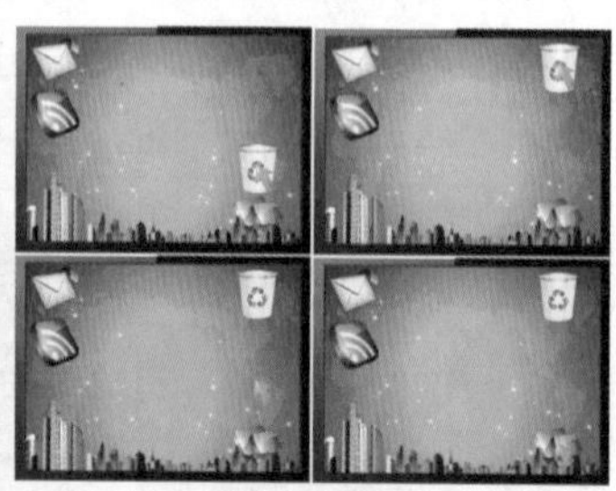

图10—92

15 此时拖动时间线滑块查看最终效果，如图10-93所示。

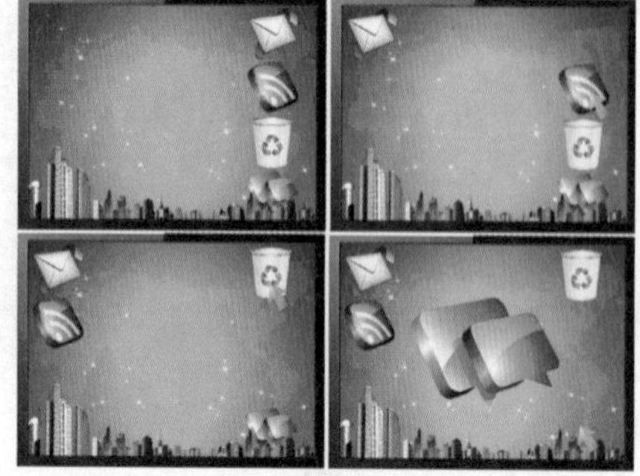

图10—93

答疑解惑：制作计算机图标移动需要注意哪些问题？

制作计算机图标移动时，需注意鼠标的移动位置和时间。对应好图标和鼠标的动画关键帧的位置。

以此类推，可以制作出其他物体跟随移动的效果。

★ 案例实战——倒计时画中画效果

案例文件	案例文件\第10章\倒计时画中画效果.prproj
视频教学	视频文件\第10章\倒计时画中画效果.flv
难易指数	★★★★★
技术要点	通用倒计时和位移、缩放效果的应用

案例效果

在有些视频中有时会出现倒计时效果，然后再切换到播放画面。Adobe Premiere Pro CS6软件中自带通用倒计时功能，可以制作倒计时片头效果。本案例主要是针对“通用倒计时和位移、缩放效果制作倒计时画中画效果”的方法进行练习，如图10-94所示。

图10—94

操作步骤

01 单击【New Project（新建项目）】选项，并单击【Browse（浏览）】按钮设置保存路径，在【Name（名称）】文本框中设置文件名称。接着在弹出的对话框中选择【DV-PAL】/【Standard 48kHz】选项，如图10-95所示。

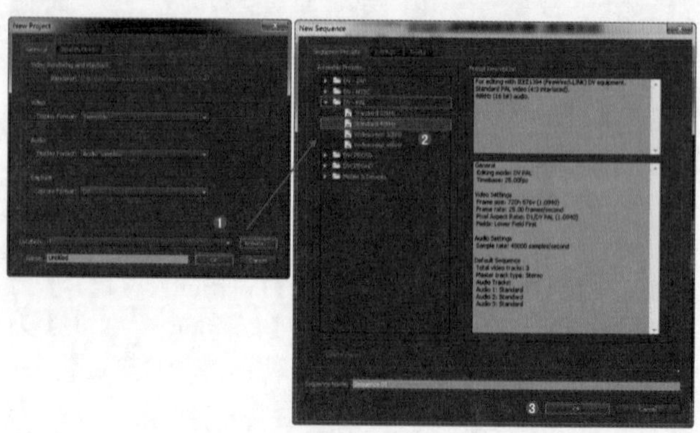

图10—95

02 在【Project（项目）】窗口中空白处双击鼠标左键，然后在打开的对话框中选择所需的素材文件，并单击【打开】按钮导入，如图10-96所示。

图10-96

03 单击项目窗口下面的■（新建素材）按钮，在弹出的列表中选择【Universal Counting Leader（片头通用倒计时）】选项。接着，在弹出的对话框中单击【OK（确定）】按钮，如图10-97所示。

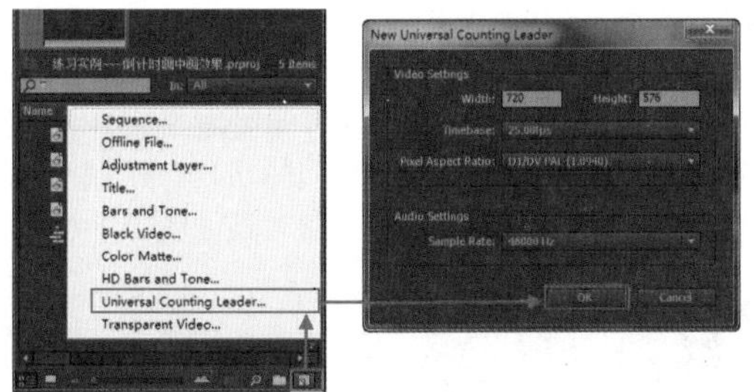

图10-97

技巧提示

也可以选择【File（文件）】/【New（新建）】/【Universal Counting Leader（片头通用倒计时）】命令，如图10-98所示。

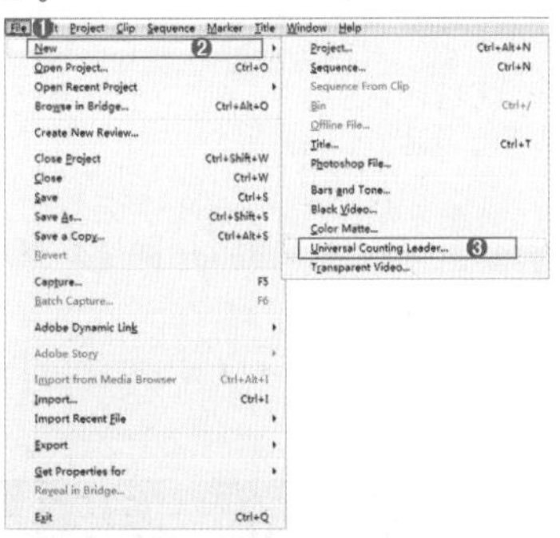

图10-98

04 在【Universal Counting Leader（片头通用倒计时）】对话框中，设置【Wipe Color（划变色）】为蓝色（R：4，G：116，B：189），【Background Color（背景色）】为灰色（R：204，G：204，B：204），【Target Color（目标色）】为黄色（R：214，G：183，B：86）。最后单击【OK（确定）】按钮，如图10-99所示。

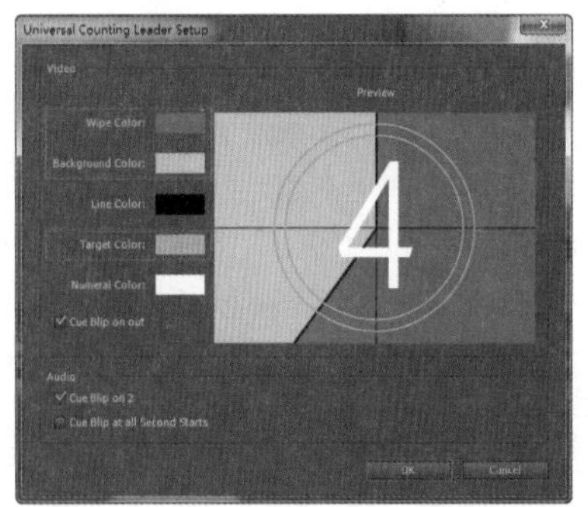

图10-99

05 在项目窗口中的【Universal Counting Leader（片头通用倒计时）】素材文件上单击鼠标右键，然后在弹出的快捷菜单中选择【Speed/Duration（速度/持续时间）】命令，并在弹出的对话框中设置【Duration（持续时间）】为5秒，如图10-100所示。

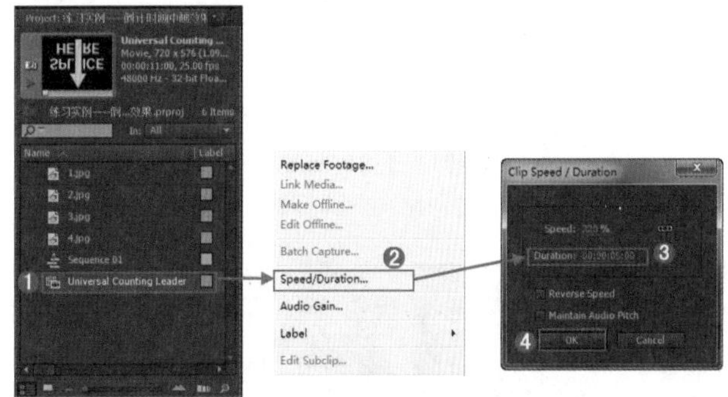

图10-100

06 将项目窗口中的【Universal Counting Leader（片头通用倒计时）】素材文件拖曳到Video1轨道上，如图10-101所示。

图10-101

07 将项目窗口中的图片素材文件按顺序拖曳到时间线窗口中，如图10-102所示。

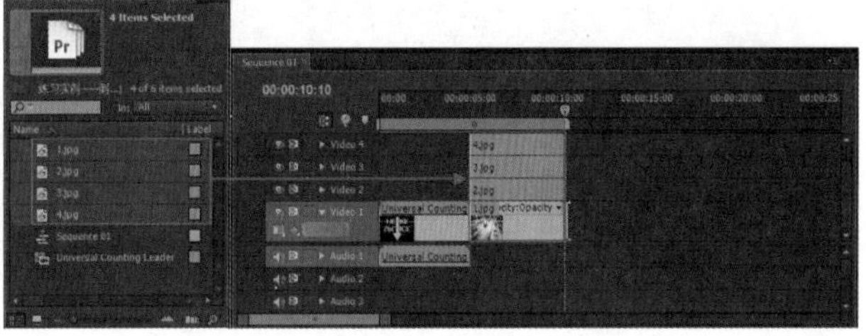

图10-102

08 选择Video4轨道上的【4.jpg】素材文件，然后将时间线拖曳到第5秒10帧的位置，单击【Position（位置）】和【Scale（缩放）】前面的按钮，开启关键帧，并设置【Scale（缩放）】为63。接着将时间线拖到第6秒10帧的位置，设置【Position（位置）】为（165，140），【Scale（缩放）】为32，如图10-103所示。此时效果如图10-104所示。

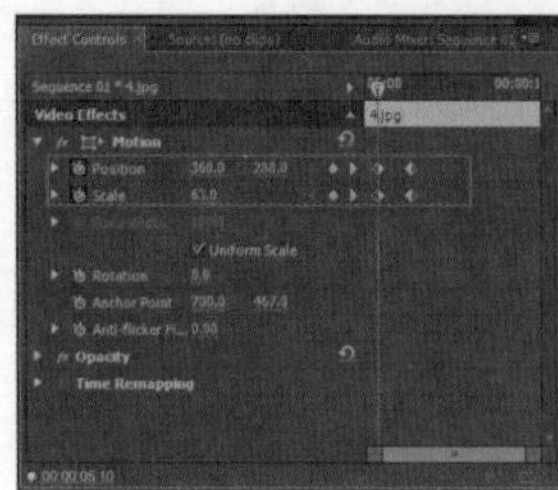
图10-103

图10-104

09 选择Video3轨道上的【3.jpg】素材文件，然后将时间线拖曳到第6秒10帧的位置，单击【Position（位置）】和【Scale（缩放）】前面的按钮，开启关键帧，并设置【Scale（缩放）】为58。接着将时间线拖到第7秒10帧的位置，设置【Position（位置）】为（562，466），【Scale（缩放）】为30，如图10-105所示。此时效果如图10-106所示。

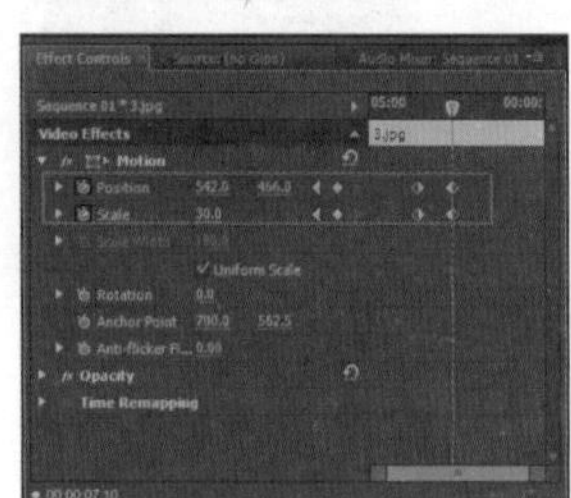
图10-105

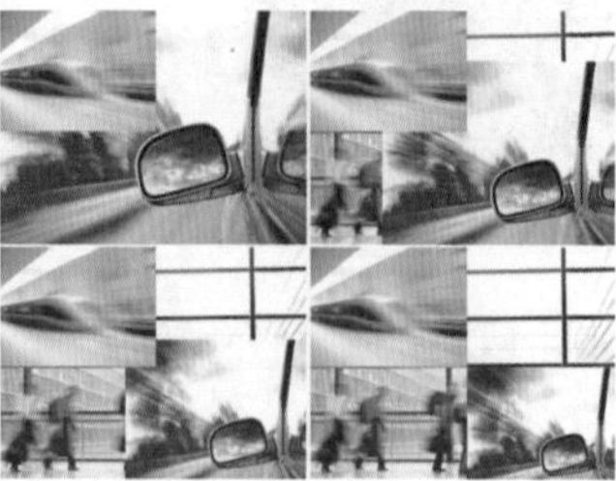
图10-106

10 选择Video2轨道上的【2.jpg】素材文件，然后将时间线拖曳到第7秒10帧的位置，单击【Position（位置）】和【Scale（缩放）】前面的按钮，开启关键帧，并设置【Scale（缩放）】为62。接着将时间线拖到第8秒10帧的位置，设置【Position（位置）】为（574，148），【Scale（缩放）】为32，如图10-107所示。此时效果如图10-108所示。

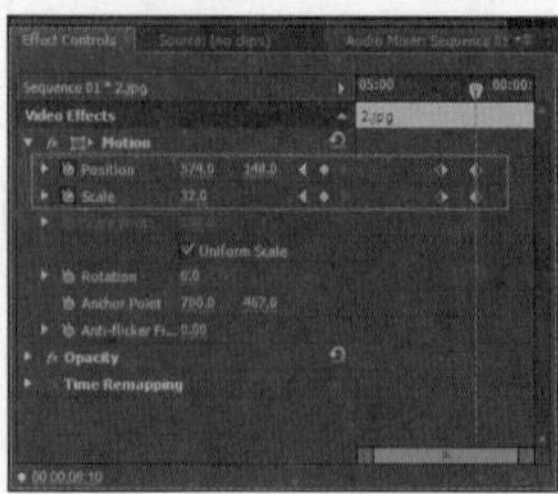
图10-107

图10-108

11 选择Video1轨道上的【1.jpg】素材文件，然后将时间线拖曳到第8秒10帧的位置，单击【Position（位置）】和【Scale（缩放）】前面的按钮，开启关键帧，并设置【Scale（缩放）】为68。接着将时间线拖到第9秒10帧的位置，设置【Position（位置）】为（188，420），【Scale（缩放）】为35，如图10-109所示。最终效果如图10-110所示。

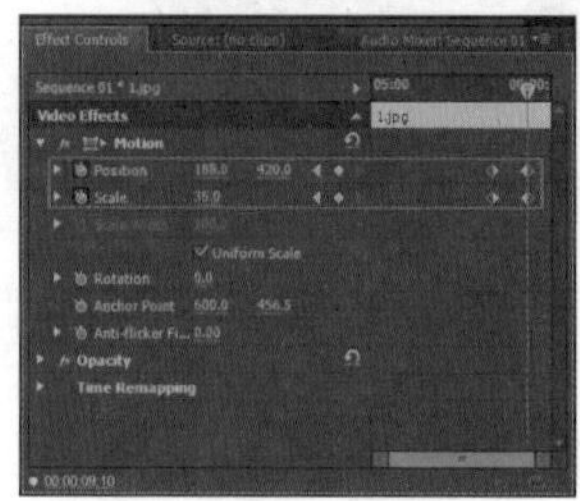
图10-109

图10-110

10.5.3 Rotation（旋转）选项

技术速查：Rotation（旋转）可以使素材沿某一中心点进行旋转，正数代表顺时针，负数代表逆时针。

Rotation（旋转）参数如图10-111所示。

方法一：通过调节【Rotation（旋转）】参数可以修改素材文件在【Program Monitor（节目监视器）】窗口中的旋转角度，如图10-112所示。

方法二：也可以选择【Effect Controls（效果控制）】面板中的Motion选项，然后直接在【Program Monitor（节目监视器）】窗口中通过素材文件周围的控制点来调整其旋转角度，如图10-113所示。

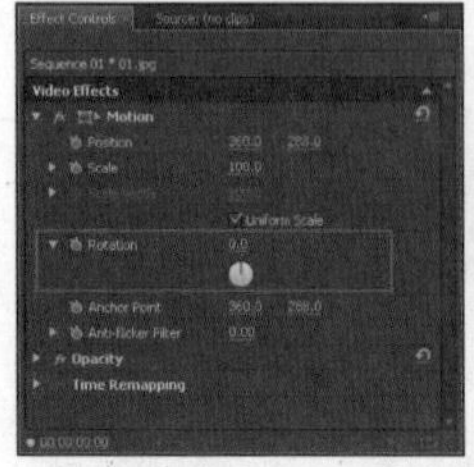
图10-111

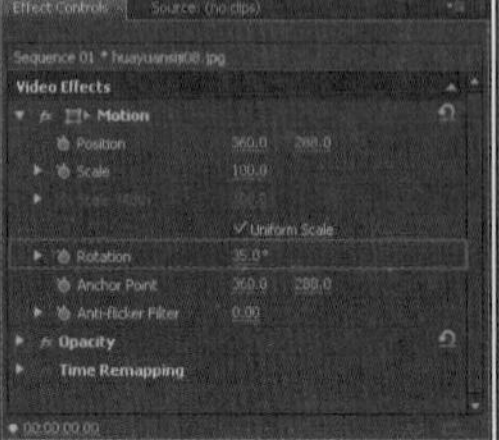

图10-112

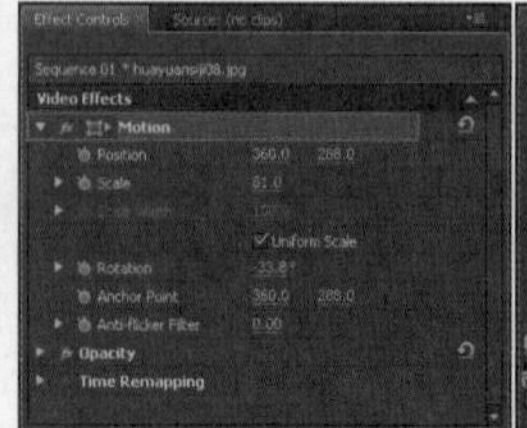
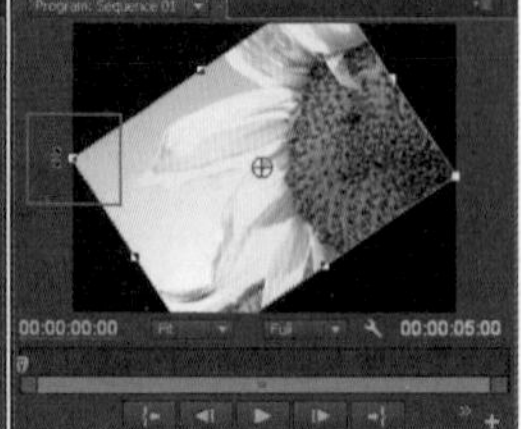
图10-113

★ 案例实战——气球升空效果

案例文件	案例文件\第10章\气球升空效果.prproj
视频教学	视频文件\第10章\气球升空效果.flv
难易指数	★★★★★
技术要点	位移和旋转效果的应用

案例效果

通过为旋转属性添加关键帧动画可以制作出素材的多种动画效果，如摇摆、旋转和偏移效果等。本案例主要是针对“制作气球升空效果”的方法进行练习，如图10-114所示。

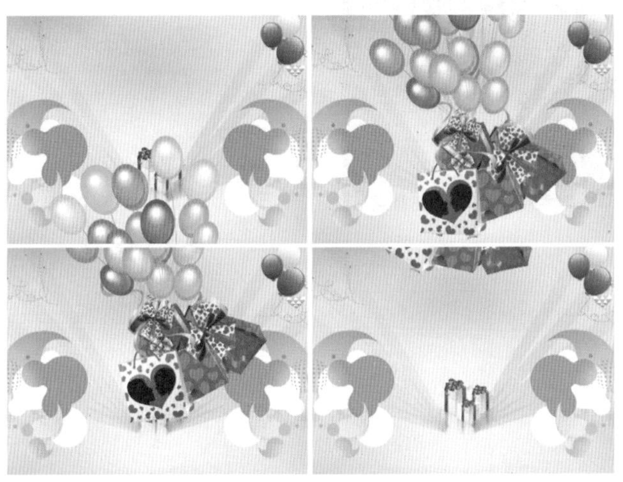

图10—114

操作步骤

01 单击【New Project（新建项目）】选项，并单击【Browse（浏览）】按钮设置保存路径，在【Name（名称）】文本框中设置文件名称。接着在弹出的对话框中选择【DV-PAL】/【Standard 48kHz】选项，如图10-115所示。

02 在【Project（项目）】窗口中空白处双击鼠标左键，然后在打开的对话框中选择所需的素材文件，并单击【打开】按钮导入，如图10-116所示。

03 将项目窗口中的【背景.jpg】素材文件拖曳到Video1轨道上，如图10-117所示。

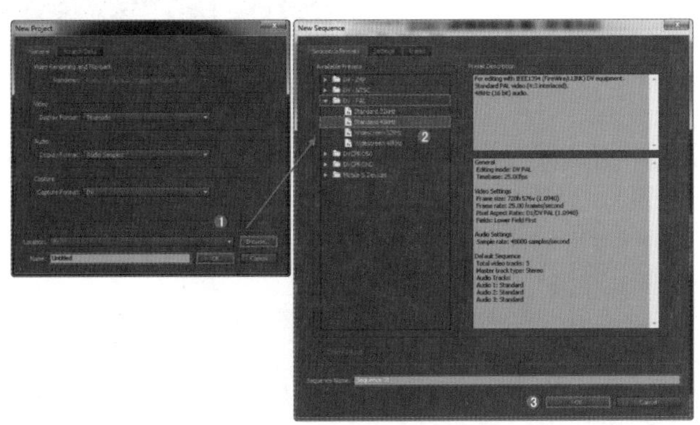

图10—115

图10—116

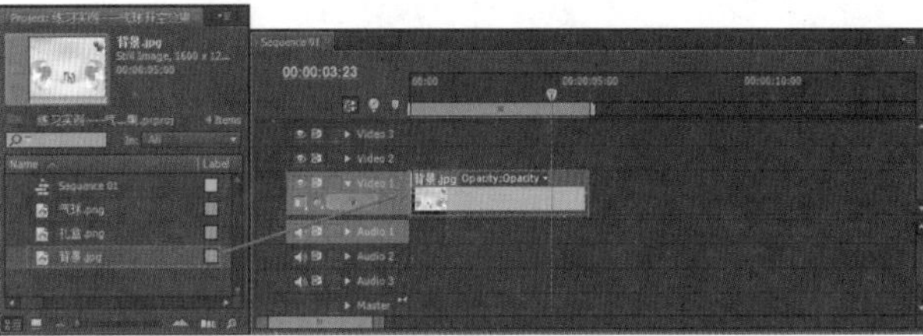

图10—117

04 选择Video1轨道上的【背景.jpg】素材文件，然后在【Effect Controls（效果控制）】面板中设置【Scale（缩放）】为51，如图10-118所示。此时效果如图10-119所示。

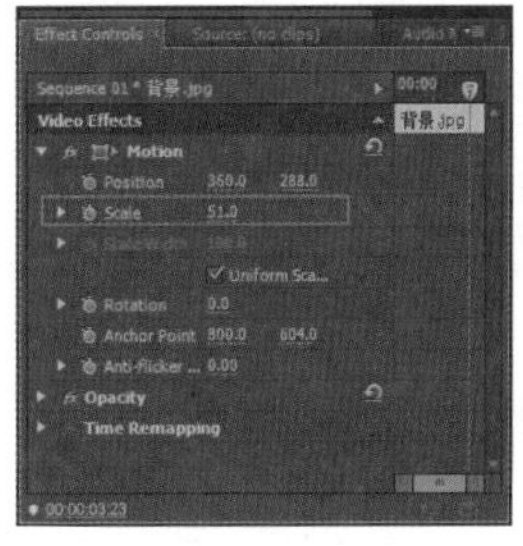

图10—118

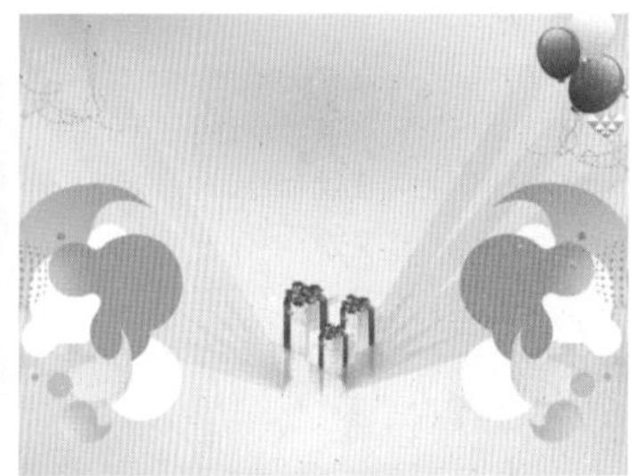

图10—119

05 将项目窗口中的【礼盒.png】和【气球.png】素材文件拖曳到Video2和Video3轨道上，如图10-120所示。

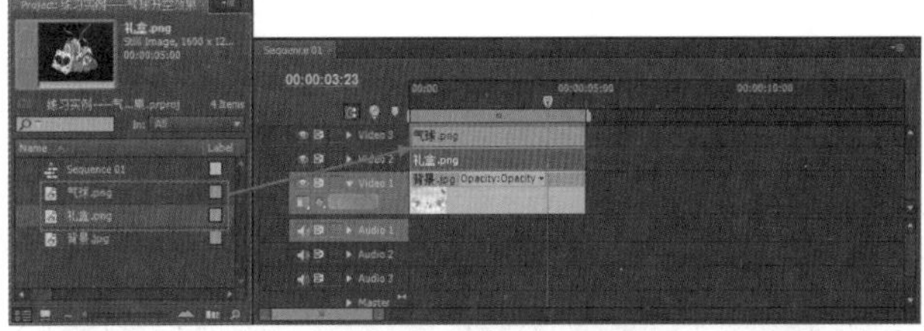

图10—120

06 选择Video2轨道上的【礼盒.png】素材文件，然后设置【Scale（缩放）】为41，【Anchor Point（锚点）】为（800，387）。接着将时间线拖到起始帧的位置，然后单击【Position（位置）】前面的按钮，开启关键帧。并设置【Position（位置）】为（365，1140）。最后将时间线拖到第4秒的位置，设置【Position（位置）】为（365，-380），如图10-121所示。

07 此时拖动时间线滑块查看效果，如图10-122所示。

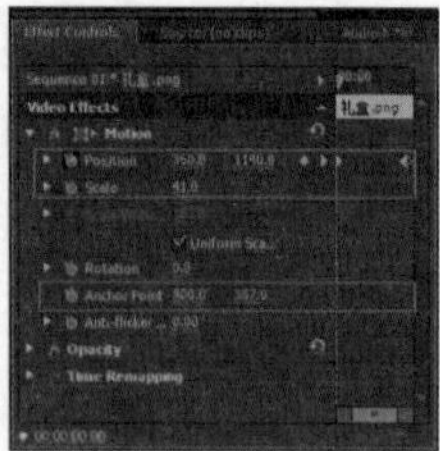

图10-121

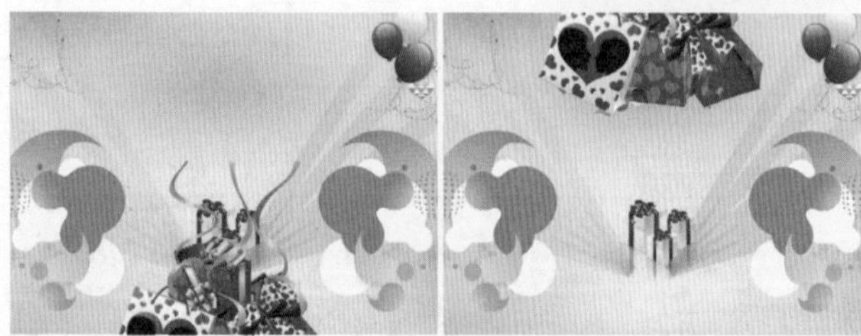

图10-122

08 选择Video3轨道上【气球.png】素材文件，然后设置【Scale（缩放）】为74。接着将时间线拖到起始帧的位置，并单击【Position（位置）】前面的按钮，开启关键帧，然后设置【Position（位置）】为（306，885）。最后将时间线拖到第4秒的位置，设置【Position（位置）】为（306，-545），如图10-123所示。此时效果如图10-124所示。

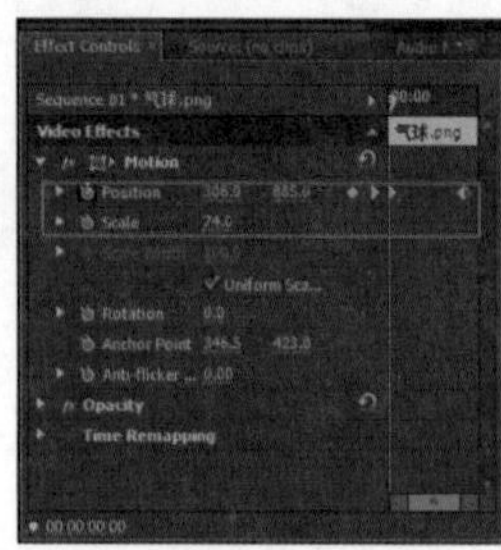

图10-123

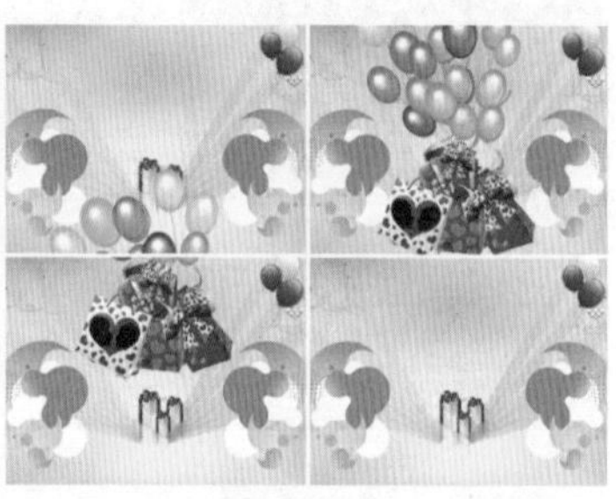

图10-124

09 选择Video2轨道上的【礼盒.png】素材文件，然后将时间线拖到第1秒的位置，并单击【Rotation（旋转）】前面的按钮，开启关键帧。接着将时间线拖到第2秒15帧的位置时，设置【Rotation（旋转）】为-33°。最后将时间线拖到第4秒的位置时，设置【Rotation（旋转）】为27°，如图10-125所示。

10 此时拖动时间线滑块查看最终效果，如图10-126所示。

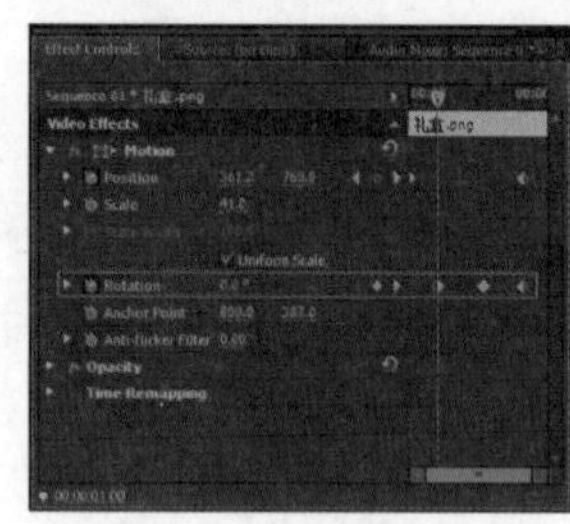

图10-125

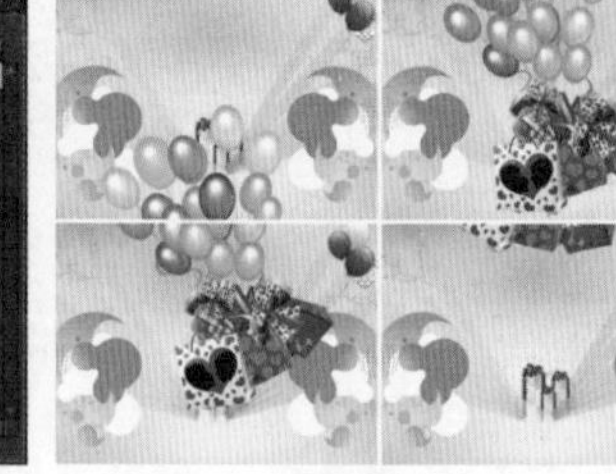

图10-126

答疑解惑：制作气球升空效果时需要注意哪些问题？

在制作气球升空效果时，为气球携带的礼物制作出左右摇摆效果，在制作礼物左右摇摆前，一定要将其中心点移动到合适的位置，以保证左右摇摆时使其整体效果更加自然。

读书笔记

10.5.4 Anchor Point（锚点）选项

技术速查：Anchor Point（锚点）即素材文件的中心点，可以使素材沿某一中心点进行旋转等操作。

Anchor Point（锚点）参数如图10-127所示。

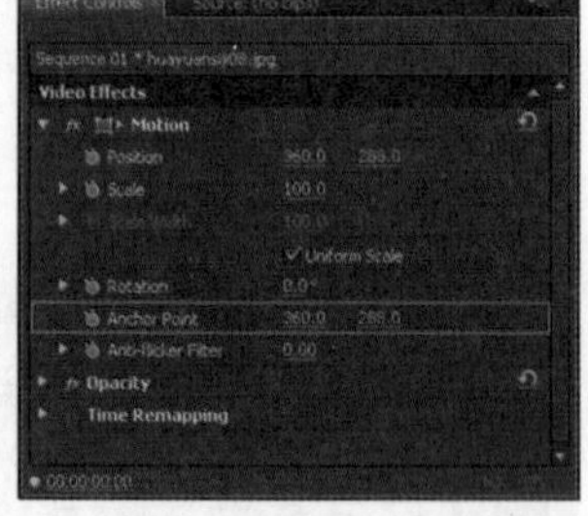

图10-127

通过调节Anchor Point（锚点）参数可以修改在【Program Monitor（节目监视器）】窗口中素材文件的中心点位置，如图10-128所示。

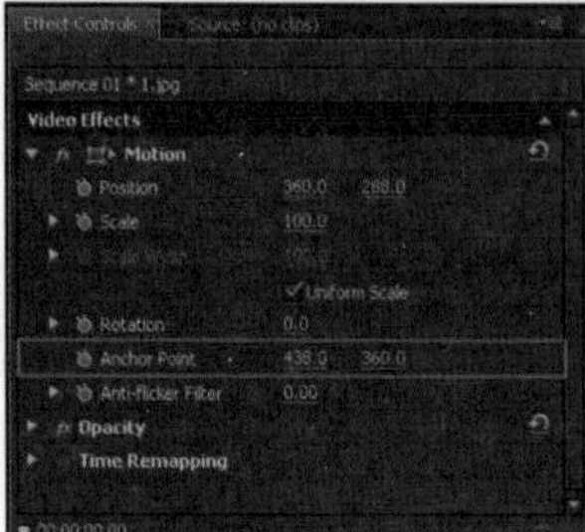

图10-128

技巧提示

在【Program Monitor（节目监视器）】窗口中，素材文件上的⊕代表【Anchor Point（锚点）】位置。修改【Anchor Point（锚点）】位置会直接影响素材的旋转中心点。

★ 案例实战——旋转风车效果

案例文件	案例文件\第10章\旋转风车效果.prproj
视频教学	视频文件\第10章\旋转风车效果.flv
难易指数	★★★★★
技术要点	位移、缩放和旋转效果的应用

案例效果

学习类宣传动画，经常采用明亮的颜色和富有学习气氛的物品来制作。添加一定的动态效果可以使画面有很好的动感效果和观赏性。本案例主要是针对“制作旋转风车效果”的方法进行练习，如图10-129所示。

图10—129

操作步骤

01 单击【New Project（新建项目）】选项，并单击【Browse（浏览）】按钮设置保存路径，在【Name（名称）】文本框中设置文件名称。接着在弹出的对话框中选择【DV-PAL】/【Standard 48kHz】选项，如图10-130所示。

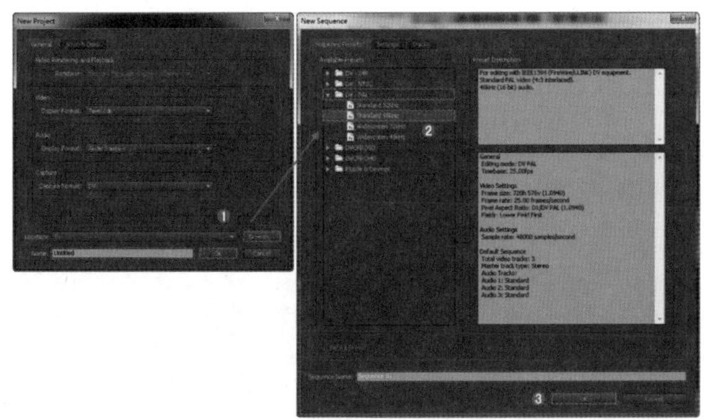

图10—130

02 在【Project（项目）】窗口中空白处双击鼠标左键，然后在打开的对话框中选择所需的素材文件，并单击【打开】按钮导入，如图10-131所示。

03 将项目窗口中的素材文件按顺序拖曳到Video1轨道上，如图10-132所示。

图10—131

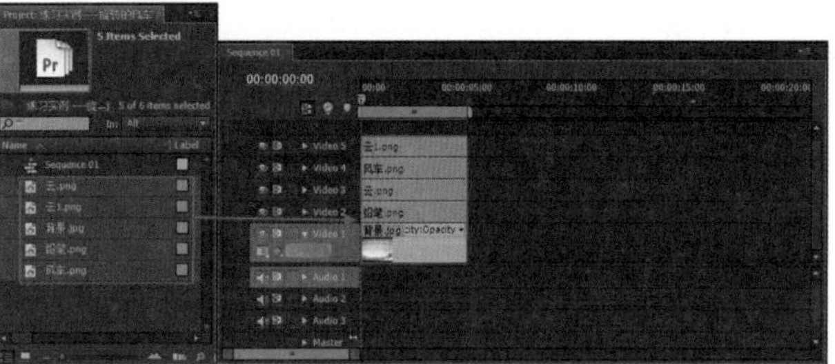

图10—132

04 选择Video1轨道上的【背景.jpg】素材文件，然后设置【Scale（缩放）】为55，如图10-133所示。隐藏其他轨道上的素材文件并查看此时效果，如图10-134所示。

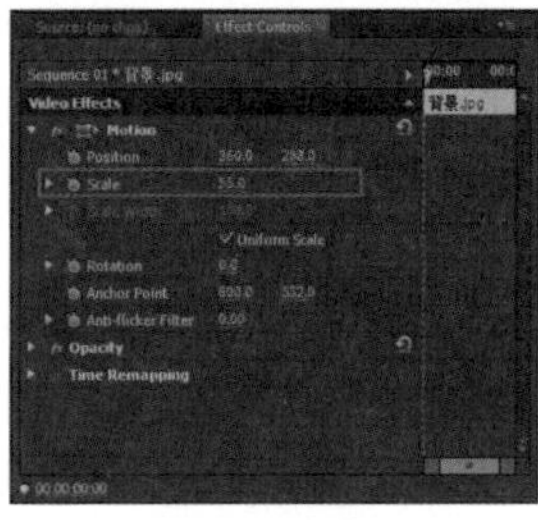

图10—133

图10—134

05 显示并选择Video4轨道上的【风车.png】素材文件，然后设置【Position（位置）】为（373，163），【Scale（缩放）】为38，【Anchor Point（锚点）】为（947，1082）。将时间线拖到起始帧的位置，单击【Rotation（旋转）】前面的按钮，开启关键帧。接着将时间线拖到第4秒22帧的位置，设置【Rotation（旋转）】为0.0°，如图10-135所示。此时效果如图10-136所示。

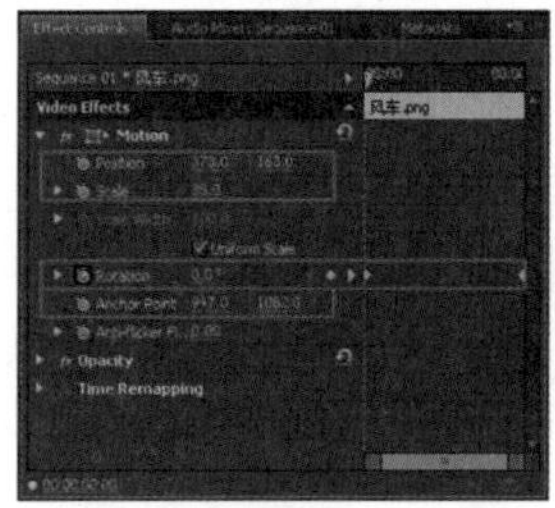

图10—135

图10—136

技巧提示

因为旋转属性是按中心点旋转的，所以制作风车旋转动画前，注意风车素材文件的中心点要在风车的正中间，如图10—137所示。

图10—137

06 显示并选择Video2轨道上的【铅笔.png】素材文件，然后将时间线拖到起始帧位置，并单击【Position（位置）】和【Scale（缩放）】前面的按钮，开启关键帧。接着设置【Position（位置）】为（1016，500），【Scale（缩放）】为11。最后将时间线拖到第12帧的位置，设置【Position（位置）】为（306，380），【Scale（缩放）】为38，如图10-138所示。此时效果如图10-139所示。

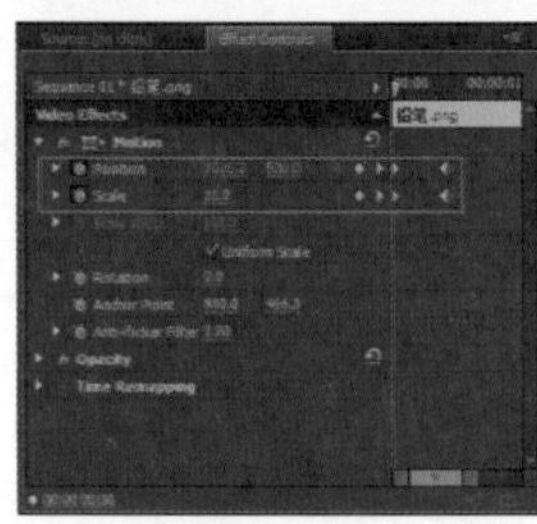

图10—138

图10—139

07 显示并选择Video3轨道上的【云.png】素材文件，然后设置【Scale（缩放）】为44，【Opacity（不透明度）】为85%。接着将时间线拖到起始帧位置，单击【Position（位置）】前面的按钮，开启关键帧，并设置【Position（位置）】为（257，131）。接着将时间线拖到第4秒22帧的位置，设置【Position（位置）】为（833，131），如图10-140所示。此时效果如图10-141所示。

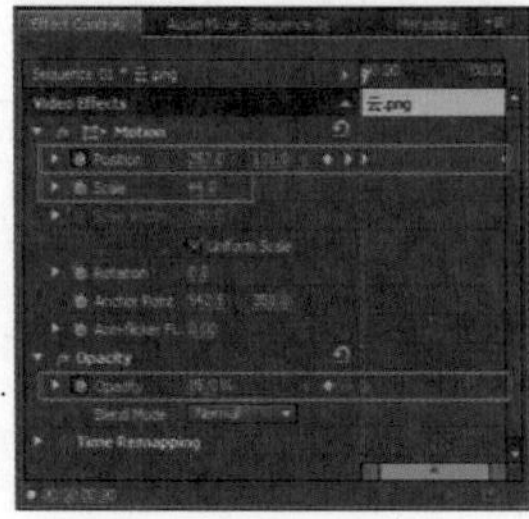

图10—140

图10—141

08 选择Video5轨道上的【云1.png】素材文件，然后设置【Scale（缩放）】为48。接着将时间线拖到起始帧位置，单击【Position（位置）】前面的按钮，开启关键帧，并设置【Position（位置）】为（-6，131）。最后将时间线拖到第4秒22帧的位置，设置【Position（位置）】为（559，131），如图10-142所示。最终效果如图10-143所示。

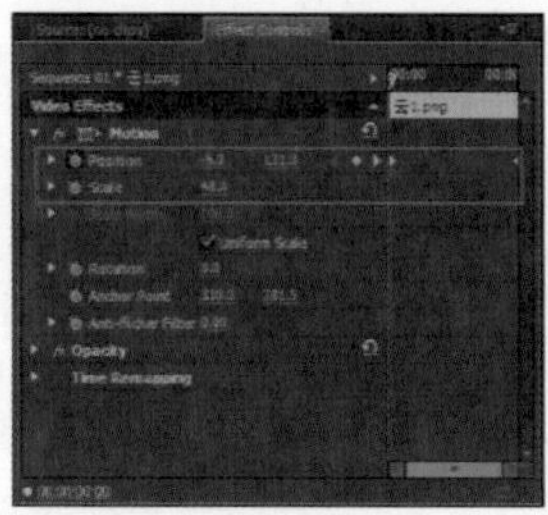

图10—142

图10—143

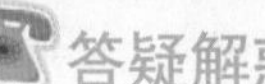

答疑解惑：关键帧的作用有哪些？

在Adobe Premiere Pro CS6软件中，基本所有的动画效果都需要关键帧来制作，关键帧是制作动画的主要方式和基本元素。

一般制作关键帧动画至少需要两个关键帧，为素材添加的效果也可以用关键帧来制作动画。关键帧即是制作动画的基础和关键。

★ 案例实战——花朵动画效果

案例文件	案例文件\第10章\花朵动画效果.prproj
视频教学	视频文件\第10章\花朵动画效果.flv
难易指数	★★★★★
技术要点	位移、缩放、旋转和不透明度效果的应用

案例效果

利用关键帧动画可以制作出许多素材的运动效果，使动画效果更加丰富多彩。本案例主要是针对“制作花朵动画效果”的方法进行练习，如图10-144所示。

图10—144

操作步骤

01 单击【New Project（新建项目）】选项，并单击【Browse（浏览）】按钮设置保存路径，在【Name（名称）】文本框中设置文件名称。接着在弹出的对话框中选择【DV-PAL】/【Standard 48kHz】选项，如图10-145所示。

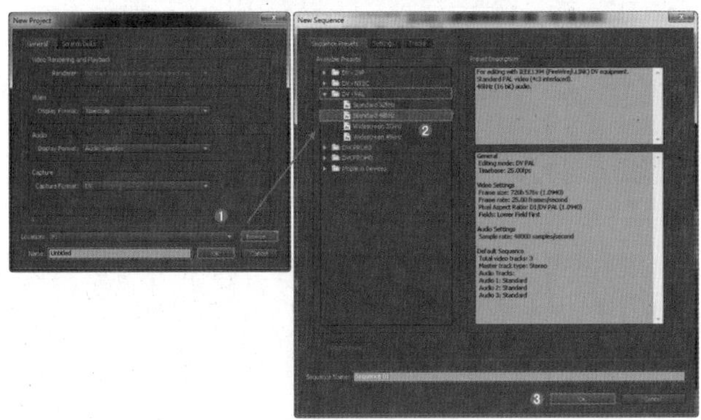

图10—145

02 在【Project（项目）】窗口中空白处双击鼠标左键，然后在打开的对话框中选择所需的素材文件，并单击【打开】按钮导入，如图10-146所示。

图10—146

03 将项目窗口中的【背景.jpg】素材文件拖曳到Video1轨道上，并设置结束时间为第5秒10帧的位置，如图10-147所示。

图10—147

04 选择时间线Vidoe1轨道上的【背景.jpg】素材文件，然后在【Effect Controls（效果控制）】面板中设置【Scale（缩放）】为22，如图10-148所示。此时效果如图10-149所示。

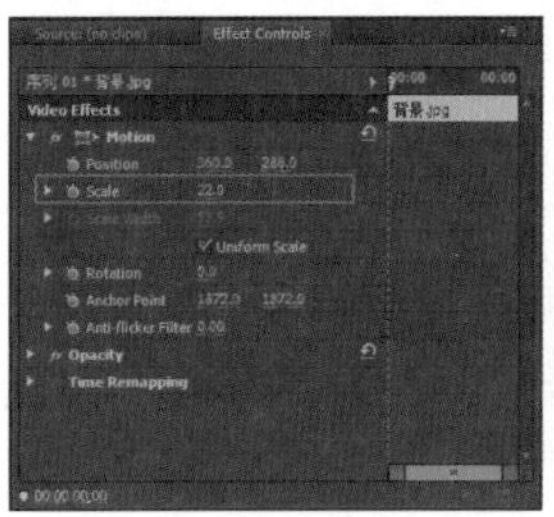

图10—148

图10—149

05 将项目窗口中的【花.png】素材文件拖曳到Video2轨道上，并与Video1轨道的素材文件对齐，如图10-150所示。

图10—150

06 选择Video2轨道上的【花.png】素材文件，然后将时间线拖到起始帧的位置，单击【Position（位置）】和【Scale（缩放）】前面的按钮，开启关键帧，并设置【Position（位置）】为（－145，73），【Scale（缩放）】为18，如图10-151所示。此时效果如图10-152所示。

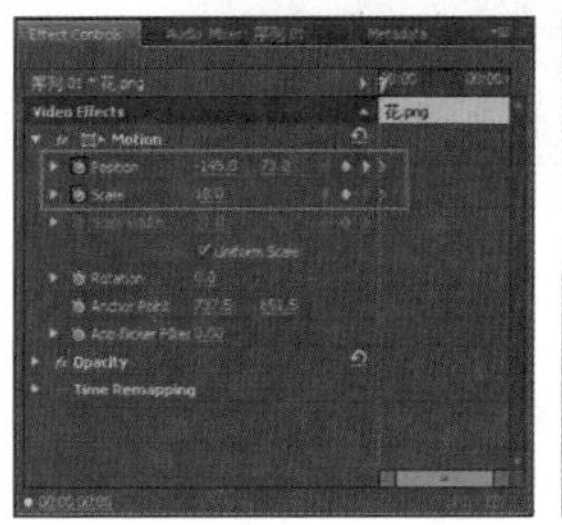

图10—151

图10—152

07 将时间线拖到第2秒的位置，然后设置【Position（位置）】为（324，329），【Scale（缩放）】为13。接着将时间线拖到第4秒的位置，并设置【Position（位置）】为（783，527），【Scale（缩放）】为10，如图10-153所示。此时效果如图10-154所示。

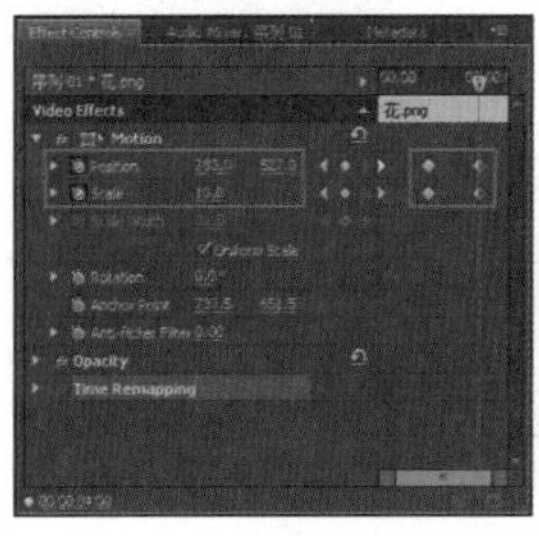

图10—153

图10—154

08 将时间线拖到起始帧的位置，然后单击【Rotation（旋转）】前面的按钮，开启关键帧，并设置【Rotation（旋转）】为0°，接着将时间线拖到第2秒的位置，设置【Rotation（旋转）】为1×180°，最后将时间线拖到第4秒的位置，设置【Rotation（旋转）】为3×70°，如图10-155所示。此时效果如图10-156所示。

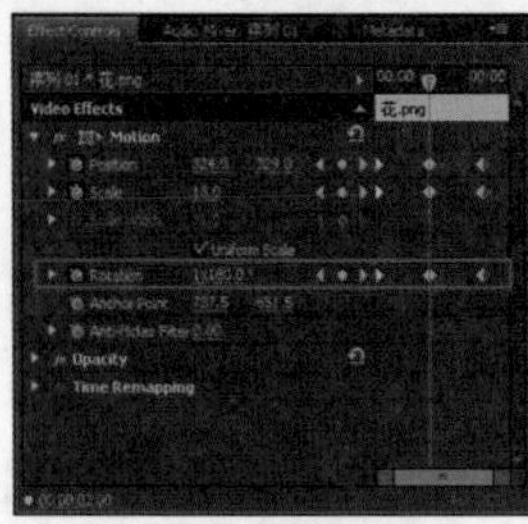

图10—155

图10—156

09 选择【Title（字幕）】/【New Title（新建字幕）】/【Default Still（默认静态字幕）】命令，然后在弹出的对话框中单击【OK（确定）】按钮，如图10-157所示。

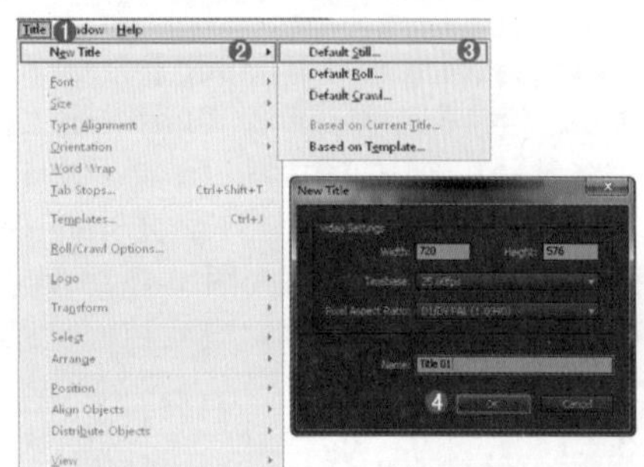

图10—157

10 在字幕面板中单击（文字工具）按钮，然后在工作区域输入文字“Flower”，接着设置【Font Family（字体）】为【Champagne】，【Font Size（字体大小）】为168，【Color（字体颜色）】为绿色（R：76，G：144，B：8），如图10-158所示。

图10—158

11 关闭字幕面板，然后将项目窗口中的【Title 01】素材文件拖曳到Video3轨道上，并设置起始时间为第2秒13帧的位置，结束时间为第5秒10帧的位置，如图10-159所示。

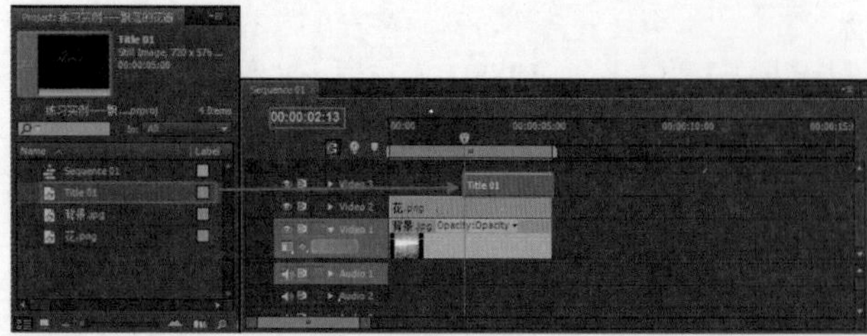

图10—159

12 选择Video3轨道上的【Title 01】素材文件，然后将时间线拖到起始帧的位置，并设置【Opacity（不透明度）】为0%，接着将时间线拖到第4秒21帧的位置，设置【Opacity（不透明度）】为100%，如图10-160所示。

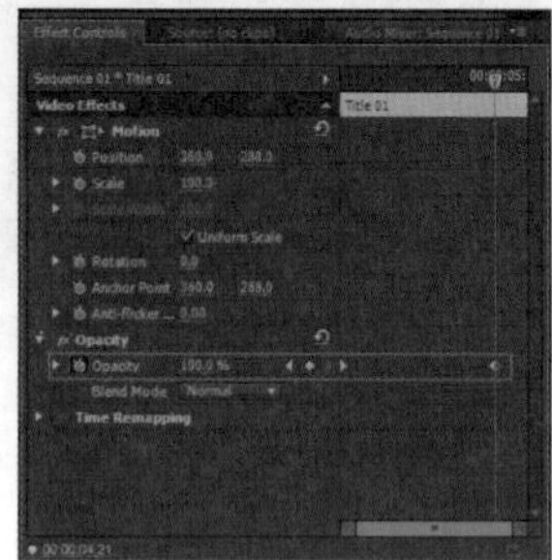

图10—160

13 此时拖动时间线滑块查看效果，如图10-161所示。

图10—161

14 将项目窗口中的【花.png】素材文件拖曳到Video4轨道上，并设置起始时间为第4秒的位置，结束时间为第5秒10帧的位置，如图10-162所示。

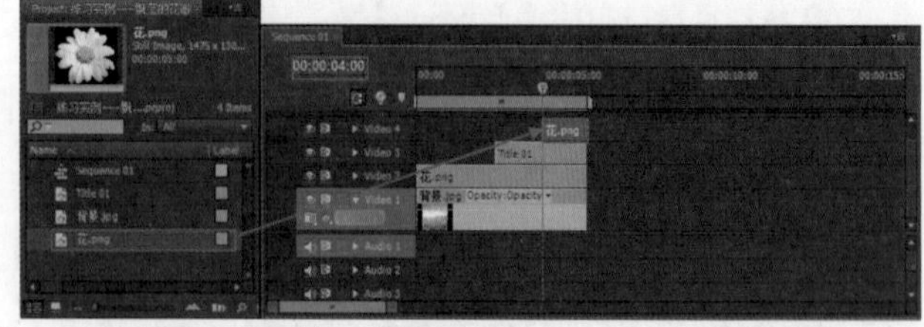

图10—162

15 选择Video4轨道上的【花.png】素材文件，然后设置【Position（位置）】为（555，288），【Scale（缩放）】为15。接着将时间线拖到起始帧位置，并设置【Opacity（不透明度）】为0%，最后将时间线拖到第4秒05帧的位置，设置【Opacity（不透明度）】为100%，如图10-163所示。

16 此时拖动时间线滑块查看最终效果，如图10-164所示。

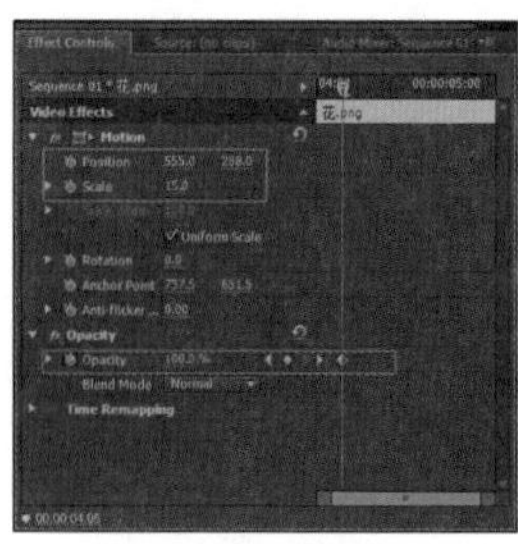
图10-163

图10-164

答疑解惑：制作关键帧动画需要注意哪些问题？

在Adobe Premiere Pro CS6中，制作关键帧动画必须要单击（关键帧开关）按钮，来开启关键帧。即为开启关键帧状态，否则再次输入数值时会替换之前所输数值。

在制作关键帧动画时，可以单击相应属性后面的（添加/删除关键帧）按钮为素材添加关键帧。

若想取消动画效果，可以再次单击（关键帧开关）按钮，即可关闭关键帧效果，并且之前所记录的所有动画效果也一并消失。

10.5.5 Anti-flicker Filter（抗闪烁过滤）选项

技术速查：Anti-flicker Filter（抗闪烁过滤）用于过滤运动画面在隔行扫描中产生的抖动。值比较大时，过滤快速运动产生的抖动，值比较小时，过滤运动速度较慢产生的抖动。

Anti-flicker Filter（抗闪烁过滤）参数如图10-165所示。

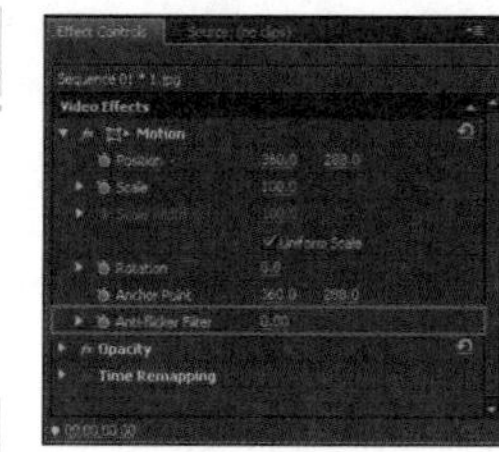
图10-165

10.5.6 Opacity（不透明度）选项

技术速查：Opacity（不透明度）用来控制素材的透明程度，一般情况下，素材除了包含通道的素材具有透明区域，其他素材都是以不透明的形式出现。

Opacity（不透明度）参数如图10-166所示。

- Blend Mode（混合模式）：包含多种图层混合模式，默认为【Normal（正常）】模式，如图10-167所示。常用于两个素材文件的叠加混合，如图10-168所示为设置不同混合模式的对比效果。

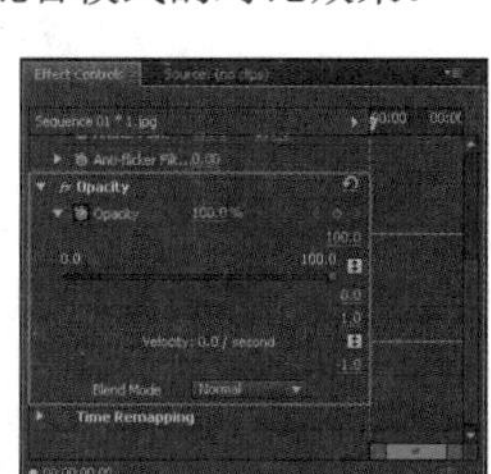
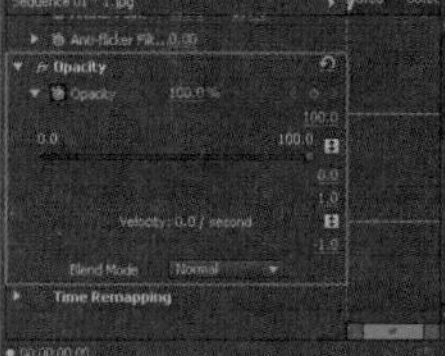
图10-166　图10-167

图10-168

方法一：通过调节【Opacity（不透明度）】参数可以修改素材文件在【Program Monitor（节目监视器）】窗口中的透明度，且会在该素材的时间线所在位置自动添加关键帧，如图10-169所示。

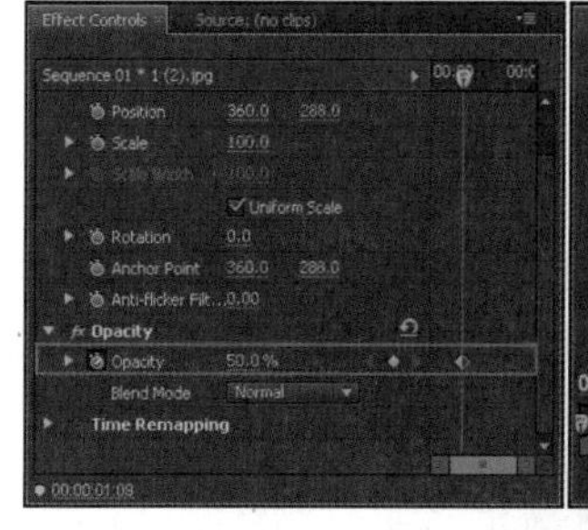

图10-169

方法二：或者展开素材文件所在的视频轨道，然后将光标移动到素材的黄线上，当光标呈现状时，按住鼠标左键上下拖动，也可以改变素材的透明度，如图10-170所示。此时在【Program Monitor（节目监视器）】窗口中的素材文件效果如图10-171所示。

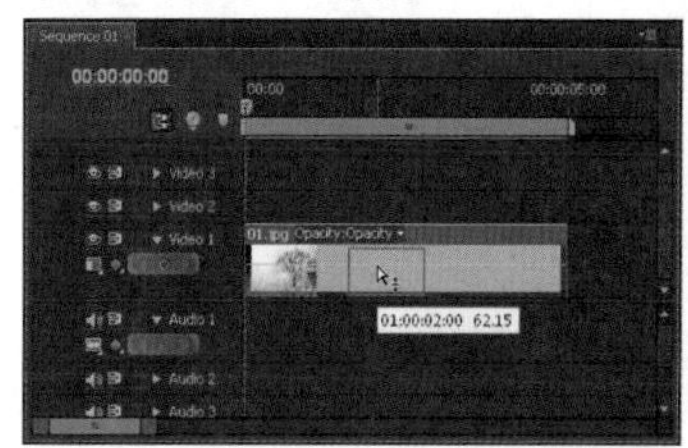
10—170

图10—171

★ 案例实战——动画的不透明度

案例文件	案例文件\第10章\动画的不透明度.prproj
视频教学	视频文件\第10章\动画的不透明度.flv
难易指数	★★★★★
技术要点	位移、缩放和不透明度效果的应用

案例效果

在影视作品中的前景上有时会添加各种效果和装饰。调节背景的亮度和不透明度等过渡动画，还可以制作出画面转场效果。本案例主要是针对“制作动画的不透明度效果”的方法进行练习，如图10-172所示。

图10—172

操作步骤

01 单击【New Project（新建项目）】选项，并单击【Browse（浏览）】按钮设置保存路径，在【Name（名称）】文本框中设置文件名称。接着在弹出的对话框中选择【DV-PAL】/【Standard 48kHz】选项，如图10-173所示。

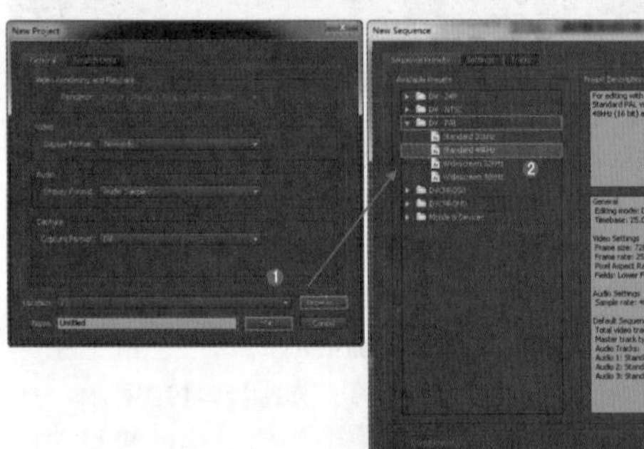

图10—173

02 在【Project（项目）】窗口中空白处双击鼠标左键，然后在打开的对话框中选择所需的素材文件，并单击【打开】按钮导入，如图10-174所示。

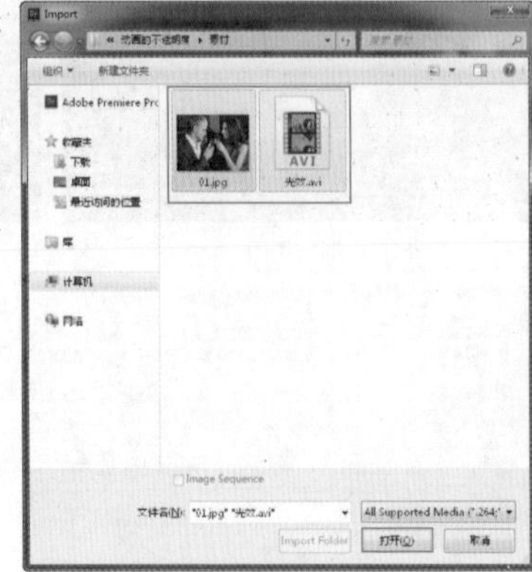

图10—174

03 将项目窗口中的【01.jpg】素材文件拖曳到Video1轨道上，如图10-175所示。

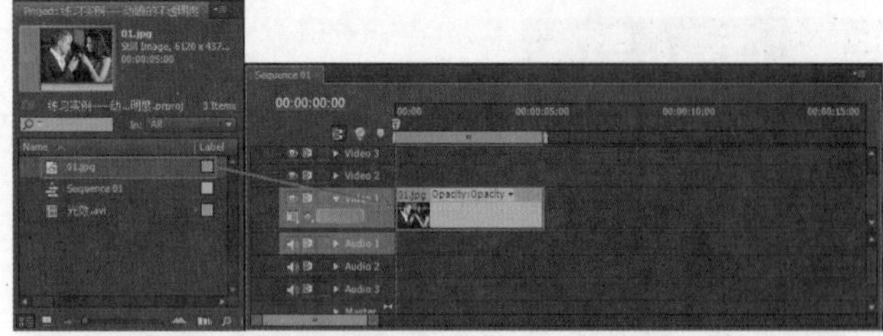

图10—175

04 选择Video1轨道上的【01.jpg】素材文件，然后在【Effect Controls（效果控制）】面板中设置【Scale（缩放）】为14，如图10-176所示。此时效果如图10-177所示。

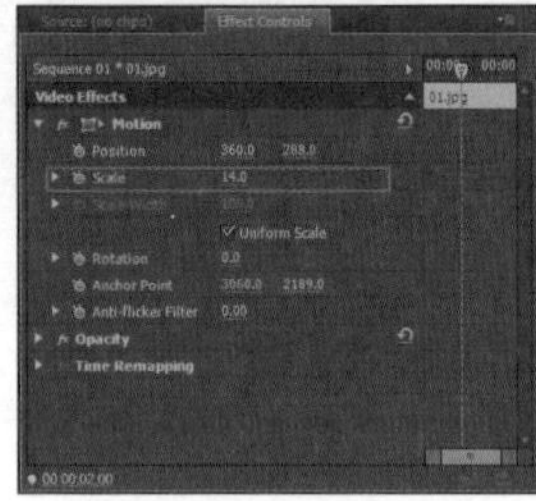

图10—176

图10—177

05 为素材制作不透明度动画。选择Video1轨道上的【01.jpg】素材文件，然后将时间线拖到第2秒的位置时，设置【Opacity（不透明度）】为100%，最后将时间线拖到第2秒23帧的位置时，设置【Opacity（不透明度）】为55%，如图10-178所示。

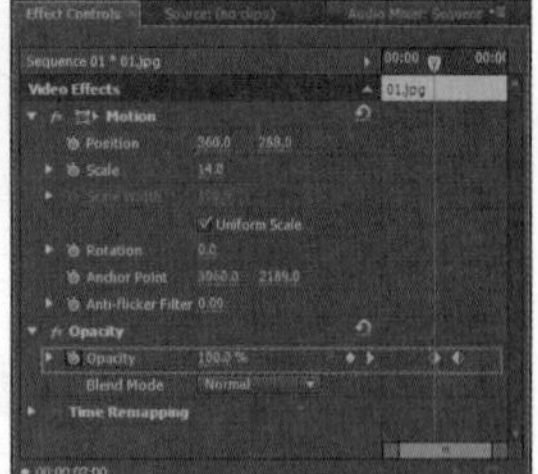

图10—178

06 此时拖动时间线滑块查看效果，如图10-179所示。

图10—179

07 将项目窗口中的【光效.avi】素材文件拖曳到Video2轨道上，并设置起始时间为第3秒03帧的位置，如图10-180所示。

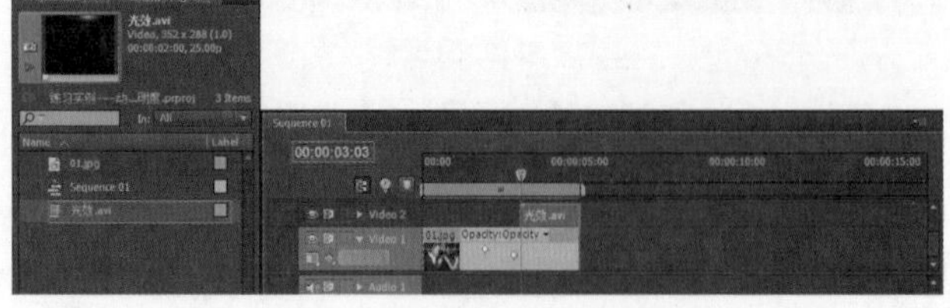

图10—180

08 选择Video2轨道上的【光效.avi】素材文件，然后设置【Position（位置）】为（365，274），【Scale（缩放）】为214，【Blend Mode（混合模式）】为【Screen（滤色）】，如图10-181所示。

09 此时拖动时间线滑块查看最终效果，如图10-182所示。

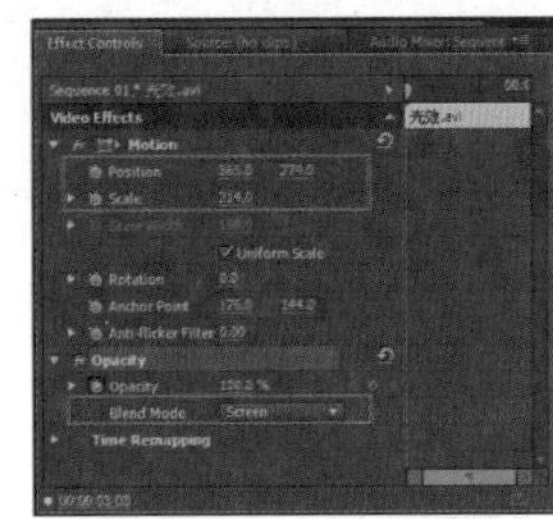

图10—181

图10—182

★ 案例实战——水墨文字的淡入效果

案例文件	案例文件\第10章\水墨文字的淡入效果.prproj
视频教学	视频文件\第10章\水墨文字的淡入效果.flv
难易指数	★★★★★
技术要点	位移、缩放和不透明度效果的应用

案例效果

水墨画上的题词，也称题辞，是礼仪类文体之一，是为给人、物或事留作纪念而题写的文字。为题词制作出如同墨般的淡入效果，可以体现出水墨画的悠久历史韵味。本案例主要是针对“制作水墨文字的淡入效果”的方法进行练习，如图10-183所示。

图10—183

操作步骤

Part01 制作水墨背景动画

01 单击【New Project（新建项目）】选项，并单击【Browse（浏览）】按钮设置保存路径，在【Name（名称）】文本框中设置文件名称。接着在弹出的对话框中选择【DV-PAL】/【Standard 48kHz】选项，如图10-184所示。

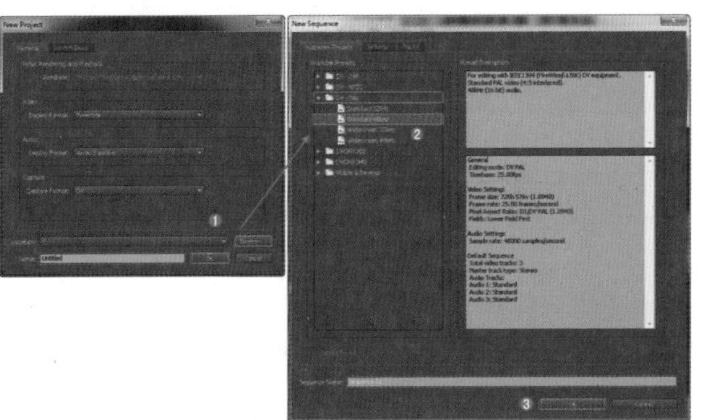

图10—184

02 在【Project（项目）】窗口中空白处双击鼠标左键，然后在打开的对话框中选择所需的素材文件，并单击【打开】按钮导入，如图10-185所示。

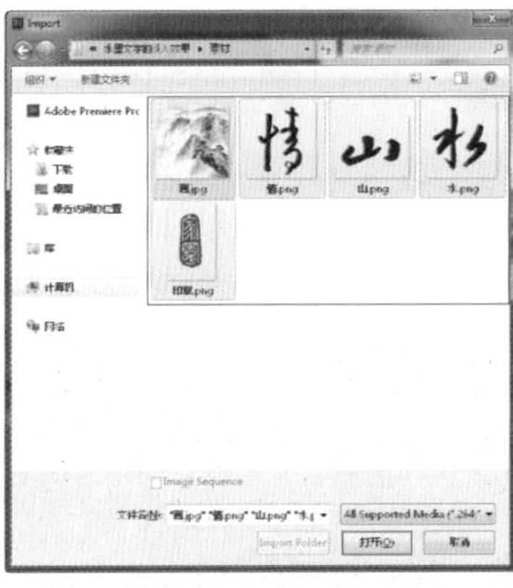

图10—185

03 将项目窗口中的【画.jpg】素材文件拖曳到Video1轨道上，如图10-186所示。

图10—186

04 选择Video1轨道上的【画.jpg】素材文件，然后单击【Position（位置）】和【Scale（缩放）】前面的按钮，开启关键帧。接着将时间线拖到第1秒的位置，设置【Position（位置）】为（562，734），【Scale（缩放）】为340，如图10-187所示。此时效果如图10-188所示。

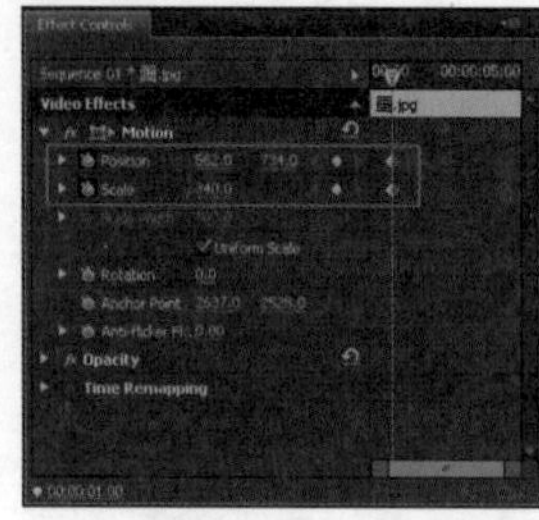

图10—187

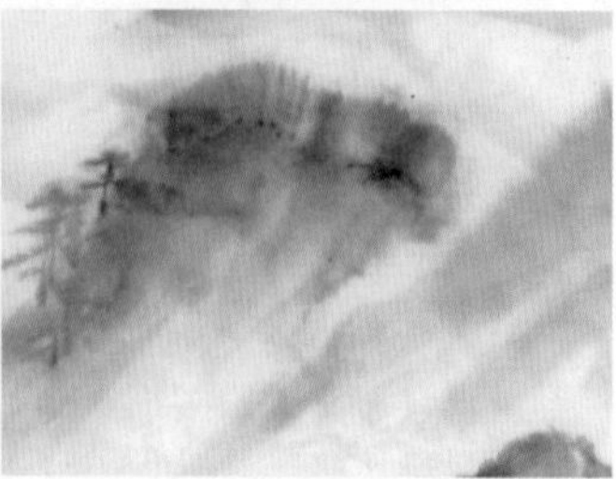

图10—188

05 将时间线拖到第2秒的位置，然后设置【Position（位置）】为（526，664），【Scale（缩放）】为304。接着将时间线拖到第4秒07帧的位置，并设置【Position（位置）】为（360，344），【Scale（缩放）】为140，如图10-189所示。此时效果如图10-190所示。

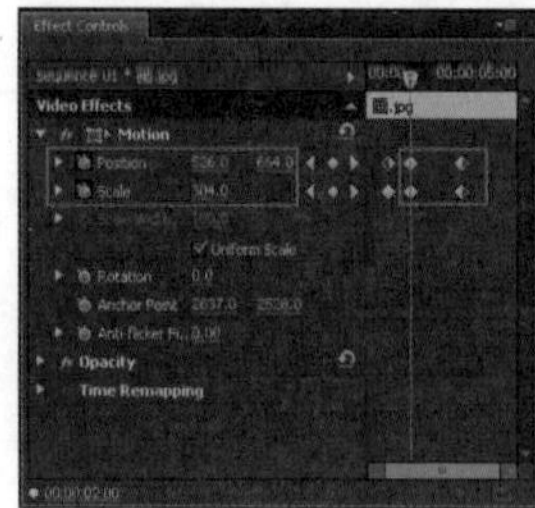

图10—189

图10—190

Part02 制作水墨文字动画

01 将项目窗口中的【山.png】素材文件拖曳到Video2轨道上，并设置结束时间为第6秒24帧的位置，如图10-191所示。

图10—191

02 选择Video2轨道上的【山.png】素材文件，然后将时间线拖到第1秒的位置，接着单击【Position（位置）】和【Scale（缩放）】前面的按钮，开启关键帧，并设置【Position（位置）】为（423，210），【Scale（缩放）】为333，【Opacity（不透明度）】为0%，如图10-192所示。此时效果如图10-193所示。

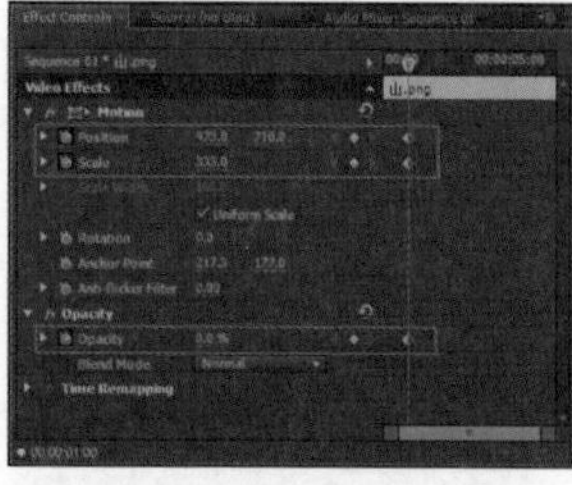

图10—192

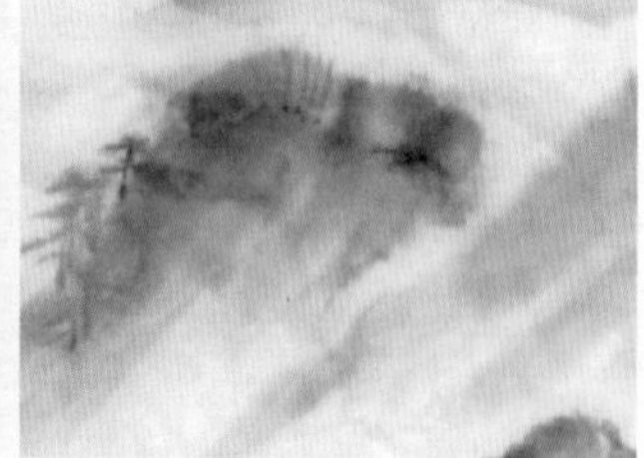

图10—193

03 将时间线拖到第2秒的位置，然后设置【Position（位置）】为（190，101），【Scale（缩放）】为46，【Opacity（不透明度）】为100%，如图10-194所示。此时效果如图10-195所示。

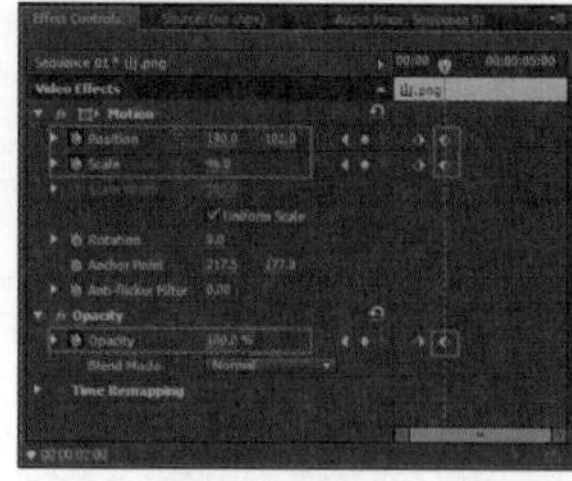

图10—194

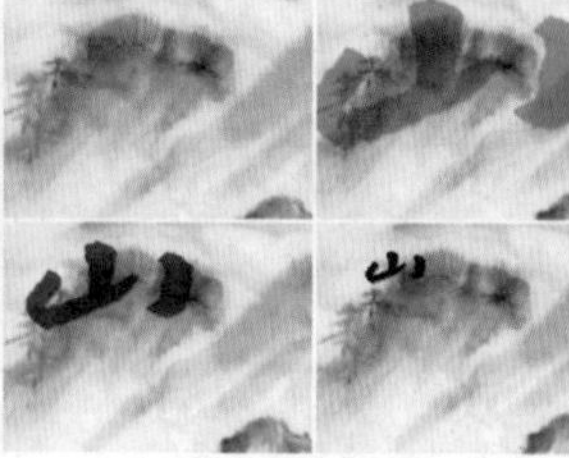

图10—195

04 将项目窗口中的【水.png】素材文件拖曳到Video3轨道上，并设置结束时间为第6秒24帧的位置，如图10-196所示。

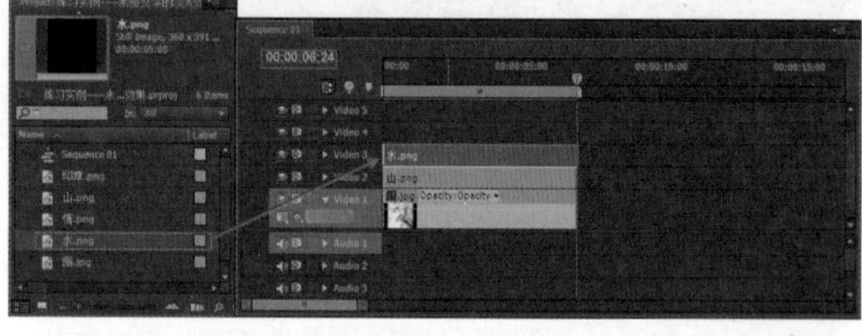

图10—196

05 选择Video3轨道上的【水.png】素材文件，然后单击【Position（位置）】和【Scale（缩放）】前面的按钮，开启关键帧。接着将时间线拖到第2秒的位置，设置【Position（位置）】为（380，245），【Scale（缩放）】为239，【Opacity（不透明度）】为0%，如图10-197所示。此时效果如图10-198所示。

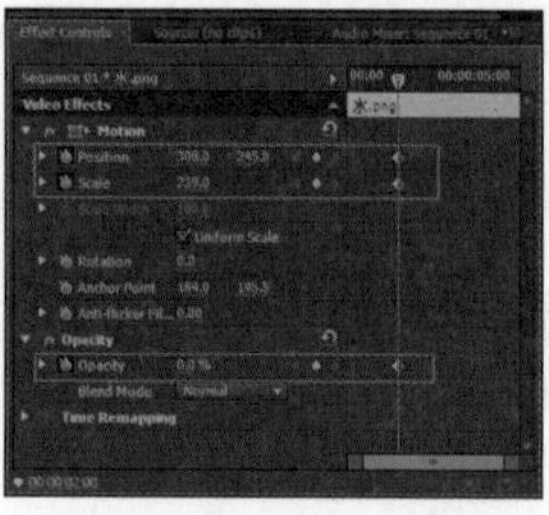

图10—197

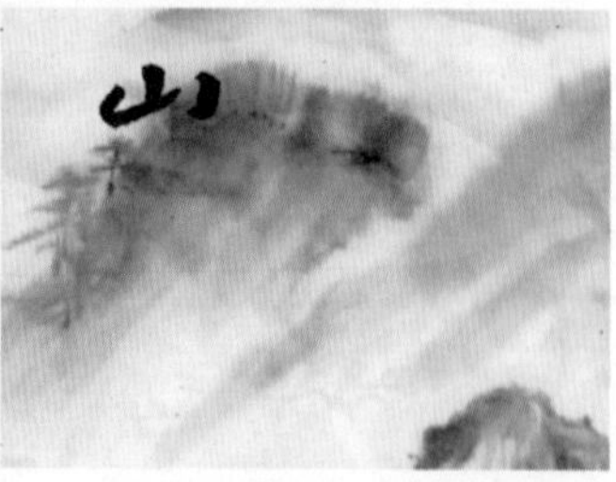

图10—198

06 将时间线拖到第3秒的位置，设置【Position（位置）】为（24，245），【Scale（缩放）】为50，【Opacity（不透明度）】为100%，如图10-199所示。此时效果,如图10-200所示。

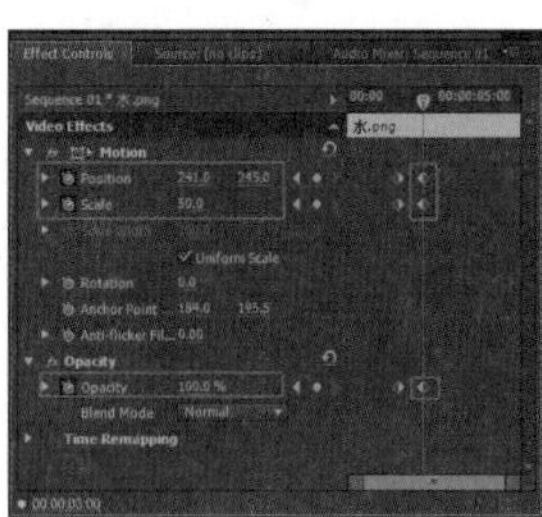
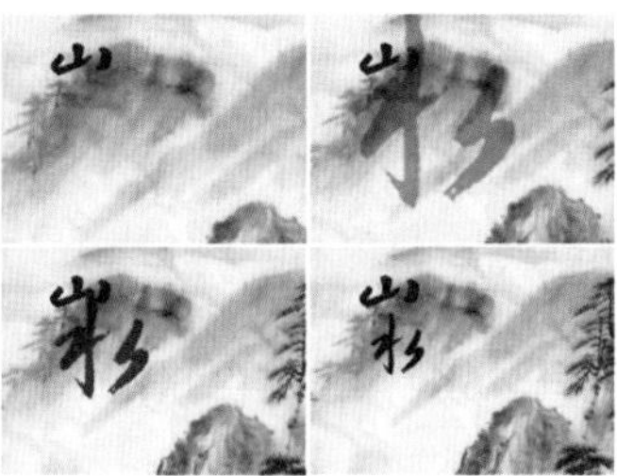

图10-199　　图10-200

07 将项目窗口中的【情.png】素材文件拖曳到Video4轨道上，并设置结束时间为第6秒24帧的位置，如图10-201所示。

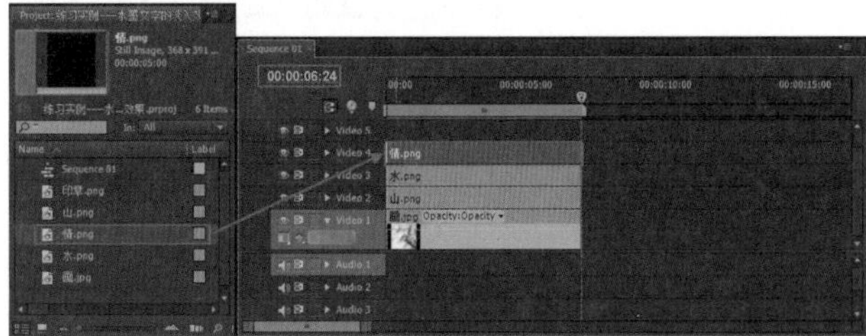

图10-201

08 选择Video4轨道上的【情.png】素材文件，然后单击【Position（位置）】和【Scale（缩放）】前面的按钮，开启关键帧。接着将时间线拖到第3秒的位置，设置【Position（位置）】为（309，247），【Scale（缩放）】为219，【Opacity（不透明度）】为0%，如图10-202所示。效果如图10-203所示。

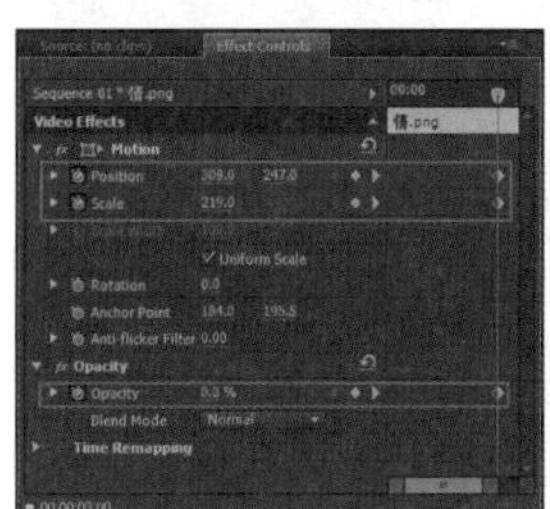

图10-202　　图10-203

09 将时间线拖到第4秒的位置，设置【Position（位置）】为（185，433），【Scale（缩放）】为59，【Opacity（不透明度）】为100%，如图10-204所示。效果如图10-205所示。

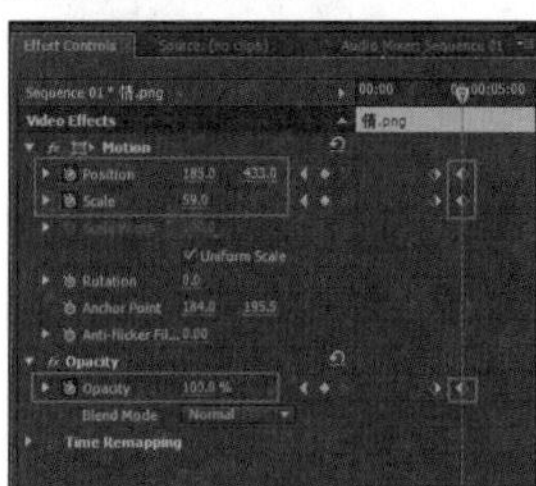

图10-204　　图10-205

10 将项目窗口中的【印章.png】素材文件拖曳到Video5轨道上，并设置结束时间为第6秒24帧的位置，如图10-206所示。

图10-206

11 选择Video5轨道上的【印章.png】素材文件，然后在【Effect Controls（效果控制）】面板中设置【Position（位置）】为（291，508），【Scale（缩放）】为65，如图10-207所示。效果如图10-208所示。

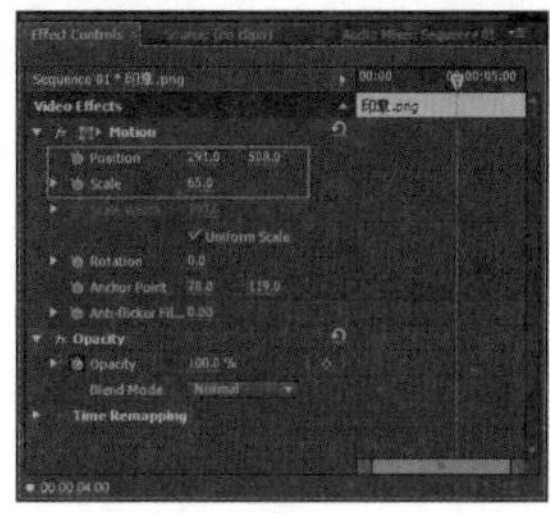

图10-207　　图10-208

12 选择Video2轨道上的【印章.png】素材文件，然后将时间线拖到第4秒的位置，并设置【Opacity（不透明度）】为0%，接着将时间线拖到第5秒的位置，设置【Opacity（不透明度）】为100%，如图10-209所示。此时效果如图10-210所示。

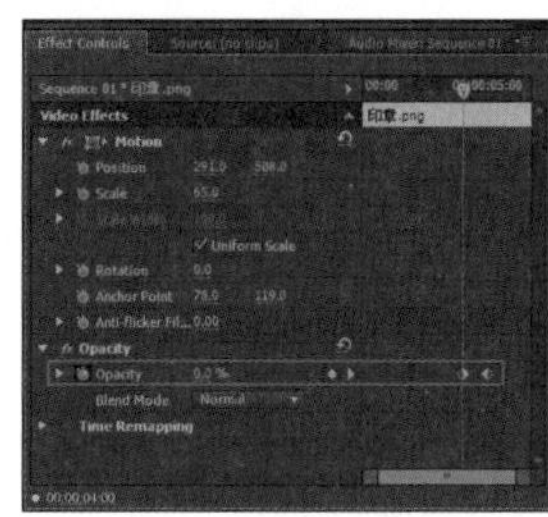

图10-209　　图10-210

13 此时拖动时间线滑块查看最终效果，如图10-211所示。

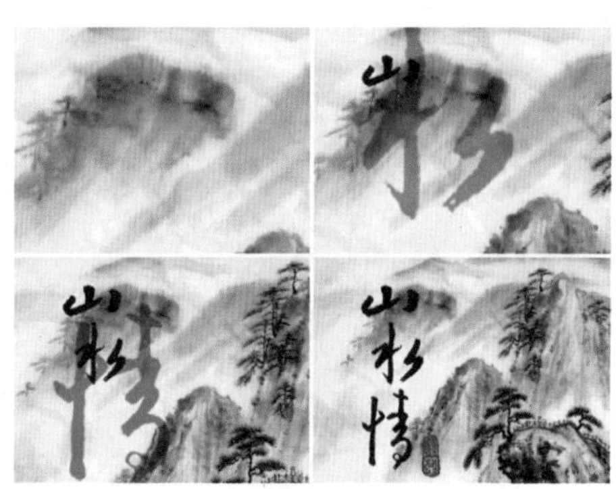

图10-211

★ 案例实战——产品展示广告

案例文件	案例文件\第10章\产品展示广告.prproj
视频教学	视频文件\第10章\产品展示广告.flv
难易指数	★★★★★
技术要点	位移、缩放、透明度和混合模式效果的应用

案例效果

电子产品展示广告中，常有展示电子产品的画面。我们可以通过添加关键帧动画来实现这一效果。本案例主要是针对“制作产品展示广告效果”的方法进行练习，如图10-212所示。

图10-212

操作步骤

Part01 制作背景和产品动画

01 单击【New Project（新建项目）】选项，并单击【Browse（浏览）】按钮设置保存路径，在【Name（名称）】文本框中设置文件名称。接着在弹出的对话框中选择【DV-PAL】/【Standard 48kHz】选项，如图10-213所示。

02 在【Project（项目）】窗口中空白处双击鼠标左键，然后在打开的对话框中选择所需的素材文件，并单击【打开】按钮导入，如图10-214所示。

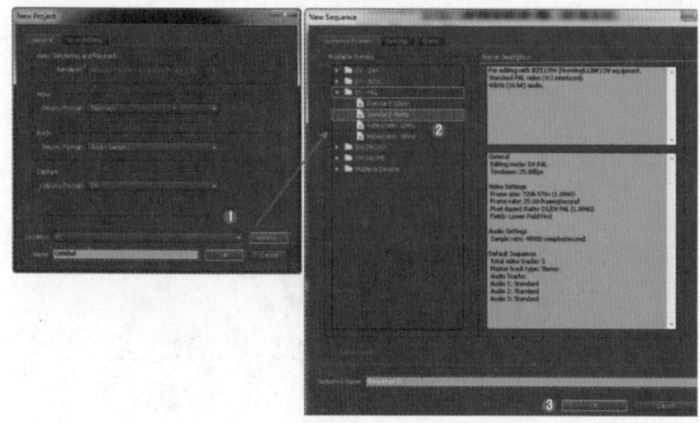

图10-213

03 将项目窗口中的【背景.jpg】素材文件拖曳到Video1轨道上，并设置结束时间为第8秒的位置，如图10-215所示。

图10-214

图10-215

04 选择Video1轨道上的【背景.jpg】素材文件，然后设置【Scale（缩放）】为50，如图10-216所示。此时效果如图10-217所示。

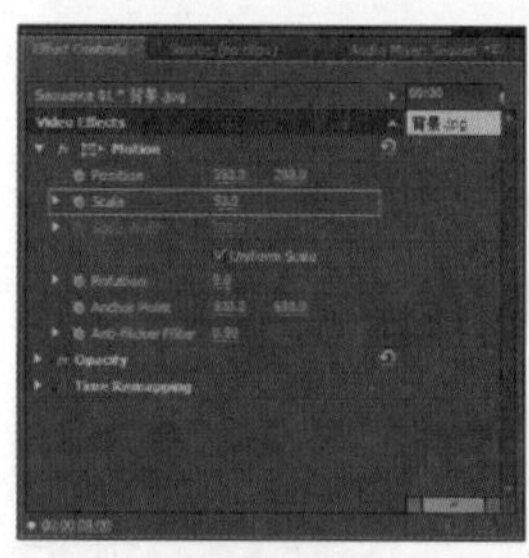

图10-216

图10-217

05 将项目窗口中的【01.png】素材文件拖曳到Video2轨道上，并设置结束时间为第8秒的位置，如图10-218所示。

图10-218

06 选择Video2轨道上的【01.png】素材文件。将时间线拖到起始帧的位置，然后单击【Scale（缩放）】前面的按钮，开启关键帧，并设置【Scale（缩放）】为0。接着将时间线拖到第20帧的位置，设置【Scale（缩放）】为49。最后将时间线拖到第1秒15帧的位置，设置【Scale（缩放）】为18，如图10-219所示。此时效果如图10-220所示。

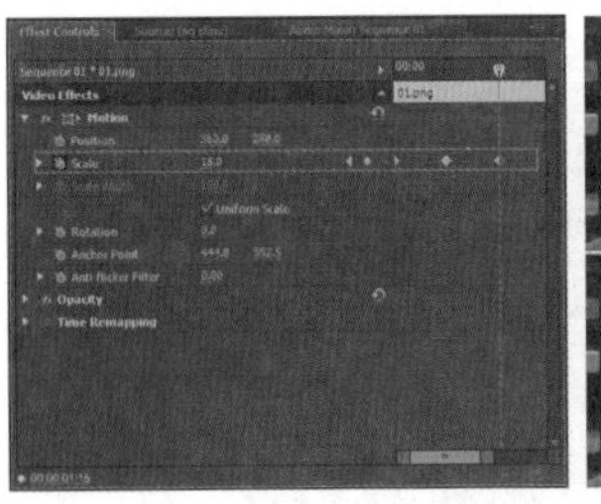

图10-219

图10-220

07 选择Video2轨道上的【01.png】素材文件。将时间线拖到第20帧的位置，然后单击【Position（位置）】前面的按钮，开启关键帧，并设置【Position（位置）】为（360，288）。接着将时间线拖到第1秒15帧的位置，设置【Position（位置）】为（109，288），如图10-221所示。此时效果如图10-222所示。

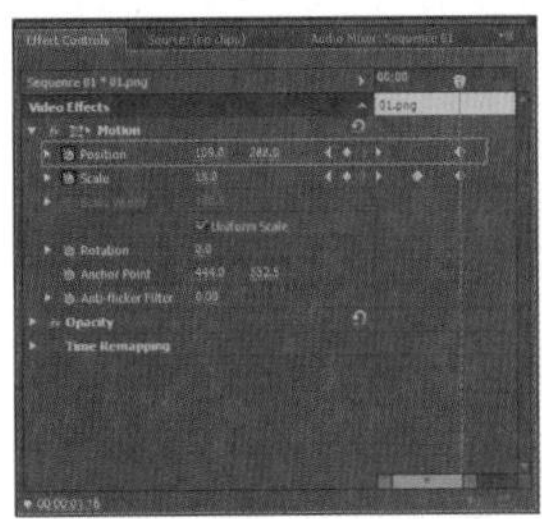

图10-221

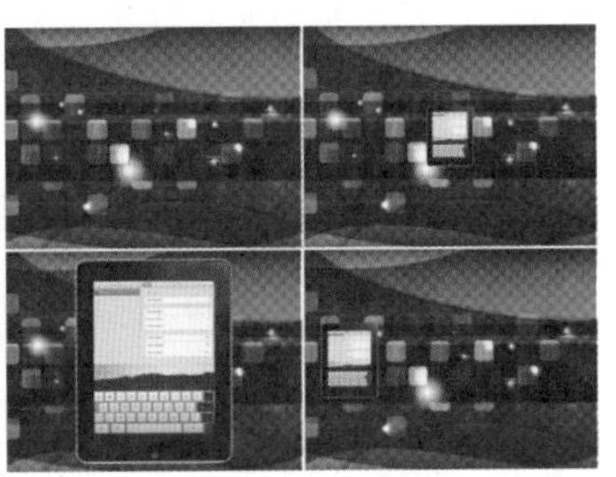

图10-222

08 以此类推，制作出【02.png】和【03.png】素材文件的动画效果，如图10-223所示。

图10-223

Part02 制作剩余的动画

01 选择时间线窗口中的【01.jpg】、【02.jpg】和【03.jpg】素材文件，并单击鼠标右键，然后在弹出的快捷菜单中选择【Nest（嵌套）】命令，如图10-224所示。

02 在时间线窗口中选择形成的嵌套序列【Nested Sequence 01】，然后在【Effect Controls（效果控制）】面板中将时间线拖到第5秒15帧的位置，单击【Position（位置）】前面的按钮，开启关键帧。接着将时间线拖动第6秒的位置，并设置【Position（位置）】为（360，700），如图10-225所示。此时效果如图10-226所示。

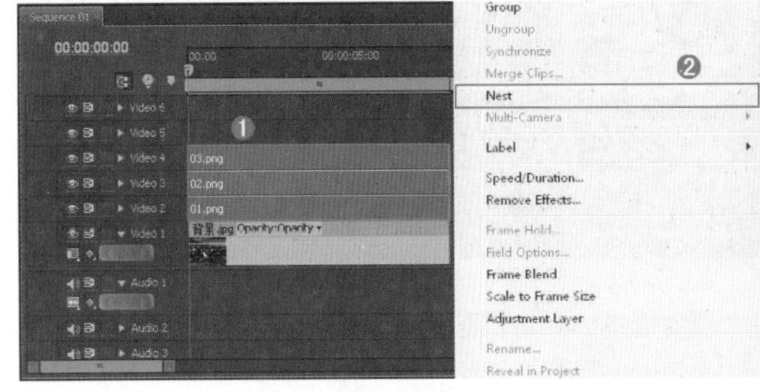

图10-224

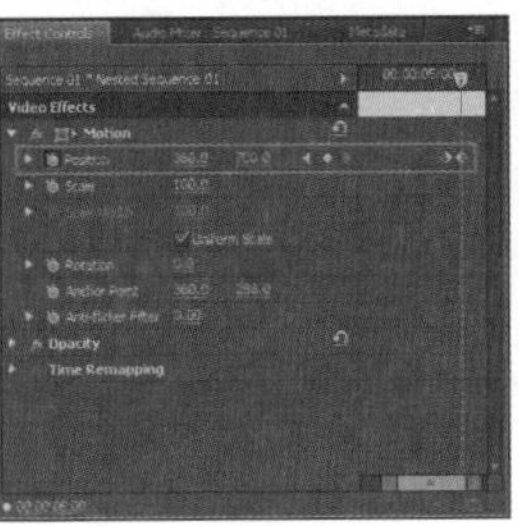

图10-225

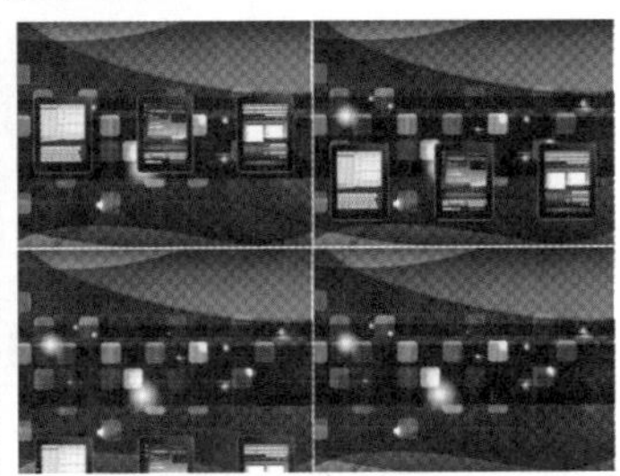

图10-226

03 将项目窗口中的【04.png】素材文件拖曳到Video3轨道上，并设置结束时间为第8秒的位置，如图10-227所示。

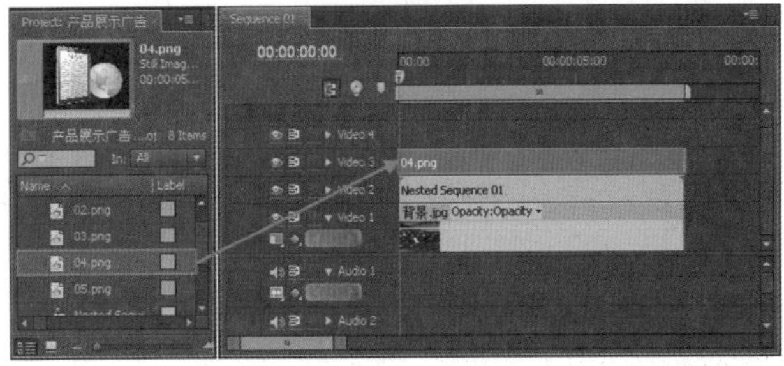

图10-227

04 选择Video3轨道上的【04.png】素材文件。将时间线拖到第5秒15帧的位置，然后单击【Position（位置）】前面的按钮，开启关键帧，并设置【Position（位置）】为（360，－195）。接着将时间线拖到第6秒的位置，设置【Position（位置）】为（360，288），如图10-228所示。此时效果如图10-229所示。

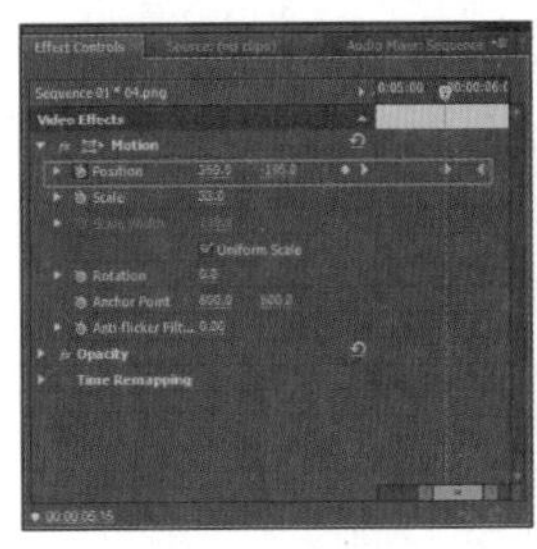

图10-228

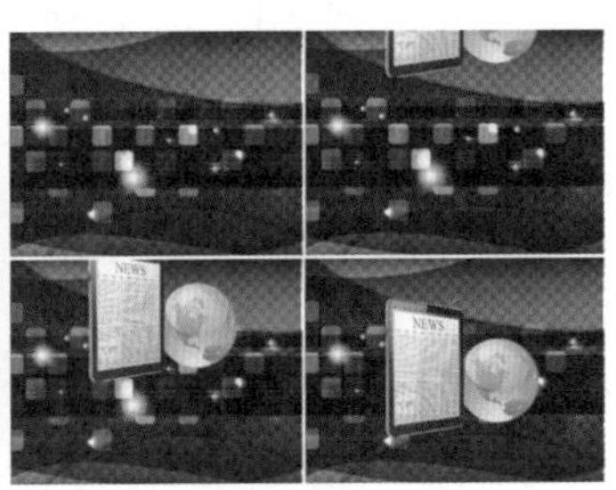

图10-229

05 将项目窗口中的【05.png】素材文件拖曳到Video4轨道上，并设置结束时间为第8秒的位置，如图10-230所示。

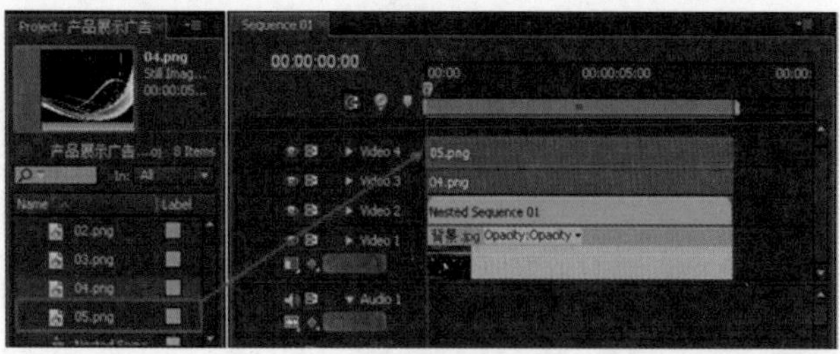

图10-230

06 选择Video6轨道上的【05.png】素材文件。然后设置【Scale（缩放）】为50。接着将时间线拖到第6秒05帧的位置，并设置【Opacity（不透明度）】为0%。最后将时间线拖到第6秒20帧的位置，设置【Opacity（不透明度）】为100%，【Blend Mode（混合模式）】为【Lighten（变亮）】，如图10-231所示。

07 此时拖动时间线滑块查看最终效果，如图10-232所示。

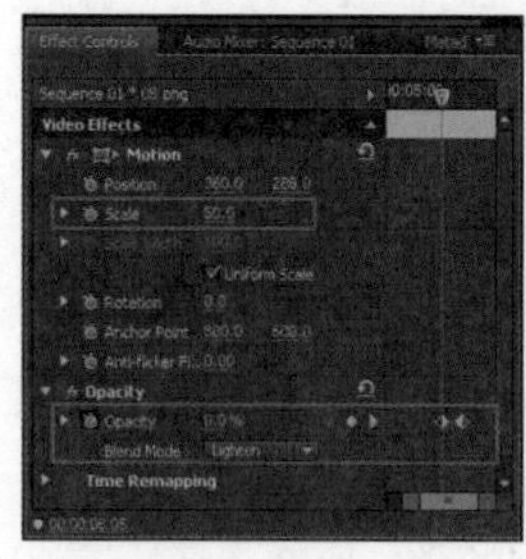

图10-231

图10-232

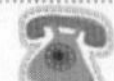

答疑解惑：产品展示广告的优势有哪些？

不同的产品交叉出现效果的产品展示广告，可以吸引人们更多的注意力，提升产品知名度和介绍产品外观等。还可以利用这种方法来展示其他产品。

10.5.7 Time Remapping（时间重置）选项

技术速查：Time Remapping（时间重置）可以实现素材快动作、慢动作、倒放和静帧等效果。

Time Remapping（时间重置）参数面板如图10-233所示。

- Speed（速度）：显示当前素材设置的速率百分比。速度同时影响素材的时间长度。速率越大，时间线窗口中的素材时间长度越短；速率越小，则素材时间长度越长。

01 展开选项后，在时间线视图中有一根白色的线，将鼠标移动到白线上，鼠标呈现状时，按住鼠标左键上下拖动白线，即可改变素材的速率，如图10-234所示。

02 白线越向上，速率越大；越向下，则速率越小。如图10-235所示为速率是100%和160%时素材长度的对比效果。

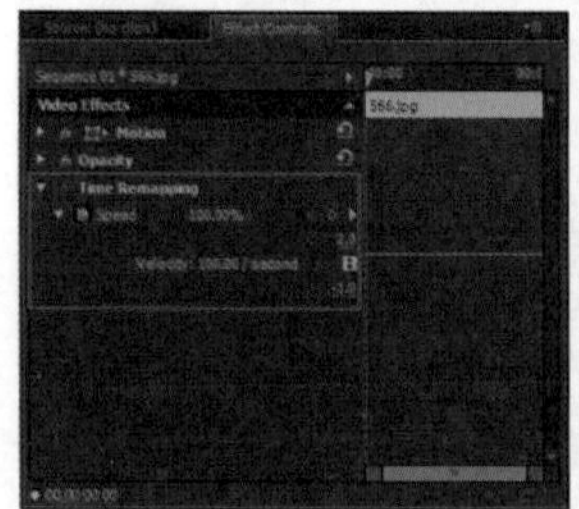

图10-233

图10-234

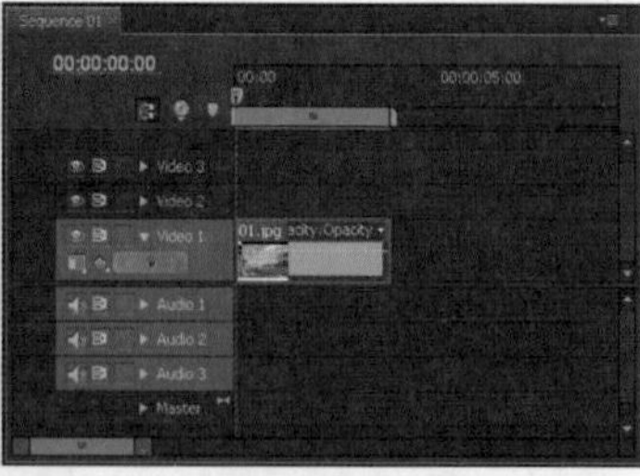

图10-235

10.6 关键帧插值的使用

从一个关键帧变化为下一个关键帧称为插值。关键帧插值可以是时间的（时间相关）、空间的（空间相关）。Adobe Premiere Pro中的所有关键帧都使用时间插值。默认情况下，Adobe Premiere Pro使用线性插值，创建关键帧之间统一的变化速率，给动画效果增加了节奏。如果要更改从一个关键帧到下一个关键帧的变化速率，可以使用贝塞尔插值。

插值方法对每个关键帧有所不同，因此属性可以从起始关键帧加速，到下一个关键帧减速。插值方法对于更改动画的运动速度很有用。

10.6.1 空间插值

技术速查：在运动的位置参数中包含有空间插值，通过对空间插值的修改可以让动画产生平滑或者突然变化的效果。

修改【Position（位置）】的参数和添加关键帧，可以制作素材的位移动画。在【Effect Controls（效果控制）】面板中单击 Motion （运动）按钮，可以在【Program Monitor（节目监视器）】窗口中显示出素材位移运动的路径，这就是空间插值，如图10-236所示。

图10-236

10.6.2 空间插值的修改及转换

选择任意一个关键帧，在该关键帧上单击鼠标右键，在弹出的快捷菜单中选择【Spatial Interpolation（空间插值）】命令，在其子菜单中包括Linear（线性）、Bezier（贝塞尔曲线）、Auto Bezier（自动贝塞尔曲线）和Continuous Bezier（连续贝塞尔曲线）4种类型，如图10-237所示。

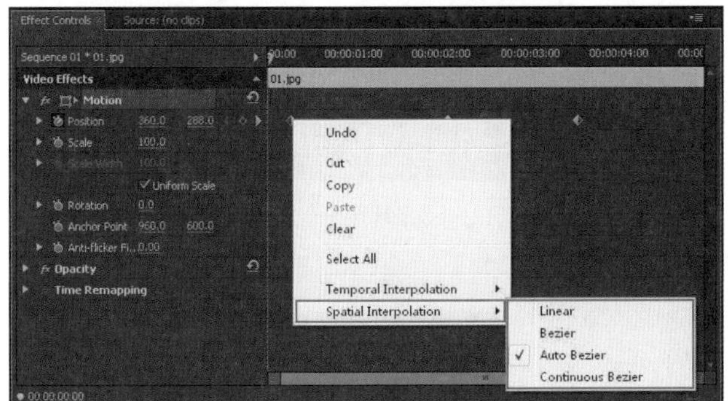

图10-237

Linear（线性）

选择【Linear（线性）】类型时，关键帧的角度转折明显，关键帧两侧显示直线效果，播放动画时产生位置突变的效果如图10-238所示。

图10-238

Bezier（贝塞尔曲线）

Bezier（贝塞尔曲线）可以最精确地控制关键帧，可手动调整关键帧两侧路径段的形状。通过控制柄调整曲线，如图10-239所示。

Auto Bezier（自动贝塞尔曲线）

Auto Bezier（自动贝塞尔曲线）可创建关键帧中平滑的变化速率。更改自动贝塞尔关键帧数值时，方向手柄的位置会自动更改，以保持关键帧之间速率的平滑变化。这些调整将更改关键帧两侧线段的形状。如果手动调整自动贝塞尔曲线的方向手柄，则可以将其转换为连续贝塞尔曲线的关键帧，如图10-240所示。

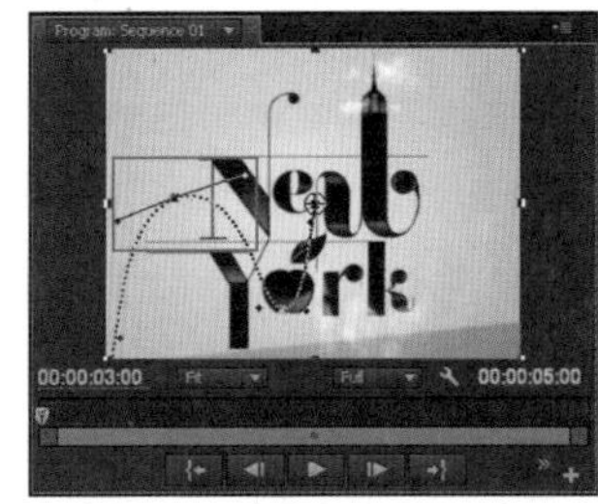

图10-239

图10-240

Continuous Bezier（连续贝塞尔曲线）

Continuous Bezier（连续贝塞尔曲线）与Auto Bezier（自动贝塞尔曲线）一样，也会创建关键帧中的平滑变化速率。可以手动设置连续贝塞尔曲线方向手柄的位置，调整操作将更改关键帧两侧线段的形状，如图10-241所示。

图10-241

10.6.3 临时插值

技术速查：在Motion（运动）的Position（位置）参数中，不仅包含空间插值，还包含临时插值，通过临时插值的修改，可以修改素材的运动速度。

修改【Position（位置）】的参数和添加关键帧，可以制作素材的位移动画。然后在【Effect Controls（效果控制）】面板中展开【Position（位置）】的参数选项。可以看到位置的临时插值效果。当选择其中某个关键帧时，速率曲线上将显示出与该关键帧相关的节点，如图10-242所示。

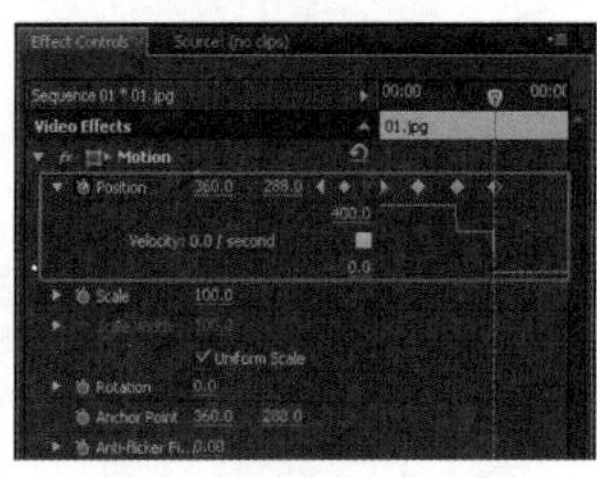

图10-242

10.6.4 临时插值的修改及转换

选择任意一个关键帧，在该关键帧上单击鼠标右键，在弹出的快捷菜单中选择【Temporal Interpolation（临时插值）】命令，在其子菜单中共包括7个命令，分别是Linear（线性）、Bezier（贝塞尔曲线）、Auto Bezier（自动贝塞尔曲线）、Continuous Bezier（连续贝塞尔曲线）、Hold（保持）、Ease In（缓入）和Ease Out（缓出），如图10-243所示。

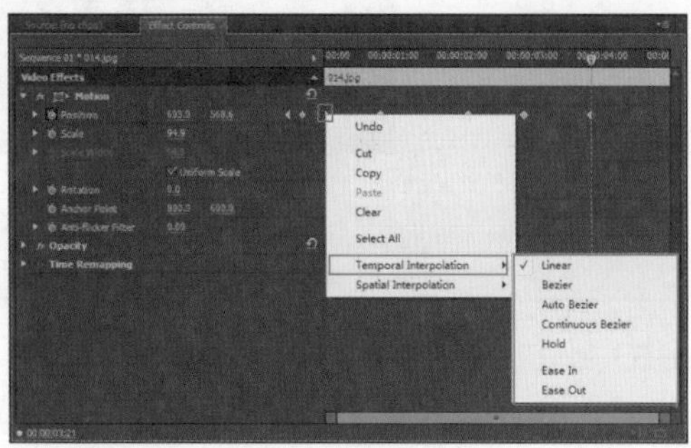

图10—243

Linear（线性）

选择【Linear（线性）】命令时，呈线性匀速过渡，当播放动画到关键帧位置时有明显变化。该关键帧样式为，如图10-244所示。

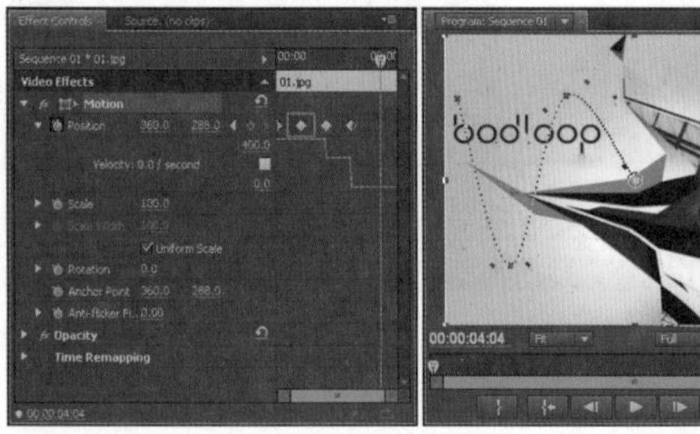

图10—244

Bezier（贝塞尔曲线）

选择【Bezier（贝塞尔曲线）】命令时，速率曲线在关键帧位置显示为曲线效果，并且可通过拖动控制柄来调节曲线两侧，从而改变运动速度。可单独调节其中一个控制柄，同时另一个控制柄不发生变化。该关键帧样式为，如图10-245所示。

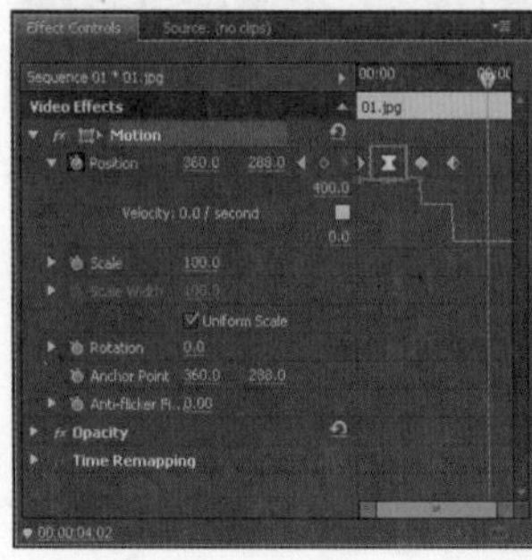

图10—245

Auto Bezier（自动贝塞尔曲线）

选择【Auto Bezier（自动贝塞尔曲线）】命令时，速率曲线根据转换情况自动显示为曲线效果，在曲线节点的两侧会出现两个没有控制线的控制点。该关键帧样式为，如图10-246所示。拖动控制点可将自动曲线转换为Bezier（贝塞尔曲线）。

图10—246

Continuous Bezier（连续贝塞尔曲线）

选择【Continuous Bezier（连续贝塞尔曲线）】命令时，速率曲线节点两侧将出现两个控制柄，可以通过拖动控制柄来改变两侧的曲线效果。该关键帧样式为，如图10-247所示。

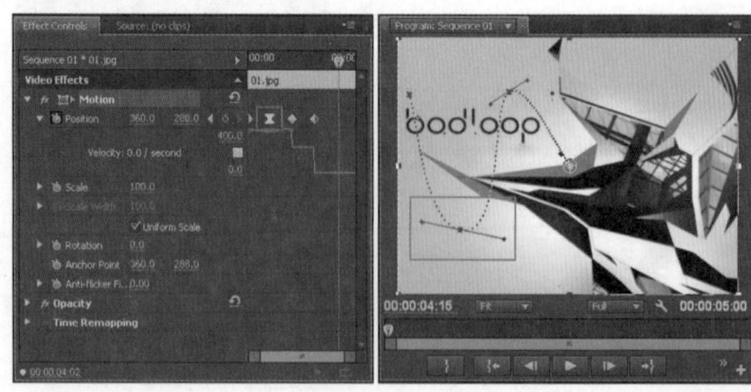

图10—247

Hold（保持）

选择【Hold（保持）】命令时，速率曲线节点将根据节点的运动效果自动调节速率曲线。当动画播放到该关键帧时，将出现保持前一关键帧画面的效果。该关键帧样式为，如图10-248所示。

Ease In（缓入）

选择【Ease In（缓入）】命令时，速率曲线节点前面将变成缓入的曲线效果。当播放动画时，可以使动画在进入该关键帧时速度减缓，以消除速度的突然变化。该关键帧样式为■，如图10-249所示。

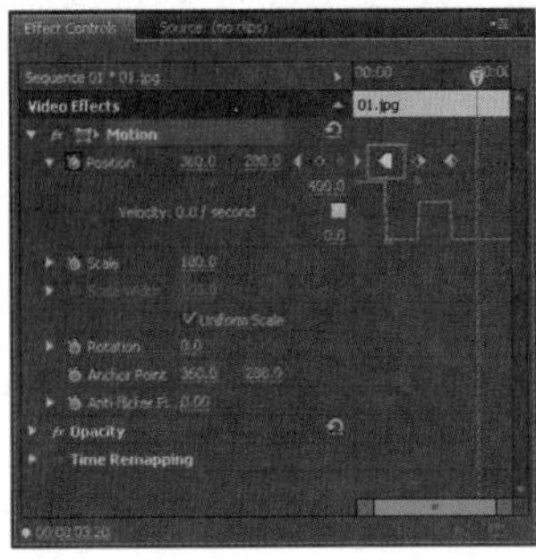
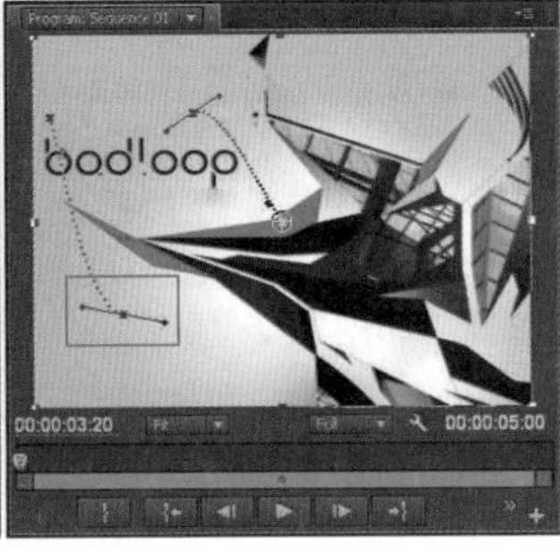

图10—248

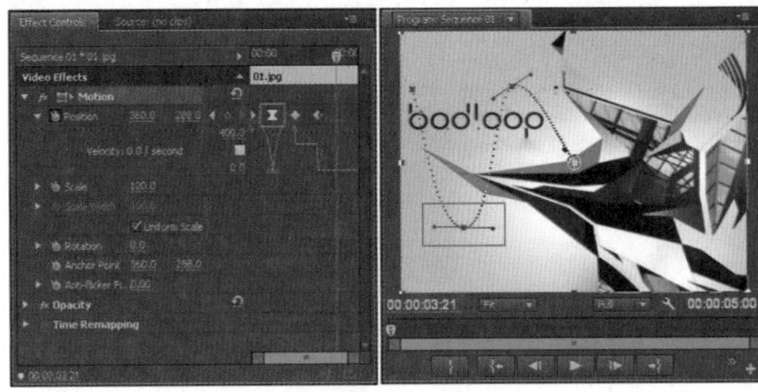

图10—249

Ease Out（缓出）

选择【Ease Out（缓出）】命令时，速率曲线节点后面将变成缓出的曲线效果。当播放动画时，可以使动画在离开该关键帧时速率减缓，以消除速度的突然变化。该关键帧样式为■，如图10-250所示。

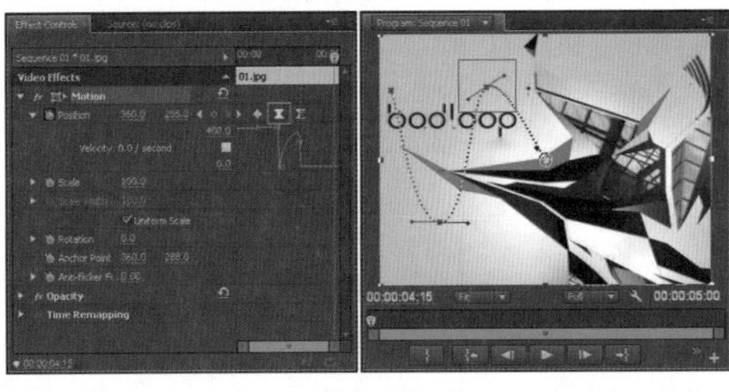

图10—250

10.7 关键帧动画的综合应用

对素材的【Position（位置）】、【Scale（缩放）】、【Rotation（旋转）】和【Opacity（不透明度）】等多个属性同时添加动画关键帧，可以制作出精美和丰富的动画效果。

★ 综合实战——花枝生长效果

案例文件	案例文件\第10章\花枝生长效果.prproj
视频教学	视频文件\第10章\花枝生长效果.flv
难易指数	★★★★★
技术要点	位移、缩放、不透明度和4点蒙版扫除效果的应用

案例效果

在Adobe Premiere Pro CS6软件中，可以为素材文件添加视频特效。而特效的属性也可以添加关键帧来制作动画效果，达到特效和动画的结合。本案例主要是针对“制作花枝生长效果”的方法进行练习，如图10-251所示。

图10—251

操作步骤

01 单击【New Project（新建项目）】选项，并单击【Browse（浏览）】按钮设置保存路径，在【Name（名称）】文本框中设置文件名称。接着在弹出的对话框中选择【DV-PAL】/【Standard 48kHz】选项，如图10-252所示。

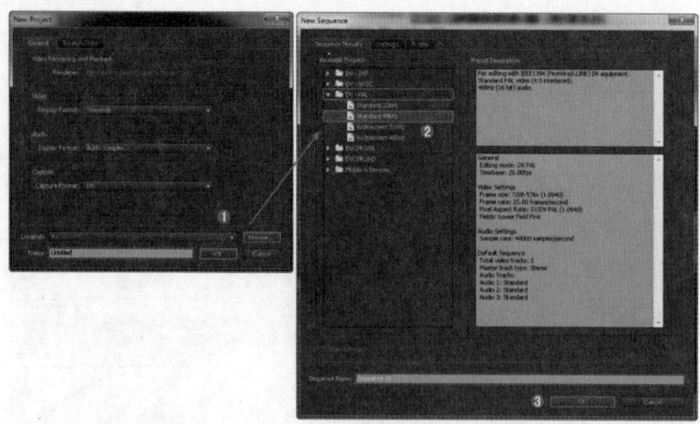

图10-252

02 在【Project（项目）】窗口中空白处双击鼠标左键，然后在打开的对话框中选择所需的素材文件，并单击【打开】按钮导入，如图10-253所示。

03 将项目窗口中的素材文件分别按顺序拖曳到Video1、Video2和Video3轨道上，如图10-254所示。

图10-253

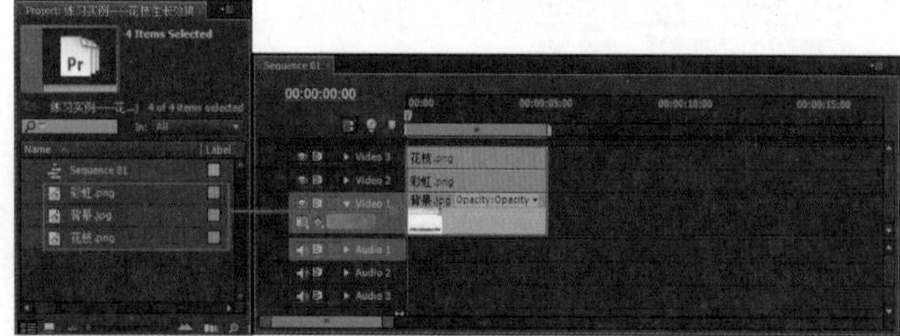

图10-254

04 选择Video1轨道上的【背景.jpg】素材文件，然后设置【Position（位置）】为（360，300），【Scale（缩放）】为20，如图10-255所示。此时效果如图10-256所示。

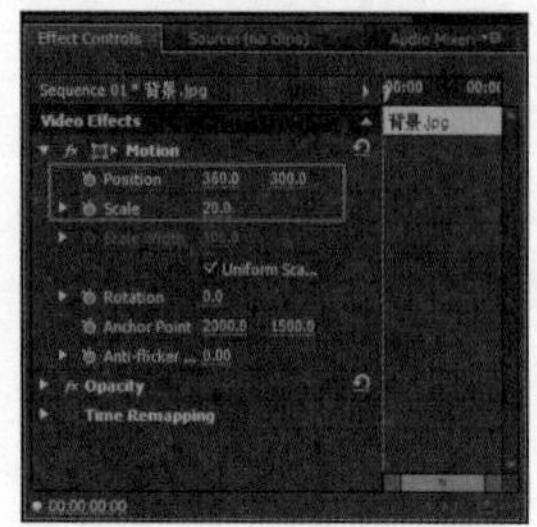

图10-255

图10-256

05 选择Video2轨道上的【彩虹.png】素材文件，然后设置【Position（位置）】为（360，137），【Scale（缩放）】为20。接着将时间线拖曳到起始帧的位置时，设置【Opacity（不透明度）】为0%，最后将时间线拖曳到第1秒的位置时，设置【Opacity（不透明度）】为100%，如图10-257所示。

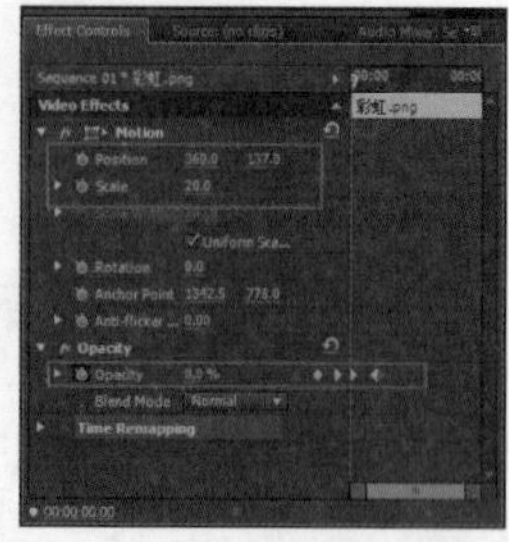

图10-257

06 此时拖动时间线滑块查看效果，如图10-258所示。

图10-258

07 选择【Effects（效果）】窗口，然后搜索【Four-Point Garbage Matte（4点蒙版扫除）】效果，并按住鼠标左键拖曳到Video3轨道的【花枝.jpg】素材文件上，如图10-259所示。

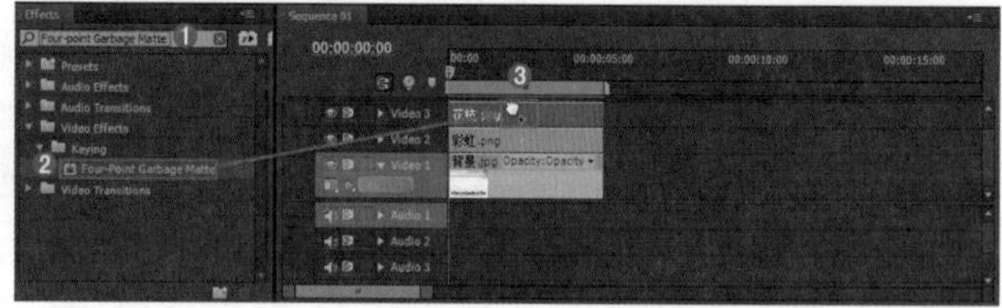

图10-259

08 选择Video3轨道上的【花枝.png】素材文件，然后将时间线拖到第1秒10帧的位置，单击【Top Right（上右）】和【Bottom Right（下右）】前面的按钮，开启关键帧，并设置【Top Right（上右）】为（30，0），【Bottom Right（下右）】为（30，576），如图10-260所示。此时效果如图10-261所示。

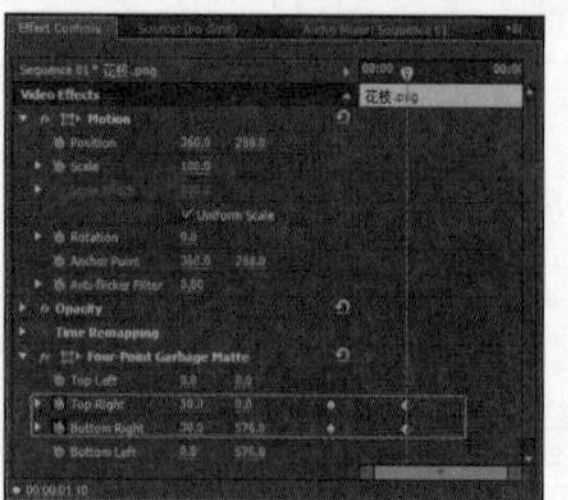

图10-260

图10-261

09 继续将时间线拖到第3秒10帧的位置时，设置【Top Right（上右）】为（716，0），【Bottom Right（下右）】为（716，576），如图10-262所示。

10 此时拖动时间线滑块查看最终效果，如图10-263所示。

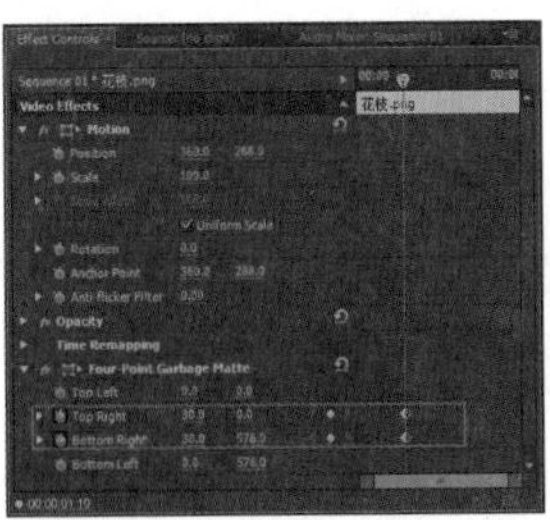
图10-262

图10-263

答疑解惑：如何修改关键帧的位置和参数？

若是对某一个关键帧更改参数，可以将时间线拖到此处来更改参数值，即可替换该关键帧。

若是修改某一时间段内的多关键帧，可以选择这几个关键帧按【Delete】键删除，然后重新编辑。

若是修改属性的关键帧数量较少时，也可以单击该属性前面的按钮关闭关键帧开关，来重新编辑关键帧。

★ 综合实战——地球旋转效果

案例文件	案例文件\第10章\地球旋转效果.prproj
视频教学	视频文件\第10章\地球旋转效果.flv
难易指数	★★★★★
技术要点	位移、缩放、旋转和透明度效果的应用

案例效果

通过关键帧动画可以制作出画面旋转放大逐渐过渡的效果，给人以精彩的视觉冲击力。本案例主要是针对“制作地球旋转效果”的方法进行练习，如图10-264所示。

图10-264

操作步骤

01 单击【New Project（新建项目）】选项，并单击【Browse（浏览）】按钮设置保存路径，在【Name（名称）】文本框中设置文件名称。接着在弹出的对话框中选择【DV-PAL】/【Standard 48kHz】选项，如图10-265所示。

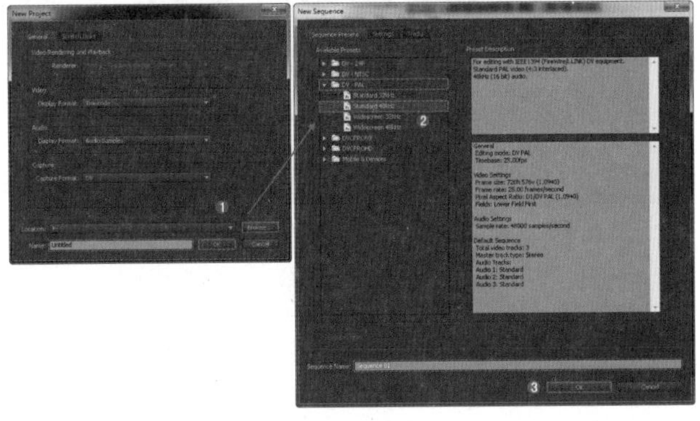

图10-265

02 在【Project（项目）】窗口中空白处双击鼠标左键，然后在打开的对话框中选择所需的素材文件，并单击【打开】按钮导入，如图10-266所示。

图10-266

03 将项目窗口中的素材文件分别按顺序拖曳到时间线窗口中的轨道上，如图10-267所示。

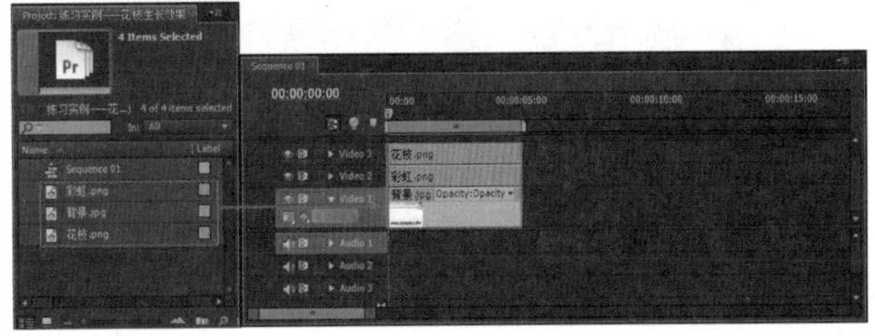

图10-267

04 隐藏除了【地球.jpg】素材文件以外的其他轨道，然后在【Effect Controls（效果控制）】面板中将时间线拖到第2秒08帧的位置，单击【Scale（缩放）】前面的按钮，开启关键帧，并设置【Scale（缩放）】为113。接着将时间线拖到第3秒，设置【Scale（缩放）】为51，如图10-268所示。此时效果如图10-269所示。

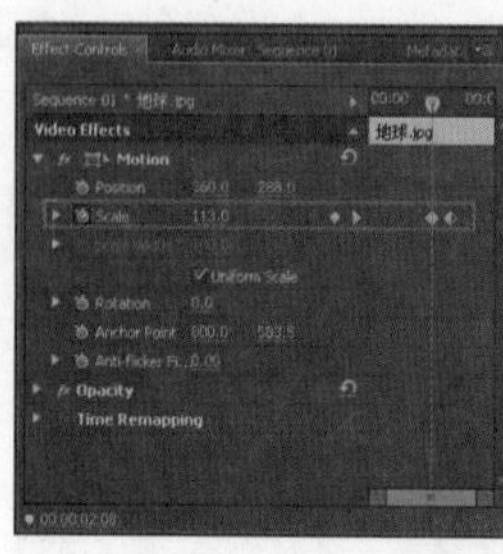

图10-268

图10-269

05 选择Video2轨道上的【背景.png】素材文件，然后设置【Scale（缩放）】为201。接着将时间线拖到第2秒03帧的位置，设置【Opacity（不透明度）】为100%。最后将时间线拖到第2秒10帧的位置，设置【Opacity（不透明度）】为0%，如图10-270所示。此时效果如图10-271所示。

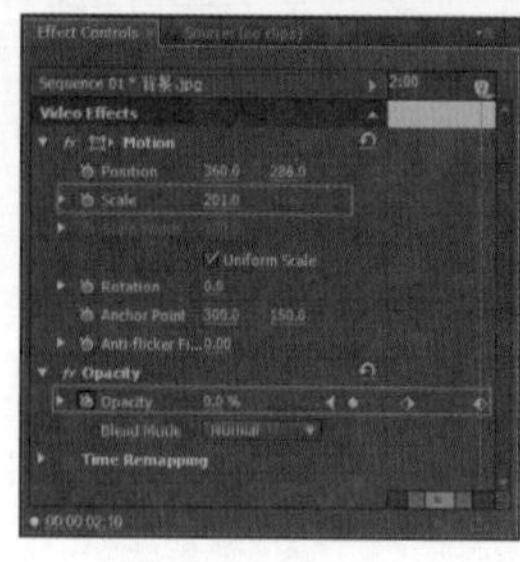

图10-270

图10-271

06 显示并选择Video4轨道上的【02.png】素材文件，将时间线拖到第15帧的位置。接着单击【Scale（缩放）】前面的按钮，开启关键帧，并设置【Scale（缩放）】为70。最后将时间线拖到第1秒10帧的位置，设置【Scale（缩放）】为265，如图10-272所示。此时效果如图10-273所示。

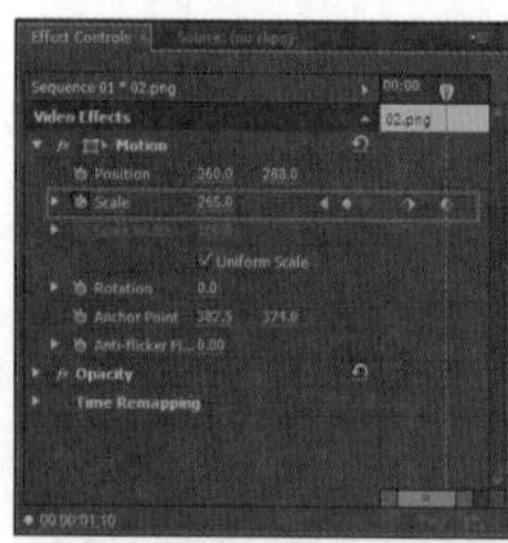

图10-272

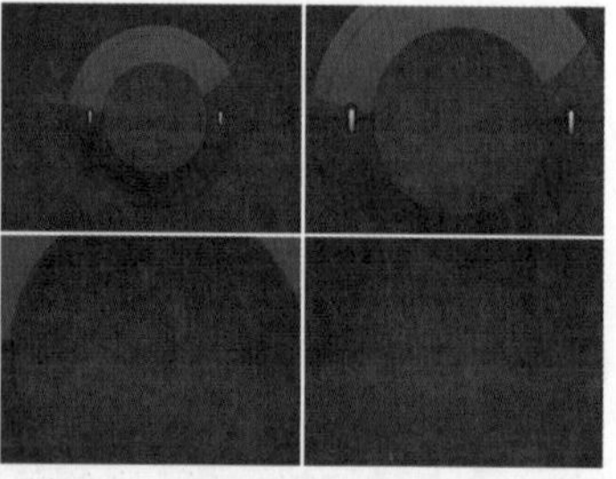

图10-273

07 选择Video3轨道上的【01.png】素材文件，然后设置【Position（位置）】为（369，288），【Scale（缩放）】为73。接着将时间线拖到起始帧的位置，并设置【Opacity（不透明度）】为100%。最后将时间线拖到第15帧的位置，设置【Opacity（不透明度）】为0%，如图10-274所示。此时效果如图10-275所示。

08 显示并选择Video5轨道上的【03.png】素材文件，然后将时间线拖到第15帧的位置，设置【Opacity（不透明度）】为0%。接着将时间线拖到第1秒10帧的位置，并单击【Scale（缩放）】前面的按钮，开启关键帧。然后设置【Scale（缩放）】为25，【Opacity（不透明度）】为100%。最后将时间线拖到第2秒的位置，设置【Scale（缩放）】为87，如图10-276所示。此时效果如图10-277所示。

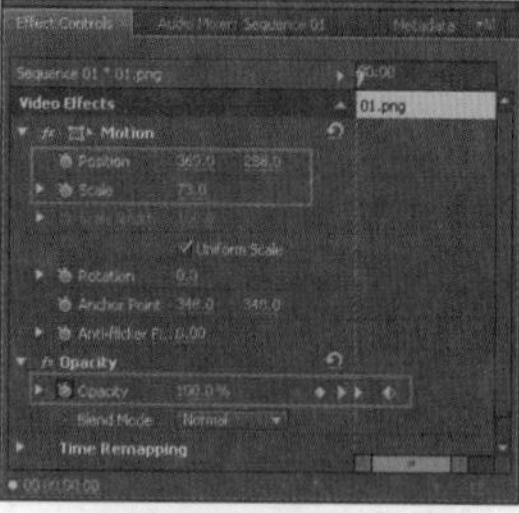

图10-274

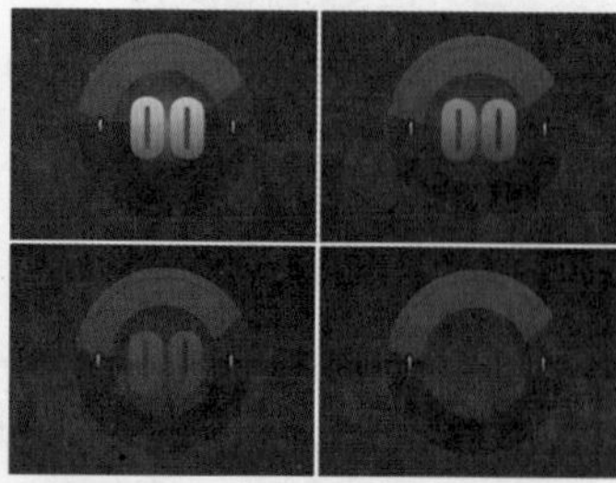

图10-275

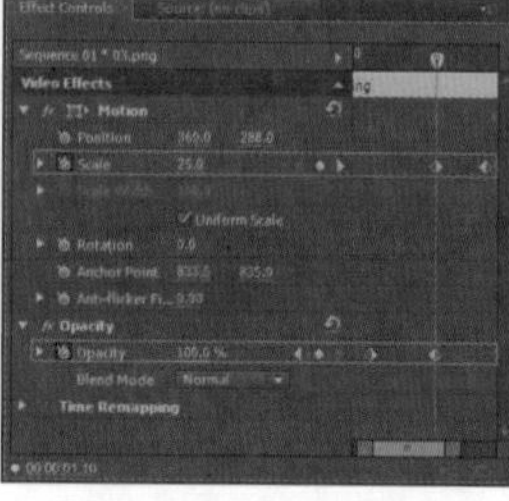

图10-276

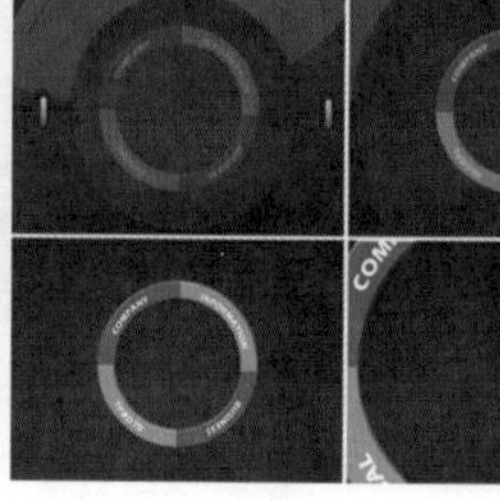

图10-277

09 显示并选择Video6轨道上的【04.png】素材文件，然后将时间线拖到第1秒20帧的位置，接着单击【Scale（缩放）】前面的按钮，开启关键帧，并设置【Scale（缩放）】为25。最后将时间线拖到第2秒10帧的位置时，设置【Scale（缩放）】为97，如图10-278所示。此时效果如图10-279所示。

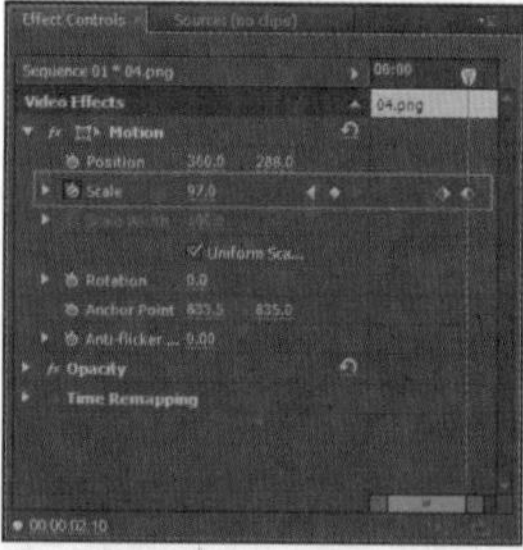

图10-278

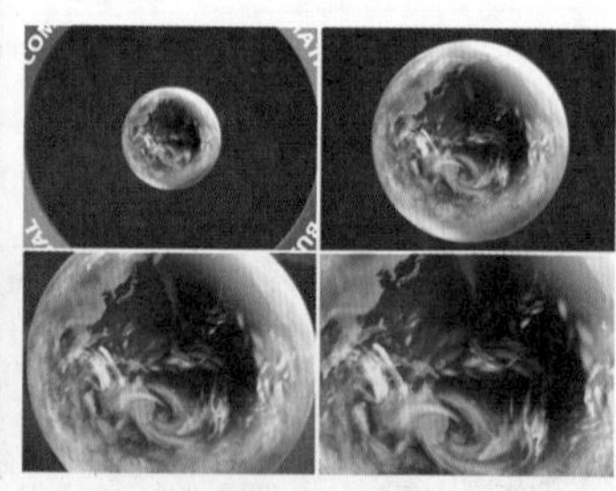

图10-279

10 选择Video6轨道上的【04.png】素材文件。将时间线拖到第15帧的位置，然后单击【Rotation（旋转）】前面的按钮，开启关键帧。接着将时间线拖到第2秒10帧的位置，设置【Rotation（旋转）】为90°，如图10-280所示。此时效果如图10-281所示。

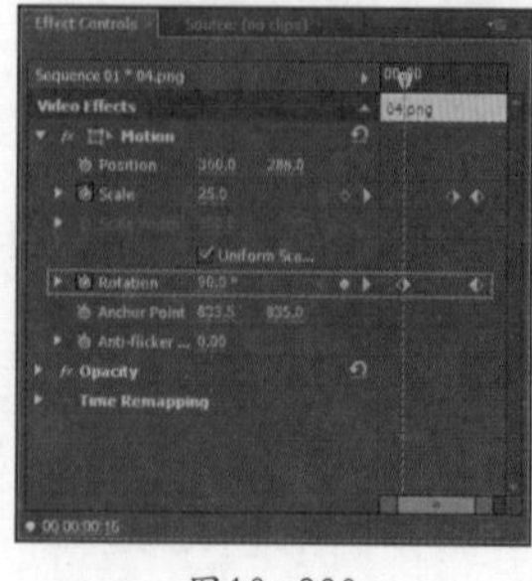

图10-280

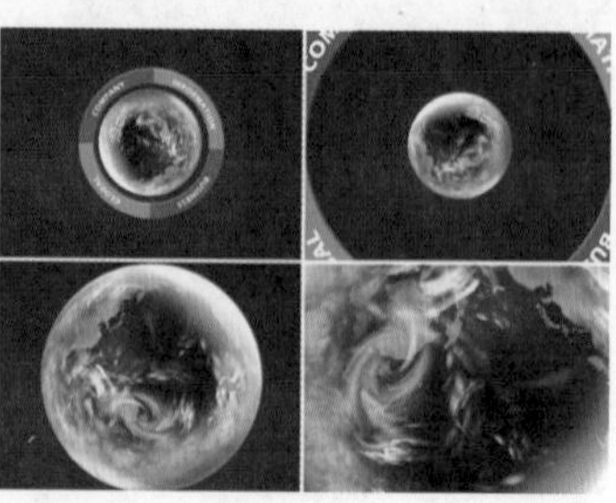

图10-281

11 选择Video6轨道上的【04.png】素材文件。然后将时间线拖到第15帧的位置，并设置【Opacity（不透明度）】为0%；接着将时间线拖到第1秒的位置，设置【Opacity（不透明度）】为100%；继续将时间线拖到第2秒10帧的位置，设置【Opacity（不透明度）】为100%；最后将时间线拖到2秒20帧的位置，设置【Opacity（不透明度）】为0%，如图10-282所示。此时效果如图10-283所示。

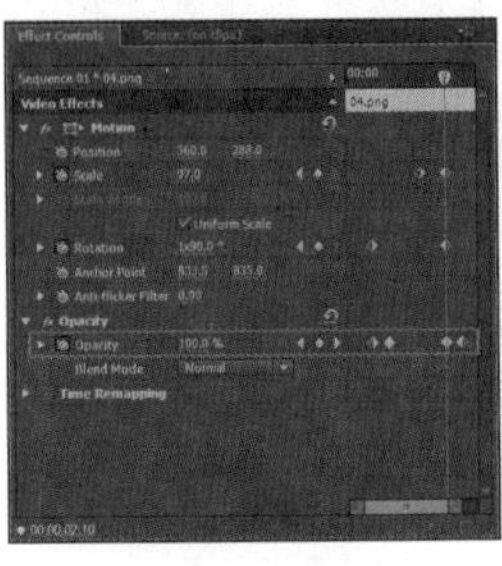
图10-282

图10-283

12 此时拖动时间线滑块查看最终效果，如图10-284所示。

图10-284

答疑解惑：本例主要利用哪些方法制作？

主要利用圆形素材文件的旋转和不透明度效果来进行制作逐渐过渡效果。还利用缩放效果来模拟推镜头和拉镜头的画面感觉，突出素材主题。

★ 综合实战——天空岛合成

案例文件	案例文件\第10章\天空岛合成.prproj
视频教学	视频文件\第10章\天空岛合成.flv
难易指数	★★★★★
技术要点	位移、缩放和不透明度效果的应用

案例效果

明亮颜色的创意素材搭配，使颜色与主题和谐统一，可以通过关键帧动画制作素材的合成效果。本案例主要是针对“制作天空岛合成”的方法进行练习，如图10-285所示。

图10-285

操作步骤

01 单击【New Project（新建项目）】选项，并单击【Browse（浏览）】按钮设置保存路径，在【Name（名称）】文本框中设置文件名称。接着在弹出的对话框中选择【DV-PAL】/【Standard 48kHz】选项，如图10-286所示。

02 在【Project（项目）】窗口中空白处双击鼠标左键，然后在打开的对话框中选择所需的素材文件，并单击【打开】按钮导入，如图10-287所示。

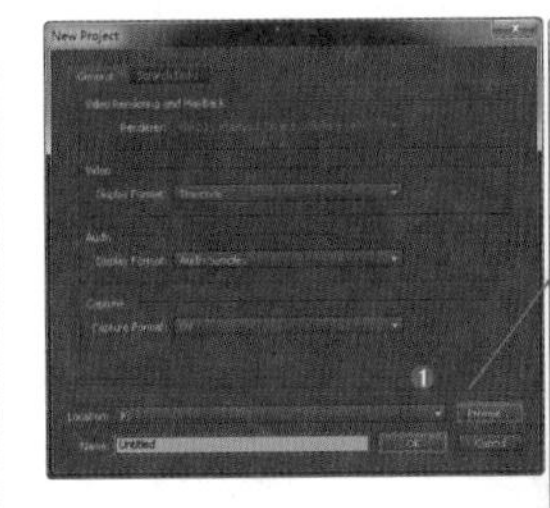
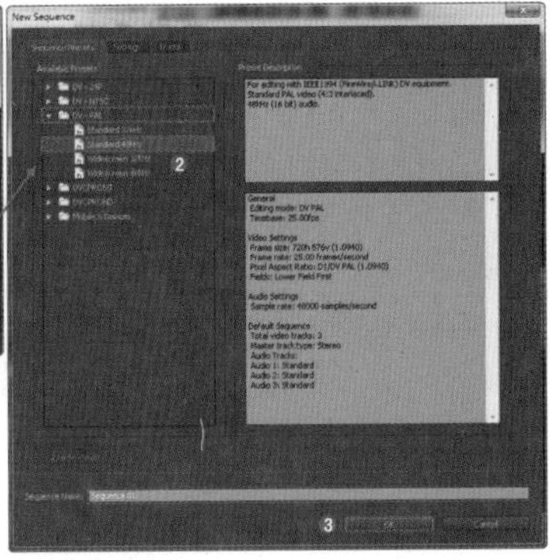
图10-286

03 将项目窗口中的【背景.jpg】、【山.png】和【叶子.png】素材文件按顺序拖曳到时间线轨道上，并设置结束时间为第8秒的位置，如图10-288所示。

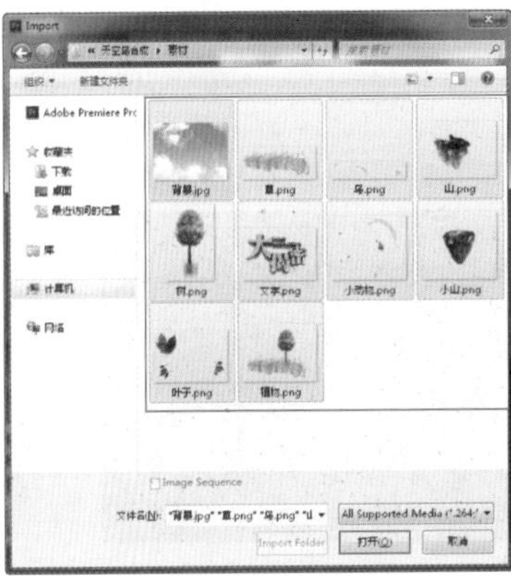
图10-287

图10-288

04 选择Video1轨道上的【背景.jpg】素材文件并隐藏其他轨道素材，然后设置【Scale（缩放）】为40，如图10-289所示。此时效果如图10-290所示。

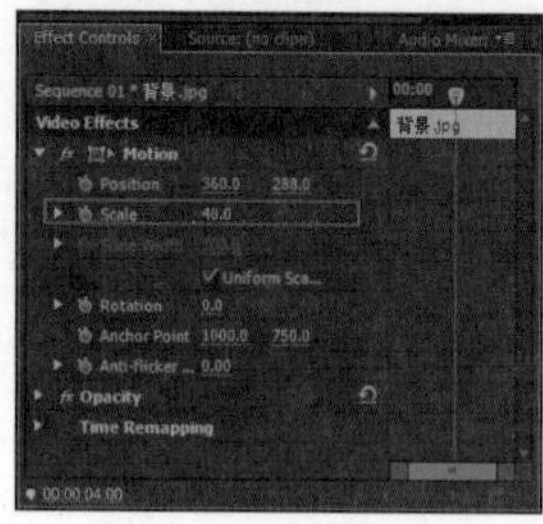

图10-289

图10-290

05 显示并选择Video2轨道上的【山.png】素材文件，然后设置【Position（位置）】为（360，358）。接着取消选中【Uniform Scale（等比缩放）】复选框，并设置【Scale Height（缩放高度）】为40。将时间线拖到起始帧位置，然后单击【Scale Width（缩放宽度）】前面的按钮，开启关键帧，并设置【Scale Width（缩放宽度）】为0，最后将时间线拖到第1秒的位置时，设置【Scale Width（缩放宽度）】为40，如图10-291所示。此时效果如图10-292所示。

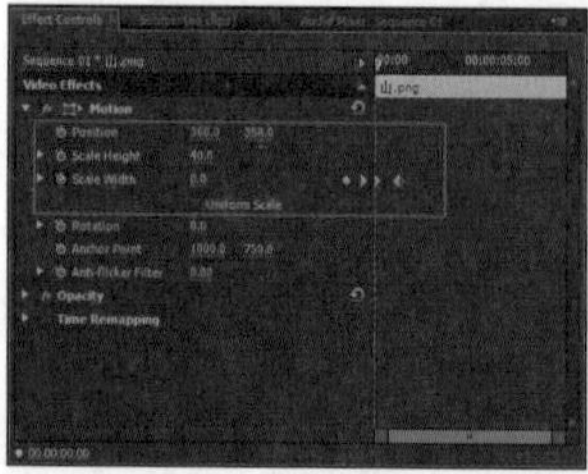

图10-291

图10-292

06 显示并选择Video3轨道上的【叶子.png】素材文件，然后设置【Position（位置）】为（324，291），【Scale（缩放）】为40。接着将时间线拖到第1秒的位置，设置【Opacity（不透明度）】为0%，最后将时间线拖到第2秒的位置时，设置【Opacity（不透明度）】为100%，如图10-293所示。此时效果如图10-294所示。

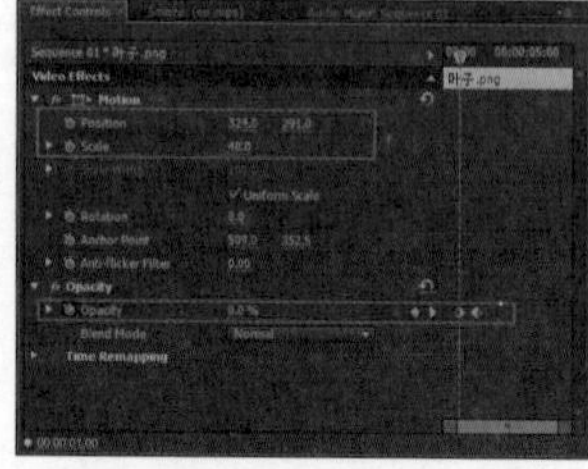

图10-293

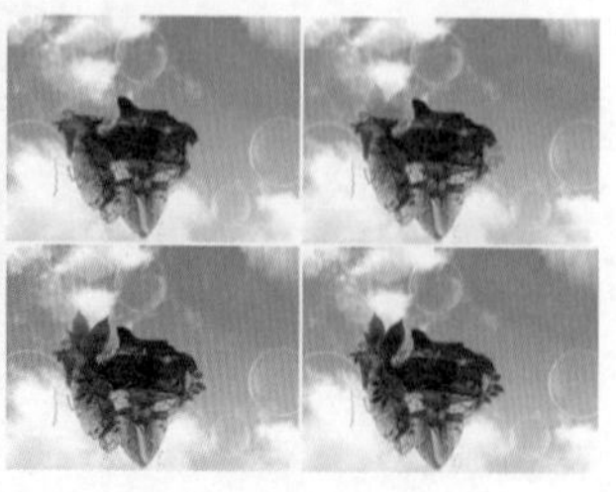

图10-294

07 将项目窗口中的【植物.png】素材文件拖曳到Video4轨道上，并设置起始时间为第2秒的位置，结束时间与下面素材对齐，如图10-295所示。

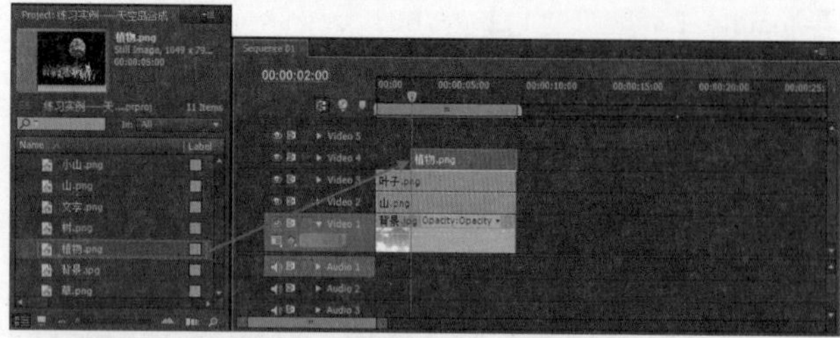

图10-295

08 选择Video4轨道上的【植物.png】素材文件，然后设置【Position（位置）】为（320，180），【Scale（缩放）】为40，如图10-296所示。此时效果如图10-297所示。

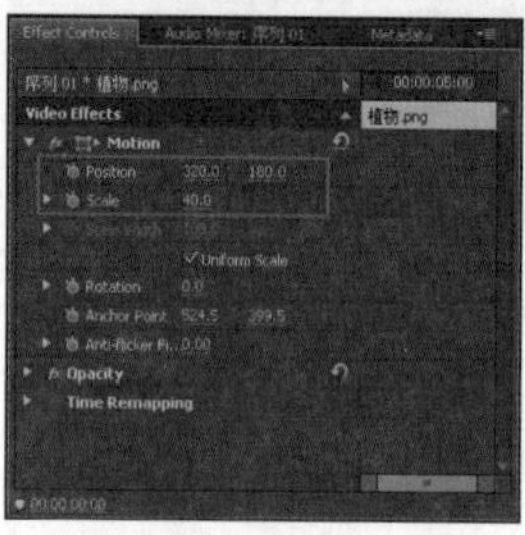

图10-296

图10-297

09 在【Effects（效果）】窗口中搜索【Slash Slide（斜线滑动）】效果，然后按住鼠标左键拖曳到Video4轨道的【植物.png】素材文件上，如图10-298所示。

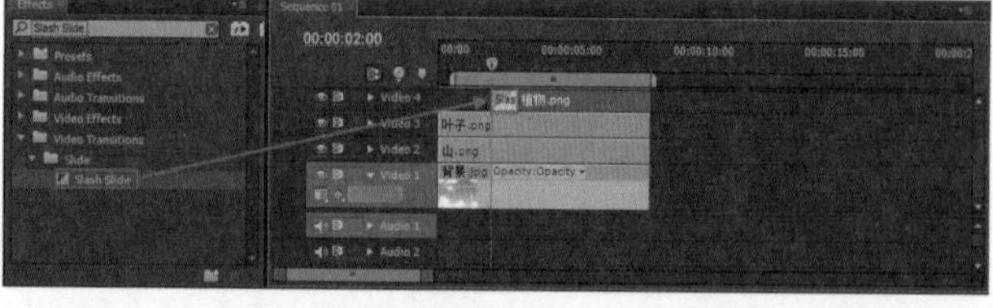

图10-298

10 此时拖动时间线滑块查看效果，如图10-299所示。

图10-299

11 将项目窗口中的【小动物.png】、【鸟.png】和【小山.png】素材文件按顺序拖曳到时间线轨道上，并与下面素材对齐，如图10-300所示。

12 选择Video5轨道上的【小动物.png】素材文件，并隐藏Video6和Video7轨道上的素材。然后设置【Position（位置）】为（360，322），【Scale（缩放）】为40。接着将时间线拖到第3秒的位置时，设置【Opacity（不透明度）】为0%，最后将时间线拖到第3秒12帧的位置时，设置【Opacity（不透明度）】为100%，如图10-301所示。此时效果如图10-302所示。

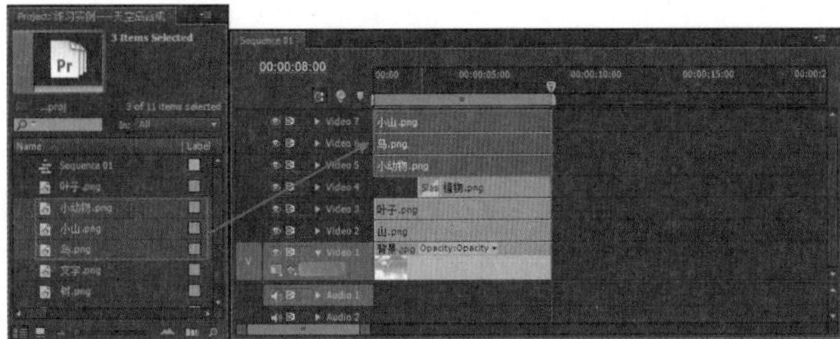

图10—300

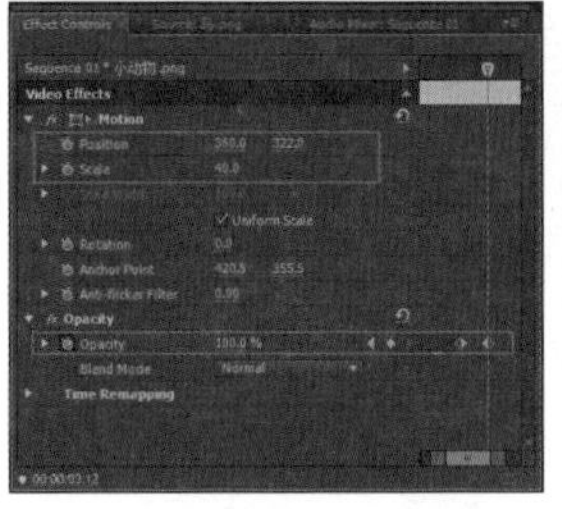

图10—301

图10—302

13 显示并选择Video6轨道上的【鸟.png】素材文件，然后将时间线拖到第3秒的位置，并单击【Position（位置）】和【Scale（缩放）】前面的按钮，开启关键帧。接着设置【Position（位置）】为（360，288），【Scale（缩放）】为0。最后将时间线拖到第4秒的位置，并设置【Position（位置）】为（320，－111），【Scale（缩放）】为94，如图10-303所示。此时效果如图10-304所示。

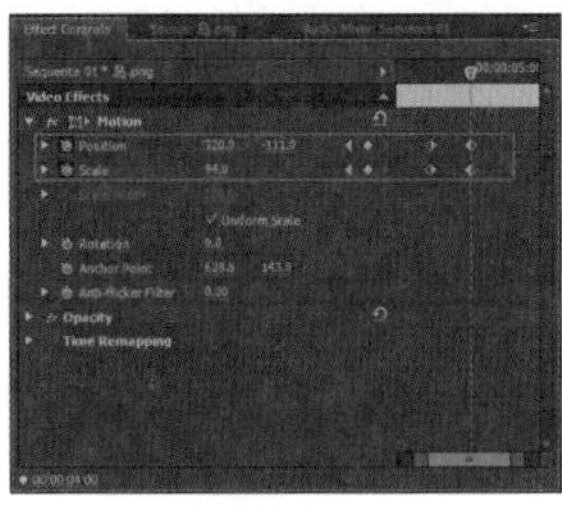

图10—303

图10—304

14 显示并选择Video7轨道上的【小山.png】素材文件，然后将时间线拖到第4秒的位置，单击【Position（位置）】前面的按钮，开启关键帧。接着设置【Position（位置）】为（82，－151），【Scale（缩放）】为50。最后将时间线拖到第4秒15帧的位置时，设置【Position（位置）】为（82，490），【Opacity（不透明度）】为80，如图10-305所示。此时效果如图10-306所示。

15 再将项目窗口中的【小山.png】和【文字.png】素材文件拖曳到时间线轨道上，并与下面素材对齐，如图10-307所示。

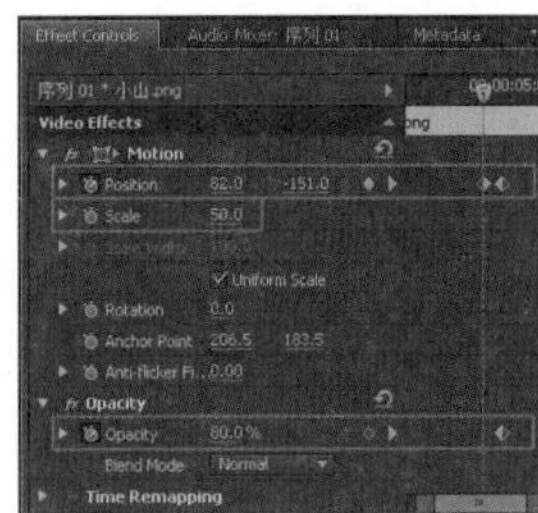

图10—305

图10—306

图10—307

16 选择Video8轨道上的【小山.png】，并隐藏Video9轨道上的素材。然后将时间线拖到第4秒15帧的位置，单击【Position（位置）】前面的按钮，开启关键帧。接着设置【Position（位置）】为（592，－62），【Scale（缩放）】为40。最后将时间线拖到第5秒05帧的位置时，设置【Position（位置）】为（592，229），【Opacity（不透明度）】为65，如图10-308所示。此时效果如图10-309所示。

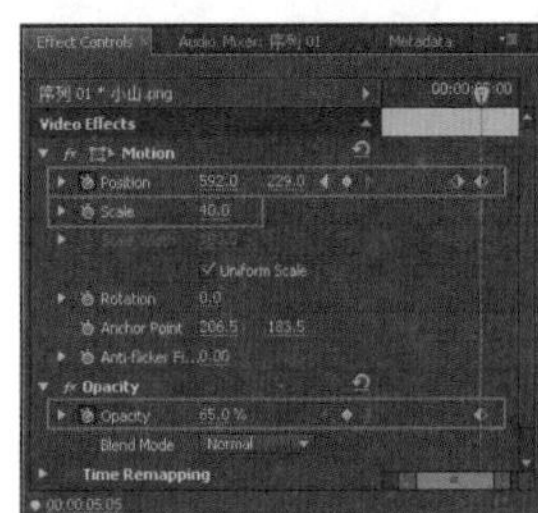

图10—308

图10—309

17 显示并选择Video9轨道上的【文字.png】素材文件，然后将时间线拖到第5秒05帧的位置，并单击【Position（位置）】和【Scale（缩放）】前面的按钮，开启关键帧。接着设置【Position（位置）】为（358，299），【Scale（缩放）】为100，【Opacity（不透明度）】为0%。最后将时间线拖到第5秒20帧的位置，设置【Position（位置）】为（288，365），【Scale（缩放）】为40，【Opacity（不透明度）】为100%，如图10-310所示。此时效果如图10-311所示。

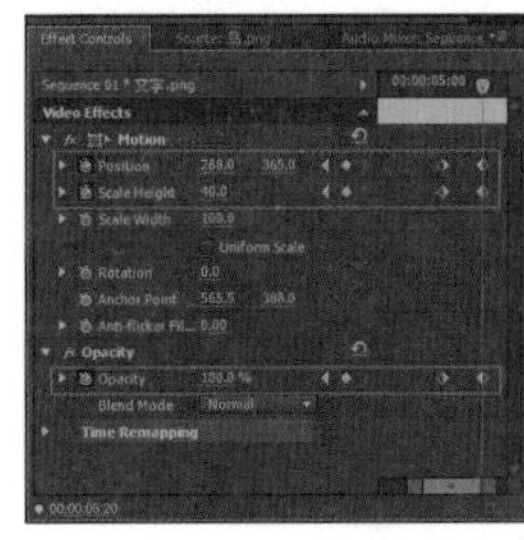

图10—310

图10—311

18 选择【File（文件）】/【New（新建）】/【Black Video（黑场效果）】命令，然后在弹出的对话框中单击【OK（确定）】按钮，如图10-312所示。

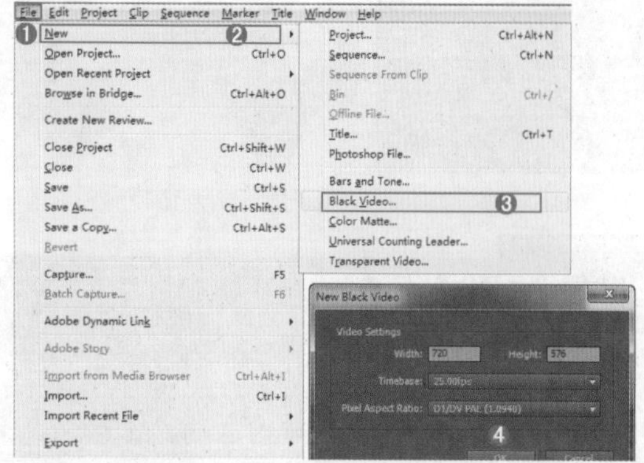

图10-312

19 将项目窗口中的【Black Video（黑场效果）】拖曳到Video10轨道上，并与下面素材对齐，如图10-313所示。

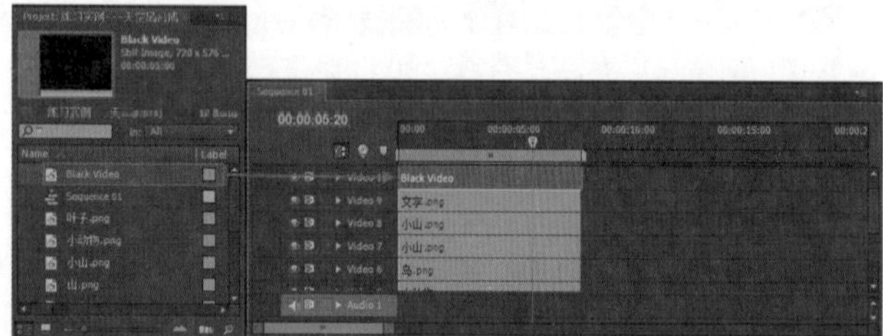

图10-313

20 在【Effects（效果）】窗口中搜索【Lens Flare（镜头光晕）】效果，然后按住鼠标左键将其拖曳到Video10轨道的【Black Video（黑场效果）】上，如图10-314所示。

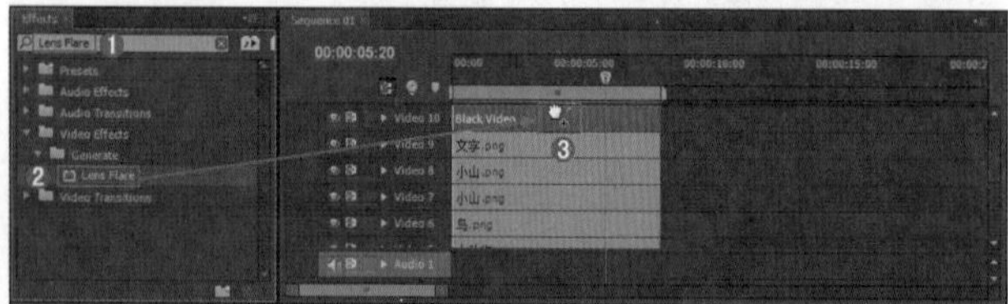

图10-314

21 选择Video10轨道上的【Black Video（黑场效果）】，然后设置【Blend Mode（混合模式）】为【Screen（滤色）】，【Flare Brightness（光晕亮度）】为149%，如图10-315所示。此时效果如图10-316所示。

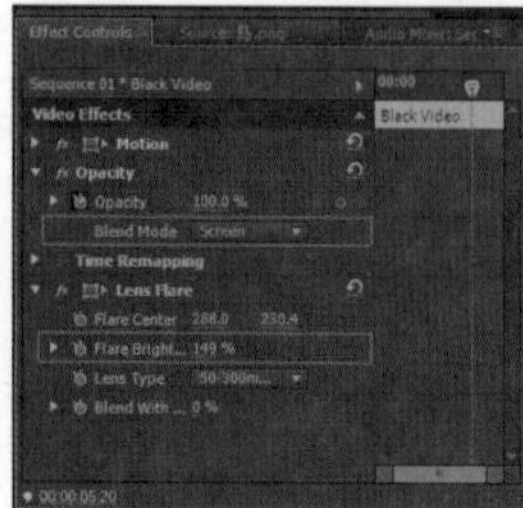

图10-315

图10-316

22 将时间线拖到第5秒20帧的位置时，单击【Flare Center（光晕中心）】前面的按钮，开启关键帧。然后设置【Flare Center（光晕中心）】为（-234，235）。接着将时间线拖到第6秒07帧的位置，设置【Flare Center（光晕中心）】为（270，27）。最后将时间线拖到第6秒20帧的位置，设置【Flare Center（光晕中心）】为（675，47），如图10-317所示。此时效果如图10-318所示。

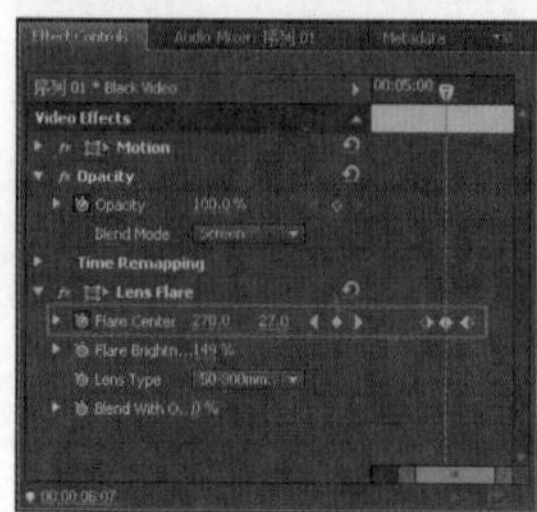

图10-317

图10-318

23 此时拖动时间线滑块查看效果，如图10-319所示。

图10-319

答疑解惑：缩放的等比缩放作用有哪些？

缩放用于控制素材在画面中的大小，Uniform Scale（等比缩放）控制缩放素材的原本比例不受破坏。从始至终，无论如何缩放，素材比例不会发生任何变化。

若取消选中【Uniform Scalel(等比缩放)】复选框，素材的缩放即分为素材的缩放高度和缩放宽度两个。此时可以改变素材的原本比例，使素材的高和宽不受等比缩放约束。

★ 综合实战——音符效果

案例文件	案例文件\第10章\音符效果.prproj
视频教学	视频文件\第10章\音符效果.flv
难易指数	★★★★★
技术要点	位移、缩放和透明度效果的应用

案例效果

利用关键帧动画可以制作音乐播放时，音符向外飞出的效果。本案例主要是针对“制作音符效果”的方法进行练习，如图10-320所示。

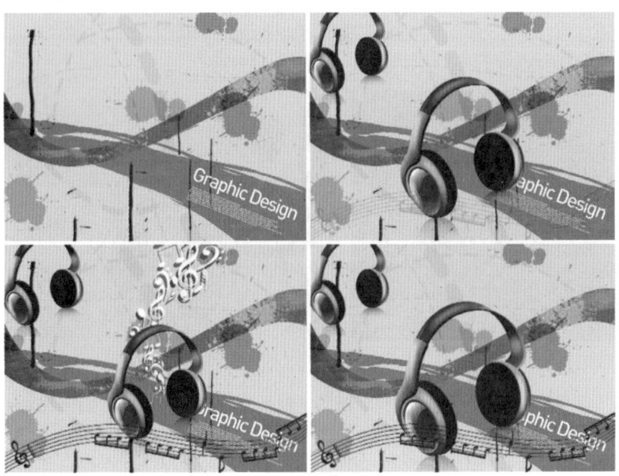

图10—320

操作步骤

01 单击【New Project（新建项目）】选项，并单击【Browse（浏览）】按钮设置保存路径，在【Name（名称）】文本框中设置文件名称。接着在弹出的对话框中选择【DV-PAL】/【Standard 48kHz】选项，如图10-321所示。

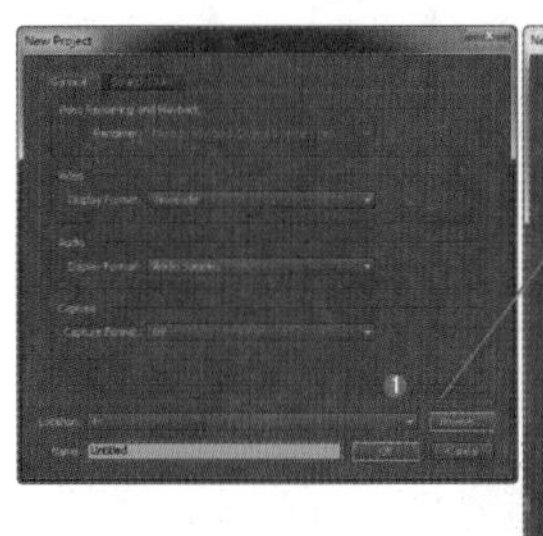

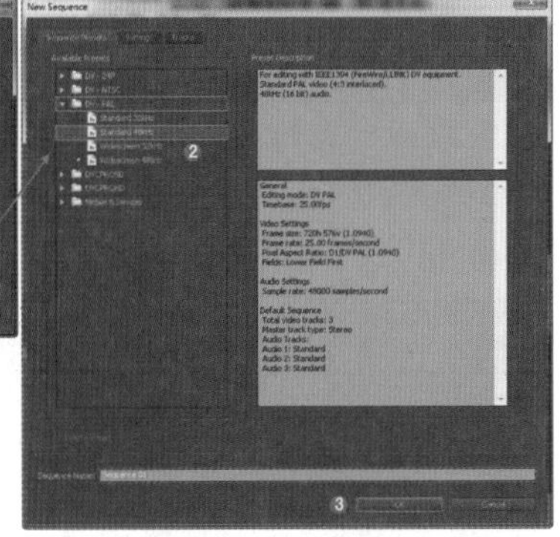

图10—321

02 在【Project（项目）】窗口中空白处双击鼠标左键，然后在打开的对话框中选择所需的素材文件，并单击【打开】按钮导入，如图10-322所示。

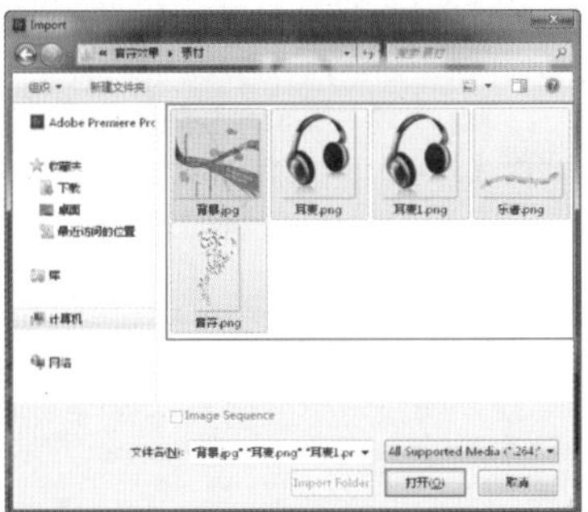

图10—322

03 将项目窗口中的【背景.jpg】素材文件拖曳到Video1轨道上，如图10-323所示。

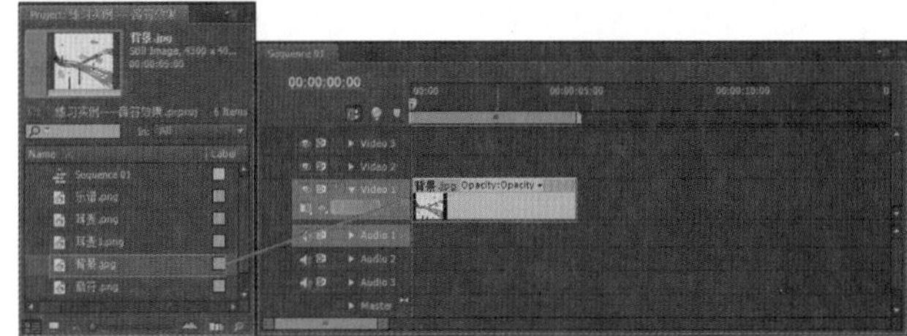

图10—323

04 旋转Video1轨道上的【背景.jpg】素材文件，然后设置【Scale（缩放）】为20，如图10-324所示。此时效果如图10-325所示。

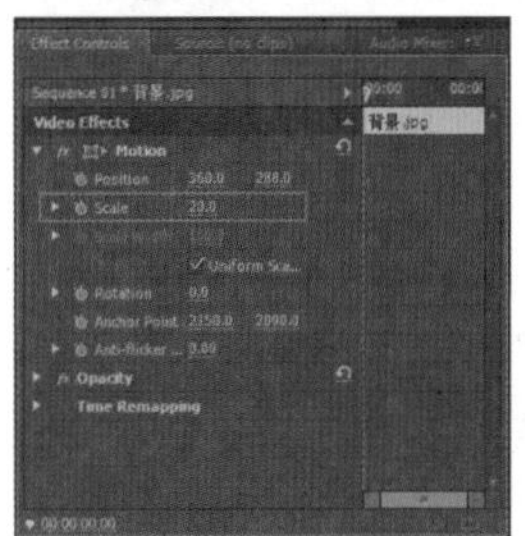

图10—324

图10—325

05 将项目窗口中的【耳机.png】素材文件拖曳到Video3轨道上，如图10-326所示。

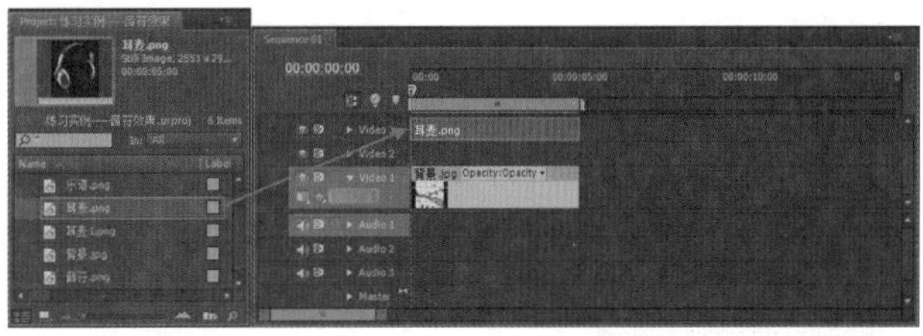

图10—326

06 选择Video3轨道上的【耳机.png】素材文件，然后将时间线拖到第1秒10帧的位置，接着单击【Position（位置）】和【Scale（缩放）】前面的按钮，开启关键帧，并设置【Scale（缩放）】为14，【Position（位置）】为（362，366）。最后将时间线拖到第10帧的位置，设置【Position（位置）】为（362，－232），如图10-327所示。此时效果如图10-328所示。

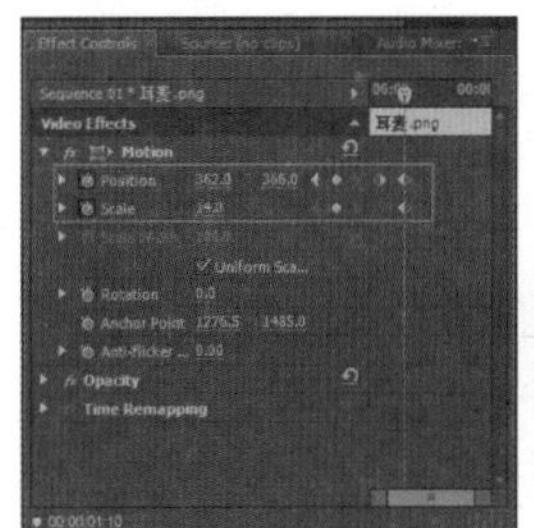

图10—327

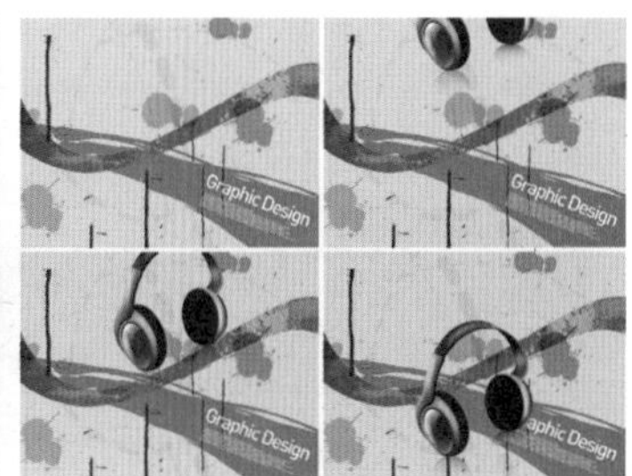

图10—328

07 选择Video3轨道上的【耳机.png】素材文件，然后将时间线拖到第1秒20帧的位置，设置【Scale（缩放）】为16。接着将时间线拖到第2秒05帧的位置，设置【Scale（缩放）】为10。最后将时间线拖到第2秒15帧的位置，设置【Scale（缩放）】为16，如图10-329所示。此时效果如图10-330所示。

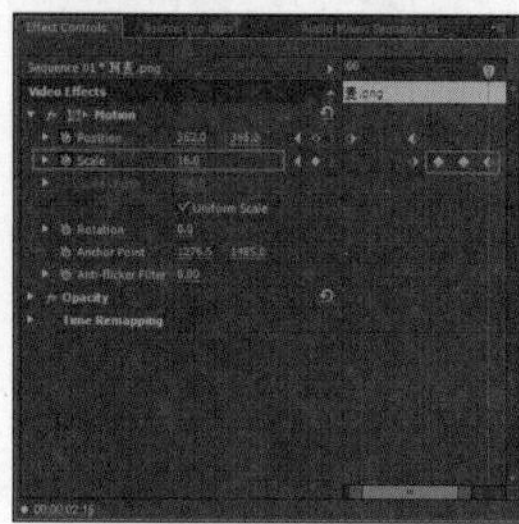
图10—329

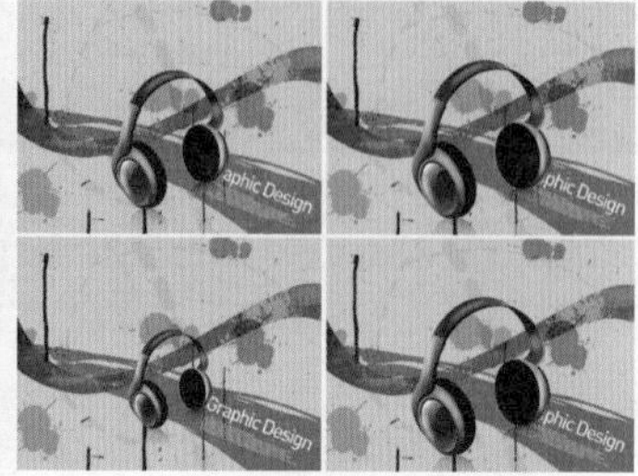
图10—330

08 将项目窗口中的【耳麦1.png】素材文件拖曳到Video4轨道上，如图10-331所示。

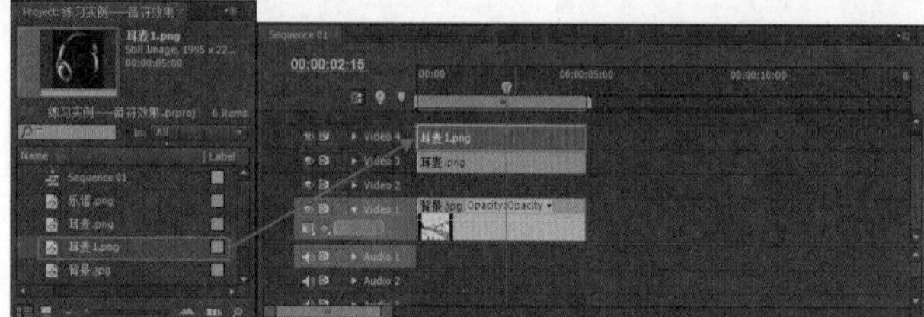
图10—331

09 选择Video4轨道上的【耳麦1.png】素材文件，然后设置【Scale（缩放）】为12。接着将时间线拖到起始帧的位置，并单击【Position（位置）】前面的按钮，开启关键帧，设置【Position（位置）】为（93，784）。最后将时间线拖到第1秒10帧的位置，设置【Position（位置）】为（93，97），如图10-332所示。此时效果如图10-333所示。

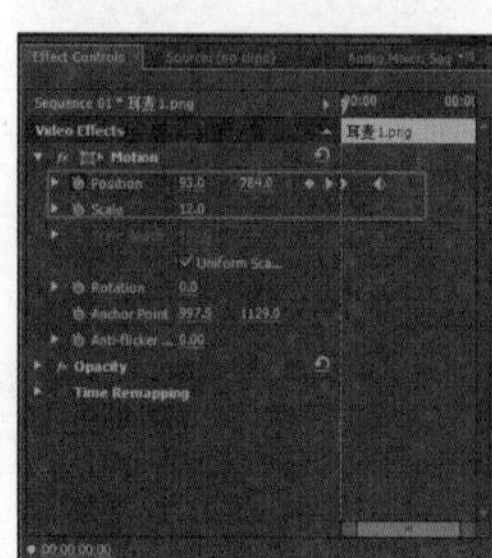
图10—332

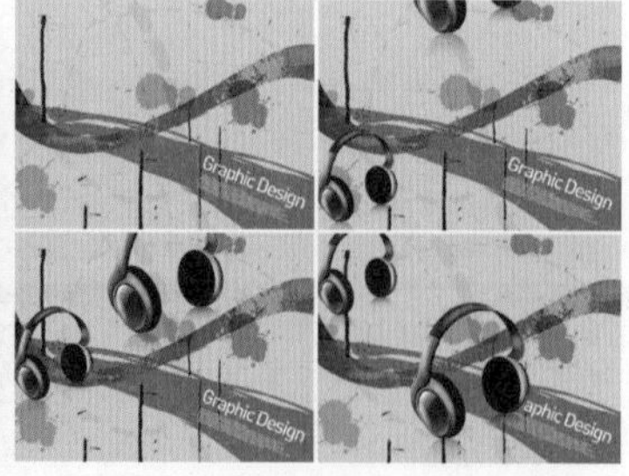
图10—333

10 将项目窗口中的【音符.png】素材文件拖曳到Video2轨道上，如图10-334所示。

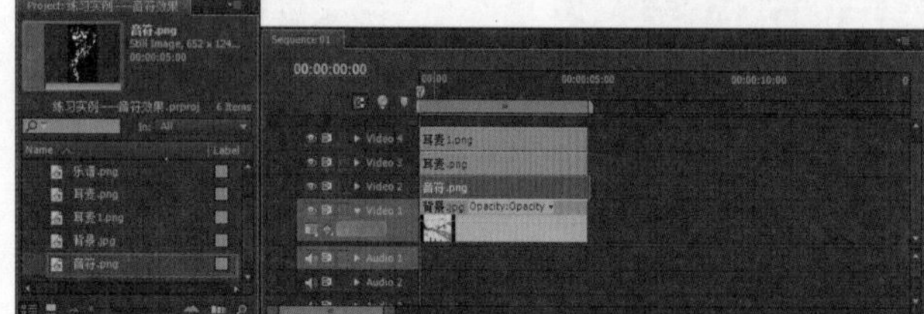
图10—334

11 选择Video2轨道上的【音符.png】素材文件，然后取消选中【Uniform Scale（等比缩放）】复选框，并设置【Scale Width（缩放宽度）】为50。接着将时间线拖到第1秒17帧的位置，并单击【Position（位置）】和【Scale Height（缩放高度）】前面的按钮，开启关键帧。设置【Position（位置）】为（396，424），【Scale Height（缩放高度）】为0，如图10-335所示。此时效果如图10-336所示。

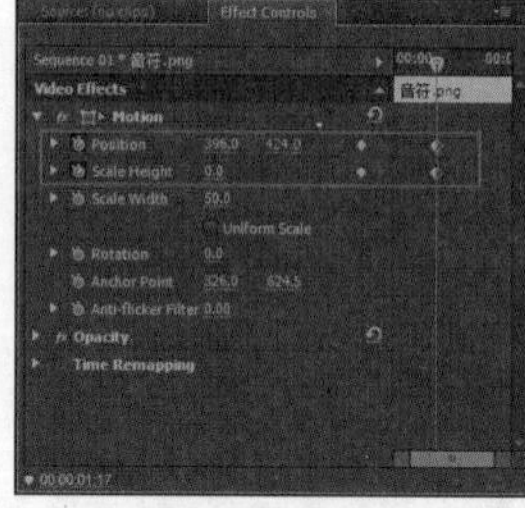
图10—335

图10—336

12 将时间线拖到第2秒07帧的位置，并设置【Position（位置）】为（415，120），【Scale Height（缩放高度）】为50。接着将时间线拖到第3秒01帧的位置，设置【Position（位置）】为（670，－320），如图10-337所示。此时效果如图10-338所示。

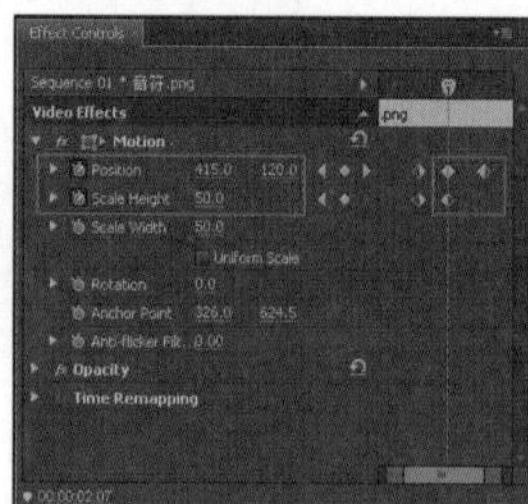
图10—337

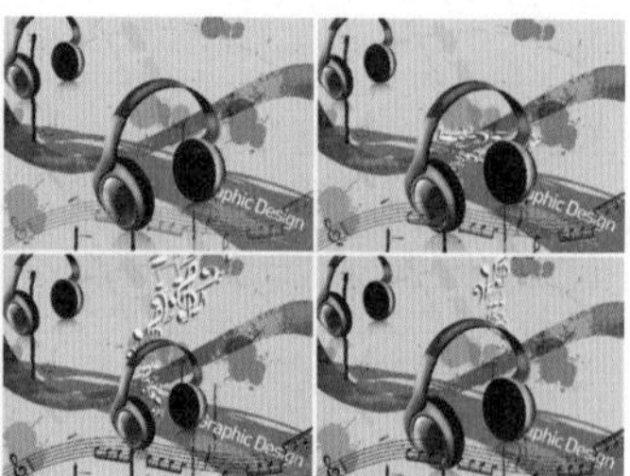
图10—338

13 将项目窗口中的【乐谱.png】素材文件拖曳到Video5轨道上，如图10-339所示。

图10—339

14 选择Video5轨道上的【乐谱.png】素材文件，然后设置【Position（位置）】为（360，506），【Scale（缩放）】为35。接着将时间线拖到第1秒01帧的位置，设置【Opacity（不透明度）】为0%，最后将时间线拖到第2秒的位置，设置【Opacity（不透明度）】为100%，如图10-340所示。最终效果如图10-341所示。

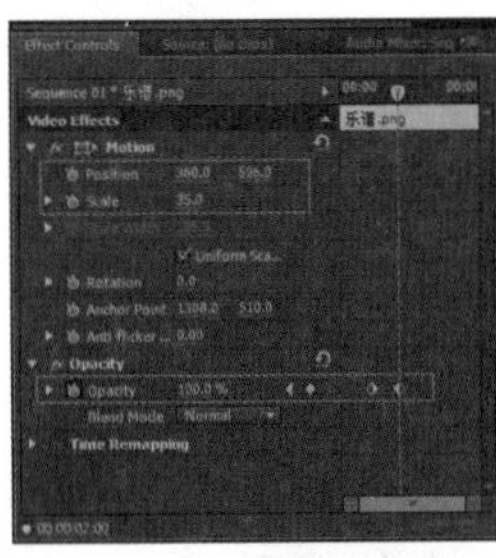
图10-340

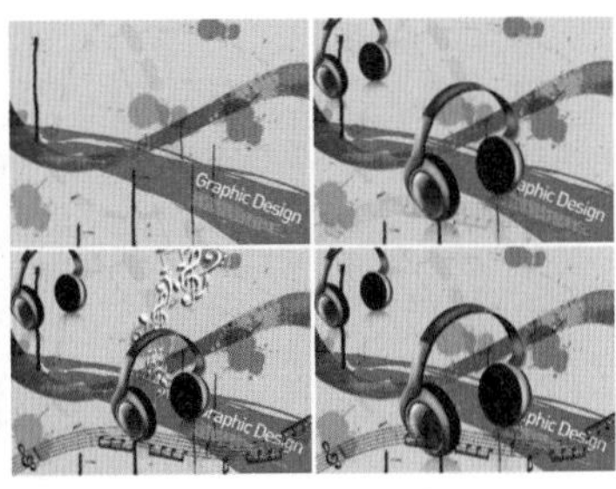

图10-341

答疑解惑：可以根据音符飞出效果扩展哪些思路？

由音符飞出效果可以扩展思路，制作出鸟类飞出、烟雾飘出效果等，还可以制作卡片物品弹出效果。

利用位置属性配合缩放属性来制作动画关键帧，防止素材在半空出现的问题发生。

★ 综合实战——动态彩条效果

案例文件	案例文件\第10章\动态彩条效果.prproj
视频教学	视频文件\第10章\动态彩条效果.flv
难易指数	★★★★★
技术要点	位移、缩放和透明度效果的应用

案例效果

多彩的颜色给人多种视觉感受，为色彩添加动画效果，可以制作出更加精彩的效果。本案例主要是针对“制作动态彩条效果”的方法进行练习，如图10-342所示。

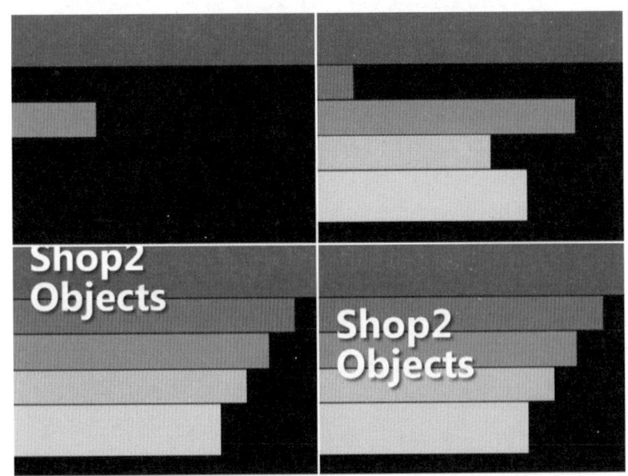

图10-342

操作步骤

01 单击【New Project（新建项目）】选项，并单击【Browse（浏览）】按钮设置保存路径，在【Name（名称）】文本框中设置文件名称。接着在弹出的对话框中选择【DV-PAL】/【Standard 48kHz】选项，如图10-343所示。

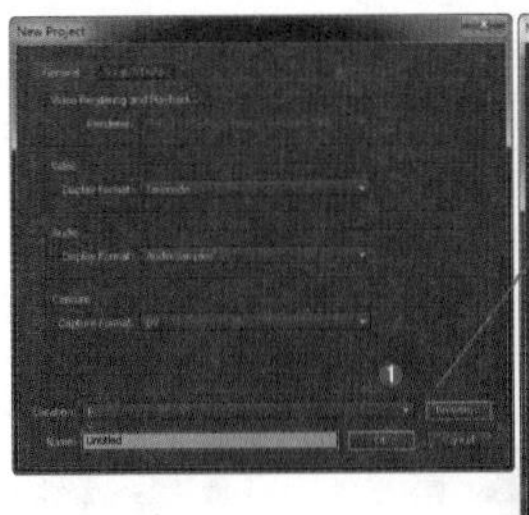
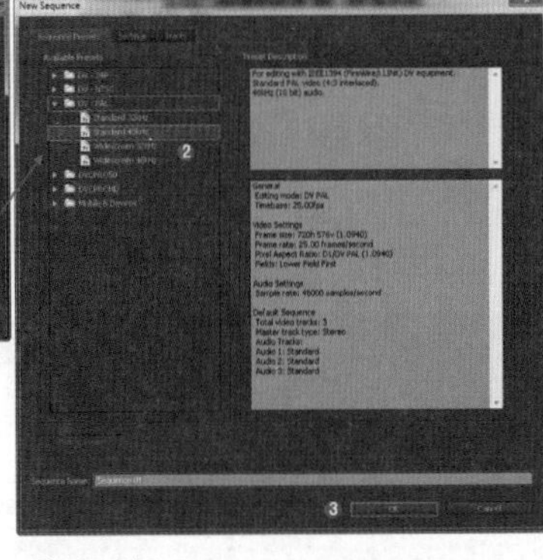
图10-343

02 在【Project（项目）】窗口中空白处双击鼠标左键，然后在打开的对话框中选择所需的素材文件，并单击【打开】按钮导入，如图10-344所示。

图10-344

03 将项目窗口中的素材文件按顺序拖曳到时间线窗口中的轨道上，如图10-345所示。

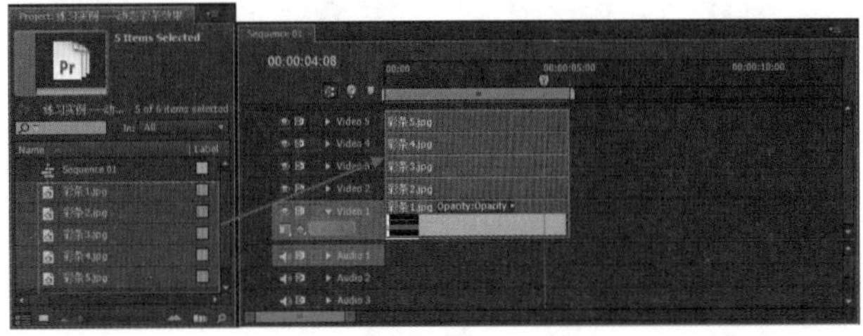
图10-345

04 分别设置时间线窗口中素材文件的【Scale（缩放）】为60。接着分别调整每个素材的位置，使其在右侧自上而下排列，如图10-346所示。此时效果如图10-347所示。

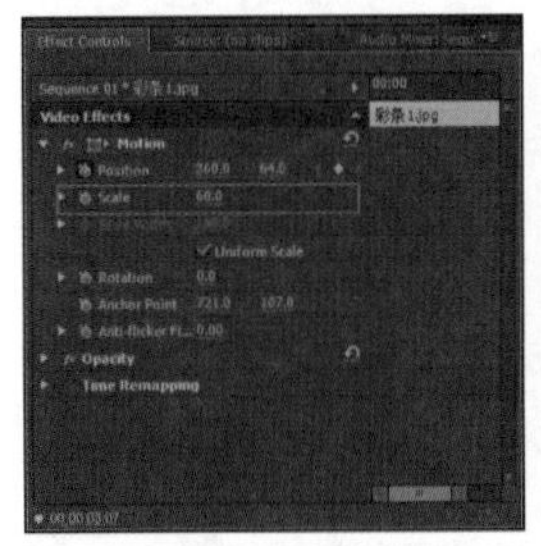
图10-346

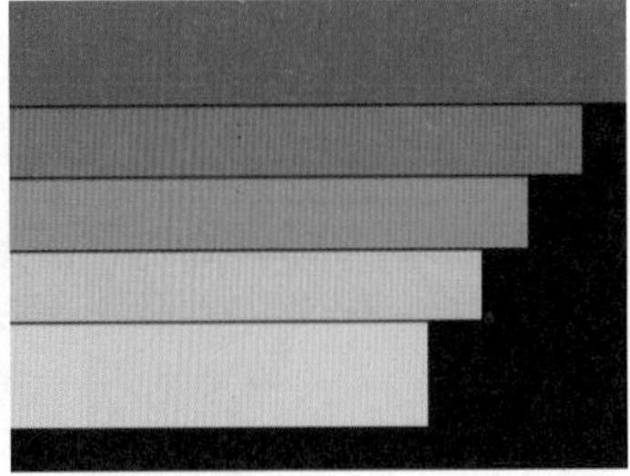
图10-347

05 选择Video1轨道上的【彩条1.jpg】素材文件。将时间线拖到起始帧的位置，然后单击【Position（位置）】前面的按钮，开启关键帧，并设置【Position（位置）】为（-458，64）。接着将时间线拖到第15帧的位置，设置【Position（位置）】为（360，64），如图10-348所示。此时效果如图10-349所示。

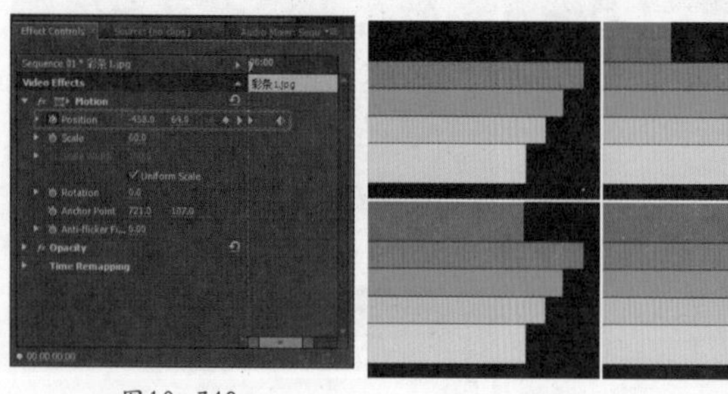

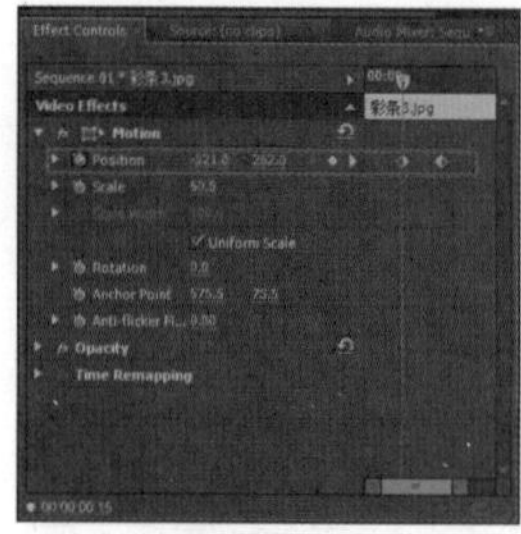

图10-348

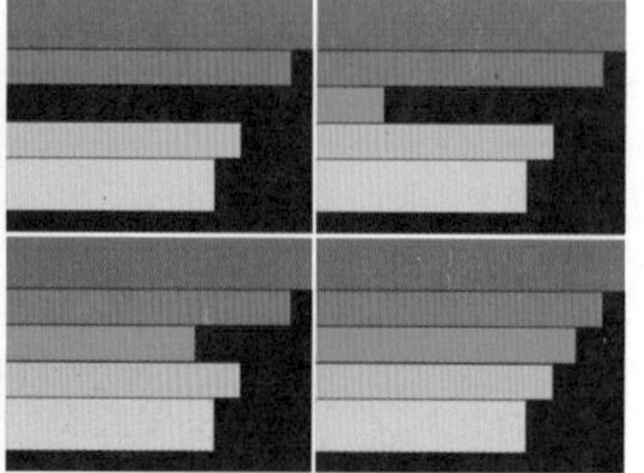

图10-349

06 选择Video3轨道上的【彩条3.jpg】素材文件。将时间线拖到第15帧的位置，然后单击【Position（位置）】前面的按钮，开启关键帧，并设置【Position（位置）】为（-321，262）。接着将时间线拖到第1秒05帧的位置，设置【Position（位置）】为（291，262），如图10-350所示。此时效果如图10-351所示。

图10-350

图10-351

07 以此类推，分别为剩下每个素材文件交叉制作动画，如图10-352所示。

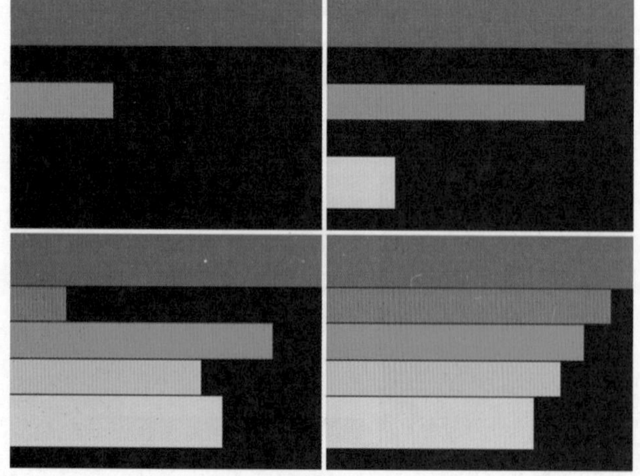

图10-352

08 选择【Title（字幕）】/【New Title（新建字幕）】/【Default Still（默认静态字幕）】命令，然后在弹出的对话框中单击【OK（确定）】按钮，如图10-353所示。

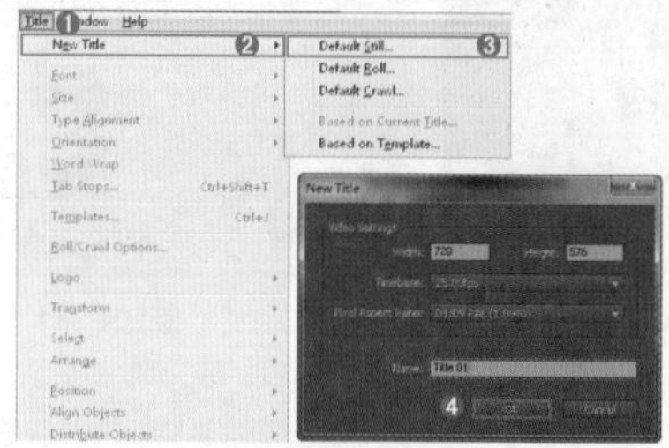

图10-353

09 在字幕面板中单击（文字工具）按钮，然后输入文字“Shop2 Objects”，并设置【Font Family（字体）】为【Gisha】，【Color（颜色）】为白色（R：255，G：255，B：255）。接着选中【Shadow（阴影）】复选框，如图10-354所示。

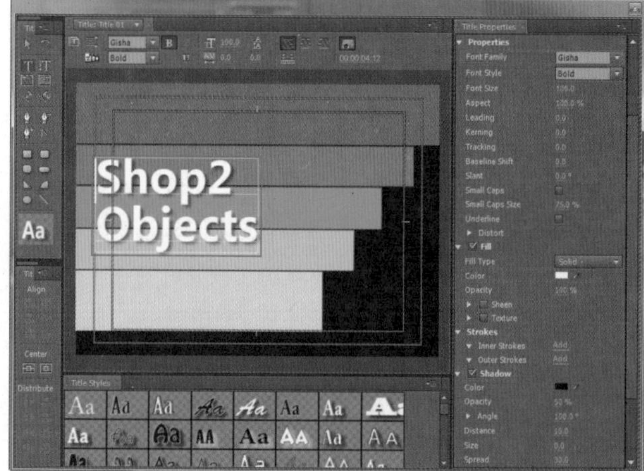

图10-354

10 关闭字幕对话框，并将字幕【Title 01】从项目窗口中拖曳到Video6轨道上，如图10-355所示。

图10-355

11 选择Video6轨道上的【Title 01】素材文件，然后将时间线拖到第2秒19帧的位置，接着单击【Position（位置）】前面的按钮，开启关键帧，并设置【Position（位置）】为（360，-144）。最后将时间线拖到3秒09帧的位置，设置【Position（位置）】为（360，288），如图10-356所示。

12 此时拖动时间线滑块查看最终效果，如图10-357所示。

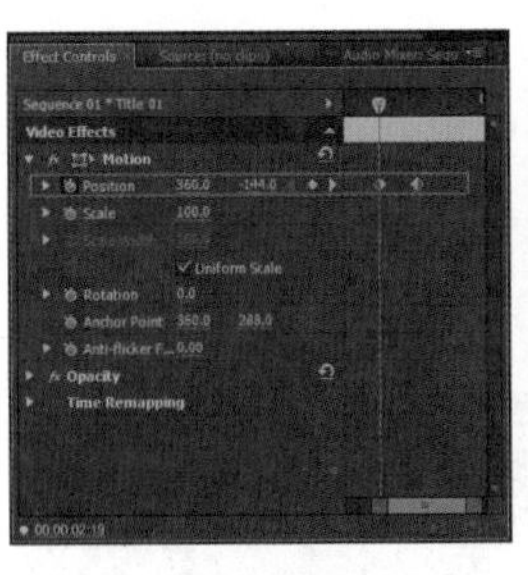

图10—356

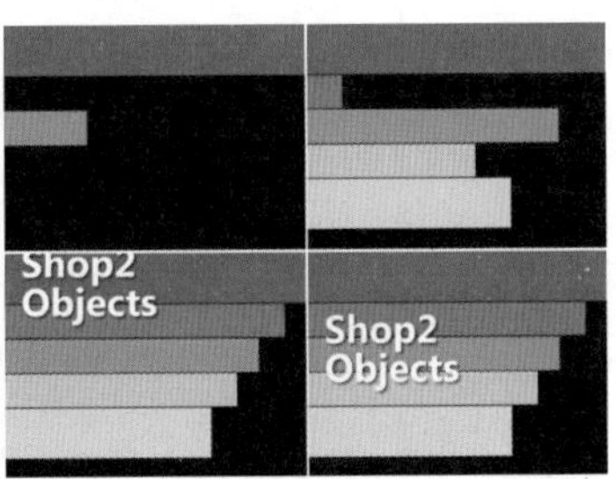

图10—357

答疑解惑：制作动态彩条效果需要注意哪些问题？

制作彩条动画时，可以按顺序制作，也可以杂乱无章地制作。但颜色的搭配要丰富多彩。添加适当的文字效果，可以使画面更加充实饱满。

★ 综合实战——高空俯视效果

案例文件	案例文件\第10章\高空俯视效果.prproj
视频教学	视频文件\第10章\高空俯视效果.flv
难易指数	★★★★★
技术要点	位移、缩放、透明度和旋转效果的应用

案例效果

高空俯视效果是由高空拍摄的真实地貌，所以可以从高空中不断地放大拍摄。本案例主要是针对“制作高空俯视效果”的方法进行练习，如图10-358所示。

图10—358

操作步骤

Part01 制作镜头推进动画

01 单击【New Project（新建项目）】选项，并单击【Browse（浏览）】按钮设置保存路径，在【Name（名称）】文本框中设置文件名称。接着在弹出的对话框中选择【DV-PAL】/【Standard 48kHz】选项，如图10-359所示。

02 在【Project（项目）】窗口中空白处双击鼠标左键，然后在打开的对话框中选择所需的素材文件，并单击【打开】按钮导入，如图10-360所示。

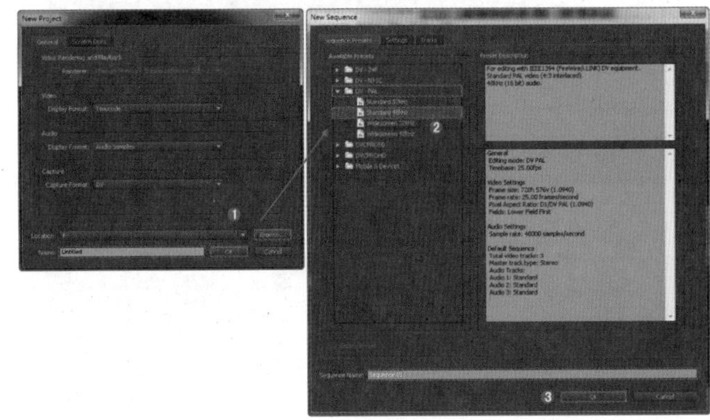

图10—359

03 将项目窗口中的【地表.jpg】素材文件拖曳到Video1轨道上，并设置结束时间为第3秒19帧的位置，如图10-361所示。

图10—360

图10—361

04 选择Video1轨道上的【地表.jpg】素材文件。然后设置【Rotation（旋转）】为270°，接着将时间线拖到起始帧的位置，然后单击【Position（位置）】和【Scale（缩放）】前面的按钮，开启关键帧，并设置【Position（位置）】为（360，231），【Scale（缩放）】为40。最后将时间线拖到第1秒的位置，并设置【Scale（缩放）】为60，如图10-362所示。

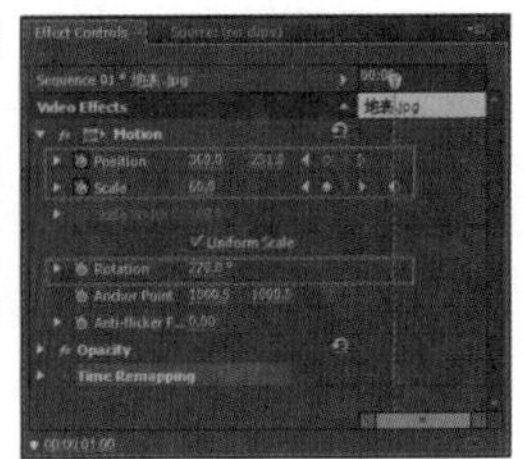

图10—362

05 此时拖动时间线滑块查看效果，如图10-363所示。

图10-363

06 选择Video1轨道上的【地表.jpg】素材文件。然后将时间线拖到第2秒的位置，并设置【Scale（缩放）】为80。接着将时间线拖到第3秒的位置，然后设置【Position（位置）】为（216，171），【Scale（缩放）】为100，如图10-364所示。

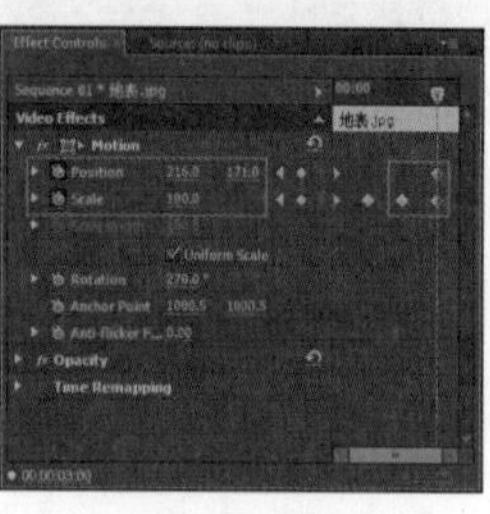

图10-364

07 此时拖动时间线滑块查看效果，如图10-365所示。

图10-365

08 选择Video1轨道上的【地表.jpg】素材文件。然后将时间线拖到起始帧的位置，单击【Rotation（旋转）】前面的按钮，开启关键帧，并设置【Rotation（旋转）】为270°。接着将时间线拖到第3秒的位置，设置【Rotation（旋转）】为251°，如图10-366所示。此时效果如图10-367所示。

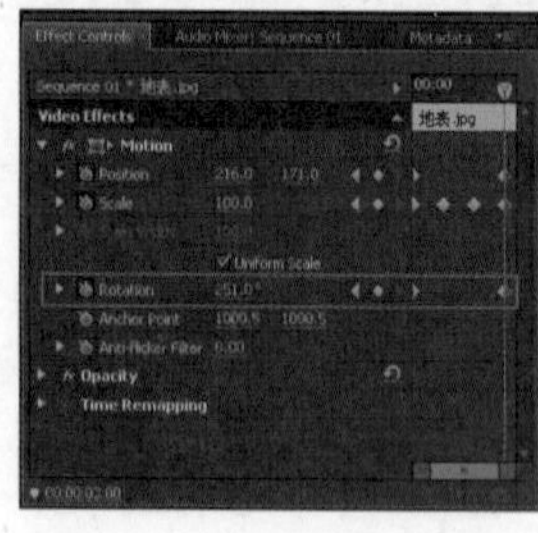

图10-366

图10-367

Part02 制作云动画和体育馆动画

01 将项目窗口中的【云.png】素材文件拖曳到Video2轨道上，并与下面轨道上的素材对齐，如图10-368所示。

02 选择Video2轨道上的【云.png】素材文件，然后设置【Position（位置）】为（360，265）。将时间线拖到起始帧位置，然后单击【Scale（缩放）】前面的按钮，开启关键帧，并设置【Scale（缩放）】为115，【Opacity（不透明度）】为100%。接着将时间线拖到第1秒的位置，设置【Scale（缩放）】为401，【Opacity（不透明度）】为0%，如图10-369所示。此时效果如图10-370所示。

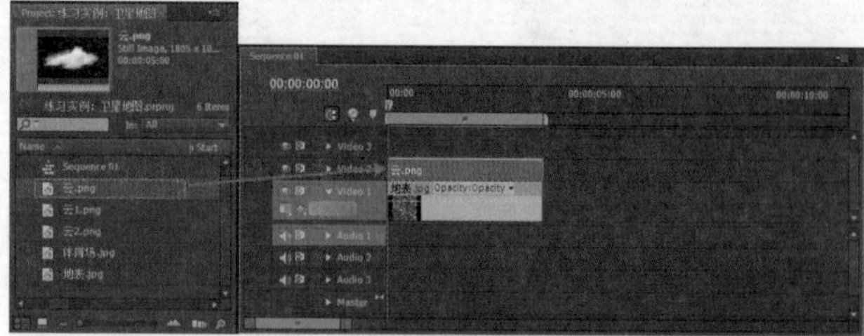

图10-368

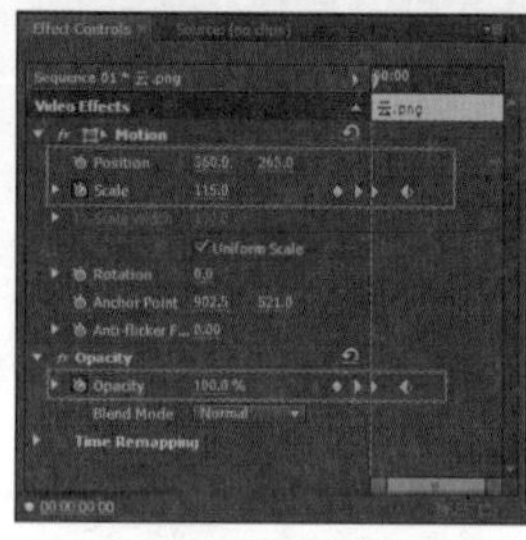

图10-369

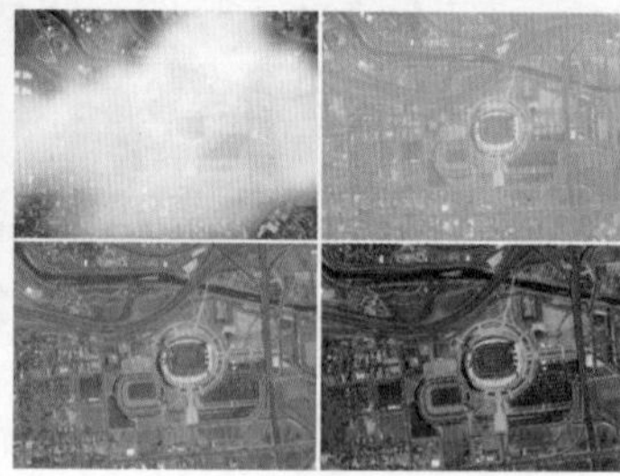

图10-370

03 将项目窗口中的【云1.png】素材文件拖曳到Video3轨道上，并与下面轨道上的素材对齐，如图10-371所示。

图10-371

04 选择Video3轨道上的【云1.png】素材文件，然后设置【Scale（缩放）】为44。接着将时间线拖到第1秒23帧的位置时，单击【Position（位置）】前面的按钮，开启关键帧，并设置【Position（位置）】为（184，400），【Opacity（不透明度）】为100%。最后将时间线拖到第3秒的位置，设置【Position（位置）】为（-147，442），【Opacity（不透明度）】为0%，如图10-372所示。此时效果如图10-373所示。

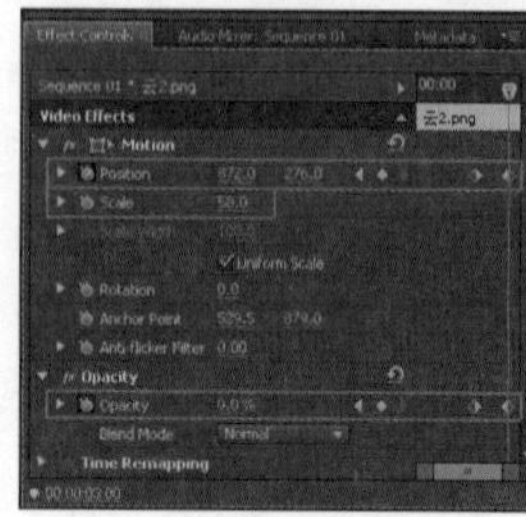

图10-372

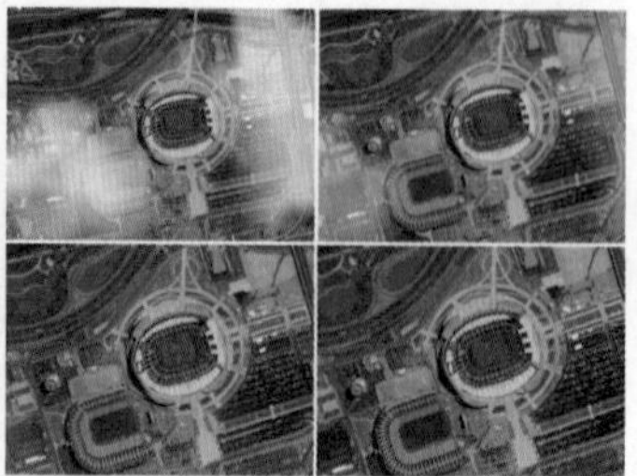

图10-373

05 将项目窗口中的【云2.png】素材文件拖曳到Video4轨道上，并与下面轨道上的素材对齐，如图10-374所示。

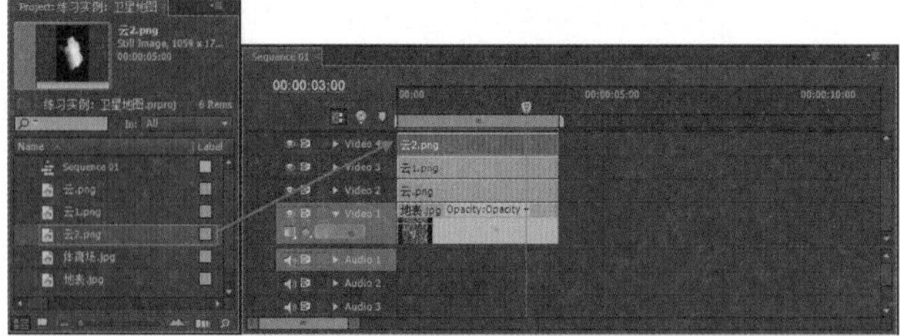

图10—374

06 选择Video4轨道上的【云2.png】素材文件，然后设置【Scale（缩放）】为58。接着将时间线拖到第1秒23帧的位置时，单击【Position（位置）】前面的按钮，开启关键帧，并设置【Position（位置）】为（618，249），【Opacity（不透明度）】为80%。最后将时间线拖到第3秒的位置，设置【Position（位置）】为（872，276），【Opacity（不透明度）】为0%，如图10-375所示。此时效果如图10-376所示。

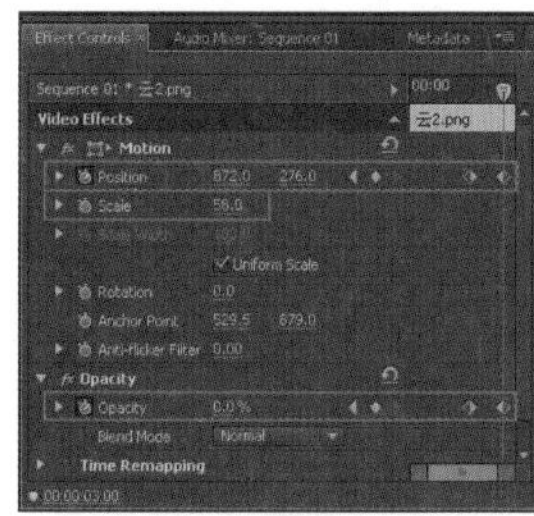

图10—375

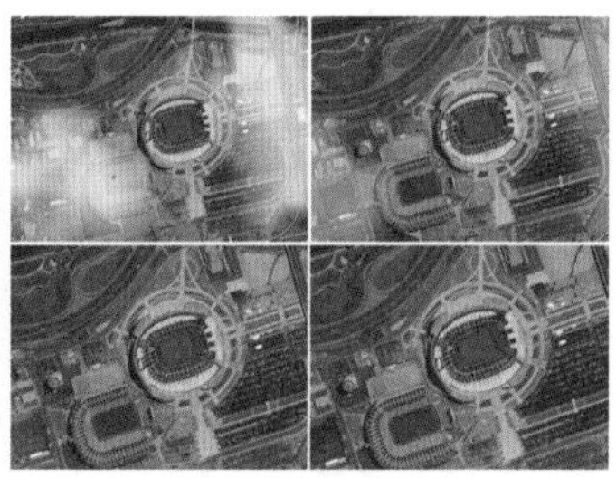

图10—376

07 将项目窗口中的【云2.png】素材文件拖曳到Video5轨道上，并设置起始时间为第2秒07帧的位置，结束位置与下面轨道上的素材对齐，如图10-377所示。

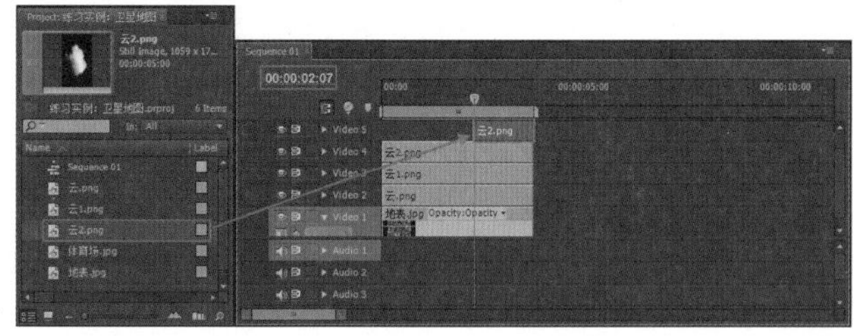

图10—377

08 选择Video5轨道上的【云2.png】素材文件，然后设置【Scale（缩放）】为139。接着将时间线拖到第2秒07帧的位置，单击【Position（位置）】前面的按钮，开启关键帧，并设置【Position（位置）】为（－124，－207）。最后将时间线拖到第3秒14帧的位置，设置【Position（位置）】为（360，288），如图10-378所示。此时效果如图10-379所示。

09 将项目窗口中的【体育场.jpg】素材文件拖曳到Video1轨道上的【地表.jpg】素材文件后面，并设置结束时间为5秒13帧的位置，如图10-380所示。

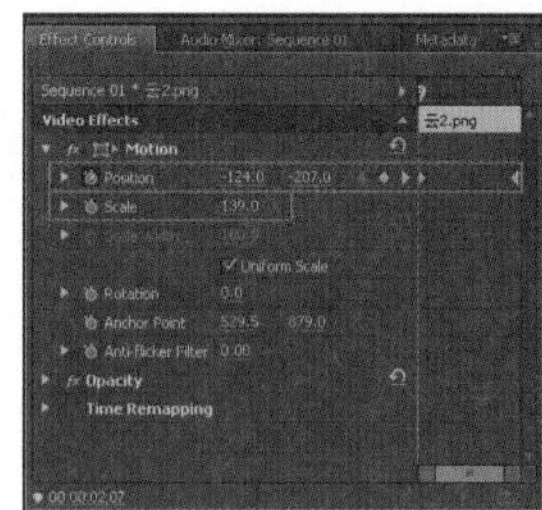

图10—378

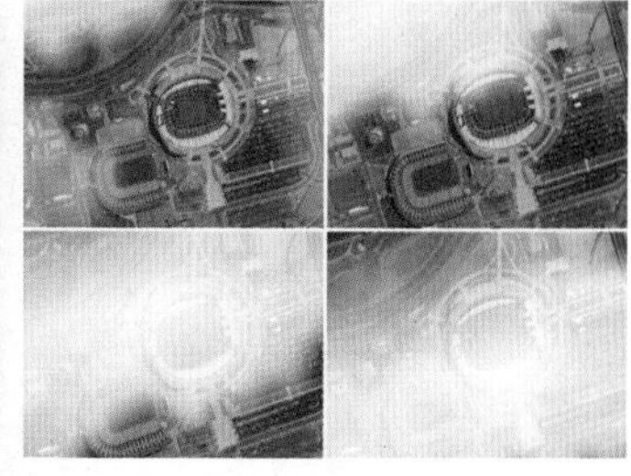

图10—379

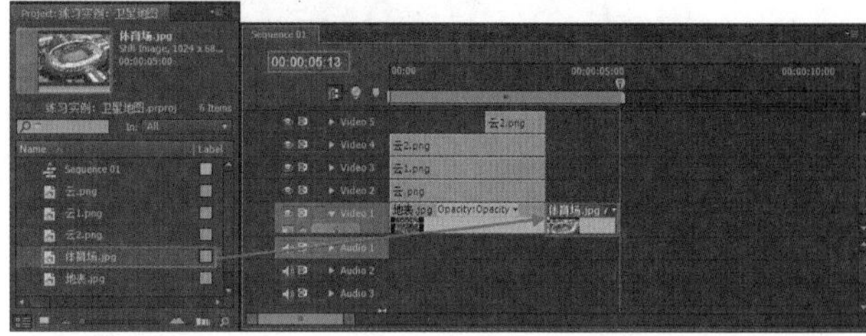

图10—380

10 在【Effects（效果）】窗口中搜索【Dip to White（白场过渡）】效果，然后按住鼠标左键拖曳到Video1轨道的两个素材中间，并设置起始时间为第2秒07帧的位置，如图10-381所示。

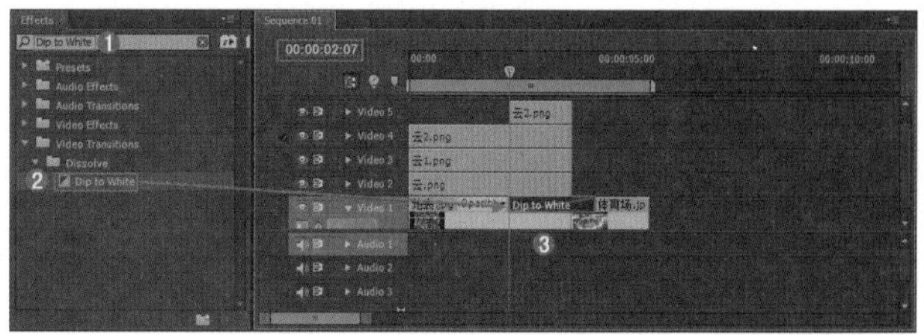

图10—381

11 选择Video1轨道上的【体育场.jpg】素材文件。将时间线拖到第3秒04帧的位置，然后单击【Position（位置）】前面的按钮，开启关键帧，并设置【Position（位置）】为（360，288），【Scale（缩放）】为85。接着将时间线拖到第4秒19帧的位置，设置【Position（位置）】为（360，429），【Scale（缩放）】为156，如图10-382所示。此时效果如图10-383所示。

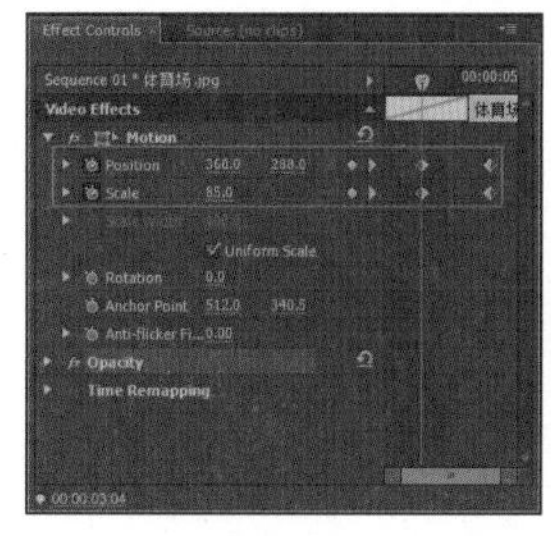

图10—382

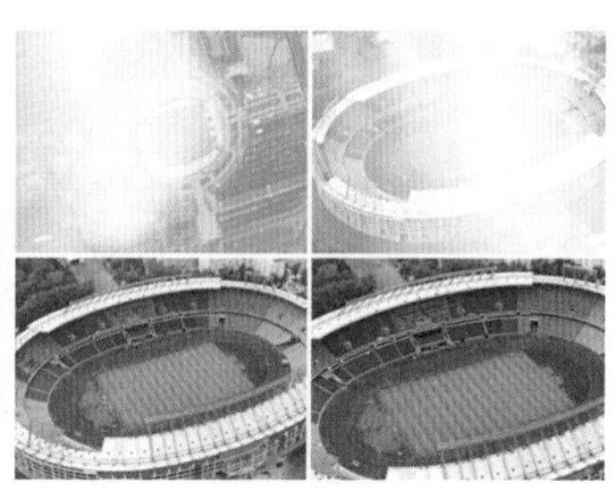

图10—383

12 此时拖动时间线滑块查看最终效果，如图10-384所示。

图10—384

答疑解惑：如何制作好穿越云层效果？

制作高空俯视效果时，是穿越云层向下的过程，云层应该是由远而近的运动并且逐渐消失的，所以制作关键帧动画时需要缩放和透明度属性的相互配合。

课后练习

【课后练习——蝴蝶运动效果】

思路解析：

01 为蝴蝶素材添加多个位置、缩放和旋转属性的关键帧，并适当调整属性参数，制作出关键帧动画。

02 在监视器窗口中，通过关键帧的控制柄来调整贝塞尔曲线效果，即素材的运动路径，从而得到最终的蝴蝶运动效果。

本章小结

本章详细地讲解了关键帧动画、运动特效的使用方法和应用领域，以及属性的关键帧应用和时间插值，灵活掌握这些功能后，可以制作出多种不同的画面效果。

读书笔记

第11章

抠像与合成

本章内容简介：

在Adobe Premiere Pro CS6中，可以为单色背景拍摄的素材制作抠除背景和合成素材效果，制作出相关的抠像效果。首先需要了解什么是抠像，本章介绍了抠像效果的使用方法和基本应用操作，以及素材合成的方法。

本章学习要点：

- 了解什么是抠像
- 了解抠像效果的原理
- 掌握抠像与合成的综合应用方法

11.1 初识抠像

11.1.1 什么是抠像

技术速查：我们在绿色、蓝色影棚中拍摄画面，可以在Premiere软件中将背景抠除，并进行后期合成。

电视、电影行业中，非常重要的一个部分就是抠像。因此可以任意地更换背景，这就是在电影中经常会看到奇幻背景或惊险镜头的制作方法了。如图11-1所示为抠像的影棚拍摄过程。

图11-1

11.1.2 抠像的原理

抠像的原理非常简单，就是将背景的颜色抠除，只保留主体物，就可以进行合成等处理。如图11-2所示为在绿屏中进行拍摄，并在软件中更换背景的合成效果。

图11-2

11.2 常用Keying（键控）技术

技术速查：Keying（键控），通俗地讲就是抠像，可以使用键控技术抠除图片、视频的背景，并最终进行合成。

在Premiere中包括 Alpha Adjust（Alpha调整）、Blue Screen Key（蓝屏键）、Chroma Key（色度键）和Difference Matte（差异遮罩）等15个键控特效，如图11-3所示。

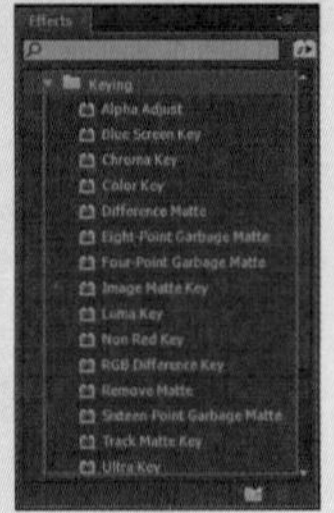

图11-3

技巧提示

在拍摄抠像的素材时，首先产生的疑惑通常是到底选择绿屏抠像还是蓝屏抠像。为了便于拍摄时定夺背景抠像的颜色，现提供以下几点建议：

01 要采用绿屏还是蓝屏抠像首先取决于你拍摄对象的颜色，如果前景对象有大量绿色，那么就采用蓝屏抠像；如果前景中有大量蓝色，就要绿屏拍摄，这是第一位要考虑的。

02 事实上，数字抠像并没有容易抠蓝屏或抠绿屏的倾向，对于拍摄效果好的数字素材，无论蓝屏拍摄的还是绿屏拍摄的，抠像起来都是同等的。

03 绿色布光的时候更容易照亮场景，对某一场景布光，要照亮这一场景，绿色需要的光更少。

04 蓝屏在太阳光下拍摄效果更好，布景上产生的漫反射可以消除阴影。

05 绿色溢出产生的问题比蓝色溢出更为严重，这是两者不同的色相决定的，不过，数字抠像都可以解决溢出问题。

06 无论是电影还是视频拍摄，蓝色通道的噪点总是最厉害的，蓝屏抠像后的遮罩边缘比绿屏抠像后的遮罩边缘更具噪点；所以绿屏抠像的边缘更平滑，这也是很多拍摄抠像的视频采用绿屏拍摄的原因。

11.2.1 Alpha Adjust（Alpha调整）

技术速查：Alpha调整效果可以按照素材的灰度级别确定键控效果。

选择【Effects（效果）】窗口中的/【Video Effects（视频效果）】/【Keying（键控）】/【Alpha Adjust（Alpha调整）】命令，如图11-4所示。其参数面板如图11-5所示。

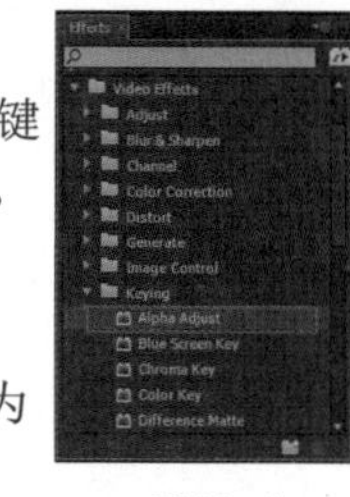

图11-4

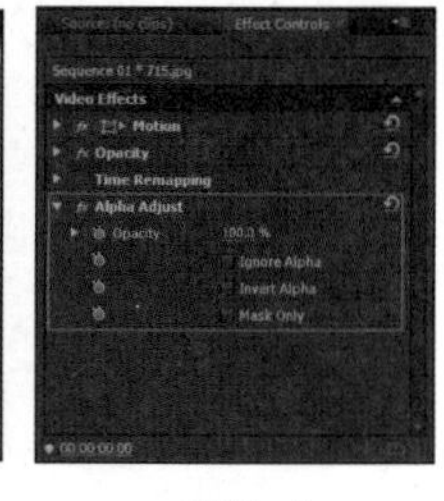

图11-5

- Opacity（不透明度）：减小不透明度会使Alpha通道中的图像更加透明。
- Ignore Alpha（忽略Alpha）：选中该复选框，会忽略Alpha通道。
- Invert Alpha（反相Alpha）：选中该复选框，会反转Alpha通道。如图11-6所示为选中【Invert Alpha（反相Alpha）】复选框前后的对比效果。

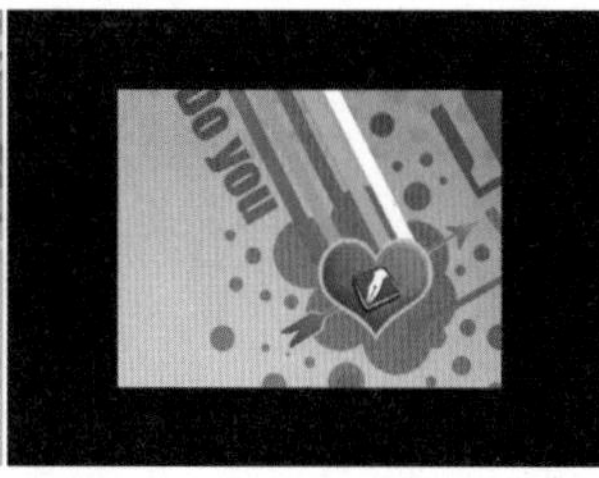

图11-6

- Mask Only（仅蒙版）：选中该复选框，将只显示Alpha通道的蒙版，不显示其中的图像。

> **技巧提示**
>
> 在前期进行拍摄时一定要注意拍摄的质量，尽量避免人物的穿着和影棚的颜色一致，避免半透明的物体出现，如薄纱等，这些物体出现会增加抠像的难度，而且一定要在拍摄之前考虑好拍摄灯光的方向，因为很多时候需要将人物抠像并合成到场景中，假如灯光朝向、虚实不一样的话，那么合成以后会不真实，这都是在前期拍摄时需要注意的问题。

11.2.2 Blue Screen Key（蓝屏键）

技术速查：蓝屏键效果可以用来键控具有蓝色背景的素材。

选择【Effects（效果）】窗口中的【Video Effects（视频效果）】/【Keying（键控）】/【Blue Screen Key（蓝屏键）】命令，如图11-7所示。其参数面板如图11-8所示。

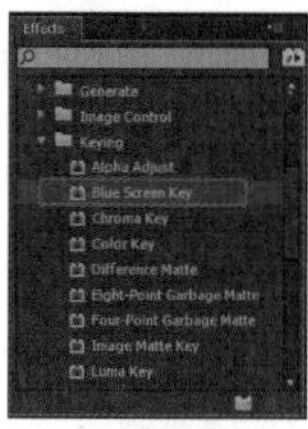

图11-7

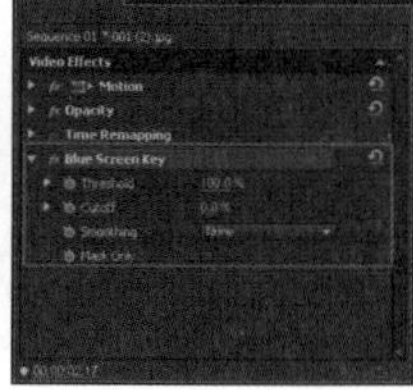

图11-8

- Threshold（阈值）：可以控制去除更多的蓝色区域。
- Cutoff（截断）：可以微调键控效果。
- Smoothing（平滑）：设置锯齿消除，通过混合像素颜色来平滑边缘。选择【High（高）】选项可获得最高的平滑度，选择【Low（低）】选项可即稍微进行平滑，选择【None（无）】选项可不进行平滑处理。
- Mask Only（只有遮罩）：使用这个键控指定是否显示素材的Alpha通道。如图11-9所示为添加Blue Screen Key（蓝屏键）前后的对比效果。

图11-9

11.2.3 Chroma Key（色度键）

技术速查：色度键效果可以去除特定颜色或某一个颜色范围。

选择【Effects（效果）】窗口中的【Video Effects（视频效果）】/【Keying（键控）】/【Chroma Key（色度键）】命令，如图11-10所示。其参数面板如图11-11所示。

- Color（颜色）：用来设置透明的颜色值。
- Similarity（相似性）：单击并左右拖动，可以增加或减少素材中将变成透明部分的颜色范围。
- Blend（混合）：单击并向右拖动，增加两个素材间的混合程度。向左拖动效果相反。
- Threshold（边缘）：单击并向右拖动，保留素材中有更多的阴影区域。向左则相反。
- Cutoff（截断）：单击并向右拖动使阴影区域变暗。

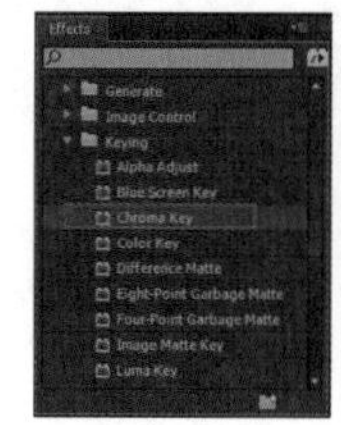

图11-10

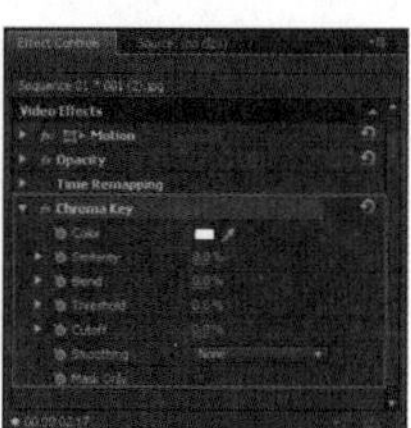

图11-11

- Smoothing（平滑）：设置锯齿消除，通过混合像素颜色来平滑边缘。选择【High（高）】选项获得最高的平滑度，选择【Low（低）】选项只稍微进行平滑，选择【None（无）】选项不进行平滑处理。
- Mask Only（只有遮罩）：使用这个键控指定是否显示素材的Alpha通道。

★ 案例实战——创意广告合成

案例文件	案例文件\第11章\创意广告合成.prproj
视频教学	视频文件\第11章\创意广告合成.flv
难易指数	★★★★★
技术要点	Chroma Key（色度键）、Brightness & Contrast（亮度和对比度）效果的应用

案例效果

创意广告重点在于创意，从而制作出日常生活中看不到的景象，以达到观者印象深刻的效果。例如服饰品牌广告，可以模拟出飞舞的服饰、鞋子、包等效果，充分展现不一样的品牌和理念。本案例主要是针对“制作创意广告合成”的方法进行练习，如图11-12所示。

图11—12

操作步骤

01 单击【New Project（新建项目）】选项，并单击【Browse（浏览）】按钮，在【Name（名称）】文本框中修改文件名称。接着选择【DV-PAL】/【Standard 48kHz】选项，如图11-13所示。

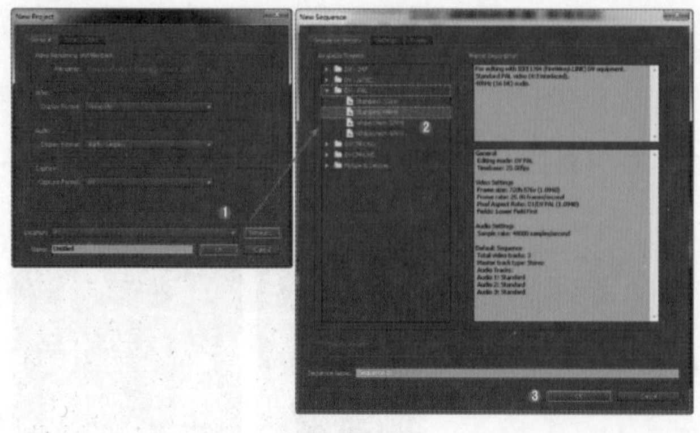

图11—13

02 选择【File（文件）】/【Import（导入）】命令或按快捷键【Ctrl+I】，将所需的素材文件导入，如图11-14所示。

图11—14

03 将项目窗口中的【背景.jpg】、【后景.png】和【人像.jpg】素材文件分别拖曳到Video1、Video2和Video3轨道上，如图11-15所示。

图11—15

04 选择所有轨道上的素材文件，单击鼠标右键，在弹出的快捷菜单中选择【Scale to Frame Size（缩放到框大小）】命令，如图11-16所示。

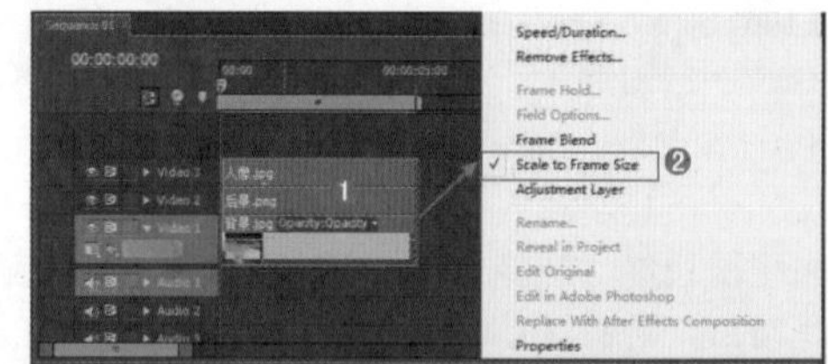

图11—16

05 此时拖动滑块查看效果，如图11-17所示。

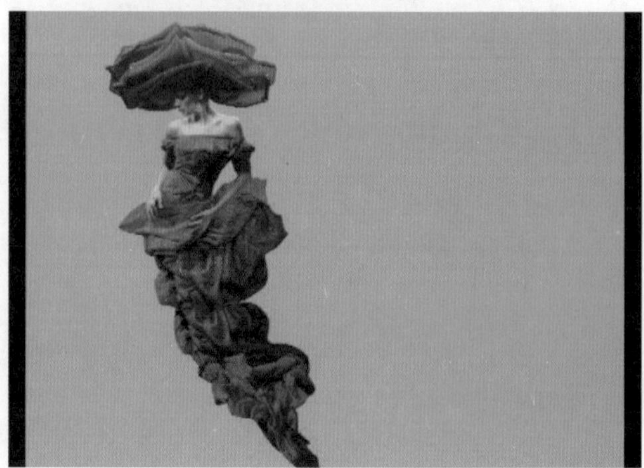

图11—17

06 为Video3轨道上的【人像.jpg】素材文件添加【Chroma Key（色度键）】效果，并设置【Position（位置）】为（360，300），【Scale（缩放）】为106。打开【Chroma Key（色度键）】效果，利用【Color（颜色）】的（吸管工具）来吸取素材背景的绿色，设置【Similarity（相似性）】为45%，设置【Blend（混合）】为10%，如图11-18所示。此时效果如图11-19所示。

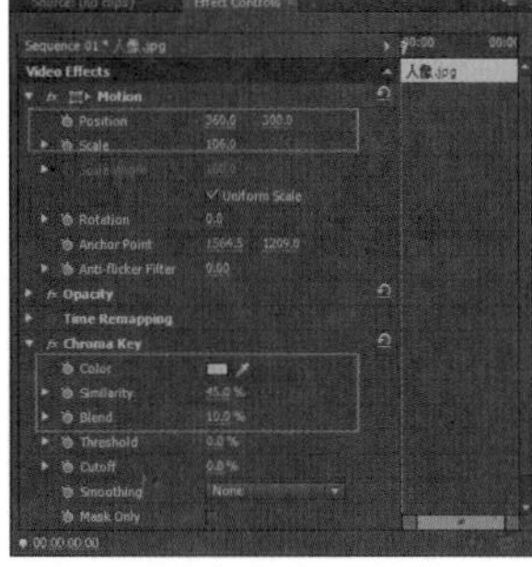

图11—18

图11—19

思维点拨：巧用比例效果

如果想制作特殊画面效果，那么一定不要忘了巧用比例。超大的球鞋、超小的海洋，都为画面增强了对比感，打破常规、善用比例，会让观者过目不忘，这不仅仅是科幻电影中常用的技巧，也广泛应用于广告中，如图11—20所示。

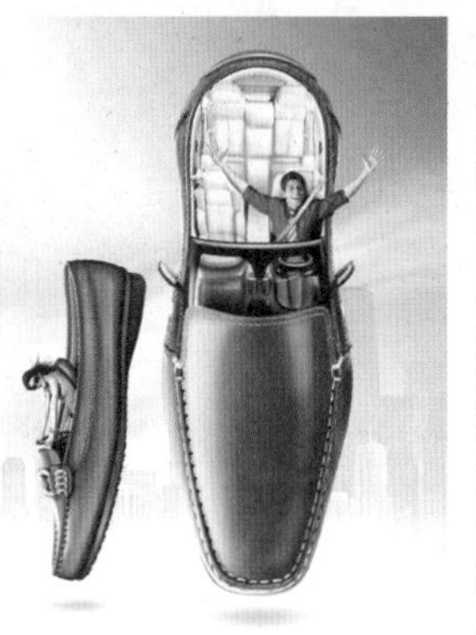

图11—20

07 在【Effects（效果）】窗口中搜索【Brightness & Contrast（亮度和对比度）】效果，并按住鼠标左键拖曳到Video1轨道的【背景.jpg】素材文件上，如图11-21所示。

图11—21

08 选择Video1轨道上的【背景.jpg】素材文件，然后设置【Position（位置）】为（360，300），【Scale（缩放）】为106。打开【Brightness & Contrast（亮度和对比度）】效果，设置【Brightness（亮度）】为16，【Contrast（对比度）】为35，如图11-22所示。

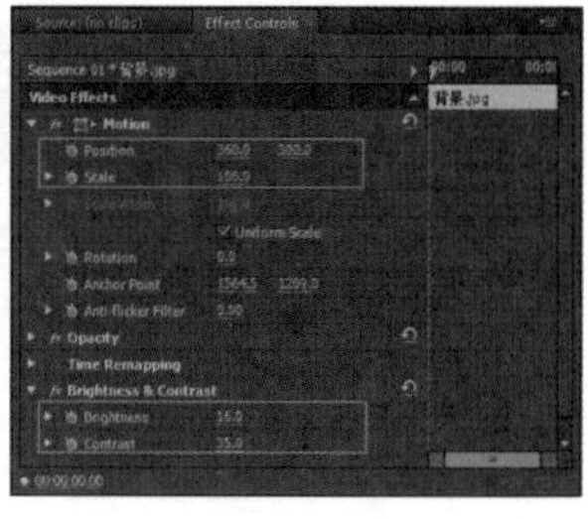

图11—22

09 选择Video3轨道上的【后景.png】素材文件，然后设置【Position（位置）】为（360，300），【Scale（缩放）】为106，如图11-23所示。此时效果如图11-24所示。

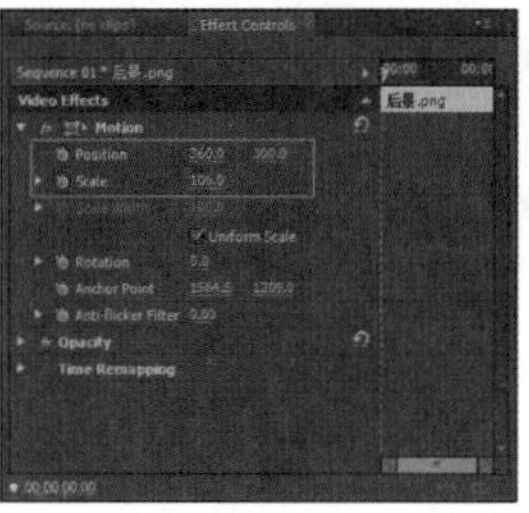

图11—23

图11—24

10 将项目窗口中的【前景.png】和【文字.png】素材文件拖曳到Video4和Video5轨道上，如图11-25所示。

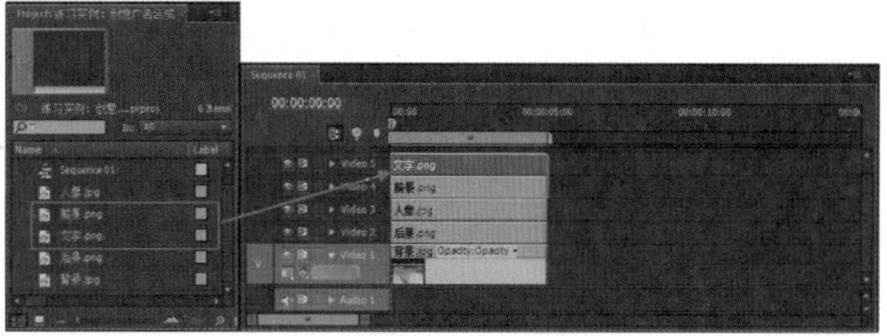

图11—25

11 选择Video4和Video5轨道上的素材文件，并单击鼠标右键，在弹出的快捷菜单中选择【Scale to Frame Size（缩放到框大小）】命令，如图11-26所示。

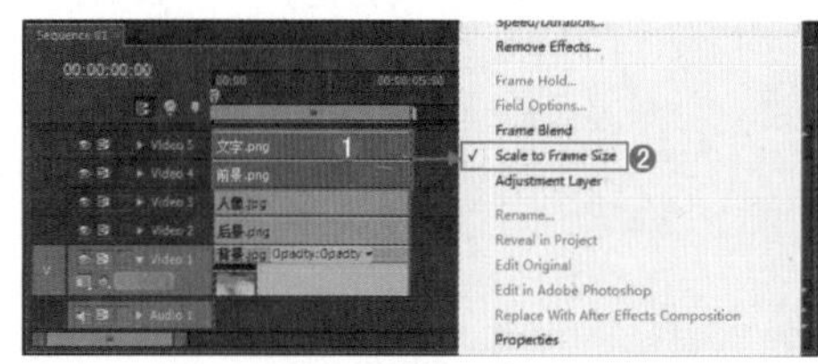

图11—26

12 选择Video4轨道上的【前景.png】素材文件，然后设置【Position（位置）】为（360，300），【Scale（缩放）】为106，如图11-27所示。

13 此时拖动时间线滑块查看最终效果，如图11-28所示。

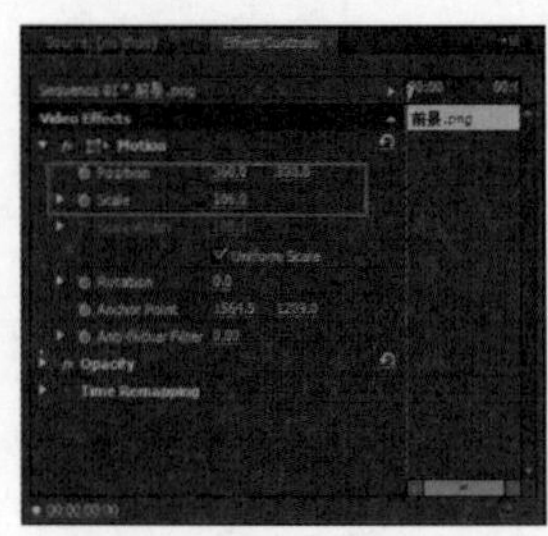

图11-27

图11-28

读书笔记

11.2.4 Color Key（颜色键）

技术速查：该效果与Chroma Key（色度键）用法基本相同，使指定的颜色变成透明。

选择【Effects（效果）】窗口中的【Video Effects（视频效果）】/【Keying（键控）】/【Color Key（颜色键）】命令，如图11-29所示。其参数面板如图11-30所示。

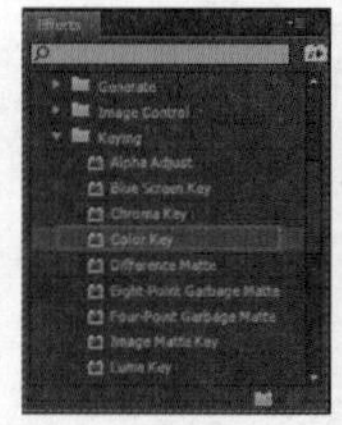

图11-29

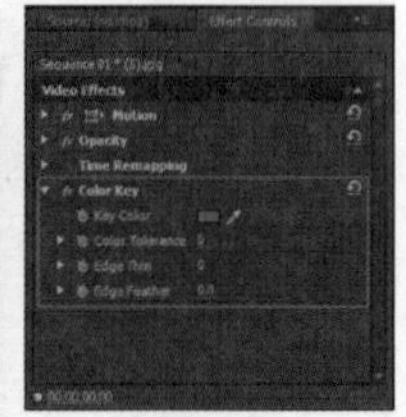

图11-30

- Key Color（键色）：设置透明的颜色。
- Color Tolerance（颜色容差）：指定透明数量。
- Edge Thin（边缘变薄）：设置边缘的粗细。
- Edge Feather（边缘羽化）：设置边缘的柔和度。

★ 案例实战——飞鸟游鱼效果

案例文件	案例文件\第11章\飞鸟游鱼效果.prproj
视频教学	视频文件\第11章\飞鸟游鱼效果.flv
难易指数	★★★★★
技术要点	Color Key（颜色键）和Brightness & Contraste（亮度和对比度）效果应用

案例效果

天空中鸟类在自由地飞翔，海中鱼也在自由地游动，体现出自然和谐的气息。这在通常情况下是同时看不到的，为了模拟这一效果，采用不同的素材来制作。本案例主要是针对“制作飞鸟游鱼效果”的方法进行练习，如图11-31所示。

图11-31

操作步骤

01 单击【New Project（新建项目）】选项，并单击【Browse（浏览）】按钮，在【Name（名称）】文本框中修改文件名称。接着选择【DV-PAL】/【Standard 48kHz】选项，如图11-32所示。

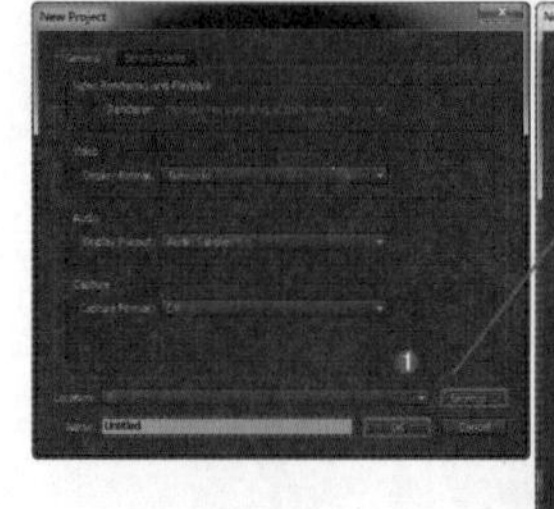

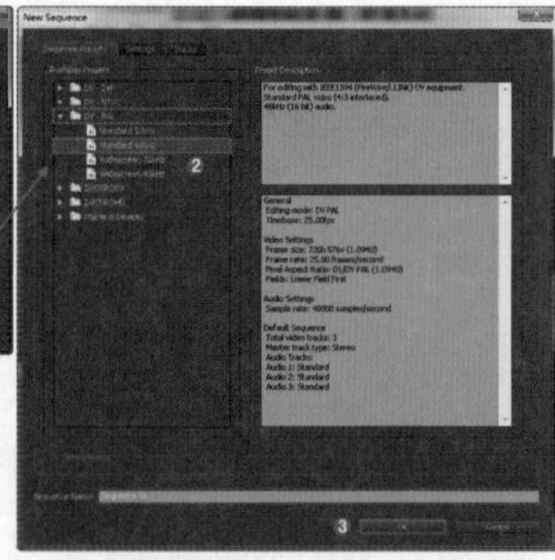

图11-32

02 选择【File（文件）】/【Import（导入）】命令或者按快捷键【Ctrl+I】，将所需的素材文件导入，如图11-33所示。

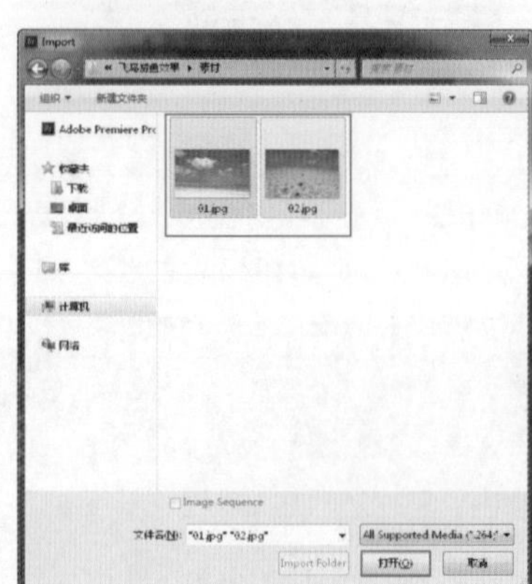

图11-33

03 将项目窗口中的【01.jpg】和【02.jpg】素材文件分别拖曳到Video1和Video2轨道上，如图11-34所示。

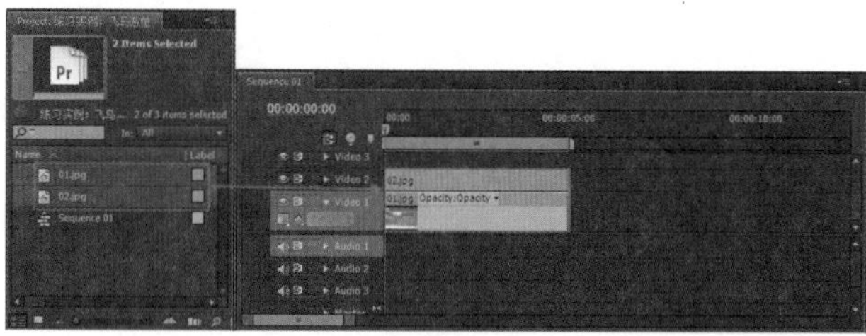

图11—34

04 选择Video2轨道上的【02.jpg】素材文件，然后设置【Position（位置）】为（360，334），【Scale（缩放）】为41，如图11-35所示。此时效果如图11-36所示。

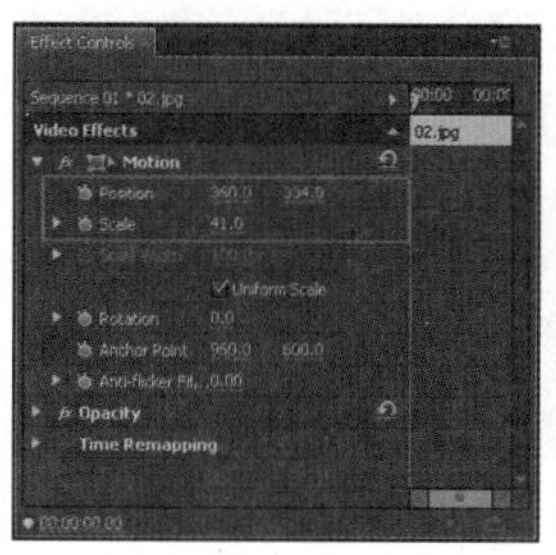

图11—35

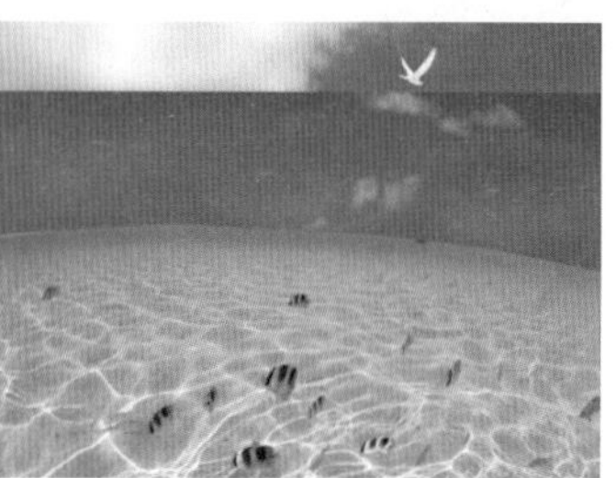

图11—36

05 在【Effects（效果）】窗口中搜索【Color Key（颜色键）】效果，然后按住鼠标左键拖曳到Video2轨道的【02.jpg】素材文件上，如图11-37所示。

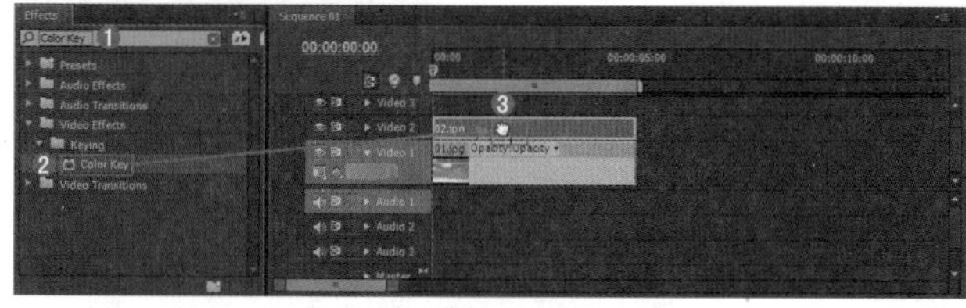

图11—37

06 选择Video2轨道上的【02.jpg】素材文件，然后打开【Color Key（颜色键）】效果，并选择【Key Color（键色）】的（吸管工具）来吸取素材的背景颜色，设置【Color Tolerance（颜色容差）】为55，【Edge Thin（边缘变薄）】为5，【Edge Feather（边缘羽化）】为28，如图11-38所示。此时效果如图11-39所示。

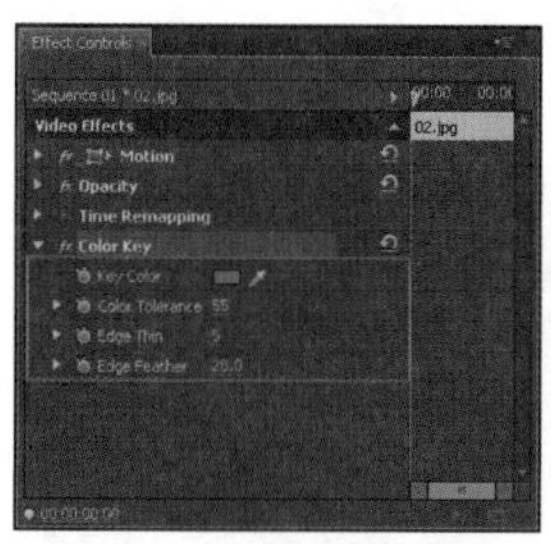

图11—38

图11—39

07 选择Video1轨道上的【01.jpg】素材文件，然后设置【Position（位置）】为（360，119），【Scale（缩放）】为50，如图11-40所示。此时效果如图11-41所示。

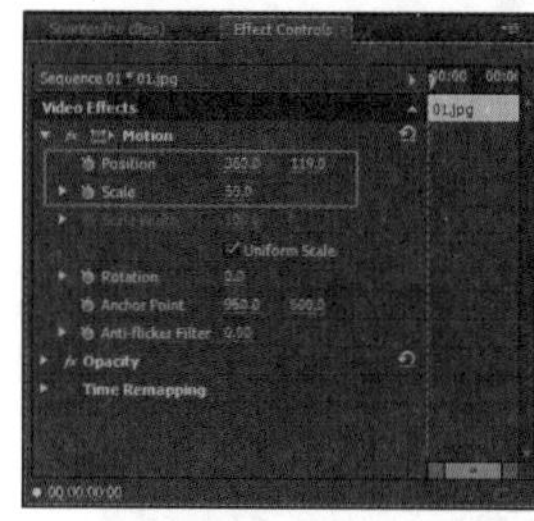

图11—40

图11—41

08 在【Effects（效果）】窗口中搜索【Brightness & Contrast（亮度和对比度）】效果，然后按住鼠标左键拖曳到Video1轨道的【01.jpg】素材文件上，如图11-42所示。

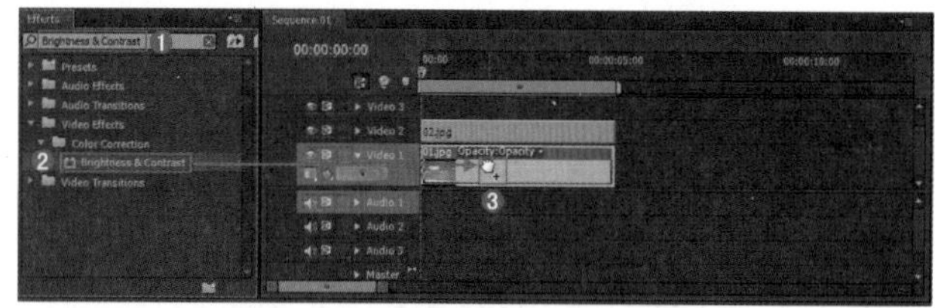

图11—42

09 选择Video1轨道上的【01.jpg】素材文件，然后打开【Brightness & Contrast（亮度和对比度）】效果，并设置【Contrast（对比度）】为15，如图11-43所示。

10 此时拖动时间线滑块查看最终效果，如图11-44所示。

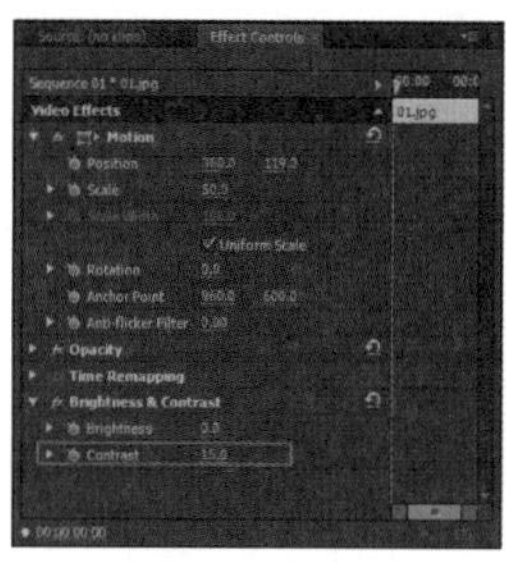

图11—43

图11—44

答疑解惑：在抠除蓝色的天空时需注意哪些？

在抠除蓝色的天空时，尽量使天空和周围物体的颜色不要太相近，最好颜色层次分明，使天空的颜色容易突显出来，从而更好地抠除天空蓝色的部分。

11.2.5 Difference Matte（差异遮罩）

技术速查：差异遮罩效果可以通过指定的遮罩键控两个素材的相同区域，保留不同区域，从而生成透明效果。也可以将移动物体的背景制作成透明效果。

选择【Effects（效果）】窗口中的【Video Effects（视频效果）】/【Keying（键控）】/【Difference Matte（差异遮罩）】命令，如图11-45所示。其参数面板如图11-46所示。

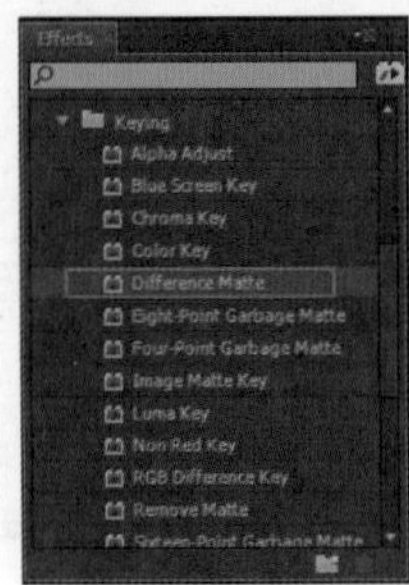

图11–45

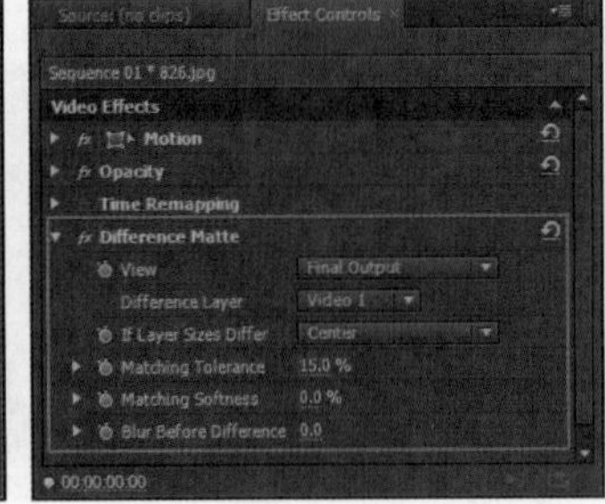

图11–46

- View（视图）：设置合成图像的最终显示效果。Final Output（最终输出）表示图像为最终输出效果，Source Only（仅限源）表示仅显示源图像效果，Matte Only（仅限遮罩）表示仅以遮罩为最终输出效果。
- Difference Layer（差异图层）：设置与当前素材产生差异的层。
- If Layer Sizes Differ（如果图层大小不同）：如果差异层和当前素材层的尺寸不同，设置层与层之间的匹配方式。
- Center（居中）：表示中心对齐，Stretch to Fit（伸展以适配）将拉伸差异层匹配当前素材层。
- Matching Tolerance（匹配宽容度）：设置两层间的容差匹配程度。
- Matching Softness（匹配柔和度）：设置图像间的匹配柔和程度。如图11-47所示为更改Matching Tolerance（匹配宽容度）数值为15和28、Matching Softness（匹配柔和度）数值为0和24前后的对比效果。

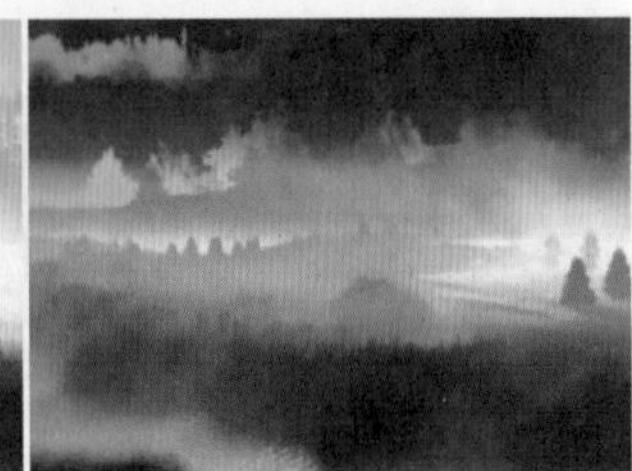

图11–47

- Blur Before Difference（差异前模糊）：用来模糊差异像素，清除合成图像中的杂点。

11.2.6 Eight-Point Garbage Matte（8点蒙版扫除）

技术速查：8点蒙版扫除效果可以通过8个控制点的坐标位置来制作擦除效果。

选择【Effects（效果）】窗口中的【Video Effects（视频效果）】/【Keying（键控）】/【Eight-Point Garbage Matte（8点蒙版扫除）】命令，如图11-48所示。其参数面板如图11-49所示。

图11–48

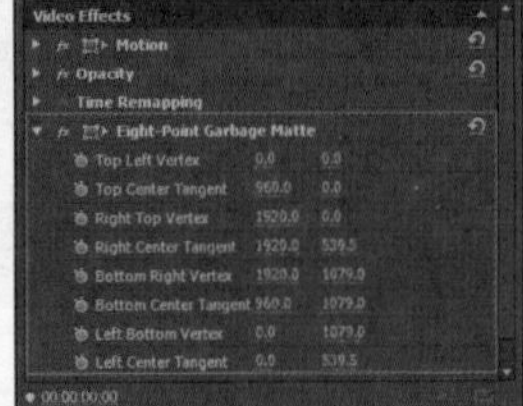

图11–49

- Top Left Vertex（上左顶点）：调整左侧顶部控制点的坐标。
- Top Center Tangent（上中切点）：调整顶部中心控制点的坐标。
- Right Top Vertex（右上顶点）：调整右侧顶部控制点的坐标。
- Right Center Tangent（右中切点）：调整右侧中心控制点的坐标。
- Bottom Right Vertex（下右顶点）：调整右侧底部控制点的坐标。
- Bottom Center Tangent（下中切点）：调整底部中心控制点的坐标。
- Left Bottom Vertex（左下顶点）：调整左侧底部控制点的坐标。
- Left Center Tangent（左中切点）：调整左侧中心控制点的坐标。如图11-50所示为调整数值前后的对比效果。

图11–50

11.2.7 Four-Point Garbage Matte（4点蒙版扫除）

技术速查：4点蒙版扫除效果可以通过设置4个控制点的坐标位置将图像进行裁切，以显示背景图像。

选择【Effects（效果）】窗口中的【Video Effects（视频效果）】/【Keying（键控）】/【Four-Point Garbage Matte（4点蒙版扫除）】命令，如图11-51所示。其参数面板如图11-52所示。

图11–51

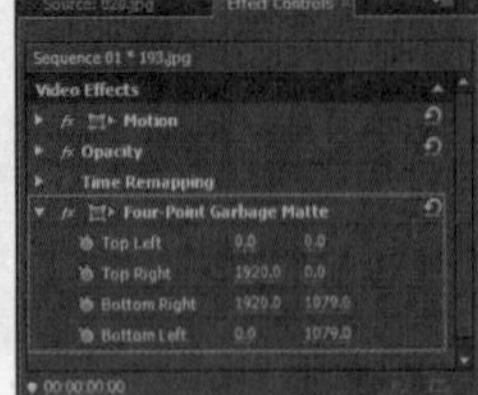

图11–52

- Top Left（上左）：调整左侧顶部控制点的坐标。
- Top Right（上右）：调整右侧顶部控制点的坐标。如图11-53所示为更改Top Left（上左）数值为（0，0）和（0，630）、Top Right（上右）数值为（1920，0）和（1920，492）前后的对比效果。

图11-53

- Bottom Right（下右）：调整右侧底部控制点的坐标。
- Bottom Left（下左）：调整左侧底部控制点的坐标。

11.2.8 Image Matte Key（图像遮罩键）

技术速查：图像遮罩键效果可以将指定的图像遮罩，制作出透明效果。

选择【Effects（效果）】窗口中的【Video Effects（视频效果）】/【Keying（键控）】/【Image Matte Key（图像遮罩键）】命令，如图11-54所示。其参数面板如图11-55所示。

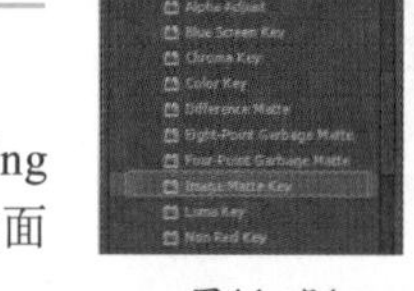

图11-54

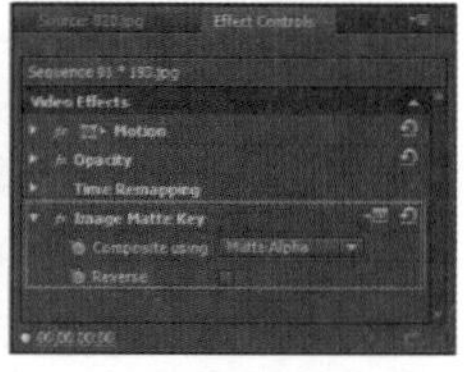

图11-55

- 按钮：单击该按钮，可以在弹出的对话框中选择合适的图片作为遮罩的素材。
- Composite using（合成使用）：可从右侧的下拉菜单中选择用于合成的选项。Matte Alpha（Alpha遮罩）表示遮罩通道，Matte Luna（Luna遮罩）表示遮罩亮度。
- Reverse（反向）：选中该复选框，遮罩效果反向。如图11-56所示为添加图片制作遮罩素材前后的对比效果。

图11-56

11.2.9 Luma Key（亮度键）

技术速查：亮度键效果可以根据图像的明亮程度将图像制作出透明效果。

选择【Effects（效果）】窗口中的【Video Effects（视频效果）】/【Keying（键控）】/【Luma Key（亮度键）】命令，如图11-57所示。其参数面板如图11-58所示。

- Threshold（边缘）：调整素材背景的透明度。如图11-59所示为设置Threshold（边缘）为100%和40%前后的对比效果。
- Cutoff（截断）：设置被键控图像的中止位置。

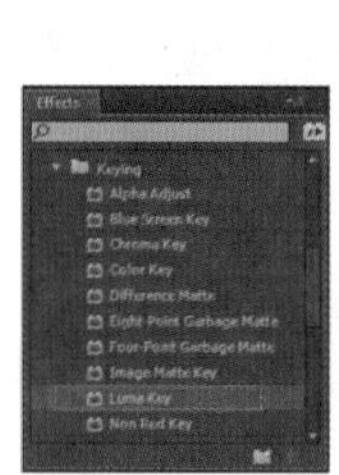

图11-57

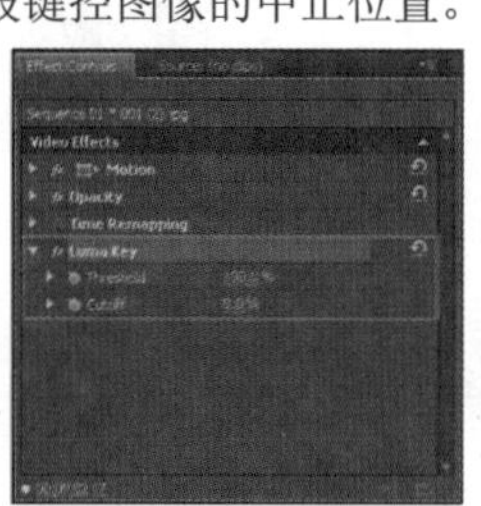

图11-58

图11-59

11.2.10 Non Red Key（非红色键）

技术速查：非红色键效果的使用方法与Blue Screen Key（蓝屏键）相似，可以控制素材混合。

选择【Effects（效果）】窗口中的【Video Effects（视频效果）】/【Keying（键控）】/【Non Red Key（非红色键）】命令，如图11-60所示。其参数面板如图11-61所示。

- Threshold（边缘）：调整素材背景的透明度。如图11-62所示为设置Threshold（边缘）为100%和30%前后的对比效果。
- Cutoff（截断）：设置被键控图像的中止位置。

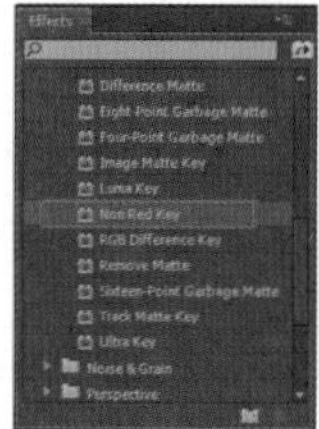

图11-60

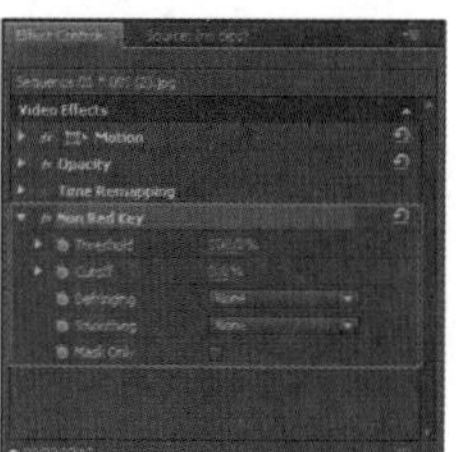

图11-61

- Defringing（去边）：通过选择去除绿色或蓝色边缘。
- Smoothing（平滑）：设置锯齿消除，通过混合像素颜色来平滑边缘。选择【High（高）】选项可获得最高的平滑度，选择【Low（低）】选项只稍微进行平滑，选择【None（无）】选项不进行平滑处理。
- Mask Only（只有遮罩）：使用这个键控指定是否显示素材的Alpha通道。

图11－62

11.2.11 RGB Difference Key（RGB差异键）

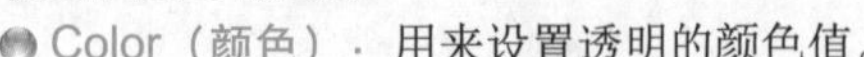

技术速查：RGB差异键效果的用法与Chroma Key（色度键）、Color Key（颜色键）相似，选取某种颜色或某范围内颜色通过修改参数使之变透明。

选择【Effects（效果）】窗口中的【Video Effects（视频效果）】/【Keying（键控）】/【RGB Difference Key（RGB差异键）】命令，如图11-63所示。其参数面板如图11-64所示。

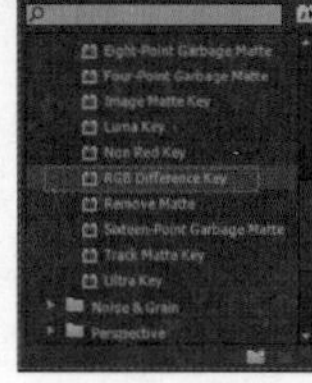

图11－63

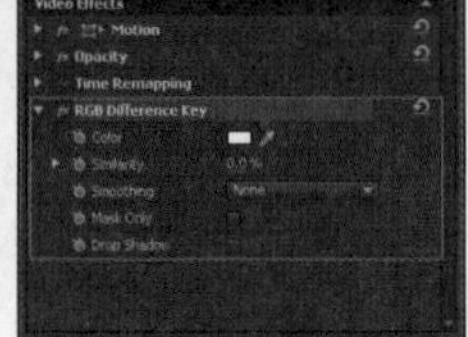

图11－64

- Color（颜色）：用来设置透明的颜色值。
- Similarity（相似性）：调整颜色的相似范围。如图11-65所示为更改Similarity（相似性）数值为0和40前后的对比效果。
- Smoothing（平滑）：设置锯齿消除，通过混合像素颜色来平滑边缘。选择【High（高）】选项可获得最高的平滑度，选择【Low（低）】选项只稍微进行平滑，选择【None（无）】选项不进行平滑处理。
- Mask Only（只有遮罩）：选中该复选框，被键控图像仅作为蒙版使用。
- Drop Shadow（投影）：选中该复选框，为素材添加投影效果。

图11－65

11.2.12 Remove Matte（移除蒙版键）

技术速查：移除蒙版键效果可以将应用蒙版的图像产生的白色区域或黑色区域彻底移除。

选择【Effects（效果）】窗口中的【Video Effects（视频效果）】/【Keying（键控）】/【Remove Matte（移除蒙版键）】命令，如图11-66所示。其参数面板如图11-67所示。

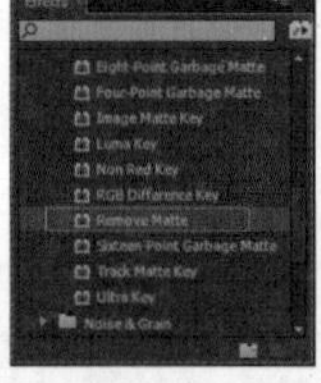

图11－66

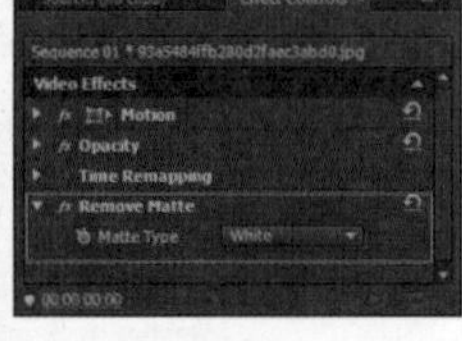

图11－67

- Matte Type（蒙版类型）：选择要移除的区域颜色。

11.2.13 Sixteen-Point Garbage Matte（16点蒙版扫除）

技术速查：16点蒙版扫除效果可以通过设置16个控制点的坐标位置将图像进行裁切，以显示背景图像。

选择【Effects（效果）】窗口中的【Video Effects（视频效果）】/【Keying（键控）】/【Sixteen-Point Garbage Matte（16点蒙版扫除）】命令，如图11-68所示。其参数面板如图11-69所示。

与Eight-Point Garbage Matte（8点蒙版扫除）和Four-Point Garbage Matte（4点蒙版扫除）相似，通过Top Left Vertex（上左顶点）、Top Left Tangent（上左切点）、Top Center Tangent（上中切点）、Top Right Tangent（上右切点）、Right Top Vertex（右上顶点）、Right Top Tangent（右上切点）、Right Center Tangent（右中

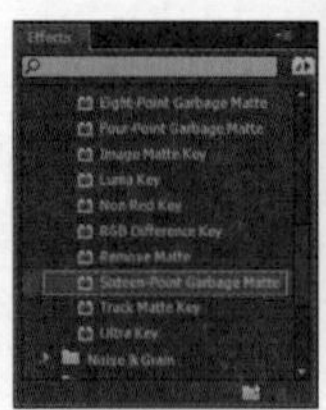

图11－68

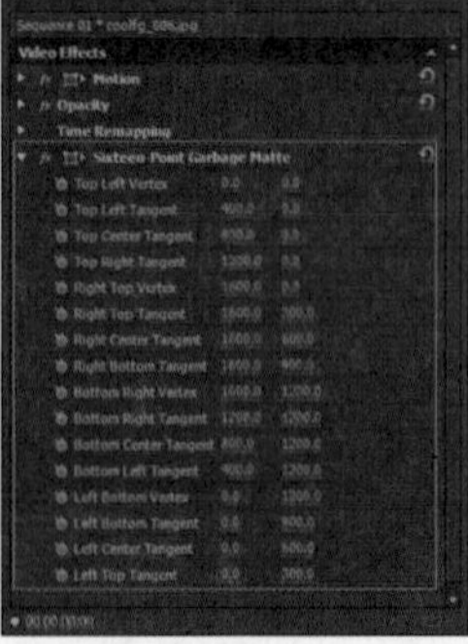

图11－69

切点）、Right Bottom Tangent（右下切点）、Bottom Right Vertex（下右顶点）、Bottom Right Tangent（下右切点）、Bottom Center Tangent（下中切点）、Bottom Left Tangent（下左切点）、Left Bottom Vertex（左下顶点）、Left Bottom Tangent（左下切点）、Left Center Tangent（左中切点）、Left Top Tangent（左上切点）来调整各控制点的坐标。如图11-70所示为改变参数前后的对比效果。

图11—70

11.2.14 Track Matte Key（轨道遮罩键）

技术速查：轨道遮罩键效果可以将相邻轨道上的素材作为被键控跟踪素材。

选择【Effects（效果）】窗口中的【Video Effects（视频效果）】/【Keying（键控）】/【Track Matte Key（轨道遮罩键）】命令，如图11-71所示。其参数面板如图11-72所示。

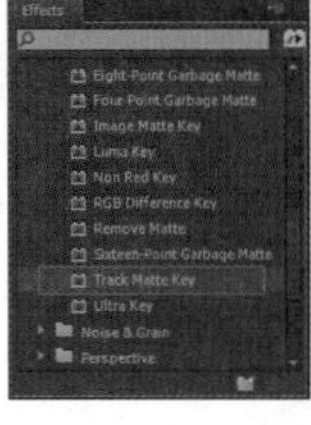

图11—71

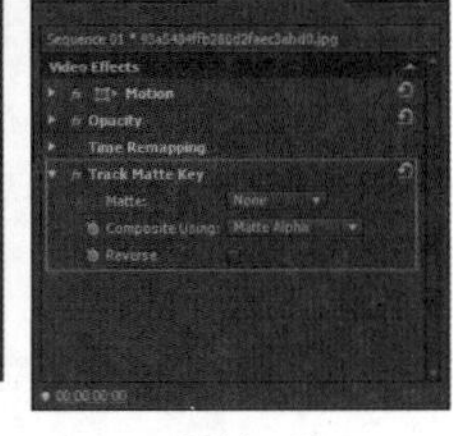

图11—72

- Matte（遮罩）：选择用来跟踪抠像的视频轨道。
- Composite Using（合成方式）：选择用于合成的选项。
- Reverse（反向）：选中该复选框，效果进行反转处理。

★ 案例实战——蝴蝶跟踪效果

案例文件	案例文件\第11章\蝴蝶跟踪效果.prproj
视频教学	视频文件\第11章\蝴蝶跟踪效果.flv
难易指数	★★★★★
技术要点	Track Matte Key（轨道遮罩键）效果的应用

案例效果

在影视剧作中经常可以看到一个画面，周围是黑色的，中间透明的部分对图像进行跟踪运动。这就是蝴蝶跟踪的应用。本案例主要是针对“制作蝴蝶跟踪效果”的方法进行练习，如图11-73所示。

图11—73

操作步骤

Part01 导入素材并剪辑

01 单击【New Project（新建项目）】选项，并单击【Browse（浏览）】按钮，在【Name（名称）】文本框中修改文件名称。接着选择【DV-PAL】/【Standard 48kHz】选项，如图11-74所示。

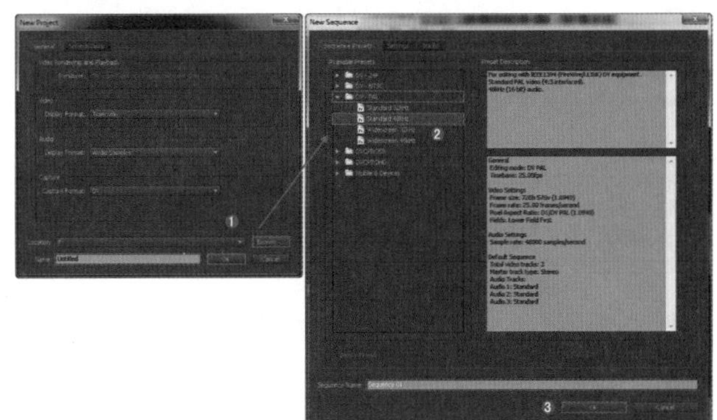

图11—74

02 选择【File（文件）】/【Import（导入）】命令或者按快捷键【Ctrl+I】，将所需的素材文件导入，如图11-75所示。

图11—75

第11章 抠像与合成

03 将项目窗口中的【背景.jpg】素材文件拖曳到Video1轨道上，并设置结束时间为第6秒的位置，如图11-76所示。

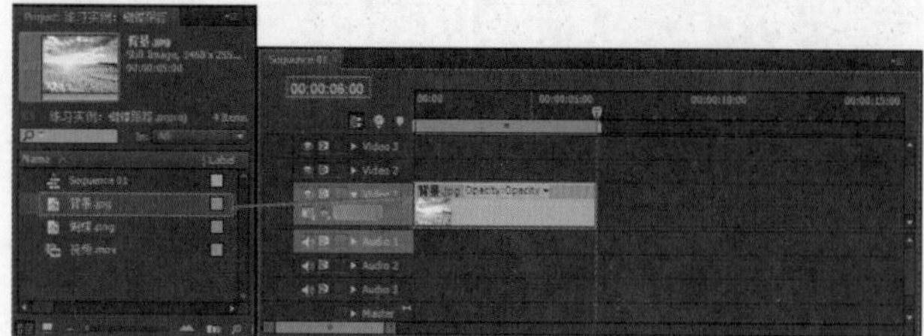

图11-76

04 选择Video1轨道上的【背景.jpg】，然后设置【Scale（缩放）】为25，如图11-77所示。此时效果如图11-78所示。

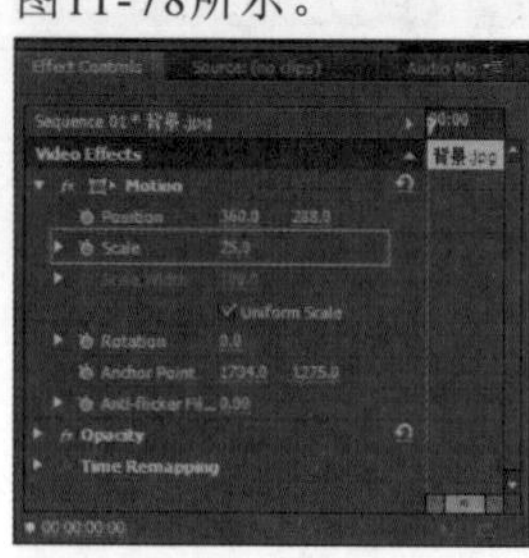

图11-77

图11-78

05 将项目窗口中的【视频.mov】素材文件拖曳到Video2轨道上，如图11-79所示。

图11-79

06 选择Video2轨道上的【视频.mov】素材文件，单击（剃刀工具）按钮，然后将时间线拖到第6秒的位置，单击鼠标左键进行剪辑，如图11-80所示。

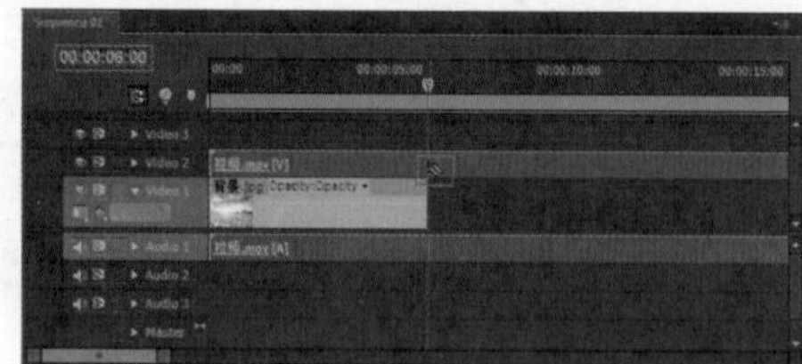

图11-80

07 选择剪辑后视频文件的后半部，然后按【Delete（删除）】键删除，如图11-81所示。

08 选择Video2轨道上的【视频.mov】素材文件，然后单击鼠标右键，在弹出的快捷菜单中选择【Unlink（断开）】命令，如图11-82所示。

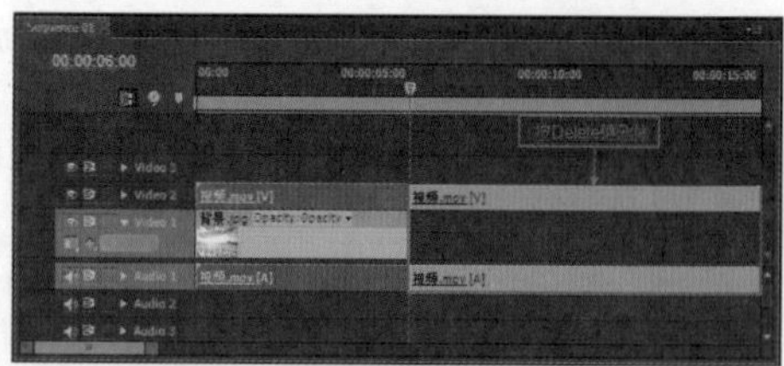

图11-81

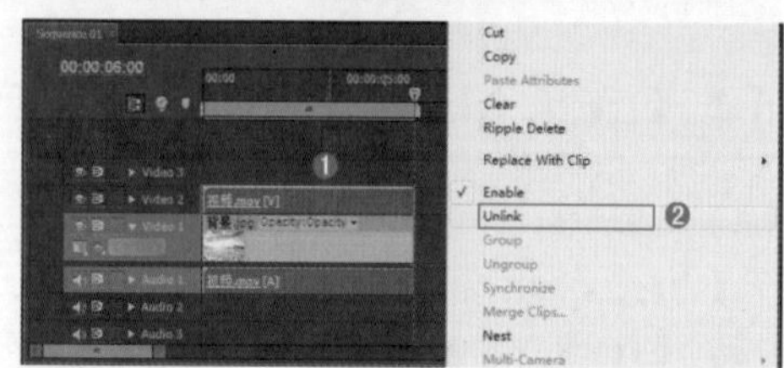

图11-82

09 选择Audio2轨道上的【视频.mov】音频素材文件，然后按【Delete（删除）】键删除，如图11-83所示。

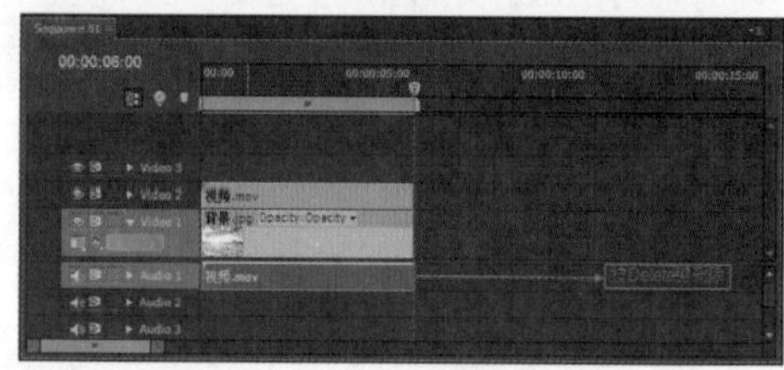

图11-83

10 选择Video2轨道上的【视频.mov】素材文件，然后设置【Blend Mode（混合模式）】为【Darken（变暗）】，如图11-84所示。此时效果如图11-85所示。

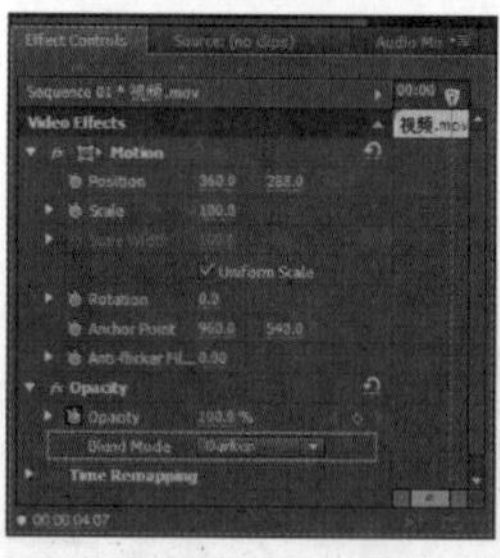

图11-84

图11-85

Part02 制作蝴蝶的跟踪效果

01 选择时间线窗口中的【背景.jpg】和【视频.mov】素材文件，然后单击鼠标右键，在弹出的快捷菜单中选择【Nest（嵌套）】命令，如图11-86所示。

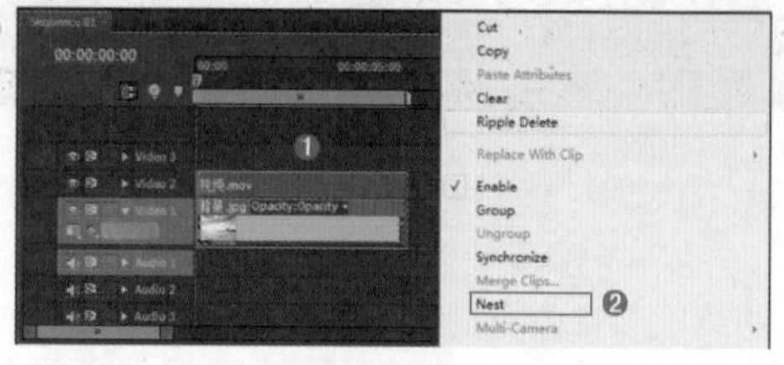

图11-86

02 此时，将在Video1轨道上形成【Nested Sequence 01】嵌套序列，如图11-87所示。

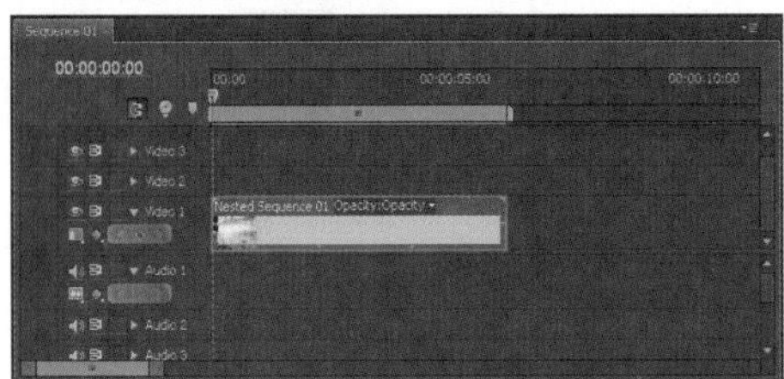

图11-87

03 将项目窗口中的【蝴蝶.png】素材文件拖曳到Video2轨道上，并设置结束时间为第6秒的位置，如图11-88所示。

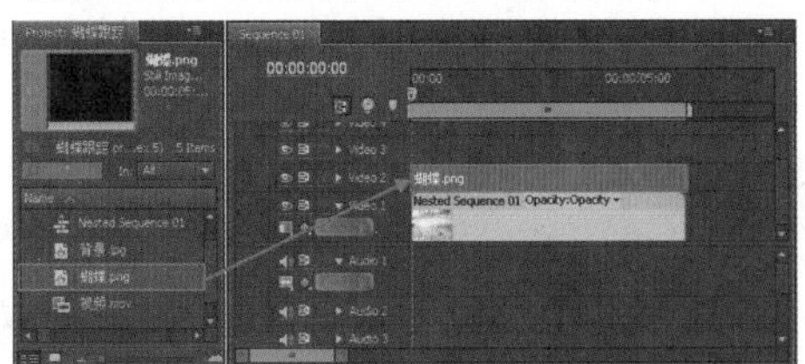

图11-88

04 在【Effects（效果）】窗口中搜索【Track Matte Key（轨道遮罩键）】效果，并按住鼠标左键拖曳到Video1轨道的【嵌套序列】素材文件上，如图11-89所示。

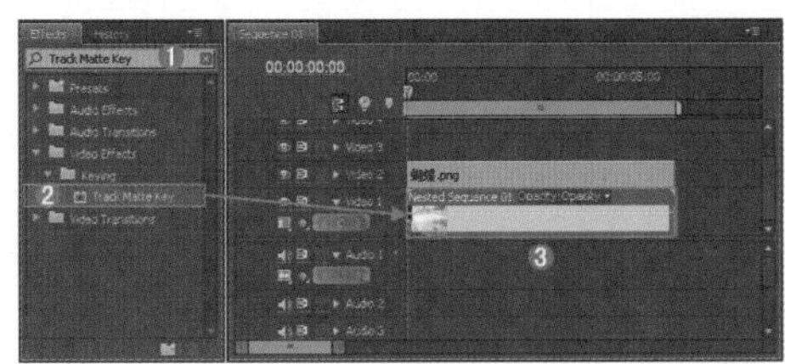

图11-89

05 选择Video1轨道上的【嵌套序列】素材文件，然后打开【Effect Controls（效果控制）】面板中的【Track Matte Key（轨道遮罩键）】效果，接着设置【Matte（遮罩）】为【Video2】，如图11-90所示。此时效果如图11-91所示。

06 选择Video2轨道上的【蝴蝶.png】素材文件，然后将时间线拖到起始帧的位置，单击【Position（位置）】前面的按钮，开启自动关键帧，并设置【Position（位置）】为（33，285），接着将时间线拖到第1秒14帧的位置，设置【Position（位置）】为（198，61）。如图11-92所示。

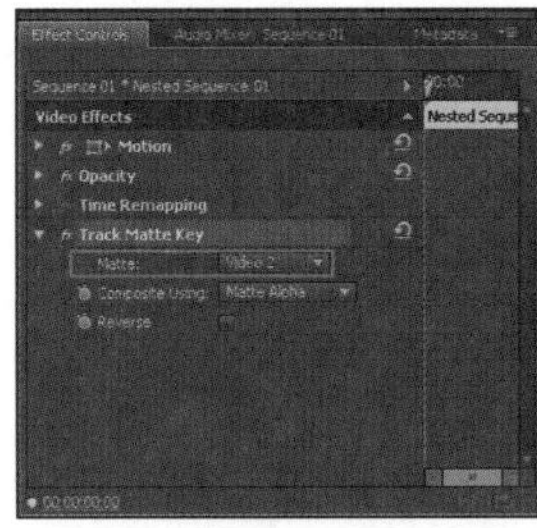

图11-90

图11-91

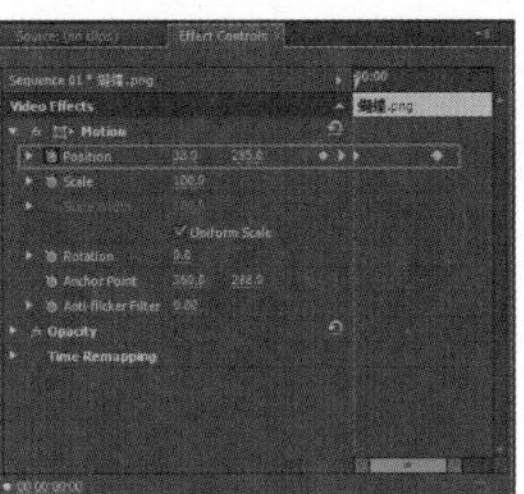

图11-92

07 继续将时间线拖到第4秒的位置，设置【Position（位置）】为（567，190）。最后将时间线拖到第5秒18帧的位置，设置【Position（位置）】为（798，57），如图11-93所示。此时效果如图11-94所示。

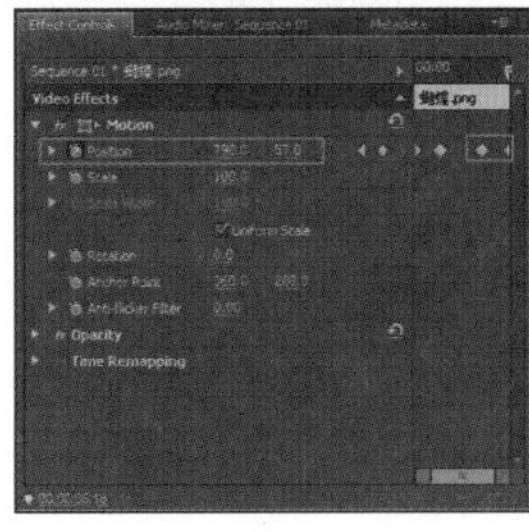

图11-93

图11-94

答疑解惑：可否更换遮罩形状？

可以更换。也可以在Photoshop中制作出自己喜欢的形状，存储为PNG或者PSD格式均可。然后导入Premiere Pro CS6软件中，即可应用。

使用该效果时，首先要指定一个蒙版的轨道，然后使用指定轨道上的素材文件作为蒙版图像完成与背景的合成。

11.2.15 Ultra Key（极致键）

技术速查：极致键效果可以将素材的某种颜色及相似的颜色范围设置为透明。

选择【Effects（效果）】窗口中的【Video Effects（视频效果）】/【Keying（键控）】/【Ultra Key（极致键）】命令，如图11-95所示。其参数面板如图11-96所示。

- Output（输出）：设定输出类型，包括Composite（合成）、Alpha Channel（Alpha通道）和Color Channel（颜色通道）。
- Setting（设置）：设置抠像类型，包括Default（默认）、Relaxed（散漫）、Aggressive（活跃）和Custom（定制）。
- Key Color（键色）：设置透明的颜色值。
- Matte Generation（遮罩生成）：调整遮罩产生的属性，包括Transparency（透明度）、

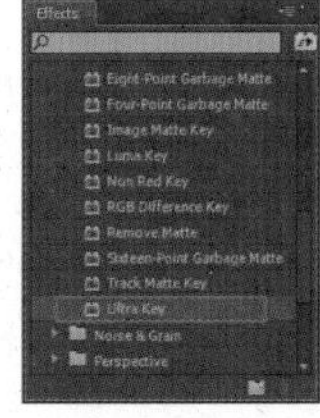

图11-95

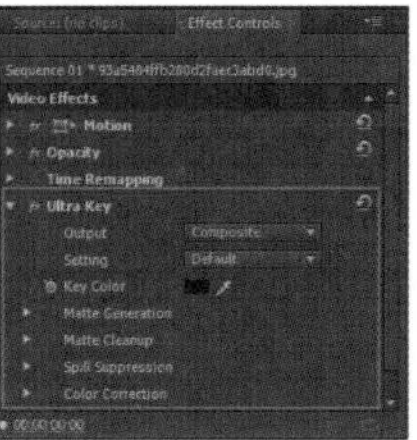

图11-96

Highlight（高光）、Shadow（阴影）、Tolerance（宽容度）和Pedestal（基准）。

- Matte Cleanup（遮罩清理）：调整抑制遮罩的属性，包括Choke（抑制）、Soften（柔和）、Contrast（对比度）和Mid Point（中间点）。
- Spill Suppression（溢出抑制）：调整对溢出色彩的抑制，包括Desaturate（去色）、Range（范围）、Spill（溢出）和Luma（明度）。
- Color Correction（色彩校正）：调整图像的色彩，包括Saturation（饱和度）、Hue（色相位）和Luminance（亮度）。

★ 案例实战——人像海报合成

案例文件	案例文件\第11章\人像海报合成.prproj
视频教学	视频文件\第11章\人像海报合成.flv
难易指数	★★★★★
技术要点	Ultra Key（极致键）效果的应用

案例效果

蓝屏幕技术是拍摄人物或其他前景内容，然后把蓝色背景去掉。随着数字技术的进步，很多影视作品都通过把摄影棚中拍摄的内容与外景拍摄的内容以通道提取的方式叠加，创建出更加精彩的画面效果。本案例主要是针对“制作人像海报合成效果”的方法进行练习，如图11-97所示。

图11—97

操作步骤

Part01 导入素材并进行抠像

01 单击【New Project（新建项目）】选项，并单击【Browse（浏览）】按钮，在【Name（名称）】文本框中修改文件名称。接着选择【DV-PAL】/【Standard 48kHz】选项，如图11-98所示。

02 选择【File（文件）】/【Import（导入）】命令或按快捷键【Ctrl+I】，将所需的素材文件导入，如图11-99所示。

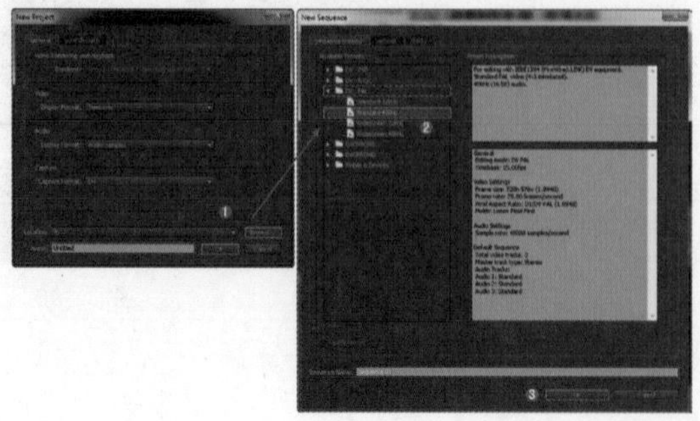
图11—98

03 将项目窗口中的素材文件按顺序拖曳到Video1、Video2和Video3以及Video4轨道上，如图11-100所示。

图11—99

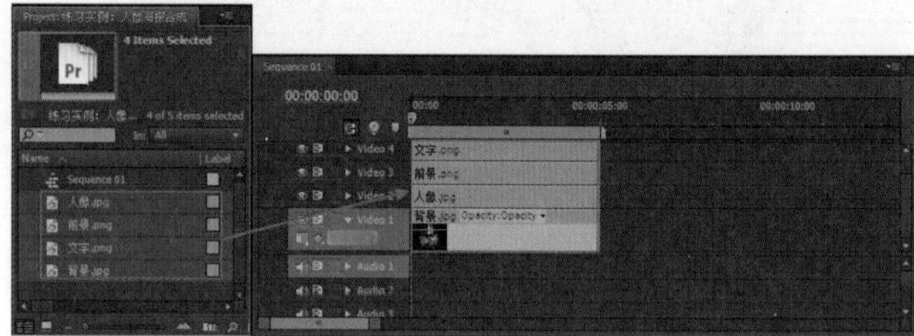

图11—100

04 选择Video1轨道上的【背景.jpg】素材文件，然后单击【Effect Controls（效果控制）】面板，并设置【Scale（缩放）】为55，如图11-101所示。此时效果如图11-102所示。

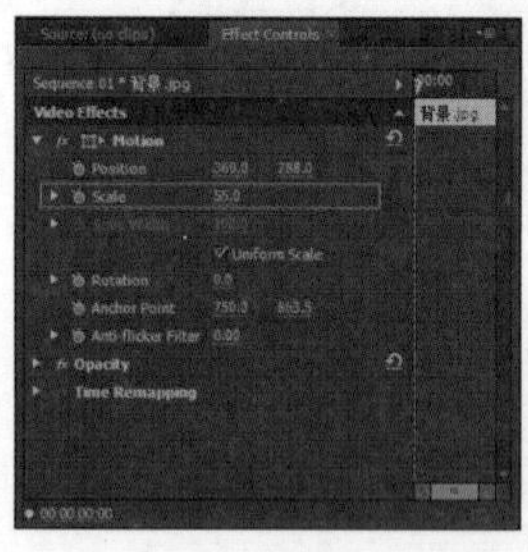

图11—101

图11—102

05 在【Effects（效果）】窗口中搜索【Ultra Key（极致键）】效果，并按住鼠标左键拖曳到Video1轨道的【人像.jpg】素材文件上，如图11-103所示。

图11—103

06 选择Video2轨道上的【人像.jpg】素材文件，然后设置【Scale（缩放）】为50。接着打开【Ultra Key（极致键）】效果，设置【Setting（设置）】为【Custom（自定义）】，单击【Key Color（键色）】的（吸管工具）按钮来吸取素材的背景色，设置【Choke（抑制）】为15，【Soften（柔和）】为15，如图11-104所示。此时效果如图11-105所示。

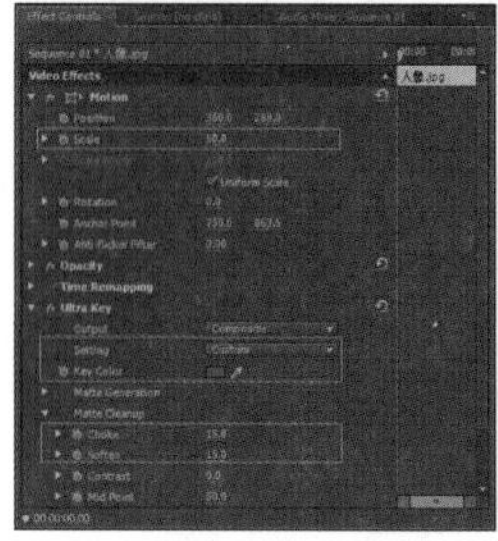

图11—104

图11—105

技术拓展：构图的重要性

构图是作品的重要元素，巧用构图会让画面更精彩。

倾斜型构图会造成画面强烈的动感和不稳定因素，引人注目，如图11—106所示。

图11—106

曲线型构图，可以产生节奏和韵律感，这种排列方式给人一种柔美、优雅的视觉感受，能营造出轻松舒展的气氛，如图11—107所示。

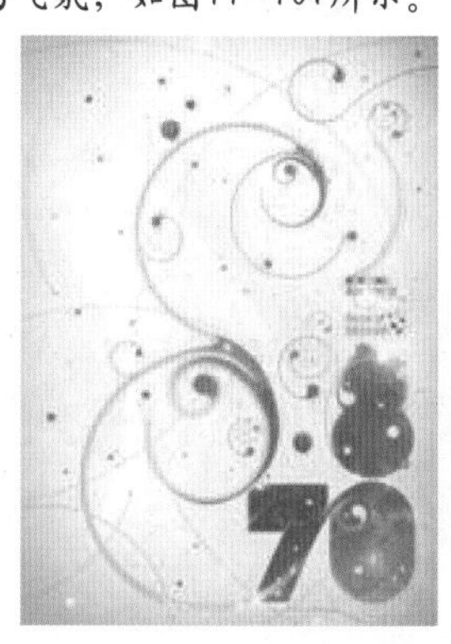

图11—107

07 在【Effects（效果）】窗口中搜索【Drop Shadow（投射阴影）】效果，并按住鼠标左键将其拖曳到Video2轨道的【人像.jpg】素材文件上，如图11-108所示。

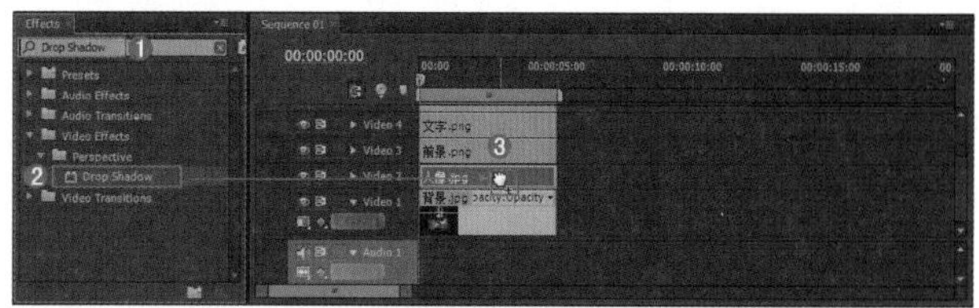

图11—108

08 选择Video2轨道上的【人像.jpg】素材文件，然后打开【Effect Controls（效果控制）】面板中的【Drop Shadow（投射阴影）】效果，并设置【Opacity（不透明度）】为60%，【Direction（方向）】为-16°，【Distance（距离）】为6，【Softness（柔化）】为60，如图11-109所示。此时效果如图11-110所示。

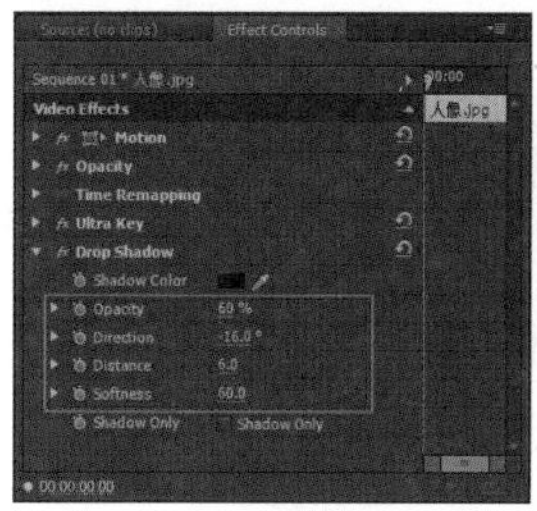

图11—109

图11—110

Part02 制作装饰素材

01 选择Video3轨道上的【前景.png】素材文件，然后设置【Position（位置）】为（360，275），【Scale（缩放）】为50，如图11-110所示。

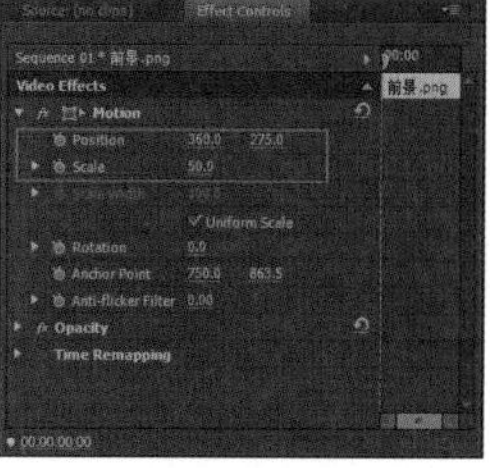

图11—110

02 选择Video4轨道上的【文字.png】素材文件，然后设置【Position（位置）】为（104，318），【Scale（缩放）】为35，如图11-111所示。此时效果如图11-112所示。

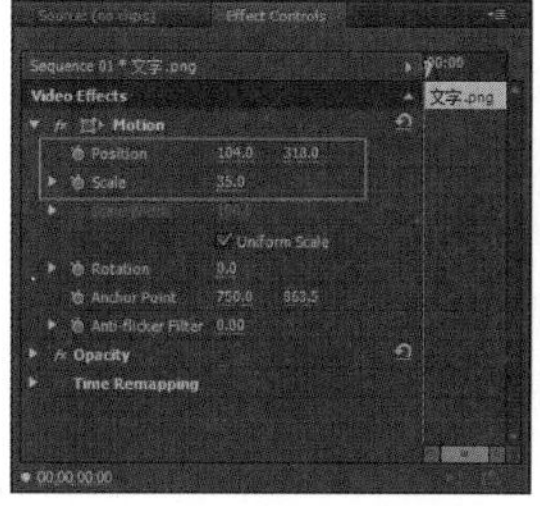

图11—111

图11—112

03 选择【File（文件）】/【New（新建）】/【Color Matte（彩色蒙版）】命令，在弹出的对话框中单击【OK（确定）】按钮，如图11-113所示。

04 在弹出的【Color Picker（拾色器）】对话框中设置颜色为紫色（R：79，G：42，B：145），然后单击【OK（确定）】按钮，如图11-114所示。

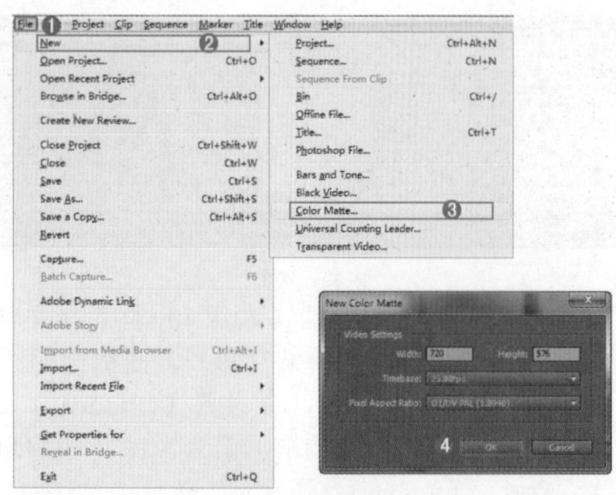

图11—113

05 将项目窗口中的【Color Matte（彩色蒙版）】拖曳到Video5轨道上，如图11-115所示。

图11—114

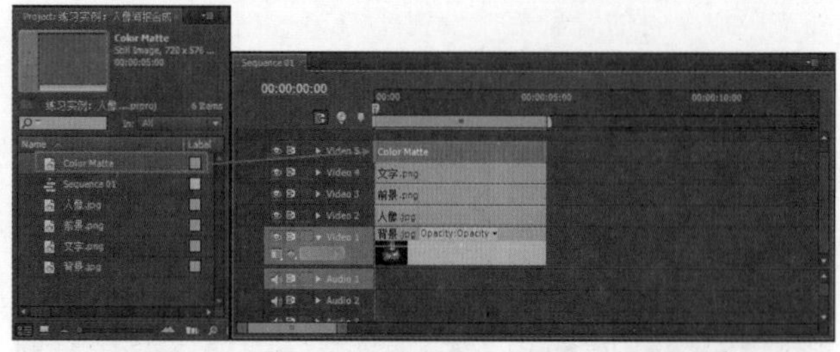

图11—115

06 选择Video5轨道上的【Color Matte（彩色蒙版）】，然后设置【Opacity（不透明度）】为40%，【Blend Mode（混合模式）】为【Lighten（变亮）】，如图11-116所示。

07 此时拖动时间线滑块查看最终效果，如图11-117所示。

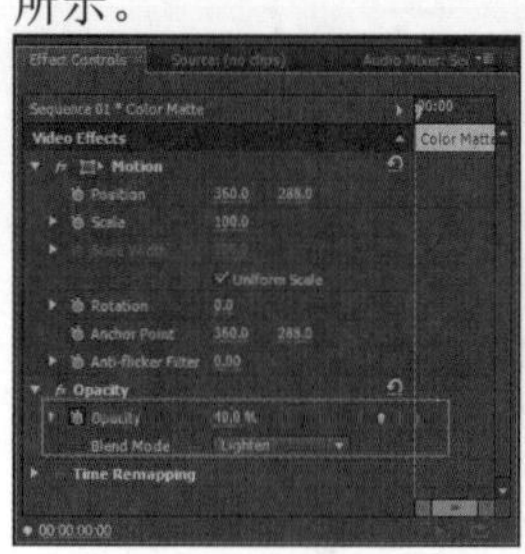

图11—116

图11—117

答疑解惑：在抠像中选色的原则有哪些？

常用的背景颜色为蓝色和绿色，是因为人体的自然颜色中不包含这两种颜色，这样就不会与人物混合在一起，而且这两种颜色是RGB中的原色，比较方便处理。我们一般用蓝背景，在欧美绿屏和蓝屏都使用，而且在拍人物时常用绿屏，因为许多欧美人的眼睛是蓝色的。

课后练习

【课后练习——梦幻爱丽丝效果】

思路解析：

01 在【Effects（效果）】窗口中找到【Color Key（颜色键）】特效。

02 然后将该特效添加到时间线窗口中的人像素材上，并在【Effect Controls（效果控制）】面板中设置该特效的键控颜色、颜色宽容度和边缘变薄的参数，从而将人物背景抠除。

03 为人像素材添加【Brightness & Contrast（亮度和对比度）】特效，并适当调节其参数，使人像与背景亮度相统一，得到最终的梦幻爱丽丝画面效果。

本章小结

在绿色、蓝色影棚中拍摄画面，然后利用Premiere软件进行抠像处理，将背景抠除，最后进行后期合成，使制作的画面效果更加方便快捷，而且效果丰富奇幻。通过本章的学习，掌握抠像各种效果的使用方法和应用领域，能对画面进行更加完美的抠像处理。

第12章

常用效果综合运用

本章内容简介：

在Adobe Premiere Pro CS6中，可以利用各项功能制作出不同的效果。了解各项功能的应用方法和特效，然后加以利用制作出精彩的画面效果。本章介绍了多种素材的综合制作方法，以及动画效果等应用。

本章学习要点：

- 了解多个效果应用效果
- 掌握制作综合项目的方法
- 掌握应用Premiere Pro CS6的各项功能

★ 综合实战——MV播放字幕效果

案例文件	案例文件\第12章\MV播放字幕效果.prproj
视频教学	视频文件\第12章\MV播放字幕效果.flv
难易指数	★★★★★
技术要点	字幕、Roll Away（滚动翻页）和关键帧效果的应用

案例效果

通过为字幕添加【Roll Away（滚动翻页）】转场效果，可以制作出类似MV播放的字幕效果，即字幕颜色随时间变化而发生变化。本案例主要是针对“制作MV播放字幕效果”的方法进行练习，如图12-1所示。

图12—1

操作步骤

Part01 制作照片和声音的动画

01 选择【New Project（新建项目）】选项，并单击【Browse（浏览）】按钮，在【Name（名称）】文本框中修改文件名称。接着选择【DV-PAL】/【Standard 48kHz】选项，如图12-2所示。

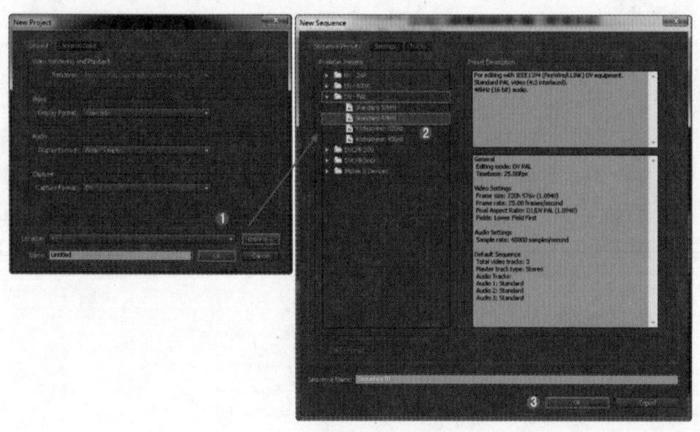

图12—2

02 选择【File（文件）】/【Import（导入）】命令或按快捷键【Ctrl+I】，将所需的素材文件导入，如图12-3所示。

图12—3

03 在项目窗口中单击按钮或者在项目窗口中单击鼠标右键在弹出的快捷菜单中选择【New Bin】命令，新建一个文件夹并命名为“图片”。然后将项目窗口中的图片素材文件拖曳到文件夹中，如图12-4所示。

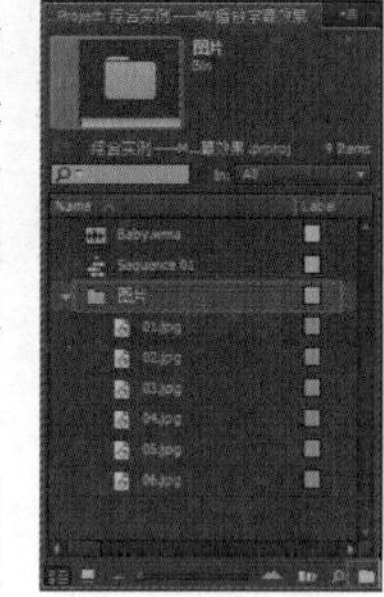

图12—4

04 将项目窗口中的图片素材文件按顺序拖曳到时间线Video1轨道上，并设置结束时间为第22秒22帧，如图12-5所示。

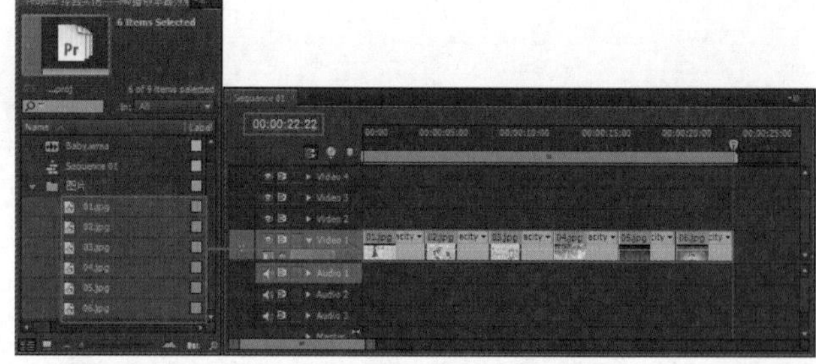

图12—5

05 将项目窗口中的【Baby.wma】音频素材文件拖曳到Audio1轨道上，并通过Audio1轨道的（添加/删除关键帧）按钮在音频首尾添加4个关键帧，然后按住鼠标左键拖动首尾位置的关键帧至音频下方，制作出淡入淡出效果，如图12-6所示。使用同样的方法，也可以为Video1轨道上的图片素材做淡入淡出效果，如图12-7所示。

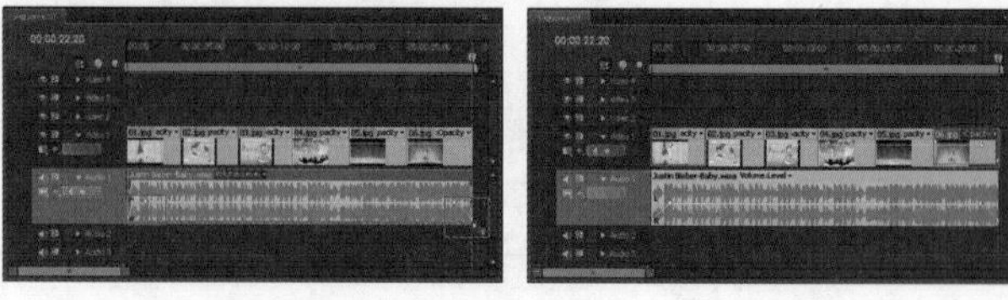

图12—6　　图12—7

技巧提示

选择视频轨道或音频轨道上的素材，都可以通过调节黄色线的上下位置，以达到调节视频素材的明暗、音频素材的声音大小的目的。

06 在【Effects（效果）】窗口中将【Dither Dissolve（抖动叠化）】、【Iris Round（圆形划像）】、【Slash Slide（斜线滑动）】、【Stretch（伸展）】和【Wedge Wipe（楔形擦除）】转场效果拖曳到时间线窗口的各个素材文件之间，如图12-8所示。

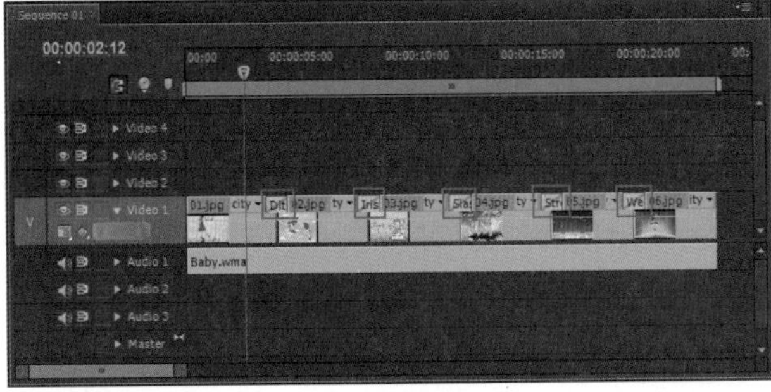

图12—8

07 此时拖动时间线滑块查看效果，如图12-9所示。

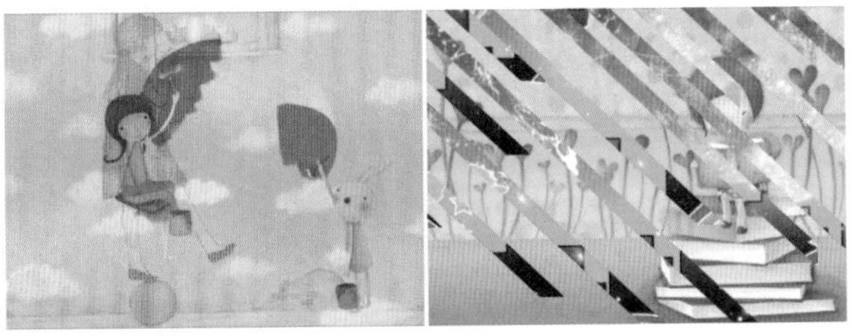

图12—9

Part02 制作字幕动画

01 为素材创建字幕。选择【Title（字幕）】/【New Title（新建字幕）】/【Default Still（默认静态字幕）】命令，并在弹出的【New Title（新建字幕）】对话框中设置【Name（名字）】为【字幕01】，然后单击【OK（确定）】按钮，如图12-10所示。

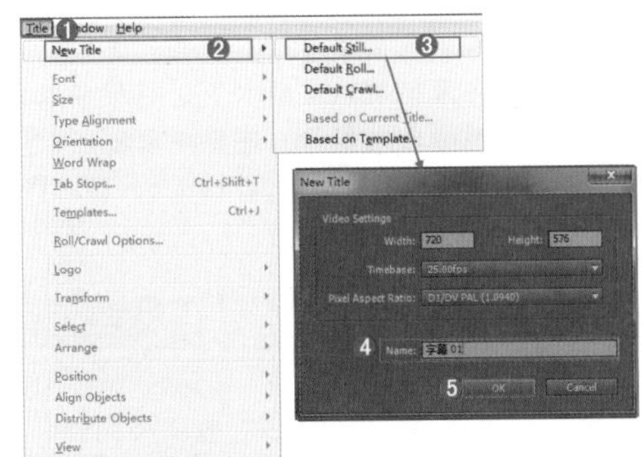

图12—10

02 在弹出的字幕面板中单击T（文字工具）按钮，然后输入文字“Are we an item Girl quit playing”，并设置【Font Family（字体）】为【Adobe Arabic】，【Size（大小）】为70，【Color（颜色）】为白色（R：255，G：255，B：255）。接着单击【Outer Strokes（外部描边）】后面的【Add（添加）】，并设置【Size（大小）】为15，【Color（颜色）】为黑色（R：0，G：0，B：0），如图12-11所示。

图12—11

03 关闭字幕面板，然后将项目窗口中的【字幕01】拖曳到Video2轨道上，并按照歌词时长设置结束时间为第4秒04帧的位置，如图12-12所示。

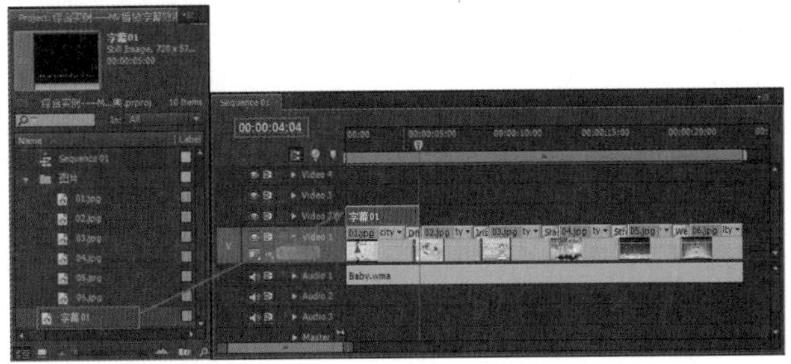

图12—12

04 为素材添加带有颜色的字幕。复制项目窗口中的【字幕01】，并重命名为【字幕02】。接着将其拖曳到Video2轨道上与【字幕01】对齐，如图12-13所示。

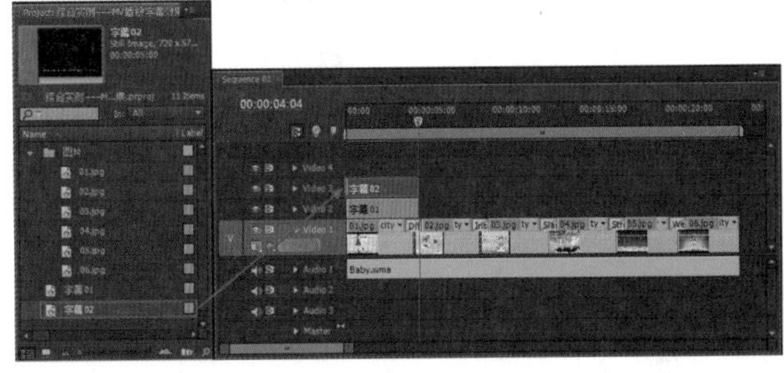

图12—13

05 双击项目窗口中或Video2轨道上的【字幕02】，打开字幕面板。然后修改【Color（颜色）】为粉色（R：241，G：116，B：252），如图12-14所示。

06 在【Effects（效果）】窗口中搜索【Roll Away（滚动翻页）】转场效果，接着将其拖曳到Video2轨道的【字幕02】上，并设置转场结束时间与【字幕02】相同，如图12-15所示。

图12—14

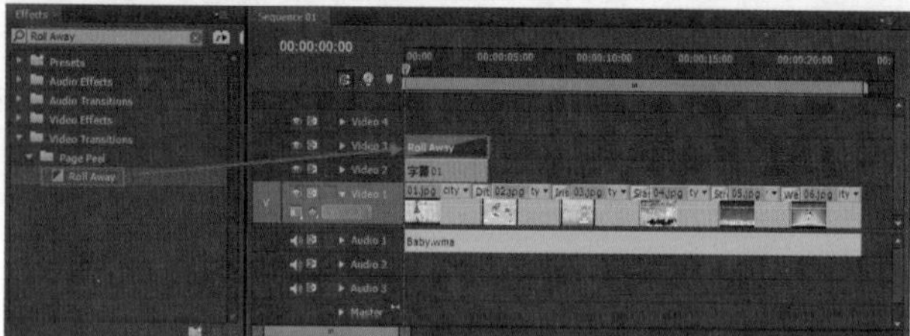

图12—15

技巧提示

【Roll Away（滚动翻页）】效果的起始时间位置和结束时间位置要根据音频素材的歌词速度的变化而变化。也可以根据歌词的速度在【Effect Controls（效果控制）】面板中调整【Roll Away（滚动翻页）】效果的起始时间和结束时间，如图12—16所示。

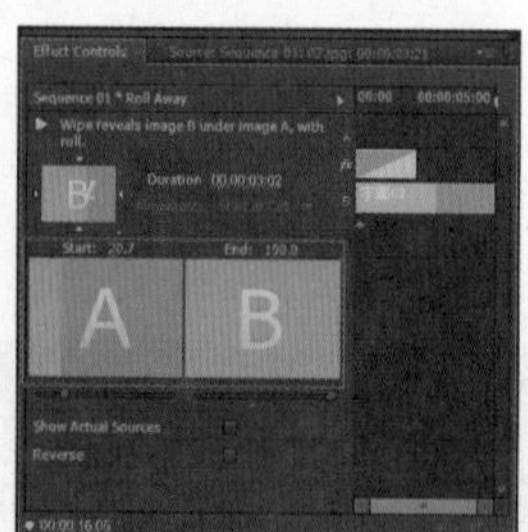

图12—16

07 此时拖动时间线滑块查看效果，如图12-17所示。

图12—17

08 以此类推，制作出其他的字幕，并将播放颜色字幕在时间线窗口中上下错落放置。然后在项目窗口中新建两个文件夹，并分别命名为“字幕”和“播放字幕”，最后将字幕分类拖曳到文件夹中，如图12-18所示。

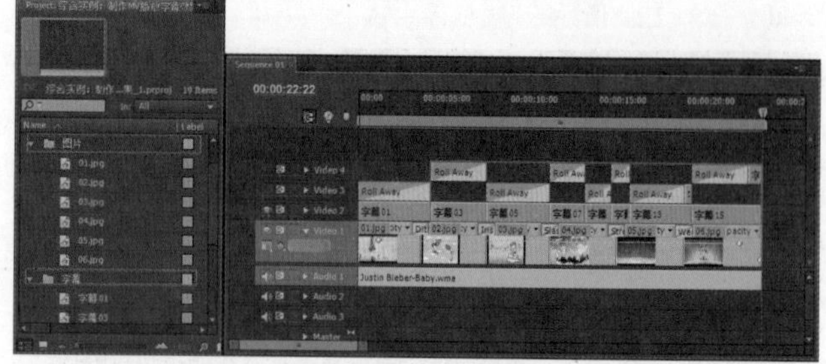

图12—18

09 此时拖动时间线滑块查看最终效果，如图12-19所示。

图12—19

答疑解惑：制作MV播放字幕效果需要注意哪些问题？

在制作MV播放彩色的字幕时，需要位置完全对位，否则会出现多层字幕的现象。所以多用将原字幕复制一份修改字体颜色的方法来制作。还要注意播放歌词的速度，调节滚动效果的位置和时间。

★ 综合实战——水波倒影效果

案例文件	案例文件\第12章\水波倒影效果.prproj
视频教学	视频文件\第12章\水波倒影效果.flv
难易指数	★★★★★
技术要点	Vertical Flip（垂直翻转）和Wave Warp（波形弯曲）效果的应用

案例效果

在水面上形成倒影的风景或建筑等的物体，会因为水面的波纹流动产生弯曲抖动的倒影效果。本案例主要是针对“制作水波倒影效果”的方法进行练习，如图12-20所示。

图12—20

操作步骤

01 单击【New Project（新建项目）】选项，并单击【Browse（浏览）】按钮，在【Name（名称）】文本框中修改文件名称。接着选择【DV-PAL】/【Standard 48kHz】选项，如图12-21所示。

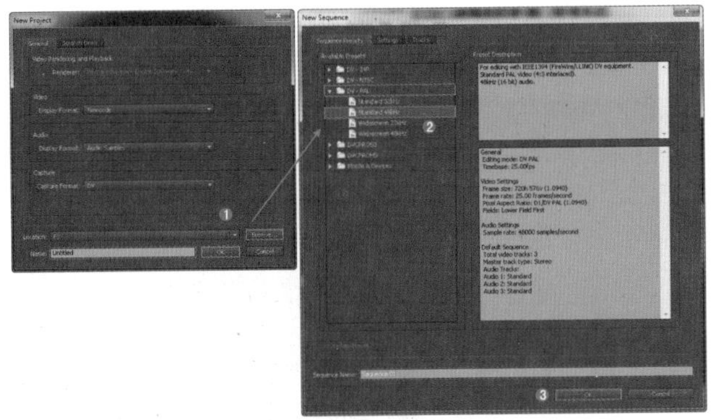

图12—21

02 选择【File（文件）】/【Import（导入）】命令或按快捷键【Ctrl+I】，将所需的素材文件导入，如图12-22所示。

图12—22

03 将项目窗口中的【01.jpg】拖曳到Video1轨道上，如图12-23所示。

图12—23

04 选择Video1轨道上的【01.jpg】素材文件，然后设置【Position（位置）】为（360，155），【Scale（缩放）】为50，如图12-24所示。此时效果如图12-25所示。

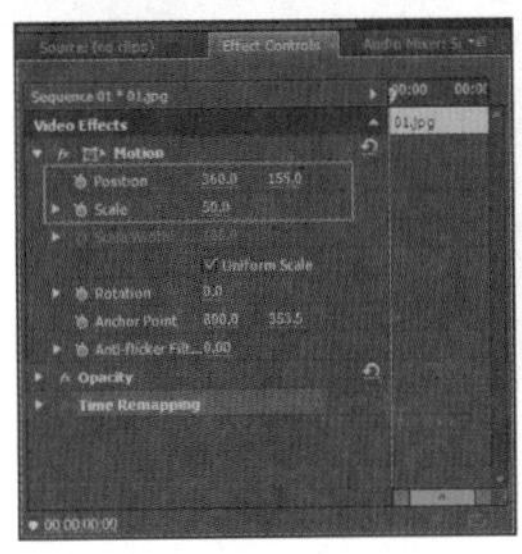

图12—24　　图12—25

05 将Video1轨道上的【01.jpg】素材文件复制一份到Video2轨道上，并重命名为【02.jpg】，如图12-26所示。

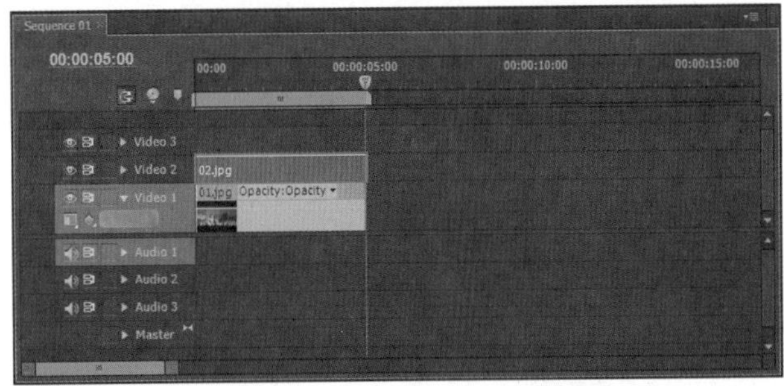

图12—26

06 在【Effects（效果）】窗口中搜索【Vertical Flip（垂直翻转）】效果，然后按住鼠标左键拖曳到Video2轨道的【02.jpg】素材文件上，如图12-27所示。

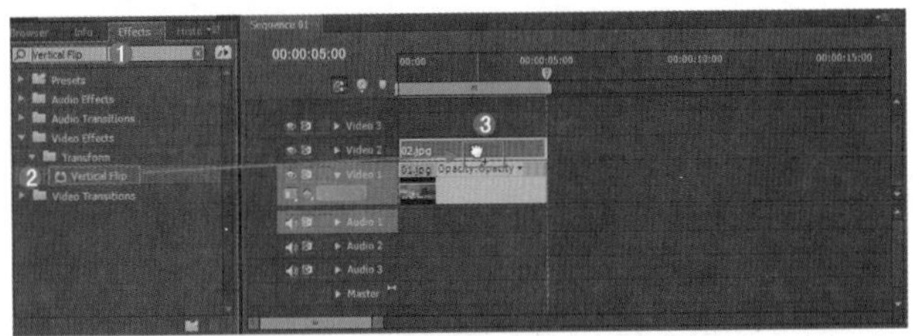

图12—27

07 选择Video2轨道上的【02.jpg】素材文件，然后设置【Position（位置）】为（358，504），【Scale（缩放）】为50，【Opacity（不透明度）】为80%，如图12-28所示。此时效果如图12-29所示。

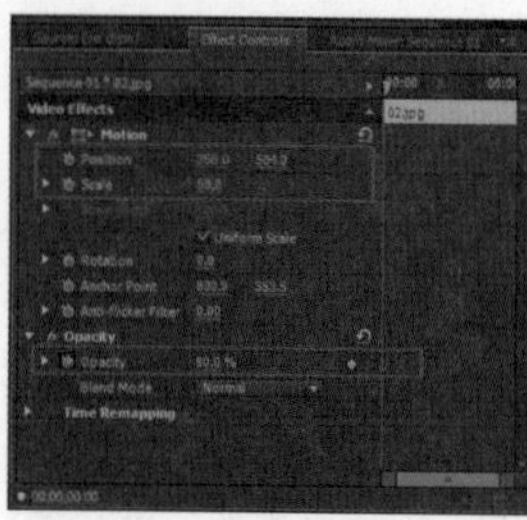

图12—28

图12—29

08 在【Effects（效果）】窗口中搜索【Wave Warp（波形弯曲）】效果，然后按住鼠标左键拖曳到Video2轨道的【02.jpg】素材文件上，如图12-30所示。

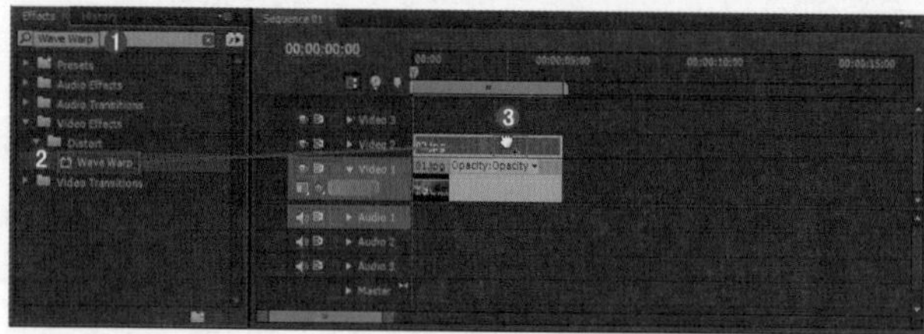

图12—30

09 选择Video2轨道上的【02.jpg】素材文件，然后打开【Effect Controls（效果控制）】面板中的【Wave Warp（波形弯曲）】效果，并设置【Wave Height（弯曲高度）】为15，【Wave Width（弯曲宽度）】为70，【Direction（方向）】为244°，【Wave Speed（弯曲速度）】为0.7，【Pinning（固定）】为【All Edges（全部边缘）】，如图12-31所示。

10 此时拖动时间线滑块查看最终效果，如图12-32所示。

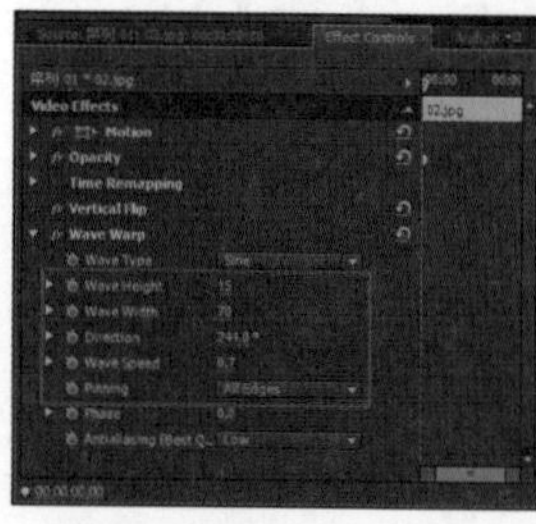

图12—31

图12—32

★ 综合实战——环境保护宣传

案例文件	案例文件\第12章\环境保护宣传.prproj
视频教学	视频文件\第12章\环境保护宣传.flv
难易指数	★★★★★
技术要点	纸风车、伸展进入、摆入、斜线滑动和中心分割转场效果的应用

案例效果

利用相应素材可以制作出宣传海报效果，适当对画面上的各个素材添加转场等效果；还可以将画面制作出动画效果，起到吸引观看和宣传的效果。本案例主要是针对“制作环境保护宣传效果”的方法进行练习，如图12-33所示。

图12—33

操作步骤

Part01 制作地面和天空的效果

01 单击【New Project（新建项目）】选项，并单击【Browse（浏览）】按钮，在【Name（名称）】文本框中修改文件名称。接着选择【DV-PAL】/【Standard 48kHz】选项，如图12-34所示。

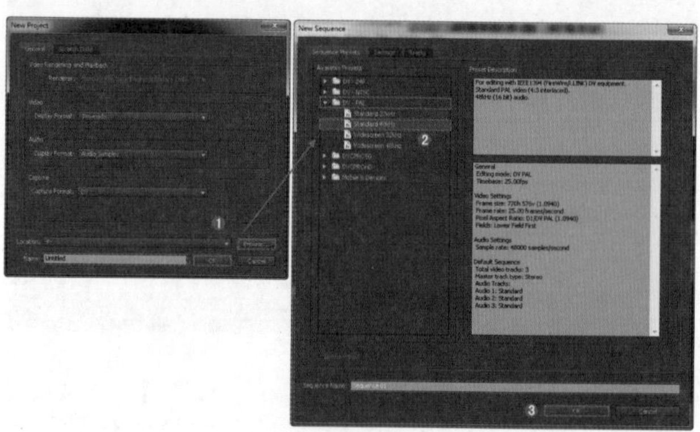

图12—34

02 选择【File（文件）】/【Import（导入）】命令或者按快捷键【Ctrl+I】，将所需素材导入，如图12-35所示。

图12—35

03 将项目窗口中的素材文件按顺序拖曳到时间线窗口中的轨道上，并设置所有的素材文件结束时间为第11秒的位置，如图12-36所示。

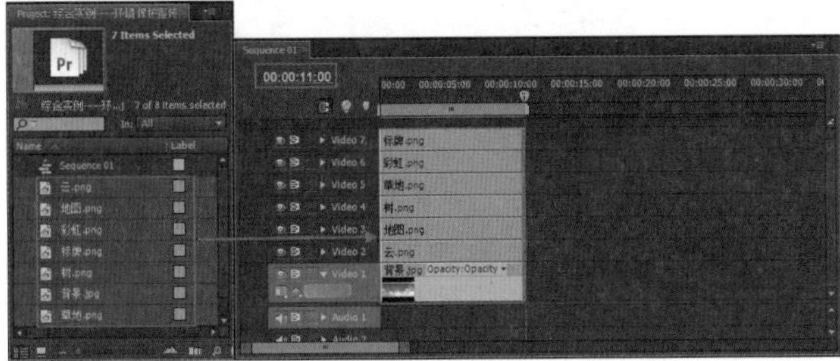

图12—36

04 选择时间线窗口中的所有素材文件，然后单击鼠标右键，在弹出的快捷菜单中选择【Scale to Frame Size（缩放到框大小）】命令，如图12-37所示。

05 选择Video1轨道上的【背景.jpg】素材文件，然后将时间线拖到第1秒01帧的位置，接着单击【Position（位置）】前面的按钮，开启自动关键帧，并设置【Position（位置）】为（360，252），【Scale（缩放）】为180。最后将时间线拖到第2秒02帧的位置，设置【Position（位置）】为（360，195），如图12-38所示。

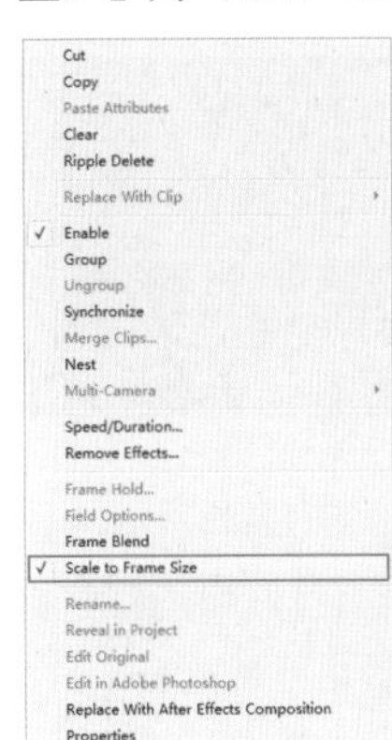

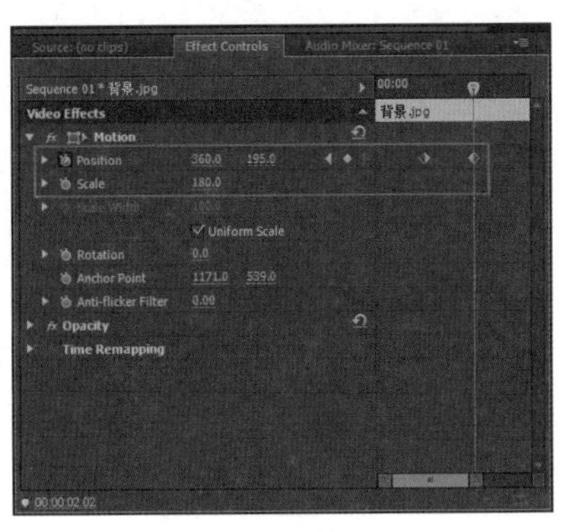

图12—37　图12—38

06 隐藏其他轨道上的素材文件，然后拖动时间线滑块查看效果，如图12-39所示。

图12—39

07 选择并显示Video5轨道上的【草地.jpg】，然后将时间线拖到起始帧的位置，接着单击【Position（位置）】前面的按钮，开启自动关键帧，并设置【Position（位置）】为（360，427）。最后将时间线拖到第1秒的位置，设置【Position（位置）】为（360，343），如图12-40所示。此时效果如图12-41所示。

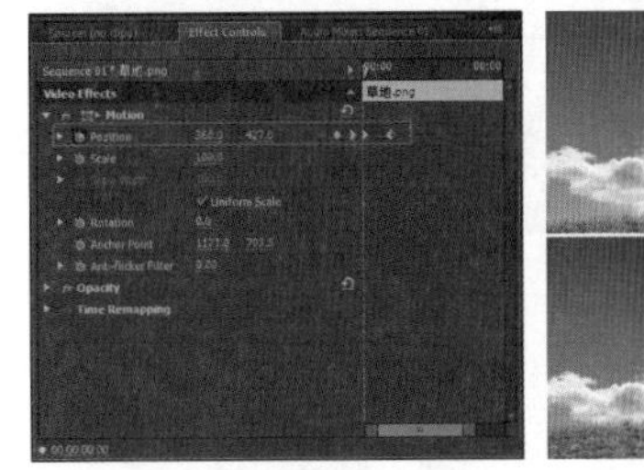

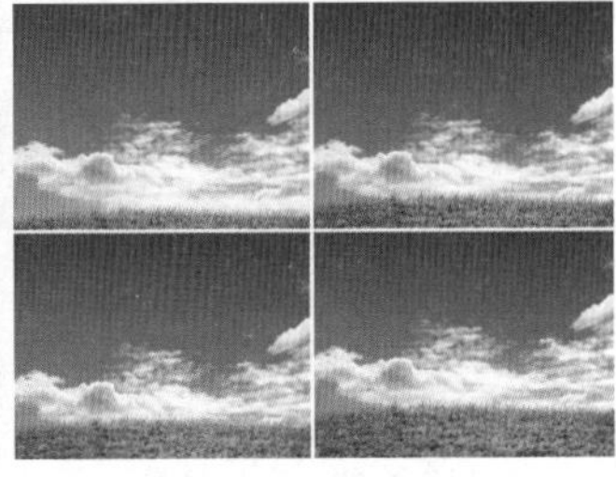

图12—40　图12—41

08 在【Effects（效果）】窗口中搜索【Pinwheel（纸风车）】转场效果，然后按住鼠标左键拖曳到Video5轨道的【草地.png】素材文件上，如图12-42所示。

图12—42

09 拖动时间线滑块查看此时效果，如图12-43所示。

图12—43

10 选择并显示时间线窗口Video2轨道上的【云.png】素材文件，然后将其起始时间设置为第6秒的位置，如图12-44所示。

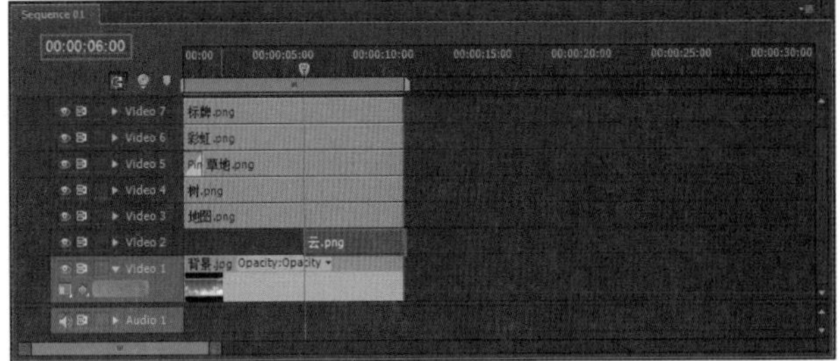

图12—44

11 选择Video2轨道上的【云.png】素材文件，然后将时间线拖到第6秒的位置，接着单击【Position（位置）】前面的按钮，开启自动关键帧，并设置【Position（位置）】为（－372，137）。最后将时间线拖到第9秒的位置，设置【Position（位置）】为（342，137），如图12-45所示。

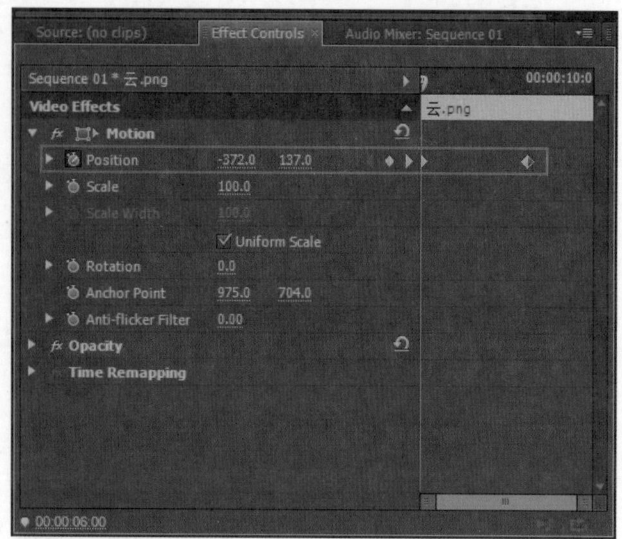

图12—45

12 拖动时间线滑块查看此时效果，如图12-46所示。

图12—46

Part02 制作剩余元素动画

01 选择并显示Video3轨道上的【地图.png】素材文件，然后将其起始时间设置为第2秒的位置。接着在【Effects（效果）】窗口中搜索【Stretch In（伸展进入）】转场效果。最后按住鼠标左键拖曳到Video3轨道的【地图.png】素材文件上，如图12-47所示。

图12—47

02 选择Video3轨道上的【地图.png】素材文件，然后将时间线拖到第2秒的位置，单击【Opacity（不透明度）前面的按钮，开启自动关键帧，并设置【Opacity（不透明度）】为0%，最后将时间线拖到第3秒的位置，设置【Opacity（不透明度）为100%，如图12-48所示。

03 隐藏其他未编辑图层，然后拖动时间线滑块查看此时效果，如图12-49所示。

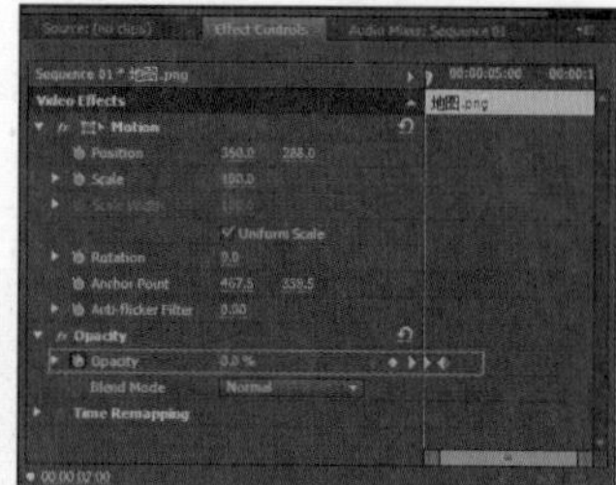

图12—48

图12—49

04 选择并显示Video4轨道上的【树.png】素材文件，然后将其起始时间设置为第4秒的位置。接着在【Effects（效果）】窗口中搜索【Swing In（摆入）】转场效果，并按住鼠标左键拖曳到Video4轨道的【树.png】素材文件上，如图12-50所示。

图12—50

05 拖动时间线滑块查看此时效果，如图12-51所示。

图12—51

06 选择并显示Video6轨道上的【彩虹.png】素材文件，然后将其起始时间设置为第4秒的位置。接着在【Effects（效果）】窗口中搜索【Slash Slide（斜线滑动）】转场效果，并按住鼠标左键拖曳到Video6轨道的【彩虹.png】素材文件上，如图12-52所示。

图12—52

07 选择Video6轨道上的【彩虹.png】素材文件，然后将时间线拖到第5秒的位置，接着设置【Position（位置）】为（274，401）。最后取消选中【Uniform Scale（均匀缩放）】复选框，设置【Scale Height（缩放高度）】为81，如图12-53所示。

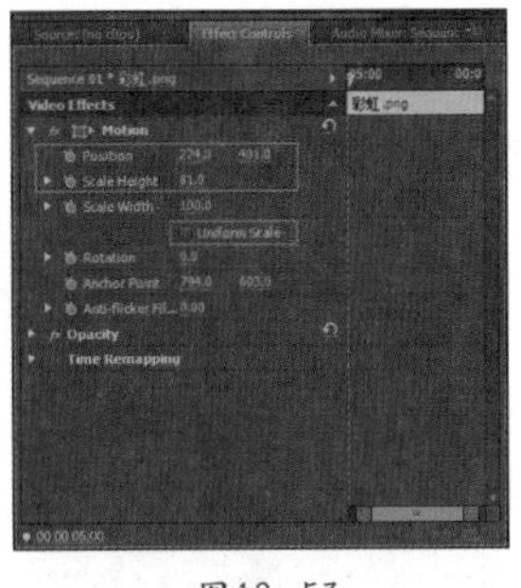

图12—53

08 拖动时间线滑块查看此时效果，如图12-54所示。

图12—54

09 选择Video7轨道上的【标牌.png】素材文件，然后将时间线拖到第8秒的位置，接着设置【Position（位置）】为（360，499），【Scale（缩放）】为60，如图12-55所示。此时效果如图12-56所示。

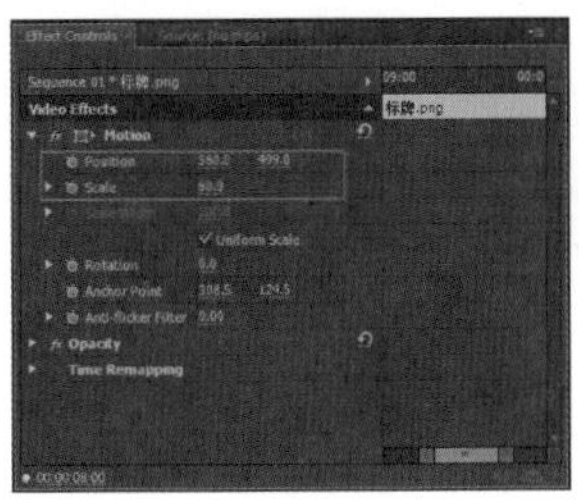

图12—55

图12—56

10 选择并显示Video7轨道上的【标牌.png】素材文件，然后将其起始时间设置为第5秒的位置。接着在【Effects（效果）】窗口中搜索【Center Split（中心分割）】转场效果，并按住鼠标左键拖曳到Video7轨道的【标牌.png】素材文件上，如图12-57所示。

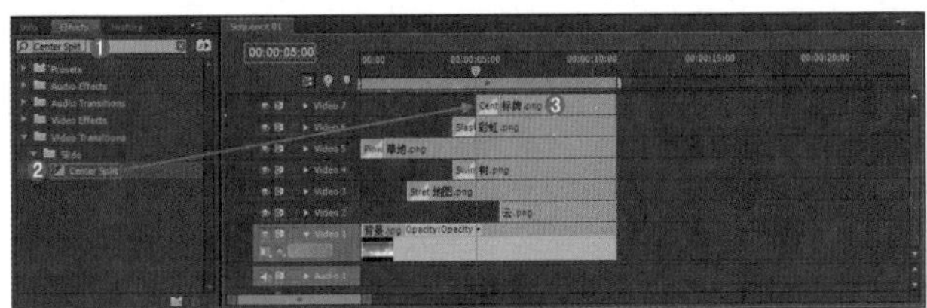

图12—57

11 此时拖动时间线滑块查看最终效果，如图12-58所示。

图12—58

★ 综合实战——牛奶饮料

案例文件	案例文件\第12章\牛奶饮料.prproj
视频教学	视频文件\第12章\牛奶饮料.flv
难易指数	★★★★★
技术要点	位置、缩放和透明度关键帧动画的应用

案例效果

对素材制作缩放或不等比缩放等关键帧动画，可以出现画面素材弹出的效果，从而制作出动画效果。本案例主要是针对“制作牛奶饮料效果”的方法进行练习，如图12-59所示。

图12—59

操作步骤

Part01 制作背景动画

01 单击【New Project（新建项目）】选项，并单击【Browse（浏览）】按钮，在【Name（名称）】文本框中修改文件名称。接着选择【DV-PAL】/【Standard 48kHz】选项，如图12-60所示。

02 选择【File（文件）】/【Import（导入）】命令或者按快捷键【Ctrl+I】，将所需素材导入，如图12-61所示。

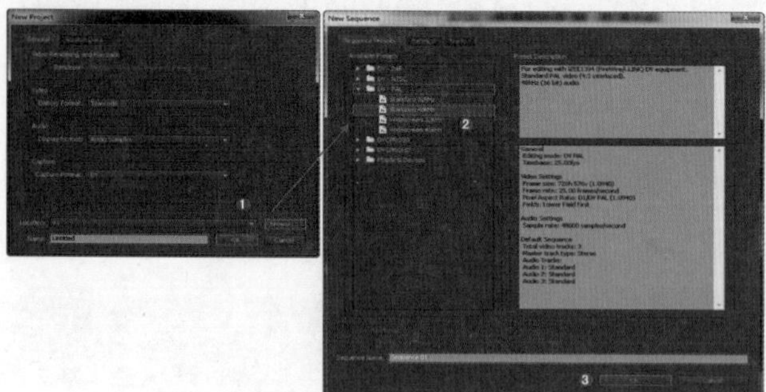
图12-60

图12-61

03 将项目窗口中的【背景.jpg】、【男孩.png】、【女孩.png】、【牌子.png】和【瓶子.png】素材文件按顺序拖曳到时间线窗口中。然后选择所有素材，并单击鼠标右键，在弹出的快捷菜单中选择【Scale to Frame Size（缩放到框大小）】命令，如图12-62所示。

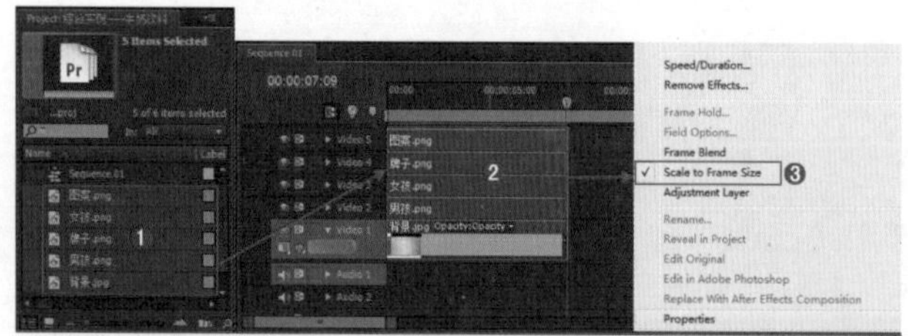
图12-62

04 选择Video1轨道上的【背景.jpg】素材文件，然后设置【Scale（缩放）】为138，如图12-63所示。最后隐藏其他图层查看此时效果，如图12-64所示。

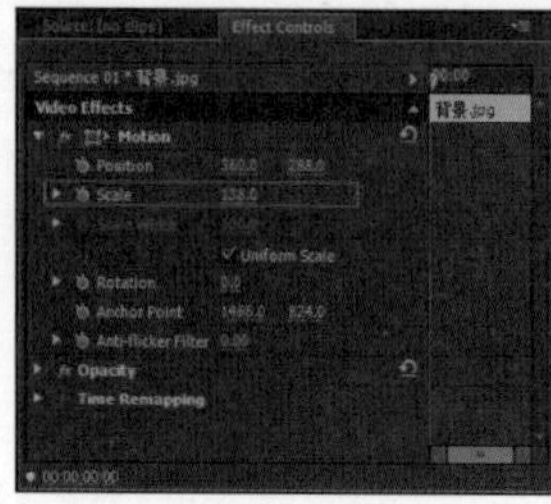
图12-63

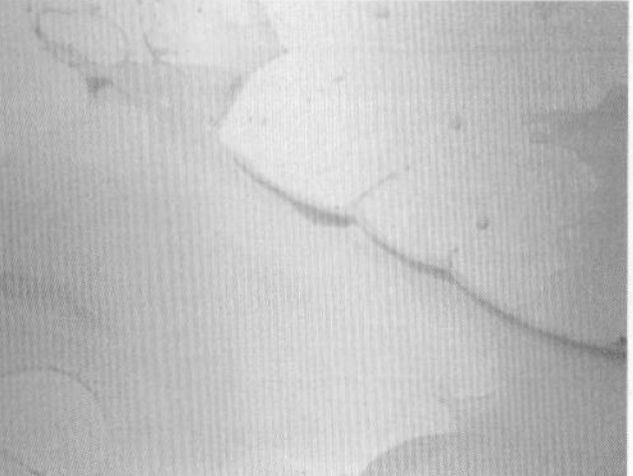
图12-64

05 选择并显示Video5轨道上的【图案.png】素材文件，然后设置【Position（位置）】为（360，443）。接着将时间线拖到第11帧的位置，并设置【Opacity（不透明度）】为0%。最后将时间线拖到第18帧的位置，并设置【Opacity（不透明度）】为100%，如图12-65所示。此时效果如图12-66所示。

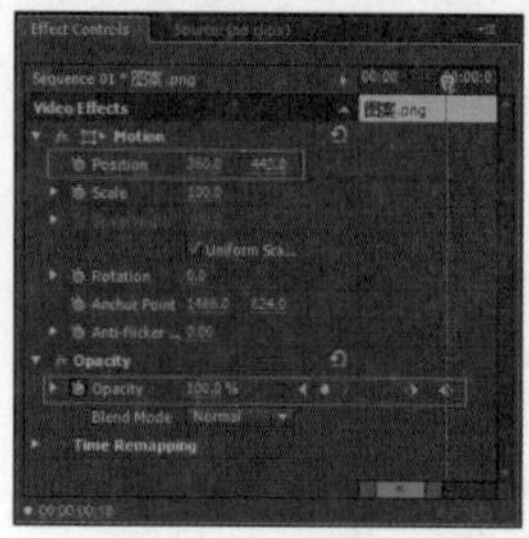
图12-65

图12-66

06 选择并显示Video4轨道上的【牌子.png】素材文件，然后设置【Scale（缩放）】为52。接着将时间线拖到第2秒15帧的位置，并单击【Position（位置）】前面的按钮，开启关键帧，设置【Position（位置）】为（360，667）。最后将时间线拖到第3秒11帧的位置，设置【Position（位置）】为（360，362），如图12-67所示。此时效果如图12-68所示。

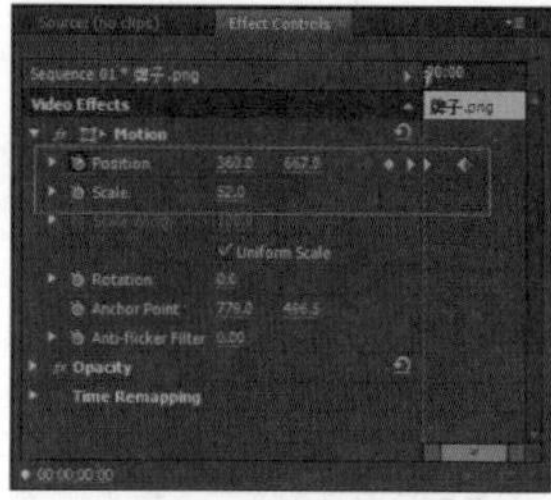
图12-67

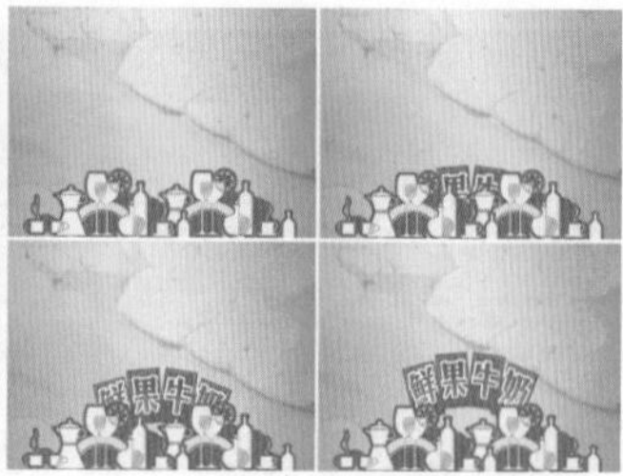
图12-68

07 选择并显示Video2轨道上的【男孩.png】素材文件，然后设置【Position（位置）】为（360，338）。接着将时间线拖到第3秒11帧的位置，单击【Scale（缩放）】前面的按钮，开启自动关键帧，并设置【Scale（缩放）】为0。最后将时间线拖到第3秒19帧的位置，设置【Scale（缩放）】为100，如图12-69所示。此时效果如图12-70所示。

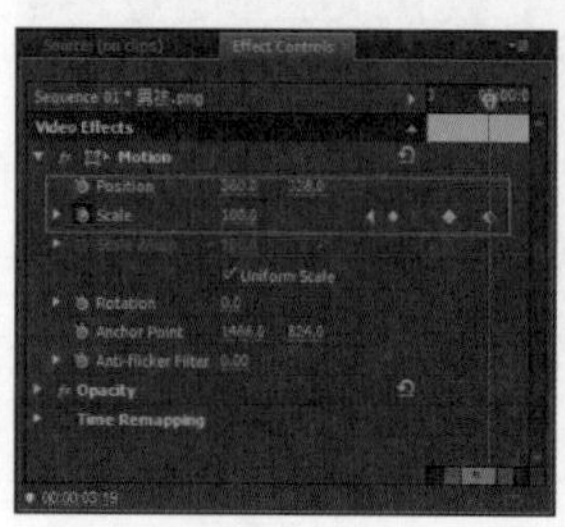
图12-69

图12-70

08 选择并显示Vidoe3轨道上的【女孩.png】素材文件，然后设置【Position（位置）】为（360，338）。接着将时间线拖到第3秒21帧的位置，单击【Scale（缩放）】前面的按钮，开启自动关键帧，并设置【Scale（缩放）】为0。最后将时间线拖到第4秒04帧的位置，设置【Scale（缩放）】为100，如图12-71所示。此时效果如图12-72所示。

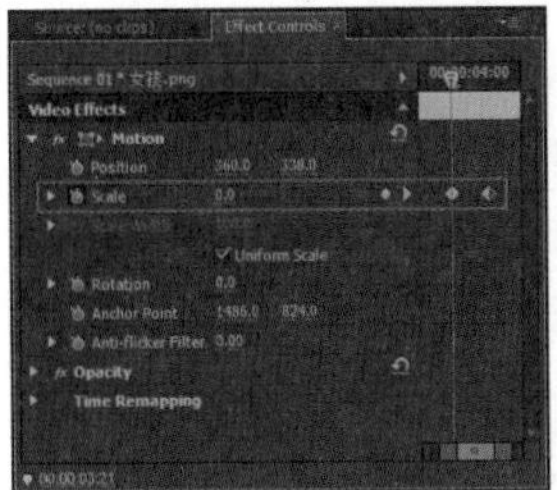
图12—71

图12—72

Part02 制作饮料动画

01 将项目窗口中剩余的素材文件按顺序拖曳到时间线窗口中，然后单击鼠标右键，在弹出的快捷菜单中选择【Scale to Frame Size（缩放到框大小）】命令，如图12-73所示。

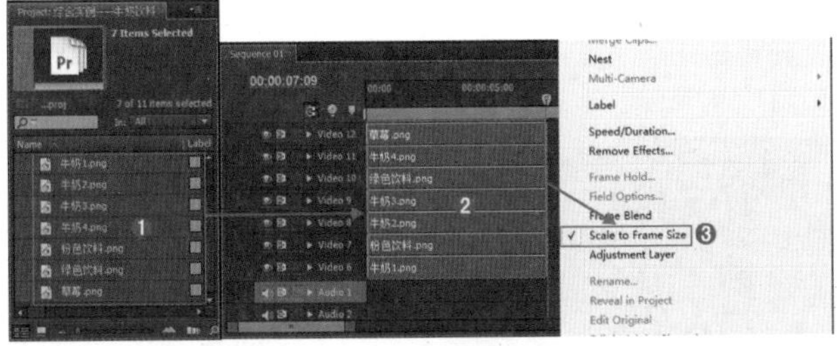
图12—73

02 选择Video7轨道上的【粉色饮料.png】素材文件，然后将时间线拖到第21帧的位置，单击【Position（位置）】前面的按钮，开启自动关键帧，并设置【Position（位置）】为（579，-315）。接着将时间线拖到第1秒06帧的位置，设置【Position（位置）】为（407，420），如图12-64所示。隐藏其他未编辑图层，然后查看此时效果，如图12-75所示。

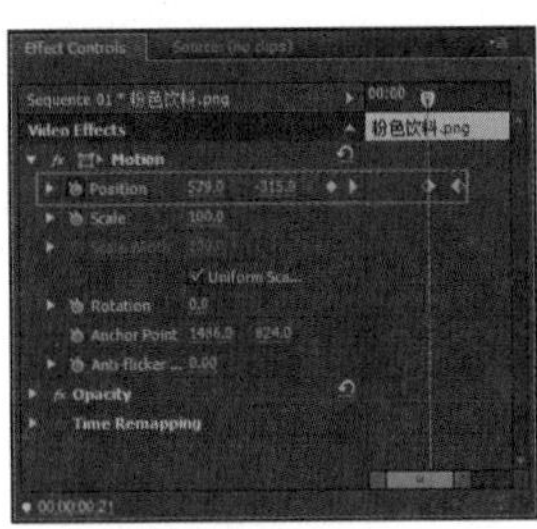
图12—74

图12—75

03 选择并显示Video6轨道上的【牛奶1.png】素材文件，然后取消选中【Uniform Scale（均匀缩放）】复选框，接着将时间线拖到第1秒01帧的位置，单击【Position（位置）】和【Scale Height（缩放高度）】前面的按钮，开启自动关键帧，并设置【Position（位置）】为（50，358），【Scale Height（缩放高度）】为481。最后将时间线拖到第1秒16帧的位置，设置【Position（位置）】为（360，358），【Scale Height（缩放高度）】为100，如图12-76所示。

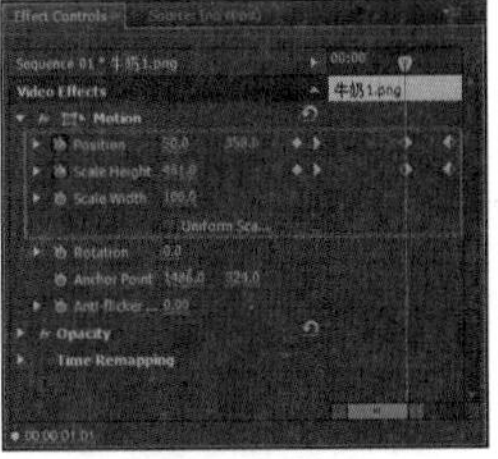
图12—76

04 选择并显示Video8轨道上的【牛奶2.png】素材文件，然后设置【Position（位置）】为（360，358）。接着将时间线拖到第1秒01帧的位置，单击【Scale（缩放）】前面的按钮，开启自动关键帧，并设置【Scale（缩放）】为367。接着将时间线拖到第1秒16帧的位置，设置【Scale（缩放）】为100，如图12-77所示。此时效果如图12-78所示。

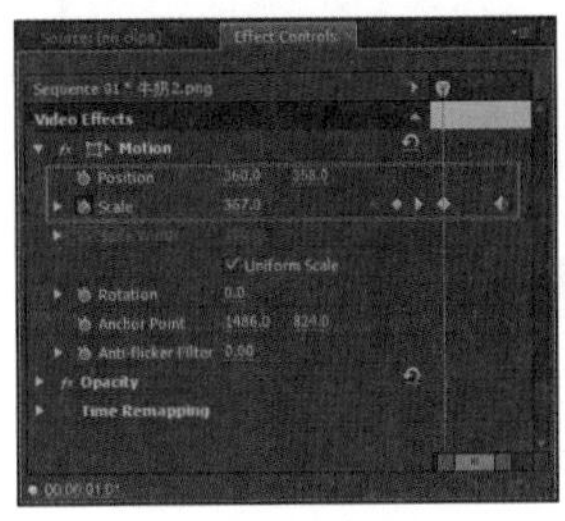
图12—77

图12—78

05 选择并显示Video10轨道上的【绿色饮料.png】素材文件，然后将时间线拖到第1秒11帧的位置，单击【Position（位置）】前面的按钮，开启自动关键帧，并设置【Position（位置）】为（131，-200）。接着将时间线拖到第1秒21帧的位置，设置【Position（位置）】为（302，410），如图12-79所示。此时效果如图12-80所示。

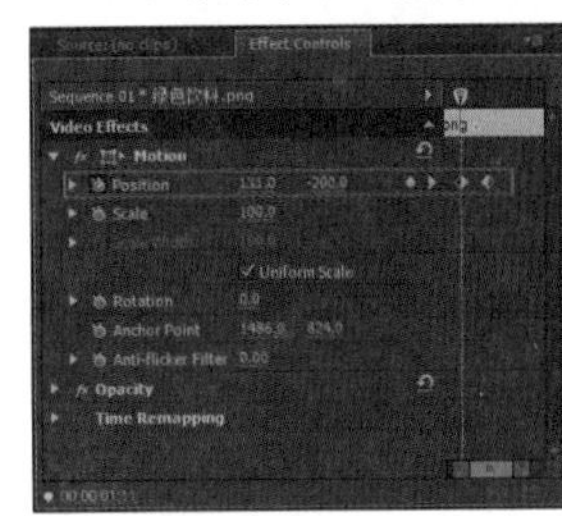
图12—79

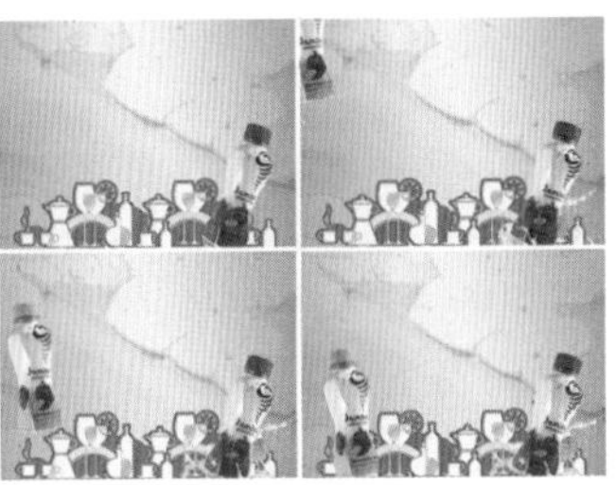
图12—80

06 选择并显示Video9轨道上的【牛奶3.png】素材文件，然后取消选中【Uniform Scale（均匀缩放）】复选框，接着将时间线拖到第1秒21帧的位置，单击【Position（位置）】和【Scale Height（缩放高度）】前面的按钮，开启自动关键帧，并设置【Position（位置）】为（360，579），【Scale Height（缩放高度）】为0。最后将时间线拖到第2秒11帧的位置，设置【Position（位置）】为（360，358），【Scale Height（缩放高度）】为100，如图12-81所示。

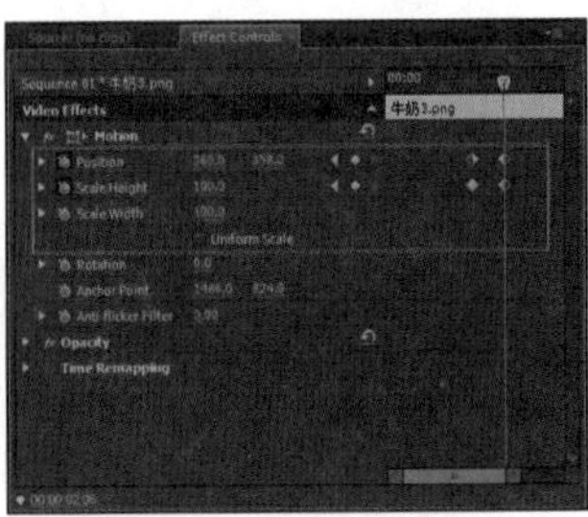
图12—81

07 选择并显示Video11轨道上的【牛奶4.png】素材文件，然后将时间线拖到第1秒21帧的位置，单击【Position（位置）】和【Scale（缩放）】前面的按钮，开启自动关键帧，并设置【Position（位置）】为（50，579），【Scale（缩放）】为0。接着将时间线拖到第2秒11帧的位置，设置【Position（位置）】为（360，358），【Scale（缩放）】为100，如图12-82所示。此时效果如图12-83所示。

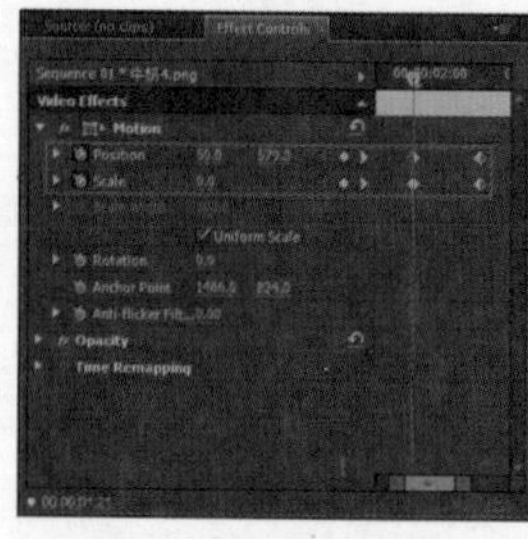

图12－82

图12－83

Part03 制作文字动画

01 选择【Title（字幕）】/【New Title（新建字幕）】/【Default Still（默认静态字幕）】命令，然后在弹出的对话框中单击【OK（确定）】按钮，如图12-84所示。

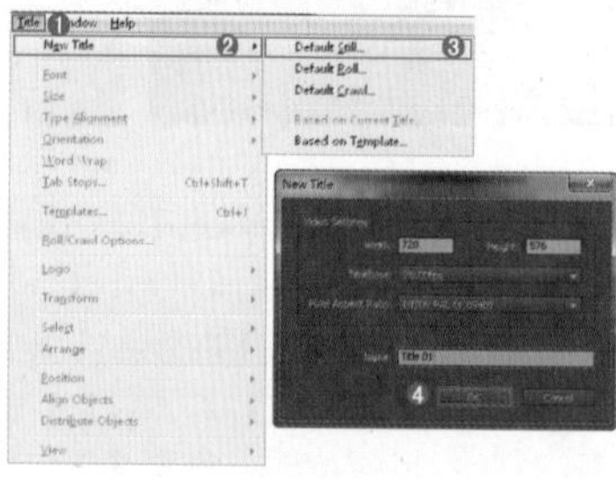

图12－84

02 在字幕面板中单击（文字工具）按钮，然后在【字幕工作区】输入文字“研究院”，并设置【Font Family（字体）】为【FZYiHei-M20T】，【Font Szie（字体大小）】为77。设置【Fill Type（填充类型）】为【linear Gradient（线性渐变）】，【颜色】为深绿色（R：8，G：125，B：55）和绿色（R：83，G：166，B：61），如图12-85所示。

图12－85

03 单击【Outer Strokes（外部描边）】后面的【Add（添加）】，然后设置【Scale（缩放）】为41，【Color（颜色）】为白色（R：255，G：255，B：255），如图12-86所示。

图12－86

04 关闭字幕面板，然后将项目窗口中的【Title 01】拖曳到Video13轨道上，并设置结束时间为第7秒09帧的位置，如图12-87所示。

图12－87

05 选择Video13轨道上的【Title 01】，然后设置【Position（位置）】为（360，473）。接着将时间线拖到第4秒05帧的位置，单击【Scale（缩放）】前面的按钮，开启自动关键帧，并设置【Scale（缩放）】为0。最后将时间线拖到第4秒20帧的位置，设置【Scale（缩放）】为105，如图12-88所示。

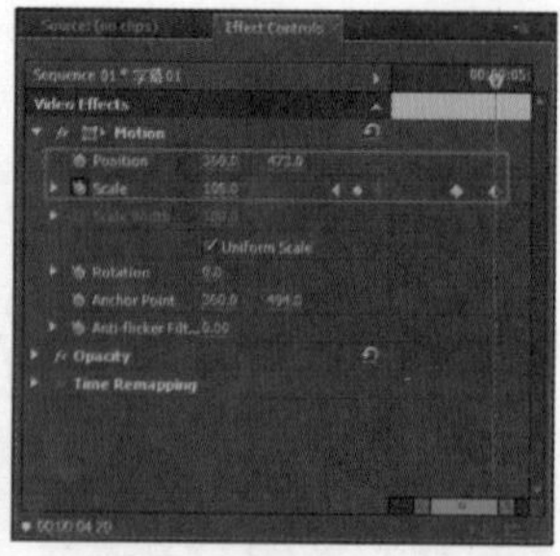

图12－88

06 在项目窗口将【Title 01】复制一份并重命名为【Title 02】，然后更改文字为“开心从这里开始”。接着设置【Font Family（字体）】为【FZZhanBiHei-M22S】，【Font Szie（字体大小）】为71，如图12-89所示。

07 关闭字幕面板，然后将项目窗口中的【Title 02】拖曳到Video14轨道上，并设置结束时间为第7秒09帧的位置，如图12-90所示。

图12—89

图12—90

08 选择Video14轨道上的【Title 02】。设置【Position（位置）】为（142，176），【Scale（缩放）】为50，【Rotation（旋转）】为－6.5°，然后将时间线拖到第5秒20帧的位置，设置【Opacity（不透明度）】为0%。最后将时间线拖到第6秒05帧的位置，设置【Opacity（不透明度）】为100%，如图12-91所示。

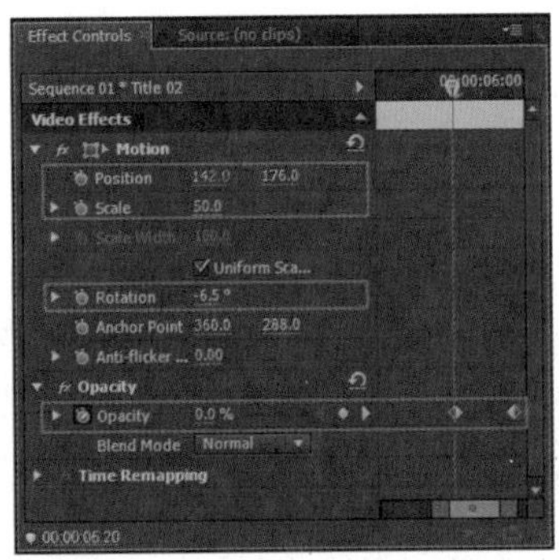

图12—91

09 选择并显示Video12轨道上的【草莓.png】素材文件，然后设置【Position（位置）】为（187.9，58.8），【Scale（缩放）】为20。接着将时间线拖到第5秒20帧的位置，设置【Opacity（不透明度）】为0%。最后将时间线拖到第6秒05帧的位置，设置【Opacity（不透明度）】为100%，如图12-92所示。

10 此时拖动时间线滑块查看最终效果，如图12-93所示。

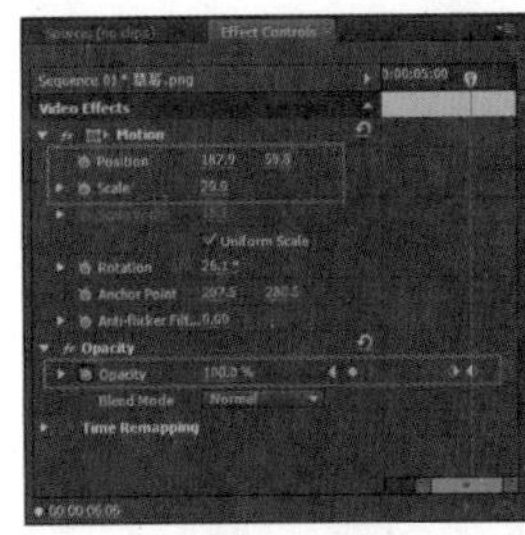

图12—92

图12—93

★ 综合实战——雪糕广告

案例文件	案例文件\第12章\雪糕广告.prproj
视频教学	视频文件\第12章\雪糕广告.flv
难易指数	★★★★★
技术要点	彩色蒙版、位置、缩放、旋转、不透明度关键帧和快速模糊效果的应用

案例效果

使用素材基本属性关键帧制作出基本的缩放、位移和旋转等素材动画效果，并适当添加一些视频效果，能够制作出精美丰富的广告短片效果。本案例主要是针对“制作雪糕广告效果”的方法进行练习，如图12-94所示。

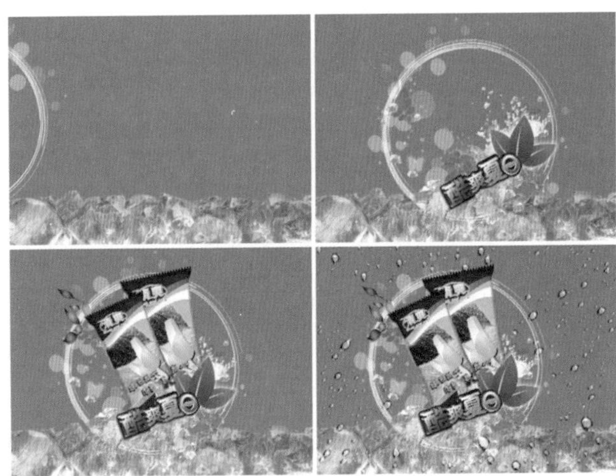

图12—94

操作步骤

Part01 制作背景素材

01 单击【New Project（新建项目）】选项，并单击【Browse（浏览）】按钮，在【Name（名称）】文本框中修改文件名称。接着选择【DV-PAL】/【Standard 48kHz】选项，如图12-95所示。

02 选择【File（文件）】/【Import（导入）】命令或者按快捷键【Ctrl+I】，将所需素材导入，如图12-96所示。

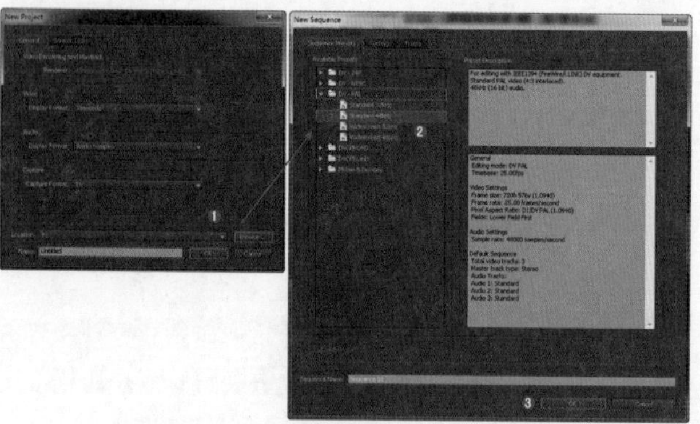

图12—95

图12—96

03 制作背景。选择【File（文件）】/【New（新建）】/【Color Matte（彩色蒙版）】命令，然后在弹出的对话框中单击【OK（确定）】按钮，如图12-97所示。接着在弹出的【Color Picker（拾色器）】对话框中设置颜色为蓝色（R：8，G：136，B：214），如图12-98所示。

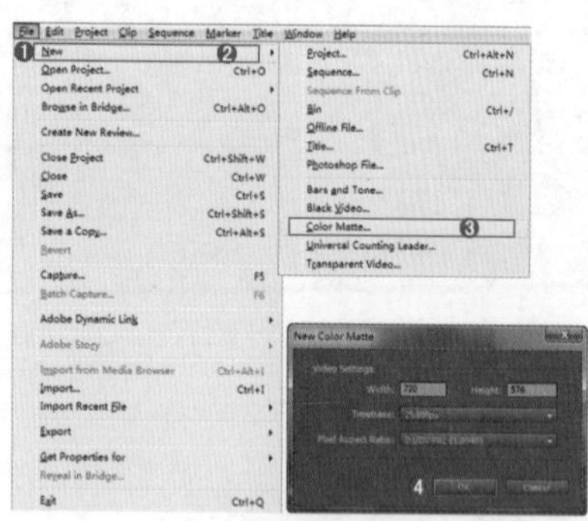

图12—97

04 将项目窗口中的【Color Matte（彩色蒙版）】拖曳到Video1轨道上，如图12-99所示。

图12—98

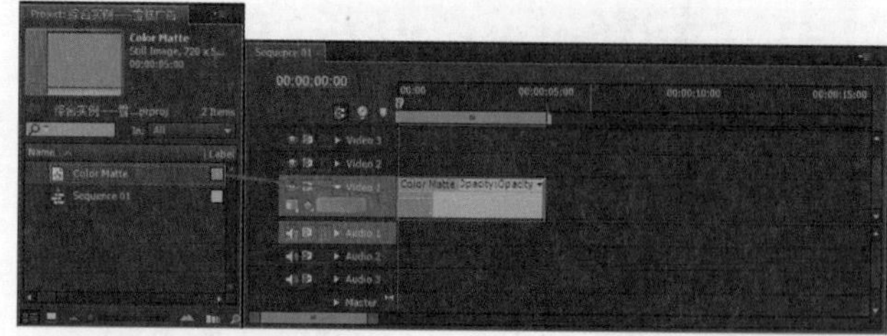

图12—99

05 将项目窗口中的其他素材文件按顺序拖曳到时间线窗口中，然后选择这些素材文件，并单击鼠标右键，在弹出的快捷菜单中选择【Scale to Frame Size（缩放到框大小）】命令，如图12-100所示。

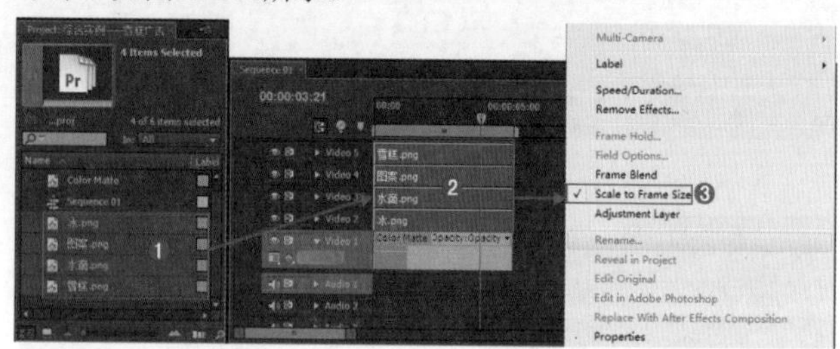

图12—100

06 选择Video1轨道上的【冰.png】素材文件，然后将时间线拖到起始帧的位置，单击【Position（位置）】和【Scale（缩放）】前面的按钮，开启自动关键帧，并设置【Position（位置）】为（360，－272），【Scale（缩放）】为297，【Opacity（不透明度）】为0%，如图12-101所示。

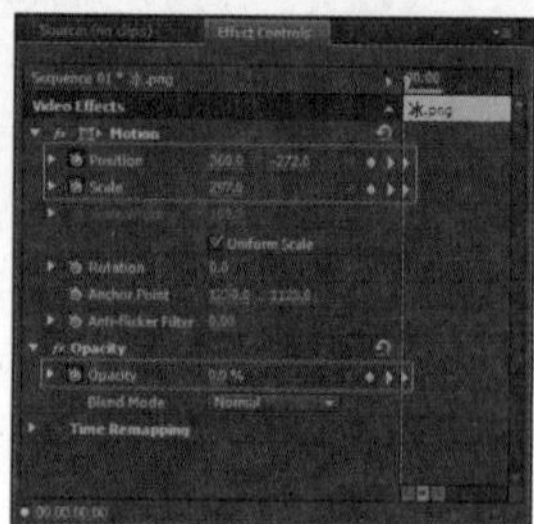

图12—101

07 将时间线拖到第5帧的位置，设置【Opacity（不透明度）】为100%。然后将时间线拖到第15帧的位置，设置【Position（位置）】为（360，230），【Scale（缩放）】为123，如图12-102所示。此时效果如图12-103所示。

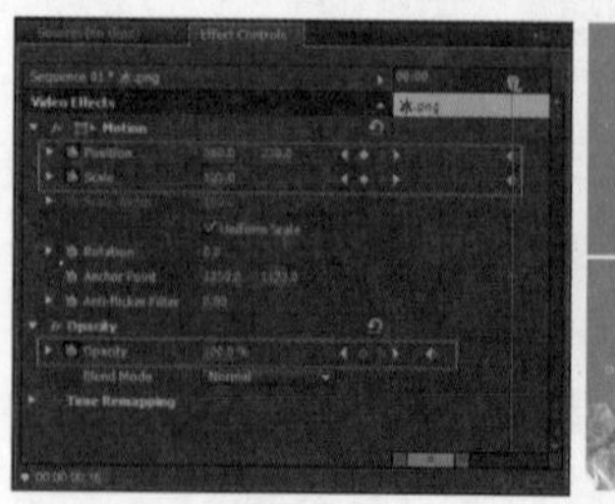

图12—102

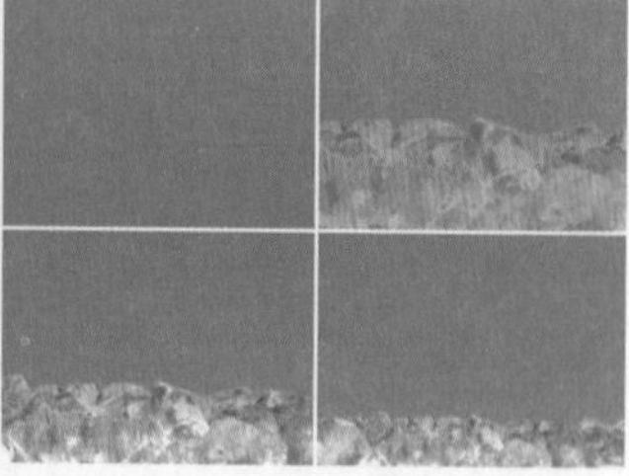

图12—103

Part02 制作雪糕动画

01 选择Video4轨道上的【图案.png】素材文件，然后将时间线拖到第1秒的位置，单击【Position（位置）】和【Rotation（旋转）】前面的按钮，开启自动关键帧，并设置【Position

（位置）】为（-244，288），【Rotation（旋转）】为0°。接着将时间线拖到第1秒15帧的位置，设置【Position（位置）】为（441，288），【Rotation（旋转）】为1×17°。最后将时间线拖到第2秒的位置，设置【Position（位置）】为（360，288），【Rotation（旋转）】为1×0°，如图12-104所示。此时效果如图12-105所示。

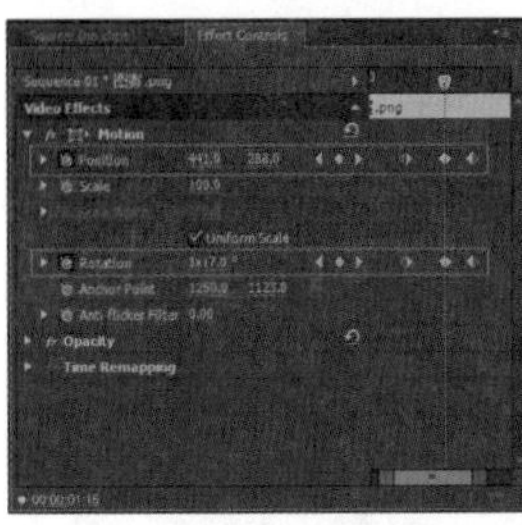

图12—104

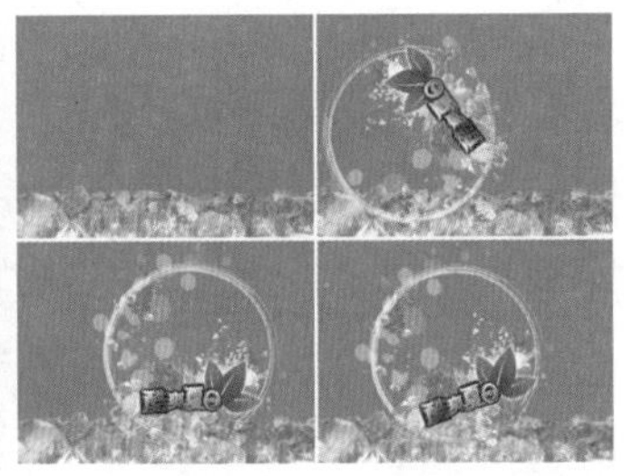

图12—105

02 选择Video5轨道上的【雪糕.png】素材文件，然后将时间线拖到第2秒的位置，设置【Opacity（不透明度）】为0%，接着将时间线拖到第2秒11帧的位置，设置【Opacity（不透明度）】为100%，如图12-106所示。此时效果如图12-107所示。

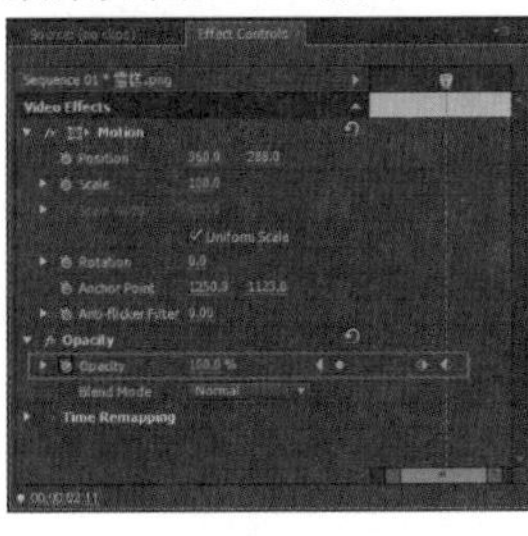

图12—106

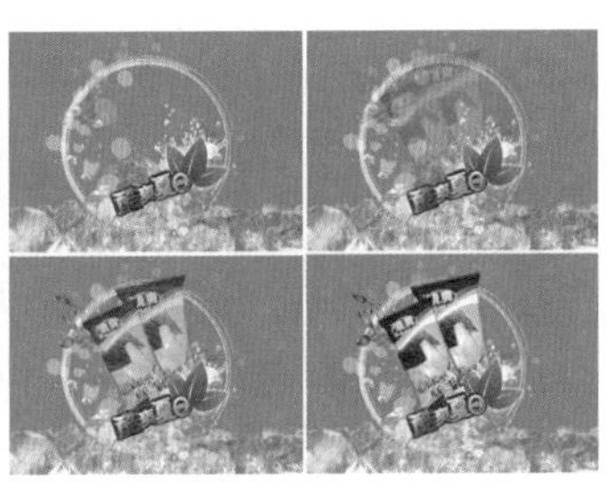

图12—107

03 选择Video3轨道上的【水滴.png】素材文件，然后取消选中【Uniform Scale（均匀缩放）】复选框。接着将时间线拖到第2秒10帧，单击【Scale Height（缩放高度）】和【Scale Width（缩放宽度）】前面的按钮，开启自动关键帧，并设置【Scale Height（缩放高度）】和【Scale Width（缩放宽度）】都为0。最后将时间线拖到第2秒20帧的位置，设置【Scale Height（缩放高度）】为124，【Scale Width（缩放宽度）】为122，如图12-108所示。此时效果如图12-109所示。

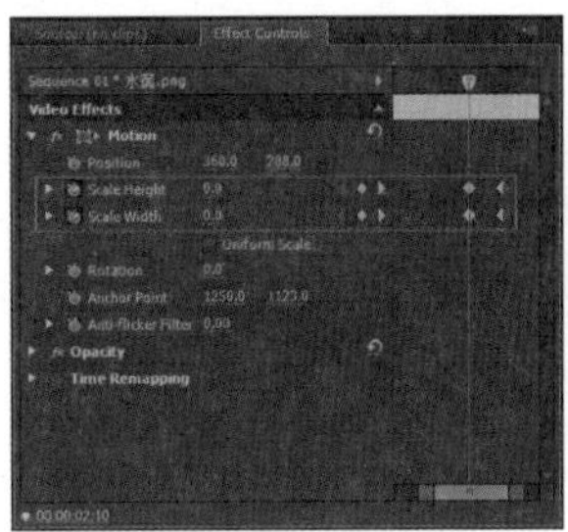

图12—108

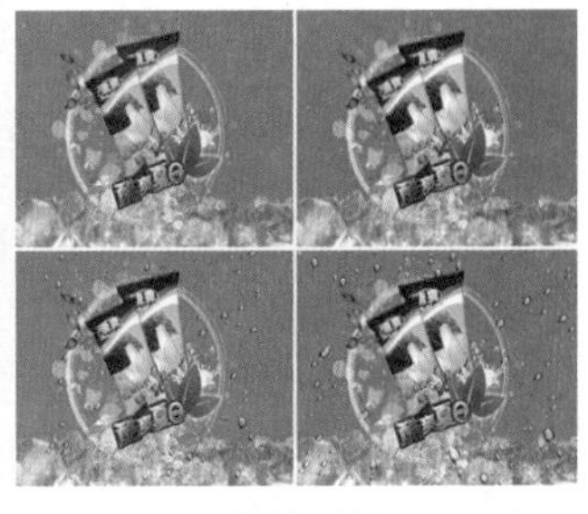

图12—109

04 在【Effects（效果）】窗口中搜索【Fast Blur（快速模糊）】效果，然后按住鼠标左键拖曳到Video3轨道的【水滴.png】素材文件上，如图12-110所示。

图12—110

05 选择Video3轨道上的【水滴.png】素材文件，然后将时间线拖到第2秒10帧的位置，打开【Fast Blur（快速模糊）】效果，单击【Blurriness（模糊）】前面的按钮，开启自动关键帧，并设置【Blurriness（模糊）】为20。接着将时间线拖到第2秒20帧的位置，设置【Blurriness（模糊）】为0，如图12-111所示。

06 此时拖动时间线滑块查看最终效果，如图12-112所示。

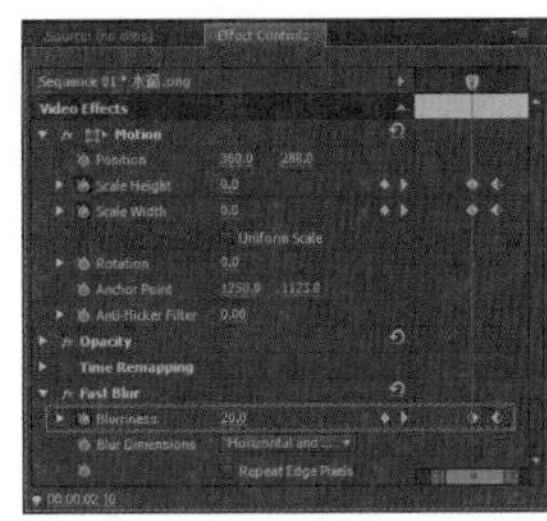

图12—111

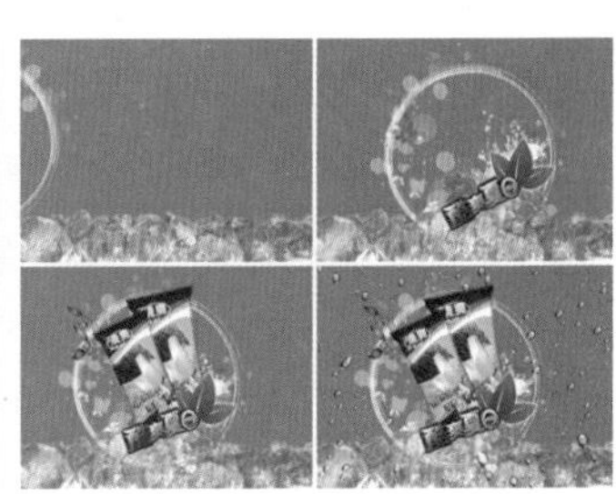

图12—112

读书笔记

课后练习

【课后练习——水墨风格人像效果】

思路解析：

01 将素材按顺序拖曳到时间线的视频轨上，并适当调整各个素材的大小和位置。

02 为背景的图案素材添加【Tint（着色）】特效，并适当调整该特效的映射颜色和着色量。

03 使用【Ultra Key（极致键）】特效抠除人物素材的背景，得到最终的水墨风格人像效果。

本章小结

通过本章的学习，可以了解一些常用的画面效果，以及画面效果的制作方法，然后利用这些方法可以起到举一反三的作用。不断创新制作，能够更加方便快捷地制作项目，并提高效率。

读书笔记

第13章

输出影片

本章内容简介：

在Adobe Premiere Pro CS6中，在项目制作完成后，通常需要将该项目输出为图像、音频或视频等文件，这样可以方便查看、传送、使用和存储。本章介绍了如何输出影片、序列图像和不同格式影片的方法等。

本章学习要点：

- 初识输出影片
- 了解Export（导出）菜单
- 掌握渲染输出的方法和操作
- 掌握输出各种格式影片的方法

13.1 初识输出影片

输出影片是在Premiere中制作的最后一个流程。输出的类型有很多，包括单帧图像、序列、视频、音频等。输出的文件格式也有很多，包括JPG、GIF、WAV、AVI、MOV、MP4等。下面就来学习一下如何在Premiere Pro CS6中对各项输出参数进行设置。

13.1.1 什么是输出影片

技术速查：输出影片就是将制作完成的Premiere文件，呈现为最终作品的过程。

这个过程与After Effects中的输出是一样的，与3ds Max中的渲染是类似的。如图13-1所示为Premiere的制作流程示意图。

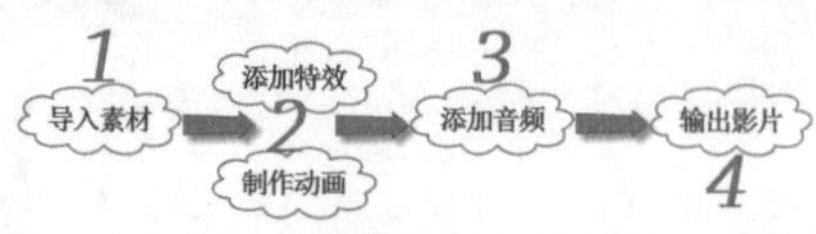

图13—1

13.1.2 为什么需要输出影片

在使用Premiere进行素材的剪辑、编辑、特效后，需要最终生成视频文件，才可以在电视、播放器等中进行播放。若不进行输出，则只可以在Premiere中进行播放，如图13-2所示。

若进行输出，则可以在播放器中进行播放。如图13-3所示。

图13—2

图13—3

13.2 Export（导出）菜单

Export（导出）菜单是File（文件）的子菜单。Export（导出）菜单中共包括7个命令，分别为Media（媒体）、Title（字幕）、Tape（磁带）、EDL（输出到EDL）、OMF（输出为OMF）、AAF（输出为AAF）和Final Cut Pro XML（最终输出XML），如图13-4所示。

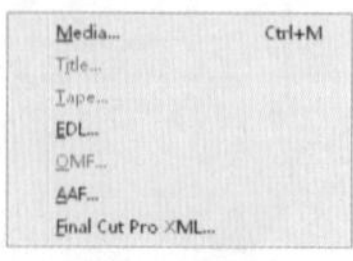

图13—4

- **Media（媒体）**：选择该命令，输出各种不同编码的视频、音频文件。是输出菜单的核心选项，如图13-5所示。

图13–5

● Title（字幕）：选择项目窗口，然后选择该命令，可以在弹出的对话框中将Premiere中的字幕输出为Prtl格式的独立字幕文件，以便下次继续使用，如图13-6所示。

图13–6

● Tape（磁带）：若有特殊需要，可以直接将文件输出到磁带中。

● EDL（输出到EDL）：选择该命令，可以将编辑素材保存为一个编辑表，可以供其他设备调用，如图13-7所示。

● OMF（输出为OMF）：选择该命令，可以将编辑的素材保存为OMF格式文档，如图13-8所示。

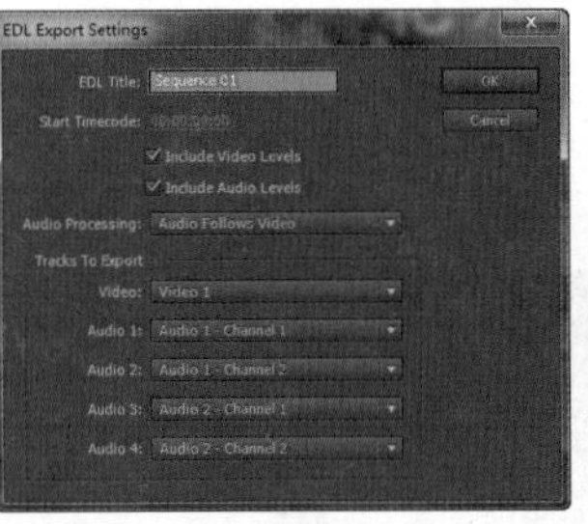
图13–7

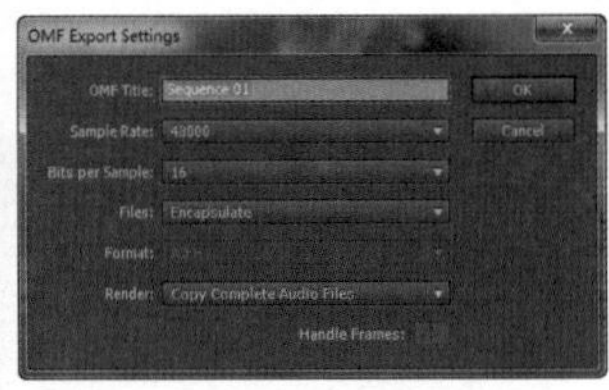
图13–8

● AAF（输出为AAF）：选择该命令，可以将编辑的素材保存为AAF格式文档，如图13-9所示。

● Final Cut Pro XML（最终输出XML）：选择该命令，可以将编辑的素材保存为XML格式文档，以便新旧版本XML格式文件的调用，如图13-10所示。

图13–9

图13–10

13.3 Adobe媒体编码器

Adobe媒体编码器提供了一种高效的方式，可以在刻录DVD或创建MPEG文件之前选择MPEG2设置。Adobe媒体编码器是集成了输出音频、静帧、DVD和流式媒体等文件格式的一个综合的输出模块，它能够提供各种不同的音视频文件和流媒体文件的编码方式。

思维点拨：什么是流媒体？

流媒体是采流式的方法，在网络上播放音视频文件的一种传输协议。分别具有采用高压缩率、高品质的音视频编码器，具备多重比特率的编码方式，支持脚本命令传送模式、高压缩和可变流速率几个特点，充分适应了网络传输速率不定和交换延迟的环境，使多媒体资料的传输质量更高、延迟更短。

技术速查：在菜单栏中选择【File（文件）】/【Export（导出）】/【Media（媒体）】命令，或使用快捷键【Ctrl+M】，则可以在弹出的对话框中进行输出设置。

在Premiere中输出视频的方法主要有以下两种。

动手学：使用快捷键打开

在Premiere Pro CS6中按快捷键【Ctrl+M】，即可快速打开【Export Settings（输出设置）】对话框，如图13-11所示。

图13-11

动手学：使用菜单命令打开

01 在菜单栏中选择【File（文件）】/【Export（导出）】/【Media（媒体）】命令，如图13-12所示。

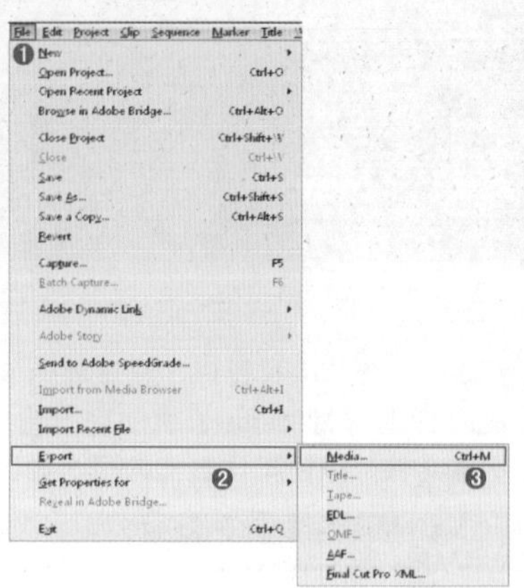

图13-12

02 此时，会弹出【Export Settings（输出设置）】对话框，如图13-13所示。

图13-13

13.4 输出设置对话框

当Premiere Pro CS6的工程文件的非线性编辑完成后，选择菜单栏中的【File（文件）】/【Export（导出）】/【Media（媒体）】命令，弹出【Export Settings（输出设置）】对话框，共包括3个部分，分别为【Output Preview（输出预览）】窗口、【Output Preset（输出预置）】面板和【Extended Parameters（扩展参数）】面板。

13.4.1【Output Preview（输出预览）】窗口

【Output Preview（输出预览）】窗口是文件渲染输出时的监视窗口，它包括【Source（源）】和【Output（输出）】两个选项卡，如图13-14所示。

图13-14

- （预览纵横比）：设置输出影片文件的纵横比例。
- （设置入点）：设置影片输出的起始时间点。
- （设置出点）：设置影片输出的结束时间点。
- （时间指针）：拖动此按钮，可以快速预览影片效果。

【Source（源）】选项卡

激活该选项卡时，监视器显示来自时间轨道中的素材输出。单击（裁剪输出视频）按钮，可以对监视器窗口中的素材进行裁剪。可以通过调节边框来自定义裁剪大小，如图13-15所示。也可以选择裁剪比例进行裁剪，如图13-16所示。

图13-15

图13-16

- Left（左）：左方裁剪的参数。
- Top（上）：上方裁剪的参数。
- Right（右）：右方裁剪的参数。
- Bottom（底）：底方裁剪的参数。

【Output（输出）】选项卡

激活该选项卡时，可以通过调整【Source Scaling（源缩放）】的选项来调整画面的大小，如图13-17所示。

图13-17

- Scale To Fit（缩放以适合）：缩放至合适大小。
- Scale To Fill（缩放以填充）：缩放至填充整个画面。
- Stretch To Fill（拉伸以填充）：拉伸至填充画面大小。
- Scale To Fit With Black Borders（带有黑色边框缩放以适合）：缩放至合适大小，并带有黑色边框。
- Change Output Size To Match Source（更改输出尺寸以匹配源）：更改输出的尺寸以匹配源大小。

读书笔记

13.4.2【Output Preset（输出预置）】面板

【Output Preset（输出预置）】面板部分是输出视频、音频和流式媒体的输出设置方案面板，如图13-18所示。

技巧提示

Output Preset（输出预置）适合对流式媒体的要求，可以在绝大多数的播放设备和网站中传输。

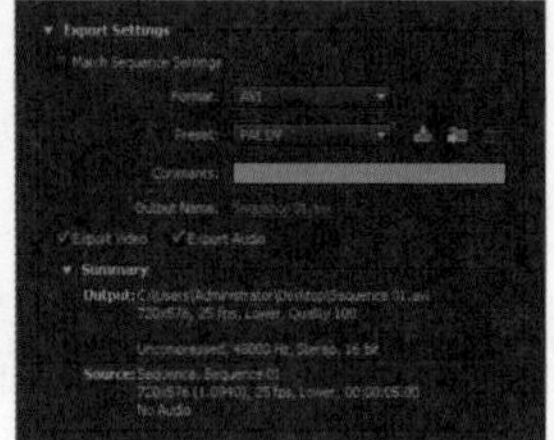
图13-18

- Format（格式）：设置输出视频、图像和音频的文件格式。例如AVI、MP3、QuickTime等，如图13-19所示。
- Preset（预置）：设置选定格式所对应的编码配置方案。如图13-20所示为Format（格式）设置为QuickTime时，Preset（预置）所对应可供选择的编码配置方案。
- （保存预置）：保存当前参数的预置，方便下次使用。
- （导入预置）：单击该按钮，可导入保存的预置参数文件。
- （删除）：删除当前的预置方案。
- Comments（注释）：在输出影片时添加注释。
- Output Name（输出名称）：设置输出影片的名称和路径。
- Export Video（导出视频）：选中该复选框，会输出影片的视频部分。
- Export Audio（导出音频）：选中该复选框，会输出影片的音频部分。
- Summary（摘要）：显示当前影片的输出信息。

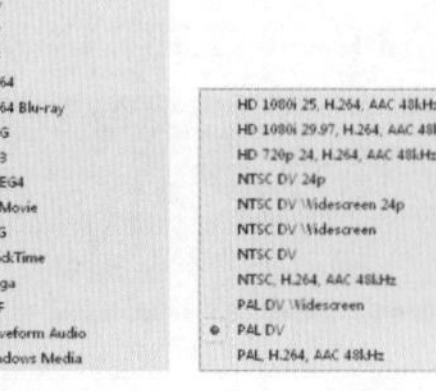
图13-19　图13-20

13.4.3【Extended Parameters（扩展参数）】面板

【Extended Parameters（扩展参数）】面板是对【Output Preset（输出预置）】参数进行设置，包括【Filters（滤波器）】、【Video（视频）】、【Audio（音频）】和【FTP（文件传输协议）】等多个选项卡，如图13-21所示。

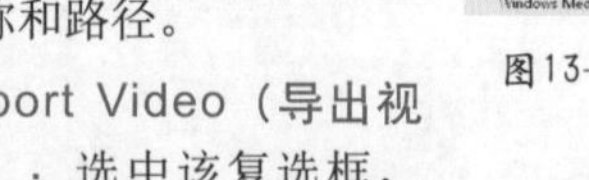
图13-21

Filters（滤波器）

Filters（滤波器）可以设置Gaussian Blur（高斯模糊）的相关参数。其参数面板如图13-22所示。

- Gaussian Blur（高斯模糊）：选中该复选框，可以对视频做高斯模糊的处理。

图13-22

- Blurriness（模糊度）：设置高斯模糊的强度。
- Blur Dimension（模糊方向）：设置模糊的方向。共包括【Horizontal and Vertical（水平和垂直）】、【Horizontal（水平）】和【Vertical（垂直）】3种方式，如图13-23所示。

图13-23

Format（格式）

当设置【Format（格式）】为【F4V】时，会出现【Format（格式）】选项卡，如图13-24所示。

Multiplexer（多路复用器）

当设置【Format（格式）】为【MPEG】、【H.264】等格式时，可以出现该选项卡。Multiplexer（多路复用器）可以设置影片格式的兼容性，其参数面板如图13-25所示。

- Multiplexer（多路复用器）：选项为【MP4】时，会出现【Stream Compatibility（流兼容性）】选项。

图13-24

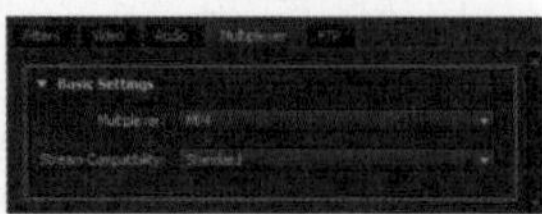
图13-25

- Stream Compatibility（流兼容性）：可以兼容选择的【Standard（标准）】、【PSP】和【iPod】选项。

Video（视频）

Video（视频）部分面板可以设置输出视频的相关参数。其参数面板如图13-26所示。

图13-26

- Video Codec（视频编解码器）：选择视频的编解码器。
- Quality（质量）：设置视频的质量。
- Width（宽）：设置视频的宽度。
- Height（高）：设置视频的高度。
- Frame Rate（帧速率）：设置视频的帧速率。
- Field Order（场顺序）：设置场的顺序，包括Progressive（发展）、Upper First（高场优先）和Lower First（低场优先）。
- Aspect（外观）：设置外观制式和比例。
- Render at Maximum Depth（在最大深度渲染）：选中该复选框，可以在最大深度进行渲染。
- Keyframes（关键帧）：在选择合适的视频编解码器时，可以选中该复选框，并可以设置关键帧间隔时间。
- Optimize Stills（优化静止图像）：选中该复选框，可以优化静止的图像。

Audio（音频）

Audio（音频）部分面板可以设置输出音频的相关参数。其参数面板如图13-27所示。

- Sample Rate（采样率）：定义了每秒从连续信号中提取并组成离散信号的采样个数，它用赫兹（Hz）来表示，是采样之间的时间间隔。

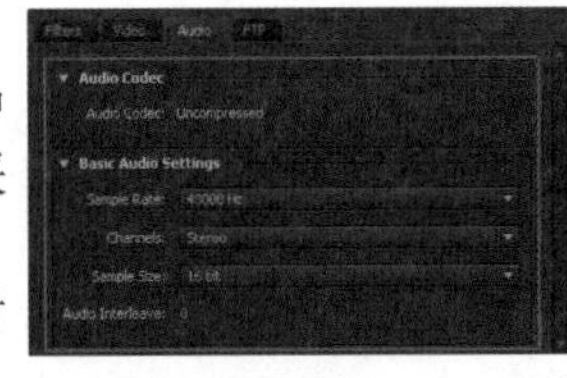

图13-27

- Channels（通道）：设置音频的通道，包括立体音、单身道和5.1音频。
- Sample Size（样本容量）：样本容量又称“样本数”，指一个样本的必要抽样单位数目。
- Audio Interleave（音频交错）：指音频交错的数量。

FTP（文件传输协议）

FTP（文件传输协议）是TCP/IP网络上两台计算机传送文件的协议，FTP是在TCP/IP网络和Internet上最早使用的协议之一，它属于网络协议组的应用层。FTP客户机可以给服务器发出命令来下载文件、上载文件，创建或改变服务器上的目录。其参数面板如图13-28所示。

- Server Name（服务器名称）：设置服务器的名称。
- Port（端口）：设置端口数量。
- Remote Directory（远程目录）：设置远程的目录。
- User Login（用户登录）：输入用户登录。
- Password（密码）：输入登录密码。

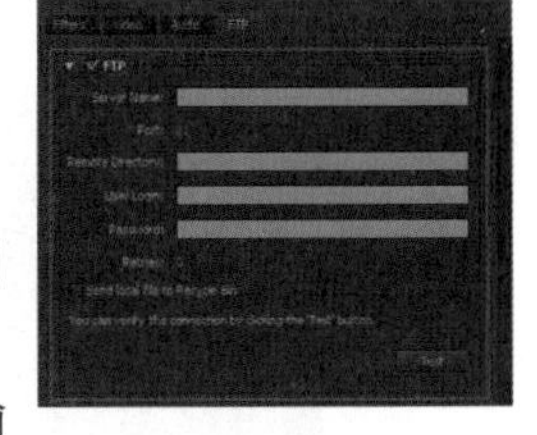

图13-28

- Retries（重试次数）：设置重试的次数。
- Send local file to Recycle Bin（发送本地文件到回收站）：选中该复选框，可以将本地文件发送到回收站。
- Test（测试）：单击该按钮，开始测试。

13.5 Adobe Media Encoder渲染输出

Adobe Media Encoder是一个视频和音频编码应用程序，可针对不同应用程序和观众，以各种分发格式对音频和视频文件进行编码。Adobe Media Encoder一直以来都是作为Premiere Pro的一个附属编码输出端存在，可以将素材或时间线上的成品编码为其他视音频格式，如AVI、MPEG、MOV、WMV、RM、RMVB，是Adobe Premiere Pro CS6最后渲染输出影片必不可少的组成部分。

思维点拨：Adobe Media Encoder的作用

借助计算机上视频编码专用的Adobe Media Encoder，可以批处理多个视频和音频剪辑；在视频为主要内容形式的环境中，批处理可加快工作流程。在Adobe Media Encoder 对视频文件进行编码的同时，可以添加、更改批处理队列中文件的编码设置或将其重新排序。Adobe Media Encoder 结合了以上格式所提供的众多设置，还包括专门设计的预设设置，以便导出与特定交付媒体兼容的文件。借助 Adobe Media Encoder，可以按适合多种设备的格式导出视频，范围从 DVD 播放器、网站、手机到便携式媒体播放器和标清及高清电视。

13.5.1 初识Adobe Media Encoder

Adobe Media Encoder的图标如图13-29所示。双击该图标即可启动。启动界面效果如图13-30所示。

Adobe Media Encoder的编辑界面如图13-31所示。

图13-29

图13-30

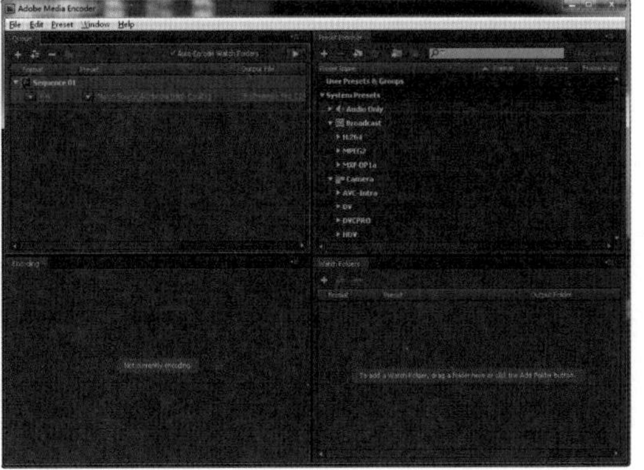

图13-31

13.5.2【Queue（队列）】面板

该面板主要用于添加和删除需要渲染的队列文件，如图13-32所示。

- （添加源）：单击该按钮，即可在弹出的对话框中选择需要渲染的项目文件，然后单击打开，如图13-33所示。

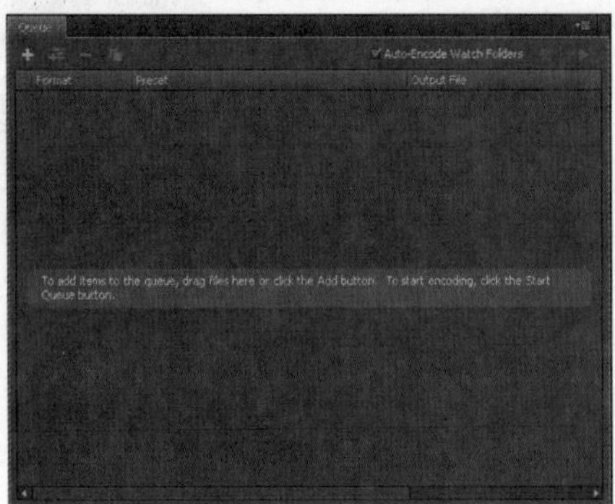

图13—32

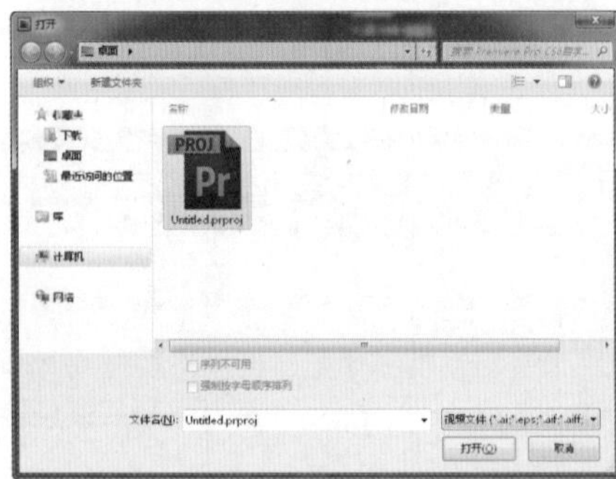

图13—33

- （添加输出）：选择需要添加输出的文件，然后单击该按钮，即可将当前文件再次添加一份，如图13-34所示。

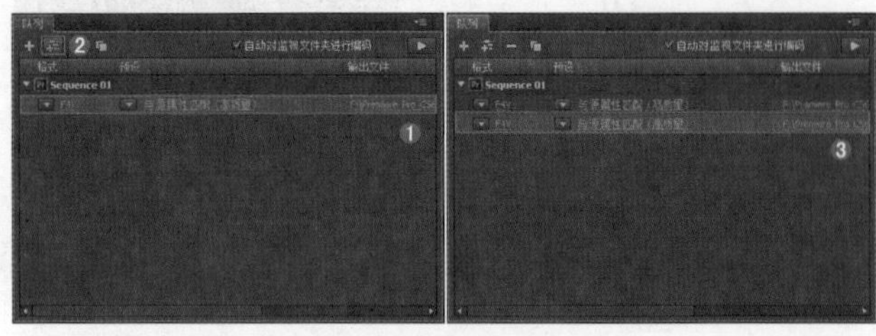

图13—34

- （移除）：选择需要删除的文件，然后单击该按钮即可移除该文件，如图13-35所示。

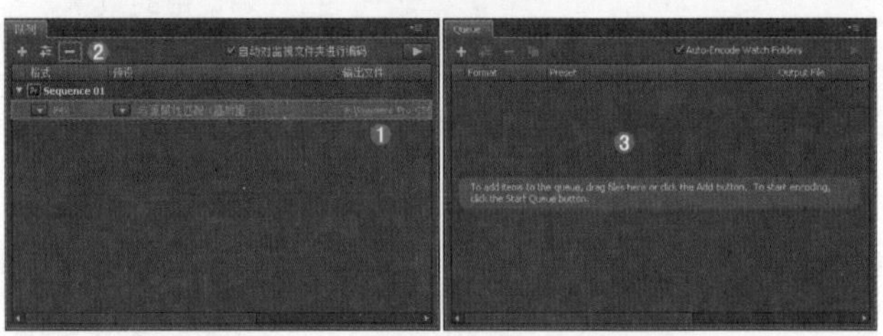

图13—35

- （复制）：选择需要复制的文件，然后单击该按钮，即可将选择的文件进行复制。
- （启动队列）：单击该按钮，可以启动队列渲染。
- （停止队列）：单击该按钮，可以停止队列渲染。

13.5.3【Preset Browser（预设浏览器）】面板

该面板主要用于添加和删除预设文件和预设文件夹，如图13-36所示。

- （新建预设）：单击该按钮，可以新建一个预设。在弹出的对话框中可以设置预设的名称和格式等，如图13-37所示。

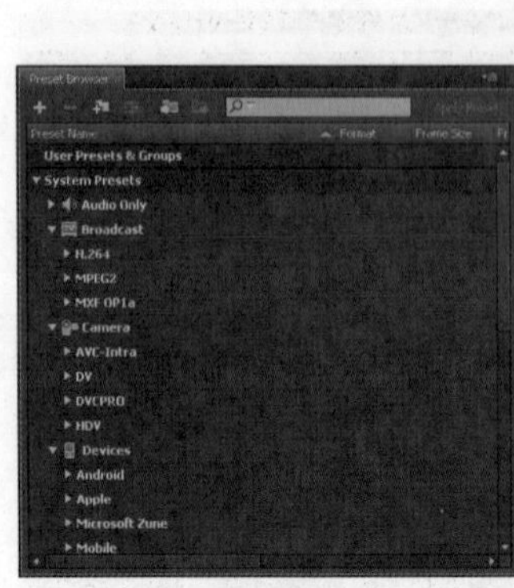

图13—36

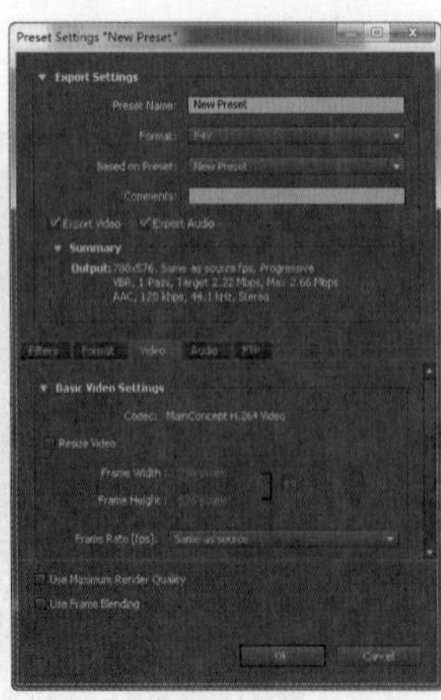

图13—37

- （删除预设）：选择添加的预设文件，然后单击该按钮，即可删除该预设文件。
- （新建预设组）：单击该按钮，可以新建一个预设组文件夹，如图13-38所示。
- （预设设置）：选择添加的预设文件，然后单击该按钮，可以在弹出的对话框中重新设置预设文件。
- （导入预设）：单击该按钮，在弹出的对话框中选择需要导入的预设文件并打开，如图13-39所示。
- （导出预设）：选择需要导出的预设文件，然后单击该按钮，即可在弹出的对话框中设置导出的路径，如图13-40所示。

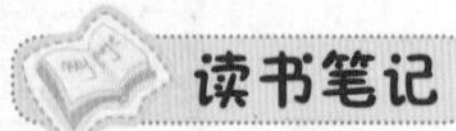

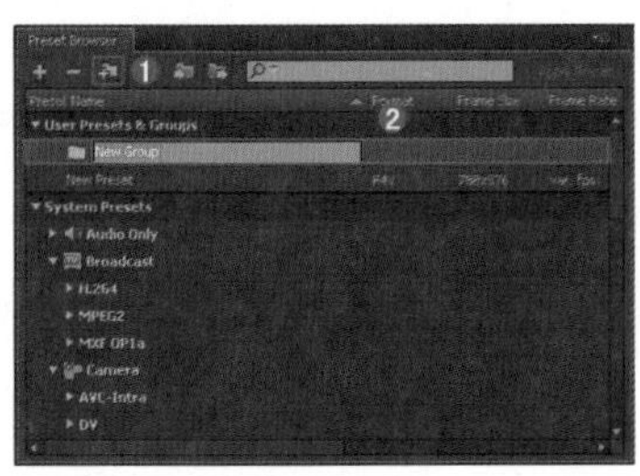

图13—38

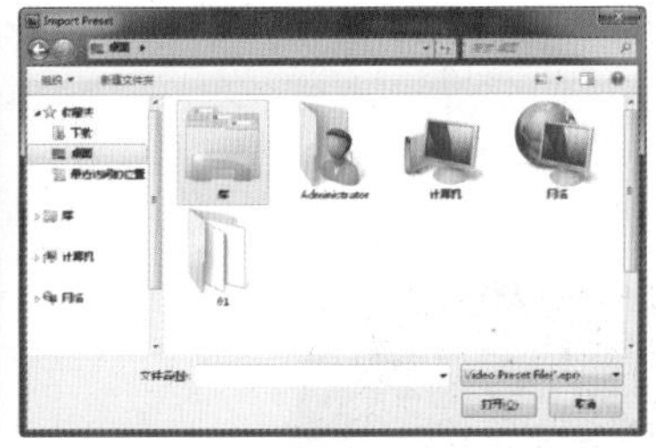

图13—39

图13—40

13.5.4【Watch Folders（监视文件夹）】面板

该面板主要用于添加预设输出的文件夹路径，如图13-41所示。

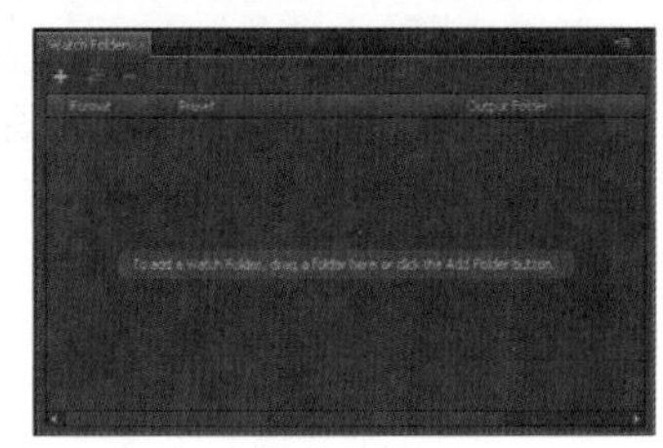

图13—41

- （添加文件夹）：单击该按钮，在弹出的对话框中选择监视器的文件路径。
- （添加输出）：选择需要添加输出的文件，然后单击该按钮，即可将当前文件再次添加一份。
- （删除预设）：选择添加的文件夹路径，然后单击该按钮，即可删除该文件夹路径。

13.5.5【Encoding（编码）】面板

该面板主要用于显示渲染的进度和预览效果，如图13-42所示。

图13—42

在单击（启动队列）按钮时，即可启动队列渲染。此时，出现渲染的时间和预览效果，如图13-43所示。

图13—43

13.6 Adobe Media Encoder菜单

Adobe Media Encoder的菜单包括【File（文件）】、【Edit（编辑）】、【Preset（预设）】、【Window（窗口）】和【Help（帮助）】，主要是提供编码渲染的所有操作命令，如图13-44所示。

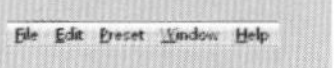

File Edit Preset Window Help

图13—44

【File（文件）】菜单

【File（文件）】菜单主要包括添加和开始队列等操作，如图13-45所示。

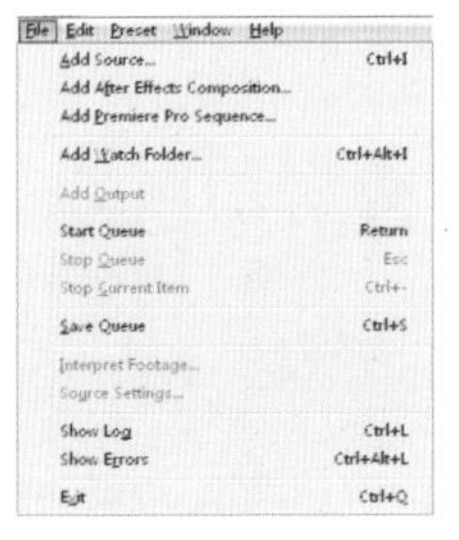

图13—45

- Add Source（添加源）：打开要编码转换的影音文件，包括各种不同的格式文件。
- Add After Effects Composition（添加After Effects合成图像）：添加After Effects的合成图像工程文件，通过Adobe Media Encoder来渲染输出。是比较实用的命令。
- Add Premiere Pro Sequence（添加Premiere Pro序列）：添加Premiere Pro的合成图像工程文件，通过Adobe Media Encoder来渲染输出。
- Add Watch Folder（添加监视文件夹）：创建一个监视目录。
- Add Output（添加输出）：选择该命令，即可再次添加选择的输出文件。
- Start Queue（启动列队）：选择该命令，开始渲染输出指定的文件。
- Stop Queue（停止当前项目）：选择该命令，可以终止正在渲染的文件。
- Stop Current Item（保存队列）：选择该命令，将待编码渲染的文件存为一个文档，方便以后打开继续渲染输出。

- Save Queue（保存队列）：保存当前的队列。
- Interpret Footage（解释素材）：选择相应文件，然后选择该命令，在弹出的对话框中设置帧速率、场顺序和通道等参数，如图13-46所示。
- Source Settings（源设置）：对源文件设置相应参数。
- ShowLog（显示日志）：显示以往渲染文件的日志信息。
- Show Errors（显示错误）：显示以往的渲染文件的错误信息。

图13—46

- Exit（退出）：退出Adobe Media Encoder程序。

【Edit（编辑）】菜单

【Edit（编辑）】菜单主要是对素材进行编辑操作，如图13-47所示。

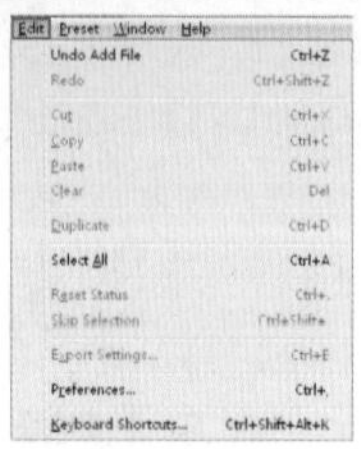

图13—47

- Undo Add File（还原）：取消前一步的操作，恢复到前一步的状态。
- Redo（重做）：重复之前一步的命令。
- Cut（剪切）：将当前选择的文件进行剪切。
- Copy（复制）：将选择的文件复制到剪贴板。
- Paste（粘贴）：将选择复制的文件进行粘贴。
- Clear（清除）：将选择的文件删除。
- Duplicate（重制）：将选择的文件进行重新复制粘贴。
- Select All（全选）：选择项目中的所有文件。
- Reset Status（重置状态）：恢复默认设置。
- Skip Selection（跳过所选项目）：跳过指定的命令。
- Export Settings（导出设置）：打开Adobe媒体编码参数设置窗口。
- Preferences（首选项）：该程序的输出参数设置。
- Keyboard Shortcuts（快捷键）：在弹出的对话框中设置菜单命令的快捷键，如图13-48所示。

图13—48

【Preset（预设）】菜单

【Preset（预设）】菜单主要是添加预设和导入、导出预设，如图13-49所示。

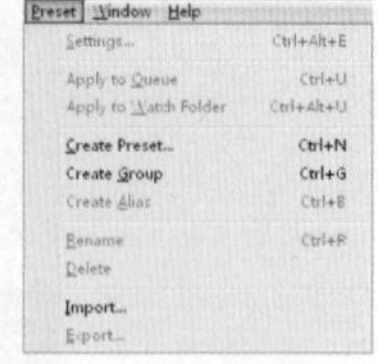

图13—49

- Settings（设置）：设置需要渲染文件的格式、帧大小、帧速率等。
- Apply to Queue（应用到列队）：把素材预设放入列队。
- Apply to Watch Folder（应用到监视文件夹）：把素材导入监视文件夹。
- Create Preset（创建预设）：创建需要渲染的预设信息。
- Create Group（创建组）：创建预设组方便信息整理。
- Create Alias（创建别名）：将预设再次创建。
- Rename（重命名）：改变预设名称。
- Delete（删除）：删除预设。
- Import（导入）：导入预设。
- Export（导出）：导出预设。

【Window（窗口）】菜单

【Window（窗口）】菜单主要是设置工作区面板，如图13-50所示。

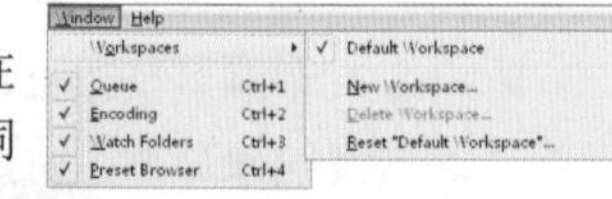

图13—50

- Workspaces（工作区）：在其子菜单中，可以设置不同工作区和新建工作区。
- Queue（队列）：选择该命令，可以显示渲染队列面板。
- Encoding（编码）：选择该命令，即可显示渲染的编码信息面板。
- Watch Folders（监视文件夹）：选择该命令，可以显示监视文件夹面板。
- Preset Browser（预设浏览器）：选择该命令，可以显示预设浏览器面板。

【Help（帮助）】菜单

【Help（帮助）】菜单主要是提供联机帮助和在线教程等帮助信息，如图13-51所示。

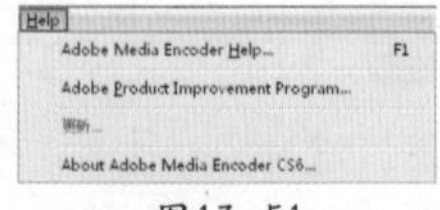

图13—51

- Adobe Media Encoder Help（Adobe Media Encoder帮助）：显示目录表形式的帮助文档。
- Adobe Product Improvement Program（Adobe产品改进计划）：显示该产品的升级情况。
- 更新：在线更新。
- About Adobe Media Encoder CS6（关于Adobe Media Encoder CS6）：显示该产品的属性。

13.7 输出视频文件

视频是现在计算机中多媒体系统中的重要一环。为了适应存储视频的需要和不同的播放软件等，设定了不同的视频文件格式。

★ 案例实战——输出WMV格式的流媒体文件

案例文件	案例文件\第13章\输出WMV格式的流媒体文件.prproj
视频教学	视频文件\第13章\输出WMV格式的流媒体文件.flv
难易指数	★★★★★
技术要点	输出WMV格式的流媒体文件

案例效果

在同等视频质量下，WMV格式的体积非常小，因此很适合在网上播放和传输。本案例主要是针对“输出WMV格式的流媒体文件”的方法进行练习，如图13-52所示。

图13—52

操作步骤

01 打开本书配套光盘中的场景文件【01.prproj】，如图13-53所示。

02 选择时间线窗口，然后选择菜单栏中的【File（文件）】/【Export（导出）】/【Media（媒体）】命令，或者使用快捷键【Ctrl+M】，如图13-54所示。

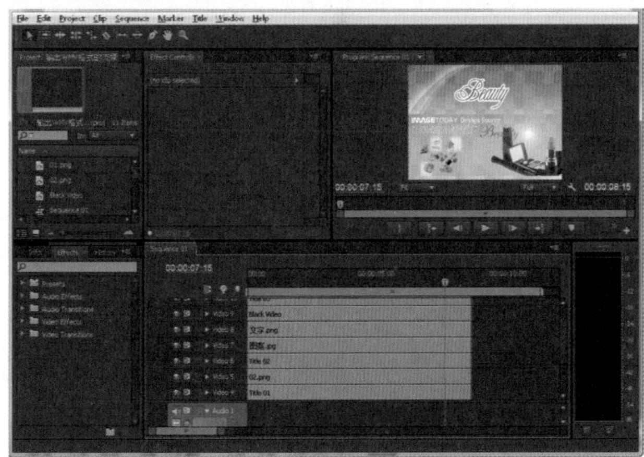

图13—53

03 在弹出的对话框中设置【Format（格式）】为【Windows Media（Windows媒体）】，然后单击【Output Name（输出名）】后的【Sequence 01.wmv】，在弹出的对话框中设置保存路径和文件名称。接着选中【Use Maximum Render Quality（使用最大渲染质量）】复选框，并单击【Queue（队列）】按钮，如图13-55所示。

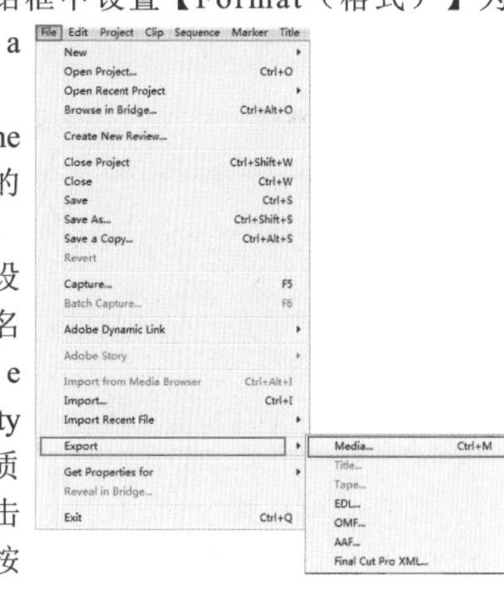

图13—54

04 此时在打开的【Adobe Media Encoder（编码器程序）】窗口中选择文件，然后单击【Queue（队列）】面板右上角的▶（启动队列）按钮，即可输出WMV流媒体文件，如图13-56所示。

图13—55

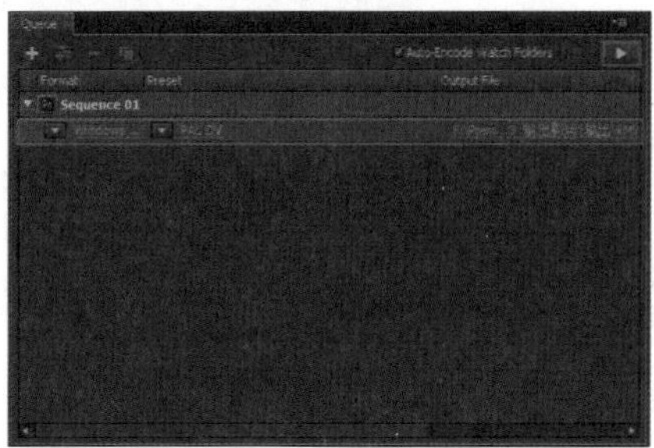

图13—56

05 视频输出完成后，我们看到保存的路径下出现了【输出WMV流媒体文件.wmv】文件，如图13-57所示。

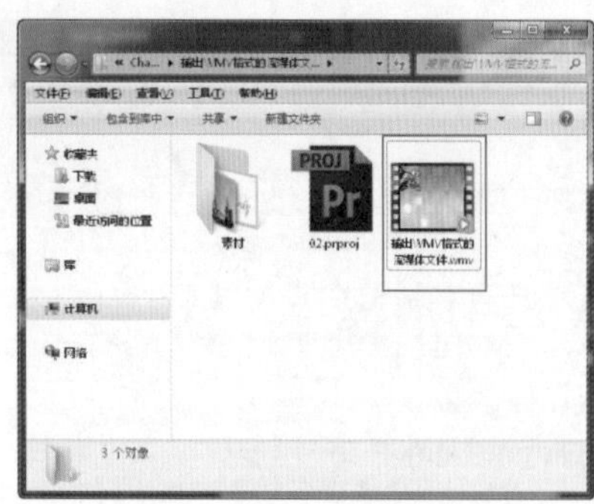

图13—57

答疑解惑：视频为什么在计算机上看有锯齿？

计算机为逐行扫描，而我们DV拍摄的素材都是隔行的，所以在计算机上看会有锯齿，刻成DVD在电视上看就不会出现这种问题了。当然，如果想在计算机上看没有锯齿，也可以在输出设置的时候改成逐行的。

★ 案例实战——输出AVI视频文件

案例文件	案例文件\第13章\输出AVI视频文件.prproj
视频教学	视频文件\第13章\输出AVI视频文件.flv
难易指数	★★★★★
技术要点	输出AVI视频文件

案例效果

输出视频是视频最终效果的表现。多种视频格式中AVI格式调用方便，视频画面比较清晰，整体质量较高，且AVI格式是视频文件中最常用的格式之一。本案例主要是针对“输出AVI视频文件”的方法进行练习，如图13-58所示。

图13—58

操作步骤

01 打开本书配套光盘中的场景文件【02.prproj】，如图13-59所示。

图13—59

02 选择时间线窗口，然后选择菜单栏中的【File（文件）】/【Export（导出）】/【Media（媒体）】命令，或者使用快捷键【Ctrl+M】，如图13-60所示。

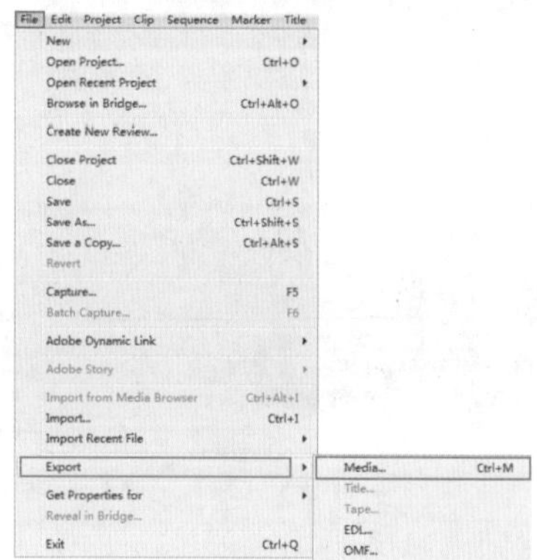

图13—60

03 在弹出的【Export Settings（输出设置）】对话框中设置【Format（格式）】为【AVI】。然后单击【Output Name（输出名）】后面的【Sequence 01.avi】，如图13-61所示。在弹出的对话框中设置保存路径和文件名称，并单击【保存】按钮，如图13-62所示。

图13—61

04 在【Export Settings（输出设置）】对话框中设置【Video（视频）】面板中的【Video Codec（视频编码器）】为【Microsoft Video 1】，【Field Order（场顺序）】为【Progresive（逐行）】，并且选中【Use Maximum Render Quality（使用最大渲染质量）】复选框。接着单击【Import（导出）】按钮，即可开始渲染，如图13-63所示。

图13—62

图13—63

05 在弹出的对话框中会显示渲染进度，如图13-64所示。渲染完成后，在设置的保存路径下出现了AVI格式的视频文件，如图13-65所示。

图13—64

图13—65

答疑解惑：为什么输出几秒的AVI格式视频，文件会那么大？

AVI是一种无损的压缩模式，当然会很大。如果选择无压缩的AVI输出还会更大。所以如果需要视频小一些的话可以降低参数，或者输出其他格式，或者输出完成后使用视频转换软件将其转换得小一些。

★ 案例实战——输出QuickTime文件

案例文件	案例文件\第13章\输出QuickTime文件.prproj
视频教学	视频文件\第13章\输出QuickTime文件.flv
难易指数	
技术要点	输出QuickTime格式的文件

案例效果

QuickTime是苹果公司的播放器，用来播放MOV格式的视频，MOV的特点就是画面清晰，也可以放到网上成为流媒体。本案例主要是针对“输出QuickTime文件”的方法进行练习，如图13-66所示。

图13—66

操作步骤

01 打开本书配套光盘中的场景文件【03.prproj】，如图13-67所示。

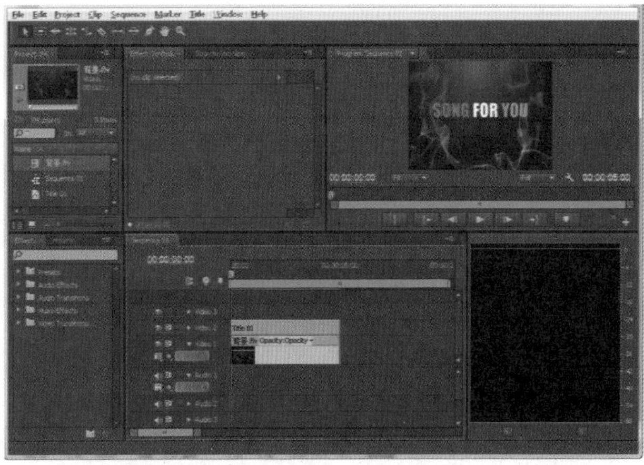

图13—67

02 选择时间线窗口，然后选择菜单栏中的【File（文件）】/【Export（导出）】/【Media（媒体）】命令，或者使用快捷键【Ctrl+M】，如图13-68所示。

03 在弹出的对话框中设置【Format（格式）】为【QuickTime】，【Preset（预置）】为【PAL DV】，然后单击【Output Name（输出名）】后的【Sequence 01.mov】，设置保存路径和文件名称。接着单击【Export（导出）】按钮，如图13-69所示。

04 等待视频输出完成后，我们看到设置的保存路径下出现了【输出QuickTime文件.mov】，如图13-70所示。

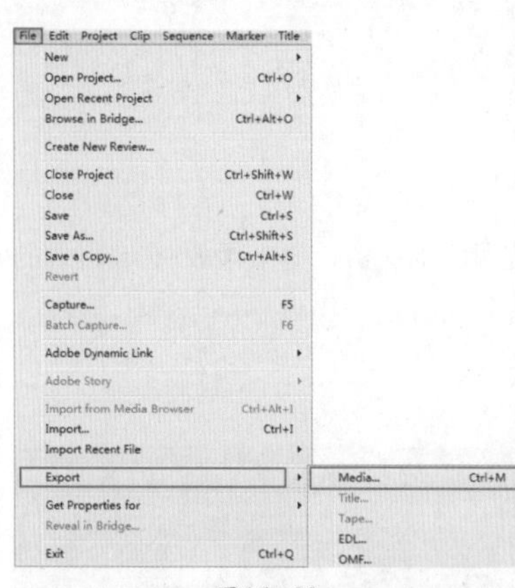
图13-68

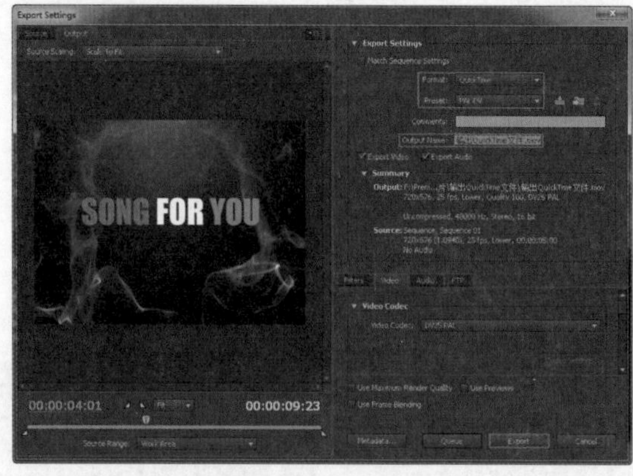

图13-69

图13-70

13.8 输出图像文件

图像文件格式是记录和存储影像信息的格式。数字图像为了进行存储、处理、传播，需要将图像的像素按照一定的方式进行组织和存储，把图像数据存储成文件即可得到图像文件。图像文件格式决定了应该在文件中存放何种类型的信息，文件如何与各种应用软件兼容。

★ 案例实战——输出单帧图像

案例文件	案例文件\第13章\输出单帧图像.prproj
视频教学	视频文件\第13章\输出单帧图像.flv
难易指数	★★★★★
技术要点	输出单帧图像

案例效果

单帧图像就是一幅静止的画面，每一帧都是静止的图像，快速连续地显示帧便形成了运动画面的假象。本案例主要是针对“输出单帧图像”的方法进行练习，如图13-71所示。

图13-71

操作步骤

01 打开本书配套光盘中的场景文件【04.prproj】，如图13-72所示。

图13-72

02 选择时间线窗口，然后选择菜单栏中的【File（文件）】/【Export（导出）】/【Media（媒体）】命令，或者使用快捷键【Ctrl+M】，如图13-73所示。

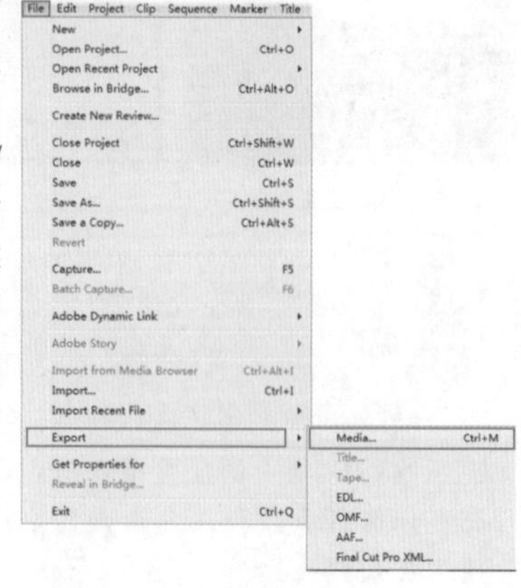
图13-73

03 在弹出的【Export Settings（输出设置）】对话框中设置【Format（格式）】为【BMP】，然后单击【Output Name（输出名）】后面的【Sequence 01.bmp】，设置保存路径和文件名称。接着取消选中【Video（视频）】面板中的【Export As Sequence（导出为序列）】复选框。最后选中【Use Maximum Render Quality（使用最大渲染质量）】复选框，并单击【Export（导出）】按钮，如图13-74所示。

图13-74

04 在输出完成后，在设置的保存路径下出现了该单帧图像文件，如图13-75所示。

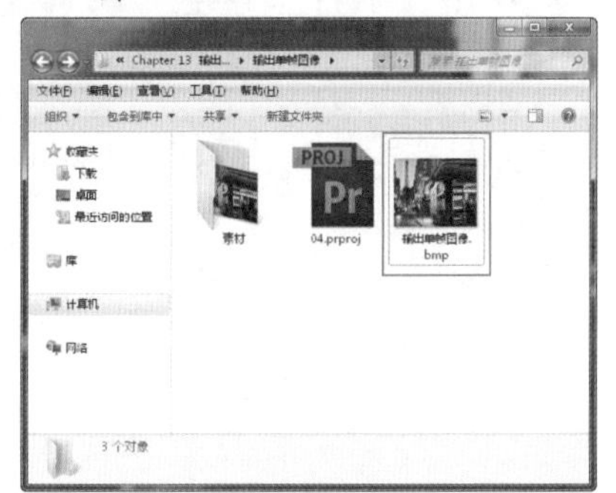

图13-75

答疑解惑：输出的单帧图像有哪些作用？

输出单帧图像是指输出一张静止的图片，可以将图像单独地进行编辑操作。

因为连续的单帧图像可形成动态效果，如电视图像等。帧数越多，所表现出的动作就会越流畅。所以可以将视频素材文件中的某些连续的图像进行单帧图像输出，用于制作序列静帧图像效果。

★ 案例实战——输出静帧序列文件

案例文件	案例文件\第13章\输出静帧序列文件.prproj
视频教学	视频文件\第13章\输出静帧序列文件.flv
难易指数	★★★★★
技术要点	输出静帧序列文件

案例效果

连续的单帧图像就形成了动态效果，而动态的效果可以输出为静帧序列图像。本案例主要是针对“输出静帧序列文件”的方法进行练习，如图13-76所示。

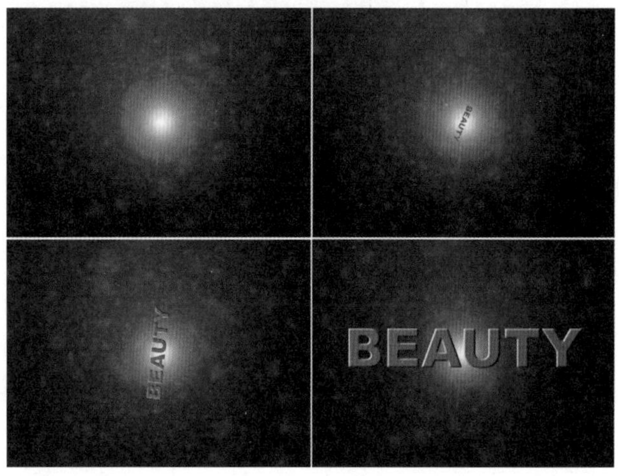

图13-76

操作步骤

01 打开本书配套光盘中的场景文件【05.prproj】，如图13-77所示。

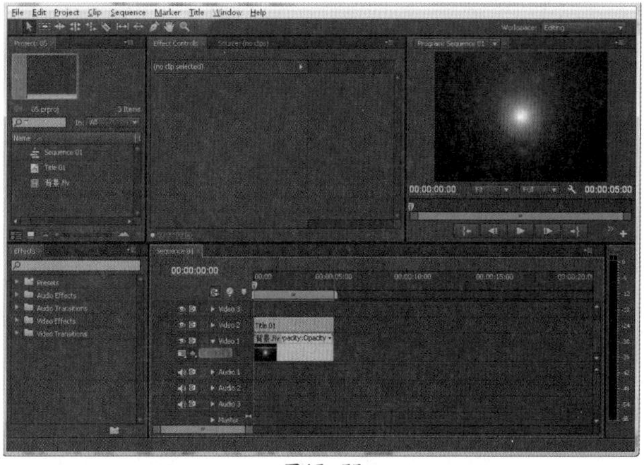

图13-77

02 选择时间线窗口，然后选择菜单栏中的【File（文件）】/【Export（导出）】/【Media（媒体）】命令，或者使用快捷键【Ctrl+M】，如图13-78所示。

03 在弹出的对话框中设置【Format（格式）】为【Targa】，接着单击【Output Name（输出名）】后的【Sequence 01.tga】，设置保存路径和文件名称。接着选中【Use Maximum Render Quality（使用最大渲染质量）】复选框，并单击【Export（导出）】按钮，如图13-79所示。

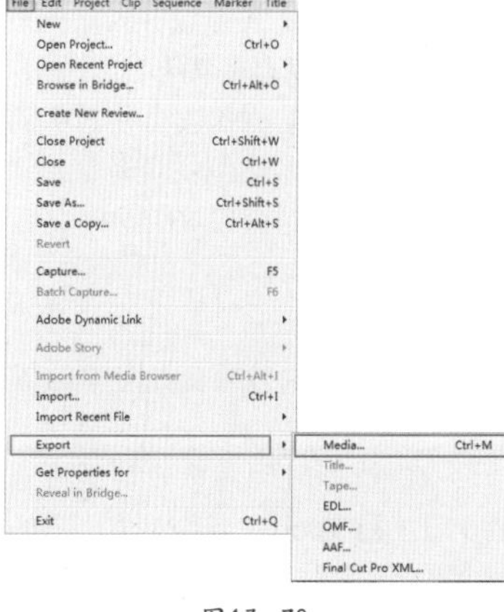

图13-78

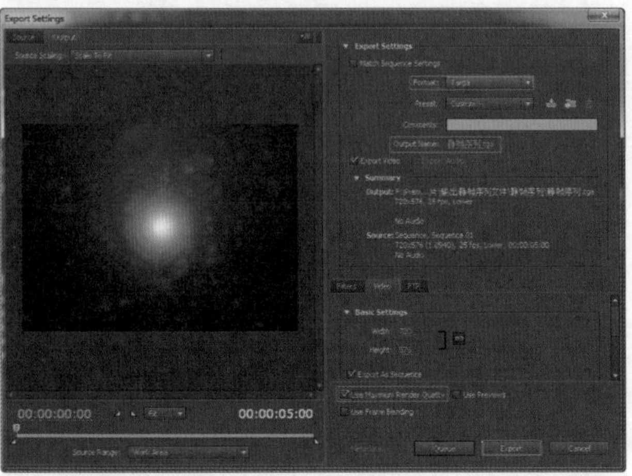

图13—79

技巧提示

一定要注意已经选中【Export As Sequence（输出帧序列）】复选框，这样在渲染输出时才会输出多张序列，假如不选中该复选框，则只能输出一张序列。

04 在序列输出完成后，在设置的保存路径下出现了输出静帧序列文件，如图13-80所示。

图13—80

★ 案例实战——输出GIF动画文件

案例文件	案例文件\第13章\输出GIF动画文件.prproj
视频教学	视频文件\第13章\输出GIF动画文件.flv
难易指数	★★★★★
技术要点	输出GIF格式的动画文件的方法

案例效果

在现在的公共领域有大量的软件在使用GIF图像文件。GIF文件中可以存多幅彩色图像，如果把存储于一个文件中的多幅图像数据逐幅读出并显示到屏幕上，就可构成一种最简单的动画。本案例主要是针对"输出GIF动画文件"的方法进行练习，如图13-81所示。

操作步骤

01 打开本书配套光盘中的场景文件【06.prproj】，如图13-82所示。

02 选择时间线窗口，然后选择菜单栏中的【File（文件）】/【Export（导出）】/【Media（媒体）】命令，或者使用快捷键【Ctrl+M】，如图13-83所示。

图13—81

图13—82

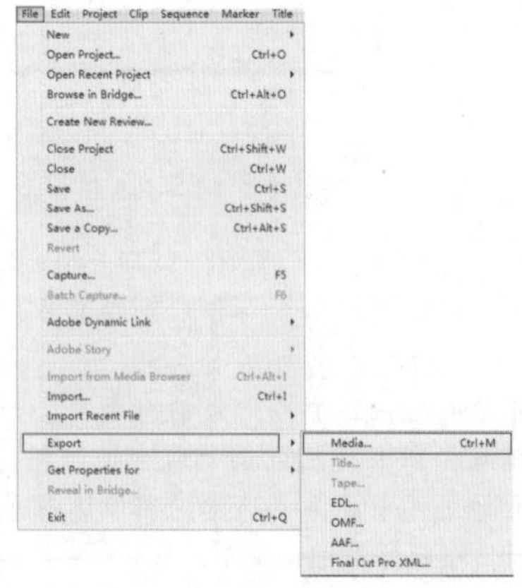

图13—83

03 在弹出的对话框中设置【Format（格式）】为【Animated GIF（动画GIF）】，然后单击【Output Name（输出名）】后的【Sequence 01.gif】，设置保存路径和文件名称。接着选中【Use Maximum Render Quality（使用最大渲染质量）】复选框，并单击【Export（导出）】按钮，如图13-84所示。

04 在输出完成后，在设置的保存路径下出现了GIF文件，如图13-85所示。

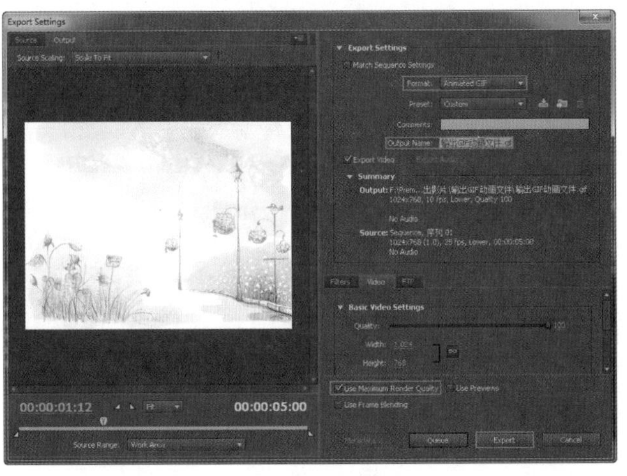
图13-84

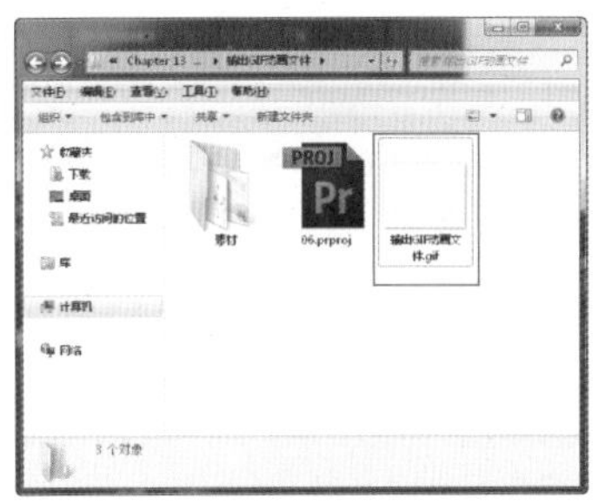
图13-85

答疑解惑：为什么在输出的时候提示磁盘空间不足？

现在的硬盘最大支持单个文件的大小为4GB，一般如果输出AVI格式的文件很容易超过这个范围，把硬盘分区改成NTFS就没有4GB的限制了。

13.9 输出音频文件

音频格式是指要在计算机内播放或是处理音频文件，即对声音文件进行数、模转换的过程。音频数字化的标准是每个样本16位-96dB的信噪比，采用线性脉冲编码调制PCM，每一量化步长都具有相等的长度。

★ 案例实战——输出音频文件

案例文件	案例文件\第13章\输出音频文件.prproj
视频教学	视频文件\第13章\输出音频文件.flv
难易指数	★★★★★
技术要点	输出音频文件

案例效果

在Adobe Premiere Pro CS6软件中，可以对音频素材文件进行剪辑和一些其他操作，然后可以将编辑完成的音频效果输出。本案例主要是针对“输出音频文件”的方法进行练习，如图13-86所示。

图13-86

操作步骤

01 打开本书配套光盘中的场景文件【07.prproj】，如图13-87所示。

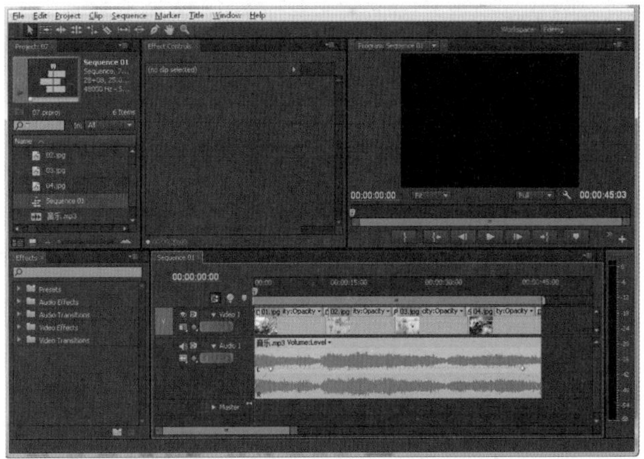
图13-87

02 选择时间线窗口，然后选择菜单栏中的【File（文件）】/【Export（导出）】/【Media（媒体）】命令，或者使用快捷键【Ctrl+M】，如图13-88所示。

03 在弹出的【Export Settings（输出设置）】对话框中设置【Format（格式）】为【Waveform Audio】。然后单击【Output Name（输出名）】后面的【Sequence 01.avi】，设置保存路径和文件名称。接着选中【Use Maximum Render

Quality（使用最大渲染质量）】复选框，并单击【Export（导出）】按钮，如图13-89所示。

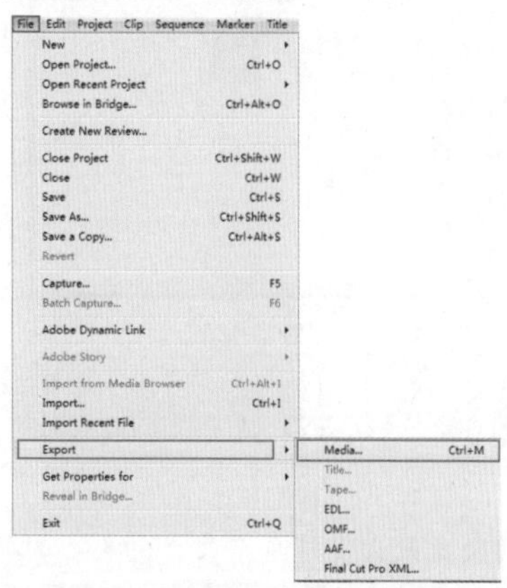

图13—88

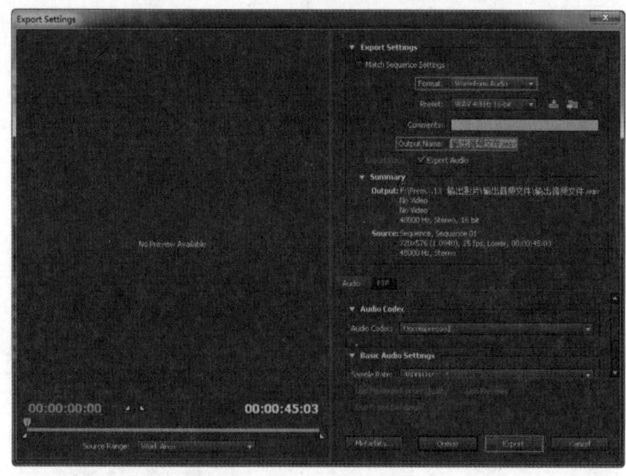

图13—89

04 音频输出完成后，在设置好的保存路径下出现了该音频文件，如图13-90所示。

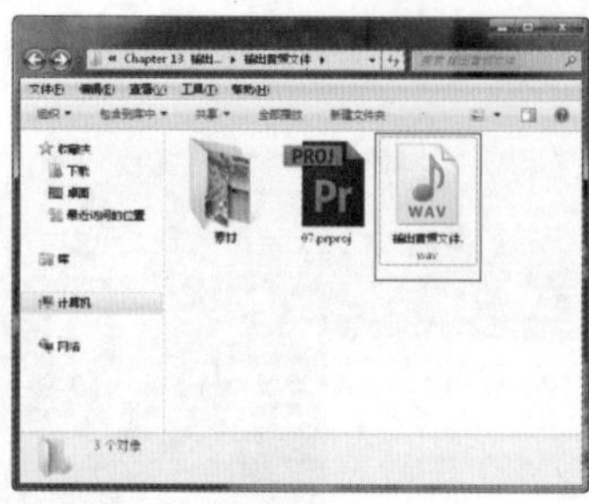

图13—90

答疑解惑：是否可以将视频中的音频输出？

可以。在编辑素材文件时分离视频和音频，然后提取音频中需要的音频部分。接着输出各种音频格式即可。常用的音频格式有WAV、MP3、WMA等。

技术拓展：借助视频转换软件更改格式或大小

由于不同的播放器支持不同格式的视频文件，或者计算机中缺少相应格式的解码器，或者如手机、MP4等移动设备只能播放固定的格式，因此会出现视频无法播放的情况。这时可以使用格式转换器来更改视频的格式或大小。

常用的转换视频软件有很多，包括会声会影、Windows Movie Maker、格式工厂和狸窝全能视频转换器等。其中狸窝全能视频转换器是一款功能强大、界面简洁的全能型音视频转换及编辑工具。几乎所有常用的视频格式之间可以任意相互转换。如RM、RMVB、VOB、VCD、MOV、MPEG、WMV、FLV、MKV、MP4、3GP、AVI等视频文件。

课后练习

【课后练习——输出FLV视频文件】

思路解析：

01 选择时间线窗口，然后按快捷键【Ctrl+M】，打开【Export Settings（输出设置）】对话框。

02 在该对话框中设置【Format（格式）】为【FLV】，并设置导出质量和导出保存路径以及名称。

03 设置完成后单击【Export（导出）】按钮，稍等片刻即可得到输出的FLV视频文件。

本章小结

通过本章的学习，可以通过Adobe Premiere Pro CS6输出所制作的项目。可以输出JPG、AVI、MOV和MP4等常用的格式，方便在不同的播放器中进行播放，而且输出的影片或图像等可以作为素材进行再次编辑和使用。输出是完成项目的最后一步，是制作完成的作品呈现的一种方式。

读书笔记

第14章

MV剪辑

本章内容简介：

本章主要是将视频素材分割和重组，并利用剪辑手法和视频/音频的基本属性，制作出不同的画面镜头效果，最终制作出连贯流畅、主题鲜明的MV作品。

本章学习要点：

- 了解什么是MV
- 了解MV的作用和制作方法
- 掌握分割素材和转场的合理应用
- 应用视频/音频的基本属性

14.1 了解MV

MV是当代流行的一种音乐与电视结合的视频，即用相应的歌曲配以合适的精美画面，使原本只具有听觉艺术的歌曲，变为视觉与听觉结合的一种崭新的艺术样式。

14.1.1 什么是MV

MV即Music Video，因为“音乐电视”并非只是局限在电视上，还可以利用光盘，或者移动设备和网络的方式发布，MV是一种视觉文化，是建立在音乐、歌曲结构上的流动视觉。视觉是音乐听觉的外在形式，音乐是视觉的潜在形态。

14.1.2 MV的作用

音乐电视是利用电视画面手段来补充音乐所无法涵盖的信息内容和传递的含义。与广告不同，广告主要是宣传产品，而MV是宣传歌曲和歌手。但是，现在也常常将广告与MV相结合作为一种商业手段。

★ 综合实战——MV剪辑效果

案例文件	案例文件\第14章\MV剪辑效果.prproj
视频教学	视频文件\第14章\MV剪辑效果.flv
难易指数	★★★★★
技术要点	剃刀工具和属性关键帧的应用

案例效果

剪辑，即将影片制作中所拍摄的素材，经过选择、取舍、分解与组接，最终完成一个取舍、分解与组接，含义明确，并有艺术感染力的作品。本案例主要是针对“制作MV剪辑”的方法进行练习，如图14-1所示。

图14—1

操作步骤

Part01 制作第一个镜头

01 单击【New Project（新建项目）】选项，并单击【Browse（浏览）】按钮设置保存路径，在【Name（名称）】文本框中设置文件名称。接着在弹出的对话框中选择【DV-PAL】/【Standard 48kHz】选项，如图14-2所示。

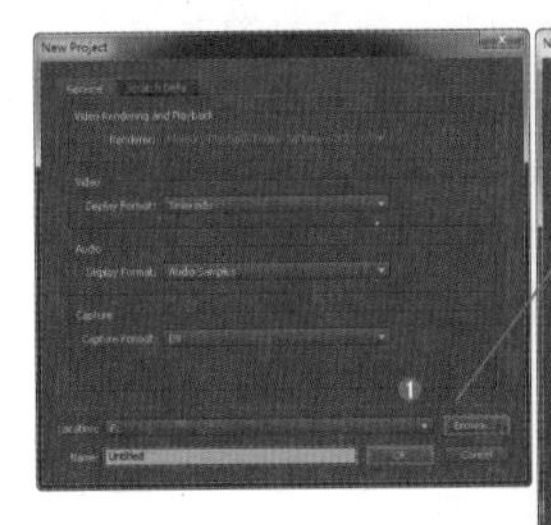

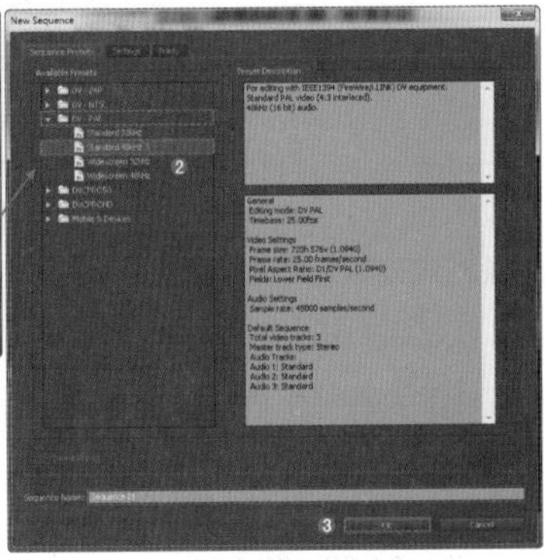

图14—2

02 选择菜单栏中的【File（文件）】/【Import（导入）】命令或按快捷键【Ctrl+I】，然后在打开的对话框中选择所需的素材文件，并单击【打开】按钮导入，如图14-3所示。

图14—3

03 将项目窗口中的【Secrets.avi】素材文件拖曳到Video1轨道上，如图14-4所示。

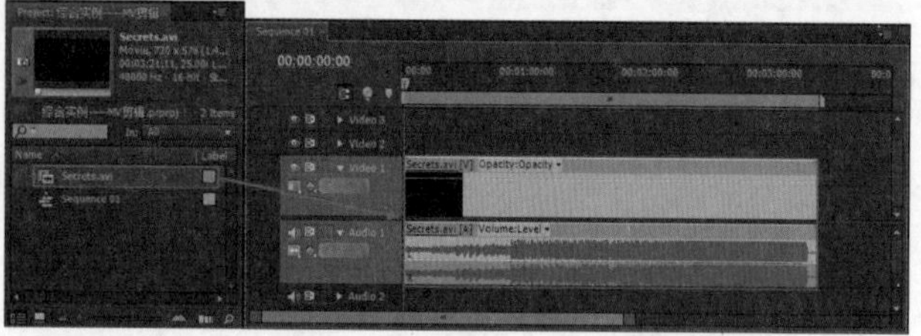

图14—4

04 选择（剃刀工具），然后将时间线拖动到第3秒11帧的位置，单击鼠标左键进行剪辑，如图14-5所示。

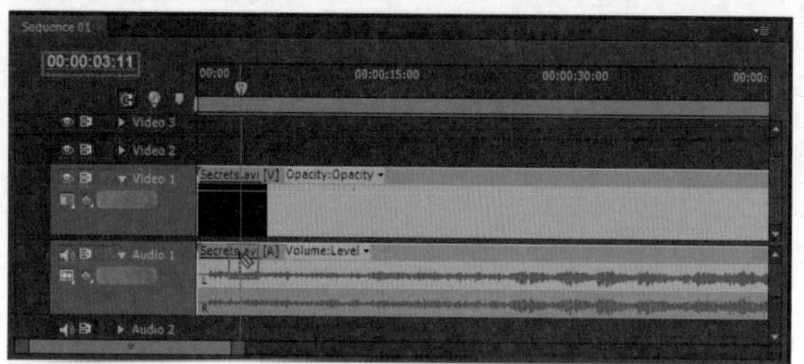

图14—5

技术专题——找到剪切点的方法

所谓画面的顶点，是指画面是动作、表情的转折点。

影像是一连串静止画面的连续，因为前面的胶片在人眼中会形成残留的影像，所以胶片上的画面看起来才是动态的。因此，越是激烈的运动，在画面的顶点或者在动作开始的前一刻进行剪切，会在后面的胶片上产生强烈的残留影像的效果，给观众留下深刻的印象。

05 选择前半部分【Secrets.avi】素材文件，然后单击鼠标右键，在弹出的快捷菜单中选择【Unlink（解除链接）】命令，如图14-6所示。

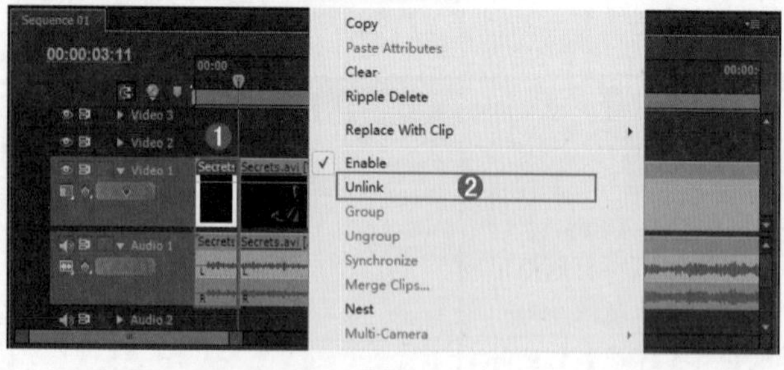

图14—6

技巧提示

解除音频/视频的链接，主要是方便在后面进行视频剪辑的时候，不会影响音频的连贯性，防止在剪辑的过程中过于混乱。

06 选择解除链接的音频素材文件，按【Delete】键删除。然后将剩余视频素材文件拖曳到Video2轨道上，如图14-7所示。

图14—7

07 在前面的空白处单击鼠标右键，在弹出的快捷菜单中选择【Ripple Delete（波纹删除）】命令，使【Secrets.avi】素材文件向前拖曳填补空档，如图14-8所示。

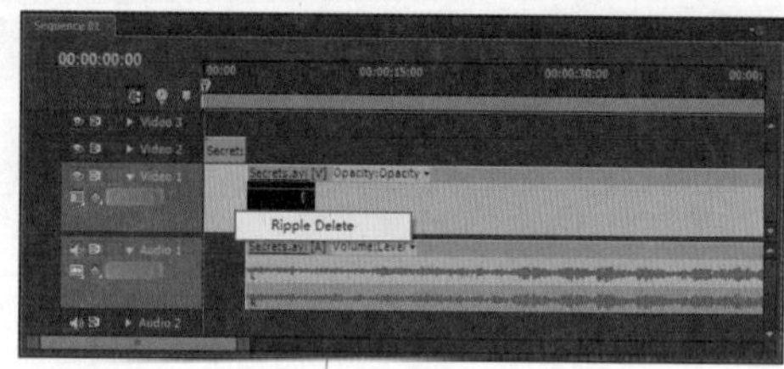

图14—8

技巧提示

使用【Ripple Delete（波纹删除）】命令，可以快速将文件的空档部分填补，是剪辑过程中常用的命令之一。

08 选择Video2轨道上的【Secrets.avi】视频素材文件，然后设置【Blend Mode（混合模式）】为【Screen（滤色）】，如图14-9所示。此时效果如图14-10所示。

图14—9　图14—10

Part02 制作第二个镜头

01 选择（剃刀工具），然后将时间线拖动到第3秒11帧的位置，单击鼠标左键进行剪辑，如图14-11所示。

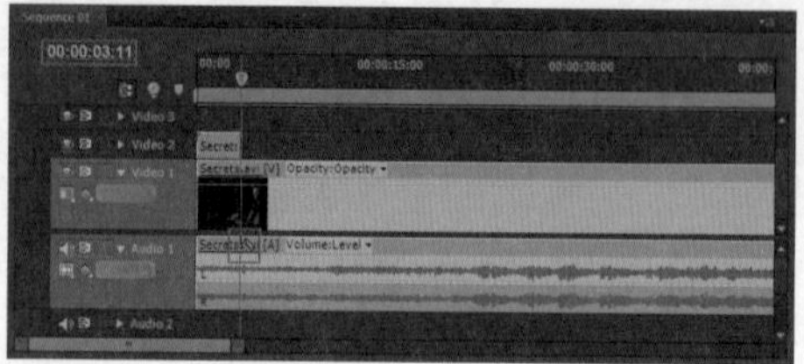

图14—11

02 选择 （剃刀工具），然后将时间线拖动到第7秒11帧的位置，单击鼠标左键进行剪辑，如图14-12所示。

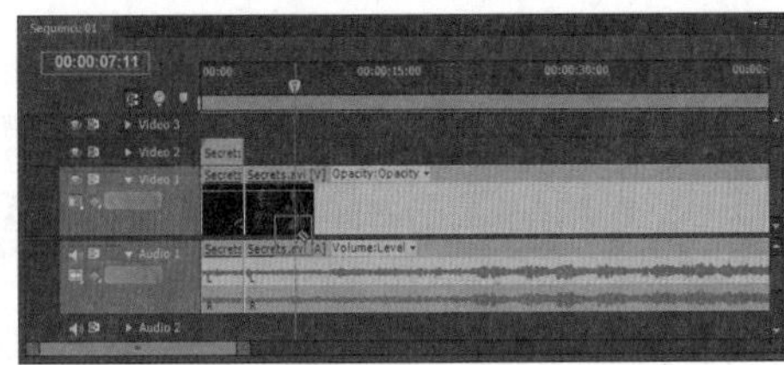

图14—12

03 选择【Secrets.avi】素材文件中间剪辑的部分，然后按【Delete】键删除，并单击鼠标右键，在弹出的快捷菜单中选择【Ripple Delete（波纹删除）】命令，使【Secrets.avi】素材文件向前拖曳填补空档，如图14-13所示。

图14—13

04 选择 （剃刀工具），然后将时间线拖动到第5秒13帧的位置，单击鼠标左键进行剪辑，如图14-14所示。

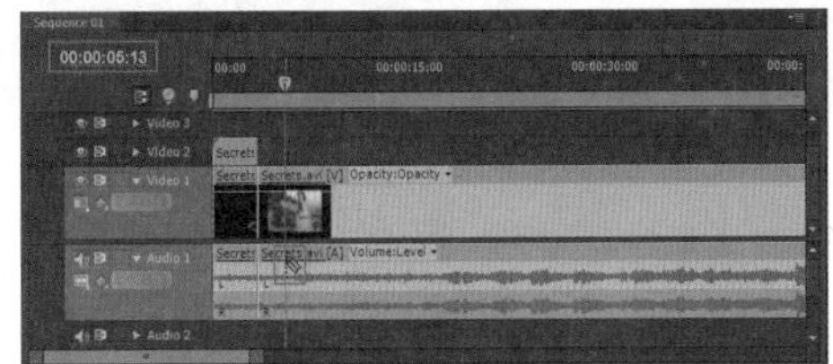

图14—14

05 选择第二个镜头的【Secrets.avi】素材文件，然后将时间线拖到第3秒11帧的位置，单击【Position（位置）】和【Scale（缩放）】前面的 按钮，开启自动关键帧，并设置【Position（位置）】为（360，288），【Scale（缩放）】为100。接着将时间线拖到第4秒11帧的位置，设置【Position（位置）】为（246，463），【Scale（缩放）】为162，如图14-15所示。此时效果如图14-16所示。

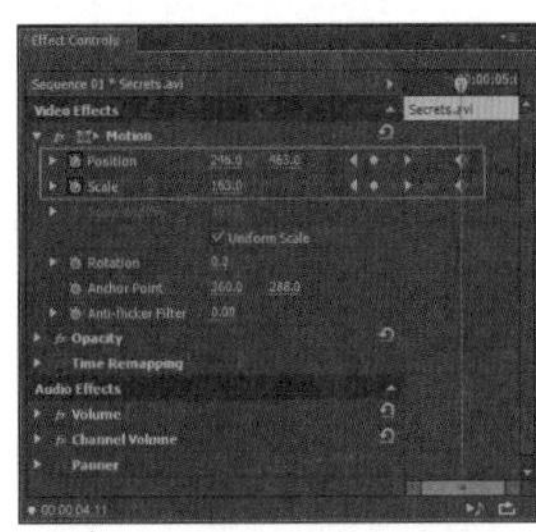

图14—15

图14—16

Part03 制作第三个镜头

01 选择 （剃刀工具），然后将时间线拖动到第17秒的位置，单击鼠标左键进行剪辑，如图14-17所示。

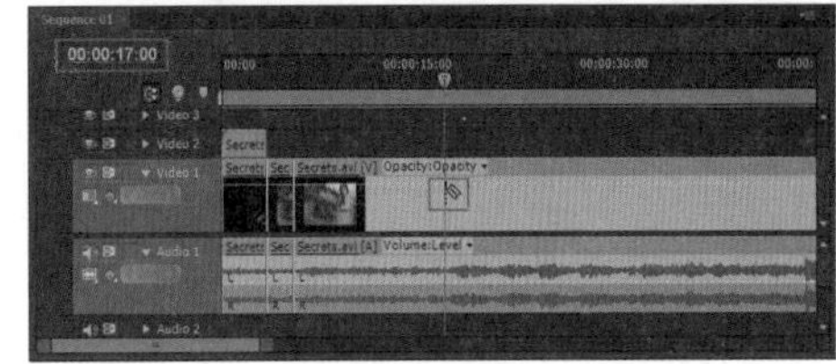

图14—17

02 选择【Secrets.avi】素材文件第17秒前剪辑的部分，然后按【Delete】键删除，并单击鼠标右键，在弹出的快捷菜单中选择【Ripple Delete（波纹删除）】命令，使【Secrets.avi】素材文件向前拖曳填补空档，如图14-18所示。

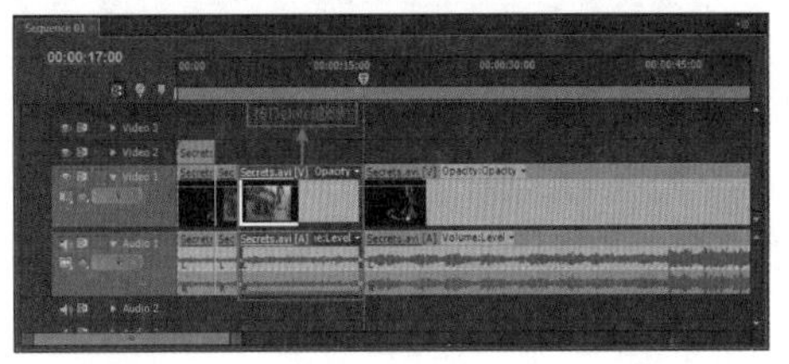

图14—18

03 在【Effects（效果）】窗口中搜索【Cross Dissolve（交叉叠化）】效果，然后按住鼠标左键拖曳到第二段和第三段【Secrets.avi】素材文件之间，如图14-19所示。

图14—19

04 此时拖动时间线滑块查看效果，如图14-20所示。

图14—20

Part04 制作第四个镜头

01 选择 （剃刀工具），然后将时间线拖动到第12秒15帧的位置，单击鼠标左键进行剪辑，如图14-21所示。

02 选择 （剃刀工具），然后将时间线拖动到第18秒20帧的位置，单击鼠标左键进行剪辑，如图14-22所示。

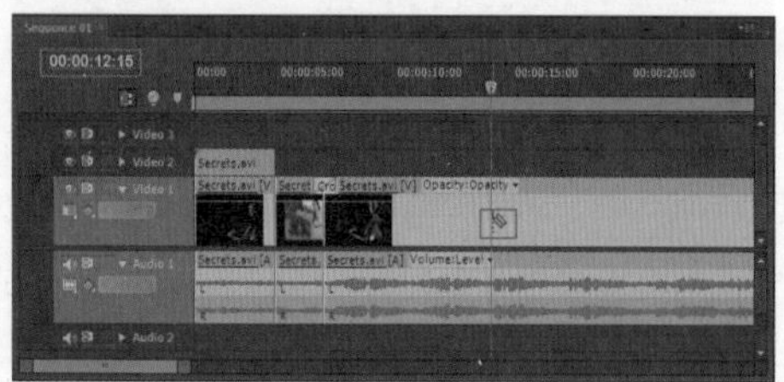

图14—21

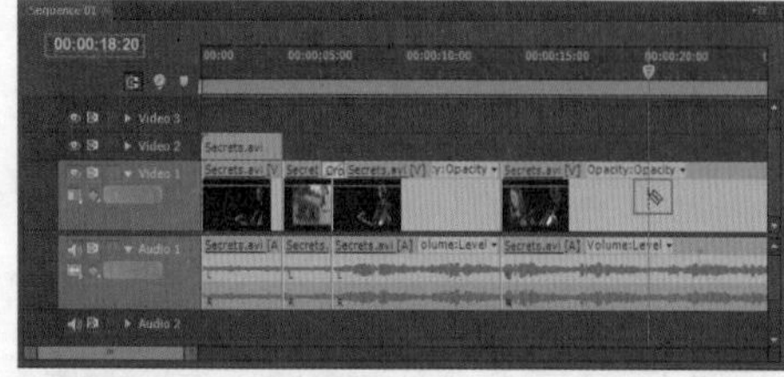

图14—22

03 选择【Secrets.avi】素材文件第18秒20帧前剪辑的部分，然后按【Delete】键删除，并单击鼠标右键，在弹出的快捷菜单中选择【Ripple Delete（波纹删除）】命令，使【Secrets.avi】素材文件向前拖曳填补空档，如图14-23所示。

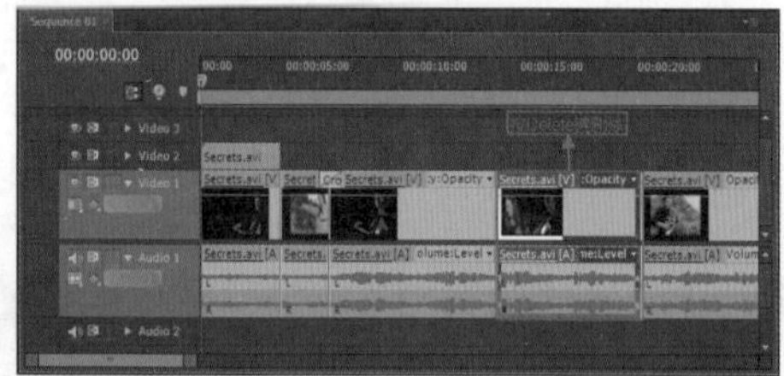

图14—23

04 选择（剃刀工具），然后将时间线拖动到第37秒13帧的位置，单击鼠标左键进行剪辑，如图14-24所示。

图14—24

05 在【Effects（效果）】窗口中搜索【Dip to Black（黑场过渡）】效果，然后按住鼠标左键拖曳到第三段和第四段【Secrets.avi】素材文件之间，如图14-25所示。

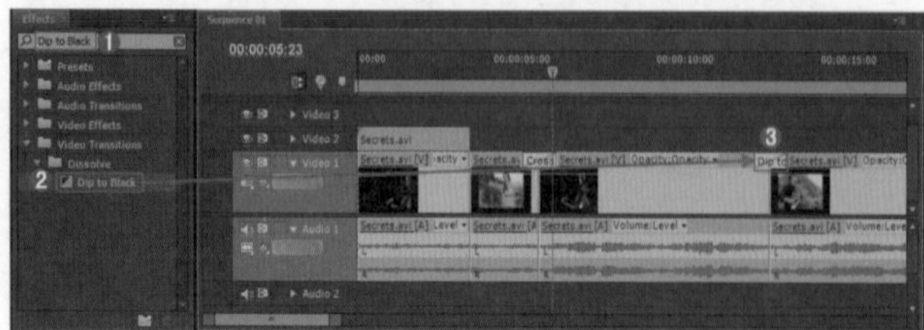

图14—25

06 选择第四段【Secrets.avi】素材文件，然后将时间线拖到第16秒08帧的位置，单击【Position（位置）】和【Scale（缩放）】前面的按钮，开启自动关键帧。接着将时间线拖到第17秒16帧的位置，设置【Position（位置）】为（360，391），【Scale（缩放）】为140，如图14-26所示。

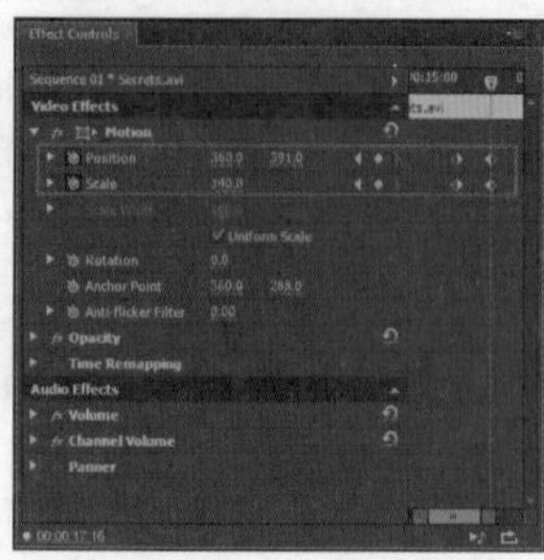

图14—26

07 将时间线拖到第19秒12帧的位置，设置【Position（位置）】为（360，391），【Scale（缩放）】为140。接着将时间线拖到第21秒03帧的位置，设置【Position（位置）】为（360，288），【Scale（缩放）】为105，如图14-27所示。此时效果如图14-28所示。

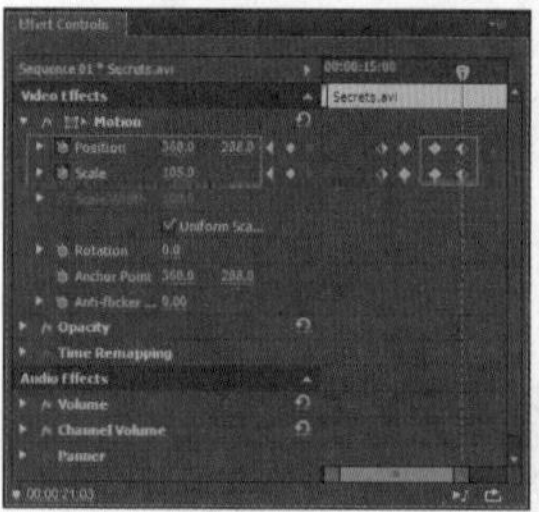

图14—27

图14—28

技术专题——剪辑需注意旋律感

让我们以该镜头为例，看一下寻找剪切点的方法，如图14—29所示。

图14—29

在需要转换画面效果的位置进行剪切，并再次组合，这样很简短的画面就可以体现出一连串的画面动作，且画面感也很强，不拖泥带水，令人印象很深，这就是剪辑的魅力。

Part05 制作第五个镜头

01 选择（剃刀工具），然后将时间线拖动到第2分45秒12帧的位置，单击鼠标左键进行剪辑，如图14-30所示。

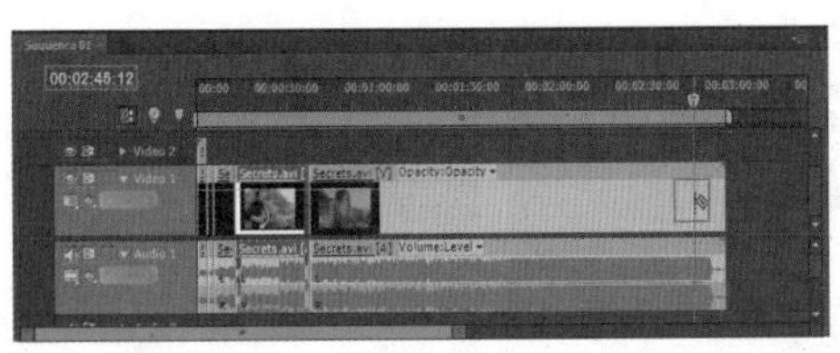

图14-30

02 选择【Secrets.avi】素材文件第2分45秒12帧前剪辑的部分，然后按【Delete】键删除。并单击鼠标右键，在弹出的快捷菜单中选择【Ripple Delete（波纹删除）】命令，使【Secrets.avi】素材文件向前拖曳填补空档，如图14-31所示。

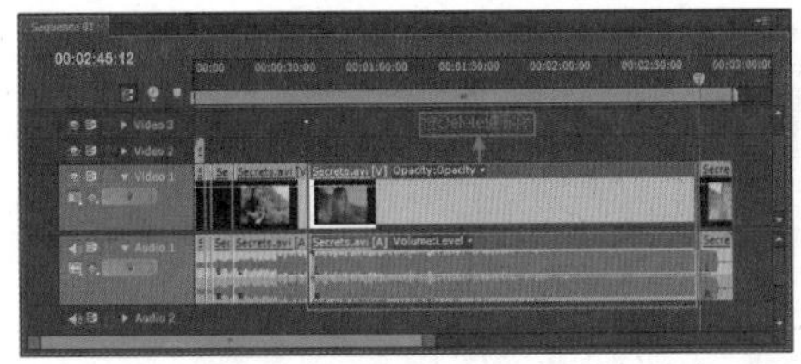

图14-31

03 选择最后一段【Secrets.avi】素材文件，然后单击鼠标右键，在弹出的快捷菜单中选择【Unlink（解除链接）】命令，如图14-32所示。

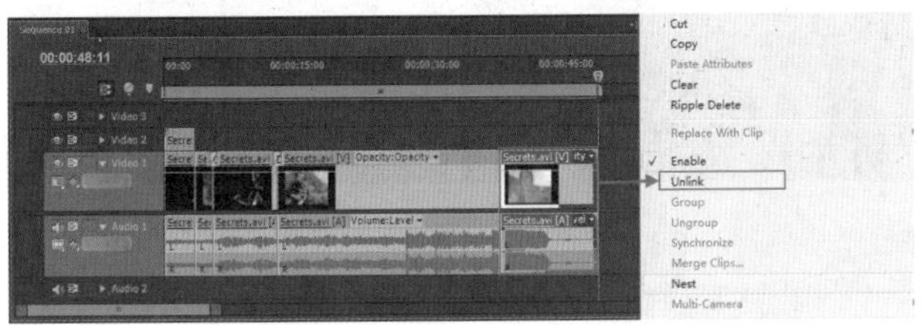

图14-32

04 选择（剃刀工具），然后将时间线拖动到第44秒11帧的位置，单击鼠标左键进行剪辑，如图14-33所示。

图14-33

05 选择剪辑后的第五段【Secrets.avi】视频素材文件，然后将其复制到Video2、Video3和Video4轨道上，并与Video1轨道上的第五段素材文件对齐，如图14-34所示。

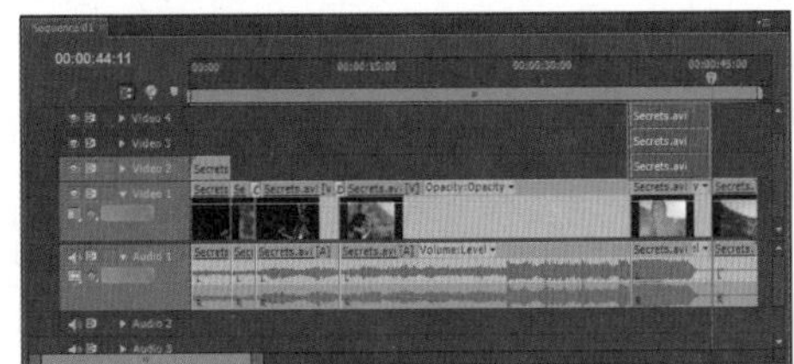

图14-34

06 选择Video1轨道上的第五段【Secrets.avi】视频素材文件，然后将时间线拖到第37秒13帧的位置，单击【Position（位置）】和【Scale（缩放）】前面的按钮，开启自动关键帧，并设置【Position（位置）】和【Scale（缩放）】为默认值。接着将时间线拖到第38秒22帧的位置，设置【Position（位置）】为（180，143），【Scale（缩放）】为50，如图14-35所示。此时效果如图14-36所示。

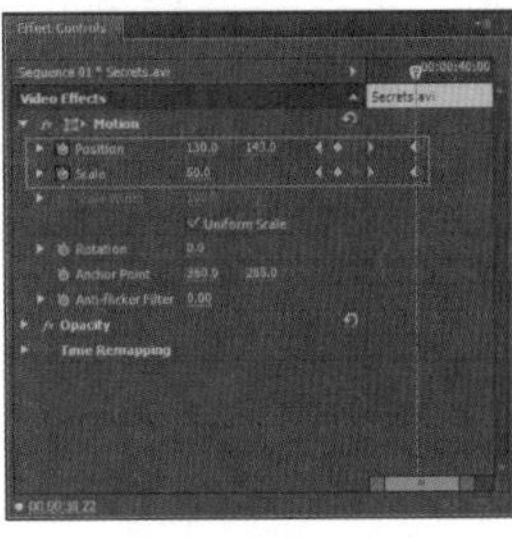

图14-35

图14-36

07 选择Video2轨道上的【Secrets.avi】素材文件，然后将时间线拖到第37秒13帧的位置，单击【Position（位置）】和【Scale（缩放）】前面的按钮，开启自动关键帧，并设置【Position（位置）】和【Scale（缩放）】为默认值。接着将时间线拖到第38秒22帧的位置，设置【Position（位置）】为（180，431），【Scale（缩放）】为50，如图14-37所示。此时效果如图14-38所示。

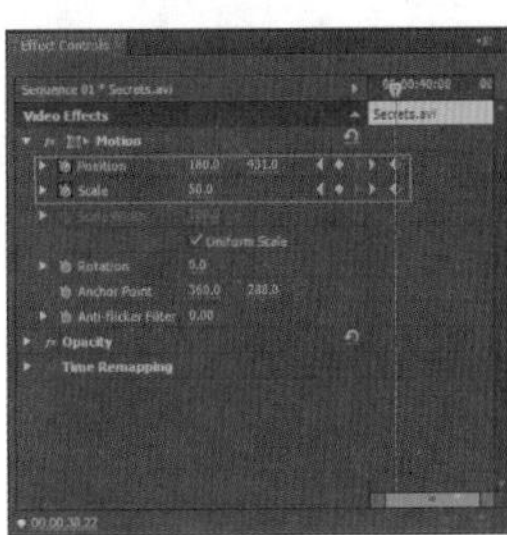

图14-37

图14-38

08 选择Video3轨道上的【Secrets.avi】素材文件，然后将时间线拖到第37秒13帧的位置，单击【Position（位置）】和【Scale（缩放）】前面的按钮，开启自动关键帧，并设置【Position（位置）】和【Scale（缩放）】为默认值。接着将时间线拖到第38秒22帧的位置，设置【Position（位置）】为（539，431），【Scale（缩放）】为50，如图14-39所示。此时效果如图14-40所示。

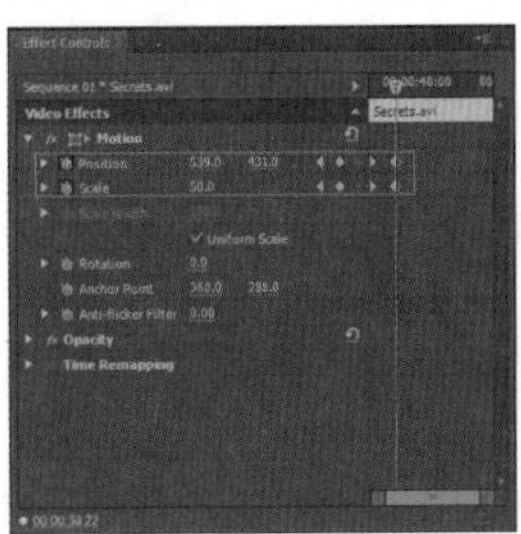

图14-39

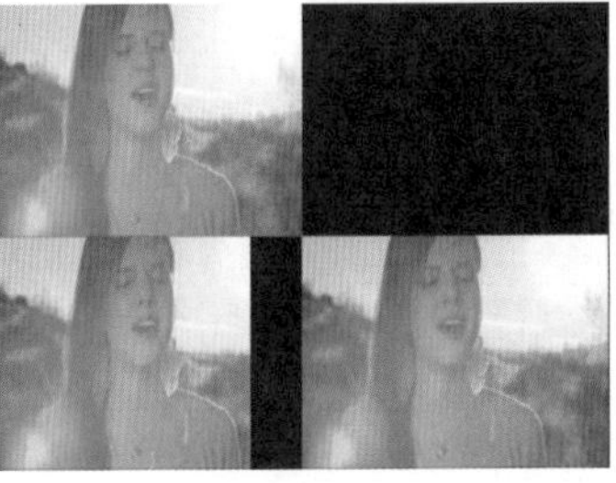

图14-40

09 选择Video4轨道上的【Secrets.avi】素材文件，然后将时间线拖到第37秒13帧的位置，单击【Position（位置）】和【Scale（缩放）】前面的按钮，开启自动关键帧，并设置【Position（位置）】和【Scale（缩放）】为默认值。接着将时间线拖到第38秒22帧的位置，设置【Position（位置）】为（539，143），【Scale（缩放）】为50，如图14-41所示。此时效果如图14-42所示。

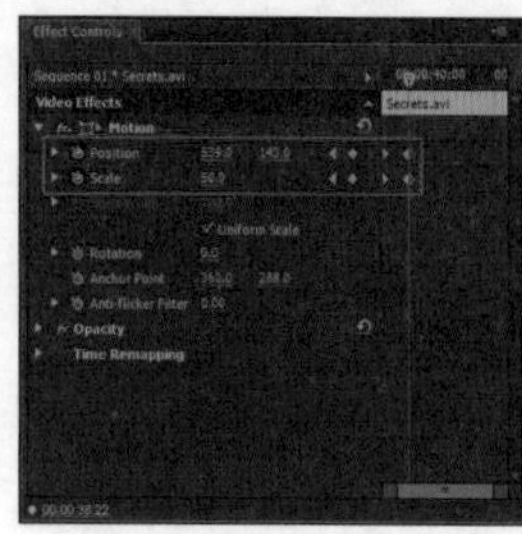

图14-41

图14-42

10 分别选择这四段【Secrets.avi】视频素材文件，然后设置【Blend Mode（混合模式）】为【Screen（滤色）】，如图14-43所示。此时效果如图14-44所示。

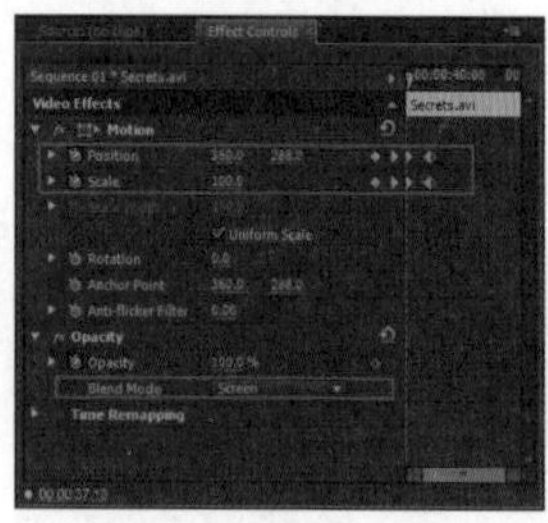

图14-43

图14-44

11 选择最后一段【Secrets.avi】视频素材文件，然后将时间线拖到第44秒11帧的位置，并设置【Opacity（不透明度）】为0%，接着将时间线拖到第44秒21帧的位置，设置【Opacity（不透明度）】为100%，如图14-45所示。此时效果如图14-46所示。

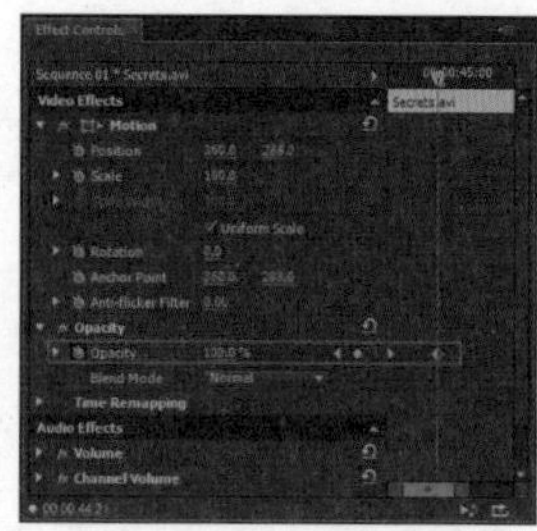

图14-45

图14-46

12 此时拖动时间线滑块查看最终效果，如图14-47所示。

图14-47

技术专题——镜头的拍摄方式

摄像就是利用摄像机在推、拉、摇、移、跟、甩等形式的运动中进行拍摄的方式，可以使画面感更强、变化更多。

01 推：推是指使画面由大范围景别连续过渡的拍摄方法。推镜头一方面把主体从环境中分离出来，另一方面提醒观者对主体或主体的某个细节特别注意。

02 拉：拉与推正好相反，它把被摄主体在画面由近至远、由局部到全体地展示出来，使得主体或主体的细节渐渐变小。

03 摇：摇是指摄像机的位置不动，只作角度的变化，其方向可以是左右摇或上下摇，也可以是斜摇或旋转摇。其目的是对被摄主体的各部位逐一展示，或展示规模，或巡视环境等。

04 移：移是“移动”的简称，是指摄像机沿水平作各方向移动并同时进行拍摄。移动拍摄可产生巡视或展示的视觉效果，如果被摄主体属于运动状态，使用移动拍摄可在画面上产生跟随的视觉效果。

05 跟：跟是指跟随拍摄，即摄像机始终跟随被摄主体进行拍摄，使运动的被摄主体始终在画面中。作用是能更好地表现运动的物体。

06 甩：甩实际上是摇的一种，具体操作是在前一个画面结束时，镜头急骤地转向另一个方向。作用是表现事物、时间、空间的急剧变化，造成人们心理的紧迫感。

第15章

产品广告

本章内容简介：

本章主要是使用图像素材文件和字幕的覆叠效果相结合，制作出宣传广告效果。而且可以灵活掌握字幕颜色、字体与素材图像的相互搭配效果的方法。

本章学习要点：

- 了解什么是产品广告
- 了解产品广告的作用
- 掌握素材关键帧动画的应用
- 掌握字幕效果

15.1 了解广告

广告是为了特定的需要，通过一定的媒体形式，公开而广泛地向公众传递信息的宣传手段。广告包括非经济广告和经济广告。非经济广告指不以盈利为目的的广告，其主要目的是推广。而经济广告，又称商业广告，是指以盈利为目的的广告，是商品生产者、经营者和消费者之间沟通信息的一种方法，其主要目的是扩大经济效益。

15.1.1 广告设计

广告设计是视觉传达艺术设计中的一种，主要表现在将产品的功能特点以一定的画面方式转换成视觉因素，使产品更直观地面对大众，起到推广宣传的作用。

15.1.2 广告的作用

广告的作用包括两个方面，一个方面是广告的传播作用，另一个方面是广告本身的作用。广告是面向大众的一种传播方式，所以让大众都接受的广告效果即为成功的广告。广告的效果也在某些程度上决定了是否成功。

★ 综合实战——巧克力广告

案例文件	案例文件\第15章\巧克力广告.prproj
视频教学	视频文件\第15章\巧克力广告.flv
难易指数	★★★★★
技术要点	关键帧动画和4点蒙版扫除效果的应用

案例效果

产品广告常以简单的动画效果表现产品，扩大广告宣传范围，使消费者增强对产品的认识。本案例主要是针对“制作巧克力广告效果”的方法进行练习，如图15-1所示。

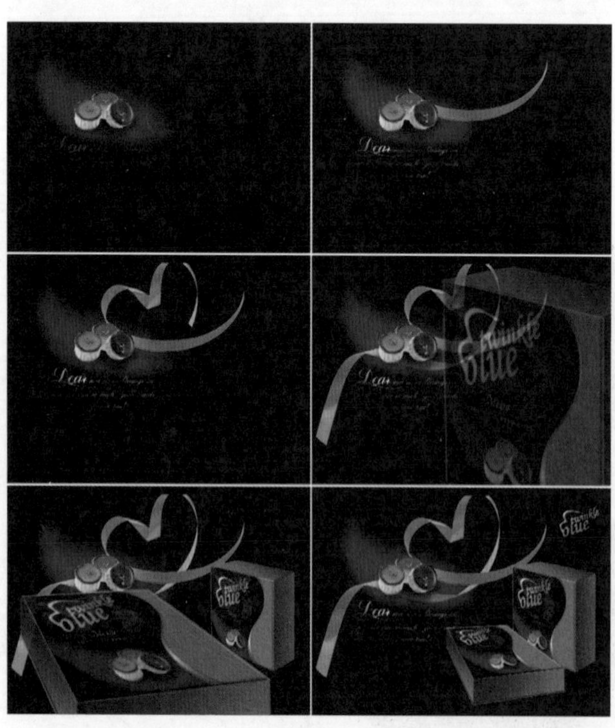

图15—1

操作步骤

Part01 制作丝带动画效果

01 单击【New Project（新建项目）】选项，并单击【Browse（浏览）】按钮，在【Name（名称）】文本框中修改文件名称。接着选择【DV-PAL】/【Standard 48kHz】选项，如图15-2所示。

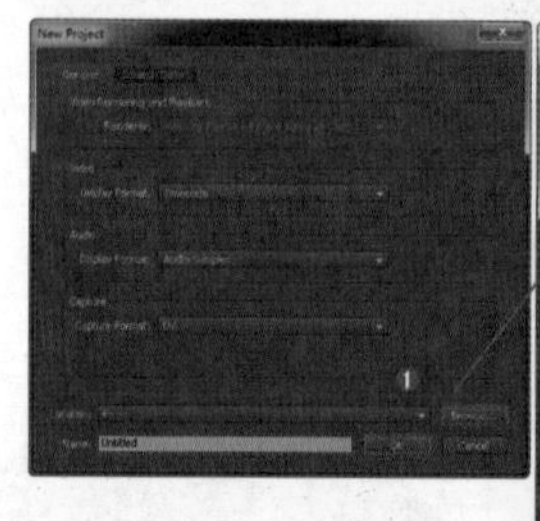

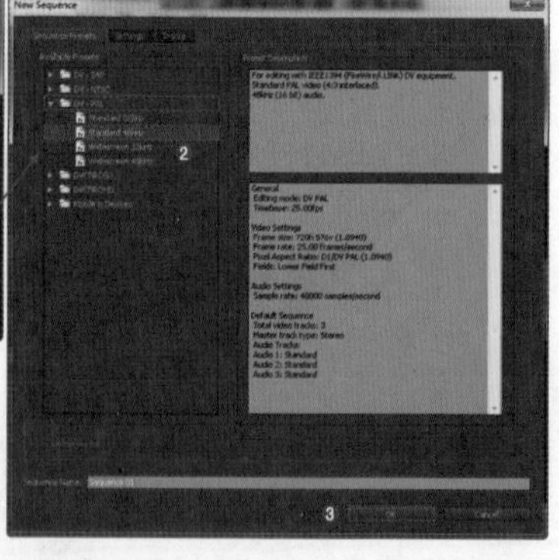

图15—2

02 选择【File（文件）】/【Import（导入）】命令或者按快捷键【Ctrl+I】，将所需素材导入，如图15-3所示。

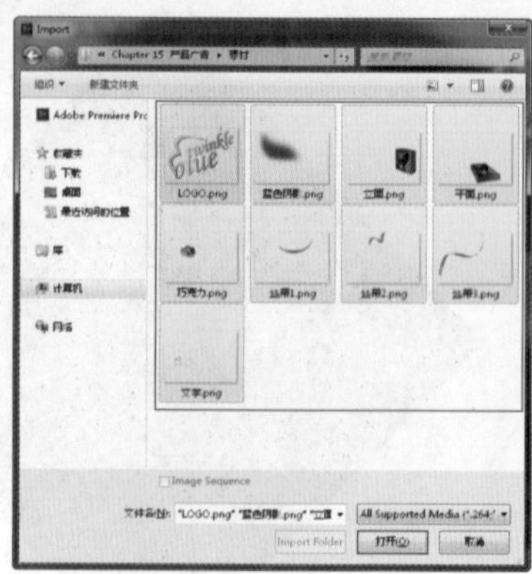

图15—3

03 将项目窗口中的【蓝色阴影.png】、【丝带1.png】、【丝带2.png】和【丝带3.png】素材文件按顺序拖曳到时间线窗口中，并设置结束时间为第14秒14帧的位置。然后单击鼠标右键，在弹出的快捷菜单中选择【Scale to Frame Size（缩放到框大小）】命令，如图15-4所示。

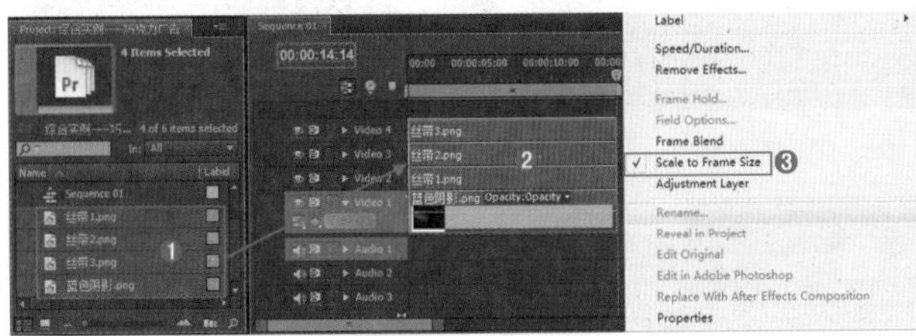

图15-4

在制作项目过程中，需要添加多个素材文件时，可以选择多个素材，并使用【Scale to Frame Size（缩放到框大小）】命令，能够快速调整素材在监视器窗口中的大小。

04 在【Effects（效果）】窗口中搜索【Four-Point Garbage Matte（4点蒙版扫除）】效果，然后按住鼠标左键分别拖曳到Video2、Video3和Video4轨道的素材文件上，如图15-5所示。

图15-5

05 选择Video2轨道上的【丝带1.png】素材文件，然后将时间线拖到第3秒12帧的位置，单击【Top Left（左顶点）】和【Bottom Left（左底点）】前面的按钮，开启自动关键帧，并设置【Top Left（左顶点）】为（2552，0），【Bottom Left（左底点）】为（2558，0）。最后将时间线拖到第4秒12帧的位置，设置【Top Left（左顶点）】为（872，0），【Bottom Left（左底点）】为（921，0），如图15-6所示。此时隐藏Video3和Video4轨道素材，然后查看效果，如图15-7所示。

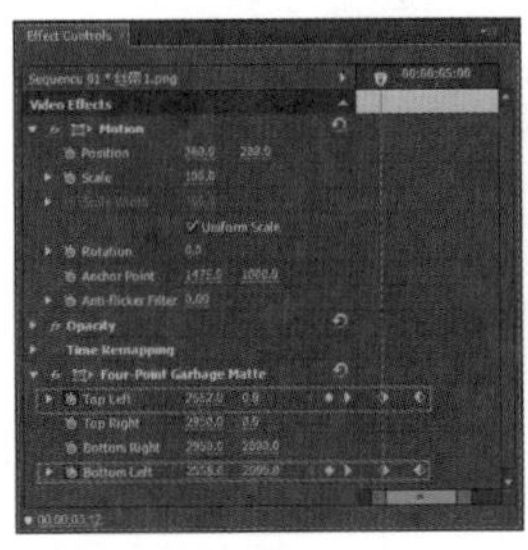

图15-6

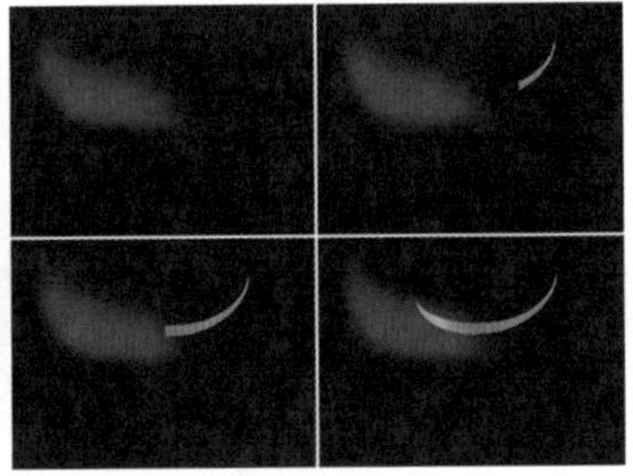

图15-7

06 选择并显示Vidoe3轨道上的【丝带2.png】素材文件，然后将时间线拖到第4秒12帧的位置，单击【Top Right（右顶点）】和【Bottom Right（右底点）】前面的按钮，开启自动关键帧，并设置【Top Right（右顶点）】为（897，0），【Bottom Right（左底点）】为（897，2000）。最后将时间线拖到第5秒02帧的位置，设置【Top Left（右顶点）】为（1759，0），【Bottom Left（左底点）】为（1759，0），如图15-8所示。此时效果如图15-9所示。

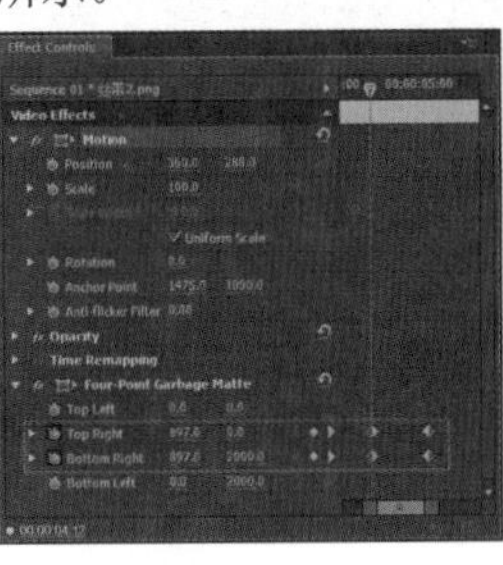

图15-8

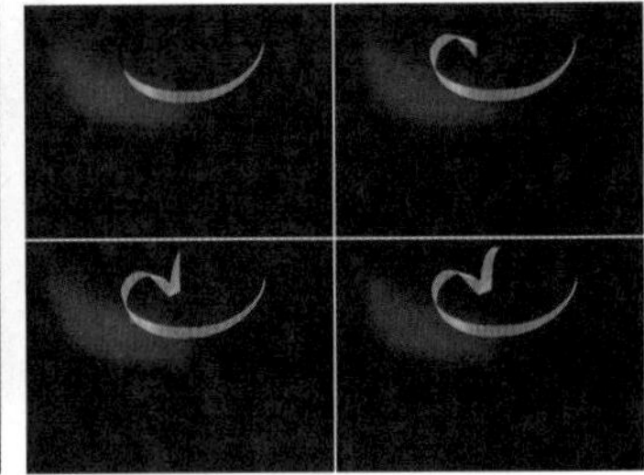

图15-9

07 选择并显示Video4轨道上的【丝带3.png】素材文件，然后将时间线拖到第5秒02帧的位置，单击【Top Left（左顶点）】和【Bottom Left（左底点）】前面的按钮，开启自动关键帧，并设置【Top Left（左顶点）】为（1625，-25），【Bottom Left（左底点）】为（2869，69）。最后将时间线拖到第6秒07帧的位置，设置【Top Left（左顶点）】为（0，0），【Bottom Left（左底点）】为（0，2000），如图15-10所示。此时效果如图15-11所示。

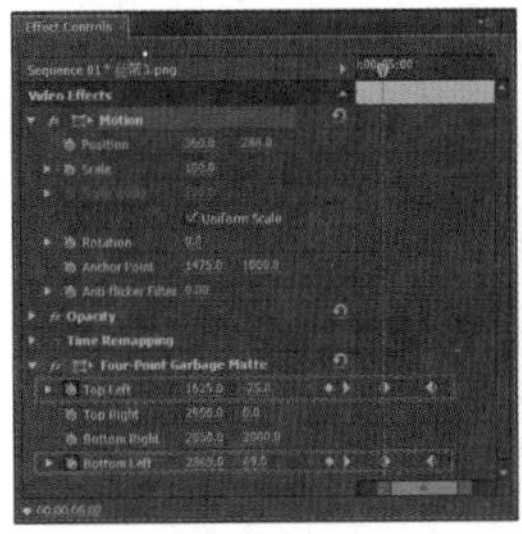

图15-10

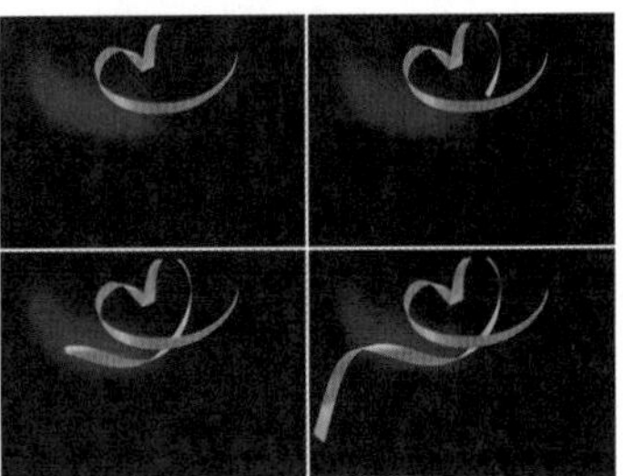

图15-11

使用【Four-Point Garbage Matte（4点蒙版扫除）】效果，可以通过4个顶点的变化来控制蒙版的位置。适当调整其位置并添加动画，可以制作出素材逐渐显现或消失的效果。

Part02 制作巧克力动画效果

01 将项目窗口中的【巧克力.png】、【文字1.png】素材文件按顺序拖曳到Video5和Video6轨道上，并设置结束时间为第14秒14帧的位置。然后单击鼠标右键，在弹出的快捷菜单中选择【Scale to Frame Size（缩放到框大小）】命令，如图15-12所示。

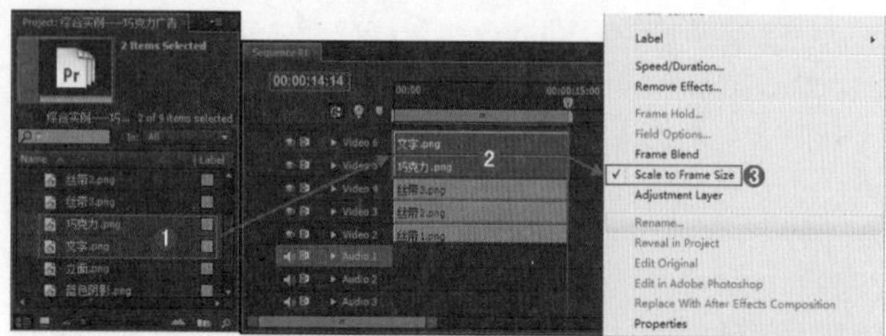

图15—12

02 选择Video1轨道上的【蓝色阴影.png】素材文件，然后将时间线拖到起始帧的位置，设置【Opacity（不透明度）】为0%，接着将时间线拖到第1秒的位置，设置【Opacity（不透明度）】为100%，如图15-13所示。

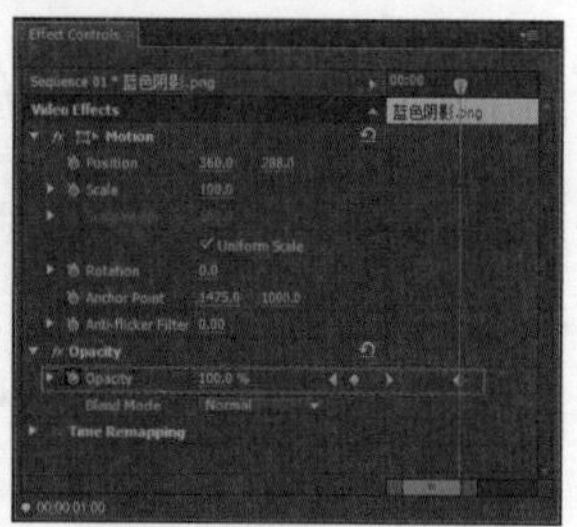

图15—13

03 此时拖动时间线滑块查看效果，如图15-14所示。

图15—14

04 选择Video5轨道上的【巧克力.png】素材文件，然后将时间线拖到起始帧的位置，单击【Position（位置）】前面的按钮，开启自动关键帧，并设置【Position（位置）】为（360，-13）。接着将时间线拖到第3秒02帧的位置，设置【Position（位置）】为（360，288），如图15-15所示。

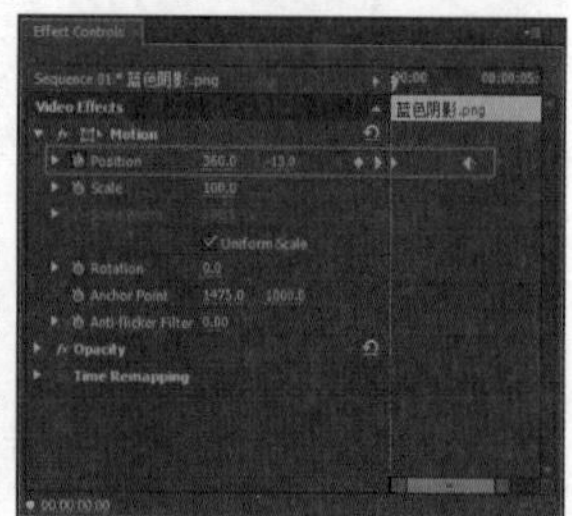

图15—15

05 选择Video6轨道上的【文字.png】素材文件，然后将时间线拖到第1秒06帧的位置，单击【Opacity（不透明度）】前面的按钮，开启自动关键帧，并设置【Opacity（不透明度）】为0%，接着将时间线拖到第3秒02帧的位置，设置【Opacity（不透明度）】为100%，如图15-16所示。此时效果如图15-17所示。

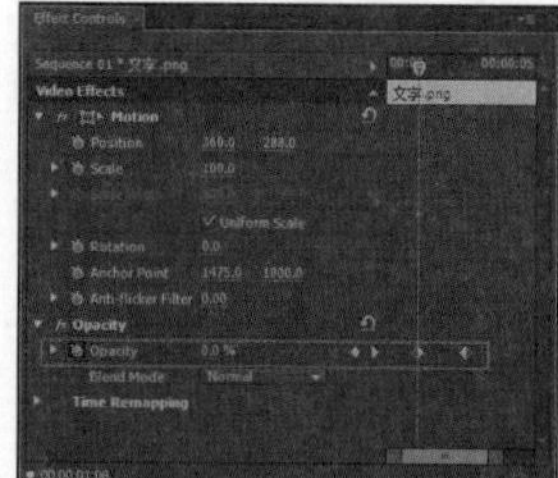

图15—16

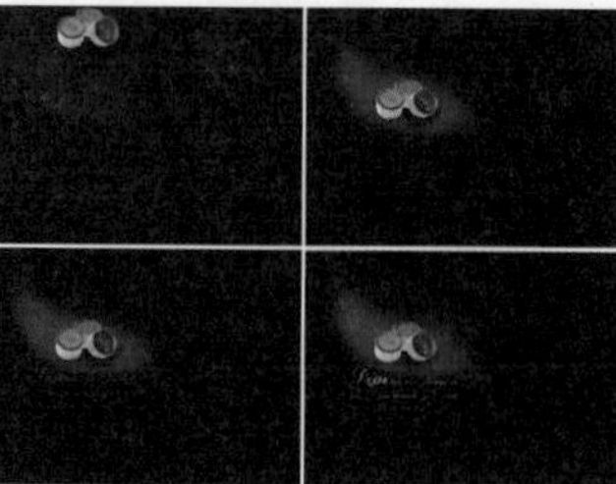

图15—17

Part03 制作标志动画效果

01 将项目窗口中的剩余素材文件按顺序拖曳到时间线窗口中，并设置结束时间为第14秒14帧的位置。然后单击鼠标右键，在弹出的快捷菜单中选择【Scale to Frame Size（缩放到框大小）】命令，如图15-18所示。

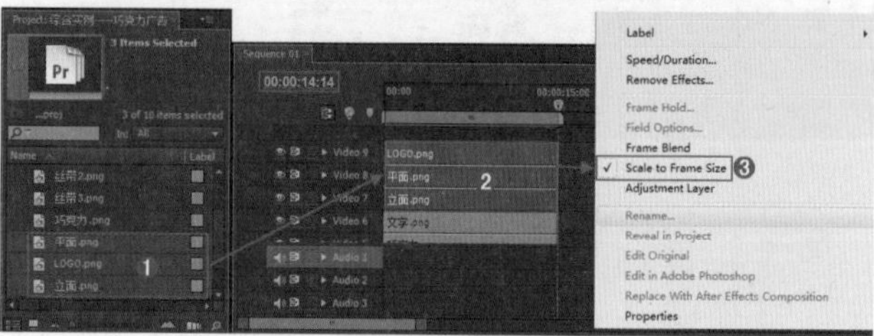

图15—18

02 选择Video7轨道上的【立面.png】素材文件，然后将时间线拖到第7秒14帧的位置，单击【Position（位置）】和【Scale（缩放）】前面的按钮，开启自动关键帧，并设置【Position（位置）】为（-207，288），【Scale（缩放）】为347。接着设置【Opacity（不透明度）】为0%，如图15-19所示。

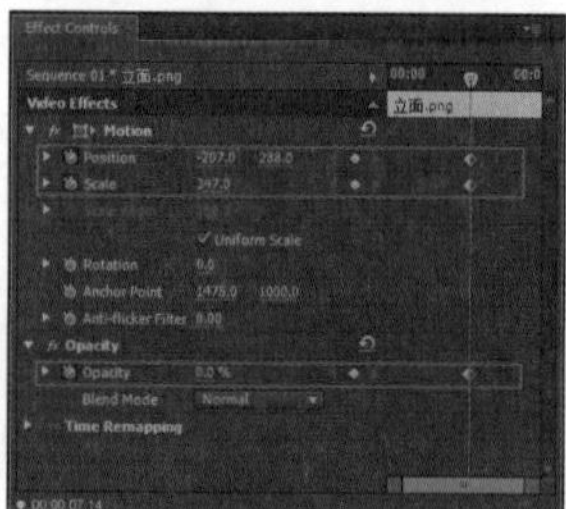

图15—19

03 将时间线拖到第8秒07帧的位置，设置【Opacity（不透明度）】为100%，接着将时间线拖到第8秒16帧的位置。设置【Position（位置）】为（360，288），【Scale（缩放）】为100，如图15-20所示。此时效果如图15-21所示。

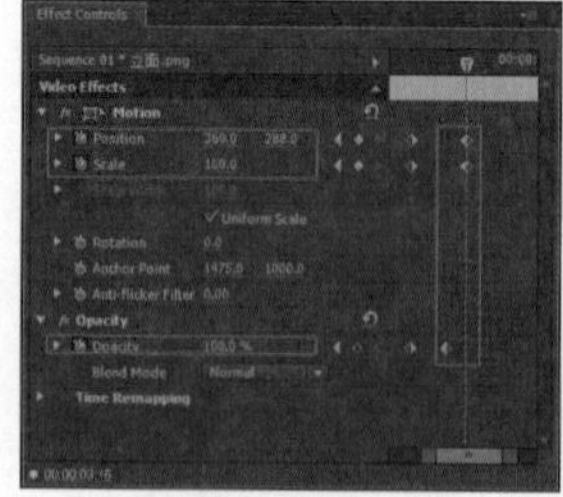

图15—20

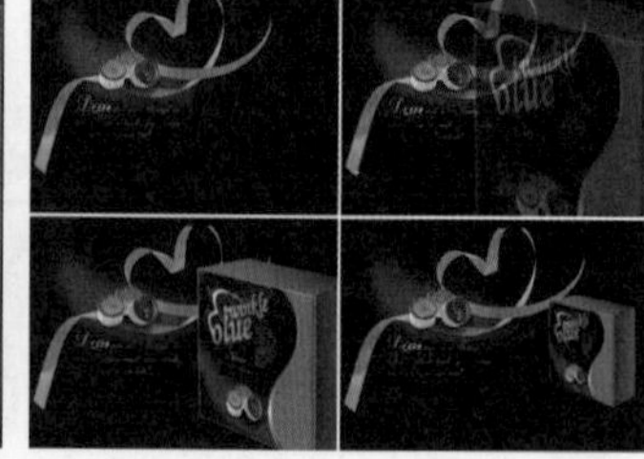

图15—21

04 选择Video8轨道上的【平面.png】素材文件，然后将时间线拖到第9秒03帧的位置，单击【Position（位置）】和【Scale（缩放）】前面的按钮，开启自动关键帧，并设置【Position（位置）】为（-207，-45），【Scale（缩放）】为347。接着设置【Opacity（不透明度）】为0%，如图15-22所示。

05 将时间线拖到第9秒21帧的位置，设置【Opacity（不透明度）】为100%，接着将时间线拖到第10秒05帧的位置。设置【Position（位置）】为（360，288），【Scale（缩放）】为100，如图15-23所示。此时效果如图15-24所示。

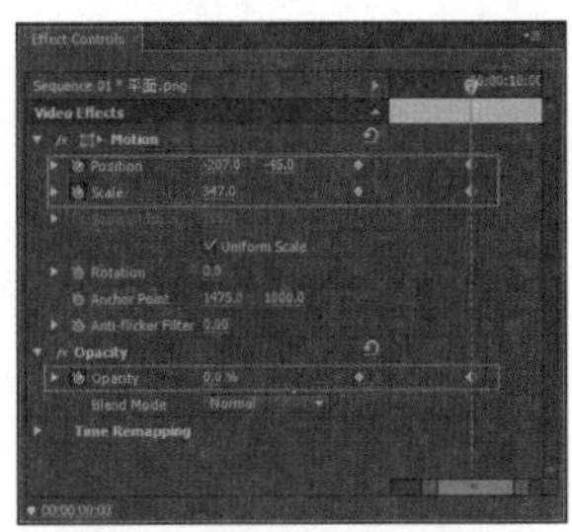

图15—22

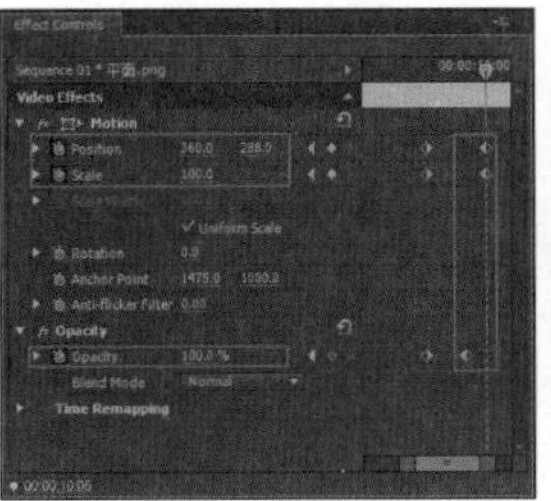

图15—23

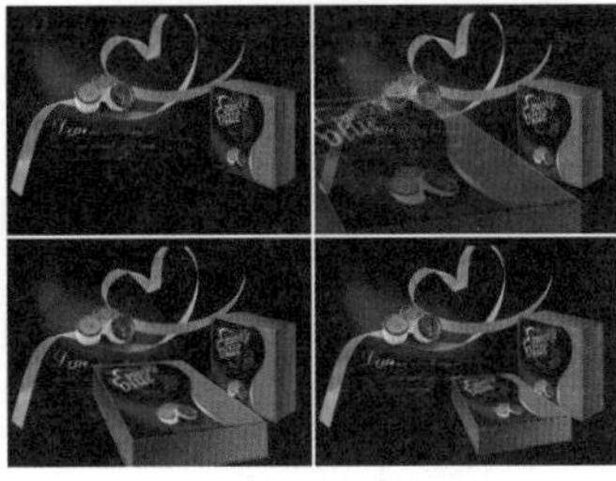

图15—24

06 选择Video9轨道上的【LOGO.png】素材文件，然后设置【Scale（缩放）】为15。接着将时间线拖到第10秒05帧的位置，单击【Position（位置）】前面的按钮，开启自动关键帧，并设置【Position（位置）】为（－74.3，86）。最后将时间线拖到第10秒15帧的位置，设置Position（位置）】为（642，86），如图15-25所示。此时效果如图15-26所示。

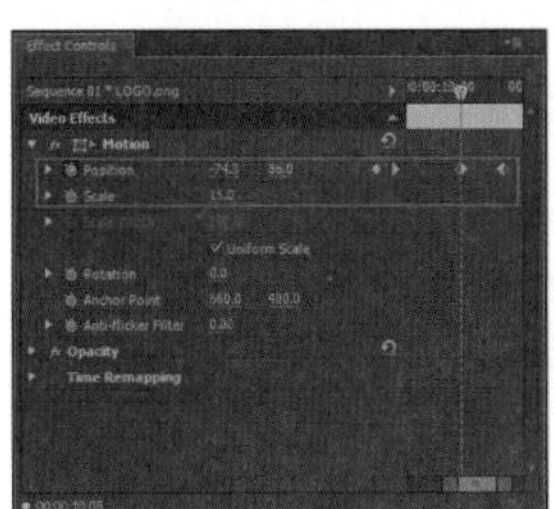

图15—25

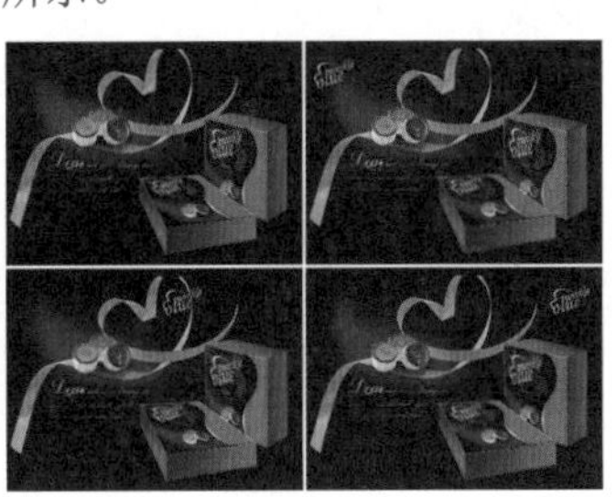

图15—26

07 此时拖动时间线滑块查看最终效果，如图15-27所示。

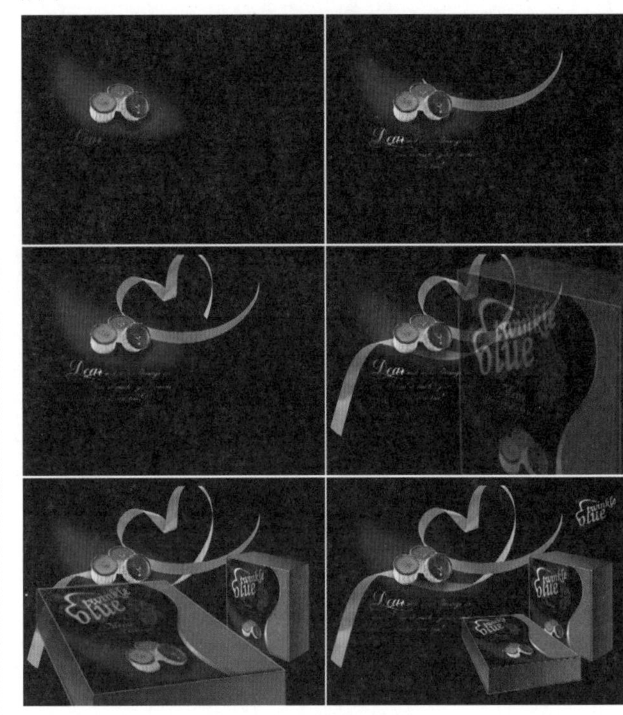

图15—27

第16章

创意招贴

本章内容简介：

招贴，是现代广告中经常使用的传播手段之一，而招贴的生命和灵魂主要在于创意。本章主要是在Adobe Premiere Pro CS6中利用素材文件和关键帧动画的相互结合，制作出精美的创意招贴效果。

本章学习要点：

- 了解什么是招贴
- 了解招贴的作用
- 掌握制作招贴的综合方法

16.1 了解招贴

招贴是现代广告中使用最频繁、最广泛、最便利、最快捷和最经济的传播方式之一。随着世界经济的飞速发展，商界和企业界对自身形象宣传的重视，同时创意设计也越来越受到艺术界的重视，使现代的招贴设计不但具有传播实用的价值，还具极高的艺术欣赏性和收藏性。

16.1.1 创意在招贴中的重要性

一张具有高超技巧而没有创意的招贴，就如同一座只有美丽的外壳而没有生命力的塑像一样。创意是招贴创作的核心，它能使招贴的主题突出并具有深刻的内涵。招贴能否在瞬间吸引观众，使人产生心理上的共鸣，从而达到迅速准确地传达信息的目的，已成为招贴作品获得成功的最关键因素，也是现代招贴最主要的特征之一。

16.1.2 招贴的特征

虽然随着媒体宣传的愈来愈多样化，但是招贴具有的许多优点是其他任何媒介无法替代的。因为招贴具备了视觉设计的绝大多数基本要素，它具有视觉设计最主要的基本要素和典型性。

★ 综合实战——创意招贴效果

案例文件	案例文件\第16章\创意招贴效果.prproj
视频教学	视频文件\第16章\创意招贴效果.flv
难易指数	★★★★★
技术要点	关键帧动画、黑场效果和镜头光晕效果的应用

案例效果

招贴是视觉传达艺术的一种，也最能体现出平面设计的形式特征，且画面精美，创意十足。本案例主要是针对“制作创意招贴效果”的方法进行练习，如图16-1所示。

图16—1

操作步骤

Part01 制作彩虹部分

01 单击【New Project（新建项目）】选项，并单击【Browse（浏览）】按钮，在【Name（名称）】文本框中修改文件名称。接着选择【DV-PAL】/【Standard 48kHz】选项，如图16-2所示。

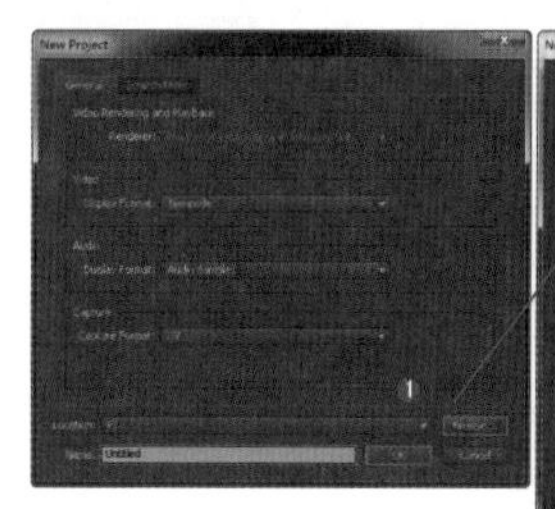

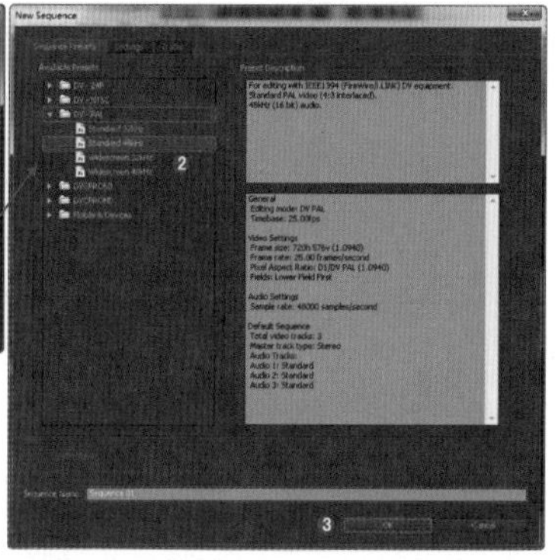

图16—2

02 选择【File（文件）】/【Import（导入）】命令或者按快捷键【Ctrl+I】，将所需素材导入，如图16-3所示。

图16—3

03 将项目窗口中的【背景.jpg】和【云.png】素材文件拖曳到Video1和Video2轨道上，如图16-4所示。

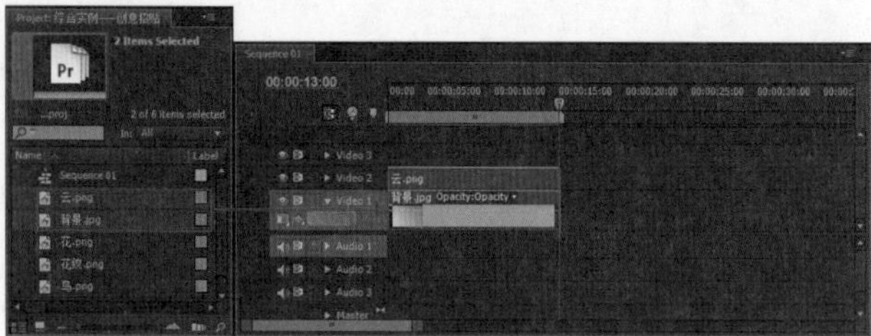

图16—4

04 选择Video1轨道上的【背景.jpg】素材文件，然后将时间线拖到第8帧的位置，接着单击【Position（位置）】和【Scale（缩放）】前面的按钮，开启自动关键帧，并设置【Position（位置）】为（360，629），【Scale（缩放）】为70。最后将时间线拖到第16帧的位置，设置【Position（位置）】为（360，288），【Scale（缩放）】为33，如图16-5所示。

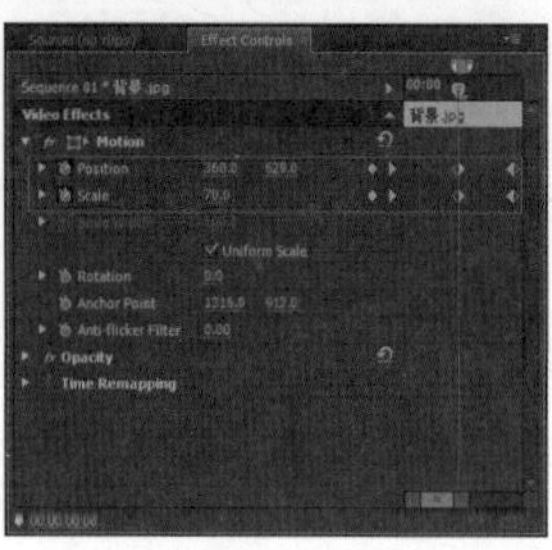

图16—5

05 隐藏其他轨道上的素材，然后查看此时效果，如图16-6所示。

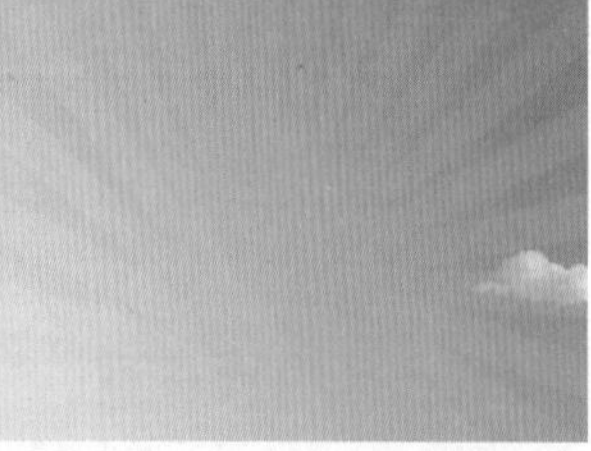

图16—6

06 选择并显示Video2轨道上的【云.png】素材文件，然后设置【Scale（缩放）】为36。接着将时间线拖到第8帧的位置，然后单击【Position（位置）】前面的按钮，开启自动关键帧，并设置【Position（位置）】为（360，761）。最后将时间线拖到第16帧的位置，设置【Position（位置）】为（360，288），如图16-7所示。此时效果如图16-8所示。

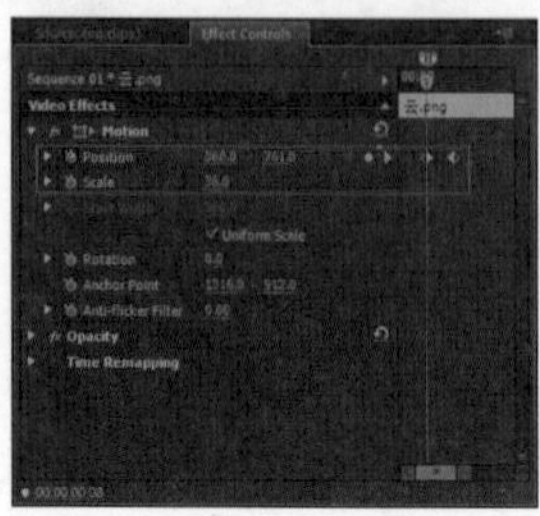

图16—7

图16—8

07 将项目窗口中的【花纹.png】、【牌子.png】、【楼.png】、【建筑.png】、【树.png】和【彩虹背景.png】素材文件按顺序拖曳到时间线窗口中，并单击鼠标右键，在弹出的快捷菜单中选择【Scale to Frame Size（缩放到框大小）】命令，如图16-9所示。

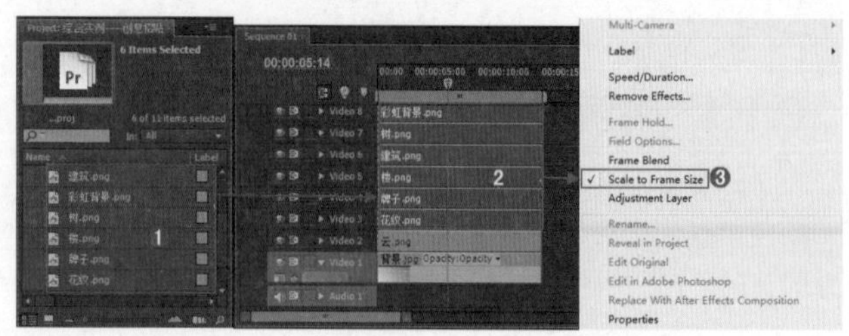

图16—9

08 选择Video7轨道上的【彩虹背景.png】素材文件。然后取消选中【Uniform Scale（均匀缩放）】复选框。接着将时间线拖到第14帧的位置，单击【Scale Height（缩放高度）】前面的按钮，开启自动关键帧，并设置【Scale Height（缩放高度）】为0。最后将时间线拖到第1秒04帧的位置，设置【Scale Height（缩放高度）】为100，如图16-10所示。隐藏其他未编辑轨道素材，然后查看此时效果，如图16-11所示。

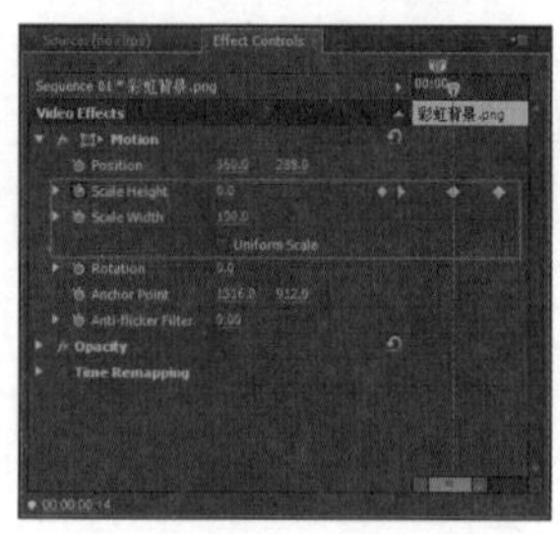

图16—10

图16—11

09 以此类推，制作出【树.png】和【建筑.png】素材文件的动画效果，如图16-12所示。

图16—12

技巧提示

取消选中【Uniform Scale（均匀缩放）】复选框，利用【Scale Height（缩放高度）】或【Scale Width（缩放宽度）】选项，可以制作出素材突然弹出的画面效果。

10 选择并显示Video4轨道上的【牌子.png】素材文件，然后将时间线拖到第4秒19帧的位置，并单击【Scale（缩放）】前面的按钮，开启自动关键帧，并设置【Scale（缩放）】为0。接着将时间线拖到第5秒09帧的位置，设置【Scale（缩放）】为134。最后将时间线拖到第5秒14帧的位置，设置【Scale（缩放）】为100，如图16-13所示。此时效果如图16-14所示。

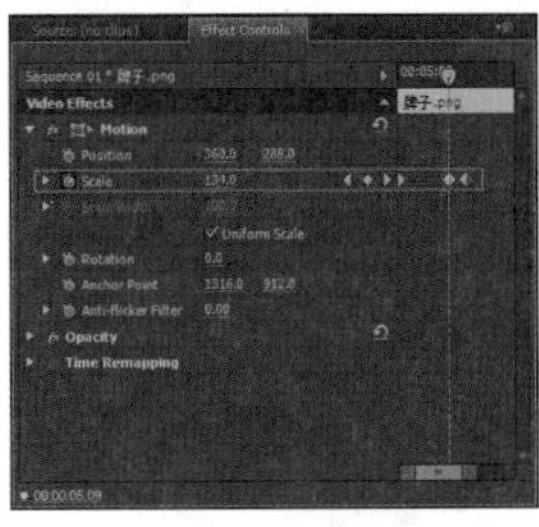

图16—13

图16—14

11 选择并显示Video3轨道上的【花纹.png】素材文件，然后将时间线拖到第5秒14帧的位置，并单击【Scale（缩放）】前面的按钮，开启自动关键帧，并设置【Scale（缩放）】为245，【Opacity（不透明度）】为0%；接着将时间线拖到第5秒18帧的位置，设置【Opacity（不透明度）】为100%；最后将时间线拖到第6秒10帧的位置，设置【Scale（缩放）】为100，如图16-15所示。此时效果如图16-16所示。

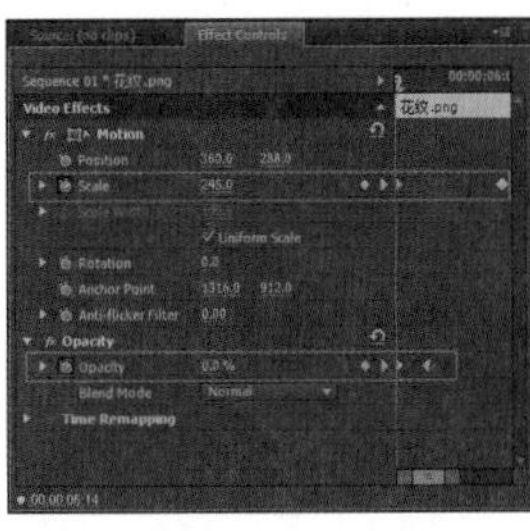

图16—15

图16—16

Part02 完成创意招贴

01 将项目窗口中剩余的素材文件按顺序拖曳到时间线窗口中，并单击鼠标右键，在弹出的快捷菜单中选择【Scale to Frame Size（缩放到框大小）】命令，如图16-17所示。

02 选择Video10上的【汽车.png】素材文件，然后将时间线拖到第1秒04帧的位置，单击【Position（位置）】和【Scale（缩放）】前面的按钮，开启自动关键帧，并设置【Position（位置）】为（38，288），【Scale（缩放）】为0。接着将时间线拖到1秒19帧的位置，设置【Position（位置）】为（360，288），【Scale（缩放）】为100，如图16-18所示。隐藏其他未编辑轨道素材，然后查看此时效果，如图16-19所示。

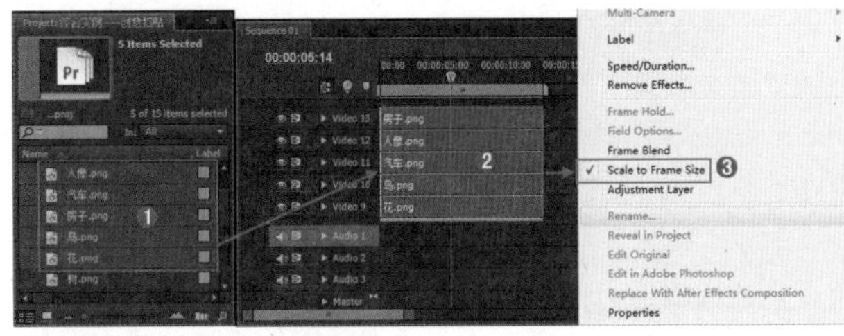

图16—17

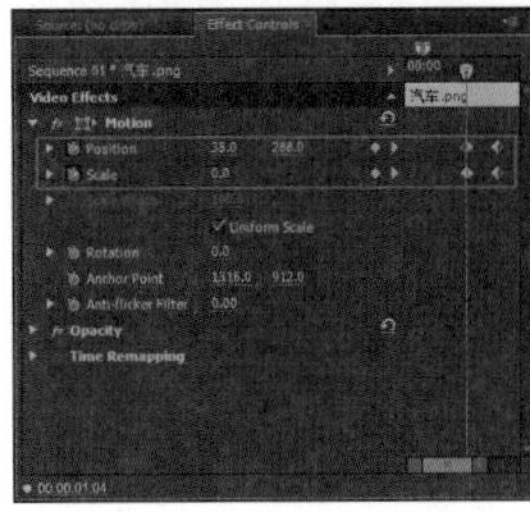

图16—18

图16—19

03 显示并设置Video8轨道上的【花.png】素材文件起始时间为第2秒24帧的位置，如图16-20所示。

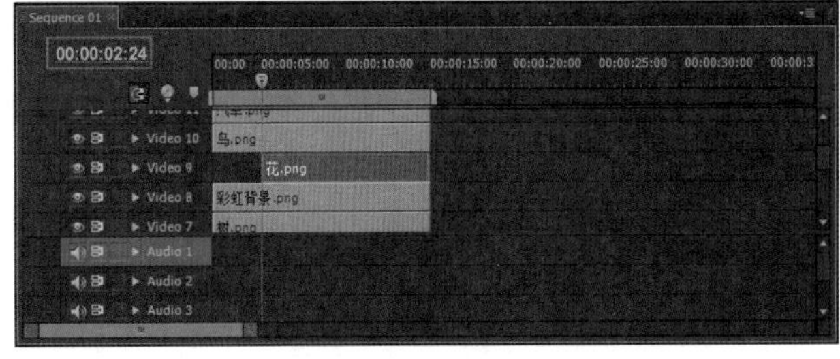

图16—20

技巧提示

通过调整素材的起始时间和结束时间，可以控制该素材在画面中出现的时间和时间长度。

04 选择Video8轨道上的【花.png】素材文件，然后将时间线拖到第2秒24帧的位置，并单击【Position（位置）】前面的按钮，开启自动关键帧，并设置【Position（位置）】为（360，345）。接着将时间线拖到3秒14帧的位置，设置【Position（位置）】为（360，288），如图16-21所示。

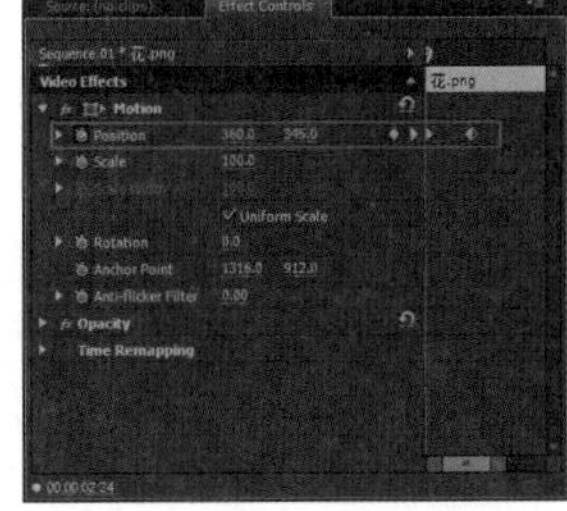

图16—21

05 此时拖动时间线滑块查看效果，如图16-22所示。

图16—22

06 选择并显示Video12轨道上的【房子.png】素材文件，然后取消选中【Uniform Scale（均匀缩放）】复选框。接着将时间线拖到第3秒14帧的位置，并单击【Scale Height（缩放高度）】前面的按钮，开启自动关键帧，接着设置【Scale Height（缩放高度）】为0。最后将时间线拖到第4秒04帧的位置，设置【Scale Height（缩放高度）】为100，如图16-23所示。此时效果如图16-24所示。

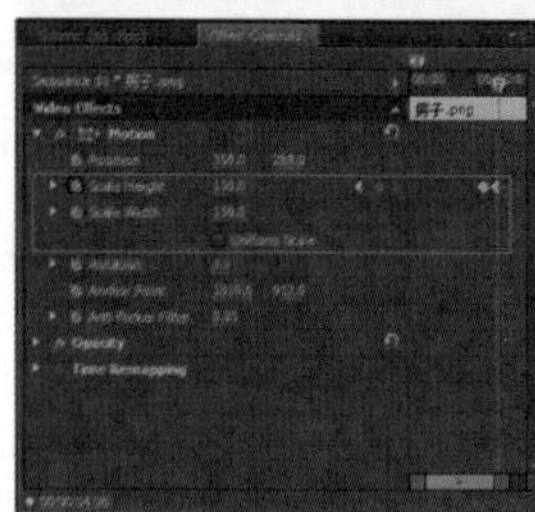

图16—23

图16—24

07 选择并显示Video11轨道上的【人像.png】素材文件，然后取消选中【Uniform Scale（均匀缩放）】复选框。接着将时间线拖到第4秒04帧的位置，并单击【Position（位置）】和【Scale Height（缩放高度）】前面的按钮，开启自动关键帧，接着设置【Position（位置）】为（360，333），【Scale Height（缩放高度）】为0。最后将时间线拖到第4秒19帧的位置，设置【Position（位置）】为（360，288），【Scale Height（缩放高度）】为100，如图16-25所示。此时效果如图16-26所示。

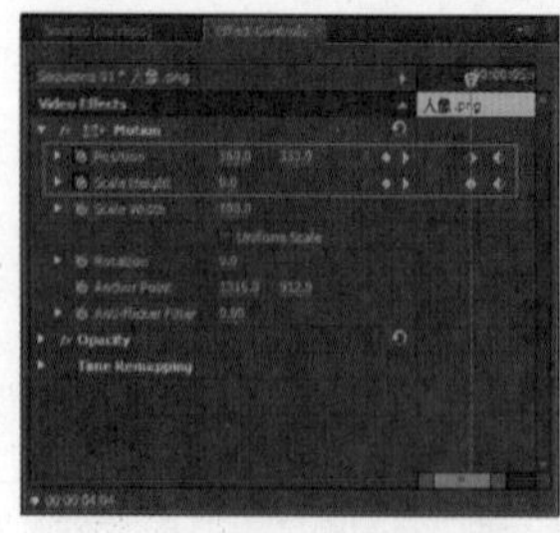

图16—25

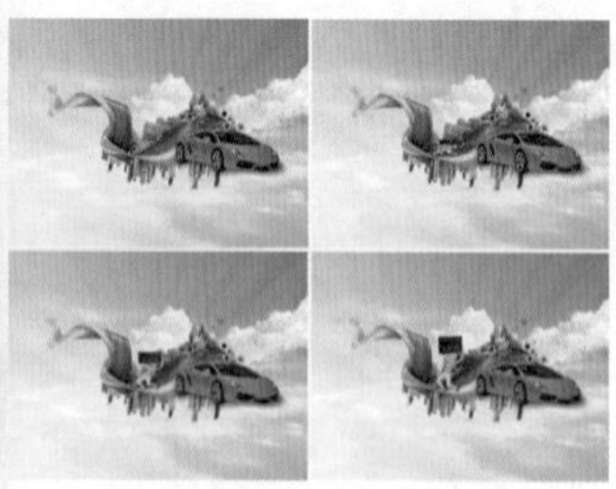

图16—26

08 选择并显示Video9轨道上的【鸟.png】素材文件，然后将时间线拖到第8秒05帧的位置，并单击【Position（位置）】和【Scale（缩放）】前面的按钮，开启自动关键帧，接着设置【Position（位置）】为（26，288），【Scale（缩放）】为50。最后将时间线拖到第10秒02帧的位置，设置【Position（位置）】为（360，288），【Scale（缩放）】为50，如图16-27所示。此时效果如图16-28所示。

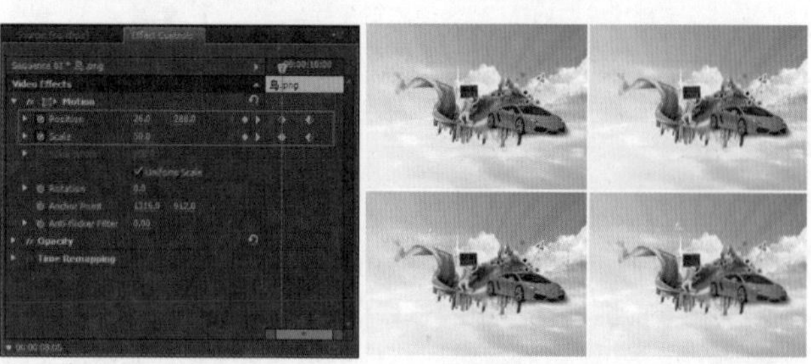

图16—27

图16—28

09 选择【File（文件）】/【New（新建）】/【Black Video（黑场效果）】命令，然后在弹出的窗口中单击【OK（确定）】按钮，如图16-29所示。

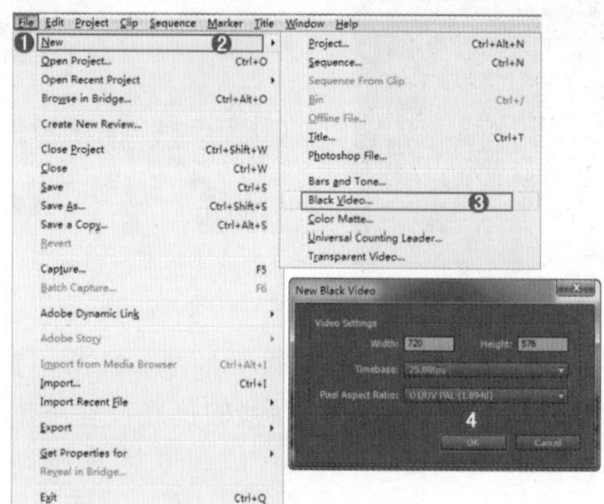

图16—29

10 将项目窗口中的【Black Video（黑场效果）】拖曳到Video13轨道上，如图16-30所示。

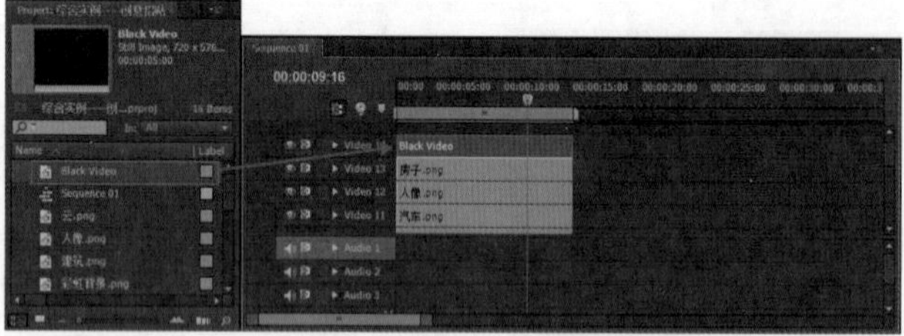

图16—30

11 在【Effects（效果）】窗口中搜索【Lens Flare（镜头光晕）】效果，然后按住鼠标左键拖曳到Video13轨道的【Black Video（黑场效果）】上，如图16-31所示。

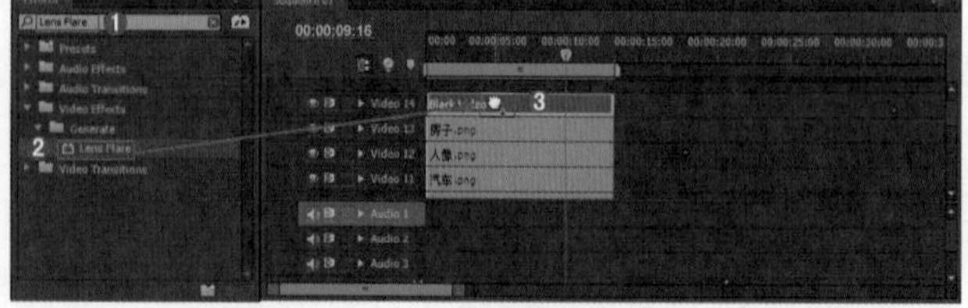

图16—31

12 选择Video13轨道上的【Black Video（黑场效果）】，然后将时间线拖到第8秒05帧的位置，单击【Lens Flare（镜头光晕）】效果下【Flare Center（光晕中心）】前面的按钮，开启自动关键帧，并设置【Flare Center（光晕中心）】为（-64，103.9）。最后将时间线拖到第10秒02帧的位置，设置【Flare Center（光晕中心）】为（565，415.4），如图16-32所示。此时效果如图16-33所示。

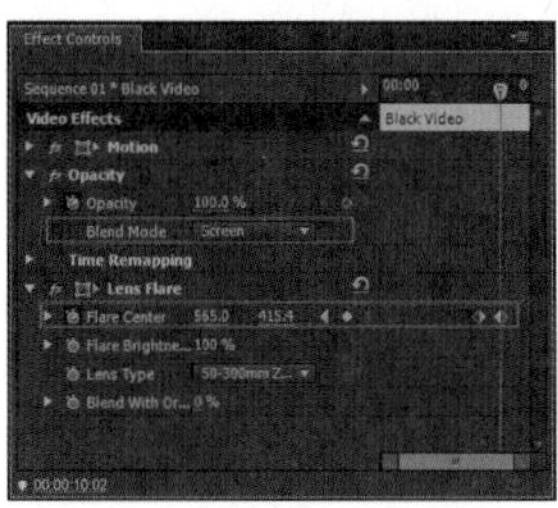

图16—32

图16—33

13 此时拖动时间线滑块查看最终效果，如图16-34所示。

图16—34

读书笔记

第17章

电子相册

本章内容简介：

电子相册比传统相册有着绝对的优越性，是图像、文字和声音相结合的一种表现方式，可以持久保存，并方便地复制和传播。本章主要是在Adobe Premiere Pro CS6中利用素材文件和各项功能的综合应用，制作出精美的电子相册效果。

本章学习要点：

- 了解什么是电子相册
- 了解电子相册的作用
- 掌握制作电子相册的方法

17.1 了解电子相册

电子相册是指可以在计算机上查看的区别于静止图片的一种效果，其内容包括摄影作品和各类艺术创作的图片作品。而且是以图像、文字和声音相结合的表现方式，更加方便查看和保存，并可以随意修改编辑。

17.1.1 电子相册的应用

随着数码相机在家庭中的普及，人们可以方便地将拍摄的照片保存在计算机或光盘中。这时，通过电子相册制作软件可以将照片以更加生动的形式展现。电子相册能够以多个形式来表现，常见的是以视频的方式表现，可以将电子相册方便地进行复制以及传播。

17.1.2 制作电子相册

制作电子相册需要使用数字化图片，可以使用数码相机、扫描仪或截图等方式得到图片文件。然后可使用Photoshop等软件对图片进行前期加工处理。最后使用电子相册制作软件将图片制作成电子相册，这时，就可以观看精美的电子相册效果了。

★ 综合实战——电子相册效果

案例文件	案例文件\第17章\电子相册效果.prproj
视频教学	视频文件\第17章\电子相册效果.flv
难易指数	★★★★★
技术要点	关键帧动画、字幕、水平翻转效果和多个转场效果的应用

案例效果

电子相册可以将一些具有纪念意义的照片进行收藏，并以电子相册的方式进行保存和查看，使其更加具有纪念意义和收藏价值。本案例主要是针对“制作电子相册效果”的方法进行练习，如图17-1所示。

图17－1

操作步骤

Part01 制作相册的第一部分

01 单击【New Project（新建项目）】选项，并单击【Browse（浏览）】按钮设置保存路径，在【Name（名称）】文本框中设置文件名称。接着在弹出的对话框中选择【DV-PAL】/【Standard 48kHz】选项，如图17-2所示。

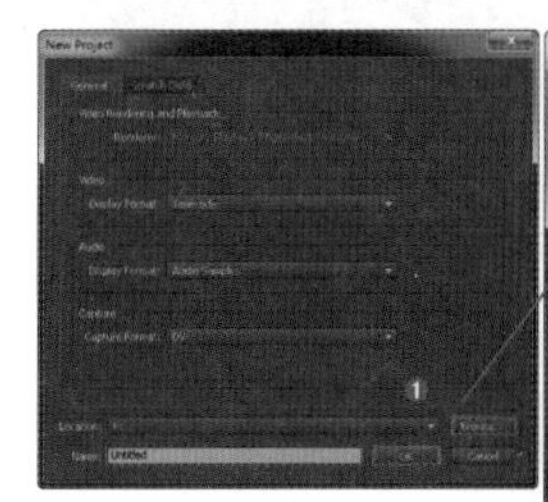
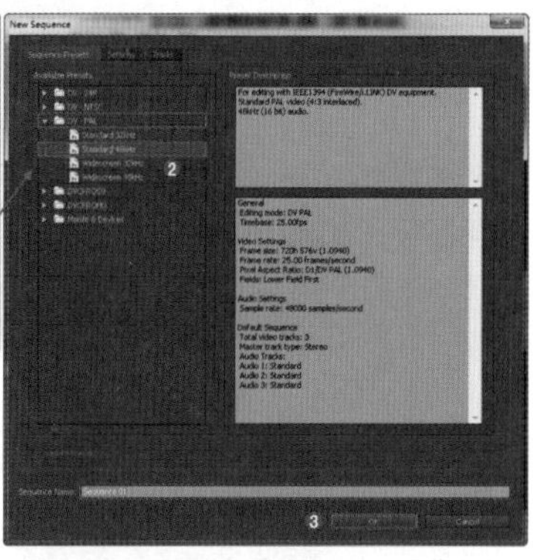

图17－2

02 选择【File（文件）】/【Import（导入）】命令或按快捷键【Ctrl+I】，将所需的素材文件导入，如图17-3所示。

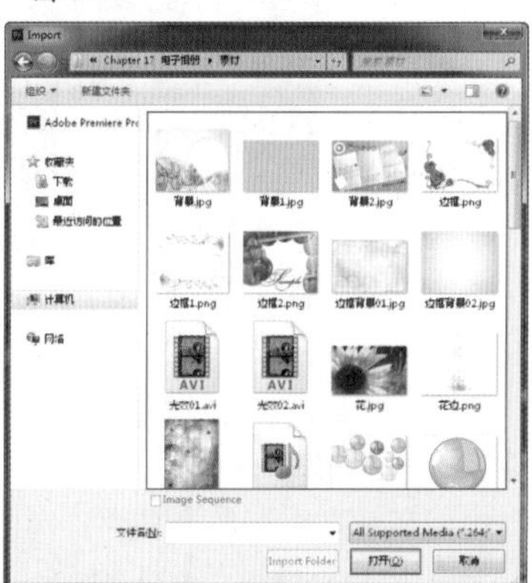

图17－3

03 在项目窗口中单击按钮或者在项目窗口中单击鼠标右键，在弹出的快捷菜单中选择【New Bin（新建文件夹）】命令，创建两个文件夹，分别命名为“照片”和“装饰”，然后将素材分类拖曳到两个文件夹内，如图17-4所示。

图17-4

技巧提示

在制作项目过程中，如果素材文件过多。可以在【Project（项目）】窗口中新建文件夹，然后按照类别对文件夹进行命名，并将素材分别放入文件夹中。这样能够方便素材的查找和使用。

04 将项目窗口中的【背景.jpg】和【泡泡.png】素材文件拖曳到Video1和Video2轨道上，并设置结束时间为第4秒14帧的位置，如图17-5所示。

图17-5

05 选择Video2轨道上的【泡泡.png】素材文件，然后设置【Scale（缩放）】为111，接着将时间线拖到起始帧的位置，单击【Position（位置）】前面的按钮，开启自动关键帧，并设置【Position（位置）】为（360，-188）。最后将时间线拖到第3秒的位置，设置【Position（位置）】为（360，911），如图17-6所示。

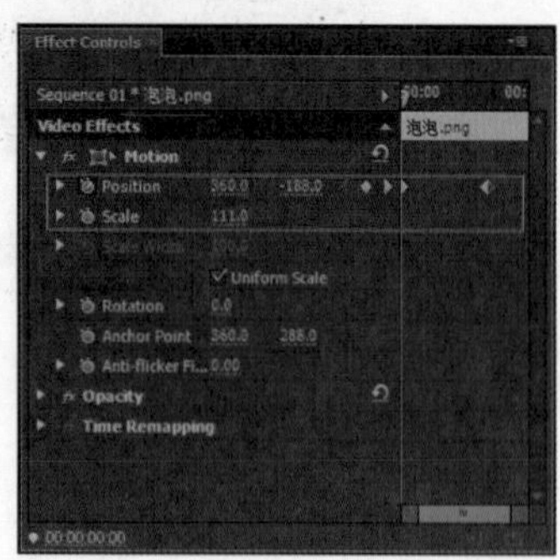

图17-6

06 创建字幕。选择【Title（字幕）】/【New Title（新建字幕）】/【Default Still（默认静态字幕）】命令，并在弹出的对话框中设置【Name（名字）】为【字幕01】，接着单击【OK（确定）】按钮，如图17-7所示。

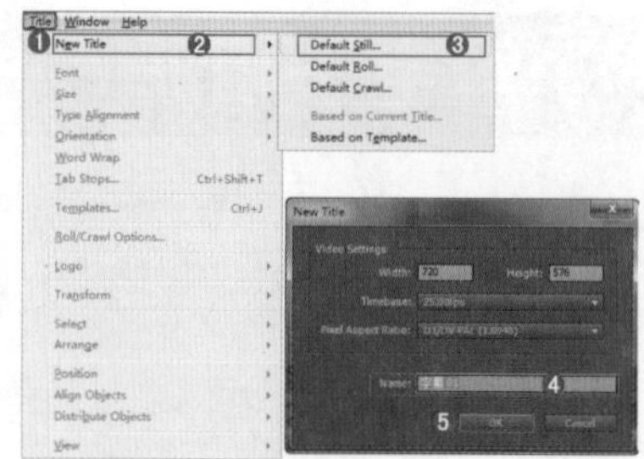

图17-7

07 在字幕面板中单击（文字工具）按钮，然后输入文字“Eternal moment永恒瞬间”。设置【Font Family（字体）】为【FZShaoEr-M11S】。接着选择“Eternal moment”文字，设置【Font Size（字体大小）】为45。再选择“永恒瞬间”文字，【Font Size（字体大小）】为70。设置【Fill Type（填充类型）】为【Linear Gradient（线性渐变）】，设置【Color（颜色）】为蓝色（R：178，G：215，B：241）和粉色（R：213，G：147，B：229），如图17-8所示。

图17-8

08 新建【字幕】文件夹，然后将【字幕01】拖曳到文件夹内。接着将【字幕01】拖曳到Video3轨道上，并与下面素材文件对齐，如图17-9所示。

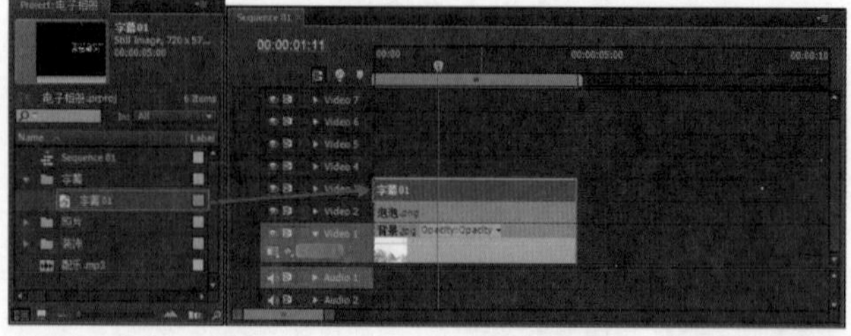

图17-9

09 选择Video3轨道上的【字幕01】，然后将时间线拖到第24帧的位置，单击【Position（位置）】前面的按钮，开启自动关键帧，并设置【Position（位置）】为（360，-188）。最后将时间线拖到第2秒06帧的位置，设置【Position（位置）】为（360，280），如图17-10所示。此时效果如图17-11所示。

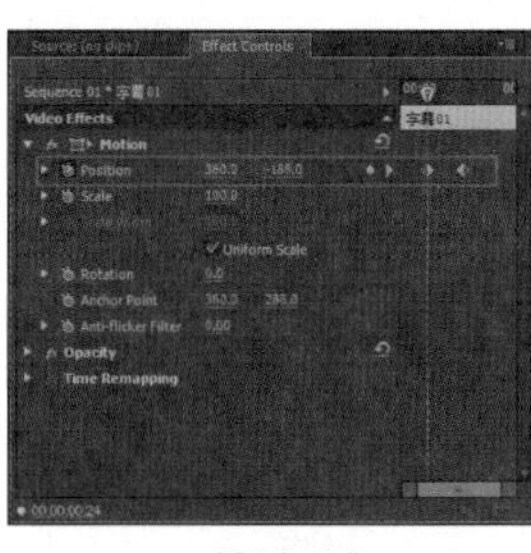

图17—10

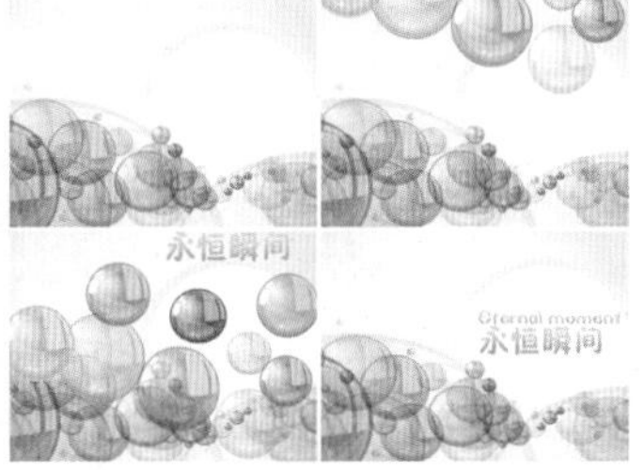

图17—11

10 将项目窗口中的【照片01】和【照片02】素材文件拖曳到Video1轨道上，并设置结束时间为第10秒18帧的位置。接着单击鼠标右键，在弹出的快捷菜单中选择【Scale to Frame Size（缩放到框大小）】命令，如图17-12所示。

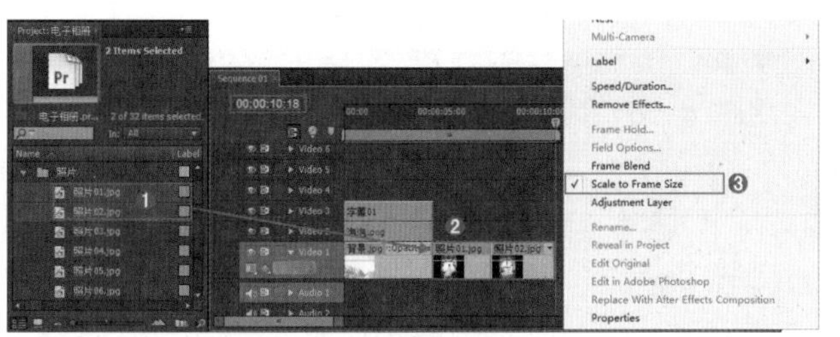

图17—12

11 选择Video1轨道上的【照片01】素材文件，然后设置【Scale（缩放）】为207，【Position（位置）】为（360，130），如图17-13所示。此时效果如图17-14所示。

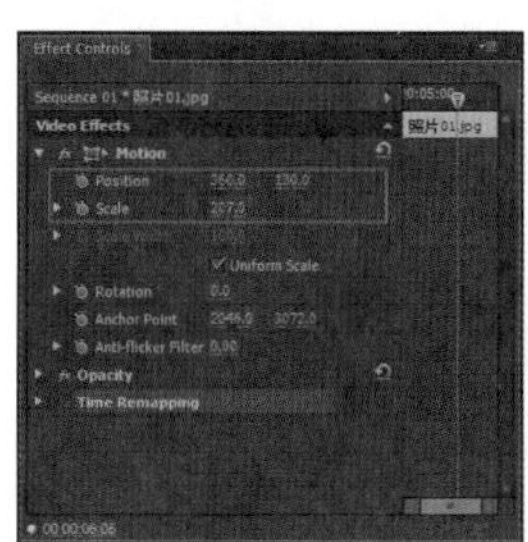

图17—13

图17—14

12 选择Video1轨道上的【照片02】素材文件，然后设置【Scale（缩放）】为207，【Position（位置）】为（360，119），如图17-15所示。此时效果如图17-16所示。

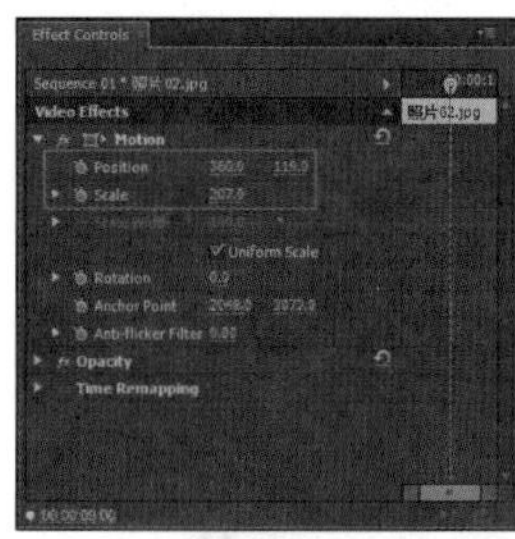

图17—15

图17—16

13 在【Effects（效果）】窗口中搜索【Film Dissolve（胶片叠化）】效果，然后按住鼠标左键拖曳到【照片01.jpg】和【照片02.jpg】素材文件中间，如图17-17所示。

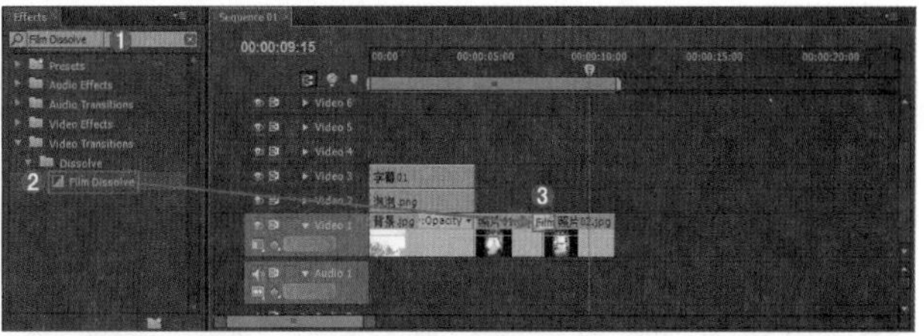

图17—17

14 将项目窗口中的【字.png】素材文件拖曳到Video2轨道上，并设置结束时间为第7秒15帧的位置，如图17-18所示。

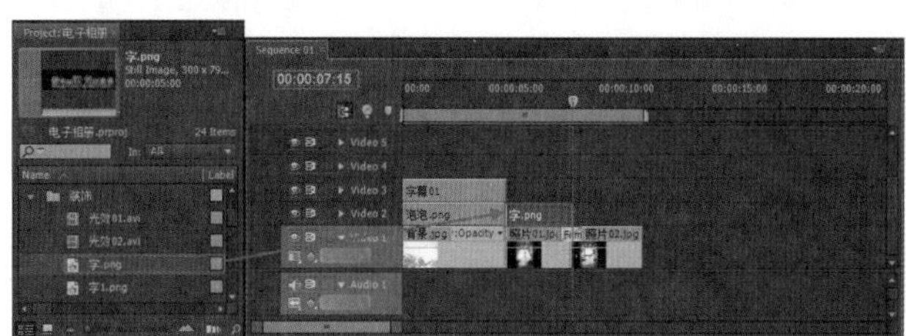

图17—18

15 选择Video2轨道上的【字.png】素材文件，然后设置【Scale（缩放）】为187，【Position（位置）】为（324，501）。接着将时间线拖到第5秒04帧的位置，并设置【Opacity（不透明度）】为0%，最后将时间线拖到第5秒12帧的位置，设置【Opacity（不透明度）】为100%，如图17-19所示。

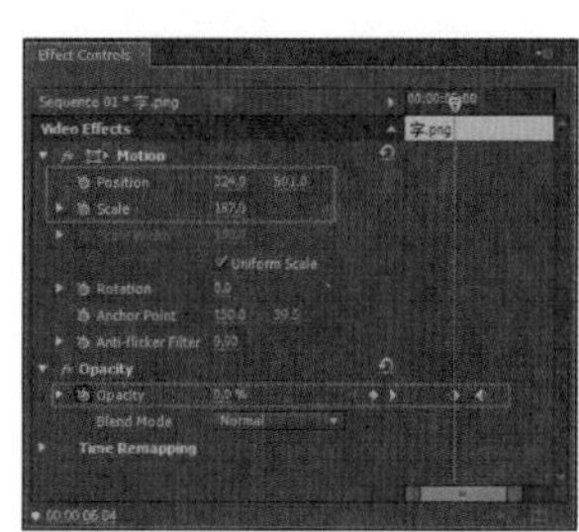

图17—19

16 将时间线拖到第7秒08帧的位置，设置【Opacity（不透明度）】为100%，接着将时间线拖到第7秒12帧的位置，设置【Opacity（不透明度）】为0%，如图17-20所示。此时效果如图17-21所示。

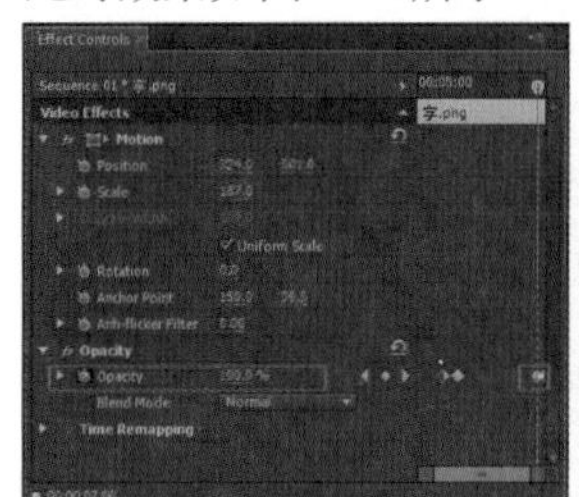

图17—20

图17—21

17 将项目窗口中的【泡泡1.png】素材文件拖曳到Video4轨道上，并设置起始时间为第4秒06帧的位置，结束时间为第5秒06帧的位置，如图17-22所示。

图17—22

18 选择Video4轨道上的【泡泡1.png】素材文件，并设置【Scale（缩放）】为182。然后将时间线拖到第4秒06帧的位置，设置【Opacity（不透明度）】为0%；接着将时间线拖到第4秒13帧的位置，设置【Opacity（不透明度）】为90%；继续将时间线拖到第4秒23帧的位置，设置【Opacity（不透明度）】为58%；最后将时间线拖到第5秒05帧的位置，设置【Opacity（不透明度）】为0%，如图17-23所示。此时效果如图17-24所示。

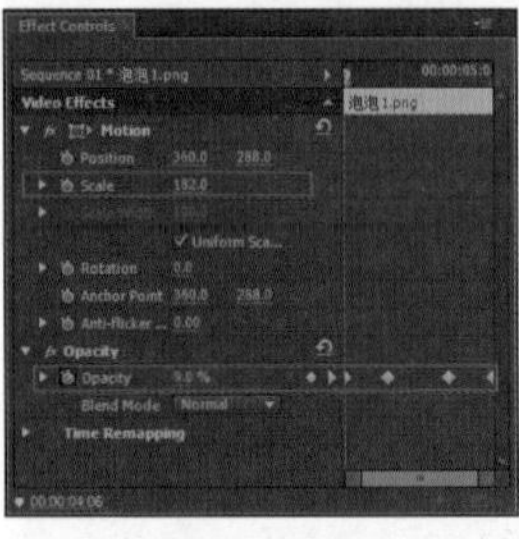

图17—23

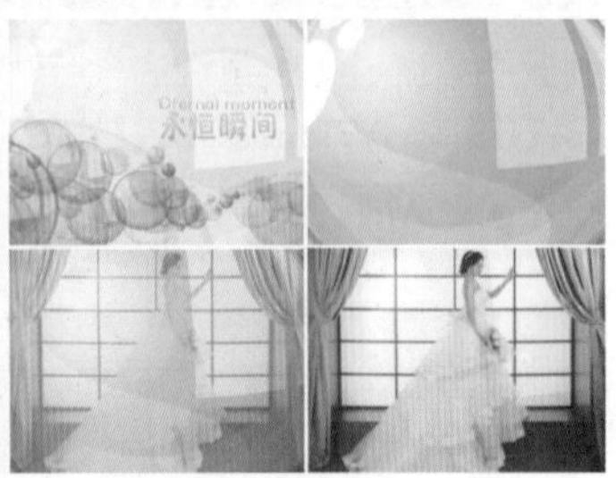

图17—24

19 将项目窗口中的【边框背景01.jpg】、【照片03.jpg】和【相框.png】素材文件分别拖曳到Video1、Video2和Video3轨道上，并设置结束时间为第18秒11帧的位置。接着单击鼠标右键，在弹出的快捷菜单中选择【Scale to Frame Size（缩放到框大小）】命令，如图17-25所示。

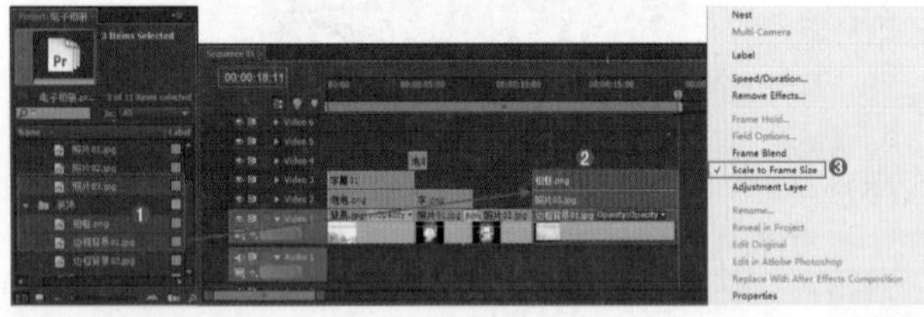

图17—25

20 选择Video1轨道上的【边框背景01.jpg】素材文件，然后设置【Scale（缩放）】为107，如图17-26所示。此时效果如图17-27所示。

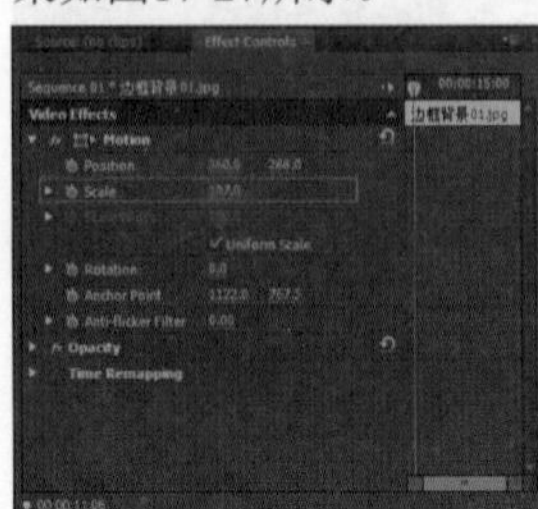

图17—26

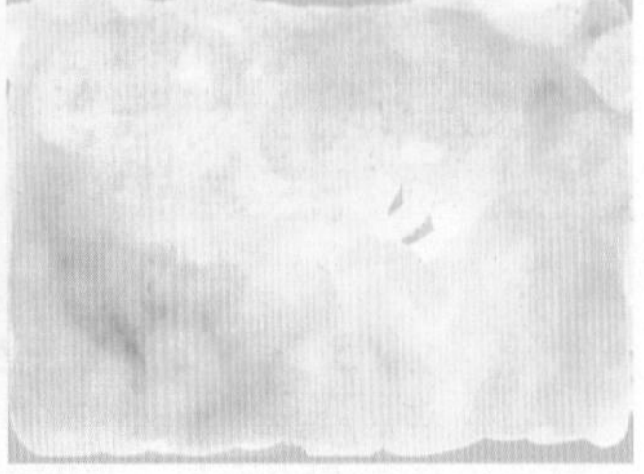

图17—27

21 选择Video3轨道上的【相框.png】素材文件，然后取消选中【Uniform Scale（均匀缩放）】复选框，设置【Scale Height（缩放高度）】为54，【Scale Width（缩放宽度）】为46。接着将时间线拖到第10秒18帧的位置，设置【Opacity（不透明度）】为0%，最后将时间线拖到第11秒10帧的位置，设置【Opacity（不透明度）】为100%，如图17-28所示。

22 将时间线拖到第13秒的位置，设置【Opacity（不透明度）】为100%；接着将时间线拖到第13秒15帧的位置，设置【Opacity（不透明度）】为0%；继续将时间线拖到第17秒05帧的位置，设置【Opacity（不透明度）】为100%；最后将时间线拖到第17秒14帧的位置，设置【Opacity（不透明度）】为0%，如图17-28所示。此时效果如图17-29所示。

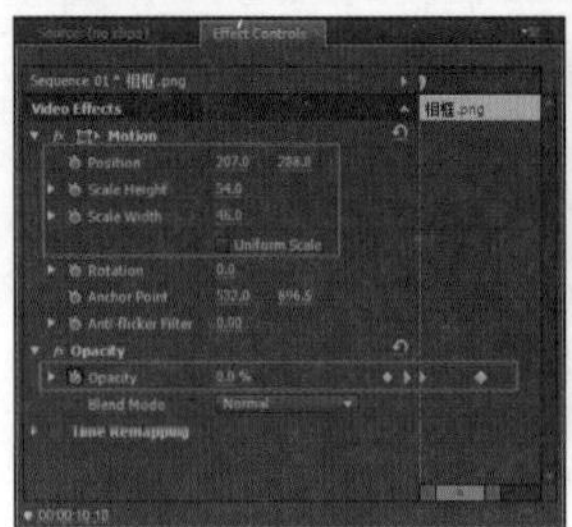

图17—28

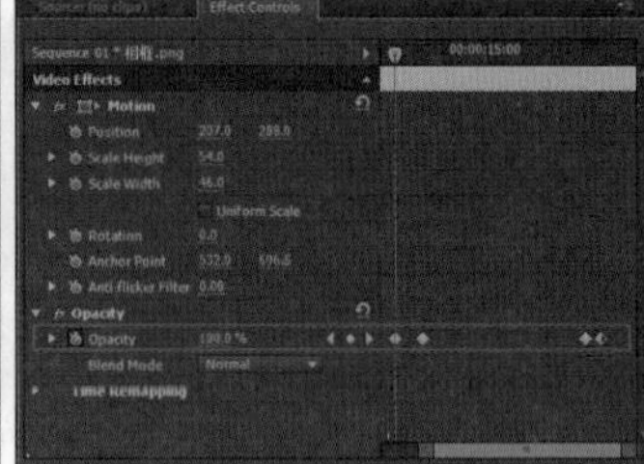

图17—29

23 选择Video2轨道上的【照片03.jpg】素材文件，然后设置【Scale（缩放）】为49，【Position（位置）】为（205，286）。接着将【相框.png】素材文件的【Opacity（不透明度）】动画关键帧复制到【照片03.jpg】素材文件上，如图17-30所示。此时效果如图17-31所示。

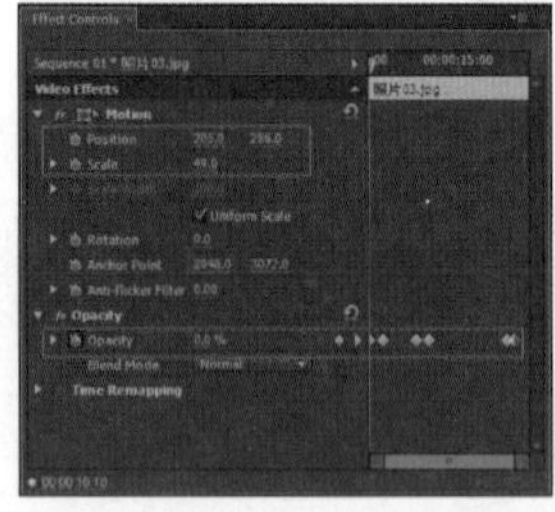

图17—30

图17—31

24 以此类推，制作出【照片04】、【照片05】和【相框】的动画效果，并设置起始时间为第13秒01帧和第15秒08帧的位置，如图17-32所示。

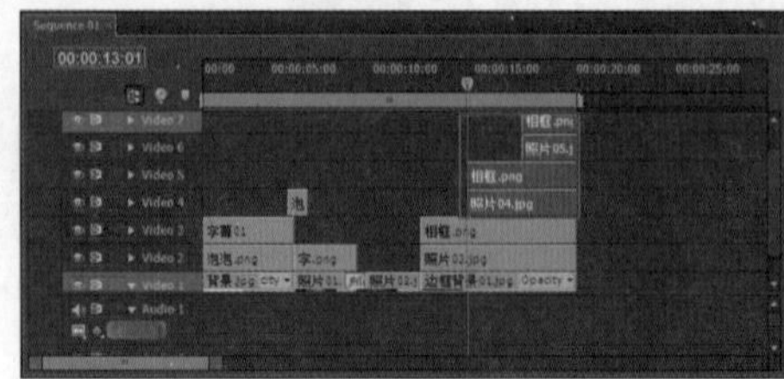

图17—32

25 将项目窗口中的【边框.png】素材文件拖曳到Video8轨道上，并与Video1轨道上的【照片03.jpg】对齐，如图17-33所示。

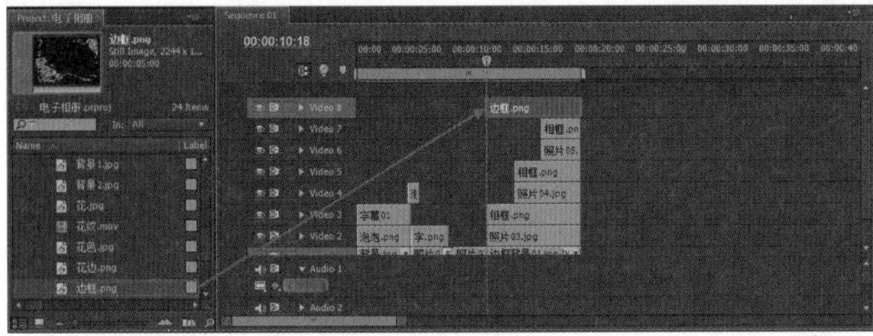

图17—33

26 选择Video8轨道上的【边框.png】素材文件，然后设置【Scale（缩放）】为37，如图17-34所示。此时效果如图17-35所示。

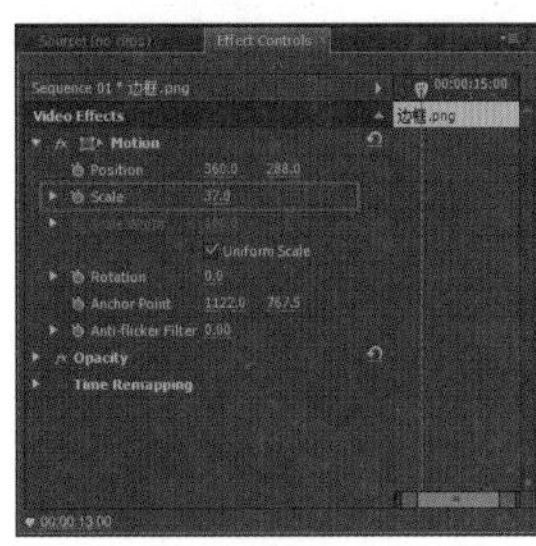

图17—34

图17—35

27 在【Effects（效果）】窗口中搜索【Dip to Black（黑场过渡）】效果，然后按住鼠标左键将其拖曳到Video8轨道的【边框.png】素材文件上，如图17-36所示。

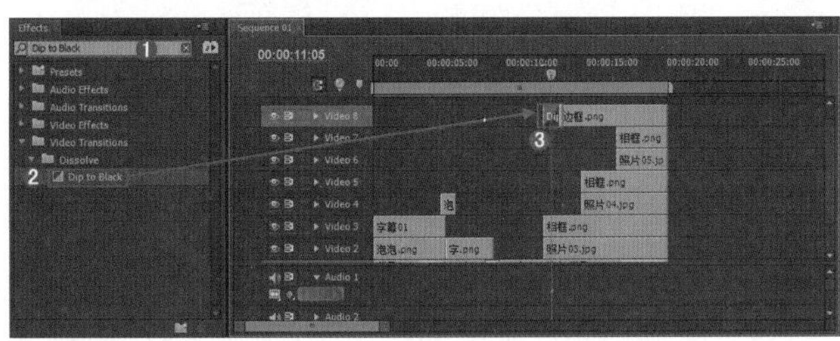

图17—36

28 将项目窗口中的【光效01.avi】素材文件拖曳到Video9轨道上，并设置起始时间为第9秒01帧的位置，结束时间为第12秒01帧的位置，如图17-37所示。

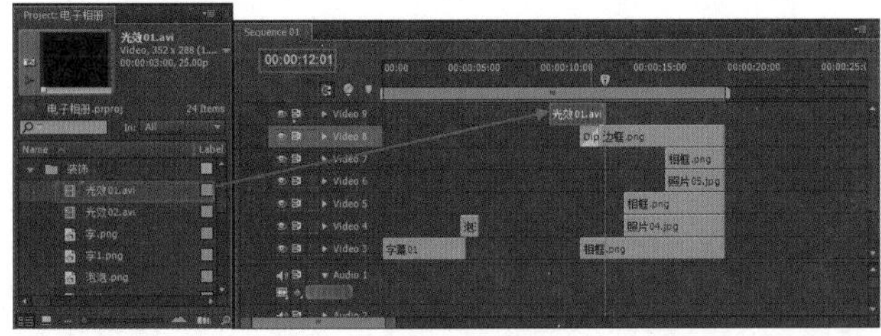

图17—37

29 选择Video9轨道上的【光效01.avi】素材文件，然后设置【Scale（缩放）】为234，【Blend Mode（混合模式）】为【Screen（滤色）】，如图17-38所示。此时效果如图17-39所示。

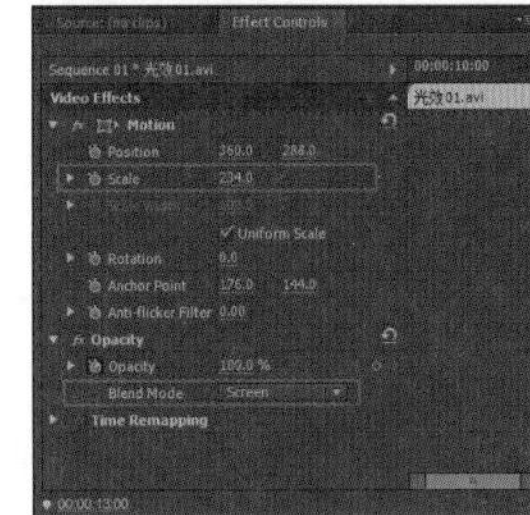

图17—38

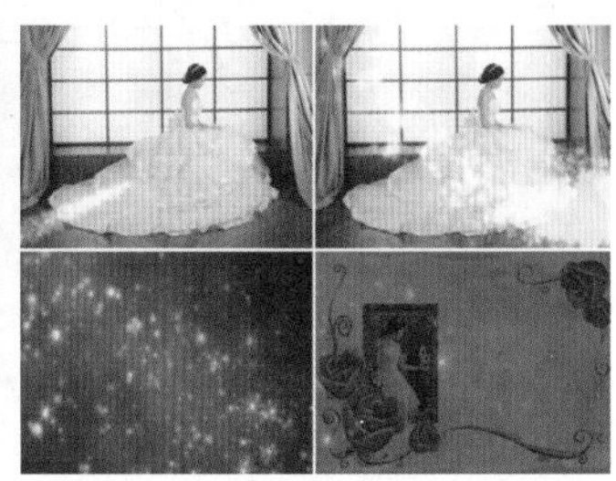

图17—39

技巧提示

在使用黑色背景光效素材时，可以将【Blend Mode（混合模式）】设置为【Screen（滤色）】。当素材使用了滤色混合模式时，素材中纯黑的部分会完全变成透明，纯白部分完全不透明，其他的颜色根据颜色级别产生半透明的效果。

Part02 制作相册的第二部分

01 将项目窗口中【照片06】至【照片10】的五张素材文件拖曳到Video1轨道上，并设置结束时间为第33秒的位置。接着单击鼠标右键，在弹出的快捷菜单中选择【Scale to Frame Size（缩放到框大小）】命令，如图17-40所示。

图17—40

02 选择Video6轨道上的【照片06】素材文件，然后将时间线拖到第18秒22帧的位置，单击【Scale（缩放）】前面的按钮，开启自动关键帧，并设置【Scale（缩放）】为250。接着将时间线拖到第20秒16帧的位置，设置【Scale（缩放）】为158，如图17-41所示。此时效果如图17-42所示。

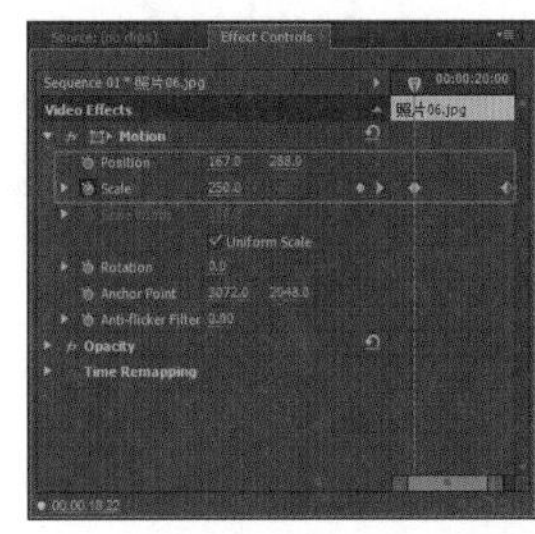

图17—41

图17—42

03 再次从项目窗口中将【照片07.jpg】拖曳到Video2轨道上，并与Video1轨道上的【照片07.jpg】对齐，如图17-43所示。

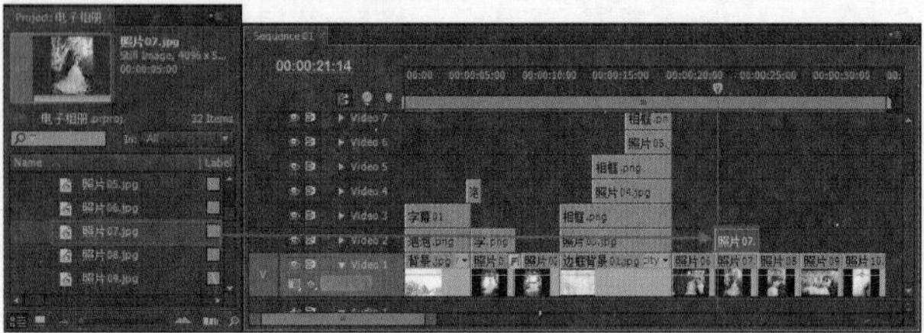
图17－43

04 分别选择Video1和Video2轨道上的【照片07.jpg】，然后设置Vidoe1轨道上【照片07.jpg】的【Position（位置）】为（170，288）。设置Vidoe2轨道上【照片07.jpg】的【Position（位置）】为（552，288），如图17-44所示。此时效果如图17-45所示。

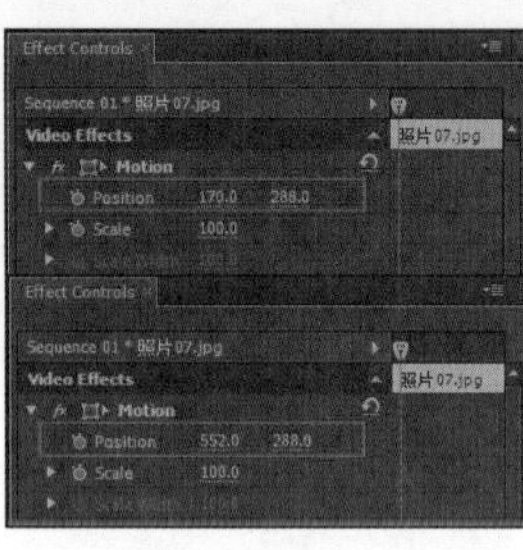
图17－44

图17－45

05 在【Effects（效果）】窗口中搜索【Horizontal Flip（水平翻转）】效果，然后按住鼠标左键将其拖曳到Video2轨道的【照片07.jpg】素材文件上，如图17-46所示。

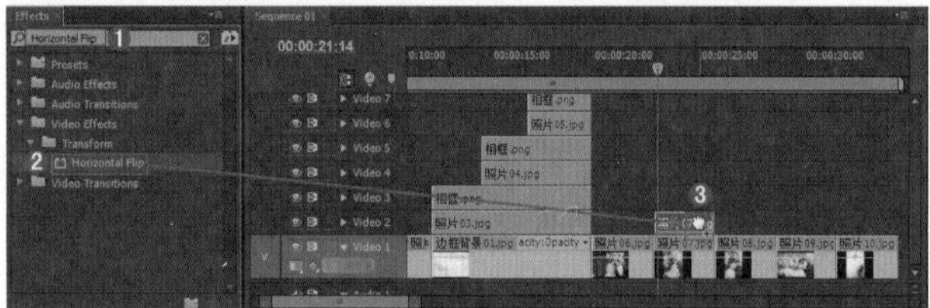
图17－46

06 在【Effects（效果）】窗口中搜索【Door（门）】效果，然后按住鼠标左键拖曳到Video1和Video2轨道的【照片07.jpg】素材文件上，如图17-47所示。

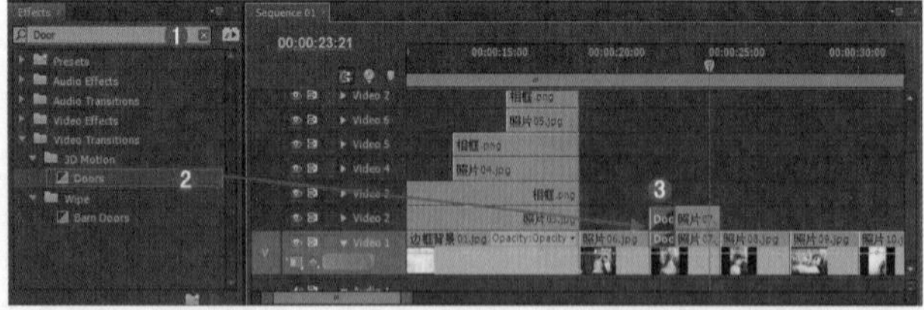
图17－47

07 将项目窗口中的【花纹.mov】素材文件拖曳到Video3轨道上，并设置起始时间为第20秒15帧的位置，结束时间为第22秒18帧的位置，如图17-48所示。

08 此时拖动时间线滑块查看效果，如图17-49所示。

图17－48

图17－49

09 创建【字幕02】，在字幕面板中单击T（文字工具）按钮，然后输入文字“The only present love demands is love.”。设置【Font Family（字体）】为【Giddyup Std】，【Font Size（字体大小）】为57，【Color（颜色）】为浅红色（R：227，G：132，B：132）。接着单击【Outer Strokes（外部描边）】后面的【Add（添加）】，并设置【Size（大小）】为45，【Color（颜色）】为白色（R：255，G：255，B：255），如图17-50所示。

图17－50

10 关闭字幕面板，然后将【字幕02】从项目窗口中拖曳到Video2轨道上，并与【照片08.jpg】对齐，如图17-51所示。

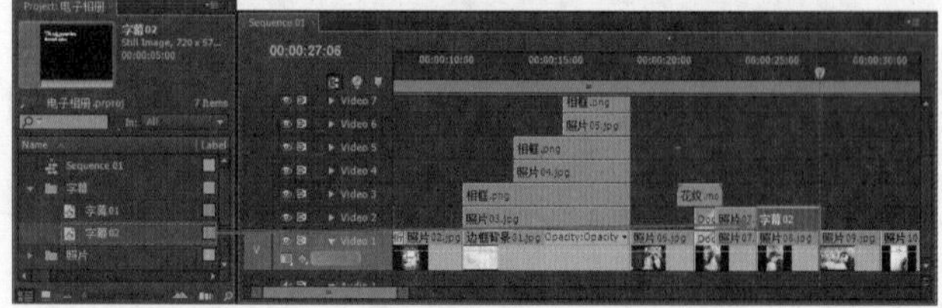
图17－51

11 将项目窗口中的【花色.jpg】素材文件拖曳到Video3轨道上，设置起始时间为第23秒的位置，结束时间为24秒21帧的位置，如图17-52所示。

图17—52

12 选择Video2轨道上的【花色.jpg】素材文件，然后设置【Scale（缩放）】为78。接着将时间线拖到第23秒的位置，设置【Opacity（不透明度）】为52%；继续将时间线拖到第24秒01帧的位置，设置【Opacity（不透明度）】为100%；最后将时间线拖到第24秒19帧的位置，设置【Opacity（不透明度）】为52%，如图17-53所示。此时效果如图17-54所示。

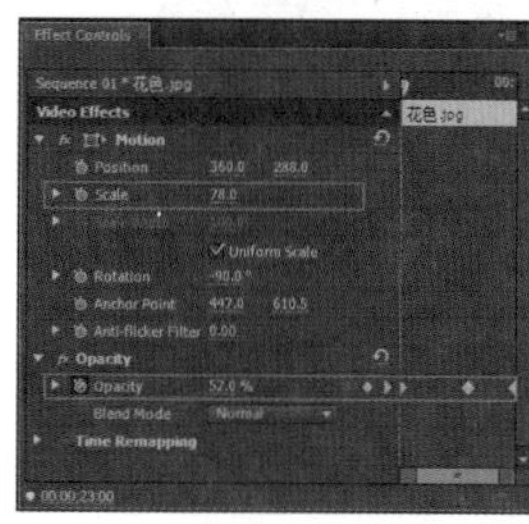

图17—53

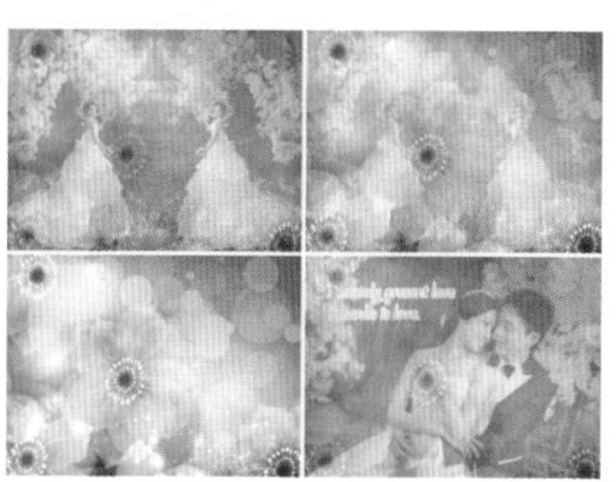

图17—54

13 在【Effects（效果）】窗口中搜索【Pinwheel（纸风车）】效果，然后按住鼠标左键拖曳到Video1轨道的【照片08.jpg】和【照片09.jpg】素材文件之间，如图17-55所示。

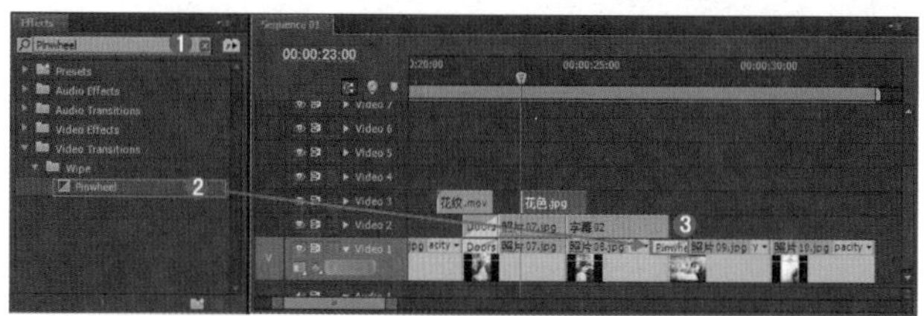

图17—55

14 将项目窗口中的【字1.png】和【照片11.jpg】素材文件拖曳到Video2轨道上，并分别与Video1轨道上的【照片09.jpg】和【照片10.jpg】素材文件对齐。接着设置【字1.png】的起始时间为【Pinwheel（纸风车）】效果结束位置，如图17-56所示。

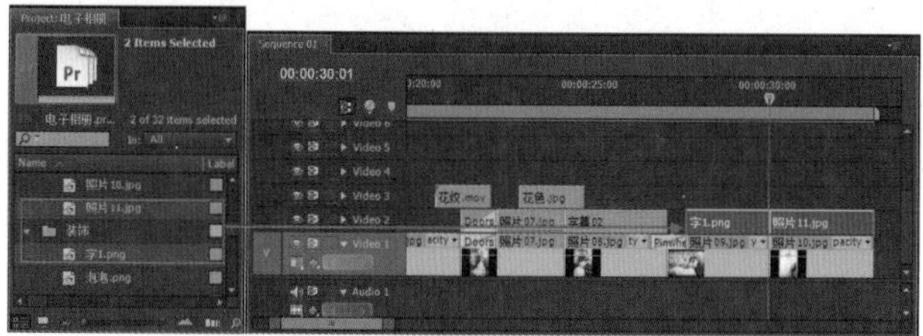

图17—56

15 选择Video1轨道上的【照片09.jpg】素材文件，然后设置【Scale（缩放）】为110，如图17-57所示。此时效果如图17-58所示。

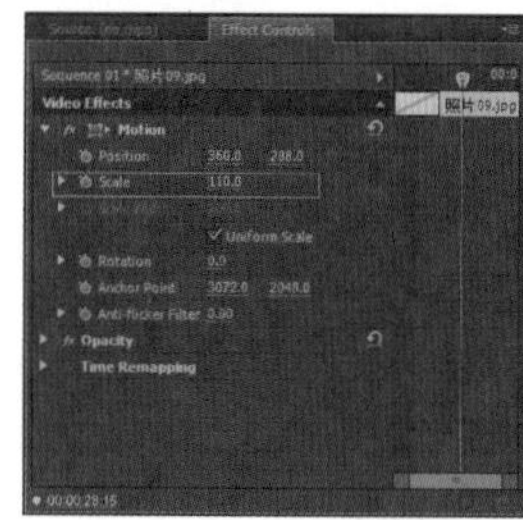

图17—57

图17—58

16 选择Video2轨道上的【字1.png】素材文件，然后设置【Scale（缩放）】为139.4，【Position（位置）】为（212，191.4），如图17-59所示。此时效果如图17-60所示。

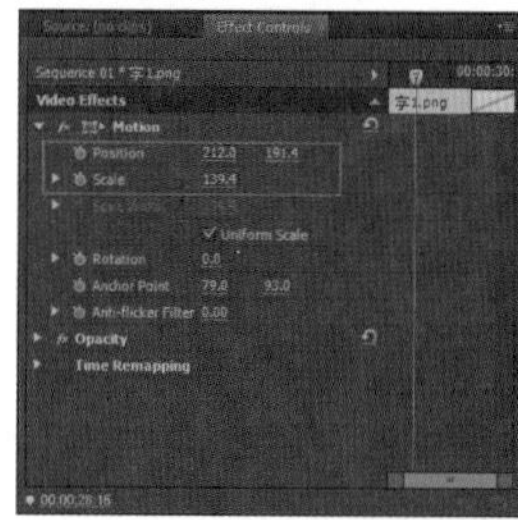

图17—59

图17—60

17 在【Effects（效果）】窗口中搜索【Cross Dissolve（交叉叠化）】效果，然后按住鼠标左键拖曳到Video2轨道的【字1.png】和【照片11.jpg】素材文件之间，如图17-61所示。

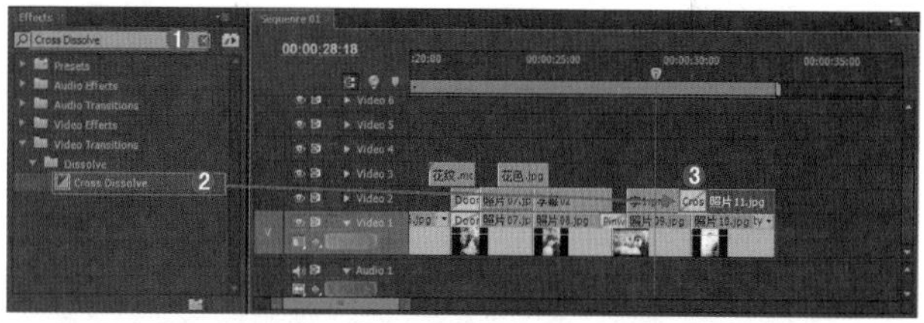

图17—61

18 选择Video2轨道上的【照片11.jpg】素材文件，然后单击鼠标右键，在弹出的快捷菜单中选择【Scale to Frame Size（缩放到框大小）】命令。接着设置【Position（位置）】为（181，288），如图17-62所示。此时效果如图17-63所示。

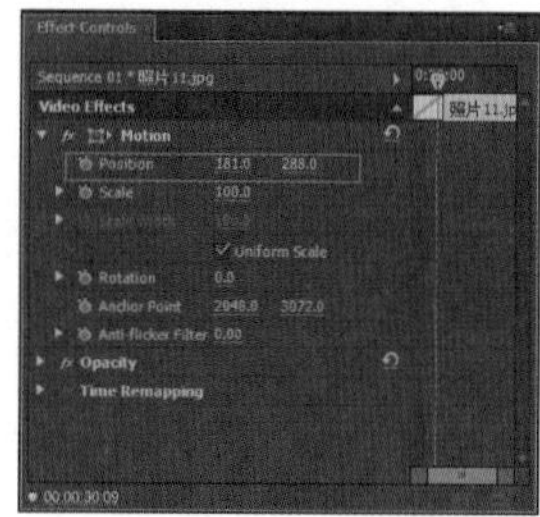

图17—62

图17—63

19 选择Video1轨道上的【照片10.jpg】素材文件，然后将时间线拖到第30秒08帧的位置，单击【Position（位置）】前面的按钮，开启自动关键帧，并设置【Position（位置）】为（191，288）。接着将时间线拖到第31秒09帧的位置，设置【Position（位置）】为（539，288），如图17-64所示。此时效果如图17-65所示。

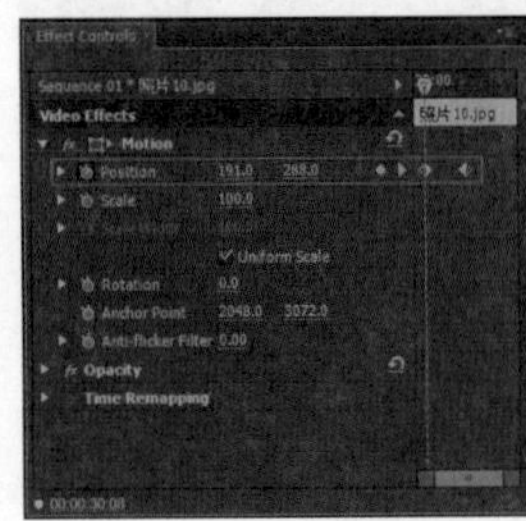
图17-64

图17-65

20 将项目窗口中的【照片12.jpg】和【照片13.jpg】素材文件拖曳到Video1轨道上，并设置结束时间为第38秒17帧的位置。接着单击鼠标右键，在弹出的快捷菜单中选择【Scale to Frame Size（缩放到框大小）】命令，如图17-66所示。

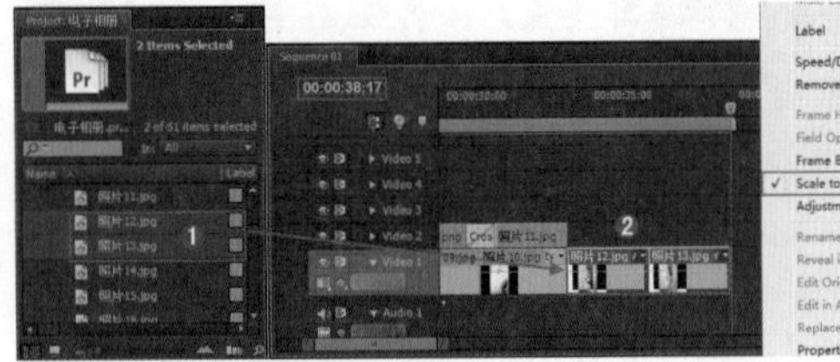
图17-66

21 创建【字幕03】，单击（文字工具）按钮，然后输入文字“Recall”。设置【Font Family（字体）】为【Champagne】，【Fill Type（填充类型）】为【Radial Gradient（径向渐变）】，【Color（颜色）】为粉色（R：254，G：95，B：124）和浅粉色（R：253，G：190，B：202），如图17-67所示。

图17-67

22 关闭字幕面板，将【字幕03】和【边框1.png】素材文件拖曳到Video2和Video3轨道上，并与下面的素材文件对齐，如图17-68所示。

图17-68

23 分别设置【照片12.jpg】的【Scale（缩放）】为212，【照片13.jpg】的【Position（位置）】为（360，374），如图17-69所示。

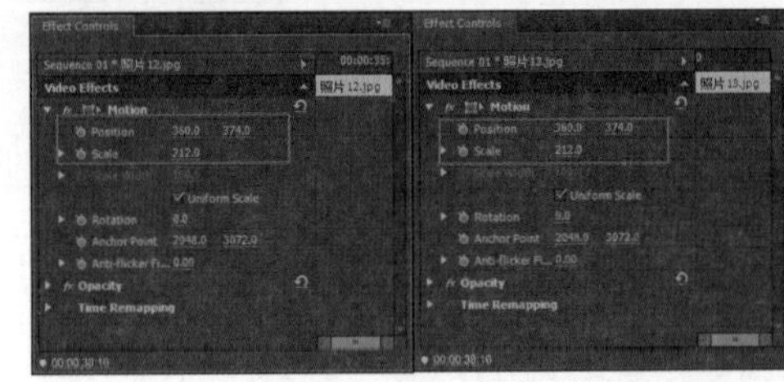
图17-69

24 选择Video2轨道上的【边框1.png】素材文件，然后取消选中【Uniform Scale（均匀缩放）】复选框，设置【Scale Height（缩放高度）】为108，【Scale Width（缩放宽度）】为128，如图17-70所示。此时效果如图17-71所示。

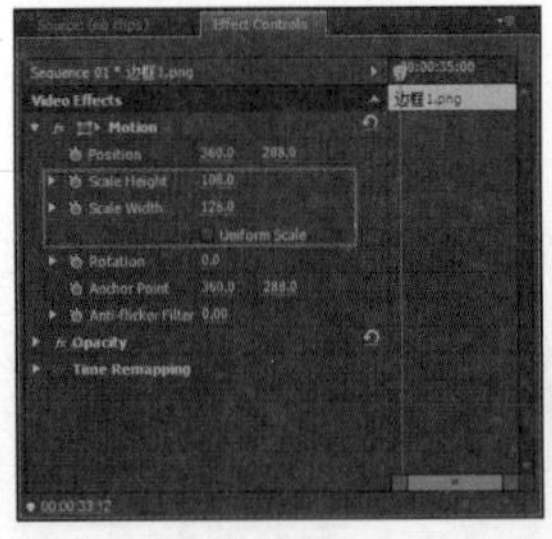
图17-70

图17-71

25 在【Effects（效果）】窗口中搜索【Clock Wipe（时钟擦除）】效果，然后按住鼠标左键拖曳到Video1轨道的【照片12.jpg】和【照片13.jpg】素材文件之间，如图17-72所示。

26 此时拖动时间线滑块查看效果，如图17-73所示。

图17-72

图17-73

27 将项目窗口中的【花.jpg】素材文件拖曳到Video4轨道上，并设置起始时间为第32秒01帧，结束时间为第33秒20帧，如图17-74所示。

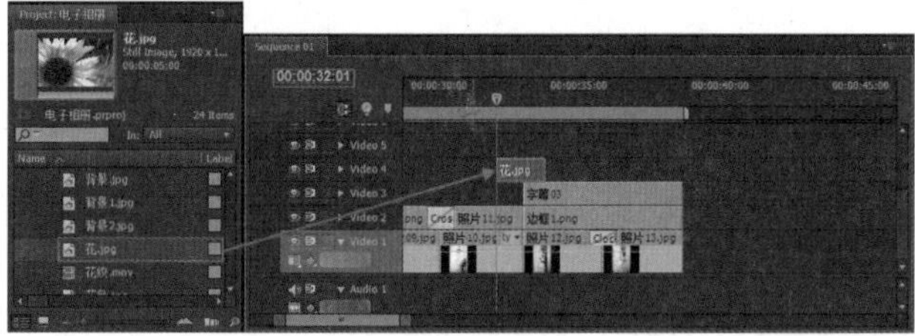

图17-74

28 选择Video4轨道上的【花.jpg】素材文件，然后设置【Position（位置）】为（267，333），【Scale（缩放）】为77。接着将时间线拖到第33秒01帧的位置，设置【Opacity（不透明度）】为0%；继续将时间线拖到第32秒23帧的位置，设置【Opacity（不透明度）】为80%；最后将时间线拖到第33秒20帧的位置，设置【Opacity（不透明度）】为0%，如图17-75所示。此时效果如图17-76所示。

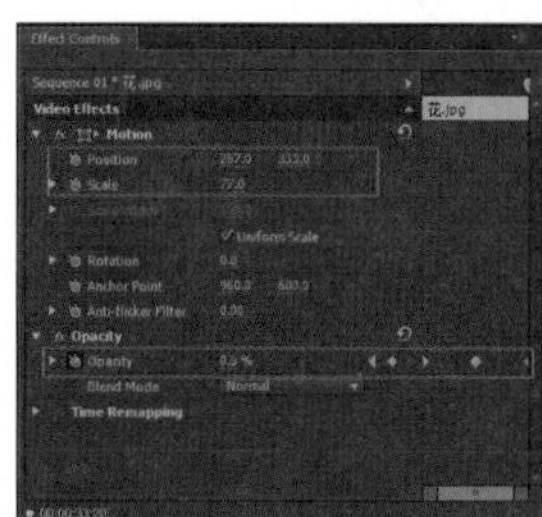

图17-75

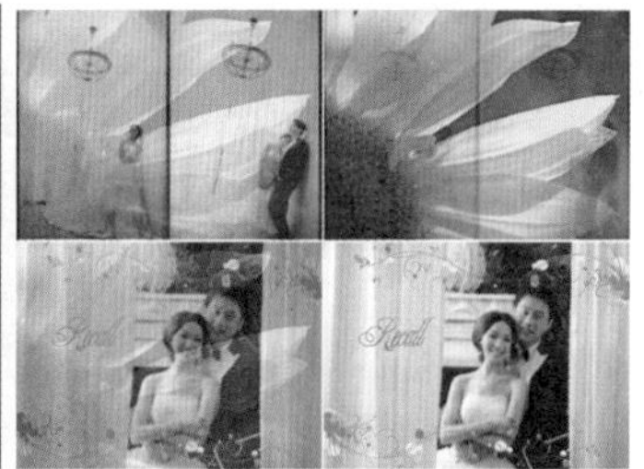

图17-76

29 将项目窗口中的【背景1.jpg】素材文件拖曳到Video1轨道上，并设置结束时间为第42秒13帧的位置，如图17-77所示。

30 将项目窗口中的【照片14.jpg】和【照片15.jpg】素材文件拖曳到Video2轨道上，并与下面素材文件对齐。接着单击鼠标右键，在弹出的快捷菜单中选择【Scale to Frame Size（缩放到框大小）】命令，如图17-78所示。

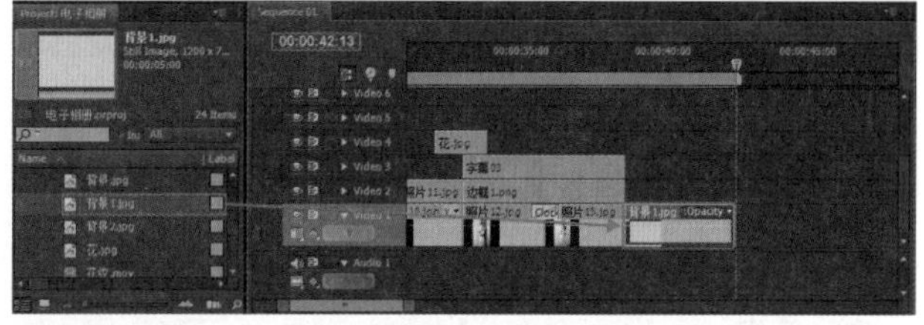

图17-77

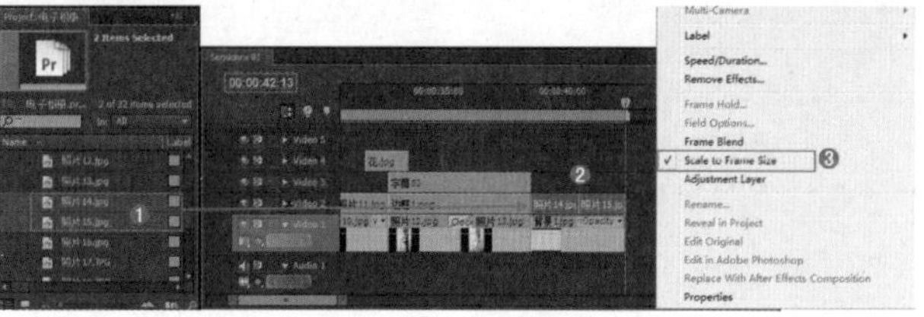

图17-78

31 创建【字幕04】，在字幕面板中单击T（文字工具）按钮，然后输入文字“Love”。设置【Font Family（字体）】为【Myriad Pro】，【Color（颜色）】为浅橙色（R：255，G：214，B：195）。接着选中【Shadow（阴影）】复选框，并设置【Opacity（不透明度）】为58%，【Angle（角度）】为－235°，【Distance（距离）】为3.6，【Spread（扩散）】为3.6，如图17-79所示。

32 关闭字幕面板，然后将项目窗口中的【字幕04】和【花边.png】素材文件拖曳到Video3和Video4轨道上，并与下面的素材文件对齐，如图17-80所示。

图17-79

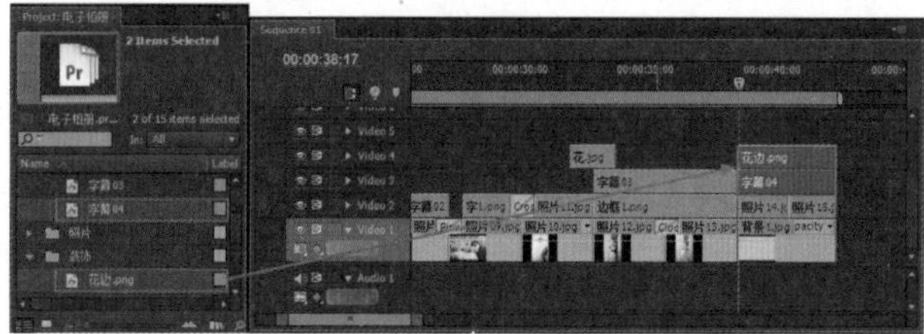

图17-80

33 选择Video4轨道上的【花边.png】素材文件，然后设置【Position（位置）】为（94，285），如图17-81所示。选择Video3轨道上【字幕04】，接着将时间线拖到第38秒21帧的位置，单击【Position（位置）】前面的按钮，开启自动关键帧，并设置【Position（位置）】为（360，200）。最后将时间线拖到第39秒13帧的位置，设置【Position（位置）】为（360，386），如图17-82所示。

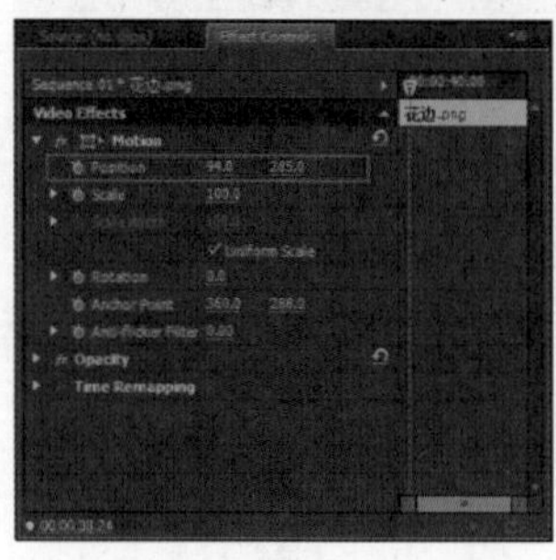

图17—81

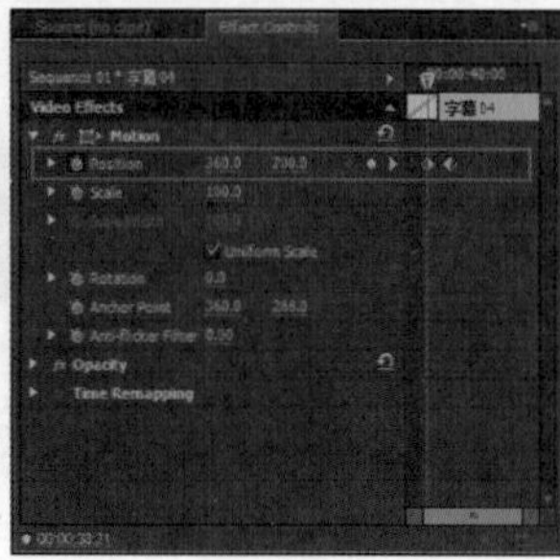

图17—82

34 将时间线窗口中的【字幕04】和【花边.png】素材文件复制到Video5和Video6轨道上，然后为Video6轨道上的【花边.png】素材文件添加【Horizontal Flip（水平翻转）】效果，如图17-83所示。

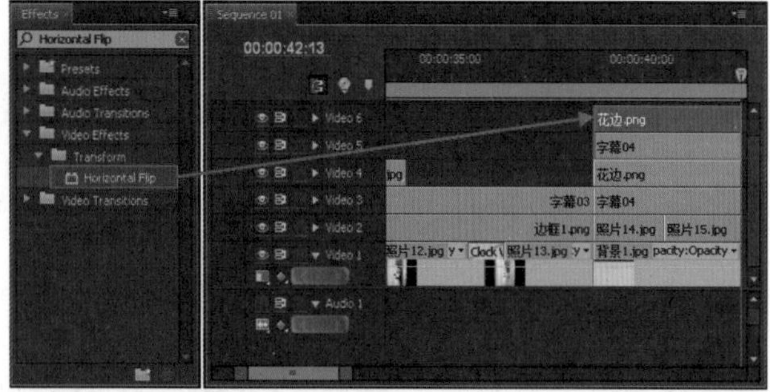

图17—83

35 适当调整Video5和Video6轨道上【字幕04】和【花边.png】素材文件的位置，制作出右边的花边和字幕动画效果，如图17-84所示。

图17—84

36 在【Effects（效果）】窗口中搜索【Dip to White（白场过渡）】和【Split（分割）】效果，然后将【Dip to White（白场过渡）】拖曳到Video3轨道上的【字幕03】和【字幕04】之间。将【Split（分割）】拖曳到【照片14.jpg】和【照片15.jpg】素材文件之间，如图17-85所示。

37 此时拖动时间线滑块查看效果，如图17-86所示。

图17—85

图17—86

Part03 制作相册的第三部分

01 将项目窗口中的【照片16.jpg】和【照片17.jpg】素材文件拖曳到Video1轨道上，并设置结束时间为第46秒17帧的位置。接着单击鼠标右键，在弹出的快捷菜单中选择【Scale to Frame Size（缩放到框大小）】命令，如图17-87所示。

图17—87

02 在【Effects（效果）】窗口中搜索【Iris Box（盒形划像）】效果，然后按住鼠标左键拖曳到Video1轨道的【背景1.jpg】和【照片16.jpg】素材文件之间，如图17-88所示。

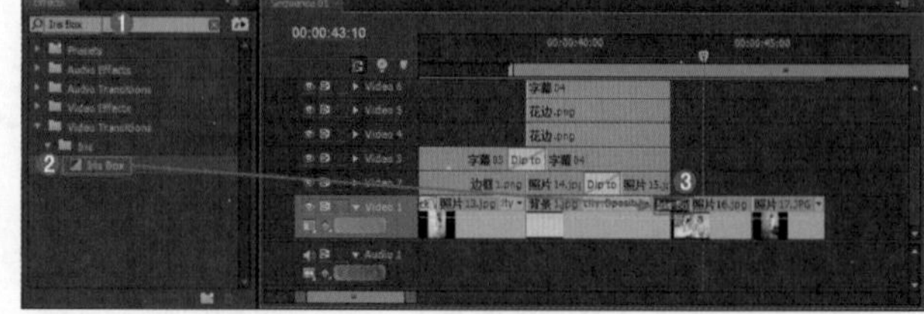

图17—88

03 将项目窗口中的【照片18.jpg】素材文件拖曳到

Video2轨道上，并与下面素材对齐。接着单击鼠标右键，在弹出的快捷菜单中选择【Scale to Frame Size（缩放到框大小）】命令，如图17-89所示。

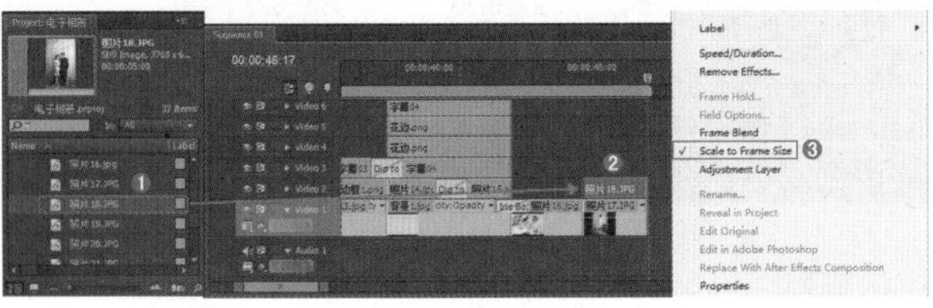

图17—89

04 选择Video1轨道上的【照片16.jpg】素材文件，然后设置【Scale（缩放）】为112，如图17-90所示。此时效果如图17-91所示。

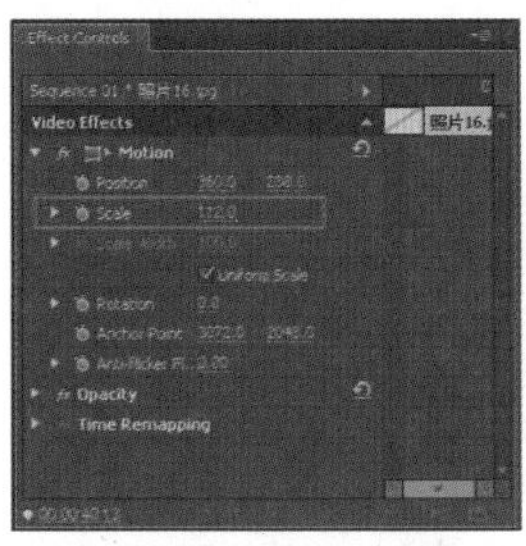

图17—90

图17—91

05 选择Video1轨道上的【照片17.jpg】素材文件，然后将时间线拖到第44秒13帧的位置，单击前面的按钮，开启自动关键帧，并设置【Position（位置）】为（188，652）。接着将时间线拖到第45秒14帧的位置，设置【Position（位置）】为（188，288），如图17-92所示。

06 选择Video1轨道上的【照片18.jpg】素材文件，然后将时间线拖到第44秒13帧的位置，单击【Position（位置）】前面的按钮，开启自动关键帧，并设置【Position（位置）】为（548，－5）。接着将时间线拖到第45秒14帧的位置，设置【Position（位置）】为（548，288），如图17-93所示。此时效果如图17-94所示。

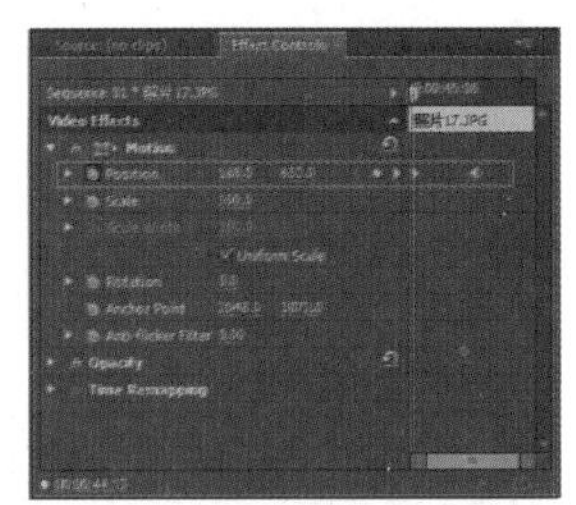

图17—92

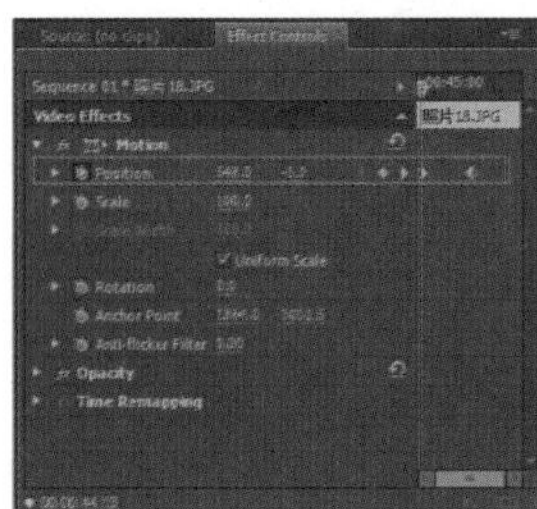

图17—93

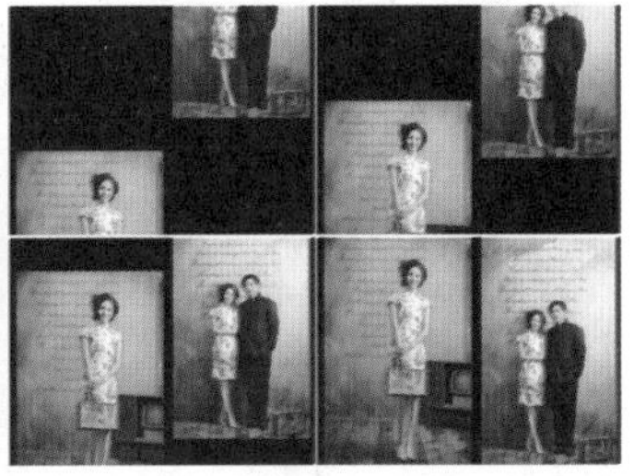

图17—94

07 将项目窗口中的【照片19.jpg】素材文件拖曳到Video1轨道上，并设置结束时间为第54秒07帧的位置。接着单击鼠标右键，在弹出的快捷菜单中选择【Scale to Frame Size（缩放到框大小）】命令，如图17-95所示。

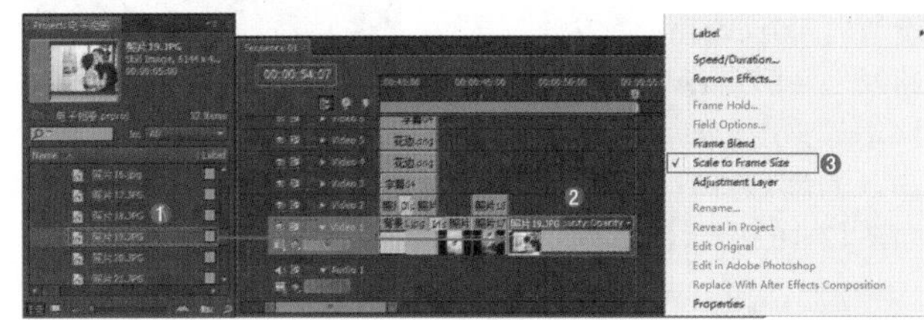

图17—95

08 选择Video1轨道上的【照片19.jpg】素材文件，然后设置【Scale（缩放）】为112，如图17-96所示。此时效果如图17-97所示。

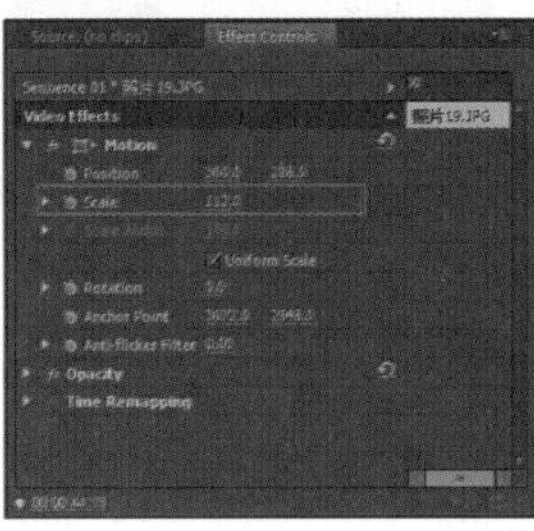

图17—96

图17—97

09 将项目窗口中的【照片20.jpg】素材文件拖曳到Video2轨道上，并与下面的素材文件对齐。接着单击鼠标右键，在弹出的快捷菜单中选择【Scale to Frame Size（缩放到框大小）】命令，如图17-98所示。

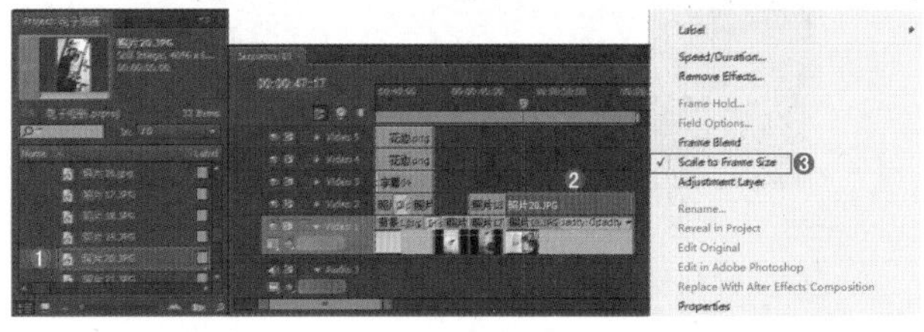

图17—98

10 在【Effects（效果）】窗口中搜索【Drop Shadow（阴影）】效果，然后按住鼠标左键将其拖曳到Video2轨道的【照片20.jpg】素材文件上，如图17-99所示。

11 选择Video1轨道上的【照片20.jpg】素材文件，然后设置【Scale（缩放）】为49。接着将时间线拖到第46秒17帧的位置，单击【Position（位置）】前面的按钮，开启自动关键帧，并设置【Position（位置）】为（121，－167）。接着将时间线拖到第49秒17帧的位置，设置【Position（位置）】为（121，735），如图17-100所示。

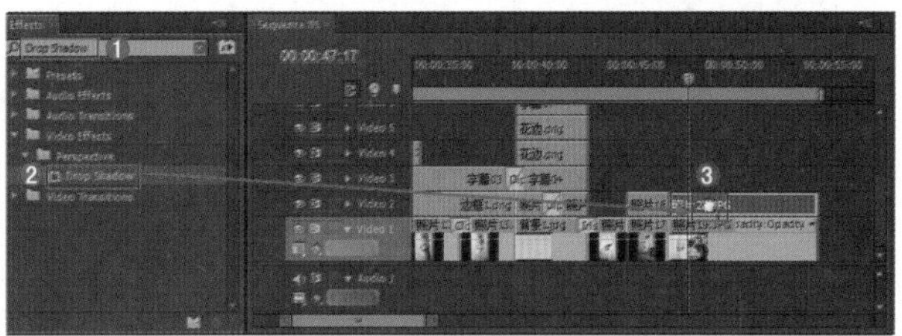

图17—99

12 打开【Drop Shadow（投射阴影）】效果，然后设置【Direction（方向）】为232°，【Distance（距离）】为14，【Softness（柔和度）】为20，如图17-101所示。此时效果如图17-102所示。

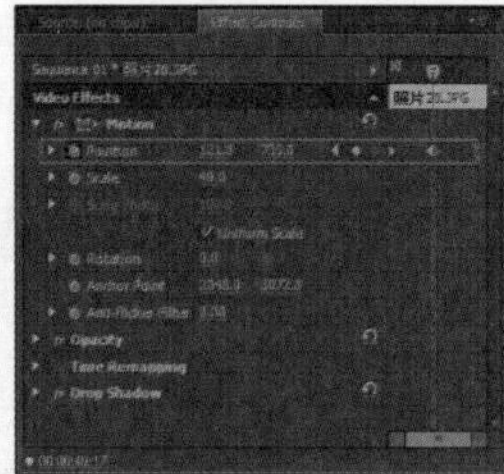

图17—100

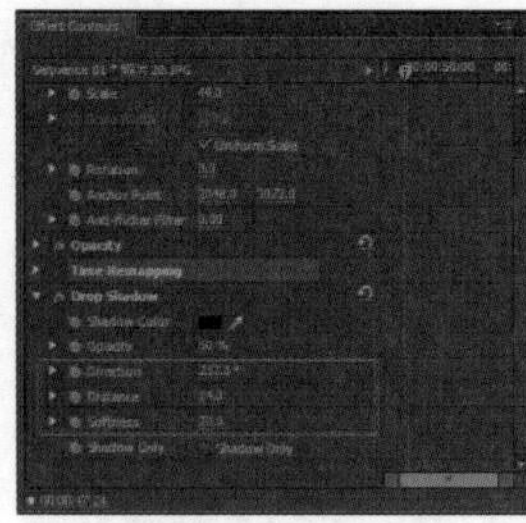

图17—101

图17—102

13 以此类推，制作出【照片21.jpg】、【照片22.jpg】和【照片23.jpg】素材文件的动画，并设置每个素材文件相隔1秒的位置，如图17-103所示。

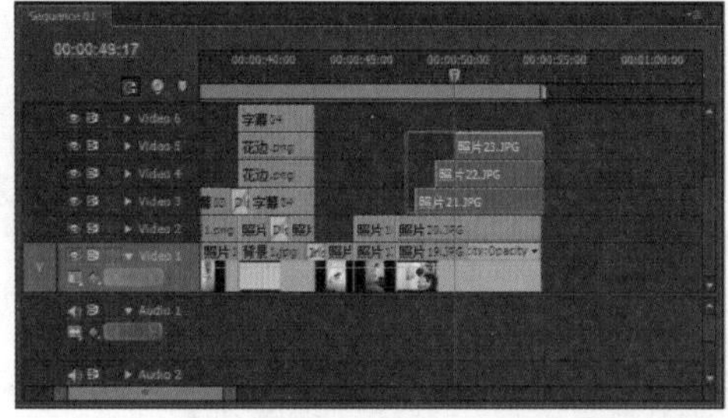

图17—103

14 此时拖动时间线滑块查看效果，如图17-104所示。

图17—104

技巧提示

利用素材属性的复制，可以方便地为多个素材设置同样的属性动画效果。依次调整素材的起始时间，可以制作出均匀间隔的动画效果。

15 将项目窗口中的【光效02.avi】素材文件拖曳到Video3轨道上，并设置起始时间为第45秒20帧的位置，如图17-105所示。

图17—105

16 选择Video3轨道上的【光效02.avi】素材文件，然后设置【Scale（缩放）】为276，【Position（位置）】为（279，288）。接着将时间线拖到第45秒20帧的位置，设置【Opacity（不透明度）】为0%；继续将时间线拖到第46秒14帧的位置，设置【Opacity（不透明度）】为100%；最后将时间线拖到第47秒17帧的位置，设置【Opacity（不透明度）】为0%，如图17-106所示。此时效果如图17-107所示。

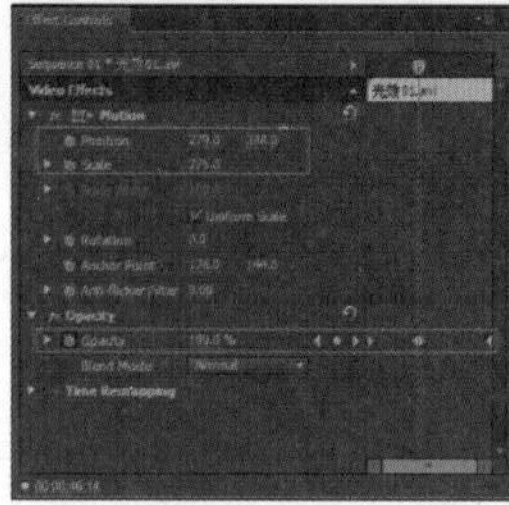

图17—106

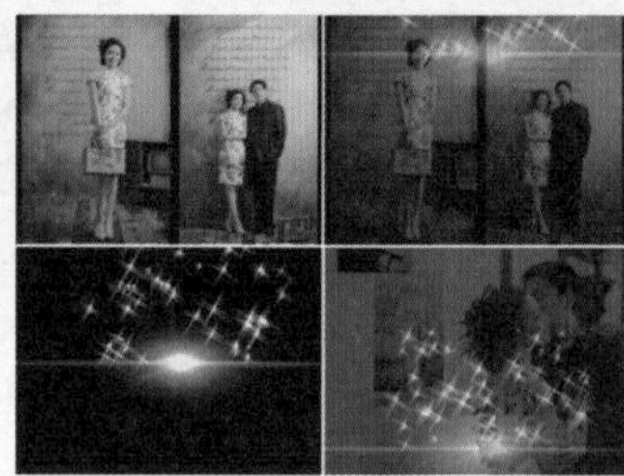

图17—107

17 将项目窗口中的【边框2.png】、【照片24.jpg】和【边框背景.png】素材文件拖曳到Video1、Video2和Video3轨道上，并设置结束时间为第57秒15帧。接着单击鼠标右键，在弹出的快捷菜单中选择【Scale to Frame Size（缩放到框大小）】命令，如图17-108所示。

18 选择Video3轨道上的【边框2.png】素材文件，然后设置【Scale（缩放）】为111，【Position（位置）】为（360，291），如图17-109所示。

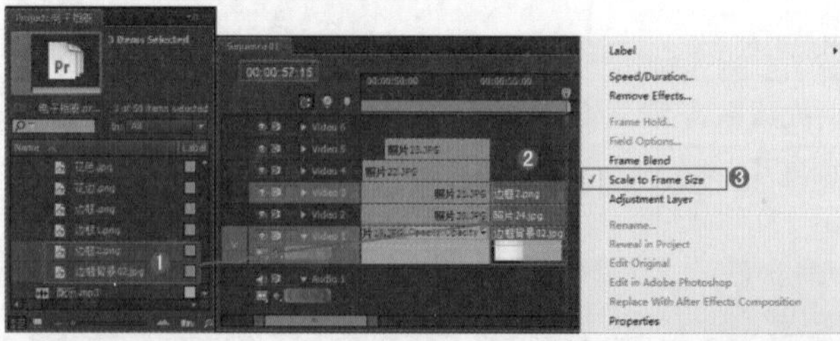

图17—108

19 选择Video4轨道上的【照片24.jpg】素材文件，然后设置【Scale（缩放）】为79，【Position（位置）】为（421，253），【Rotation（旋转）】为－8°，如图17-110所示。此时效果如图17-111所示。

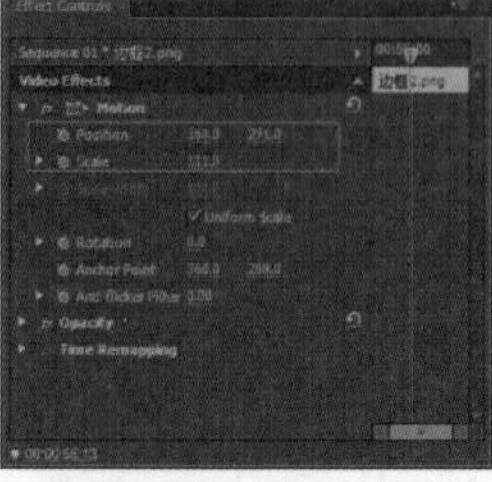

图17—109

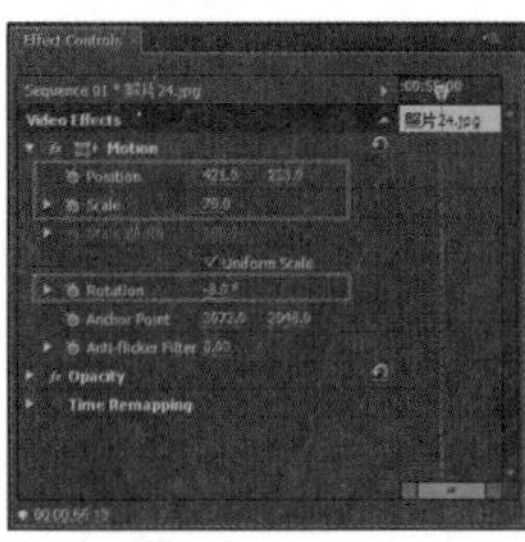

图17—110

图17—111

20 将项目窗口中的【背景2.jpg】、【照片25.jpg】、【照片26.jpg】和【照片27.jpg】素材文件拖曳到Video1、Video2、Video3和Video4轨道上，呈阶梯状排列，并设置结束时间为第1分3秒15帧的位置。接着单击鼠标右键，在弹出的快捷菜单中选择【Scale to Frame Size（缩放到框大小）】命令，如图17-112所示。

图17—112

21 选择Video1轨道上的【背景2.jpg】素材文件，设置【Scale（缩放）】为113，【Position（位置）】为（371，288），如图17-113所示。选择Video2轨道上的【照片25.jpg】素材文件，设置【Scale（缩放）】为31，【Position（位置）】为（371，261），【Rotation（旋转）】为－11°，如图17-114所示。

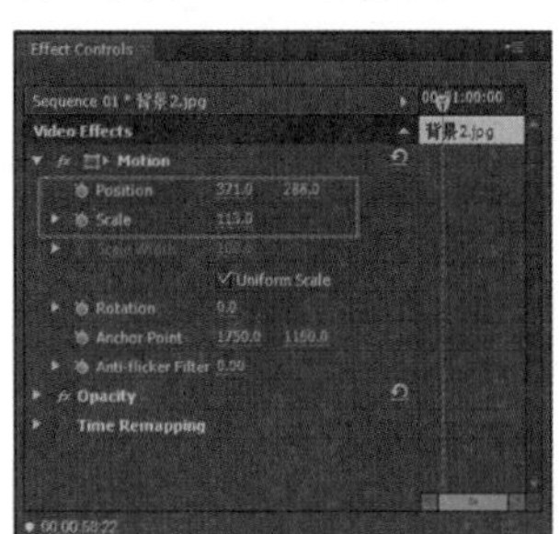

图17—113

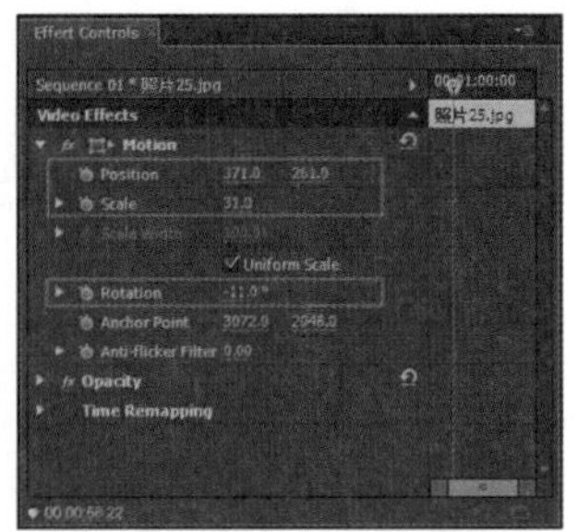

图17—114

22 选择Video2轨道上的【照片26.jpg】素材文件，设置【Scale（缩放）】为17.7，【Position（位置）】为（625，208），【Rotation（旋转）】为－12°，如图17-115所示。选择Video2轨道上的【照片27.jpg】素材文件，设置【Scale（缩放）】为14，【Position（位置）】为（55，463），【Rotation（旋转）】为－32°，如图17-116所示。

23 此时拖动时间线滑块查看效果，如图17-117所示。

24 在【Effects（效果）】窗口中搜索【Page Turn（翻转卷页）】和【Dither Dissolve（抖动叠化）】效果，然后将【Page Turn（翻转卷页）】拖曳到Video1轨道的【边框背景02.jpg】和【背景2.jpg】素材文件之间。将【Dither Dissolve（抖动叠化）】拖曳到【照片25.jpg】、【照片26.jpg】和【照片27.jpg】上，如图17-118所示。

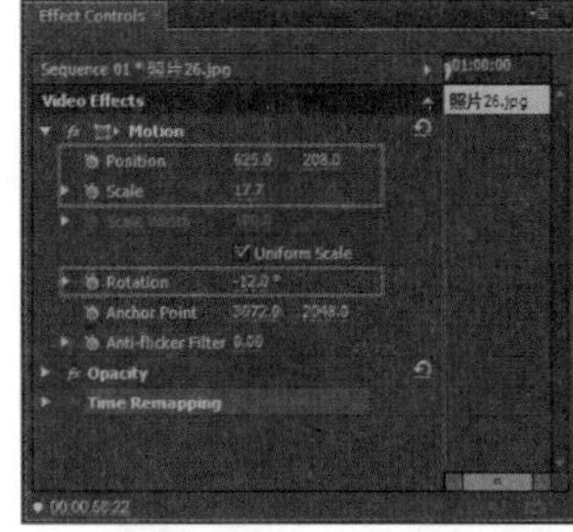

图17—115

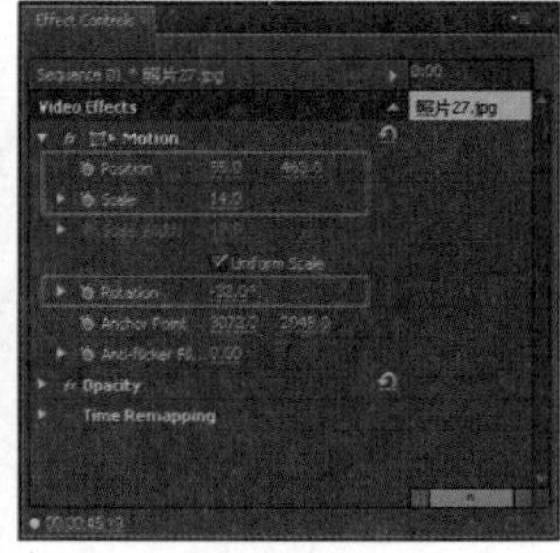

图17—116

图17—117

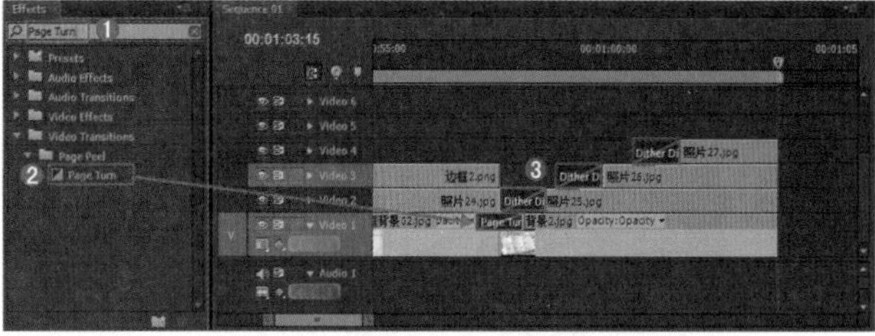

图17—118

25 在【Effects（效果）】窗口中搜索【Dip to Black（黑场过渡）】效果，然后按住鼠标左键拖曳到Video4轨道的【照片27.jpg】素材文件的末尾处，如图17-119所示。

26 此时拖动时间线滑块查看效果，如图17-120所示。

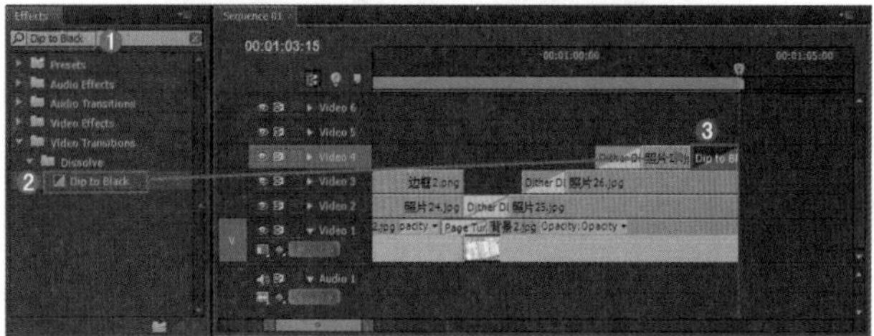

图17—119

图17-120

Part04 配乐的制作

01 将项目窗口中的【配乐.mp3】素材文件拖曳到Audio1轨道上，如图17-121所示。

图17-121

02 将时间线拖到第2分7秒12帧的位置，然后选择（剃刀工具），单击鼠标左键进行剪辑，如图17-122所示。

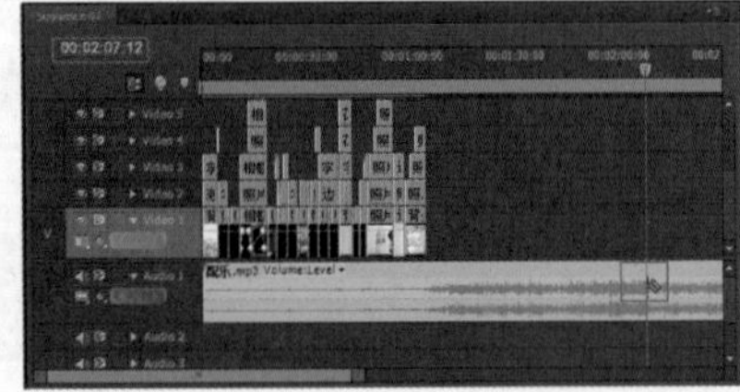

图17-122

03 选择Audio1轨道上剪辑后的前半部分【配乐.mp3】素材文件，然后按【Delete】键删除，并将剩余的【配乐.mp3】素材文件向前拖曳，如图17-123所示。

图17-123

04 将时间线拖到第1分3秒15帧的位置，然后选择（剃刀工具），接着单击鼠标左键进行剪辑，如图17-124所示。

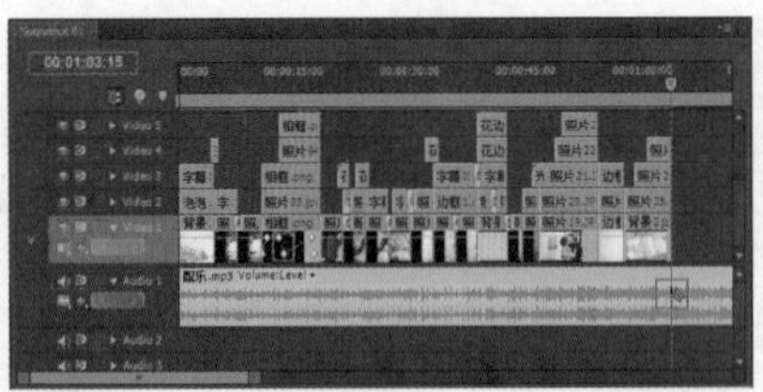

图17-124

05 选择Audio1轨道上剪辑的后半部分【配乐.mp3】素材文件，然后按【Delete】键删除，如图17-125所示。

图17-125

06 选择Audio1轨道上的【配乐.mp3】素材文件，然后单击按钮，为【配乐.mp3】素材文件首尾创建4个关键帧，并按住鼠标左键将首尾两端的两个关键帧向下拖曳，制作音频文件的淡入淡出效果，如图17-126所示。

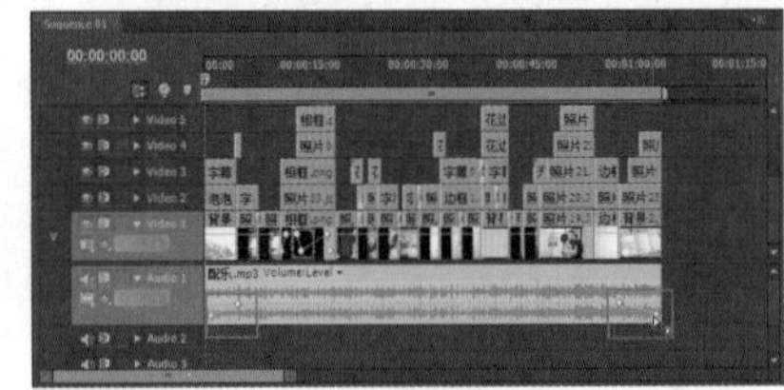

图17-126

07 此时拖动时间线滑块查看最终效果，如图17-127所示。

图17-127

第18章

旅游片头

本章内容简介：

片头就是在影片前面播放的一段以引导和宣传为主的短片，它可以利用精美的画面和介绍等来吸引观众。本章主要是在Adobe Premiere Pro CS6中利用素材文件、字幕和各种效果等，进行综合应用来制作出旅游片头效果。

本章学习要点：

- 了解什么是片头
- 了解片头的作用
- 掌握制作片头的方法

片头是指在完整影片前面的一部分播放片段，其主要目的是引导观众对后面的影片内容产生兴趣，并通过一定的叙述或剪辑精彩片段，以故事大致情节为主，穿插一些特色的转场手法等来吸引观众。

随着电影电视等媒体的发展，片头所涉及的方面越发广泛。除了电影片头，还有广告片头、电视栏目包装片头、电视节目宣传片头等。而且，在打开一些网站时也会弹出片头视频，这些网站用此方式来展现网站特点和宣传网站形象等。

★ 综合实战——旅游片头效果

案例文件	案例文件\第18章\旅游片头效果.prproj
视频教学	视频文件\第18章\旅游片头效果.flv
难易指数	
技术要点	动画关键帧、镜头模糊效果、字幕和剪辑等效果的应用

案例效果

通过较短的片头来介绍节目的整体大概内容，吸引观众继续观看剩余的影片，起到引导消费和宣传的效果。本案例主要是针对“制作旅游片头效果”的方法进行练习，如图18-1所示。

图18—1

操作步骤

Part01 制作标题效果

01 打开Adobe Premiere Pro CS6软件，然后单击【New Project（新建项目）】选项，并单击【Browse（浏览）】按钮设置保存路径，在【Name（名称）】文本框中设置文件名称，单击【OK（确定）】按钮。接着在弹出的对话框中选择【DV-PAL】/【Standard 48kHz】选项，最后单击【OK（确定）】按钮，如图18-2所示。

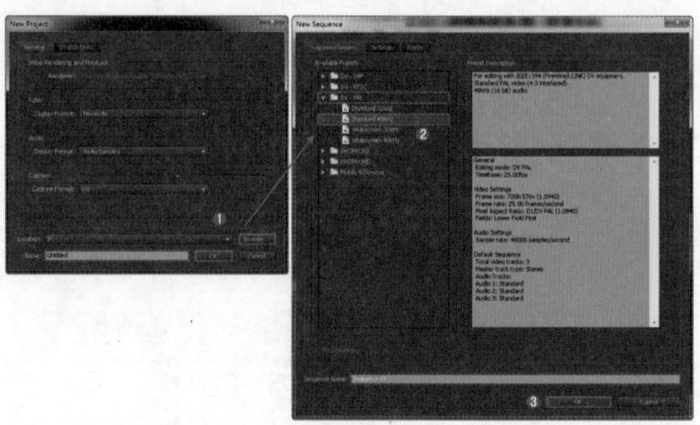

图18—2

02 选择菜单栏中的【File（文件）】/【Import（导入）】命令或按快捷键【Ctrl+I】，然后在打开的对话框中选择【标题】文件夹，并单击【Import Folder（导入文件夹）】按钮导入，如图18-3所示。

图18—3

03 选择【File（文件）】/【New（新建）】/【Black Video（黑场效果）】命令，然后在弹出的对话框中单击【OK（确定）】按钮，如图18-4所示。

04 将项目窗口中的【Black Video（黑场效果）】拖曳到Video1轨道上，并设置结束时间为第3秒11帧的位置，如图18-5所示。

读书笔记

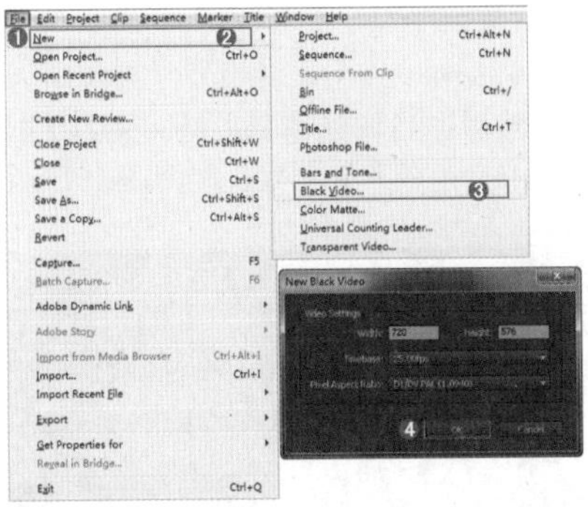

图18-4

图18-5

05 在【Effects（效果）】窗口中搜索【Ramp（渐变）】效果，然后按住鼠标左键将其拖曳到Video1轨道的【Black Video（黑场效果）】素材文件上，如图18-6所示。

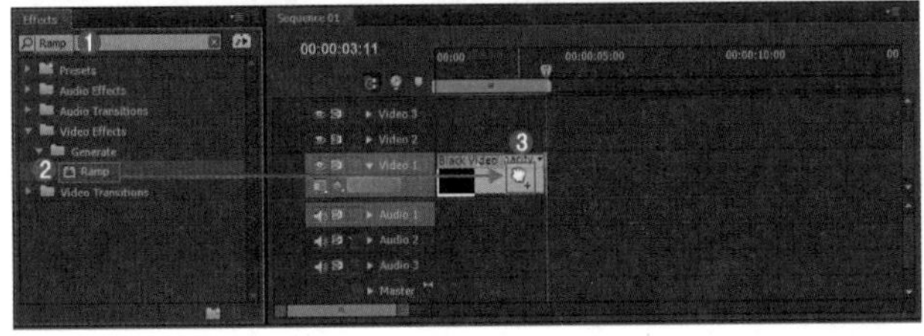

图18-6

06 选择Video1轨道上的【Black Video（黑场效果）】素材文件，然后设置【Ramp（渐变）】效果下的【Start Color（开始颜色）】为浅蓝色（R：126，G：209，B：232），【End Color（结束颜色）】为白色（R：186，G：255，B：236），如图18-7所示。此时效果如图18-8所示。

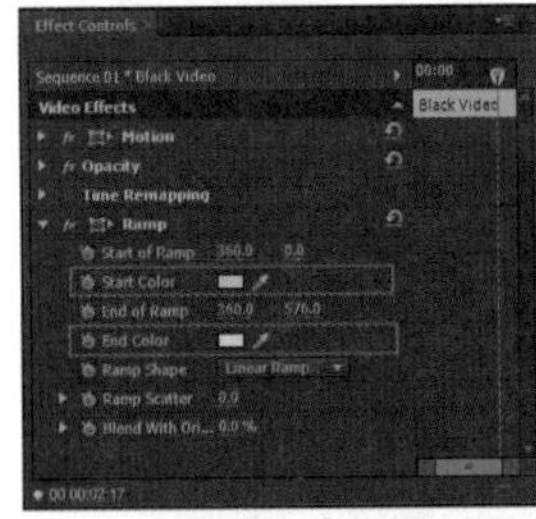

图18-7

图18-8

技巧提示

使用【Black Video（黑场效果）】，可以根据项目需求添加不同的渐变颜色效果和特效。常常用于制作背景或一些特效的混合图层。

07 将项目窗口中的【片头】文件夹内的素材文件按顺序拖曳到时间线窗口中，如图18-9所示。

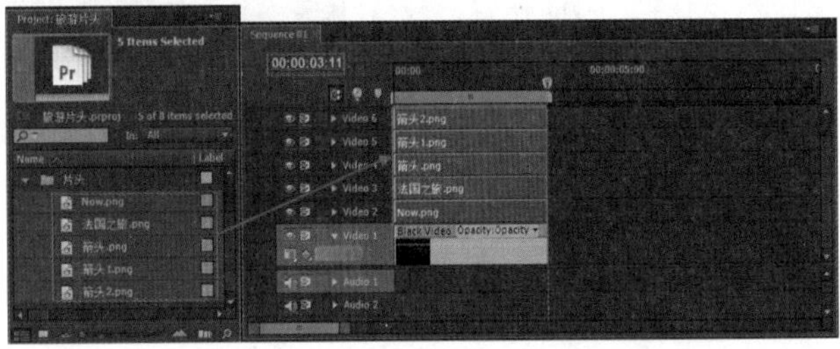

图18-9

08 选择Video2轨道上的【Now.png】素材文件，然后设置【Scale（缩放）】为158。接着将时间线拖到起始帧的位置，单击【Position（位置）】前面的按钮，开启自动关键帧，并设置【Position（位置）】为（1061，70）。最后将时间线拖到第15帧的位置，设置【Position（位置）】为（341，70），如图18-10所示。此时隐藏其他未编辑图层查看效果，如图18-11所示。

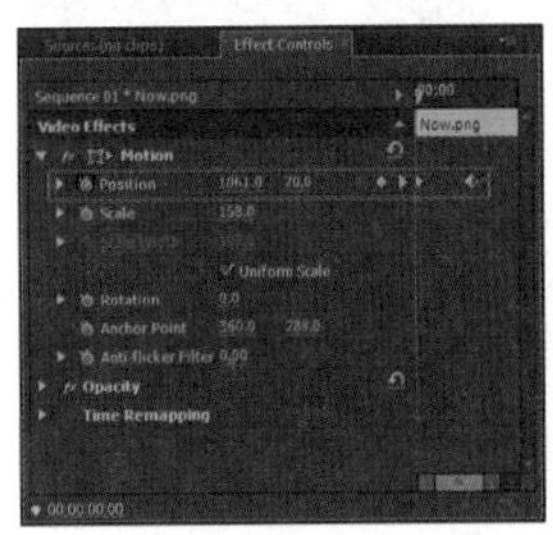

图18-10

图18-11

09 选择并显示Video3轨道上的【法国之旅.png】素材文件，然后将时间线拖到第23帧的位置，单击【Scale（缩放）】和【Rotation（旋转）】前面的按钮，开启自动关键帧，并设置【Scale（缩放）】为228，【Rotation（旋转）】为16°，【Opacity（不透明度）】为0%，接着将时间线拖到第2秒01帧的位置，设置【Scale（缩放）】为76，【Rotation（旋转）】为 - 1× - 24°，【Opacity（不透明度）】为100%，如图18-12所示。此时效果如图18-13所示。

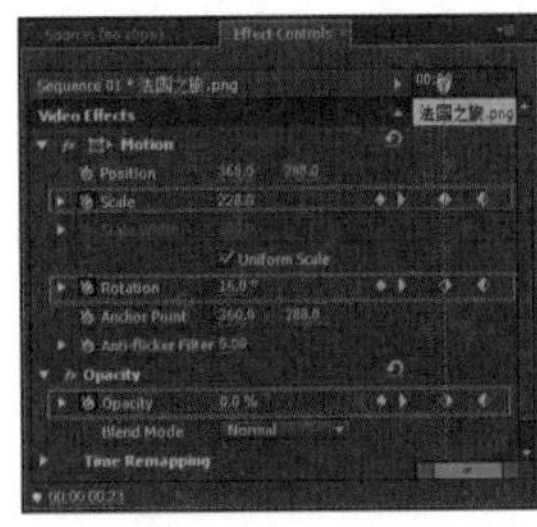

图18-12

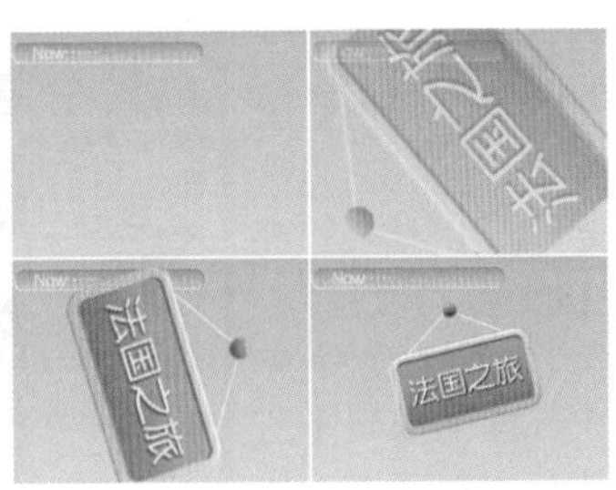

图18-13

10 选择并显示Video4轨道上的【箭头.png】素材文件，然后设置【Scale（缩放）】为46，【Rotation（旋转）】为 - 28°。接着将时间线拖到第1秒20帧的位置，单击【Position（位置）】前面的按钮，开启自动关键帧，并设置【Position（位置）】为（－105，700）。最后将时间线拖到第1秒23帧的位置，设置【Position（位置）】为（127，492），如图18-14所示。

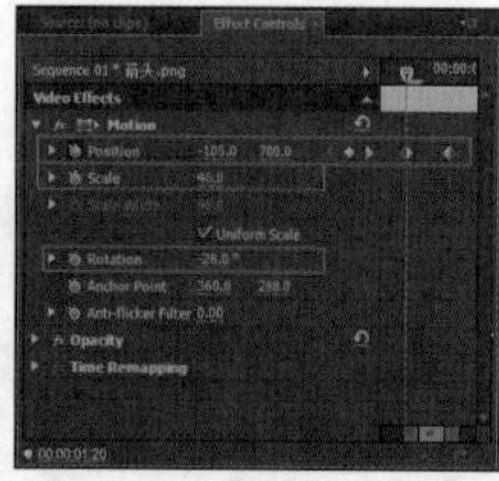

图18—14

11 选择并显示Video5轨道上的【箭头1.png】素材文件，然后设置【Scale（缩放）】为34。接着将时间线拖到第2秒03帧的位置，单击【Position（位置）】前面的按钮，开启自动关键帧，并设置【Position（位置）】为（－104，38）。最后将时间线拖到第2秒06帧的位置，设置【Position（位置）】为（136，215），如图18-15所示。

12 选择并显示Video6轨道上的【箭头2.png】素材文件，然后设置【Scale（缩放）】为45.3，【Rotation（位置）】为－9°。接着将时间线拖到第2秒11帧的位置，单击【Position（位置）】前面的按钮，开启自动关键帧，并设置【Position（位置）】为（600，－119）。最后将时间线拖到第2秒13帧的位置，设置【Position（位置）】为（600，108），如图18-16所示。此时效果如图18-17所示。

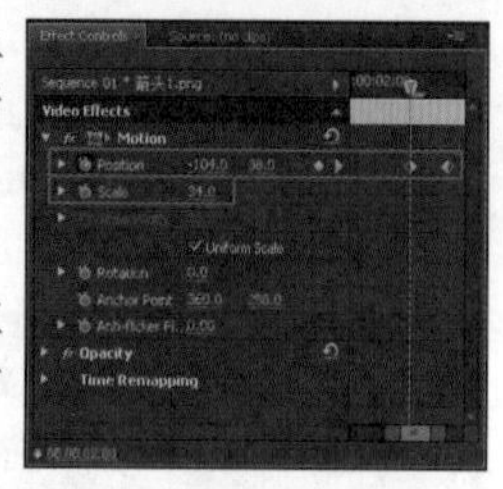

图18—15

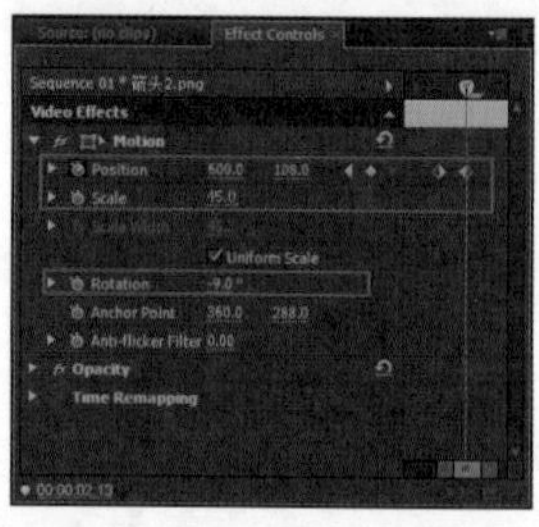

图18—16

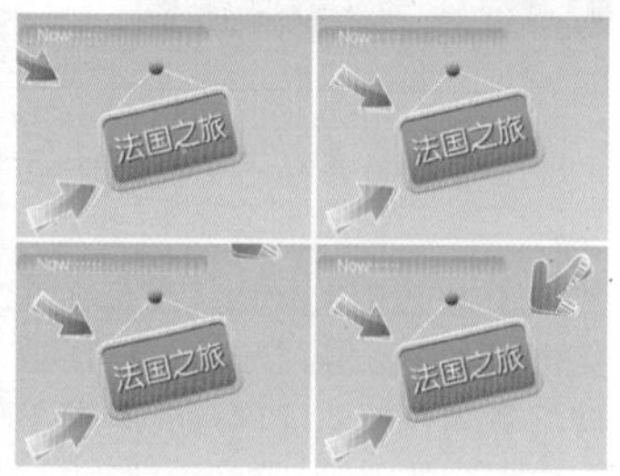

图18—17

Part02 制作图片效果

01 在项目窗口中创建【图片】文件夹，然后使用快捷键【Ctrl+I】，将所需的素材文件导入，并拖曳到【图片】文件夹内，如图18-18所示。

图18—18

02 将项目窗口【图片】文件夹内的18张素材文件按数字顺序拖曳到Video1轨道上，并设置结束时间为第1分14秒09帧的位置。然后适当调整每个素材文件的【Position（位置）】和【Scale（缩放）】参数，如图18-19所示。

图18—19

技巧提示

可以使用【Scale to Frame Size（缩放到框大小）】命令来快速调节素材文件的大小。

03 将【Effects（效果）】窗口中适当的转场效果分别拖曳到【图片01】至【图片18】素材文件之间，如图18-20所示。

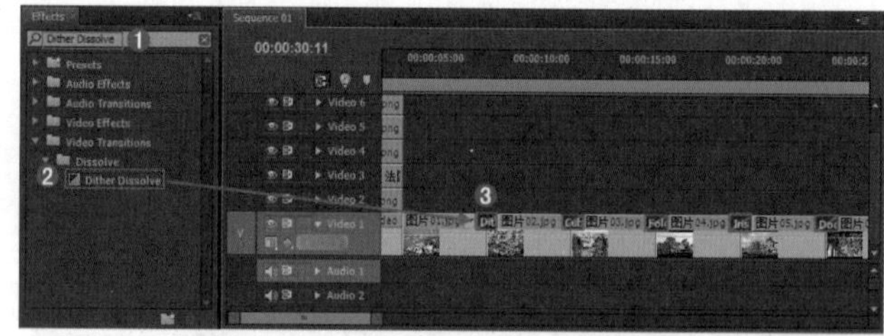

图18—20

04 选择Video1轨道的【图片01.jpg】素材文件，然后单击【Effect Controls（效果控制）】面板，接着将时间线拖到起始帧的位置，设置【Opacity（不透明度）】为0%，最后将时间线拖到第3秒20帧的位置，设置【Opacity（不透明度）】为0%，如图18-21所示。

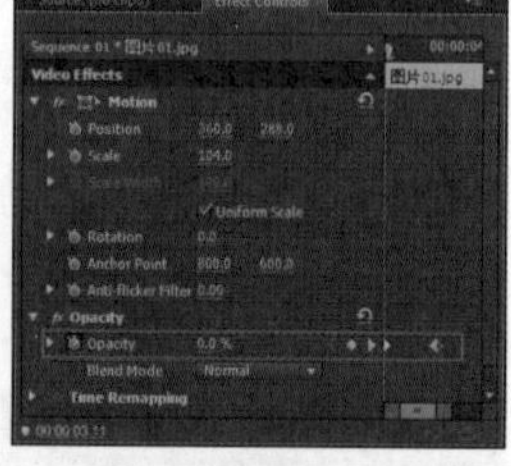

图18—21

05 在【Effects（效果）】窗口中搜索【Camera Blur（相机模糊）】效果，然后按住鼠标左键将其拖曳到Video1轨道的【图片01.jpg】素材文件上，如图18-22所示。

图18—22

06 选择Video1轨道上的【图片01.jpg】素材文件，然后打开【Camera Blur（相机模糊）】效果，接着将时间线拖到起始帧位置，单击【Percent Blur（模糊百分比）】前面的按钮，开启自动关键帧，并设置【Percent Blur（模糊百分比）】为25。最后将时间线拖到第4秒的位置，设置【Percent Blur（模糊百分比）】为0，如图18-23所示。此时效果如图18-24所示。

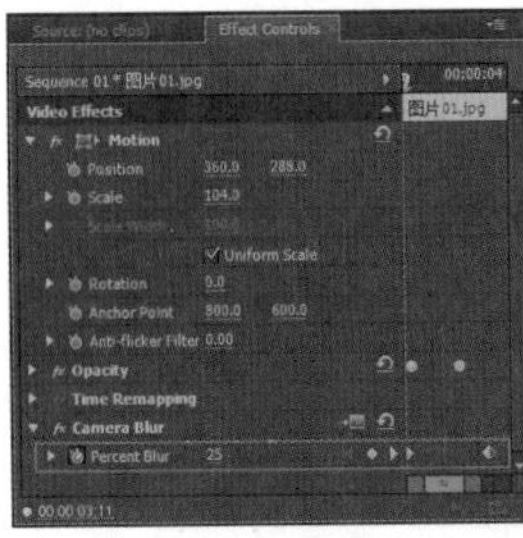

图18—23

图18—24

Part03 制作字幕

01 创建字幕。选择【Title（字幕）】/【New Title（新建字幕）】/【Default Still（默认静态字幕）】命令，并在弹出的对话框中设置【Name（名字）】为【字幕01】，接着单击【OK（确定）】按钮，如图18-25所示。

02 在字幕面板中单击（横向工具）按钮，然后输入文字“法国之旅”，并设置【Font Family（字体）】为【Blackoak Std】，【Color（颜色）】为白色（R：255，G：255，B：255）。接着选中【Shadow（阴影）】复选框，并设置【Opacity（不透明度）】为68%，【Angle（角度）】为－221°，【Distance（距离）】为7，【Size（大小）】为11，【Spread（扩散）】为27，如图18-26所示。

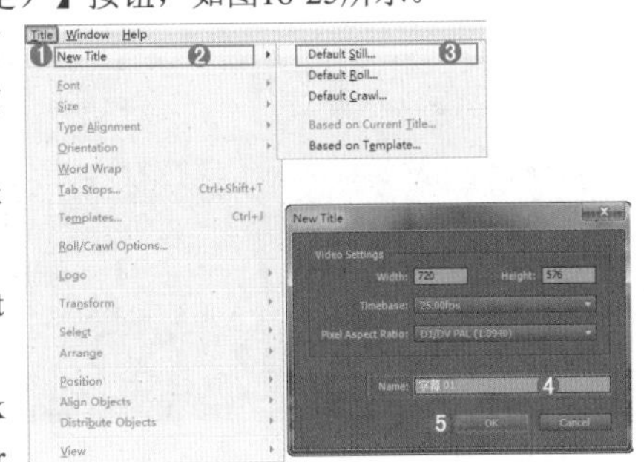

图18—25

图18—26

03 在项目窗口中创建【字幕】文件夹，然后将字幕拖曳到文件夹内。接着将【字幕01】拖曳到Video2轨道上，并设置结束时间为第8秒的位置，如图18-27所示。

图18—27

04 将时间线拖到第4秒03帧的位置，设置【Opacity（不透明度）】为0%，然后将时间线拖到第4秒12帧的位置，设置【Opacity（不透明度）】为100%，接着将时间线拖到第7秒10帧的位置，设置【Opacity（不透明度）】为100%，最后将时间线拖到第7秒19帧的位置，设置【Opacity（不透明度）】为0%，如图18-28所示。此时效果如图18-29所示。

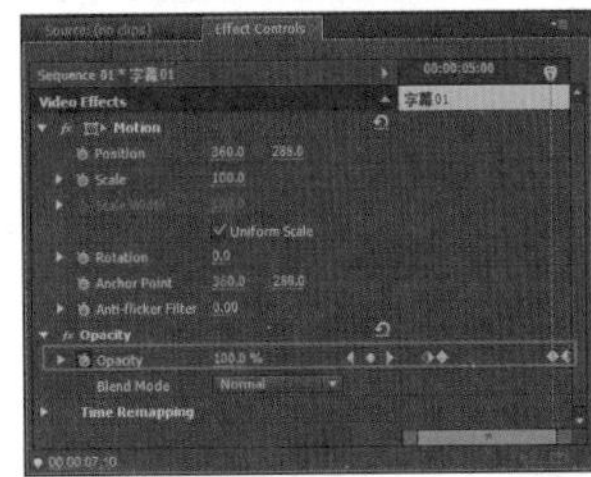

图18—28

图18—29

05 利用同样的方法创建【字幕02】，在字幕面板中单击（文字工具）按钮，然后输入文字“卢浮宫”。接着设置【Font Family（字体）】为【FZZhunYuan-M02S】，【Font Size（字体大小）】为70，【Color（颜色）】为白色（R：255，G：255，B：255）。最后单击【Outer Strokes（外部描边）】后面的【Add（添加）】，并设置【Size（大小）】为16，如图18-30所示。

图18—30

06 关闭字幕面板，然后将【字幕02】拖曳到Video2轨道上，并设置起始时间为第13帧的位置，结束时间为第18秒12帧的位置，如图18-31所示。

图18-31

07 在【Effects（效果）】窗口中搜索【Fast Blur（快速模糊）】效果，然后拖曳到Video2轨道的【字幕02】上，如图18-32所示。

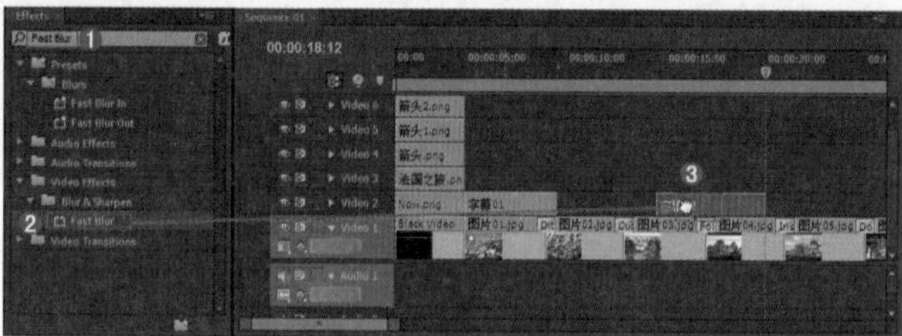

图18-32

08 选择Video2轨道上的【字幕02】，然后打开【Fast Blur（快速模糊）】效果。接着将时间线拖到第13秒02帧的位置，设置【Blurriness（模糊）】为15。最后将时间线拖到第13秒18帧的位置，设置【Blurriness（模糊）】为0，如图18-33所示。此时效果如图18-34所示。

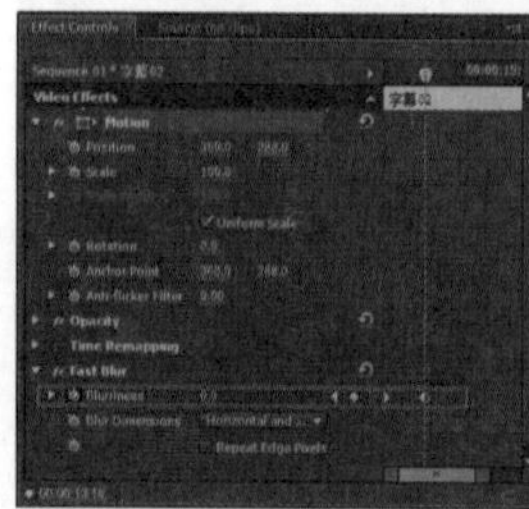

图18-33

图18-34

09 将项目窗口中的【蒙娜丽莎.jpg】素材文件拖曳到Video2轨道上【字幕02】后面，并设置结束时间为第23秒13帧的位置，如图18-35所示。

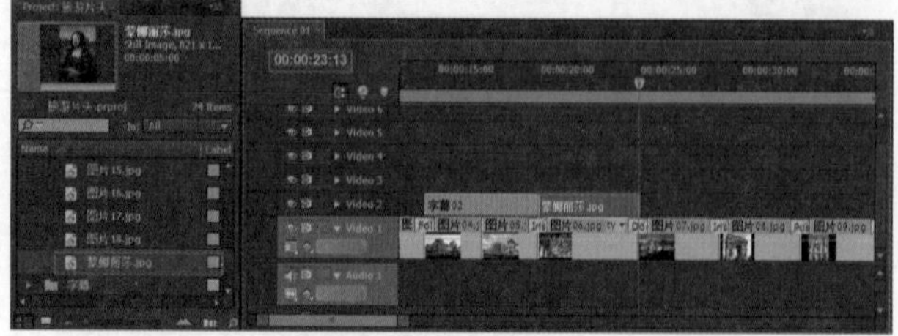

图18-35

10 选择Video2轨道上的【蒙娜丽莎.jpg】素材文件，然后将时间线拖到第19秒01帧的位置，单击【Scale（缩放）】前面的按钮，开启自动关键帧，并设置【Scale（缩放）】为0。接着将时间线拖到21秒01帧的位置，设置【Scale（缩放）】为100。继续将时间线拖到第21秒17帧的位置，设置【Opacity（不透明度）】为100%，最后将时间线拖到第23秒13帧的位置，设置【Opacity（不透明度）】为0%，如图18-36所示。此时效果如图18-37所示。

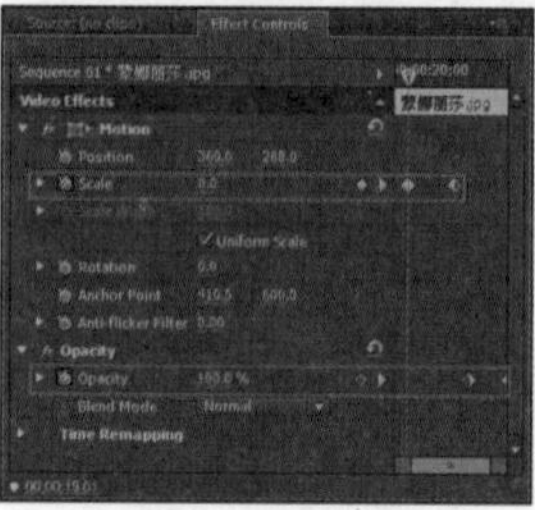

图18-36

图18-37

11 以此类推，按照【字幕02】制作出【字幕03】、【字幕04】、【字幕05】、【字幕06】、【字幕07】和【字幕08】，如图18-38所示。

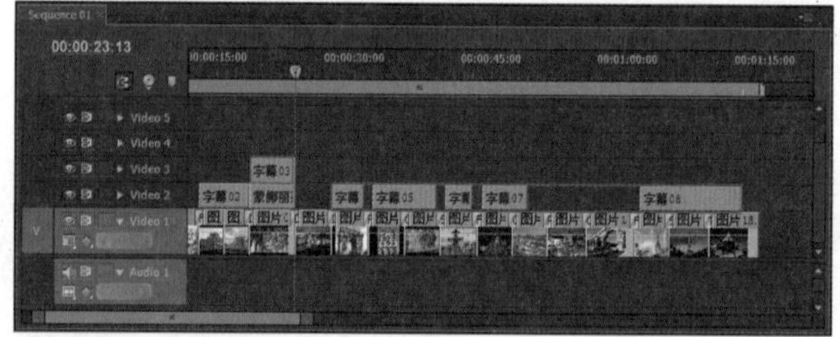

图18-38

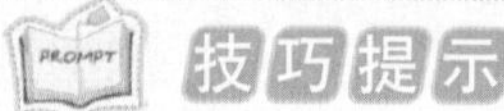

技巧提示

在制作多个类似的字幕效果时，可以在【Project（项目）】窗口中将字幕依次进行复制，然后拖曳到时间线窗口中再依次对文字内容等进行更改。

12 创建滚动字幕。选择菜单栏中的【Title（字幕）】/【New Title（新建字幕）】/【Default Still（默认静态字幕）】命令，并在弹出的对话框中设置【Name（名字）】为【字幕09】，接着单击【OK（确定）】按钮，如图18-39所示。

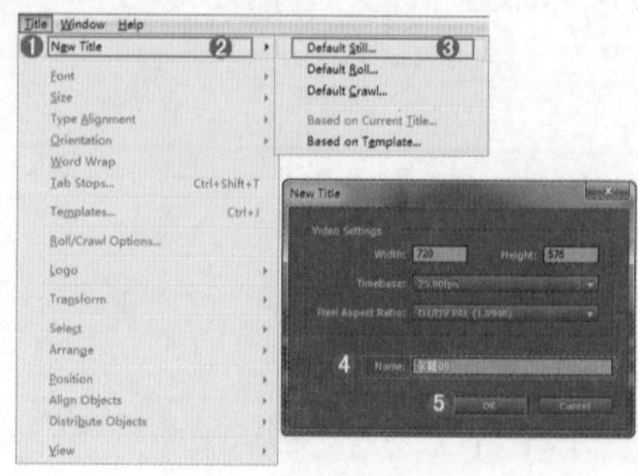

图18-39

13 在字幕面板中单击【Roll/Crawl Options（滚动/游动选项）】按钮，然后在弹出的对话框中选择【Crawl Left（左游动）】选项，并选中【Start Off Screen（开始于屏幕外）】和【End Off Screen（结束于屏幕外）】复选框，接着单击【OK（确定）】按钮，如图18-40所示。

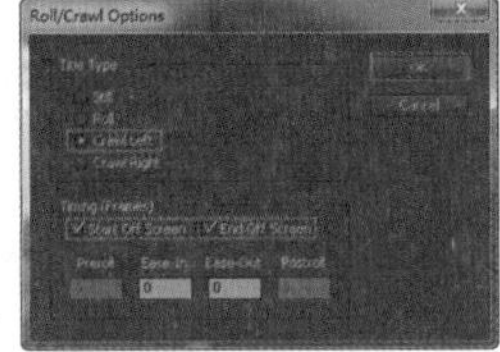

图18—40

14 单击（文字工具）按钮，然后在【字幕工作区】输入文字，接着设置【Font Family（字体）】为【FZZhunYuan-M02S】，【Font Size（字体大小）】为30，【Color（颜色）】为白色（R：255，G：255，B：255），如图18-41所示。

图18—41

15 将项目窗口中的【字幕09】拖曳到Video4轨道上，并设置结束时间为第1分14秒09帧的位置，如图18-42所示。

图18—42

16 拖动时间线滑块查看此时效果，如图18-43所示。

图18—43

Part04 制作配乐

01 将项目窗口中的【配乐.wma】素材文件拖曳到Audio1轨道上，如图18-44所示。

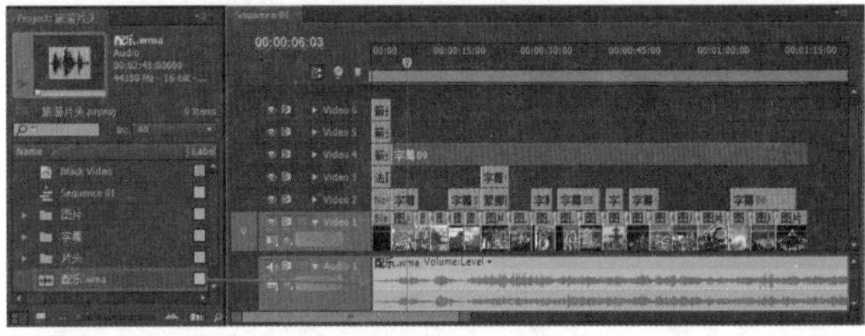

图18—44

02 将时间线拖到第4秒03帧的位置，然后选择（剃刀工具），并单击鼠标左键进行剪辑，如图18-45所示。

图18—45

03 将时间线拖到第1分18秒12帧的位置，然后选择（剃刀工具），并单击鼠标左键进行剪辑，如图18-46所示。

图18—46

04 选择Audio1轨道上的【配乐.wma】素材文件剪辑剩余的首尾两端部分，然后按【Delete】键删除，并将【配乐.wma】素材文件向前移动至起始帧位置，如图18-47所示。

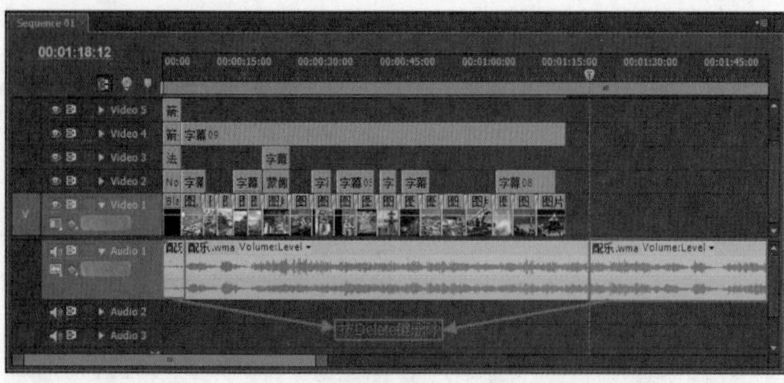

图18—47

05 选择Audio1轨道上的【配乐.wma】素材文件，然后单击按钮添加4个关键帧，并选择首尾两端的关键帧，然后按住鼠标左键向下拖曳，制作出音乐淡入淡出的效果，如图18-48所示。

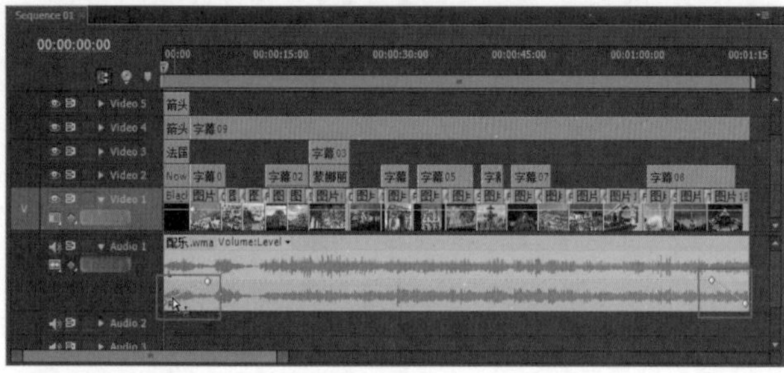

图18—48

06 此时拖动时间线滑块查看最终效果，如图18-49所示。

图18—49

读书笔记

精品图书 推荐阅读

“CAD/CAM/CAE 技术视频大讲堂”丛书系清华社“视频大讲堂”重点大系的子系列之一，由国家一级注册建筑师组织编写，继承和创新了清华社“视频大讲堂”大系的编写模式、写作风格和优良品质。本系列图书集软件功能、技巧技法、应用案例、专业经验于一体，可以说超细、超全、超好学、超实用！具体表现在以下几个方面：

- 大型高清同步视频演示讲解，可反复观摩，让学习更快捷、更高效
- 大量中小精彩实例，通过实例学习更深入，更有趣
- 每本书均配有不同类型的设计图集及配套的视频文件，积累项目经验

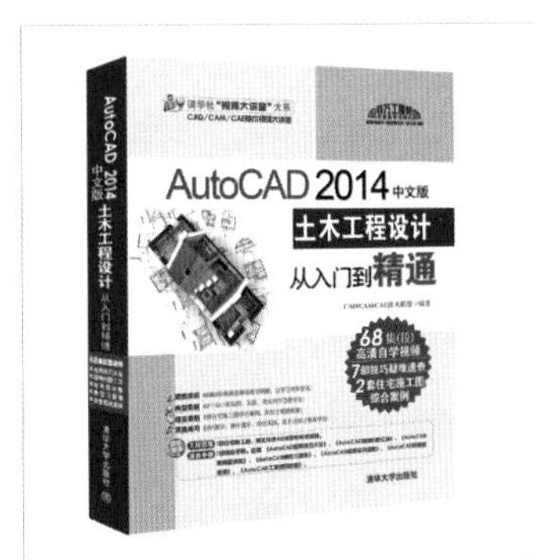

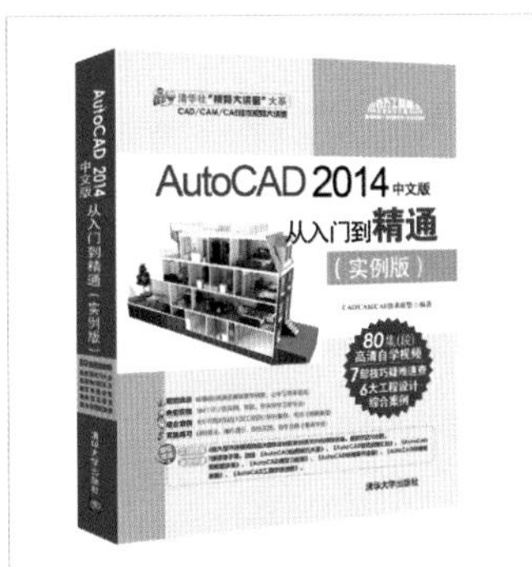

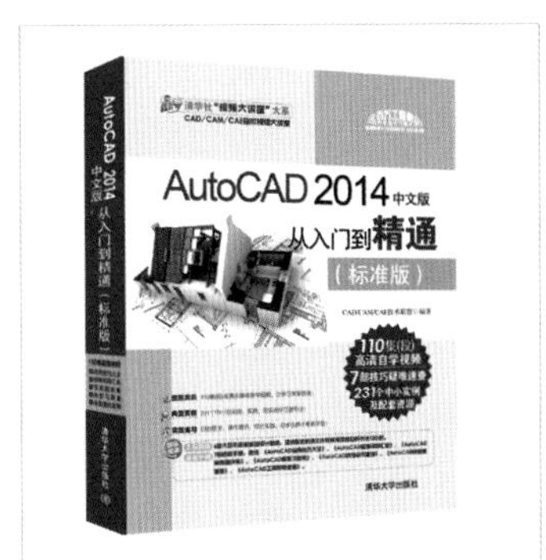

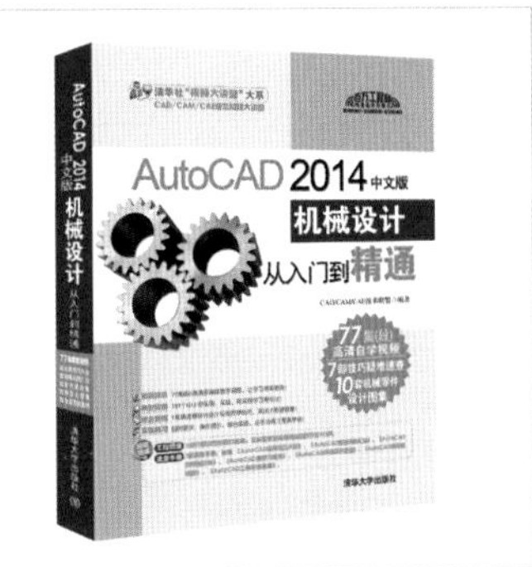

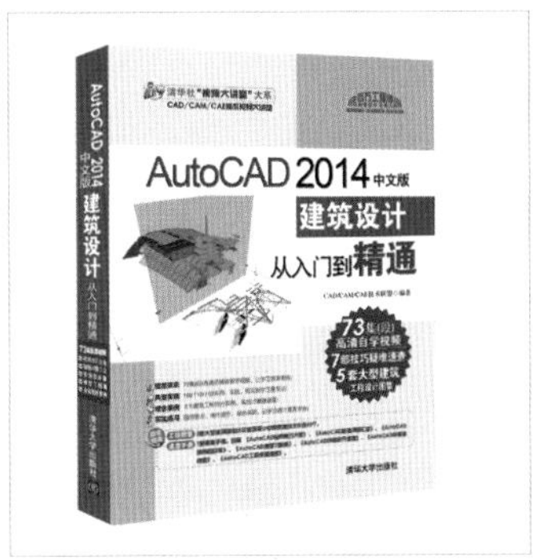

（本系列图书在各地新华书店、书城及当当网、亚马逊、京东商城等网店有售）